Fundamente
| der Mathematik |

Niedersachsen

Gymnasium G9 • Qualifikationsphase

Leistungskurs

Cornelsen

Fundamente
| der Mathematik |

Autoren: Jan Block, Dr. Lothar Flade, Jan Füller, Markus Krysmalski, Dr. Hubert Langlotz, Renatus Lütticken, Arne Mentzendorff, Thorsten Niemann, Reinhard Oselies, Dr. habil. Manfred Pruzina, Ugur Yasar, Dr. Wilfried Zappe

Berater: Markus Krysmalski, Dr. Hubert Langlotz, Renatus Lütticken, Thorsten Niemann, Reinhard Oselies

Redaktion: Felix Arndt, Torsten Gebauer, Simon Winter
Grafik: Christian Böhning
Illustrationen: Gudrun Lenz
Umschlaggestaltung: hawemannundmosch GbR
Layoutkonzept: klein & halm GbR
Bildrecherche: Kai Mehnert
Technische Umsetzung: CMS – Cross Media Solutions GmbH, Würzburg

Begleitmaterialien zum Lehrwerk

für Schülerinnen und Schüler

Arbeitsheft mit Lösungen	978-3-06-040476-6
Lösungen zum Schülerbuch	978-3-06-040529-9

für Lehrerinnen und Lehrer

Serviceband	978-3-06-040170-3
Begleitmaterial auf USB-Stick (inkl. Unterrichtsmanager und E-Book)	978-3-06-040977-8

www.cornelsen.de

1. Auflage, 2. Druck 2020

Alle Drucke dieser Auflage sind inhaltlich unverändert und können im Unterricht nebeneinander verwendet werden.

Druck und Bindung: Livonia Print, Riga

ISBN 978-3-06-040528-2 (Schülerbuch)
ISBN 978-3-06-040530-5 (E-Book)

PEFC PEFC/12-31-006

PEFC zertifiziert
Dieses Produkt stammt aus nachhaltig bewirtschafteten Wäldern und kontrollierten Quellen.

www.pefc.de

Inhaltsverzeichnis

Bauplan zu „Fundamente der Mathematik“

Aktivieren

Ihr Fundament:
Mit der Doppelseite „Ihr Fundament“ können Sie Themen wiederholen zur Vorbereitung auf das neue Kapitel.
Die Lösungen zu diesen Aufgaben finden Sie im Anhang.

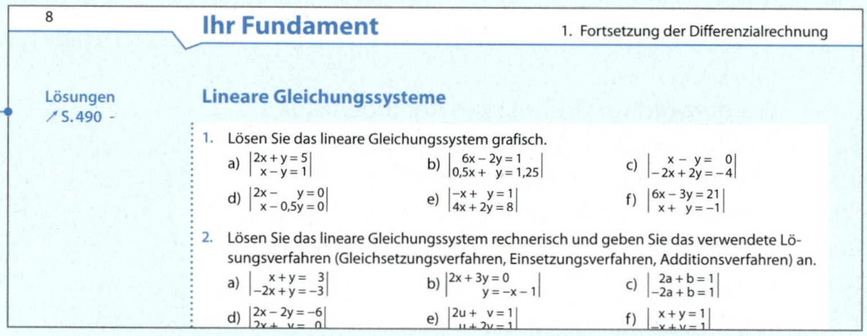
8 **Ihr Fundament** 1. Fortsetzung der Differenzialrechnung

Lösungen ↗ S. 490 -

Lineare Gleichungssysteme

1. Lösen Sie das lineare Gleichungssystem grafisch.
a) $\begin{vmatrix} 2x+y=5 \\ x-y=1 \end{vmatrix}$ b) $\begin{vmatrix} 6x-2y=1 \\ 0{,}5x+y=1{,}25 \end{vmatrix}$ c) $\begin{vmatrix} x-y=0 \\ -2x+2y=-4 \end{vmatrix}$
d) $\begin{vmatrix} 2x-y=0 \\ x-0{,}5y=0 \end{vmatrix}$ e) $\begin{vmatrix} -x+y=1 \\ 4x+2y=8 \end{vmatrix}$ f) $\begin{vmatrix} 6x-3y=21 \\ x+y=-1 \end{vmatrix}$

2. Lösen Sie das lineare Gleichungssystem rechnerisch und geben Sie das verwendete Lösungsverfahren (Gleichsetzungsverfahren, Einsetzungsverfahren, Additionsverfahren) an.
a) $\begin{vmatrix} x+y=3 \\ -2x+y=-3 \end{vmatrix}$ b) $\begin{vmatrix} 2x+3y=0 \\ y=-x-1 \end{vmatrix}$ c) $\begin{vmatrix} 2a+b=1 \\ -2a+b=1 \end{vmatrix}$
d) $\begin{vmatrix} 2x-2y=-6 \end{vmatrix}$ e) $\begin{vmatrix} 2u+v=1 \end{vmatrix}$ f) $\begin{vmatrix} x+y=1 \end{vmatrix}$

Aufbauen

Einstiegsaufgaben:
Jedes Unterkapitel beginnt mit einer Aufgabe, die Sie in das neue Thema hineinführt.

Beispiele:
Die Lösungen von Beispielaufgaben werden Ihnen Schritt für Schritt erklärt.

Basisaufgaben:
In den Basisaufgaben können Sie Ihr neu erworbenes Wissen und Können sofort ausprobieren.
Aufgaben mit dem Symbol [Symbol] sollen Sie ohne Hilfsmittel lösen. Für die Aufgaben mit GTR oder CAS benötigen Sie einen GTR oder sogar CAS.

Weiterführende Aufgaben:
In anspruchsvolleren Aufgaben können Sie Ihr Wissen festigen.
Etwas schwierigere Aufgaben sind mit einem Kreis ● gekennzeichnet.

Stolperstelle:
Bei diesen Aufgaben sollen Sie typische Fehler erkennen.

Ausblick:
Die letzte Aufgabe in der Lerneinheit ist die schwierigste.

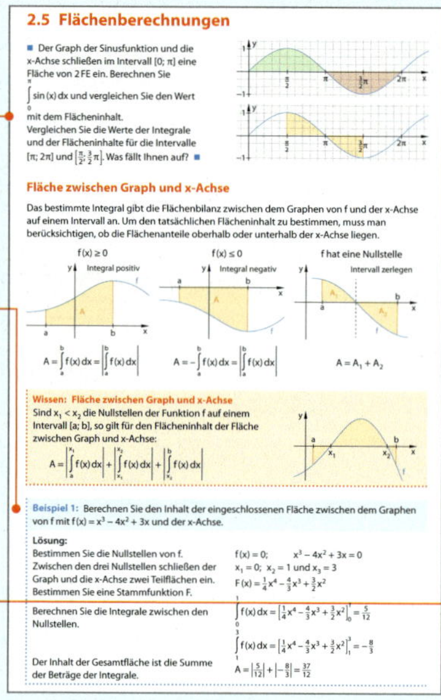
2.5 Flächenberechnungen

Der Graph der Sinusfunktion und die x-Achse schließen im Intervall [0; π] eine Fläche von 2 FE ein. Berechnen Sie $\int_0^{2\pi} \sin(x)\,dx$ und vergleichen Sie den Wert mit dem Flächeninhalt. Vergleichen Sie die Werte der Integrale und der Flächeninhalte für die Intervalle [π; 2π] und $[\frac{\pi}{2}; \frac{3}{2}\pi]$. Was fällt Ihnen auf?

Fläche zwischen Graph und x-Achse
Das bestimmte Integral gibt die Flächenbilanz zwischen dem Graphen von f und der x-Achse auf einem Intervall an. Um den tatsächlichen Flächeninhalt zu bestimmen, muss man berücksichtigen, ob die Flächenanteile oberhalb oder unterhalb der x-Achse liegen.

Wissen: Fläche zwischen Graph und x-Achse
Sind $x_1 < x_2$ die Nullstellen der Funktion f auf einem Intervall [a; b], so gilt für den Flächeninhalt der Fläche zwischen Graph und x-Achse:
$A = \left|\int_a^{x_1} f(x)\,dx\right| + \left|\int_{x_1}^{x_2} f(x)\,dx\right| + \left|\int_{x_2}^{b} f(x)\,dx\right|$

Beispiel 1: Berechnen Sie den Inhalt der eingeschlossenen Fläche zwischen dem Graphen von f mit $f(x) = x^3 - 4x^2 + 3x$ und der x-Achse.
Lösung:
Bestimmen Sie die Nullstellen von f. $f(x) = 0$; $x^3 - 4x^2 + 3x = 0$
Zwischen den drei Nullstellen schließen der Graph und die x-Achse zwei Teilflächen ein. $x_1 = 0$; $x_2 = 1$ und $x_3 = 3$
Bestimmen Sie eine Stammfunktion F. $F(x) = \frac{1}{4}x^4 - \frac{4}{3}x^3 + \frac{3}{2}x^2$
Berechnen Sie die Integrale zwischen den Nullstellen. $\int_0^1 f(x)\,dx = \frac{5}{12}$; $\int_1^3 f(x)\,dx = -\frac{8}{3}$
Der Inhalt der Gesamtfläche ist die Summe der Beträge der Integrale. $A = \left|\frac{5}{12}\right| + \left|-\frac{8}{3}\right| = \frac{37}{12}$

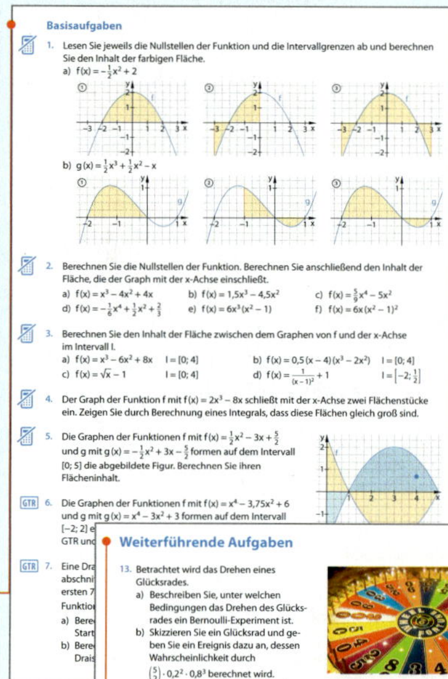
Basisaufgaben

1. Lesen Sie jeweils die Nullstellen der Funktion und die Intervallgrenzen ab und berechnen Sie den Inhalt der farbigen Fläche.
a) $f(x) = -\frac{1}{2}x^2 + 2$
b) $g(x) = \frac{1}{3}x^3 + \frac{1}{3}x^2 - x$

2. Berechnen Sie die Nullstellen der Funktion. Berechnen Sie anschließend den Inhalt der Fläche, die der Graph mit der x-Achse einschließt.
a) $f(x) = x^3 - 4x^2 + 4x$ b) $f(x) = 1{,}5x^3 - 4{,}5x^2$ c) $f(x) = \frac{5}{4}x^4 - 5x^2$
d) $f(x) = -\frac{1}{6}x^4 + \frac{1}{3}x^2 + \frac{1}{2}$ e) $f(x) = 6x^3(x^2 - 1)$ f) $f(x) = 6x(x^2 - 1)^2$

3. Berechnen Sie den Inhalt der Fläche zwischen dem Graphen von f und der x-Achse im Intervall I.
a) $f(x) = x^3 - 6x^2 + 8x$, I = [0; 4] b) $f(x) = 0{,}5(x-4)(x^3 - 2x^2)$, I = [0; 4]
c) $f(x) = \sqrt{x} - 1$, I = [0; 4] d) $f(x) = \frac{1}{(x-1)^2} + 1$, I = [−2; ½]

4. Der Graph der Funktion f mit $f(x) = 2x^3 - 8x$ schließt mit der x-Achse zwei Flächen ein. Zeigen Sie durch Berechnung eines Integrals, dass diese Flächen gleich groß sind.

5. Die Graphen der Funktionen f mit $f(x) = \frac{1}{2}x^2 - 3x + \frac{5}{2}$ und g mit $g(x) = -\frac{1}{2}x^2 + 3x - \frac{5}{2}$ formen auf dem Intervall [0; 5] die abgebildete Figur. Berechnen Sie ihren Flächeninhalt.

GTR 6. Die Graphen der Funktionen f mit $f(x) = x^4 - 3{,}75x^2 + 6$ und g mit $g(x) = x^4 - 3x^2 + 3$ formen auf dem Intervall [−2; 2] ...

GTR 7. Eine Dra...

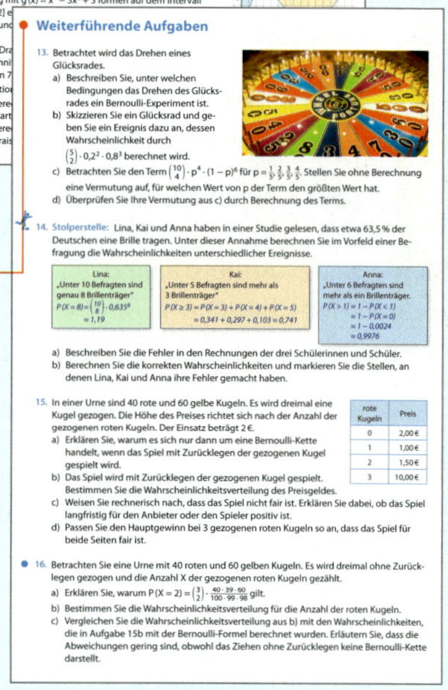
Weiterführende Aufgaben

13. Betrachtet wird das Drehen eines Glücksrades.
a) Beschreiben Sie, unter welchen Bedingungen das Drehen des Glücksrades ein Bernoulli-Experiment ist.
b) Skizzieren Sie ein Glücksrad und geben Sie ein Ereignis dazu an, dessen Wahrscheinlichkeit durch $\binom{5}{2} \cdot 0{,}2^2 \cdot 0{,}8^3$ berechnet wird.
c) Betrachten Sie den Term $\binom{10}{4} \cdot p^4 \cdot (1-p)^6$ für $p = \frac{1}{5}; \frac{2}{5}; \frac{3}{5}; \frac{4}{5}$. Stellen Sie ohne Berechnung eine Vermutung auf, für welchen Wert von p der Term den größten Wert hat.
d) Überprüfen Sie Ihre Vermutung aus c) durch Berechnung der Terme.

14. Stolperstelle: Lina, Kai und Anna haben in einer Studie gelesen, dass etwa 63,5 % der Deutschen eine Brille tragen. Unter dieser Annahme berechnen Sie im Vorfeld einer Befragung die Wahrscheinlichkeiten unterschiedlicher Ereignisse.
Lina: „Unter 10 Befragten sind genau 8 Brillenträger“ $P(X = 8) = \binom{10}{8} \cdot 0{,}635^8 \approx 1{,}19$
Kai: „Unter 5 Befragten sind mehr als 3 Brillenträger“ $P(X \geq 3) = P(X=3) + P(X=4) + P(X=5) \approx 0{,}341 + 0{,}297 + 0{,}103 = 0{,}741$
Anna: „Unter 6 Befragten sind mehr als ein Brillenträger.“ $P(X > 1) = 1 - P(X < 1) = 1 - P(X = 0) = 1 - 0{,}0024 = 0{,}9976$
a) Beschreiben Sie die Fehler in den Rechnungen der drei Schülerinnen und Schüler.
b) Berechnen Sie die korrekten Wahrscheinlichkeiten und markieren Sie die Stellen, an denen Lina, Kai und Anna ihre Fehler gemacht haben.

15. In einer Urne sind 40 rote und 60 gelbe Kugeln. Es wird dreimal eine Kugel gezogen. Die Höhe des Preises richtet sich nach der Anzahl der gezogenen roten Kugeln. Der Einsatz beträgt 2 €.
a) Erklären Sie, warum es sich nur dann um eine Bernoulli-Kette handelt, wenn das Spiel mit Zurücklegen der gezogenen Kugel gespielt wird.
b) Das Spiel wird mit Zurücklegen der gezogenen Kugel gespielt. Bestimmen Sie die Wahrscheinlichkeitsverteilung des Preisgeldes.
c) Weisen Sie rechnerisch nach, dass das Spiel nicht fair ist. Erklären Sie dabei, ob das Spiel langfristig für den Anbieter oder den Spieler positiv ist.
d) Passen Sie den Hauptgewinn bei 3 gezogenen roten Kugeln so an, dass das Spiel für beide Seiten fair ist.

rote Kugeln	Preis
0	2,00 €
1	1,00 €
2	1,50 €
3	10,00 €

● 16. Betrachten Sie eine Urne mit 40 roten und 60 gelben Kugeln. Es wird dreimal ohne Zurücklegen gezogen und die Anzahl X der gezogenen roten Kugeln gezählt.
a) Erklären Sie, warum $P(X = 2) = \binom{3}{2} \cdot \frac{40 \cdot 39 \cdot 60}{100 \cdot 99 \cdot 98}$ gilt.
b) Bestimmen Sie die Wahrscheinlichkeitsverteilung für die Anzahl der roten Kugeln.
c) Vergleichen Sie die Wahrscheinlichkeitsverteilung aus b) mit den Wahrscheinlichkeiten, die in Aufgabe 15b mit der Bernoulli-Formel berechnet wurden. Erläutern Sie, dass die Abweichungen gering sind, obwohl das Ziehen ohne Zurücklegen keine Bernoulli-Kette darstellt.

Sichern

Prüfen Sie Ihr neues Fundament:
Hier können Sie Ihr Wissen selbstständig überprüfen, auch in Vorbereitung auf Tests und Klausuren.
Die Lösungen zu diesen Aufgaben finden Sie im Anhang.

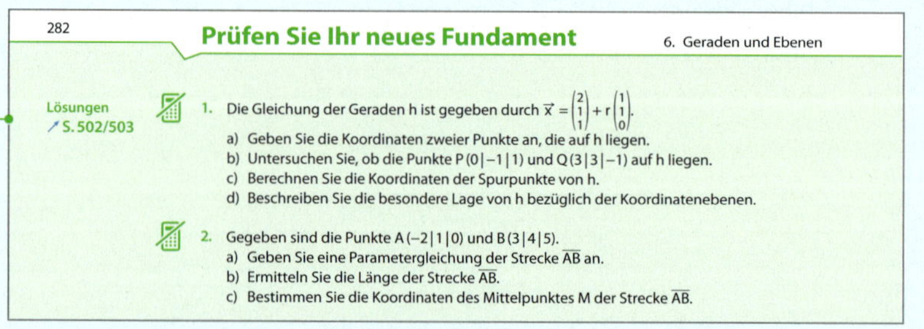
282 **Prüfen Sie Ihr neues Fundament** 6. Geraden und Ebenen

Lösungen ↗ S. 502/503

1. Die Gleichung der Geraden h ist gegeben durch $\vec{x} = \begin{pmatrix} 2 \\ 1 \\ 1 \end{pmatrix} + r\begin{pmatrix} 1 \\ 1 \\ 0 \end{pmatrix}$.
a) Geben Sie die Koordinaten zweier Punkte an, die auf h liegen.
b) Untersuchen Sie, ob die Punkte P (0 | −1 | 1) und Q (3 | 3 | −1) auf h liegen.
c) Berechnen Sie die Koordinaten der Spurpunkte von h.
d) Beschreiben Sie die besondere Lage von h bezüglich der Koordinatenebenen.

2. Gegeben sind die Punkte A (−2 | 1 | 0) und B (3 | 4 | 5).
a) Geben Sie eine Parametergleichung der Strecke $\overline{AB}$ an.
b) Ermitteln Sie die Länge der Strecke $\overline{AB}$.
c) Bestimmen Sie die Koordinaten des Mittelpunktes M der Strecke $\overline{AB}$.

1. Fortsetzung der Differenzialrechnung

Beim Skispringen ist für den perfekten Sprung eine ideale Flugbahn entscheidend. Um diese zu erreichen, kann der Verlauf der Sprungschanze mithilfe von ganzrationalen Funktionen beschrieben und durch Anpassung der Parameter optimiert werden.

Nach diesem Kapitel können Sie …
- lineare Gleichungssysteme algorithmisch lösen,
- Produkte und Verkettungen von Funktion ableiten,
- aus Eigenschaften in Sachkontexten Bedingungen an Funktionen formulieren und daraus Terme ermitteln,
- Funktionenscharen und abschnittsweise definierte Funktionen untersuchen.

Lösungen ↗ S. 490

Lineare Gleichungssysteme

1. Lösen Sie das lineare Gleichungssystem grafisch.

a) $\left|\begin{array}{l} 2x + y = 5 \\ x - y = 1 \end{array}\right|$ b) $\left|\begin{array}{l} 6x - 2y = 1 \\ 0{,}5x + y = 1{,}25 \end{array}\right|$ c) $\left|\begin{array}{l} x - y = 0 \\ -2x + 2y = -4 \end{array}\right|$

d) $\left|\begin{array}{l} 2x - y = 0 \\ x - 0{,}5y = 0 \end{array}\right|$ e) $\left|\begin{array}{l} -x + y = 1 \\ 4x + 2y = 8 \end{array}\right|$ f) $\left|\begin{array}{l} 6x - 3y = 21 \\ x + y = -1 \end{array}\right|$

2. Lösen Sie das lineare Gleichungssystem rechnerisch und geben Sie das verwendete Lösungsverfahren (Gleichsetzungsverfahren, Einsetzungsverfahren, Additionsverfahren) an.

a) $\left|\begin{array}{l} x + y = 3 \\ -2x + y = -3 \end{array}\right|$ b) $\left|\begin{array}{l} 2x + 3y = 0 \\ y = -x - 1 \end{array}\right|$ c) $\left|\begin{array}{l} 2a + b = 1 \\ -2a + b = 1 \end{array}\right|$

d) $\left|\begin{array}{l} 2x - 2y = -6 \\ 2x + y = 0 \end{array}\right|$ e) $\left|\begin{array}{l} 2u + v = 1 \\ u + 2v = 1 \end{array}\right|$ f) $\left|\begin{array}{l} x + y = 1 \\ -x + y = 1 \end{array}\right|$

3. Geben Sie an, ob das lineare Gleichungssystem keine Lösung, genau eine Lösung oder unendlich viele Lösungen hat.

a) $\left|\begin{array}{l} 2x + 2y = -4 \\ 2x + y = 0 \end{array}\right|$ b) $\left|\begin{array}{l} 2x + y = 1 \\ x + 0{,}5y = 0{,}5 \end{array}\right|$ c) $\left|\begin{array}{l} x + y = 1 \\ y = 2 - x \end{array}\right|$

4. Gegeben ist das Gleichungssystem $\left|\begin{array}{l} x + ay = 10 \\ x - y = b \end{array}\right|$.

Ersetzen Sie die Parameter a und b so durch Zahlen, dass das Gleichungssystem

a) keine Lösung, b) unendlich viele Lösungen, c) die Lösung $(5\,|-1)$ hat.

5. Die Quersumme einer zweistelligen Zahl sei 14. Vertauscht man die beiden Ziffern, so erhält man eine Zahl, die um 36 kleiner als die gegebene Zahl ist.
Ermitteln Sie diese Zahl mithilfe eines linearen Gleichungssystems.

6. Familie Krauses Stromrechnung betrug in diesem Monat 39,16 € bei einem Verbrauch von 203 kWh. Im letzten Monat waren es 49,40 € bei 267 kWh.
Berechnen Sie die Grundgebühr und den Preis pro kWh.

Ganzrationale Funktionen

7. Entscheiden Sie, ob die Funktionsgleichung zu einer ganzrationalen Funktion gehört. Wenn ja, geben Sie den Grad sowie die Koeffizienten an und überprüfen Sie, ob der Punkt $P(2\,|\,6)$ auf dem Graphen der ganzrationalen Funktion liegt.

a) $f(x) = 2x^3 - 5x$ b) $f(x) = x^2 + 2$ c) $f(x) = x^2 + \sqrt{2x}$ d) $f(x) = 2x^4(1 - x)$

8. Gegeben ist die Funktion f mit der Gleichung $f(x) = x^4 - 2x^2$.

a) Untersuchen Sie anhand der Funktionsgleichung, ob der Graph der Funktion f achsensymmetrisch zur y-Achse oder punktsymmetrisch zum Koordinatenursprung ist.
b) Erstellen Sie eine Wertetabelle und skizzieren Sie den Graphen der Funktion f im Intervall $-1{,}5 \le x \le 1{,}5$.
c) Geben Sie vom Graphen der Funktion f die lokalen und globalen Extremstellen im Intervall $-1 \le x \le 1{,}5$ an.
d) Beschreiben Sie das Verhalten des Graphen von f für $x \to \infty$ und $x \to -\infty$.

9. Ermitteln Sie die Nullstellen der Funktion f.

a) $f(x) = (x^2 - 9) \cdot x$ b) $f(b) = b(b^2 - 16)(b^2 - b - 2)$

c) $f(a) = a^3 + 1$ d) $f(x) = x^4 - 104x^2 + 400$

GTR **10.** Ein kleiner Betrieb produziert Kugelschreiber, die zu einem Stückpreis von 2,50 € an einen Discounter abgegeben werden. Dabei entstehen tägliche Kosten, die mit der Funktion K mit $K(x) = 0{,}0001x^3 - 0{,}02x^2 + 1{,}3x + 72$ näherungsweise beschrieben werden. An einem Tag werden maximal 150 Kugelschreiber produziert.

a) Stellen Sie die Kostenfunktion mit dem GTR grafisch dar und beschreiben Sie ihren Verlauf.

b) Ermitteln Sie, bei welcher Anzahl an verkauften Kugelschreibern an den Discounter das Unternehmen Gewinn erwirtschaftet.

Lösungen ↗ S. 490

Ableitungen

11. Ermitteln Sie zur Funktion f die Ableitungsfunktion f′.

a) $f(x) = 2x^3 - 2x$ b) $f(x) = 1 + \sin(x)$ c) $f(x) = \frac{2}{x}$ d) $f(x) = 3\sqrt{x}$ e) $f(x) = x^3 + \cos(x)$

12. Bestimmen Sie rechnerisch die lokalen Extremstellen und die Koordinaten der Wendepunkte des Graphen der Funktion f.

a) $f(x) = 0{,}5x^4 - x^3 - x^2$ b) $f(x) = 5x^4 - 6x^2$ c) $f(x) = \frac{1}{3}x^3 + 2{,}5x^2 + 6x$

13. Entscheiden Sie, welche Graphen zu den Funktionen f, f′ und f″ gehören. Begründen Sie.

a)

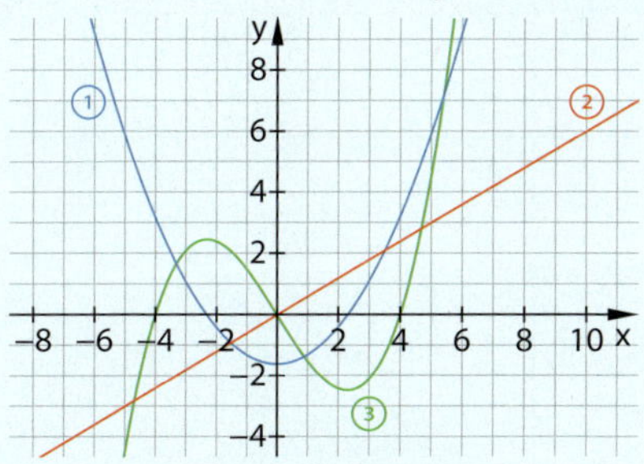

b)

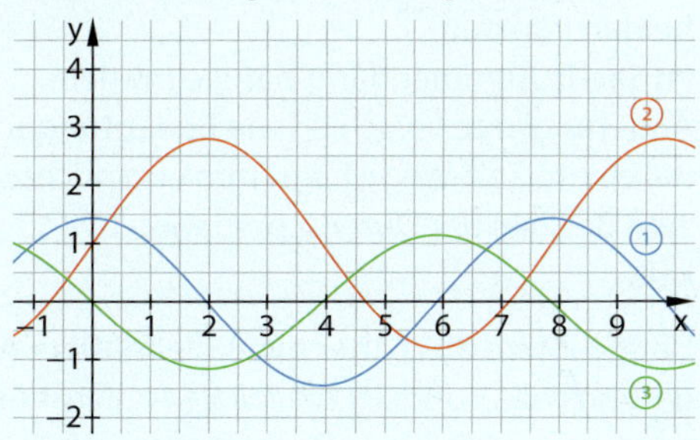

14. Gegeben ist die Funktion f mit $f(x) = -\frac{1}{6}x^3 + x^2$ $(x \in \mathbb{R})$.

a) Bestimmen Sie Nullstellen und den Schnittpunkt des Graphen mit der y-Achse.

b) Untersuchen Sie den Graphen von f auf lokale Extremstellen und Wendepunkte.

c) Beschreiben Sie das Globalverhalten des Graphen für $x \to \pm\infty$.

d) Skizzieren Sie den Graphen.

Vermischtes

15. Ermitteln Sie, für welche Werte des Parameters k die Gleichung $x^2 + kx = -16$

a) genau zwei Lösungen, b) keine Lösung, c) genau eine Lösung hat.

16. Berechnen Sie die Koordinaten der Schnittpunkte des Graphen von f mit den Koordinatenachsen.

a) $f(x) = 4 - 6x$ b) $f(x) = -x^2 + 2x + 3$ c) $f(x) = x^3 - 1$ d) $f(x) = x^3 - x^2 + x$

17. Schreiben Sie den Term als Potenz.

a) $\sqrt[3]{b}$ b) $\sqrt{2x}$ c) $\sqrt[4]{a^2}$ d) $\frac{1}{\sqrt{3x}}$

18. Geben Sie eine Funktionsgleichung für eine ganzrationale Funktion 3. Grades an, die die Nullstellen $x_1 = -2$, $x_2 = 0$, $x_3 = 2$ hat und für die $f(1) = -3$ gilt.

1.1 Wiederholung: Ableitung und Funktionsuntersuchung

■ Bei der Fahrt eines Schnellzugs wurde in regelmäßigen Abständen die gefahrene Strecke gemessen und in einer Tabelle notiert.

a) Berechnen Sie die Durchschnittsgeschwindigkeit in den einzelnen Abschnitten.

b) Nach 70 km passierte der Zug einen Bahnübergang. Beschreiben Sie, wie die Geschwindigkeit bei der Durchfahrt möglichst genau ermittelt werden kann. ■

Zeit (in min)	0	10	20	30	40
Strecke (in km)	0	10	51	75	95

Ableitung an einer Stelle, Ableitungsfunktion und Ableitungsregeln

Legt man durch zwei Punkte eines Funktionsgraphen eine Gerade als Sekante und bestimmt deren Steigung mithilfe eines Differenzenquotienten, so erhält man die mittlere Änderungsrate der Funktion zwischen diesen beiden Punkten.
Im Sachzusammenhang hat die mittlere Änderungsrate verschiedene Bedeutungen. Bei einem Zeit-Weg-Diagramm entspricht sie zum Beispiel der Durchschnittsgeschwindigkeit.

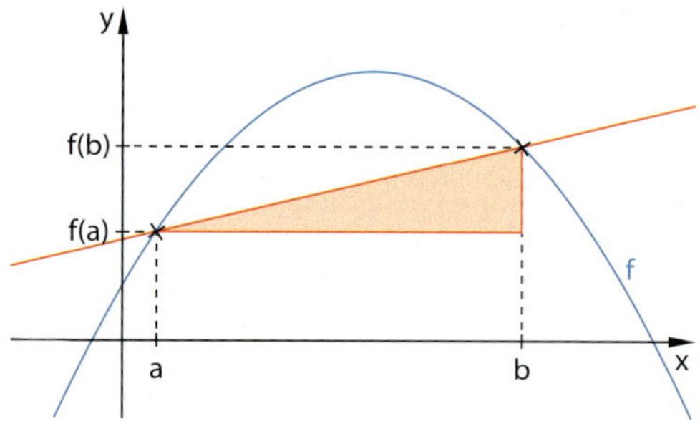

Häufig interessiert aber nicht die mittlere Änderungsrate, sondern die lokale Änderungsrate in einem Punkt (z.B. die momentane Geschwindigkeit). Diese entspricht der Steigung der Tangente an den Funktionsgraphen in diesem Punkt. Berechnet wird die lokale Änderungsrate als Grenzwert des Differenzenquotienten.

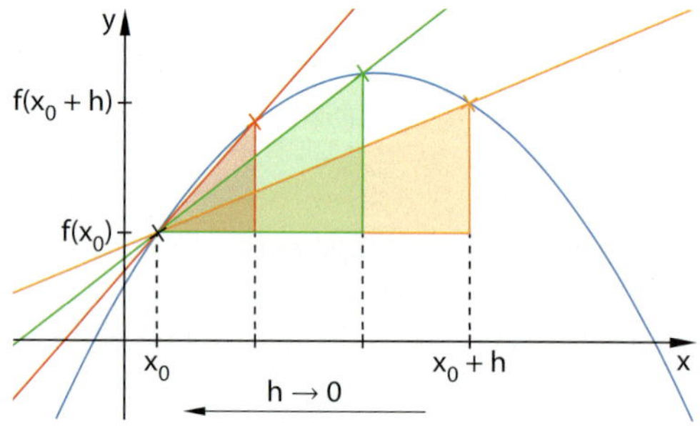

Erinnerung:
Die Ableitung $f'(x_0)$ gibt die lokale Änderungsrate der Funktion f an der Stelle x_0 an. $f'(x_0)$ entspricht der Steigung der Tangente an den Graphen von f im Punkt $P(x_0|f(x_0))$.

Definition: Ableitung an einer Stelle
Wenn sich der Wert des Differenzenquotienten $\frac{f(x)-f(x_0)}{x-x_0}$ für $x \to x_0$ einem festen Wert annähert, so heißt dieser Wert **Ableitung der Funktion f an der Stelle x_0** und wird mit $f'(x_0)$ bezeichnet. $f'(x_0)$ kann man als **Grenzwert des Differenzenquotienten** berechnen.

$f'(x_0) = \lim\limits_{x \to x_0} \frac{f(x)-f(x_0)}{x-x_0}$ oder $f'(x_0) = \lim\limits_{h \to 0} \frac{f(x_0+h)-f(x_0)}{h}$

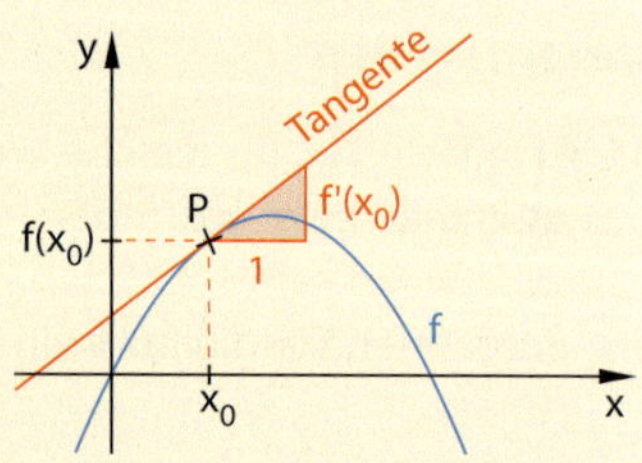

Berechnet man die Ableitung einer Funktion f an jeder Stelle ihres Definitionsbereichs, so kann man diese Zuordnung wieder als eine Funktion auffassen.

Definition: Ableitungsfunktion
Die **Ableitungsfunktion f'** zu einer Funktion f ordnet jeder Stelle x ihre Ableitung f'(x) zu.

Beispiel 1: Gegeben ist die Funktion f mit $f(x) = 0{,}5x^2 - 2x$.
a) Berechnen Sie die Steigung der Sekante durch die Punkte $A(0\,|\,f(0))$ und $B(6\,|\,f(6))$.
b) Bestimmen Sie die Ableitungsfunktion f′ von f mithilfe des Grenzwerts des Differenzenquotienten.
c) Bestimmen Sie die Koordinaten eines Punktes C auf dem Graphen von f so, dass die Tangente an den Graphen von f in C parallel zur Sekante durch A und B verläuft.

Lösung:
a) Die Steigung m der Sekante zwischen den Punkten A und B entspricht der mittleren Änderungsrate von f im Intervall [0; 6]. Sie lässt sich mit einem Differenzenquotienten berechnen.

$$m = \frac{f(6) - f(0)}{6 - 0} = \frac{(0{,}5 \cdot 36 - 12) - 0}{6 - 0} = \frac{6}{6} = 1$$

b) Zunächst wird der Differenzenquotient für beliebige Stellen x und x + h berechnet. Der Term wird vereinfacht und dann wird sein Grenzwert bestimmt.

$$\frac{f(x+h) - f(x)}{h} = \frac{0{,}5(x+h)^2 - 2(x+h) - (0{,}5x^2 - 2x)}{h}$$
$$= \frac{0{,}5x^2 + xh + 0{,}5h^2 - 2x - 2h - 0{,}5x^2 + 2x}{h}$$
$$= \frac{xh + 0{,}5h^2 - 2h}{h} = x + 0{,}5h - 2$$
$$f'(x) = \lim_{h \to 0}(x + 0{,}5h - 2) = x - 2$$

c) Die Sekante hat die Steigung 1. Also ist die Stelle gesucht, an der die Ableitung ebenfalls den Wert 1 hat.
Der Funktionswert von f an dieser Stelle ist dann die y-Koordinate von C.

$f'(x) = 1$ führt zur Gleichung
$x - 2 = 1$ also $x = 3$
$f(3) = 0{,}5 \cdot 9 - 6 = -1{,}5$
$C(3\,|\,-1{,}5)$

Mithilfe einiger Regeln kann man die Terme der Ableitungsfunktion bestimmen, ohne den Grenzwert des Differenzenquotienten berechnen zu müssen.

Wissen: Ableitungsregeln
Für Funktionen f, g und h und Konstanten $k \in \mathbb{R}$ und $r \in \mathbb{Q}$, $r \neq 0$ gelten die folgenden Regeln:

	Funktion	Ableitung
Potenzregel	$f(x) = x^r$	$f'(x) = r \cdot x^{r-1}$
Faktorregel	$f(x) = k \cdot g(x)$	$f'(x) = k \cdot g'(x)$
Summenregel	$f(x) = g(x) + h(x)$	$f'(x) = g'(x) + h'(x)$

Erinnerung:
Für $f(x) = \sin(x)$ gilt $f'(x) = \cos(x)$.
Für $g(x) = \cos(x)$ gilt $g'(x) = -\sin(x)$.

Beispiel 2: Gegeben ist die Funktion f mit $f(x) = 7x^3 - 8x - 3$.
a) Bestimmen Sie die Ableitungsfunktion f′.
b) Bestimmen Sie die Gleichung der Tangente t an den Graphen von f im Punkt $P(1\,|\,f(1))$.

Lösung:
a) Bei den ersten beiden Summanden werden Faktor- und Potenzregel benötigt. Der dritte Summand ist eine Konstante und wird beim Ableiten zu Null.

$f(x) = 7x^3 - 8x - 3$
$f'(x) = 7 \cdot 3x^2 - 8 \cdot 1 - 0$
$= 21x^2 - 8$

b) Der Anstieg der Tangente entspricht der Ableitung an der Stelle x = 1.
Der y-Achsenabschnitt der Geraden wird durch Einsetzen von m und der Koordinaten des gegebenen Punktes ermittelt.

Ansatz: $t(x) = mx + b$
$m = f'(1) = 21 \cdot 1^2 - 8 = 13$
$P(1\,|\,f(1))$ liefert $x = 1$ und $f(1) = -4$
$-4 = 13 \cdot 1 + b$ also $b = -17$
Gleichung der Tangente: $t(x) = 13x - 17$

Basisaufgaben

1. Skizzieren Sie den Graphen der Funktion f mit $f(x) = 2(x-3)^2 + 4$. Bilden Sie den Differenzenquotienten für die Stelle $x_0 = 1$. Veranschaulichen Sie den Differenzenquotienten am Funktionsgraphen von f.

2. Bestimmen Sie die Ableitungsfunktion als Grenzwert des Differenzenquotienten.
a) $f(x) = \frac{1}{3} \cdot x$ b) $f(x) = 2x - 3$ c) $f(x) = 3x^2$ d) $f(x) = 2x^3$

Lösungen zu 3:

3. Bestimmen Sie die Ableitung der Funktion f an der Stelle x_0.
a) $f(x) = 3x^2$ $x_0 = 2$ b) $f(x) = x^2 - 2x$ $x_0 = 1$ c) $f(x) = 5x - 1$ $x_0 = 6$
d) $f(x) = x^3 - 5x^2 + 7x$ $x_0 = 0$ e) $f(x) = 5$ $x_0 = 27$ f) $f(x) = 4x^2 - 5x + 2$ $x_0 = -2$

4. Bestimmen Sie die Ableitungsfunktion f′.
a) $f(x) = 4x^3 - 8x + 17$ b) $f(x) = -2x^2 - 8x + 15$ c) $f(x) = 3\sin(x)$
d) $f(x) = 2x^{-4}$ e) $f(x) = 5x^{\frac{1}{3}}$ f) $f(x) = 3\cos(x) - \frac{1}{4}x^{-2}$

5. Bestimmen Sie die Ableitungsfunktion f′.
a) $f(x) = (x-3)(x+5)$ b) $f(x) = 2(x-4)^2 + 5$ c) $f(x) = (5x)^2$
d) $f(x) = 2x - \frac{1}{x}$ e) $f(x) = \sqrt{x}$ f) $f(x) = x^{\frac{1}{3}}$
g) $f(u) = 2u + u^{\frac{1}{3}}$ h) $f(x) = a \cdot x^5 + \frac{a}{x^{-3}}$ i) $f(a) = a \cdot x^5 + \frac{a}{x^{-3}}$

Erinnerung:
Für eine Tangente t an den Graphen einer Funktion f in einem Punkt $P(x_0 \mid f(x_0))$ gilt:
$t(x) = f'(x_0) \cdot (x - x_0) + f(x_0)$

6. Bestimmen Sie die Gleichung der Tangente an den Graphen von f im Punkt P.
a) $f(x) = 4x^2 - 3x + 5$ $P(2 \mid f(2))$ b) $f(x) = x^3 - 3x^2 + 5x - 2$ $P(1 \mid f(1))$
c) $f(x) = \sin(x)$ $P(\pi \mid f(\pi))$ d) $f(x) = \sqrt{x}$ $P(9 \mid f(9))$

7. Gegeben ist die Funktion f mit $f(x) = 3x^2 - 12x + 11$.
a) Skizzieren Sie den Graphen von f. Formen Sie dazu den Funktionsterm in die Scheitelpunktform um.
b) Bestimmen Sie die Steigung der Sekante durch je zwei benachbarte Punkte: $P(2 \mid f(2))$, $Q(3 \mid f(3))$, $R(4 \mid f(4))$, $S(5 \mid f(5))$
c) Bestimmen Sie die Punkte auf dem Graphen von f, an denen die Tangentensteigung jeweils der in b) bestimmten Sekantensteigung entspricht.

GTR **8.** Die Tabelle zeigt gemessene Temperaturen an einem Sommertag. Der Temperaturverlauf zwischen 6 und 21 Uhr soll mithilfe der Funktion f mit $f(x) = -0{,}015x^3 + 0{,}4x^2 - 1{,}4x + 11$ modelliert werden.

Uhrzeit	6:00	9:00	12:00	15:00	18:00	21:00
Temperatur	14 °C	20 °C	26 °C	30 °C	28 °C	19 °C

a) Zeichen Sie den Graphen von f mit dem GTR. Ergänzen Sie die Messpunkte.
b) Berechnen Sie für die Zeiträume die mittleren Temperaturänderungen pro Stunde.
c) Erläutern Sie, welche Aussagen Sie anhand der Tabelle bzw. des Graphen über die Tageshöchsttemperatur machen können.

9. Beim Bungee-Sprung von einer 190 m hohen Brücke verlaufen die ersten drei Sekunden im freien Fall. Die Bewegung des Springers wird durch die Funktion s mit $s(t) = 4{,}905t^2$ beschrieben (t in Sekunden, s(t) in Meter).
a) Berechnen Sie die Länge der Strecke, die der Springer in dieser Zeit zurücklegt.
b) Bestimmen Sie die Geschwindigkeiten, die der Springer nach 1, 2 und 3 Sekunden erreicht.
c) Bestimmen Sie die Durchschnittsgeschwindigkeit während der Phase des freien Falls.

Funktionen mithilfe der Ableitung untersuchen

Zur Untersuchung des Funktionsgraphen einer Funktion f auf Monotonie, Extrempunkte und Wendepunkte benötigt man die Ableitungsfunktion von f (1. Ableitung) und deren Ableitungsfunktion f″ (2. Ableitung). Die Abbildungen zeigen den Zusammenhang zwischen den Eigenschaften von f, der ersten und der zweiten Ableitung.

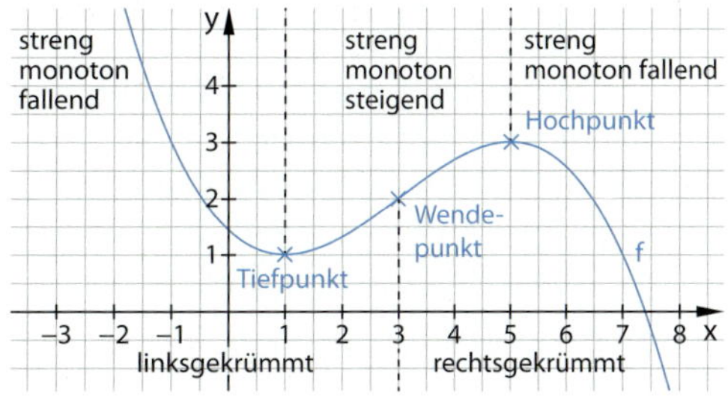

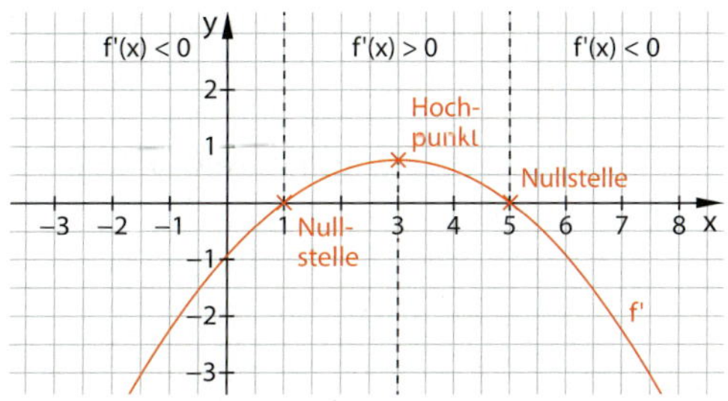

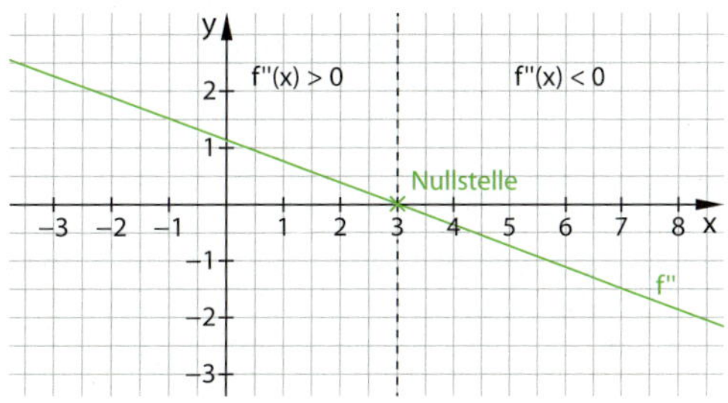

Monotonieverhalten:
Für $1 < x < 5$ gilt $f'(x) > 0$. Dort ist der Graph von f streng monoton wachsend.
Für $x < 1$ und $x > 5$ gilt $f'(x) < 0$. Dort ist der Graph von f streng monoton fallend.

Krümmungsverhalten:
Für $x < 3$ gilt $f''(x) > 0$. Dort ist der Graph von f linksgekrümmt.
Für $x > 3$ gilt $f''(x) < 0$: Dort ist der Graph von f rechtsgekrümmt.

Lokale Extrempunkte:
Bei $x = 5$ gilt: $f'(5) = 0$ (Tangente am Graphen von f verläuft waagerecht) und $f''(5) < 0$ (Graph von f ist rechtsgekrümmt). Hier liegt der **Hochpunkt** H(5 | 3).

Bei $x = 1$ gilt: $f'(1) = 0$ (Tangente am Graphen von f verläuft waagerecht) und $f''(1) > 0$ (Graph von f ist linksgekrümmt). Hier liegt der **Tiefpunkt** T(1 | 1).

Wendepunkte:
Bei $x = 3$ gilt: $f''(3) = 0$ und f″ wechselt an dieser Stelle das Vorzeichen. Hier liegt der **Wendepunkt** W(3 | 2).

Wissen: Hinreichende Bedingung für lokale Extrempunkte
Wenn $\mathbf{f'(x_E) = 0}$ und $\mathbf{f''(x_E) \neq 0}$ gilt, dann ist $\mathbf{x_E}$ **eine lokale Extremstelle** der Funktion f.
- Ist $\mathbf{f''(x_E) < 0}$, so hat der Graph von f einen **Hochpunkt bei** $\mathbf{(x_E \mid f(x_E))}$.
- Ist $\mathbf{f''(x_E) > 0}$, so hat der Graph von f einen **Tiefpunkt bei** $\mathbf{(x_E \mid f(x_E))}$.

Ist $f'(x_E) = 0$ und $f''(x_E) = 0$, so lässt sich daraus nicht folgern, dass bei x_E keine lokale Extremstelle vorliegt. In diesem Fall wird geprüft, ob das Vorzeichen von f′ an der Stelle x_E wechselt (**Vorzeichenwechselkriterium VZW**).

Wissen: Hinreichende Bedingung für Wendepunkte
Wenn $\mathbf{f''(x_W) = 0}$ und $\mathbf{f'''(x_W) \neq 0}$ gilt, dann ist $\mathbf{x_W}$ **eine Wendestelle** der Funktion f.
Der Graph von f hat einen **Wendepunkt bei** $\mathbf{(x_W \mid f(x_W))}$.
- Ist $f'''(x_W) < 0$, so wechselt der Graph von f im Wendepunkt von einer Links- in eine Rechtskrümmung.
- Ist $f'''(x_W) > 0$, so wechselt der Graph von f im Wendepunkt von einer Rechts- in eine Linkskrümmung.

Ist $f''(x_W) = 0$ und $f'''(x_W) = 0$, so lässt sich daraus nicht folgern, dass bei x_W keine Wendestelle vorliegt. In diesem Fall wird geprüft, ob das Vorzeichen von f″ an der Stelle x_W wechselt.

Beispiel 3: Gegeben ist die Funktion f mit $f(x) = -0{,}5\,(x^3 - 6x^2 + 9x - 8)$.
a) Untersuchen Sie den Graphen von f auf Monotonie und lokale Extrempunkte.
b) Bestimmen Sie alle Wendepunkte des Graphen von f.

Lösung:

a) Benötigt werden die erste und die zweite Ableitung von f.

$f'(x) = -0{,}5\,(3x^2 - 12x + 9)$
$f''(x) = -0{,}5\,(6x - 12)$

Die Nullstellen der ersten Ableitung sind Kandidaten für Extremstellen.
Durch Einsetzen eines Kandidaten in die zweite Ableitung ergibt sich, ob an der Stelle ein Extremum vorliegt und welcher Art es ist.

$f'(x) = 0$
$-0{,}5\,(3x^2 - 12 + 9) = 0 \quad |:(-0{,}5) \quad |:3$
$x^2 - 4 + 3 = 0$ pq-Formel anwenden
$x = 2 \pm \sqrt{2^2 - 3}$ also $x = 1$ oder $x = 3$
$f''(1) = -0{,}5\,(6 - 12) = 3 > 0 \qquad f(1) = 2$
Tiefpunkt $T(1\,|\,2)$
$f''(3) = -0{,}5\,(18 - 12) = -3 < 0 \quad f(3) = 4$
Hochpunkt $H(3\,|\,4)$

Durch die Bestimmung der lokalen Extrempunkte ergeben sich die Abschnitte des Graphen von f, auf denen er monoton steigend bzw. monoton fallend ist.

Monotonieverhalten des Graphen von f:
monoton fallend für $x < 1$ und $x > 3$
monoton steigend für $1 < x < 3$

b) Benötigt werden die zweite und die dritte Ableitung. Die Nullstellen der zweiten Ableitung sind Kandidaten für Wendestellen. Die Überprüfung erfolgt durch Einsetzen in die dritte Ableitung.

$f'''(x) = -0{,}5 \cdot 6 = -3$
$f''(x) = 0$
$-0{,}5\,(6x - 12) = 0$ also $x = 2$
$f'''(2) = -3 < 0 \qquad f(2) = 3$
Wendepunkt $W(2\,|\,3)$

Basisaufgaben

Lösungen zu 10:

10. Gegeben ist die Funktion f mit $f(x) = -x^4 + 2x^3$.
a) Untersuchen Sie den Graphen von f auf Monotonie und lokale Extrempunkte.
b) Bestimmen Sie alle Wendepunkte des Graphen von f.

11. Gegeben ist der Graph einer Ableitungsfunktion f'. Treffen Sie möglichst viele Aussagen über den Verlauf des Graphen der zugehörigen Funktion f.

a)
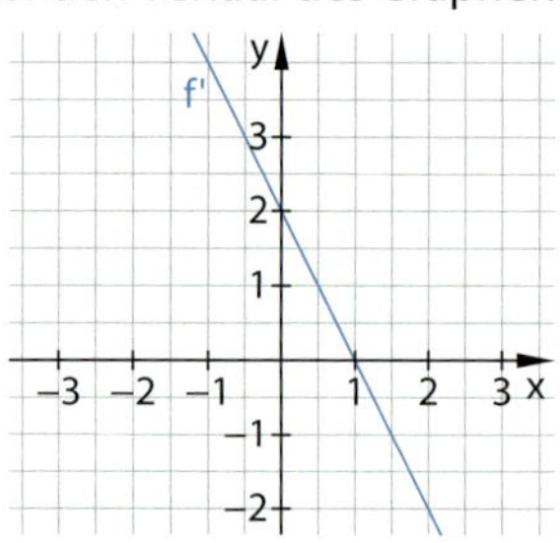

b)
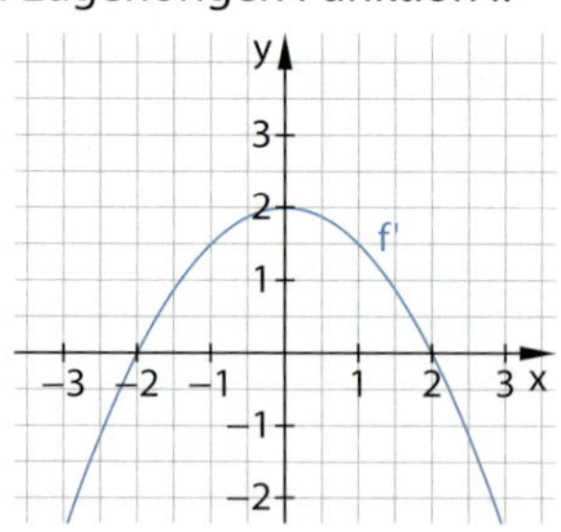

c)
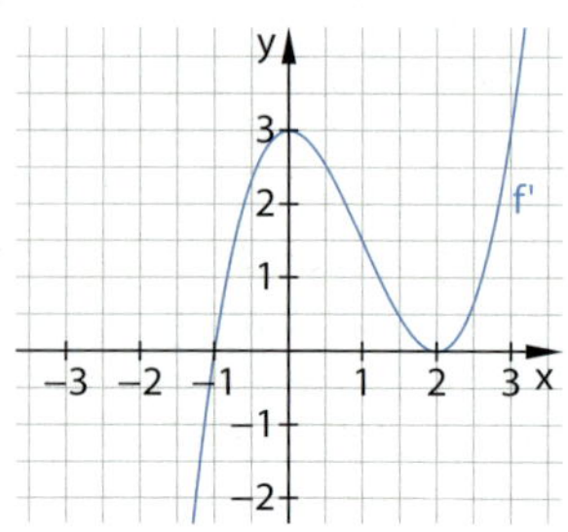

12. Skizzieren Sie einen Funktionsgraphen mit den angegebenen Eigenschaften.
a) Der Graph von f hat den Tiefpunkt $T(-2\,|\,4)$ und ist linksgekrümmt.
b) Der Graph von f hat im Punkt $P(1\,|\,2)$ eine waagerechte Tangente und geht in diesem Punkt von einer Rechts- in eine Linkskrümmung über.
c) Der Graph von f hat zwei Stellen mit waagerechter Tangente und wechselt nur an einer dieser Stellen seine Krümmung.
d) Für alle $x \in \mathbb{R}$ gilt $f'(x) < 0$ und $f''(x) < 0$.
e) Der Graph von f ist linksgekrümmt und hat keine Extremstellen.

13. Ordnen Sie begründet die drei Graphen den Funktionen f, f′ und f″ zu.

a)

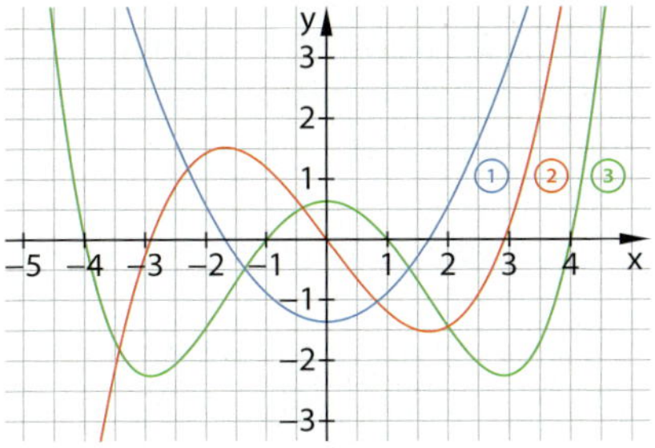

b)

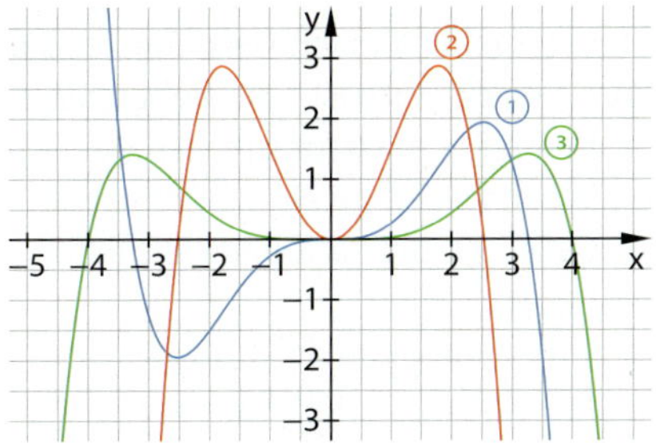

14. Skizzieren Sie einen möglichen Graphen von f. Tauschen Sie die Skizze mit Ihrem Nachbarn und überprüfen Sie gegenseitig Ihre Ergebnisse.

a)

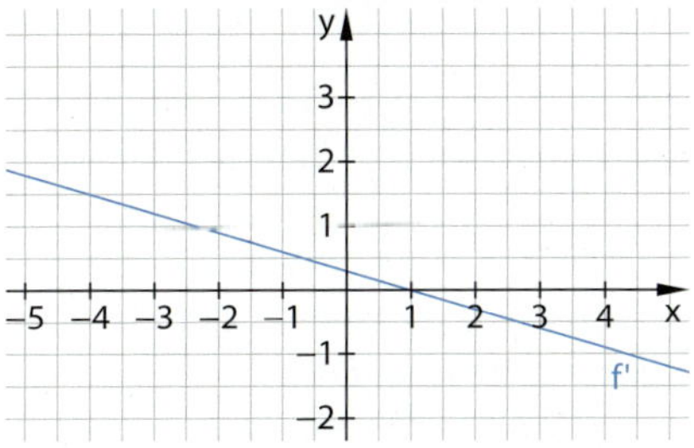

b)

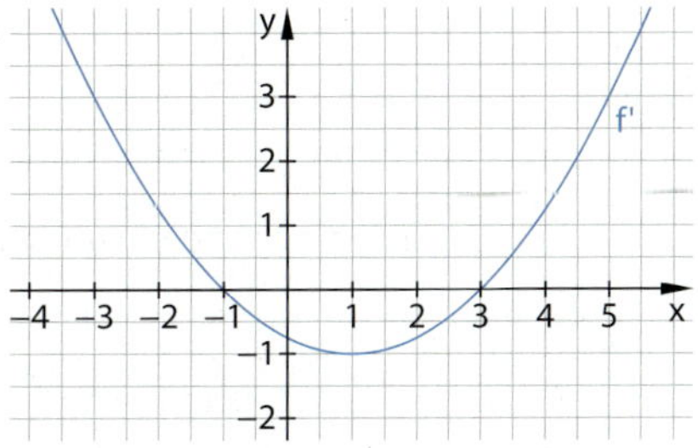

c)

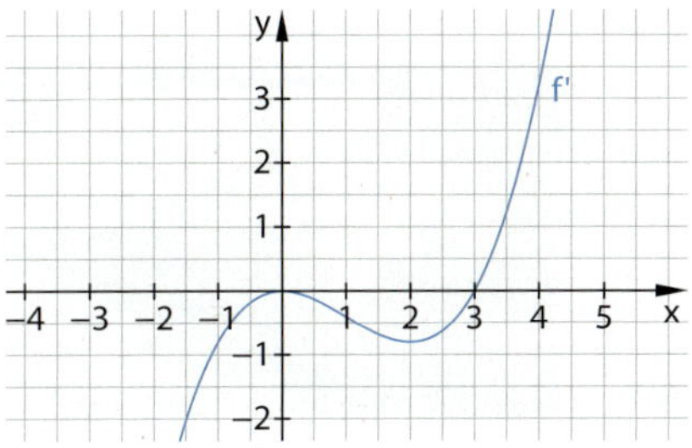

d)

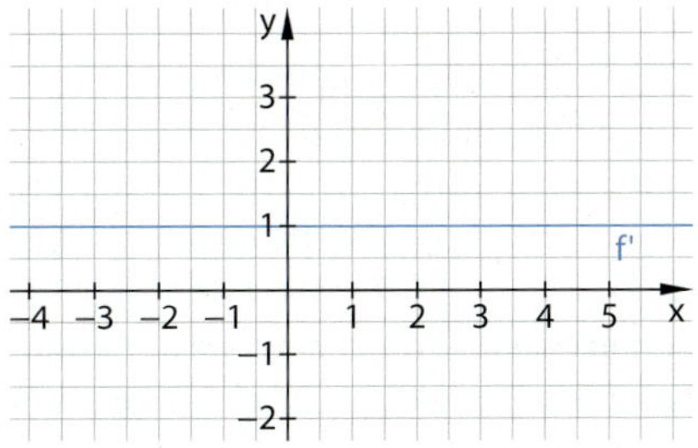

15. Untersuchen Sie f auf Extrem- und Wendepunkte. Beschreiben Sie das Monotonieverhalten von f. Bestimmen Sie die Gleichung der Tangente an den Graphen von f im Wendepunkt. Skizzieren Sie den Graphen von f und die Wendetangente jeweils in einem geeigneten Koordinatensystem.

a) $f(x) = x^3 + 6x^2 + 9x$ b) $f(x) = x^4 - 8x^3 + 18x^2$ c) $f(x) = \cos(x) + x$ für $0 \leq x \leq 2\pi$

16. Ein Wanderer läuft von einem Parkplatz ein geradliniges Kanalufer entlang. Der Graph zeigt für $0 < t < 1{,}25$ die Entfernung des Wanderers s in km vom Startpunkt in Abhängigkeit von der Zeit in Stunden.

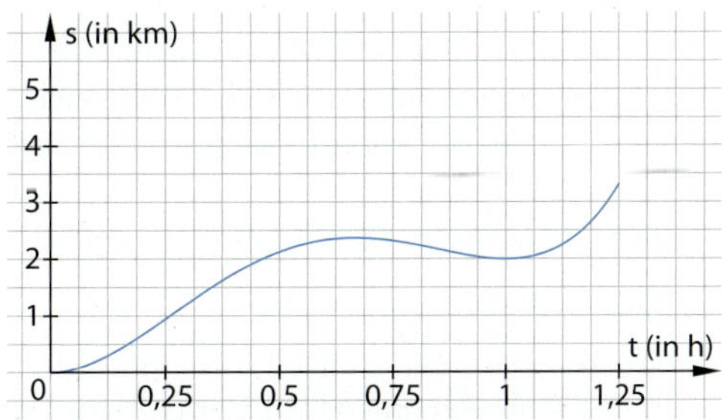

a) Beschreiben Sie den Verlauf des Graphen in Worten.

b) Machen Sie ausgehend vom Graphen Aussagen über die Geschwindigkeit des Wanderers. Wann wird er langsamer, wann schneller? Wann hat er seine höchste, wann seine niedrigste Geschwindigkeit?

c) Die Geschwindigkeit v des Wanderers wird in Abhängigkeit von der Zeit t durch die Funktion v mit $v(t) = 72t^3 - 120t^2 + 48t$ beschrieben. Belegen Sie die in b) gemachten Aussagen durch geeignete Rechnungen.

Weiterführende Aufgaben

17. Stolperstelle: Entscheiden Sie, ob die Aussage wahr oder falsch ist. Begründen Sie, falls die Aussage wahr ist, und geben Sie ein Gegenbeispiel an, falls sie falsch ist.

a) Wenn $f'(x_0) = 0$ für x_0 gilt, dann hat f bei x_0 eine Extremstelle.
b) Wenn f bei $x = a$ eine Extremstelle hat, dann gilt $f'(a) = 0$.
c) Bei einer ganzrationalen Funktion muss zwischen zwei Hochpunkten ein Tiefpunkt liegen.
d) Eine ganzrationale Funktion zweiten Grades besitzt immer einen Extrempunkt.
e) Eine ganzrationale Funktion dritten Grades besitzt immer eine Stelle mit waagerechter Tangente.
f) Wenn das Vorzeichen der Steigung wechselt, dann hat der Graph an dieser Stelle einen Extrempunkt.
g) Die Ableitung hat an den Extremstellen der Funktion Nullstellen.

Erinnerung:
Die y-Koordinate eines Hochpunktes (Tiefpunktes) ist ein lokales Maximum (Minimum). Der größte (kleinste) Funktionswert einer Funktion heißt globales Maximum (Minimum).

18. Globale Extrema: Ist eine Funktion auf einem Intervall definiert, so kann das globale Maximum bzw. Minimum an den Rändern angenommen werden (**Randextrema**).

a) Bestimmen Sie alle lokalen Maxima von f mit $f(x) = x^3 + 3x^2 + 1$ für $-4 \le x \le 4$.
b) Vergleichen Sie diese mit den Funktionswerten an den Intervallrändern. Geben Sie das globale Maximum und das globale Minimum von f im Intervall $[-4; 4]$ an.
c) Untersuchen Sie die Funktion g auf globale Extrema im Intervall I.
① $g(x) = -3x^4 + 4x^3 + 8 \quad I = [-2; 2]$ ② $g(x) = x^3 - 6x^2 + 9x - 4 \quad I = [0; 4]$

19. In einer kleinen Ziegelei können täglich maximal 9 Paletten à 320 Ziegelsteine produziert werden. Die Ziegel werden zu 0,75 € pro Stück, also zu 240 € pro Palette verkauft. Die Produktionskosten der Ziegelei können bei einer täglichen Produktion von x Paletten durch die Funktion k mit $k(x) = 25x^3 - 300x^2 + 765x + 950$ berechnet werden.

a) Analysieren Sie die Gewinnlage der Ziegelei in Abhängigkeit von der Produktionsmenge x. Schränken Sie dazu den Definitionsbereich von k sinnvoll ein.
b) Bestimmen Sie die Anzahl der Paletten, die die Ziegelei täglich herstellen sollte, um einen möglichst hohen Gewinn zu erwirtschaften.

20. Gegeben sind die zwei Funktionen f und g mit den Gleichungen $f(x) = 2x^3 - 4x^2 + x + 8$ und $g(x) = 2x^3 - x^2 - 2x + 2$.

a) Berechnen Sie die Schnittpunkte der beiden Funktionsgraphen.
b) Berechnen Sie, an welcher Stelle zwischen den beiden Schnittpunkten der vertikale Abstand der Funktionsgraphen am größten ist.

21. Die Graphen der Funktionen f und g mit $f(x) = \frac{1}{5}x^4 - \frac{2}{5}x^2 - \frac{1}{2}x + 2$ und $g(x) = \frac{1}{10}x^4 - \frac{1}{5}x^2 - \frac{1}{2}x + 1$ beschreiben die Ufer eines schmalen Bachs (1 LE entspricht 1 m). Entlang der x-Achse verläuft ein Weg.
Im Bereich $-2 \le x \le 2$ soll senkrecht zum Weg eine kleine Brücke gebaut werden. Bestimmen Sie, welcher Uferabstand dabei mindestens und welcher höchstens überwunden werden muss.

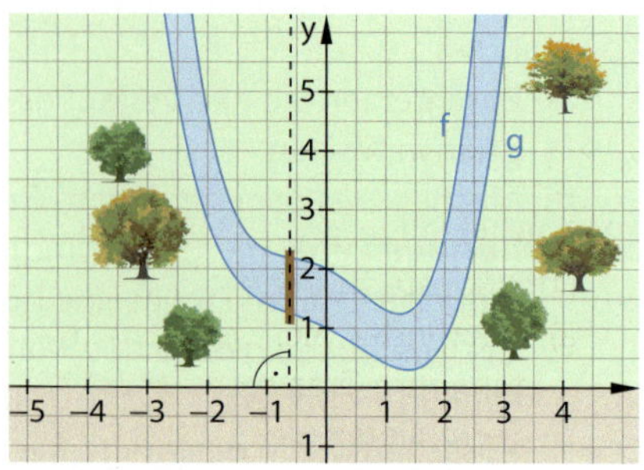

15. Bei einer Wurfparabel wird die maximale Wurfweite immer bei einem Abwurfwinkel von 45° erreicht. Zudem hängt diese maximale Wurfweite natürlich von der Anfangsgeschwindigkeit der Kugel, also von der Kraft des Sportlers ab.
Ein Kugelstoßer stößt aus einer Höhe von 2 m und unter einem Winkel von 45° die Kugel 12 m (15 m, 18 m) weit. Berechnen Sie jeweils die maximale Höhe der Flugbahn.

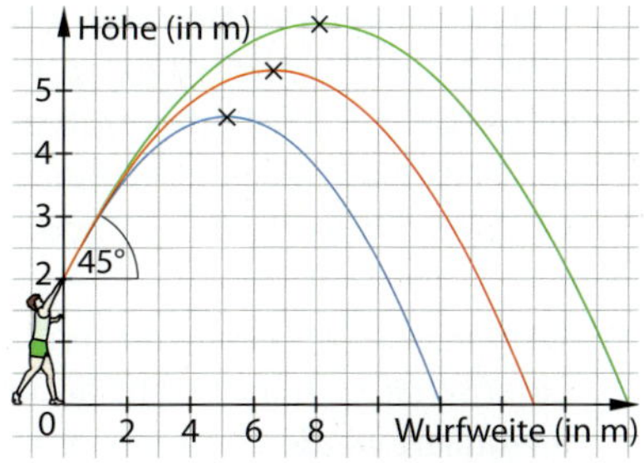

Hinweis zu 15:

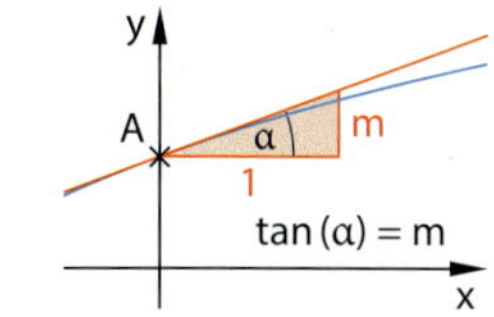

16. Das rosa gefärbte Kunststoffteil der Rutsche beginnt und endet jeweils waagerecht.
a) Bestimmen Sie eine geeignete ganzrationale Funktion mit möglichst geringem Grad.
b) Berechnen Sie mit dem Ergebnis aus a) die Stelle, an der die Rutsche am steilsten ist, und geben Sie diese Steigung an.

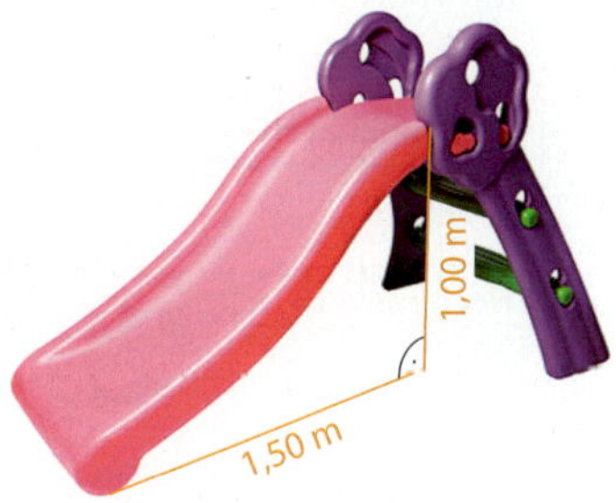

Weiterführende Aufgaben

17. Bestimmen Sie zu den Bedingungen eine ganzrationale Funktion f dritten Grades. Untersuchen Sie anschließend die bestimmte Funktion vollständig auf Extrem- und Wendepunkte.
a) $f(2) = 5$; $f(0) = 1$; $f'(2) = 22$; $f'(0) = 2$
b) Der Graph von f verläuft durch den Punkt $P(0\,|\,5)$ und hat dort die Steigung 2. Im Punkt $Q(1\,|\,11)$ hat der Graph einen Wendepunkt.
c) Der Graph von f ist punktsymmetrisch zum Ursprung und verläuft durch den Punkt $P(-1\,|\,2)$ mit der Steigung -6.

18. Lesen Sie wichtige Eigenschaften des Graphen ab und bestimmen Sie die Funktionsgleichung von f. Überlegen Sie, welchen Grad die Funktion mindestens haben muss.

a)
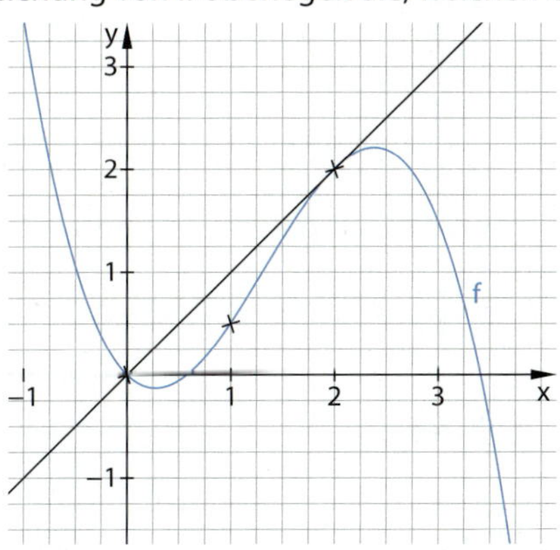

b)
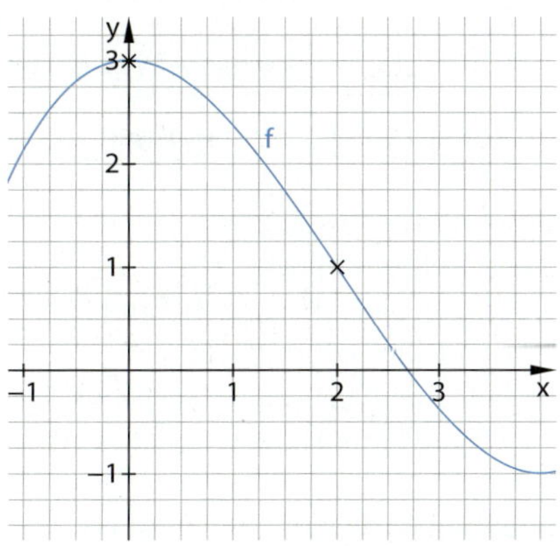

19. Zum abgebildeten Graphen der Funktion f soll ein Funktionsterm gefunden werden.
a) Begründen Sie, warum die Funktion f mindestens vom Grad vier sein muss.
b) Formulieren Sie eine Steckbriefaufgabe.
c) Bestimmen Sie den Funktionsterm.

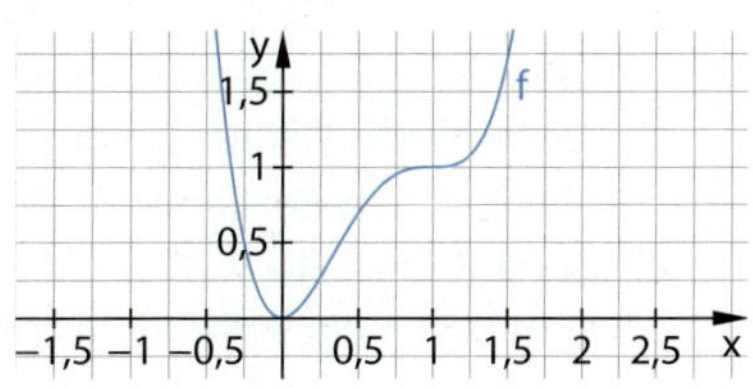

20. Stolperstelle: Tina und Joe untersuchen, ob es eine ganzrationale Funktion dritten Grades gibt, deren Graph die y-Achse bei 6 schneidet, einen Wendepunkt W(2|4) und einen Tiefpunkt bei x = 3 hat. Überprüfen Sie ihre Antworten.

a) Tina: *„Drei Punkte reichen nicht aus, um eine Funktion zu bestimmen."*

b) Joe stellt vier Bedingungen auf und erhält f mit $f(x) = -x^3 + 6x^2 - 9x + 6$.

21. Geben Sie jeweils an, welchen Grad eine ganzrationale Funktion mit den angegebenen Eigenschaften mindestens haben muss. Entscheiden Sie, ob genügend Bedingungen formuliert werden können, um die Funktionsgleichung eindeutig zu bestimmen. Bestimmen Sie, falls möglich, die Funktionsgleichung.

① Hochpunkt H(1|4).

② Tiefpunkt T(3|−2) und Nullstelle x = 5

③ Graph schneidet die y-Achse bei 8 und berührt die x-Achse bei x = 4

④ Hochpunkt H(−1|2) und Tiefpunkt T(1|−2)

⑤ Wendepunkt W(1|3)

⑥ Sattelpunkt S(1|3).

⑦ Sattelpunkt S(1|3), Graph geht durch den Ursprung

Hinweis zu 22:
Lesen Sie markante Eigenschaften der Graphen ab und stellen Sie Bedingungen auf. In a) sind die Skalen unterschiedlich.

22. Bestimmen Sie eine Funktionsgleichung, die zum Graphen passt.

a)

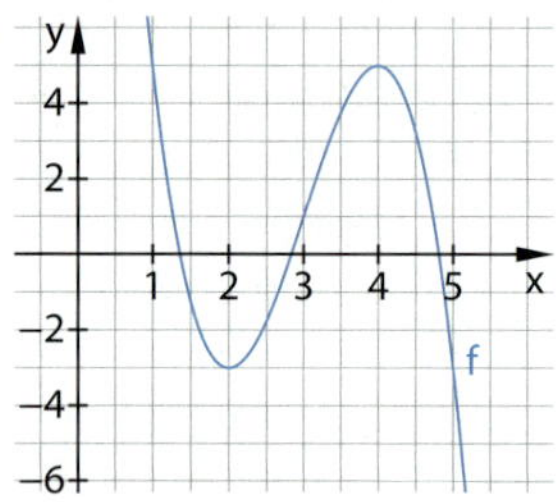

b)

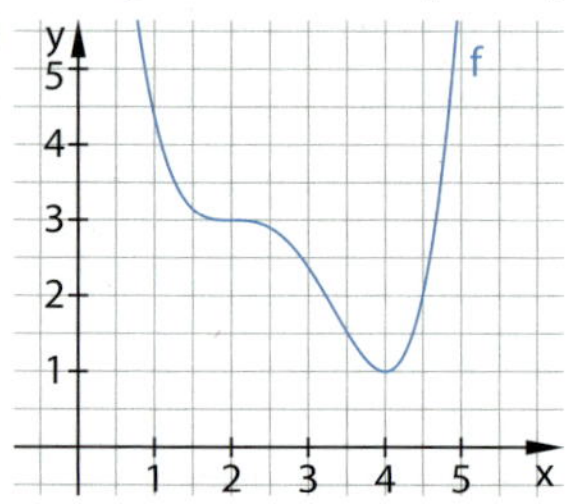

c)

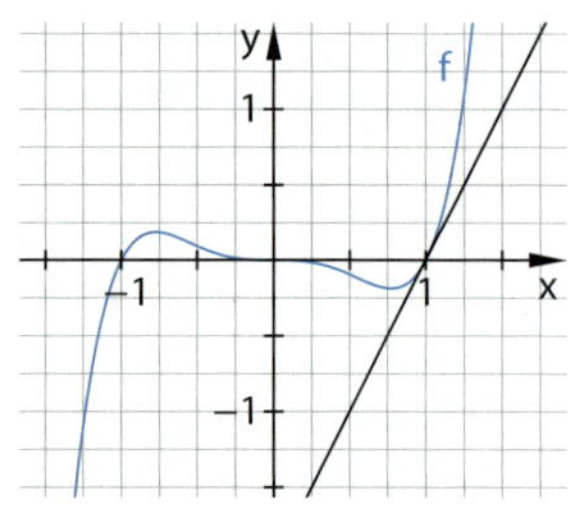

23. Gesucht ist eine ganzrationale Funktion fünften Grades.

a) Zeigen Sie, dass die folgenden Bedingungen an den Graphen nicht ausreichen, um die Funktion eindeutig festzulegen.

punktsymmetrisch zum Ursprung

waagerechte Tangente im Ursprung

Wendepunkt bei x = 3

Tiefpunkt bei $x = 3\sqrt{2}$

b) Ändern Sie die Bedingungen so, dass eine Funktion eindeutig bestimmt werden kann.

24. Gesucht ist eine ganzrationale Funktion, deren Graph die Nullstellen x = 0 und x = 2 und einen Tiefpunkt T(1|−1) hat.

a) Zeigen Sie, dass sowohl f mit $f(x) = x^2 - 2x$ als auch g mit $g(x) = x^4 - 4x^3 + 6x^2 - 4x$ mögliche Lösungen sind.

b) Paul meint: *„Da ich 4 Bedingungen habe, bestimme ich eine Funktion 3. Grades."*
Zeigen Sie, dass sein Ansatz ebenfalls zur Funktion f führt.

25. Gegeben ist die Funktion f mit $f(x) = x^4 - 8x^3 + 18x^2$.

a) Formulieren Sie einen Steckbrief, mit dem die Funktion f aus den gegebenen Bedingungen bestimmt werden kann.

b) Formulieren Sie zur Bestimmung der Funktion f einen Steckbrief, der die Funktionsgleichungen der Tangenten in den Wendepunkten enthält.

c) Beschreiben Sie, wie der Steckbrief aus a) oder b) so variiert werden kann, dass sich die Funktion nicht oder nicht eindeutig bestimmen lässt.

GTR **26.** Das Höhenprofil einer 6 km langen Wanderstrecke lässt sich durch eine ganzrationale Funktion dritten Grades beschreiben (Einheiten auf den Achsen: x-Achse 1 km, y-Achse 100 m). Nach 2 km geht es auf einer Strecke von 2 km nur noch bergab und ausgehend von einer Höhe von 222 m wird ein Höhenunterschied von 44 m überwunden. Anschließend führt die Tour wieder bergauf.

a) Formulieren Sie möglichst viele Bedingungen an Funktionen deren Graphen das Höhenprofil wiedergeben.

b) Zeigen Sie, dass eine Näherungslösung des sich aus den Bedingungen ergebenden linearen Gleichungssystems auf die Funktionsgleichung $f(x) = 0{,}11x^3 - 0{,}99x^2 + 2{,}64x + 0{,}02$ führt.

c) Untersuchen Sie, ob auch die Funktion g mit $g(x) = \frac{1}{9}x^3 - x^2 + \frac{8}{3}x$ zur Beschreibung des Sachverhalts geeignet ist.

d) Bestimmen Sie, auf welchen Streckenabschnitten die Steigung bzw. das Gefälle durchschnittlich am größten ist, wenn zur Modellierung die Funktion g aus c) verwendet wird und jeweils ansteigende bzw. absteigende Streckenabschnitte betrachtet werden.

e) Untersuchen Sie, für welche Werte von a die Funktion g_a mit $g_a(x) = ax^3 - x^2 + \frac{8}{3}x$ genau zwei Extremstellen hat.

27. Bestimmen Sie mindestens eine ganzrationale Funktion dritten Grades, die die genannten Eigenschaften hat.

a) Im Punkt P(2|3) hat ihr Graph eine maximale Steigung.

b) Im Punkt P(2|3) hat ihr Graph die maximale Steigung 1.

c) Variieren Sie die Eigenschaften in b) so, dass sich eine eindeutige Lösung ergibt.

● **28. Keine Lösung/unendlich viele Lösungen:** Bestimmen Sie eine ganzrationale Funktion dritten Grades, die die genannten Eigenschaften aufweist.

a) x = 1 ist eine Extremstelle und x = 3 ist eine Wendestelle. Zudem hat der Graph den Hochpunkt H(6|4).

b) x = 1 und x = 5 sind Extremstellen. Zudem hat der Graph den Wendepunkt H(3|2).

● **29.** Formulieren Sie selbst eine „Steckbriefaufgabe", die die angegebene Lösung hat, und stellen Sie sie Ihrem Nachbarn als Aufgabe.

a) genau eine Funktion zweiten Grades

b) unendlich viele Funktionen zweiten Grades

c) genau eine Funktion dritten Grades

● **30. Ausblick:** In der Abbildung sind zwei Straßenstücke dargestellt, die durch ein Kurvenstück verbunden werden sollen.

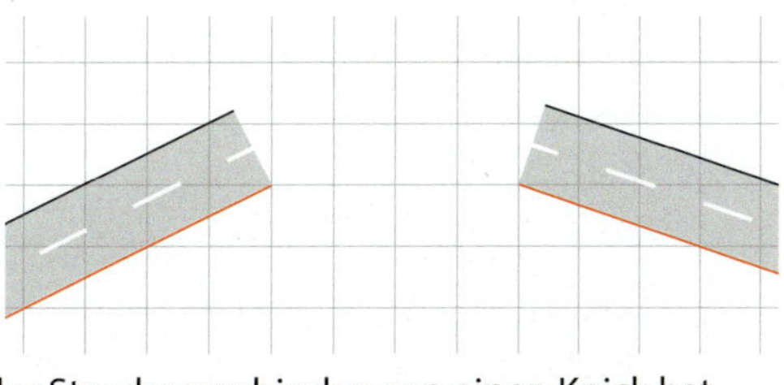

a) Wählen Sie ein geeignetes Koordinatensystem und bestimmen Sie eine quadratische Funktion, deren Graph die beiden roten Fahrbahnränder verbindet. Zeigen Sie, dass mindestens eine der Streckenverbindungen einen Knick hat.

b) Bestimmen Sie eine ganzrationale Funktion mit möglichst geringem Grad, die die Straßenstücke knickfrei verbindet.

1.4 Produktregel

■ Die Funktion f mit $f(x) = x^2$ lässt sich auch als Produkt darstellen: $f(x) = x \cdot x$.

a) Leiten Sie die Faktoren einzeln ab und bilden Sie das Produkt. Überprüfen Sie, ob das Ergebnis mit der Ableitung von f übereinstimmt.

b) Prüfen Sie – wie oben – auch die Funktion g mit $g(x) = 12x^3$. ■

Um die Ableitung der Summe zweier Funktionen zu bilden, leitet man summandenweise ab. Die Ableitung zu $g(x) = u(x) + v(x)$ ist also $g'(x) = u'(x) + v'(x)$.
Gilt dies auch für Produkte von Funktionen?

Bei zwei ganzrationalen Funktionen lässt sich das Produkt ausmultiplizieren und man kann die Ableitung bestimmen.
Das Beispiel rechts zeigt, dass man nicht einfach faktorweise ableiten kann.

$f(x) = u(x) \cdot v(x) \qquad u(x) = x^2 \qquad v(x) = 3x + 5$
$f(x) = x^2 \cdot (3x + 5) = 3x^3 + 5x^2$
$f'(x) = 9x^2 + 10x$
dagegen Ableitung faktorweise:
$u'(x) \cdot v'(x) = 2x \cdot 3 = 6x$

Mit dem Grenzwert des Differenzenquotienten lässt sich eine allgemeine Regel finden.
Für eine Funktion f mit $f(x) = u(x) \cdot v(x)$ gilt:

$$f'(x) = \lim_{h \to 0} \frac{f(x+h) - f(x)}{h}$$
$$\lim_{h \to 0} \frac{u(x+h) \cdot v(x+h) - u(x) \cdot v(x)}{h}$$
$$\lim_{h \to 0} \frac{u(x+h) \cdot v(x+h) - u(x) \cdot v(x+h) + u(x) \cdot v(x+h) - u(x) \cdot v(x)}{h}$$
$$\lim_{h \to 0} \left(\frac{u(x+h) - u(x)}{h} \cdot v(x+h) + u(x) \cdot \frac{v(x+h) - v(x)}{h} \right)$$
$$\downarrow \qquad \downarrow \qquad \downarrow \qquad \downarrow$$
$$f'(x) = u'(x) \cdot v(x) + u(x) \cdot v'(x)$$

Diese Ergänzung ermöglicht es, die Differenzenquotienten von u und v zu bilden, ohne den Wert des Differenzenquotienten von f zu ändern.

Merkregel:
$(u \cdot v)' = u' \cdot v + u \cdot v'$

Satz: Produktregel
Haben die Funktionen u und v die Ableitungen u' und v', so hat die Funktion f mit $f(x) = u(x) \cdot v(x)$ die Ableitung $f'(x) = u'(x) \cdot v(x) + u(x) \cdot v'(x)$.

Beispiel 1: Berechnen Sie die Ableitung der Funktion f mit $f(x) = x^2 \cdot (3x + 5)$.

Lösung:
Der Term $f(x) = x^2 \cdot (3x + 5)$ ist ein Produkt.
Schreiben Sie die Faktoren u(x) und v(x) auf und bestimmen Sie ihre Ableitungen.
Wenden Sie die Formel der Produktregel an.
Vereinfachen Sie den Term so weit wie möglich.

$u(x) = x^2 \qquad v(x) = 3x + 5$
$u'(x) = 2x \qquad v'(x) = 3$
$f'(x) = u'(x) \cdot v(x) + u(x) \cdot v'(x)$
$= 2x \cdot (3x + 5) + x^2 \cdot 3$
$= 6x^2 + 10x + 3x^2$
$= 9x^2 + 10x$

Basisaufgaben

1. Vervollständigen Sie die Ableitung der Funktion f im Heft.

a) $f(x) = x^3 \cdot (4x + 3)$
$f'(x) = ■ \cdot (4x + 3) + x^3 \cdot ■$

b) $f(x) = 2x \cdot \sin(x)$
$f'(x) = ■ \cdot \sin(x) + 2x \cdot ■$

c) $f(x) = (x^2 + 1) \cdot \sqrt{x}$
$f'(x) = ■ \cdot \sqrt{x} + (x^2 + 1) \cdot ■$

d) $f(x) = \frac{1}{x} \cdot \cos(x)$
$f'(x) = ■ \cdot \cos(x) + \frac{1}{x} \cdot ■$

e) $f(x) = \sin(x) \cdot (x^2 - 2x)$
$f'(x) = ■ \cdot (x^2 - 2x) + \sin(x) \cdot ■$

f) $f(x) = (2x^3 - 4x^2) \cdot x^{-1}$
$f'(x) = ■ \cdot x^{-1} + (2x^3 - 4x^2) \cdot ■$

2. Bestimmen Sie die erste Ableitung der Funktion f mit der Produktregel.

a) $f(x) = (2x^3 + 5) \cdot x^2$
b) $f(x) = (x^2 - 5) \cdot (2x + 1)$
c) $f(x) = (x^2 - 1) \cdot (x^2 + 1)$
d) $f(x) = (2x^3 - 3x^2 + x) \cdot (3x + 5)$
e) $f(x) = (x^2 + 3) \cdot \sqrt{x}$
f) $f(x) = 3x^5 \cdot (\cos(x) + x)$
g) $f(x) = \frac{1}{x} \cdot \sin(x)$
h) $f(x) = \sin(x) \cdot \cos(x)$
i) $f(x) = \frac{1}{x^2} \cdot \sqrt{x}$
j) $f(x) = (\sin(x) + 1) \cdot (\cos(x) + 1)$
k) $f(t) = (3t^3 + t^2) \cdot t^{-3}$
l) $f(t) = \frac{t^3}{2} \cdot (2t + 1) + 5t$

3. In einigen Fällen können Produkte auch ohne die Produktregel abgeleitet werden.

a) Bestimmen Sie die erste Ableitung zuerst mit der Produktregel und anschließend ohne die Produktregel. Fassen Sie für den zweiten Weg den Funktionsterm zusammen. Entscheiden Sie jeweils, welcher Weg günstiger ist.

① $f(x) = x \cdot (x + 2)$
② $f(x) = x^2 \cdot x^8$
③ $f(x) = (1 - x^4) \cdot (x - 3x^4)$
④ $f(x) = (\sqrt{x} + 1) \cdot (\sqrt{x} - 1)$
⑤ $f(x) = (x^3 - 4) \cdot \frac{1}{x}$
⑥ $f(x) = \left(\frac{1}{x} + \sqrt{x}\right) \cdot \left(\sqrt{x} - \frac{1}{x}\right)$

b) Geben Sie drei möglichst vielfältige Funktionsterme mit Produkten an, bei denen eine Vereinfachung des Terms die Anwendung der Produktregel umgeht.

c) Entwerfen Sie drei Funktionsterme, bei denen die Produktregel zur Bestimmung der Ableitungsfunktion notwendig ist.

4. Gegeben sind die Funktionen f, g, h und j mit

$f(x) = 3x\cos(x)$; $g(x) = (x^2 - 3)\sin(x)$
$h(x) = \sqrt{x}\cos(x)$; $j(x) = (\sqrt{x} - 1)x^4$

a) Bestimmen Sie jeweils die erste und zweite Ableitung der Funktionen ohne Hilfsmittel.

CAS b) Überprüfen Sie Ihre Ergebnisse aus a) mit dem CAS.

Hinweis zu 4:
$\frac{1}{\sqrt{x}} = x^{-\frac{1}{2}}$

Weiterführende Aufgaben

5. Leiten Sie die Funktion f ab ($a, b, c \in \mathbb{R}$ und $n \in \mathbb{N}$).

a) $f(x) = x^3 \cdot (ax + b)$
b) $f(x) = \frac{a}{x^2} \cdot (bx + c)$
c) $f(z) = z^n \cdot \sin(z)$
d) $f(t) = \sqrt[n]{t} \cdot (n \cdot t + 1)$

6. **Stolperstelle:** Die Funktion f mit $f(x) = x^2 \cdot \sqrt{x}$ wurde mithilfe der Produktregel abgeleitet. Finden Sie die Fehler und korrigieren Sie diese.

① $f'(x) = 2x \cdot \frac{1}{2\sqrt{x}}$

② $f'(x) = 2x \cdot \sqrt{x} - x^2 \cdot \frac{1}{2\sqrt{x}}$

③ $f'(x) = 2x \cdot x^2 + \sqrt{x} \cdot \frac{1}{2\sqrt{x}}$

④ $f'(x) = 2x \cdot \frac{1}{2\sqrt{x}} + x^2 \cdot \sqrt{x}$

7. Bestimmen Sie die Gleichung der Tangente an den Graphen der Funktion f an der Stelle x_0.

a) $f(x) = 3x \cdot \sin(x)$; $x_0 = \frac{\pi}{2}$
b) $f(x) = \sqrt{x} \cdot (2x - 2)$; $x_0 = 1$
c) $f(x) = \sin(x) \cdot \cos(x)$; $x_0 = 0$
d) $f(x) = \frac{1}{x} \cdot (x^2 + 1) + x$; $x_0 = -1$

8. Zeigen Sie, dass der Graph der Funktion g mit $g(x) = x^2 \cdot f(x)$ für jede beliebige Funktion f mit der Ableitung f' im Ursprung eine waagerechte Tangente hat.

9. Beurteilen Sie folgende Aussage:
„Haben die Graphen der Funktionen g und h an der Stelle x_0 eine waagerechte Tangente, dann gilt dies auch für die Funktion f mit $f(x) = g(x) \cdot h(x)$."
Formulieren Sie die Umkehrung dieser Aussage und entscheiden Sie, ob diese gilt oder nicht.

Erinnerung:
Faktorregel:
Für $f(x) = k \cdot g(x)$ mit der Konstanten $k \in \mathbb{R}$ gilt: $f'(x) = k \cdot g'(x)$

Hinweis:
Für $(\sin(x))^2$ schreibt man auch $\sin^2(x)$.

10. Zeigen Sie, dass die Faktorregel ein Spezialfall der Produktregel ist.

● **11.** Schreiben Sie den Funktionsterm zunächst als Produkt und leiten Sie f anschließend ab.

a) $f(x) = \frac{\sin(x)}{x}$
b) $f(x) = \frac{x+1}{2\sqrt{x}}$
c) $f(x) = \sin^2(x)$
d) $f(x) = \frac{x^2-9}{\sqrt[3]{x}}$
e) $f(x) = \frac{x^3-\sqrt{x}}{x}$
f) $f(x) = \frac{x^2-4}{x+2}$

12. Gegeben ist die Funktion f mit $f(x) = \sin^2(x) + \cos^2(x)$.
a) Bilden Sie die Ableitungsfunktion f'.
b) Erläutern Sie, was aus dem Ergebnis von a) für die Funktion f folgt.

13. Mit einer Baggerschaufel entsteht auf einer horizontalen Fläche ein Loch, dessen Querschnittsfläche durch den Graphen der Funktion f mit $f(x) = \sqrt{x} \cdot \left(\frac{1}{2}x - 1\right)$ beschrieben werden kann.

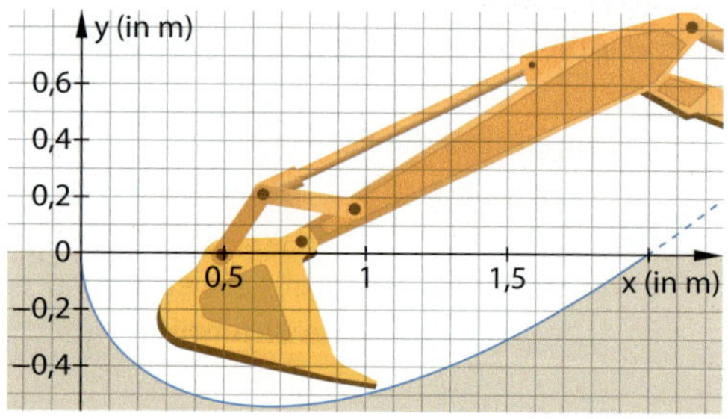

a) Bestimmen Sie die maximale Tiefe des Lochs.
b) An der Stelle x = 0 sticht die Baggerschaufel lotrecht in die Erde. Berechnen Sie den Winkel, unter dem die Baggerschaufel das Loch wieder verlässt.

● **14.** Gegeben ist die Funktion f mit $f(x) = (x^2 - 4x + 3) \cdot \sqrt{x}$.
a) Bestimmen Sie die Nullstellen und Extrempunkte.
b) Für die zweite Ableitung von f gilt $f''(x) = (15x^2 - 12x - 3) \cdot \frac{1}{4}x^{-\frac{3}{2}}$. Bestimmen Sie den Wendepunkt und die zugehörige Wendetangente.
GTR c) Stellen Sie den Graphen der Funktion f und die Tangente aus b) mit dem GTR dar und überprüfen Sie Ihre Ergebnisse.

Hinweis zu 15:
Es gilt:
$\sin^2(x) + \cos^2(x) = 1$

● **15.** Betrachten Sie die Funktionen f, g und h. Geben Sie an, welcher Zusammenhang zwischen diesen Funktionen besteht.

a) $f(x) = 1 - 2\cos^2(x)$
$g(x) = -\sin(x) \cdot \cos(x)$
$h(x) = -\cos^2(x) + \sin^2(x)$

b) $f(x) = \sin^2(x) + x$
$g(x) = (\sin(x) + \cos(x))^2$
$h(x) = 2 \cdot \cos(x) \cdot \sin(x) + 1$

● **16.** **Ausblick:** Durch zweifaches Anwenden der Produktregel lässt sich auch für Produkte mit drei Faktoren eine Ableitungsregel finden.
a) Bestimmen Sie die erste Ableitung der Funktion f.
① $f(x) = x^2 \cdot (3x - 4) \cdot \sqrt{x}$
② $f(x) = \sin(x) \cdot x^2 \cdot \cos(x)$
b) Die Funktionen u, v und w haben die Ableitungen u', v' und w'. Formulieren Sie eine Ableitungsregel für die Funktion f mit $f(x) = u(x) \cdot v(x) \cdot w(x)$.

1.5 Kettenregel

■ Gegeben ist die Funktion f mit $f(x) = (5x^3 + 1)^2$. Die Funktion lässt sich als Verkettung $f(x) = u(v(x))$ der Funktionen u mit $u(x) = x^2$ und v mit $v(x) = 5x^3 + 1$ auffassen.
Gesucht ist eine Ableitungsregel für verkettete Funktionen.
Multiplizieren Sie hierzu den Term der Funktion f aus und leiten Sie f ab. Bestimmen Sie $u'(5x^3 + 1)$ und finden Sie einen Zusammenhang von f' mit u', v' und v. ■

Verkettung von Funktionen

Bei der Funktion f mit $f(x) = \sqrt{3x}$ wird der x-Wert zuerst verdreifacht und anschließend die Wurzel gezogen. Entsprechend kann ein Funktionswert f (x) durch Hintereinanderausführung der Funktionen v mit $v(x) = 3x$ und u mit $u(x) = \sqrt{x}$ gebildet werden.

$$x \xrightarrow{\text{1. Verdreifachen}} v(x) = 3x \xrightarrow{\text{2. Wurzel ziehen}} u(3x) = \sqrt{3x}$$

Zur Berechnung von f (x) setzt man den Funktionswert v (x) der **inneren Funktion** v als Argument in den Term der **äußeren Funktion** u ein.
f bezeichnet man als **Verkettung** der Funktionen u und v.

$$f(x) = u(v(x)) = u(3x) = \sqrt{3x}$$

Hinweis:
Entgegen der Leserichtung wird zunächst die innere Funktion h und dann die äußere Funktion g ausgeführt.

Beim **Verketten** (Hintereinanderausführen) zweier Funktionen ist die Reihenfolge meist nicht vertauschbar. Die Verkettung g von v und u mit $g(x) = v(u(x))$ ergibt eine andere Funktion als f.

$$g(x) = v(u(x)) = v(\sqrt{x}) = 3\sqrt{x} \quad (\neq f(x))$$

Definition: Verkettung von Funktionen
Die Funktion f mit $f(x) = u(v(x))$ heißt die **Verkettung** der Funktionen u und v.

$$x \xrightarrow{v} v(x) \xrightarrow{u} u(v(x)), \qquad x \xrightarrow{f} u(v(x))$$

Hinweis:
Für die verkettete Funktion f mit $f(x) = u(v(x))$ schreibt man auch $f = u \circ v$.

Beispiel 1: Funktionen verketten
Gegeben sind die Funktionen u und v mit $u(x) = \sin(x)$ und $v(x) = x^2 + 1$.
Bilden Sie die Verkettungen f mit $f(x) = u(v(x))$ und g mit $g(x) = v(u(x))$.

Lösung:
Setzen Sie für v (x) den Term $x^2 + 1$ als Argument in u (x) ein und geben Sie den Funktionswert von u an der Stelle $x^2 + 1$ an.

$$f(x) = u(v(x)) = u(x^2 + 1) = \sin(x^2 + 1)$$

Setzen Sie bei v (u (x)) umgekehrt für u (x) den Term sin (x) als Argument in v (x) ein.

$$g(x) = v(u(x)) = v(\sin(x)) = (\sin(x))^2 + 1$$

Beispiel 2: Funktion als Verkettung darstellen
Bestimmen Sie zur Funktion f mit $f(x) = (5x - 2)^4$ Funktionen u und v so, dass $f(x) = u(v(x))$ gilt.

Lösung:
Bei $(5x - 2)^4$ wird erst der Term $5x - 2$ berechnet und dann mit 4 potenziert. Also kann man zu $5x - 2$ die innere Funktion v und zum Potenzieren die äußere Funktion u wählen.

$v(x) = 5x - 2$; $u(x) = x^4$

Dann gilt: $f(x) = u(v(x)) = u(5x - 2) = (5x - 2)^4$

Hinweis:
Die Wahl von u und v ist nicht eindeutig. Möglich ist z. B. auch: $v(x) = 5x$, $u(x) = (x - 2)^4$

Basisaufgaben

1. Bilden Sie die Verkettungen f mit $f(x) = u(v(x))$ und g mit $g(x) = v(u(x))$.

a) $u(x) = x - 4$ $\quad v(x) = x^2$ $\qquad$ b) $u(x) = -8x$ $\quad v(x) = x + 9$

c) $u(x) = \sqrt{x}$ $\quad v(x) = 3 - x^4$ $\qquad$ d) $u(x) = \cos(x)$ $\quad v(x) = 3x + 7$

e) $u(x) = \frac{1}{x}$ $\quad v(x) = \sqrt{x}$ $\qquad$ f) $u(x) = 4\sqrt{x}$ $\quad v(x) = \frac{3}{x^2}$

g) $u(x) = \frac{1}{x^2 + 1}$ $\quad v(x) = 1 - x$ $\qquad$ h) $u(x) = \frac{1}{\sqrt{x}}$ $\quad v(x) = \sin(2x)$

2. Gegeben sind Funktionen u, v und eine Stelle x_0. Bestimmen Sie $u(v(x_0))$ und $v(u(x_0))$.

a) $u(x) = x + 1;\ v(x) = x^2;\ x_0 = 3$ $\qquad$ b) $u(x) = \frac{1}{x};\ v(x) = x + 1;\ x_0 = \frac{1}{2}$

c) $u(x) = \sqrt{x};\ v(x) = x - 7;\ x_0 = 16$ $\qquad$ d) $u(x) = x^2;\ v(x) = x^3;\ x_0 = -1$

3. Übertragen Sie die Tabelle in Ihr Heft und vervollständigen Sie sie.

	u (v (x))	u (x)	v (x)
a)		$x + 10$	$6x$
b)	$\sqrt{1 - x^2}$		$1 - x^2$
c)	$2\sin(x + \pi)$		$x + \pi$
d)	$(x + 3)^2 + 3$		$x + 3$

	u (v (x))	u (x)	v (x)
e)		$2x^2$	$\cos(x) + 1$
f)	$(11\sqrt{x} - 7)^3$	x^3	
g)	$\frac{1}{\sin(x)}$	x^{-1}	
h)	$(5 + 2x)^2$	$(5 - x)^2$	

4. Bestimmen Sie Funktionen u und v so, dass $f(x) = u(v(x))$ gilt.

a) $f(x) = (x + 5)^3$ $\qquad$ b) $f(x) = \cos(x^2)$ $\qquad$ c) $f(x) = \frac{1}{4x - 1}$ $\qquad$ d) $f(x) = 2\sqrt{x + 1}$

5. Fast überall in der Welt – bis auf die USA – wird zur Temperaturmessung die Celsius-Skala verwendet, in der 0 °C der Gefrierpunkt von Wasser ist und 100 °C der Siedepunkt. Die Amerikaner verwenden die Fahrenheitskala, in der als Nullpunkt (0 °F) die tiefste Temperatur dient, die mit einer Mischung aus Eis, Wasser und Salmiak erzeugt werden kann. Als zweiten Fixpunkt (100 °F) wählte Fahrenheit die Körpertemperatur eines gesunden Menschen. Dadurch wollte er negative Temperaturen vermeiden. Die Funktion f mit $f(T_C) = \frac{9}{5} \cdot T_C + 32$ gibt die Temperatur in °F an, wenn T_C die Temperatur in °C ist. Die Wissenschaft und Technik bedienen sich der Kelvin-Skala. Sie hat ihren Nullpunkt bei der tiefsten theoretisch denkbaren Temperatur, dem absoluten Nullpunkt (–237,15 °C), und die gleiche Schrittweite wie die Celsius-Skala.

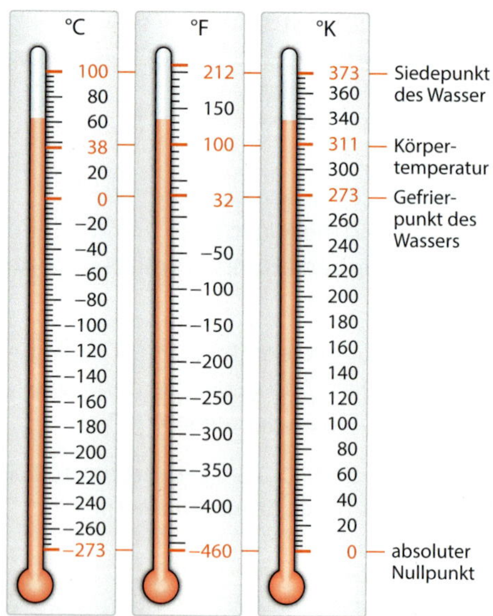

Bestimmen Sie eine Funktion $g(T_K)$, die die Temperatur in °C angibt, und eine Funktion $h(T_K)$, die sie in °F angibt, wenn T_K die Temperatur in K (Kelvin) ist. Geben Sie an, welche der Funktionen f, g und h eine Verkettung der beiden anderen ist.

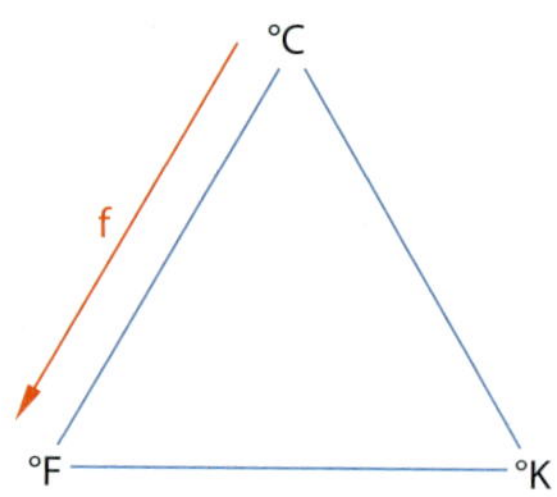

Kettenregel

Um die Ableitung einer verketteten Funktion f mit $f(x) = u(v(x))$ zu bestimmen, wird der Grenzwert des Differenzenquotienten gebildet. Es gilt:

$$\frac{f(x+h) - f(x)}{h} = \frac{u(v(x+h)) - u(v(x))}{h}$$

$$= \frac{u(v(x+h)) - u(v(x))}{v(x+h) - v(x)} \cdot \frac{v(x+h) - v(x)}{h}$$

Erweitern mit $d = v(x+h) - v(x)$, also $v(x+h) = v(x) + d$ (vorausgesetzt, dass $v(x+h) - v(x) \neq 0$ gilt).

$$= \frac{u(v(x) + d) - u(v(x))}{d} \cdot \frac{v(x+h) - v(x)}{h}$$

$$\downarrow h \to 0 \qquad \downarrow h \to 0,\ d \to 0 \qquad \downarrow h \to 0$$

$$f'(x) = u'(v(x)) \cdot v'(x)$$

Für den Grenzwert $h \to 0$ gilt $d = v(x+h) - v(x) \to 0$, wenn v' existiert.

Hinweis:
Die Kettenregel lässt sich auch ohne die Voraussetzung $v(x+h) - v(x) \neq 0$ zeigen.

Satz: Kettenregel
Haben die Funktionen u und v die Ableitungen u' und v', dann hat die Verkettung f mit $f(x) = u(v(x))$ die Ableitung $f'(x) = u'(v(x)) \cdot v'(x)$.

Merkhilfe:
[u (■)]' = u (■)' · ■'
„äußere Ableitung mal innere Ableitung"

Beispiel 3: Berechnen Sie die Ableitung der Funktion f mit $f(x) = (x^3 - 9x)^6$.

Lösung:
Der Term $f(x) = (x^3 - 9x)^6$ ist eine Potenz von $x^3 - 9x$. Wählen Sie die Funktion zu $x^3 - 9x$ als innere Funktion v und die Potenzfunktion als äußere Funktion u.
Bestimmen Sie ihre Ableitungen und wenden Sie die Formel der Kettenregel an.

$v(x) = x^3 - 9x \qquad u(x) = x^6$

$v'(x) = 3x^2 - 9 \qquad u'(x) = 6x^5$

$$f'(x) = u'(v(x)) \cdot v'(x)$$
$$= u'(x^3 - 9x) \cdot (3x^2 - 9)$$
$$= 6(x^3 - 9x)^5 \cdot (3x^2 - 9)$$

Basisaufgaben

6. Übertragen Sie die Tabelle in Ihr Heft und vervollständigen Sie sie.

$f(x) = u(v(x))$	$v(x)$	$u(x)$	$v'(x)$	$u'(x)$	$f'(x) = u'(v(x)) \cdot v'(x)$
$(4x-2)^3$	$4x - 2$	x^3	4	$3x^2$	$3(4x-2)^2 \cdot 4$
$(-7x^2+5)^4$					
$\sqrt{3+8x}$					
$\cos(1-x)$					
$(2x^4+3)^{-1}$					

7. Geben Sie die äußere und die innere Funktion an und bestimmen Sie f'(x).
a) $f(x) = \sin(6x)$
b) $f(x) = \sqrt{3x+1}$
c) $f(x) = (x^2 + x + 1)^4$
d) $f(x) = \cos(-4x^3 + 6)$
e) $f(x) = \sqrt{\sin(x)}$
f) $f(x) = 5\sqrt{2 - 3x^4}$

8. Bestimmen Sie die Ableitung und vereinfachen Sie das Ergebnis.
a) $f(x) = (0{,}5x - 7)^4$
b) $f(x) = (-5x + 12)^7$
c) $f(x) = (x - 8)^{-2}$
d) $f(x) = \sqrt[3]{9x - 5}$
e) $g(z) = 4\sqrt{\frac{1}{3}z - \frac{1}{3}}$
f) $u(x) = \frac{3}{5}(4 - 2x)^3$

9. Bestimmen Sie die Ableitung und vereinfachen Sie das Ergebnis.

a) $f(x) = (3x^2 - x)^5$
b) $f(x) = \sin(3 - 2x^3)$
c) $f(x) = \sqrt{2\sin(x) + 1}$
d) $f(x) = \left(\frac{1}{2}x^3 - 2x^2 + 5x\right)^3$
e) $f(x) = (5x^2 - 3\sqrt{x})^4$
f) $f(x) = (7 - \sqrt{x})^3$

10. Gegeben ist die Funktion f mit $f(x) = (6 - 5x)^2$.

a) Bestimmen Sie die Ableitungsfunktion von f
① mit der Kettenregel, ② mit der Produktregel,
③ durch Ausmultiplizieren und Ableiten der Summanden.

b) Vergleichen Sie die Ergebnisse und die drei Vorgehensweisen aus a).

Erinnerung:
Produktregel:
Für $f(x) = u(x) \cdot v(x)$ gilt:
$f'(x) = u'(x) \cdot v(x) + u(x) \cdot v'(x)$

11. Produkt- und Kettenregel anwenden: Bestimmen Sie die Ableitung der Funktion f. Leiten Sie die einzelnen Produkte ab, falls nötig mit der Kettenregel, und wenden Sie die Produktregel an.

Beispiel: $f(x) = x^2 \cdot \sin(4x - 5)$
$u(x) = x^2$ mit $u'(x) = 2x$; $v(x) = \sin(4x - 5)$ mit $v'(x) = 4\cos(4x - 5)$ (Kettenregel)
$f'(x) = u'(x) \cdot v(x) + u(x) \cdot v'(x) = 2x \cdot \sin(4x - 5) + x^2 \cdot 4\cos(4x - 5)$

a) $f(x) = 4x \cdot \sin(7x)$
b) $f(x) = x \cdot \sqrt{1 - 5x}$
c) $f(x) = (x^2 - 3)^3 \cdot (x^2 + 1)^2$
d) $f(x) = (2x^3 - 7x)^2 \cdot \sin(x^2 + 1)$
e) $f(x) = \sqrt{x^4 + 2} \cdot \cos(3 + 7x)$
f) $f(x) = \sqrt{\frac{2}{5}x^3 - 2x^2} \cdot (1 - 3x^5)^2$
g) $f(x) = (7 - \sqrt{x})^3 \cdot (\sqrt{x} - 7)^2$
h) $f(x) = (\sin(x) + \cos(x))^2 \cdot (x - x^5)^2$

Erinnerung:
Es gilt: $\frac{1}{x^n} = x^{-n}$

12. Bestimmen Sie die Ableitungsfunktion von f. Schreiben Sie den Quotienten als Potenz mit negativem Exponenten und wenden Sie anschließend die Kettenregel an.

Beispiel: $f(x) = \frac{1}{(2x^2 - 3)^4} = (2x^2 - 3)^{-4}$
$u(x) = \frac{1}{x^4} = x^{-4}$ mit $u'(x) = -4x^{-5} = -\frac{4}{x^5}$; $v(x) = 2x^2 - 3$ mit $v'(x) = 4x$
$f'(x) = u'(v(x)) \cdot v'(x) = -4 \cdot (2x^2 - 3)^{-5} \cdot 4x = -\frac{16x}{(2x^2 - 3)^5}$

a) $f(x) = \frac{1}{(5x + 1)^2}$
b) $f(x) = \frac{1}{x - 3}$
c) $f(x) = \frac{1}{\sqrt{1 - x}}$
d) $f(x) = \frac{2}{(-4x + 11)^6}$
e) $f(x) = -\frac{1}{x^2 + 1}$
f) $f(x) = \frac{1}{\sqrt{2 - x^2}}$
g) $f(x) = \frac{3}{\sqrt[3]{3 - 3x}}$
h) $f(x) = \frac{1}{\cos(x)}$

13. Ordnen Sie den Funktionen f ihre Ableitungen zu.

Funktion f	Ableitung f′
① $f(x) = (2 - 2x^2)^3$	Ⓐ $f'(x) = 12x(2x^2 - 2)^2$
② $f(x) = (2x^2 - 2)^3$	Ⓑ $f'(x) = -12x^2(2 - 2x^3)$
③ $f(x) = (2 - 2x^3)^2$	Ⓒ $f'(x) = -12x(2 - 2x^2)^2$

14. Gegeben sind die Funktionen f und g mit
$f(x) = (5x^2 - 2x)^4$ und $g(x) = \sin(3x^4 - x^2)$.

a) Bestimmen Sie die erste und zweite Ableitung beider Funktionen ohne Hilfsmittel.

CAS b) Überprüfen Sie Ihre Ergebnisse aus a) mit dem CAS.

Weiterführende Aufgaben

15. Bestimmen Sie die x-Werte, für die $u(v(x)) = a$ gilt.

a)	$u(x) = x + 1$	$v(x) = x^2$	$a = 1$
b)	$u(x) = x^2$	$v(x) = x - 3$	$a = 2$
c)	$u(x) = \sin(x)$	$v(x) = x - \frac{\pi}{2}$	$a = 1$
d)	$u(x) = \sqrt{x}$	$v(x) = x - 1$	$a = 2$

16. **Lineare Kettenregel:** Sei $f(x) = u(v(x))$ und $v(x) = ax + b$ eine lineare Funktion. Zeigen Sie, dass in diesem Spezialfall $f'(x) = a \cdot u'(ax + b)$ gilt.

17. Geben Sie mindestens drei Paare von verschiedenen Funktionen u und v an, für die $u(v(x)) = v(u(x))$ gilt. Vergleichen Sie mit Ihrem Nachbarn.

18. Gegeben sind die Funktionen u und v mit $u(x) = 2x - 1$ und $v(x) = \frac{1}{2}x + \frac{1}{2}$.

a) Zeigen Sie, dass $u(v(x)) = x$ ist.

b) Geben Sie vier weitere Funktionspaare mit dieser Eigenschaft an.

c) Untersuchen Sie für die Funktionspaare aus b), was sich für $v(u(x))$ ergibt.

19. Zur Funktion f mit $f(x) = (6x^2 - 1)^3$ sollen Moritz und Kim Funktionen u und v bestimmen, sodass $f(x) = u(v(x))$ gilt.

Moritz: $u(x) = (x - 1)^3$ und $v(x) = 6x^2$

Kim: $u(x) = x^3$ und $v(x) = 6x^2 - 1$

a) Überprüfen Sie, ob die Lösungen von Moritz und Kim richtig sind.

b) Leiten Sie f ab. Erläutern Sie, ob Sie dabei die äußere und die innere Funktion wie Moritz oder Kim wählen.

c) Bestimmen Sie Funktionen u und v so, dass $g(x) = u(v(x))$ gilt. Geben Sie jeweils zwei verschiedene Möglichkeiten an. Berechnen Sie auch die Ableitung von g.

① $g(x) = \frac{7}{x^2 + 3}$ ② $g(x) = \frac{7}{x^2} + 3$

③ $g(x) = \sqrt[3]{x^2 + 5}$ ④ $g(x) = \sqrt[3]{x^2} + 5$

⑤ $g(x) = (3x^2 + x + 7)^5$ ⑥ $g(x) = (3x^2 + x)^5 + 7$

20. Bestimmen Sie die Ableitung der Funktion.

a) $f(t) = (at^2 + 6)^2$ b) $g(a) = (at^2 + 6)^2$

c) $h(t) = \sin(\omega t + \varphi)$ d) $k(c) = \sqrt{(ac^2 + 4)^3}$

21. **Stolperstelle:** Die Funktion f mit $f(x) = (x^4 + x^2)^3$ soll abgeleitet werden. Beschreiben Sie, welche Fehler in den Beispielen gemacht wurden.

① $f'(x) - 3(x^4 + x^2)^2$

② $f'(x) = 3(4x^3 + 2x)^2$

③ $f'(x) = 3(x^4 + x^2)^2 \cdot 4x^3 + 2x$

22. Bestimmen Sie die Gleichungen der Tangente an den Graphen der Funktion f und der zugehörigen Normalen an der Stelle x_0.

a) $f(x) = \left(\frac{1}{2}x - 1\right)^3$ $x_0 = 4$ b) $f(x) = \left(\frac{1}{4}x + 2\right)^4$ $x_0 = -12$

c) $f(x) = \sqrt{x^2 + 3}$ $x_0 = 1$ d) $f(x) = (\sqrt{x} - 1)^2$ $x_0 = 9$

e) $f(x) = \sin(\pi \cdot x^2)$ $x_0 = 1$ f) $f(x) = \left(\frac{1}{8}x^2 + \frac{1}{2}x\right)^2$ $x_0 = -2$

23. Gegeben sind die Funktionen f_a mit $f_a(x) = (ax - 1)^4$ sowie die Gerade g mit der Gleichung $y = -x + 1$.

a) Zeigen Sie, dass die Graphen von f_a für alle a durch den Punkt P (0 | 1) verlaufen.

b) Bestimmen Sie a so, dass die Gerade g Tangente im Punkt P am Graphen von f_a ist.

24. Es sei f eine Funktion mit $f(x) = u(v(x))$. Die Abbildung zeigt den Graphen der Ableitungsfunktion u' sowie zwei Tangenten an den Graphen von v in den Punkten A und B.

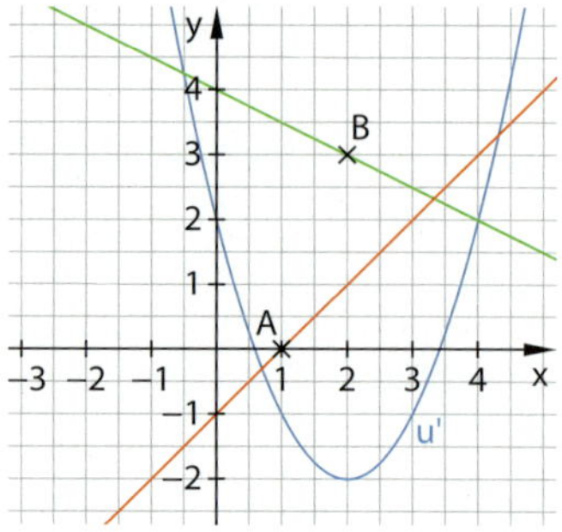

a) Erläutern Sie, an welchen Stellen Sie die Ableitung von f bestimmen können, und ermitteln Sie diese Ableitungen.

b) Bei x = 3 hat der Graph von v eine waagerechte Tangente. Alina meint: *„Man kann f'(3) nicht bestimmen, da v(3) unbekannt ist."* Nehmen Sie dazu Stellung.

25. a) Zeigen Sie, dass für Funktionen f mit $f(x) = u(v(w(x)))$ gilt:
$f'(x) = u'(v(w(x))) \cdot v'(w(x)) \cdot w'(x)$.

b) Berechnen Sie mit der Formel aus a) die Ableitung der Funktion f.
① $f(x) = \sin(\sqrt{x^2 + 1})$ ② $f(x) = \sqrt{\cos^2(2x - 3)}$ ③ $f(x) = (\sqrt{\cos^2 x} + 1)^3$

Hinweis zu 26:
Die maximale Geschwindigkeit wird beim Durchgang durch die Ruhelage erreicht.

26. Die Funktion l mit $l(t) = -0{,}3 \cdot \cos(6t)$ beschreibt die momentane Auslenkung eines Federpendels (t: Zeit in Sekunden, l(t): Auslenkung in Meter). Zum Zeitpunkt t = 0 wird das Pendel am unteren Umkehrpunkt losgelassen. Die momentane Geschwindigkeit wird durch $v(t) = l'(t)$ und die momentane Beschleunigung durch $a(t) = l''(t)$ angegeben.

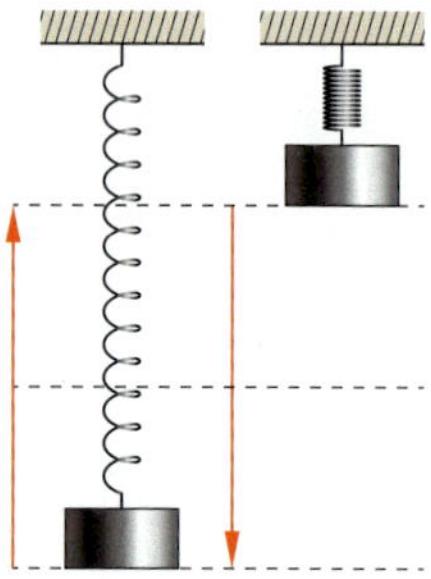

a) Bestimmen Sie die maximale Geschwindigkeit sowie den Zeitpunkt, zu dem diese zum ersten Mal erreicht wird.

b) Berechnen Sie die Dauer einer Schwingungsperiode, indem Sie den Zeitunterschied zwischen zwei identischen Zuständen der Feder berechnen.

c) Berechnen Sie, wann die Beschleunigung den Wert null hat, und vergleichen Sie das Ergebnis mit dem aus a).

27. Es sei T_C die Angabe einer Temperatur in °C und T_F die Angabe der Temperatur in °F. Dann dient zur Umrechnung die Formel: $T_C = \frac{5}{9} \cdot (T_F - 32)$
Die Funktion f mit $f(T_C) = 1000 - 0{,}007 \cdot (T_C - 4)^2$ beschreibt die Dichte von Wasser in $\frac{kg}{m^3}$ in Abhängigkeit von der Temperatur in °C.

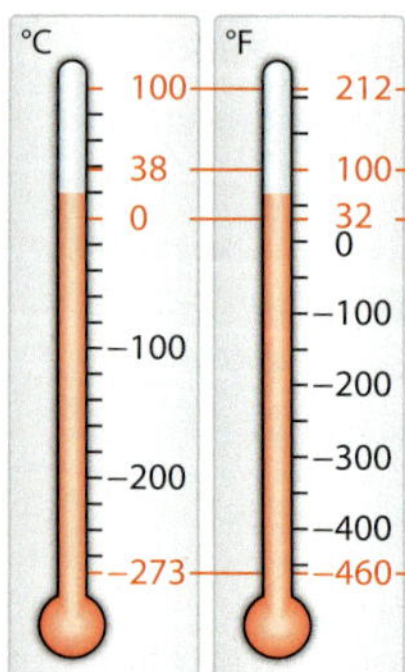

a) Geben Sie eine Funktion g an, welche die Dichte von Wasser in Abhängigkeit von der Temperatur in °F beschreibt.

b) Bestimmen Sie mit der Funktion f die Temperatur in °C, bei der Wasser die größte Dichte hat. Berechnen Sie mit der Funktion g die gleiche Temperatur in °F.

c) Bestimmen Sie die momentane Änderungsrate der Dichte für −5 °C und für 23 °F.

d) Zeigen Sie, dass die Temperaturen von −5 °C und 23 °F gleich sind. Erläutern Sie, warum die Zahlenwerte der Änderungsraten in c) jedoch verschieden sind.

28. Gegeben sind eine Funktion u sowie f mit $f(x) = u(x - a)$ und g mit $g(x) = u(cx)$. Erläutern Sie, wie die Graphen der Funktionen f und g aus dem Graphen von u entstanden sind. Erläutern Sie auch den Einfluss dieser Operationen auf die Steigung der Graphen.

29. Es seien f und g Funktionen mit $f(x) = g(-x)$.

a) Bestimmen Sie für $g(x) = (x + 2)^3$ die Terme der Funktionen g′, f und f′.

b) Ordnen Sie den Funktionen aus a) die abgebildeten Graphen ①–④ zu. Beschreiben Sie die Lage der Graphen von f und g sowie von f′ und g′ zueinander.

c) Berechnen Sie die Ableitung von f für eine allgemeine Funktion g.

d) Der Graph einer Funktion wird an der y-Achse gespiegelt. Erläutern Sie mithilfe von c), wie sich dabei der Graph der Ableitungsfunktion ändert.

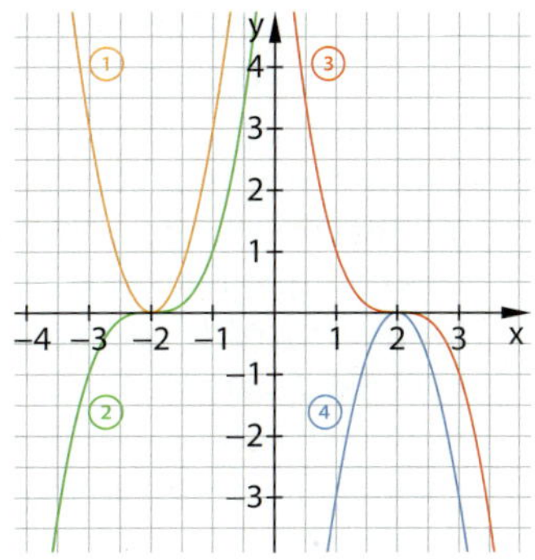

● **30.** a) Die Funktion f mit $f(x) = (x - 5)^3 \cdot (x^2 + 1)$ hat eine dreifache Nullstelle bei $x = 5$. Zeigen Sie durch Ableiten, dass 5 eine doppelte Nullstelle von f′, eine einfache Nullstelle von f″ und keine Nullstelle von f‴ ist.

b) Die ganzrationale Funktion g hat eine dreifache Nullstelle bei $x = a$. Formulieren Sie ohne weitere Rechnung Aussagen über die Bedeutung von a für g′ und g″.

c) Es sei $h(x) = (x - 3)^n \cdot r(x)$ mit $r(3) \neq 0$. Hier ist also 3 eine n-fache Nullstelle von h. Zeigen Sie durch Ableiten, dass 3 dann eine $(n - 1)$-fache Nullstelle von h′ ist.

31. Quotientenregel: Zeigen Sie, dass die Regeln ① und ② gelten.

① Für eine Funktion f mit $f(x) = \frac{1}{v(x)}$ gilt: $f'(x) = -\frac{v'(x)}{(v(x))^2}$

② Für eine Funktion f mit $f(x) = \frac{u(x)}{v(x)}$ gilt: $f'(x) = \frac{u'(x) \cdot v(x) - u(x) \cdot v'(x)}{(v(x))^2}$

Merkregel:
$\left(\frac{1}{\square}\right)' = -\frac{1}{\square^2} \cdot \square'$

● **32.** Bestimmen Sie die Ableitung der Funktion f.

a) $f(x) = \frac{3x}{2x - 5}$ b) $f(x) = \frac{x + 1}{x - 1}$ c) $f(x) = \frac{\sin(2x)}{2x - 1}$ d) $f(x) = \frac{8(4 + 3x)^2}{3(2x - 1)}$

e) $f(x) = \frac{4x}{x^2 + 1}$ f) $f(x) = \frac{x^2 + 1}{x^2 - 1}$ g) $f(x) = \tan(x)$ h) $f(x) = \frac{1}{\tan(x)}$

Hinweis zu 32g und h:
$\tan(x) = \frac{\sin(x)}{\cos(x)}$

● **33.** Gegeben ist die Funktion f mit $f(x) = \frac{4x}{x^2 + 1}$.

a) Bestimmen Sie den maximalen Definitionsbereich der Funktion, die Nullstelle sowie ihr Verhalten für $x \to \pm\infty$.

b) Untersuchen Sie das Symmetrie- und Monotonieverhalten des Graphen von f.

c) Bestimmen Sie die Hoch-, Tief- und Wendepunkte des Graphen von f.

d) Geben Sie die Gleichungen der Wendetangente und der Normalen bei der mittleren der drei Wendestellen an.

Hinweis zu 33a:
Für $x \neq 0$ gilt: $\frac{4x}{x^2 + 1} = \frac{4}{x + \frac{1}{x}}$

● **34. Ausblick:** Die Funktion g ist Umkehrfunktion der Funktion f, wenn $f(g(x)) = x$ gilt.

a) Zeigen Sie, dass für die Ableitung der Umkehrfunktion gilt: $g'(x) = \frac{1}{f'(g(x))}$.

b) Die Funktion f mit $f(x) = x^2$ hat für $x \geq 0$ die Umkehrfunktion g mit $g(x) = \sqrt{x}$. Zeigen Sie mithilfe der Regel aus a), dass g die Ableitung $g'(x) = \frac{1}{2\sqrt{x}}$ hat.

c) Die Umkehrfunktion von f mit $f(x) = \sin(x)$ ist definiert als $g(x) = \arcsin(x)$. Nutzen Sie die Beziehungen $\cos(\square) = \sqrt{1 - \sin^2(\square)}$ und $\sin(\arcsin(x)) = x$, um zu zeigen, dass für die Ableitung $g'(x) = \frac{1}{\sqrt{1 - x^2}}$ gilt.

1.6 Abschnittsweise definierte Funktionen

■ Das Bild zeigt zwei Abschnitte von Funktionsgraphen, die im Punkt A ineinander übergehen. In A stimmen ihre Funktionswerte überein, da sonst ein Sprung entstehen würde.

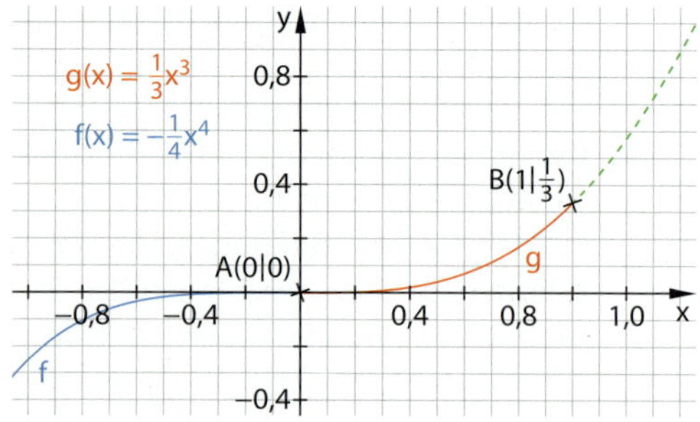

a) Begründen Sie mithilfe der ersten und zweiten Ableitungen, dass die beiden Funktionsgraphen ohne Knick und ohne Krümmungsruck ineinander übergehen.
b) Im Punkt B soll sich eine quadratische Funktion h sprung-, knick- und ruckfrei anschließen. Bestimmen Sie die Funktionsgleichung von h.
c) Erläutern Sie, warum solche Übergänge günstig sind, wenn durch die Graphen der Funktionen Straßen- oder Gleisverläufe modelliert werden. ■

Eine Funktion, die für verschiedene Abschnitte ihres Definitionsbereichs unterschiedliche Funktionsvorschriften besitzt, heißt **abschnittsweise definierte Funktion**. Um einen Funktionswert f(x) zu berechnen, muss zunächst überprüft werden, in welchem Abschnitt der x-Wert liegt, um zu entscheiden welche Funktionsvorschrift genutzt werden muss.

Stetigkeit

An den Nahtstellen können abschnittsweise definierte Funktionen unterschiedliche Verhaltensweisen zeigen.

$f(x) = \begin{cases} -x, \text{ für } x < 0 \\ x, \text{ für } x \geq 0 \end{cases}$

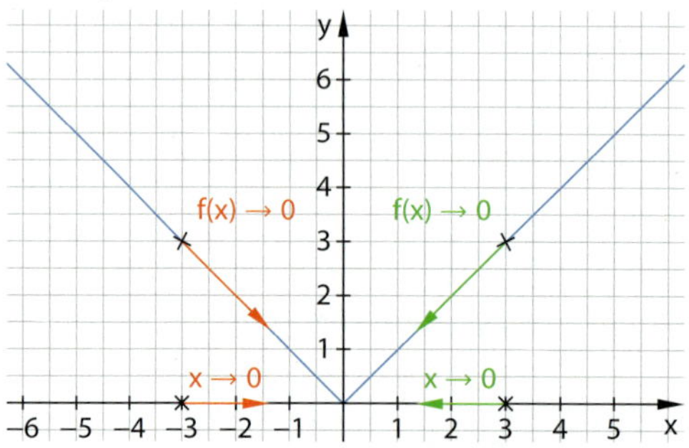

Der Graph kann durchgezeichnet werden.

$f(x) = \begin{cases} 0{,}5x^2, & \text{für } x < 0 \\ 0{,}5x + 1, & \text{für } x \geq 0 \end{cases}$

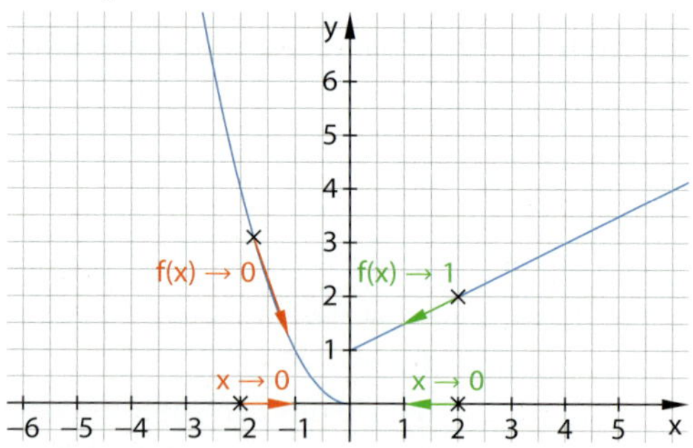

Der Graph hat einen Sprung.

Eine Folge von x-Werten x_n nähert sich für $n \to \infty$ der Nahtstelle x_0 an. Die Funktionswerte $f(x_n)$ können sich dann für $n \to \infty$ einem Wert y nähern. Ist dieser Wert für alle Folgen (x_n) mit $\lim\limits_{n \to \infty} x_n = x_0$ gleich, so heißt **y Grenzwert von f an der Stelle x_0**.

Hinweis:
Alle bisher betrachteten Funktionstypen (trigonometrische, ganzrationale und Exponentialfunktionen) sind auf ihrem gesamten Definitionsbereich stetig.

Definition: Stetigkeit
Eine Funktion f heißt **stetig** an einer Stelle x_0 aus ihrem Definitionsbereich, wenn der Grenzwert von f an der Stelle x_0 existiert und mit dem Funktionswert an der Stelle x_0 übereinstimmt. Es gilt: $\lim\limits_{x \to x_0} f(x) = f(x_0)$

Bei der Untersuchung einer Nahtstelle x_0 ist es günstig, den **linksseitigen Grenzwert** ($x \to x_0$ und $x < x_0$) und den **rechtsseitigen Grenzwert** ($x \to x_0$ und $x > x_0$) zu betrachten.

Beispiel 1: Überprüfen Sie die Funktion f an den Nahtstellen auf Stetigkeit.

$$f(x) = \begin{cases} 2, & \text{für } 0 \le x < 1 \\ x^2 - 2x + 3, & \text{für } 1 \le x < 2 \\ 2x, & \text{für } 2 \le x < 3 \end{cases}$$

Lösung:

Ermitteln Sie mithilfe der Funktionsvorschriften links und rechts einer Nahtstelle x_0 die Grenzwerte für $x \to x_0$.

1. Nahtstelle x = 1 mit $f(1) = 2$
$x < 1$: $f(x) = 2 \to 2$ für $x \to 1$
$x > 1$: $f(x) = x^2 - 2x + 3 \to 2$ für $x \to 1$
f ist stetig an der Stelle $x = 1$.

Sind die Grenzwerte identisch und entsprechen dem Funktionswert $f(x_0)$, so ist die Funktion stetig in x_0.

2. Nahtstelle x = 2 mit $f(2) = 4$
$x < 2$: $f(x) = x^2 - 2x + 3 \to 3$ für $x \to 2$
$x > 2$: $f(x) = 2x \to 4$ für $x \to 2$
f ist nicht stetig an der Stelle $x = 2$.

Basisaufgaben

1. Begründen Sie anhand des Graphen, ob die Funktion an den Nahtstellen stetig ist.

a)
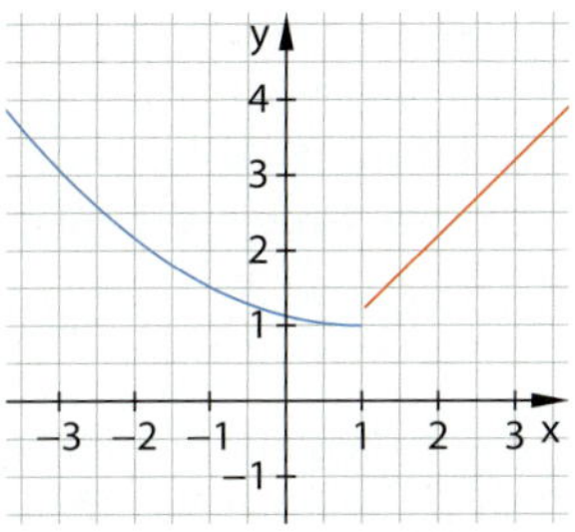

b)
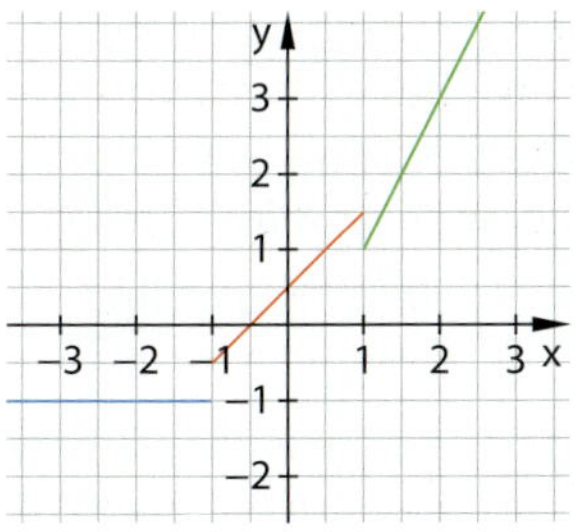

c)
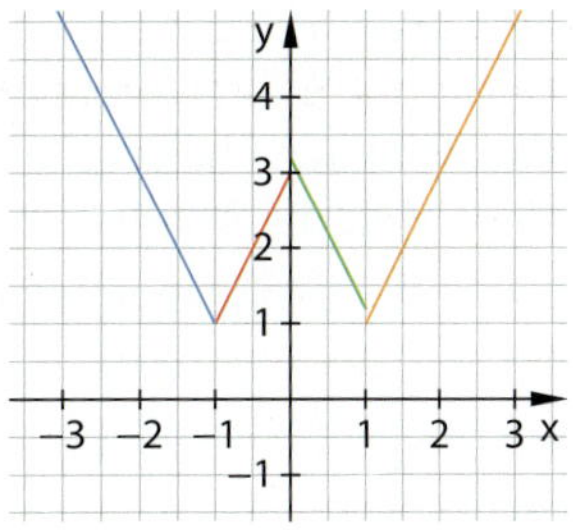

2. Gegeben ist die abschnittsweise definierte Funktion f mit

$$f(x) = \begin{cases} x^2 - 3, & \text{für } x < 0 \\ 2x - 1, & \text{für } 0 \le x < 1 \\ x^2, & \text{für } x \ge 1 \end{cases}$$

a) Bestimmen Sie die Funktionswerte $f(-1)$, $f(0)$, $f(0{,}5)$, $f(1)$ und $f(2)$.
b) Bestimmen Sie, an welchen Stellen die Funktion f den Wert 1 annimmt.
c) Überprüfen Sie, an welchen ihrer Nahtstellen die Funktion f stetig ist.

3. Prüfen Sie die Funktion f auf Stetigkeit.

a) $f(x) = |x| = \begin{cases} -x, \text{ für } x < 0 \\ x, \text{ für } x \ge 0 \end{cases}$

b) $f(x) = \begin{cases} 3x^2 - 4x + 5, & \text{für } x \le 2 \\ x^3 + 2, & \text{für } x > 2 \end{cases}$

c) $f(x) = \begin{cases} \sin(x), & \text{für } x \le \frac{\pi}{2} \\ -\left(x - \frac{\pi}{2}\right)^2 + 1, & \text{für } x > \frac{\pi}{2} \end{cases}$

d) $f(x) = \begin{cases} \sqrt{x}, \text{ für } x \le 9 \\ \frac{1}{3}x, \text{ für } x > 2 \end{cases}$

4. Die Funktion f hat zwei Nahtstellen. Untersuchen Sie f auf Stetigkeit.

a) $f(x) = \begin{cases} x, & \text{für } x < 0 \\ \sqrt{x}, & \text{für } 0 \le x < 4 \\ x^2, & \text{für } x \ge 4 \end{cases}$

b) $f(x) = \begin{cases} -x^2 + 1, & \text{für } x < 0 \\ \cos(x), & \text{für } 0 \le x < \frac{\pi}{2} \\ 2x - \pi, & \text{für } x \ge \frac{\pi}{2} \end{cases}$

c) $f(x) = \begin{cases} \sin(x), & \text{für } x < \frac{\pi}{2} \\ \cos(x) + 1, & \text{für } \frac{\pi}{2} \le x < \pi \\ \sin(x) + 1, & \text{für } x \ge \pi \end{cases}$

d) $f(x) = \begin{cases} -x^2 - 8x - 12, & \text{für } x < -2 \\ \frac{1}{2}x^2 - 2, & \text{für } -2 \le x < 2 \\ \sqrt{x - 2}, & \text{für } x \ge 2 \end{cases}$

Differenzierbarkeit

Neben den Funktionswerten können auch die Steigungen an den Nahtstellen unterschiedlich sein. Stimmen die Steigungen der an den Nahtstellen zusammentreffenden Graphen überein, so hat der Graph dort keinen „Knick" und es gibt eine eindeutige Tangente an den Graphen. Die Funktion heißt dann an dieser Stelle differenzierbar.

$$f(x) = \begin{cases} 0{,}5x^2, & \text{für } x < 0 \\ 0{,}5x^3, & \text{für } x \geq 0 \end{cases}$$

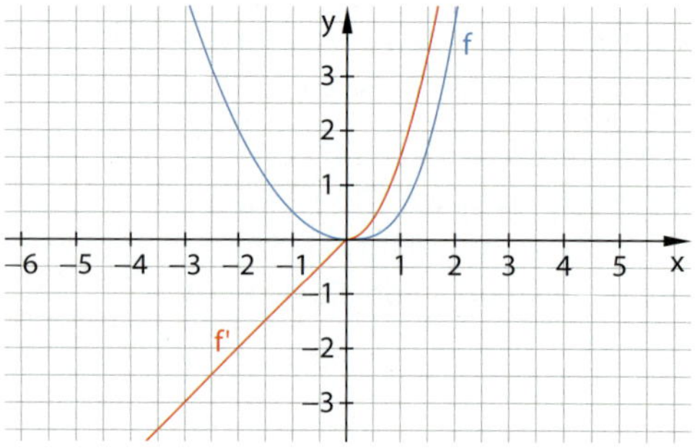

Der Graph von f hat keinen Knick.

$$f(x) = \begin{cases} -x, & \text{für } x < 0 \\ x, & \text{für } x \geq 0 \end{cases}$$

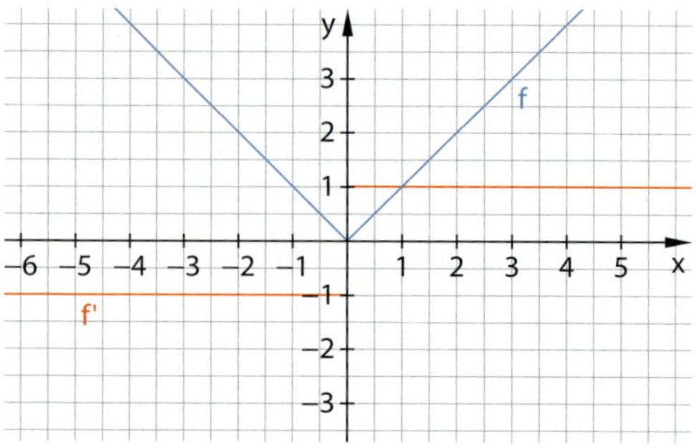

Der Graph von f hat einen Knick.

Hinweis:
Alle bisher betrachteten Funktionstypen (trigonometrische, ganzrationale und Exponentialfunktionen) sind auf ihrem gesamten Definitionsbereich differenzierbar.

Definition: Differenzierbarkeit
Eine Funktion f heißt an einer Stelle x_0 ihres Definitionsbereichs **differenzierbar**, wenn der Grenzwert des Differenzenquotienten an dieser Stelle existiert. Dieser Grenzwert entspricht dann der Ableitung von f an der Stelle x_0. Es gilt: $\lim\limits_{x \to x_0} \frac{f(x) - f(x_0)}{x - x_0} = f'(x_0)$.

Die Stetigkeit an einer Stelle x_0 ist eine notwendige Bedingung dafür, dass eine Funktion in x_0 differenzierbar ist. Ist eine abschnittsweise definierte Funktion f stetig an einer Nahtstelle x_0, so genügt es zu zeigen, dass die links- und rechtsseitigen Grenzwerte des Differenzenquotienten an dieser Stelle übereinstimmen ($\lim\limits_{x \uparrow x_0} f'(x) = \lim\limits_{x \downarrow x_0} f'(x)$).

Beispiel 2: Überprüfen Sie die Funktion an den Nahtstellen auf Differenzierbarkeit.

$$f(x) = \begin{cases} 2x, & \text{für } 0 \leq x < 1 \\ x^2 - 2x + 3, & \text{für } 1 \leq x < 2 \\ 2x - 1, & \text{für } 2 \leq x < 3 \end{cases}$$

Lösung:

Betrachten Sie jede Nahtstelle von f einzeln. Überprüfen Sie, ob f an einer Nahtstelle x_0 stetig ist.

Falls f an der Stelle x_0 nicht stetig ist, ist f dort nicht differenzierbar.

Falls f an der Stelle x_0 stetig ist, bestimmen Sie f'(x) links und rechts von x_0 mit der jeweiligen Funktionsvorschrift.
Stimmen die Grenzwerte von f' für $x \to x_0$ von links und von rechts überein, so ist f an der Nahtstelle x_0 differenzierbar.

1. Nahtstelle x = 1
f ist stetig in x = 1
$x < 1$: $f'(x) = 2 \to 2$ für $x \to 1$
$x > 1$: $f'(x) = 2x - 2 \to 0$ für $x \to 1$
$\lim\limits_{x \uparrow 1} f'(x) \neq \lim\limits_{x \downarrow 1} f'(x)$
f ist nicht differenzierbar an der Stelle x = 1.

2. Nahtstelle x = 2
f ist stetig in x = 2
$x < 2$: $f'(x) = 2x - 2 \to 2$ für $x \to 2$
$x > 2$: $f'(x) = 2 \to 2$ für $x \to 2$
$\lim\limits_{x \uparrow 2} f'(x) = \lim\limits_{x \downarrow 2} f'(x) = 2$
f ist differenzierbar an der Stelle x = 2.

Basisaufgaben

5. Begründen Sie anhand des Graphen, an welchen Nahtstellen die Funktion differenzierbar ist.

a)
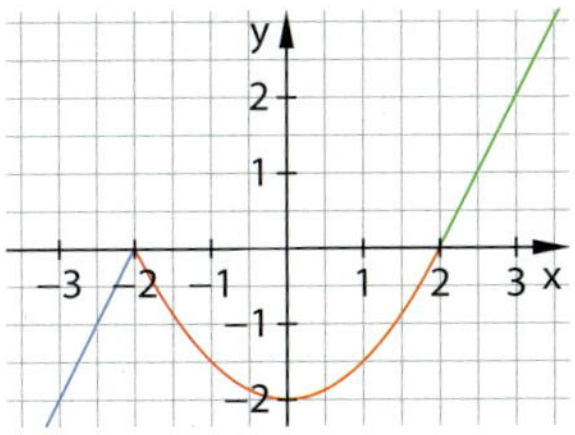

b)

c)
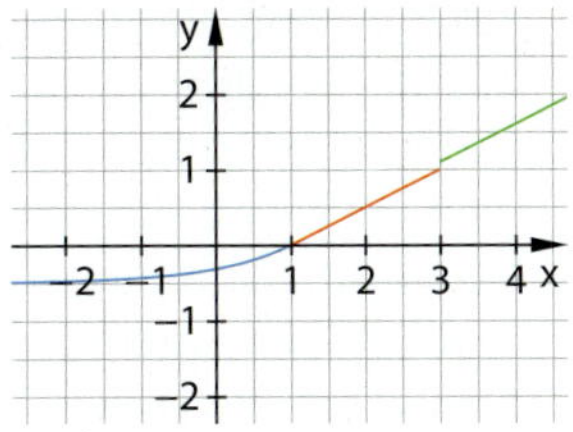

6. Untersuchen Sie die Funktion f auf Differenzierbarkeit.

a) $f(x) = \begin{cases} \cos(x), & \text{für } x < \pi \\ (x-\pi)^2 - 1, & \text{für } x \geq \pi \end{cases}$

b) $f(x) = \begin{cases} \sin(x), & \text{für } x < 0 \\ x \cdot \cos(x), & \text{für } x \geq 0 \end{cases}$

c) $f(x) = \begin{cases} \frac{1}{3}x, & \text{für } x < 3 \\ \sqrt{x-2}, & \text{für } x \geq 3 \end{cases}$

d) $f(x) = \begin{cases} x^2 - 2x + 2, & \text{für } x < 2 \\ \frac{4}{x}, & \text{für } x \geq 2 \end{cases}$

7. Bilden Sie die Differenzenquotienten und prüfen Sie f auf Differenzierbarkeit.

a) $f(x) = \begin{cases} \frac{1}{2}x^2 + x - \frac{3}{2}, & \text{für } x < 1 \\ -x^2 + 4x - 3, & \text{für } x \geq 1 \end{cases}$

b) $f(x) = \begin{cases} x^2 + x + 2, & \text{für } x < 0 \\ -\frac{3}{8}x^2 + \frac{5}{4}x + 2, & \text{für } x \geq 0 \end{cases}$

Trassierung

Die Linienführung einer Straße oder eines Gleises – die sogenannte Trasse – lässt sich stückweise durch Funktionsgraphen beschreiben. Der Begriff Trassierung beschreibt dabei das Entwerfen und Festlegen einer Linienführung, die an den Übergangstellen der Teilgraphen „sprungfrei“ (stetig), „knickfrei“ (differenzierbar) und möglichst „krümmungsruckfrei“ ist.

Beispiel 3: Die beiden Geraden in der Abbildung sollen durch einen Graphen miteinander verbunden werden.
Bestimmen Sie die Gleichung einer ganzrationalen Funktion dritten Grades, die an beiden Übergängen knickfrei ist. Prüfen Sie, ob die Übergänge nun auch ruckfrei sind.

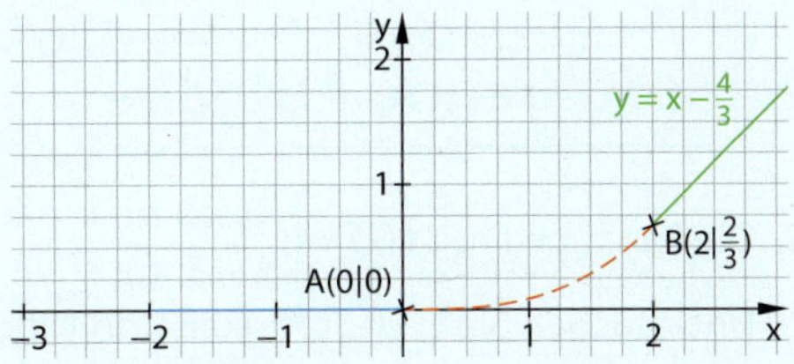

Lösung:

Stellen Sie die allgemeine Funktionsgleichung auf und bilden Sie die Ableitungen.

$f(x) = ax^3 + bx^2 + cx + d$
$f'(x) = 3ax^2 + 2bx + c$
$f''(x) = 6ax + 2b$

Stellen Sie sämtliche Bedingungen auf. Aus den Verbindungspunkten A(0|0) und $B\left(2\middle|\frac{2}{3}\right)$ ergeben sich zwei Bedingungen.

sprungfrei:
$f(0) = 0 \Leftrightarrow d = 0$
$f(2) = \frac{2}{3} \Leftrightarrow 8a + 4b + 2c = \frac{2}{3}$ (I)

Ermitteln Sie die Steigungen der beiden Geraden und setzen Sie diese mit f′(0) bzw. f′(2) gleich. Somit sind die Übergänge knickfrei.

knickfrei:
$f'(0) = 0 \Leftrightarrow c = 0$
$f'(2) = 1 \Leftrightarrow 12a + 4b = 1$ (II)

Werten Sie die Bedingungen aus.

$b = \frac{1}{4} - 3a$ einsetzen in I: $8a + 1 - 12a = \frac{2}{3}$

Berechnen Sie die Parameter und stellen Sie die Funktionsgleichung auf.

$a = \frac{1}{12}$ und $b = 0$
$f(x) = \frac{1}{12}x^3$

Prüfen Sie, ob auch die Werte der zweiten Ableitungen an den Verbindungsstellen übereinstimmen.

$f''(0) = 0$, d. h. im Ursprung ruckfrei.
$f''(2) = 1 \neq 0$, d. h. im Punkt B nicht ruckfrei.

Basisaufgaben

8. Durch das Zentrum eines kleinen Ortes im Punkt (0 | 1) verläuft eine Bundesstraße mit starkem Verkehr. Um die Bevölkerung des Ortes von Lärm und Abgasen zu entlasten, soll eine Umgehungsstraße gebaut werden, die in den Punkten A und B von der Bundesstraße abzweigt. Dabei darf im Punkt A kein Knick entstehen, während der Anschluss in B unter einem beliebigen Winkel erfolgen kann. Aus Gründen der Geländebeschaffenheit muss die Umgehungsstraße durch den Punkt C verlaufen.

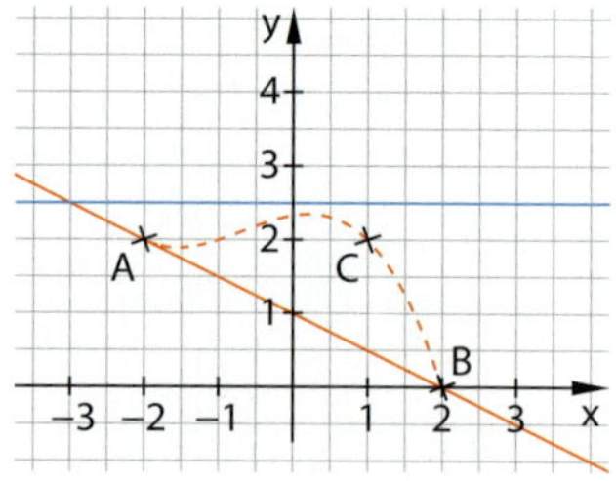

a) Stellen Sie Funktionsgleichungen auf, die den Verlauf der Bundesstraße sowie den der Umgehungsstraße beschreiben.

b) Die Brücke bei (−3 | 2,5) führt die Bundesstraße über einen Kanal (in der Abbildung blau). Die Uferwiesen dienen Erholungszwecken, weshalb die Umgehungsstraße zum Kanal einen Abstand von 0,1 nicht unterschreiten soll. Prüfen Sie, ob die in a) bestimmte Funktion diese Anforderung erfüllt.

9. Die Rutsche zwischen den Punkten A und B soll durch eine ganzrationale Funktion dritten Grades so modelliert werden, dass sie in A und B waagerecht verläuft.

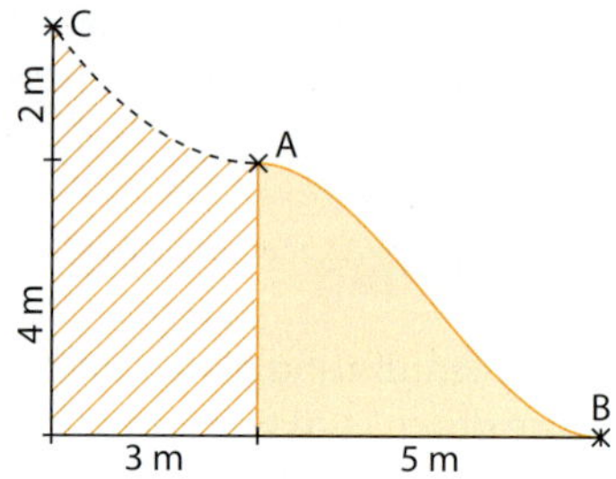

a) Wählen Sie ein geeignetes Koordinatensystem und bestimmen Sie eine Funktionsgleichung.

b) Die Rutsche soll erweitert werden. Sie soll zwischen A und C durch eine quadratische Funktion so modelliert werden, dass der Übergang im Punkt A knickfrei ist. Bestimmen Sie die Gleichung der quadratischen Funktion.

Weiterführende Aufgaben

10. Die Funktion f mit $f(x) = \begin{cases} 0{,}5x, & \text{für } x < 4 \\ x - 3, & \text{für } x \geq 8 \end{cases}$ wird für $4 \leq x < 8$ durch g(x) ergänzt.

Untersuchen Sie f auf Stetigkeit und Differenzierbarkeit.

① $g(x) = x - 3$ ② $g(x) = \frac{3}{4}x - 1$ ③ $g(x) = \frac{1}{16}x^2 + 1$

11. Stolperstelle: Die Abbildung zeigt den Graphen der Funktion f mit $f(x) = \begin{cases} \frac{1}{3}x^3, & \text{für } x \leq 0 \\ \frac{1}{2}x^2 - 1, & \text{für } x > 0 \end{cases}$

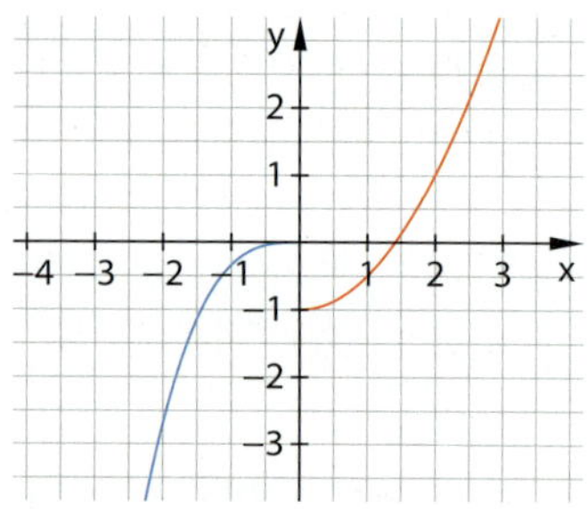

Sophie sagt: *„Diese Funktion ist in $x_0 = 0$ differenzierbar, da die Steigungen der beiden Graphen an dieser Stelle 0 sind."*

Barbara entgegnet: *„Das kann nicht sein, da die Funktion noch nicht einmal stetig ist."*

Nehmen Sie Stellung zu diesen Aussagen.

GTR **12.** Gegeben ist die Funktion f mit $f(x) = \begin{cases} \sin(x), & \text{für } x < 0 \\ x \cdot \cos(x), & \text{für } x \geq 0 \end{cases}$. Überprüfen Sie mit dem GTR, ob f, f', f'' und f''' an der Stelle 0 stetig und/oder differenzierbar sind.

13. Untersuchen Sie, für welche Werte von a die Funktion f an der Nahtstelle stetig ist. Geben Sie an, für welche der Werte die Funktion f zusätzlich differenzierbar ist.

a) $f(x) = \begin{cases} (x^2 - a)\sqrt{x}, & \text{für } x < 1 \\ 2x - 2, & \text{für } x \geq 1 \end{cases}$

b) $f(x) = \begin{cases} -ax + 1, & \text{für } x < 0 \\ \frac{x^2}{a} - 2x + 1, & \text{für } x \geq 0 \end{cases}$

c) $f(x) = \begin{cases} \sqrt{ax + 4}, & \text{für } x < 0 \\ ax + 2, & \text{für } x \geq 0 \end{cases}$

d) $f(x) = \begin{cases} ax^2 - ax, & \text{für } x < 1 \\ ax - a, & \text{für } x \geq 1 \end{cases}$

14. Gegeben ist die Funktion f mit $f(x) = (\cos(x) + 1)\sin(x)$.
An der Stelle $x_0 = 0$ $\left(x_0 = \frac{\pi}{2}\right)$ soll die Funktion für $x > x_0$ stetig und differenzierbar in eine lineare Funktion g übergehen.
Ermitteln Sie eine Funktionsgleichung der Funktion g.

15. Die Temperatur eines Gegenstandes wird kontrolliert gesenkt und lässt sich näherungsweise durch die Funktion f mit $f(t) = 8 - \sqrt{5t}$ beschreiben. Hierbei ist t die Zeit in Minuten und f(t) die Temperatur in °C.

a) Berechnen Sie, wann der Gegenstand eine Temperatur von 0 °C erreicht.
b) Ab der fünften Minute soll die Temperatur nun linear weitersinken. Geben Sie den Temperaturverlauf als abschnittsweise definierte Funktion an.
c) Berechnen Sie, wann im Falle b) die Temperatur 0 °C erreicht wird.

16. Gesucht ist ein Wert des Parameters a, sodass ein knickfreier Übergang zwischen den Graphen zu $f(x) = x^2$ und $g(x) = x^3 + a$ im Punkt S entsteht.

a) Bestimmen Sie hierzu zunächst die Stelle mit gleicher Steigung und geben Sie a so an, dass diese Stelle gleicher Steigung auch Schnittstelle der beiden Graphen ist. Geben Sie S an.
b) Verfahren Sie ebenso mit den Funktionen
① $f(x) = x^3$ und $g(x) = x^4$,
② $f(x) = x^n$ und $g(x) = x^{n+1}$.

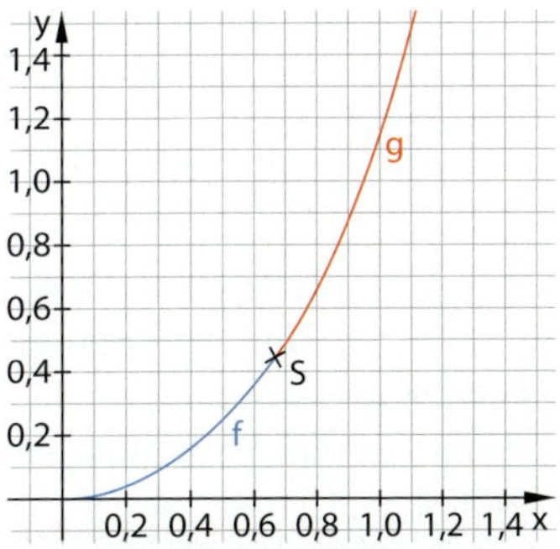

● **17.** Bei einer Modelleisenbahn scheint der Übergang von einer Geraden zu einem Kreisbogen problemlos zu sein. Jedoch entgleisen gerade hier bevorzugt die Züge. Die Funktion f mit

$f(x) = \begin{cases} \sqrt{1 - x^2}, & \text{für } -1 \leq x < 0 \\ 1, & \text{für } x \geq 0 \end{cases}$

beschreibt einen solchen Übergang.

Zeigen Sie, dass die Funktion f an der Stelle $x_0 = 0$ zwar stetig und differenzierbar ist, jedoch f″ an dieser Stelle nicht stetig ist. Erläutern Sie die Aussage „Der Übergang ist sprung- und knickfrei, jedoch nicht ruckfrei."

● **18.** **Ausblick:** Eine Funktion, deren Ableitungsfunktion existiert und auf dem gesamten Definitionsbereich stetig ist, heißt **stetig differenzierbar**.

Gegeben ist die Funktion f mit $f(x) = x^2 \cdot \sin\left(\frac{1}{x}\right)$ für $x \neq 0$.

a) Zeigen Sie, dass f stetig differenzierbar ist.
b) Bestimmen Sie einen Wert für a, sodass die Funktion g mit $g(x) = \begin{cases} f(x), & \text{für } x \neq 0 \\ a, & \text{für } x = 0 \end{cases}$ auf ganz $\mathbb{R}$ stetig und differenzierbar ist.
c) Zeigen Sie, dass g nicht stetig differenzierbar ist.

Kubische Splines

■ Um das Profil eines Autos zu erfassen, werden Punkte stückweise durch Graphen der Funktionen f_1, f_2, f_3, f_4, f_5 verbunden.
Beschreiben Sie, welche Bedingungen die Graphen an den Nahtstellen erfüllen sollten, und formulieren Sie diese Bedingungen als Gleichungen mit f_1, f_2, f_3, f_4, f_5. ■

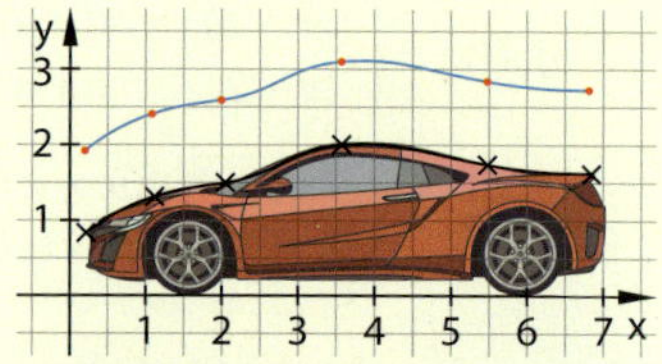

Bereits im 17. Jahrhundert wurden im Schiffsbau elastische Holzlatten (Straklatte) zwischen Punkten gespannt. Durch die auftretende Spannung im Holz entstanden harmonische Kurven – die sogenannten **Splines**. Sie bilden eine Linie durch die vorgegebenen Punkte ohne hohe Biegeenergie und mit sehr kleiner Krümmung.

Um eine abschnittsweise definierte Funktion zu finden, deren Graph durch vorgegebene „Stützpunkte“ verläuft, werden je zwei benachbarte Stützpunkte durch je einen Graphen einer ganzrationalen Funktion dritten Grades knick- und krümmungsruckfrei verbunden. Eine solche abschnittsweise definierte Funktion heißt **kubischer Spline**.

Für eine Kurve durch drei Punkte $P_1(x_1 | y_1)$, $P_2(x_2 | y_2)$ und $P_3(x_3 | y_3)$ müssen zwei ganzrationale Funktionen dritten Grades f_1 und f_2 ermittelt werden.

$f_1(x) = a_3x^3 + a_2x^2 + a_1x + a_0$
$f_2(x) = b_3x^3 + b_2x^2 + b_1x + b_0$

Am Anfang und Ende sind die Graphen ungekrümmt, d. h., eine Fortsetzung wäre geradlinig. Für jeden weiteren Stützpunkt wird eine weitere Funktion mit vier Bedingungen analog zu P_2 benötigt.

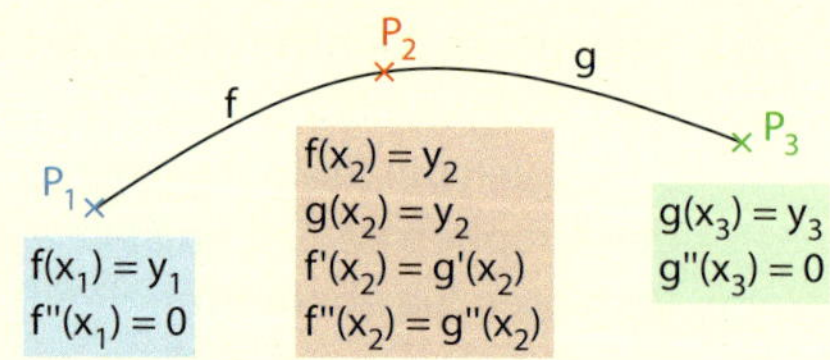

Das resultierende lineare Gleichungssystem liefert genügend Gleichungen, um die Koeffizienten der Funktionsgleichungen zu bestimmen. Daraus ergibt sich die **Spline-Funktion**
f mit $f(x) = \begin{cases} f_1(x), \text{ für } x_1 \le x \le x_2 \\ f_2(x), \text{ für } x_2 \le x \le x_3 \end{cases}$.

Beispiel: Bestimmen Sie eine kubische Spline-Funktion f, deren Graph die Punkte $P_1(0 | 2)$, $P_2(5 | 5)$, $P_3(8 | 3)$ und $P_4(12 | 5)$ glatt miteinander verbindet.

Lösung:

$$\text{Ansatz: } f(x) = \begin{cases} f_1(x) = a_3x^3 + a_2x^2 + a_1x + a_0, & \text{für } 0 \le x < 5 \\ f_2(x) = b_3x^3 + b_2x^2 + b_1x + b_0, & \text{für } 5 \le x < 8 \\ f_3(x) = c_3x^3 + c_2x^2 + c_1x + c_0, & \text{für } 8 \le x \le 12 \end{cases}$$

Für die einzelnen Punkte ergeben sich Gleichungen:

$P_1(0 \mid 2)$	$P_2(5 \mid 5)$	$P_3(8 \mid 3)$	$P_4(12 \mid 5)$
$f_1(0) = 2$ $f_1''(0) = 0$	$f_1(5) = 5$ $f_2(5) = 5$ $f_1'(5) = f_2'(5)$ $f_1''(5) = f_2''(5)$	$f_2(8) = 3$ $f_3(8) = 3$ $f_2'(8) = f_3'(8)$ $f_2''(8) = f_3''(8)$	$f_3(12) = 5$ $f_3''(12) = 0$

Die aufgestellten Bedingungen führen auf ein lineares Gleichungssystem mit 12 Variablen und 12 Gleichungen.

$$\left(\begin{array}{cccccccccccc|c} 0 & 0 & 0 & 1 & 0 & 0 & 0 & 0 & 0 & 0 & 0 & 0 & 2 \\ 0 & 2 & 0 & 0 & 0 & 0 & 0 & 0 & 0 & 0 & 0 & 0 & 0 \\ 125 & 25 & 5 & 1 & 0 & 0 & 0 & 0 & 0 & 0 & 0 & 0 & 5 \\ 0 & 0 & 0 & 0 & 125 & 25 & 5 & 1 & 0 & 0 & 0 & 0 & 5 \\ 75 & 10 & 1 & 0 & -75 & -10 & -1 & 0 & 0 & 0 & 0 & 0 & 0 \\ 30 & 2 & 0 & 0 & -30 & -2 & 0 & 0 & 0 & 0 & 0 & 0 & 0 \\ 0 & 0 & 0 & 0 & 512 & 64 & 8 & 1 & 0 & 0 & 0 & 0 & 3 \\ 0 & 0 & 0 & 0 & 0 & 0 & 0 & 0 & 512 & 64 & 8 & 1 & 3 \\ 0 & 0 & 0 & 0 & 192 & 16 & 1 & 0 & -192 & -16 & -1 & 0 & 0 \\ 0 & 0 & 0 & 0 & 48 & 2 & 0 & 0 & -48 & -2 & 0 & 0 & 0 \\ 0 & 0 & 0 & 0 & 0 & 0 & 0 & 0 & 1728 & 144 & 12 & 1 & 5 \\ 0 & 0 & 0 & 0 & 0 & 0 & 0 & 0 & 72 & 2 & 0 & 0 & 0 \end{array}\right)$$

Mit dem GTR lässt sich dieses Gleichungssystem lösen. Es ergeben sich die Koeffizienten der drei Funktionsgleichungen:

$$f_1(x) = -\frac{637}{32\,250}x^3 + \frac{1411}{1290}x + 2$$

$$f_2(x) = \frac{437}{6450}x^3 - \frac{1411}{1075}x^2 + \frac{9877}{1290}x - \frac{1153}{129}$$

$$f_3(x) = -\frac{337}{12\,900}x^3 + \frac{1011}{10\,175}x^2 - \frac{66\,871}{6450}x + \frac{42\,061}{1075}$$

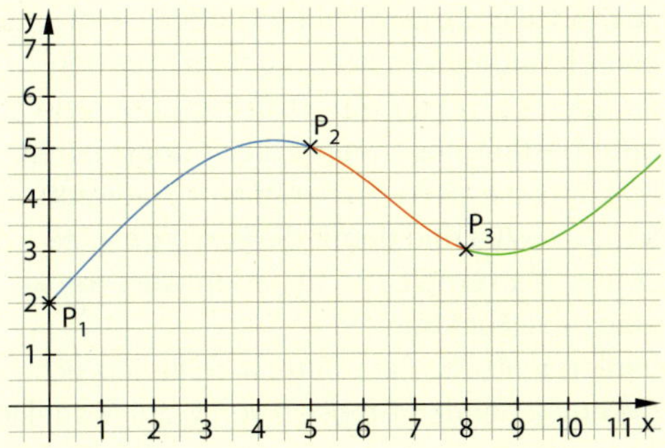

Der Graph von f mit

$$f(x) = \begin{cases} f_1(x), & \text{für } 0 \le x < 5 \\ f_2(x), & \text{für } 5 \le x < 8 \\ f_3(x), & \text{für } 8 \le x \le 12 \end{cases}$$

verbindet die Punkte glatt miteinander.

Aufgaben

GTR **1.** Bestimmen Sie eine kubische Spline-Funktion f, deren Graph die Punkte A(−1 | 0), B(0 | 0) und C(1 | 2) glatt miteinander verbindet.

GTR **2.** Das Design eines Glases soll durch kubische Splines beschrieben werden. Hierzu wurden die Punkte A(0 | 0), B(1 | 1) und C(4 | 2) vorgegeben (Angaben in cm).

a) Bestimmen Sie die beiden Funktionen, die den Querschnitt des Glases begrenzen.

b) Berechnen Sie die Höhe des Glases, in der es den Durchmesser d hat.

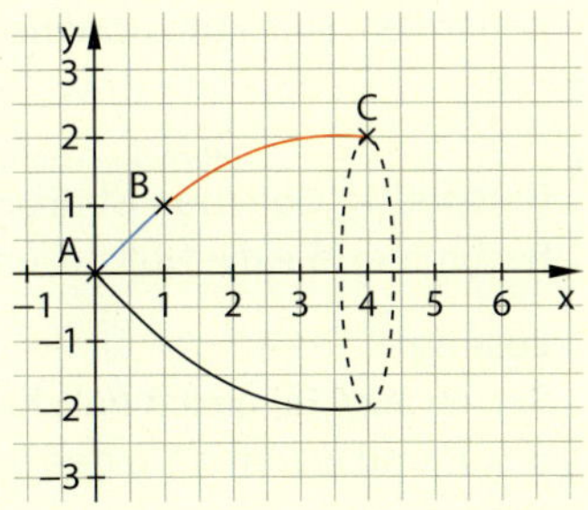

① d = 2 cm ② d = 1 cm ③ d = 4 cm

3. Außer durch Spline-Interpolation können n Punkte auch eindeutig durch eine ganzrationale Funktion vom Grad n − 1 verbunden werden. Die Abbildung zeigt ein Beispiel mit 6 Punkten. Vergleichen Sie die Eigenschaften der Graphen und diskutieren Sie mit Ihrem Nachbarn die Tauglichkeit beider Ergebnisse für die Sachkontexte.

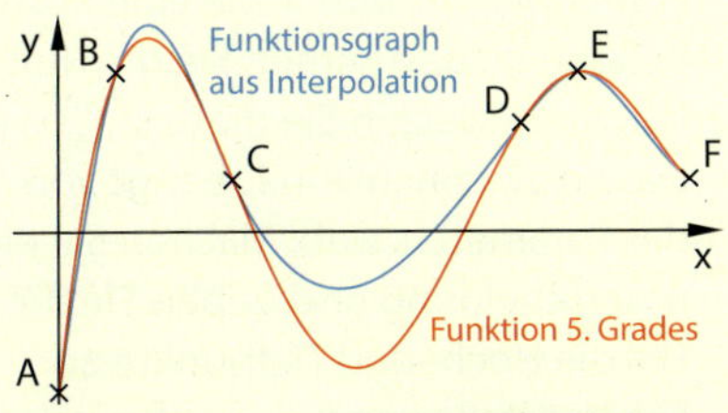

① Verlauf von Gleisen ② Höhenprofil einer Bergkette ③ Profillinie eines Daches ④ Entwicklung einer Population

1.7 Funktionenscharen

■ Ein Basketballspieler versucht, den Korb in 3 m Höhe und 5 m Entfernung zu treffen. Die Wurfhöhe des Balls beträgt 2 m.

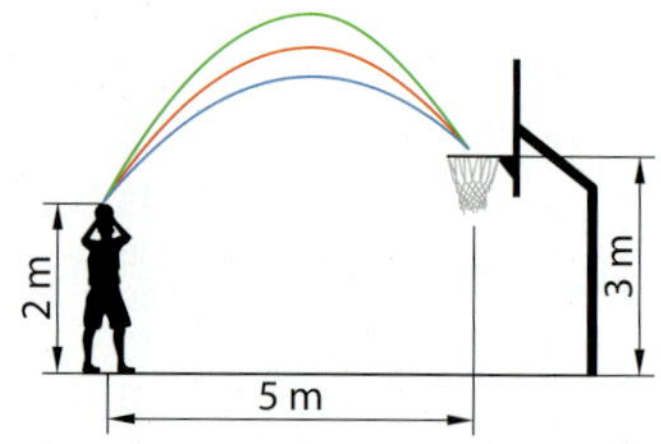

a) Bestimmen Sie mit diesen Informationen verschiedene Funktionsgleichungen, die eine mögliche Wurfbahn beschreiben.
b) Nicht alle in a) ermittelten Parabeln sind sinnvolle Wurfbahnen. Geben Sie einschränkende Bedingungen an.
c) Wenn der Abwurf unter einem Winkel von 45° erfolgt, so ist die Wurfbahn eindeutig festgelegt. Bestimmen Sie die Gleichung dieser quadratischen Funktion. ■

Der „Berliner Bogen" in Hamburg hat eine parabelförmige, 70 m breite Fassade. Um sie zu modellieren, wird ein Bild in den Ursprung eines Koordinatensystems gelegt. Aus den Punkten P (0 | 0) und Q (70 | 0) ergibt sich ein unterbestimmtes lineares Gleichungssystem. Wählt man a als freien Parameter, so ergibt sich b = −70a und damit die Funktionsgleichung. Man erhält also für jeden Wert von a eine neue Funktion.
Variiert man den Parameter a, so lassen sich die entstehenden Graphen von f_a zur Modellierung nutzen. Für a = −0,03 beschreibt die Parabel zum Beispiel gut den oberen Fassadebogen des Gebäudes.

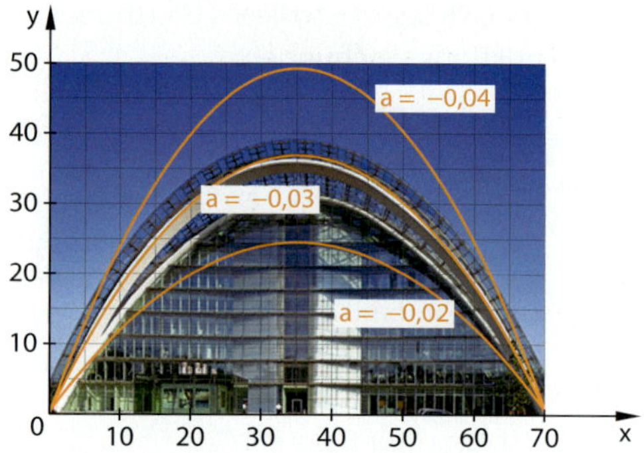

Ansatz: $f(x) = ax^2 + bx + c$

P (0 | 0): $c = 0$
Q (70 | 0): $4900a + 70b + c = 0$

Lösung: $f_a(x) = ax^2 - 70ax$

Definition: Funktionenschar
Eine Funktion f_a, deren Funktionsterm neben der Variablen x auch einen **Parameter a** enthält, heißt **Funktionenschar**. Beim Ableiten wird der Parameter a wie eine konstante Zahl behandelt. Eine Funktionenschar kann auch von mehreren Parametern abhängen.

Beispiel 1: Gegeben ist die Funktionenschar f_a mit $f_a(x) = x^3 - 3ax^2$, $a \neq 0$.
Bestimmen Sie die Nullstellen und Extrem- und Wendepunkte von f_a.

Lösung:

Setzen Sie $f_a(x)$ gleich null. Klammern Sie x^2 aus und wenden Sie den Satz vom Nullprodukt an.
Beim Ableiten wird a wie eine Konstante behandelt. Bestimmen Sie die Nullstellen von f_a' und setzen Sie diese in $f_a''(x)$ ein.
Das Vorzeichnen von f_a'' hängt von der Wahl des Parameters a ab. Machen Sie eine Fallunterscheidung und geben Sie für jeden Fall die Hoch- und Tiefpunkte an.
Die Nullstelle von f_a'' liefert für jedes a einen Wendepunkt.

Nullstellen: $f_a(x) = x^2(x - 3a) = 0$
$x = 0$ und $x = 3a$
$f_a'(x) = 3x^2 - 6ax$ $\quad f_a''(x) = 6x - 6a$
Extrempunkte: $f_a'(x) = 3x(x - 2a) = 0$
$x = 0$ mit $f_a''(0) = -6a$ und
$x = 2a$ mit $f_a''(2a) = 6a$
1. Fall $a < 0$: $f_a''(0) > 0$ und $f_a''(2a) < 0$
Tiefpunkt T (0 | 0), Hochpunkt $H_a(2a \mid -4a^3)$
2. Fall $a > 0$: $f_a''(0) < 0$ und $f_a''(2a) > 0$
Hochpunkt H (0 | 0), Tiefpunkt $T_a(2a \mid -4a^3)$
Wendepunkte: $f_a''(x) = 6(x - a) = 0$
$x = a$; $f_a'''(a) = 6$; Wendepunkt $W_a(a \mid -2a^3)$

Basisaufgaben

1. Gegeben ist die Funktionenschar f_a mit $f_a(x) = -x^2 + \frac{x}{a}$. Bestimmen Sie, für welchen Wert von a der Punkt P auf dem Graphen von f_a liegt.
a) $P(1|0)$ b) $P(2|-3)$ c) $P(-3|-7)$ d) $P(2|-4)$

2. Zeichnen Sie den Graphen von f_a für die gegebenen Werte des Parameters a. Beschreiben Sie den Einfluss von a auf den Verlauf des Graphen.
a) $f_a(x) = ax^3 - a^2x$ $a = -1$ ($a = 0$; $a = 0{,}5$; $a = 1$; $a = 2$)
b) $f_a(x) = 2x^3 + 3(a-1)x^2 - 6ax$ $a = -2$ ($a = -1$; $a = 0$; $a = 1$)

3. Bestimmen Sie anhand der Graphen eine Funktionsgleichung der Funktionenschar f_a.

a)
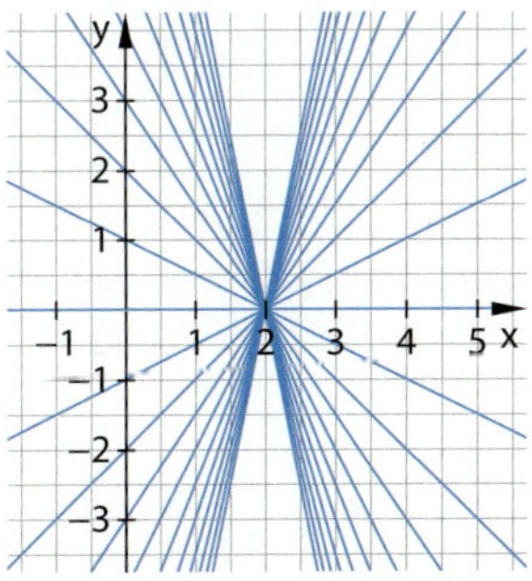

b)
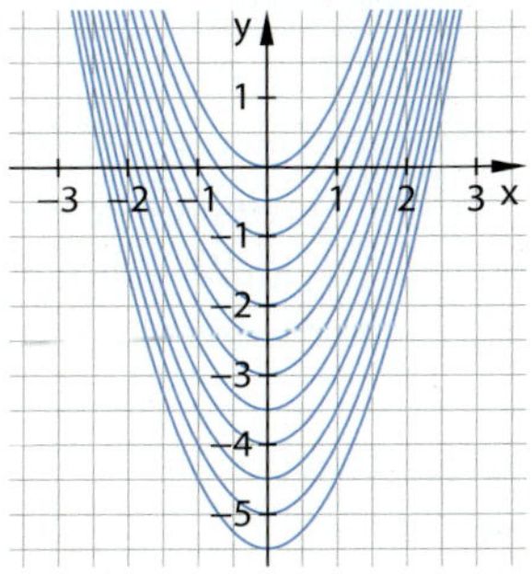

c)
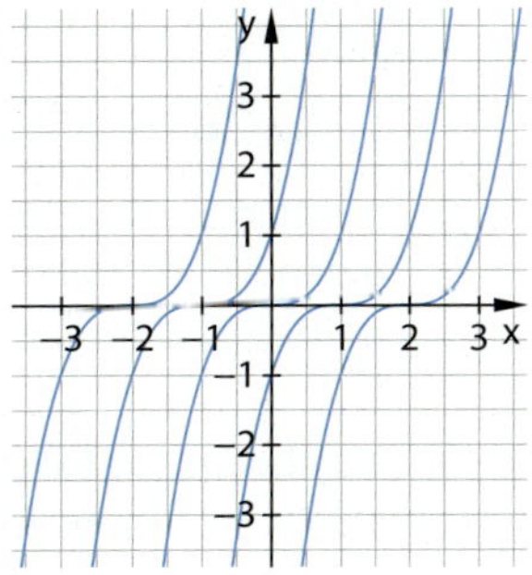

4. Bestimmen Sie die ersten beiden Ableitungen der Funktionenschar.
a) $f_k(x) = kx^2 - 2k^2x + k^3$ b) $f_a(x) = 12a^2x^3 + \frac{a}{x}$
c) $f_b(x) = 7b^2x^3 + 14bx^2 + b$ d) $f_p(x) = 2p\sin(px^2)$

5. Bestimmen Sie die Steigung der Graphen von f_a an der Stelle x_0.
a) $f_a(x) = ax^2 + 3ax + a^2$; $x_0 = -1$ b) $f_a(x) = (a-2)x^2 + a^2x$; $x_0 = 3$
c) $f_a(x) = \frac{1}{2}ax^4 + a^2x + 2a$; $x_0 = -2$ d) $f_a(x) = 2a^2x^3 + \frac{x}{a}$; $x_0 = 2$

6. Untersuchen Sie die Funktionenschar f_a auf Nullstellen, Extrem- und Wendepunkte.
a) $f_a(x) = \frac{1}{4}x^3 - \frac{3}{4}ax^2$ b) $f_a(x) = 2a^2x^3 - 3a^3x^2$
c) $f_a(x) = \frac{1}{4}x^4 - \frac{1}{2}a^2x^2$ d) $f_a(x) = \frac{ax}{x^2 + a^2}$

7. Bestimmen Sie den Wert für den Parameter a so, dass der Graph der Funktionenschar f_a an der Stelle x_0 die Steigung m hat.
a) $f_a(x) = -2ax^2 + a^2x - a$ $m = 5$ an der Stelle $x_0 = 1$
b) $f_a(x) = (x + 2a)^3$ $m = \frac{1}{3}$ an der Stelle $x_0 = a$
c) $f_a(x) = \frac{1}{x^2 + a^2}$ $m = -\frac{1}{2}$ an der Stelle $x_0 = 1$

8. Beschreiben Sie das Globalverhalten der Graphen der Funktionenschar f_a für $x \to \infty$ und $x \to -\infty$ in Abhängigkeit vom Parameter a.
a) $f_a(x) = ax^3 + 4x$ b) $f_a(x) = -a^2x^4 + 2ax^3 + 12x$
c) $f_a(x) = -a^2x^5 - 3x^2$ d) $f_a(x) = a^3x^7 - 3a^3x^3 + ax^2$

Hinweis zu 8:
Bei der Grenzwertbildung wird a wie eine Konstante behandelt. Beachten Sie das Vorzeichen von a und machen Sie eine Fallunterscheidung.

9. Bestimmen Sie Werte von a so, dass der Graph der Funktion f_a mit $f_a(x) = x^3 - 2ax^2 + a^2x$
a) den Punkt $P(2|2)$ enthält. b) einen Tiefpunkt an der Stelle $x = -1$ hat.
c) an der Stelle $x = 2$ die Steigung 5 hat. d) an der Stelle $x = 6$ einen Wendepunkt hat.
e) einen Sattelpunkt hat. f) die Nullstellen $x_1 = 0$ und $x_2 = 4$ hat.

Weiterführende Aufgaben

CAS **10.** Mit einem CAS können Funktionen auch mit Parametern definiert und untersucht werden. Untersuchen Sie die Funktionenschar f_a mit $f_a(x) = \frac{x^3}{a^3} - 4ax^2$ mit dem CAS auf Nullstellen, Extrem- und Wendepunkte.

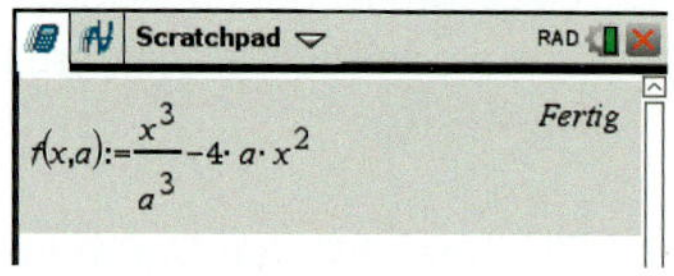

11. Stolperstelle: Gegeben ist die Funktionenschar f_a mit $f_a(x) = a^2x^2 + 2a^3x + a^4$.
Beschreiben Sie, welche Fehler beim Ableiten gemacht wurden, und bilden Sie die korrekte Ableitungsfunktion.

① $f'_a(x) = 4ax + 6a^2x$

② $f'_a(x) = 2a^2x + 2a^3 + 4a^3$

③ $f'_a(x) = 2ax^2 + 6a^2x + 4a^3$

12. Gegeben ist die Funktionenschar f_a mit $f_a(x) = \frac{1}{a^2}x^3 - \frac{6}{a}x^2 + 9x$.
a) Ermitteln Sie Nullstellen, Extrem- und Wendepunkte von f_a.
b) Zeigen Sie, dass alle Graphen von f_a im Wendepunkt W_a die gleiche Steigung haben.
c) Ermitteln Sie die Gleichung der Normalen n_a an den Graphen von f_a im Punkt W_a.

13. Eine Parabel mit der allgemeinen Form $f(x) = ax^2 + bx + c$ verläuft durch den Ursprung und hat an der Stelle 1 eine waagerechte Tangente.
Geben Sie die Funktionsgleichung einer Funktionenschar an, deren Graphen die genannten Bedingungen erfüllen.

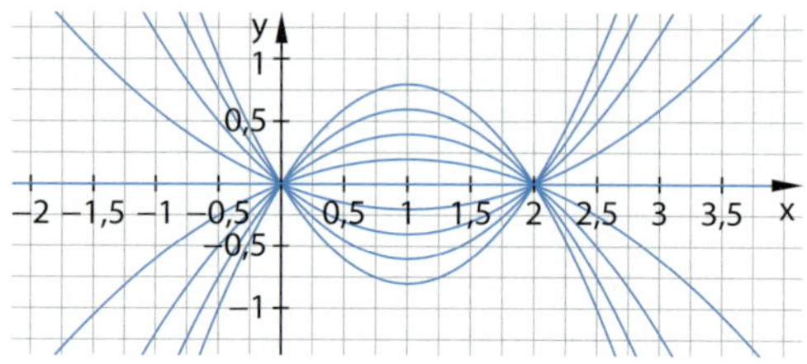

14. Das Bild zeigt Graphen einer Funktionenschar f_a von ganzrationalen Funktionen dritten Grades. Alle Graphen gehen durch den Ursprung und haben einen Extrempunkt in (2 | 4).
a) Bestimmen Sie die Funktionsgleichung von f_a.
b) Ermitteln Sie, für welche Parameterwerte sich in (2 | 4) ein Hochpunkt bzw. ein Tiefpunkt ergibt.

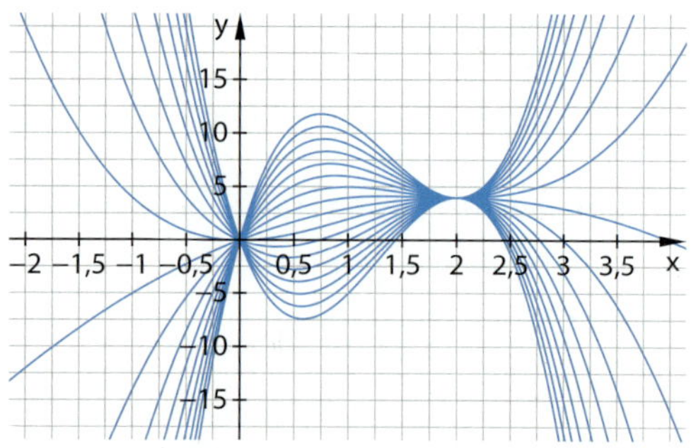

15. Gegeben ist die Funktionenschar f_a mit $f_a(x) = x^3 - ax^2 + 2x$. Gesucht ist ein Wert für a, sodass der Graph von f_a im Punkt H (2 | −2) einen Hochpunkt hat. Bewerten Sie die drei Aussagen.
Anabell: *„Dann muss doch nur die Ableitung an der Stelle x = 2 gleich null sein, also a = 3,5."*
Paul: *„Nein, nein, du musst auch überprüfen, ob der Hochpunkt die y-Koordinate −2 hat. Aber das stimmt."*
Marie: *„Diese Aufgabe hat überhaupt keine Lösung."*

16. Der Wert des Parameters a kann Einfluss auf die Anzahl der Extrempunkte der Graphen von f_a haben. Betrachten Sie die Funktionenschar f_a mit $f_a(x) = \frac{1}{4}x^4 - \frac{a}{3}x^3 + \frac{1}{2}x^2$.
a) Bestimmen Sie Werte von a so, dass der Graph von f_a genau einen Extrempunkt hat.
b) Bestimmen Sie Werte von a so, dass der Graph von f_a genau zwei Extrempunkte hat.
c) Bestimmen Sie Werte von a so, dass der Graph von f_a die größtmögliche Anzahl an Extrempunkten hat.

17. Gegeben ist die Funktionenschar f_a mit $f_a(x) = -\frac{x^3 - 3ax^2}{144}$. Für bestimmte Werte von a beschreiben die Graphen von f_a zwischen ihren Nullstellen den Querschnitt eines Deichs.

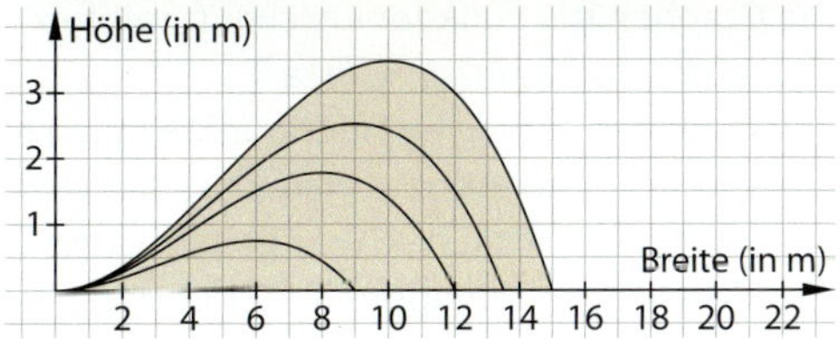

a) Bestimmen Sie den Wert von a so, dass der Deich 15 m breit ist.
b) Bestimmen Sie den Wert von a so, dass die Böschung an der rechten Seite mit 45° auf die Horizontale trifft.
c) Bestimmen Sie den Wert von a so, dass der Deich 6 m hoch ist.
d) Bestimmen Sie die maximale Breite des Deichs, für die der steilste Anstieg des Deichs maximal 30° beträgt.
● e) Zeigen Sie, dass alle Extrempunkte von f_a auf dem Graphen der Funktion g mit $g(x) = \frac{1}{288}x^3$ liegen.

18. Ermitteln Sie, für welche Werte von m die Ursprungsgerade zu $y = mx$ den Graphen der Funktion f mit $f(x) = -\frac{1}{4}x^2 + \frac{5}{2}x - 4$ berührt. Veranschaulichen Sie die Situation zunächst mit einer Skizze oder mit dem GTR.

19. An einen parabelförmigen Wall soll ein Brett angelehnt werden. Der Wall wird beschrieben durch den Graphen der Funktion f mit $f(x) = -\frac{1}{10}x^2 + 0{,}9$. Das anzulegende Brett wird in einem Abstand von 2 m vom Fuße des Walls aufgesetzt und auf den Wall gelegt. Das Brett verläuft auf einer der Geraden g_k mit $g_k(x) = kx - 5k$.

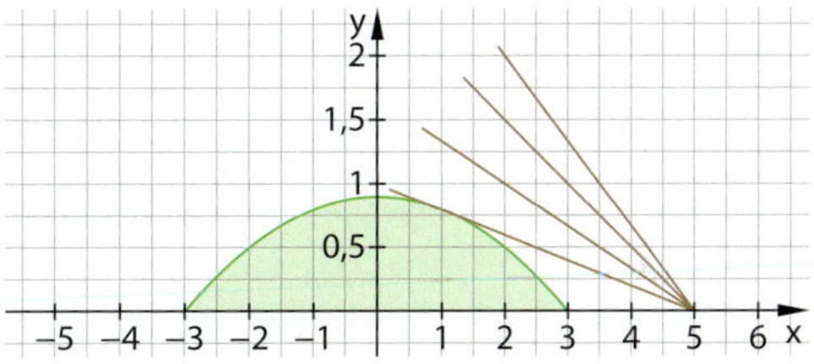

a) Bestimmen Sie den Wert des Parameters k, für den das Brett aufliegt.
b) Geben Sie den Auflagepunkt an.

● **20.** Gegeben ist eine Funktionenschar f_a mit $f_a(x) = -ax^2 + 10ax - 9a$, $a > 0$.
a) Beschreiben Sie den Einfluss des Parameters a auf die Graphen von f_a.
b) Zeigen Sie, dass alle Graphen dieselben Nullstellen haben, und bestimmen Sie diese.
c) Ermitteln Sie a so, dass der Graph von f_a die Gerade zur Gleichung $y = 1{,}6x$ berührt.

● **21.** Manchmal haben die Graphen Eigenschaften, auf die der Wert des Parameters keinen Einfluss hat. Betrachten Sie die Funktionenschar f_k mit $f_k(x) = \frac{x^3}{k^4} - \frac{3x^2}{k^3}$ für $k > 0$.
a) Zeigen Sie, dass alle Graphen im Ursprung O einen Hochpunkt haben.
b) Berechnen Sie den weiteren Schnittpunkt N_k mit der x-Achse und die Tiefpunkte T_k der Graphen.
c) Zeigen Sie, dass das Dreieck ON_kT_k für alle k den Flächeninhalt 6 hat.

● **22. Ausblick:** Gegeben ist die Funktionenschar f_t mit $f_t(x) = -\frac{1}{t^2}x^3 + \frac{3}{t}x^2$ für $t > 0$.
a) Berechnen Sie die Nullstellen von f_t. Bestimmen Sie f_t', f_t'' und f_t'''.
b) Bestimmen Sie die Extrem- und Wendepunkte der Graphen zu f_t. Beschreiben Sie deren Lage in Abhängigkeit vom Wert des Parameters t.
c) Zeigen Sie, dass alle Extrem- und Wendepunkte auf einer Geraden liegen.

Ortskurven

■ Gegeben ist die Funktionenschar f_a mit $f_a(x) = x^2 - 2ax + 0{,}9a^2$.

a) Bestimmen Sie die Tiefpunkte T_a der Graphen von f_a in Abhängigkeit von a.

b) Zeichnen Sie die Tiefpunkte T_a für a = −5, a = −4, a = −3, a = −2, a = −1, a = 0, a = 1, a = 2, a = 3, a = 4 und a = 5 mit dem GTR in ein Koordinatensystem.

c) Bestimmen Sie die Funktion, auf deren Graphen die Tiefpunkte T_a liegen. ■

Die Lage der Extrem- und Wendepunkte einer Funktionenschar kann ebenfalls vom Parameter der Schar abhängen.

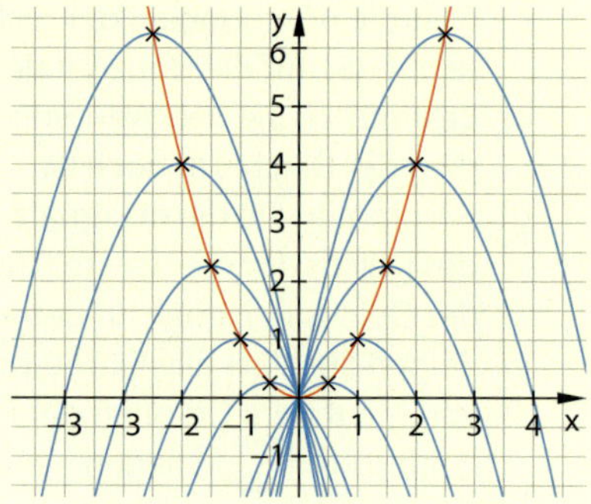

Die Graphen der Funktionenschar f_a mit $f_a(x) = 2ax - x^2$ haben die Hochpunkte $H_a(a \mid a^2)$.
Zeichnet man sämtliche Hochpunkte in ein Koordinatensystem ein, so erkennt man, dass sie gemeinsam auf der Parabel p mit $p(x) = x^2$ liegen. Diese Parabel legt die Orte der Hochpunkte fest und heißt daher **Ortskurve der Hochpunkte**.

Wissen: Ortskurve
Der Graph, der alle Punkte $P_a(u(a) \mid v(a))$ enthält, heißt **Ortskurve** (Ortslinie) der Punkte.
Eine Gleichung der Ortskurve ergibt sich wie folgt:
① Gleichung $x = u(a)$ der x-Koordinaten nach a auflösen.
② a in der Gleichung $y = v(a)$ der y-Koordinaten durch die Gleichung aus ① ersetzen.

Beispiel: Gegeben ist die Funktionenschar f_a mit $f_a(x) = \frac{1}{2}x^4 - a \cdot x^2$ für $a > 0$.
Bestimmen Sie die Gleichung der Ortskurve durch die Tiefpunkte der Graphen von f_a.

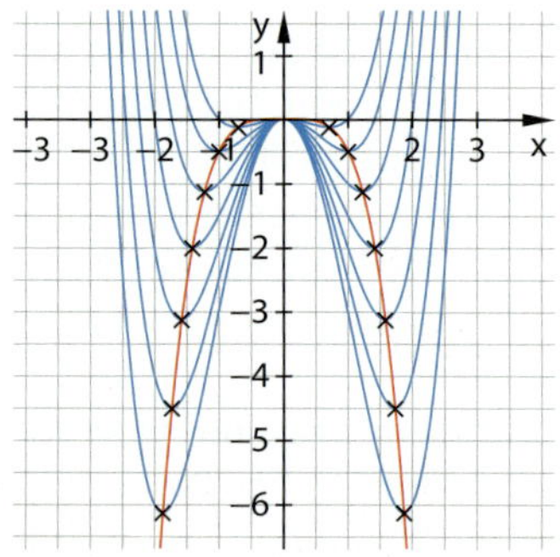

Lösung:

Die Nullstellen der ersten Ableitung sind Kandidaten für die Extremstellen.

$f_a'(x) = 2x^3 - 2a \cdot x = 2x \cdot (x^2 - a)$
Nullstellen von f_a': $x_1 = 0$; $x_2 = \sqrt{a}$; $x_3 = -\sqrt{a}$

Setzen Sie die Nullstellen in die zweite Ableitung ein, um zu prüfen, ob und um welche Art Extremum es sich handelt.

$f_a''(x) = 6x^2 - 2a$
$f_a''(0) = -2a < 0$, da $a > 0$ (Maximum)
$f_a''(-\sqrt{a}) = 4a > 0$, da $a > 0$ (Minimum)
$f_a''(\sqrt{a}) = 4a > 0$, da $a > 0$ (Minimum)

Berechnen Sie die Funktionswerte für die Minima und geben Sie die Tiefpunkte in Abhängigkeit von a an.

Tiefpunkte: $T_1\left(\sqrt{a} \,\middle|\, -\frac{a^2}{2}\right)$; $T_2\left(-\sqrt{a} \,\middle|\, -\frac{a^2}{2}\right)$

Stellen Sie die Gleichung für die x-Koordinate nach a um. Durch Einsetzen in die Gleichung für die y-Koordinate ergibt sich die Gleichung der Ortskurve.

$x = u(a) = \pm\sqrt{a}$ und $y = v(a) = -\frac{a^2}{2}$
$a = x^2$ einsetzen in $v(a)$

Gleichung der Ortskurve: $t(x) = -\frac{x^4}{2}$

Aufgaben

1. Geben Sie eine Gleichung der Ortskurve an, auf der die gekennzeichneten Extrem- bzw. Wendepunkte liegen.

a) 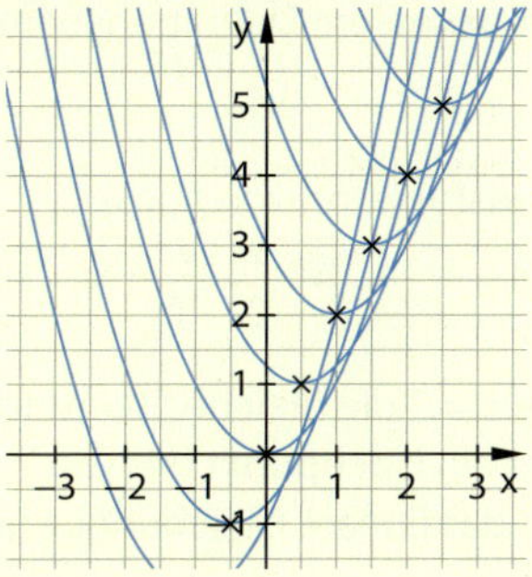

b) 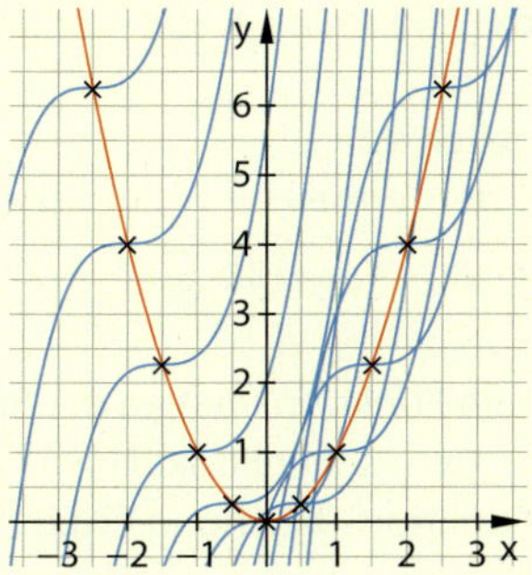

c) 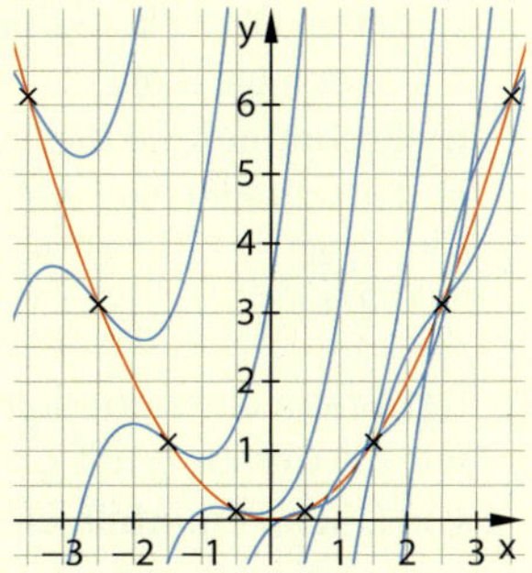

2. Bestimmen Sie die Ortskurve der Punkte.

a) $T_a = (a \mid 2a)$ b) $W_a = (2a \mid 4a^3)$ c) $H_a = (a^2 \mid a)$ d) $S_a = \left(\sqrt{a} \,\middle|\, \frac{1}{a+1}\right)$

3. Ermitteln Sie eine Gleichung der Ortskurve durch die charakteristischen Punkte der Graphen der Funktionenschar.

① Hochpunkte der Scharkurven von f_a mit $f_a(x) = -\frac{1}{4}x^4 + a \cdot x^2 - 1$ für $a > 0$

② Wendepunkte der Scharkurven von g_a mit $g_a(x) = \frac{1}{6}x^3 + a \cdot x^2 - a^2 \cdot x$ für $a > 0$

③ Extrempunkte der Scharkurven von h_a mit $h_a(x) = \frac{a}{x} + x$ für $a > 0$

④ Extrempunkte der Scharkurven von k_a mit $k_a(x) = \sqrt{x} - \frac{x}{a}$ für $a > 0$

4. Gegeben ist die Funktionenschar f_a mit $f_a(x) = \left(4 - \frac{a}{2}\right) \cdot x + \left(\frac{1}{4} - \frac{2}{a}\right) \cdot x^2$ für $a \neq 0$, $a \neq 8$.

a) Berechnen Sie die Koordinaten der Extrempunkte der Graphen der Schar. Geben Sie an, für welche Werte von a es sich um einen Hochpunkt handelt.

b) Bestimmen Sie die Ortskurve der Extrempunkte der Kurvenschar und geben Sie den Wert von a an, für den der Hochpunkt die größte y-Koordinate hat.

5. Betrachten Sie die Funktionenschar f_c mit
$f_c(x) = \left(\frac{1}{c} - \frac{8}{c^2}\right) \cdot x^3 + \left(\frac{12}{c} - \frac{3}{2}\right) \cdot x^2$ für $0 < c \leq 8$.

a) Berechnen Sie die Nullstellen von f_c in Abhängigkeit vom Parameter c.

b) Zeigen Sie, dass jeder Graph von f_c den Tiefpunkt T(0 | 0) hat. Berechnen Sie auch die Koordinaten des Hochpunktes H_c des Graphen von f_c.

c) Bestimmen Sie die Ortskurve der Hochpunkte. Ermitteln Sie den Hochpunkt mit der größten y-Koordinate.

d) Geben Sie die Ortskurve der Wendepunkte der Schar an.

● **6.** Für beliebige $a \in \mathbb{R}$ ist die Funktionenschar f_a mit $f_a(x) = s \cdot x + \frac{t}{x}$, $x \neq 0$ gegeben. Dabei hängen s und t vom Wert des Parameters a ab. Es gilt $f_a(1) = 1$ und $f'_a(1) = a$.

a) Bestimmen Sie den Funktionsterm von f_a in Abhängigkeit vom Parameter a.

b) Untersuchen Sie, für welche reellen Zahlen a die Funktion f_a Extremstellen hat.

c) Bestimmen Sie, falls möglich, die Ortskurve der Hoch- bzw. der Tiefpunkte.

1.8 Abiturtraining

Aufgaben ohne GTR/CAS

1. Gegeben ist die Funktion f mit $f(x) = \sqrt{x+4} \cdot (x^2 - 9)$ und maximalem Definitionsbereich D.
   a) Geben Sie D an.
   b) Bestimmen Sie die Nullstellen von f.
   c) Entscheiden Sie, welcher der Terme I bis IV zur Ableitungsfunktion von f passt.
   I: $\frac{2x}{2\sqrt{x+4}}$ II: $\frac{x^2-9}{\sqrt{x+4}} + 2x \cdot \sqrt{x+4}$ III: $\frac{x^2-9}{2\sqrt{x+4}} + 2x \cdot \sqrt{x+4}$ IV: $\frac{x^2-9}{2\sqrt{x+4}} + x \cdot \sqrt{x+4}$

2. Der Graph einer quadratischen Funktion f hat an der Stelle x = 2 die gleiche Steigung wie die Gerade g mit $g(x) = -6x + 5$. Der Punkt H(−1 | 2) ist ein Hochpunkt des Graphen von f. Beim Ermitteln einer Funktionsgleichung ergibt sich das lineare Gleichungssystem
   $$\left| \begin{array}{l} a - b + c = 2 \\ -2a + b = 0 \\ 4a + b = -6 \end{array} \right|.$$
   a) Erklären Sie, wie sich das lineare Gleichungssystem aus den Eigenschaften des Graphen von f ergibt.
   b) Lösen Sie das Gleichungssystem und bestimmen Sie eine Funktionsgleichung von f.

3. Gegeben ist eine abschnittsweise definierte Funktion f mit drei Nahtstellen.
   $$f(x) = \begin{cases} 2\cos(x+2), & \text{für } x < -2 \\ \frac{1}{4}x^2 + 2, & \text{für } -2 \le x < 0 \\ -\frac{1}{9}x^3 + 2, & \text{für } 0 \le x < 3 \\ -\frac{1}{3}x, & \text{für } x \ge 3 \end{cases}$$

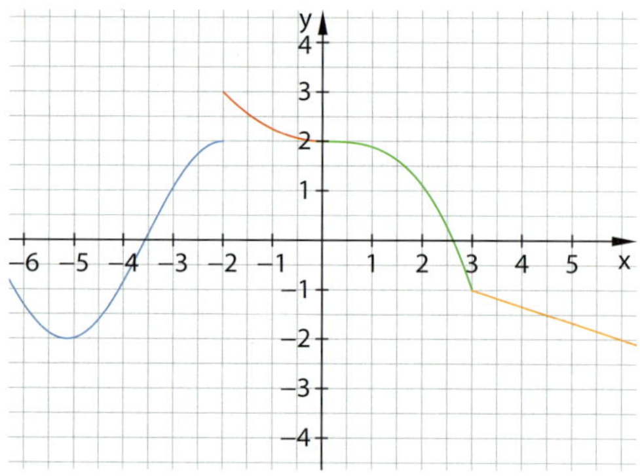

   a) Entscheiden Sie anhand des Graphen, an welchen Nahtstellen die Funktion f stetig bzw. differenzierbar ist.
   b) Begründen Sie Ihre Entscheidung aus a) rechnerisch.

4. Der Graph der Funktion f mit $f(x) = \sqrt{x^2+5} - 1$ soll an der Stelle x = 2 durch eine Gerade g fortgesetzt werden.
   a) Ermitteln Sie eine Geradengleichung g(x) so, dass der Übergang der Graphen sprung- und knickfrei ist.
   b) Begründen Sie, dass die krümmungsruckfreie Fortsetzung eines Funktionsgraphen durch eine lineare Funktion nur in einem Wendepunkt möglich ist.
   c) Zeigen Sie, dass der Übergang aus a) nicht krümmungsruckfrei ist.

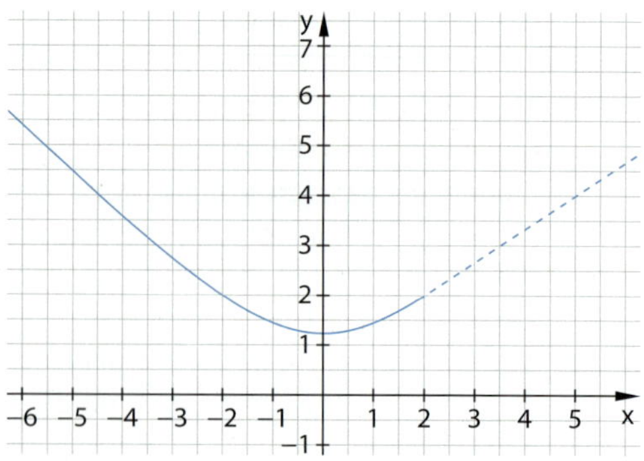

5. Für a > 0 ist die Funktionenschar f_a mit $f_a(x) = -a \cdot x^2 + 4a \cdot x - 4a + 1$ gegeben.
   a) Begründen Sie, dass alle Funktionen der Schar zwei verschiedene Nullstellen haben.
   b) Zeigen Sie, dass alle Graphen von f_a einen gemeinsamen Hochpunkt haben.
   c) Bestimmen Sie einen Wert von a so, dass die Tangente an den Graphen von f_a im Punkt $(1 \mid f_a(1))$ die y-Achse bei −2 schneidet.

Aufgaben mit GTR/CAS

6. Auf einer Messe für Kinderspielzeug wird eine modulare Murmelbahn präsentiert. In einem Bauteil durchläuft die Kugel eine Tal-Berg-Fahrt. Wählt man als eine Längeneinheit 10 cm, kann die Profillinie des Bauteils im Längsschnitt mit dem Graphen einer ganzrationalen Funktion

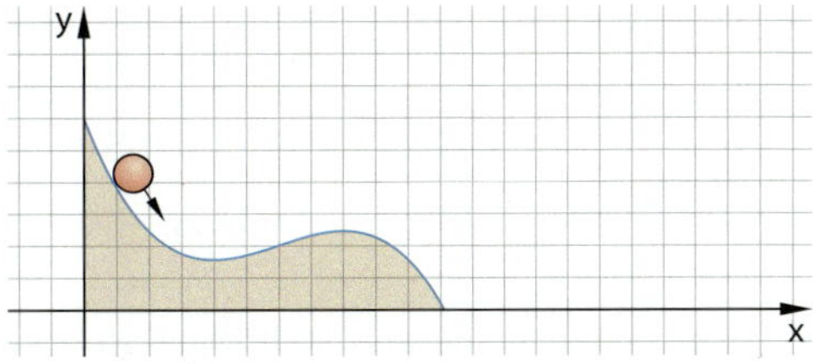

dritten Grades für $0 \leq x \leq 4$ beschrieben werden. Die Kugel startet im Punkt A in einer Höhe von 30 cm und rollt zunächst bergab. Nach einer horizontalen Entfernung von 20 cm erreicht sie den Punkt B, den tiefsten Punkt des Tals. Von dort geht es leicht bergauf über einen Hügel. Im Punkt C (3 | 1) ist der Anstieg des Hügels am stärksten.
   a) Bestimmen Sie eine passende Funktionsgleichung.
   b) Ermitteln Sie den höchsten Punkt des Hügels.
   Geben Sie die horizontale Entfernung dieses Punktes zum Punkt A an.

   Das Bauteil wird ans Ende einer Bahn auf den Boden gestellt. Die Kugel kommt also mit einer bestimmten Geschwindigkeit im Punkt A an. Ist diese Geschwindigkeit zu hoch, verlässt sie im Punkt C die Bahn und geht tangential in eine parabelförmige Flugbahn über.

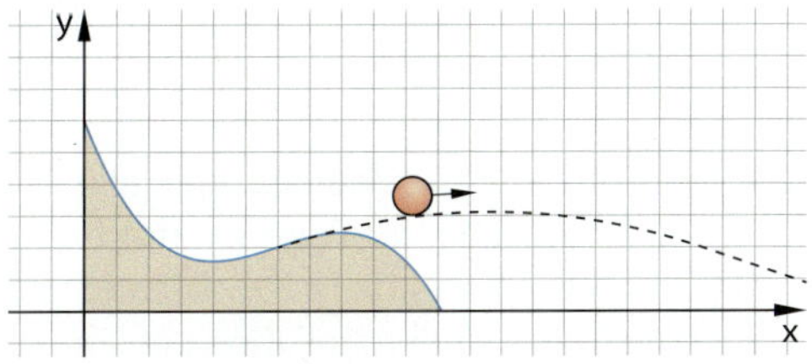

   c) Die Flugbahn kann mit quadratischen Funktionen beschrieben werden, deren Graphen durch den Punkt C mit der gleichen Steigung wie der Graph von f verlaufen. Bestimmen Sie eine passende Funktionsgleichung einer Funktionenschar.
   Schränken Sie die Werte des Parameters sinnvoll ein.
   d) Bestimmen Sie eine Funktion, die die Flugbahn beschreibt, wenn an der Stelle $x = \frac{19}{3}$ die maximale Höhe erreicht wird. Ermitteln Sie für diesen Fall den Abstand der Kugel zum Bauteil beim Auftreffen auf den Boden.

7. Gegeben ist die Funktionenschar f_a mit $f_a(x) = \frac{1}{4}x^3 - \frac{3}{2}x^2 + \frac{3a}{2}x + 7 - 3a$ für $a \in \mathbb{R}$.
   a) Untersuchen Sie, für welche Werte von a die Funktion f_a Extremstellen hat, und geben Sie diese gegebenenfalls an.
   Geben Sie für a = 0 auch die konkreten Extrempunkte an.
   b) Zeigen Sie, dass alle Graphen der Schar einen gemeinsamen Wendepunkt W haben, und geben Sie die Koordinaten von W an.
   Bestimmen Sie den Wert von a, für den W ein Sattelpunkt ist.
   c) Leiten Sie eine Gleichung der Wendetangenten t_a der Graphen zu f_a her.
   (Kontrollergebnis: $t_a(x) = \left(\frac{3a}{2} - 3\right) \cdot x + 9 - 3a$)
   d) Die Wendetangenten t_a bilden für a < 2 mit den Achsen ein Dreieck.
   Bestimmen Sie a so, dass das Dreieck
   ① gleichschenklig ist,
   ② der Flächeninhalt des Dreiecks minimal ist.

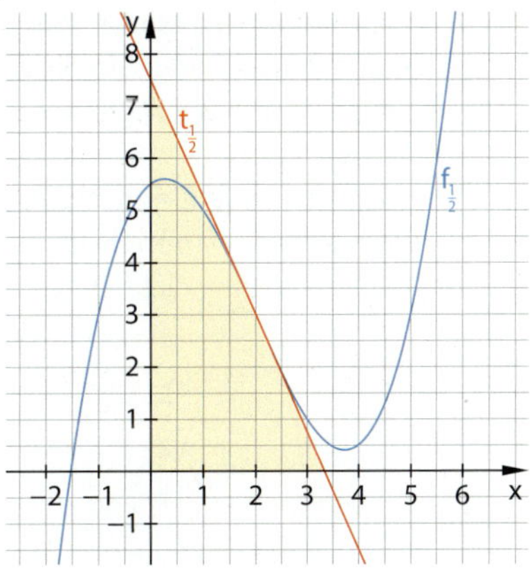

Prüfen Sie Ihr neues Fundament

Lösungen
↗ S. 491

1. Bringen Sie das Gleichungssystem in Zeilenstufenform und bestimmen Sie die Lösung.

a) $\left|\begin{array}{l} x+y+2z=2 \\ -2x-y-z=-2 \\ 2x+y-2z=-1 \end{array}\right|$ b) $\left|\begin{array}{l} x-4y+2z=7 \\ y-3z=-4 \\ 2x+2y+3z=3 \end{array}\right|$ c) $\left|\begin{array}{l} 2x+2y+2z=14 \\ 4x-y+2z=5 \\ x-5y+3z=-3 \end{array}\right|$

d) $\left(\begin{array}{ccc|c} -1 & 1 & -2 & -2 \\ 1 & -4 & 2 & -4 \\ 3 & 1 & 6 & -6 \end{array}\right)$ e) $\left(\begin{array}{ccc|c} 2 & 3 & -1 & 1 \\ 1 & 1 & -1 & 0 \\ 4 & 6 & -2 & 2 \end{array}\right)$ f) $\left(\begin{array}{ccc|c} -1 & 4 & 2 & 5 \\ 1 & -5 & -6 & -12 \\ 1 & 0 & -4 & -4 \end{array}\right)$

Hinweis:
Anstelle der Variablen x, y und z werden auch häufig die Bezeichnungen x_1, x_2 und x_3 benutzt.

GTR **2.** Bestimmen Sie mit dem GTR die Lösung des linearen Gleichungssystems.

a) $\left|\begin{array}{l} 2x-3y+z=1 \\ 3x+3y-z=-1 \\ 4x-y+3z=2 \end{array}\right|$ b) $\left|\begin{array}{l} 2x_1-x_2+x_3-3x_4=0 \\ -x_1+x_2-x_3+2x_4=-1 \\ 2x_1+x_2-x_3+x_4=2 \\ x_1+x_3-4x_4=-2 \end{array}\right|$ c) $\left(\begin{array}{cccc|c} 1 & -1 & 1 & 2 & -2 \\ -1 & 2 & 0 & 3 & 2 \\ 2 & 0 & -1 & -1 & 6 \\ 0 & 0 & 0 & 0 & 0 \end{array}\right)$

3. Das lineare Gleichungssystem befindet sich in Zeilenstufenform. Entscheiden Sie, ob es eine, keine oder unendlich viele Lösungen hat.

a) $\left|\begin{array}{l} x+2y+4z=120 \\ 4y-9z=-240 \\ z=20 \end{array}\right|$ b) $\left|\begin{array}{l} x+2y+3z=6 \\ z=1 \\ 0=0 \end{array}\right|$ c) $\left(\begin{array}{ccc|c} 1 & 3 & -11 & 2 \\ 0 & 2 & 1 & 5 \\ 0 & 0 & 0 & 1 \end{array}\right)$

4. Formulieren Sie die Bedingungen als Gleichungen.
a) Eine ganzrationale Funktion dritten Grades hat an der Stelle $x = 5$ den Wert 18.
b) Der Graph einer ganzrationalen Funktion dritten Grades schneidet die y-Achse bei 3.
c) Der Graph einer ganzrationalen Funktion vierten Grades berührt die x-Achse an der Stelle $x = 5$.
d) Der Graph einer ganzrationalen Funktion dritten Grades hat im Punkt $A(3|-1)$ die Steigung 4.

5. Bestimmen Sie eine passende Funktionsgleichung der ganzrationalen Funktion.

Funktion dritten Grades:

① Der Graph durchläuft den Ursprung mit der Steigung −1 und schneidet die x-Achse im Punkt $P(1|0)$ mit der Steigung 2.

② Der Graph berührt die x-Achse im Ursprung. Die Tangente am Graphen im Punkt $A(3|0)$ ist parallel zur Geraden mit der Gleichung $y = 5x$.

Funktion vierten Grades:

③ Der Graph hat im Ursprung einen Wendepunkt mit einer waagerechten Tangente und im Punkt $P(5|5)$ einen Extrempunkt.

④ Der Graph ist symmetrisch zur y-Achse, verläuft durch den Punkt $P(0|3)$ und hat im Punkt $Q(3|0)$ ein lokales Minimum.

GTR **6.** Bei einem Indoor-Leichtathletikwettbewerb wird eine Kugelstoßkugel aus einer Höhe von 2,20 m unter einem Winkel von 45° abgeworfen und landet 20,52 m entfernt auf dem Hallenboden. Modellieren Sie die Flugbahn mithilfe einer quadratischen Funktion. Bestimmen Sie, welche Höhe die Halle mindestens haben muss.

7. Lesen Sie wichtige Eigenschaften des Graphen ab. Überlegen Sie, welchen Grad die Funktion mindestens haben muss, und bestimmen Sie eine Funktionsgleichung von f.

a)
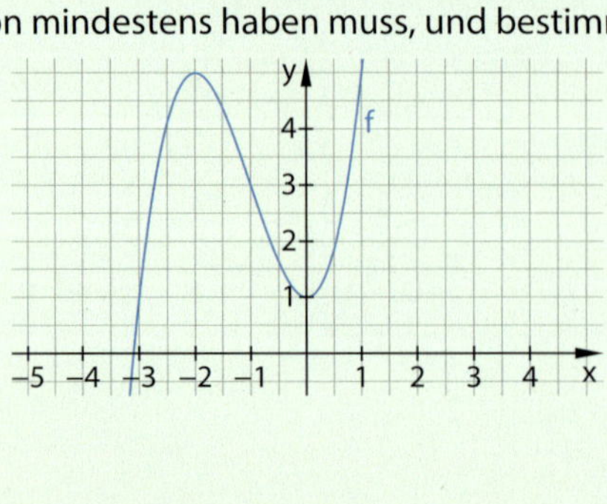

b)
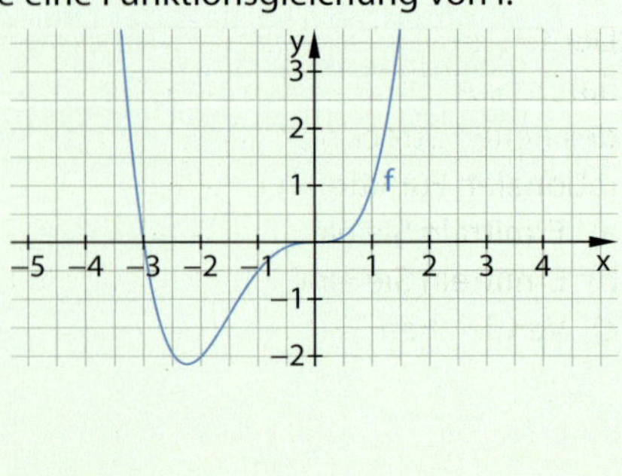

Lösungen
↗ S. 491

8. Bestimmen Sie Werte des Parameters a so, dass der Graph der Funktionenschar f_a mit $f_a(x) = x^3 + 3ax^2 - ax + a$ und $a \in \mathbb{R}$ die angegebene Eigenschaft hat.

① enthält Punkt P(3 | 1)
② Tiefpunkt an der Stelle x = 1
③ an der Stelle x = 2 die Steigung 5
④ an der Stelle x = 3 eine Wendestelle
⑤ einen Sattelpunkt
⑥ keine Nullstelle

9. Eine ganzrationale Funktion dritten Grades soll in W(0 | 4) einen Wendepunkt und an der Stelle x = 1 einen Extrempunkt haben. Gesucht ist eine passende Funktionsgleichung.
a) Geben Sie alle Lösungen mithilfe einer Funktionsgleichung mit einem Parameter an.
b) Geben Sie eine weitere Bedingung an, sodass eine eindeutige Lösung entsteht.
c) Als zusätzliche Bedingung wird gefordert, dass sich ein weiterer Extrempunkt der Funktion an der Stelle x = −2 befindet. Lässt sich hierfür eine Lösung finden?

GTR **10.** Das Eingangsportal einer neuen Mall soll durch den Graphen einer Funktion f_a mit $f_a(x) = \frac{x^4}{a^2} - 2x^2 + a^2$ (x in Meter, a > 0) modelliert werden. Dabei befindet sich der Eingang zwischen den Nullstellen der Funktion f_a.

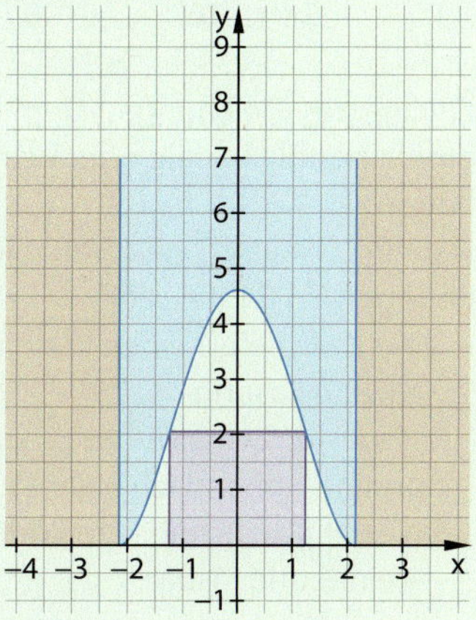

a) Bestimmen Sie a so, dass der Abstand der beiden Nullstellen 6 m beträgt. Zeichnen Sie für den ermittelten Wert von a den Graphen der Funktion.
b) Bestimmen Sie den Wert für a so, dass die Höhe des Eingangsportals 8 m beträgt.
c) In das Portal soll ein rechteckiges Eingangstor eingebaut werden, das genau in Höhe der Wendepunkte abschließt. Bestimmen Sie den Wert für a so, dass die Höhe des Tores 2,50 m beträgt.
d) Prüfen Sie, ob die Portalkurve mit einem Graphen von f_a so modelliert werden kann, dass das Tor zwischen den Wendepunkten eine quadratische Fläche hat. Wenn ja, bestimmen Sie den entsprechenden Wert für den Parameter a.

11. Bestimmen Sie die erste Ableitung der Funktion f mit der Produktregel.
a) $f(x) = x^2 \cdot (3x - 4)$
b) $f(x) = (2x^5 - 3) \cdot (3x + 1)$
c) $f(x) = (x^3 - 1) \cdot (x^3 + 1)$
d) $f(x) = (3x^4 + 2x - 5) \cdot (4x^2 - 4)$
e) $f(x) = \sin(x) \cdot \sin(x)$
f) $f(x) = (3x^2 - 5x) \cdot 2t \cdot x$

12. Bestimmen Sie die erste Ableitung der Funktion f mit der Kettenregel.
a) $f(x) = (3 - 2x)^5$
b) $f(x) = \sin((2 - 3x)^2)$
c) $f(x) = \sqrt{1 - x^2}$
d) $f(x) = \sqrt{(1 - x)^2}$

13. Untersuchen Sie die Funktion f auf Stetigkeit und Differenzierbarkeit.
a) $f(x) = \begin{cases} x^3, & \text{für } x < 1 \\ 2 - x, & \text{für } x \geq 1 \end{cases}$
b) $f(x) = \begin{cases} \sin(x), & \text{für } x < \frac{\pi}{2} \\ 1, & \text{für } x \geq \frac{\pi}{2} \end{cases}$

14. Der Ort im Punkt A soll möglichst glatt an eine Bahntrasse angebunden werden. Der Verlauf des neuen Streckenstücks wird mit einer ganzrationalen Funktion modelliert.

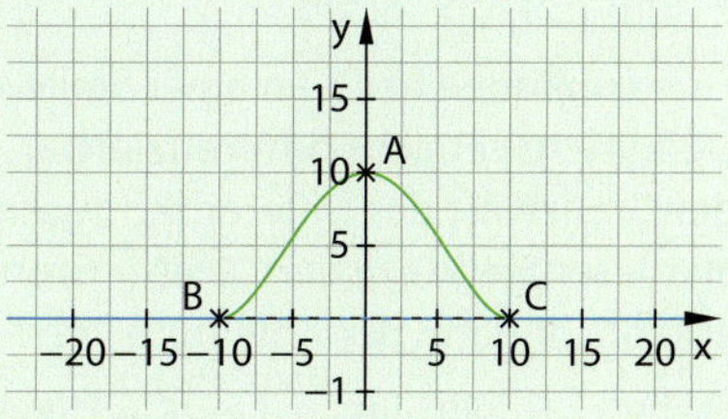

a) Ermitteln Sie eine Funktion f vom Grad 4.
b) Ermitteln Sie eine Funktion g vom Grad 6.
c) Vergleichen Sie die Modelle aus a) und b).

Lineare Gleichungssysteme lösen

Die folgenden Umformungen ändern die Lösungsmenge eines linearen Gleichungssystems (LGS) nicht.
① Zwei Gleichungen werden vertauscht.
② Eine Gleichung wird mit einer Zahl $c \neq 0$ multipliziert.
③ Eine Gleichung wird zu einer anderen Gleichung addiert.
Mithilfe dieser Umformungen lässt sich ein LGS in die Zeilenstufenform (ZSF) überführen und lösen.

Zeilenstufenform

$$\left|\begin{array}{rcl} x + y - z &=& -4 \\ 8y + z &=& -11 \\ 2z &=& 10 \end{array}\right|$$

Matrixschreibweise

$$\left(\begin{array}{rrr|r} 1 & 1 & -1 & -4 \\ 0 & 8 & 1 & -11 \\ 0 & 0 & 2 & 10 \end{array}\right)$$

Gesucht ist die Lösung des LGS

$$\left|\begin{array}{rcl} 8y + 3z &=& -1 \\ -2x + 6y + 3z &=& -3 \\ x + y - z &=& -4 \end{array}\right|$$

Umstellen und als Matrix schreiben:

$$\left(\begin{array}{rrr|r} 0 & 8 & 3 & -1 \\ -2 & 6 & 3 & -3 \\ 1 & 1 & -1 & -4 \end{array}\right)$$

Auf Zeilenstufenform bringen:

$$\left(\begin{array}{rrr|r} 1 & 1 & -1 & -4 \\ 0 & 8 & 1 & -11 \\ 0 & 0 & 2 & 10 \end{array}\right)$$

Lösung durch Rückeinsetzen ermitteln:
$x = 3;\ y = -2;\ z = 5$

Lösungsmenge linearer Gleichungssysteme

Ein lineares Gleichungssystem kann **genau eine**, **unendlich viele** oder **keine Lösung** haben.
Hat ein LGS gleich viele Variablen wie Gleichungen, so folgt aus der Zeilenstufenform:
- eine Zeile liefert einen Widerspruch → keine Lösung
- mindestens eine Nullzeile, kein Widerspruch → unendlich viele Lösungen
- keine Nullzeile und kein Widerspruch → eindeutig lösbar

Beispiele für LGS in ZSF:

$$\left(\begin{array}{rrr|r} 2 & 5 & 6 & 0 \\ 0 & 2 & 3 & -1 \\ 0 & 0 & 0 & 1 \end{array}\right)$$

Widerspruch in Zeile 3: keine Lösung, $L = \{\ \}$

$$\left(\begin{array}{rrr|r} 6 & 1 & 2 & 12 \\ 0 & -1 & 4 & 6 \\ 0 & 0 & 0 & 0 \end{array}\right)$$

Zeile 3 ist eine Nullzeile: unendlich viele Lösungen $L = \{(3 - t \mid -6 + 4t \mid t);\ t \in \mathbb{R}\}$

$$\left(\begin{array}{rrr|r} 1 & 1 & -1 & -4 \\ 0 & 8 & 1 & -11 \\ 0 & 0 & 2 & 10 \end{array}\right)$$

Kein Widerspruch, keine Nullzeile: eindeutige Lösung $L = \{(3 \mid -2 \mid 5)\}$

Produktregel

Haben die Funktionen u und v die Ableitungen u′ und v′, so hat die Funktion f mit $f(x) = u(x) \cdot v(x)$ die Ableitung

$f'(x) = u'(x) \cdot v(x) + u(x) \cdot v'(x)$.

$f(x) = x^2 \cdot (3x + 5)$
$u(x) = x^2$ $\quad v(x) = 3x + 5$
$u'(x) = 2x$ $\quad v'(x) = 3$

$f'(x) = 2x \cdot (3x + 5) + x^2 \cdot 3 = 9x^2 + 10x$

Kettenregel

Haben die Funktionen u und v die Ableitungen u′ und v′, dann hat die Verkettung f mit $f(x) = u(v(x))$ die Ableitung

$f'(x) = u'(v(x)) \cdot v'(x)$.

$f(x) = (x^3 - 9x)^6$
$v(x) = x^3 - 9x$ $\quad u(x) = x^6$
$v'(x) = 3x^2 - 9$ $\quad u'(x) = 6x^5$

$f'(x) = u'(x^3 - 9x) \cdot (3x^2 - 9)$
$= 6(x^3 - 9x)^5 \cdot (3x^2 - 9)$

Stetigkeit und Differenzierbarkeit

Eine Funktion f heißt **stetig** an einer Stelle x_0 aus ihrem Definitionsbereich, wenn der Grenzwert von f an der Stelle x_0 existiert und dem Funktionswert $f(x_0)$ entspricht.
Es gilt: $\lim\limits_{x \to x_0} f(x) = f(x_0)$.

Eine Funktion f heißt an einer Stelle x_0 ihres Definitionsbereichs **differenzierbar**, wenn der Grenzwert des Differenzenquotienten an dieser Stelle existiert. Dieser Grenzwert entspricht dann der Ableitung von f an der Stelle x_0. Es gilt: $\lim\limits_{x \to x_0} \frac{f(x) - f(x_0)}{x - x_0} = f'(x_0)$

$$f(x) = \begin{cases} x^2 - 2x + 3, & \text{für } x < 2 \\ 2x - 1, & \text{für } x \geq 2 \end{cases}$$

Untersuchung der Nahtstelle $x_0 = 2$ mit $f(x_0) = 3$
$x < 2$: $f(x) = x^2 - 2x + 3 \to 3$ für $x \to 2$
$x > 2$: $f(x) = 2x - 1 \to 3$ für $x \to 2$
$\lim\limits_{x \to 2} f(x) = 3 = f(2)$
f ist stetig an der Stelle $x_0 = 2$.

$x < 2$: $f'(x) = 2x - 2 \to 2$ für $x \to 2$
$x > 2$: $f'(x) = 2 \to 2$ für $x \to 2$
$\lim\limits_{x \to 2} f'(x) = 2$
f ist differenzierbar an der Stelle $x_0 = 2$.

2. Integralrechnung

Mithilfe der Integralrechnung lassen sich aus der Durchflussrate in einer Pipeline Aussagen über Bestandsänderungen in einem Rohstoffspeicher rekonstruieren.

Nach diesem Kapitel können Sie …
- aus Änderungsraten Gesamteffekte und Bestände rekonstruieren,
- den Zusammenhang zwischen Differenzieren und Integrieren angeben,
- Flächeninhalte krummlinig begrenzter Flächen berechnen,
- uneigentliche Integrale berechnen,
- Volumina von Rotationskörpern bestimmen.

Lösungen ↗ S. 492

Funktionen und ihre Ableitungen

1. Bestimmen Sie die Nullstellen der Funktion f.

a) $f(x) = 2x^2 - 4x - \frac{5}{2}$ b) $f(x) = \left(x + \frac{\pi}{4}\right)(x^2 - 4x + 4)$ c) $f(a) = 3a^3 + 4a^2$

d) $f(x) = x^3 - 3x^2 + 4x$ e) $f(x) = x^4 - 5x^2 + 4$ f) $f(c) = c^4 + 5c^2 - 6$

2. Gegeben sind die Funktionen f und g durch $f(x) = -x^2 + 4x + 4$ und $g(x) = -x + 4$.

a) Berechnen Sie die Koordinaten der Schnittpunkte der Graphen von f und g.

b) Zeichnen Sie die Funktionsgraphen und schraffieren Sie die Fläche, die von den Graphen beider Funktionen eingeschlossen wird.

3. Ermitteln Sie die erste und zweite Ableitung der Funktion f.

a) $f(x) = \frac{1}{3}x^3 + 1$ b) $f(x) = -\frac{1}{2}\sin(2x) + 1$ c) $f(x) = -2\sin\left(\frac{1}{2}x - 1\right)$

d) $f(t) = t + \sqrt{t}$ e) $f(x) = x^2 - \frac{1}{a^2}$ $(a \neq 0)$ f) $f(t) = t^2 \cdot b^2 - \sin(t) \cdot \cos(b)$

4. Berechnen Sie die Ableitung der Funktion f mit $f(x) = x^2$ an der Stelle $x_0 = 2$

a) als Grenzwert des Differenzenquotienten.

b) mithilfe der Ableitungsfunktion f'.

5. Gegeben ist die Funktion f mit $f(x) = x^3 + 3x^2 + 1$.

a) Übernehmen Sie die Wertetabelle und vervollständigen Sie.

x	−3	−2,5	−2	−1,5	−1	−0,5	0	0,5	1
f(x)									
f'(x)									

b) Skizzieren Sie den Graphen der Funktion f im betrachteten Intervall.

6. Finden Sie heraus, welche der Funktionen $g_1, \ldots, g_5$ Ableitung zu welcher der Funktionen $f_1, \ldots, f_5$ ist. Begründen Sie Ihre Zuordnung.

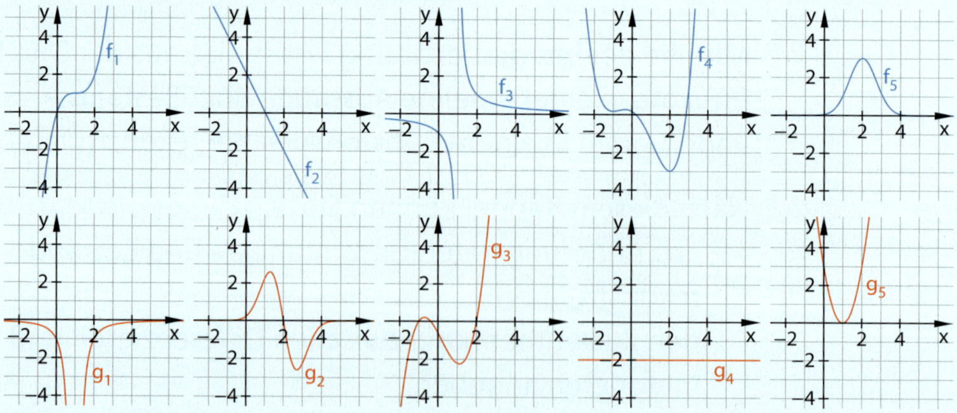

7. Eine Funktion f beschreibt das Verhalten einer Größe im Intervall $a \leq x \leq b$.
Geben Sie die Bedeutung des Wertes von $f'(x)$ an, wenn

a) x die Zeit in s und f(x) eine zurückgelegte Strecke in m angibt.

b) x die Zeit in s und f(x) die Geschwindigkeit in m/s angibt.

c) x die Zeit in Jahren und f(x) die Bevölkerungszahl eines Landes angibt.

d) x die Weglänge in km und f(x) den Kraftstoffinhalt V in einem Pkw-Tank in l angibt.

Lösungen
↗ S. 493

8. Die Funktion g mit $g(x) = -20x^3 + 240x^2 - 420x - 760$ gibt den täglichen Gewinn eines Unternehmens in Euro an, wenn das Produkt in der Stückzahl x verkauft wird.

a) Geben Sie den Gewinn des Unternehmens in einem Monat mit 30 Tagen an, wenn täglich eine Stückzahl von $x = 5$ ($x = 10$) produziert wird.

b) Bestimmen Sie, für welche Stückzahl x der Gewinn g(x) bei einer Erhöhung der Produktionsmenge maximal ansteigt.

c) Berechnen Sie die Stückzahl x, für die das Unternehmen maximalen Gewinn erreicht.

Flächeninhalte berechnen

9. Die Abbildung zeigt den Querschnitt einer Treppe. Die Treppenstufen sind jeweils 15 cm hoch und 25 cm tief.

a) Geben Sie einen Term an, mit dem man den Flächeninhalt des Querschnitts dieser Treppe berechnen kann.

b) Berechnen Sie diesen Flächeninhalt (in m^2).

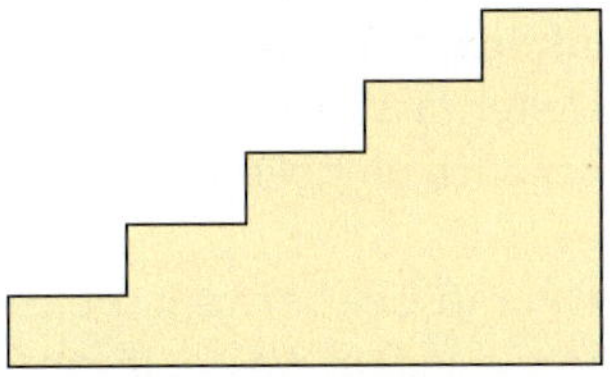

10. Die Bilder ①, ② und ③ zeigen verschiedene Möglichkeiten, den Inhalt der Fläche, den der Graph der Sinusfunktion $f(x) = \frac{\pi}{2}\sin x$ im Intervall $[0; \pi]$ mit der x-Achse einschließt, näherungsweise zu berechnen. Berechnen Sie diese Näherungswerte.

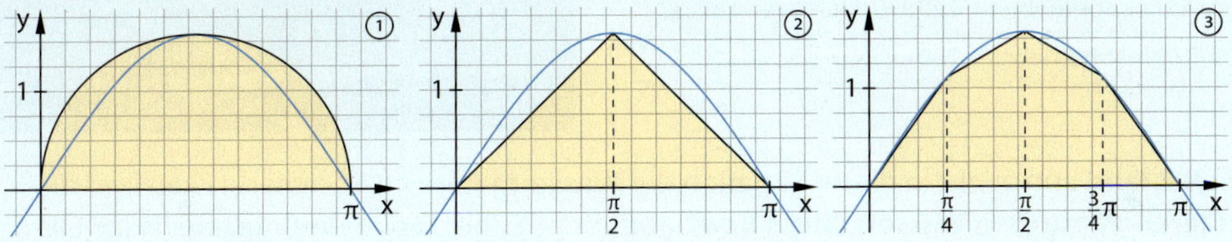

Vermischtes

11. Berechnen Sie folgende Terme.

a) $\frac{1}{5} \cdot 3 + \frac{1}{5} \cdot \frac{17}{6} + \frac{1}{5} \cdot \frac{19}{7} + \frac{1}{5} \cdot \frac{21}{8} + \frac{1}{5} \cdot \frac{23}{9}$

b) $\frac{1}{5} \cdot \left(\frac{17}{6} + \frac{19}{7} + \frac{21}{8} + \frac{23}{9} + \frac{5}{2}\right)$

c) $\frac{1}{10} \cdot \left(\frac{10}{11} + \frac{10}{12} + \frac{10}{13} + \ldots + \frac{10}{19} + \frac{1}{2}\right)$

d) Summe von $\frac{1}{4} \cdot \frac{5}{10+i}$ für $i = 0, 1, \ldots, 9$

12. Überprüfen Sie die Summenformeln an drei Beispielen.

a) $1 + 2 + 3 + \ldots + n = \frac{n(n+1)}{2}$

b) $1^2 + 2^2 + 3^2 + \ldots + n^2 = \frac{n(n+1)(2n+1)}{6}$

13. Die vordere und hintere Seitenfläche des abgebildeten Bauteils sind Halbkreise. Mittig ist eine Nut ausgefräst. Berechnen Sie das Volumen dieses Bauteils.

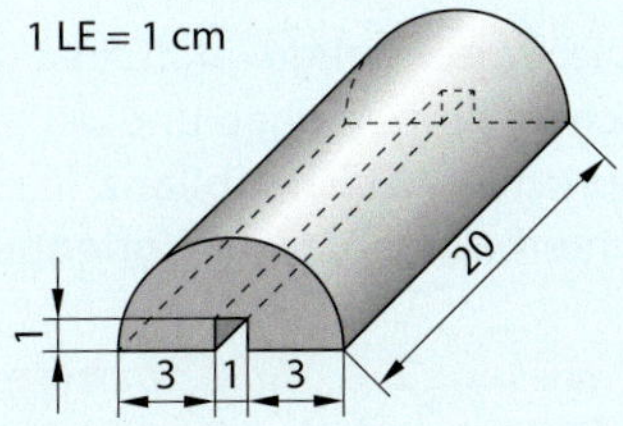

14. Zeichnen Sie den Graphen von f. Beschreiben Sie den Körper, der bei Rotation des Graphen von f um die x-Achse entsteht.

a) $f(x) = 4$ im Intervall $0 \le x \le 3$

b) $f(x) = 0{,}5x - 1$ im Intervall $2 \le x \le 4$

2.1 Rekonstruktion aus Änderungsraten

■ Ein Fahrstuhl beginnt seine Fahrt im Erdgeschoss, hält im 2. Stock, fährt weiter in den 3. Stock und nach einem kurzem Stopp direkt in die Tiefgarage. Die Abbildung zeigt den zeitlichen Verlauf der Geschwindigkeit in idealisierter Form.
Bestimmen Sie, wie hoch der 2. Stock über dem Erdgeschoss und wie tief die Tiefgarage unter dem Erdgeschoss liegt. ■

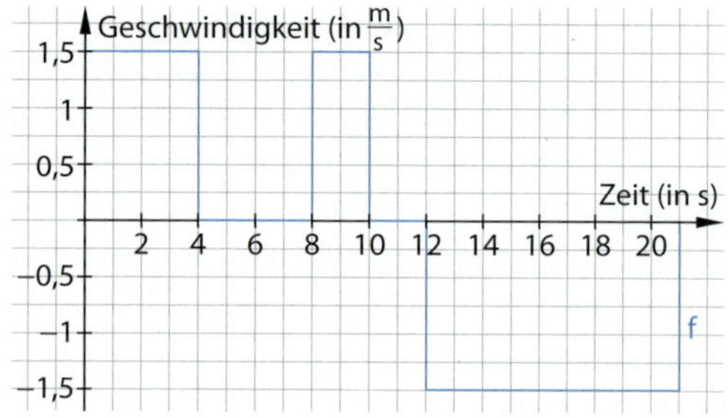

Eine Funktion F, die den zeitlichen Verlauf einer Größe beschreibt, nennt man **Bestandsfunktion**. Ihre Ableitung $f = F'$ ist die momentane Änderungsrate des Bestandes. Durch Ableiten lässt sich leicht aus dem Bestand die **momentane Änderungsrate** bestimmen. Aber auch umgekehrt lässt sich aus der Änderungsrate der Bestand „rekonstruieren".

Ein Pumpspeicherwerk speichert elektrische Energie, indem Wasser in ein Speicherbecken hinaufgepumpt wird. Dieses Wasser lässt man später wieder ab und erzeugt über Turbinen elektrischen Strom. Für die Änderung des Wasservolumens im Speicherbecken gilt:

Im Pumpenbetrieb:	$120\,m^3/min$ Wasserzufluss
Im Turbinenbetrieb:	$200\,m^3/min$ Wasserabfluss

Der **Bestand** entspricht in dieser Situation der **Wassermenge** im Speicherbecken und die **Änderungsrate** dem **Wasserzufluss bzw. -abfluss pro Zeit**. Die Änderungsrate ist jeweils konstant.

Hinweis:
Die Änderungsrate hat die Einheit **m³/min**, die x-Achse hat die Einheit min. Bestandsänderungen haben also die Einheit **min · m³/min = m³**

60 min Pumpbetrieb bewirken eine Bestandszunahme von
$60\,min \cdot 120\,m^3/min = 7200\,m^3$ Wasser.

30 min Turbinenbetrieb bewirken eine Bestandsabnahme von
$30\,min \cdot 200\,m^3/min = 6000\,m^3$ Wasser.

Bilanz: $+7200\,m^3 - 6000\,m^3 = 1200\,m^3$
Die Wassermenge im Speicher nimmt insgesamt um $1200\,m^3$ zu.

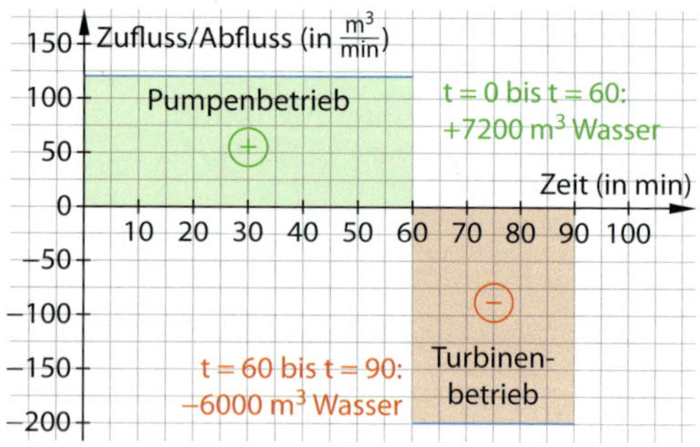

Die Wassermenge für Zufluss und Abfluss entspricht jeweils genau dem Inhalt der Fläche zwischen dem Graphen und der x-Achse. Die Gesamtänderung der Wassermenge im Becken entspricht der **Flächenbilanz**. In sie geht die Fläche oberhalb der x-Achse positiv und die Fläche unterhalb negativ ein (**orientierter Flächeninhalt**).

Hinweis:
Auch bei Änderungsraten, die nicht stückweise konstant sind, gibt die Flächenbilanz die Bestandsänderung wieder; s. Aufgabe 11.

Wissen: Zu- und Abnahme eines Bestandes als Flächenbilanz
Die **Zu- und Abnahme eines Bestandes F** in einem Zeitintervall entspricht der Flächenbilanz zwischen dem Graphen der Änderungsrate f und der x-Achse. Flächen oberhalb der x-Achse gehen positiv und Flächen unterhalb der x-Achse negativ in die Bilanz ein.

Für konstante oder lineare Änderungsraten lassen sich die Flächeninhalte leicht berechnen, da sie die Form von Rechtecken, Dreiecken oder Trapezen haben.

Um den Bestand konkret zu einem Zeitpunkt (x-Wert) angeben zu können, muss bekannt sein, welchen Wert der Bestand zu Beginn des Intervalls hatte. Erst durch diesen „Startwert" und der ermittelten Zu- bzw. Abnahme ist der Bestand rekonstruierbar.

Beispiel 1: Der Graph beschreibt die Änderungsrate der Wassermenge in einem Wasserbecken.

a) Berechnen Sie, wie sich die Wassermenge im Becken nach 50 min insgesamt geändert hat.

b) Zu Beginn ist das Becken bereits mit 35 m³ Wasser gefüllt. Berechnen Sie die Wassermenge im Becken nach 50 min.

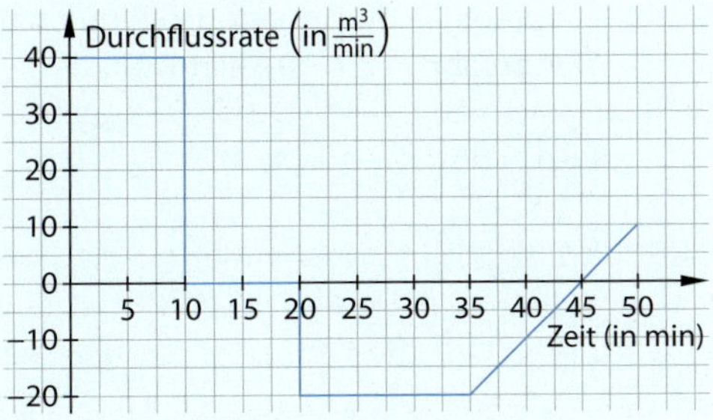

Lösung:

a) Gesucht ist die Flächenbilanz zwischen dem Graphen der Änderungsratenfunktion und der x-Achse.
Berechnen Sie dazu die Flächeninhalte der Rechtecke und Dreiecke A_1, A_2, A_3 und A_4.

Berücksichtigen Sie in der Gesamtbilanz die positive und die negative Orientierung (Zufluss oberhalb der x-Achse, Abfluss unterhalb der x-Achse).

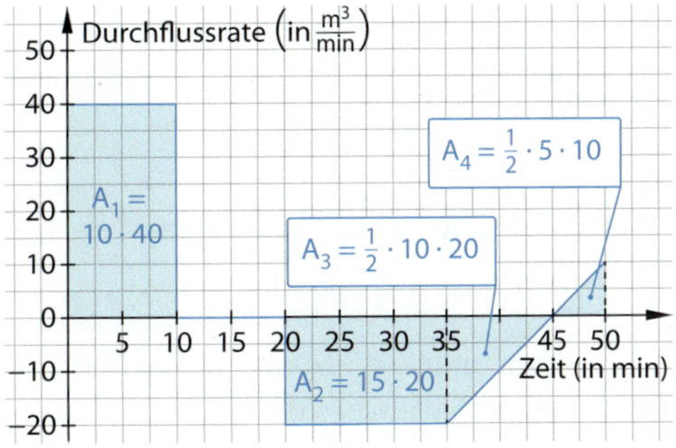

$A_1 - A_2 - A_3 + A_4 = 400 - 300 - 100 + 25 = 25$
Nach 50 min sind 25 m³ Wasser zugeflossen.

b) Verrechnen Sie die Änderung der Wassermenge innerhalb der 50 min mit der Wassermenge zu Beginn.

$35\,m^3 + 25\,m^3 = 60\,m^3$
Nach 50 min sind 60 m³ Wasser im Becken.

Basisaufgaben

1. Das Diagramm zeigt den Wasserzufluss/-abfluss im Speicherbecken eines Pumpspeicherkraftwerks.
   a) Berechnen Sie, wie sich die Wassermenge am Ende des Vorgangs verändert hat.
   b) Bestimmen Sie ein Intervall, in dem die Bestandsänderung positiv ist (negativ ist, null ist).

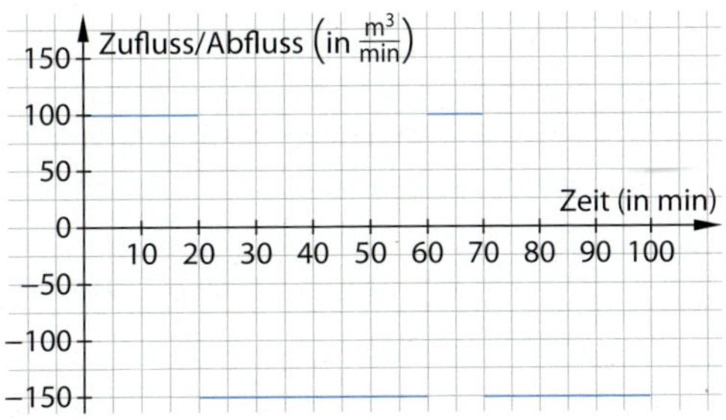

2. Erläutern Sie den Unterschied zwischen Flächeninhalt und Flächenbilanz.
   Unter welchen Bedingungen ist die Flächenbilanz dasselbe wie der Flächeninhalt?

3. Zeichnen Sie den Graphen einer Änderungsratenfunktion mit Bestandsänderung null.

4. In einem Öltank befinden sich 800 Liter Öl. Die Abbildung zeigt die Änderungsrate der Ölmenge in den nächsten 10 Minuten. Bestimmen Sie, wie viel Öl sich nach diesen 10 Minuten im Tank befindet.

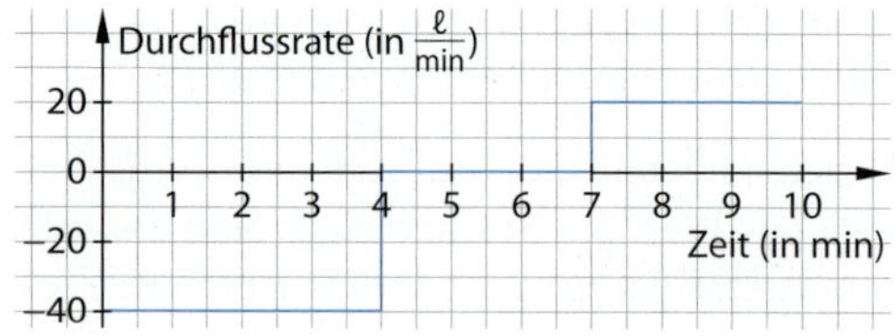

5. a) Erläutern Sie die Situation, die durch den Graphen dargestellt wird.
① Autofahrt ② freier Fall ③ Bevölkerungswachstum ④ Benzinverbrauch

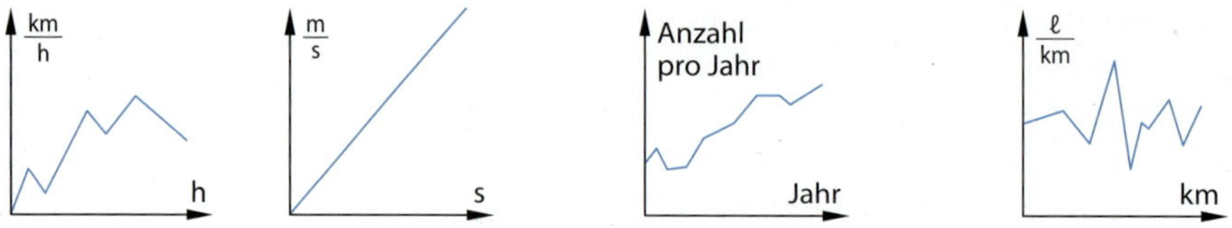

b) Bestimmen Sie die Bedeutung des Flächeninhalts zwischen Graph und x-Achse.

6. Die Abbildungen zeigen den zeitlichen Verlauf der Geschwindigkeit v für drei Aufzüge.

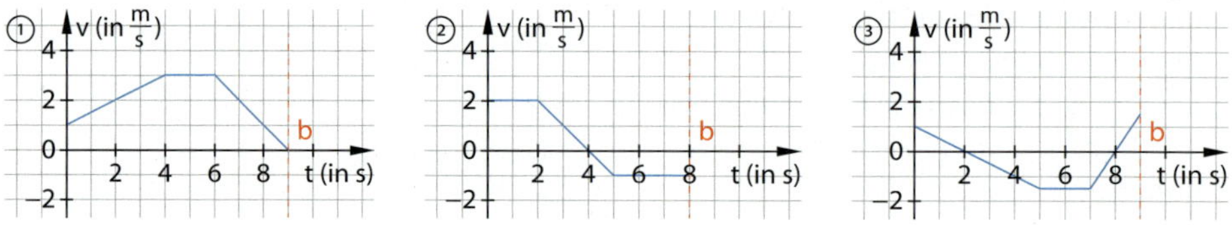

a) Beschreiben Sie die Bewegungsabläufe in wenigen Sätzen.
b) Berechnen Sie jeweils die Flächenbilanz im Intervall [0; b].
c) Geben Sie jeweils die Bedeutung des Flächeninhaltes und der Flächenbilanz an.

7. In einer Abfüllanlage laufen leere Flaschen über ein Fließband, das unterschiedlich schnell laufen kann, in eine Lagerhalle. Die Abbildung zeigt die Änderungsrate f als Anzahl der Flaschen pro Minute. Zum Zeitpunkt t = 0 lagern bereits 2800 Flaschen in der Halle.

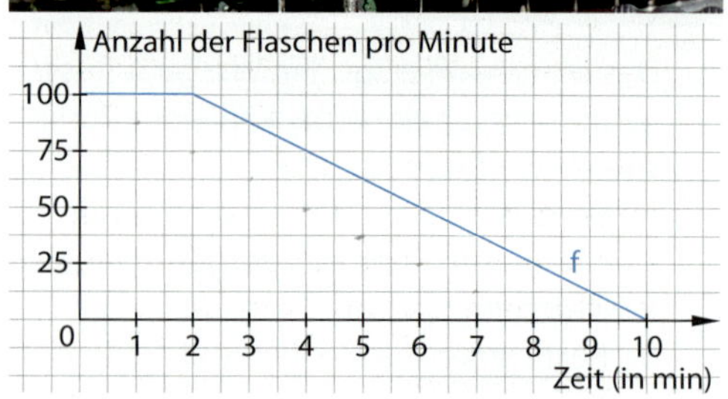

a) Berechnen Sie, wie viele Flaschen sich nach t = 1 min (2 min; 6 min; 10 min) in der Lagerhalle befinden.
b) Berechnen Sie, wie viele Flaschen weniger in die Lagerhalle gelangen, wenn die Geschwindigkeit des Fließbandes von Beginn an gleichmäßig von 100 Flaschen/min auf 0 Flaschen/min reduziert wird.

8. Beurteilen Sie die Aussage.
a) Ist die Änderungsrate positiv und konstant, so nimmt der Bestand gleichmäßig zu.
b) Wechselt die Änderungsrate das Vorzeichen von + nach −, so hat der Bestand ein Minimum.
c) Je kleiner die positive Änderungsrate ist, desto langsamer nimmt der Bestand zu.
d) Je kleiner die negative Änderungsrate ist, desto langsamer nimmt der Bestand ab.

Weiterführende Aufgaben

9. Gegeben sind die Graphen von drei Änderungsraten f und drei Beständen F.
Ordnen Sie die Graphen begründet einander zu.

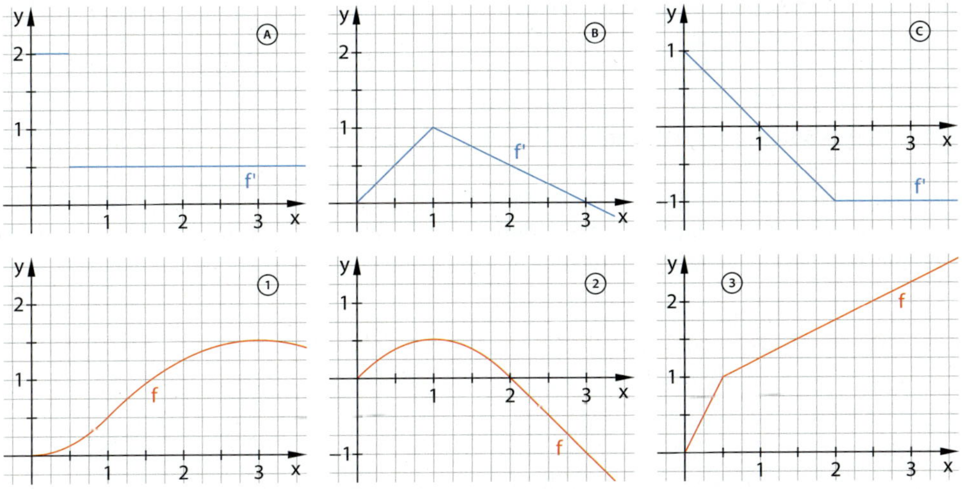

10. Stolperstelle: Ein Pumpspeicherwerk läuft 10 Minuten im Pumpbetrieb (Zufluss $120\,m^3/min$) und anschließend 15 Minuten im Turbinenbetrieb (Abfluss $200\,m^3/min$).
Marina sagt: *„Das kann doch gar nicht stimmen! Dann wären ja $-1800\,m^3$ Wasser im Becken, die Zahl kann doch nicht negativ sein!"* Nehmen Sie Stellung.

11. Die Bestandsänderung bei einer stückweise konstanten Änderungsrate f entspricht der Flächenbilanz zwischen dem Graphen von f und der x-Achse (s. Seite 68). Begründen Sie mithilfe der Abbildung, dass sich dies auf beliebige Änderungsraten übertragen lässt.

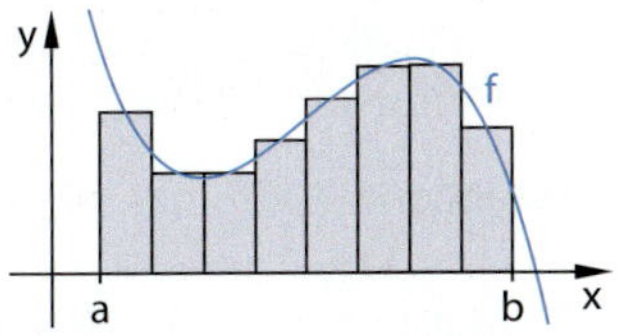

12. Der abgebildete Graph beschreibt die Wachstumsgeschwindigkeit einer Pflanze.
a) Skizzieren Sie den Graphen der Funktion, die die Höhe der Pflanze in Abhängigkeit der Zeit angibt.
b) Wie hoch ist die Pflanze nach 120 Tagen? Nähern Sie sich dem Wert durch Flächenberechnungen.

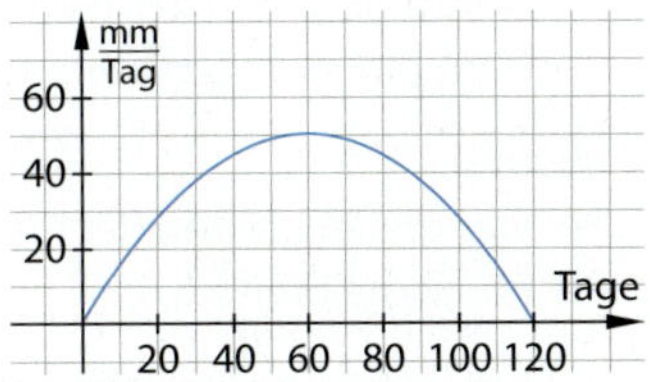

13. Auf einem Streckenflug notiert sich der Copilot die Verbrauchsanzeige des Durchflussmessers in einzelnen Flugphasen. Interpretieren Sie die Flugphasen (Steigen, Sinken, Horizontalflug) und schätzen Sie den Gesamtverbrauch während des Fluges geeignet ab. Beschreiben Sie Unsicherheiten und Schwierigkeiten bei dieser Schätzung.

Zeit t in Minuten	0	5	7	8	20	23	27	30
Durchfluss in Liter/Minute	0,7	0,3	0,5	0,3	0,2	0,4	0,1	Landung

14. Ausblick: Im Bild ist die Bestandsänderung unter dem Graphen einer proportionalen Änderungsratenfunktion mit der Funktionsgleichung $f(t) = a \cdot t$ durch Dreiecke dargestellt.
Ermitteln Sie die Funktionsgleichung der Bestandsfunktion F.
Bezeichnen Sie den Anfangsbestand bei $t = 0$ mit F_0.

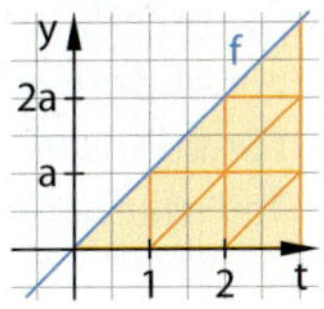

2.2 Das bestimmte Integral

■ Die zurückgelegte Strecke s eines Formel-1-Autos in den ersten 5 Sekunden nach dem Start soll näherungsweise bestimmt werden. Erklären Sie die Rechnung:

$s = 1 \cdot f(1) + 1 \cdot f(2) + 1 \cdot f(3) + 1 \cdot f(4) + 1 \cdot f(5)$

$\quad = 1 \cdot 15 + 1 \cdot 28 + 1 \cdot 39 + 1 \cdot 48 + 1 \cdot 56 = 186$

Wie könnte man die Näherung verbessern? ■

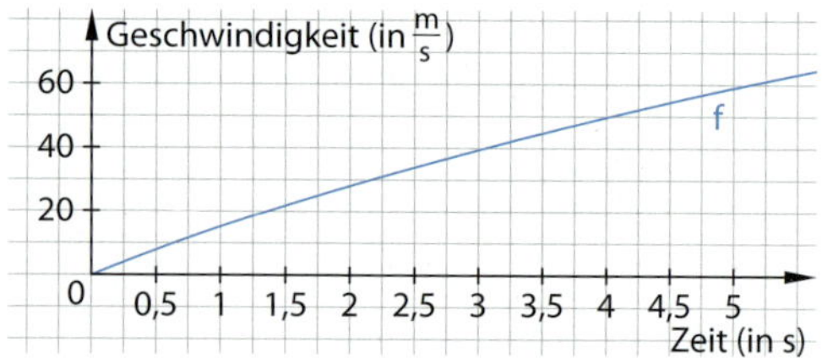

Auch bei einer nicht geradlinigen Änderungsrate entspricht die Zu- oder Abnahme des Bestandes dem Inhalt der Fläche zwischen dem Funktionsgraphen der Änderungsrate und der x-Achse. Wie dieser Flächeninhalt bestimmt werden kann, soll nun untersucht werden.

Flächen zwischen Graph und x-Achse näherungsweise bestimmen

Die krummlinig begrenzte Fläche zwischen dem Funktionsgraphen und der x-Achse kann durch eine Folge von Rechtecken angenähert werden. Ihr Flächeninhalt ist größer als der Flächeninhalt aller blauen (**Untersumme**) und kleiner als der Flächeninhalt aller gelben Rechtecke (**Obersumme**).

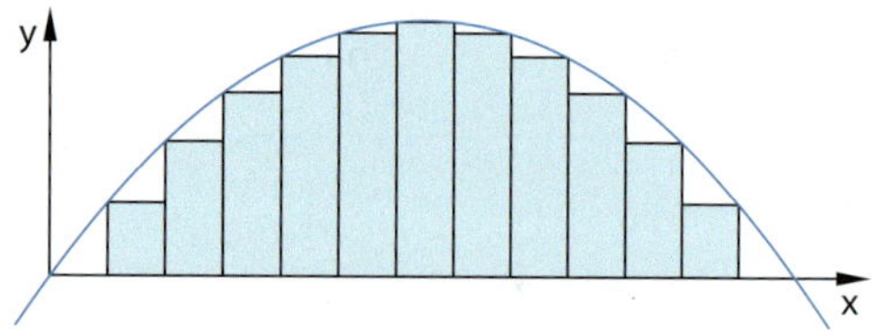

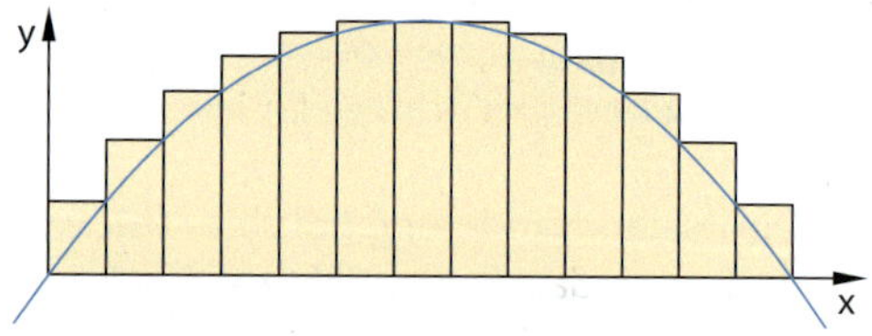

Hinweis:
Die Summe von Produkten aus der Streifenbreite und einem Funktionswert im Teilintervall bezeichnet man als **Produktsumme**. Unter- und Obersumme sind spezielle Produktsummen.

Für die Untersumme multipliziert man für jedes Rechteck die Rechteckbreite mit dem kleinsten Funktionswert im zugehörigen Teilintervall und addiert die Produkte.

Entsprechend wählt man für die Obersumme jeweils den größten Funktionswert.

Beispiel 1: Nähern Sie den Inhalt der Fläche zwischen dem Graphen der Funktion f mit $f(x) = x^2$ und der x-Achse im Intervall [0; 2] durch vier gleich breite Rechtecke von unten und von oben an. Berechnen Sie die Untersumme U_4 und die Obersumme O_4.

Lösung:

Bei vier gleich breiten Rechtecken hat jedes Rechteck die Breite 0,5.

Bei der Untersumme liegen die Rechtecke vollständig unter dem Graphen. Die Höhe jedes Rechtecks ist bei der Untersumme U_4 der kleinste Funktionswert im zugehörigen Teilintervall. Da der Funktionsgraph im gesamten Bereich steigt, wird der kleinste Funktionswert stets am linken Rand des Teilintervalls angenommen.

Bei der Obersumme O_4 ist die Höhe jedes Rechtecks der größte Funktionswert im zugehörigen Teilintervall. Hier wird dieser Funktionswert stets am rechten Rand des Teilintervalls angenommen.

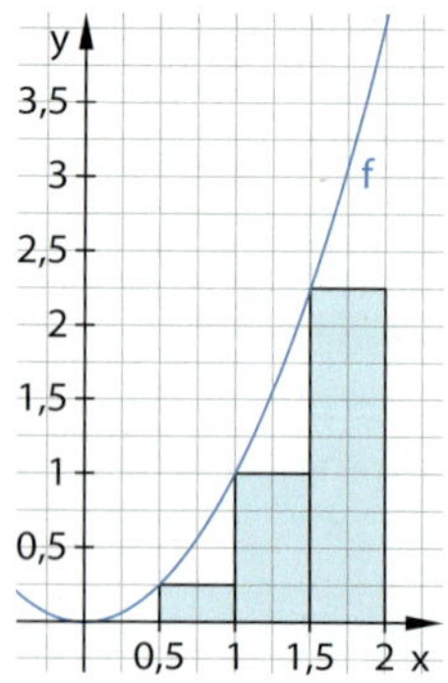

$U_4 = \frac{1}{2} \cdot 0^2 + \frac{1}{2} \cdot \left(\frac{1}{2}\right)^2 + \frac{1}{2} \cdot 1^2 + \frac{1}{2} \cdot \left(\frac{3}{2}\right)^2 = 1{,}75$

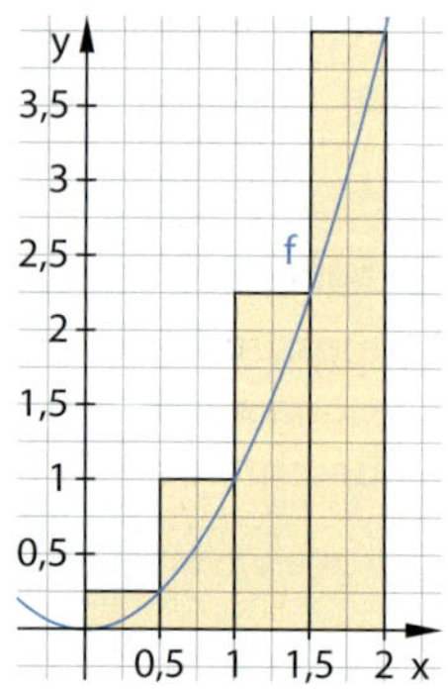

$O_4 = \frac{1}{2} \cdot \left(\frac{1}{2}\right)^2 + \frac{1}{2} \cdot 1^2 + \frac{1}{2} \cdot \left(\frac{3}{2}\right)^2 + \frac{1}{2} \cdot 2^2 = 3{,}75$

Basisaufgaben

1. Schätzen Sie die die Fläche zwischen dem Graphen der Funktion f und der x-Achse
a) durch Kästchenzählen,
b) mithilfe der eingezeichneten Dreiecksfläche ab.

a)
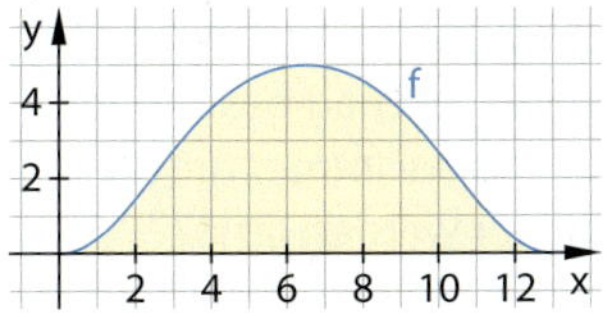

b)
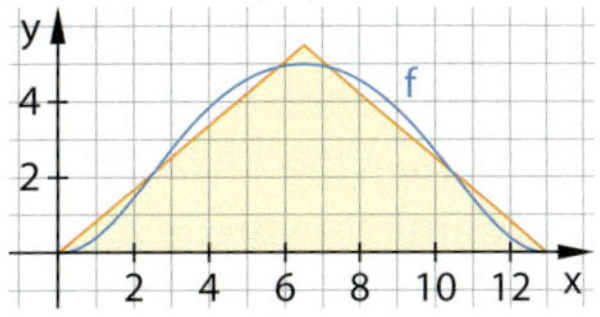

2. Zur näherungsweisen Berechnung des Inhalts der Fläche unter dem Graphen im Intervall [0; 5] wurden Rechtecke der Breite 1 eingezeichnet.
a) Bestimmen Sie diesen Näherungswert.
b) Zeigen Sie, dass sich die Näherung verbessert, wenn man entsprechende Rechtecke der Breite 0,5 einzeichnet.
c) Beschreiben Sie, wie man immer bessere Näherungswerte erhalten kann.

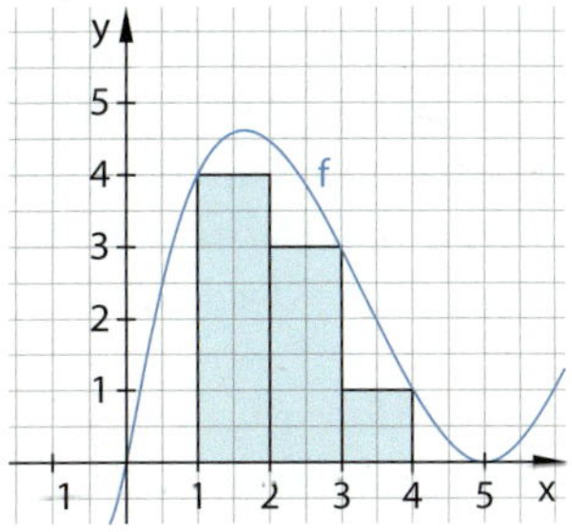

3. Untersucht wird die Funktion f mit $f(x) = x^3$ im Intervall [0; 3].
a) Berechnen Sie die Unter- und Obersummen mit 3 (bzw. 6) gleich breiten Rechtecken.
b) Geben Sie mithilfe der Ergebnisse aus a) eine untere und obere Grenze für den Inhalt der Fläche zwischen dem Graphen von f und der x-Achse an.

4. Gegeben ist die Funktion f mit $f(x) = -\frac{1}{8}x^2 + 5$.
a) Berechnen Sie die in den Bildern dargestellte Unter- und Obersumme.
b) Berechnen Sie die Unter- und Obersumme im Intervall [0; 5] mit 10 gleich breiten Rechtecken.

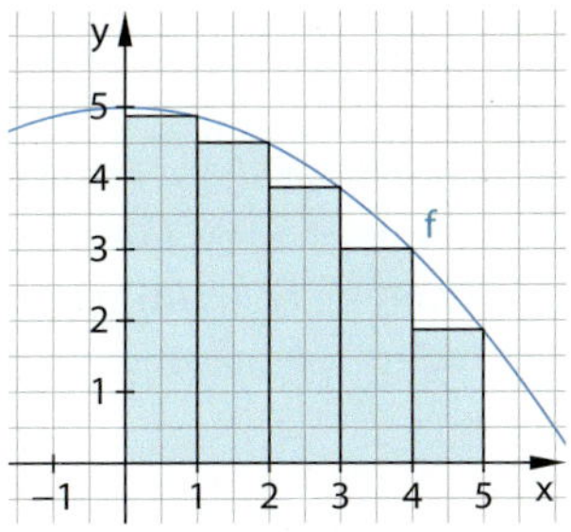

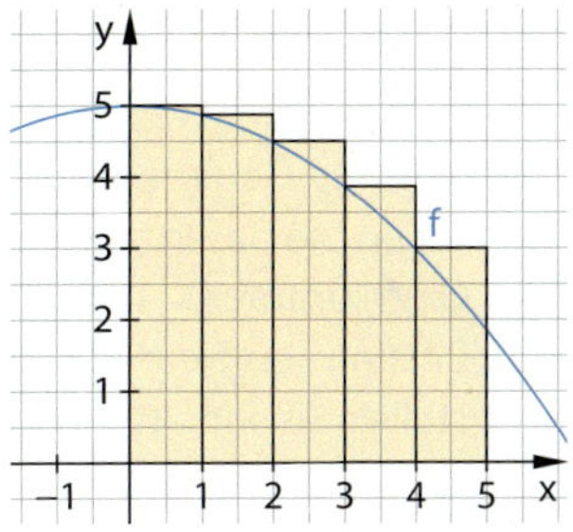

5. Vergleich verschiedener Produktsummen:
William schätzt die Fläche unter dem Graphen der Funktion f mit $f(x) = 0{,}2x^2 + 1$ im Intervall [0; 8] mithilfe der eingezeichneten Rechtecke ab. Er berechnet den Flächeninhalt der Rechtecke mit der Produktsumme $2 \cdot f(1) + 2 \cdot f(3) + 2 \cdot f(5) + 2 \cdot f(7)$.
a) Berechnen Sie den Wert der Produktsumme. Erläutern Sie, wie William die Breiten und Höhen der Rechtecke gewählt hat.
b) Berechnen Sie die Unter- und Obersumme für vier gleich breite Rechteckstreifen im Intervall [0; 8].
c) Welcher der Werte aus a) und b) nähert den Inhalt A der Fläche zwischen dem Graphen von f und der x-Achse am besten an? Begründen Sie.
d) Welchen Vorteil hat es, den Wert von Unter- und Obersumme zu kennen? Welche Aussage über den Flächeninhalt A können Sie dann treffen?

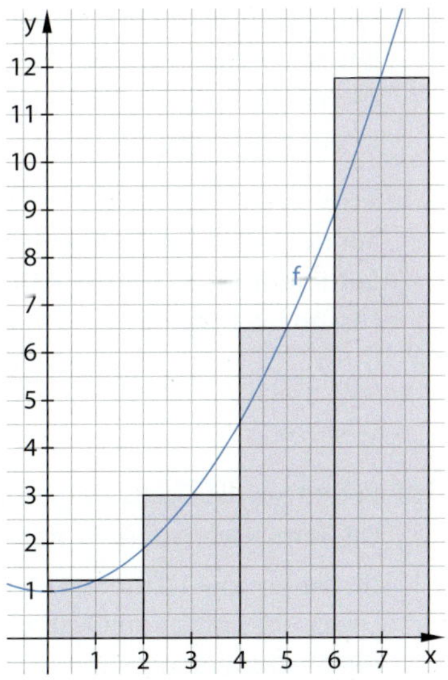

Das bestimmte Integral als Grenzwert von Ober- und Untersummen

Man kann den Inhalt der Fläche zwischen dem Funktionsgraphen und der x-Achse durch eine Annäherung mit n gleich breiten Rechtecken beliebig genau bestimmen, indem man die Anzahl n der Rechtecke immer größer und damit ihre Breite immer kleiner werden lässt.

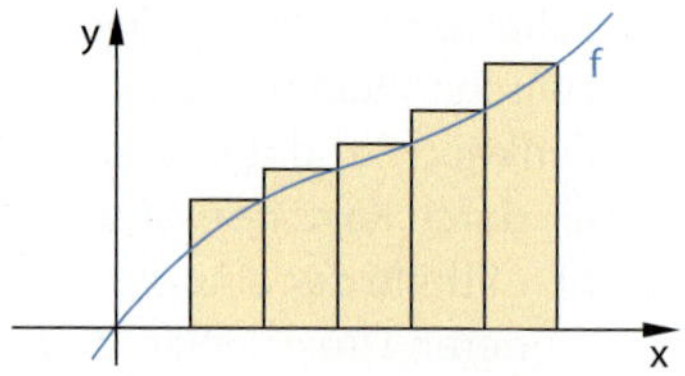

Hinweis:
Es gibt Funktionen, bei denen die Grenzwerte von Ober- und Untersumme nicht übereinstimmen oder nicht existieren; siehe Aufgabe 30.

Durch eine Verfeinerung der Einteilung wird die Obersumme O_n kleiner und die Untersumme U_n größer.
Im Allgemeinen streben die Ober- und Untersumme für $n \to \infty$ gegen den gleichen Grenzwert. Dieser Grenzwert entspricht bei Funktionen mit nicht-negativen Funktionswerten dem Flächeninhalt zwischen dem Funktionsgraphen und der x-Achse.

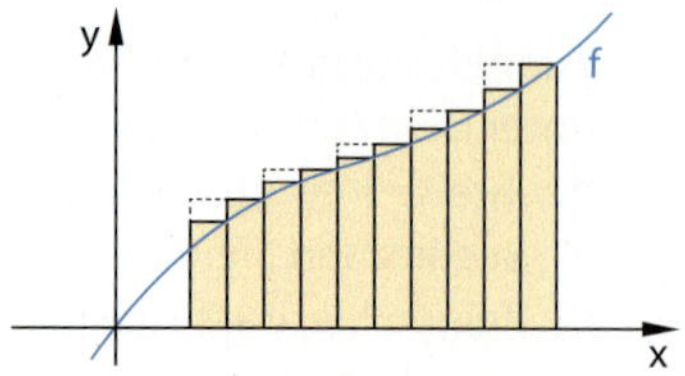

Hinweis:
Man kann das Integral auch als Grenzwert einer beliebigen **Produktsumme** definieren.

Definition: Das bestimmte Integral als Grenzwert von Ober- und Untersummen
Wenn die Ober- und Untersummen einer Funktion f auf dem Intervall [a; b] einen gemeinsamen Grenzwert haben ($\lim\limits_{n \to \infty} O_n = \lim\limits_{n \to \infty} U_n$), so heißt die Funktion integrierbar und der gemeinsame Grenzwert heißt **bestimmtes Integral** von f in den Grenzen von a bis b.

Schreibweise: $\int_a^b f(x)\,dx$

- obere Integrationsgrenze: b
- untere Integrationsgrenze: a
- Integrationsvariable: x
- Integrand: f(x)

Beispiel 2: Gegeben ist die Funktion f mit $f(x) = x^2$ auf dem Intervall [0; 2].
a) Teilen Sie das Intervall [0; 2] in n gleich große Teilintervalle ein und berechnen Sie die Obersumme O_n und die Untersumme U_n in Abhängigkeit von n.
b) Bestimmen Sie den Grenzwert der Obersummen und Untersummen für $n \to \infty$ und stellen Sie ihn als Integral dar.

Lösung:

Hinweis:
Summenformel für Quadratzahlen:
$1^2 + 2^2 + \ldots + n^2 = \frac{n \cdot (n+1) \cdot (2n+1)}{6}$

a) Addieren Sie jeweils die Flächeninhalte der n Rechtecke. Ihre Breite ist $\frac{2}{n}$.
Bei der Obersumme entspricht die Höhe dem Funktionswert an den rechten Intervallrändern $1 \cdot \frac{2}{n}, 2 \cdot \frac{2}{n}, \ldots, n \cdot \frac{2}{n}$.
Klammern Sie $\frac{2}{n}$ und $\frac{2^2}{n^2}$ aus. Wenden Sie auf den Ausdruck in Klammern die Summenformel aus der Randspalte an. Fassen Sie zusammen.

$$\begin{aligned}
O_n &= \tfrac{2}{n} \cdot f\left(1 \cdot \tfrac{2}{n}\right) + \tfrac{2}{n} \cdot f\left(2 \cdot \tfrac{2}{n}\right) + \ldots + \tfrac{2}{n} \cdot f\left(n \cdot \tfrac{2}{n}\right)\\
&= \tfrac{2}{n} \cdot \left(f\left(1 \cdot \tfrac{2}{n}\right) + f\left(2 \cdot \tfrac{2}{n}\right) + \ldots + f\left(n \cdot \tfrac{2}{n}\right)\right)\\
&= \tfrac{2}{n} \cdot \left(1^2 \cdot \tfrac{2^2}{n^2} + 2^2 \cdot \tfrac{2^2}{n^2} + \ldots + n^2 \cdot \tfrac{2^2}{n^2}\right)\\
&= \tfrac{2}{n} \cdot \tfrac{2^2}{n^2} \cdot \left(1^2 + 2^2 + \ldots + n^2\right)\\
&= \tfrac{8}{n^3} \cdot \left(\tfrac{n(n+1)(2n+1)}{6}\right)\\
&= \tfrac{8}{n^3} \cdot \left(\tfrac{2n^3}{6} + \tfrac{3n^2}{6} + \tfrac{n}{6}\right) = \tfrac{8}{3} + \tfrac{4}{n} + \tfrac{4}{3n^2}
\end{aligned}$$

Analog leiten Sie die Formel für U_n her.

$$\begin{aligned}
U_n &= \tfrac{2}{n} \cdot \left(f\left(0 \cdot \tfrac{2}{n}\right) + f\left(1 \cdot \tfrac{2}{n}\right) + \ldots + f\left((n-1) \cdot \tfrac{2}{n}\right)\right)\\
&= \ldots = \tfrac{8}{3} - \tfrac{4}{n} + \tfrac{4}{3n^2}
\end{aligned}$$

b) Bilden Sie die Grenzwerte für $n \to \infty$.
Die Terme $-\frac{4}{n}, \frac{4}{n}$ und $\frac{4}{3n^2}$ nähern sich 0 an, da die Nenner immer größer werden.
Die Grenzwerte von O_n und U_n sind gleich und entsprechen dem Integral.

$$\lim_{n \to \infty} O_n = \lim_{n \to \infty} \left(\tfrac{8}{3} + \tfrac{4}{n} + \tfrac{4}{3n^2}\right) = \tfrac{8}{3}$$

$$\lim_{n \to \infty} U_n = \lim_{n \to \infty} \left(\tfrac{8}{3} - \tfrac{4}{n} + \tfrac{4}{3n^2}\right) = \tfrac{8}{3}$$

$$\int_0^2 x^2\,dx = \tfrac{8}{3}$$

Basisaufgaben

6. a) Zeigen Sie, dass gilt: $1^2 + 2^2 + \ldots + (n-1)^2 = \frac{(n-1) \cdot n \cdot (2n-1)}{6}$
b) Leiten Sie den Term für U_n aus Beispiel 2 ausführlich her.

7. Gegeben ist die Funktion f mit $f(x) = \frac{1}{3}x$.
a) Berechnen Sie den Wert der Obersumme O_8 im Intervall [0; 4].
b) Berechnen Sie den Wert der Obersumme O_n mit $n > 0$ im Intervall [0; 4].
c) Zeigen Sie, dass der Grenzwert von O_n für $n \to \infty$ dem Flächeninhalt der Dreiecksfläche unter dem Graphen von f entspricht.

Hinweis:
$1 + 2 + 3 + \ldots + n = \frac{n \cdot (n+1)}{2}$

8. Gegeben ist die Funktion f mit $f(x) = 6x^2$ im Intervall [0; 1].
a) Berechnen Sie die Obersumme O_n und Untersumme U_n in Abhängigkeit von n ($n > 0$).
b) Berechnen Sie O_n und U_n für $n = 10$, $n = 100$ und $n = 1000$.
c) Ermitteln Sie den Grenzwert von O_n und U_n für $n \to \infty$. Schreiben Sie ihn als Integral.

9. Berechnen Sie mithilfe von Ober- und Untersummen den Inhalt der Fläche, die der Graph von f über dem Intervall I mit der x-Achse einschließt.
a) $f(x) = x$; $I = [0; 2]$ b) $f(x) = x^3$; $I = [0; 3]$ c) $f(x) = 3x^2$; $I = [0; a]$ mit $a > 0$

Hinweis zu 9b:
$1^3 + 2^3 + 3^3 + \ldots + n^3 = \frac{n^2 (n+1)^2}{4}$

GTR **10.** Der Screenshot zeigt die Berechnung der Obersumme O_{15} zur Funktion f mit $f(x) = x^4$ auf dem Intervall [0, 1] mit einem GTR.
a) Bestimmen Sie O_{50} und O_{100}.
b) Stellen Sie den Term der Untersumme U_n auf und bestimmen Sie U_{15}, U_{50} und U_{100}.
c) Bestimmen Sie U_{10}, O_{10}, U_{100} und O_{100} zu g mit $g(x) = \sqrt{x}$ auf den Intervallen [0; 1] und [0; 2].
CAS d) Ermitteln Sie die Grenzwerte der Ober- und Untersummen aus a) – c) für $n \to \infty$ mit einem CAS.

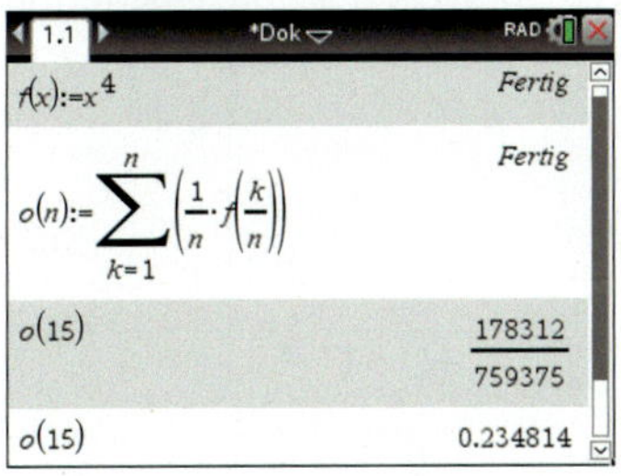

Hinweis zu 10d:
Ein GTR kann keine Grenzwerte bestimmen. Durch das Einsetzen von großen n in die Ober- und Untersumme, kann man jedoch Vermutungen aufstellen.

11. Begründen Sie anhand der Abbildung, dass der Unterschied zwischen Ober- und Untersumme $\frac{b-a}{n}(f(b) - f(a))$ ist und somit für wachsende n gegen Null strebt.

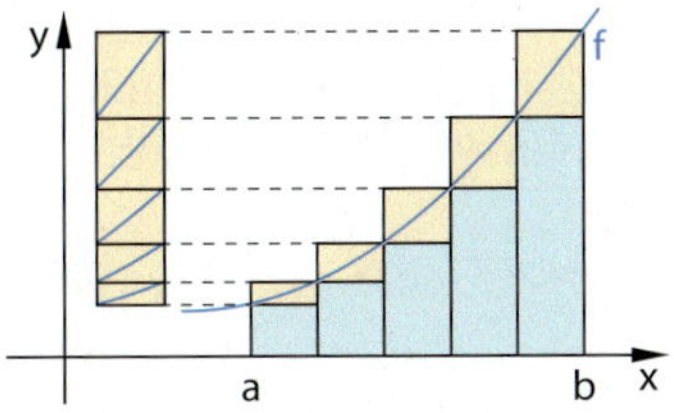

Integral als Flächenbilanz

Bei der Berechnung von Obersumme (bzw. Untersumme) wird bei jedem Rechteckstreifen der größte (bzw. kleinste) Funktionswert mit der Streifenbreite multipliziert. Bei negativen Funktionswerten sind die Produkte negativ und sie gehen negativ in die Obersumme (bzw. Untersumme) ein. Das bestimmte Integral stellt also eine Flächenbilanz dar.

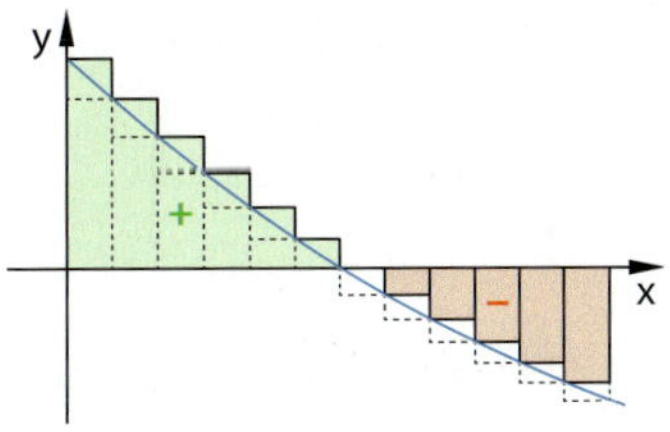

Satz: Das bestimmte Integral als Flächenbilanz

Das **bestimmte Integral** $\int_a^b f(x)\,dx$ gibt die **Flächenbilanz** zwischen dem Graphen von f und der x-Achse auf dem Intervall [a; b] an. Die Inhalte von Flächen oberhalb der x-Achse werden positiv, die Inhalte von Flächen unterhalb der x-Achse negativ bilanziert.

Beispiel 3: Skizzieren Sie den Graphen der Funktion f mit $f(x) = \frac{1}{2}x - 1$ im Intervall $[-1; 4]$ und bestimmen Sie den Wert des Integrals $\int_{-1}^{4} \left(\frac{1}{2}x - 1\right) dx$.

Lösung:

Teilen Sie die Fläche zwischen dem Graphen und der x-Achse in eine Fläche (rot) unterhalb und eine Fläche (grün) oberhalb der x-Achse ein.

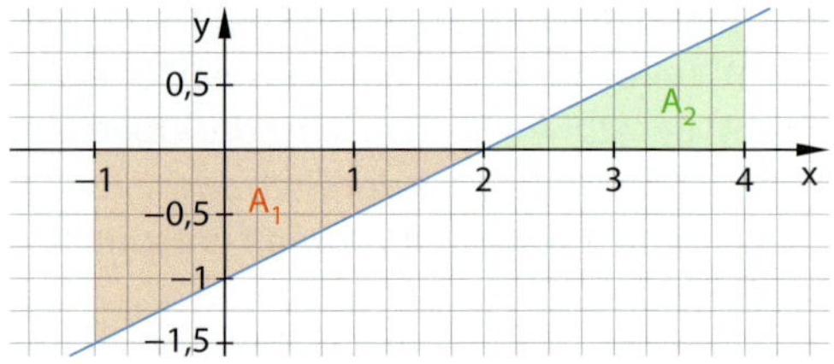

Berechnen Sie die Flächeninhalte der Teilflächen. Der Flächeninhalt des roten Dreiecks geht mit einem negativen Vorzeichen in die Flächenbilanz ein, da es unterhalb der x-Achse liegt. Der Flächeninhalt des grünen Dreiecks wird positiv bilanziert.

$A_1 = \frac{1}{2} \cdot 3 \cdot 1{,}5 = 2{,}25; \quad A_2 = \frac{1}{2} \cdot 2 \cdot 1 = 1$

$\int_{-1}^{4} \left(\frac{1}{2}x - 1\right) dx = -A_1 + A_2 = -2{,}25 + 1 = -1{,}25$

Basisaufgaben

12. a) Geben Sie die Flächenbilanz der farbigen Fläche in Integralschreibweise an.

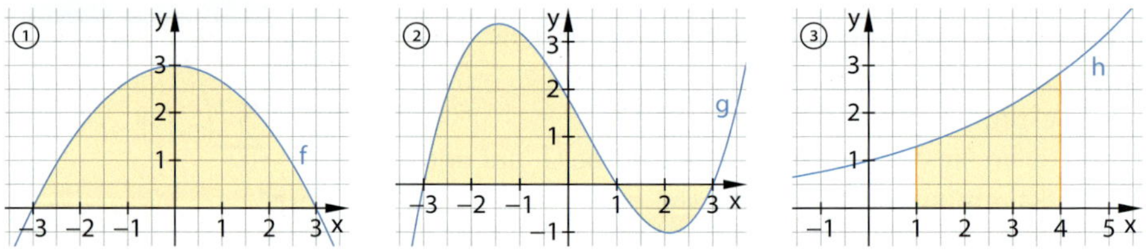

b) Begründen Sie, in welchen Fällen das Integral gleichzeitig den gesamten Inhalt der farbigen Fläche beschreibt.

Lösungen zu 13:

13. Zeichnen Sie den Graphen von f mit $f(x) = \frac{1}{3}x + 1$ im Intervall $[-6; 6]$ und bestimmen Sie den Wert des Integrals.

a) $\int_{-3}^{3} f(x)\,dx$ b) $\int_{-3}^{6} f(x)\,dx$ c) $\int_{-6}^{6} f(x)\,dx$ d) $\int_{3}^{6} f(x)\,dx$

14. Berechnen Sie für die durch ihren Graphen gegebene Funktion f das Integral $\int_{a}^{b} f(x)\,dx$.

a)

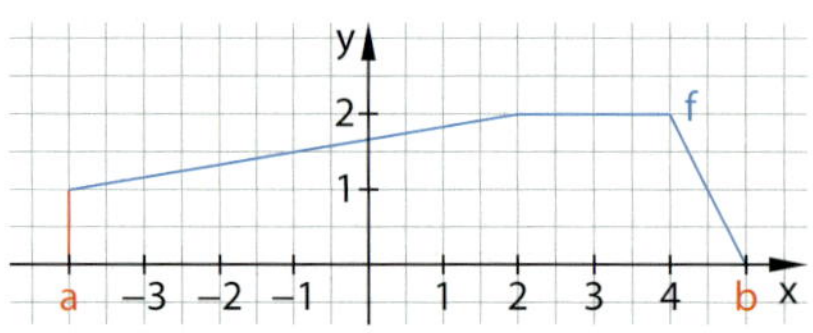

b)

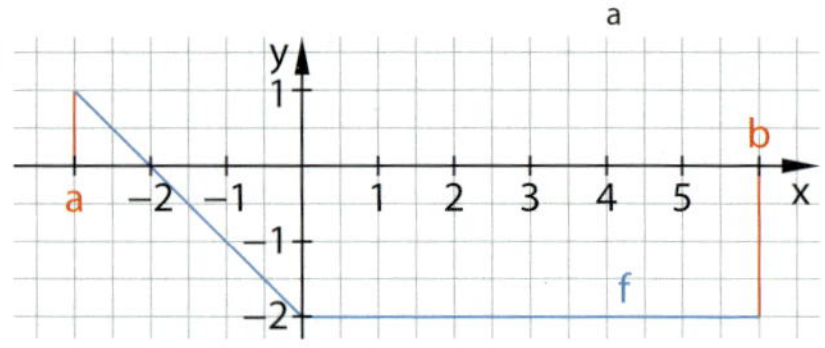

15. Skizzieren und berechnen Sie mithilfe von Dreiecks- und Rechtecksflächen.

a) $\int_{0}^{3} \frac{1}{4}x\,dx$ b) $\int_{-1}^{2} -0{,}5\,dx$ c) $\int_{0}^{3} \left(\frac{1}{2}x - 1\right) dx$ d) $\int_{-3}^{3} -7t\,dt$

16. Entscheiden Sie anhand des Graphenverlaufs, ob das Integral positiv, negativ oder null ist.

a) $\int_{-3}^{5} -x^2\,dx$ b) $\int_{0}^{4} 2u^3\,du$ c) $\int_{-2}^{1} 2x^3\,dx$ d) $\int_{-\pi}^{\pi} \sin(x)\,dx$

Weiterführende Aufgaben

17. Stolperstelle: Anne meint: *„Wenn ich die Obersumme bilden will, wähle ich für die Höhe eines Rechtecks immer den Funktionswert am rechten Rand des Teilintervalls."*

a) Prüfen Sie die Aussage am Beispiel der Funktion f mit $f(x) = -x^2 + 9$ im Intervall [0; 3].

b) Überlegen Sie, unter welchen Voraussetzungen Anne recht hat.

TK **18.** Berechnen Sie mithilfe einer Tabellenkalkulation für die Funktion f mit $f(x) = x^2$ die Obersummen O_n über dem Intervall [0; 1] für verschiedene n.

D4 =D3+1/$D$1*C4

	A	B	C	D
1	f(x)=	x^2	n=	200
2	i	Stelle	f(Stelle)	Summe
3	1	0,005	0,000025	0,0000001
4	2	0,010	0,000100	0,0000006
5	3	0,015	0,000225	0,0000018
6	4	0,020	0,000400	0,0000038

Hinweis zu 18 und 19: Statt einer Tabellenkalkulation kann auch der GTR oder DGS verwendet werden.

TK **19.** Gegeben ist die Funktion f mit $f(x) = \sqrt{1 - x^2}$ auf dem Intervall [0; 1].

a) Berechnen Sie mithilfe einer Tabellenkalkulation die Untersumme U_n und die Obersumme O_n für n = 100, n = 500 und n = 1000.

b) Multiplizieren Sie die Ergebnisse aus a) mit 4. Welcher bekannten Zahl nähern sich die Werte der Unter- und Obersumme an?

GTR c) Zeichnen Sie den Graphen von f mit dem GTR und erklären Sie Ihre Vermutung aus b).

20. Begründen Sie anschaulich anhand einer Skizze die Aussage über eine Funktion f für a > 0.

a) Ist f punktsymmetrisch zum Koordinatenursprung, so gilt: $\int_{-a}^{a} f(x)\,dx = 0$

b) Ist f achsensymmetrisch zur y-Achse, so gilt: $\int_{-a}^{a} f(x)\,dx = 2 \cdot \int_{0}^{a} f(x)\,dx$

21. Additivität von Integralen:

Begründen Sie anhand einer Skizze, dass für a < b < c gilt: $\int_{a}^{b} f(x)\,dx + \int_{b}^{c} f(x)\,dx = \int_{a}^{c} f(x)\,dx$

22. Berechnen Sie für $f(x) = 2x - 3$ das Integral.

a) $\int_{2}^{4} f(x)\,dx$ b) $\int_{2}^{2,5} f(x)\,dx + \int_{2,5}^{4} f(x)\,dx$ c) $\int_{2}^{9} f(x)\,dx - \int_{4}^{9} f(x)\,dx$

23. Mit der Funktion v mit $v(t) = 10t$ lässt sich die Geschwindigkeit eines frei fallenden Objektes zu einem beliebigen Zeitpunkt t näherungsweise berechnen.

a) Welche Bedeutung hat die Fläche zwischen dem Graphen von v und der t-Achse?

b) Berechnen Sie $\int_{0}^{4} v(t)\,dt$ und interpretieren Sie das Ergebnis im Sachzusammenhang.

c) Schreiben Sie die Strecke, die der fallende Körper zwischen der 3. und 5. Sekunde zurücklegt, als Integral und berechnen Sie dieses.

24. Das Diagramm zeigt das Füllen und Entleeren eines Wasserbassins.

a) Bestimmen Sie näherungsweise, wie viel Wasser im dargestellten Zeitraum insgesamt in das Bassin hinein- und wie viel wieder hinausgeflossen ist.

b) Stellen Sie die Gesamtänderung der Wassermenge in Liter als Integral dar.

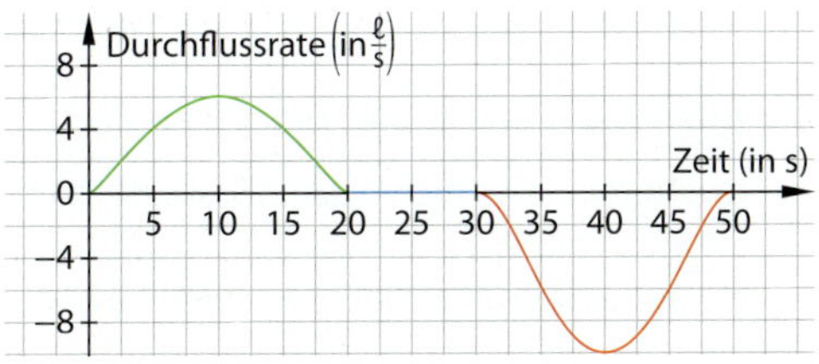

25. Beim Öffnen eines Wehres verändert sich die Durchflussgeschwindigkeit des Wassers. Während des Öffnungsvorgangs kann diese mit der Funktion d mit $d(t) = \frac{1}{2}t^2$ beschrieben werden (d (t) in $\frac{m^3}{s}$ und t in s). Der Öffnungsvorgang dauert insgesamt 8 s.

a) Berechnen Sie die Durchflussgeschwindigkeit nach 2 s, 4 s und 8 s.
b) Schätzen Sie die während des Öffnungsvorgangs durchgeflossene Wassermenge sinnvoll ab.
c) Berechnen Sie mittels Grenzwertbetrachtung von Ober-/Untersummen die exakte Menge des durchgeflossenen Wassers.

26. Sind M das globale Maximum und m das globale Minimum einer Funktion f auf dem Intervall [a; b], so gilt: $m(b-a) \leq \int_a^b f(x)\,dx \leq M(b-a)$
Begründen Sie diese Eigenschaft anschaulich mit geeigneten Skizzen. Unterscheiden Sie die Fälle, dass f auf [a; b] ① positiv ist, ② negativ ist und ③ sowohl positive als auch negative Funktionswerte hat.

● **27.** Bestimmen Sie eine reelle Zahl k, für die $\int_k^{4k} x\,dx = 15$ gilt.

● **28.** Janina berechnet das Integral $\int_{-2}^{2} (4 - x^2)\,dx$ als Grenzwert der Obersummen und Untersummen und erhält in beiden Fällen den Wert $\frac{32}{3}$. Jan hat gehört, dass man auch beliebige Produktsummen $\Delta x \cdot f(x_1) + \Delta x \cdot f(x_2) + \ldots + \Delta x \cdot f(x_n)$ verwenden kann (n: Anzahl der Rechteckstreifen, Δx: Streifenbreite). Weil es einfacher ist, wählt Jan in jedem Teilintervall den Funktionswert am linken Rand.

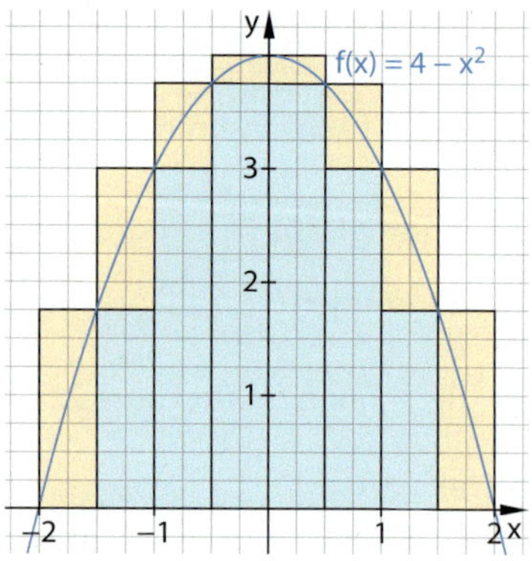

a) Begründen Sie ohne zu rechnen, dass für jedes n die Produktsumme von Jan zwischen der Ober- und Untersumme liegt.
b) Erläutern Sie, dass Jan den gleichen Grenzwert wie Janina erhält.

● **29.** Paula ist unzufrieden mit der Güte der Näherung durch Ober- oder Untersummen. Sie entwickelt eine Formel, die sie **„Trapezsumme"** nennt:

$$T_n = \Delta x \cdot \left(\frac{f(x_0) + f(x_1)}{2}\right) + \Delta x \cdot \left(\frac{f(x_1) + f(x_2)}{2}\right) + \ldots + \Delta x \cdot \left(\frac{f(x_{n-1}) + f(x_n)}{2}\right)$$

Δx: Breite eines Rechteckstreifens $x_0, x_1, x_2, \ldots, x_n$: Grenzen der n Teilintervalle
a) Erläutern Sie Paulas Vorgehen und den Begriff „Trapezsumme".
b) Ist die Funktion f auf dem Intervall monoton steigend oder fallend, so erhält man T_n aus den Werten der Obersumme O_n und der Untersumme U_n. Begründen Sie diese Aussage.

Hinweis zu 30:
In jedem noch so kleinen Intervall [a; b] mit a < b gibt es sowohl rationale als auch irrationale Zahlen.

● **30. Ausblick:** Es gibt Fälle, bei denen die Grenzwerte von Ober- und Untersumme existieren, aber nicht gleich sind. Betrachten Sie die Funktion f mit $f(x) = \begin{cases} 1 & \text{für x rational} \\ 0 & \text{für x irrational} \end{cases}$ im Intervall [0; 1].
a) Berechnen Sie die Ober- und Untersumme für n = 5, für n = 10 und für beliebiges n.
b) Bilden Sie die Grenzwerte für n → ∞. Was folgt daraus für das Integral $\int_0^1 f(x)\,dx$?

2.3 Stammfunktionen

■ In der Tabelle sind Funktionsterme für Funktionen f und für ihre Ableitungsfunktionen f′ aufgelistet. Leider sind nicht mehr alle Terme lesbar.

f	$\frac{1}{2}x^3 + 5x$			$\sin(x)$		
f′		$x^2 + 2x$	$\frac{1}{2}x^3 + 2x^2 - 1$		$-2\cos(x)$	$\frac{1}{3}(x - 8)^2$

a) Bestimmen Sie die fehlenden Terme für f und f′.
b) Sind Ihre Ergebnisse immer eindeutig? ■

Zu einer Bestandsfunktion F erhält man die Funktion der Änderungsrate f = F′ durch Ableiten von F. Ist umgekehrt f gegeben, sucht man eine Funktion F, für die f = F′ gilt. Eine solche Funktion F nennt man **Stammfunktion** von f.

Definition: Stammfunktion
Eine Funktion F heißt **Stammfunktion** zur Funktion f, wenn für jede Stelle x gilt:
$F'(x) = f(x)$.

Stammfunktionen sind nicht eindeutig. Ist F eine Stammfunktion von f, so ist auch G mit $G(x) = F(x) + c$ eine Stammfunktion von f, da die Konstante c beim Ableiten wegfällt. Man erhält damit auch alle Stammfunktionen der Funktion f.

Satz: Gesamtheit aller Stammfunktionen
Je zwei Stammfunktionen einer Funktion f unterscheiden sich nur durch eine Konstante.

Hinweis:
Die Menge aller Stammfunktionen zu f wird als **unbestimmtes Integral** $\int f(x)\,dx$ bezeichnet.

Stammfunktionen grafisch bestimmen

Der Zusammenhang zwischen den Graphen einer Funktion f und ihrer Ableitung f′ ist bereits bekannt. Er lässt sich auf die Graphen von f und einer Stammfunktion F übertragen. Der Funktionswert von f = F′ gibt die Steigung des Graphen von F an dieser Stelle an.

In den Intervallen, in denen der Graph von f oberhalb der x-Achse verläuft, steigt der Graph von F (hier für $x < -1$ und $x > 3$). Je größer der Funktionswert von f ist, desto stärker steigt der Graph von F. Umgekehrt fällt der Graph von F, wenn der Graph von f unterhalb der x-Achse verläuft (hier für $-1 < x < 3$).

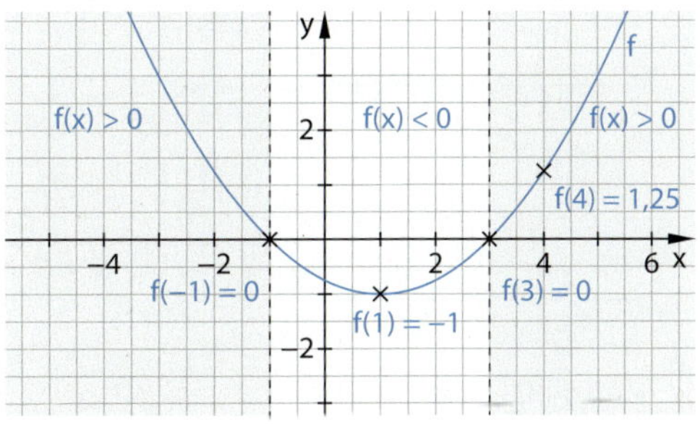

Ist a eine Nullstelle von f, so gilt $F'(a) = 0$. Wechselt zusätzlich das Vorzeichen von f, so hat F an der Stelle a einen Hoch- oder Tiefpunkt (hier bei $x = -1$ und $x = 3$).

An den Hochpunkten (bzw. Tiefpunkten) von f ist die Steigung von F maximal (bzw. minimal). F hat an diesen Stellen Wendepunkte. Hier hat f einen Tiefpunkt bei $x = 1$ und damit hat F an dieser Stelle einen Wendepunkt.

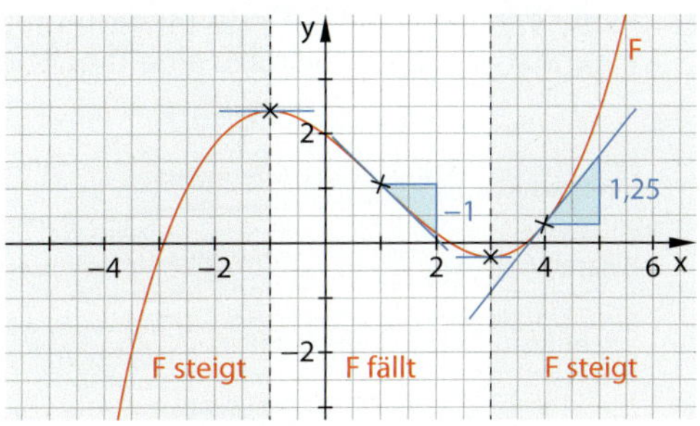

Ist der Graph von f gegeben, lässt sich der Verlauf des Graphen von F skizzieren. Das Resultat ist allerdings nicht eindeutig. Es hängt davon ab, welchen Punkt man als Ausgangspunkt wählt.

Beispiel 1: Skizzieren Sie zum abgebildeten Graphen von f den Graphen einer Stammfunktion F.
Markieren Sie die Intervalle, in denen der Graph von F steigt bzw. fällt.

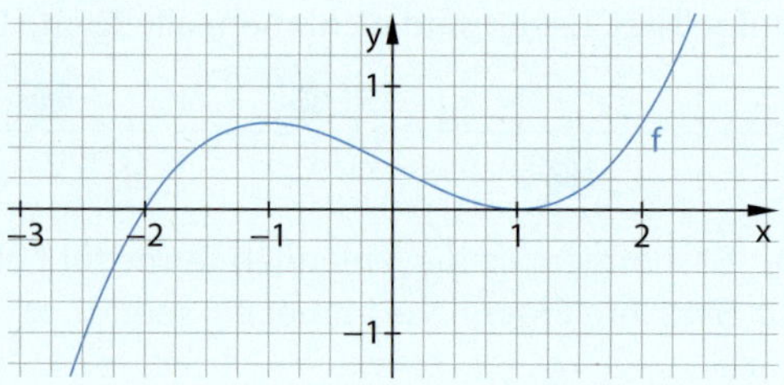

Lösung:
Im Bereich $x < -2$ ist $f(x)$ negativ. Hier fällt der Graph von F.
In den Bereichen $-2 < x < 1$ und $x > 1$ ist $f(x)$ positiv. Hier steigt der Graph von F.

Bei den Nullstellen von f gibt es beim Graphen F eine waagerechte Tangente:
$x = -2$: Vorzeichenwechsel von – nach + bei f, daher liegt dort ein Tiefpunkt von F.
$x = 1$: kein Vorzeichenwechsel bei f, daher liegt dort ein Sattelpunkt von F.

Wählen Sie sich einen beliebigen Punkt (hier $P(-2\,|\,-1)$) und skizzieren Sie eine Kurve mit den ermittelten Eigenschaften.

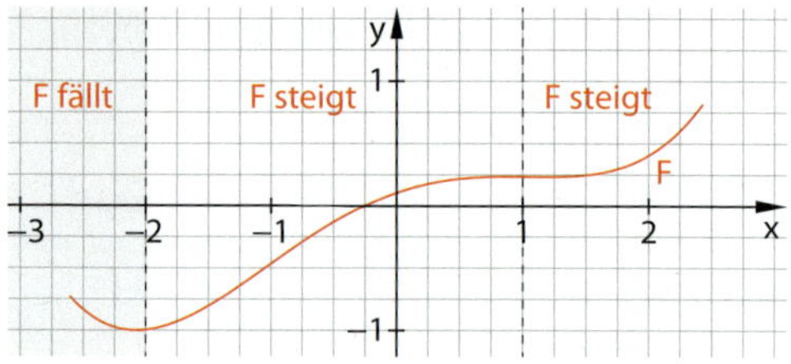

Basisaufgaben

1. Die Graphen ① bis ④ zeigen Stammfunktionen zu den Funktionen f, g, h und i.
Ordnen Sie passend zu. Begründen Sie und erläutern Sie die Zusammenhänge zwischen dem Graphen einer Funktion und ihrer Stammfunktion.

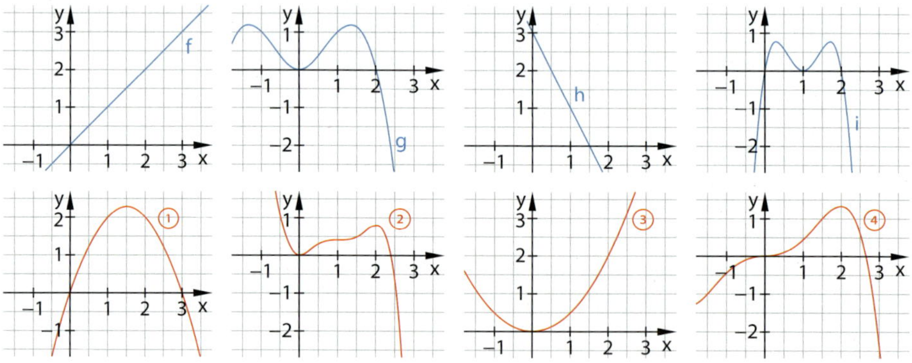

2. Ordnen Sie die Eigenschaften der Graphen von einer Funktion und ihrer Stammfunktion einander zu. Legen Sie dazu eine Tabelle an.

Graph der Funktion
- Tiefpunkt
- unterhalb der x-Achse
- parallel zur x-Achse
- oberhalb der x-Achse
- Schnittpunkt mit der x-Achse
- Hochpunkt
- entlang der x-Achse

Graph der Stammfunktion
- fallend
- steilster Anstieg
- Gerade
- Hoch- oder Tiefpunkt
- parallel zur x-Achse
- steilster Abfall
- steigend

3. Skizzieren Sie zum Graphen von f den Graphen einer Stammfunktion F.

a)
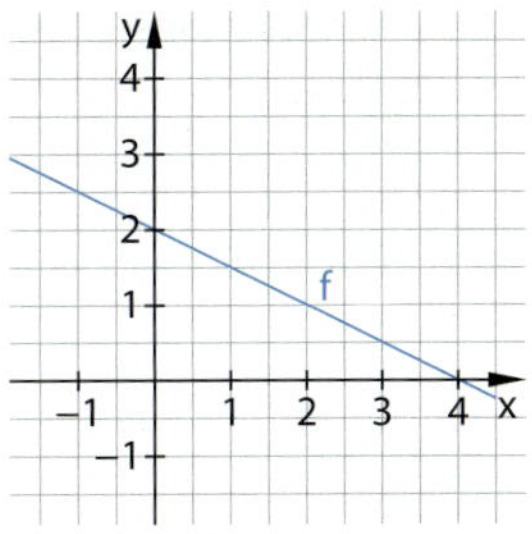

b)
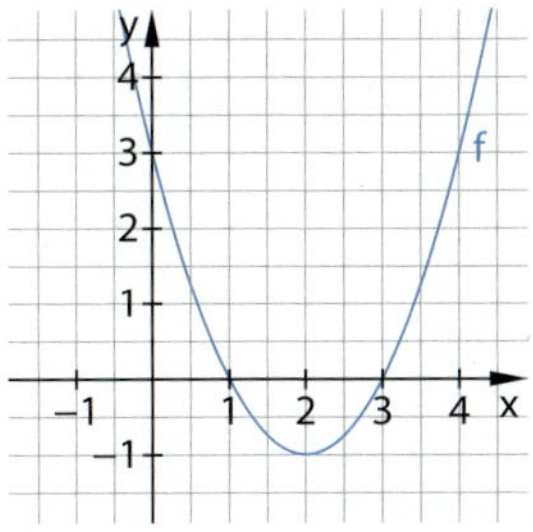

c)
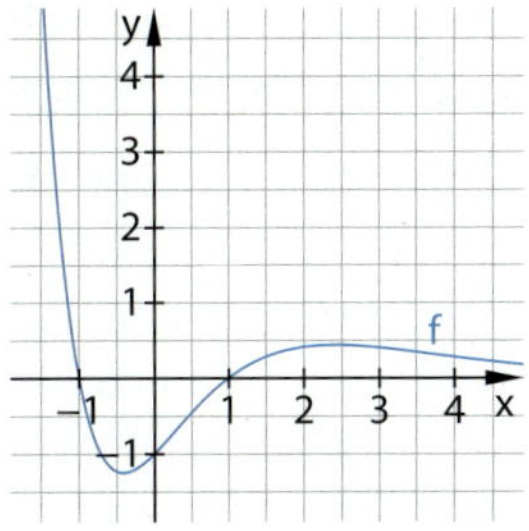

4. Bilden Sie eine Dreiergruppe und skizzieren Sie Graphen wie angegeben. Der dritte Schüler soll den ersten Graphen nicht sehen. Vergleichen Sie den Graphen des ersten und des dritten Schülers.
   a) Ein Schüler gibt den Graphen einer Funktion f und einen Anfangswert F(0) vor. Ein zweiter Schüler skizziert dazu eine Stammfunktion F und der dritte Schüler zu diesem F die Ableitungsfunktion F'.
   b) Ein Schüler gibt den Graphen einer Funktion F_1 vor. Ein zweiter Schüler skizziert dazu die Ableitungsfunktion f und der dritte Schüler zu diesem f eine Stammfunktion F_2.

Stammfunktionen rechnerisch bestimmen

Das Ableiten der Funktion F mit $F(x) = \frac{1}{2}x^2$ ergibt die Funktion f mit $f(x) = x$. Damit erhält man umgekehrt sofort eine Stammfunktion zu $f(x) = x$, nämlich $F(x) = \frac{1}{2}x^2$. Auf gleiche Weise ergeben sich einige wichtige Stammfunktionen:

f(x)	$1\ (=x^0)$	$x\ (=x^1)$	$\frac{1}{x^2}$	$\frac{1}{\sqrt{x}}$	$\sin(x)$	$\cos(x)$
F(x)	x	$\frac{1}{2}x^2$	$-\frac{1}{x}$	$2\sqrt{x}$	$-\cos(x)$	$\sin(x)$

Hinweis:
Zur konstanten Funktion f mit $f(x) = c$ ist F mit $F(x) = cx$ eine Stammfunktion.

Da das Bestimmen einer Stammfunktion die Umkehrung des Differenzierens ist, erhöht sich bei einer Stammfunktion zu einer Potenzfunktion f mit $f(x) = x^r$ der Exponent um 1 und es wird zudem durch den „neuen" Exponenten dividiert.

Satz: Potenzregel
Zur Funktion f mit $f(x) = x^r$ und $r \in \mathbb{Q}$, $r \neq -1$ ist F mit $F(x) = \frac{1}{r+1} \cdot x^{r+1}$ eine Stammfunktion.

Beispiel 2: Eine und alle Stammfunktionen bestimmen
a) Bestimmen Sie eine Stammfunktion zu f mit $f(x) = \frac{1}{x^3}$. Überprüfen Sie durch Ableiten.
b) Geben Sie alle Stammfunktionen zu f an.

Lösung:
a) Schreiben Sie den Funktionsterm als Potenz ohne Bruch. $\quad f(x) = \frac{1}{x^3} = x^{-3}$

Wenden Sie die Potenzregel an.
Der Exponent –3 wird um 1 erhöht und der Faktor $\frac{1}{-3+1}$ ergänzt. $\quad F(x) = \frac{1}{-3+1}x^{-3+1} = -\frac{1}{2}x^{-2}$

Leiten Sie das Ergebnis zur Kontrolle ab. $\quad \left[-\frac{1}{2}x^{-2}\right]' = -2 \cdot \left(-\frac{1}{2}x^{-2-1}\right) = x^{-3} = \frac{1}{x^3}$

b) Addieren Sie eine Konstante (z. B. C), um alle Stammfunktionen zu erhalten. $\quad F(x) = -\frac{1}{2}x^{-2} + C;\ C \in \mathbb{R}$

Hinweis:
Schreibweise als unbestimmtes Integral:
$\int \frac{1}{x^3}\,dx = -\frac{1}{2}x^{-2} + C$

Durch das Übertragen bekannter Ableitungsregeln lassen sich auch zu weiteren Funktionen Stammfunktionen finden. Im Folgenden wird die Funktion f mit $f(x) = (5x + 8)^2$ untersucht, die sich aus einer linearen Funktion und der Quadratfunktion zusammensetzt.

Da G mit $G(x) = \frac{1}{3}x^3$ eine Stammfunktion zu g mit $g(x) = x^2$ ist, ergibt sich eine Vermutung für eine Stammfunktion F zu f.
Beim Überprüfen durch Ableiten von F ergibt die Kettenregel jedoch zusätzlich den Faktor 5. Damit dieser wegfällt, muss man bei der Stammfunktion den Faktor $\frac{1}{5}$ ergänzen.

$f(x) = (5x + 8)^2$
Vermutung: $F(x) = \frac{1}{3}(5x + 8)^3$

Überprüfen:
$F'(x) = 3 \cdot \frac{1}{3}(5x + 8)^{3-1} \cdot 5$ (Ableitung der inneren Funktion)
$= 5 \cdot (5x + 8)^2 = 5 \cdot f(x)$

Ergebnis: $F(x) = \frac{1}{5} \cdot \frac{1}{3}(5x + 8)^3 = \frac{1}{15}(5x + 8)^3$

Satz: Regeln für Stammfunktionen
Sind G und H Stammfunktionen von g bzw. h, so gilt:

	Funktion	**Stammfunktion**
Faktorregel ($k \in \mathbb{R}$)	$f(x) = k \cdot g(x)$	$F(x) = k \cdot G(x)$
Summenregel	$f(x) = g(x) + h(x)$	$F(x) = G(x) + H(x)$
lineare Kettenregel ($a, b \in \mathbb{R}$)	$f(x) = g(ax + b)$	$F(x) = \frac{1}{a} \cdot G(ax + b)$

Beispiel 3: Stammfunktionen mit den Regeln bestimmen
Bestimmen Sie mithilfe der Regeln eine Stammfunktion zur Funktion f.
a) $f(x) = 8x^3$ b) $f(x) = 15x^4 - 8x^3 + 2$ c) $f(x) = (6x + 5)^3$

Lösung:
a) Behalten Sie den Faktor 8 bei und ergänzen Sie eine Stammfunktion zu p mit $p(x) = x^3$.
$F(x) = 8 \cdot \frac{1}{3+1} \cdot x^{3+1} = 2x^4$

b) Bestimmen Sie zu jedem Summanden einzeln eine Stammfunktion.
$F(x) = 15 \cdot \frac{1}{4+1} \cdot x^{4+1} - 8 \cdot \frac{1}{3+1} \cdot x^{3+1} + 2x$
$= 3x^5 - 2x^4 + 2x$

Hinweis zu b):
Zur Funktion k mit $k(x) = 2 = 2x^0$ ist K mit $K(x) = 2 \cdot \frac{1}{0+1} \cdot x^{0+1} = 2x$ eine Stammfunktion.

c) Wenden Sie die lineare Kettenregel an. Mit der Potenzregel ergibt sich eine Stammfunktion G der äußeren Funktion g.
$f(x) = g(6x + 5)$ mit $g(x) = x^3$
Stammfunktion von g: $G(x) = \frac{1}{4}x^4$

Setzen Sie $6x + 5$ in G ein und ergänzen Sie den Faktor $\frac{1}{6}$.
$F(x) = \frac{1}{6} \cdot G(6x + 5)$
$= \frac{1}{6} \cdot \frac{1}{4} \cdot (6x + 5)^4 = \frac{1}{24}(6x + 5)^4$

Basisaufgaben

5. Zeigen Sie durch Ableiten, dass F eine Stammfunktion von f ist.

	a)	b)	c)	d)	e)
f(x) =	$4x$	$12x^2 - 4x + 3$	$-\frac{8}{x^2} - \frac{1}{2\sqrt{x}}$	$\cos(7x + 2)$	$\frac{3x^2 + 1}{2\sqrt{x^3 + x}}$
F(x) =	$2x^2 - 5$	$4x^3 - 2x^2 + 3x$	$\frac{8}{x} - \sqrt{x}$	$\frac{1}{7}\sin(7x + 2)$	$\sqrt{x^3 + x}$

6. Geben Sie eine Stammfunktion zur Funktion f an und überprüfen Sie durch Ableiten.
a) $f(x) = x^2$ b) $f(x) = -3x^5$ c) $f(x) = 2x^3 + 4$ d) $f(x) = \frac{1}{2}x^2 - 4x + 7$

Lösungen zu 6:

7. Bestimmen Sie eine Stammfunktion zur Funktion f.

a) $f(x) = \frac{1}{x^2}$ b) $f(x) = \sqrt{x}$ c) $f(x) = \frac{3}{\sqrt{x}}$ d) $f(x) = \sqrt{x^3}$

8. Bestimmen Sie mithilfe der linearen Kettenregel eine Stammfunktion zu f. Überprüfen Sie Ihr Ergebnis durch Ableiten.

a) $f(x) = (3x+1)^2$ b) $f(x) = \frac{3}{(2x+7)^2}$ c) $f(x) = \sqrt{6x-5}$ d) $f(x) = 3\sin(12x+7)$

9. Bilden Sie mithilfe der Terme vier Paare aus Funktion und passender Stammfunktion.

$\frac{1}{x^6} + 6x^2$ $\sqrt{x}$ $-\frac{1}{\sqrt{x^3}}$ $\frac{1}{2\sqrt{x}}$ $\frac{7}{x^5} + 12x^3$ $\frac{2}{\sqrt{x}}$ $-\frac{1}{5x^5} + 2x^3$ $-\frac{35}{x^6} + 36x^2$

10. Bestimmen Sie eine Stammfunktion zu f. Geben Sie an, welche Regel Sie dabei verwenden.

a) $f(x) = -3x^2$ b) $f(x) = \frac{3}{x^4}$ c) $f(x) = \sqrt[3]{x}$ d) $f(x) = x^3 - 6x^2 + 9x$

e) $f(x) = x^4 - 2x^2 + 8$ f) $f(t) = 2(1-t^2)$ g) $f(x) = 1 - \cos(x-1)$ h) $f(x) = x^2 - 3(2-2x)^5$

i) $f(t) = \frac{6}{t^2} - 3\sqrt{t}$ j) $f(x) = \frac{1}{2}x^3 + \frac{1}{2x^3}$ k) $f(x) = 1 + \frac{1}{\sqrt{x}}$ l) $f(a) = 7a^{\frac{3}{5}}$

CAS **11.** Bestimmen Sie mit dem CAS eine Stammfunktion zu f.

a) $f(x) = x^4 + 7x^2 - 2$ b) $f(x) = \cos^2(x)$

c) $f(x) = (x^2-2)^2$ d) $f(x) = \frac{1}{x^2+1}$

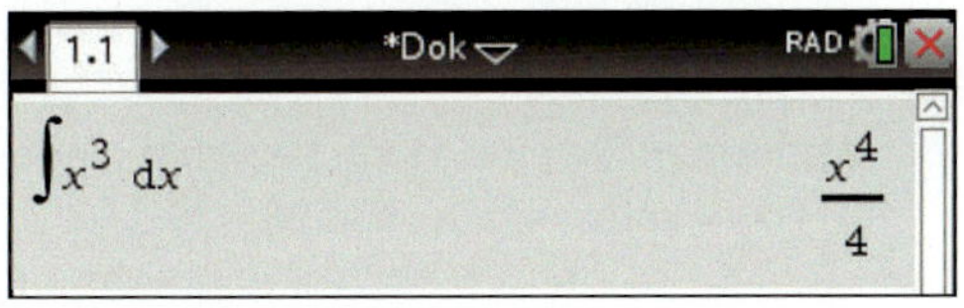

12. Bestimmen Sie zwei verschiedene Stammfunktionen zur Funktion f.

a) $f(x) = 2x^3 - \frac{1}{x^2}$ b) $f(x) = \frac{1}{2}x^3 - \sin(x)$ c) $f(x) = \sqrt[3]{x}$ d) $f(x) = \frac{2}{3\sqrt{x}} - 2$

13. Bestimmen Sie alle Stammfunktionen zur gegebenen Funktion.

a) $f(x) = x^3$ b) $g(x) = 2x - 4$ c) $h(x) = \frac{3}{x^2} - \frac{1}{2\sqrt{x}}$ d) $i(t) = \frac{1}{3}t^2 + \cos(t)$

14. Eine bestimmte Stammfunktion suchen:
Bestimmen Sie zur Funktion f die Stammfunktion F, für die $F(1) = 2$ gilt.

Beispiel: $f(x) = -2x$; $F(x) = -x^2 + C$. Aus $F(1) = -1^2 + C = 2$ folgt $C = 3$.
Also ist $F(x) = -x^2 + 3$ die gesuchte Stammfunktion.

a) $f(x) = -2x + 2$ b) $f(x) = -3x^2 + 2x$ c) $f(x) = \frac{2}{x^2}$ d) $f(x) = \frac{1}{\sqrt{x}} - x$

TK **15.** Bestimmen Sie zur Funktion f die Stammfunktion F, deren Graph durch den angegebenen Punkt P verläuft.

a) $f(x) = \frac{1}{2}x^2 + 3$; $P(2|5)$ b) $f(x) = x^3 - 6x^2 + x$; $P(2|0)$

16. Überprüfen Sie, ob F eine Stammfunktion zu f ist. Korrigieren Sie F, wenn nötig.

	a)	b)	c)	d)	e)
f(x) =	$-2\cos(2x-5)$	$2(2x-2)^2$	$\frac{1}{2\sqrt{3x+5}}$	$\frac{5}{\sqrt{x^3}}$	$2x \cdot \cos(x^2-5)$
F(x) =	$\sin(2x-5)$	$(2x-2)^3$	$\sqrt{3x+5}$	$\frac{1}{\sqrt{5x}}$	$\sin(x^2-5)$

Weiterführende Aufgaben

17. Die Abbildung zeigt den Graphen einer Funktion f. Bestimmen Sie die Stellen aus ① bis ⑥, an denen der Graph einer beliebigen Stammfunktion F von f
a) fällt.
b) stärker als an den anderen Stellen aus ① bis ⑥ steigt.
c) parallel zur x-Achse verläuft.
d) einen Tiefpunkt hat.
e) einen Wendepunkt hat.

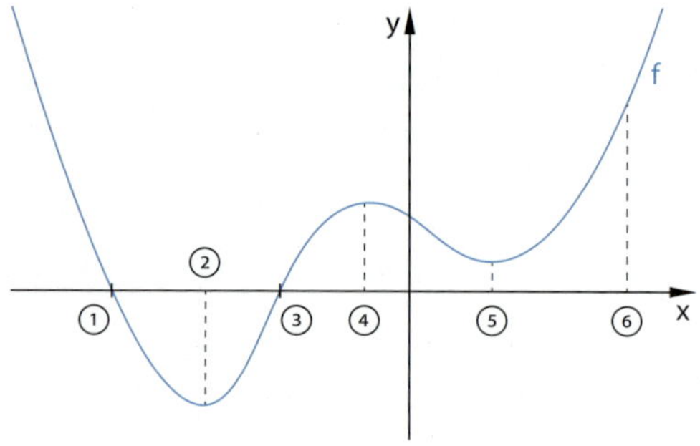

18. Stolperstelle: Beschreiben Sie, welche Fehler beim Bilden einer Stammfunktion gemacht wurden, und korrigieren Sie diese.

$f(x) = (2x + 1)^2$
$F(x) = \frac{1}{3}(2x + 1)^3$

$f(x) = x^{-3}$
$F(x) = -\frac{1}{2}x^{-2}$

$f(x) = \sin(x)$
$F(x) = \cos(x)$

19. Bestimmen Sie zur gegebenen Funktion eine Stammfunktion.
a) $f(x) = x^{2n}$ b) $t(x) = mx + b$ c) $g(a) = ab^2$ d) $f(x) = a \cdot \cos(bx + c)$

20. Bestimmen Sie eine Stammfunktion, indem Sie den Funktionsterm zunächst umformen.
a) $f(x) = x^3(4x - 1)$ b) $f(x) = \frac{2x^5 + x}{x^3}$ c) $f(x) = \frac{x^2 - 9}{x + 3}$ d) $f(x) = \cos(x)\tan(x)$

21. Bestimmen Sie eine reelle Zahl a und eine Stammfunktion F_a zu f_a mit $f_a(x) = \frac{1}{2}x^2 + a$, sodass F_a die Nullstellen −3, 0 und 3 hat.

● **22. Gesamtheit aller Stammfunktionen:** Seien F_1 und F_2 Stammfunktionen einer Funktion f. Leiten Sie die Differenz von F_1 und F_2 ab. Erklären Sie anschließend, wie man aus dem Ergebnis folgern kann, dass sich F_1 und F_2 lediglich um eine Konstante unterscheiden.

23. Begründen oder widerlegen Sie die Aussage.
a) Haben zwei Funktionen eine gleiche Stammfunktion, dann sind sie gleich.
b) Die Ableitungsfunktion einer Stammfunktion F zu f entspricht immer der Funktion f.
c) Eine Stammfunktion der Ableitungsfunktion f′ von f entspricht immer der Funktion f.
d) Ist F eine Stammfunktion von f, dann ist die Funktion G mit $G(x) = F(x) - F(0)$ eine Stammfunktion von f, deren Graph durch den Koordinatenursprung geht.

24. Die Funktion f im linken Bild gibt die Änderungsrate einer Hasenpopulation an.

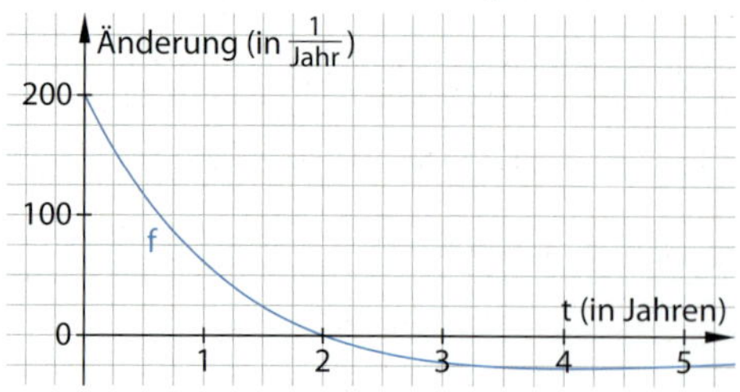

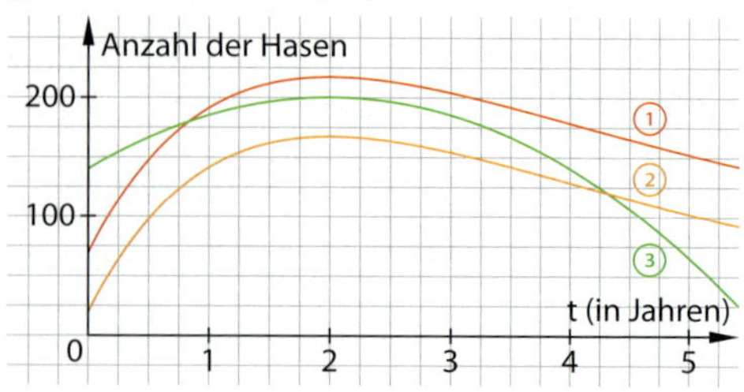

a) Begründen Sie, dass die Funktion des Hasenbestands eine Stammfunktion von f ist.
b) Überprüfen Sie, ob die Graphen ①, ② oder ③ den Hasenbestand beschreiben könnten.

25. In einem Becken befinden sich 200 l Wasser zum Zeitpunkt $t = 0$. Die Zunahme des Wassers in Liter pro Minute lässt sich innerhalb der nächsten 5 Minuten durch $f(t) = 25 - t^2$ beschreiben (t in Minuten).
Aldo meint: „Die Wasserzunahme entspricht der Fläche unter dem Graphen von f im Intervall [0; 5]. Die kann ich mit dem Grenzwert der Ober- und Untersumme berechnen."
Zeynep entgegnet: „Das ist viel zu aufwändig. Die Bestandsfunktion der Wassermenge im Becken ist eine Stammfunktion F von f und es gilt $F(0) = 200$." Nehmen Sie zu den Aussagen Stellung und bestimmen Sie die Wassermenge nach 5 Minuten.

26. Die Funktion b mit $b(t) = \frac{1}{150}t^3 + \frac{1}{50}t + \frac{27}{4}$ beschreibt für $0 \le t \le 30$ die Anzahl an Besuchern, die pro Minute in ein Stadion strömen (t in Minuten). Zu Beginn der Beobachtung befinden sich bereits 500 Zuschauer im Stadion. Geben Sie eine Funktion B an, die für $0 \le t \le 30$ die Besucherzahl im Stadion beschreibt.

● **27.** Das Bild zeigt den Graphen des Geschwindigkeitsverlaufes eines sich geradlinig bewegenden Objekts. Seine Geschwindigkeit wird innerhalb der ersten 1,2 Stunden beschrieben durch die Funktion v mit $v(t) = 72t^3 - 120t^2 + 48t$.

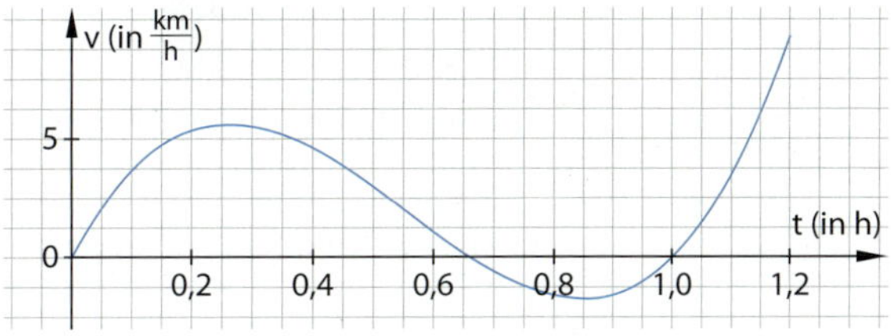

a) Geben Sie einen möglichen Verlauf der durch das Schaubild beschriebenen Bewegung in Worten wieder.
b) Skizzieren Sie grob den Graphen einer Funktion s, welche die Entfernung des Objekts von seinem Ausgangspunkt beschreibt. Geben Sie einen Term $s(t)$ der Funktion s an und bestimmen Sie die Hoch- und Tiefpunkte des Graphen von s genau.

● **28.** Ein Computervirus verbreitet sich innerhalb einiger Wochen weltweit. Durch geeignete Antivirensoftware gelingt es, die infizierten Computer zu bereinigen.
Der Graph der Funktion f mit $f(x) = -\frac{1}{10\,000}x^3 + \frac{3}{250}x^2$ beschreibt die Änderungsrate der befallenen Computer.

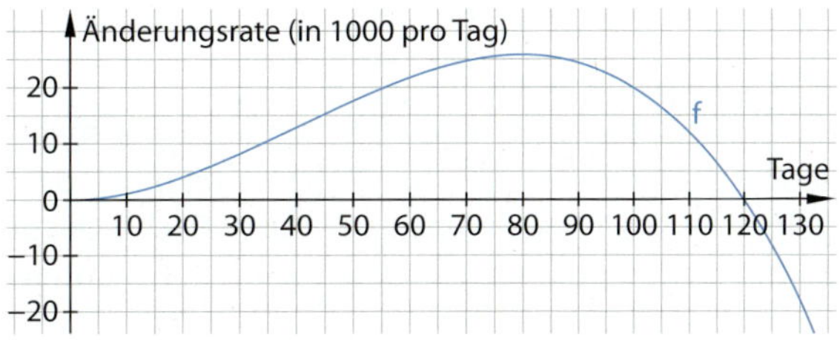

a) Interpretieren Sie den zeitlichen Verlauf der Änderungsrate.
b) Skizzieren Sie den zeitlichen Verlauf der Anzahl an infizierten Computern.
c) Bestimmen Sie eine Funktion, die die Anzahl der infizierten Computer angibt.
d) Bestimmen Sie, wann die maximale Anzahl infizierter Computer erreicht wird.
e) Geben Sie einen Zeitraum an, für den das Modell realistische Werte liefert.

Hinweis zu 28:
Die Änderungsrate ergibt sich aus der Differenz zwischen der Anzahl täglich neuinfizierter und bereinigter Computer.

● **29. Ausblick:** Für natürliche $n \ge 2$ werden Funktionen f_n mit $f_n(x) = \frac{1}{(x^2+1)^n}$ untersucht.
a) Zeigen Sie: F_2 mit $F_2(x) = \frac{1}{2} \cdot \frac{x}{x^2+1} + \frac{1}{2}\arctan(x)$ ist eine Stammfunktion von f_2.
b) Zeigen Sie: Ist F_{n-1} eine Stammfunktion von f_{n-1}, so ist F_n mit $F_n(x) = \frac{1}{2n-2} \cdot \frac{x}{(x^2+1)^{n-1}} + \frac{2n-3}{2n-2} \cdot F_{n-1}(x)$ eine Stammfunktion von f_n.

Hinweis zu 29:
Für $f(x) = \arctan(x)$ ist $f'(x) = \frac{1}{x^2+1}$ und für $g(x) = \frac{1}{(x^2+1)^n}$ gilt $g'(x) = -\frac{2nx}{(x^2+1)^{n+1}}$.

2.4 Hauptsatz der Differenzial- und Integralrechnung

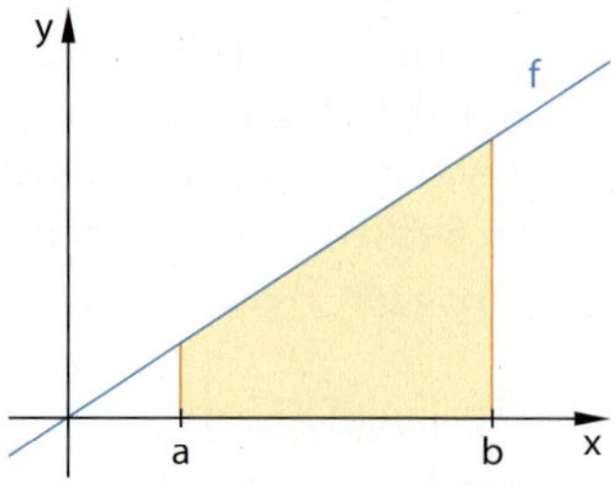

■ Gegeben ist die Funktion f mit $f(x) = x$.

a) Der Graph von f schließt über dem Intervall [0; x] Dreiecke mit der x-Achse ein. Begründen Sie, dass für ihren Flächeninhalt $F(x) = \frac{1}{2}x^2$ gilt.

b) Zeigen Sie, dass F eine Stammfunktion von f ist.

c) Begründen Sie, dass $\int_a^b f(x)\,dx = F(b) - F(a)$ gilt. ■

Fasst man eine Stammfunktion F einer Funktion f als Bestandsfunktion auf, so stellt $f = F'$ die momentane Änderungsrate dar. Das bestimmte Integral $\int_a^b f(x)\,dx$ gibt nach Abschnitt 2.2 die Flächenbilanz zwischen dem Graphen von f und der x-Achse auf dem Intervall [a; b] an, und nach Abschnitt 2.1 entspricht dies der Bestandsänderung $F(b) - F(a)$. Integrale lassen sich also mithilfe von Stammfunktionen berechnen.

Satz: Hauptsatz der Differenzial- und Integralrechnung

Ist F eine beliebige Stammfunktion einer stetigen Funktion f, so gilt:

$$\int_a^b f(x)\,dx = F(b) - F(a)$$

Hinweis:
Da x das Funktionsargument von F_a ist, wählt man als Integrationsvariable einen anderen Buchstaben (hier: t).

Hinweis:
Diese Argumentation setzt voraus, dass f streng monoton steigend und $h > 0$ ist. Für streng monoton fallendes f oder $h < 0$ funktioniert der Beweis analog.

Beweis:

Die Funktion $F_a(x)$ gebe für $x \in [a; b]$ die Flächenbilanz zwischen dem Graphen von f und der x-Achse auf dem Intervall [a; x] an.
Es gilt also $F_a(x) = \int_a^x f(t)\,dt$.

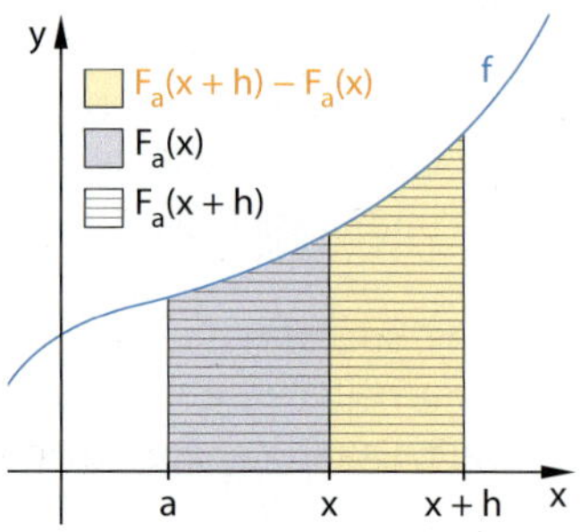

F_a ist eine Stammfunktion von f, also $F_a' = f$. Um das zu sehen, betrachtet man $\frac{F_a(x+h) - F_a(x)}{h}$.

Im Bild sind die Flächenstücke $F_a(x)$ und $F_a(x+h)$ dargestellt. Die Differenz $F_a(x+h) - F_a(x)$ ist der Inhalt der gelben Fläche. Dieser Inhalt kann durch Rechtecke der Breite h mit den Höhen f(x) bzw. f(x + h) nach unten und oben abgeschätzt werden:

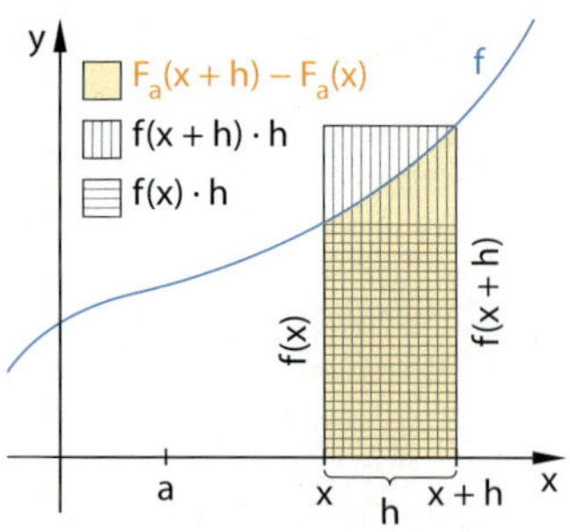

$f(x) \cdot h \le F_a(x+h) - F_a(x) \le f(x+h) \cdot h \quad | : h$

$$f(x) \le \frac{F_a(x+h) - F_a(x)}{h} \le f(x+h)$$

Durch den Grenzübergang $h \to 0$ ergibt sich:

$$\lim_{h \to 0} f(x) \le \lim_{h \to 0} \frac{F_a(x+h) - F_a(x)}{h} \le \lim_{h \to 0} f(x+h)$$

Da f stetig ist, gilt $\lim_{h \to 0} f(x+h) = f(x)$.

Also folgt $f(x) \le F_a'(x) \le f(x)$ und somit $F_a'(x) = f(x)$.

Die Funktion F_a ist also eine Stammfunktion von f und unterscheidet sich daher von jeder anderen Stammfunktion F nur durch eine additive Konstante C, also: $F_a(x) = F(x) + C$.

Wegen $F_a(a) = 0$ gilt: $\int_a^b f(x)\,dx = F_a(b) = F_a(b) - F_a(a) = (F(b) + C) - (F(a) + C) = F(b) - F(a)$

Beispiel 1: Das Bild zeigt den Graphen der Funktion f mit $f(x) = -\frac{1}{4}x^2 + \frac{3}{2}x + 1$.

a) Berechnen Sie das Integral $\int_2^5 f(x)\,dx$.

b) Geben Sie den Inhalt der gefärbten Fläche an.

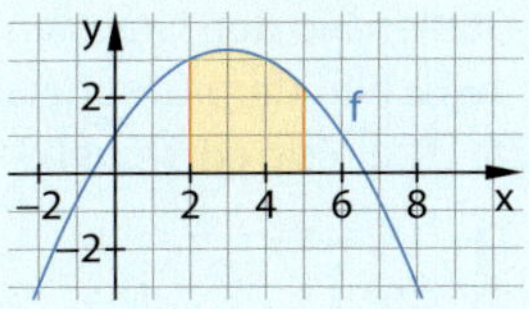

Lösung:

a) Bestimmen Sie eine Stammfunktion F zu f. Wenden Sie anschließend den Hauptsatz an. Setzen Sie dazu die Integrationsgrenzen in die Stammfunktion ein.

$F(x) = -\frac{1}{12}x^3 + \frac{3}{4}x^2 + x$

$\int_2^5 \left(-\frac{1}{4}x^2 + \frac{3}{2}x + 1\right) dx = \left[-\frac{1}{12}x^3 + \frac{3}{4}x^2 + x\right]_2^5$

$= -\frac{5^3}{12} + \frac{3 \cdot 5^2}{4} + 5 - \left(-\frac{2^3}{12} + \frac{3 \cdot 2^2}{4} + 2\right)$

$= \frac{40}{3} - \left(\frac{13}{3}\right) = 9$

b) Der Flächeninhalt entspricht dem Integral aus a), da der Graph in diesem Bereich oberhalb der x-Achse verläuft.

$A = \int_2^5 f(x)\,dx = 9$

Hinweis:
Häufig verwendet man als Zwischenschritt die folgende Schreibweise:

$\int_a^b f(x)\,dx = [F(x)]_a^b$
$= F(b) - F(a)$

Basisaufgaben

1. Berechnen Sie das Integral.

a) $\int_0^2 (x^3 - 4x)\,dx$ b) $\int_1^2 (x^4 - 6x^2 + 9)\,dx$ c) $\int_{-2}^4 3\,dx$ d) $\int_0^\pi \cos(x)\,dx$

e) $\int_0^\pi \sin(x)\,dx$ f) $\int_0^\pi (x + \sin(x))\,dx$ g) $\int_1^9 \frac{1}{\sqrt{x}}\,dx$ h) $\int_1^2 \left(x^3 - \frac{1}{x^2}\right) dx$

Lösungen zu 1:

2; 1,2; 18; 0; −4; 8,5; 4; 3,25; 6,93

2. Berechnen Sie den Flächeninhalt der markierten Fläche.

a)
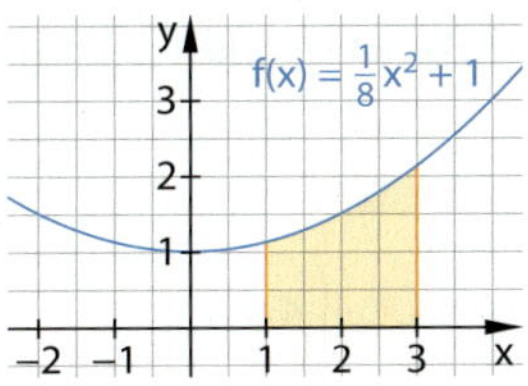

b)
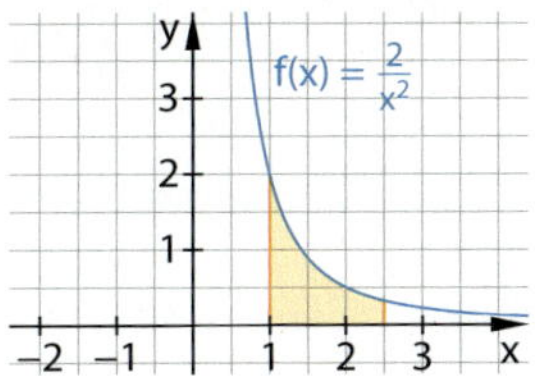

c)
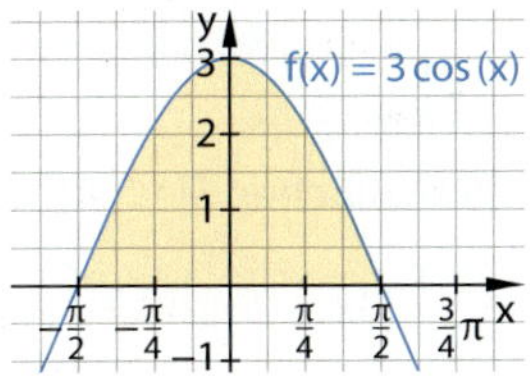

3. Geben Sie zwei verschiedene Stammfunktionen zu f mit $f(x) = 2x - 4$ an. Berechnen Sie mit jeder dieser Stammfunktionen das Integral $\int_{-5}^2 f(x)\,dx$. Beschreiben Sie Ihre Beobachtungen und diskutieren Sie diese mit Ihrem Nachbarn.

4. Berechnen Sie die Werte der Integrale in den Gleichungen einzeln. Wenn Sie richtig gerechnet haben, ergibt sich eine einfache wahre Aussage.

a) $\int_0^\pi -\frac{1}{2}\sin(x)\,dx + \int_2^4 \frac{1}{6}x\,dx = \int_1^9 \left(\frac{2}{\sqrt{x}} - 1\right) dx$ b) $\int_{-1}^1 (4x^3 + 3x^2 + 2x)\,dx = \int_{-2}^2 \frac{1}{\sqrt{5 - 2x}}\,dx$

GTR **5.** Mithilfe des GTR kann man den Wert eines bestimmten Integrals berechnen. Dies ist besonders hilfreich, wenn man keine Stammfunktionen bestimmen kann.
Berechnen Sie das Integral mit dem GTR.

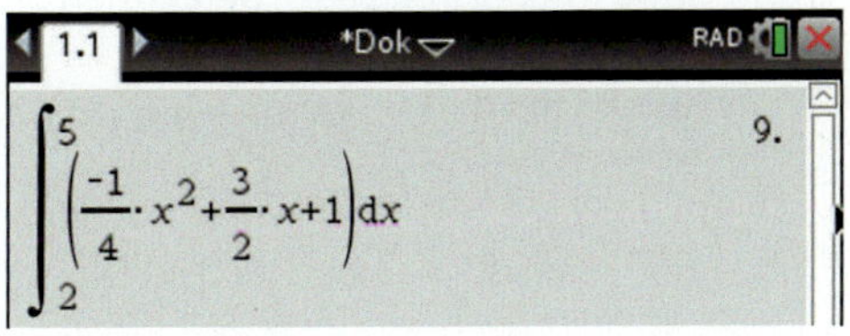

a) $\int_{-1}^1 \sqrt{1 - x^2}\,dx$ b) $\int_0^{100} 2^{-x}\,dx$ c) $\int_0^\pi (\cos(x))^2\,dx$ d) $\int_0^2 \frac{1}{\sqrt{x^2 + 1}}\,dx$

GTR **6.** Stellen Sie den Graphen von f mit dem GTR dar. Berechnen Sie den Inhalt der Fläche zwischen dem Graphen und der x-Achse auf dem angegebenen Intervall I.

a) $f(x) = \sin(x) + \cos(x) + 2$ $\quad I = [0; 2\pi]$
b) $f(x) = x^3 - 6x^2 + 11x$ $\quad I = [1; 3]$
c) $f(x) = x^2 - \frac{1}{x^2}$ $\quad I = [1; 3]$
d) $f(x) = \frac{1}{\sqrt{x}} + x$ $\quad I = [1; 9]$
e) $f(x) = 1 + x - \frac{1}{x^3}$ $\quad I = [1; 2]$
f) $f(x) = x^2(4 - x^2)$ $\quad I = [-2; 2]$

7. Berechnen Sie das Integral im markierten Bereich und erläutern Sie, warum das Integral nicht dem Flächeninhalt der gefärbten Fläche entspricht.

a)
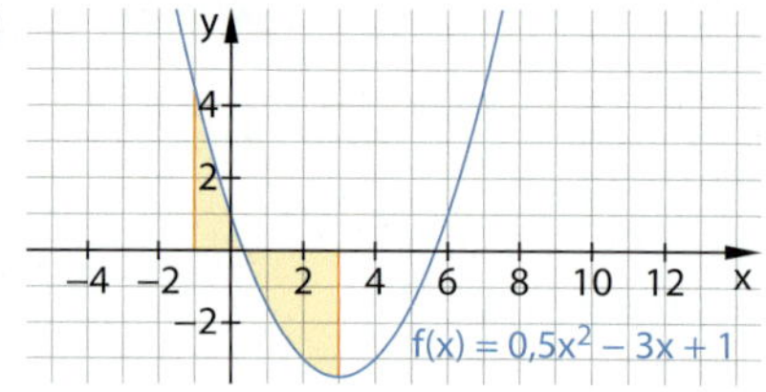

b)
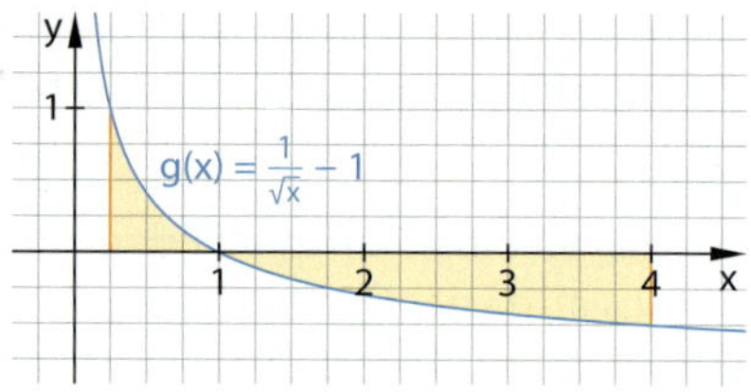

Weiterführende Aufgaben

8. Rechenregeln für Integrale: F sei eine Stammfunktion von f und G eine Stammfunktion von g. Zeigen Sie die folgenden Regeln mithilfe des Hauptsatzes.

Beispiel: ① $\int_a^b f(x)\,dx = -\int_b^a f(x)\,dx$ $\qquad \int_a^b f(x)\,dx = F(b) - F(a) = -(F(a) - F(b)) = -\int_b^a f(x)\,dx$

② $\int_a^a f(x)\,dx = 0$

③ $\int_a^b f(x)\,dx + \int_b^c f(x)\,dx = \int_a^c f(x)\,dx$

④ $\int_a^b k \cdot f(x)\,dx = k \cdot \int_a^b f(x)\,dx$

⑤ $\int_a^b (f(x) + g(x))\,dx = \int_a^b f(x)\,dx + \int_a^b g(x)\,dx$

9. Vereinfachen Sie mithilfe der Regeln für Integrale und berechnen Sie.

a) $\int_{-2}^{3} (3x^2 - 2x)\,dx + \int_{3}^{4} (3x^2 - 2x)\,dx$
b) $\int_{1}^{5} (x^2 - 6x)\,dx + 1{,}5 \cdot \int_{1}^{5} 4x\,dx$

10. Stolperstelle: Überprüfen Sie die drei Rechnungen. Begründen Sie, welche Rechnungen fehlerlos durchgeführt wurden. $\int_{-2}^{-1} \left(-\frac{3}{2}x^2 - 4x\right)dx = \left[-\frac{1}{2}x^3 - 2x^2\right]_{-2}^{-1} = \ldots$

$\ldots = \frac{1}{2} + 2 + \frac{1}{2} \cdot 8 - 2 \cdot 4$
$= -\frac{3}{2}$
$= -1{,}5$

$\ldots = -\frac{1}{2} \cdot (-1)^3 - 2 \cdot (-1)^2$
$+ \frac{1}{2} \cdot (-2)^3 - 2 \cdot (-2)^2$
$= -\frac{13}{2} = -6{,}5$

$\ldots = \frac{1}{2} - 2 - 4 + 8$
$= \frac{5}{2}$
$= 2{,}5$

11. Integrale mit Parametern: Berechnen Sie das Integral mit dem Hauptsatz.

Beispiel: $\int_1^3 ax^2\,dx = a \cdot \int_1^3 x^2\,dx = a \cdot \left[\frac{1}{3}x^3\right]_1^3 = a \cdot \left(\frac{1}{3} \cdot 3^3 - \frac{1}{3} \cdot 1^3\right) = a \cdot \left(9 - \frac{1}{3}\right) = \frac{26}{3}a$

a) $\int_{-1}^{1} (ax^3 - ax)\,dx$
b) $\int_{-b}^{b} (x^3 - x)\,dx$
c) $\int_{1}^{2} \frac{c}{x^2}\,dx$
d) $\int_{0}^{k} (kx - x^2)\,dx$

12. Bestimmen Sie den Wert von a, für den der Graph von f_a mit $f_a(x) = ax + 4$ oberhalb der x-Achse im Intervall [2; 4] eine Fläche von 10 FE einschließt.

13. Bestimmen Sie einen Wert für den Parameter so, dass die Gleichung erfüllt ist.

a) $\int_0^k (x^2 + 1)\,dx = \frac{4}{3};\ k > 0$

b) $\int_0^k 4\cos(x)\,dx = 2;\ 0 \le k \le 2\pi$

14. Gibt eine Funktion f den zeitlichen Verlauf der Änderungsrate eines Bestandes an, so entspricht der Wert des Integrals $\int_a^b f(t)\,dt$ der Veränderung des Bestandes im Zeitraum $a \le t \le b$. Beschreiben Sie die Bedeutung des Integrals

a) $\int_0^{60} f(t)\,dt$, wenn t die Zeit in s und f(t) eine positive Geschwindigkeit in $\frac{m}{s}$ angibt,

b) $\int_0^{10} f(t)\,dt$, wenn t die Zeit in Jahren und f(t) ein Bevölkerungswachstum in $\frac{\text{Bewohner}}{\text{Jahr}}$ angibt,

c) $\int_0^{10} f(s)\,ds$, wenn s die Strecke in km und f(s) einen Benzinverbrauch in $\frac{l}{100\,km}$ angibt,

d) $\int_0^{10} f(t)\,dt$, wenn t die Zeit in s und f(t) eine Beschleunigung in $\frac{m}{s^2}$ angibt.

15. Bei einer Verkehrszählung an einer Bundesstraße wurden an einem Werktag ab 6 Uhr morgens die stadteinwärts fahrenden Fahrzeuge pro Minute registriert.
Der Fahrzeugstrom wird für diesen Zeitraum recht gut durch die Funktion f mit
$f(x) = \frac{1}{10^{10}}x^5 - \frac{1}{130\,000}x^3 + \frac{1}{6}x + 6$
dargestellt.

a) Geben Sie ungefähr die Uhrzeit mit der höchsten Verkehrsdichte an.
b) Berechnen Sie die Anzahl der Fahrzeuge, die zwischen 6 Uhr und 9 Uhr den Messpunkt passieren.
c) Berechnen Sie den durchschnittlichen Fahrzeugstrom pro Minute zwischen 6 Uhr und 8 Uhr.

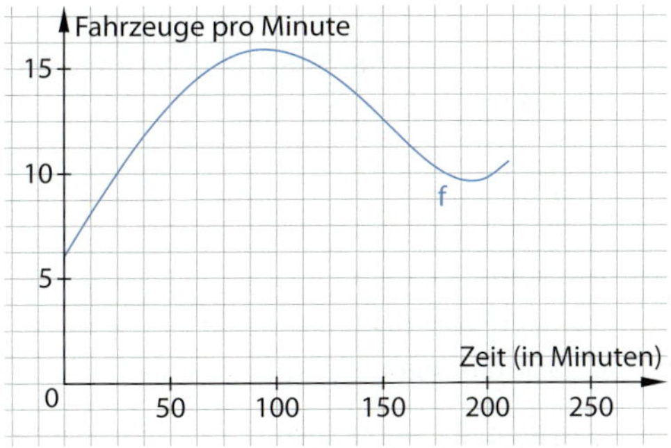

16. Stromzähler ermitteln in vielen Haushalten die verbrauchte elektrische Energie, die in Kilowattstunden (kWh) angegeben wird. Je schneller sich die sichtbare Aluminiumdrehscheibe dreht, desto größer ist die momentan dem Stromkreis entnommene Leistung P.

a) Berechnen Sie die Energie, die eine Energiesparlampe mit 5 W Leistung im Dauerbetrieb innerhalb einer Woche verbraucht.
b) Der zeitliche Verlauf der elektrischen Leistung P (in kW) wird durch die Funktion mit
$P(t) = -\frac{3}{51\,200}t^4 + \frac{11}{3200}t^3 - \frac{53}{800}t^2 + \frac{21}{50}t + \frac{1}{10}$ (t: Zeit in den 24 Stunden nach Mitternacht)
beschrieben. Ermitteln Sie die Energie, die während eines Tages entnommen wird.
c) Begründen Sie anschaulich, warum ein Stromzähler als „analoger Integrierer" bezeichnet werden kann.

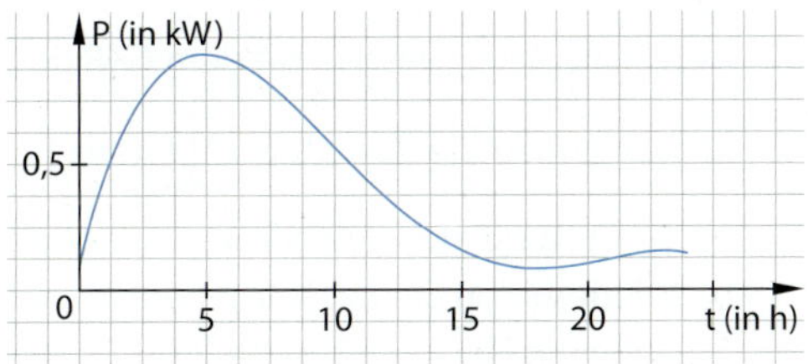

Hinweis:
Der Begriff Stromzähler wird umgangssprachlich verwendet, ist aber physikalisch falsch, da nicht der elektrische Strom, sondern die elektrische Leistung über die Zeit summiert wird, wodurch Energie gemessen wird. Der korrekte Begriff ist also „Energiezähler".

17. Stauforscher untersuchen mit verschiedenen Modellen, wie Staus entstehen. Nach Auswertung einer Luftaufnahme eines mehrere Kilometer langen Autobahnabschnitts wurde die Fahrzeugdichte (Anzahl der Fahrzeuge pro Meter) untersucht.
Sie lässt sich durch die Funktion f mit
$f(x) = \frac{1}{960}x^4 - \frac{1}{96}x^3 + \frac{1}{36}x^2 + \frac{1}{280}x + \frac{1}{300}$
(x in Kilometer, f(x) in Anzahl der Fahrzeuge pro Meter) wiedergeben.

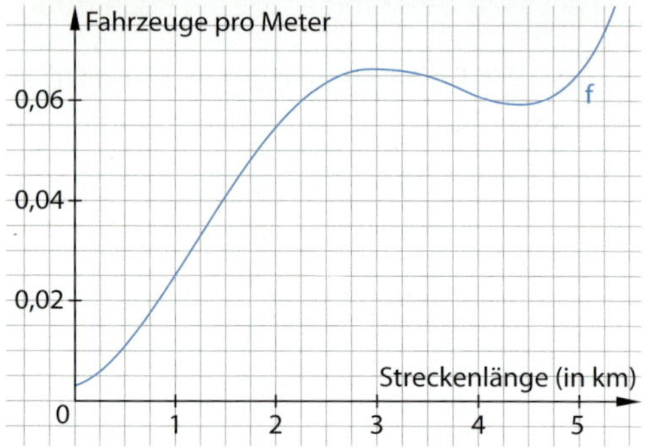

a) Beschreiben Sie die Situation auf diesem Autobahnabschnitt.
b) Berechnen Sie die Anzahl der Fahrzeuge, die sich zur Zeit der Luftaufnahme auf den ersten 5 km der Strecke befanden.
c) Bestimmen Sie die durchschnittliche Fahrzeugdichte auf der 5-km-Strecke.
d) Ermitteln Sie den durchschnittlichen Abstand zweier Fahrzeuge zwischen den Kilometern 1 und 2 sowie zwischen den Kilometern 3 und 4. Treffen Sie hierzu geeignete Annahmen.

18. Berechnen Sie das Integral. Skizzieren Sie die zugehörige Fläche und geben Sie an, an welche Formel Sie dies erinnert.

a) $\int_0^a a\,dx$ b) $\int_0^a b\,dx$ c) $\int_0^g \frac{h}{g}x\,dx$

Hinweis zu 19:
Jede Potenzfunktion f mit $f(x) = x^n$ ist für $x \geq 0$ umkehrbar. Die Umkehrfunktion ist f^{-1} mit $f^{-1}(x) = \sqrt[n]{x}$ $(x \geq 0)$.

19. Die Funktion f mit $f(x) = x^2$ ist für $x \geq 0$ umkehrbar. Der Graph der Umkehrfunktion f^{-1} mit $f^{-1}(x) = \sqrt{x}$ ergibt sich durch Spiegelung an der Winkelhalbierenden $y = x$.

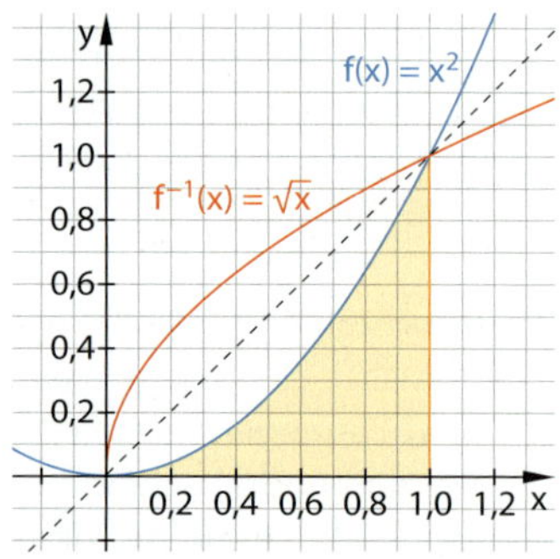

a) Ermitteln Sie den Wert des Integrals $\int_0^1 \sqrt{x}\,dx$ mithilfe des Inhalts der gefärbten Fläche.
b) Wiederholen Sie das Vorgehen aus a) für die Integrale $\int_0^1 \sqrt[3]{x}\,dx$ und $\int_0^1 \sqrt[4]{x}\,dx$.
c) Formulieren Sie mithilfe Ihrer Ergebnisse eine Vermutung für den Wert des Integrals $\int_0^1 \sqrt[n]{x}\,dx$ für eine beliebige natürliche Zahl $n > 2$.
d) Überprüfen Sie Ihre Vermutung aus c), indem Sie $\int_0^1 \sqrt[n]{x}\,dx$ mit dem Hauptsatz berechnen.

20. Ausblick: Zeichnen Sie mit dem GTR den Graphen der Funktion f mit $f(x) = \frac{1}{x^2}$.

GTR

a) Berechnen Sie das Integral $\int_1^k f(x)\,dx$ für $k = 10, 100, 1000, \ldots$. Stellen Sie eine Vermutung auf, welchen Wert das Integral hat, wenn k beliebig groß wird.
b) Wiederholen Sie das Vorgehen aus a) für die Funktionen g mit $g(x) = \frac{1}{x}$; h mit $h(x) = \frac{1}{x^3}$ und i mit $i(x) = \frac{1}{\sqrt{x}}$. Beschreiben Sie Ihre Beobachtungen.

2.5 Flächenberechnungen

■ Der Graph der Sinusfunktion und die x-Achse schließen im Intervall $[0; \pi]$ eine Fläche von 2 FE ein. Berechnen Sie $\int_0^{\pi} \sin(x)\,dx$ und vergleichen Sie den Wert mit dem Flächeninhalt.
Vergleichen Sie die Werte der Integrale und der Flächeninhalte für die Intervalle $[\pi; 2\pi]$ und $\left[\frac{\pi}{2}; \frac{3}{2}\pi\right]$. Was fällt Ihnen auf? ■

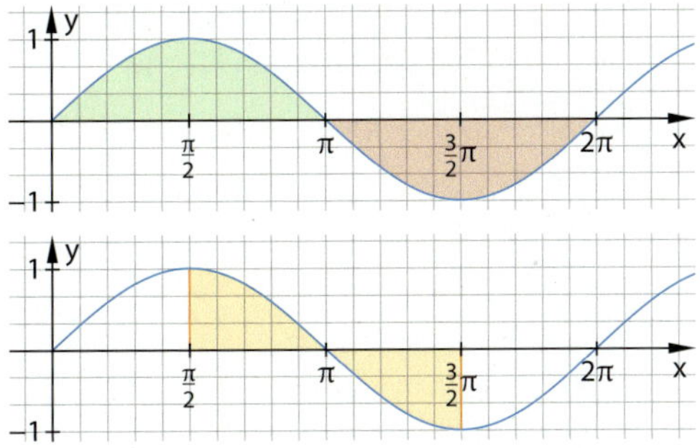

Fläche zwischen Graph und x-Achse

Das bestimmte Integral gibt die Flächenbilanz zwischen dem Graphen von f und der x-Achse auf einem Intervall an. Um den tatsächlichen Flächeninhalt zu bestimmen, muss man berücksichtigen, ob die Flächenanteile oberhalb oder unterhalb der x-Achse liegen.

$f(x) \geq 0$

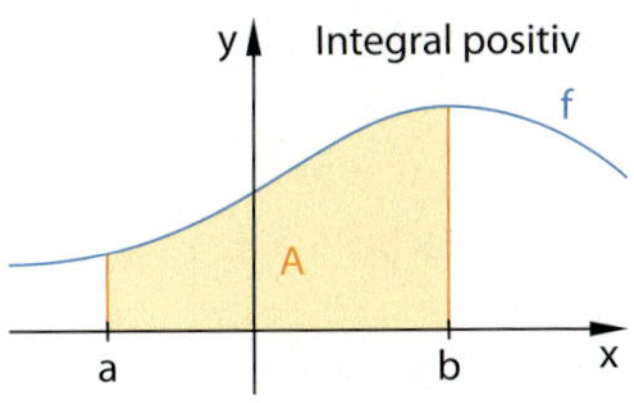

$$A = \int_a^b f(x)\,dx = \left|\int_a^b f(x)\,dx\right|$$

$f(x) \leq 0$

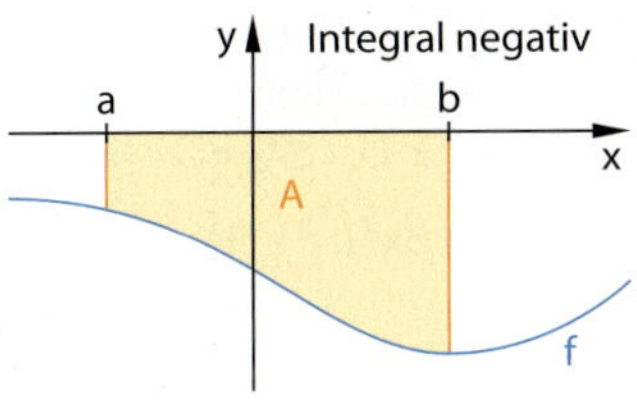

$$A = -\int_a^b f(x)\,dx = \left|\int_a^b f(x)\,dx\right|$$

f hat eine Nullstelle

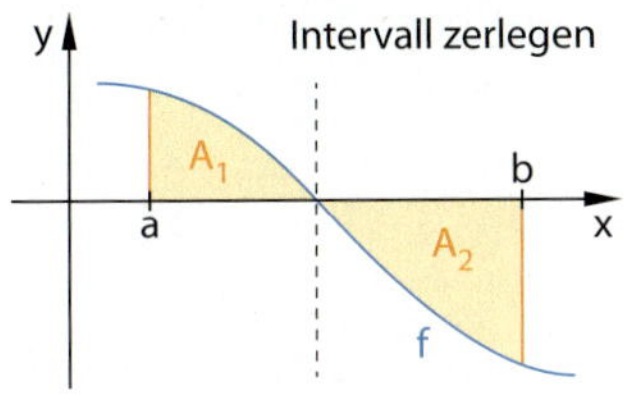

$$A = A_1 + A_2$$

Wissen: Fläche zwischen Graph und x-Achse
Sind $x_1 < x_2$ die Nullstellen der Funktion f auf einem Intervall $[a; b]$, so gilt für den Flächeninhalt der Fläche zwischen Graph und x-Achse:

$$A = \left|\int_a^{x_1} f(x)\,dx\right| + \left|\int_{x_1}^{x_2} f(x)\,dx\right| + \left|\int_{x_2}^{b} f(x)\,dx\right|$$

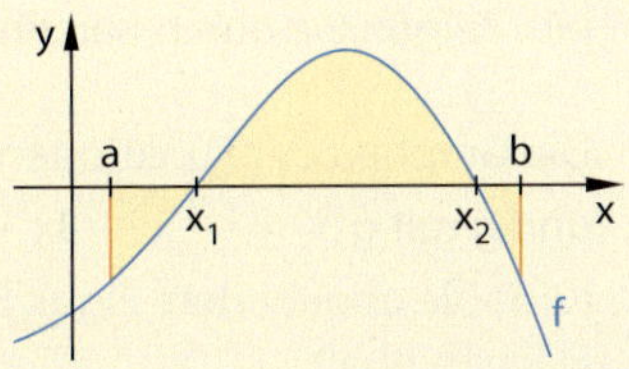

Beispiel 1: Berechnen Sie den Inhalt der eingeschlossenen Fläche zwischen dem Graphen von f mit $f(x) = x^3 - 4x^2 + 3x$ und der x-Achse.

Lösung:

Bestimmen Sie die Nullstellen von f. Zwischen den drei Nullstellen schließen der Graph und die x-Achse zwei Teilflächen ein. Bestimmen Sie eine Stammfunktion F.

$f(x) = 0; \quad x^3 - 4x^2 + 3x = 0$

$x_1 = 0;\ x_2 = 1$ und $x_3 = 3$

$F(x) = \frac{1}{4}x^4 - \frac{4}{3}x^3 + \frac{3}{2}x^2$

Berechnen Sie die Integrale zwischen den Nullstellen.

$$\int_0^1 f(x)\,dx = \left[\tfrac{1}{4}x^4 - \tfrac{4}{3}x^3 + \tfrac{3}{2}x^2\right]_0^1 = \tfrac{5}{12}$$

$$\int_1^3 f(x)\,dx = \left[\tfrac{1}{4}x^4 - \tfrac{4}{3}x^3 + \tfrac{3}{2}x^2\right]_1^3 = -\tfrac{8}{3}$$

Der Inhalt der Gesamtfläche ist die Summe der Beträge der Integrale.

$$A = \left|\tfrac{5}{12}\right| + \left|-\tfrac{8}{3}\right| = \tfrac{37}{12}$$

Basisaufgaben

1. Lesen Sie jeweils die Nullstellen der Funktion und die Intervallgrenzen ab und berechnen Sie den Inhalt der farbigen Fläche.

a) $f(x) = -\frac{1}{2}x^2 + 2$

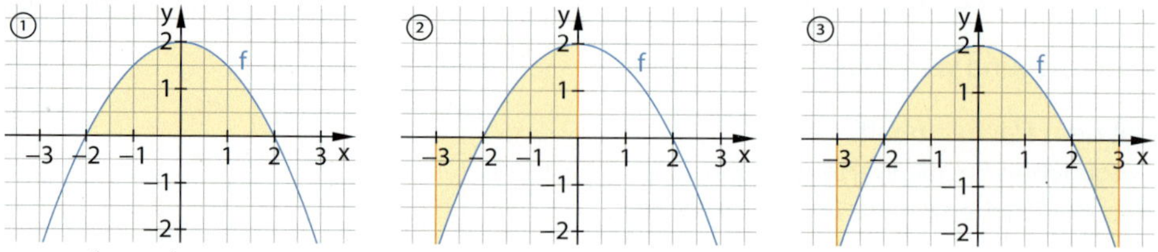

b) $g(x) = \frac{1}{2}x^3 + \frac{1}{2}x^2 - x$

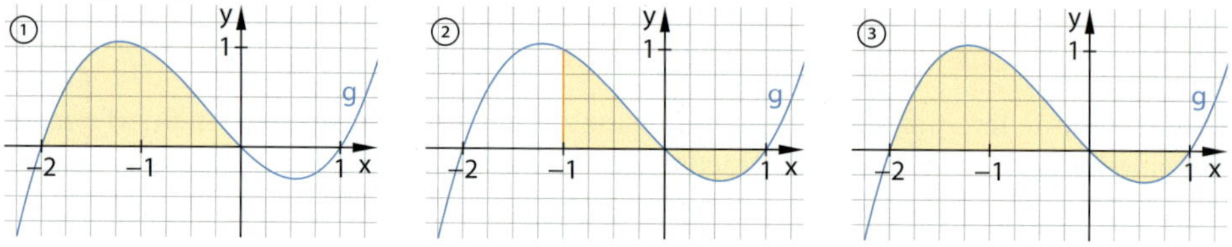

Lösungen zu 2:
Flächeninhalte

2. Berechnen Sie die Nullstellen der Funktion. Berechnen Sie anschließend den Inhalt der Fläche, die der Graph mit der x-Achse einschließt.

a) $f(x) = x^3 - 4x^2 + 4x$ b) $f(x) = 1{,}5x^3 - 4{,}5x^2$ c) $f(x) = \frac{5}{9}x^4 - 5x^2$
d) $f(x) = -\frac{1}{6}x^4 + \frac{1}{2}x^2 + \frac{2}{3}$ e) $f(x) = 6x^3(x^2 - 1)$ f) $f(x) = 6x(x^2 - 1)^2$

3. Berechnen Sie den Inhalt der Fläche zwischen dem Graphen von f und der x-Achse im Intervall I.

a) $f(x) = x^3 - 6x^2 + 8x$ $I = [0; 4]$ b) $f(x) = 0{,}5(x - 4)(x^3 - 2x^2)$ $I = [0; 4]$
c) $f(x) = \sqrt{x} - 1$ $I = [0; 4]$ d) $f(x) = \frac{1}{(x-1)^2} + 1$ $I = \left[-2; \frac{1}{2}\right]$

4. Der Graph der Funktion f mit $f(x) = 2x^3 - 8x$ schließt mit der x-Achse zwei Flächenstücke ein. Zeigen Sie durch Berechnung eines Integrals, dass diese Flächen gleich groß sind.

5. Die Graphen der Funktionen f mit $f(x) = \frac{1}{2}x^2 - 3x + \frac{5}{2}$ und g mit $g(x) = -\frac{1}{2}x^2 + 3x - \frac{5}{2}$ formen auf dem Intervall [0; 5] die abgebildete Figur. Berechnen Sie ihren Flächeninhalt.

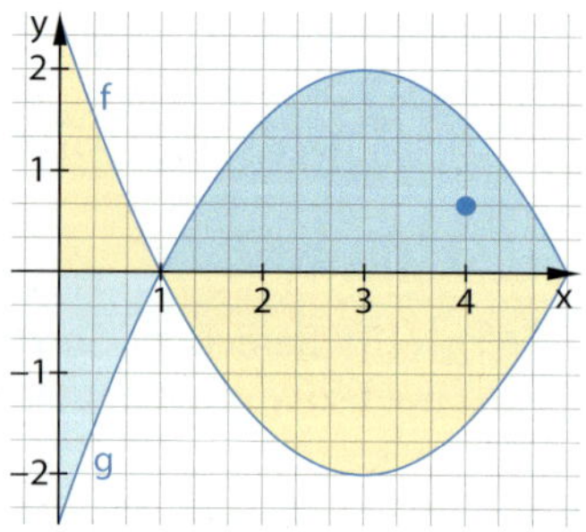

GTR **6.** Die Graphen der Funktionen f mit $f(x) = x^4 - 3{,}75x^2 + 6$ und g mit $g(x) = x^4 - 3x^2 + 3$ formen auf dem Intervall [−2; 2] eine Figur. Zeichnen Sie die Graphen mit dem GTR und berechnen Sie den Flächeninhalt dieser Figur.

GTR **7.** Eine Draisine fährt auf einem geradlinigen Gleisabschnitt. Der Geschwindigkeitsverlauf innerhalb der ersten 70 Sekunden wird durch den Graphen der Funktion v mit $v(t) = \frac{1}{3000}t^3 - \frac{1}{30}t^2 + \frac{4}{5}t$ beschrieben.

a) Berechnen Sie die Entfernung der Draisine vom Startpunkt nach 40 s und nach 60 s.

b) Berechnen Sie die zurückgelegte Wegstrecke der Draisine nach 40 s und nach 60 s.

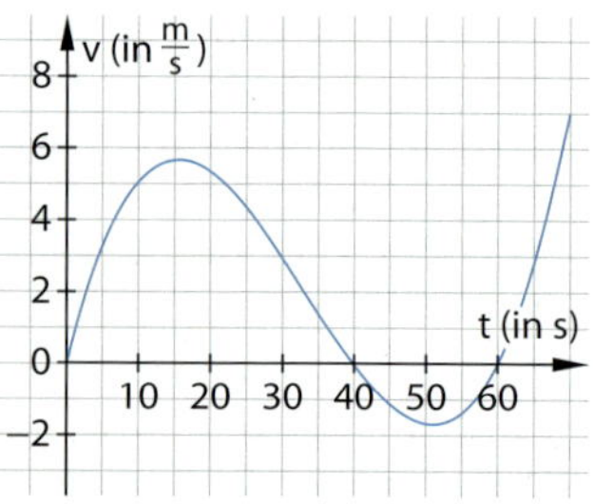

Fläche zwischen zwei Graphen

Mithilfe des Integrals können auch Flächen zwischen zwei Funktionsgraphen berechnet werden. Der einfachste Fall liegt vor, wenn beide Graphen oberhalb der x-Achse verlaufen und ein Graph überall oberhalb des anderen liegt. Man betrachtet die Flächen unter den Graphen von f und g. Von der größeren Fläche muss die kleinere abgezogen werden.

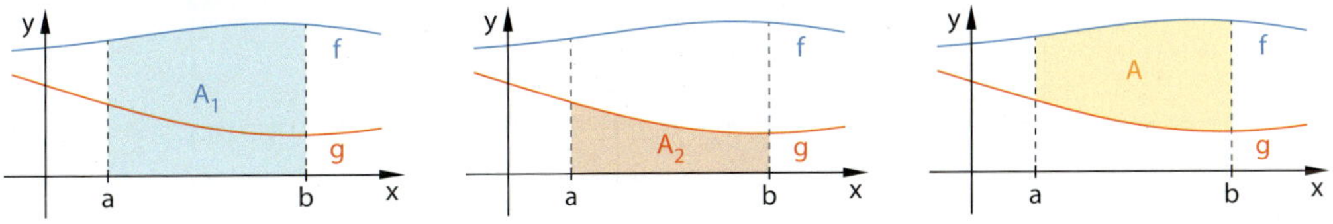

$$A = A_1 - A_2 = \int_a^b f(x)\,dx - \int_a^b g(x)\,dx = \int_a^b (f(x) - g(x))\,dx$$

Fälle, bei denen Flächen ganz oder teilweise unterhalb der x-Achse liegen, können auf diesen Fall zurückgeführt werden. Dazu hebt man beide Graphen so weit an, dass sie oberhalb der x-Achse liegen, d.h., man addiert eine hinreichend große Konstante c:

$$A = \int_a^b (f(x) + c)\,dx - \int_a^b (g(x) + c)\,dx = \int_a^b (f(x) + c) - (g(x) + c))\,dx = \int_a^b (f(x) - g(x))\,dx$$

Der Inhalt der Fläche zwischen den Graphen von f und g ergibt sich durch Integration der **Differenzfunktion h** mit $h(x) = f(x) - g(x)$. Die Schnittstellen der Funktionen sind Nullstellen von h und teilen das betrachtete Intervall in Teilintervalle. Da die Funktion h auch negative Werte liefern kann, müssen zur Flächenberechnung Beträge gesetzt werden.

Wissen: Fläche zwischen Funktionsgraphen

Sind $x_1 < x_2$ die Schnittstellen der Funktionen f und g auf einem Intervall [a; b], so gilt für den Flächeninhalt der Fläche zwischen den Graphen:

$$A = \left|\int_a^{x_1} (f(x) - g(x))\,dx\right| + \left|\int_{x_1}^{x_2} (f(x) - g(x))\,dx\right| + \left|\int_{x_2}^{b} (f(x) - g(x))\,dx\right|$$

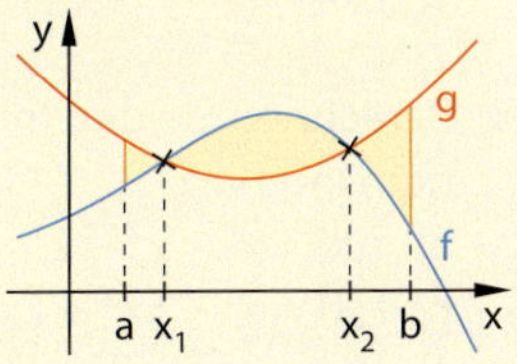

Beispiel 2: Berechnen Sie den Inhalt der eingeschlossenen Fläche zwischen dem Graphen von f mit $f(x) = -\frac{1}{2}x^3 + x^2 + x - 1$ und g mit $g(x) = x^2 - 1$.

Lösung:

Bestimmen Sie die Schnittstellen der Funktionen f und g. Diese entsprechen den Nullstellen der Differenzfunktion h mit $h(x) = f(x) - g(x) = -\frac{1}{2}x^3 + x$.

Daraus ergeben sich die Teilflächen

$A_1 = \left|\int_{-\sqrt{2}}^{0} h(x)\,dx\right|$ und $A_2 = \left|\int_0^{\sqrt{2}} h(x)\,dx\right|$.

$H(x) = -\frac{1}{8}x^4 + \frac{1}{2}x^2$ ist eine Stammfunktion der Differenzfunktion h. Berechnen Sie damit die Integrale zwischen den Schnittstellen.

Der Inhalt der Gesamtfläche ist die Summe der Beträge der Integrale.

$h(x) = 0$

$-\frac{1}{2}x^3 + x = 0$

$-\frac{1}{2}x(x^2 - 2) = 0$

$x_1 = -\sqrt{2};\ x_2 = 0$

und $x_3 = \sqrt{2}$

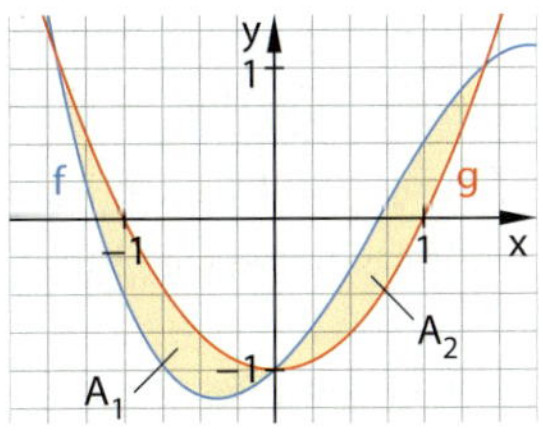

$$\int_{-\sqrt{2}}^{0} h(x)\,dx = \left[-\frac{1}{8}x^4 + \frac{1}{2}x^2\right]_{-\sqrt{2}}^{0} = -\frac{1}{2}$$

$$\int_0^{\sqrt{2}} h(x)\,dx = \left[-\frac{1}{8}x^4 + \frac{1}{2}x^2\right]_0^{\sqrt{2}} = \frac{1}{2}$$

$$A = A_1 + A_2 = \left|-\frac{1}{2}\right| + \left|\frac{1}{2}\right| = 1$$

Basisaufgaben

8. Lesen Sie jeweils die Schnittstellen der Funktionsgraphen ab und berechnen Sie den Inhalt der farbigen Fläche zwischen den Graphen der Funktionen.

a) $f(x) = -\frac{1}{16}x^3 + \frac{1}{8}x^2 + \frac{3}{2}x + 1$ und $g(x) = \frac{1}{32}x^3 - \frac{1}{16}x^2 - \frac{3}{4}x + 1$

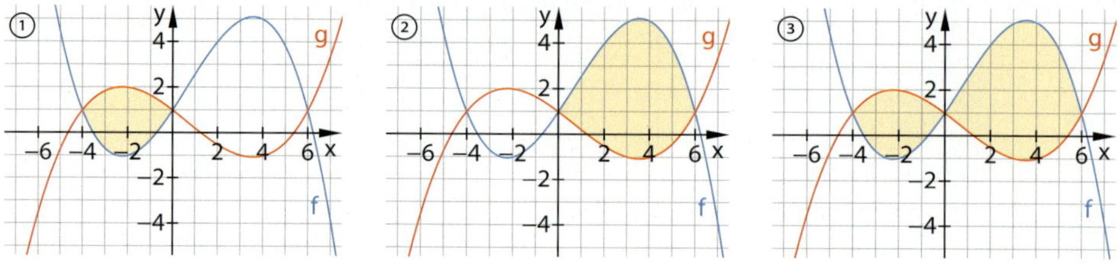

b) $f(x) = \frac{1}{16}x^3 - \frac{3}{4}x^2 + \frac{9}{4}x$ und $g(x) = -\frac{1}{4}x^2 + \frac{3}{2}x$

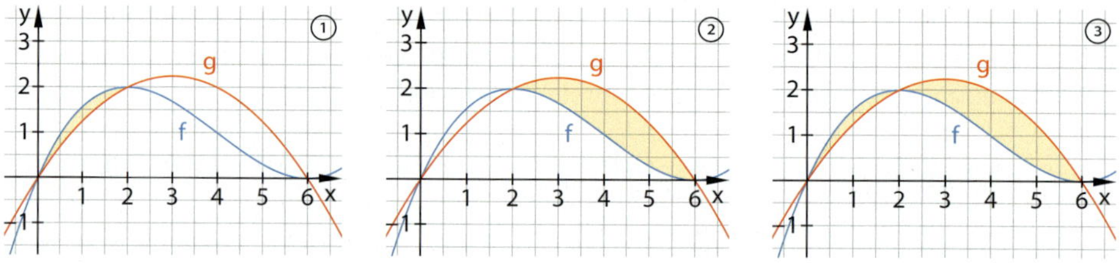

GTR **9.** Stellen Sie die Graphen der Funktionen von f und g mit dem GTR dar. Berechnen Sie den Inhalt der Fläche, die die Graphen einschließen, ohne den GTR.

a) $f(x) = -\frac{1}{4}x^2 + 2$ $\quad g(x) = \frac{1}{2}x$

b) $f(x) = -0{,}5x^2 + x + 1{,}5$ $\quad g(x) = x - 3$

c) $f(x) = \frac{1}{5}x^2 + 4$ $\quad g(x) = x + 4$

d) $f(x) = -\frac{1}{2}x^2 + x + 3$ $\quad g(x) = -x + 3$

Hinweis zu 10:
Bei der Berechnung von Flächen zwischen Funktionsgraphen müssen die Abschnitte an den Intervallrändern berücksichtigt werden.

10. Berechnen Sie den Inhalt der Fläche zwischen den Graphen der Funktionen f und g auf dem Intervall I.

a) $f(x) = x^3 - x^2 - 2$	$g(x) = x^3 - 2x^2 + x$	$I = [-2; 3]$
b) $f(x) = x^3 - 5x^2 + 7x - 3$	$g(x) = x - 3$	$I = [0; 3]$
c) $f(x) = -x^2 - 2x + 2$	$g(x) = x^2 + 4x + 2$	$I = [-2; 1]$
d) $f(x) = (x^2 - 2)^2$	$g(x) = x^2$	$I = [-2; 1]$

11. Zeigen Sie, dass der Graph von f mit $f(x) = x^3 - 6x^2 + \frac{19}{2}x - 2$ und die Gerade g mit $g(x) = \frac{3}{2}x - 2$ zwei gleich große Flächenstücke einschließen.

12. Berechnen Sie den Inhalt der abgebildeten Fläche zwischen den Graphen von f mit $f(x) = \frac{1}{2}x^2 - 3x + \frac{5}{2}$ und g mit $g(x) = -\frac{1}{2}x^2 + 3x - \frac{5}{2}$ auf dem Intervall [0; 5]. Vergleichen Sie Ihr Ergebnis mit dem aus Aufgabe 5.

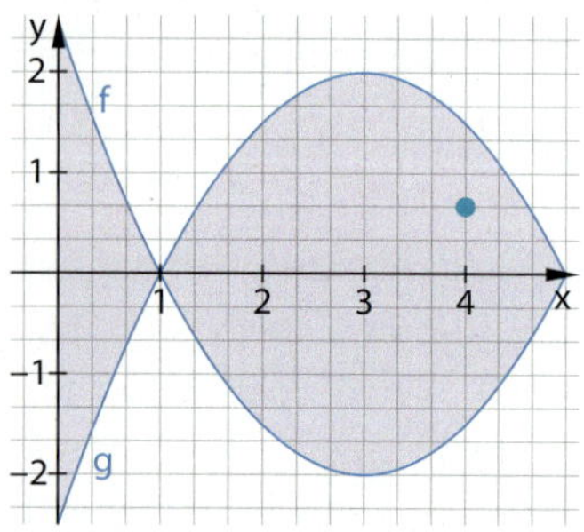

GTR **13.** Die Graphen der Funktionen f mit $f(x) = -\frac{1}{286}x^4 - \frac{1}{15}x^2 + 2$ und g mit $g(x) = \frac{1}{15}x^2 - 3$ schließen eine Fläche ein. Beschreiben Sie deren Form und berechnen Sie ihren Flächeninhalt.

GTR **14.** Stellen Sie die Graphen der Funktionen f mit $f(x) = -\frac{1}{4}x^2 + 2$ und g mit $g(x) = |x| - 1$ mit dem GTR dar. Berechnen Sie den Inhalt der von den Graphen eingeschlossenen Fläche ohne den GTR. Nutzen Sie die Eigenschaften der Graphen geschickt aus.

Weiterführende Aufgaben

15. Berechnen Sie den Inhalt der beschriebenen Fläche A.

a) A wird vom Graphen von f mit $f(x) = -x^2 + 4x - 3$ und der x-Achse begrenzt.

b) A wird von den Graphen von f mit $f(x) = -x^2 + 4x - 1$ und g mit $g(x) = x - 1$ begrenzt.

c) A wird im ersten Quadranten vom Graphen von f mit $f(x) = -\frac{1}{4}x^2 + x + 3$ begrenzt.

d) A wird im ersten Quadranten von den Graphen von f mit $f(x) = x^3 + 2x^2$ und g mit $g(x) = x + 2$ begrenzt.

e) A wird von den Graphen von f mit $f(x) = -x^2 + 4x + 1$ und g mit $g(x) = -2x + 9$ und der y-Achse begrenzt.

f) A wird von den Graphen von f mit $f(x) = \sin(x)$ und g mit $g(x) = x$ und der Geraden $x = \pi$ begrenzt.

g) A wird von den Graphen von f mit $f(x) = 2 - 0{,}5\,(x - 1)^2$ und g mit $g(x) = 6 - x$, der x-Achse und der y-Achse begrenzt.

Hinweis zu 15:
Zeichnen Sie die Graphen mit dem GTR, um eine bessere Vorstellung zu bekommen.

16. Stolperstelle: Zu den Funktionen f und g mit $f(x) = \frac{1}{3}x^3 - 3x^2 + 8x$ und $g(x) = \frac{1}{3}x^2$ soll die von den Graphen eingeschlossene Fläche berechnet werden. Holger: „Ich habe von 0 bis 4 integriert und erhalte $\frac{128}{9}$ FE, also rund 14,2 FE."
Luise: „Es gibt aber noch eine Schnittstelle bei 6. Daher habe ich von 0 bis 6 integriert und erhalte 12 FE."
Emre: „Das kann gar nicht sein, denn dann hätte das größere Flächenstück den kleineren Inhalt. Stattdessen muss man …"
Diskutieren Sie das Vorgehen der Schüler. Vervollständigen Sie Emres Aussage und berechnen Sie den Flächeninhalt.

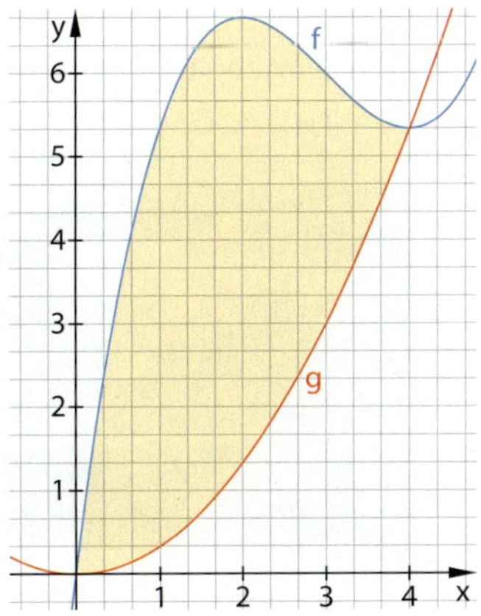

17. Flächen zwischen drei Funktionsgraphen:
Die Graphen der Funktionen f mit $f(x) = -\sin(x)$, g mit $g(x) = x^2$ und h mit $h(x) = -x^2 + \pi x$ schließen auf dem Intervall $I = [0; \pi]$ die farbig dargestellte Fläche ein.

a) Geben Sie alle Schnittstellen der Funktionen im Intervall I an.

b) Zerlegen Sie die Fläche in geeignete Teilflächen und geben Sie die entsprechenden Intervalle an.

c) Berechnen Sie die Flächeninhalte der Teilflächen sowie den Gesamtflächeninhalt.

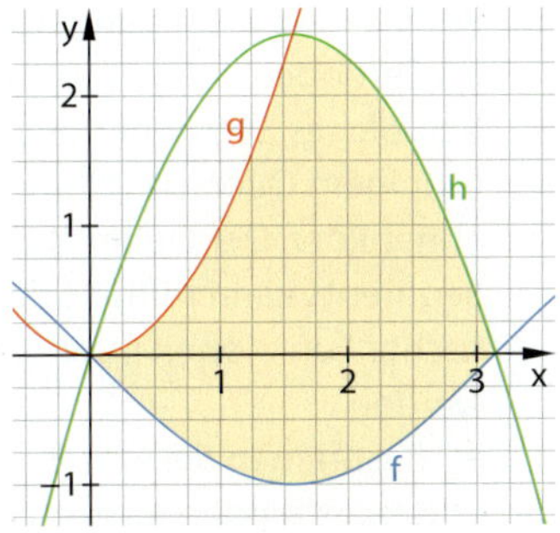

18. Berechnen Sie den Inhalt der Fläche, die von den Graphen der Funktionen f, g und h auf dem Intervall I eingeschlossen wird.

a)	$f(x) = -x^2 + 4x$	$g(x) = x^2 - 4x + 8$	$h(x) = 5x$	$I = [0; 2]$
b)	$f(x) = x^3$	$g(x) = 8x^2$	$h(x) = -2x + 3$	$I = [0; 1]$
c)	$f(x) = \sqrt{x}$	$g(x) = x^2 - 10x + 26$	$h(x) = \frac{1}{5}x$	$I = [0; 5]$

19. Zeichnen Sie den Graphen der Funktion f mit $f(x) = -x^2 + 4x + 6$ und berechnen Sie den Inhalt des Flächenstücks, das vom Graphen von f und der Geraden g durch die Punkte $A(-2\,|\,f(-2))$ und $B(4\,|\,f(4))$ begrenzt wird.

GTR **20.** Der Graph der Funktion f mit $f(x) = \frac{1}{9}(x^2 - 2x - 8)(x^2 - 2x - 2)$ schließt mit der x-Achse das in der Abbildung blau dargestellte Flächenstück ein.

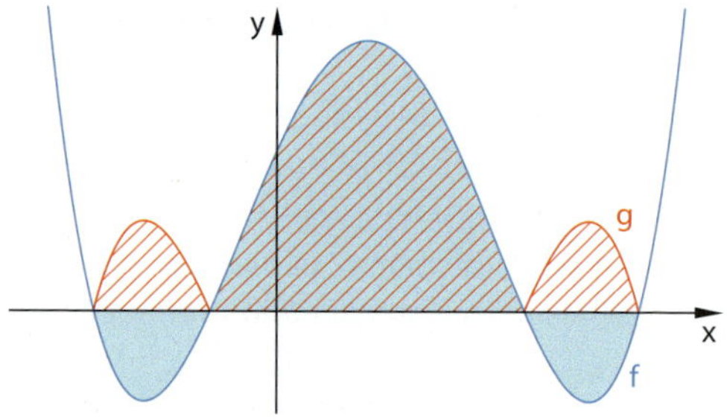

a) Berechnen Sie die Nullstellen der Funktion f.

b) Bestimmen Sie den Inhalt des blauen Flächenstücks.

c) Der Graph der Funktion g mit $g(x) = |f(x)|$ schließt ein gleich großes (rot schraffiertes) Flächenstück mit der x-Achse ein. Berechnen Sie mit dem GTR den Flächeninhalt.

d) Vergleichen Sie die Rechenwege und benennen Sie Vor- und Nachteile.

21. Die nördliche und südliche Uferlinie des Baldeneysees in Essen können in einem bestimmten Bereich näherungsweise durch die Funktionen f mit $f(x) = -0{,}25x^2 + 0{,}55$ und g mit $g(x) = -0{,}1x^4$ modelliert werden.
Eine Längeneinheit auf den Koordinatenachsen beträgt 1 km.

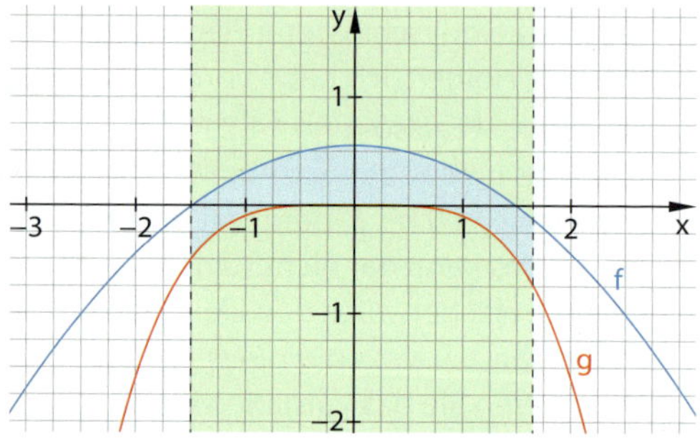

Berechnen Sie mithilfe der Funktionen f und g näherungsweise den Flächeninhalt der Wasseroberfläche des Sees im Bereich $-1{,}5 \leq x \leq 1{,}65$.

22. Beim Bau von Fußgängertunneln werden oft Fertigbetonteile verwendet. Hier ist ein solches Segment mit parabelförmigem Querschnitt und 2 Meter Tiefe abgebildet. Der Querschnitt des Segments kann mithilfe zweier quadratischer Funktionen f und g modelliert werden.

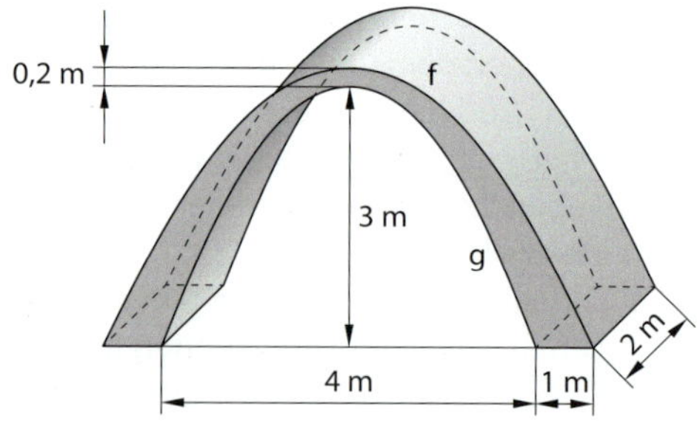

a) Bestimmen Sie eine Funktionsvorschrift für den inneren Parabelbogen.

b) Berechnen Sie das Luftvolumen eines Tunnels, der aus 12 Segmenten besteht.

c) Bestimmen Sie die Masse eines Fertigungssegments, wenn der Beton eine Dichte von $2{,}2\,\frac{g}{cm^3}$ hat.

Hinweis zu 22c:
Für die Masse m eines Körpers mit der Dichte d und einem Volumen V gilt: $m = d \cdot V$

23. Der Graph der Funktion f schließt im Intervall $I = [1; 3]$ mit der x-Achse die Fläche A ein.

a) Bestimmen Sie c so, dass die Gerade $x = c$ die Fläche A halbiert, wenn $f(x) = \frac{1}{2}x^2$ ist.

b) Bestimmen Sie c so, dass die Gerade $y = c$ die Fläche A halbiert, wenn $f(x) = \frac{1}{3}x^2$ ist.

c) Ermitteln Sie, für welches m die Gerade $y = mx$ die Fläche A halbiert, wenn $f(x) = x^2 + 2$ ist.

24. Der Graph von f mit $f(x) = 2 - ax^2$ und $a > 0$ schließt mit der x-Achse eine Fläche ein. Bestimmen Sie a so, dass die Fläche $\frac{16}{3}$ FE groß ist.

25. GTR Als Belohnung für gute Dienste möchte der König seinem Hofnarren ein 100 m breites Grundstück am Meer schenken. Die Küste kann ungefähr mit dem Graphen der Funktion f mit $f(x) = -\frac{1}{5}x^3 + x^2 + 2$ beschrieben werden (Längeneinheit 100 m).

a) Bestimmen Sie die Lage des (grünen) Grundstücks, wenn der Flächeninhalt möglichst groß sein soll.

b) Der König überlegt, dem Narren sogar die Hälfte seiner Länderei zu übertragen. Berechnen Sie die Lage einer Grenze, die das (gelbe) Gebiet in zwei gleich große Teile teilt.

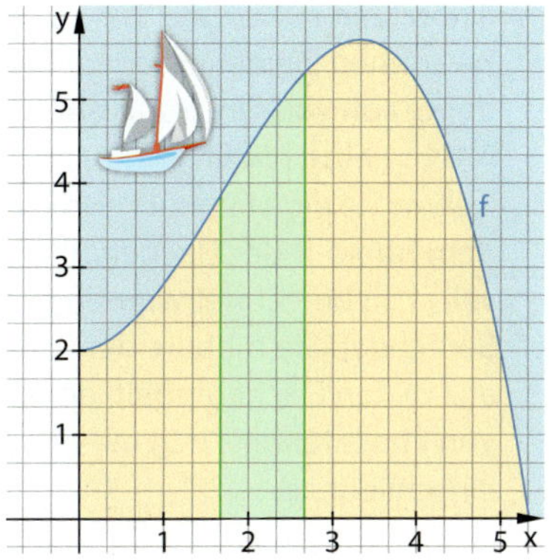

26. Gegeben ist die Funktion f mit $f(x) = \frac{1}{5}x^3 - 2x$.

a) Bestimmen Sie die Schnittstellen des Graphen von f mit den Koordinatenachsen.

b) Bestimmen Sie alle Hoch-, Tief- und Wendepunkte des Graphen von f.

c) Bestimmen Sie die Gleichung der Tangente an den Graphen von f an der Stelle $x = -2$.

d) Zeigen Sie, dass die Tangente aus c) den Graphen von f im Punkt $P(4 \mid f(4))$ schneidet.

e) Der Graph von f und die Tangente aus c) schließen eine Fläche ein. Bestimmen Sie den Flächeninhalt.

27. Gegeben ist die Funktion f mit $f(x) = \frac{1}{9}x^3 - \frac{4}{3}x$.

a) Zeichnen Sie den Graphen von f und geben Sie seine wesentlichen Eigenschaften an.

b) Die Tangente im Hochpunkt $H(x_0 \mid f(x_0))$ schneidet den Graphen in einem weiteren Punkt $P(x_1 \mid f(x_1))$. Zeigen Sie, dass $x_1 = -2x_0$ ist.

c) Der Graph von f und die Tangente aus b) schließen eine Fläche ein. Berechnen Sie deren Flächeninhalt.

28. Ausblick: Der (arithmetische) Mittelwert einer Reihe von Zahlen ist bekanntlich die Summe dieser Zahlen, dividiert durch ihre Anzahl.
Dies lässt sich auf die Funktionswerte einer Funktion f über einem Intervall [a; b] übertragen. Für positive Funktionen gibt es ein flächengleiches Rechteck der Breite b−a, dessen Höhe gleich dem **Mittelwert $\overline{m}$ der Funktionswerte** ist.

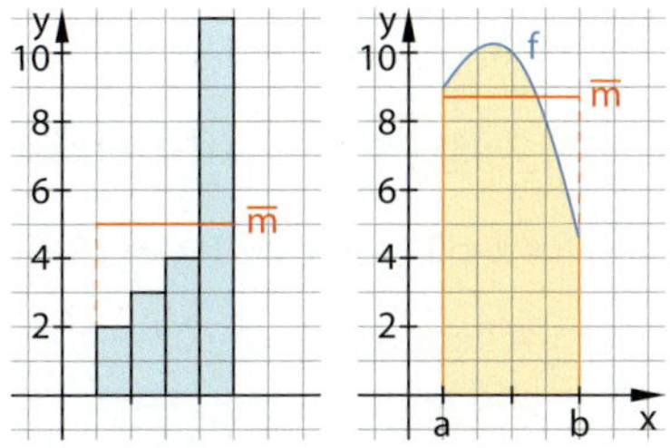

a) Berechnen Sie die Mittelwerte der Funktion f über den angegebenen Intervallen.

① $f(x) = -\frac{1}{8}x + 2$; [−2; 4] ② $f(x) = -x^2 + \frac{1}{3}x - 5$; [0; 3]

③ $f(x) = \pi \cdot \sin(x)$; [0; π] ④ $f(x) = x - \left(\frac{1}{9}x + 1\right)^2$; [−1; 1]

⑤ $f(x) = \sqrt{x} - x$; [0; 1] ⑥ $f(x) = \cos(x)$; [0; π]

b) Das Profil einer Skateboardrampe kann mit dem Graphen der Funktion f mit $f(x) = 1 - \sqrt{x}$ beschrieben werden. Berechnen Sie die durchschnittliche Höhe dieser Rampe.

c) Ein Quader mit der gleichen Grundfläche soll das gleiche Volumen wie die Rampe haben. Geben Sie begründet die Höhe des Quaders an.

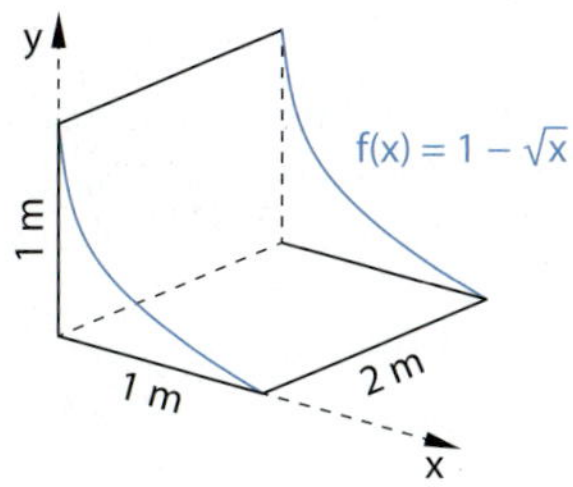

2.6 Integralfunktion

■ Die Abbildung zeigt den Graphen der Funktion f mit $f(t) = \frac{1}{3}t^3 - 2t^2 + 3t + 1$.

a) Berechnen Sie den Flächeninhalt, den der Graph von f im Intervall [1; 4] mit der t-Achse einschließt.

b) Geben Sie eine Funktion $F_1(x)$ an, mit dem für $x > 1$ der Flächeninhalt im Intervall [1; x] berechnet werden kann.

c) Berechnen Sie mithilfe der Funktion F_1 aus b) den Flächeninhalt, den der Graph von f im Intervall [1; 5] mit der t-Achse einschließt. ■

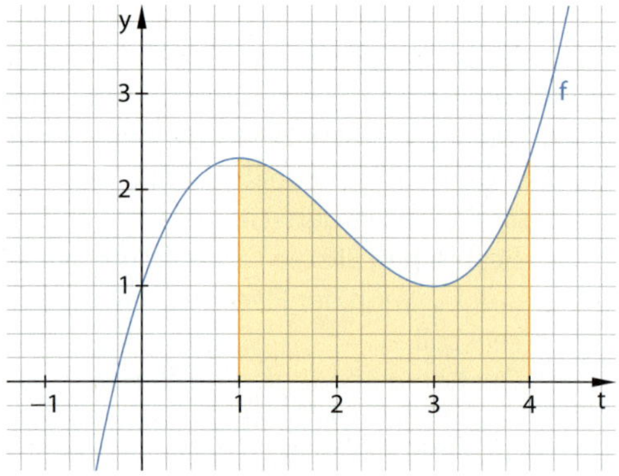

Hinweis:
Wenn x die obere Grenze angibt, muss man die Integrationsvariable anders (z.B. mit t) bezeichnen.

Wenn bei einem bestimmten Integral $\int_a^x f(t)\,dt$ die obere Grenze nicht festgelegt ist, sondern als Variable aufgefasst wird, dann entsteht eine von x abhängige Funktion I_a, die man als **Integralfunktion** zur unteren Grenze a bezeichnet.

Mit $f(t) = 2 - \frac{1}{2}t$ gilt z. B. für a = 0 und a = 2:

$$I_0(x) = \int_0^x f(t)\,dt = \left[2t - \frac{1}{4}t^2\right]_0^x = 2x - \frac{1}{4}x^2$$

$$I_2(x) = \int_2^x f(t)\,dt = \left[2t - \frac{1}{4}t^2\right]_2^x = 2x - \frac{1}{4}x^2 - 3$$

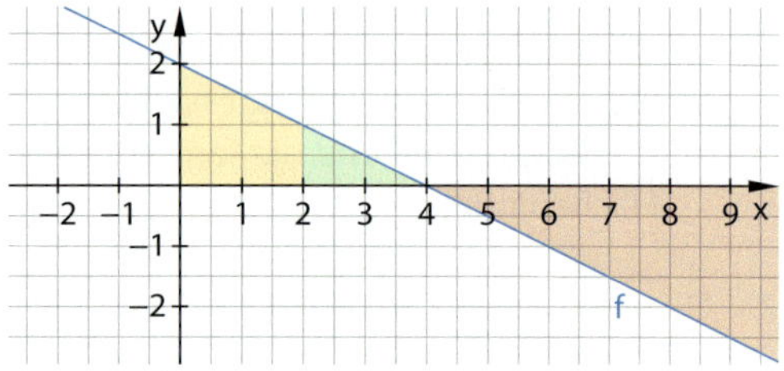

$I_0(x)$ gibt für jedes x die Flächenbilanz zwischen dem Graphen von f und der x-Achse von der unteren Grenze 0 bis zur variablen Stelle x an. Also ist $I_0(2) = 3$ der Inhalt der gelben Fläche.

Bei I_2 wird die Fläche ab der Integrationsgrenze 2 betrachtet. Die gelbe Fläche geht also für $x > 2$ nicht in die Flächenbilanz ein. Das heißt, $I_2(x)$ ist um 3 kleiner als $I_0(x)$.

Für $x < 2$ gilt $\int_2^x f(t)\,dt = -\int_x^2 f(t)\,dt$, daher ist $I_2(x)$ für $x < 2$ negativ, obwohl $f(x)$ positiv ist.

Für $x > 4$ liegt die Fläche unterhalb der x-Achse und geht negativ in die Flächenbilanz ein. I_0 und I_2 sind für $x > 4$ monoton fallend.

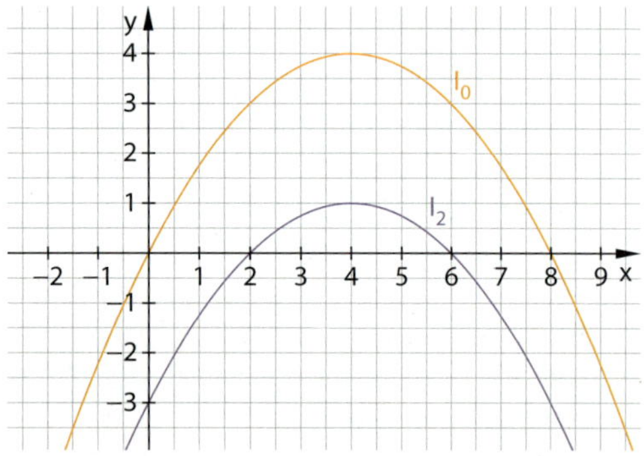

Hinweis:
Auch für $x < a$ ist die Integralfunktion I_a definiert, denn es gilt:
$\int_a^b f(x)\,dx = -\int_b^a f(x)\,dx$
(s. Seite 88, Aufgabe 8).

Definition: Integralfunktion

Die Funktion I_a mit $\mathbf{I_a(x) = \int_a^x f(t)\,dt}$ heißt **Integralfunktion** der Funktion f zur unteren Grenze a.

Die Integralfunktion I_a gibt für $x > a$ die Flächenbilanz zwischen dem Graphen von f und der x-Achse auf dem Intervall [a; x] an. Für $x < a$ gibt sie die Flächenbilanz auf dem Intervall [x; a] mit umgekehrtem Vorzeichen an.

Für das Beispiel $f(t) = 2 - \frac{1}{2}t$ kann man leicht nachrechnen, dass $I_0'(x) = f(x)$ und $I_2'(x) = f(x)$ gilt. I_0 und I_2 sind also Stammfunktionen von f.

Satz: Integralfunktion als Stammfunktion
Ist die Funktion f stetig, dann ist die Integralfunktion I_a mit $I_a(x) = \int_a^x f(t)\,dt$ für jede reelle Zahl a eine Stammfunktion von f.

Dieser Satz wird im Beweis des Hauptsatzes der Differenzial- und Integralrechnung auf Seite 86 gezeigt. Ist umgekehrt bereits bekannt, dass die Funktion f eine Stammfunktion F hat, so folgt der Satz direkt aus dem Hauptsatz:

Wegen $I_a(x) = \int_a^x f(t)\,dt = F(x) - F(a)$ gilt: $I_a'(x) = F'(x) - 0 = f(x)$, da F(a) konstant ist.

Beispiel 1: Gegeben ist die Funktion f mit $f(x) = x^2 - 2$.
a) Berechnen Sie die Integralfunktion I_{-3} zur unteren Grenze $a = -3$.
b) Berechnen Sie $I_{-3}(1)$ und geben Sie die Bedeutung dieses Werts an.
c) Zeigen Sie, dass I_{-3} eine Stammfunktion von f ist.

Lösung:
a) Bestimmen Sie eine Stammfunktion von f und stellen Sie das Integral mit den Grenzen −3 und x auf. Als Integrationsvariable darf dabei nicht ebenfalls x gewählt werden. Gebräuchlich ist t.

$$I_{-3}(x) = \int_{-3}^{x} (t^2 - 2)\,dt = \left[\tfrac{1}{3}t^3 - 2t\right]_{-3}^{x}$$
$$= \tfrac{1}{3}x^3 - 2x - \left(-\tfrac{27}{3} + 6\right)$$
$$= \tfrac{1}{3}x^3 - 2x + 3$$

b) Setzen Sie 1 in die Funktionsgleichung von I_{-3} ein und berechnen Sie den Funktionswert.

$$I_{-3}(1) = \tfrac{1}{3} \cdot 1^3 - 2 \cdot 1 + 3 = \tfrac{4}{3}$$

Die Flächenbilanz von f über dem Intervall [−3; 1] beträgt $\frac{4}{3}$ FE.

c) Leiten Sie I_{-3} ab und prüfen Sie, ob sich der Term von f ergibt.

$$I'_{-3}(x) = \left[\tfrac{1}{3}x^3 - 2x + 3\right]'$$
$$= x^2 - 2 = f(x)$$

I_{-3} ist also eine Stammfunktion von f.

Basisaufgaben

1. Bestimmen Sie die Integralfunktion zur unteren Grenze a.
   a) $f(x) = 2x - 1;\quad a = 3$
   b) $f(x) = x^3 - x;\quad a = -1$
   c) $f(x) = \frac{1}{\sqrt{x}};\quad a = \frac{1}{2}$
   d) $f(x) = 2\sin(x);\quad a = 0$

2. Berechnen Sie zur Funktion f mit $f(x) = -x^2 + 4x - 1$ die Integralfunktionen I_0, I_3 und I_{-3}. Beschreiben Sie den Zusammenhang ihrer Graphen.

3. Gegeben ist die Funktion f mit der Gleichung $f(x) = 0{,}5x - 1$.

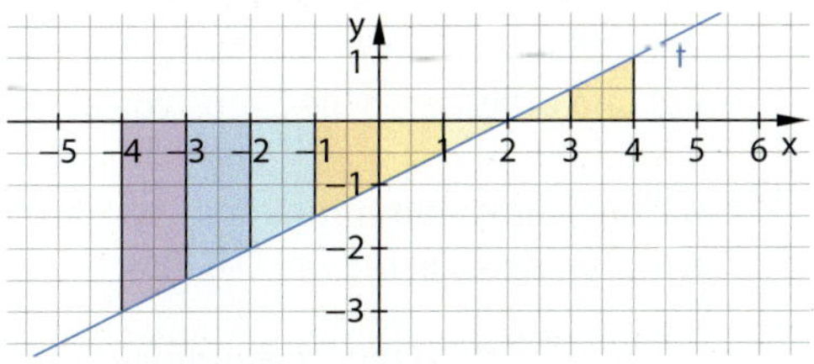

   a) Berechnen Sie geometrisch die Flächenbilanz zwischen dem Graphen von f und der x-Achse auf dem Intervall [0; x] für x = 1, x = 2, x = 3 und x = 4.
   b) Berechnen Sie wie in a) die Flächenbilanz auf dem Intervall [x; 0] für x = −1, x = −2, x = −3 und x = −4.
   c) Berechnen Sie die Integralfunktion I_0 von f.
   d) Berechnen Sie $I_0(x)$ für alle ganzzahligen x zwischen 4 und −4 und vergleichen Sie mit den Flächenbilanzen in a) und b). Erläutern Sie Übereinstimmungen und Unterschiede.

Erinnerung.

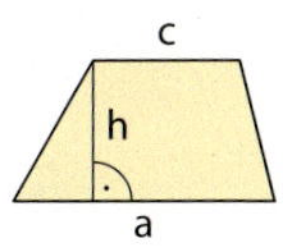

Flächeninhalt Trapez:
$A = \frac{(a + c) \cdot h}{2}$

4. Begründen Sie, dass jede Integralfunktion I_a mit $I_a(x) = \int_a^x f(t)\,dt$ mindestens eine Nullstelle hat.

GTR 5. Zeichnen Sie mit dem GTR die angegebene Integralfunktion zur Funktion f. Bestimmen Sie die Funktionswerte der Integralfunktion für $x = -2$ und $x = 2$.

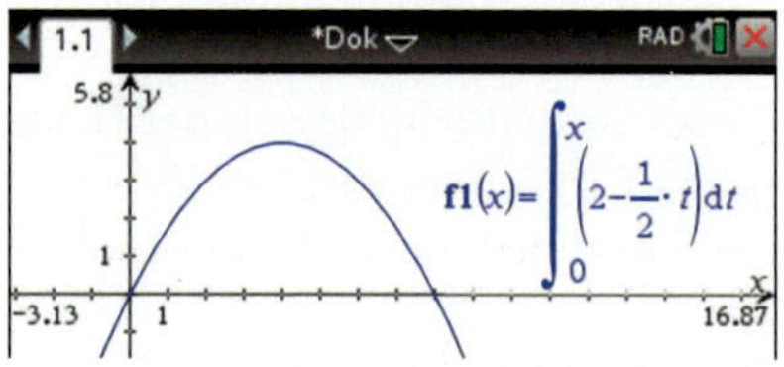

a) $f(x) = \frac{1}{100}x^2,\ I_{-5}$
b) $f(x) = 2^{-x},\ I_0$
c) $f(x) = \frac{1}{4}\cos(x) - \frac{1}{4},\ I_{-2\pi}$
d) $f(x) = x - 4,\ I_2$

CAS 6. Ein CAS kann neben dem Graphen und einzelner Funktionswerte auch Funktionsterme von Integralfunktionen ermitteln. Bestimmen Sie die Funktionsterme zu den Integralfunktionen aus Aufgabe 5.

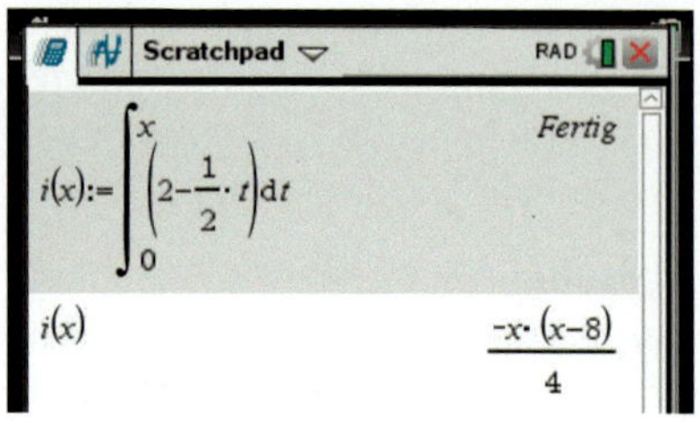

7. a) Zeichnen Sie den Graphen der Integralfunktion I_0 zur dargestellten Funktion f für $0 \le x \le 9$.
b) Beschreiben Sie den Verlauf des Graphen der Integralfunktion I_5 von f.
c) f(t) beschreibt die Geschwindigkeit eines Fahrrads in Meter pro Sekunde in Abhängigkeit von der Zeit t in Sekunden. Geben Sie die Bedeutung von $I_0(9)$ und $I_5(9)$ im Sachzusammenhang an.

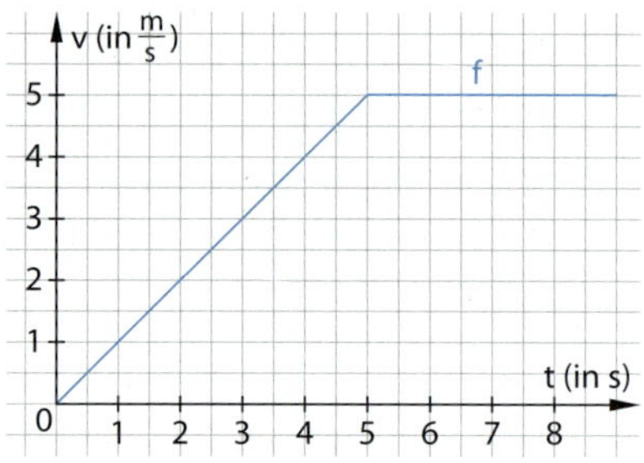

Weiterführende Aufgaben

8. Skizzieren Sie näherungsweise den Graphen der Integralfunktion I_0 mit $I_0(x) = \int_0^x \frac{2}{t^2+1}\,dt$ im Bereich $-2{,}5 \le x \le 2{,}5$.

Zeichnen Sie zur Kontrolle den Graphen mit dem GTR.

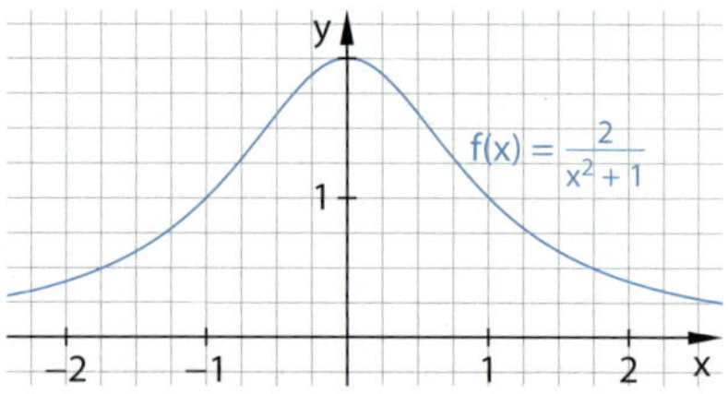

9. **Stolperstelle:** Sven bestimmt die Integralfunktion I_2 zur Funktion f mit $f(x) = x^2$. Überprüfen Sie die Rechnung und diskutieren Sie Svens Vorgehen.

$I_2(x) = \int_2^x x^2\,dt = [x^2 \cdot t]_2^x = x^3 - 2x^2$

GTR 10. Lea kann keine Stammfunktion zur Funktion f mit $f(x) = 2^x$ finden. Elli meint: „Die Integralfunktion I_0 mit $I_0(x) = \int_0^x 2^t\,dt$ ist eine Stammfunktion von f."
a) Nehmen Sie Stellung zur Aussage von Elli.
b) Zeichnen Sie den Graphen von I_0 mit dem GTR und bestimmen Sie $I_0(5)$ und $I_0(-5)$.

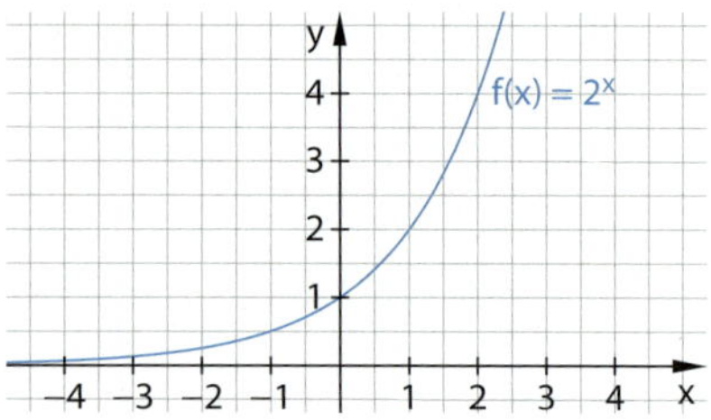

11. Eigenschaften von Integralfunktionen:

a) Begründen Sie mithilfe einer Skizze.

① Für jede punktsymmetrische Funktion f gilt: $I_{-a}(a) = 0$ für alle $a > 0$.

② Für jede zur y-Achse achsensymmetrische Funktion f gilt: $I_{-a}(a) = 2 \cdot I_0(a)$ für alle $a > 0$.

③ Für jede Funktion f gilt: $I_a(b) + I_b(c) = I_a(c)$ für alle $a < b < c$.

b) Beweisen Sie, dass die Aussagen in ① und ② für alle $a \in \mathbb{R}$ gelten.

12. Gegeben ist die Funktion f mit $f(x) = \frac{1}{x}$ und $x > 0$. Überprüfen Sie mithilfe der Abbildung die angegebene Eigenschaft der Integralfunktion I_1 von f.

a) $I_1(1) = 0$

b) $I_1(x)$ ist für $0 < x < 1$ negativ und für $x > 1$ positiv.

c) I_1 ist streng monoton steigend für $x > 0$.

GTR d) Stellen Sie die Funktion I_1 mit dem GTR dar und überprüfen Sie so die Eigenschaften in a) – c).

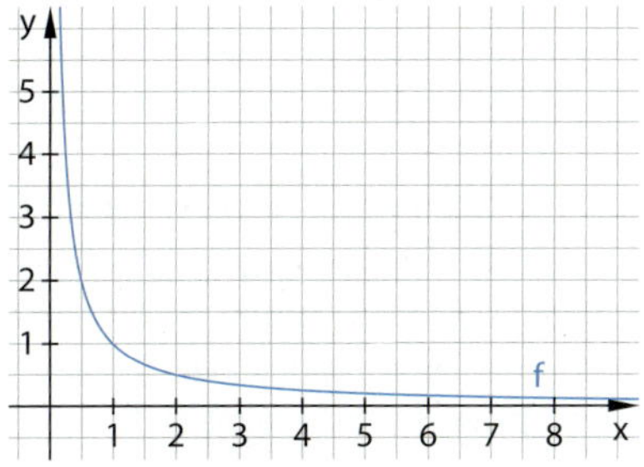

13. Die Funktion f beschreibt die Zuflussgeschwindigkeit beim Auffüllen eines Swimmingpools.

a) Erläutern Sie, was die Integralfunktion I_0 mit $I_0(x) = \int_0^x f(t)\,dt$ in diesem Fall angibt.

b) Die Bestandsfunktion F gibt die Wassermenge im Pool an. Begründen Sie anschaulich, dass für F gilt: $F(x) = F(0) + \int_0^x f(t)\,dt$

c) Wenn F differenzierbar ist, gilt $F' = f$. Leiten Sie die Gleichung in b) mit dem Hauptsatz der Differenzial- und Integralrechnung her.

14. Die Funktion F beschreibt einen Bestand und ihre Ableitungsfunktion $f = F'$ die Änderungsrate. Erläutern Sie den Zusammenhang zwischen der Bestandsfunktion F, einer Integralfunktion von f und einer Stammfunktion von f.

15. Integralfunktion, die keine Stammfunktion ist:

a) Zeichnen Sie für die Funktion f mit

$$f(x) = \begin{cases} 2 & \text{für } x \geq 2 \\ 1 & \text{für } x < 2 \end{cases}$$

den Graphen der Integralfunktion I_0.

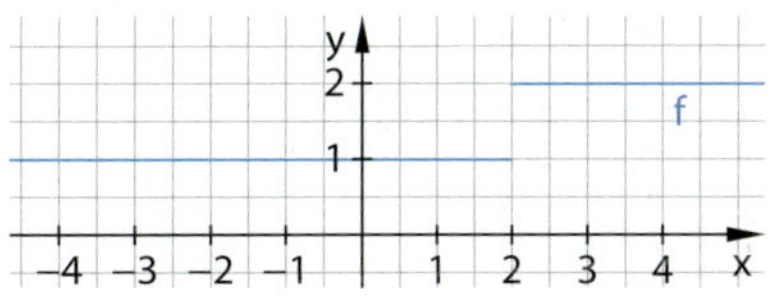

b) Begründen Sie, dass I_0 nicht im gesamten Definitionsbereich eine Stammfunktion von f ist.

16. Ausblick: Stammfunktion, die keine Integralfunktion ist

Gegeben ist die Funktion f mit $f(x) = x$.

a) Zeigen Sie, dass die Funktion F mit $F(x) = \frac{1}{2}x^2 + c$ für jedes $c \in \mathbb{R}$ eine Stammfunktion von f ist.

b) Begründen Sie, dass die Funktion F für $c > 0$ keine Integralfunktion zu f ist.

c) Zeigen Sie, dass es für $c \leq 0$ zu f mindestens eine Integralfunktion I_a mit $I_a = F$ gibt, und bestimmen Sie die möglichen Werte für a in Abhängigkeit von c.

2.7 Uneigentliche Integrale

■ Das Flächenstück A zwischen dem Graphen von f mit $f(x) = 2^{-x}$ und dem positiven Teil der x-Achse ist nach rechts unbegrenzt. Der Flächeninhalt kann mit einer Reihe von Rechtecken abgeschätzt werden

a) Berechnen Sie den Flächeninhalt der ersten 5 Rechtecke.
b) Geben Sie mithilfe der Abbildung eine obere Grenze für die Summe aller Rechtecke an.
c) Was können Sie über den Flächeninhalt von A folgern? ■

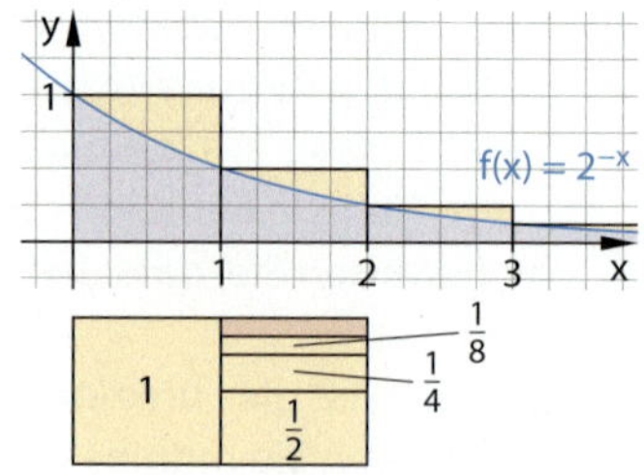

Bei den bisherigen Flächenberechnungen mithilfe der Integralrechnung war sowohl das Integrationsintervall als auch die zu integrierende Funktion (der Integrand) auf dem Intervall beschränkt. So entstanden endliche Flächen. Aber auch unendlich ausgedehnte Flächen können einen endlichen Inhalt haben. Ist der Integrand unbeschränkt oder ist eine der Integrationsgrenzen ∞, $-\infty$ oder eine Definitionslücke, so spricht man von einem **uneigentlichen Integral**.

Unbeschränktes Integrationsintervall

Die Fläche zwischen dem Graphen von f mit $f(x) = \frac{1}{x^3}$ für $x \geq 1$ und der x-Achse ist nach rechts unbegrenzt. Man kann zunächst den Flächeninhalt bis zu einer beliebigen oberen Grenze $u \geq 1$ berechnen. Anschließend wird der Grenzwert für $u \to \infty$ gebildet.
Man erhält in diesem Beispiel einen endlichen Wert, nämlich $\frac{1}{2}$. Die Fläche hat also einen endlichen Inhalt, obwohl sie nach rechts unendlich ausgedehnt ist.

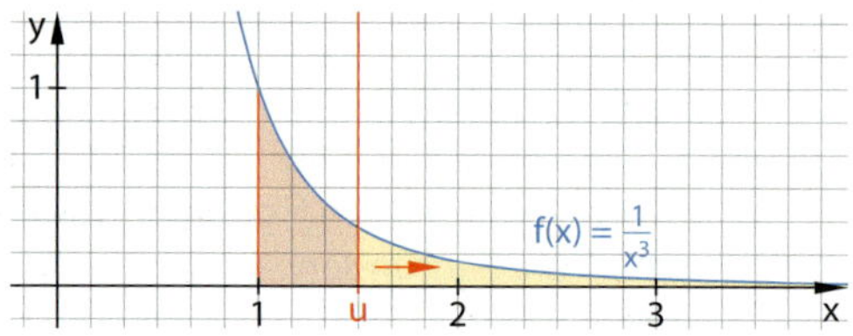

$$\int_1^u \frac{1}{x^3}\,dx = \left[-\frac{1}{2x^2}\right]_1^u = -\frac{1}{2u^2} + \frac{1}{2}$$

Für $u \to \infty$ gilt: $-\frac{1}{2u^2} + \frac{1}{2} \to \frac{1}{2}$

Hinweis:
Ist die untere Integrationsgrenze $-\infty$, so untersucht man den Grenzwert
$\lim\limits_{u \to -\infty} \int_u^b f(x)\,dx$
(s. Aufgabe 10).

Definition: Uneigentliches Integral 1. Art

Falls für $u > a$ der Grenzwert $\lim\limits_{u \to \infty} \int_a^u f(x)\,dx$ existiert, so heißt $\int_a^\infty f(x)\,dx$ **uneigentliches Integral 1. Art** und sein Wert entspricht dem Grenzwert.

Beispiel 1: Berechnen Sie das uneigentliche Integral.

a) $\int_1^\infty \frac{1}{x^2}\,dx$

b) $\int_1^\infty \sqrt{x}\,dx$

Lösung:
Ersetzen Sie die Integrationsgrenze ∞ durch eine Variable (z. B. u). Bestimmen Sie eine Stammfunktion und berechnen Sie das Integral. Bilden Sie den Grenzwert für $u \to \infty$.

Hinweis:
Grenzwerte sind reelle Zahlen.
∞ und $-\infty$ sind also keine Grenzwerte.

a) Stammfunktion: $F(x) = -x^{-1} = -\frac{1}{x}$

Für $u > 1$ gilt: $\int_1^u \frac{1}{x^2}\,dx = \left[-\frac{1}{x}\right]_1^u = -\frac{1}{u} + 1$

Für $u \to \infty$ gilt $-\frac{1}{u} + 1 \to 1$, also

$\int_1^\infty \frac{1}{x^2}\,dx = 1$

b) Stammfunktion: $F(x) = \frac{2}{3}x^{\frac{3}{2}} = \frac{2}{3}\sqrt{x^3}$

Für $u > 1$ gilt: $\int_1^u \sqrt{x}\,dx = \left[\frac{2}{3}\sqrt{x^3}\right]_1^u = \frac{2}{3}\sqrt{u^3} - \frac{2}{3}$

Für $u \to \infty$ gilt $\frac{2}{3}\sqrt{u^3} - \frac{2}{3} \to \infty$, also existiert $\int_1^\infty \sqrt{x}\,dx$ nicht.

Basisaufgaben

1. Bestimmen Sie – falls möglich – das uneigentliche Integral.

a) $\int_1^\infty \frac{1}{x^4}\,dx$ b) $\int_1^\infty \frac{2}{x^2}\,dx$ c) $\int_0^\infty 2x\,dx$ d) $\int_3^\infty \frac{1}{(x-2)^5}\,dx$

e) $\int_2^\infty \frac{3}{x^6}\,dx$ f) $\int_1^\infty \frac{1}{\sqrt{t}}\,dt$ g) $\int_5^\infty \left(\frac{1}{x^3}-\frac{1}{x^2}\right)dx$ h) $\int_4^\infty \frac{1}{\sqrt{x^3}}\,dx$

2. Zeigen Sie, dass F mit $F(x) = \frac{1}{1-x^2}$ eine Stammfunktion von f mit $f(x) = \frac{2x}{(1-x^2)^2}$ ist, und berechnen Sie das Integral $\int_3^\infty \frac{2x}{(1-x^2)^2}\,dx$.

GTR **3.** Ein GTR kann uneigentliche Integrale nicht bestimmen. Durch Einsetzen von Testwerten erhält man jedoch eine ungefähre Vorstellung.

Berechnen Sie mit dem GTR das Integral $\int_1^n f(x)\,dx$ für n = 10 (n = 100; n = 1000). Stellen Sie eine Vermutung auf, ob die eingeschlossene Fläche für $n \to \infty$ einen endlichen Inhalt hat.

a) $f(x) = \frac{1}{\sqrt{x}+2}$ b) $f(x) = \frac{2}{x^3}$

CAS **4.** Mit einem CAS können uneigentliche Integrale mit unbeschränkten Integrationsintervallen direkt eingegeben und bestimmt werden. Bestimmen Sie – falls möglich – das uneigentliche Integral.

a) $\int_3^\infty \frac{1}{(x-2)^5}\,dx$ b) $\int_2^\infty \frac{1}{(\sqrt{x}-1)^4}\,dx$ c) $\int_4^\infty \frac{2}{\sqrt{x^2-2}}\,dx$

d) $\int_4^\infty \frac{2}{\sqrt{x^3-2}}\,dx$ e) $\int_1^\infty 2^x\,dx$ f) $\int_1^\infty 0{,}5^x\,dx$

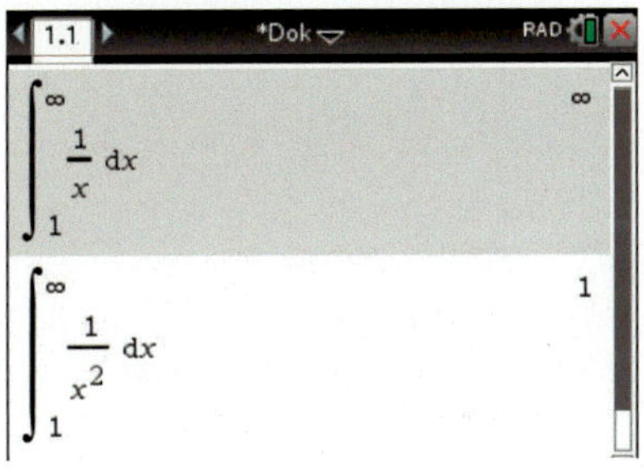

Unbeschränkter Integrand

Die Fläche zwischen dem Graphen von f mit $f(x) = \frac{1}{\sqrt{x}}$, x > 0 und der x-Achse ist auf dem Intervall [0, 4] unbegrenzt, da die Funktionswerte von f für $x \to 0$ unendlich groß werden.

Wie im letzten Abschnitt kann man zunächst den Flächeninhalt bis zu einer beliebigen Grenze 0 < u < 4 berechnen. Anschließend wird der Grenzwert für $u \to 0$ gebildet. Man erhält in diesem Beispiel einen endlichen Wert. Die Fläche hat also einen endlichen Inhalt, obwohl sie nach oben unendlich ausgedehnt ist.

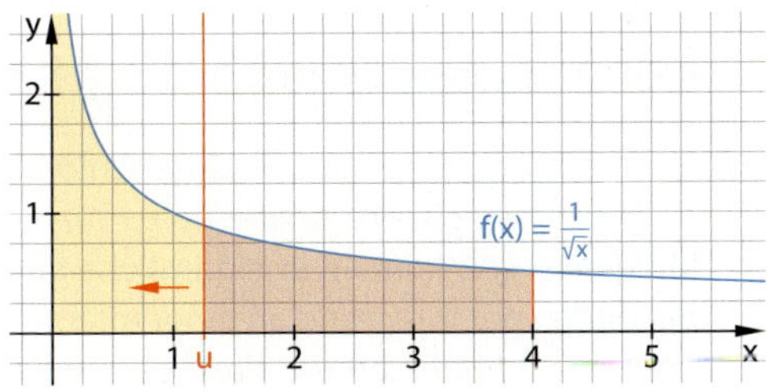

$$\int_u^4 \frac{1}{\sqrt{x}}\,dx = \left[2\sqrt{x}\right]_u^4 = 4 - 2\sqrt{u}$$

Für $u \to 0$ gilt: $4 - 2\sqrt{u} \to 4$

Hinweis:
Ist der Integrand bei der oberen Integrationsgrenze x = b nicht definiert, untersucht man den Grenzwert $\lim\limits_{u \to b} \int_a^u f(x)\,dx$ (s. Aufgabe 10).

Definition: Uneigentliches Integral 2. Art

Sei x = a eine Definitionslücke einer Funktion f. Falls für u > a der Grenzwert $\lim\limits_{u \to a} \int_u^b f(x)\,dx$ existiert, so heißt $\int_a^b f(x)\,dx$ **uneigentliches Integral 2. Art** und sein Wert entspricht dem Grenzwert.

Beispiel 2: Berechnen Sie das uneigentliche Integral.

a) $\int_1^3 \frac{1}{\sqrt{x-1}}\,dx$ b) $\int_0^2 \frac{1}{x^2}\,dx$

Lösung:

In beiden Teilaufgaben ist die untere Integrationsgrenze eine Definitionslücke des Integranden. Ersetzen Sie diese Grenze durch eine Variable (z. B. u). Bestimmen Sie eine Stammfunktion und berechnen Sie das Integral. Bilden Sie den Grenzwert, bei dem u gegen die kritische Grenze strebt.

a) Für $u > 1$ gilt:

$\int_u^3 \frac{1}{\sqrt{x-1}}\,dx = \left[2\sqrt{x-1}\right]_u^3 = 2\sqrt{2} - 2\sqrt{u-1}$

Für $u \to 1$ gilt $2\sqrt{2} - 2\sqrt{u-1} \to 2\sqrt{2}$, also

$\int_1^3 \frac{1}{\sqrt{x-1}}\,dx = 2\sqrt{2}$

b) Für $u > 0$ gilt:

$\int_u^2 \frac{1}{x^2}\,dx = \left[-\frac{1}{x}\right]_u^2 = -\frac{1}{2} + \frac{1}{u}$

Für $u \to 0$ gilt $-\frac{1}{2} + \frac{1}{u} \to \infty$, also

existiert $\int_0^2 \frac{1}{x^2}\,dx$ nicht.

Basisaufgaben

5. Bestimmen Sie – falls möglich – das uneigentliche Integral.

a) $\int_0^1 \frac{1}{\sqrt{x}}\,dx$ b) $\int_0^4 \frac{1}{x^3}\,dx$ c) $\int_1^3 \frac{1}{(x-1)^2}\,dx$ d) $\int_0^3 \frac{1}{\sqrt[3]{x}}\,dx$

e) $\int_0^2 \frac{1}{\sqrt[3]{x^2}}\,dx$ f) $\int_{-1}^1 \frac{1}{\sqrt{x+1}}\,dx$ g) $\int_3^4 \frac{1}{\sqrt{x-3}}\,dx$ h) $\int_{-2}^0 \frac{1}{\sqrt[3]{x+2}}\,dx$

6. Zeigen Sie, dass F mit $F(x) = -\frac{1}{8(2x-6)^4}$ eine Stammfunktion von f mit $f(x) = \frac{1}{(2x-6)^5}$ ist und berechnen Sie das Integral $\int_3^7 f(x)\,dx$.

GTR **7.** Gegeben sind die Funktionen f und g mit $f(x) = \frac{1}{\sqrt{x-1}}$ und $g(x) = \frac{2}{(x-1)^3}$. Berechnen Sie mit dem GTR die Integrale $\int_c^2 f(x)\,dx$ und $\int_c^2 g(x)\,dx$ für $c = 1{,}1$; $c = 1{,}01$ und $c = 1{,}001$ und stellen Sie eine Vermutung auf, ob die eingeschlossene Fläche für $c \to 1$ einen endlichen Inhalt hat.

CAS **8.** Mit einem CAS können uneigentliche Integrale, bei denen der Integrand an einer Integrationsgrenze nicht definiert ist, direkt eingegeben und bestimmt werden. Bestimmen Sie das uneigentliche Integral, sofern es existiert.

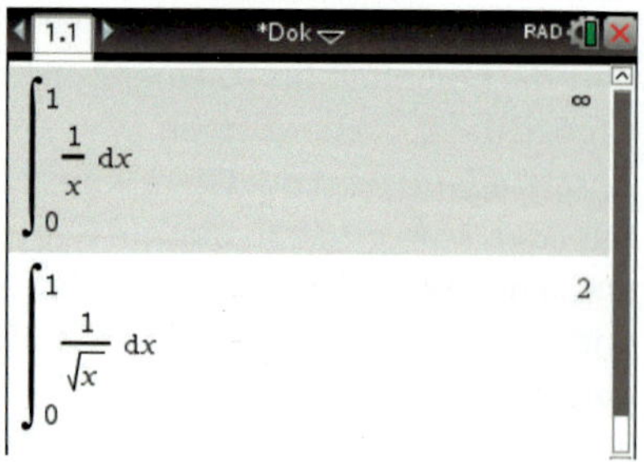

a) $\int_2^4 \frac{1}{(x-2)^5}\,dx$ b) $\int_2^3 \frac{1}{\sqrt[3]{x-2}}\,dx$

c) $\int_0^{\frac{\pi}{2}} \frac{2}{\sqrt{\cos(x)}}\,dx$ d) $\int_4^8 \frac{2}{\sqrt{\sqrt{x}-2}}\,dx$

9. Prüfen Sie, ob der Inhalt der Fläche zwischen dem Graphen von f mit $f(x) = \sqrt{x} - \frac{1}{\sqrt{x}}$ über dem Intervall $I = [0; 1]$ und der x-Achse endlich ist. Berechnen Sie ggf. den Flächeninhalt.

Weiterführende Aufgaben

10. Bestimmen Sie das uneigentliche Integral, sofern es existiert.

a) $\int_{-\infty}^{-1} \frac{1}{x^2}\,dx$ b) $\int_{-\infty}^{-2} \frac{1}{\sqrt{-x}}\,dx$ c) $\int_{-2}^{0} \frac{1}{x^4}\,dx$ d) $\int_{0}^{5} \frac{1}{\sqrt{5-x}}\,dx$

Hinweis zu 10:
Beachten Sie die Hinweise auf den Seiten 102 und 103.

11. Die Abbildung zeigt den Graphen der Funktion f mit $f(x) = \frac{1}{x^2+1}$.
Eine Stammfunktion von f ist F mit $F(x) = \arctan(x)$, also die Umkehrfunktion der Tangensfunktion. Berechnen Sie den Flächeninhalt der Fläche, die der Graph von f auf ganz $\mathbb{R}$ mit der x-Achse einschließt, indem Sie das Intervall aufteilen und zwei Grenzwertbetrachtungen durchführen.

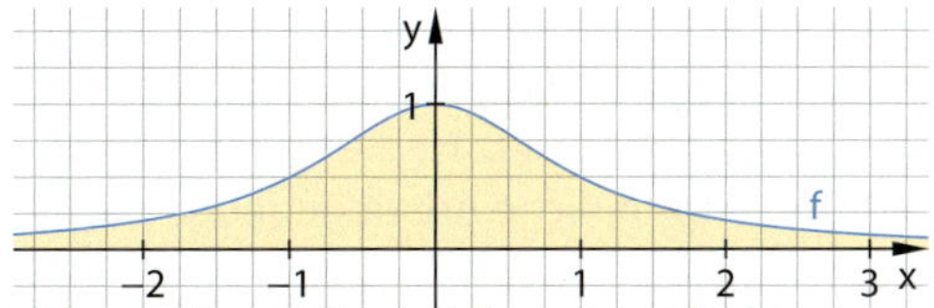

12. Stolperstelle: Jan rechnet: $\int_{-2}^{2} \frac{1}{x^2}\,dx = \left[-\frac{1}{x}\right]_{-2}^{2} = -\frac{1}{2} - \frac{1}{2} = -1$

Michelle sagt: *„Das kann ja gar nicht sein, denn $\int_{0}^{2} \frac{1}{x^2}\,dx$ ist ja schon unendlich groß."*

Beschreiben Sie den Fehler, den Jan gemacht hat.

13. Prüfen Sie, ob das Integral existiert, und berechnen Sie in diesem Fall dessen Wert. Achten Sie dabei auf Definitionslücken innerhalb des Integrationsbereichs.

a) $\int_{-1}^{1} \frac{1}{\sqrt[3]{x^2}}\,dx$ b) $\int_{-2}^{2} \frac{1}{x^4}\,dx$ c) $\int_{1}^{3} \frac{1}{(x-2)^2}\,dx$ d) $\int_{0}^{3} \frac{1}{\sqrt[3]{(x-2)^2}}\,dx$

Hinweis zu 13:
Teilen Sie das Integral in zwei Integrale.

14. Die Abbildung zeigt den Graphen der Funktion f mit $f(x) = \frac{1}{x}$ und einbeschriebene Rechtecke.

a) Beschreiben Sie, nach welcher Vorschrift die Rechtecke unter dem Graphen gebildet werden.
b) Erläutern Sie, dass die Fläche unter dem Graphen von f größer ist als die Summe der unendlich vielen Rechtecksflächen.
c) Leiten Sie aus diesem Ergebnis eine Aussage über die Fläche unter dem Graphen von f über dem Intervall $x \geq 1$ ab.

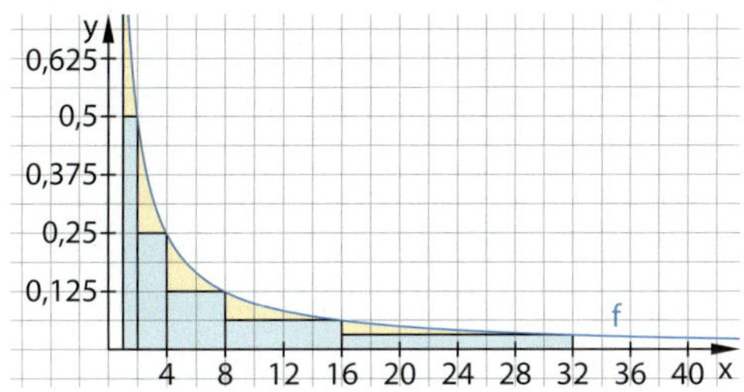

15. Untersucht werden soll das uneigentliche Integral $\int_{0}^{\infty} \sin(x)\,dx$.

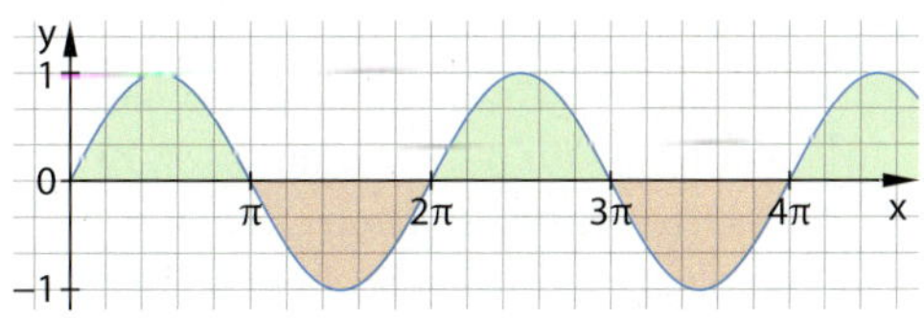

a) Erläutern Sie anschaulich, dass das Integral $\int_{0}^{u} \sin(x)\,dx$ sich für wachsende u nicht auf einen bestimmten Wert stabilisiert.
b) Berechnen Sie das Integral $\int_{0}^{2\pi n} \sin(x)\,dx$ für n = 1 und begründen Sie, dass sich für beliebiges $n \in \mathbb{N}$ immer der gleiche Wert ergibt.
c) Berechnen Sie $\int_{0}^{\pi + 2\pi n} \sin(x)\,dx$ für beliebiges $n \in \mathbb{N}$.
d) Begründen Sie mithilfe der Ergebnisse aus b) und c), dass $\int_{0}^{\infty} \sin(x)\,dx$ nicht existiert.

16. CAS Zeichnen Sie den Graphen der Funktion f mit $f(x) = \frac{1}{\sqrt{\sin(x)}}$ mit dem CAS. Geben Sie den Definitionsbereich an. Bestimmen Sie mit dem CAS einen möglichst großen Teilbereich des Intervalls $[0; 3\pi]$, in dem der Graph von f und die x-Achse eine endliche Fläche einschließen. Berechnen Sie den Inhalt dieser Fläche.

17. Von der Erdoberfläche aus soll ein Satellit aus dem Schwerefeld der Erde transportiert werden. Nach dem Newtonschen Gravitationsgesetz ist die für diese Mission erforderliche Arbeit gegeben durch

$$W = \int_R^\infty \gamma \cdot \frac{M \cdot m}{r^2}\,dr$$

Hierbei ist $\gamma = 6{,}67 \cdot 10^{-11} \frac{m^3}{kg \cdot s}$ die Gravitationskonstante, $M = 5{,}97 \cdot 10^{24}$ kg die Erdmasse, $R = 6{,}38 \cdot 10^6$ m der Erdradius und $m = 500$ kg die Masse des Satelliten. Zur Vereinfachung wird die Masse m als konstant angenommen. Berechnen Sie W.

18. Ein Maulwurf und ein Ferkel fahren einen Berg hinab und bremsen so, dass ihre Geschwindigkeiten in $\frac{m}{s}$ ab dem Zeitpunkt $t = 1$ mit $m(t) = \frac{1}{t^2}$ und $f(t) = \frac{1}{\sqrt{t}}$ beschrieben werden können (t in s). Beide Tiere werden unendlich lange bremsen müssen und irgendwann beliebig langsam fahren. Berechnen Sie die Bremswege beider Tiere.

19. Gegeben ist die Funktionenschar f_a mit $f_a(x) = \frac{1}{x^a}$ und $a > 0$, $a \neq 1$. Der Graph von f_a schließt mit den Koordinatenachsen die abgebildeten Flächen A und B ein. Untersuchen Sie, für welche Werte von a die Flächen A bzw. B endlich sind, und geben Sie in diesem Fall den Flächeninhalt in Abhängigkeit von a an.

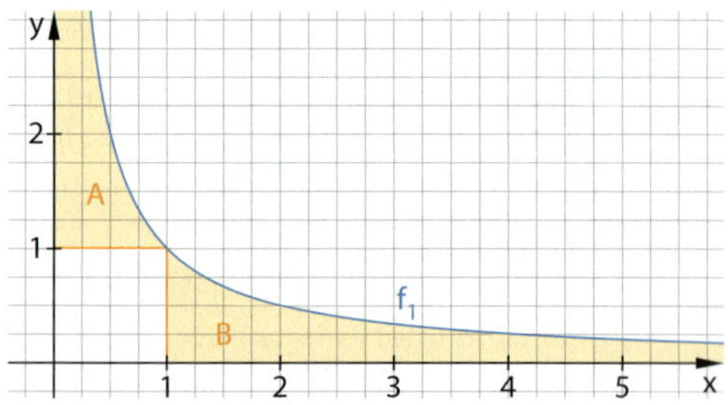

20. Ausblick: Der Graph einer stückweise linearen und für $0 \le x < b$ mit $b \approx 1{,}39$ definierten Funktion f setzt sich aus unendlich vielen gleichschenkligen Dreiecken zusammen. Dabei hat das n-te Dreieck die Höhe n und die Breite $\frac{1}{n \cdot 2^{n-1}}$.

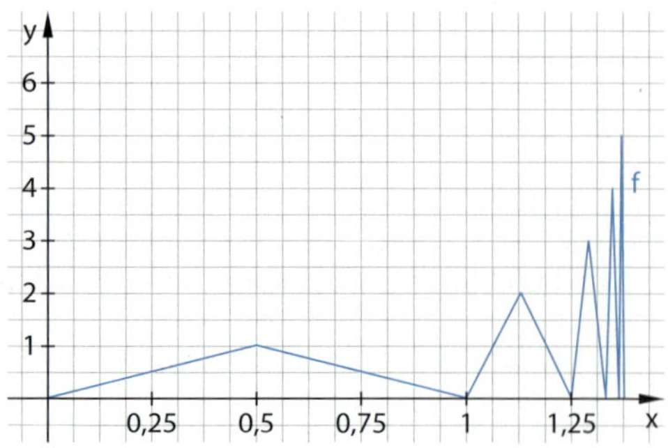

a) Zeigen Sie, dass die Funktion f unbeschränkt ist, also f(x) mit wachsendem x beliebig groß wird.

b) Beweisen Sie anschaulich: $\frac{1}{2} + \frac{1}{4} + \frac{1}{8} + \frac{1}{16} + \ldots \le 1$

c) Zeigen Sie, dass das uneigentliche Integral $\int_0^b f(x)\,dx$ existiert.

2.8 Rotationskörper

■ Wenn der Graph der Funktion f mit $f(x) = \frac{1}{4}x$ im Intervall [0; 3] um die x-Achse rotiert, so entsteht ein Kegel der Höhe h = 3 mit einem Radius von $r = \frac{3}{4}$.

a) Berechnen Sie das Volumen mithilfe der bekannten Formel für das Kegelvolumen.

b) Dem Kegel werden nun Zylinderscheiben der Dicke 0,5 einbeschrieben. Berechnen Sie das Volumen der Zylinderscheiben als Näherung des Kegelvolumens.

c) Erläutern Sie eine mögliche Vorgehensweise bei der Berechnung, um die Genauigkeit immer weiter zu erhöhen. ■

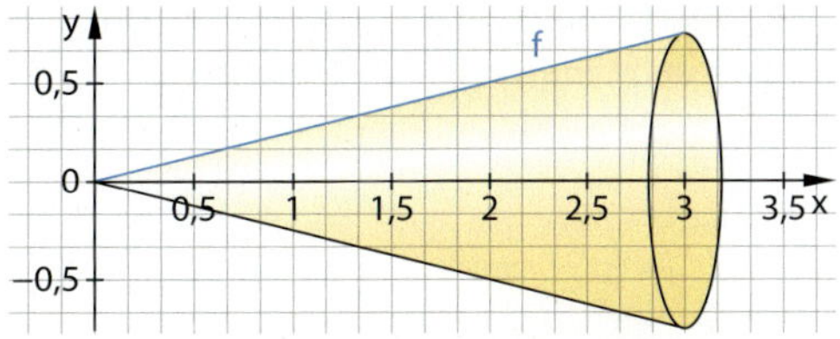

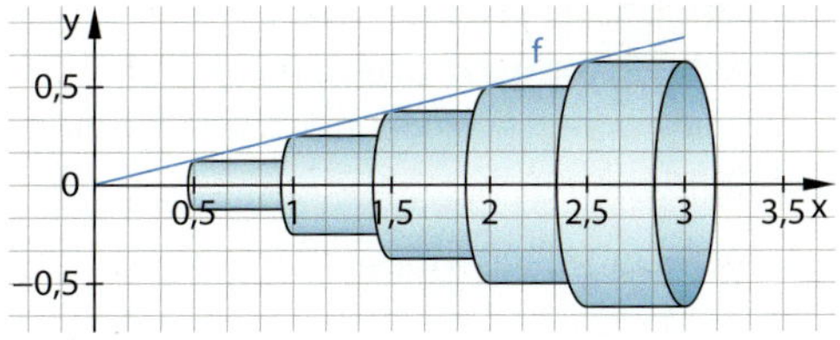

Wenn der Graph einer Funktion im Intervall [a; b] um die x-Achse rotiert, dann entsteht ein rotationssymmetrischer Körper, kurz **Rotationskörper**.

Zur Bestimmung des Volumens solcher Rotationskörper nähert man – wie bei der Flächenberechnung – den Funktionsgraphen durch eine Treppenfunktion an. Dadurch ergeben sich Rechtecke, mit denen die Fläche unter dem Graphen angenähert wird. Bei der Rotation dieser Rechtecke entstehen Zylinderscheiben, die wiederum das Volumen des Rotationskörpers annähern.

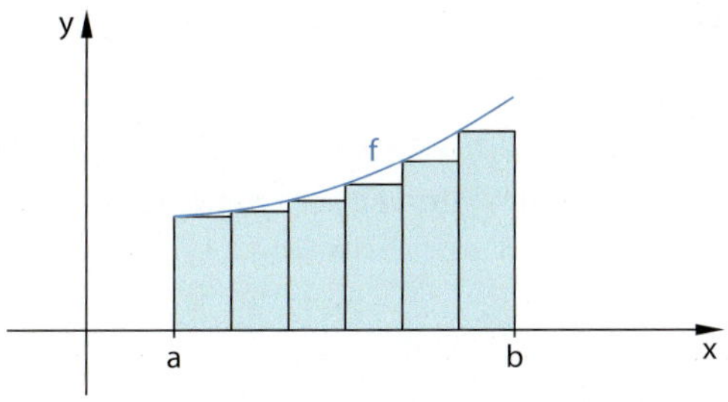

Jede Zylinderscheibe hat eine Höhe Δx und einen von der Stelle x abhängigen Radius f(x). Das Volumen des Rotationskörpers kann also durch die Summe von Zylindervolumina der Form $V_i = \pi \cdot [f(x_i)]^2 \cdot \Delta x$ angenähert werden. Bei einer Unterteilung in n Zylinderscheiben ergibt sich ein Gesamtvolumen von:

$$V = \pi \cdot (f(x_1))^2 \cdot \frac{b-a}{n} + \ldots + \pi \cdot (f(x_n))^2 \cdot \frac{b-a}{n}$$

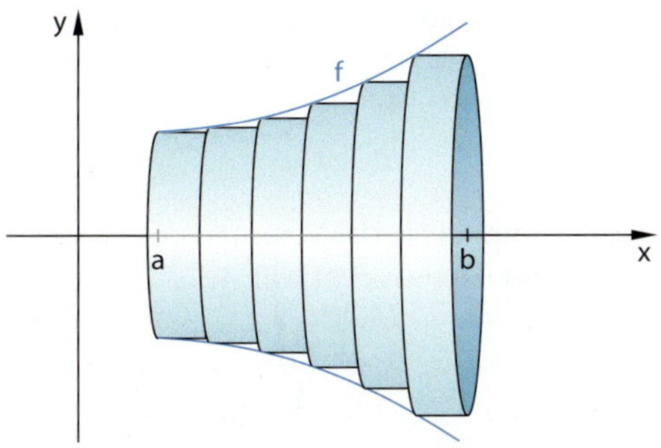

Beim Grenzübergang $n \to \infty$ ergibt sich analog zur Flächenberechnung ein Integral, welches das Volumen des Rotationskörpers angibt.

Wissen: Volumen eines Rotationskörpers

Rotiert der Graph einer Funktion f im Intervall [a; b] um die x-Achse, so entsteht ein **Rotationskörper**. Für das Volumen dieses Körpers gilt:

$$V = \pi \cdot \int_a^b (f(x))^2\,dx$$

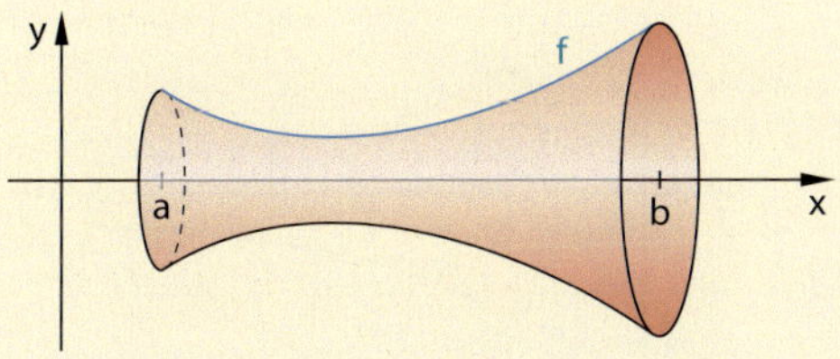

Beispiel 1: Berechnen Sie das Volumen des Rotationskörpers, der durch Rotation des Graphen von f mit $f(x) = \frac{1}{8}x^2 + 1$ um die x-Achse im Intervall $[-2; 2]$ entsteht.

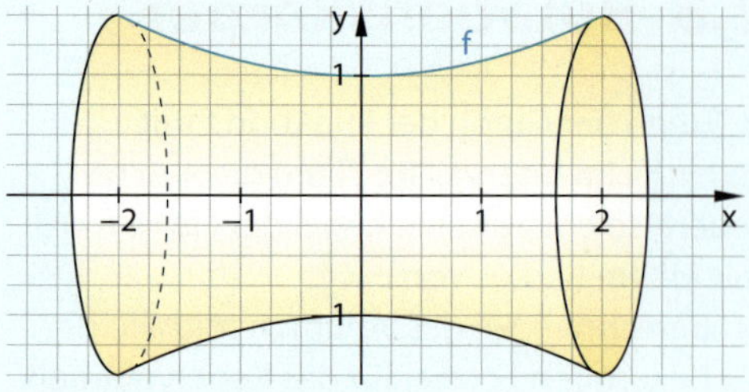

Lösung:

Berechnen Sie $g(x) = (f(x))^2$ mithilfe der 1. binomischen Formel und geben Sie eine Stammfunktion von g an.

$(f(x))^2 = \frac{1}{64}x^4 + \frac{1}{4}x^2 + 1$

$G(x) = \frac{1}{320}x^5 + \frac{1}{12}x^3 + x$

Berechnen Sie das Integral $\int_{-2}^{2} (f(x))^2\,dx$.

$\int_{-2}^{2} (f(x))^2\,dx = \left[\frac{1}{320}x^5 + \frac{1}{12}x^3 + x\right]_{-2}^{2}$

Multiplizieren Sie das Ergebnis mit π.

$= \frac{32}{320} + \frac{8}{12} + 2 - \left(-\frac{32}{320} - \frac{8}{12} - 2\right) = \frac{83}{15}$

Das Volumen beträgt rund 17,38 VE.

$V = \pi \cdot \frac{83}{15} \approx 17{,}38$

Basisaufgaben

1. Berechnen Sie für den Rotationskörper, der durch Rotation des Graphen von f um die x-Achse im Intervall I entsteht, das Volumen als Vielfaches von π.

a) $f(x) = 3$ $\quad I = [0; 4]$

b) $f(x) = \frac{1}{4}x$ $\quad I = [0; 2]$

c) $f(x) = \frac{1}{4}x$ $\quad I = [2; 4]$

d) $f(x) = x^2$ $\quad I = [0; 3]$

e) $f(x) = -x^2 + 4$ $\quad I = [0; 2]$

f) $f(x) = \sqrt{x + 1}$ $\quad I = [-1; 2]$

2. Durch Rotation des Parabelbogens von f zwischen den Nullstellen von f um die x-Achse entsteht ein Körper. Berechnen Sie sein Volumen.

a) $f(x) = x^2 - 4$

b) $f(x) = x^2 - x$

c) $f(x) = x^2 - 4x + 3$

d) $f(x) = -\frac{1}{4}x^2 + 1$

3. Bestimmen Sie das Volumen des abgebildeten Rotationskörpers.

a) $f(x) = \sqrt{16 - x^2}$; $I = [0; 4]$

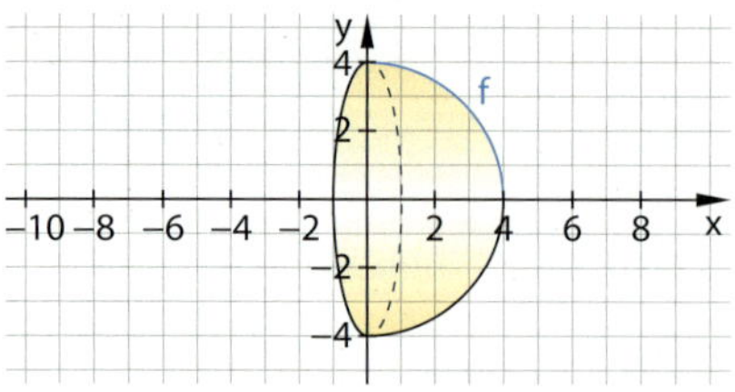

b) $f(x) = 2x - \frac{1}{4}x^2$; $I = [0; 4]$

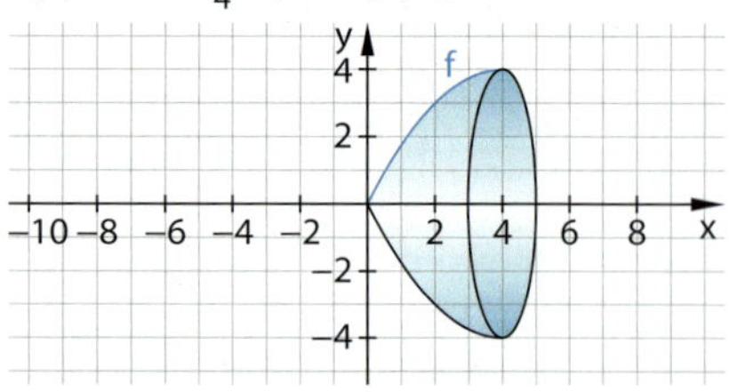

c) $f(x) = \frac{1}{x}$; $I = [1; 4]$

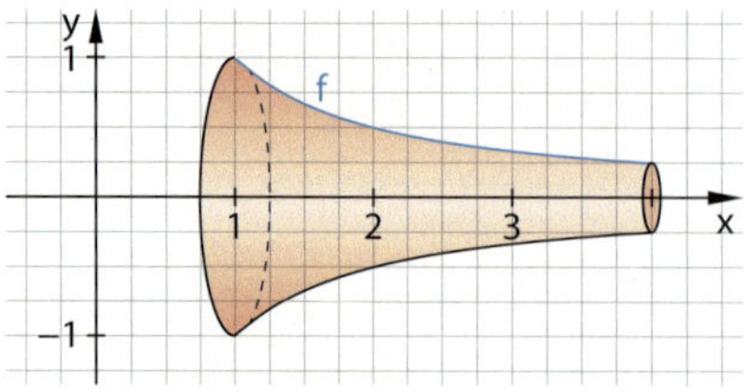

d) $f(x) = \frac{1}{8}x^2 + 2$; $I = [-2; 2]$

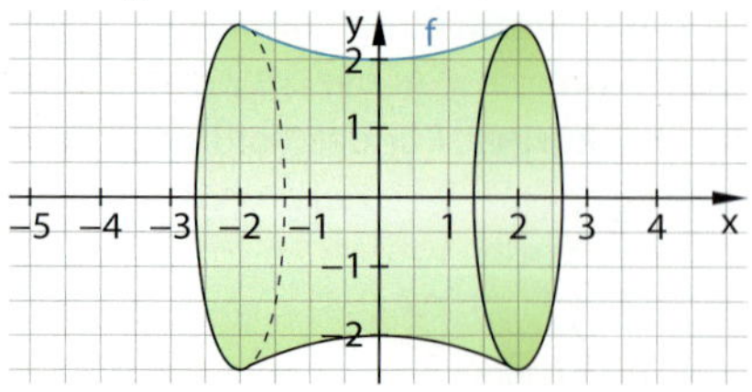

Weiterführende Aufgaben

4. Weisen Sie durch Integration die bekannte Formel zur Berechnung des Körpervolumens nach.

a) 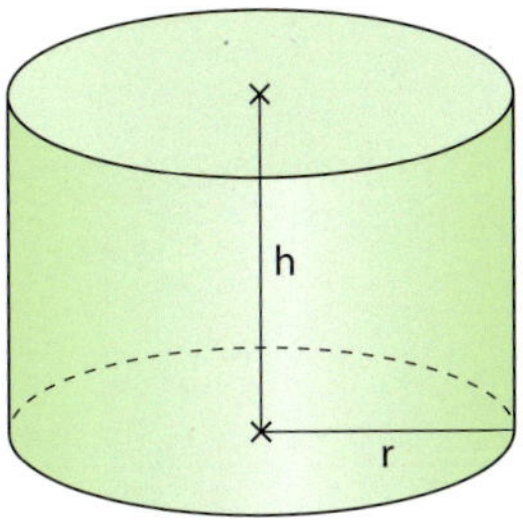

$V = \pi r^2 h$

b) 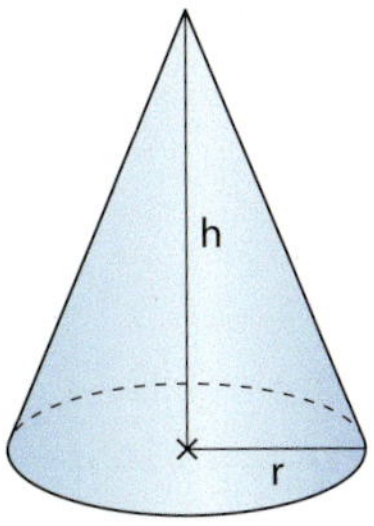

$V = \frac{1}{3}\pi r^2 h$

c) 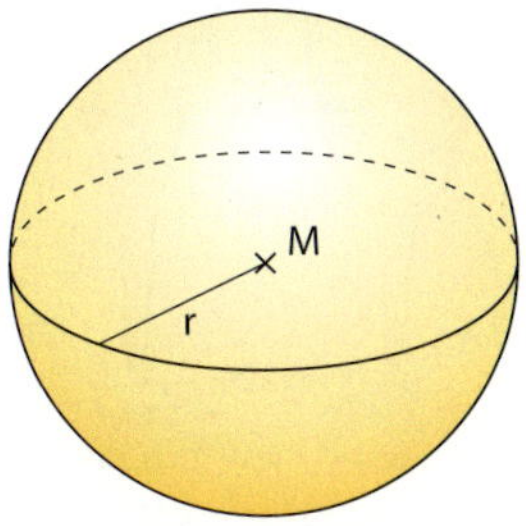

$V = \frac{4}{3}\pi r^3$

GTR **5.** Berechnen Sie mit dem GTR das Volumen des Rotationskörpers, der durch Rotation des Graphen von f um die x-Achse im Intervall I entsteht.

a) $f(x) = \frac{1}{3}x + 2 \qquad I = [-1; 4]$
b) $f(x) = x^4 - 2x^2 + 1 \qquad I = [-1; 1]$
c) $f(x) = \sin(x) \qquad I = [0; \pi]$
d) $f(x) = x^3 + \frac{2}{\sqrt{x}} \qquad I = [1; 2]$

6. Die Außenhülle eines Kühlturms wird modelliert durch Rotation des Graphen von f mit $f(x) = \sqrt{0{,}05x^2 + 4x + 320}$ im Bereich $0 \le x \le 100$ um die x-Achse. Eine Längeneinheit entspricht einem Meter.
Berechnen Sie das Volumen des Kühlturms.

7. Ein Football ist etwa 28 cm lang, 16 cm hoch und lässt sich durch Rotation einer Funktion f der Form $f(x) = ax^2 + b$ modellieren.
a) Bestimmen Sie eine geeignete Funktionsgleichung von f.
b) Berechnen Sie das Volumen des Footballs.

8. Ein Fass ist 1 m lang, sein Durchmesser beträgt in der Mitte 80 cm und am Rand 60 cm.
a) Bestimmen Sie die Gleichung einer quadratischen Funktion, mit deren Graphen das Fass durch Rotation modelliert werden kann.
b) Berechnen Sie das Fassungsvermögen des Fasses.

9. Die drei abgebildeten Sektgläser lassen sich als Rotationskörper der Funktionen f, g und h auffassen mit $f(x) = \sqrt{\frac{4}{3}x}$, $g(x) = \frac{1}{3}x$ und $h(x) = \frac{1}{36}x^2$. Alle Gläser sind ohne Stiel und Fuß 12 cm hoch und haben am oberen Rand einen Durchmesser von 8 cm.

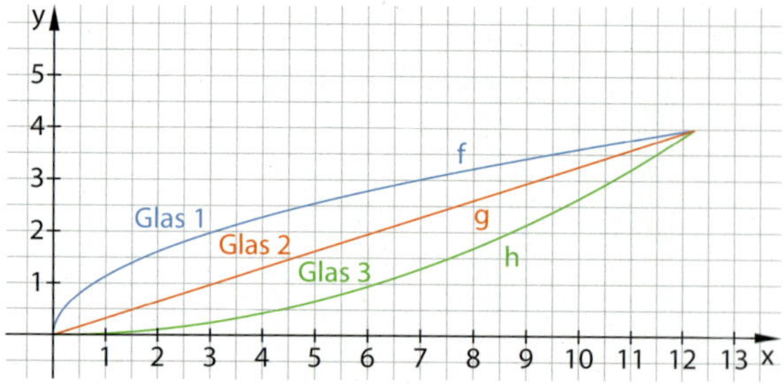

a) Berechnen Sie das maximale Fassungsvermögen der drei Gläser.
b) Berechnen Sie für jedes Glas das Volumen bei halber Füllhöhe.
c) Berechnen Sie für jedes Glas die Füllhöhe, wenn sie mit dem halben Maximalvolumen gefüllt sind.
d) Bis zu welcher Höhe muss Glas 1 gefüllt werden, damit 80 cm^3 Flüssigkeit enthalten sind?
e) Bei einem Fest werden Gläser der Form 1 mit einem Orangensaft-Sekt-Mix gefüllt. Bei Variante A werden erst 3 cm Orangensaft und anschließend 3 cm Sekt eingefüllt. Bei Variante B ist es umgekehrt. Bestimmen Sie für beide Varianten den Sektanteil und geben Sie das Mischungsverhältnis an.

10. Stolperstelle: Die Graphen der Funktionen f und g schließen im Intervall [a; b] eine Fläche ein. Durch Rotation dieser Fläche um die x-Achse entsteht ein Körper. Um das Volumen zu berechnen, wählt Elsa den Ansatz:

$$V = \pi \cdot \int_a^b (f(x) - g(x))^2 \, dx$$

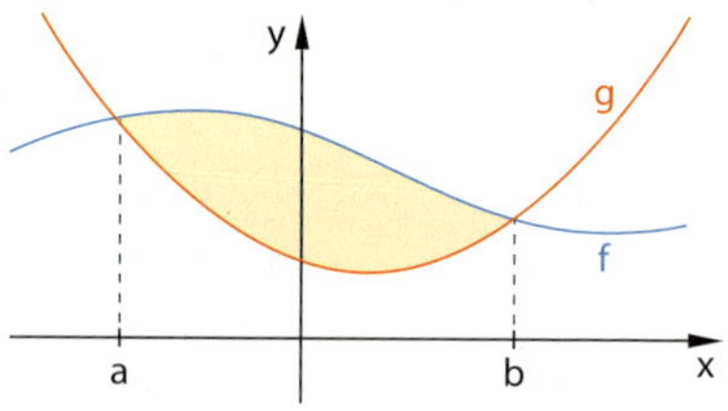

a) Begründen Sie, dass dieser Ansatz zu einem falschen Ergebnis führt.
b) Geben Sie eine korrekte Formel für dieses Volumen an.

11. Die Graphen der Funktionen f und g schließen eine Fläche ein. Berechnen Sie das Volumen des Körpers, der durch Rotation dieser Fläche um die x-Achse entsteht.

a) $f(x) = -x^2 - 2x + 8$ $\quad g(x) = x^2 + 4$
b) $f(x) = x^2 + x + 1$ $\quad g(x) = -x^2 + x + 3$
c) $f(x) = \frac{1}{4}x^3 - x^2 - x + 6$ $\quad g(x) = -x + 6$
d) $f(x) = \frac{1}{8}x^3 + 1$ $\quad g(x) = \frac{1}{2}x^2 + 1$

12. Durch Rotation des Graphen der Funktion f mit $f(x) = 2 + \frac{1}{10^n}x^n$ um die x-Achse über dem Intervall [0; 10] entsteht das Modell einer Vase. Die Öffnung soll mit einem Winkel von 45° nach außen geneigt sein. Bestimmen Sie das geeignete n, skizzieren Sie den zugehörigen Graphen und berechnen Sie das Volumen dieser Vase.

13. Unbeschränkte Körper: Die Fläche unter dem Graphen der Funktion f mit $f(x) = \frac{1}{x}$ für $x \geq 1$ ist unendlich groß. Zeigen Sie, dass der bei Rotation um die x-Achse entstehende Körper jedoch ein endliches Volumen hat. Geben Sie dieses Volumen an.

14. Durch die Rotation des Graphen der Funktion f mit $f(x) = \frac{1}{2}\sqrt{x}$ um die x-Achse im Intervall [0; 4] entsteht ein Rotationskörper mit einem Volumen von $V = 2\pi$.

a) Ersetzen Sie f(x) durch $2 \cdot f(x)$ bzw. $\frac{1}{2} \cdot f(x)$ und berechnen Sie das Volumen der Rotationskörper, die sich daraus ergeben. Beschreiben Sie die Veränderungen des Volumens.

b) Wie verändert sich das Volumen, wenn f(x) durch $-f(x)$, $-2 \cdot f(x)$ oder $-\frac{1}{2} \cdot f(x)$ ersetzt wird?

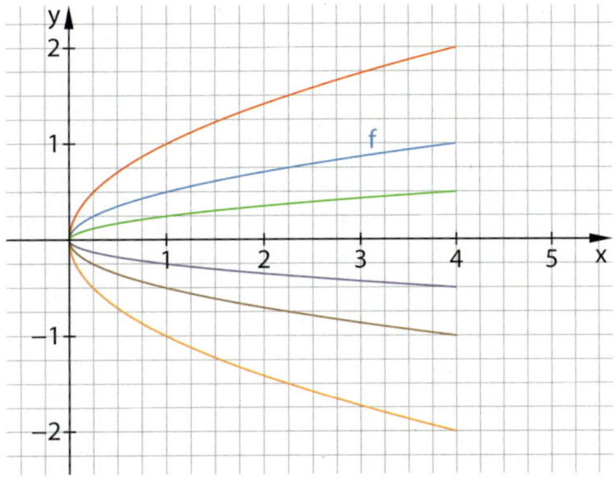

c) Lia behauptet: „Wenn ich das Volumen V eines Rotationskörpers zu einer Funktion f auf einem Intervall [a; b] kenne, kann ich das Volumen des Rotationkörpers zu g mit $g(x) = c \cdot f(x)$ und $c \neq 0$ einfach berechnen". Geben Sie eine Formel für dieses Volumen an.

15. Ein mit Sand gefüllter kleiner Luftballon wird auf den Boden gestellt und nimmt die Form des abgebildeten Rotationskörpers an. Der Rand der Querschnittsfläche wird durch die Funktion f mit $f(x) = \frac{1}{6}x^3 - \frac{5}{2}x^2 + 5x + 3$ beschrieben.

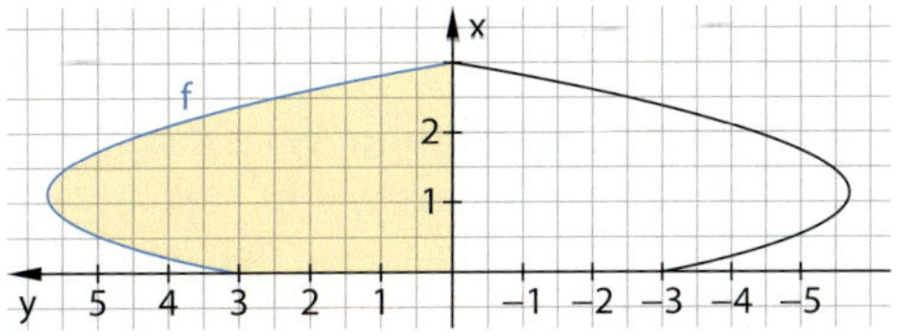

Hinweis zu 15:
Hier wurde das Koordinatensystem um 90° gedreht.

a) Berechnen Sie den maximalen Durchmesser des Körpers.

b) Bestimmen Sie das Volumen des Rotationskörpers.

c) Der Wert $\overline{m} = \frac{1}{b-a} \cdot \int_a^b f(x)\,dx$ ist der Mittelwert einer Funktion f auf dem Intervall [a; b]. Er gibt den durchschnittlichen Funktionswert der Funktion auf dem Intervall an. Berechnen Sie den mittleren Durchmesser des Ballons.

d) Bestimmen Sie das Volumen eines Zylinders mit der Höhe 3, dessen Durchmesser dem mittleren Durchmesser des Ballons entspricht. Vergleichen Sie mit dem Ergebnis aus b).

16. Ein **Torus** entsteht durch Rotation eines Kreises mit dem Radius r in einem Abstand R um die x-Achse. Die obere und untere Begrenzungslinie dieses Kreises werden beschrieben durch die Funktionen $f_O(x) = R + \sqrt{r^2 - x^2}$ und $f_U(x) = R - \sqrt{r^2 - x^2}$. Zeigen Sie, dass der Torus das Volumen $V = 2\pi^2 r^2 R$ hat.

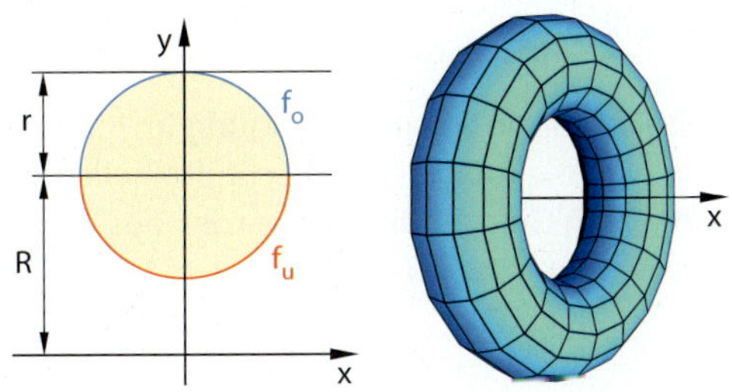

Hinweis:
Das Integral $\int_{-r}^{r} \sqrt{r^2 - x^2}\,dx$ beschreibt den Flächeninhalt eines Halbkreises mit Radius r.

17. Ausblick: Rotation um die y-Achse
Die Abbildung zeigt ein sogenanntes Paraboloid, das durch Rotation des Graphen von f mit $f(x) = \frac{1}{3}x^2$ um die y-Achse entstanden ist. Berechnen Sie das Volumen dieses Körpers, indem Sie die Umkehrfunktion von f nutzen.

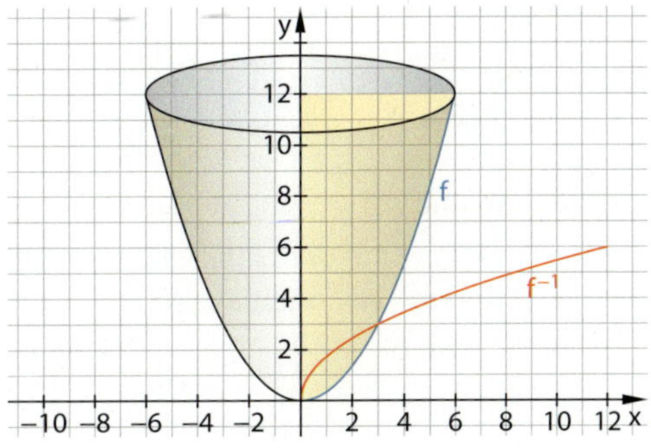

Bogenlängen

■ Der direkte Weg von A nach B ist durch zwei Seen versperrt. Bestimmen Sie die Länge der Luftlinie von A nach B.
Der eingezeichnete Weg ist natürlich länger. Beschreiben Sie ein Verfahren, um auch diese Länge näherungsweise zu bestimmen. Geben Sie einen Näherungswert an ■

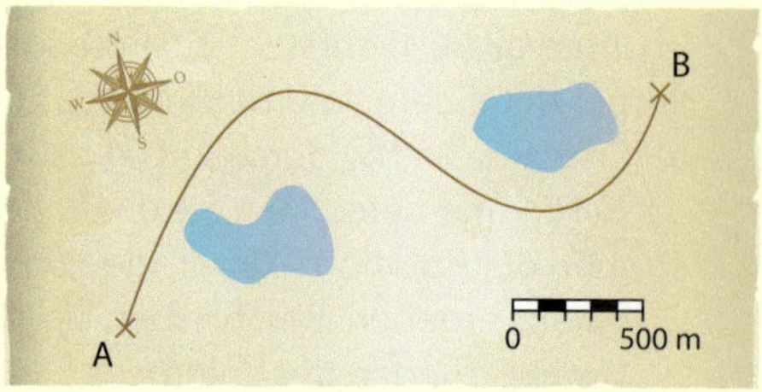

Es gibt Sachsituationen, in denen nicht die Fläche unterhalb eines Graphen gesucht wird, sondern die Länge eines Graphen auf einem bestimmten Intervall, die **Bogenlänge**.

Im Falle einer linearen Funktion f mit $f(x) = mx + c$ ergibt sich die Länge auf einem Intervall $[a; b]$ mithilfe des Satzes des Pythagoras:

$$l = \sqrt{\Delta x^2 + \Delta y^2}$$

Die Änderung in y-Richtung Δy lässt sich mithilfe der Steigung berechnen: $\Delta y = m \cdot \Delta x$.
Damit ergibt sich für die Länge der Strecke:

$$l = \sqrt{\Delta x^2 + \Delta y^2} = \sqrt{\Delta x^2 + m^2 \Delta x^2} = \Delta x \sqrt{1 + m^2}$$

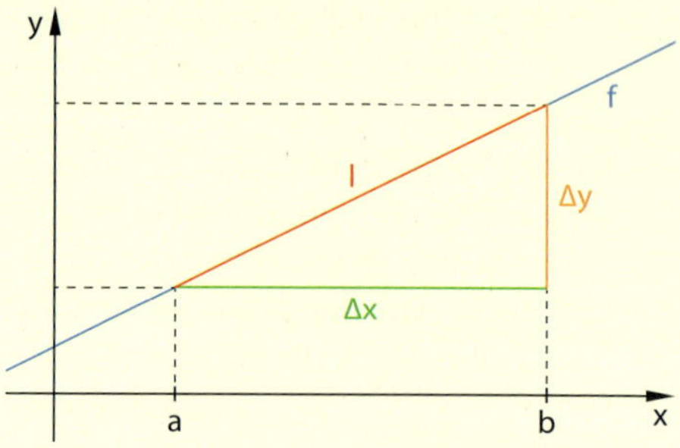

Die Bogenlänge einer krummlinigen Kurve kann näherungsweise durch die Länge eines Streckenzuges bestimmt werden. Dazu wird das Intervall in n Abschnitte der Breite $\Delta x = \frac{b-a}{n}$ aufgeteilt.
Der Wert der Summe

$$\Delta x\sqrt{1 + m_1^2} + \Delta x\sqrt{1 + m_2^2} + \ldots + \Delta x\sqrt{1 + m_n^2}$$

gibt die Länge eines Streckenzuges aus n Strecken an.

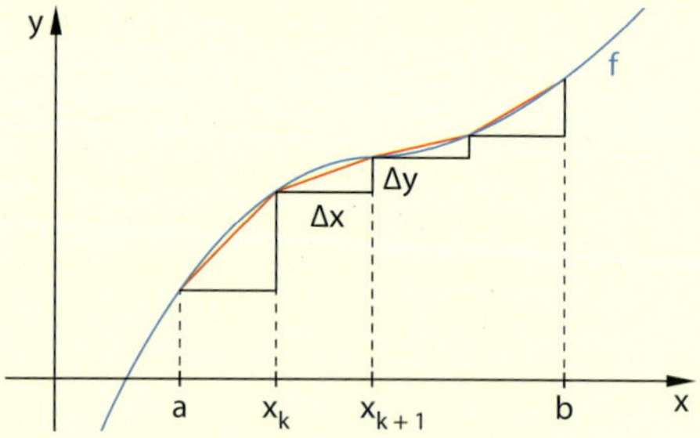

Dabei ist m_i die Sekantensteigung im Intervall $[x_i; x_i + \Delta x]$ und es gilt: $m_i = \frac{f(x_i + \Delta x) - f(x_i)}{\Delta x}$.
Nun wird die Anzahl der Abschnitte beliebig vergrößert, sodass die Breite Δx immer kleiner wird. Beim Grenzübergang werden aus den Sekantensteigungen Tangentensteigungen und aus der Summe wird ein Integral.

$$m_2 = \frac{f(x_2 + \Delta x) - f(x_2)}{\Delta x} \xrightarrow[\Delta x \to 0]{} f'(x_2)$$

$$\Delta x\sqrt{1 + m_1^2} + \Delta x\sqrt{1 + m_2^2} + \ldots + \Delta x\sqrt{1 + m_n^2} \xrightarrow[\Delta x \to 0]{} \int_a^b \sqrt{1 + (f'(x))^2}\,dx$$

Falls das Integral existiert, so gibt es die Bogenlänge der Funktion auf dem Intervall an. Voraussetzung dafür ist, dass $f'(x)$ auf dem Intervall existiert, also f dort differenzierbar ist.

Satz: Bogenlänge
Ist die Funktion f auf dem Intervall $[a; b]$ differenzierbar, so hat der Bogen des Graphen auf diesem Intervall die Bogenlänge:

$$l = \int_a^b \sqrt{1 + (f'(x))^2}\,dx$$

Beispiel 1: Berechnen Sie die Länge des Bogens zur Funktion f mit $f(x) = \frac{2}{3}\sqrt{x^3}$ auf dem Intervall [1; 3].

Lösung:

Bestimmen Sie die Ableitung von f. $f(x) = \frac{2}{3}x^{\frac{3}{2}};\quad f'(x) = x^{\frac{1}{2}} = \sqrt{x}$

Setzen Sie das Ergebnis in die Formel ein. $l = \int_1^3 \sqrt{1 + (\sqrt{x})^2}\,dx = \int_1^3 \sqrt{1 + x}\,dx$

$G(x) = \frac{2}{3}\sqrt{(1 + x)^3}$ ist eine Stammfunktion zu $g(x) = \sqrt{1 + x}$. $= \left[\frac{2}{3}\sqrt{(1 + x)^3}\right]_1^3$

Berechnen Sie damit das Integral.

Die Länge des Bogens beträgt ca. 3,45 LE. $= \frac{2}{3}\sqrt{4^3} - \frac{2}{3}\sqrt{2^3} \approx 3{,}45$

Hinweis:
Beim Berechnen von Bogenlängen treten häufig Funktionen auf, zu denen ohne weitere Integrationsverfahren keine Stammfunktion bestimmt werden kann. Mit dem GTR lassen sich die Werte solcher Integrale näherungsweise bestimmen.

Aufgaben

GTR **1.** Berechnen Sie mit dem GTR die Länge des Bogens zur Funktion f auf dem Intervall I.

a) $f(x) = x^2 - 2x$ $I = [1; 3]$
b) $f(x) = x^2 + 1x - 1$ $I = [-2; 0]$
c) $f(x) = x^3$ $I = [-1; 1]$
d) $f(x) = x^3$ $I = [-1; 0]$
e) $f(x) = \sin(x)$ $I = [0; \pi]$
f) $f(x) = \sin(2x)$ $I = \left[0; \frac{\pi}{2}\right]$

GTR **2.** Gegeben ist die Funktion f mit $f(x) = \sqrt{1 - x^2}$.

a) Berechnen Sie die Bogenlänge l auf dem Intervall $I = [0; 1]$.
b) Berechnen Sie $2 \cdot l$ und vergleichen Sie das Ergebnis mit Ihnen bekannten Zahlen.
c) Zeichnen Sie den Graphen mit dem GTR und begründen Sie die Vermutung aus b).

GTR **3.** Der Fußgängertunnel aus Fertigbetonsegmenten aus Aufgabe 22 auf Seite 96 soll von innen vollständig angestrichen werden. Die begrenzenden Funktionen sind f mit $f(x) = -\frac{32}{90}x^2 + \frac{32}{10}$ und g mit $g(x) = -\frac{3}{4}x^2 + 3$ (1 LE = 1 m), wenn der Koordinatenursprung in der Mitte des Tunnelbodens liegt. Der Tunnel besteht aus 12 solcher Segmente. Berechnen Sie die notwendige Farbmenge, wenn 0,5 Liter/m² benötigt werden.

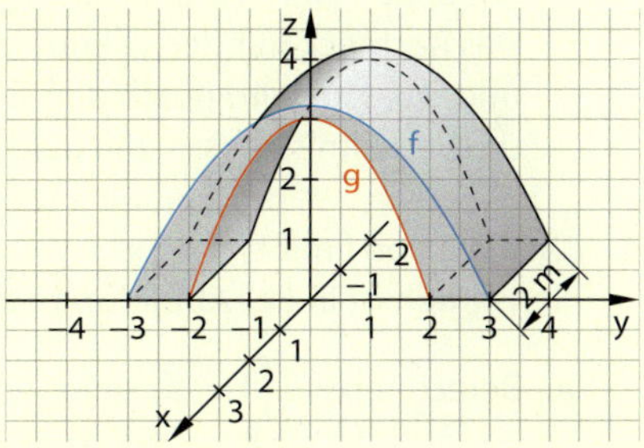

GTR **4.** Der krummlinige Teil einer Skaterbahn lässt sich durch den Graphen der Funktion f mit $f(x) = -\frac{1}{32}x^3 + \frac{3}{8}x^2 - \frac{9}{8}x + 1$ beschreiben. Berechnen Sie die Länge des krummlinigen Weges.

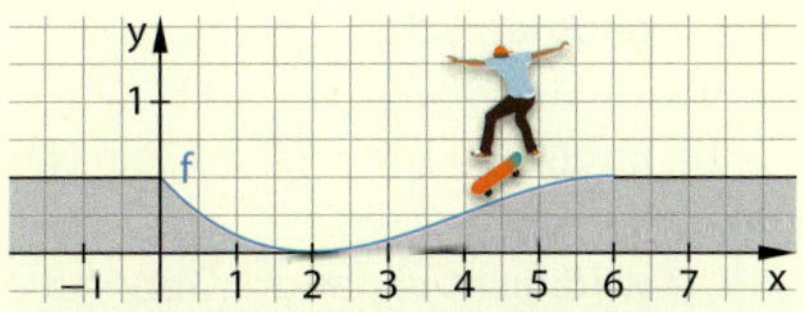

● GTR **5.** Der Bogen einer parabelförmigen Brücke lässt sich durch den Graphen der Funktion f mit $f(x) = -\frac{5}{512}x^2 + \frac{32}{5}$ beschreiben, wobei die Fahrbahn auf der Höhe der x-Achse verläuft und x und f(x) in Meter angegeben werden.

a) Berechnen Sie die Spannweite der Brücke.
b) Ermitteln Sie, um wie viel Prozent der Parabelbogen länger als die Spannweite der Brücke ist.

2.9 Abiturtraining

Aufgaben ohne GTR/CAS

1. In der Abbildung sind die Graphen der Funktionen f mit $f(x) = \frac{1}{3}x^2$ und g mit $g(x) = 3$ dargestellt.

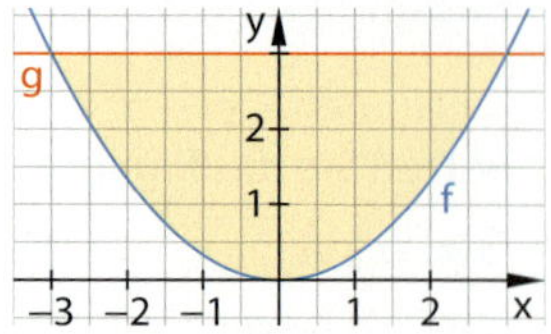

a) Berechnen Sie den Inhalt des eingeschlossenen Flächenstücks.

b) Das Flächenstück hat die Höhe h und die Breite b. Zeigen Sie, dass der Flächeninhalt auch mit der Formel $A = \frac{2}{3} \cdot b \cdot h$ berechnet werden kann.

c) Zeigen Sie, dass die Formel aus b) auch für die Parabel f_a mit $f_a(x) = a \cdot x^2$ und die Gerade g_h mit $g_h(x) = h$ gilt.

2. Das Rechteck ABCD mit A(2|0), B(2|2), C(−2|2) und D(−2|0) wird durch den Graphen der Funktion f mit $f(x) = -\frac{1}{8}x^4 + 2$ in zwei Teilflächen zerlegt.

a) Skizzieren Sie diese Vorgaben in einem geeigneten Koordinatensystem.

b) Berechnen Sie den Inhalt der Fläche, die der Graph von f mit der x-Achse einschließt.

c) Geben Sie an, wie viel Prozent die Fläche aus b) von dem Rechteck ABCD einnimmt.

3. Für jeden Wert von a > 0 ist eine Funktion f_a gegeben durch $f_a(x) = -ax^2 + a$.

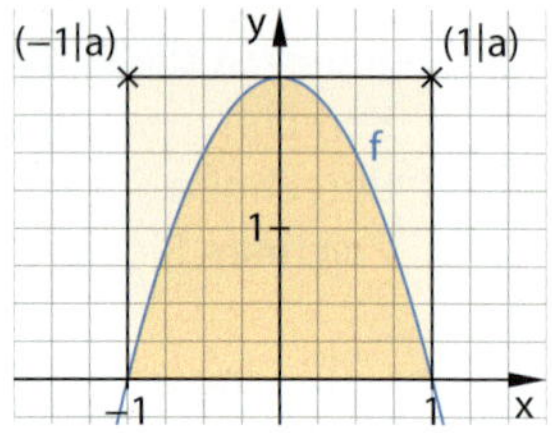

a) Berechnen Sie den Inhalt der Fläche, die der Graph von f_a mit der x-Achse einschließt.

b) Ermitteln Sie den Wert von a, für den der Flächeninhalt aus a) den Wert 4 annimmt.

c) Das Rechteck mit den Eckpunkten A(1|0), B(1|a), C(−1|a) und D(−1|0) wird durch den Graphen von f_a in zwei Teilstücke zerlegt. Berechnen Sie das Verhältnis, in dem die beiden Flächeninhalte zueinander stehen.

4. Die Funktion f mit $f(x) = \frac{1}{9}x^4 - \frac{6}{5}x^2 + \frac{9}{5}$ hat die Nullstellen $x_{1,2} = \pm 3$ und $x_{3,4} = \pm a$. Der Funktionsgraph ist in der Abbildung dargestellt.

a) Berechnen Sie $\int_{-3}^{3} f(x)\,dx$ und interpretieren Sie das Ergebnis geometrisch.

b) Es gilt $\int_{0}^{a} f(x)\,dx = \frac{432}{625}\sqrt{5}$ (ein Nachweis wird nicht verlangt). Geben Sie unter Verwendung dieser Information den Inhalt der gelben Fläche an.

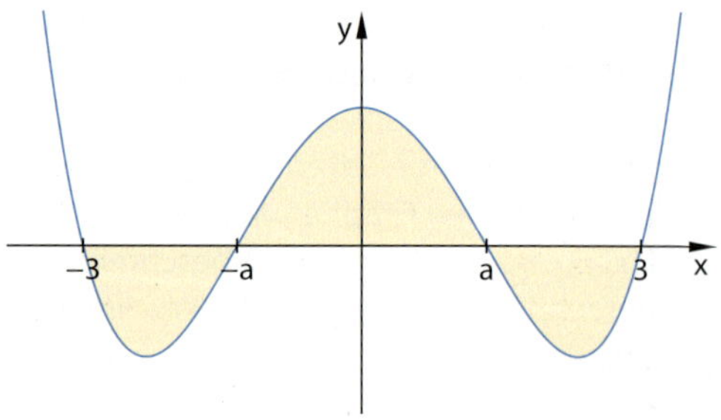

5. Gegeben ist die Funktion f mit der Gleichung $f(x) = -\frac{1}{2}x^4 + 8$.

a) Berechnen Sie die Nullstellen von f.

b) Begründen Sie mithilfe der Lage des Graphen von f im Koordinatensystem, dass gilt: $\int_{-2}^{2} f(x)\,dx > 0$

c) Bestimmen Sie $a \in \mathbb{R}$ so, dass gilt: $\int_{-2}^{2} \left(-\frac{1}{2}x^4 + a\right)dx = 0$

Aufgaben mit GTR/CAS

6. Die Firma Korbgeflecht hat sich das abgebildete Logo entwerfen lassen. In einem geeigneten Koordinatensystem wird das Logo begrenzt von den Graphen der Funktionen f und g mit $f(x) = \frac{3}{80}x^3 - \frac{27}{80}x$ und $g(x) = \frac{3}{80}x^3 + \frac{3}{32}x^2 - \frac{27}{80}x - \frac{75}{32}$.

   a) Zeigen Sie rechnerisch, dass das Logo über dem Intervall [– 5; 5] definiert ist.
   b) Berechnen Sie die Länge des längsten Querschnitts in y-Richtung.
   c) Die Firma möchte das Logo im Eingangsbereich anbringen. Dazu sollen die oben angegebenen x-Werte in Dezimeter gewählt werden. Die Produktionskosten für einen Quadratmeter betragen 60 €. Berechnen Sie die Kosten für die Herstellung des Logos.

7. Die Abbildung zeigt den Querschnitt eines künstlich angelegten Wasserkanals, dessen Böschungen beschrieben werden durch die Funktionen f und g mit $f(x) = \frac{1}{2}x^3 + \frac{3}{2}x^2$ über [–2; 0] und $g(x) = \frac{1}{3}x^2$ über [0; 3]. Alle Längenangaben sind in Meter angegeben.

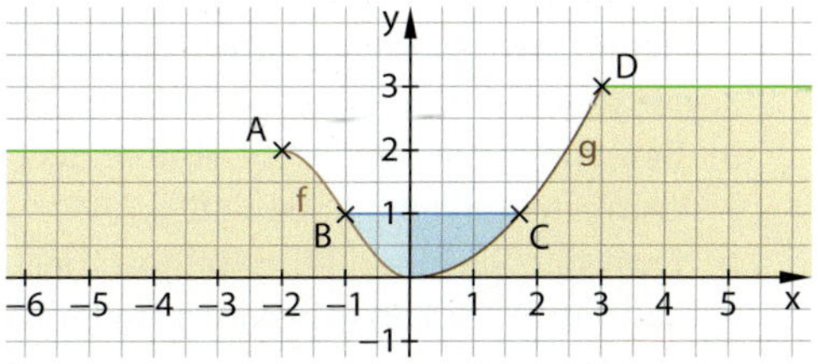

   a) An der tiefsten Stelle ist das Wasser 1 m tief. Bestimmen Sie die Entfernung zwischen den Punkten B und C.
   b) Berechnen Sie die blau eingefärbte Querschnittsfläche des Wassers.
   c) Bestimmen Sie, wie viel Kubikmeter Wasser der Kanal pro Meter Länge höchstens fassen kann.
   d) Der 120 m lange Kanal wird nicht mehr benötigt und soll so mit Erde aufgefüllt werden, dass die Verbindung der Punkte A und D eine gerade Linie ergibt. Berechnen Sie, wie viele Kubikmeter Erde hierzu benötigt werden.

GTR 8. Die Abbildung zeigt ein Wasserglas, dessen Rotationsachse auf die x-Achse gelegt wird. Die äußere Kontur lässt sich näherungsweise beschreiben durch den Graphen der Funktion f mit $f(x) = 0{,}0064x^3 - 0{,}146x^2 + 0{,}89x + 1{,}8$ über dem Intervall [0; 8]. Der Graph der Funktion g mit $g(x) = 0{,}008x^3 - 0{,}186x^2 + 1{,}185x + 1$ beschreibt für $0{,}5 \le x \le 8$ näherungsweise die innere Begrenzungslinie des Glases. Die Werte von x, f (x) und g (x) sind in Zentimetern angegeben.

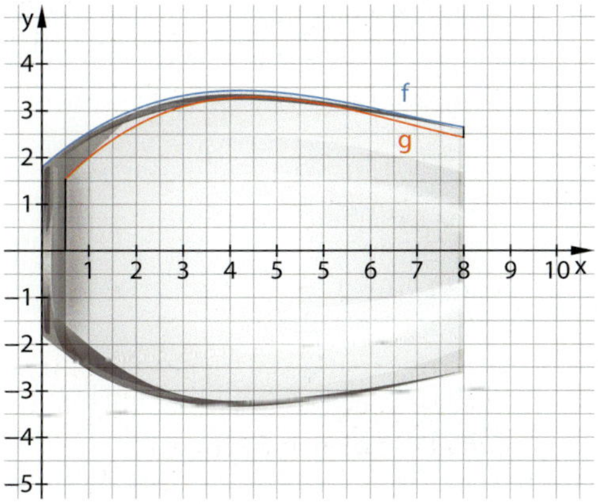

   a) Bestimmen Sie, auf welcher Höhe das Glas seinen größten Durchmesser hat, und geben Sie diesen Durchmesser an.
   b) Berechnen Sie, welche Flüssigkeitsmenge das Glas enthält, wenn es randvoll gefüllt ist.
   c) Auf der Höhe 4,6 Zentimeter ist ein Eichstrich für 0,1 Liter eingraviert. Überprüfen Sie die Korrektheit des Eichstrichs.
   d) Das Glas hat ein spezifisches Gewicht von 2,5 g/cm³. Berechnen Sie das Gewicht des Wasserglases.

Lösungen
↗ S. 493/494

1. Ein Gefäß mit 10 Liter Fassungsvermögen ist zu Beobachtungsbeginn zur Hälfte mit Wasser gefüllt. Zu- und Abfluss werden über ein Ventil gesteuert. Die Änderungsrate von Zu- und Abfluss in Liter pro Minute wird durch nebenstehendes Diagramm veranschaulicht.

a) Beschreiben Sie den Vorgang für $0 \leq t \leq 4$.

b) Ermitteln Sie das Wasservolumen in dem Gefäß nach vier Minuten.

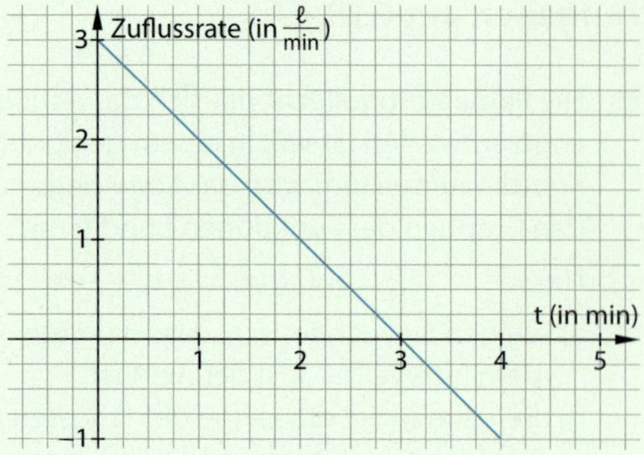

2. Der Flächeninhalt der Fläche, die der Graph von f mit $f(x) = x + 1$ und die x-Achse im Intervall $0 \leq x \leq 5$ einschließen, kann durch Rechtecksummen angenähert werden.

a) Berechnen Sie den Flächeninhalt der dargestellten Obersumme O_5.

b) Ermitteln Sie einen Term für die Obersumme O_n in Abhängigkeit von n für $n \in \mathbb{N}, n > 0$.

c) Zeigen Sie, dass der Grenzwert von O_n für $n \to \infty$ dem Flächeninhalt der Trapezfläche unter dem Graphen von f entspricht.

Hinweis zu 2b:
$1 + 2 + 3 + \ldots + n = \frac{n \cdot (n+1)}{2}$

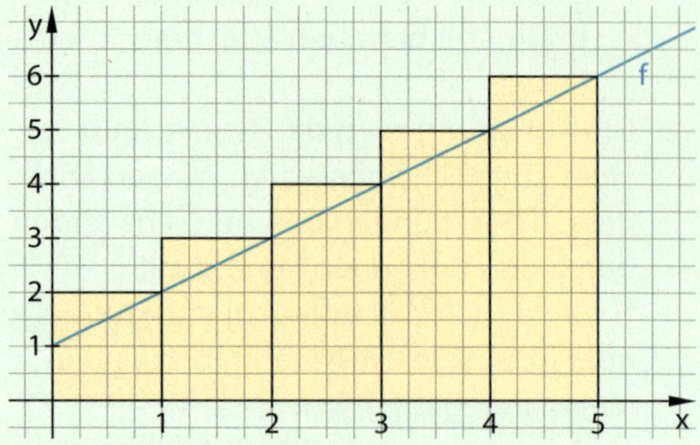

GTR **3.** Veranschaulichen Sie das bestimmte Integral in einer Zeichnung. Interpretieren Sie das bestimmte Integral als Flächenbilanz.

a) $\int_{-1}^{2} (x^2 + 0{,}5)\,dx$ b) $\int_{0}^{2} (1 - x^2)\,dx$ c) $\int_{-\pi}^{\pi} \sin(2x)\,dx$

4. Einer der beiden Graphen A und B gehört zu einer Funktion f, der andere zu einer ihrer Stammfunktionen. Beurteilen Sie, welcher der zwei Graphen die Stammfunktion darstellt.

a)

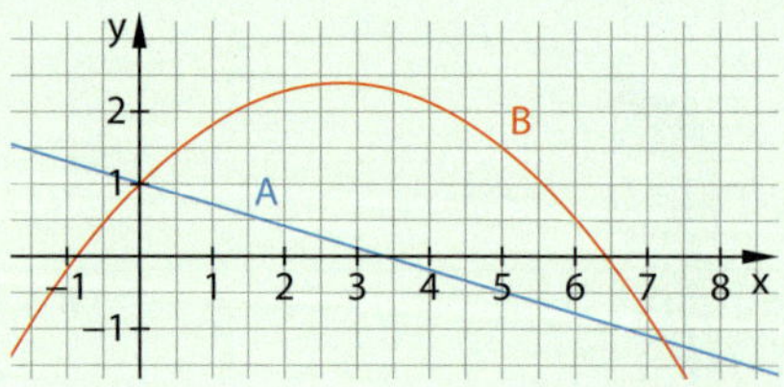

b)

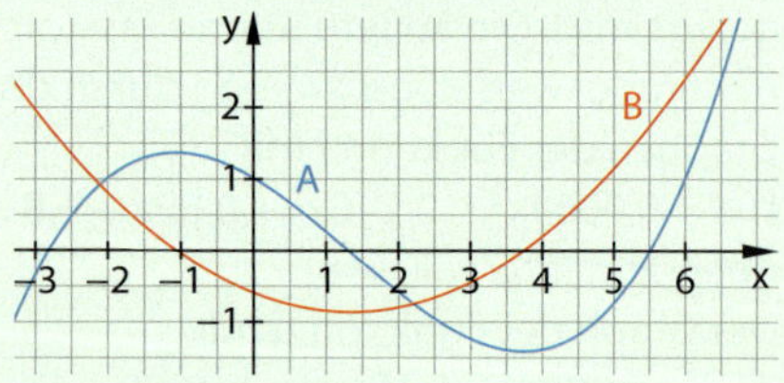

5. Ermitteln Sie eine Stammfunktion von f.

a) $f(x) = 2x + 1$ b) $f(x) = \frac{1}{4}x^3 - 2$ c) $f(x) = \sin\left(\frac{x}{2}\right)$

d) $f(x) = 3x^{-2}$ e) $f_a(t) = a \cdot t^2$ f) $f(x) = (3x - 5)^{50}$

g) $f(x) = x \cdot (2x - 3)$ h) $f(x) = -\frac{1}{4x^3}$ i) $f(x) = \frac{1}{(2x+3)^2}$

j) $f(x) = 2\sqrt{x}$ k) $f(x) = -\frac{1}{\sqrt{x}}$ l) $f(x) = \sqrt{2x - 1}$

6. Berechnen Sie diejenige Stammfunktion von f, deren Graph durch den angegebenen Punkt P verläuft.

a) $f(x) = 2 - 2x$ $P(1\,|\,0)$ b) $f(x) = 2x^3 - 7x$ $P(2\,|\,-2)$

c) $f(x) = \cos\left(\frac{x}{2} - \pi\right)$ $P(3\pi\,|\,2)$ d) $f(x) = \frac{-1}{(x+2)^2}$ $P(-1\,|\,-2)$

Lösungen
↗ S. 494

7. Weisen Sie durch Differenzieren nach, dass F eine Stammfunktion von f ist.

	a)	b)	c)	d)	e)
f (x) =	$x^4 - 1$	$\sin(x) + (x - 1)\cos(x)$	$-2x - 2x^{-3}$	$-\frac{1}{\sqrt{x^3}}$	$-\frac{1}{(\sqrt{x} + 1)^3 \cdot \sqrt{x}}$
F (x) =	$\frac{x^5}{5} - x$	$(x - 1) \cdot \sin(x)$	$x^{-2} - x^2$	$\frac{2}{\sqrt{x}}$	$\frac{1}{(\sqrt{x} + 1)^2}$

8. Gegeben sind die Funktionen f mit $f(x) = \frac{1}{50}x^3 - \frac{2}{5}x^2 + 2x$ und g mit $g(x) = -\frac{1}{10}x^2 + x$. Berechnen Sie die beschriebenen Flächeninhalte.

a) Fläche A_1, die der Graph von f mit der x-Achse einschließt

b) Fläche A_2, die die Graphen von f und g einschließen

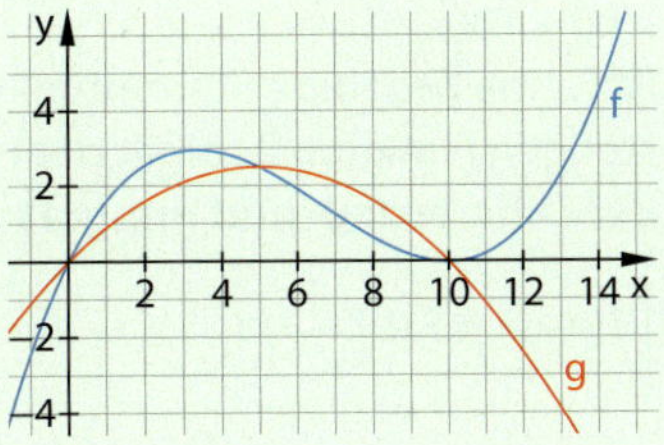

9. Deuten Sie das Integral $\int_1^2 1\,dx$ geometrisch.

10. Schaut man von oben auf den kleinen Teich in Nachbars Garten, so kann man den nebenstehenden Umriss sehen. Die Uferbegrenzungen können durch folgende Funktionen mathematisch modelliert werden:
$f(x) = -0{,}2 \cdot (x^3 - 5x^2)$ für $0 \le x \le 5$ und
$g(x) = 0{,}6 \cdot x \cdot (x - 5)$ für $0 \le x \le 5$. Eine LE entspricht 1 m.
Der Teich ist künstlich angelegt und hat eine Tiefe von durchgängig 0,80 m.
Berechnen Sie, wie viel Wasser der Teich enthält.

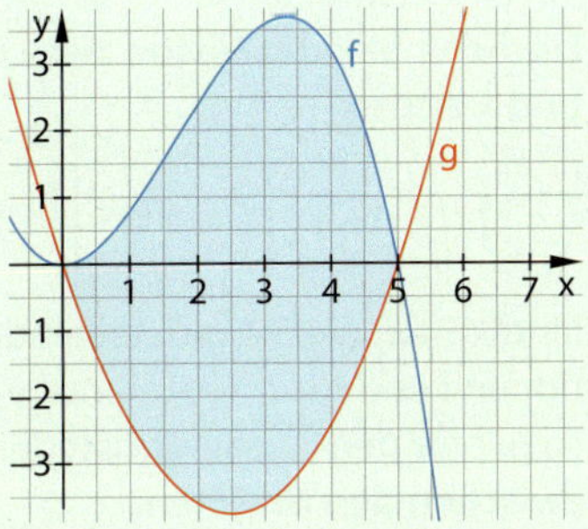

11. Entscheiden Sie, ob die Aussage über Integralfunktionen wahr ist.

a) $I_a(a) = 0$ für eine beliebige reelle Zahl a.

b) Jede Integralfunktion ist eine Stammfunktion.

c) Jede Stammfunktion ist eine Integralfunktion.

d) Es gibt Integralfunktionen mit mehr als einer Nullstelle.

12. Gegeben ist die Funktion f mit $f(x) = x - 2$.

a) Ermitteln Sie die Integralfunktion I_0 zu f.

b) Zeigen Sie, dass I_0 eine Stammfunktion von f ist.

c) Bestimmen Sie alle möglichen Werte für a, sodass gilt: $I_a(x) = \frac{1}{2}x^2 - 2x - 6$

13. Berechnen Sie – falls möglich – das uneigentliche Integral.

a) $\int_2^{\infty} \frac{2}{x^4}\,dx$ b) $\int_{-\infty}^{-1} \frac{3}{x^5}\,dx$ c) $\int_0^3 \frac{1}{x^3}\,dx$ d) $\int_0^3 \left(x^2 - \frac{1}{\sqrt{x}}\right)dx$

14. Die Fläche, die vom Graphen der Funktion f mit $f(x) = -\frac{1}{3}x + 2$ und der x-Achse im Intervall [1; 4] eingeschlossen wird, rotiert um die x-Achse.

a) Beschreiben Sie, welcher Körper dabei entsteht.

b) Berechnen Sie das Volumen des Körpers mit der Formel aus einem Tafelwerk.

c) Berechnen Sie das Volumen mittels Integration.

d) Weisen Sie die allgemeine Volumenformel für Körper dieser Art mittels Integration nach. Nutzen Sie dazu die untere Grafik.

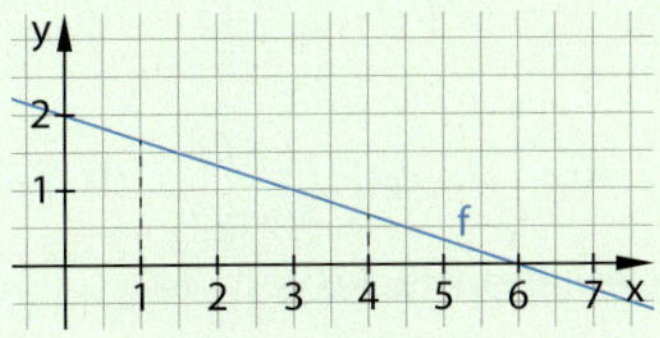

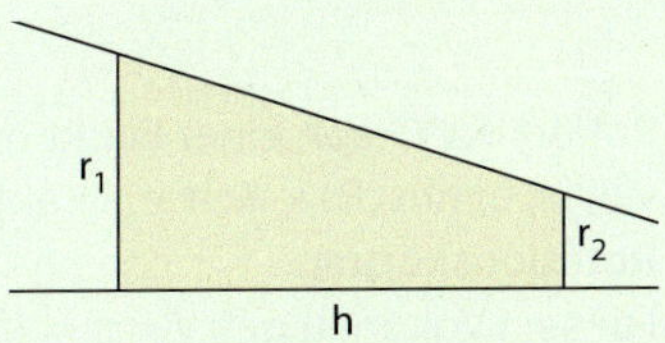

Zusammenfassung

Bestimmtes Integral

Das **bestimmte Integral** $\int_a^b f(x)\,dx$ gibt die **Flächenbilanz** zwischen dem Graphen von f und der x-Achse auf dem Intervall [a; b] an.

Eine Funktion F heißt **Stammfunktion** zur Funktion f, wenn für jede Stelle x gilt: $F'(x) = f(x)$.

Ist F eine beliebige Stammfunktion einer stetigen Funktion f, so gilt der **Hauptsatz der Differenzial- und Integralrechnung**:

$$\int_a^b f(x)\,dx = F(b) - F(a)$$

$f(x) = \frac{1}{2}x^2 - x;\; I = [1; 3]$

$$\int_1^3 f(x)\,dx = -A_1 + A_2$$

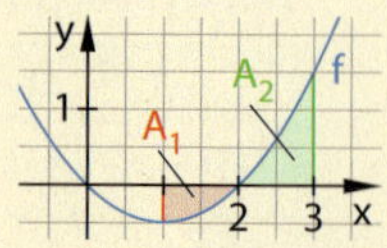

$F(x) = \frac{1}{6}x^3 - \frac{1}{2}x^2$ $\quad F'(x) = \frac{1}{2}x^2 - x = f(x)$

Also ist F eine Stammfunktion von f.

$$\int_1^3 \left(\tfrac{1}{2}x^2 - x\right)dx = \left[\tfrac{1}{6}x^3 - \tfrac{1}{2}x^2\right]_1^3$$

$$= \tfrac{1}{6}\cdot 3^3 - \tfrac{1}{2}\cdot 3^2 - \left(\tfrac{1}{6}\cdot 1^3 - \tfrac{1}{2}\cdot 1^2\right) = \tfrac{1}{3}$$

Flächenberechnungen

Sind $x_1 < x_2$ die Nullstellen der Funktion f auf einem Intervall [a; b], so gilt für den Flächeninhalt der **Fläche zwischen Graph und x-Achse**:

$$A = \left|\int_a^{x_1} f(x)\,dx\right| + \left|\int_{x_1}^{x_2} f(x)\,dx\right| + \left|\int_{x_2}^{b} f(x)\,dx\right|$$

Sind $x_1 < x_2$ die Schnittstellen der Funktionen f und g auf einem Intervall [a; b], so gilt für den Flächeninhalt der **Fläche zwischen den Graphen**:

$$A = \left|\int_a^{x_1} h(x)\,dx\right| + \left|\int_{x_1}^{x_2} h(x)\,dx\right| + \left|\int_{x_2}^{b} h(x)\,dx\right|$$

mit $h(x) = f(x) - g(x)$ (**Differenzfunktion**).

$f(x) = \frac{1}{2}x^2 - x$

Intervall: $I = [1; 3]$

Nullstelle: $x = 2$

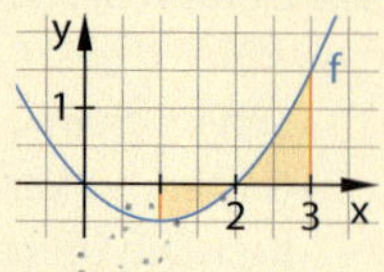

$$A = \left|\int_1^2 \left(\tfrac{1}{2}x^2 - x\right)dx\right| + \left|\int_2^3 \left(\tfrac{1}{2}x^2 - x\right)dx\right| = \tfrac{1}{3} + \tfrac{2}{3} = 1$$

$g(x) = -x + 2$

$h(x) = f(x) - g(x) = \frac{1}{2}x^2 - 2$

Schnittstelle in $I = [1; 3]$:

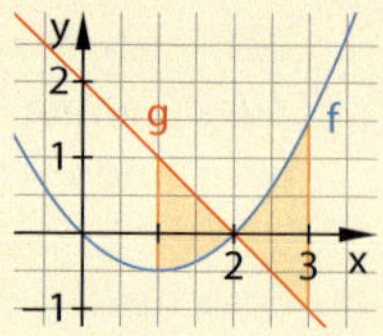

$$A = \left|\int_1^2 h(x)\,dx\right| + \left|\int_2^3 h(x)\,dx\right| = \tfrac{5}{6} + \tfrac{7}{6} = 2$$

Integralfunktion

Die Funktion I_a mit $I_a(x) = \int_a^x f(t)\,dt$ heißt **Integralfunktion** der Funktion f zur unteren Grenze a. Ist die Funktion f stetig, so ist I_a für jedes a eine Stammfunktion von f.

$f(x) = x^2 - 2$

$$I_{-3}(x) = \int_{-3}^{x} (t^2 - 2)\,dt = \left[\tfrac{1}{3}t^3 - 2t\right]_{-3}^{x}$$

$$= \tfrac{1}{3}x^3 - 2x + 3$$

Uneigentliche Integrale

Wenn die folgenden Grenzwerte existieren, dann stellen sie den Wert des **uneigentlichen Integrals** dar:

1. Art: $\int_a^\infty f(x)\,dx = \lim\limits_{u\to\infty} \int_a^u f(x)\,dx$

2. Art: $\int_a^b f(x)\,dx = \lim\limits_{u\to a} \int_u^b f(x)\,dx$, falls x = a eine Definitionslücke von f ist.

$f(x) = \frac{1}{x^2}$ $\quad F(x) = -\frac{1}{x}$

$$\int_1^u \tfrac{1}{x^2}\,dx = \left[-\tfrac{1}{x}\right]_1^u = -\tfrac{1}{u} + 1$$

Für $u \to \infty$ gilt $-\frac{1}{u} + 1 \to 1$, also $\int_1^\infty \frac{1}{x^2}\,dx = 1$

$$\int_u^2 \tfrac{1}{x^2}\,dx = \left[-\tfrac{1}{x}\right]_u^2 = -\tfrac{1}{2} + \tfrac{1}{u}$$

Für $u \to 0$ gilt $-\frac{1}{2} + \frac{1}{u} \to \infty$, also existiert $\int_0^2 \frac{1}{x^2}\,dx$ nicht.

Rotationskörper

Rotiert der Graph einer Funktion f im Intervall [a; b] um die x-Achse, so entsteht ein **Rotationskörper**.

Für sein Volumen gilt: $V = \pi \cdot \int_a^b (f(x))^2\,dx$

$f(x) = \frac{1}{8}x^2 + 1$ $\quad (f(x))^2 = \frac{1}{64}x^4 + \frac{1}{4}x^2 + 1$

$$V = \pi \cdot \int_{-2}^{2} \left(\tfrac{1}{64}x^4 + \tfrac{1}{4}x^2 + 1\right)dx = \pi \cdot \tfrac{83}{15} \approx 17{,}38$$

3. Exponentialfunktionen und Wachstum

Die Radiokarbonmethode ist ein Verfahren, um das Alter eines Fossils zu ermitteln. Dabei wird der noch vorhandene Gehalt an radioaktivem Karbon gemessen und es wird mithilfe der Halbwertszeit das Alter des Präparats bestimmt. Da radioaktiver Zerfall exponentiell verläuft, werden zur Berechnung Exponentialfunktionen genutzt.

Nach diesem Kapitel können Sie …

- Eigenschaften der Exponentialfunktion zur Basis e beschreiben und diese ableiten und integrieren,
- Exponentialgleichungen lösen,
- Wachstums- und Zerfallsprozesse mithilfe von Exponentialfunktionen beschreiben und untersuchen,
- asymptotisches Verhalten von begrenzten Wachstumsprozessen beschreiben.

Lösungen
↗ S. 494/495

Funktionen untersuchen

1. Bestimmen Sie die Ableitungsfunktion f' von f mit der Produktregel.

a) $f(x) = (x + 1) \cdot (x - 2)$
b) $f(x) = (x^2 + 2x) \cdot (x^2 - 1)$
c) $f(x) = x^3 \cdot \left(x + \frac{1}{x}\right)$
d) $f(x) = \frac{1}{\sqrt{x}} \cdot (2x + 3)$

2. Bestimmen Sie die Ableitungsfunktion f' von f mit der Kettenregel.

a) $f(x) = (1 + 2x)^2$
b) $f(x) = \sqrt{4 - x}$
c) $f(x) = \sqrt[3]{x^2 - 1}$
d) $f(x) = \sqrt{ax}$ $(a > 0)$

3. Untersuchen Sie das Verhalten von f für $x \to \infty$ und $x \to 0$.

a) $f(x) = \frac{1}{x}$
b) $f(x) = -\frac{1}{x}$
c) $f(x) = \frac{1}{x^2}$
d) $f(x) = -\frac{1}{x^3}$

4. Der Ort A ist 3 km von einem geradlinig verlaufenden Kanal entfernt. Am Kanal liegt der Ort B, der 5 km (Luftlinie) von Ort A entfernt ist. Zum Warentransport von Ort A nach Ort B wird eine geradlinige Straße zum Kanal geplant.

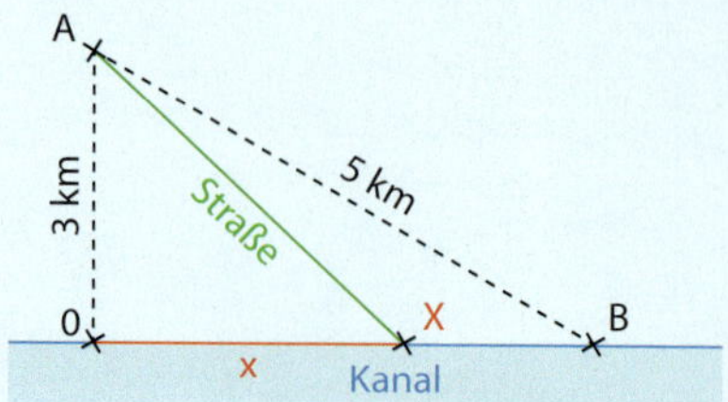

a) Stellen Sie eine Funktion f für die Länge der Strecke $\overline{AX}$ in Abhängigkeit von von x auf.

GTR b) Die Transportkosten auf der Straße sind dreimal so hoch wie auf dem Kanal. Erklären Sie, warum die Transportkosten mit der Funktion K mit $K(x) = 3\sqrt{x^2 - 4} + 4 - x$ (x in km) berechnet werden können. Ermitteln Sie mit dem GTR die Länge der Strecke $\overline{AX}$ und die Länge der Strecke $\overline{XB}$ so, dass die Transportkosten möglichst gering sind.

Exponentielles Wachstum erkennen und beschreiben

5. Die Tabellen beschreiben einen exponentiellen Vorgang. Ergänzen Sie fehlende Werte.

a)

n	0	1	2	3	5
B (n)	2	6	18		

b)

n	0	1	3	5	7
B (n)	800	400			

6. Prüfen Sie, ob lineares oder exponentielles Wachstum vorliegt.

a)

n	1	2	3	5	7
B (n)	2	4	6	10	14

b)

n	1	2	3	4	6
B (n)	$\frac{1}{2}$	$\frac{1}{4}$	$\frac{1}{8}$	$\frac{1}{16}$	$\frac{1}{64}$

7. Entscheiden Sie, ob exponentielles Wachstum vorliegt und geben Sie gegebenenfalls den Wachstumsfaktor an.

a) Der Wert eines Autos nimmt jährlich um 20 % des Vorjahreswertes ab.
b) Johanna spart monatlich 50 €.
c) Eine Nachricht wird von jedem Empfänger an 7 weitere Personen geschickt.
d) Eine spezielle Algenkultur (15 g) verdoppelt ihre Masse alle zwei Tage.

8. 1980 lebten 4,4 Milliarden Menschen auf der Erde und es wurde eine jährliche Bevölkerungszunahme von ca. 1,7 % prognostiziert.

a) Berechnen Sie die prognostizierte Bevölkerung für die Jahre 2000, 2017 und 2018.
b) Tatsächlich lebten 2000 6,1 Milliarden, 2017 7,5 Milliarden und 2018 7,6 Milliarden Menschen. Vergleichen Sie die Angabe mit der Prognose.
c) Geben Sie die prozentuale Bevölkerungszunahme von 2017 zu 2018 an.

Lösungen
↗ S. 495/496

9. Die Temperatur eines 80 °C heißen Getränks kühlt bei einer Zimmertemperatur von 21 °C ab. Die Temperaturdifferenz zwischen Getränk und Umgebung sinke exponentiell in jeder Minute um 5 %. (Die Erhöhung der Zimmertemperatur ist zu vernachlässigen.)

a) Ermitteln Sie, die Temperatur des Getränks nach 5 Minuten (100 Minuten).

b) Begründen Sie, dass hier ein Modell mit begrenztem Wachstum vorliegt.

Exponentialfunktionen und Exponentialgleichungen

10. Geben Sie den Schnittpunkt des Graphen der Funktion f mit der y-Achse und die Asymptote der Funktion f an.

a) $f(x) = 2 \cdot 3^x$ b) $f(x) = 2{,}5 \cdot 0{,}2^x$

c) $f(x) = 2^x + 2$ d) $f(x) = (-2) \cdot 2^x - 3$

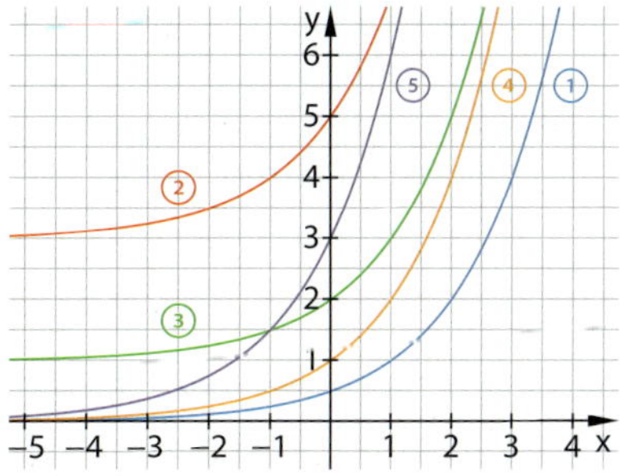

11. Ordnen Sie den abgebildeten Funktionsgraphen die passende Funktionsgleichung zu.

$f(x) = 2^x$ $g(x) = 3 \cdot 2^x$ $h(x) = 0{,}5 \cdot 2^x$

$j(x) = 2^x + 1$ $k(x) = 2 \cdot 2^x + 3$ $l(x) = 2 \cdot 2^x + 2$

12. Ermitteln Sie den Logarithmus ohne Hilfsmittel.

a) $\log_2(32)$ b) $\lg(1000)$ c) $\log_7(1)$ d) $\log_4\left(\frac{1}{16}\right)$

13. Lösen Sie die Exponentialgleichung. Runden Sie das Ergebnis auf Hundertstel.

a) $2^x = 128$ b) $10^x = 350$ c) $1{,}1^x - 150 = 70$ d) $4 + 0{,}9^x = 25$

e) $3 \cdot 1{,}2^x = 270$ f) $\frac{12}{2^x} = 4$ g) $5 : 2{,}2^x = 1$ h) $3^x = -2$

14. Geben Sie eine passende Gleichung einer Exponentialfunktion der Form $f(x) = a \cdot b^x + c$ an.

a) Die Asymptote des Graphen von f ist die x-Achse und der Graph schneidet bei $y = 1{,}5$ die y-Achse. Außerdem gehört der Punkt $P(1\,|\,4{,}5)$ zum Graphen von f.

b) Die Punkte $P(0\,|\,1)$ und $Q(1\,|\,0)$ gehören zum Graphen von f. Die Asymptote ist $y = -1$.

c) Der Graph der Funktion f nähert sich von unten asymptotisch der Geraden zu $y = 2$ und verläuft durch den Koordinatenursprung.

15. Radioaktive Strahlung kann man durch Bleiplatten abschirmen. Bei solchen Platten wird die Intensität von Gammastrahlen pro 15 mm Dicke um 50 % reduziert. Ermitteln Sie, auf welchen Teil ihres ursprünglichen Wertes die Strahlungsintensität nach Durchgang durch eine 60 mm starke Bleiplatte sinkt.

Vermischtes

16. Lösen Sie die Gleichung.

a) $\frac{1}{2}x + 3 = \frac{7}{2x}$ b) $\frac{3}{x-2} = \frac{4}{x+3}$ c) $x^3 + 6x^2 = -9x$ d) $|x + 1| = \frac{1}{4}$

17. Stellen Sie die Gleichung nach den angegebenen Variablen um.

a) $v = \frac{s}{t}$ (s; t) b) $V = \pi r^2 h$ (r mit $r > 0$) c) $\frac{B}{G} = \frac{b-f}{f}$ (B; b) d) $A = \frac{a+c}{2} \cdot h$ (a; h)

18. Formulieren Sie für folgenden Sachverhalt eine Zielfunktion mit nur einer Variablen. Die Zahl 8 soll so in zwei Summanden zerlegt werden, dass das Produkt der Summanden (die Summe der Quadrate der Summanden) einen Extremwert annimmt.

3.1 Exponentialfunktionen – Eulersche Zahl e

■ Im Bild sind die Funktion f mit $f(x) = 3^x$ und ihre Ableitungsfunktion mit dem GTR dargestellt. Führen Sie dies auch mit $g(x) = 2^x$ durch.

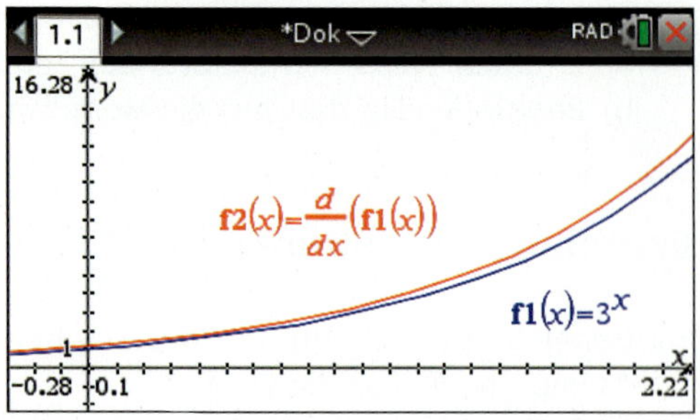

a) Was fällt Ihnen auf, wenn Sie die Funktionen f und g mit ihren jeweiligen Ableitungsfunktionen vergleichen? Testen Sie weitere Basen.
b) Untersuchen Sie, ob es eine Basis b von $h(x) = b^x$ gibt, sodass $h(x) = h'(x)$ gilt. Geben Sie an, in welchem Intervall man diese Basis b suchen sollte. Bestimmen Sie den Wert von b möglichst genau. ■

Ableitung von beliebigen Exponentialfunktionen

Mit Exponentialfunktionen kann man exponentielles Wachstum beschreiben. Die Funktion f mit $f(x) = 2^x$ gibt zum Beispiel die Anzahl von Bakterien zum Zeitpunkt x Tage an, wenn sich der Bestand täglich verdoppelt. Mit der Ableitung von f kann die momentane Geschwindigkeit des Wachstums bestimmt werden.

Um eine Regel zur Ableitung von Exponentialfunktionen wie $f(x) = 2^x$ zu finden, werden sowohl f als auch f' graphisch dargestellt.

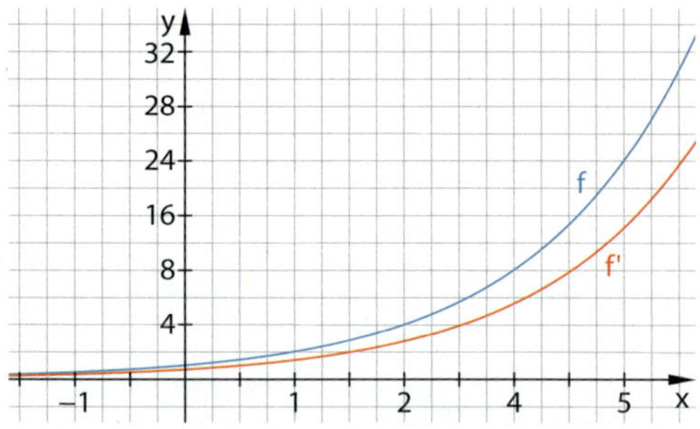

Die Graphen lassen vermuten, dass die Ableitung einer Exponentialfunktion ebenfalls eine Exponentialfunktion ist.

Der nebenstehenden Tabelle kann man auch entnehmen, dass das Verhältnis von f'(x) und f(x) stets konstant ist und der Ableitung an der Stelle 0 entspricht.

x	f(x)	f'(x)	$\frac{f'(x)}{f(x)}$
−2	0,25	0,1732	0,693
−1	0,5	0,3466	0,693
0	1	0,693	0,693
1	2	1,386	0,693
2	4	2,773	0,693
5	32	22,18	0,693
8	256	177,4	0,693

Es gilt also $f'(x) = k \cdot 2^x$ mit $k = f'(0) \approx 0{,}693$.

Der Graph von f' geht aus dem Graphen von f durch Stauchung in y-Richtung mit dem Faktor $k \approx 0{,}693$ hervor.
Es gilt: $f'(x) = f'(0) \cdot f(x)$.
Die momentane Wachstumsgeschwindigkeit ist proportional zum Bestand der Bakterien.

Erinnerung:
$f'(x) = \lim\limits_{h \to 0} \frac{f(x+h) - f(x)}{h}$

Mithilfe des Differenzenquotienten kann man allgemein für $f(x) = b^x$ mit $b > 0$ zeigen:

$$f'(0) = \lim_{h \to 0} \frac{b^{0+h} - b^0}{h} = \lim_{h \to 0} \frac{b^h - 1}{h}$$

$$f'(x) = \lim_{h \to 0} \frac{b^{x+h} - b^x}{h} = \lim_{h \to 0} \frac{b^x \cdot b^h - b^x}{h} = \lim_{h \to 0} \frac{b^x(b^h - 1)}{h} = b^x \cdot \lim_{h \to 0} \frac{b^h - 1}{h} = b^x \cdot f'(0)$$

Satz: Ableitung einer Exponentialfunktion als Vielfaches der Funktion
Die Funktion f mit $f(x) = b^x$ und $b \in \mathbb{R}$, $b > 0$ hat die Ableitung
$f'(x) = k \cdot b^x$ mit $k = f'(0) = \lim\limits_{h \to 0} \frac{b^h - 1}{h}$.

Basisaufgaben

GTR **1.** Gegeben ist die Exponentialfunktion f mit $f(x) = 3^x$.
a) Zeichnen Sie die Graphen zu f und f' mit dem GTR.
b) Stellen Sie eine Tabelle mit den Werten von f(x) und f'(x) auf und zeigen Sie, dass das Verhältnis $\frac{f'(x)}{f(x)}$ stets konstant ist.
c) Geben Sie die Funktionsgleichung zu f' an. Erklären Sie, wie der Graph von f' aus dem Graphen von f hervorgeht.

2. Untersucht wird die Exponentialfunktion f mit $f(x) = 4^x$.
a) Bestimmen Sie mithilfe des Differenzenquotienten näherungsweise die Ableitung von f an der Stelle 0.
b) Überprüfen Sie den Wert von a) mit dem GTR.
c) Geben Sie die Funktionsgleichung der Ableitungsfunktion f' an.

3. Gegeben ist die Exponentialfunktion f mit $f(x) = b^x$ und $b > 1$.
a) Zeigen Sie: Je größer x ist, desto größer ist die Steigung f'(x).
b) Überprüfen Sie, ob die Aussage aus a) auch dann gilt, wenn $0 < b < 1$.

Exponentialfunktionen mit Basis e

Mit dem GTR lassen sich Grenzwerte der Form $\lim\limits_{h \to 0} \frac{b^h - 1}{h}$ und damit auch Ableitungsfunktionen zu Exponentialfunktionen mit verschiedenen Basen näherungsweise bestimmen.

Die Angaben in der Tabelle lassen vermuten, dass es eine Basis b zwischen 2,71 und 2,72 gibt, für die $f'(0) = \lim\limits_{h \to 0} \frac{b^h - 1}{h} = 1$ ist und somit der Spezialfall $f'(x) = f(x)$ für alle x gilt.

$f(x) = b^x$	$f'(x) = f'(0) \cdot b^x$
2^x	$0{,}693 \cdot 2^x$
$2{,}7^x$	$0{,}993 \cdot 2{,}7^x$
$2{,}71^x$	$0{,}9969 \cdot 2{,}71^x$
$2{,}72^x$	$1{,}0006 \cdot 2{,}72^x$
$2{,}8^x$	$1{,}030 \cdot 2{,}8^x$
3^x	$1{,}099 \cdot 3^x$
4^x	$1{,}386 \cdot 4^x$

Eine solche Basis existiert tatsächlich.
Man nennt sie die **Eulersche Zahl e.**
Für e gilt: $f'(0) = \lim\limits_{h \to 0} \frac{e^h - 1}{h} = 1$.

e ist eine irrationale Zahl, also eine unendlich lange Dezimalzahl, die nicht periodisch ist.
Näherungsweise gilt $e \approx 2{,}71828$.

Info:
Leonhard Euler, 1707–1783, Schweizer Mathematiker

Wissen: Eulersche Zahl e und natürliche Exponentialfunktion
Es gibt eine Basis e, für die die Exponentialfunktion f mit $f(x) = e^x$ mit ihrer Ableitungsfunktion übereinstimmt. Die Basis $e \approx 2{,}71828$ heißt **Eulersche Zahl**, die Funktion f mit $f(x) = e^x$ heißt **natürliche Exponentialfunktion** oder **e-Funktion**.
f' mit $f'(x) = e^x$ ist die Ableitungsfunktion und F mit $F(x) = e^x$ ist eine Stammfunktion von f.

Hinweis:
Es gilt:
$e = \lim\limits_{n \to \infty} \left(1 + \frac{1}{n}\right)^n$

Beim Graphen zu $f(x) = e^x$ stimmt an jeder Stelle die Steigung mit dem Funktionswert überein. Der Graph nähert sich für $x \to -\infty$ asymptotisch der x-Achse.

Ähnlich wie bei Potenzfunktionen oder trigonometrischen Funktionen ergeben sich auch bei Exponentialfunktionen durch Strecken, Stauchen oder Verschieben des Graphen weitere Exponentialfunktionen. Sie sind vom Typ $f(x) = c \cdot e^{ax+b} + d$.

Beim Ableiten solcher Funktionen wird c nach der Faktorregel als konstanter Faktor beibehalten und d fällt nach der Summenregel weg. Es muss nun noch der Term e^{ax+b} betrachtet werden.

Erinnerung:
Kettenregel für $f(x) = g(ax + b)$
Ableitung:
$f'(x) = a \cdot g'(ax + b)$
Stammfunktion:
$F(x) = \frac{1}{a} \cdot G(ax + b)$
(G Stammfunktion von g)

Die Ableitung ergibt sich mit der Kettenregel. Die Besonderheit ist, dass g (x) und g′(x) gleich sind.

$f(x) = e^{4x-5}$
$g(x) = e^x \qquad g'(x) = e^x$
$f'(x) = 4 \cdot g'(4x-5) = 4e^{4x-5}$

Eine Stammfunktion erhält man mit der linearen Kettenregel für Stammfunktionen. Hier sind g (x) und G (x) gleich.

$f(x) = e^{4x-5}$
$g(x) = e^x \qquad G(x) = e^x$
$F(x) = \frac{1}{4} \cdot G(4x-5) = \frac{1}{4}e^{4x-5}$

Mit dem Ansatz $f(x) = e^{ax+b}$ lassen sich diese Regeln verallgemeinern.

Satz: Ableitung und Stammfunktion zu $f(x) = e^{ax+b}$
Für die Funktion f mit $f(x) = e^{ax+b}$ mit $a \neq 0$ gilt:
Ableitung: $f'(x) = a \cdot e^{ax+b}$ **Stammfunktion:** $F(x) = \frac{1}{a} \cdot e^{ax+b}$

Beispiel 1: Gegeben ist die Funktion f mit $f(x) = 5e^{-2x+7}$
a) Bestimmen Sie die erste und die zweite Ableitung der Funktion f.
b) Bestimmen Sie eine Stammfunktion von f.

Lösung:
a) Schreiben Sie den Funktionsterm ab und multiplizieren Sie diesen mit dem Faktor −2 des linearen Terms.

$f(x) = 5e^{-2x+7}$
$f'(x) = (-2) \cdot 5e^{-2x+7} = -10e^{-2x+7}$
$f''(x) = (-2) \cdot (-10e^{-2x+7}) = 20e^{-2x+7}$

b) Schreiben Sie den Funktionsterm ab und teilen Sie durch die Ableitung des linearen Terms.

$f(x) = 5e^{-2x+7}$
$F(x) = \frac{1}{-2} \cdot 5e^{-2x+7} = -2{,}5e^{-2x+7}$

Basisaufgaben

Hinweis:
Zur Berechnung von Werten von e^x gibt es auf vielen Taschenrechnern eine Taste, meist e^x oder $e^{■}$.

4. Die Zeichnung zeigt den Graphen der natürlichen Exponentialfunktion f mit $f(x) = e^x$.

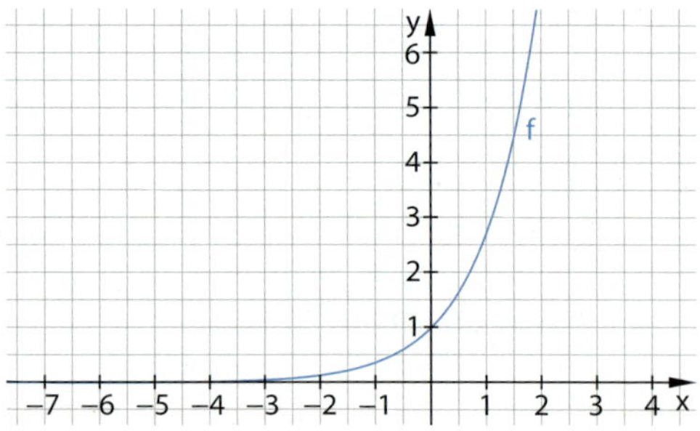

a) Berechnen Sie die Funktionswerte von f für x = 2, x = 1, x = 0, x = −1 und x = −2 mit dem Taschenrechner.
b) Geben Sie den Definitions- und Wertebereich an. Beschreiben Sie das Verhalten der Funktionswerte für $x \to -\infty$ und $x \to \infty$.
c) Geben Sie das Monotonie- und Krümmungsverhalten des Graphen von f an.

Lösungen zu 5:
f′-Terme zu a)–f)

5. Bestimmen Sie die erste und zweite Ableitung der Funktion f.

a) $f(x) = 5e^x$ b) $f(x) = e^x + 7$ c) $f(t) = -3e^t$ d) $f(x) = 8 - e^x$
e) $f(x) = e^{5x}$ f) $f(x) = 4e^{0,5x} + 8$ g) $f(t) = -e^{3t-5}$ h) $f(x) = \frac{1}{2}e^{3+4x} - 2$
i) $f(x) = 1 - 2e^{\frac{1}{2}x+2}$ j) $f(x) = -3e^{-x+4} - 9$ k) $f(x) = \frac{1}{2}(e^{-x} + e^x)$ l) $f(x) = \frac{4 - 10e^{2+4x}}{10}$

6. Bestimmen Sie eine Stammfunktion zur Funktion f.

a) $f(x) = 2e^x$ b) $f(x) = 3 + e^x$ c) $f(t) = e^t - 4$ d) $f(x) = 4e^x$
e) $f(x) = e^{-3x} + 1$ f) $f(x) = 6e^{2x}$ g) $f(t) = -e^{-t-1}$ h) $f(x) = \frac{1}{3}e^{1-\frac{1}{4}x} + 2$
i) $f(x) = 2 - 3e^{\frac{3}{5}x+1}$ j) $f(x) = -4e^{2x-2} - 2$ k) $f(x) = -\frac{1}{3}(e^{-x} + e^x)$ l) $f(t) = e^{2+5t} - e^2$

7. a) Bestimmen Sie die erste und zweite Ableitung von f mit $f(x) = e^x$.

b) Begründen Sie mithilfe der Ableitungen das Monotonie- und Krümmungsverhalten des Graphen von f.

c) Begründen Sie mithilfe der Ableitungen, dass der Graph von f keine lokalen Extrempunkte und keine Wendepunkte hat.

8. Gegeben ist die natürliche Exponentialfunktion f mit $f(x) = e^x$.

a) Begründen Sie, dass an jeder Stelle die Tangentensteigung des Graphen gleich dem Funktionswert ist.

b) Bestimmen Sie die Gleichung der Tangente bei $x = 0$ und $x = 1$.

c) Ermitteln Sie die Gleichung der Normalen bei $x = 1$ (im Bild grün).

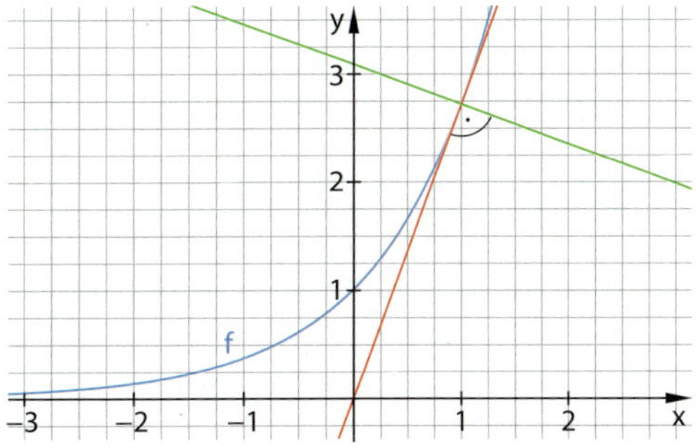

Erinnerung:
Die Gerade mit der Steigung m und die Gerade mit der Steigung $-\frac{1}{m}$ stehen senkrecht zueinander.

GTR **9.** a) Zeichnen Sie die Graphen der Funktionen f mit $f(x) = e^x$, g mit $g(x) = e^{-x}$, h mit $h(x) = -e^x$ und j mit $j(x) = -e^{-x}$ mit dem GTR.

b) Beschreiben Sie in Worten, wie die Graphen von g, h und j jeweils aus dem Graphen von f hervorgehen.

c) Zeichnen Sie auch die Ableitungsfunktionen zu f, g, h, und j mit dem GTR und erklären Sie Ihre Beobachtungen.

10. Ordnen Sie die Graphen ① bis ⑤ den Funktionsgleichungen zu.

$f(x) = e^x$ $\quad g(x) = -0{,}5e^{1{,}5x}$

$h(x) = 2e^{-x}$ $\quad i(x) = -0{,}5e^{3x}$

$j(x) = -0{,}5e^{-x}$

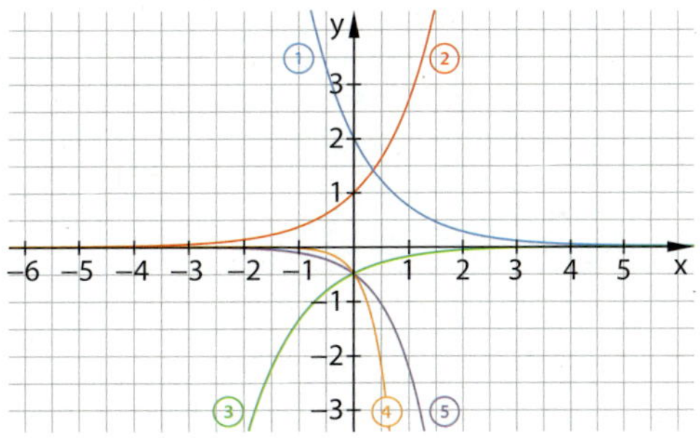

11. Geben Sie für die Funktion f mit $f(x) = c \cdot e^{ax}$ in Abhängigkeit von den Parametern a und c jeweils den Definitions- und Wertebereich, das Monotonie- und Krümmungsverhalten sowie das Verhalten der Funktionswerte für $x \to -\infty$ und $x \to \infty$ an.

Weiterführende Aufgaben

12. Die Abbildung zeigt die Graphen zweier Funktionen f und g. Beurteilen Sie, welche Aussagen wahr sind.

① g ist die Ableitung von f.

② f ist die Ableitung von g.

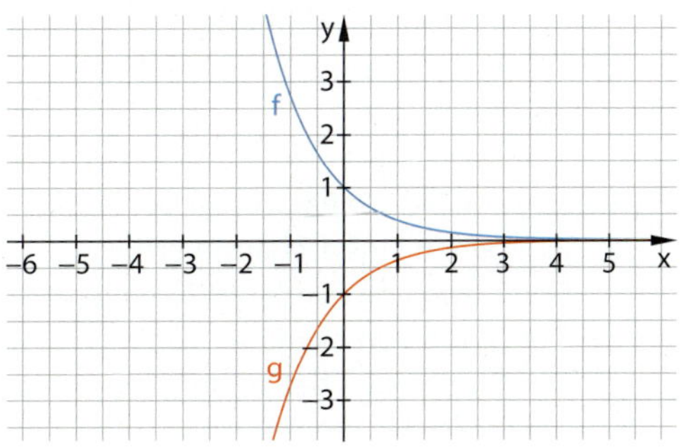

13. Geben Sie die erste Ableitung und eine Stammfunktion von f an.

a) $f(t) = 12a \cdot e^{5a + \frac{2}{3}a \cdot t} - a^2$

b) $f(x) = (4a - 5) \cdot e^{-2x + 3a} - 1$

14. Bestimmen Sie die Gleichung der Tangente an den Graphen der Funktion f mit $f(x) = 2e^{-x+3}$ im Punkt $P(4\,|\,f(4))$. Berechnen Sie den Flächeninhalt des Dreiecks, das von der Tangente und den Koordinatenachsen eingeschlossen wird.

15. Stolperstelle: Irene bestimmt die Ableitung f′ und eine Stammfunktion F einer Exponentialfunktion f.

$f(x) = 3e^{4x}$, $f'(x) = 12x \cdot e^{4x-1}$, $F(x) = \frac{3}{4x+1}e^{4x+1}$

a) Erklären Sie, wo Irenes Denkfehler liegt.

b) Geben Sie die richtige Ableitung und eine richtige Stammfunktion von f an.

16. Gegeben ist die Funktion f mit $f(x) = 9^x$.

a) Formulieren Sie Aussagen über die Existenz von Nullstellen sowie Extrem- und Wendepunkten. Begründen Sie Ihre Aussagen.

b) Prüfen Sie, welche der Aussagen aus a) sich auf alle Funktionen der Form $g(x) = c \cdot e^{ax}$ mit $c \neq 0$ und $a \neq 0$ verallgemeinern lassen.

17. Bestimmen Sie das Integral.

a) $\int_0^2 2e^{5x+8}\,dx$ b) $\int_0^3 (8e^{4-2x} + 3)\,dx$ c) $\int_1^3 \frac{e^{\frac{x}{3}}}{3}\,dx$ d) $\int_1^3 \frac{1}{e^{-3x+5}}\,dx$

e) $\int_2^4 (-2e^{4x-5} + x^2)\,dx$ f) $\int_2^3 (a^2 e^{bt-2} - 3t^2)\,dt$ g) $\int_{-\infty}^0 e^x\,dx$ h) $\int_1^\infty ae^{2-2t}\,dt$

GTR **18.** Gegeben ist $f(x) = -2{,}3e^{-0{,}1x+2} + 1$. Der Graph der Funktion f, die Tangente am Graphen im Punkt $P(0\,|\,f(0))$ und die x-Achse schließen eine Fläche ein. Berechnen Sie den Inhalt dieser Fläche.

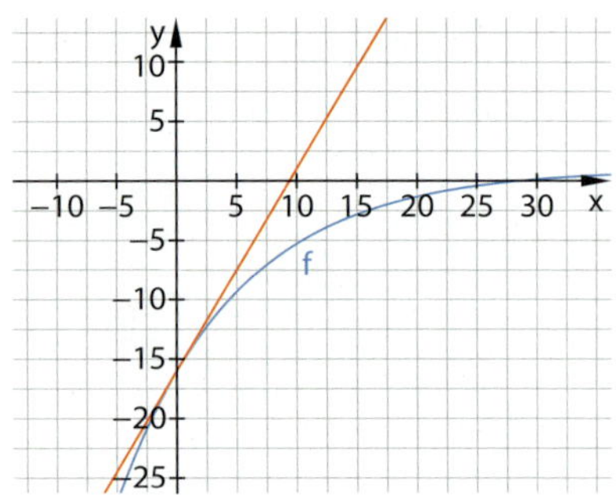

19. Berechnen Sie den Wert des Parameters a.

a) $\int_1^2 ae^{-x}\,dx = 5$ b) $\int_0^{0{,}5} (a + e^{1-x})\,dx = 2$

20. Gegeben ist die Funktion f mit $f(x) = 5e^{2x+3}$.

a) Bestimmen Sie die ersten drei Ableitungen.

b) Beschreiben Sie, wie sich der Funktionsterm beim Ableiten verändert. Geben Sie die Funktionsgleichung der 10. Ableitung von f an.

21. Untersucht wird der Einfluss des Parameters $a \in \mathbb{R}$.

① $f(x) = ae^x$ ② $f(x) = e^x + a$ ③ $f(x) = e^{x+a}$ ④ $f(x) = e^{ax}$

a) Beschreiben Sie, wie die Graphen aus dem Graphen von g mit $g(x) = e^x$ hervorgehen.

b) Überprüfen Sie rechnerisch, bei welchen der Funktionstypen $f'(x) = f(x)$ gilt.

c) Erläutern Sie, unter welchen Bedingungen eine Exponentialfunktion mit ihrer Ableitung übereinstimmt.

● **22.** Bestimmen Sie die Parameter der Funktion f mit $f(x) = c \cdot e^{ax}$ so, dass der Graph die angegebenen Eigenschaften erfüllt.

a) Der Graph von f verläuft durch den Punkt $P(0\,|\,-4)$ mit einer Steigung von −1.

b) Der Graph von f verläuft durch den Punkt $Q(3\,|\,7)$ mit einer Steigung von 3,5.

c) Der Graph von f hat an der Stelle $x = 1$ eine Steigung von 2. Die zweite Ableitung hat an der Stelle den Wert 4.

23. Die Zeichnung zeigt den Graphen der Funktion f mit $f(x) = 4e^{-2x}$. Aus diesem geht der Graph der Funktion g durch
① Spiegelung an der x-Achse,
② Spiegelung an der y-Achse,
③ Spiegelung an beiden Achsen hervor.
a) Bestimmen Sie für alle drei Fälle die Funktionsgleichung von g.
b) Berechnen Sie die Steigung des Graphen von f am Schnittpunkt mit der y-Achse.
c) Geben Sie ohne weitere Rechnung die Steigung der Graphen, die bei den Spiegelungen ① bis ③ entstehen, an der Stelle x = 0 an.

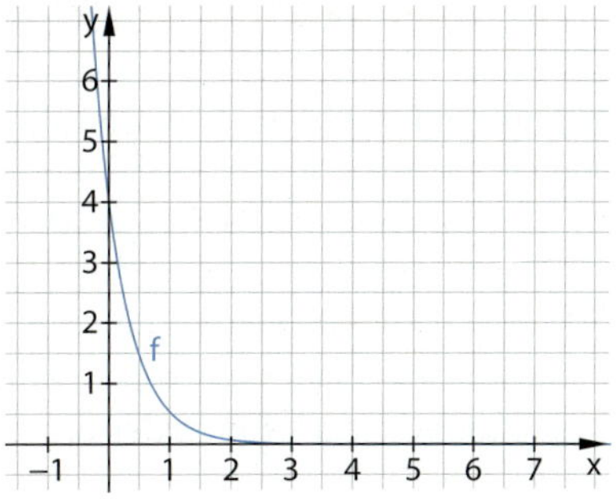

24. Tina zeichnet die Graphen der Funktionen f mit $f(x) = e^{x-1}$ und g mit $g(x) = 0{,}368e^{x}$. Dabei stellt sie fest, dass sich die Graphen überlappen. Sie zieht daraus die Vermutung, dass man jede Verschiebung des Graphen in x-Richtung durch eine Streckung in y-Richtung ersetzen kann. Überprüfen Sie, ob die Vermutung stimmt.

● **25.** Der nebenstehende Abschnitt eines Gehwegs muss neu gepflastert werden. In dem Abschnitt kann der Weg durch die Graphen der Funktionen f mit $f(x) = e^{-x} - 1$ (links) und g mit $g(x) = e^{-x+1}$ (rechts) beschrieben werden (alle Einheiten in m). Die Gerade h mit h(x) = 5 und die Vertikale durch x = 7 begrenzen den Abschnitt. Die Graphen von h und f schneiden sich bei $x_1 = -1{,}79$ und die Graphen von h und g bei $x_2 = -0{,}61$.
Bestimmen Sie den Flächeninhalt des Abschnitts, der neu gepflastert werden muss.

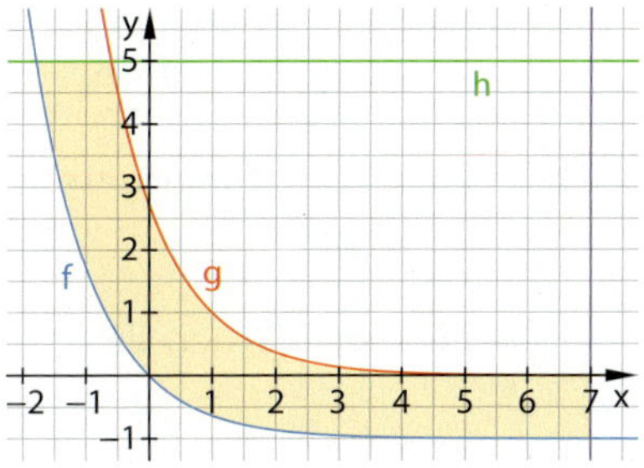

● **26.** Der Graph der Funktion f mit $f(x) = 0{,}4e^{-2x+1{,}5}$ schließt im ersten Quadranten mit der x-Achse im Intervall [0; k] eine Fläche ein.
a) Ermitteln Sie den Inhalt der Fläche für k = 0,75.
b) Ermitteln Sie den Inhalt der Fläche für beliebiges $k \in \mathbb{R}$. Untersuchen Sie, wie sich dieser Inhalt für größer werdendes k verhält.

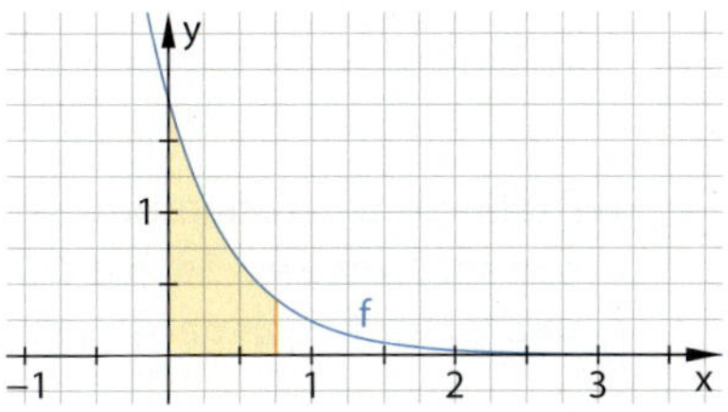

● **27.** **Ausblick:** Der Stuntman „Fearless Frank" hängt am Heck eines Autos, das mit Höchsttempo eine Rampe hoch rast. Die Rampe kann durch den Graphen der Funktion f mit $f(x) = 9 - e^{-0{,}05x+2{,}2}$ beschrieben werden (alle Einheiten in m).
GTR
a) Geben Sie die obere Grenze für die Höhe an, die das Fahrzeug anstrebt.
b) Laut Regieanweisung muss Frank das Heck loslassen, sobald das Auto eine Höhe von 5 m erreicht hat. Frank fliegt dann eine Weile nahezu geradlinig weiter. Bestimmen Sie mit dem GTR die Funktion, deren Graph den Verlauf seiner Fluglinie beschreibt.
c) Bestimmen Sie die Länge von Franks Flugstrecke, bis er die Höhe 9 m erreicht hat.

Hinweis:
Für den Abstand zwischen zwei Punkten $P(x_1|y_1)$ und $Q(x_2|y_2)$ gilt:
$d = \sqrt{(x_2 - x_1)^2 + (y_2 - y_1)^2}$

3.2 Der natürliche Logarithmus

■ Abgebildet sind die Funktionsgraphen von f und g mit $f(x) = e^x$ und $g(x) = 3$.

a) Berechnen Sie die Lösungen der Gleichungen $2^x = 3$ und $3^x = 3$.

b) Bestimmen Sie durch Probieren eine Lösung der Gleichung $e^x = 3$. Bewerten Sie die Lösung mithilfe der Grafik. ■

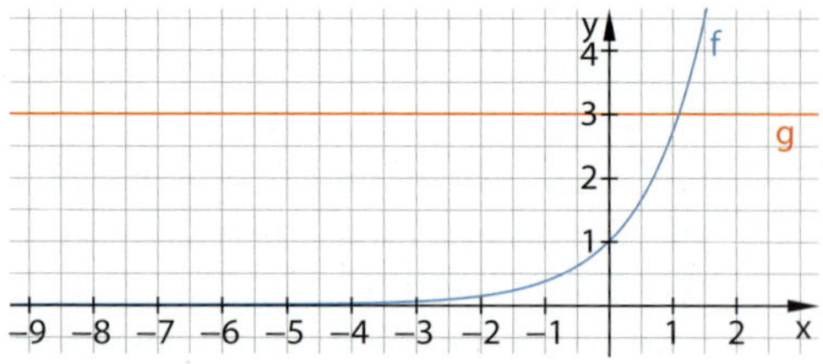

Das Logarithmieren mit der Basis a kehrt das Potenzieren mit der Basis a um.

Gleichung: $10^x = 1000$
Lösung: $x = \log_{10}(1000) = 3$

Auch zur Basis e gibt es einen Logarithmus, der das Potenzieren mit der Basis e umkehrt.

Gleichung: $e^x = 8$
Lösung: $x = \log_e(8) \approx 2{,}08$

Hinweis:
ln steht für logarithmus naturalis. Wichtige Eigenschaften sind:
$\ln(e) = 1$
$\ln(1) = 0$
$\ln(x)$ ist nicht definiert für $x \leq 0$.

Wissen: Der natürliche Logarithmus

Der **natürliche Logarithmus** ist der Logarithmus zur Basis e. Für $\log_e(b)$ mit $b \in \mathbb{R}, b > 0$ schreibt man $\ln(b)$. Dabei gibt $x = \ln(b)$ die Lösung der Gleichung $e^x = b$ an.
Das Anwenden des natürlichen Logarithmus kehrt das Potenzieren mit der Basis e um.
Es gilt $e^{\ln(b)} = b$ und $\ln(e^b) = b$.

Die bekannten Logarithmengesetze gelten auch für den ln. Für alle $b, c, r \in \mathbb{R}$ mit $b, c > 0$ gilt:

① $\ln(b \cdot c) = \ln(b) + \ln(c)$ ② $\ln\left(\frac{b}{c}\right) = \ln(b) - \ln(c)$ ③ $\ln(b^r) = r \cdot \ln(b)$

Beispiel 1: Vereinfachen Sie.

a) $\ln\left(\frac{1}{e}\right)$ b) $e^{2 \cdot \ln(6)}$ c) $\ln(\sqrt{e} \cdot e^x)$

Hinweis:
Es gelten folgende Logarithmengesetze für alle $a, b, c > 0$ mit $a \neq 1$ und $r \in \mathbb{R}$:
$\log_a(b \cdot c) = \log_a(b) + \log_a(c)$
$\log_a\left(\frac{b}{c}\right) = \log_a(b) - \log_a(c)$
$\log_a(b^r) = r \cdot \log_a(b)$

Lösung:

a) Wenden Sie das Logarithmusgesetz für Brüche an. ln(e) ist die Lösung zu $e^x = e$.

$\ln\left(\frac{1}{e}\right) = \ln(1) - \ln(e) = 0 - 1 = -1$

b) Wenden Sie das Potenzgesetz für Produkte an. e und ln heben sich gegenseitig auf.

$e^{2 \cdot \ln(6)} = \left(e^{\ln(6)}\right)^2 = 6^2 = 36$

c) Wenden Sie das Logarithmusgesetz für Produkte an. Schreiben Sie die Wurzel als Potenz. ln und e heben sich gegenseitig auf.

$\ln\left(\sqrt{e} \cdot e^x\right) = \ln(\sqrt{e}) + \ln(e^x) = \ln\left(e^{\frac{1}{2}}\right) + \ln(e^x) = \frac{1}{2} + x$

Basisaufgaben

1. Schreiben Sie mithilfe des natürlichen Logarithmus. Beispiel: $e^3 \approx 20{,}1$ $\ln(20{,}1) \approx 3$

a) $e^1 \approx 2{,}718$ b) $e^0 = 1$ c) $e^{-1} \approx 0{,}37$ d) $0{,}82 \approx e^{-0{,}2}$ e) $e^{\frac{3}{4}} \approx 2{,}12$

2. Berechnen Sie den Wert des Terms, falls möglich, mit dem Taschenrechner.

a) $\ln(2)$ b) $\ln(0)$ c) $\ln(-1)$ d) $e^{3 \cdot \ln(0{,}5)}$ e) $\ln\left(\frac{\sqrt{e}}{e}\right)$

Lösungen zu 3:

3. Vereinfachen Sie den Term.

a) $e^{\ln(1)}$ b) $\ln(e)$ c) $\ln(e^5)$ d) $e^{2 \cdot \ln(4)}$ e) $3e^{-\ln(2)}$
f) $\ln(e^2 \cdot e^3)$ g) $\ln\left(\frac{1}{e^2}\right)$ h) $\ln\left(\sqrt[3]{e}\right)$ i) $-2e^{\ln(3)+1}$ j) $-\ln\left(\frac{1}{5}\right)$

Hinweis zu 4:
Bedenken Sie, dass $e^0 = 1$ gilt.

4. Entscheiden Sie, für welche Werte von x die folgende Eigenschaft erfüllt ist.

a) $\ln(x) = 0$ b) $\ln(x) > 0$ c) $\ln(x) < 0$

Basiswechsel – Exponentialfunktionen mit allgemeiner Basis ableiten

Um Exponentialfunktionen mit beliebigen Basen ableiten und integrieren zu können, werden diese mit Potenzen zur Basis e beschrieben.

Man schreibt die Basis (hier 2) mithilfe des natürlichen Logarithmus und der e-Funktion um. Anschließend wendet man das Gesetz für das Potenzieren von Potenzen an.

$$2^x = \left(e^{\ln(2)}\right)^x \quad \text{(denn } 2 = e^{\ln(2)}\text{)}$$
$$= e^{\ln(2)\cdot x}$$

Satz: Exponentialfunktionen mit Basis e darstellen
Jede Exponentialfunktion mit beliebiger Basis lässt sich als eine Exponentialfunktion mit der Basis e schreiben: $f(x) = b^x = e^{\ln(b)\cdot x}$

Wendet man die Kettenregel auf die Darstellung mit der Basis e an, so ergibt sich eine Ableitungsregel für Exponentialfunktion mit beliebiger Basis.

$$f(x) = b^x = e^{\ln(b)\cdot x}$$
$$f'(x) = \ln(b)\cdot e^{\ln(b)\cdot x}$$
$$= \ln(b)\cdot b^x$$

Satz: Ableitung der Funktion f mit $f(x) = b^x$
Die Funktion f mit $f(x) = b^x$ und $b \in \mathbb{R}$, $b > 0$ hat die Ableitung $f'(x) = \ln(b)\cdot b^x$.

Beispiel 2: Gegeben ist die Funktion f mit $f(x) = 3\cdot 5^x$
a) Bestimmen Sie die Ableitung der Funktion f.
b) Stellen Sie die Funktionsgleichung von f mit der Basis e dar.
c) Bestimmen Sie die Ableitung von f mit der Darstellung aus b) und überprüfen Sie das Ergebnis von a).

Lösung:
a) Schreiben Sie den Term ab und multiplizieren Sie ihn mit dem ln der Basis.

$$f(x) = 3\cdot 5^x$$
$$f'(x) = \ln(5)\cdot 3\cdot 5^x \approx 4{,}83\cdot 5^x$$

b) Ersetzen Sie 5 durch $e^{\ln(5)}$ und wenden Sie das Potenzgesetz an.

$$f(x) = 3\cdot\left(e^{\ln(5)}\right)^x$$
$$= 3\cdot e^{\ln(5)\cdot x}$$

c) Wenden Sie die Kettenregel an. ln (5) wird als Faktor vorgezogen. Mit b) ergibt sich die Ableitung aus a).

$$f'(x) = \ln(5)\cdot 3\cdot e^{\ln(5)\cdot x}$$
$$= \ln(5)\cdot 3\cdot 5^x$$

Basisaufgaben

5. Bestimmen Sie die Ableitung der Funktion.
a) $f(x) = 2^x$ b) $f(x) = -3^x$ c) $f(x) = -0{,}5^x$ d) $f(x) = -4\cdot 3{,}2^x$
e) $f(x) = \left(\frac{1}{2}\right)^x$ f) $f(x) = 4\cdot\left(\frac{1}{3}\right)^x$ g) $f(x) = \frac{1}{7}\cdot 3^x + 13$ h) $f(x) = -\frac{6}{5}\cdot 0{,}25^x - \frac{13}{9}$

6. Schreiben Sie die Exponentialfunktion als Funktion mit der Basis e. Leiten Sie sie anschließend mithilfe der Kettenregel ab.
a) $f(x) = 2^x$ b) $f(x) = 2\cdot 6^x$ c) $f(x) = 3^{2x}$ d) $f(x) = 1{,}5\cdot 2^{4x-3}$

7. Gegeben ist die Exponentialfunktion f mit $f(x) = 2{,}5^x$. Bestimmen Sie die Gleichung der Tangente an dem Graphen von f an der gegebenen Stelle bzw. im gegebenen Punkt.
a) $x = -8$ b) $P(1\,|\,2{,}5)$ c) $Q(4\,|\,f(4))$ d) $R(-2\,|\,f(-2))$

Exponentialgleichungen

Um die nebenstehende Exponentialgleichung zu lösen, wendet man zuerst auf beiden Seiten den natürlichen Logarithmus an. Anschließend lässt sich die Gleichung nach x umstellen.

$e^{2x} = 5 \quad | \ln$
$\ln(e^{2x}) = \ln(5)$
$2x = \ln(5) \quad | :2$
$x = \frac{\ln(5)}{2} \approx 0{,}8$

Beispiel 3: Lösen Sie die Gleichung.

a) $2e^{3x-2} - 4 = 6$ b) $e^{2x}(x^2 - 4) = 0$ c) $xe^{-x} + e^{-x} = 0$

Lösung:

a) Stellen Sie die Gleichung nach dem Exponentialterm um. Wenden Sie auf beiden Seiten den natürlichen Logarithmus an und lösen Sie nach x auf.

$2e^{3x-2} - 4 = 6 \quad |+4 \quad |:2$
$e^{3x-2} = 5 \quad |\ln$
$3x - 2 = \ln(5) \quad |+2 \quad |:3$
Lösung: $x = \frac{\ln(5)+2}{3} \approx 1{,}2$

Erinnerung:
Regel vom Nullprodukt: Ein Produkt ist genau dann 0, wenn einer der Faktoren 0 ist.

b) Setzen Sie jeden Faktor einzeln gleich 0. Für $e^{2x} = 0$ gibt es keine Lösung. Der Graph der e-Funktion nähert sich der x-Achse an, berührt diese aber nie. Die Gleichung $x^2 - 4 = 0$ liefert zwei Lösungen.

$e^{2x}(x^2 - 4) = 0$
$e^{2x} = 0$ hat keine Lösung
$x^2 - 4 = 0 \quad |+4$
$x^2 = 4 \quad |\sqrt{\ }$
Lösungen: $x_1 = 2,\ x_2 = -2$

c) Klammern Sie den Exponentialterm aus. Setzen Sie jeden Faktor gleich 0. Für $e^{-x} = 0$ gibt es keine Lösung. Die Gleichung $x + 1 = 0$ liefert eine Lösung.

$xe^{-x} + e^{-x} = 0$
$e^{-x}(x + 1) = 0 \quad |e^{-x} \neq 0$
$x + 1 = 0 \quad |-1$
Lösung: $x = -1$

Basisaufgaben

8. Lösen Sie die Gleichung. Geben Sie die Lösung mithilfe des ln an.
a) $e^x = 7$ b) $4e^x = 8$ c) $2e^x - 6 = 0$ d) $3e^t - 8 = 4$

9. Lösen Sie die Gleichung. Geben Sie die Lösung mithilfe des ln an.
a) $e^{2x} = 0$ b) $e^{-x} = 3$ c) $e^{x-3} = 6$ d) $10 \cdot e^{-0{,}2t} = 5$
e) $4e^{-x} - 2 = 2$ f) $e^{2x-4} = 5$ g) $3e^{2x-7} = 6$ h) $3e^{4x-5} - 3 = 6$
i) $5e^{3x+2} - 5 = 10$ j) $11e^{-8x+4} = 22$ k) $e^8 + e^x = 142$ l) $e^4 \cdot e^x = e^8$

Lösungen zu 10:

10. Lösen Sie die Gleichung mit der Regel vom Nullprodukt. Klammern Sie aus, falls nötig.
a) $xe^x = 0$ b) $e^{3x}(x^2 - 9) = 0$ c) $e^{-2x}(x^3 + 1) = 0$ d) $-2(e^{2x} - 6)x^3 = 0$
e) $(e^x - 4)(5 - e^{3x}) = 0$ f) $xe^x - e^x = 0$ g) $x - xe^x = 0$ h) $4e^{-3x} - x^2e^{-3x} + 2 = 2$

11. Bestimmen Sie die Lösungsmenge der Gleichung.
a) $e^{x-4} = e^{2x}$ b) $e^{2x} + 3e^{2x} = 12$ c) $5e^{-3x} = 3e^{-3x} + 8$ d) $(e^{2x} - 1)(x^4 - 1) = 0$
e) $-e^{-x-1} + 2 = 0$ f) $4e^{-x} + 2 = -2$ g) $3e^{2x-7} = -3e^{2x-7}$ h) $-2e^{5x-3} = -3e^{5x-3} + 4$

GTR **12.** Geben Sie mithilfe des GTR eine näherungsweise Lösung der Gleichung an.
a) $e^{3x} - e^x = 1$ b) $2x + e^x = 0$ c) $x^2 - 2e^x = 0$ d) $e^{x-3} = e^x - 3$

13. Ordnen Sie die Gleichungen den Lösungen zu, ohne schriftlich zu rechnen.

① $e^x = e$ ② $-3e^x = 0$ ③ $x \cdot e^{4x} = 0$

(A) keine Lösung (B) $x = 0$ (C) $x = 1$

Weiterführende Aufgaben

GTR **14.** Gegeben ist die Funktion f mit $f(x) = 3e^{-0{,}1x}$.

a) Ermitteln Sie die fehlende Koordinate des Punktes $P(x\,|\,1{,}6)$.

b) Überprüfen Sie, an welcher Stelle der Graph von f den Graphen von g mit $g(x) = 1$ schneidet.

c) Bestimmen Sie ohne GTR den Schnittpunkt vom Graphen von f mit dem Graphen von h mit $h(x) = 4 \cdot e^{-0{,}3x}$. Überprüfen Sie anschließend Ihr Ergebnis mit dem GTR.

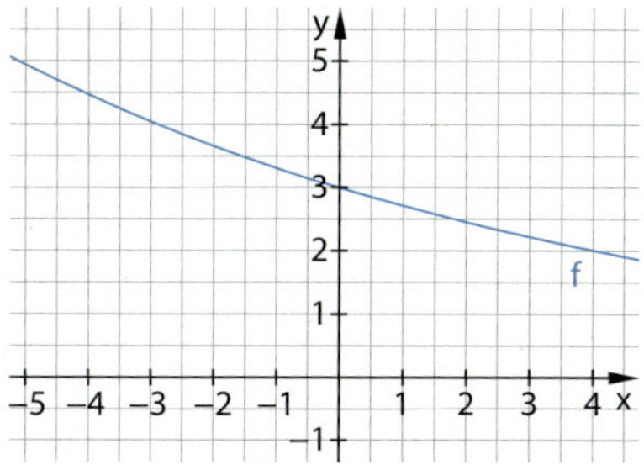

15. Bestimmen Sie, für welche x die Ungleichung gilt. Schätzen Sie zunächst.

a) $e^x > 1\,000\,000$

b) $e^x < \frac{1}{1\,000\,000}$

16. Bestätigen Sie mithilfe der Ableitungsformel $f'(x) = \ln(b) \cdot b^x$ für $f(x) = b^x$, dass für die Ableitung von $f(x) = e^x$ gilt: $f'(x) = e^x$. Überprüfen Sie außerdem, ob es andere Exponentialfunktionen der Form $f(x) = b^x$ gibt, die abgeleitet wieder sich selbst ergeben.

17. Exponentialgleichungen mit allgemeiner Basis:

a) Erläutern Sie, wie die Gleichung $2^x = 10$ rechts gelöst wird.

b) Lösen Sie ebenso die angegebene Gleichung.

① $3^x = 8$ ② $0{,}9^x = 0{,}5$ ③ $5 \cdot 2^t = 3$ ④ $1 = 4 - 6^{2x}$

c) Diskutieren Sie mögliche Wege, die Gleichung aus a) zu lösen.

$$2^x = 10$$
$$\ln(2^x) = \ln(10)$$
$$x \cdot \ln(2) = \ln(10)$$
$$x = \frac{\ln(10)}{\ln(2)} \approx 3{,}32$$

18. In Abschnitt 3.1 wurde für die Ableitung der Funktion f mit $f(x) = b^x$, $b > 0$, die Formel $f'(x) = f'(0) \cdot b^x$ angegeben.

a) Beweisen Sie, dass diese Formel mit der Formel $f'(x) = \ln(b) \cdot b^x$ identisch ist.

b) Geben Sie an, durch welche der beiden Ableitungsformeln man die Ableitung von $f(x) = b^x$ explizit angeben kann.

19. Stolperstelle: Erläutern Sie, an welchen Stellen Amira, Bruno und Carla Fehler gemacht haben und korrigieren Sie diese.

Amira:
$\ln(e^3 \cdot e^x) = \ln(e^3) \cdot \ln(e^x)$
$= 3x$

Bruno:
$5 + e^x = 8 \quad |\ln$
$\ln(5) + \ln(e^x) = \ln(8) \quad |-\ln(5)$
$x = \ln(8) - \ln(5)$

Carla:
$f(x) = 5^x$
$f'(x) = x \cdot 5^{x-1}$

20. Stammfunktion der Funktion f mit $f(x) = b^x$: Edin weiß, dass sich die Ableitung von f mit $f(x) = b^x$ durch Multiplikation von f(x) mit ln(b) ergibt. Er behauptet, dass demnach F mit $F(x) = \frac{1}{\ln(b)} b^x$ eine Stammfunktion von f ist.

a) Begründen Sie, weshalb die Vermutung von Edin wahr ist.

b) Geben Sie mit der Formel eine Stammfunktion zu g an. Überprüfen Sie durch Ableiten.

① $g(x) = 4^x$ ② $g(x) = e^x$ ③ $g(x) = -2^x + e$ ④ $g(x) = e^x - 4^x$

21. Die Funktion f mit $f(x) = -2 \cdot 1{,}25^x + 16$ schließt mit der Geraden $y = 14$ und der Linie $x = 9$ eine Fläche ein. Berechnen Sie den Inhalt dieser eingeschlossenen Fläche.

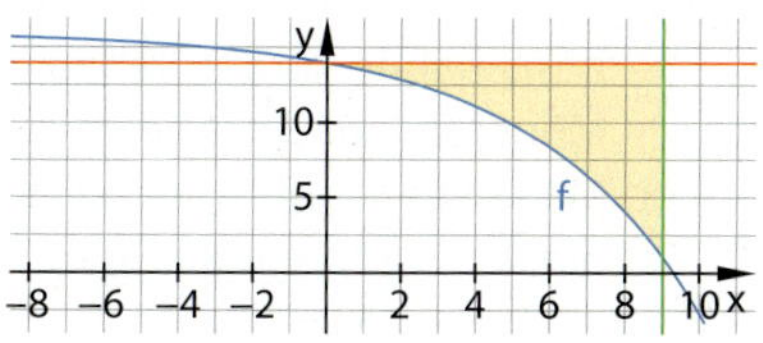

22. Substitution: Gesucht ist die Lösungsmenge der Gleichung $e^{4x} - 3e^{2x} - 4 = 0$.

a) Bringen Sie den Term auf der linken Seite in die Form $(e^u)^2 + be^u + c$.

b) Substituieren Sie e^u mit z und ermitteln Sie mit der p-q-Formel alle Lösungen für z.

c) Beim Rücksubstituieren ergeben sich zwei Exponentialgleichungen der Form $e^{2x} = z_1$ und $e^{2x} = z_2$. Lösen Sie diese mit dem natürlichen Logarithmus nach x auf.

d) Schreiben Sie alle ermittelten Lösungen als Menge auf.

23. Bestimmen Sie die Lösungsmenge der Gleichung. Häufig ist eine Substitution hilfreich.

a) $e^{2x} - 9e^x + 20 = 0$	b) $-e^{2x} = 4e^x - 21$	c) $\sqrt{6e^{2x} - e^{4x}} = 3$
d) $(e^{4x} - 2)^2 = e^{8x}$	e) $\sqrt{e^{4x}} = -4e^x + 12$	f) $\ln(x - 2) = 5$
g) $-3 \cdot \ln(2x + 1) = 0$	h) $-3e^{6x} + 12e^x = 36e^x + 36$	i) $e^x \cdot e^{x+2} = e^6$

24. Der Landeanflug eines Flugzeugs kann annähernd durch den Graphen der Funktion f mit $f(x) = 10 \cdot e^{-0{,}02x} - a$ beschrieben werden (x und f(x) in 100 m).

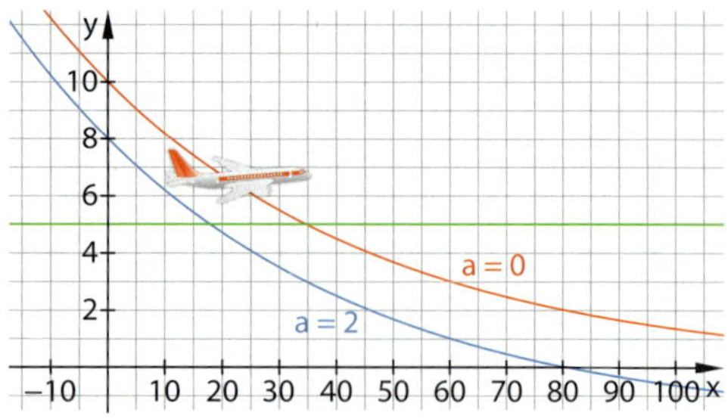

a) Spätestens beim Erreichen der Höhe von 500 m muss das Fahrwerk ausgefahren werden. Geben Sie für a = 0 die Koordinaten des Punktes an, an dem dies geschehen muss.

b) Der ideale Landewinkel eines Flugzeugs beträgt 3° zum Boden. Bestimmen Sie die Stelle, an welcher das Flugzeug demnach landen sollte.

c) Bestimmen Sie a so, dass das Flugzeug tatsächlich an der in b) ermittelten Stelle den Boden berührt.

25. GTR Ein Superheld und sein Erzrivale liefern sich ein finales Duell. Der Held fliegt von einem Dach herunter und feuert an der günstigsten Stelle seine Betäubungswaffe ab. Die Flugbahn des Helden kann durch den Graphen der Funktion f mit $f(x) = 30e^{-0{,}1x} + 52$ beschrieben werden. Der Schurke befindet sich im Punkt P(30 | 51).

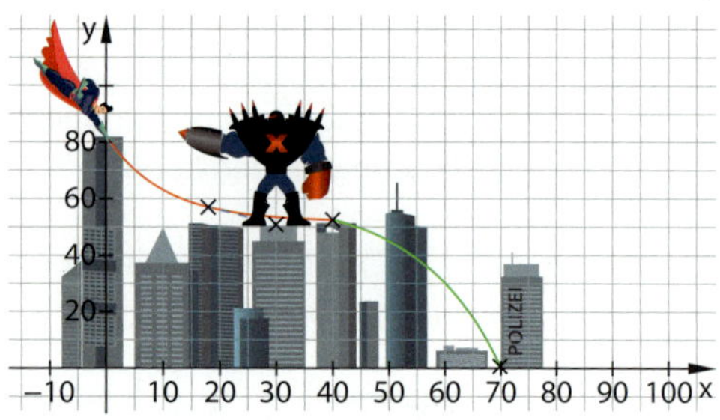

Hinweis:
Tangente an den Graphen von f an der Stelle u:
$t(x) = f'(u) \cdot (x - u) + f(u)$

a) Das Projektil der Waffe wird entlang der Flugrichtung des Helden abgefeuert und fliegt geradlinig weiter. Stellen Sie zum Weg des Projektils eine Funktionsgleichung auf.

b) Ermitteln Sie, in welcher Höhe der Held seine Waffe betätigen sollte.

c) Der Schuss ging daneben. Der Held kann den Schurken jedoch mit seinem Hi-Tech-Spezialseil noch im Flug fangen und landet mit ihm auf einer Turmspitze im Punkt Q(40 | 52,55). Von dort fliegen beide ins Polizeirevier im Punkt R(70 | 0). Bestimmen Sie eine Funktionsgleichung vom Typ $g(x) = a \cdot b^x + 60$, die den Weg beschreibt.

26. GTR **Ausblick:** Der Graph der e-Funktion ist überall streng monoton steigend. Daher ist die Umkehrzuordnung eine Funktion f mit f(x) = ln(x) (natürliche Logarithmusfunktion).

a) Geben Sie den maximalen Definitions- und Wertebereich dieser Funktion an.

b) Zeichnen Sie den Graphen der natürlichen Logarithmusfunktion mit dem GTR und beschreiben Sie den Verlauf des Graphen. Gehen Sie insbesondere auf Nullstellen, Monotonie und das Verhalten für $x \to 0$ für $x > 0$ ein.

c) Marvin behauptet, dass sich der Graph für $x \to \infty$ dem Wert e annähert und diesen nicht überschreitet. Zeigen Sie, dass diese Behauptung falsch ist.

3.3 Der natürliche Logarithmus als Funktion

■ Rechts ist der Graph der natürlichen Exponentialfunktion mit $y = e^x$ dargestellt.

a) Erstellen Sie mithilfe des Graphen eine Wertetabelle für die Umkehrzuordnung, die den y-Werten die Ausgangswerte x zuordnet.

b) Begründen Sie, dass die Umkehrzuordnung eine Funktion ist und geben Sie eine Funktionsgleichung an. ■

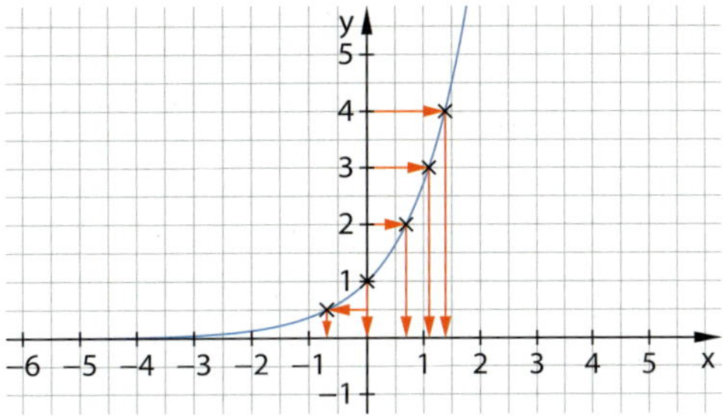

Die natürliche Exponentialfunktion ordnet jedem x den Funktionswert $y = e^x$ zu. Sie ist streng monoton steigend und daher umkehrbar. Durch den natürlichen Logarithmus kann man dem Funktionswert y wieder den Ausgangswert x zuordnen, denn es gilt: $\ln(y) = \ln(e^x) = x$.

x	$y = e^x$
−1	$e^{-1} \approx 0{,}37$
0	$e^0 = 1$
1	$e \approx 2{,}72$
2	$e^2 \approx 7{,}39$
3	$e^3 \approx 20{,}1$

$y = e^x$	$x = \ln(y)$
$e^{-1} \approx 0{,}37$	−1
$e^0 = 1$	0
$e \approx 2{,}72$	1
$e^2 \approx 7{,}39$	2
$e^3 \approx 20{,}1$	3

Die **natürliche Logarithmusfunktion** f mit $f(x) = \ln(x)$ ist die Umkehrfunktion zur natürlichen Exponentialfunktion mit $y = e^x$. Da e^x für alle x positiv ist, ist f nur für $x > 0$ definiert. Der Graph von f entsteht durch Spiegelung des Graphen zu $y = e^x$ an der 1. Winkelhalbierenden ($y = x$).

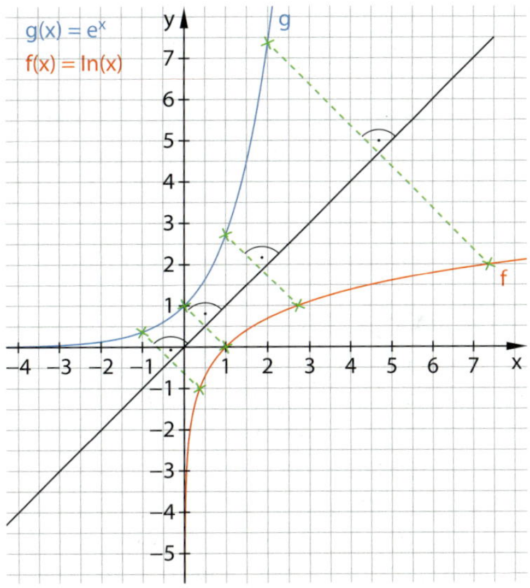

Eigenschaften von f mit $f(x) = \ln(x)$:

- Definitionsbereich $\mathbb{D} = \mathbb{R}^{>0}$
- Wertebereich $\mathbb{W} = \mathbb{R}$
- Der Graph verläuft durch die Punkte $(1\,|\,0)$ und $(e\,|\,1)$.
- Der Graph steigt im gesamten Definitionsbereich.
- Für $x \to \infty$ gilt $f(x) \to \infty$.
- Für $x \to 0$ mit $x > 0$ gilt $f(x) \to -\infty$.

Wissen: Die natürliche Logarithmusfunktion

Die Funktion f mit $f(x) = \ln(x)$ und $x > 0$ heißt **natürliche Logarithmusfunktion**. Sie ist die Umkehrfunktion der natürlichen Exponentialfunktion mit $y = e^x$, es gilt $\ln(e^x) = e^{\ln(x)} = x$.

Beispiel 1: Bestimmen Sie die x-Werte zum gegebenen Funktionswert y.

a) $f(x) = 3 \cdot \ln(x + 1) \quad y = -6$

b) $f(x) = \ln(x^2 - 4) \quad y = 1$

Lösung:

Setzen Sie den Funktionsterm gleich dem Wert von y und lösen Sie die Gleichung.

a)
$$\begin{aligned} 3 \cdot \ln(x + 1) &= -6 && |:3 \\ \ln(x + 1) &= -2 && |\,e^{(\,)} \\ x + 1 &= e^{-2} && |-1 \\ x &= e^{-2} - 1 \approx -0{,}865 \end{aligned}$$

b)
$$\begin{aligned} \ln(x^2 - 4) &= 1 && |\,e^{(\,)} \\ x^2 - 4 &= e && |+4 \\ x^2 &= e + 4 && |\sqrt{} \\ x_1 = \sqrt{e + 4} \approx 2{,}59;\ x_2 &= -\sqrt{e + 4} \approx -2{,}59 \end{aligned}$$

Basisaufgaben

1. a) Zeichnen Sie den Graphen der Funktion f mit $f(x) = e^x$ mithilfe der Wertetabelle in ein Koordinatensystem.

x	−2	−1	0	1	2
$f(x) = e^x$	0,14	0,37	1	2,72	7,39

b) Erstellen Sie aus der gegebenen Tabelle eine Wertetabelle für die Funktion g mit $g(x) = \ln(x)$ und zeichnen Sie damit den Graphen von g in das Koordinatensystem ein.

c) Der Graph von g entsteht aus dem Graphen von f durch die Spiegelung an einer Geraden. Zeichnen Sie diese Gerade ein und geben Sie ihre Gleichung an.

2. Stellen Sie die Eigenschaften der natürlichen Exponentialfunktion und der natürlichen Logarithmusfunktion in einer Tabelle gegenüber und vergleichen Sie sie.

3. Lösen Sie die Gleichung exakt, indem Sie die Lösungen gegebenenfalls mit der Zahl e angeben.

a) $\ln(x) = 1$ b) $\ln(x) = -0{,}8$ c) $2 \cdot \ln(x-4) = 10$ d) $-\ln(-x) - 1 = 0$
e) $\ln(x^2) = 4$ f) $4 \cdot \ln(x^2 - 6) = 12$ g) $x \cdot \ln(x) = 0$ h) $(-x^2 + 9) \cdot \ln(x^2 - 1) = 0$

4. Bestimmen Sie die x-Werte zum gegebenen Funktionswert y.

a) $f(x) = \ln(x)$ $y = 3$ b) $f(x) = \frac{\ln(-x+3)}{5}$ $y = 1$
c) $f(x) = -\frac{1}{2} \cdot \ln(2x+3) - 2$ $y = -3{,}52$ d) $f(x) = -2 \cdot \ln(x^2 - 4x + 4) + 8$ $y = 0$

Erinnerung:
ln-Gesetze:
Für $b, c, r \in \mathbb{R}$ mit $b, c > 0$ gilt:
$\ln(b \cdot c) = \ln(b) + \ln(c)$
$\ln\left(\frac{b}{c}\right) = \ln(b) - \ln(c)$
$\ln(b^r) = r \cdot \ln(b)$

5. Geben Sie den Definitionsbereich von f an und bestimmen Sie die Nullstellen. Beschreiben Sie außerdem, wie der Graph von f aus dem Graphen der natürlichen Logarithmusfunktion hervorgeht und skizzieren Sie ihn anschließend.

a) $f(x) = \ln(x) - 2$ b) $f(x) = \ln(x-3)$ c) $f(x) = \ln(3 \cdot x)$ d) $f(x) = 4 \cdot \ln(x)$
e) $f(x) = \ln(-x)$ f) $f(x) = -\ln(x)$ g) $f(x) = \ln\left(\frac{1}{x}\right)$ h) $f(x) = \ln(x^2)$

6. Ordnen Sie die Funktionsgleichungen auf den Kärtchen den Graphen ① bis ④ zu. Zwei Funktionsgleichungen bleiben übrig.

$f(x) = -\frac{1}{2} \cdot \ln(x)$

$g(x) = \ln(x^4)$

$h(x) = 4 \cdot \ln(x)$

$j(x) = -\frac{1}{2} \cdot \ln(x+2) + 4$

$i(x) = \ln(x-2) - 3$

$k(x) = \ln(x^3) + 6$

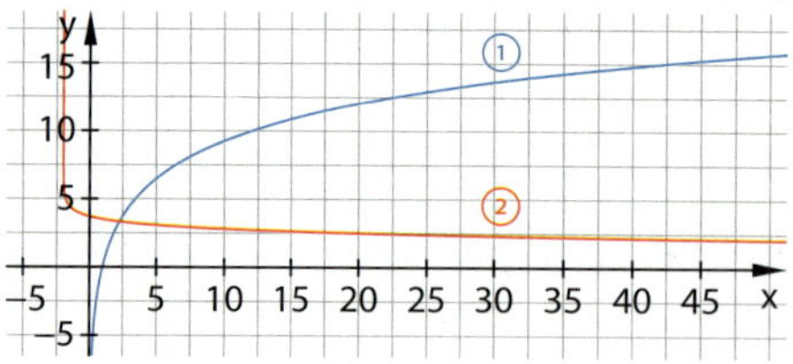

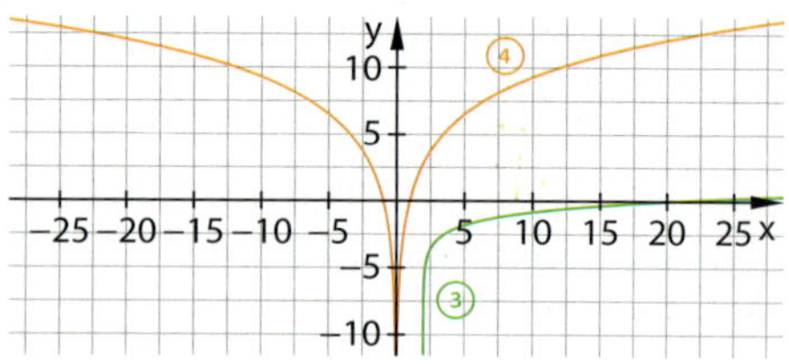

Ableitung der natürlichen Logarithmusfunktion

Erinnerung:
Kettenregel:
Für $f(x) = u(v(x))$ gilt
$f'(x) = u'(v(x)) \cdot v'(x)$

Leitet man beide Seiten der Gleichung $e^{\ln(x)} = x$ ab und wendet auf der linken Seite die Kettenregel an, erhält man die Ableitung der natürlichen Logarithmusfunktion.

$$[e^{\ln(x)}]' = [x]'$$
$$e^{\ln(x)} \cdot [\ln(x)]' = 1$$
$$x \cdot [\ln(x)]' = 1$$
$$[\ln(x)]' = \frac{1}{x}$$

Satz: Ableitung zu f(x) = ln(x)
Die natürliche Logarithmusfunktion f mit $f(x) = \ln(x)$ und $x > 0$ hat die Ableitung $f'(x) = \frac{1}{x}$.

Daraus folgt, dass die natürliche Logarithmusfunktion eine Stammfunktion zu der Potenzfunktion f mit $f(x) = \frac{1}{x}$ für $x > 0$ ist, zu der man bisher keine Stammfunktion angeben konnte. Dies gilt auch für $x < 0$, wenn man x bei $\ln(x)$ in Betragsstriche setzt.

Die Funktion F mit $F(x) = \ln(|x|)$ hat für alle $x \neq 0$ die Ableitung $F'(x) = \frac{1}{x}$.
Für $x > 0$ wurde dies wegen $\ln(|x|) = \ln(x)$ bereits gezeigt.
Für $x < 0$ ergibt es sich mithilfe der Kettenregel:
$[\ln(|x|)]' = [\ln(-x)]' = \frac{1}{-x} \cdot (-1) = \frac{1}{x}$

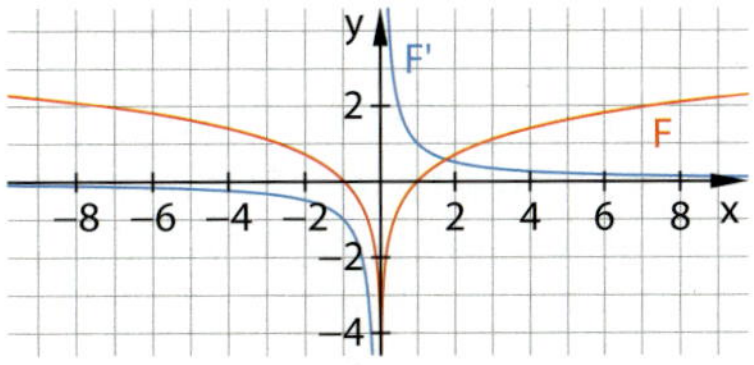

Satz: Stammfunktion zu $f(x) = \frac{1}{x}$
Die Funktion F mit $F(x) = \ln(|x|)$ ist eine Stammfunktion der Funktion f mit $f(x) = \frac{1}{x}$ und $x \neq 0$.

Beispiel 2: Natürliche Logarithmusfunktion ableiten
Leiten Sie die Funktion ab. a) $f(x) = \ln(x^2 + 1)$ b) $f(x) = e^{2x-3} \cdot \ln(8x)$

Lösung:
a) Wenden Sie die Kettenregel an. Multiplizieren Sie die Ableitung der äußeren Funktion $\left(u(x) = \ln(x);\ u'(x) = \frac{1}{x}\right)$ an der Stelle $x^2 + 1$ mit der Ableitung der inneren Funktion.

$$f'(x) = \frac{1}{x^2+1} \cdot [x^2 + 1]'$$
$$= \frac{1}{x^2+1} \cdot 2x$$
$$= \frac{2x}{x^2+1}$$

b) Wenden Sie die Produktregel an. Verwenden Sie dabei auch die Kettenregel.

$$f'(x) = 2e^{2x-3} \cdot \ln(8x) + e^{2x-3} \cdot \frac{8}{8x}$$
$$= e^{2x-3}\left(2 \cdot \ln(8x) + \frac{1}{x}\right)$$

Erinnerung:
Produktregel:
Für $f(x) = u(x) \cdot v(x)$ gilt:
$f'(x) = u'(x) \cdot v(x) + u(x) \cdot v'(x)$

Beispiel 3: Integral zu $f(x) = \frac{1}{x}$
Berechnen Sie das Integral. a) $\int_3^6 \left(\frac{2}{3x} + 5\right) dx$ b) $\int_{-3}^{-1} -\frac{1}{2x} dx$

Lösung:
a) Klammern Sie den Term $\frac{1}{x}$ aus.
Da die Integrationsgrenzen positiv sind, können Sie F mit $F(x) = \ln(x)$ als Stammfunktion zu $f(x) = \frac{1}{x}$ verwenden.

$$\int_3^6 \left(\frac{2}{3x} + 5\right) dx = \int_3^6 \left(\frac{2}{3} \cdot \frac{1}{x} + 5\right) dx$$
$$= \left[\frac{2}{3}\ln(x) + 5x\right]_3^6$$
$$= \frac{2}{3}\ln(6) + 30 - \left(\frac{2}{3}\ln(3) + 15\right) \approx 15{,}46$$

b) Klammern Sie den Term $\frac{1}{x}$ aus.
Achten Sie bei der Stammfunktion auf die Betragsstriche, da die Integrationsgrenzen negativ sind.

$$\int_{-3}^{-1} -\frac{1}{2x} dx = \int_{-3}^{-1} -\frac{1}{2} \cdot \frac{1}{x} dx$$
$$= \left[-\frac{1}{2} \cdot \ln(|x|)\right]_{-3}^{-1}$$
$$= -\frac{1}{2}\ln(|-1|) - \left(-\frac{1}{2}\ln(|-3|)\right) \approx 0{,}549$$

Hinweis:
Für $x > 0$ ist F mit $F(x) = \ln(x)$ eine Stammfunktion zu $f(x) = \frac{1}{x}$, man kann also die Betragsstriche beim ln weglassen.

Basisaufgaben

7. Leiten Sie die Funktion f ab.
a) $f(x) = \ln(7x - 5)$ b) $f(x) = \ln(x^2 - 7x) + 11x$ c) $f(x) = \ln(\sin(x))$ d) $f(x) = \ln(e^x)$

8. Bestimmen Sie die Ableitung der Funktion f mithilfe der Produktregel.
a) $f(x) = 3x \cdot \ln(x)$ b) $f(x) = \frac{\ln(x)}{x}$ c) $f(x) = \ln(x^2) \cdot \ln(5x)$ d) $f(t) = e^{2t} \cdot \ln(t^5)$

9. Gegeben ist die natürliche Logarithmusfunktion f mit $f(x) = \ln(x)$.
a) Zeigen Sie mithilfe von Ableitungen, dass der Graph von f keine lokalen Extrempunkte und keine Wendepunkte hat.
b) Begründen Sie mit den Ableitungen das Monotonie- und Krümmungsverhalten von f.

10. Bestimmen Sie die Gleichung der Tangente und der Normale an den Graphen von f mit $f(x) = \ln(x)$ an der Nullstelle. Geben Sie den Inhalt der Fläche an, den die Tangente und die Normale mit der y-Achse einschließen.

11. Berechnen Sie das Integral.
a) $\int_1^e \left(\frac{5}{x} + 11\right) dx$ b) $\int_2^4 \frac{1}{2x}\, dx$ c) $\int_{-7}^{-4} \frac{2}{9x}\, dx$ d) $\int_{-15}^{-2} \left(\frac{1}{6x} - x\right) dx$

12. Berechnen Sie den Inhalt der farbigen Fläche zwischen den Graphen zu f mit $f(x) = \frac{4}{x}$ und g mit $g(x) = x$ sowie der x-Achse im Bereich $0 \le x \le 7$ exakt.

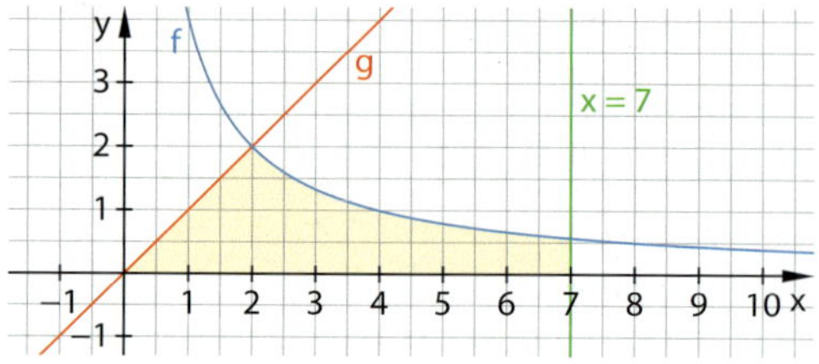

Weiterführende Aufgaben

13. Gegeben ist die Funktion f mit $f(x) = \ln(ax)$ und dem reellen Parameter $a > 0$.
a) Zeigen Sie, dass der Wert von a keinen Einfluss auf die Ableitung von f hat.
b) Tabea meint: „Das ist klar. Denn der Graph von f ist gegenüber dem Graphen der natürlichen Logarithmusfunktion nur in y-Richtung verschoben.“ Erläutern Sie, was Tabea meint und wie sie darauf kommt.

14. Der Graph der Funktion f mit $f(x) = \ln(x)$ wächst sehr langsam. In einem Koordinatensystem mit der Längeneinheit 1 cm liegt ein Punkt des Graphen 25 cm über der x-Achse. Berechnen Sie, wie weit er von der y-Achse entfernt ist und vergleichen Sie mit der Entfernung Erde – Mond (384 400 km).

Erinnerung:
lineare Kettenregel für Stammfunktionen:
Zu $f(x) = g(ax + b)$ ist F mit $F(X) = \frac{1}{a} \cdot G(ax + b)$ eine Stammfunktion. (G Stammfunktion zu g).

15. Berechnen Sie das Integral mithilfe der linearen Kettenregel für Stammfunktionen.
a) $\int_4^{10} \frac{1}{x-3}\, dx$ b) $\int_5^{12} \frac{1}{3t-6}\, dt$ c) $\int_{\frac{9}{7}}^{\frac{e}{7}+\frac{8}{7}} \frac{2}{7x-8}\, dx$ d) $\int_1^5 \left(\frac{10}{6x+1} + e^{-x}\right) dx$

16. **Stolperstelle:** Überprüfen Sie Sarahs Hausaufgaben und erklären Sie, welchen Denkfehler sie jeweils gemacht hat. Korrigieren Sie die Fehler.

① $f(x) = \ln(6x + 4)$
$f'(x) = \frac{1}{6x+4}$

② Stammfunktion zu $f(x) = \frac{2}{3x}$:
$F(x) = 2 \cdot \ln(3x)$

③ $\int_0^1 \frac{1}{2x+1}\, dx = [\ln(2x+1)]_0^1$
$= \ln(3) - \ln(1) = \ln(3)$

17. Berechnen Sie das Integral. Teilen Sie dazu den Bruch in mehrere Brüche auf.
Beispiel: $\int_1^2 \frac{x^2+2}{x}\, dx = \int_1^2 \left(\frac{x^2}{x} + \frac{2}{x}\right) dx = \int_1^2 \left(x + 2 \cdot \frac{1}{x}\right) dx = \left[\frac{1}{2}x^2 + 2 \cdot \ln(x)\right]_1^2 \approx 2{,}89$

a) $\int_{0,5}^{3,2} \frac{x^3-5}{x}\, dx$ b) $\int_4^6 \frac{2x^3 - 5x^2 + x - 1}{x^2}\, dx$ c) $\int_{-5}^{-3} \frac{2x^3 - 7x^2}{5x^3}\, dx$ d) $\int_6^{e+5} \frac{x-4}{x-5}\, dx$

18. Bestimmen Sie den Definitionsbereich, das Verhalten der Funktionswerte an den Rändern des Definitionsbereichs und die Nullstellen der Funktion sowie die Extrempunkte des Graphen. Zeichnen Sie den Graphen zur Kontrolle mit dem GTR.
a) $f(x) = 6 - \ln(x)$ b) $f(x) = \ln(5 - x)$ c) $f(x) = \ln(x^2 + 1)$ d) $f(x) = \ln(x) \cdot (1 + \ln(x))$

19. Untersuchen Sie den Graphen von f auf Nullstellen, lokale Extrem- und Wendepunkte.
a) $f(x) = x \cdot \ln(x)$ b) $f(x) = x^2 \cdot \ln(x)$ c) $f(x) = \ln(1 - x^2)$ d) $f(x) = (\ln(x))^2$

20. Zeigen Sie, dass durch $F(x) = x \cdot \ln(x) - x$ eine Stammfunktion zu $f(x) = \ln(x)$ gegeben ist.

● **21.** In einer Stadt wird ein moderner Stahlbogen gebaut, deren oberer und unterer Rand durch $f(x) = -3x \cdot \ln(0{,}025x)$ und $g(x) = -2x \cdot \ln(0{,}025x)$ dargestellt wird. Die Längeneinheit ist 1 m.

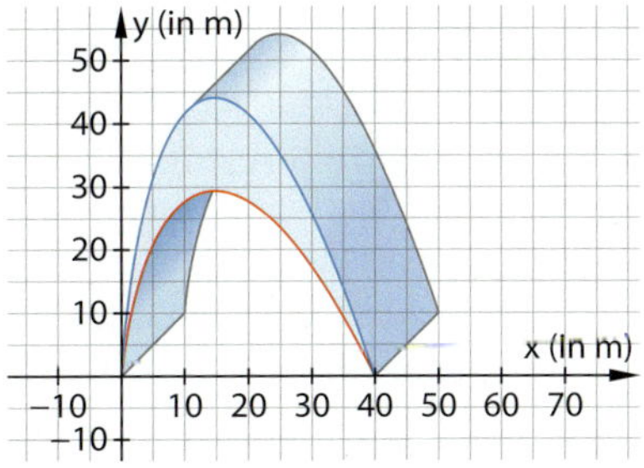

a) Zeigen Sie, dass die obere und die untere Randfunktion die gleichen Null- und Extremstellen haben und bestimmen Sie diese.
b) Zeigen Sie, dass die Graphen der beiden Randfunktionen Rechtskurven sind.
c) Überprüfen Sie, ob der maximale Abstand zwischen dem oberen und unteren Rand des Bogens genau halb so groß ist wie die Innenhöhe des Bogens.
d) Zwei Tangenten an die obere Randkurve an den Stellen $x_1 = 5$ und $x_2 = 25$ sollen als Stützen dienen. Bestimmen Sie die Funktionsgleichungen dieser Tangenten.

GTR e) Der Bogen hat eine Länge von 20 m. Bestimmen Sie mit dem GTR das Volumen des Stahls, das für das Eingießen des gesamten Bogens erforderlich ist.

22. Untersuchen Sie, ob die uneigentlichen Integrale $\int_1^{\infty} \frac{1}{x}\,dx$ und $\int_0^1 \frac{1}{x}\,dx$ existieren.

● **23.** a) Ermitteln Sie, für welches a die Funktion f mit $f(x) = \ln(x^a)$ an der Stelle $x = 3$ die Steigung 4 hat.

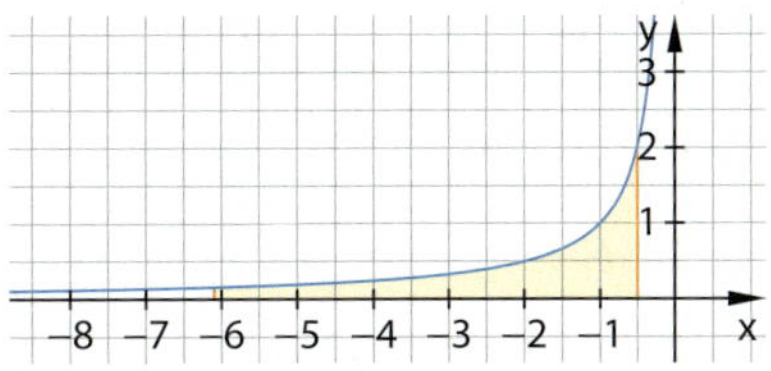

b) Berechnen Sie den Wert von $a \in \mathbb{R}$ mit $a \leq -0{,}5$, für den der abgebildete Graph der Funktion f mit $f(x) = -\frac{1}{x}$ mit der x-Achse im Intervall $[a; -0{,}5]$ eine Fläche von 2,5 FE einschließt.
c) Untersuchen Sie, für welche Werte von $a \in \mathbb{R}$ der Graph der Funktion f mit $f(x) = \frac{a}{x}$ mit der x-Achse im Intervall [1; 2] eine Fläche von 5,545 FE einschließt.

● **24.** Gegeben ist die Funktionenschar f_a mit $f_a(x) = a \cdot \ln(x^2 + a)$ und $a \neq 0$.
GTR
a) Bestimmen Sie den Definitionsbereich von f_a in Abhängigkeit von a.
b) Ermitteln Sie, für welche a die Funktion f_a Nullstellen hat, und geben Sie diese an.
c) Untersuchen Sie, für welche Werte von a der Graph von f_a Extrempunkte oder Wendepunkte hat, und berechnen Sie diese.
d) Zeichnen Sie mit dem GTR für geeignete Werte von a die Graphen von f_a, sodass die von a abhängigen verschiedenen Typen von Graphen erkennbar sind.

● **25. Ausblick:** Eine Funktion g sei auf einem Intervall differenzierbar und ungleich 0.
a) Zeigen Sie, dass für die Funktion f mit $f(x) = \ln(|g(x)|)$ gilt: $f'(x) = \frac{g'(x)}{g(x)}$.
b) Berechnen Sie die Integrale mithilfe von a).

① $\int_0^1 \frac{8}{4x+5}\,dx$ ② $\int_{-\frac{\pi}{3}}^{\frac{\pi}{3}} \frac{\sin(x)}{\cos(x)}\,dx$ ③ $\int_2^4 \frac{e^x - 3x^2}{e^x - x^3}\,dx$ ④ $\int_{-2}^{2} \frac{3x}{(x+3)(x-3)}\,dx$

Hinweis zu 25a:
Unterscheiden Sie die Fälle $g(x) > 0$ und $g(x) < 0$.

3.4 Exponentielles Wachstum

■ Die Karten ① bis ⑨ beschreiben drei unterschiedliche Wachstumsprozesse auf unterschiedliche Weisen. Finden Sie die zueinander passenden Beschreibungen und erklären Sie Ihre Zuordnungen. ■

① Eine Bakterienkultur mit 1000 Bakterien verdoppelt sich jede Woche.

② Ein Guthaben von 1000 € nimmt jedes Jahr um 2,5 % zu.

③ Eine Tierpopulation von 1000 Tieren vermehrt sich jedes Jahr um 25 %.

④ $f(t) = 1000 \cdot 2^t$ ⑤ $f(t) = 1000 \cdot e^{0{,}0247 \cdot t}$ ⑧ $f(t) = 1000 \cdot e^{0{,}223 \cdot t}$

⑥ $f(t) = 1000 \cdot e^{0{,}693 \cdot t}$ ⑦ $f(t) = 1000 \cdot 1{,}25^t$ ⑨ $f(t) = 1000 \cdot 1{,}025^t$

Viele Wachstumsvorgänge im Alltag lassen sich durch Exponentialfunktionen beschreiben. Dabei ist es auch möglich, den Wachstumsprozess zur Basis e zu beschreiben, da man auf diese Weise die Wachstumsgeschwindigkeiten einfacher berechnen, beschreiben und vergleichen kann.
Beim exponentiellen Wachstum nimmt der Bestand in gleichen Zeitabständen um den gleichen Faktor zu bzw. ab. Ein Insektenvolk mit 2,0 Mio. Insekten vermehrt sich beispielsweise jede Woche um 40 %, also um den Faktor 1,4.

Wachstumsfaktor: $b = 1{,}4$
Anfangsbestand: $a = f(0) = 2$
Wachstumsfunktion: $f(t) = 2 \cdot 1{,}4^t$

Übergang zu Basis e:
$f(t) = 2 \cdot 1{,}4^t = 2 \cdot (e^{\ln(1{,}4)})^t = 2 \cdot e^{\ln(1{,}4) \cdot t}$
$\approx 2 \cdot e^{0{,}3365t}$

t: Zeit in Wochen f(t): Insektenzahl in Mio.

t	0	1	2	3	4
f(t)	2	2,8	3,92	5,49	7,68

·1,4 ·1,4 ·1,4 ·1,4

Allgemein ergibt sich für exponentielle Wachstumsprozesse mit dem Wachstumsfaktor b analog $f(t) = a \cdot b^t = a \cdot e^{k \cdot t}$. Aus $b = e^k$ folgt $k = \ln(b)$.

Eine besondere Eigenschaft von exponentiellem Wachstum ist die **Verdopplungszeit T_V**.
In jedem Zeitintervall der Länge T_V verdoppelt sich der Bestand, also auch im Intervall $[0; T_V]$.
Es gilt $f(T_V) = 2 \cdot f(0) = 2 \cdot a$. Mit $f(T_V) = a \cdot e^{k \cdot T_V} = 2a$ ergibt sich $T_V = \frac{\ln(2)}{k}$.

Auch bei Vorgängen mit exponentieller Abnahme ($b < 1$ und $k = \ln(b) < 0$) spricht man von exponentiellem Wachstum, für die **Halbwertszeit** erhält man analog $T_H = \frac{\ln\left(\frac{1}{2}\right)}{k}$.

Wissen: Exponentielles Wachstum
Die Gleichung $f(t) = a \cdot e^{k \cdot t}$ mit $k \neq 0$ beschreibt einen exponentiellen Wachstumsprozess eines Bestands. $a = f(0)$ ist der **Anfangsbestand** zum Zeitpunkt $t = 0$ und k die **Wachstumskonstante**.

exponentielle Zunahme: k > 0

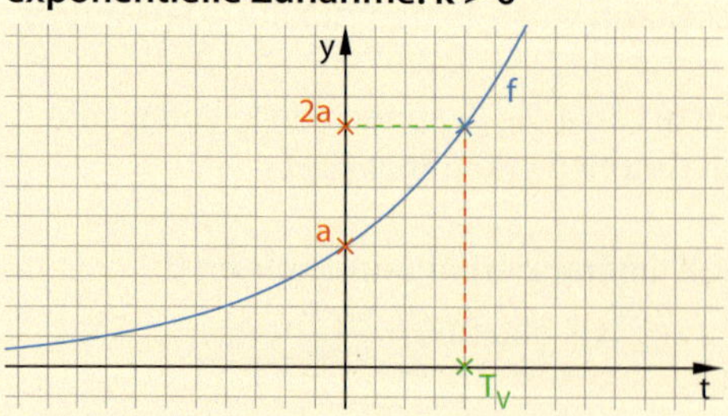

Verdopplungszeit: $T_V = \frac{\ln(2)}{k}$

exponentielle Abnahme: k < 0

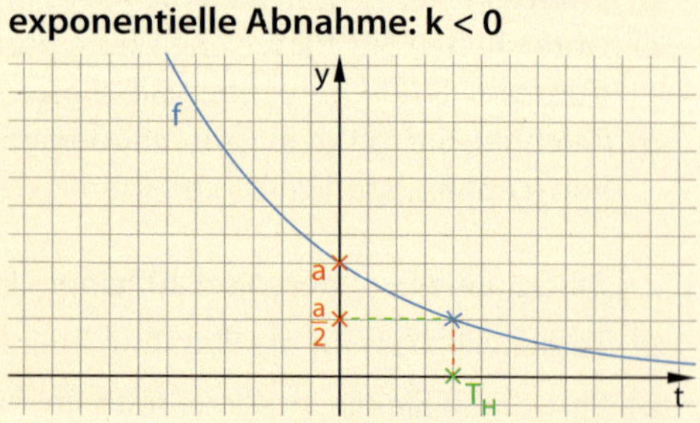

Halbwertszeit: $T_H = \frac{\ln\left(\frac{1}{2}\right)}{k}$

Hinweis:
Mit den Logarithmusgesetzen ergibt sich:
$T_H = -\frac{\ln(2)}{k}$.

Beispiel 1: Einem Patienten werden 5 mg eines Medikaments verabreicht. Das Medikament wird vom Körper exponentiell abgebaut.
Stellen Sie eine Funktionsgleichung mit der Basis e auf, die die Menge des Medikaments im Blut des Patienten beschreibt, wenn
a) die Menge des Medikaments im Blut pro Stunde um 15 % abnimmt,
b) nach 2 Stunden noch 3,2 mg im Blut sind, c) die Halbwertszeit 5 Stunden ist.

Lösung:
Allgemein gilt für eine exponentielle Abnahme $f(t) = a \cdot e^{k \cdot t}$ mit $k < 0$. Hier gibt t die Zeit in Stunden und f(t) die Menge in mg an. Für den Anfangsbestand gilt $a = f(0) = 5$.

a) Bestimmen Sie aus der prozentualen Abnahme den Wachstumsfaktor b und aus diesem die Wachstumskonstante k.

$b = 1 - \frac{15}{100} = 1 - 0{,}15 = 0{,}85$
$k = \ln(b) = \ln(0{,}85) \approx -0{,}163$
Einsetzen der Werte für a und k ergibt:
$f(t) = 5e^{-0{,}163t}$

b) Setzen Sie die Angaben $t = 2$ und $f(t) = 3{,}2$ und den Anfangsbestand $a = 5$ in die allgemeine Funktionsgleichung ein. Lösen Sie die Gleichung nach k auf.

$$3{,}2 = 5 \cdot e^{k \cdot 2} \quad |:5$$
$$0{,}64 = e^{k \cdot 2} \quad |\ln$$
$$\ln(0{,}64) = k \cdot 2 \quad |:2$$
$$k = \frac{\ln(0{,}64)}{2} \approx -0{,}223$$
$f(t) = 5e^{-0{,}223t}$

c) Setzen Sie die Halbwertszeit $T_H = 5$ in die Formel für die Halbwertzeit $T_H = \frac{\ln\left(\frac{1}{2}\right)}{k}$ ein. Lösen Sie die Gleichung nach k auf.

Aus $5 = \frac{\ln\left(\frac{1}{2}\right)}{k}$ folgt $k = \frac{\ln\left(\frac{1}{2}\right)}{5} \approx -0{,}139$
$f(t) = 5e^{-0{,}139t}$

Erinnerung:
Der Wachstumsfaktor b ergibt sich aus der prozentualen Wachstumsrate r %:
$b = 1 + \frac{r}{100}$

Basisaufgaben

1. Entscheiden Sie, ob die Gleichung eine exponentielle Zu- oder Abnahme beschreibt. Geben Sie den Anfangsbestand an und berechnen Sie den Bestand zum angegebenen Zeitpunkt t.
   a) $f(t) = 3 \cdot e^{0{,}65 \cdot t}$; $t = 4$
   b) $f(t) = 25e^{-0{,}2 \cdot t}$; $t = 3{,}5$
   c) $f(t) = 4 \cdot t^{2{,}7}$; $t = 3$
   d) $f(t) = 2{,}7e^{1{,}2 \cdot t}$; $t = 0{,}5$

2. a) Ordnen Sie den Wachstumsfunktionen f, g, h und i die Graphen ①–④ zu.

   $f(t) = 2 \cdot e^{0{,}087 \cdot t}$ $g(t) = 2 \cdot e^{-0{,}231 \cdot t}$
   $h(t) = 2 \cdot e^{-0{,}116 \cdot t}$ $i(t) = 2 \cdot e^{0{,}139 \cdot t}$

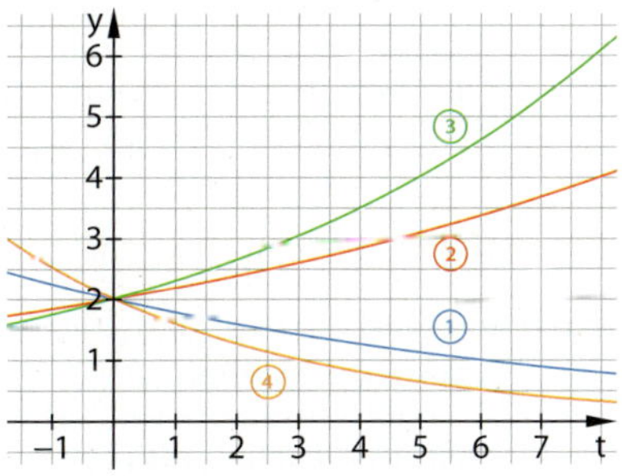

   b) Lesen Sie zu den Wachstumsfunktionen aus a) die Verdopplungs- bzw. die Halbwertszeit aus dem Graphen ab. Berechnen Sie die Werte und vergleichen Sie.

3. Die Funktion f mit $f(t) = 7{,}5e^{-0{,}15t}$ beschreibt die Menge eines Narkosemittels im Blut eines Patienten in Abhängigkeit der Zeit t in Stunden. f(t) gibt die Menge in mg an.
   a) Bestimmen Sie die Menge an Narkosemittel im Blut nach 1 Stunde, nach 2,5 Stunden und nach 5 Stunden.
   b) Bestimmen Sie den Zeitpunkt t, zu dem die Menge an Narkosemittel unter 1 mg fällt.
   c) Berechnen Sie die Halbwertzeit und deuten Sie diese im Sachzusammenhang.

4. In einem großen Garten sind 1,5 m² mit Unkraut bedeckt. Der Gärtner geht von einer exponentiellen Ausbreitung der bedeckten Fläche aus. 10 Tage später sind es bereits 2 m².
   a) Stellen Sie die Ausbreitung des Unkrauts mit einer Funktionsgleichung der Form $f(t) = a \cdot e^{k \cdot t}$ dar.
   b) Bestimmen Sie die Größe der von Unkraut bewachsenen Fläche nach 14 Tagen.
   c) Berechnen Sie, nach wie vielen Tagen 3 m² von Unkraut bewachsen sein werden.
   d) Bestimmen Sie die Verdopplungszeit und deuten Sie diese im Sachzusammenhang.

5. Durch eine konsequente Anwendung eines neuen Mittels zur Schädlingsbekämpfung soll der Schädlingsbestand pro Woche um 12 % reduziert werden. Gehen Sie zum Zeitpunkt $t = 0$ von 5 Millionen Schädlingen aus.
   a) Bestimmen Sie die Anzahl der Schädlinge nach 1, nach 2 und nach 3 Wochen.
   b) Die Abnahme des Schädlingsbestands lässt sich durch die Funktion $f(t) = a \cdot b^t$ beschreiben. Bestimmen Sie den Anfangsbestand a und den Wachstumsfaktor b.
   c) Stellen Sie die Funktionsgleichung der Funktion aus b) zur Basis e auf.
   d) Untersuchen Sie, wann der Schädlingsbestand unter 1 Million fällt.

6. Exponentielles Wachstum lässt sich durch die prozentuale Änderung in einer Zeiteinheit, durch den Wachstumsfaktor oder durch die Wachstumskonstante beschreiben. Vervollständigen Sie die Tabelle.

prozentuale Wachstumsrate r %	25 %	10 %	−3 %		
Wachstumsfaktor $b = 1 + \frac{r}{100}$	1,25			1,02	
Wachstumskonstante k = ln (b)	0,223				−0,693

7. Beschreiben Sie den exponentiellen Wachstumsprozess durch eine Funktionsgleichung mit der Basis e.

a) Zu Beginn sind es 100 Zellen, die Anzahl verdreifacht sich jede Stunde

b) Eine Algenfläche von 5 m² vergrößert sich jeden Tag um 16 %.

c) Der Wert eines 20 000 € teuren Neuwagen sinkt jährlich um 20 %.

d) Anfangs 13 cm hoch, nach 22 Tagen 48 cm hoch

e) 4000 im Jahr 2010 und 500 im Jahr 2019

f) 1 Bakterie um 12 Uhr, Verdopplungszeit 3 Stunden

g) Zu Beginn sind es 200 mg, alle zwei Tage halbiert sich die Menge.

Wachstumsgeschwindigkeit

Betrachtet wird die exponentielle Ausbreitung einer Bakterienkultur, welche durch $f(t) = 100e^{0,2t}$ beschrieben wird (t: Zeit in Wochen, f(t): Bestand in Mio.).

Die **Wachstumsgeschwindigkeit** gibt an, wie sich zu einem bestimmten Zeitpunkt die Bakterienzahl pro Zeit verändert. Sie entspricht der Änderungsrate f′. Mithilfe der Kettenregel ergibt sich:
$f'(t) = 100 \cdot 0{,}2 \cdot e^{0,2t} = 20e^{0,2t}$

Zeit t in Wochen	0	1	2	3
Bestand f(t) in Mio.	100	122,1	149,2	182,2
Wachstumsgeschw. f′(t) in Mio./Woche	20	24,4	29,8	36,4

Die Wachstumsgeschwindigkeit nimmt ebenso wie der Bakterienbestand exponentiell zu, Die beiden Größen sind proportional zueinander mit dem Proportionalitätsfaktor $k = 0{,}2$.

Wissen: Wachstumsgeschwindigkeit
Beschreibt die Funktion $f(t) = a \cdot e^{k \cdot t}$ das exponentielle Wachstum eines Bestands, so gibt $f'(t)$ die **Wachstumsgeschwindigkeit** zum Zeitpunkt t an. Es gilt $f'(t) = a \cdot k \cdot e^{k \cdot t} = k \cdot f(t)$. Die Wachstumsgeschwindigkeit verhält sich auch exponentiell, sie ist proportional zum Bestand.

Hinweis:
Bei exponentieller Abnahme ($k < 0$) ist die Wachstumsgeschwindigkeit negativ. Ihr Betrag nimmt ebenfalls exponentiell ab.

Beispiel 2: Wachstumsgeschwindigkeit bestimmen
Die Vermehrung einer Bakterienkultur lässt sich durch die Funktion f mit $f(t) = 50e^{0,15t}$ beschreiben (t: Zeit in Stunden, f(t): Anzahl der Bakterien in Tausend).
a) Bestimmen Sie die Wachstumsgeschwindigkeit nach 4 Stunden.
b) Ermitteln Sie den Zeitpunkt, zu dem der Bestand um 15 000 Bakterien pro Stunde wächst.
c) Bestimmen Sie die durchschnittliche Wachstumsgeschwindigkeit in den ersten 4 Stunden.

Lösung:
a) Bestimmen Sie die erste Ableitung f′(t) und setzen Sie den Zeitpunkt t = 4 ein. Beachten Sie, dass f(t) die Anzahl in Tausend angibt.

$f'(t) = 50 \cdot 0{,}15 \cdot e^{0{,}15t} = 7{,}5e^{0{,}15t}$
$f'(4) = 7{,}5 \cdot e^{0{,}15 \cdot 4} \approx 13{,}666$
Die Wachstumsgeschwindigkeit beträgt nach 4 Stunden etwa 13 666 Bakterien pro Stunde.

b) Setzen Sie die erste Ableitung f′(t) mit 15 gleich und lösen Sie die Gleichung nach t auf.

$15 = 7{,}5e^{0{,}15t} \quad | : 7{,}5 \;|\ln$
$\ln(2) = 0{,}15t \quad | : 0{,}15$
$t = \frac{\ln(2)}{0{,}15} \approx 4{,}62$
Der Zeitpunkt ist etwa 4,62 Stunden.

c) Teilen Sie die Änderung der Bakterienanzahl durch den zugehörigen Zeitraum.

$\frac{f(4) - f(0)}{4 - 0} \approx \frac{91{,}106 - 50}{4} \approx 10{,}276$
Das Wachstum beträgt durchschnittlich etwa 10 276 Bakterien pro Stunde.

Beispiel 3: Bestandsänderung aus Wachstumsgeschwindigkeit ermitteln
Die Wachstumsgeschwindigkeit einer Hefekultur lässt sich durch $f(t) = 3e^{0{,}3t}$ beschreiben (t in Tagen, f(t) in g pro Tag). Bestimmen Sie die absolute Zunahme der Hefekultur vom 3. Tag bis zum 7. Tag.

Lösung:
Die Wachstumsgeschwindigkeit gibt die Änderungsrate des Bestands an. Die Bestandsänderung ergibt sich mit dem bestimmten Integral von f in den Grenzen von 3 bis 7.

$\int_3^7 f(t)\,dt = \int_3^7 3e^{0{,}3t}\,dt$
$= [10e^{0{,}3t}]_3^7 \approx 57{,}07$
Die Hefekultur nimmt um etwa 57,07 g zu.

Basisaufgaben

8. Die Funktion f beschreibt einen Wachstumsprozess. Bestimmen Sie die Wachstumsgeschwindigkeit zum angegebenen Zeitpunkt t.
a) $f(t) = 12e^{0{,}7 \cdot t}$; $t = 3$
b) $f(t) = 100e^{1{,}2 \cdot t}$; $t = 5{,}5$
c) $f(t) = 0{,}2e^{1{,}8 \cdot t}$; $t = 0{,}75$
d) $f(t) = e^{0{,}7 \cdot t}$; $t = 0$

Lösungen zu 8:
47,23
88 211
42 0,7
1,39
68,60

9. Der Bestand einer Pilzkultur in Millionen lässt sich durch die Funktion f mit $f(t) = 7{,}5e^{0{,}3t}$ beschreiben. Dabei gibt t die Zeit in Wochen an.
a) Bestimmen Sie die Wachstumsgeschwindigkeit nach einer und nach fünf Wochen.
b) Bestimmen Sie den Zeitpunkt, zu dem sich die Pilzkultur mit einer Geschwindigkeit von 10 Millionen Pilzen pro Woche ausbreitet.
c) Ermitteln Sie die durchschnittliche Wachstumsgeschwindigkeit in der ersten Woche.

10. Ein Bestand vermehrt sich mit einer Wachstumsgeschwindigkeit f mit $f(t) = 10e^{0,1t}$.
a) Bestimmen Sie die Wachstumsgeschwindigkeit zum Zeitpunkt t = 10 und t = 20.
b) Bestimmen Sie die absolute Bestandsänderung in den Intervallen [1; 15] und [15; 20].
c) Begründen Sie, dass der Bestand durch die Funktion F mit $F(t) = 100e^{0,1t}$ beschrieben wird, wenn der Bestand exponentiell wächst.

11. Die Funktion f beschreibt die exponentiell zunehmende Anzahl an Läusen auf einer Pflanze in Abhängigkeit von der Zeit t in Wochen. Beschreiben Sie die Bedeutung der folgenden Ausdrücke im Sachzusammenhang.

a) $f(0)$
e) $f(0) + \int_0^9 f'(t)\,dt$
b) t mit $f(t) = 1000$
f) t mit $f'(t) = 500$
g) $\frac{\int_5^{25} f'(t)\,dt}{20}$
c) $f'(10)$
h) $\frac{f(25) - f(5)}{20}$
d) $\int_0^{10} f'(t)\,dt$

Weiterführende Aufgaben

12. Die Verdopplungszeit T_V bei einem exponentiellen Wachstumsprozess gilt unabhängig vom Zeitpunkt.
a) Begründen Sie in diesem Zusammenhang die Gleichung $f(t) = \frac{1}{2} \cdot f(t + T_V)$.
b) Formulieren Sie eine analoge Gleichung für die Halbwertszeit.
c) Begründen oder widerlegen Sie diese Aussage: Bei exponentiellem Wachstum haben der Wachstumsprozess und die zugehörige Wachstumsgeschwindigkeit die gleiche Verdopplungszeit.

13. Stolperstelle: Eine Pflanze ist zu Beginn 21 cm hoch. Sie wächst nach Zugabe eines besonderen Düngers um 10 % pro Tag. Erläutern Sie die Fehler der Schüler.
a) Hannes bestimmt die Verdopplungszeit und meint: *„In 5 Tagen beträgt die Zunahme $5 \cdot 10\,\% = 50\,\%$, also sind 5 Tage die Verdopplungszeit.“*
b) Das Wachstum in cm/Tag wird durch $f(t) = 2 \cdot e^{0,095t}$ beschrieben. Tina berechnet die Höhe nach 10 Tagen:
$f(10) = 2 \cdot e^{0,095 \cdot 10} \approx 5,17$ Nach 10 Tagen ist die Pflanze 5,17 cm hoch.

14. Bei einem exponentiellem Wachstumsprozess sind die Bestände $f(2) = 4,1$ und $f(6) = 30,1$ bekannt.
a) Die Karten zeigen Tims Weg zur Bestimmung der zugehörigen Funktionsgleichung. Bringen Sie die Schritte in eine sinnvolle Reihenfolge und begründen Sie die einzelnen Schritte.

① $a \cdot e^{k \cdot 6} = 30,1$; $a \cdot e^{k \cdot 2} = 4,1$
② $f(t) = a \cdot e^{0,498t}$
③ $f(t) = 1,517 \cdot e^{0,498t}$
④ $e^{k \cdot 4} = \frac{30,1}{4,1} \approx 7,341$
⑤ $k = \frac{\ln(7,341)}{4} \approx 0,498$
⑥ $30,1 = a \cdot e^{0,498 \cdot 6}$; $a \approx 1,517$

b) Carolin: *„Als Ansatz wähle ich $f(t) = 4,1 \cdot e^{k \cdot (t-2)}$. Dann setze ich $t = 6$ und $f(t) = 30,1$ ein und löse nach k auf.“* Zeigen Sie, dass auch Carolin $k = 0,498$ erhält.
c) Erläutern Sie, warum die Funktionsgleichungen aus a) und b) äquivalent sind.
d) Bestimmen Sie mit der Methode von Tim oder von Carolin jeweils eine exponentielle Wachstumsfunktion.
① $f(3) = 23,7$; $f(6) = 225$ ② $f(2) = 4,4$; $f(4) = 48,6$ ③ $f(1) = 4,9$; $f(10) = 29,5$

CAS
e) Informieren Sie sich, ob Ihr CAS-Rechner auch nichtlineare Gleichungssysteme lösen kann. Falls dies der Fall ist, überprüfen Sie damit Ihre Ergebnisse aus d).

15. Der Luftdruck nimmt mit der Höhe exponentiell ab. Die Änderungsrate wird durch die Funktion f mit $f(x) = -124{,}6 \cdot e^{-0{,}123x}$ beschrieben (x: Höhe über dem Meeresspiegel in km, f(x): Luftdruck in hPa/km).

a) Bestimmen Sie, um wie viel hPa der Luftdruck abnimmt, wenn man sich vom Meeresspiegel aus in 3000 m Höhe begibt.

b) Ermitteln Sie eine Funktion, die den Luftdruck in Abhängigkeit von der Höhe angibt.

Hinweis zu 15:
Einheit des Luftdrucks:
1 hPa (Hektopascal)

16. In einem Tank mit 5000 Liter Wasser ist am Boden ein kleines Loch, sodass sich der Wassertank langsam leert. Die Tabelle zeigt das Volumen f im Wassertank innerhalb der ersten vier Stunden.

t in Stunden	0	1	2	3	4
f(t) in Liter	5000	4748	4512	4291	4073

a) Zeigen Sie durch Quotientenbildung $\frac{f(t)}{f(t-1)}$, dass das Volumen im Tank näherungsweise exponentiell abnimmt.

b) Bilden Sie den Durchschnitt aller Quotienten und erklären Sie seine Bedeutung im Sachzusammenhang. Bestimmen Sie mithilfe des Durchschnitts eine Wachstumsfunktion der Form $f(t) = a \cdot e^{k \cdot t}$.

c) Untersuchen Sie mithilfe der Modellfunktion,
① wie viel Wasser nach 10 Stunden noch im Tank sein wird,
② wann das Wasservolumen im Tank unter 1000 Liter fällt,
③ wann die Abnahmegeschwindigkeit des Volumens unter 100 Liter/Stunde fällt.

d) Formulieren Sie eigene Fragestellungen zur Sachsituation und stellen Sie sich diese Fragen innerhalb einer Gruppe.

● **17.** Im „Internet der Dinge" gab es 2009 etwa 6,5 Milliarden mit dem Internet verbundene Geräte weltweit. Die Tabelle zeigt die Entwicklung in den folgenden Jahren bis zum Jahr 2020.

Jahr	2012	2014	2016	2018	2020
Geräte in Milliarden	8,7	14,2	22,9	34,8	50,1

a) Zeigen Sie, dass näherungsweise ein exponentielles Wachstum vorliegt und stellen Sie eine passende Wachstumsfunktion auf.

GTR b) Führen Sie mithilfe des GTR eine exponentielle Regression durch und vergleichen Sie das Ergebnis mit a).

c) Bestimmen Sie die Wachstumsgeschwindigkeit im Jahr 2020.

d) Bestimmen Sie den Zeitpunkt, zu dem die Anzahl der Geräte erstmals schneller als mit 2 Milliarden Geräten pro Jahr wächst.

e) In den Jahren 2009 bis 2020 wächst das Internet der Dinge etwa um 43,5 Milliarden Geräte. Untersuchen Sie, wie lange es ab 2020 dauert, bis es um weitere 43,5 Milliarden Geräte gewachsen sein wird.

● **18. Ausblick:** Die Wachstumsgeschwindigkeit einer Läusepopulation aus 1000 Läusen wächst pro Tag immer ① um 500 Läuse, ② um 5 % der aktuellen Läusepopulation.

a) Stellen Sie für beide Wachstumsprozesse eine Gleichung für die Größe der Läusepopulation auf.

GTR b) Untersuchen Sie, zu welchem Zeitpunkt die Populationen gleich groß sind und zu welchem Zeitpunkt die Wachstumsgeschwindigkeiten gleich groß sind.

c) Erläutern Sie, dass der Wachstumsprozess ① oder ② die Gleichung $f'(t) = k \cdot f(t)$ mit einer Konstanten k erfüllt. Bestimmen Sie den passenden Wert für k.

d) Untersuchen Sie, welcher Funktionstyp allgemein die Gleichung aus c) erfüllt.

3.5 Begrenztes Wachstum

■ Die Grafik zeigt den Absatz an Smartphones in Deutschland in den Jahren seit 2009.

a) Beschreiben Sie den Verlauf in eigenen Worten. Gehen Sie dabei insbesondere auf Unterschiede zu bisherigen Wachstumsmodellen ein.

b) Nennen Sie inhaltliche Gründe, warum sich der Absatz scheinbar einer Grenze annähert. ■

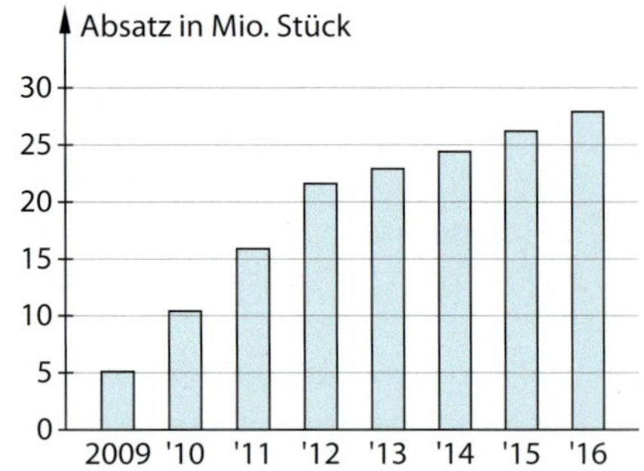

Viele Wachstumsprozesse sind nicht unbegrenzt. Vielmehr gibt es eine natürliche Grenze, welche nicht über- oder unterschritten werden kann. In solchen Fällen spricht man von einem **begrenzten Wachstum**.

Beispielsweise erwärmt sich 2 °C kalter Orangensaft bei einer Raumtemperatur von 21 °C zwar immer weiter, kann aber nicht wärmer als 21 °C werden.
Die Tabelle zeigt, dass die Differenz d (t) zwischen der Safttemperatur f (t) und der Raumtemperatur 21 °C zu Beginn 19 °C beträgt und sich dann in jeder Minute um den Faktor 0,87 ändert. Die Temperaturdifferenz nimmt also exponentiell ab.
Für die Temperaturdifferenz gilt:

$d(t) = 19 \cdot 0{,}87^t = 19 \cdot e^{\ln(0{,}87) \cdot t} \approx 19e^{-0{,}139t}$

Für die Safttemperatur folgt:
$f(t) = 21 - d(t) \approx 21 - 19e^{-0{,}139t}$

Die Safttemperatur nähert sich der **Grenze** von 21 °C beliebig dicht von unten an, ohne sie zu erreichen. Man sagt, sie nähert sich der Grenze **asymptotisch**.
Dabei wird die Wachstumsgeschwindigkeit immer geringer, sie strebt gegen 0.

Zeit t in min	0	1	2	3	4
Temperatur f (t) in °C	2	4,5	6,7	8,5	10,1
Differenz in °C d (t) = 21 − f (t)	19	16,5	14,3	12,5	10,9

· 0,87 · 0,87 · 0,87 · 0,87

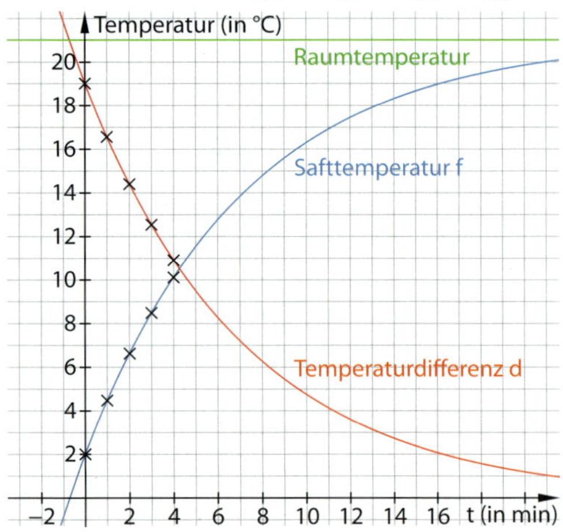

Beim begrenzten Wachstum nimmt die Differenz d (t) zwischen der Grenze S und dem Bestand f (t) exponentiell ab, sodass $d(t) = (S - f(0)) \cdot e^{-k \cdot t}$ mit $k > 0$ gilt.
Aus $d(t) = S - f(t)$ folgt für den Bestand $f(t) = S - d(t) = S - (S - f(0)) \cdot e^{-k \cdot t}$.

Wissen: Begrenztes Wachstum
Die Gleichung $f(t) = S - (S - a) \cdot e^{-k \cdot t}$ mit $k > 0$ beschreibt einen begrenzten Wachstumsprozess eines Bestands.
$a = f(0)$ ist der **Anfangsbestand** zum Zeitpunkt $t = 0$. Der Graph von f nähert sich **asymptotisch** einer **Grenze** S an.
$a > S$: **begrenzte Abnahme** (Annäherung von oben)
$a < S$: **begrenzte Zunahme** (Annäherung von unten)

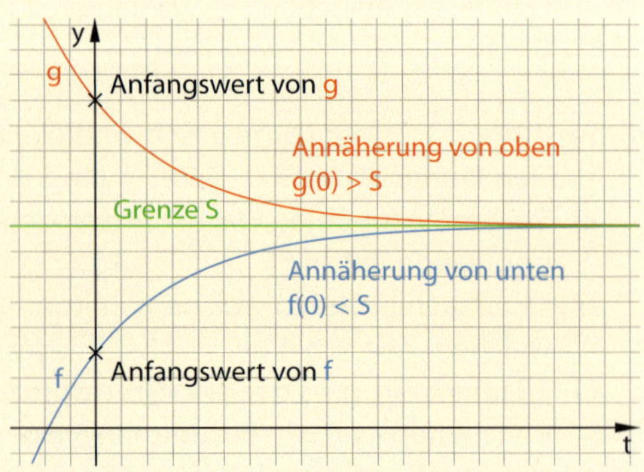

Beispiel 1: Werte bei Funktion zu begrenztem Wachstum bestimmen

Die Temperatur von Wasser in einem Glas in Abhängigkeit der Zeit t in Minuten lässt sich durch die Funktion f mit $f(t) = 35 - 20e^{-0{,}15t}$ beschreiben.

a) Geben Sie die Grenze und die Anfangstemperatur an.

b) Begründen Sie anhand des Funktionsterms, dass die Temperatur stets kleiner ist als die Grenze, sich aber asymptotisch der Grenze nähert.

c) Bestimmen Sie den Zeitpunkt, zu dem die Wassertemperatur 20 °C erreicht.

d) Bestimmen Sie den Zeitpunkt, an dem die Wachstumsgeschwindigkeit $0{,}75\,\frac{°C}{min}$ ist.

Lösung:

a) Die Grenze S und die Anfangstemperatur a ergeben sich durch einen Vergleich der allgemeinen und der hier konkret vorgegebenen Funktionsgleichung.

$f(t) = S - (S - a) \cdot e^{-k \cdot t}$
$f(t) = 35 - 20 \cdot e^{-0{,}15 \cdot t}$ $\quad S = 35$
$20 = S - a = 35 - a$, also $a = 15$
Grenze der Temperatur: 35 °C
Anfangstemperatur: 15 °C

b) Der Ausdruck $d(t) = 20 \cdot e^{-0{,}15 \cdot t}$ beschreibt die Differenz zwischen der Grenze S und der Temperatur f(t). Die Differenz d(t) ist immer positiv und sie nimmt exponentiell ab.

$f(t) = \underbrace{35}_{\text{Grenze}} - \underbrace{20 \cdot e^{k \cdot t}}_{\text{exponentiell abnehmende Differenz zur Grenze}}$

Da die Differenz d(t) von der Grenze S subtrahiert wird, ist die Temperatur f(t) stets kleiner als die Grenze. d(t) strebt für $t \to \infty$ gegen 0 und f(t) gegen S.

c) Setzen Sie in der Funktionsgleichung 20 für f(t) ein und lösen Sie die Gleichung nach t auf.

$20 = 35 - 20e^{-0{,}15t}$ $\quad | -35 \quad | :(-20)$
$0{,}75 = e^{-0{,}15t}$ $\quad | \ln \quad | :(-0{,}15)$
$t = \frac{\ln(0{,}75)}{-0{,}15} \approx 1{,}92$

Der Zeitpunkt ist etwa 1,92 min (1 min 55 s).

d) Bestimmen Sie für die Wachstumsgeschwindigkeit die erste Ableitung f′(t) und setzen Sie sie gleich 0,75. Lösen Sie die Gleichung nach t auf

$f'(t) = -20 \cdot (-0{,}15) \cdot e^{-0{,}15} = 3e^{-0{,}15t}$

$0{,}75 = 3e^{-0{,}15t}$ $\quad | :3 \quad | \ln$
$\ln(0{,}25) = e^{-0{,}15t}$ $\quad | :(-0{,}15)$
$t = \frac{\ln(0{,}25)}{-0{,}15} \approx 9{,}24$

Der Zeitpunkt ist etwa 9,24 min (9 min 14 s).

Beispiel 2: Funktion zu begrenztem Wachstum aufstellen

Ein heißes Mikrowellenessen kommt mit 85 °C aus der Mikrowelle. Im Raum herrschen 23 °C. Nach 5 Minuten ist das Essen noch 65 °C warm.
Stellen Sie eine Funktion auf, welche den Wachstumsprozess beschreibt.

Lösung:

Die Raumtemperatur liefert die Grenze S = 23 und die Anfangstemperatur a = 85. Wenn Sie die Werte S = 23 und a = 85 in die allgemeine Funktionsgleichung einsetzen, erhalten Sie $f(t) = 23 + 62 \cdot e^{-k \cdot t}$.
Setzen Sie in diese Gleichung die Angaben t = 5 und f(t) = 65 ein und lösen Sie die Gleichung nach k auf.

allgemein: $f(t) = S - (S - a) \cdot e^{-k \cdot t}$
t: Zeit in Minuten $\quad$ f(t): Temperatur in °C
$f(t) = 23 - (23 - 85) \cdot e^{-k \cdot t} = 23 + 62e^{-k \cdot t}$

$65 = 23 + 62e^{-k \cdot 5}$ $\quad | -23$
$42 = 62e^{-k \cdot 5}$ $\quad | :62$
$\frac{21}{32} = e^{-k \cdot 5}$ $\quad | \ln$
$\ln\left(\frac{21}{32}\right) = -k \cdot 5$ $\quad | :(-5)$
$k = \frac{\ln\left(\frac{21}{32}\right)}{-5} \approx 0{,}078$
$f(t) = 23 + 62e^{-0{,}078t}$

Basisaufgaben

1. Entscheiden Sie, ob die Gleichung eine begrenzte Zu- oder Abnahme beschreibt. Geben Sie die Grenze und den Anfangsbestand an. Berechnen Sie den Bestand zum angegebenen Zeitpunkt t.

a) $f(t) = 10 - 4 \cdot e^{-0{,}5 \cdot t}$; $t = 6$ b) $f(t) = 5 + 30e^{-0{,}06t}$; $t = 8$ c) $f(t) = 7 - (7 - 2)\,e^{-0{,}1t}$; $t = 1$

2. Ordnen Sie den Wachstumsfunktionen f, g, h und i die Graphen ①–④ zu.

$f(t) = 20 + 10e^{-0{,}05t}$ $g(t) = 20 - 20e^{-0{,}05t}$

$h(t) = 20 - 10e^{-0{,}05t}$ $i(t) = 20 + 20e^{-0{,}05t}$

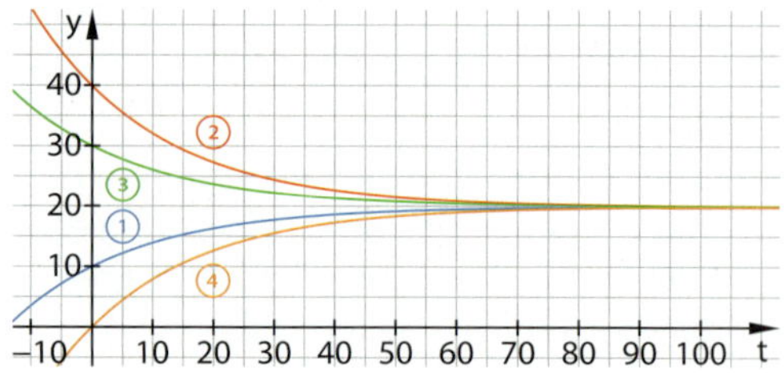

3. Die Funktion f mit $f(t) = 2000 - 1100e^{-0{,}1t}$ beschreibt den Tierbestand in einem Gebiet in Abhängigkeit von der Zeit t in Wochen.

a) Geben Sie die Grenze und den Anfangsbestand dieses Wachstumsprozesses an und deuten Sie diese im Sachzusammenhang.

b) Begründen Sie anhand des Funktionsterms, dass der Tierbestand stetig zunimmt und sich asymptotisch der Grenze nähert.

c) Bestimmen Sie den Zeitpunkt t, an dem der Tierbestand
① über 1500 Tiere steigt, ② um 50 Tiere/Monat zunimmt.

4. Flüssigkeiten mit unterschiedlichen Anfangstemperaturen werden in einem Raum mit einer Temperatur von 25 °C gestellt. Bestimmen Sie eine Funktionsgleichung für die Flüssigkeitstemperatur in Abhängigkeit von der Zeit t in Minuten.
① Kaffee: Anfangstemperatur 85 °C, nach 3 Minuten 65 °C
② Milch: Anfangstemperatur 8 °C, nach 5 Minuten 19 °C
③ Saft: Anfangstemperatur 13 °C, nach 2 Minuten 22 °C

5. Eine Herde Wildpferde hat sich innerhalb von 5 Jahren von 200 auf 250 Tiere vergrößert. Da in der Natur kein unbegrenztes Wachstum möglich ist, soll angenommen werden, dass eine Anzahl von 1000 Tieren nie überschritten wird. Bestimmen Sie die Bestandsfunktion für die Anzahl der Tiere in der Herde.

a) Geben Sie an, wie viele Tiere nach 10 (15) Jahren in der Herde zu erwarten sind.

b) Geben Sie an, wann 95 % der Maximalanzahl erreicht sind.

c) Berechnen Sie, wie schnell die Anzahl der Tiere nach 8 Jahren anwächst.

6. Eine Tasse Tee mit einer Temperatur von 95 °C kühlt bei einer Zimmertemperatur von 20 °C innerhalb einer Viertelstunde auf 45 °C ab.

a) Bestimmen Sie eine Funktionsgleichung für eine Funktion f, die die Temperatur in Abhängigkeit von der Zeit t in Minuten beschreibt. Skizzieren Sie den Graphen von f.

b) Berechnen Sie die Temperatur nach 5 Minuten, nach 10 Minuten, nach einer halben und nach einer Stunde.

c) Untersuchen Sie, wie schnell die Temperatur nach 20 Minuten sinkt.

d) Bestimmen Sie den Zeitpunkt, an dem die Temperatur sich um 1 °C/Min. verändert.

Weiterführende Aufgaben

7. Die Graphen von f und g beschreiben begrenzte Wachstumsprozesse.

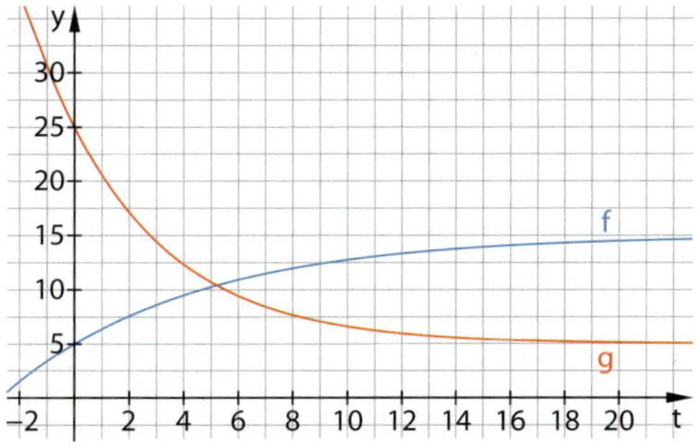

a) Beschreiben Sie bei beiden Graphen den zeitlichen Verlauf des Bestands. Verwenden Sie die Begriffe Anfangsbestand, Grenze und asymptotisch.

b) Nennen Sie zu jedem Graphen einen passenden Sachkontext.

c) Skizzieren Sie zu jedem Graphen im Heft die Wachstumsgeschwindigkeit.

8. **Stolperstelle:** Tim und Maike sprechen über einen begrenzten Wachstumsprozess, der durch die Gleichung $f(t) = 20 + 7e^{-0{,}04t}$ beschrieben wird. Beschreiben und korrigieren Sie die Fehler von Tim und Maike.

> Tim:
> „Die Grenze ist bei S = 20 und wird von unten angenähert, da der Anfangsbestand bei a = 7 ist."

> Maike:
> „Es handelt sich um eine begrenzte Abnahme. Für die Halbwertszeit ergibt sich $T_H = \frac{\ln(0{,}5)}{-0{,}04} \approx 17{,}33$."

9. Beurteilen Sie die Aussage über begrenztes Wachstum.

a) Der Anfangsbestand ist immer größer als 0.

b) Die Wachstumsgeschwindigkeit nähert sich mit zunehmender Zeit asymptotisch der Grenze S.

c) Je näher der Bestand an der Grenze liegt, desto weniger ändert sich der Bestand pro Zeiteinheit.

d) Die Wachstumsgeschwindigkeit ist bei begrenzter Zunahme immer positiv und bei begrenzter Abnahme immer negativ.

e) Jede Änderungsrate eines begrenzten Wachstumsmodells hat eine Halbwertszeit.

f) Der Bestand und die Änderungsrate sind bei einer Annäherung an die Grenze von oben proportional zueinander.

10. Frisch gebrühter Kaffee hat eine Temperatur von 85 °C und kalte Milch aus dem Kühlschrank hat eine Temperatur von 8 °C. Bei einer Raumtemperatur von 20 °C nimmt die Temperaturdifferenz von Kaffee- bzw. Milchkaffeetemperatur zur Raumtemperatur pro Minute um etwa 15 % ab.

Hinweis:
Mischtemperaturen ergeben sich aus den Anteilen, z. B. für $\frac{4}{5}$ Kaffee 50 °C und $\frac{1}{5}$ Milch 10 °C:
$\frac{4}{5} \cdot 50\,°C + \frac{1}{5} \cdot 10\,°C = 42\,°C$

a) Peter trinkt seinen Milchkaffee mit $\frac{2}{3}$ Kaffee und $\frac{1}{3}$ Milch. Er möchte ihn in 5 Minuten trinken. Entscheiden Sie, bei welcher der beiden Varianten der Milchkaffee in 5 Minuten kälter ist.

① Er kann den Kaffee und die Milch sofort mischen und dann abkühlen lassen.

② Er kann den Kaffee erst abkühlen lassen und dann den kälteren Kaffee mit der Milch mischen.

b) Maik mischt immer sofort Kaffee und Milch im gleichen Verhältnis wie Peter. Untersuchen Sie, wie lange Maik warten muss, damit die Milchkaffeetemperatur 40 °C beträgt.

c) Carla mischt im gleichen Verhältnis immer direkt vor dem Trinken. Untersuchen Sie, wann sie die Milch hinzugeben muss, damit der Milchkaffee 40 °C hat.

11. Vorgegeben sind Beschreibungen von Wachstumsvorgängen sowie drei Graphen und drei Funktionsgleichungen von Wachstumsgeschwindigkeiten.

A: exponentielle Zunahme

B: Annäherung an eine Grenze von oben

C: Annäherung an eine Grenze von unten

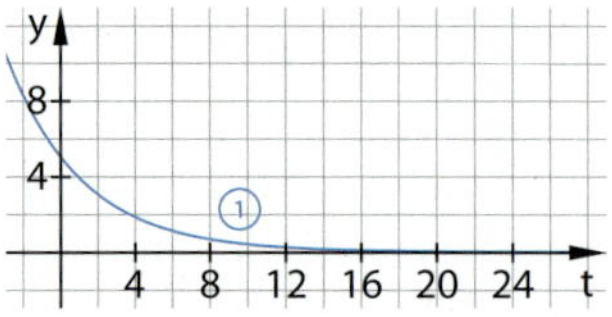

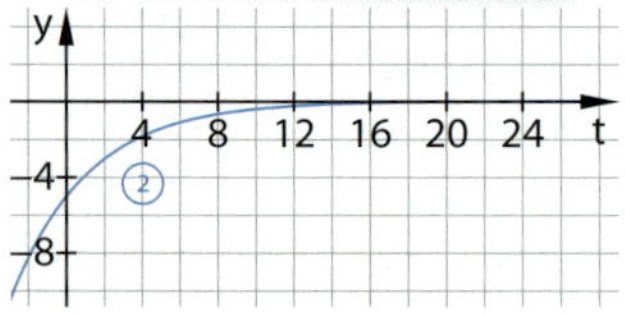

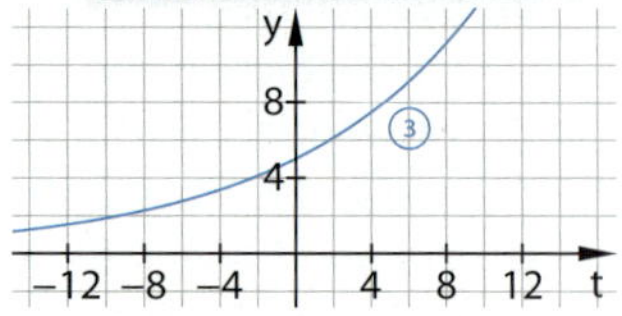

$f(t) = a \cdot e^{-k \cdot t};\ a, k > 0$

$g(t) = a \cdot e^{k \cdot t};\ a, k > 0$

$h(t) = -a \cdot e^{-k \cdot t};\ a, k > 0$

a) Ordnen Sie jeder Beschreibung eines Wachstumsvorgangs den Graphen und die Funktionsgleichung der Wachstumsgeschwindigkeiten zu.

b) Begründen Sie, dass auch die exponentielle Abnahme zu einem der oberen Graphen und Funktionsgleichungen passen könnte.

TK **12.** Ein Onlineshop bietet drei Bonussysteme für die Anzahl an Bestellungen an.

① 5 Punkte für jeden Einkauf

② 1 Punkt für den ersten Einkauf, 2 Punkte für den zweiten Einkauf, 3 Punkte für den dritten Einkauf, …

③ 0,1 Punkte für den ersten Einkauf, Verdopplung der Gesamtpunktzahl bei jedem weiteren Einkauf.

a) Der Screenshot zeigt die Berechnung der Bonuspunkte mithilfe einer Tabellenkalkulation. Erklären Sie die Bedeutung der einzelnen Spalten. Erklären Sie die Formel in Zelle C2. Erstellen Sie eine eigene Tabellenkalkulation zur Berechnung der Punkte für die einzelnen Systeme.

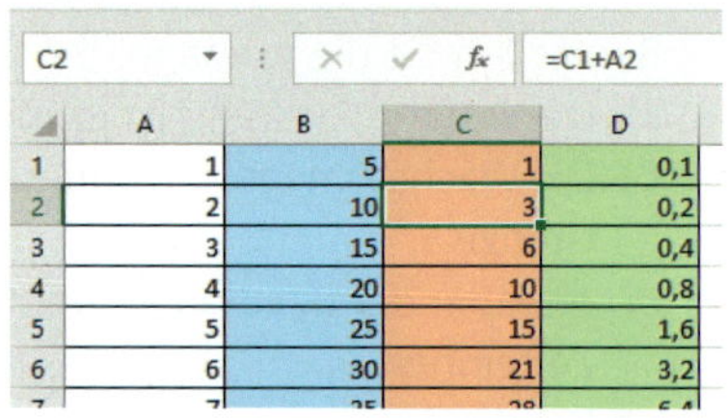

C2 =C1+A2

	A	B	C	D
1	1	5	1	0,1
2	2	10	3	0,2
3	3	15	6	0,4
4	4	20	10	0,8
5	5	25	15	1,6
6	6	30	21	3,2

b) Begründen Sie, bei welchem Bonussystem für die Punktzahl P in Abhängigkeit von n Einkäufen $P(n) = \frac{n \cdot (n+1)}{2}$ gilt. Bestimmen Sie entsprechende Funktionsgleichungen für die anderen beiden Bonussysteme.

c) Marie geht davon aus, dass sie etwa 10 Einkäufe bei dem Shop aufgeben wird. Untersuchen Sie, für welches System sie sich entscheiden sollte.

d) Die Kunden müssen sich bei der Registrierung für eines der Bonussysteme entscheiden. Untersuchen Sie, ab wie vielen Einkäufen sich welches Bonussystem für die Kunden rechnet.

e) Bei einem alternativen vierten Bonussystem berechnet sich die Gesamtpunktzahl bei n Einkäufen mit $P(n) = 64\left(1 - \frac{1}{2^n}\right)$. Beschreiben Sie den Verlauf der Punktzahl in Abhängigkeit von n. Beurteilen Sie dieses Bonussystem aus Sicht des Onlineshops und aus der Sicht der Kunden.

f) Begründen Sie, bei welchem der vier Bonussysteme lineares, exponentielles bzw. begrenztes Wachstum vorliegt. Geben Sie im letzten Fall auch die Grenze an.

● **13.** In einem gut klimatisierten Raum mit konstant 18 °C Umgebungstemperatur wird am morgen eine Leiche entdeckt. Der Gerichtsmediziner misst eine Körperkerntemperatur von 23,5 °C. Eine Stunde später misst er wieder, dann sind es 20,8 °C. Ein gesunder Mensch hat eine Körperkerntemperatur von 36,8 °C. Ermitteln Sie, wann die Person gestorben ist.

● **14.** Bei der Herstellung von Trockenobst verliert das Obst oftmals bis zu 90 % des Gewichts. Die Tabelle zeigt das Gewicht einer Portion Äpfel in Prozent vom Anfangswert während des Trocknens.

Zeit in Stunden	0	1	2	3	4	5	6	7	8
Gewicht in %	100	61,9	39,9	27,2	19,9	15,8	13,2	11,9	11,1

a) Berechnen Sie zu jedem Zeitpunkt die Differenz des Gewichtes zur Grenze und stellen Sie für die Differenz d eine Funktionsgleichung d (t) auf.
b) Erläutern anhand von d (t), dass die Differenz zur Grenze exponentiell abnimmt.
d) Untersuchen Sie, um wie Prozent die Differenz zur Grenze pro Stunde abnimmt.
e) Bestimmen Sie eine Funktionsgleichung f (t) für das Gewicht in Abhängigkeit von der Zeit.
f) Zeigen Sie, dass die Differenz d und die Abnahmegeschwindigkeit f′ proportional zueinander sind.

15. Bestandsfunktion aus der Wachstumsgeschwindigkeit ermitteln:
Die Funktion f mit $f(t) = 4e^{-0{,}5t}$ beschreibt die Wachstumsgeschwindigkeit einer begrenzten Zunahme.
a) Erläutern Sie, dass die Bestandsfunktion F (t) eine Stammfunktion von f ist.
b) Bestimmen Sie die Bestandsfunktion, wenn Folgendes gilt.
① Grenze S = 20 ② Anfangsbestand a = 20 ③ Anfangsbestand a = 0

● **16.** Ein Wasserbehälter mit einem Fassungsvermögen von 3000 Litern ist randvoll gefüllt. Durch ein Leck auf der Höhe der 1000-Liter-Markierung nimmt das Volumen im Behälter ab. Die Abnahmegeschwindigkeit in Abhängigkeit von der Zeit t in Minuten kann dabei durch die Funktion f mit $f(t) = -60e^{-0{,}03t}$ beschrieben werden (f (t) in Liter/min).

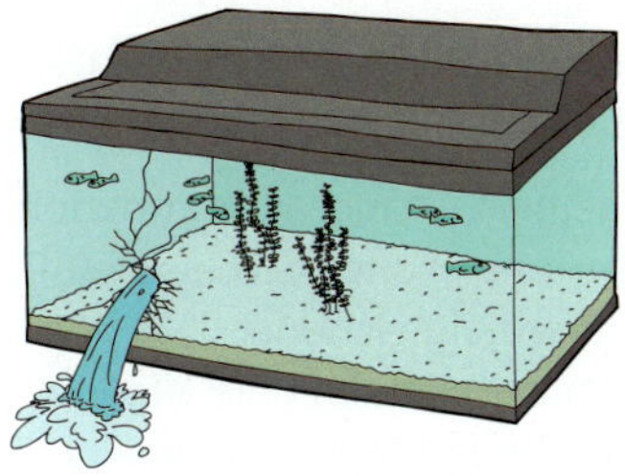

a) Deuten Sie den Ausdruck $\int_0^5 f(t)\,dt \approx -278{,}6$ im Sachzusammenhang.
b) Berechnen Sie die Wassermenge, die zwischen der zweiten und der zehnten Minute aus dem Behälter ausläuft.
c) Bestimmen Sie eine Stammfunktion von f und stellen Sie eine Funktion auf, welche das Wasservolumen in Abhängigkeit der Zeit t beschreibt.
d) Erläutern Sie das asymptotische Verhalten der Abnahmegeschwindigkeit und der Volumenfunktion anhand der Funktionsgleichungen.
e) Bestimmen Sie den Zeitpunkt, zu dem sich das Volumen halbiert hat.

● **17. Ausblick:** Die Bevölkerungszahl in einem Land mit 60 Mio. Einwohner sinkt im Jahr um 1,5 %, allerdings nimmt das Land auch 500 000 Einwanderer pro Jahr auf.
TK

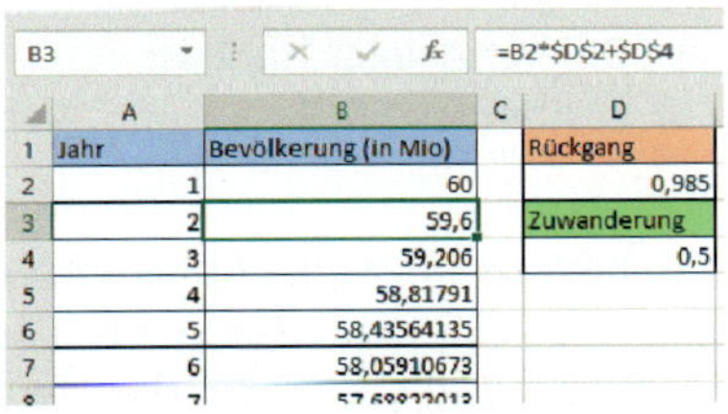

B3 =B2*$D$2+$D$4

	A	B	C	D
1	Jahr	Bevölkerung (in Mio)		Rückgang
2	1	60		0,985
3	2	59,6		Zuwanderung
4	3	59,206		0,5
5	4	58,81791		
6	5	58,43564135		
7	6	58,05910673		

a) Erklären Sie die Formel in Zelle B3.
b) Erstellen Sie eine Tabellenkalkulation und stellen Sie die Entwicklung grafisch dar.
c) Beschreiben Sie die Entwicklung anhand der Grafik.
d) Untersuchen Sie, wie viele Einwanderer das Land aufnehmen müsste, damit die Bevölkerungszahl konstant bleibt.
e) Bestimmen Sie die Gleichung einer Modellfunktion, die die Entwicklung beschreibt. Nehmen Sie kritisch Stellung zur Modellierung mit einer stufenlosen Funktion.

3.6 Differenzialgleichungen

■ Frank meint, er kennt alle der etwa 200 Staaten der Erde. 8 Minuten lang nennt er so viele wie möglich. Malte protokolliert die Anzahl der genannten Staaten pro Minute in einer Tabelle.

Minute	1	2	3	4	5	6	7	8
$\frac{\text{Staaten}}{\text{Minute}}$	33	28	23	19	16	13	11	10

a) Begründen Sie, inwieweit man die Daten der Tabelle als Änderungsrate deuten kann.
b) Erläutern Sie, inwieweit die Änderungsrate von der Zeit oder von der Anzahl der genannten bzw. der noch nicht genannten Staaten abhängt. ■

In vielen Sachzusammenhängen wie beispielsweise der Ausbreitung einer Grippewelle hängt die Ausbreitungsgeschwindigkeit vor allem von der Anzahl der Erkrankten ab. Somit ergeben sich Anforderungen an eine gesuchte Funktion, die den Zusammenhang zwischen der Funktion und einer ihrer Ableitungen beschreibt. Solche Zusammenhänge werden in einer **Differenzialgleichung** beschrieben.
Beim Lösen von Differenzialgleichungen ist es das Ziel, eine Funktion (oder eine Funktionenschar) zu finden, welche die Differenzialgleichung erfüllt.

Die Differenzialgleichung $f'(x) = -2 \cdot f(x)$ drückt beispielsweise aus, dass die Änderungsrate immer das 2-fache des Funktionswerts ist. Ein solcher Zusammenhang besteht bei manchen Exponentialfunktionen.

Die Funktion f mit $f(x) = e^{-2x}$ ist eine Lösung der Differenzialgleichung $f'(x) = -2 \cdot f(x)$.

Für $f(x) = e^{-2x}$ gilt:
$f'(x) = -2 \cdot e^{-2x} = -2 \cdot f(x)$

Allgemein ist auch jede Funktion f mit $f(x) = c \cdot e^{-2x}$ und $c \in \mathbb{R}$ eine Lösung dieser Differenzialgleichung.

Für $f(x) = c \cdot e^{-2x}$ gilt:
$f'(x) = -2 \cdot c \cdot e^{-2x} = -2 \cdot f(x)$

In der Regel enthält die allgemeine Lösung einen Parameter und stellt eine Funktionenschar dar. Durch Vorgabe eines **Anfangswerts** erhält man nur eine Funktion als Lösung.

Anfangswert: $f(0) = 5$:
$f(0) = c \cdot e^{-2 \cdot 0} = 5$, also $c = 5$
Lösung für Anfangswert $f(0) = 5$:
$f(x) = 5 \cdot e^{-2x}$

Hinweis:
Wenn man bei einer Differenzialgleichung für die gesuchte Funktion den Funktionswert an einer Stelle vorgibt, spricht man von einem **Anfangswertproblem**.

Wissen: Differenzialgleichungen
Eine Gleichung, die einen Zusammenhang zwischen einer Funktion und ihrer ersten Ableitung oder einer höheren Ableitungen beschreibt, nennt man **Differenzialgleichung**.
Lösungen von Differenzialgleichungen sind Funktionen.

Beispiel 1: Gegeben ist die Differenzialgleichung $f'(x) + (f(x))^2 = 0$.
a) Zeigen Sie, dass die Funktion f mit $f(x) = \frac{1}{x+a}$ und $x \neq -a$ für jedes $a \in \mathbb{R}$ Lösung der Differenzialgleichung ist.
b) Bestimmen Sie die Lösung, wenn $f(0) = 0{,}1$ gilt.

Lösung:
a) Bestimmen Sie die Ableitung von f.
Setzen Sie die Terme von f(x) und f'(x) in $f'(x) + (f(x))^2 = 0$ ein und prüfen Sie, ob die Gleichung für alle x erfüllt ist.

$f'(x) = -\frac{1}{(x+a)^2}$

$-\frac{1}{(x+a)^2} + \left(\frac{1}{x+a}\right)^2 = 0$ | Klammer auflösen

$-\frac{1}{(x+a)^2} + \frac{1}{(x+a)^2} = 0$ (gilt allgemein)

b) Setzen Sie den Anfangswert $f(0) = 0{,}1$ in $f(x) = \frac{1}{x+a}$ ein und lösen Sie nach a auf.

$f(0) = \frac{1}{0+a} = 0{,}1$ also $a = 10$.
Damit folgt $f(x) = \frac{1}{x+10}$.

Basisaufgaben

1. Prüfen Sie, ob die Funktion Lösung der Differenzialgleichung ist.

a) $f'(x) = 4 \cdot f(x)$
$f(x) = e^{4x} + 1$

b) $g'(x) = -2 \cdot g(x)$
$g(x) = \frac{1}{e^{2x}}$

c) $h(x) + h''(x) = 0$
$h(x) = \cos(x)$

d) $(k(x))^2 = k'(x)$
$k(x) = -\frac{1}{x+a}$

2. Zeigen Sie, dass die Funktion f für jedes a ∈ ℝ Lösung der Differenzialgleichung ist. Bestimmen Sie anschließend die Lösung für den gegebenen Anfangswert.

a) $f'(x) - 3 \cdot f(x) = 0$
$f(x) = a \cdot e^{3x}$
$f(0) = -2$

b) $f'(x) = 9 - f(x)$
$f(x) = a \cdot e^{-x} + 9$
$f(0) = 10$

c) $f(x) + f''(x) = 0$
$f(x) = \sin(x + a)$
$f(0) = 1$

d) $2 \cdot f'(x) = \frac{1}{f(x)}$
$f(x) = \sqrt{x + a}$
$f(1) = 2$

3. Die Gleichungen auf den Kärtchen sind zum Teil unvollständig notiert. Vervollständigen Sie die Gleichungen und ordnen Sie immer drei Gleichungen einander zu.

① $f(x) = -2e^x$
② $f(x) = e^{-2x}$
③ $f(x) = \sin(x - 2)$
④ $f''(x) = ■$
⑤ $f'(x) = -2e^x$
⑥ $f'(x) = ■ \cdot e^{-2x}$
⑦ $f'(x) = ■ \cdot f(x)$
⑧ $f(x) - f'(x) = ■$
⑨ $■ + f''(x) = 0$

4. Taschenrechner mit CAS können die Lösungsmengen von Differenzialgleichungen bestimmen. Der Screenshot zeigt die Lösung von zwei Differenzialgleichungen.

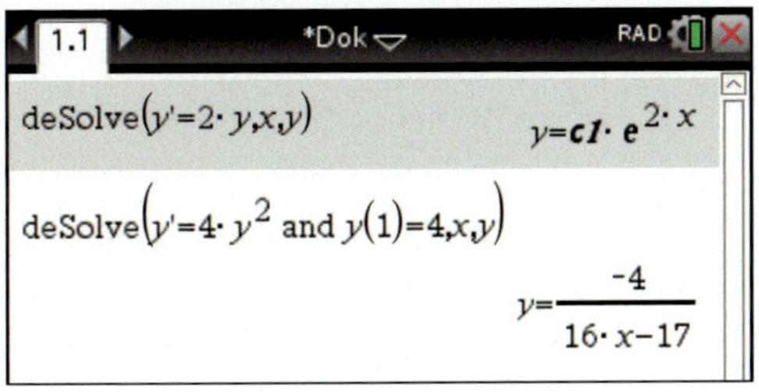

a) Notieren Sie die Differenzialgleichungen und erläutern Sie die Syntax der Taschenrechnereingabe.

b) Zeigen Sie ohne CAS, dass die Lösungen die Differenzialgleichungen erfüllen.

c) Lösen Sie die Differenzialgleichung mit dem CAS.

① $f'(x) = 4 \cdot f(x)^2$
$f(1) = 4$

② $f'(x) = 2 \cdot f''(x)$
$f(0) = 1$ und $f(1) = 2$

③ $f'(x) = -2 \cdot f(x)^2$
$f(0) = 1$

④ $f''(x) = -4 \cdot f(x)$

Differenzialgleichungen exponentiellen und begrenzten Wachstums

Bei den bekannten Wachstumsmodellen bestehen Beziehungen zwischen der Wachstumsgeschwindigkeit f′ und dem Bestand f. Daraus ergeben sich Differenzialgleichungen, die charakteristisch für das jeweilige Wachstumsmodell sind.

exponentielles Wachstum:
Der Bestand wächst umso stärker, je größer der Bestand ist. Die Wachstumsgeschwindigkeit $f'(t)$ ist proportional zum Bestand $f(t)$. Die Wachstumskonstante k entspricht dem Proportionalitätsfaktor.

Differenzialgleichung: $f'(t) = k \cdot f(t)$
Allgemeine Lösung: $f(t) = a \cdot e^{k \cdot t}$
Ableiten zeigt, dass f Lösung ist:
$f'(t) = a \cdot k \cdot e^{k \cdot t} = k \cdot f(t)$
$a = f(0)$ ist der Anfangsbestand.

begrenztes Wachstum:
Der Bestand wächst umso stärker, je weiter der Bestand noch von der Grenze entfernt ist. Die Wachstumsgeschwindigkeit $f'(t)$ ist proportional zur Differenz zwischen der Grenze S und dem Bestand $f(t)$, also zu $S - f(t)$.

Differenzialgleichung: $f'(t) = k \cdot (S - f(t))$
Allgemeine Lösung: $f(t) = S - c \cdot e^{-k \cdot t}$
Ableiten zeigt, dass f Lösung ist:
$f'(t) = -c \cdot (-k \cdot e^{-k \cdot t}) = k \cdot c \cdot e^{-k \cdot t} = k(S - f(t))$

Aus $f(0) = S - c$ folgt $c = S - f(0)$. Aus dem Anfangsbestand kann man c ermitteln.

Hinweis:
Man kann zeigen, dass die angegebenen allgemeinen Lösungen die einzigen Lösungen der Differenzialgleichungen sind.

Wissen: Differenzialgleichungen bei exponentiellem und begrenztem Wachstum

	exponentielles Wachstum		begrenztes Wachstum	
Differenzialgleichung:	$f'(t) = k \cdot f(t)$	$(k \neq 0)$	$f'(t) = k \cdot (S - f(t))$	$(k > 0)$
Lösung:	$f(t) = a \cdot e^{k \cdot t}$	$a = f(0)$	$f(t) = S - c \cdot e^{-k \cdot t}$	$c = S - f(0)$

Beispiel 2: Differenzialgleichung zu Funktionsgleichung aufstellen

Gegeben sind die Funktionen f und g mit $f(t) = 4e^{-0,2t}$ und $g(t) = 7 + 2e^{-0,1t}$.

a) Geben Sie zu den Funktionen f und g jeweils eine passende Differenzialgleichung an.

b) Zeigen Sie, dass g Lösung der zugehörigen Differenzialgleichung aus a) ist.

Lösung:

a) $f(t) = 4e^{-0,2t}$ entspricht dem Funktionstyp $f(t) = a \cdot e^{k \cdot t}$ des exponentiellen Wachstums. Es gilt $k = -0,2$.

Differenzialgleichung für exponentielles Wachstum: $f'(t) = k \cdot f(t)$
Einsetzen von k ergibt: $f'(t) = -0,2 \cdot f(t)$

$g(t) = 7 + 2e^{-0,1t}$ entspricht dem Funktionstyp $g(t) = S - c \cdot e^{-k \cdot t}$ des begrenzten Wachstums. Es gilt $S = 7$ und $k = 0,1$.

Differenzialgleichung für begrenztes Wachstum: $g'(t) = k \cdot (S - g(t))$
Einsetzen von S und k ergibt:
$g'(t) = 0,1 \cdot (7 - g(t))$

b) Bestimmen Sie die Ableitung von g mit der Kettenregel. Zeigen Sie, dass g′(t) der rechten Seite $0,1 \cdot (7 - g(t))$ der Differenzialgleichung entspricht.

$g'(t) = 2 \cdot (-0,1) \cdot e^{-0,1t} = -0,2e^{-0,1t}$

$0,1 \cdot (7 - g(t)) = 0,1 \cdot (7 - (7 + 2e^{-0,1t}))$
$= 0,1 \cdot (-2e^{-0,1t}) = -0,2e^{-0,1t}$

Beispiel 3: Funktionsgleichung zu Differenzialgleichung aufstellen

Einem Patienten werden pro Minute konstant 2 ml eines Medikaments injiziert. Gleichzeitig baut der Körper das Medikament ab, wobei die momentane Abbaurate (in ml/min) zu jeder Zeit 5 % der aktuell im Körper vorhandenen Menge (in ml) beträgt. Zu Beginn bekommt der Patient zusätzlich 5 ml verabreicht.

a) Zeigen Sie, dass die Sachsituation durch $f'(t) = 0,05 \cdot (40 - f(t))$ beschrieben werden kann.

b) Bestimmen Sie die Änderungsrate der Menge des Medikaments im Körper, wenn genau 10 ml im Körper sind.

c) Stellen Sie eine Funktionsgleichung auf, welche die Menge des Medikaments im Körper des Patienten (in ml) in Abhängigkeit von der Zeit t (in min) beschreibt.

Lösung:

a) Die Änderungsrate (in ml/min) ergibt sich aus den konstant zugeführten 2 ml. Außerdem werden 5 % = 0,05 des aktuellen Bestands (in ml) subtrahiert.

konstante Zufuhr: 2 ml/min
Abbaurate: 5 % des aktuellen Bestands
$f'(t) = 2 - 0,05 \cdot f(t)$

Klammern Sie in der Gleichung 0,05 aus.

$f'(t) = 0,05 \cdot (40 - f(t))$

b) Setzen Sie $f(t) = 10$ in die Differenzialgleichung ein.

$f'(t) = 0,05 \cdot (40 - 10) = 0,05 \cdot 30 = 1,5$
Die Änderungsrate ist 1,5 ml/min.

c) $f'(t) = 0,05 \cdot (40 - f(t))$ entspricht dem Differenzialgleichungstyp $f'(t) = k \cdot (S - f(t))$ des begrenzten Wachstums. Es gilt $S = 40$ und $k = 0,05$.

Lösung der Differenzialgleichung bei begrenztem Wachstum:
$f(t) = S - c \cdot e^{-k \cdot t}$ mit $c = S - f(0)$

Der Anfangswert $f(0) = 5$ ergibt sich aus der Anfangsmenge von 5 mg.

Einsetzen von $S = 40$, $k = 0,05$ und $f(0) = 5$:
$c = 40 - 5 = 35$, also $f(t) = 40 - 35e^{-0,05t}$

Basisaufgaben

5. Geben Sie die Differenzialgleichung zur Funktion f an. Überlegen Sie zunächst, ob f exponentielles oder beschränktes Wachstum beschreibt.
a) $f(t) = 3e^{0,2t}$ b) $f(t) = 24 - 20e^{-0,25t}$ c) $f(t) = 100 + 200e^{-0,05t}$ d) $f(t) = 1,4e^{-0,02t}$

6. Gegeben sind eine Differenzialgleichung und ein Anfangswert.

① $f'(t) = 0,75 \cdot f(t)$, $f(0) = 15$
② $g'(t) = -1,2 \cdot g(t)$, $g(0) = 100$
③ $h'(t) = 0,5 \cdot (10 - h(t))$, $h(0) = 1$
④ $k'(t) = 0,5 \cdot (10 - k(t))$, $k(0) = 20$

a) Bestimmen Sie die Funktion mit dem gegebenem Anfangswert, die Lösung der Differenzialgleichung ist.
b) Zeigen Sie durch Ableiten, dass die Funktion aus a) die Differenzialgleichung erfüllt.

7. Zeigen Sie durch Ableiten, dass die Funktion f die Differenzialgleichung $f'(t) = k \cdot (S - f(t))$ für begrenztes Wachstum erfüllt und bestimmen Sie die Werte von k und S. Geben Sie zusätzlich drei weitere Funktionen an, die die gleiche Differenzialgleichung erfüllen.
a) $f(t) = 20 + 30e^{-0,3t}$ b) $f(t) = 40 - 35e^{-0,05t}$ c) $f(t) = 100 - 100e^{-0,1t}$

8. Eine mit Schimmel bedeckte Fläche hat zu Beobachtungsbeginn einen Flächeninhalt von $15\,cm^2$. Die Ausbreitungsgeschwindigkeit (in cm^2/Woche) beträgt immer 10 % des aktuell bedeckten Flächeninhalts (in cm^2).
a) Stellen Sie für diese Sachsituation eine passende Differenzialgleichung auf.
b) Bestimmen Sie die Ausbreitungsgeschwindigkeit bei einer bedeckten Fläche von $100\,cm^2$.
c) Geben Sie die explizite Funktionsgleichung einer Funktion f an, welche den Flächeninhalt der bedeckten Fläche in Abhängigkeit von der Zeit t beschreibt.
d) Zeigen Sie durch Ableiten von f, dass f die Differenzialgleichung aus a) erfüllt.

9. Eine Person nimmt 6 mg eines Vitaminpräparats zu sich. Die Menge des Präparats im Körper in Abhängigkeit von der Zeit in Stunden kann durch die Funktion f mit $f(t) = 6e^{-0,25t}$ beschrieben werden.

a) Weisen Sie rechnerisch nach, dass die Funktion f die Differenzialgleichung $f'(t) = k \cdot f(t)$ erfüllt, und geben Sie den passenden Wert von k an.
b) Beschreiben Sie die Bedeutung der Differenzialgleichung in eigenen Worten.
c) Bestimmen Sie die Abbaugeschwindigkeit des Präparats
① zu den Zeitpunkten $t = 2$ und $t = 5$, ② wenn $f(t) = 5$ bzw. wenn $f(t) = 2$ ist.

10. Einem Patienten werden nach einer Operation 40 ml eines Schmerzmittels verabreicht. Das Mittel wird im Körper abgebaut, wobei die momentane Abbaurate (in ml/h) jeweils 25 % der aktuell im Körper vorhandenen Menge (in ml) beträgt. Zusätzlich werden dem Patienten über einen Zugang konstant weitere 2 ml pro Stunde verabreicht.
a) Stellen Sie die Sachsituation durch eine Differenzialgleichung dar und bringen Sie diese in die Form der Differenzialgleichung des begrenzten Wachstums.
b) Begründen Sie, dass die Menge des Medikaments im Körper zu jeder Zeit abnimmt.
c) Bestimmen Sie die Änderungsrate der Schmerzmittelmenge im Körper (in ml/h), wenn ① 40 ml, ② 20 ml und ③ 10 ml des Medikaments im Körper sind.
d) Geben Sie die Lösung der Differenzialgleichung an, die die Schmerzmittelmenge im Körper beschreibt. Machen Sie eine Probe, indem Sie die Lösungsfunktion ableiten.

Weiterführende Aufgaben

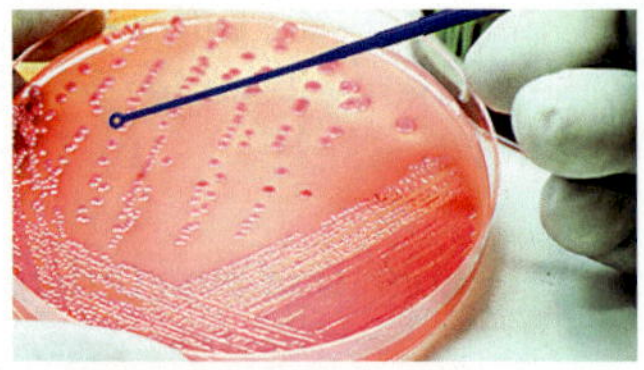

11. Eine von einer Bakterienkultur bedeckte Fläche ist 3 cm² groß. Die Ausbreitungsgeschwindigkeit wird durch die Funktion f mit $f(t) = 1{,}2e^{0{,}4t}$ beschrieben (t in Tagen, f(t) in cm²/Tag).
a) Beschreiben Sie die Bedeutung von $f(2) = 2{,}67$ im Sachzusammenhang.
b) Bestimmen Sie die Ausbreitungsgeschwindigkeit und den Flächeninhalt der bedeckten Fläche nach 7 Tagen.
c) Bestimmen Sie den Flächeninhalt der bedeckten Fläche in Abhängigkeit von der Zeit und zeigen Sie, dass er proportional zur Ausbreitungsgeschwindigkeit ist.

12. In lebenden Organismen ist der Anteil am radioaktiven Kohlenstoffisotop C14 nahezu konstant. Nach dem Tod wird der C14-Anteil mit einer Halbwertzeit von 5370 Jahren abgebaut.
a) Der Anteil an C14 in toten Organismen in Abhängigkeit von der Zeit t in Jahren lässt sich durch eine Funktion f mit $f(t) = 100e^{k \cdot t}$ beschreiben. Bestimmen Sie k.
b) Geben Sie die passende Differenzialgleichung an.
c) In der berühmten Alpen-Mumie Ötzi betrug beim Fund 1991 der C14-Anteil 53,35 %. Bestimmen Sie in etwa das Jahr, in dem Ötzi verstarb.
d) Ermitteln Sie den Anteil an C14 in einem 1 Mio. Jahre alten Dinosaurierknochen.

13. Ein Tank mit einem Volumen von 100 Liter ist mit reinem Wasser gefüllt. Durch ein Rohr fließen pro Minute 3 Liter Salzwasser hinzu, welches pro Liter 2 g Salz enthält. Gleichzeitig fließt die entstandene Salzmischung mit gleicher Geschwindigkeit am anderen Ende aus dem Tank. Es soll angenommen werden, dass der Tank immer sofort gleichmäßig durchgemischt ist. Gesucht ist eine Funktion B, die die Salzmenge (in g) zur Zeit t (in min) im Tank angibt.

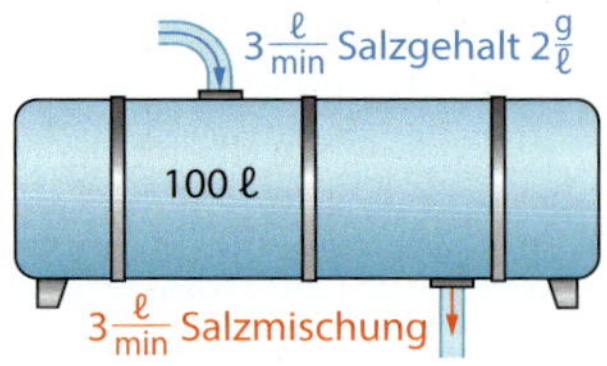

a) Begründen Sie, dass die Differenzialgleichung $B'(t) = 6 - \frac{3}{100} \cdot B(t)$ gilt.
b) Zeigen Sie, dass $B(t) = 200 - c \cdot e^{-0{,}03t}$ die Gleichung aus a) für jedes $c \in \mathbb{R}$ erfüllt.
c) Zur Zeit t = 0 ist kein Salz im Tank. Bestimmen Sie c so, dass B(0) = 0 gilt.
d) Erläutern Sie die zeitliche Entwicklung von B(t) im Sachzusammenhang.

14. Stolperstelle: Eine Bakterienpopulation von 2000 Bakterien wächst um 8 % pro Tag.
Marko behauptet: *„Dann gilt die Differenzialgleichung $f'(t) = 0{,}08 \cdot f(t)$."*
Emely widerspricht *„Mit $k = \ln(1{,}08) \approx 0{,}077$ folgt die Funktionsgleichung $f(t) = 2000 \cdot e^{0{,}077t}$."*
a) Entscheiden Sie begründet, wer von beiden recht hat.
b) Erklären Sie, welcher Fehler von Marko oder Emely gemacht wurde. Korrigieren Sie die Funktionsgleichung oder die Differenzialgleichung.

15. Betrachtet wird ein Wachstumsprozess mit einem Anfangsbestand von f(0) = 2.
a) Erklären Sie den Unterschied zwischen den beiden Beschreibungen ① und ②.

① Ein Bestand von wächst pro Minute um 3 %.

② Die Wachstumsgeschwindigkeit in 1/min beträgt zu jeder Zeit 3 % des aktuellen Bestands.

b) Bestimmen Sie für beide Fälle aus a) eine Funktionsgleichung für den Bestand f(t).
c) Zeigen Sie, dass die Funktionswerte in den Fällen ① und ② für $0 \le t \le 100$ um weniger als 5 % voneinander abweichen.
d) Untersuchen Sie die Abweichungen der Funktionswerte für $0 \le t \le 100$, wenn man in den Beschreibungen ① und ② von 30 % statt von 3 % ausgeht.

16. Überprüfen Sie durch Ableiten, ob die Funktion f eine Differenzialgleichung der Form ① $f'(t) = k \cdot f(t)$ mit $k \neq 0$ oder ② $f'(t) = k \cdot (S - f(t))$ mit $k > 0$ erfüllt und geben Sie gegebenenfalls die Werte von k und S an.

a) $f(t) = 20 + 25e^{-0,1t}$ b) $f(t) = 15 - 8e^{0,5t}$ c) $f(t) = 15e^{-0,2t}$ d) $f(t) = 25e^{0,5t^2}$

● **17. Richtungsfelder:** Die Differenzialgleichung $f'(x) = -x \cdot f(x)$ kann man als $f'(x) = -x \cdot y$ schreiben und damit für beliebige Punkte $(x\,|\,y)$ die Steigung berechnen. Für $P(1\,|\,2)$ erhält man z. B. $f'(2) = -1 \cdot 2 = -2$. Trägt man bei P ein kurzes Geradenstück mit Steigung −2 ein und für weitere Punkte $(x\,|\,y)$ entsprechende Geradenstücke, erhält man das abgebildete Richtungsfeld.

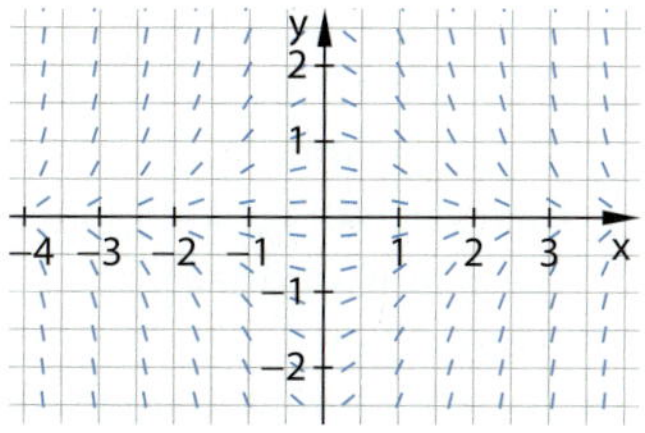

a) Berechnen Sie die Steigungen für die x- und y-Werte von −2 bis 2 (Abstand 0,5) und vergleichen Sie mit dem den entsprechenden Geradenstücken im Richtungsfeld.

GTR b) Zeichnen Sie die Graphen zu $f(x) = 2e^{-\frac{x^2}{2}}$ bzw. $f(x) = \sqrt{1 + x^2}$ mit dem GTR. Entscheiden Sie, welcher Graph zum Verlauf des Richtungsfelds passt.

c) Zeigen Sie, dass die gewählte Funktion aus b) die Differenzialgleichung erfüllt.

d) Skizzieren Sie ein Richtungsfeld zur Differenzialgleichung $f'(x) = \frac{x}{f(x)}$. Prüfen Sie, ob einer der Graphen aus b) zu diesem Richtungsfeld passt und ob die zugehörige Funktion die Differenzialgleichung erfüllt.

18. Die Abbildungen zeigen Richtungsfelder von Wachstumsvorgängen.

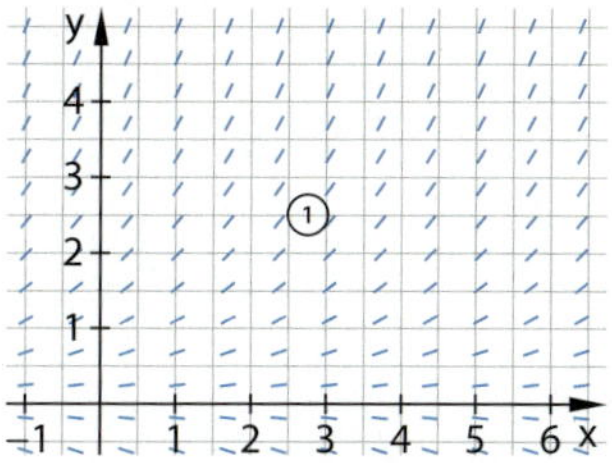

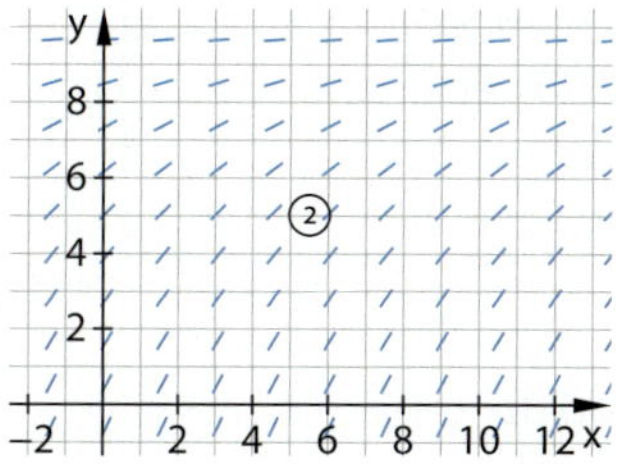

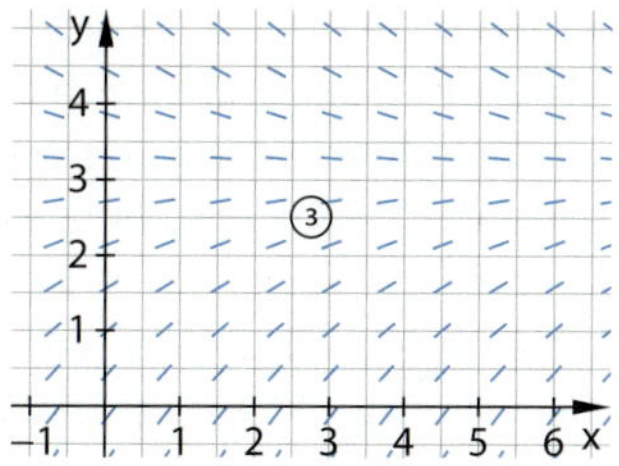

a) Ordnen Sie die Richtungsfelder exponentiellem bzw. begrenztem Wachstum zu.

b) Geben Sie im Fall eines begrenzten Wachstums ungefähr den Wert der Grenze S an.

c) Erläutern Sie anhand des Richtungsfeldes, warum man der Differenzialgleichung bei einem begrenzten Wachstum nicht entnehmen kann, ob eine Annäherung an die Grenze S von oben oder von unten vorliegt.

● **19. Ausblick:** Differenzialgleichungen lassen sich auch in **Phasendiagrammen** darstellen. Bei ihnen wird die Änderungsrate y' in Abhängigkeit des Bestandes y dargestellt.

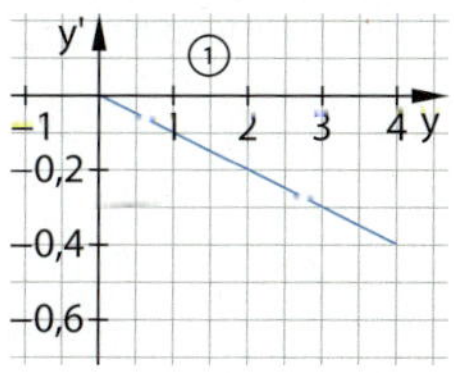

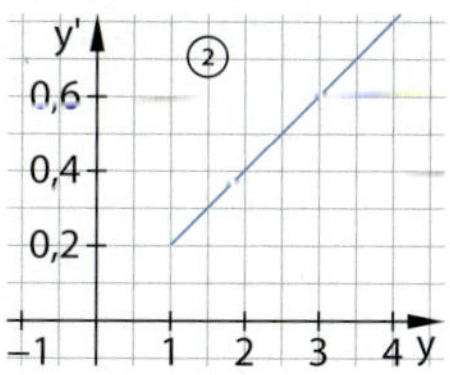

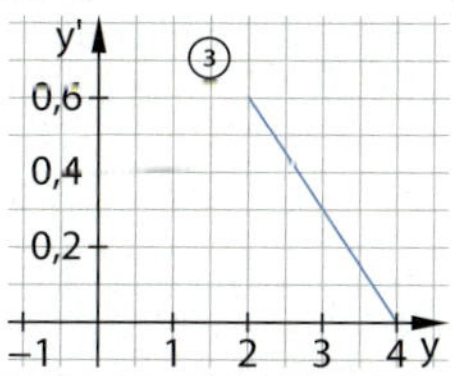

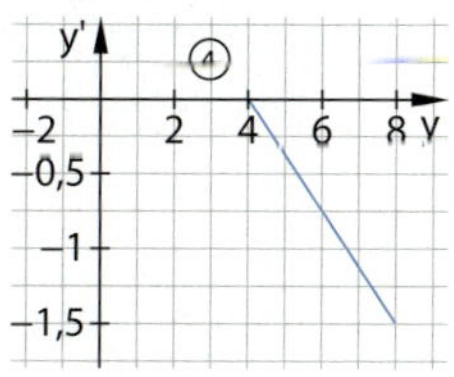

a) Ordnen Sie die Phasendiagramme einem exponentiellem oder einem begrenzten Wachstumsmodell zu.

b) Entscheiden Sie bei den exponentiellen Wachstumsmodellen, ob eine exponentielle Zu- oder Abnahme vorliegt. Entscheiden Sie im Falle eines begrenzten Wachstumsmodells, ob die Annäherung an die Grenze von oben oder von unten erfolgt. Geben Sie jeweils auch den Anfangsbestand bei t = 0 an.

c) Stellen Sie zu jedem Phasendiagramm die zugehörige Differenzialgleichung auf.

3.7 Logistisches Wachstum

■ Über 100 Jahre wurden die Bevölkerungszahlen eines Landes aufgezeichnet. Dabei scheinen sich die Werte einer Grenze von S = 100 Mio. anzunähern.

a) Modellieren Sie die Werte im Intervall [0; 40] mit einem exponentiellen und im Intervall [40; 100] mit einem begrenzten Wachstumsmodell.

b) Formulieren Sie (proportionale) Zusammenhänge zwischen der Änderungsrate und dem Bestand mit eigenen Worten. ■

Zeit	0	20	40	60	80	100
Einwohner in Mio.	4	14	45,5	82	94,5	98,7

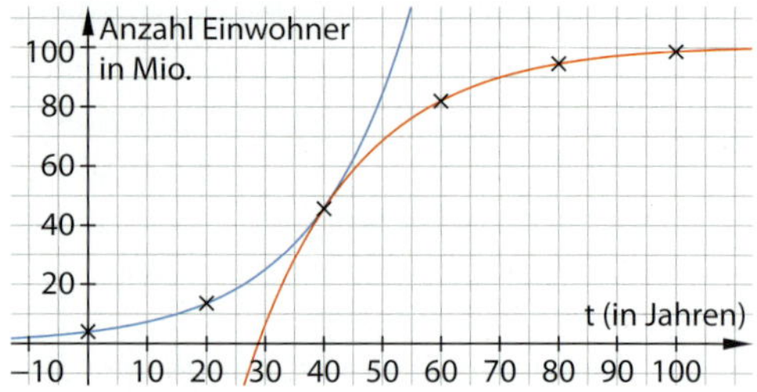

Auf einer abgelegenen Insel mit 500 Einwohnern erkrankt eine Person an einer ansteckenden Krankheit. Die Grafik zeigt die Entwicklung der Anzahl der Erkrankten in Abhängigkeit von der Zeit in Wochen.

Zu Beginn steigt die Zahl der Erkrankten exponentiell an und die Änderungsrate ist in etwa proportional zum Bestand.
Es gilt: $f'(t) = k_A \cdot f(t)$
Mit zunehmender Zeit wird das Wachstum abgebremst und die Zahl der Erkrankten nähert sich der Grenze von S = 500 Personen an. Die Änderungsrate ist in etwa proportional zur Differenz von Grenze und Bestand.
Es gilt: $f'(t) = k_E \cdot (S - f(t))$
Insgesamt ist die Änderungsrate proportional zum Produkt aus Bestand und der Differenz von Grenze und Bestand, es gilt also:
$f'(t) = k \cdot f(t) \cdot (S - f(t))$
Bei einem solchen Wachstumsprozess spricht man von **logistischem Wachstum**.

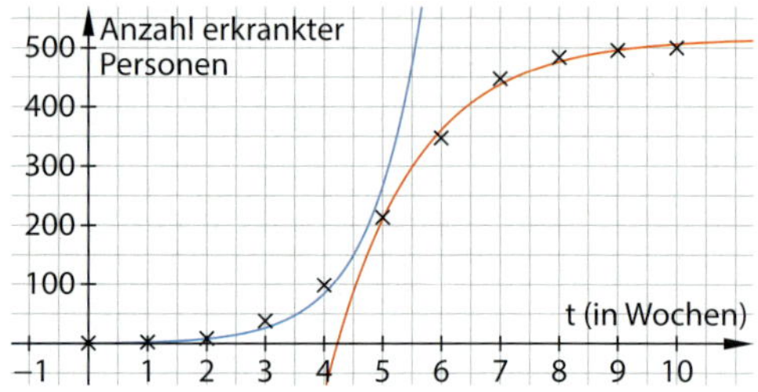

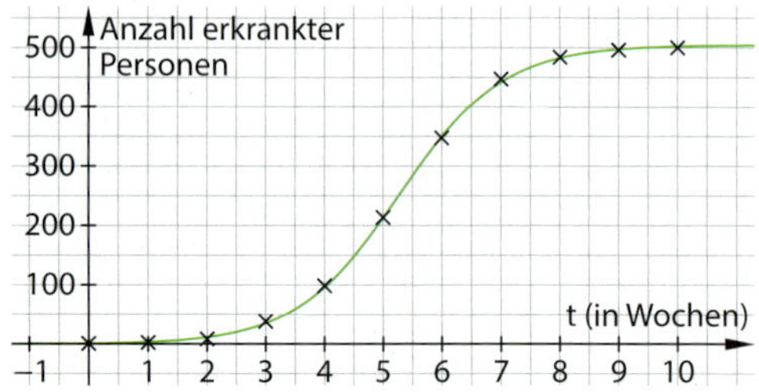

Hinweis:
Dass die Funktion f die Differenzialgleichung löst, wird in Aufgabe 16 an einem Beispiel gezeigt.

Die Differenzialgleichung wird von einer Funktion f mit $f(t) = \frac{S}{1 + c \cdot e^{-k \cdot S \cdot t}}$ gelöst. Aus $f(0) = \frac{S}{1+c}$ folgt $c = \frac{S}{f(0)} - 1$.
Für $t \to \infty$ strebt $e^{-k \cdot S \cdot t}$ gegen 0 und der Bestand f(t) gegen die Grenze S.
Alle Funktionswerte von f liegen zwischen 0 und der positiven Grenze S.
Die Wachstumsgeschwindigkeit f' ist für alle t positiv. Sie ist maximal bei der Wendestelle t_w von f. Dort ist der Bestand halb so groß wie die Grenze S.

Wissen: Logistisches Wachstum
Die Gleichung $f(t) = \frac{S}{1 + c \cdot e^{-k \cdot S \cdot t}}$ mit $c = \frac{S}{f(0)} - 1$
und $S > 0$, $c > 0$, $k > 0$ beschreibt einen logistischen Wachstumsprozess eines Bestands mit der **Grenze** S.
Für f gilt die **Differenzialgleichung**:
$f'(t) = k \cdot f(t) \cdot (S - f(t))$

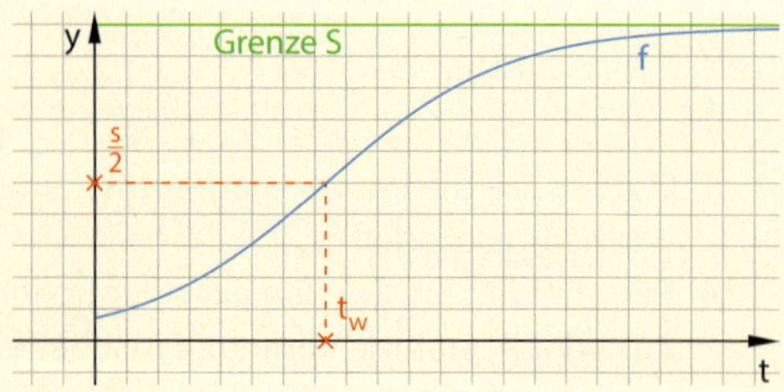

Beim **Wendepunkt** $\left(t_w \middle| \frac{S}{2}\right)$ eines logistischen Wachstums ist der Bestand halb so groß wie die Grenze S.

Beispiel 1: Mit Funktion zu logistischem Wachstum umgehen

Eine Bakterienkultur breitet sich auf einer begrenzten Fläche aus. Das logistische Wachstumsmodell f mit $f(t) = \frac{200}{1 + 99 \cdot e^{-0{,}02 \cdot t}}$ beschreibt den bedeckten Flächeninhalt (in cm^2) in Abhängigkeit von der Zeit t in Tagen.

a) Berechnen Sie den Anfangsbestand und den Grenzwert.

b) Geben Sie die zugehörige Differenzialgleichung an.

c) Bestimmen Sie den Zeitpunkt mit maximaler Änderungsrate und die entsprechende maximale Änderungsrate.

Lösung:

a) Setzen Sie $t = 0$ in die Gleichung von f ein.
Der Term $e^{-0{,}02 \cdot t}$ geht für $t \to \infty$ gegen 0. Damit ergibt sich für die Grenze $S = \lim\limits_{t \to \infty} f(t) = 200$.

$f(0) = \frac{200}{1 + 99 \cdot e^{-0{,}02 \cdot 0}} = \frac{200}{1 + 99} = 2$

Anfangsbestand: $2\,cm^2$

$S = \lim\limits_{t \to \infty} \frac{200}{1 + 99 \cdot e^{-0{,}02 \cdot t}} = \frac{200}{1 + 99 \cdot 0} = 200$

Grenzwert: $200\,cm^2$

b) Die Grenze $S = 200$ folgt aus a). Der Wert von k ergibt sich aus dem Exponenten der Gleichung eines logistischen Wachstumsmodells. Damit kann die Differenzialgleichung angegeben werden.

$e^{-k \cdot S \cdot t} = e^{-0{,}02 \cdot t}$ also $k \cdot S = 0{,}02$

$k \cdot 200 = 0{,}02$

$k = \frac{0{,}02}{200} = 0{,}0001$

Damit folgt die Differenzialgleichung:

$f'(t) = 0{,}0001 \cdot f(t) \cdot (200 - f(t))$

c) Die maximale Änderungsrate wird im Wendepunkt erreicht. Für die Wendestelle t_w gilt $f(t_w) = 100$. Setzen Sie f(t) gleich 100 und stellen Sie nach t um. Da der Bestand bekannt ist, können Sie die Änderungsrate durch Einsetzen in die Differenzialgleichung bestimmen.

$f(t) = \frac{200}{2} = 100$ also $\frac{200}{1 + 99 \cdot e^{-0{,}02 \cdot t}} = 100$

$200 = 100 + 9900 \cdot e^{-0{,}02 \cdot t} \quad | -100 \,|\, : 9900$

$\frac{1}{99} = e^{-0{,}02 \cdot t}$ also $t = -50 \ln\left(\frac{1}{99}\right) \approx 229{,}75$

$f(t_w) = 100$ also

$f'(t_w) = 0{,}0001 \cdot 100 \cdot (200 - 100) = 1$

Maximale Änderungsrate: $1 \frac{cm^2}{Tag}$ am 230. Tag.

Beispiel 2: Funktion zu logistischem Wachstum aufstellen

Stellen Sie das Blumenwachstum mit einer logistischen Wachstumsfunktion f dar.

a) Eine Blume ist bei Auspflanzung 5 cm hoch und wächst in 2 Wochen auf 7,5 cm. Sie kann höchstens 15 cm hoch werden.

b) Eine Blume ist zu Beginn 4 cm hoch und wächst gemäß der Differenzialgleichung $f'(t) = 0{,}03 \cdot f(t) \cdot (20 - f(t))$.

Lösung:

a) Setzen Sie $S = 15$ und $f(0) = 5$ in die allgemeine Funktionsgleichung ein. Setzen Sie $f(2) = 7{,}5$ und stellen Sie die Gleichung nach $e^{-k \cdot 15 \cdot 2}$ um. Wenden Sie den ln an und stellen Sie nach k um. Damit ergibt sich eine Funktionsgleichung.

$c = \frac{15}{5} - 1 = 2$ also $f(t) = \frac{15}{1 + 2 \cdot e^{-k \cdot 15 \cdot t}}$

$\frac{15}{1 + 2 \cdot e^{-k \cdot 15 \cdot 2}} = 7{,}5$ (nach e^{-30k} umstellen)

$e^{-30k} = 0{,}5$ $\quad -30k = \ln(0{,}5)$

$k = \frac{-\ln(0{,}5)}{30} \approx 0{,}023$, also $k \cdot S \approx 0{,}347$

$f(t) = \frac{15}{1 + 2 \cdot e^{-0{,}347t}}$ (t in Wochen, f(t) in cm)

b) Lesen Sie $k = 0{,}03$ und $S = 20$ aus der Differenzialgleichung ab. Zusätzlich ist $f(0) = 4$ gegeben. Berechnen Sie daraus c. Setzen Sie die Parameter in die allgemeine Funktionsgleichung ein.

$c = \frac{S}{f(0)} - 1 = \frac{20}{4} - 1 = 4$

$k \cdot S = 0{,}03 \cdot 20 = 0{,}6$

$f(t) = \frac{20}{1 + 4 \cdot e^{-0{,}6t}}$ (t in Wochen, f(t) in cm)

Basisaufgaben

1. Bestimmen Sie die Grenze S sowie den Anfangsbestand a und geben Sie die zugehörige Differenzialgleichung an.

a) $f(t) = \frac{100}{1 + 2 \cdot e^{-0{,}1 \cdot t}}$ b) $g(t) = \frac{1000}{1 + 499 \cdot e^{-0{,}2 \cdot t}}$ c) $h(t) = \frac{450}{3 + 147e^{-0{,}3 \cdot t}}$

2. Gegeben sind Informationen über eine logistisches Wachstumsmodell.

① $f(0) = 10;\ S = 200;\ t_w = 5$ ② $f(0) = 250;\ S = 1000;\ t_w = 10$ ③ $f(0) = 200,\ S = 400$

a) Skizzieren Sie den Graphen des logistischen Wachstumsprozesses mit den genannten Eigenschaften für $t \geq 0$.
b) Bestimmen Sie für ① und ② die zugehörige Differenzialgleichung.

3. Auf einem Dorfteich breiten sich Seealgen aus. Der Flächeninhalt der bedeckten Fläche in Abhängigkeit von der Zeit kann durch die Funktion f mit $f(t) = \frac{500}{1 + 141{,}857 \cdot e^{-0{,}5315 \cdot t}}$ (t in Wochen, f(t) in m^2) beschrieben werden.
a) Begründen Sie, warum die Beschreibung der Sachsituation durch logistisches Wachstum sinnvoll ist.
b) Bestimmen Sie den Flächeninhalt der bedeckten Oberfläche bei Beobachtungsbeginn sowie nach 10 Wochen.
c) Untersuchen Sie, ab welchem Zeitpunkt mehr als $300\,m^2$ der Oberfläche bedeckt sein werden.
d) Bestimmen Sie den Zeitpunkt, an dem die Ausbreitungsgeschwindigkeit maximal ist.

4. Drei Schülerinnen eines Mathematikkurses planen ein Experiment, in dem sie die Ausbreitung eines Gerüchts in einer Schule mit 1200 Schüler analysieren. Nach einer Stunde kennen bereits 15 Personen das Gerücht.

a) Erläutern Sie, warum bei der Ausbreitung des Gerüchts von einem logistischen Wachstumsmodell ausgegangen werden kann.
b) Stellen Sie eine logistische Wachstumsfunktion auf, welche die Ausbreitung des Gerüchts modelliert.
c) Untersuchen Sie, nach welcher Zeit sich das Gerücht am schnellsten verbreitet.
d) Untersuchen Sie, ab wann mehr als 1150 Schüler das Gerücht kennen.
GTR e) Bestimmen Sie mit dem GTR die Zeitpunkte, zu denen die Ausbreitungsgeschwindigkeit 100 Schüler pro Stunde beträgt. Erklären Sie, warum es zwei solche Zeitpunkte gibt.

5. Abgebildet sind vier Graphen der Funktionsschar f_k mit $f_k(x) = \frac{10}{1 + 9 \cdot e^{-k \cdot 10 \cdot x}}$.
Die Werte für k sind $k = 0{,}2$; $k = 0{,}4$; $k = 0{,}6$ und $k = 0{,}8$.

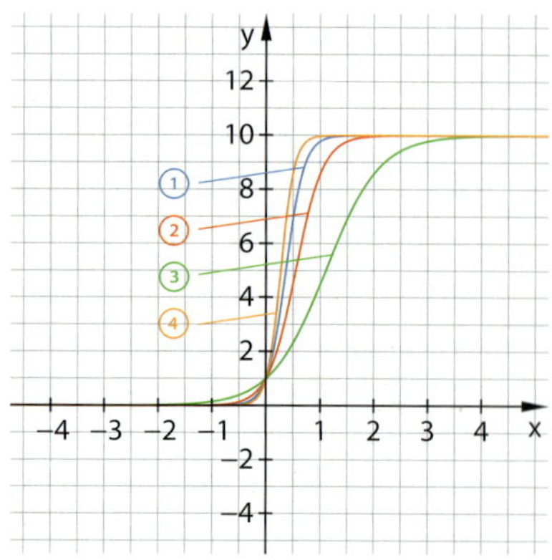

a) Begründen Sie, welcher Graph zu welchem Wert von k passt.
b) Stellen Sie passende Differenzialgleichungen auf und berechnen Sie damit die Steigungen der Graphen in ihren Wendepunkten.
c) Formulieren Sie einen Zusammenhang zwischen den Steigungen aus b) und den Werten von k.

6. In einem Bergdorf leben 600 Menschen. Nach einer Infektion eines Bewohners breitet sich eine Krankheit epidemieartig aus. Nach nur 4 Tagen sind bereits 12 Menschen erkrankt.

a) Bestimmen Sie die Gleichung einer Funktion f, welche die Anzahl der Erkrankten in Abhängigkeit der Zeit t in Tagen modelliert.
b) Bestimmen Sie die Anzahl der Erkrankten nach 8 Tagen.
c) Untersuchen Sie, wann 500 Bewohner infiziert sind.
d) Bestimmen Sie die Änderungsrate von f nach 10, nach 12 und nach 15 Tagen.
e) Bestimmen Sie die Änderungsrate, wenn insgesamt 150 bzw. 450 Menschen infiziert sind.

7. Gegeben ist die Differenzialgleichung eines logistischen Wachstumsmodells sowie der Anfangsbestand.

① $f'(x) = 0{,}03 \cdot f(x) \cdot (100 - f(x))$ $f(0) = 10$	② $g'(x) = 0{,}5 \cdot g(x) \cdot (300 - g(x))$ $g(0) = 20$	③ $h'(x) = 0{,}25 \cdot h(x) \cdot (75 - h(x))$ $h(0) = 10$

a) Bestimmen Sie anhand der Differenzialgleichung die Änderungsrate im Wendepunkt.
b) Stellen Sie die zugehörige Funktionsgleichung des Bestandes auf.

Weiterführende Aufgaben

8. Gegeben ist die logistische Wachstumsfunktion f mit $f(t) = \frac{250}{1 + 249 \cdot e^{-0{,}1 \cdot t}}$.
a) Bestimmen Sie f(0) und beschreiben Sie das Verhalten von f(t) für $t \to \infty$ und $t \to -\infty$.
b) Begründen Sie, dass f(t) für alle t positiv ist.
c) Begründen Sie, dass $f'(t) > 0$ für alle t gilt,
① anhand der Differenzialgleichung, ② anhand des Terms der Änderungsrate.
d) Begründen Sie anhand der bisherigen Ergebnisse in dieser Aufgabe, dass f keine Nullstellen und keine Extremstellen hat.
GTR e) Überprüfen Sie die Ergebnisse von a) bis d) mit dem GTR.

9. Eine zentrale Eigenschaft logistischen Wachstums mit der Grenze S ist, dass der Wendepunkt immer den y-Wert $y = f(t_w) = \frac{S}{2}$ hat.
a) Zeigen Sie ausgehend von $f'(t) = k \cdot f(t) \cdot (S - f(t))$, dass für die zweite Ableitung die Differenzialgleichung $f''(t) = k \cdot f'(t) \cdot (S - 2 \cdot f(t))$ gilt.
b) Leiten Sie die Eigenschaft über den Wendepunkt rechnerisch aus dem Ergebnis von a) ab.
c) Die Abbildung zeigt das Phasendiagramm eines logistischen Wachstumsmodells. Begründen Sie die Eigenschaft über den Wendepunkt mithilfe des Phasendiagramms.
● d) Begründen Sie mithilfe der bisherigen Ergebnisse dieser Aufgabe, dass der Graph eines logistischen Wachstumsmodells punktsymmetrisch zum Wendepunkt ist.

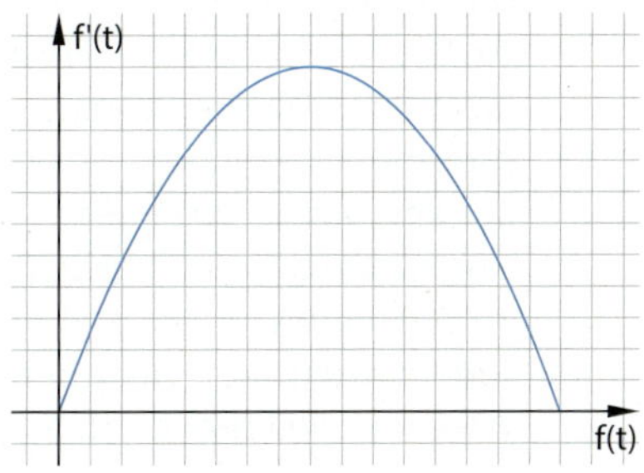

Hinweis zu 9c:
Ein Phasendiagramm beschreibt den Verlauf einer Änderungsrate y' in Abhängigkeit vom Bestand y.

10. Zeigen Sie durch Termumformungen, dass die beiden Funktionsgleichungen äquivalent zur logistischen Wachstumsfunktion g mit $g(t) = \frac{S}{1 + \left(\frac{S}{g(0)} - 1\right) \cdot e^{-k \cdot S \cdot t}}$ sind.

① $g(t) = \frac{g(0) \cdot S}{g(0) + (S - g(0)) \cdot e^{-k \cdot S \cdot t}}$

② $g(t) = \frac{g(0) \cdot S \cdot e^{k \cdot S \cdot t}}{g(0) \cdot e^{k \cdot S \cdot t} + S - g(0)}$

11. Von einem logistischen Wachstumsprozess ist der Anfangswert f(0) = 10 bekannt. Die Zeichnung zeigt den Graphen der Änderungsrate f'. Zusätzlich wurde der Flächeninhalt unter dem Graphen von f' im Intervall [0; ∞) bestimmt. Das Maximum der Änderungsrate wird im Punkt A angenommen.

a) Bestimmen Sie die Grenze S und skizzieren sie den Graphen der zugehörigen Wachstumsfunktion f.

b) Bestimmen Sie eine Funktionsgleichung der Funktion f.

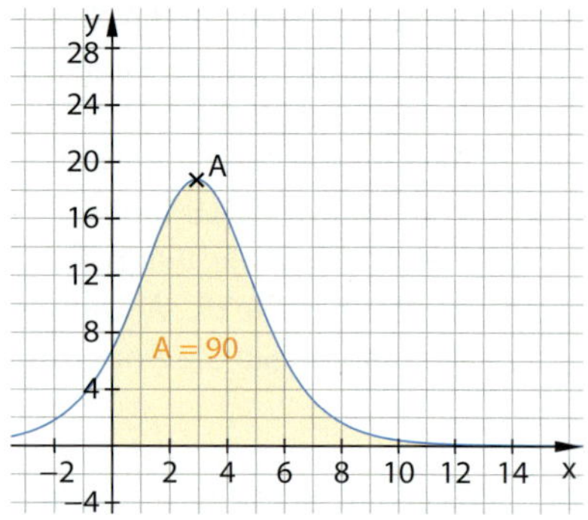

12. Stolperstelle: In einem Experiment wird das Wachstum einer Hefekultur (in cm³) in Abhängigkeit von der Zeit t in Tagen alle 2 Tage protokolliert. In einem Kurs wird über den Ansatz zur Auswertung und Eigenschaften des Modells diskutiert.

Tage (t)	0	2	4	6	8	10	12	14	16
Hefekultur (cm³)	50	116	225	345	429	471	489	495	499

a) Erklären Sie, welche Fehler die Schüler gemacht haben.

b) Korrigieren Sie die Ideen der Schüler.

Stefan: *„Da das Wachstum am Ende sehr langsam verläuft, müssen wir ein begrenztes Modell wählen."*

Maria: *„Wir können einen logistischen Ansatz mit* $f(t) = \frac{500}{1 + 50 \cdot e^{-k \cdot 500 \cdot t}}$ *wählen."*

Jonas: *„Nach 16 Wochen scheint die Grenze so gut wie erreicht, also liegt der Wendepunkt etwa bei t = 8."*

Christina: *„Aufgrund der Grenze S = 500 gilt* $\int_0^{\infty} f'(t)\,dt = 500$*."*

13. Die Abbildung zeigt den Verlauf der Verkaufszahlen von Smartphones in Deutschland. Dazu meldete eine Zeitung, dass der Smartphone-Markt in Deutschland gesättigt sei.

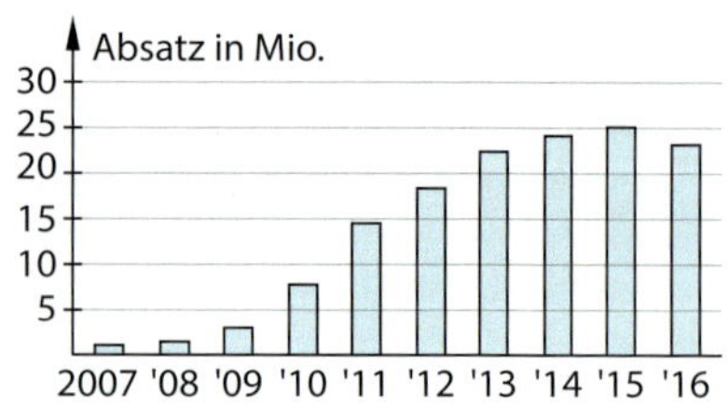

a) Begründen Sie, dass der Zeitraum von 2007 bis 2015 in etwa mit einem logistischen Wachstumsmodell modelliert werden kann. Geben Sie begründet eine mögliche Grenze S an.

b) Modellieren Sie den Zeitraum von 2007 (t = 0) bis 2015 mit zwei logistischen Wachstumsmodellen, indem Sie neben dem Startwert und der Grenze S = 25,5 den Datenwert aus dem Jahr ① 2010 und ② 2013 hinzuziehen.

c) Untersuchen Sie, ob bei beiden Modellierungen aus Aufgabenteil b) der Wendepunkt im Verlauf des Jahres 2011 erreicht wurde.

d) Untersuchen Sie, welche der beiden logistischen Modellierungen ① und ② aus b) die Werte aus der Abbildung besser modelliert. Erläutern Sie ihr Vorgehen.

e) Nehmen Sie Stellung zur Meldung der Zeitung.

GTR **14.** Agrarforscher untersuchten das Wachstum einer Maissorte in einer Wachstumsperiode:

Tage	5	8	17	24	41	50	74	83	100
Höhe in cm	7	9	22	38	82	112	255	303	305

a) Stellen Sie die Daten in einem Koordinatensystem dar und entscheiden Sie, um welche Wachstumsart es sich handelt.
b) Nutzen Sie den GTR zur Bestimmung einer Bestandsfunktion mithilfe einer geeigneten Regression.
c) Geben Sie den Anfangsbestand und die Grenze dieses Wachstums an.
d) Bestimmen Sie, nach wie vielen Tagen der Mais am schnellsten gewachsen ist.
e) Berechnen Sie die Wachstumsgeschwindigkeit nach 60 Tagen.

GTR **15.** Die Abbildung zeigt die Entwicklung des Anteils der erneuerbaren Energien am Stromverbrauch in Deutschland nach Daten des statistischen Bundesamtes. Bis zum Jahr 2025 soll sich dieser Anteil weiter erhöhen und einen Wert zwischen 40 % und 45 % erreichen.

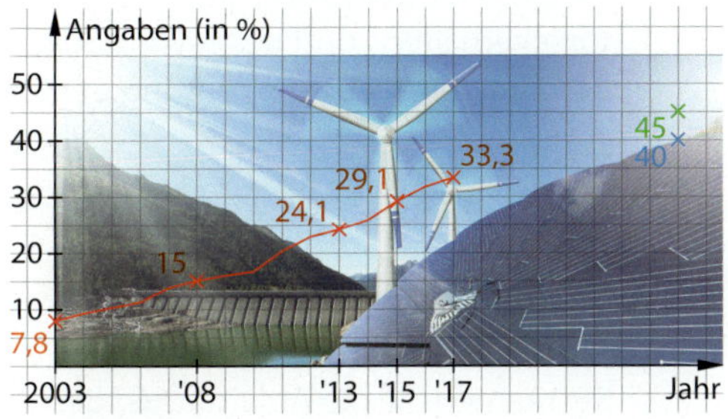

a) Diskutieren Sie, ob ein lineares oder ein logistisches Wachstumsmodell diese Entwicklung grundsätzlich sinnvoller modelliert.
b) Führen Sie mithilfe des Taschenrechners eine logistische Regression der Daten sowohl für die untere als auch für die obere Grenze der Zielvorgabe für das Jahr 2025 durch.
c) Interpretieren Sie die Regressionsgleichungen mit Blick auf die langfristige Entwicklung des Anteils der erneuerbaren Energien am Stromverbrauch in Deutschland.

● **16.** Die Funktion f mit $f(t) = \frac{4}{1 + 3 \cdot e^{-0{,}5 \cdot t}}$ beschreibt einen logistischen Wachstumsprozess.

a) Begründen Sie, dass f die Differenzialgleichung $f'(t) = 0{,}125 \cdot f(t) \cdot (4 - f(t))$ erfüllt.
b) Weisen Sie mithilfe der Produkt- und Kettenregel nach, dass für die Änderungsrate $f'(t) = \frac{6 \cdot e^{-0{,}5 \cdot t}}{(1 + 3 \cdot e^{-0{,}5 \cdot t})^2}$ gilt.
c) Zeigen Sie durch Termumformungen, dass f(t) die Differenzialgleichung aus a) erfüllt. Bringen Sie dazu den Faktor (4 – f(t)) zunächst auf einen Hauptnenner.

● **17. Ausblick:** Die Funktion f mit $f(t) = \frac{S}{1 + c_1 \cdot e^{-k_1 \cdot S \cdot t}}$ beschreibt ein logistisches Wachstumsmodell. Betrachten Sie nun die Funktion g mit g(t) = S – f(t).

a) Beschreiben Sie die inhaltliche Bedeutung von g, falls f ① die Ausbreitung einer Krankheit und ② die Ausbreitung eines Gerüchtes beschreibt. Erklären Sie, warum das von g beschriebene Modell auch logistischer Zerfall genannt wird.
b) Zeigen Sie, dass die Funktion g durch eine Gleichung der Form $g(t) = \frac{S}{1 + c_2 \cdot e^{k_2 \cdot S \cdot t}}$ beschrieben werden kann.
c) Vergleichen Sie die Parameter k_1 und k_2 sowie die Parameter c_1 und c_2.
d) Stellen Sie eine Differenzialgleichung für den logistischen Zerfall auf.

3.8 Abiturtraining

Aufgaben ohne GTR/CAS

1. Die Abbildung zeigt vier Funktionsgraphen.

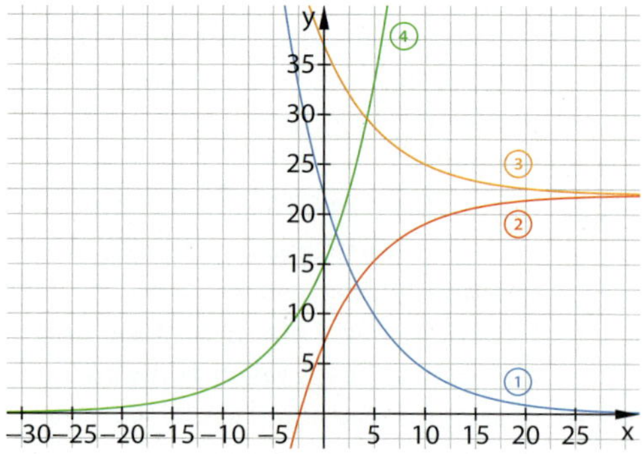

a) Ordnen Sie den Funktionsgraphen passende Funktionsterme zu.
(A) $15 \cdot e^{0,16t}$ (B) $22 \cdot e^{-0,16t}$
(C) $22 - 15 \cdot e^{-0,16t}$ (D) $22 + 15 \cdot e^{-0,16t}$

b) Ein Liter Flüssigkeit wird aus dem Kühlschrank genommen und in einen Raum mit einer Temperatur von 22 °C gestellt. Dadurch erwärmt sich die Flüssigkeit und die Temperaturdifferenz zur Umgebung nimmt pro Minute um 15% ab. Die Funktion f beschreibt den Temperaturverlauf.
Entscheiden Sie welcher Funktionsterm (A) – (D) und welcher der Graphen ① – ④ sich für diese Modellierung eignet. Begründen Sie Ihre Entscheidung anhand des Monotonieverhaltens und des asymptotischen Verhaltens des Graphen von f.

c) Beschreiben Sie die Bedeutung der folgenden Ausdrücke im Sachzusammenhang.
① $f(0)$ ② $f'(10)$ ③ $\frac{f(15) - f(5)}{10}$ ④ t mit $f'(t) = 0,5$

2. Betrachten Sie die Funktionen f_1 und f_2 mit $f_1(t) = 100 \cdot e^{-0,2 \cdot t}$ und $f_2(t) = 100 - 50 \cdot e^{-0,4 \cdot t}$.

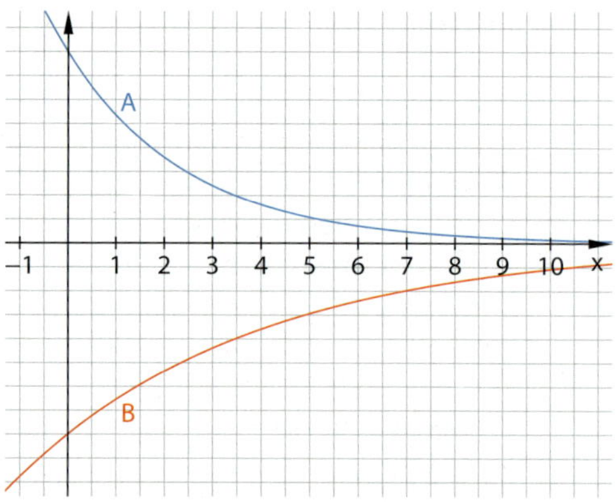

a) Bestimmen Sie die Ableitungen der beiden Funktionen f_1 und f_2.
Ordnen Sie beide Graphen den jeweiligen Ableitungen zu und skalieren Sie die y-Achse.

b) Geben Sie begründet die Werte für $\int_0^{\infty} f_1'(x)\,dx$ und $\int_0^{\infty} f_2'(x)\,dx$ an und veranschaulichen Sie diese Werte im Koordinatensystem.

c) Begründen Sie, welche der folgenden Differenzialgleichungen zu welcher der Funktion f_1 und f_2 passen:

① $f'(t) = -0,2 \cdot f(t)$ ② $f'(t) = 0,2 \cdot f(t)$ ③ $f'(t) = 0,4 \cdot (100 - f(t))$ ④ $f'(t) = -0,4 \cdot (100 - f(t))$

d) Bestimmen Sie für beide Funktionen f_1 und f_2 jeweils die momentane Änderungsrate, wenn der Bestand den Wert 75 annimmt.

e) Zeigen Sie, dass es einen Bestand y gibt, sodass die Funktionen f_1 und f_2 bei Erreichen dieses Bestandes die betragsmäßig gleiche momentane Änderungsrate haben.

3. Gegeben ist die logistische Wachstumsfunktion f mit $f(x) = \frac{200}{1 + 199 \cdot e^{-0,5 \cdot x}}$.

a) Begründen Sie, dass die Funktion f die Differenzialgleichung $f'(x) = k \cdot f(x) \cdot (200 - f(x))$ mit $k = 0,0025$ erfüllt.

b) Bestimmen Sie die Gleichung der Tangente an den Graphen von f an der Stelle $x = 0$.

c) Zeigen Sie, dass die maximale Änderungsrate der Funktion f den Wert $f'(x_W) = 25$ hat.

Aufgaben mit GTR/CAS

4. Im Durchschnitt konsumiert jede erwachsene Person in Deutschland täglich etwa 200 mg Koffein. Koffein regt den Kreislauf an und hat eine belebende Wirkung. In zu hoher Dosis kann es jedoch auch zu Nebenwirkungen kommen. Nach der Einnahme gelangt Koffein in den Blutkreislauf und wird vom Körper abgebaut. Dabei halbiert sich etwa alle drei Stunden die Dosis im Körper. Eine Tasse Kaffee enthält 120 mg. Die Funktion f beschreibt den Verlauf die Koffeinmenge im Blut nach dem Konsum einer Tasse Kaffee (t: Zeit in Stunden; f(t): Koffeinmenge im Blut in mg).

a) Stellen Sie eine Funktionsgleichung der Form $f(t) = a \cdot e^{k \cdot t}$ für die Funktion f auf.
[Kontrollergebnis: $f(t) = 120e^{\frac{\ln\left(\frac{1}{2}\right)}{3}t}$]

b) Bestimmen Sie die Koffeinmenge nach 4 Stunden.
Ermitteln Sie den Zeitpunkt, an dem $\frac{2}{3}$ des Koffeins abgebaut wurden.
Bestimmen Sie, wann die Koffeinmenge im Körper um 10 mg pro Stunde abnimmt.

c) Ab einer Koffeindosis von 1,82 mg pro kg Körpergewicht kann es bei Jugendlichen zu Herzrasen und damit zu Schlaflosigkeit kommen. Julian (70 kg) möchte gern um 22 Uhr ruhig schlafen, ohne auf seinen 500-ml-Energydrink mit einem Koffeingehalt von 180 mg zu verzichten.
Bestimmen Sie, wann er spätestens seinen Energydrink trinken sollte.
Ermitteln Sie, wie viele Stunden vor dem Schlafen er sich die gleiche Menge an Schwarztee mit einem Koffeingehalt von 154 mg erlauben könnte.

d) Ermitteln Sie unabhängig vom Sachzusammenhang den kleinsten ganzzahligen Wert für a, sodass die Fläche zwischen dem Graphen von f und der x-Achse auf dem Intervall [0; a] einen Inhalt von 500 FE überschreitet.

5. Die Darstellung zeigt die Entwicklung der Anzahl von Biogasanlagen sowie ihrer installierten Leistung in Gigawatt für den Zeitraum von 2007 bis 2016.

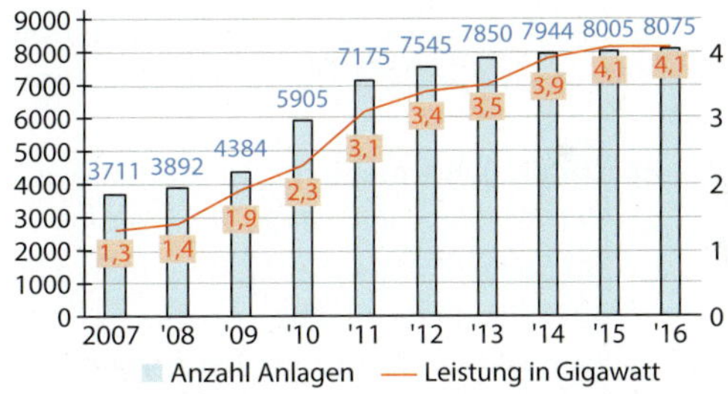

a) Stellen Sie die Entwicklung der installierten Leistung von 2007 (t = 0) bis 2011 anhand der Daten aus 2007 und 2011 mit einem exponentiellen Wachstumsmodell f dar.
(Kontrollergebnis: $f(t) = 1{,}3 \cdot e^{0{,}217 \cdot t}$)
Bestimmen Sie die größte prozentuale Abweichung zwischen den tatsächlichen Daten und den Werten der Modellfunktion f zwischen 2007 und 2011.

b) Ab 2011 soll die installierte Leistung durch eine begrenzte Wachstumsfunktion g mit einer Grenze S = 4,2 modelliert werden. Der Graph von g soll im Jahr 2011 stetig und knickfrei an den Graphen von f anschließen.
Bestimmen Sie die Gleichung der Funktion g mithilfe der Daten aus 2011 und 2015.

c) Die Daten für die Anzahl der Anlagen ab 2007 (t = 0) soll anhand eines logistischen Wachstumsmodells h mit einer Grenze S = 8100 modelliert werden.
Nehmen Sie zusätzlich die Daten aus 2011 und bestimmen Sie daraus die Funktionsgleichung.

d) Bestimmen Sie die Koordinaten des Wendepunktes der Funktion h sowie die Änderungsrate der Funktion h in diesem Punkt. Vergleichen Sie die Informationen über den Wendepunkt mit den Daten aus der Abbildung.

e) Unabhängig vom Sachzusammenhang wird eine logistische Wachstumsfunktion f betrachtet. Dabei bezeichnet m_w die maximale Änderungsrate der Wachstumsfunktion.
Beweisen Sie, dass $k = \frac{4 \cdot m_w}{S^2}$ gilt.

Prüfen Sie Ihr neues Fundament

Lösungen ↗ S. 496

1. Bestimmen Sie die erste und zweite Ableitung der Funktion f.

a) $f(x) = -3e^x$ b) $f(x) = -\frac{1}{2}e^{2x}$ c) $f(t) = 4e^t$ d) $f(x) = 8 + 5e^x$
e) $f(x) = 4e^{\frac{1}{2}x}$ f) $f(x) = -5e^{5x+3}$ g) $f(t) = -4e^{-2t}$ h) $f(x) = -2\cdot(e^x - e^{-2x})$

2. Bestimmen Sie eine Stammfunktion zur Funktion f.

a) $f(x) = 3e^x$ b) $f(x) = 3e^x + 5$ c) $f(t) = -5e^t$ d) $f(x) = 6 - \frac{2}{3}e^x$
e) $f(x) = -e^{-x+2}$ f) $f(x) = -e^{3x} + 5$ g) $f(t) = 3e^{2t+5}$ h) $f(x) = \frac{1}{2e}\cdot(e^x - e^{-x})$

3. Schreiben Sie die Exponentialfunktion als Funktion mit der Basis e und leiten Sie sie anschließend mit der Kettenregel ab.

a) $f(x) = 3^x$ b) $f(x) = -3\cdot 5^x$ c) $f(t) = -4\cdot\left(\frac{1}{2}\right)^t$ d) $f(x) = 3\cdot 2^{5x+1}$

4. Bestimmen Sie die Lösungsmenge der Gleichung.

a) $e^{2x+3} = e^{x-1}$ b) $-3e^{3x} + 5e^{3x} = 12$
c) $-3e^{-3x} + 9 = 6e^{-3x}$ d) $(e^{2x} - 2)\cdot(x^4 + 1) = 0$
e) $e^{2x+3} - 2 = 0$ f) $5e^{4x+1} = -5e^{4x+1}$

GTR **5.** Geben Sie mithilfe des GTR eine näherungsweise Lösung der Gleichung an.

a) $e^{2x} = e^x + 1$ b) $e^{x+2} = -3x$ c) $x^2 - 3e^x = 0$ d) $e^{2x} = 2^x + 1$

GTR **6.** Gegeben ist die Funktion f mit $f(x) = 2e^x$.

a) Ermitteln Sie die fehlende Koordinate des Punktes $P(x\,|\,4)$ auf dem Graphen von f.
b) Überprüfen Sie, an welcher Stelle der Graph von f den Graphen von g mit $g(x) = 2$ schneidet.
c) Bestimmen Sie rechnerisch den Schnittpunkt des Graphen von f mit dem Graphen von h mit $h(x) = 3e^{2x}$. Überprüfen Sie anschließend Ihr Ergebnis mit dem GTR.

7. Beschreiben Sie den exponentiellen Wachstumsprozess durch eine Funktion mit der Basis e.

a) Herr G. Bauer legt 10 000 € zu einem Zinssatz von 5 % pro Jahr an.
b) Ein Ball fällt aus einer Höhe von 3 m auf den Boden und springt nach jedem Aufprall auf 80 % der letzten Höhe zurück.
c) Radioaktives Actinium 225 zerfällt täglich um 6,7 %. Zu Beginn der Beobachtung sind 200 g vorhanden.

8. Die Beleuchtungsstärke in einem See nimmt mit zunehmender Tiefe x nach der Funktionsgleichung $f(x) = 4000\cdot 0{,}8^x$ ab (x in Meter, f(x) in Lux). An der Oberfläche werden 4000 Lux gemessen.

a) Erklären Sie, warum die Änderungsrate zu jedem Zeitpunkt negativ ist.
b) Bestimmen Sie die Änderungsrate in einer Tiefe von x = 5 m und x = 20 m.
c) Bestimmen Sie die mittlere Änderungsrate im Intervall [5; 20].
d) Bestimmen Sie den Zeitpunkt, zu dem die Beleuchtungsstärke mit einer Änderungsrate von 5 Lux/Meter abnimmt.

Lösungen ↗ S. 496

9. Ein Patient bekommt 100 mg eines Medikaments verabreicht. Der Abbau des Medikaments im Körper kann näherungsweise durch die Funktion f mit $f(t) = 5 + 100 \cdot e^{-0{,}15 \cdot t}$ beschrieben werden (t: Zeit in Stunden, f(t): Menge des Medikaments im Körper in mg).

a) Geben Sie die Grenze und den Anfangsbestand dieses Zerfallsprozesses an. Deuten Sie beide Werte im Sachzusammenhang.

b) Begründen Sie anhand des Funktionsterms, dass die Menge des Medikaments im Körper stetig abnimmt, aber nach diesem Modell nicht unter die Grenze fällt.

c) Bestimmen Sie den Zeitpunkt t, an dem die Menge des Medikaments
① unter 25 mg fällt, ② um 7 mg pro Stunde abnimmt.

10. Ordnen Sie jeder Differenzialgleichung eine Funktion, die diese löst, zu. Weisen Sie durch Einsetzen nach, dass die Funktion tatsächlich eine Lösung der Differenzialgleichung ist.

Differenzialgleichung		Funktionen f	
① $f'(x) = 2 \cdot f(x)$	② $f''(x) + f(x) = 0$	Ⓐ $f(x) = \sqrt{x-1}$	Ⓑ $f(x) = e^{2x-1}$
③ $f'(x) = \frac{1}{2 \cdot f(x)}$	④ $f'(x) = 3 - f(x)$	Ⓒ $f(x) = 2e^{-x} + 3$	Ⓓ $f(x) = \sin(x)$

11. Auf den Karten sind drei verschiedene Wachstumsvorgänge beschrieben.

① Die Verzinsung eines Startkapitals wird durch die Funktion K mit $K(t) = 500 \cdot e^{0{,}05t}$ beschrieben (t: Zeit in Jahren).

② Die Funktion f mit $f(t) = 30 - 35 \cdot e^{-0{,}1 \cdot t}$ beschreibt die Temperatur einer Tiefkühlspeise beim Auftauen (t: Zeit in Minuten).

③ Die Entwicklung einer Tierpopulation wird durch die Funktion $B(t) = \frac{3000}{10 + 290 \cdot e^{-0{,}5 \cdot t}}$ beschrieben (t: Zeit in Jahren).

a) Geben Sie für jeden Wachstumsvorgang eine Differenzialgleichung an, die diesen beschreibt.

b) Weisen Sie durch Einsetzen nach, dass die Funktionen zu ① und ② die in a) ermittelten Differenzialgleichungen lösen.

12. Die Funktion f mit $f(t) = \frac{2}{2 + 8e^{-t}}$ (t: Zeit in Stunden) beschreibt die CO_2-Produktion einer Hefekultur in $\frac{ml}{h}$.

a) Bestimmen Sie die maximale Produktionsleistung dieser Hefekultur.

b) Bestimmen Sie den Zeitpunkt, an dem die CO_2-Produktion am stärksten ansteigt.

c) Berechnen Sie den Anstieg der CO_2-Produktion zu Beginn der Messung (t = 0) und zwei Stunden danach.

d) Berechnen Sie den durchschnittlichen Produktionsanstieg innerhalb der ersten zwei Stunden.

e) Zeigen Sie, dass F mit $F(t) = \ln(e^t + 4)$ eine Stammfunktion von f ist, und berechnen Sie, wie viel CO_2 in den ersten beiden Stunden von der Hefekultur freigesetzt wird.

13. Bestimmen Sie die Ableitungsfunktion von f.

a) $f(x) = \ln(2x - 1)$ b) $f(x) = \ln(2x^2 + 4)$ c) $f(x) = \ln(\cos(x))$ d) $f(x) = \ln(2 + \sin(x))$

e) $f(x) = 2x \cdot \ln(x)$ f) $f(x) = \frac{\ln(x)}{3x}$ g) $f(x) = \ln(2x) \cdot \ln(x^3)$ h) $f(x) = e^{3x} \cdot \ln(x^2)$

14. Berechnen Sie das Integral.

a) $\int_1^e \left(\frac{2}{x} - 4\right) dx$ b) $\int_{\frac{1}{2}}^{2e} \frac{1}{2x} dx$ c) $\int_{-5}^{-1} \frac{4}{6x} dx$ d) $\int_2^6 \left(x - \frac{1}{4x}\right) dx$

Zusammenfassung

Natürliche Exponentialfunktion

Die Exponentialfunktion f mit $f(x) = e^x$ mit der Basis $e \approx 2{,}71828$ (**Eulersche Zahl**) heißt **natürliche Exponentialfunktion**.
Für f mit $f(x) = e^{ax+b}$ mit $a \neq 0$ gilt:
Ableitung: $f'(x) = a \cdot e^{ax+b}$
Stammfunktion: $F(x) = \frac{1}{a} \cdot e^{ax+b}$

$f(x) = 5e^{-2x+7}$
$f'(x) = 5e^{-2x+7} \cdot (-2) = -10e^{-2x+7}$
$f''(x) = -10e^{-2x+7} \cdot (-2) = 20e^{-2x+7}$
$F(x) = 5e^{-2x+7} \cdot \frac{1}{-2} = -2{,}5e^{-2x+7}$

Natürlicher Logarithmus

Der **natürliche Logarithmus** ist der Logarithmus zur Basis e. Für $\log_e(b)$ mit $b \in \mathbb{R}$, $b > 0$ schreibt man $\ln(b)$.
$x = \ln(b)$ ist die Lösung der Gleichung $e^x = b$.
Statt $f(x) = b^x$ kann man auch schreiben: $f(x) = e^{\ln(b) \cdot x}$

$f(x) = 3 \cdot 5^x$
$f(x) = 3 \cdot e^{\ln(5^x)} = 3 \cdot e^{\ln(5) \cdot x}$
$f'(x) = 3 \cdot \ln(5) \cdot e^{\ln(5) \cdot x}$
$= 3 \cdot \ln(5) \cdot 5^x$

Die **natürliche Logarithmusfunktion f** mit $f(x) = \ln(x)$ und $x > 0$ hat die Ableitung $f'(x) = \frac{1}{x}$.

Zur Funktion f mit $f(x) = \frac{1}{x}$ und $x \neq 0$ ist F mit $F(x) = \ln(|x|)$ eine Stammfunktion.

Differenzialgleichungen

Eine Gleichung, die einen Zusammenhang zwischen einer Funktion und ihrer ersten Ableitung oder höheren Ableitungen beschreibt, nennt man **Differenzialgleichung (DGL)**. Lösungen von Differenzialgleichungen sind Funktionen.

Differenzialgleichung $f'(x) + (f(x))^2 = 0$
Funktion f_a mit $f_a(x) = \frac{1}{x+a}$ und $x \neq -a$ ist für jedes $a \in \mathbb{R}$ Lösung der Differenzialgleichung.
Für den Anfangswert $f(0) = 0{,}1$ ergibt sich $a = 10$ und damit $f(x) = \frac{1}{x+10}$.

Exponentielles Wachstum

Die Gleichung $f(t) = a \cdot e^{k \cdot t}$ mit $k \neq 0$ beschreibt einen exponentiellen Wachstumsprozess eines Bestands.
$a = f(0)$ ist der **Anfangsbestand** zum Zeitpunkt $t = 0$ und k die **Wachstumskonstante**.
f erfüllt die **Differenzialgleichung** $\boldsymbol{f'(t) = k \cdot f(t)}$

f mit $f(t) = 1000e^{0,14}$ beschreibt eine Tierpopulation in Abhängigkeit von der Zeit t in Jahren.
Bestand nach drei Jahren:
$f(3) = 1000 \cdot e^{0,14 \cdot 3} \approx 1522$

Zeitpunkt, zu dem 5000 Tiere erreicht werden:
$5000 = 1000e^{0,14t}$ $\quad t = \frac{\ln(5)}{0,14} \approx 11{,}5$

Begrenztes Wachstum

Die Gleichung $f(t) = S - (S - a) \cdot e^{-k \cdot t}$ mit $k > 0$ beschreibt einen begrenzten Wachstumsprozess eines Bestands.
$a = f(0)$ ist der **Anfangsbestand** zum Zeitpunkt $t = 0$. Der Graph von f nähert sich **asymptotisch** einer **Grenze** S an.
f erfüllt die **Differenzialgleichung**:
$\boldsymbol{f'(t) = k \cdot (S - f(t))}$

f mit $f(t) = 35 - 20e^{-0,15t}$ beschreibt die Temperatur von Wasser in °C in Abhängigkeit von der Zeit t in Minuten.

$f(t) = \underbrace{35}_{\text{Grenze}} - \underbrace{20 \cdot e^{k \cdot t}}_{\text{exponentiell abnehmende Differenz zur Grenze}}$

$f'(t) = -20 \cdot (-0{,}15) \cdot e^{-0,15} = 3e^{-0,15t}$ ist die Wachstumsgeschwindigkeit zum Zeitpunkt t.

Logistisches Wachstum

Die Gleichung $f(t) = \frac{S}{1 + c \cdot e^{-k \cdot S \cdot t}}$ mit $c = \frac{S}{f(0)} - 1$ und $S > 0$, $c > 0$, $k > 0$ beschreibt einen logistischen Wachstumsprozess eines Bestands mit **Anfangsbestand f(0)** und der **Grenze S**.
f erfüllt die **Differenzialgleichung**:
$f'(t) = k \cdot f(t) \cdot (S - f(t))$.
Der **Wendepunkt** eines logistischen Wachstums hat die Koordinaten $\left(\mathbf{t_w} \middle| \frac{S}{2}\right)$.

f mit $f(t) = \frac{200}{1 + 99 \cdot e^{-0,02 \cdot t}}$ beschreibt den bedeckten Flächeninhalt (in cm^2) einer Bakterienkultur auf einer begrenzten Fläche.
Differenzialgleichung:
$f'(t) = 0{,}0001 \cdot f(t) \cdot (200 - f(t))$
Maximale Änderungsrate an der Wendestelle t_w: $f(t) = \frac{200}{2} = 100$ $\quad$ also $\frac{200}{1 + 99 \cdot e^{-0,02 \cdot t}} = 100$
Umstellen ergibt Wendestelle bei $t = 229{,}75$.
Aus der DGL ergibt sich die Änderungsrate in t_w: $f'(229{,}75) = 0{,}0001 \cdot 100 \cdot (200 - 100) = 1$

4. Zusammengesetzte Funktionen

Die Pharmakokinetik ist die Beschreibung der Konzentration eines Medikaments im Körper. Um den gesamten Verlauf von der Einnahme, über die Verteilung im Körper, bis hin zum Abbau zu beschreiben, werden zusammengesetzte Funktionen benötigt.

Nach diesem Kapitel können Sie …
- asymptotisches Verhalten zusammengesetzter Funktionen beschreiben,
- verschiedene Wachstumsmodelle beschreiben, unterscheiden und vergleichen,
- mithilfe von zusammengesetzten Funktionen und Funktionenscharen Sachsituationen beschreiben und modellieren,
- aus Änderungsraten zusammengesetzte Funktionen rekonstruieren.

Lösungen
↗ S. 497

Exponentialfunktionen untersuchen

1. Bestimmen Sie den Anstieg des Graphen der Funktion f an der Stelle x_0.
   a) $f(x) = 4e^x - 3;\quad x_0 = 0$
   b) $f(x) = e^{2x} - 3e^{-x};\quad x_0 = -1$
   c) $f(x) = \frac{1}{2}4^x - \pi;\quad x_0 = 1$
   d) $f(x) = 0{,}5 \cdot 2^{3x-2};\quad x_0 = 0{,}5$

2. Ermitteln Sie die Gleichung der Tangente am Graphen der Funktion f an der Stelle x_0.
   a) $f(x) = e^x + e^{-x};\quad x_0 = 1$
   b) $f(x) = \frac{1}{e^{3x}} + 5;\quad x_0 = \frac{1}{3}$
   c) $f(x) = \frac{1}{2} \cdot 3^{-2x};\quad x_0 = 0$
   d) $f(x) = -\frac{1}{5} \cdot 0{,}25^x + \frac{6}{5};\quad x_0 = -2$

3. Berechnen Sie den Inhalt der Fläche zwischen dem Graphen der Funktion f und der x-Achse auf dem Intervall I.
   a) $f(x) = \frac{1}{2}e^{-2x} + 1;\quad I = [-1; 2]$
   b) $f(x) = e^{\frac{x}{2}} - e^{-\frac{x}{2}};\quad I = [-2; 2]$
   c) $f(x) = 3^x;\quad I = [1; 2]$
   d) $f(x) = 4^{-\frac{x}{2}} - 4;\quad I = [-2; 0]$

Hinweis:
Unter Halbwertszeit T versteht man die Zeit, nach der die Hälfte der vorhandenen Menge zerfallen ist.

4. Der radioaktive Zerfall des Elements Radium lässt sich annähernd durch die Funktion m mit $m(t) = m_0 \cdot e^{-0{,}0004t}$ beschreiben. Dabei bedeutet m_0 die zu Beginn vorhandene Masse und t die Zeit (in Jahren).
   a) Ermitteln Sie die Zeitdauer, nach der frühestens von 1 g Radium 0,1 g zerfallen sind, sowie die Halbwertszeit T.
   b) Berechnen Sie die Zerfallsgeschwindigkeit von 1 g Radium zum Zeitpunkt von $t_1 = 10$ (Jahren) und $t_2 = 1000$ (Jahren).

5. Die Wachstumsgeschwindigkeit einer Bakterienkultur wird durch die Funktion f mit $f(t) = 2 \cdot e^{0{,}2t}$ beschrieben (t in Stunden; f(t): Anzahl der Bakterien in Tausend).
   a) Berechnen Sie den Zeitpunkt t, an dem der Bestand um 5000 Bakterien zunimmt.
   b) Berechnen Sie, um wie viele Bakterien diese Bakterienkultur von der 3. bis zur 6. Stunde wächst.

Ganzrationale Funktionen bestimmen

6. Betrachtet werden ganzrationale Funktion f dritten Grades mit $f(x) = ax^3 + bx^2 + cx + d$. Beschreiben Sie die folgenden Eigenschaften von f oder des Graphen von f durch eine oder mehrere Gleichungen.
   a) f hat die Nullstellen $x_1 = 0$ und $x_{2,3} = 1$.
   b) f hat den Hochpunkt H (−1 | 3) und den Tiefpunkt T (1 | −1).
   c) Der Graph von f schneidet die Achsen in den Punkten P_1 (−3 | 0); P_2 (0 | 2); P_3 (2 | 0); P_4 (5 | 0).
   d) Der Graph von f ist streng monoton wachsend und punktsymmetrisch zum Wendepunkt W (0 | 0). Er hat im Punkt P (1 | 1,5) den Anstieg 2,5.

7. Bestimmen Sie eine ganzrationale Funktion vom Grad n, deren Graph die angegebenen Eigenschaften erfüllt.
   a) n = 4; Graph ist symmetrisch zur y-Achse; Tiefpunkt T (2 | −9); Hochpunkt H (0 | 7)
   b) n = 3; Hochpunkt H (−2 | 1), Tiefpunkt T (0 | −2); Wendepunkt W (−1 | 0,5)
   c) n = 3; Nullstellen $x_{1,2} = -3$ und $x_3 = 2$; Anstieg von −2 an der Nullstelle x_3; Tiefpunkt T (−3 | 0)

Lösungen
↗ S. 497/498

8. Die Abbildung zeigt den Graphen einer ganzrationalen Funktion.
   a) Erklären Sie, welchen Grad die Funktion mindestens hat.
   b) Lesen Sie Eigenschaften des Graphen ab und bestimmen Sie daraus eine Gleichung für eine passende ganzrationale Funktion mit möglichst geringem Grad.

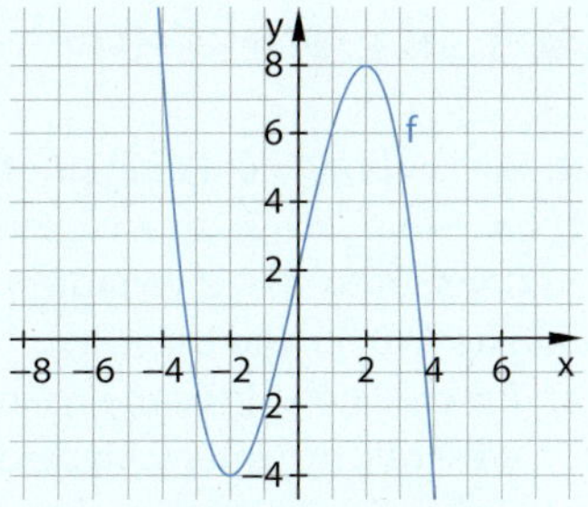

GTR 9. Bei einem Experiment wurden folgende Messpunkte $P(x|y)$ ermittelt, wobei x eine horizontale Entfernung und y eine Höhe jeweils in Meter angibt: $P_1(1|1{,}8)$, $P_2(2|1{,}2)$, $P_3(3|0{,}2)$.
   a) Es wird eine lineare Abhängigkeit angenommen. Ermitteln Sie eine Funktionsgleichung, sodass die Punkte P_1 und P_3 auf dem Graphen liegen.
   b) Es wird eine quadratische Abhängigkeit angenommen. Ermitteln Sie eine Funktionsgleichung, sodass alle drei Punkte auf dem Graphen liegen.

Funktionenscharen untersuchen

10. Gegeben ist die Funktionenschar f_a mit $f_a(x) = x^3 - a \cdot x^2$ mit $a, x \in \mathbb{R}$.
   a) Bestimmen Sie die Nullstellen von f_a sowie die erste und zweite Ableitung.
   b) Untersuchen Sie die Graphen von f_a auf Wendepunkte und ermitteln Sie gegebenenfalls deren Koordinaten.
   c) Skizzieren Sie Graphen für verschiedene Parameter und beschreiben Sie den Einfluss von a.

11. Ermitteln Sie Null-, Extrem- und Wendestellen der Funktionenschar und geben Sie die zugehörigen Parameterbereiche an.
   a) $f_a(x) = x^2 + x - a$ b) $f_a(x) = e^{x-a} + a$ c) $f_a(x) = ax^3 - x$ d) $f_a(x) = x^4 + ax^2$

12. Vom Graphen einer ganzrationalen Funktion 3. Grades sind die Punkte $P_1(-1|2)$; $P_2(0|-1)$ und $P_3(1|0)$ gegeben.
   a) Bestimmen Sie die Schar aller ganzrationalen Funktionen, deren Graphen durch diese Punkte gehen.
   b) Einer dieser Graphen hat im Punkt P_2 einen Tiefpunkt. Ermitteln Sie für diesen Fall den zugehörigen Parameterwert.
   c) Der Graph einer dieser Funktionen schließt im Intervall [1; 2] mit der x-Achse eine Fläche vollständig ein. Ermitteln Sie den zugehörigen Parameterwert sowie den Flächeninhalt.

Vermischtes

13. Geben Sie für die Funktion f mit $f(x) = a \cdot x^n$ ($a, n \neq 0$; $n \in \mathbb{N}$; $a \in \mathbb{R}$) Werte für a und n an, sodass die Bedingungen erfüllt werden.
   a) Für $x \to \infty$ gilt $f(x) \to \infty$ und für $x \to -\infty$ gilt $f(x) \to \infty$.
   b) Für $x \to \infty$ gilt $f(x) \to -\infty$ und für $x \to -\infty$ gilt $f(x) \to \infty$.
   c) Für $x \to \infty$ gilt $f(x) \to \infty$ und für $x \to -\infty$ gilt $f(x) \to -\infty$.
   d) Für $x \to \infty$ gilt $f(x) \to -\infty$ und für $x \to -\infty$ gilt $f(x) \to -\infty$.

14. Skizzieren Sie für ausgewählte Beispiele Graphen der Funktionen f mit $f(x) = a \cdot \sin(bx + c)$. Erklären Sie den Einfluss der Parameter a, b und c im Vergleich zu g mit $g(x) = \sin(x)$.

4.1 Regression

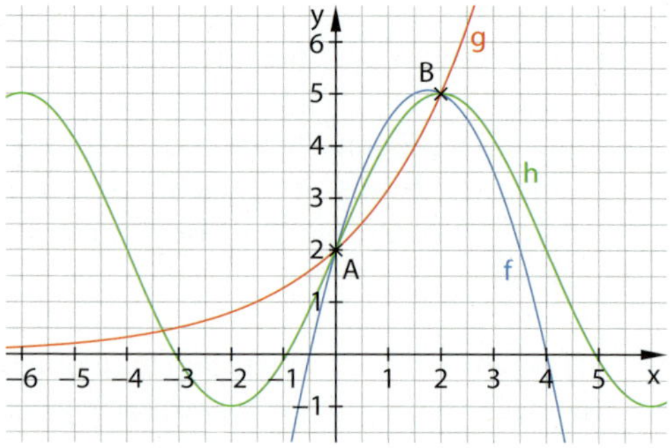

■ Die Graphen der Funktionen f, g und h mit $f(x) = -x^2 + \frac{7}{2}x + 2$, $g(x) = 2 \cdot e^{0{,}458x}$ und $h(x) = 3\sin\left(x \cdot \frac{\pi}{4}\right) + 2$ verlaufen durch die Punkte A(0 | 2) und B(2 | 5).

a) Beschreiben Sie Gemeinsamkeiten und wesentliche Unterschiede der Graphen.

b) Geben Sie zu jeder Funktion eine passende Sachsituation an, wenn A und B Messwerte darstellen. ■

Die Ergebnisse einer Messreihe lassen sich als **Punktwolke** $P_1(x_1 | y_1), \ldots, P_n(x_n | y_n)$ in einem Koordinatensystem darstellen. Um einen funktionalen Zusammenhang zwischen den gemessenen Werten zu erhalten, sucht man eine Funktion f, deren Graph die Lage der Punkte möglichst gut beschreibt.

Wird zum Beispiel ein linearer Zusammenhang vermutet, so ist eine **Ausgleichsgerade** gesucht, deren Punkte möglichst wenig von den Punkten der Wolke abweichen. Diese Abweichung kann durch die Summe der quadratischen Abweichungen in y-Richtung $(f(x_i) - y_i)^2$ beschrieben werden. Mithilfe einer **Regression** wird eine lineare Funktion f bestimmt, für die diese Summe minimal ist.

Hinweis:
Durch Quadrieren der Abweichungen werden die Vorzeichen egalisiert. Zudem wird der Einfluss größerer Abweichungen verstärkt.

x	0	1	2	3	4	5
y	1,1	1,7	2,9	2,5	3,4	3,5

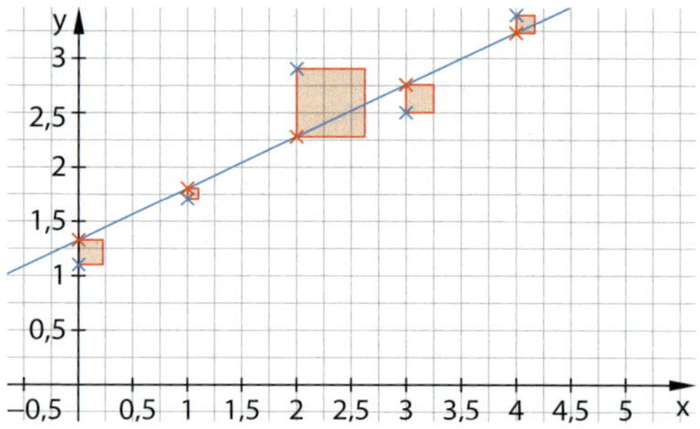

Regressionsgerade: $f(x) = 0{,}48x + 1{,}32$

Neben linearen Funktionen können durch Regression auch andere Funktionstypen (quadratisch, ganzrational, trigonometrisch, exponentiell, …) bestimmt werden.

Der Sachzusammenhang oder die Lage der Punktwolke liefern Eigenschaften wie Extrempunkte oder asymptotisches Verhalten und geben damit Auskunft über den geeigneten Funktionstyp einer Regression.

Ganzrationale Funktion (Grad n)	Trigonometrische Funktion	Exponentialfunktion
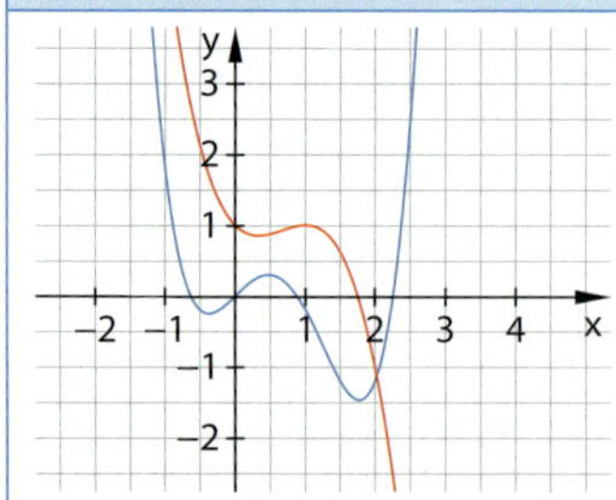	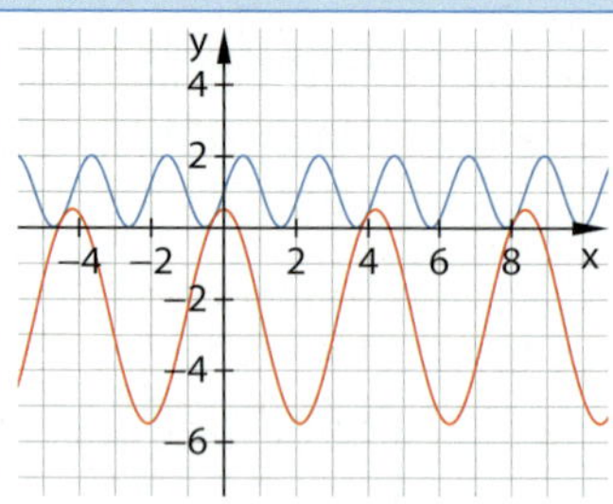	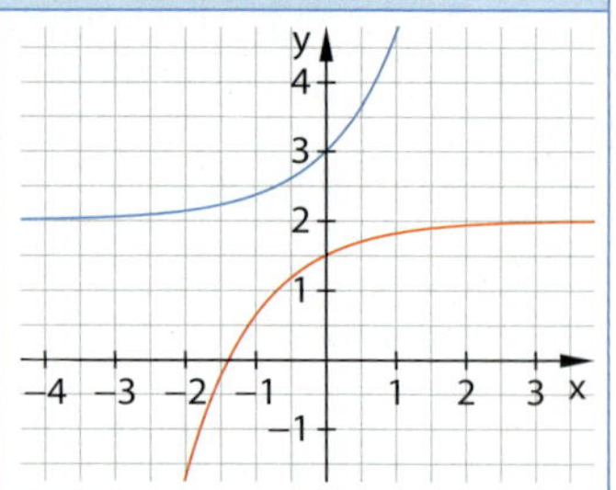
– höchstens n Nullstellen – höchstens n – 1 Extrema – Funktionswerte sind unbeschränkt; $f(x) \to \pm\infty$ für $x \to \pm\infty$	– keine oder unendlich viele Nullstellen – unendlich viele Extrema – Graph verläuft periodisch und ist beschränkt	– keine oder eine Nullstelle – keine Extrema – Graph nähert sich asymptotisch einer Grenze

Beispiel 1: Beim freien Fall einer Stahlkugel wurde zu Zeitpunkten t die zurückgelegte Strecke s (t) experimentell bestimmt.

t in s	0	0,25	0,5	0,75	1	1,25
s (t) in m	0	0,3	1,2	2,8	4,8	7,5

Ermitteln Sie durch Regression eine geeignete Funktion, um die Messdaten zu beschreiben.

Hinweis:
Eine detaillierte Anleitung zur Regression mit dem GTR/CAS finden Sie auf Seite 483.

Lösung:
Tragen Sie die Messdaten in eine Liste ein und stellen Sie diese als Punktwolke dar.

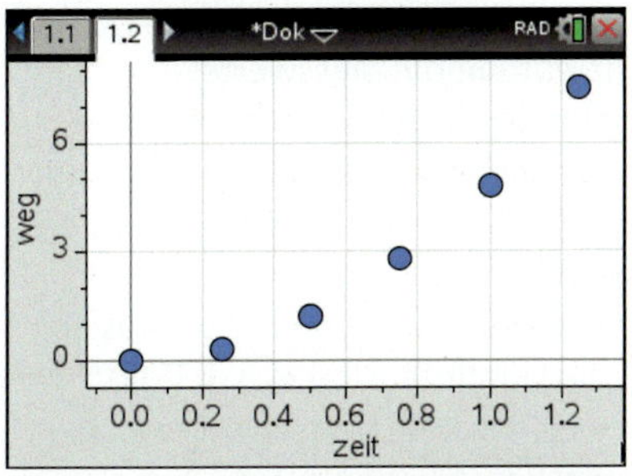

Die Lage der Punktwolke lässt einen quadratischen Verlauf vermuten. Aus dem Sachzusammenhang ergibt sich kein Hinweis auf einen periodischen Vorgang oder eine asymptotische Annäherung an einen Grenzwert.
Führen Sie mit dem GTR eine quadratische Regression durch und stellen Sie den Graphen der Regressionsfunktion dar.

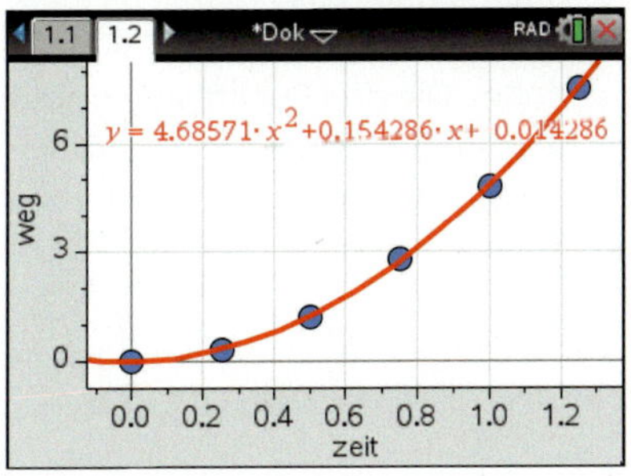

Basisaufgaben

GTR **1.** Gegeben ist eine Punktwolke, die aus nur vier Punkten besteht.
a) Führen Sie eine lineare Regression durch.
b) Führen Sie eine quadratische Regression durch.
c) Führen Sie eine trigonometrische Regression durch.
d) Führen Sie eine exponentielle Regression durch.

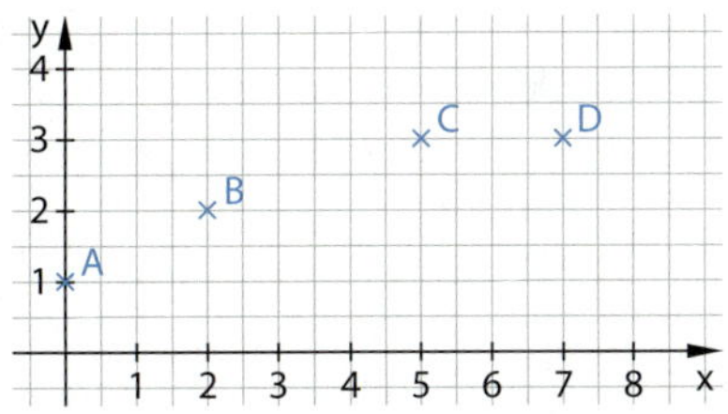

2. Geben Sie einen geeigneten Funktionstyp für eine Regression an.

das Schwingen einer Deckenleuchte	Wachstum einer Pilzkultur	Form eines Wasserstrahls am Gartenschlauch

GTR **3.** Ein Foucaultsches Pendel ist ein langes Pendel mit einer großen Pendelmasse, mit dessen Hilfe ohne Bezug auf Beobachtungen am Himmel die Erdrotation anschaulich nachgewiesen werden kann.
Zu verschiedenen Zeiten wurden folgende Auslenkungen der Kugel aus der Ruhelage gemessen:

t in s	0,5	2,5	5	7,5	10	12,5
f(t) in m	2,9	7	−5,3	−2,9	7,5	−2,9

Bestimmen Sie einen geeigneten Regressionstyp und stellen Sie den entsprechenden Graphen dar.

Weiterführende Aufgaben

GTR **4.** Mithilfe von Messungen soll ein Zusammenhang zwischen der Wassertiefe x und der Lichtintensität f(x) von einfallendem Sonnenlicht gefunden werden. Die Tabelle enthält die Messwerte.

x in m	1,2	1,5	1,7	1,9	2,2	2,4
f(x) in Lux	1,3	1,1	0,9	0,8	0,7	0,6

a) Ermitteln Sie einen geeigneten Regressionstyp und bestimmen Sie mit dem GTR einen Regressionsgraphen zur Messreihe.

b) Berechnen Sie mit dem Ergebnis aus a) die Lichtintensität in 3 m Tiefe.

c) In welcher Tiefe herrscht eine Lichtintensität von 0,1 Lux?

5. Stolperstelle: Die drei Punkte im Koordinatensystem beschreiben einen Zerfallsprozess. Nehmen Sie zu den Aussagen der Schüler Stellung.

Heike: *„Durch drei Punkte ist immer eine Parabel eindeutig festgelegt."*

Jens: *„Mit etwas Glück liegen die drei Punkte aber auch genau auf dem Graphen einer Exponentialfunktion."*

Tom: *„Selbst wenn die drei Punkte nicht genau auf dem Graphen einer Exponentialfunktion liegen, sollte man mithilfe einer exponentiellen Regression trotzdem eine Exponentialfunktion finden."*

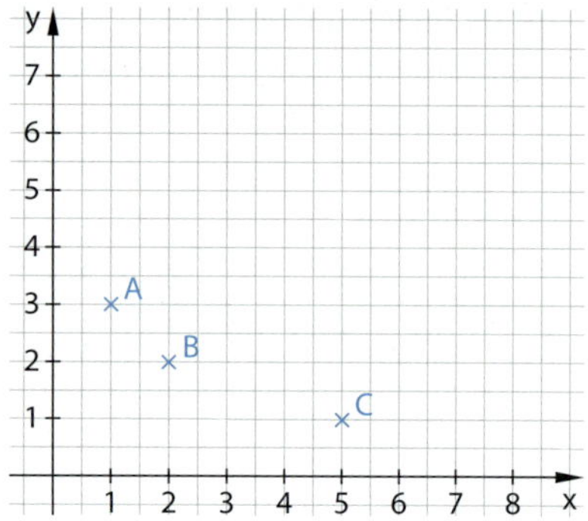

GTR **6.** Gegeben sind die Punkte A(−2|8), B(0|6), C(4|4) und D(8|1).

a) Bestimmen Sie eine ganzrationale Funktion dritten Grades, deren Graph alle vier Punkte enthält.

b) Führen Sie eine Regression mit einem ganzrationalen Regressionsgraphen durch.

c) Erläutern Sie die unterschiedlichen Bedeutungen der Ergebnisse aus a) und b).

d) Führen Sie eine exponentielle Regression durch und vergleichen Sie das Ergebnis mit denen aus a) und b).

e) Diskutieren Sie mit Ihrem Nachbarn verschiedene Sachsituationen, für die das Modell aus b) bzw. das Modell aus d) geeignet sind.

● **7. Ausblick:** Gegeben sind drei Punkte und eine Gerade g.

a) Berechnen Sie die Summe der quadratischen Abweichungen der drei Punkte von g.

b) Begründen Sie anschaulich, warum die Gerade g keine Ausgleichsgerade (Regressionsgerade) sein kann.

c) Bestimmen Sie ohne GTR eine Ausgleichsgerade durch (0|1), für die die Summe der quadratischen Abweichungen minimal ist.

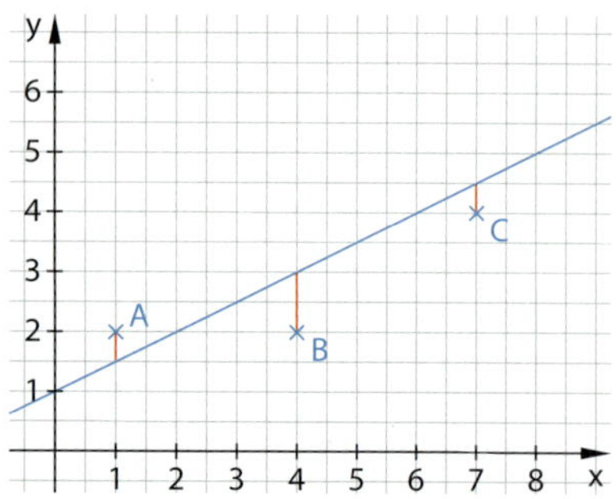

GTR d) Bestimmen Sie mit dem GTR zu den drei Punkten die Regressionsgerade. Berechnen Sie die Summe der quadratischen Abweichungen und vergleichen Sie das Ergebnis mit den Werten aus a) und c).

4.2 Zusammengesetzte Funktionen untersuchen

■ g und h seien zwei beliebige Funktionen und f das Produkt, also $f(x) = g(x) \cdot h(x)$.

a) Skizzieren Sie im Intervall $-1{,}5 \leq x \leq 5$ zu den abgebildeten Graphen von g und h den Graphen von f.

b) Geben Sie an, was man für f folgern kann,
① wenn x eine Nullstelle von h ist,
② wenn $g(x) = 1$ gilt,
③ wenn g(x) positiv und h(x) negativ ist,
④ wenn für $x \to -\infty$ gilt: $g(x) \to \infty$ und $h(x) \to -\infty$. ■

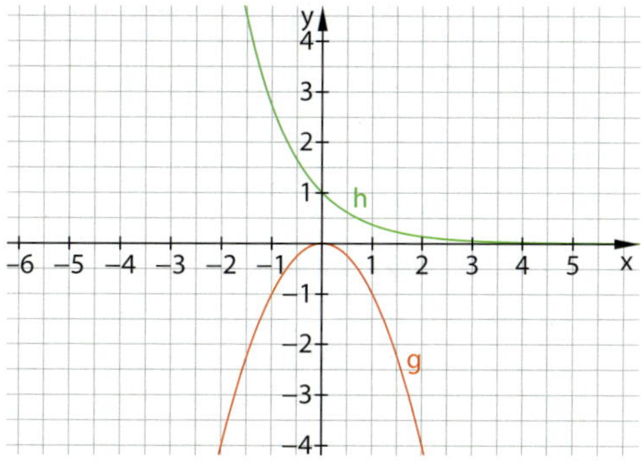

Eine Funktion f kann aus Teilfunktionen zusammengesetzt sein. Beispielsweise ist f die Summe, die Differenz oder das Produkt der Teilfunktionen. Man kann anhand der Teilfunktionen Aussagen über die Funktion f treffen.

Die Funktion f mit $f(x) = 0{,}1x^3 - x + e^{0{,}5x}$ ist die Summe der Funktionen g und h mit den Funktionsgleichungen $g(x) = 0{,}1x^3 - x$ und $h(x) = e^{0{,}5x}$. An jeder Stelle x gilt $f(x) = g(x) + h(x)$.

- Der Graph von f liegt über dem Graphen von g, da h(x) für alle x positiv ist. Je größer x ist, desto größer ist h(x) und somit der Unterschied zwischen f(x) und g(x).
- Für $x \to -\infty$ strebt h(x) gegen 0 und somit f(x) gegen g(x). Für $x \to \infty$ gilt $g(x) \to \infty$ und $h(x) \to \infty$ und somit auch $f(x) \to \infty$.
- Bei den Nullstellen von g gilt $f(x) = h(x)$.
- Sind g(x) und h(x) positiv, so gilt dies auch für f(x). Ist das Vorzeichen von g(x) und h(x) verschieden, entscheidet der größere Betrag.

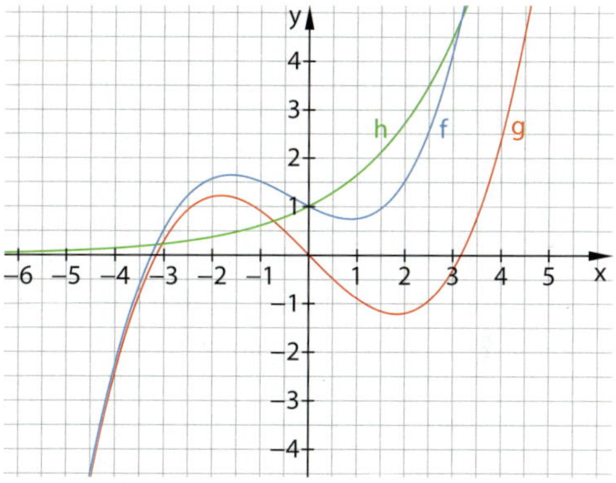

Viele Regeln lassen sich von den Teilfunktionen auf die zusammengesetzte Funktion übertragen, beispielsweise die Summenregel beim Ableiten und Integrieren einer Summe. Sie besagt, dass man die Summanden einzeln ableiten bzw. integrieren kann.

Beispiel 1: Ableiten mit Summen-, Produkt- und Kettenregel

Bestimmen Sie die Ableitung der Funktion f.

a) $f(x) = 5x^4 + \frac{1}{2}e^x$ b) $f(x) = -2x \cdot e^x$ c) $f(x) = x^3 \cdot e^{4x^2-1}$

Lösung:

a) Leiten Sie jeden Summanden einzeln ab.

$f(x) = 5x^4 + \frac{1}{2}e^x$

$f'(x) = 20x^3 + \frac{1}{2}e^x$

b) Wenden Sie Produktregel an. Klammern Sie den Exponentialterm aus und vereinfachen Sie die Klammer.

$f(x) = -2x \cdot e^x$

$f'(x) = -2 \cdot e^x + (-2x) \cdot e^x = e^x(-2 + (-2x))$

$= e^x(-2 - 2x)$

c) Wenden Sie die Produktregel an und beachten Sie bei e^{4x^2-1} die Kettenregel. Klammern Sie den Exponentialterm aus.

$f(x) = x^3 \cdot e^{4x^2-1}$

$f'(x) = 3x^2 \cdot e^{4x^2-1} + x^3 \cdot 8x \cdot e^{4x^2-1}$

$= e^{4x^2-1}(3x^2 + 8x^4)$

Erinnerung:
Produktregel:
Für $f(x) = u(x) \cdot v(x)$ gilt:
$f'(x) = u'(x) \cdot v(x) + u(x) \cdot v'(x)$

Erinnerung:
Kettenregel:
Für $f(x) = u(v(x))$ gilt:
$f'(x) = u'(v(x)) \cdot v'(x)$

Beispiel 2: Nullstellen, Extrempunkte und Wendepunkte berechnen

Berechnen Sie die Nullstellen, Extrempunkte und Wendepunkte der Funktion f mit $f(x) = 3xe^{-2x}$.

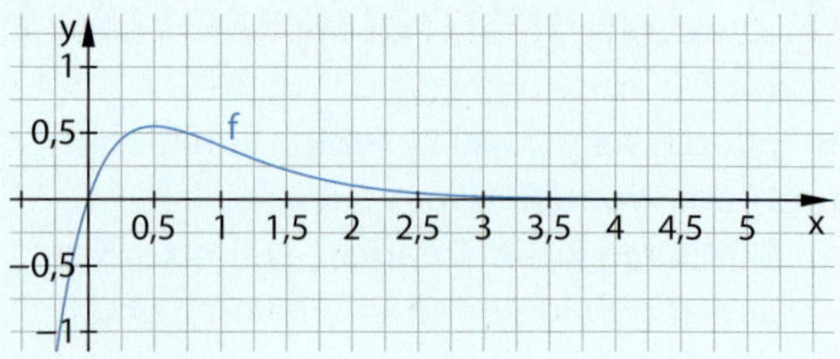

Lösung:

Nullstellen: Setzen Sie $f(x) = 0$. Prüfen Sie, für welche x die einzelnen Faktoren 0 werden. Da die e-Funktion keine Nullstelle hat, gilt $e^{-2x} \neq 0$.

$3xe^{-2x} = 0 \quad | \, e^{-2x} \neq 0$
$3x = 0 \quad | :3$
$x = 0$
Nullstelle: $x = 0$

Extrempunkte: Leiten Sie die Funktion zweimal ab.

$f(x) = 3x \cdot e^{-2x}$
$f'(x) = 3 \cdot e^{-2x} + 3x \cdot (-2e^{-2x}) = e^{-2x}(3 - 6x)$
$f''(x) = -2e^{-2x} \cdot (3 - 6x) + e^{-2x} \cdot (-6)$
$= e^{-2x}(-2 \cdot (3 - 6x) - 6) = e^{-2x}(12x - 12)$

Setzen Sie $f'(x) = 0$.

$e^{-2x}(3 - 6x) = 0 \quad | \, e^{-2x} \neq 0$
$3 - 6x = 0 \quad | -3 \quad | :(-6)$
$x = 0{,}5$

Bestimmen Sie den y-Wert durch Einsetzen in f(x) und die Art des Extrempunktes durch Einsetzen in f″(x).

$f(0{,}5) \approx 0{,}55$
$f''(0{,}5) \approx -2{,}21 < 0$,
also Hochpunkt bei $H(0{,}5 \,|\, 0{,}55)$

Wendepunkte: Setzen Sie $f''(x) = 0$.

$e^{-2x}(12x - 12) = 0 \quad | \, e^{-2x} \neq 0$
$12x - 12 = 0 \quad | +12 \quad | :12$
$x = 1$

Bestimmen Sie den y-Wert durch Einsetzen in f(x).

$f(1) \approx 0{,}41$

Bestimmen Sie die dritte Ableitung von f und setzen Sie zur Kontrolle den x-Wert in f‴(x) ein.

$f'''(x) = -2e^{-2x} \cdot (12x - 12) + e^{-2x} \cdot 12$
$= e^{-2x}(-2 \cdot (12x - 12) + 12)$
$= e^{-2x}(-24x + 36)$
$f'''(1) \neq 0$, also Wendepunkt bei $W(1 \,|\, 0{,}41)$

Erinnerung:
Regel vom Nullprodukt: Ein Produkt ist genau dann 0, wenn einer der beiden Faktoren 0 ist.

Hinweis:
Es ist hilfreich, Exponentialterme auszuklammern, wenn man die Nullstellen von Funktionen und ihren Ableitungen bestimmt.

Basisaufgaben

1. Bestimmen Sie die erste und zweite Ableitung.

a) $f(x) = e^x + x$ b) $f(x) = 8x^4 - e^x$ c) $f(x) = -e^{-6x} + 10x$
d) $f(x) = 3e^{3x} - e^x$ e) $f(x) = e^{2x} - 2e^{-x}$ f) $f(x) = 3e^{\left(\frac{8}{3} - \frac{2}{3}x\right)} - \frac{3}{5}e^{\left(\frac{5}{3}x - \frac{2}{3}\right)}$

2. Bestimmen Sie die erste und zweite Ableitung. Klammern Sie jeweils den Exponentialterm aus.

a) $f(x) = x \cdot e^x$ b) $f(x) = e^x \cdot (1 - x)$ c) $f(x) = (4x + 5) \cdot e^x$
d) $f(t) = -t^2e^{-t}$ e) $f(x) = (x^3 + 1)\,e^{2 + 10x}$ f) $f(x) = 3\,(x^2 - 1)\,e^{-\frac{1}{2}x + 7}$
g) $f(x) = e^{2x^2 + 3}$ h) $f(x) = 5e^{4x^3 + 2x - 1}$ i) $f(x) = 2x \cdot e^{-x^2}$

3. Bestimmen Sie die Nullstellen der Funktion f.

a) $f(x) = 2x \cdot e^{11x - 22}$ b) $f(x) = (x + 2) \cdot e^{\left(-\frac{1}{3}x\right)}$ c) $f(x) = -\frac{1}{2}(3x + 7) \cdot e^{8x - 8}$
d) $f(x) = xe^x - 4e^x$ e) $f(x) = 2xe^{8x} + e^{8x}$ f) $f(t) = (t^3 - 27)\,e^{-t-1}$
g) $f(x) = x^2e^{2x + 1} - e^{2x + 1} \cdot 9$ h) $f(x) = (2x^2 + 10x + 8)e^{-2x}$ i) $f(x) = x^2e^x - 8xe^x + 12e^x$

Erinnerung:
p-q-Formel:
Die Gleichung $x^2 + px + q = 0$ hat die Lösungen
$x_{1,2} = -\frac{p}{2} \pm \sqrt{\left(\frac{p}{2}\right)^2 - q}$.

4. Berechnen Sie die Extremstellen der Funktion f.
a) $f(x) = x \cdot e^x$ b) $f(x) = -x \cdot e^{2x}$ c) $f(x) = 2x^2e^x$
d) $f(x) = x^2e^{-x} - 2$ e) $f(x) = 2 \cdot e^{-x^2 + 4x}$ f) $f(x) = -3 \cdot e^{x^3 - 27x}$

Lösungen zu 4:

5. Bestimmen Sie die Wendestellen der Funktion f.
a) $f(x) = x \cdot e^x$ b) $f(x) = e^x - 8x^2 + 11x - 9$ c) $f(x) = xe^{-x} - e^{-x}$

6. Bestimmen Sie eine Stammfunktion zur Funktion f.
a) $f(x) = e^x + 4x^3$ b) $f(x) = 4x^2 - x - 2e^{3x-4}$ c) $f(t) = \frac{1}{3}t^3 - 5 + e^{\frac{2}{5}t - 3}$

7. Bestimmen Sie den Inhalt der Fläche, die der Graph von f mit $f(x) = 2e^{0,5x} - 6$ mit den Koordinatenachsen einschließt.

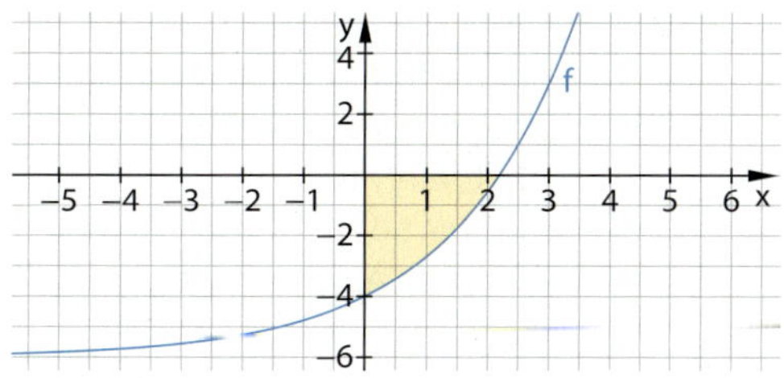

Erinnerung:
Zu f mit $f(x) = e^{ax+b}$ ist F mit $F(x) = \frac{1}{a}e^{ax+b}$ eine Stammfunktion.

8. Zeigen Sie, dass die Funktion F mit $F(x) = x^2e^{5x} - 9$ eine Stammfunktion zur Funktion f mit $f(x) = (5x^2 + 2x)e^{5x}$ ist. Bestimmen Sie anschließend die Fläche, die der Graph von f im nullstellenfreien Intervall [0; 1] mit der x-Achse einschließt.

GTR **9.** Bestimmen Sie mit dem GTR die Nullstellen, Extrem- und Wendepunkte der Funktion f.
a) $f(x) = -15x^2e^{x-3}$ b) $f(x) = 0,1x^3 - e^{-0,1x}$ c) $f(x) = 0,3xe^{-x} + 5x^2$

GTR **10.** Ermitteln Sie mit dem GTR das Integral $\int_{-1}^{3} -5xe^{0,5x} + 20x\,dx$.

CAS **11.** Bilden Sie mit dem CAS zu f die erste und zweite Ableitung sowie eine Stammfunktion.
a) $f(x) = -xe^{3x-1}$ b) $f(x) = 2(x-3)e^{1-x}$ c) $f(x) = e^{0,2x^2}(x^2 + 8x - 2)$

Verhalten im Unendlichen – globaler Verlauf

Bei der Funktion f mit $f(x) = x^2 \cdot e^{-x}$ kann man das Verhalten der Funktionswerte für $x \to \infty$ schwer beurteilen, da x^2 gegen unendlich und e^{-x} gegen 0 strebt. Anhand einer Wertetabelle oder des Graphen kann man jedoch erkennen, dass e^{-x} dominiert und f(x) somit gegen 0 strebt. Die x-Achse ist für $x \to \infty$ eine waagerechte **Asymptote**.

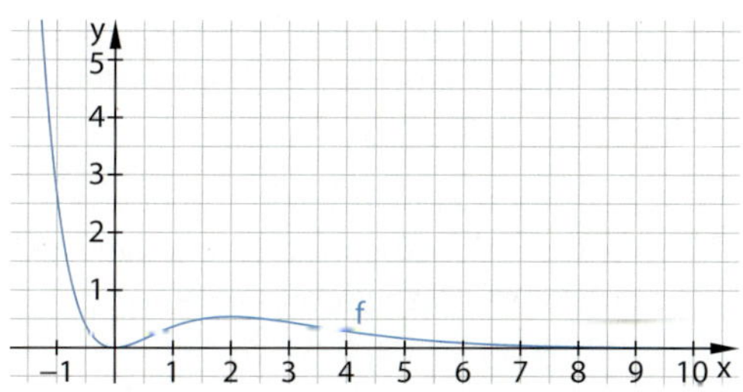

Erinnerung:
Für $x \to \infty$ gilt $e^x \to \infty$.
Für $x \to -\infty$ gilt $e^x \to 0$.

Beim Verhalten der Funktionswerte für $x \to \infty$ und $x \to -\infty$ setzt sich in nicht eindeutigen Fällen eine Exponentialfunktion gegenüber jeder Potenzfunktion und daher auch gegenüber jeder ganzrationalen Funktion durch.

Beispiele für nicht eindeutige Situationen:
Bei einem Produkt (wie bei $x^2 \cdot e^{-x}$ für $x \to \infty$) strebt ein Faktor gegen ∞ bzw. $-\infty$ und der andere Faktor gegen 0. (Fall „$\infty \cdot 0$")
Bei einer Differenz (wie bei $e^x - x^n$ für $x \to \infty$) streben beide Terme gegen ∞. (Fall „$\infty - \infty$")

Merkhilfe:
„$\infty \cdot \infty = \infty$"
„$\infty \cdot (-\infty) = -\infty$"
„$\infty \cdot 0 = ?$"
„$\infty + \infty = \infty$"
„$\infty - \infty = ?$"
„$\infty + 0 = \infty$"

Satz: Verhalten im Unendlichen
Für $x \to \infty$ gilt $x^n \cdot e^{-x} \to 0$. Für $x \to -\infty$ gilt $x^n \cdot e^x \to 0$. $(n \in \mathbb{N})$

Beispiel 3: Bestimmen Sie das Verhalten der Funktionswerte für $x \to \infty$ und $x \to -\infty$. Geben Sie die Gleichung einer waagerechten Asymptote an, wenn es eine gibt. Zeichnen Sie den Graphen der Funktion und gegebenenfalls die Asymptote in ein Koordinatensystem.

a) $f(x) = (x^2 - x + 8)\,e^x$ b) $g(x) = xe^{-2x} + 3$ c) $h(x) = e^{2x-3} - 7x^3$

Lösung:

a) Das Produkt zweier großer Zahlen ergibt eine große Zahl. Wenn beide Faktoren für $x \to \infty$ gegen ∞ streben, gilt dies auch für das Produkt.

$$\lim_{x \to \infty} ((\underbrace{x^2 - x + 8}_{\infty}) \cdot \underbrace{e^x}_{\infty}) = \infty$$

Für $x \to -\infty$ wird eine große Zahl mit einer Zahl nahe 0 multipliziert. Das Ergebnis ist nicht sofort klar. Hier dominiert der Exponentialterm.
Da der Grenzwert 0 ist, ist die x-Achse eine waagerechte Asymptote ($y = 0$) für $x \to -\infty$.

$$\lim_{x \to -\infty} ((\underbrace{x^2 - x + 8}_{\infty}) \cdot \underbrace{e^x}_{0}) = 0$$

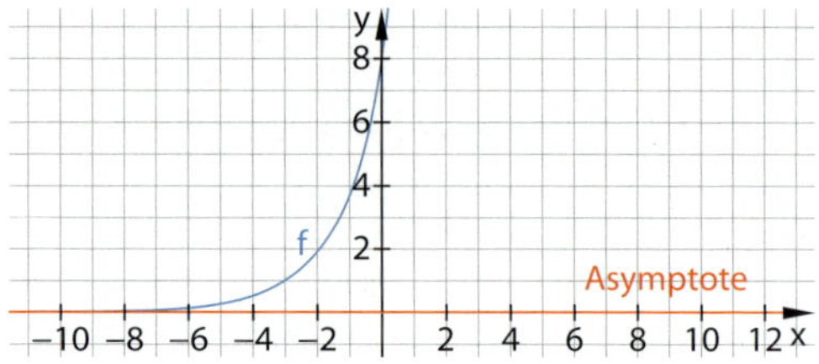

Erinnerung:
Bei der Grenzwertbestimmung von ganzrationalen Funktionen betrachtet man nur den Term mit dem größten Exponenten.

Hinweis:
Wenn $f(x)$ für $x \to \infty$ oder $x \to -\infty$ gegen eine reelle Zahl a strebt, dann gibt es dort eine waagerechte Asymptote mit der Gleichung $y = a$.

b) Für $x \to \infty$ strebt der Exponent $-2x$ gegen $-\infty$ und somit e^{-2x} gegen 0. Dieser Exponentialterm dominiert gegenüber x. Da zum Produkt noch 3 addiert wird, ist der Grenzwert 3.
Es gibt dort eine waagerechte Asymptote ($y = 3$) für $x \to \infty$.

$$\lim_{x \to \infty} (\underbrace{x}_{\infty} \cdot \underbrace{e^{-2x}}_{0} + 3) = 3$$

Für $x \to -\infty$ streben der Exponent $-2x$ und somit auch e^{-2x} gegen ∞. Beide Faktoren werden betragsmäßig immer größer, so auch ihr Produkt. Das Vorzeichen ist negativ („– mal + gleich –“). Die Addition von 3 hat keinen Einfluss.

$$\lim_{x \to -\infty} (\underbrace{x}_{-\infty} \cdot \underbrace{e^{-2x}}_{\infty} + 3) = -\infty$$

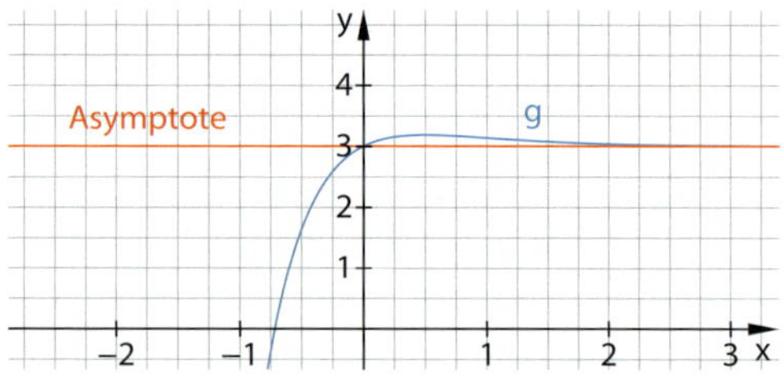

c) Für $x \to \infty$ wird von einer großen Zahl eine große Zahl abgezogen. Das Ergebnis ist nicht sofort klar. Es dominiert der Exponentialterm.

$$\lim_{x \to \infty} (\underbrace{e^{2x-3}}_{\infty} - \underbrace{7x^3}_{\infty}) = \infty$$

Für $x \to -\infty$ wird von einer Zahl nahe 0 eine betragsmäßig große, negative Zahl abgezogen. Das Ergebnis ist eine betragsmäßig große, positive Zahl.

$$\lim_{x \to -\infty} (\underbrace{e^{2x-3}}_{0} - \underbrace{7x^3}_{-\infty}) = \infty$$

Es gibt keine waagerechten Asymptoten.

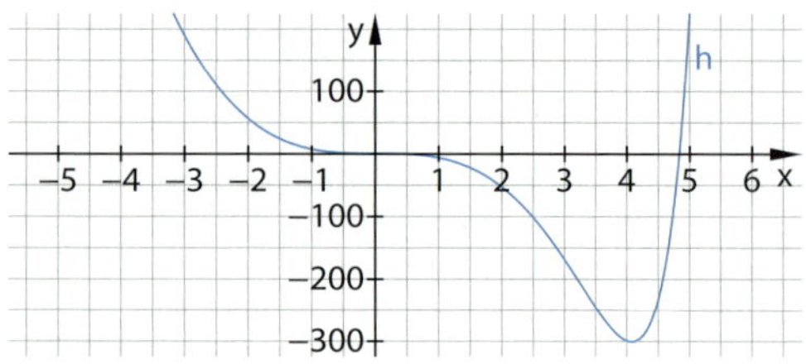

Basisaufgaben

12. Geben Sie das Verhalten der Funktion f für $x \to \infty$ und $x \to -\infty$ an.

a) $f(x) = e^x + 4$ b) $f(x) = xe^{-x}$ c) $f(x) = -2x^3e^{2x}$ d) $f(x) = (x^2 - x)\,e^{-x}$
e) $f(x) = x^2e^{-x}$ f) $f(x) = -x^4 + e^{-x}$ g) $f(x) = e^{3x-4} + 2x^2 - 6x$ h) $f(x) = e^x(x^3 - 6x^2) + 4$

13. Untersuchen Sie, ob der Graph von f für $x \to \infty$ oder $x \to -\infty$ eine waagerechte Asymptote hat. Geben Sie in diesem Fall ihre Gleichung an.

a) $f(x) = xe^x$ b) $f(x) = 5 + x^2e^x$ c) $f(x) = x + e^{-2x+1}$ d) $f(x) = \frac{x}{e^x}$

14. Vervollständigen Sie die Tabelle im Heft, indem Sie das Verhalten der Funktionswerte für $x \to \infty$ und $x \to -\infty$ in Abhängigkeit von $n \in \mathbb{N}$ eintragen. Überprüfen Sie Ihre Einträge, indem Sie für n die Werte 4 und 5 und für x die Werte 100 und −100 einsetzen.

	$x \to \infty$, n gerade	$x \to -\infty$, n gerade	$x \to \infty$, n ungerade	$x \to -\infty$, n ungerade
$f(x) = x^n \cdot e^x$				
$g(x) = x^n \cdot e^{-x} = \frac{x^n}{e^x}$				
$h(x) = e^x - x^n$				

15. Abgebildet sind die Graphen zu $f(x) = e^{-0,5x}$ und $g(x) = x^3$. Begründen Sie, ob die Aussage über die Funktion h mit $h(x) = f(x) \cdot g(x)$ wahr oder falsch ist.

a) h hat keine Nullstellen.
b) $h(x)$ strebt für $x \to \infty$ gegen 0, da die e-Funktion im Fall „$\infty \cdot 0$" dominiert.
c) $\lim\limits_{x \to -\infty} h(x) = \infty$
d) $h(1) > 0$
e) Es gibt genau ein x mit $h(x) = f(x)$ und genau ein x mit $h(x) = g(x)$.

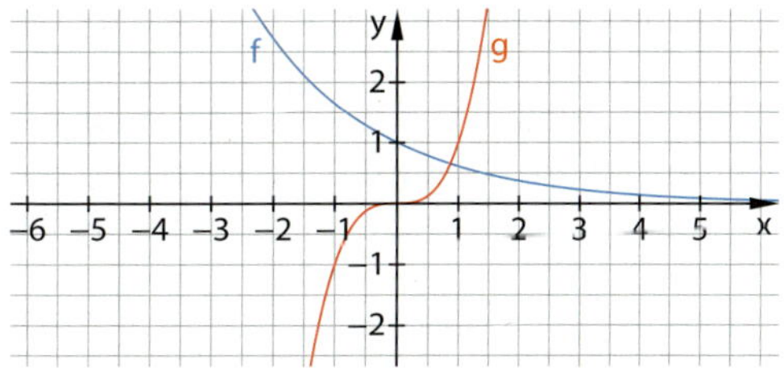

16. Abgebildet sind die Graphen zu $f(x) = e^{-x}$, zu $g(x) = e^{x-2}$ und zu $h(x) = x - 2$. Skizzieren Sie im Heft die Graphen der angegebenen Funktionen. Geben Sie auch das Verhalten für $x \to \infty$ und $x \to -\infty$ an. Kontrollieren Sie dann mit dem GTR.

a) $f(x) + g(x)$ b) $f(x) + h(x)$ c) $f(x) - g(x)$

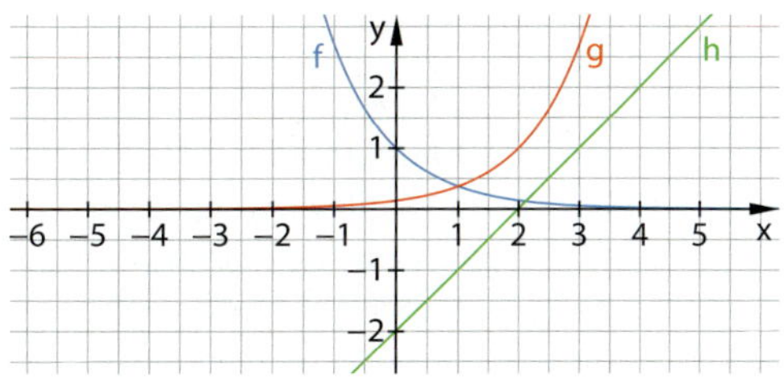

17. Bestimmen Sie einige Funktionswerte und das Verhalten für $x \to \infty$ und $x \to -\infty$. Skizzieren Sie damit den Verlauf des Graphen und zeichnen Sie ihn zur Kontrolle mit dem GTR.

a) $f(x) = -2x + e^{-x}$ b) $f(x) = e^{2x+3} - x^3$ c) $f(x) = x^2 + 1 + e^{0,5x}$
d) $f(x) = -x^2e^{-2x-1}$ e) $f(x) = 3(x+1)e^{-0,1x+2}$ f) $f(x) = \frac{x^2}{e^x}$

18. Gegeben sind die Funktionen f und g mit $f(x) = x$ und $g(x) = e^x$. Aus f und g setzen sich die Funktionen h bis k zusammen. Ordnen Sie ihre Funktionsgleichungen den Graphen ① bis ④ zu.

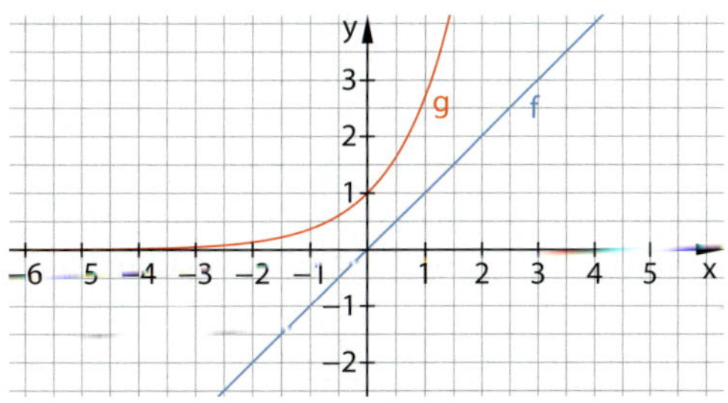

$h(x) = xe^x$ $i(x) = e^x - x$

$j(x) = x + e^x$ $k(x) = \frac{x}{e^x}$

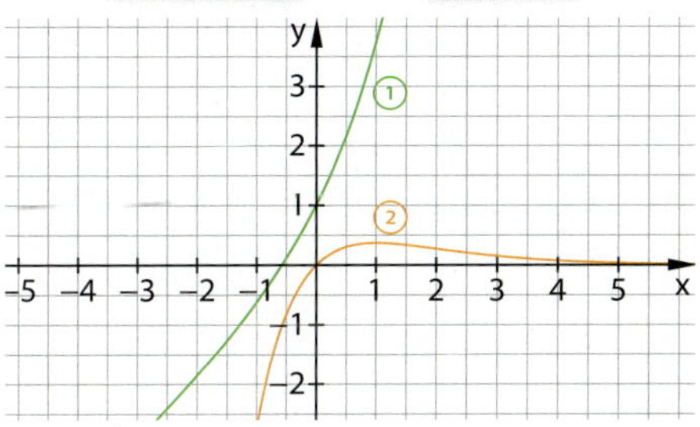

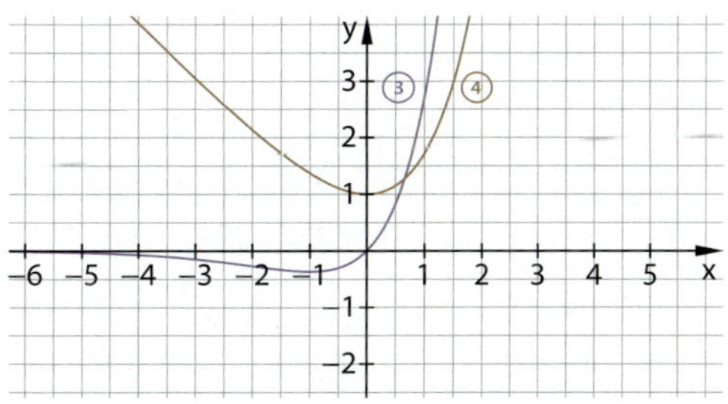

Weiterführende Aufgaben

19. Bestimmen Sie das Verhalten der Funktionswerte für $x \to \infty$ und $x \to -\infty$.
Geben Sie die Gleichung einer waagerechten Asymptote an, wenn es eine gibt.
Berechnen Sie die Nullstellen, Extrempunkte und Wendepunkte des Graphen.
Kontrollieren Sie Ihre Ergebnisse mit dem GTR.

a) $f(x) = 4xe^{-x}$ b) $f(x) = (2x - 1)\,e^{x+3}$ c) $f(x) = -xe^{-x+2}$
d) $f(x) = x^2e^{0,5x}$ e) $f(x) = (x^2 - 1)\,e^{-x}$ f) $f(x) = -(2x - 2)\,e^{-x-1}$

GTR **20.** Geben Sie zuerst Eigenschaften der Funktion an, die Sie am Funktionsterm ohne zu rechnen erkennen können. Zeichnen Sie dann den Graphen mit dem GTR und stellen Sie Vermutungen über weitere Eigenschaften auf. Überprüfen Sie Ihre Vermutungen.

a) $f(x) = -2xe^x$ b) $f(x) = x^2e^x$ c) $f(x) = (x^3 - 8)\,e^{-x}$

21. Stolperstelle: Christine hat Schwierigkeiten in Bezug auf die Dominanz der e-Funktion im Unendlichen und weiß nicht, ob ihre Lösungen richtig sind. Kontrollieren Sie Christines Hausaufgaben und korrigieren Sie die falschen Ergebnisse. Geben Sie an, in welchen Fällen die Dominanz der e-Funktion im Unendlichen gilt.

a) $\lim\limits_{x\to\infty} \underbrace{e^{-x}}_{0} + \underbrace{3x^4}_{\infty} = 0$ b) $\lim\limits_{x\to\infty} \underbrace{-3x^2}_{-\infty} \cdot \underbrace{e^x}_{\infty} = \infty$

c) $\lim\limits_{x\to-\infty} \underbrace{e^{2x+3}}_{0} + 1 = 0$ d) $\lim\limits_{x\to\infty} \frac{2}{e^x} = \infty$ ($e^x \to \infty$)

22. Gegeben ist die Funktion f mit $f(x) = (x - 1)\,e^x$.

a) Geben Sie die Nullstellen von f an.
b) Bestimmen Sie das Verhalten von f für betragsmäßig große Zahlen.
c) Geben Sie das Monotonieverhalten von f durch Ermitteln der Extrempunkte an.
d) Ermitteln Sie die Wendetangente von f.
e) Prüfen Sie den Graphen von f auf Achsensymmetrie zur y-Achse und Punktsymmetrie zum Ursprung.
f) Zeigen Sie, dass durch $F(x) = (x - 2)\,e^x$ eine Stammfunktion zu f gegeben ist, und bestimmen Sie den Inhalt der Fläche, die vom Graphen von f und den Koordinatenachsen eingeschlossen wird.

23. Untersuchen Sie den Graphen der Funktion f auf Symmetrie, Nullstellen, Extrema, Wendepunkte und Globalverhalten.

a) $f(x) = e^{-x^2}$ b) $f(x) = x \cdot e^{-x^2}$ c) $f(x) = x^2 \cdot e^{-x^2}$

24. Schräge Asymptoten:
Der Graph einer Funktion a heißt **Asymptote** einer Funktion f für $x \to \infty$ (bzw. $x \to -\infty$), falls $|f(x) - a(x)| \to 0$ für $x \to \infty$ (bzw. $x \to -\infty$) gilt.
Untersuchen Sie das Globalverhalten der Funktion f mit $f(x) = e^{-x} + 2x$. Zeigen Sie, dass die Gerade mit $y = 2x$ eine Asymptote von f für $x \to \infty$ ist.

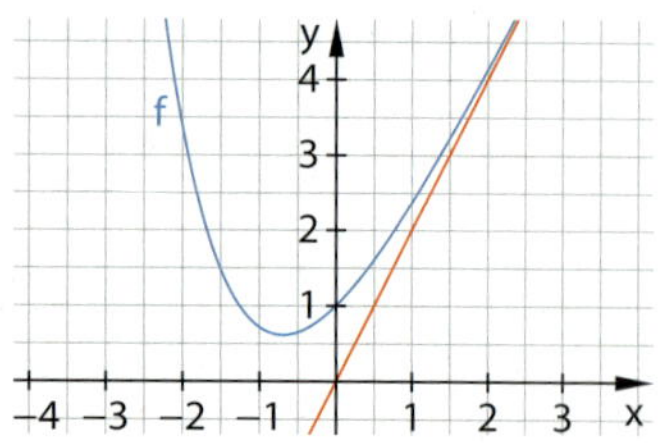

25. Zeichnen Sie den Graphen der Funktion f mit dem GTR. Lesen Sie am Graphen die Gleichung der Asymptote von f ab und weisen Sie rechnerisch nach, dass es eine Asymptote ist.

a) $f(x) = e^{-x} - \frac{1}{2}x$ b) $f(x) = e^x + 3$ c) $f(x) = e^x - \frac{5}{2}x$
d) $f(x) = e^{-x} + 3x - 2$ e) $f(x) = e^x - \frac{1}{4}x - 1$ f) $f(x) = e^{-x} + x^2$

26. Gegeben ist die Funktion f mit $f(x) = (x + 2) \cdot e^{-x}$.
a) Bestimmen Sie die Nullstelle von f.
Begründen Sie, für welche x der Funktionswert f(x) positiv bzw. negativ ist.
b) Untersuchen Sie f auf Extrem- und Wendestellen. Geben Sie auch die zugehörigen Punkte des Graphen an.
c) Zeigen Sie, dass F mit $F(x) = (-x - 3) \cdot e^{-x}$ eine Stammfunktion zu f ist.
d) Der Graph von f schließt mit den Koordinatenachsen ein abgeschlossenes Flächenstück ein. Berechnen Sie den Flächeninhalt.
● GTR e) Der Graph von f und die Wendetangente schließen mit der x-Achse ein abgeschlossenes Flächenstück ein. Berechnen Sie den Flächeninhalt.

27. Gegeben ist die Funktion f mit $f(x) = 2x \cdot e^{-x^2}$.
a) Berechnen Sie die Nullstellen von f. Bestimmen Sie den Grenzwert $\lim\limits_{x \to \infty} f(x)$.
b) Zeigen Sie, dass F mit $F(x) = e^{-x^2}$ eine Stammfunktion zu f ist. Berechnen Sie $\int_0^3 f(x)\,dx$.
● c) Die Gleichung y = x – a beschreibt eine Gerade, die parallel zur y-Achse durch den Punkt (a|0) verläuft. Diese Gerade, der Graph von f und die x-Achse schließen eine Fläche ein. Bestimmen Sie deren Flächeninhalt in Abhängigkeit von a. Geben Sie an, wie sich der Flächeninhalt für $x \to \infty$ verhält.

28. Gegeben ist die Funktion f durch $f(x) = x^2 \cdot e^{-x+2}$.
GTR a) Untersuchen Sie f in Bezug auf Nullstellen, Verhalten für $x \to \pm\infty$ und Extrempunkte. Zeigen Sie, dass der Graph von f zwei Wendepunkte hat. Skizzieren Sie den Graphen von f mit dem GTR.
b) Zeigen Sie, dass durch $F(x) = (-x^2 - 2x - 2)\,e^{-x+2}$ eine Stammfunktion von f gegeben ist.
c) Die Gerade g verläuft durch den Hochpunkt des Graphen von f und hat die Steigung m = –2. Berechnen Sie die von der x-Achse und den Graphen von f und g zwischen ihren Nullstellen eingeschlossene Fläche.
d) Untersuchen Sie ohne erneute Rechnung die Funktion F in Bezug auf Monotonie, Extrem- und Wendestellen.

29. Durch den Graphen der Funktion f mit der Gleichung $f(x) = -0{,}5xe^{0{,}1x+2} + 2$ kann eine Sprungschanze für Motorräder dargestellt werden. Dabei gibt x die horizontale Länge und f(x) die Höhe der Schanze an (beide Angaben in Meter).

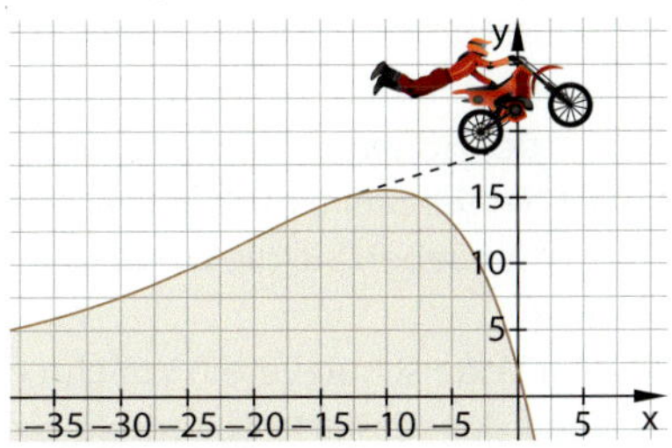

a) Berechnen Sie die maximale Höhe der Schanze.
b) Berechnen Sie die Koordinaten des Punktes, an dem die Steigung der Schanze am größten ist.
c) An der Stelle x = –13 springt der Motorradfahrer ab und bewegt sich für eine Weile näherungsweise auf einer Bahn, die durch die Tangente an der Absprungstelle beschrieben werden kann. Geben Sie die Gleichung dieser Tangente an.

30. Das Querschnittsprofil eines Geländes kann im Intervall $0 \le x \le 6000$ durch die Funktion f mit $f(x) = 300 + 4xe^{-0{,}001x}$ dargestellt werden. Dabei gibt x die horizontale Länge und f(x) die Höhe des Querschnittsprofils jeweils in Meter an.
a) Bestimmen Sie die maximale Höhe des Geländes.
b) Ermitteln Sie die Stelle mit der größten Steigung sowie die Stelle mit dem maximalen Gefälle. Untersuchen Sie auch die Randbereiche des Graphen.
c) Zeigen Sie, dass F mit $F(x) = 300x + (-4000x - 4 \cdot 10^6)\,e^{-0{,}001x}$ eine Stammfunktion zu f ist, und geben Sie die Querschnittsfläche des Geländes im Intervall [0; 6000] an.

31. In einem Freizeitpark soll eine Achterbahn gebaut werden. Der Verlauf des Endabschnitts der Achterbahn kann im Intervall [0; 40] durch den Graphen der Funktion f mit $f(x) = (4x + 8)\,e^{-0{,}125x}$ dargestellt werden. Dabei gibt x die horizontale Länge und f(x) die Höhe des Endabschnittes der Achterbahn jeweils in m an.

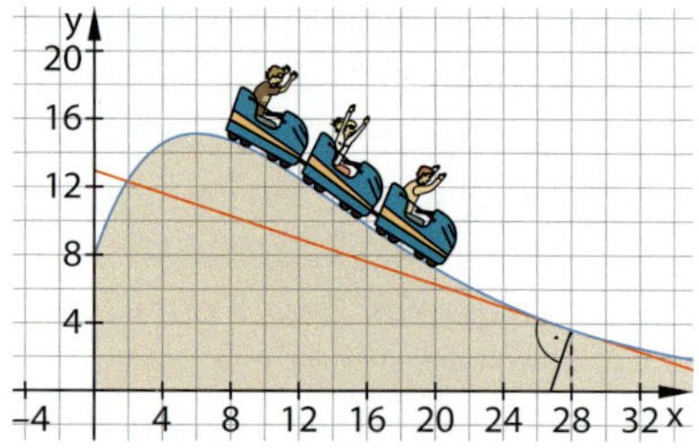

a) Ermitteln Sie die Gesamthöhe des Endabschnitts.

b) Wenn das maximale Gefälle größer als 40° ist, wird Kindern, die kleiner als 100 cm sind, das Fahren der Achterbahn ohne Eltern nicht gestattet. Prüfen Sie, ob diese Bedingung im Endabschnitt erfüllt ist.

c) Die Seitenfläche des Endabschnitts wird beidseitig gestrichen. Berechnen Sie die Gesamtfläche, die gestrichen werden muss.
Hinweis: $F(x) = (-32x - 320)\,e^{-0{,}125x}$ ist eine Stammfunktion von f.

d) Aufgrund der Statik der Bahn muss eine Stütze aufgestellt werden, die an der Stelle x = 28 senkrecht zur Bahnkurve steht und am Boden verankert wird. Bestimmen Sie die Koordinaten des Punktes, an dem sich der Bodenpunkt der Stütze befindet, und geben Sie die Länge der Stütze an.

Erinnerung:
Für den Abstand zwischen zwei Punkten $P(x_1 | y_2)$ und $Q(x_2 | y_2)$ gilt:
$d = \sqrt{(x_2 - x_1)^2 + (y_2 - y_1)^2}$

32. GTR
Herr Lebhaft muss seinen Schüler Hamza, der sein Bein verletzt hat, in einem Einkaufswagen einen Hügel hochfahren. Sie müssen zur Jugendherberge gelangen, die sich auf dem Gipfel des Hügels befindet. Für $0 \leq x \leq 160$ ist der Querschnitt des Hügels durch die Funktion f mit $f(x) = 0{,}001\,(-x + 160)e^{0{,}05x}$ gegeben. Dabei beschreibt x die horizontale Länge des Profils in m und f(x) die Höhe in m über NN.

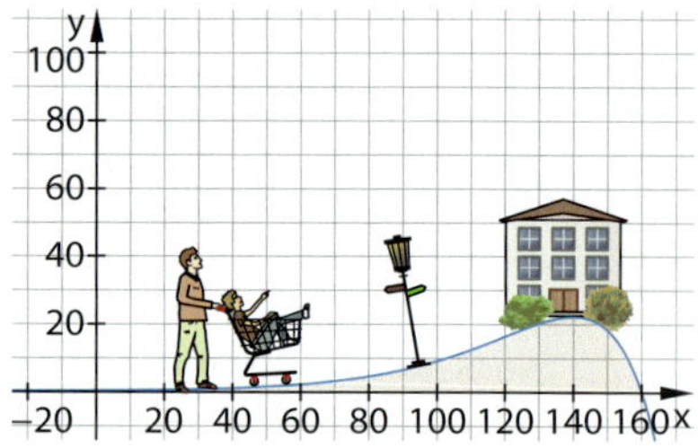

a) Ermitteln Sie die Koordinaten der Herberge.

b) Berechnen Sie die durchschnittliche Steigung des Hügels bis zur Herberge.

c) Ermitteln Sie die Koordinaten des Punktes mit dem steilsten Anstieg auf dem Weg.

d) Bestimmen Sie das Intervall, in dem die Steigung des Hügels mehr als 20° beträgt.

e) Bestimmen Sie die horizontale Entfernung, die beide noch zurücklegen müssen, wenn der Höhenunterschied zwischen ihnen und der Herberge 5 m beträgt.

f) An der Stelle mit der maximalen Steigung steht eine Straßenlaterne senkrecht zur Straße. Geben Sie die Gleichung der Geraden an, in der die Straßenlaterne enthalten ist.

33. GTR
Der Vogelschutzverein VoSchu möchte als Vereinslogo das stilisierte Seitenbild eines Wiedehopfs benutzen. Dabei soll im Intervall [−6; −0,2] $f(x) = (-15x - 10)\,e^{3x}$ die obere und $g(x) = -10e^{x}$ die untere Kurve des Bildes darstellen (Längeneinheit cm). Die Gesamthöhe des Logos beträgt 4,5 cm. Die Federhaube soll bei Berechnungen nicht berücksichtigt werden.

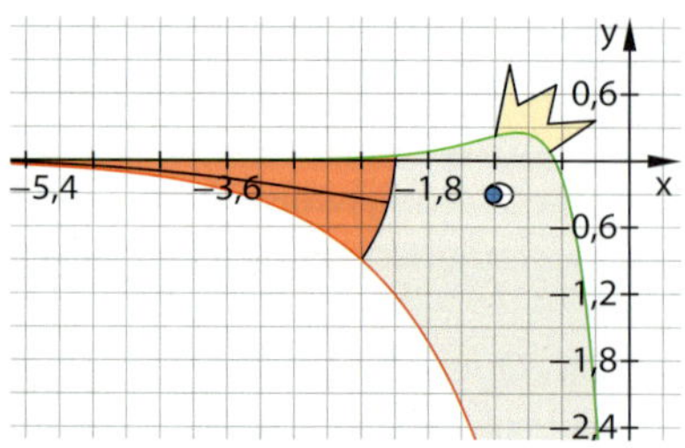

a) Berechnen Sie die waagerechte Länge auf der Höhe y = 0 von der Schnabelspitze bis zum Hinterkopf des Wiedehopfs.

b) Das Auge des Wiedehopfs soll genau 0,3 cm senkrecht unterhalb der Stelle angesetzt werden, an der die Steigung der oberen Kurve am höchsten ist. Berechnen Sie die Koordinaten dieses Punktes.

c) Bestimmen Sie den Flächeninhalt des Vereinslogos.

34. Die Grafik zeigt Ausschnitte der Graphen von f, g, h und j mit $f(x) = e^x$, $g(x) = x^5$, $h(x) = x^{10}$ und $j(x) = x^{20}$.
Vitali meint: *„An der Grafik erkennt man, dass x^n für größer werdendes x viel stärker wächst als e^x."*
Überprüfen Sie die Aussage und geben Sie das Verhalten von $\frac{x^n}{e^x}$ für $x \to \infty$ an.

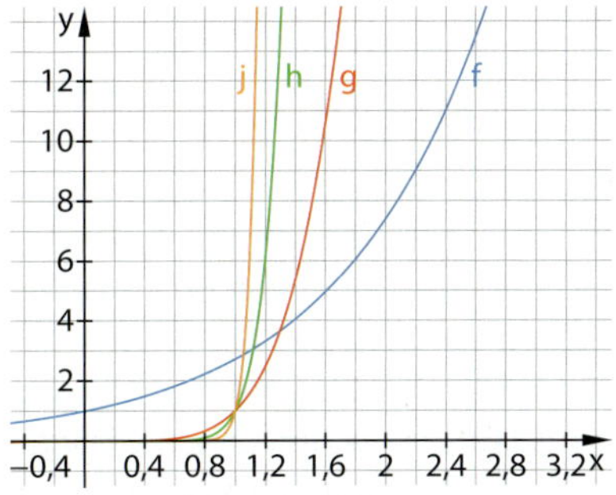

35. Untersuchen Sie im Folgenden die Funktion mit der Gleichung $f(x) = \frac{1}{2} \cdot (e^x - e^{-x})$, $x \in \mathbb{R}$ und die Funktion mit der Gleichung $g(x) = \frac{1}{2} \cdot (e^x + e^{-x})$, $x \in \mathbb{R}$. Der Graph von g heißt **Kettenlinie**, weil sich der Verlauf einer frei hängenden Kette durch g beschreiben lässt.

a) Berechnen Sie die Ableitung der Funktionen. Was fällt auf, was lässt sich daraus folgern?
b) Wo ist die Kettenlinie fallend/steigend? Hat sie Nullstellen? Zeichnen Sie den Graphen.
GTR c) Bilden Sie eine Näherungsparabel an den Graphen von g durch die Punkte $P(-2 \mid g(-2))$, $Q(2 \mid g(2))$ und den Tiefpunkt des Graphen von g. Untersuchen Sie die prozentuale Abweichung der Parabel von der Kettenlinie. Für welches $x \in [-2; 2]$ ist sie maximal?
d) Berechnen Sie $f^2(x) - g^2(x)$. Welcher Zusammenhang besteht zwischen dem Ergebnis und der Bezeichnung für die Funktionen?

Info:
Die Funktion f heißt **Sinus Hyperbolicus**, die Funktion g **Kosinus Hyperbolicus**.

36. Funktionenschar: Gegeben ist f_k mit $f_k(x) = (x - k)e^x$ und $k \in \mathbb{R}$.

a) Bestimmen Sie k so, dass der Graph von f_k bei $x = 3$ Folgendes hat.
① eine Nullstelle ② einen Tiefpunkt ③ einen Wendepunkt
GTR b) Zeichnen Sie den Graphen von f_k für verschiedene Werte von k mit dem GTR und beschreiben Sie, wie sich die Lage von Nullstellen, Extrempunkten und Wendepunkten in Abhängigkeit von k verändert. Erläutern Sie, welche Beobachtungen Sie mithilfe der Funktionsterme von f_k, f_k' und f_k'' begründen können.

37. Gegeben ist f_k mit $f_k(x) = k \cdot e^x - e^{2x}$ und $k \in \mathbb{R}$.

a) Bestimmen Sie rechnerisch die Nullstellen sowie die Extrem- und Wendepunkte in Abhängigkeit von k. Geben Sie an, für welche Werte von k es keine Nullstellen, Extrem- oder Wendepunkte gibt.
b) Geben Sie die n-te Ableitung von f_k an.

38. Ermitteln Sie die Funktion vom Typ $f(x) = a \cdot xe^{b \cdot x}$ mit $a, b \in \mathbb{R}$, deren Graph durch die Punkte $P(-1 \mid -0{,}14653)$ und $Q(1 \mid 29{,}55622)$ verläuft.

39. Optimierungsproblem:
Die Linie bei $x = u$ schneidet den Graphen der Funktion $f(x) = 4xe^{-x}$ im Punkt $P(u \mid f(u))$. Der Ursprung O und die Punkte P und $Q(u \mid 0)$ sind Ecken eines Dreiecks.
Bestimmen Sie u so, dass das Dreieck OPQ einen maximalen Flächeninhalt hat.

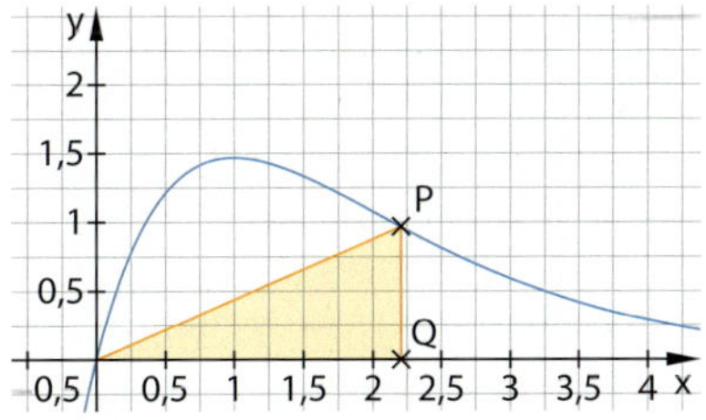

40. Ausblick: Gegeben ist die Funktion f mit $f(x) = \frac{e^x}{x}$.

a) Bestimmen Sie den Definitionsbereich von f.
b) Untersuchen Sie das Grenzwertverhalten von f(x) für $x \to \pm\infty$ und in der Nähe von $x = 0$.
c) Berechnen Sie die Nullstellen, Extrempunkte und Wendepunkte.

4.3 Bestände und Änderungsraten mit zusammengesetzten Funktionen beschreiben

■ Der abgebildete Graph von f mit $f(t) = 2{,}64te^{-0{,}091t}$ gibt für eine Dauer von 60 Sekunden den Geschwindigkeitsverlauf eines Läufers in m/s an; Zeit t in s. Geben Sie die maximale Geschwindigkeit des Athleten an. Erläutern Sie den Geschwindigkeitsverlauf und entscheiden Sie, ob es sich um einen 100-m-, 400-m- oder 800-m-Läufer handelt. ■

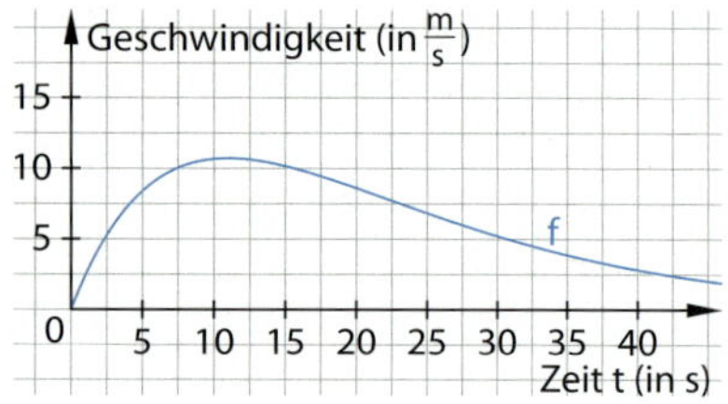

Bestandsfunktionen

Die zeitliche Entwicklung einer Größe lässt sich häufig durch eine Bestandsfunktion beschreiben, deren Funktionsterm eine Exponentialfunktion enthält. Dies ist beispielsweise bei vielen Wachstumsvorgängen der Fall.

Durch die Darstellung des Graphen einer Bestandsfunktion kann man wie im folgenden Beispiel den Sachverhalt veranschaulichen und den mathematischen Eigenschaften der Funktion die Bedeutung im konkreten Sachverhalt gegenüberstellen.

Hinweis:
Bei einem Rechts-Links-Wendepunkt (Übergang von Rechts- zu Linkskurve) ist die Änderungsrate lokal minimal ($f'' = 0$; $f''' > 0$).
Bei einem Links-Rechts-Wendepunkt (Übergang von Links- zu Rechtskurve) ist die Änderungsrate lokal maximal ($f'' = 0$; $f''' < 0$).

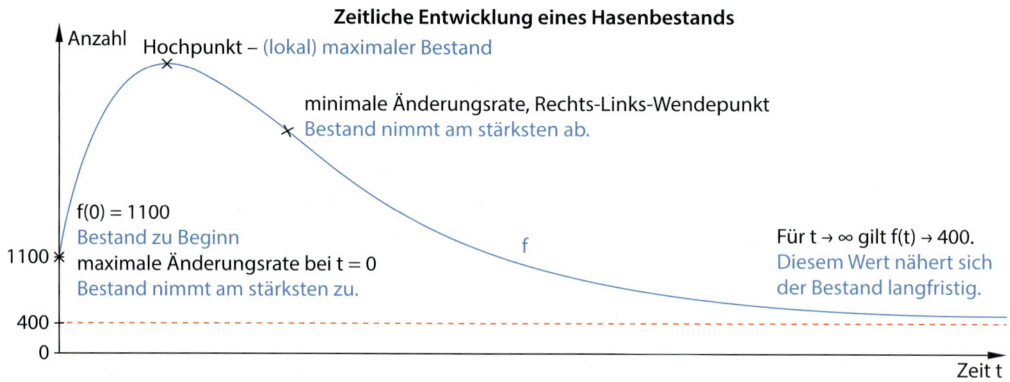

Hinweis:
Ist Y die Einheit einer Bestandsfunktion f(t) und X die Einheit der Zeit t, so gilt:
Einheit der Änderungsrate f′: Y/X
Einheit von f″: Y/X^2

Allgemein gilt:

Eigenschaft Funktion/Graph	Bedeutung für den Bestand
y-Achsenabschnitt	Anfangsbestand zum Zeitpunkt $t = 0$
f(t)	Bestand zum Zeitpunkt t
Nullstelle	Bestand gleich null
f′(t) positiv/negativ	Zunahme/Abnahme des Bestands
f″(t) positiv/negativ	Zunahme/Abnahme der Änderungsrate
f(t) maximal, z. B. Hochpunkt	maximaler Bestand
f(t) minimal, z. B. Tiefpunkt	minimaler Bestand
f′(t) maximal, z. B. Links-Rechts-Wendepunkt	maximale Änderungsrate, Bestand nimmt am stärksten zu (falls $f'(t) > 0$) oder am geringsten ab (falls $f'(t) < 0$)
f′(t) minimal, z. B. Rechts-Links-Wendepunkt	minimale Änderungsrate, Bestand nimmt am geringsten zu (falls $f'(t) > 0$) oder am stärksten ab (falls $f'(t) < 0$)
Grenzwert von f(t) für $t \to \infty$	Langfristiger Grenzwert des Bestands

Mathematische Funktionen können Sachverhalte nur in einem bestimmten Intervall realistisch beschreiben. Deshalb sollten die Ergebnisse stets auf den Sachzusammenhang übertragen und interpretiert werden.

Beispiel 1: Die Funktion f mit $f(t) = 0{,}5te^{-0{,}05t+2} - 1$ beschreibt den Temperaturverlauf eines Getränks im Zeitraum $0 \le t \le 300$, das sich in einer Umgebung mit einer Temperatur von -1 °C befindet, kurz erwärmt wird und danach wieder abkühlt. t gibt die Zeit in Minuten und f(t) die Temperatur in °C an.

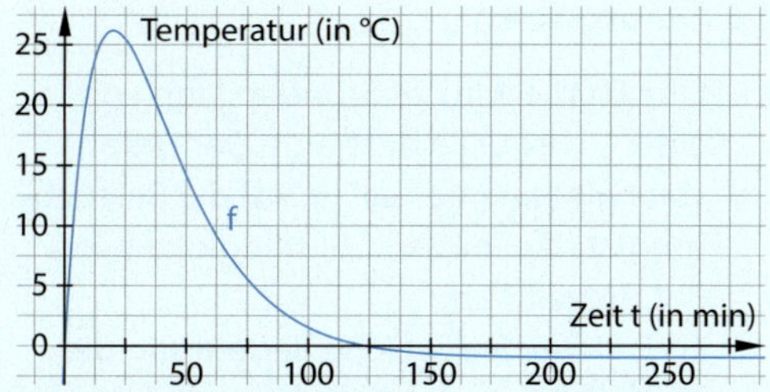

a) Bestimmen Sie den Zeitraum, in dem die Temperatur über 20 °C liegt.
b) Berechnen Sie die größte Temperatur des Getränks.
c) Ermitteln Sie die Zeitpunkte, an denen die Temperatur am stärksten zu- bzw. abnimmt.
d) Geben Sie für den Definitionsbereich $t \ge 0$ den Wert an, dem sich die Temperatur langfristig nähert.

Lösung:

a) Setzen Sie f(t) = 20. Bestimmen Sie die Lösungen der Gleichung mit dem GTR.

$20 = 0{,}5te^{-0{,}05t+2} - 1$
$t_1 \approx 8{,}85; \quad t_2 \approx 38$

Berechnen Sie den Funktionswert an einer Teststelle im Intervall [8,85; 38], um zu zeigen, dass die Temperatur über 20 °C liegt.

$f(10) \approx 21{,}4 > 20$
Zwischen 8,85 und 38 Minuten liegt die Temperatur über 20 °C.

b) Leiten Sie die Funktion f zweimal ab.

$f'(t) = \frac{1}{40}e^{-0{,}05t+2}(-t+20)$

$f''(t) = \frac{1}{800}e^{-0{,}05t+2}(t-40)$

Setzen Sie f′(t) = 0, um die Extremstellen zu bestimmen.
Bestimmen Sie die Art des Extrempunkts durch Einsetzen in f″(t) und den y-Wert durch Einsetzen in f(t).

$\frac{1}{40}e^{-0{,}05t+2}(-t+20) = 0 \quad | \; e^{-0{,}05t+2} \neq 0$
$-t + 20 = 0$ also $t = 20$
$f''(20) < 0$, also Hochpunkt bei $t = 20$
$f(20) \approx 26{,}2$

Untersuchen Sie, ob es an den Rändern des Definitionsbereichs größere Funktionswerte gibt.

Randwerte: $f(0) = -1 \quad f(300) \approx -1$
Die größte Temperatur beträgt etwa 26,2 °C.

c) Setzen Sie f″(t) = 0, um die Wendestellen zu bestimmen.
Ermitteln Sie f‴ und damit die Art des Wendepunkts.
Die Temperatur nimmt am stärksten ab, wenn die Änderungsrate f′ minimal und negativ ist.

$\frac{1}{800}e^{-0{,}05t+2}(t-40) = 0 \quad | \; e^{-0{,}05t+2} \neq 0$
$t - 40 = 0$ also $t = 40$
$f'''(t) = \frac{1}{16\,000}e^{-0{,}05t+2}(-t+60) \quad f'''(40) > 0$
Bei t = 40 liegt ein Rechts-Links-Wendepunkt, dort ist die Änderungsrate lokal minimal und wegen $f'(40) = -0{,}5$ negativ.

Bestimmen Sie zum Vergleich auch die Änderungsrate an den Rändern des Definitionsbereichs. Da es keinen Links-Rechts-Wendepunkt gibt, ist die Änderungsrate an einem der Ränder maximal.

Randwerte: $f'(0) \approx 3{,}7 \quad f'(300) \approx 0$
Zu Beginn bei t = 0 ist die Änderungsrate maximal und positiv, d h. die Temperatur nimmt am stärksten zu, nach 40 Minuten nimmt sie am stärksten ab.

d) Ermitteln Sie den Grenzwert von f(t) für $t \to \infty$ und beachten Sie die Dominanz des Exponentialterms im Fall „$\infty \cdot 0$“.

$\lim\limits_{t \to \infty} (\underbrace{0{,}5t}_{\infty} \cdot \underbrace{e^{-0{,}05t+2}}_{0} - 1) = -1$
Langfristig nähert sich die Temperatur −1 °C.

Basisaufgaben

1. Eine Blume wird 24 Stunden lang von einer Lichtquelle bestrahlt. Der Graph von f gibt im Intervall [0; 24] die Beleuchtungsstärke in Lux in Abhängigkeit von der Uhrzeit t an.

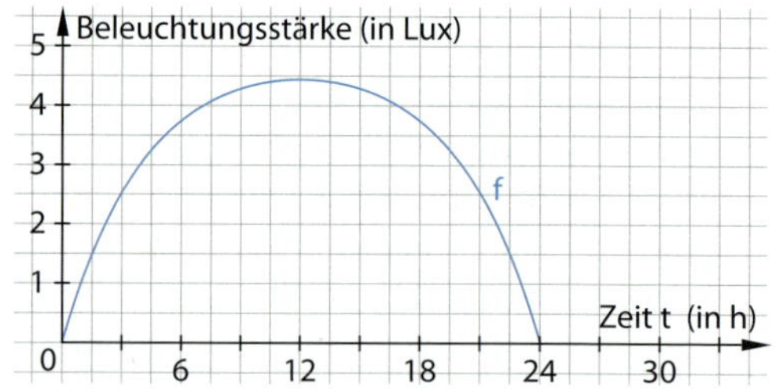

a) Erklären Sie, welche Bedeutung die Nullstellen vom Graphen von f im Sachzusammenhang haben.

b) Geben Sie an, wie viele Stunden nach Beobachtungsbeginn die Beleuchtungsstärke maximal wird.

c) Ermitteln Sie mithilfe des Graphen, zu welchem Zeitpunkt die Zunahme der Beleuchtungsstärke am höchsten ist, und wann sie am stärksten abnimmt.

2. Die Funktion f mit $f(t) = -2te^{-0{,}5t} + 5$ beschreibt vereinfacht den Höhenverlauf einer Drohne. $t \geq 0$ gibt die Zeit in s nach Beobachtungsbeginn und f(t) die Höhe in m an.

a) Bestimmen Sie die Anfangshöhe der Drohne sowie die Höhe, der sich die Drohne langfristig nähert.

b) Die Drohne verliert nach einer kurzzeitigen Störung an Höhe und steigt anschließend wieder. Berechnen Sie den Zeitpunkt der minimalen Höhe.

c) Die Funktion f hat eine Wendestelle. Bestimmen Sie diese. Entscheiden Sie, ob es sich um einen Rechts-Links-Wendepunkt oder um einen Links-Rechts-Wendepunkt handelt. Beschreiben Sie die Bedeutung der Wendestelle im Sachzusammenhang.

GTR **3.** Die Funktion f mit $f(t) = -0{,}025\,(t-4)^3 \cdot e^{-0{,}3t+1{,}2} + 20$ beschreibt für $0 \leq t \leq 60$ den Temperaturverlauf eines Zimmers innerhalb einer Stunde (t Zeit in min, f(t) Temperatur in °C).

a) Ermitteln Sie die Zeitpunkte, an denen die Temperatur des Zimmers 24 °C beträgt.

b) Geben Sie die maximale und die minimale Temperatur des Zimmers an.

c) Bestimmen Sie den Zeitpunkt, an dem die Temperatur am schnellsten steigt.

d) Ermitteln Sie den Wert, dem sich die Temperatur langfristig nähert, wenn die Funktion f die Temperatur für alle $t \geq 0$ beschreibt.

4. Die normale Körpertemperatur eines gesunden Menschen liegt bei 36,5 °C. Die Funktion f mit $f(t) = te^{-0{,}1t} + 36{,}5$ beschreibt modellhaft den Verlauf einer Fieberkurve bei einem Erkrankten. Dabei ist t die Zeit in Stunden nach Ausbruch der Krankheit und f(t) die Körpertemperatur in Grad Celsius. Der Graph der Funktion ist in der Abbildung dargestellt.

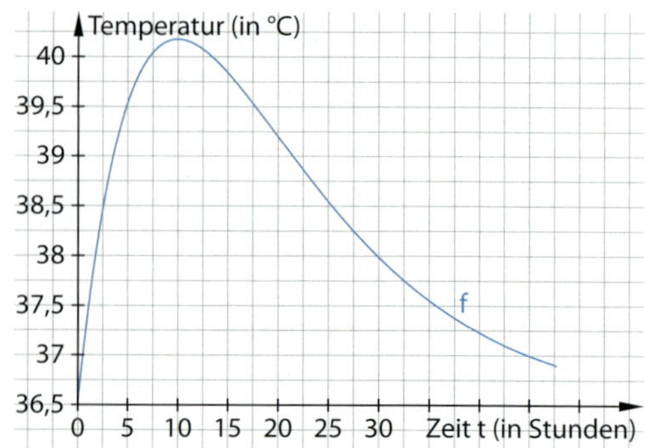

a) Beschreiben Sie die Entwicklung der Körpertemperatur innerhalb der ersten 48 Stunden nach Ausbruch der Krankheit.

b) Wann innerhalb der ersten 48 Stunden ist die Temperatur am höchsten? Berechnen Sie diesen Zeitpunkt und die zugehörige Temperatur.

c) Bestimmen Sie den Zeitpunkt innerhalb der ersten 48 Stunden, an dem die Körpertemperatur am stärksten abnimmt, und berechnen Sie, um wie viel Grad pro Stunde die Temperatur zu diesem Zeitpunkt abnimmt.

d) Ermitteln Sie, wann die Körpertemperatur in den ersten 48 Stunden am stärksten zunimmt.

Rekonstruktion aus Änderungsraten

Durch die Funktion der Änderungsrate einer Bestandsfunktion kann man Informationen über das Verhalten der Funktionswerte und den Verlauf der Bestandsfunktion gewinnen. Auch im Sachkontext können Rückschlüsse von der Änderungsrate auf den Bestand nützlich sein.

Mithilfe des Graphen einer Änderungsrate f kann man wie im folgenden Beispiel den mathematischen Eigenschaften der Änderungsrate die Bedeutung für den Bestand im konkreten Sachkontext gegenüberstellen.

Hinweis:
Änderungsraten erkennt man daran, dass zu ihnen Einheiten pro Zeitraum gehören (z. B. Liter pro Minute, Anzahl pro Tag, km/h).

Änderungsrate eines Hasenbestands

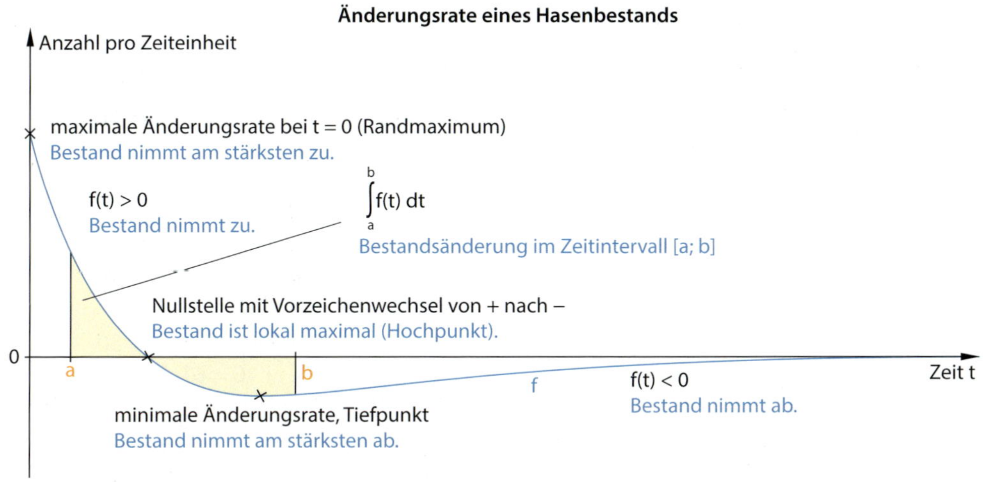

Hinweis:
Bei einer Nullstelle der Änderungsrate mit VZW von + nach – hat der Bestand einen Hochpunkt, bei einer Nullstelle mit VZW von – nach + hat der Bestand einen Tiefpunkt.

Beispiel 2: Aus einem Schwimmbecken wird Wasser abgelassen, bevor es wieder gefüllt wird. Die Zuflussrate des Wassers wird in den ersten 60 Minuten durch $f(t) = (t-5)\,e^{-0{,}1t}$ mit der Zeit t in min und f(t) in m^3/min beschrieben.

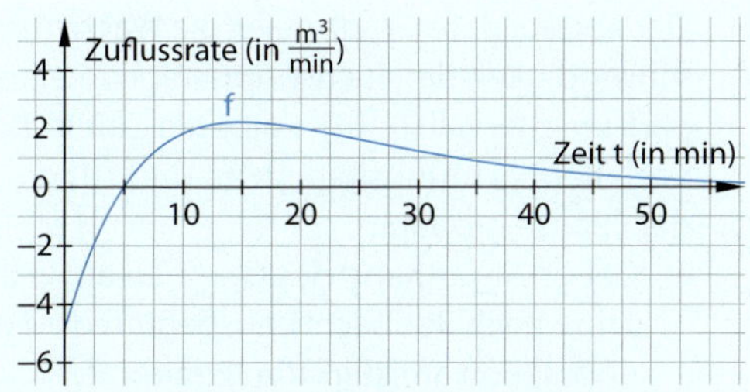

a) Bestimmen Sie den Zeitpunkt, an dem die Wassermenge im Becken minimal ist.

b) Berechnen Sie, nach wie vielen Minuten die Wassermenge am stärksten zunimmt.

c) Erläutern Sie, welche Bedeutung $\int_0^5 f(t)\,dt \approx -10{,}65$ im Sachkontext hat, und geben Sie die Einheit von –10,65 an.

d) Zu Beginn befinden sich 11 m^3 Wasser im Becken. Bestimmen Sie eine Funktionsgleichung für die Wassermenge V(t) im Becken.
Hinweis: $F(t) = (-10t - 50)\,e^{-0{,}1t}$ beschreibt eine Stammfunktion von f.

Lösung:

a) Berechnen Sie die Nullstelle von f.

$(t-5)\cdot e^{-0{,}1t} = 0 \quad | \; e^{-0{,}1t} \neq 0$
$t - 5 = 0$ also $t = 5$

Zeigen Sie, dass die Wassermenge bei der Nullstelle t = 5 minimal ist, indem Sie das Vorzeichen der Änderungsrate f(t) für t < 5 und t > 5 untersuchen.

Für t < 5 nimmt die Wassermenge wegen f(t) < 0 ab, für t > 5 nimmt sie wegen f(t) > 0 zu.
Nach 5 min ist die Wassermenge minimal.

b) Leiten Sie die Funktion f zweimal ab.

$f'(t) = e^{-0{,}1t}(-0{,}1t + 1{,}5)$
$f''(t) = e^{-0{,}1t}(0{,}01t - 0{,}25)$

Setzen Sie $f'(t) = 0$, um die Extremstellen der Änderungsrate zu bestimmen. Bestimmen Sie die Art der Extremstelle durch Einsetzen in $f''(t)$.

$e^{-0{,}1t}(-0{,}1t + 1{,}5) = 0 \quad | \, e^{-0{,}1t} \neq 0$
$-0{,}1t + 1{,}5 = 0 \quad | -1{,}5 \; | : (-0{,}1)$
$t = 15$
$f''(15) < 0$, also Hochpunkt bei $t = 15$

Die Wassermenge nimmt am stärksten zu, wenn die Änderungsrate f maximal und positiv ist. Untersuchen Sie, ob es an den Rändern des Definitionsbereichs größere Funktionswerte gibt.

$f(15) \approx 2{,}23$
Randwerte: $f(0) = -5$; $f(60) \approx 0{,}14$
Nach 15 min nimmt die Wassermenge im Becken am stärksten zu.

Hinweis:
Ist Y/X die Einheit der Änderungsrate f(t) und X die Einheit der Zeit t, so gilt:
Einheit der Bestandsfunktion: $Y/X \cdot X = Y$
Einheit von f': Y/X^2

c) Da f die Änderungsrate des Bestands ist, gibt das Integral die Bestandsänderung innerhalb der Integrationsgrenzen an. Die Einheit ergibt sich aus denen von f und der Zeit: $m^3/\text{min} \cdot \text{min} = m^3$

Der Term $\int_0^5 f(t)\,dt \approx -10{,}65$ gibt an, dass die Wassermenge im Becken in den ersten 5 min um $10{,}65\,m^3$ abnimmt.

d) Die Funktion V(t) der Wassermenge in m^3 ist eine Stammfunktion von f. Alle Stammfunktionen sind durch $F(t) + C$ gegeben. Bestimmen Sie C so, dass die Anfangsmenge $11\,m^3$ berücksichtigt wird, also $V(0) = 11$ gilt.

$V(t) = F(t) + C = (-10t - 50)\,e^{-0{,}1t} + C$
$V(0) = 11$
$(-10 \cdot 0 - 50)\,e^{-0{,}1 \cdot 0} + C = 11$
$-50 \cdot 1 + C = 11 \quad | +50$
$C = 61$
$V(t) = (-10t - 50)\,e^{-0{,}1t} + 61$

Basisaufgaben

5. Der abgebildete Graph zeigt die Wachstumsgeschwindigkeit der Fuchspopulation in einem Naturpark im Intervall [0; 24]. t gibt die Zeit in Jahren nach Beobachtungsbeginn an und f(t) die Anzahl der Füchse pro Jahr.

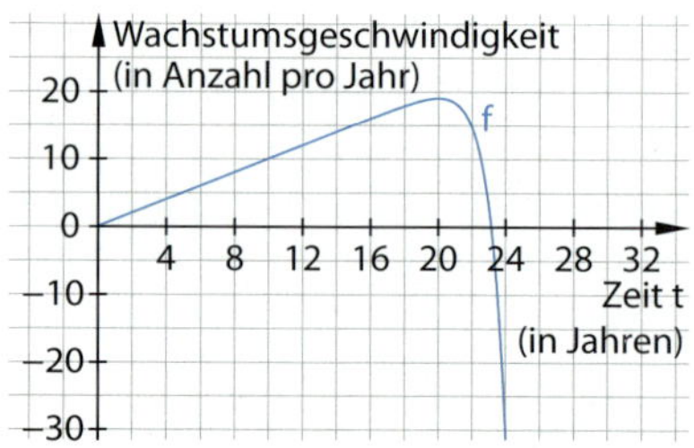

a) Geben Sie anhand des Graphen an, wie viele Jahre nach Beobachtungsbeginn die Fuchspopulation am stärksten zunimmt.
b) Lesen Sie aus dem Graphen den Zeitraum ab, in dem die Anzahl der Füchse abnimmt.
c) Geben Sie die Bedeutung der Nullstelle bei $t \approx 23$ für den Sachkontext an.
d) Es gilt $\int_0^{24} f(t)\,dt \approx 233$. Erläutern Sie, welche Bedeutung dies für die Fuchspopulation hat.

6. Die Funktion k mit $k(t) = (t^2 - 7t)\,e^{-0{,}25t}$ beschreibt die Änderungsrate des Kontostands eines Unternehmens in 1000 Euro/Monat in Abhängigkeit von der Zeit in Monaten in einem Zeitraum von vier Jahren. Zu Beginn beträgt der Kontostand −11 000 Euro.

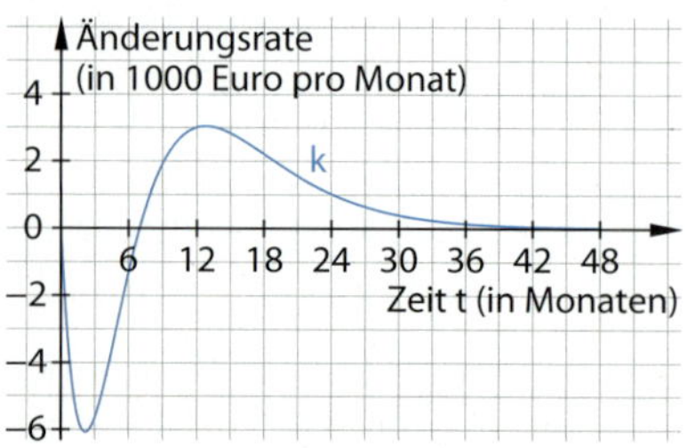

a) Berechnen Sie, in welchem Zeitraum der Kontostand niedriger wird und zu welchem Zeitpunkt er am niedrigsten ist.
b) Lesen Sie am Graphen näherungsweise ab, zu welchen Zeitpunkten der Kontostand am stärksten abnimmt bzw. zunimmt und wie hoch die Änderungsraten zu diesen Zeitpunkten sind.
c) Bestimmen Sie eine Funktionsgleichung für den Kontostand K(t) des Unternehmens.
Hinweis: $F(t) = (-4t^2 - 4t - 16)\,e^{-0{,}25t}$ beschreibt eine Stammfunktion von k.

GTR **7.** Die Wasserzuflussrate in einem See wird in den ersten 13 Monaten nach Beobachtungsbeginn annähernd durch die Funktion f mit $f(t) = 0{,}125t^3 - 1{,}5t^2 + 4t - 0{,}1e^{t-6}$ dargestellt (t in Monaten nach Beobachtungsbeginn, f(t) in $1000\,m^3$/Monat).

a) Berechnen Sie die Wasserzuflussrate 10 Monate nach Beobachtungsbeginn.

b) Ermitteln Sie die Zeiträume, in denen die Wassermenge im See geringer wird. Geben Sie die Zeitpunkte an, an denen die Wassermenge lokal minimal bzw. maximal ist.

c) Bestimmen Sie, nach wie vielen Monaten die Wassermenge im See am stärksten zunimmt bzw. abnimmt.

d) Berechnen Sie $\int_0^{13} f(t)\,dt$ und geben Sie in Worten die Bedeutung dieser Zahl im Sachzusammenhang wieder.

Weiterführende Aufgaben

8. Eine unerwünschte Gewichtszunahme direkt nach einer Diät bezeichnet man als Jojo-Effekt. Die Funktion f mit $f(t) = -0{,}125t^2e^{-0{,}1t} + 60$ beschreibt für t in Tagen und f(t) in kg den Gewichtsverlauf einer Person nach Diätbeginn bei t = 0.

a) Bestimmen Sie das Gewicht nach 23 Tagen.

b) Berechnen Sie den Zeitpunkt, an dem die Person das niedrigste Gewicht erreicht, und geben Sie dieses Gewicht an.

c) Ermitteln Sie das Anfangsgewicht der Person und bestimmen Sie das Gewicht, das die Person langfristig erreicht.

d) Marc meint: *„Das Integral $\int_0^{10} f(t)\,dt$ gibt die gesamte Gewichtsabnahme in den ersten 10 Tagen an."*

Nehmen Sie dazu Stellung.

GTR **9.** Ein Medikament, das in Tablettenform verabreicht wird, wird in unterschiedlichen Wirkstoffdosierungen produziert. In den ersten 24 Stunden nach Einnahme einer Tablette kann die Wirkstoffkonzentration des Medikaments im Blut eines Patienten näherungsweise durch $f(t) = 2{,}5te^{-0{,}2t}$ beschrieben werden. Dabei gibt t die Zeit seit der Einnahme in Stunden und f(t) die Wirkstoffkonzentration im Blut in Milligramm pro Liter an.

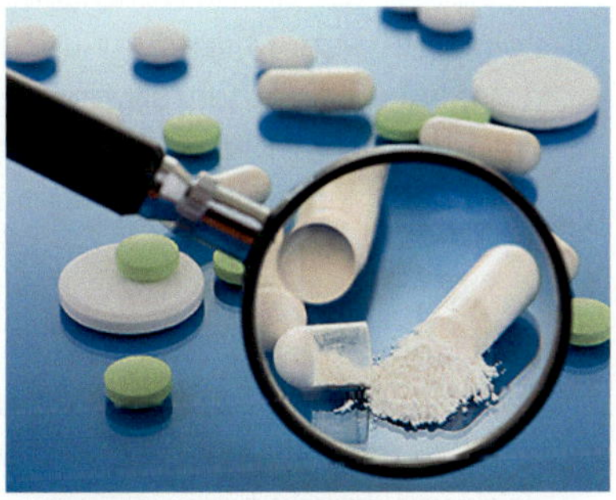

a) Zeichnen Sie den Graphen von f mit dem GTR.

b) Berechnen Sie die Wirkstoffkonzentration im Blut des Patienten nach 3 Stunden.

c) Bestimmen Sie die maximale Wirkstoffkonzentration im Blut des Patienten.

d) Das Medikament ist nur wirksam, wenn die Konzentration im Blut mindestens 1,5 mg pro Liter beträgt. Bestimmen Sie den Zeitpunkt, zu dem spätestens eine erneute Verabreichung erfolgen muss, damit eine durchgehende Wirksamkeit gesichert ist.

e) Berechnen Sie den Zeitpunkt, an dem die Konzentration am stärksten abnimmt.

f) Eine neuere Untersuchung hat gezeigt, dass im Gegensatz zum oben angegebenen Modell die Konzentration ab dem in e) berechneten Zeitpunkt weiter konstant abnimmt. Berechnen Sie den Zeitpunkt, zu dem nach diesem neuen Modell kein Wirkstoff mehr im Blut vorhanden ist.

10. Stolperstelle: Die Funktion f beschreibt die momentane Änderungsrate einer Menge in kg/Tag in Abhängigkeit von der Zeit t in Tagen. F ist eine Stammfunktion von f und F(0) gibt die Anfangsmenge an. Ordnen Sie jeder Beschreibung A bis C einen passenden Term der Terme ① bis ⑤ zu.

A: Gewicht nach 2 Tagen

B: momentane Änderungsrate nach 2 Tagen

C: Differenz zwischen dem Gewicht nach 2 Tagen und dem Anfangsgewicht

① $f(2)$

② $\int_0^2 F(t)\,dt$

③ $f(2) - f(0)$

④ $\int_0^2 f(t)\,dt$

⑤ $F(2)$

GTR **11.** Die Funktion f mit $f(t) = 1{,}25e^{0{,}5t} + 1{,}25t^2 - 10t + 20$ beschreibt die Datenübertragungsrate in MB/s (Megabyte pro Sekunde) in Abhängigkeit von der Zeit t in Sekunden, die beim Herunterladen einer Datei gemessen wird. Die Übertragung dauert 14 Sekunden.

a) Geben Sie die Übertragungsrate am Anfang sowie nach 4 Sekunden an.
b) Bestimmen Sie die Zeitpunkte, an denen die Übertragungsrate 20 MB/s beträgt.
c) Ermitteln Sie die geringste Datenübertragungsrate.
d) Überprüfen Sie, ob ein USB-Stick mit einem freien Speicherplatz von 4 GB (Gigabyte) ausreicht, um die gesamte Datei zu speichern.
e) Ermitteln Sie die durchschnittliche Übertragungsrate in den ersten 10 Sekunden.

● **12.** Die Änderungsrate einer Bakterienpopulation kann mittels einer Funktion vom Typ $f(t) = at^2e^{bt}$ mit $a, b \in \mathbb{R}$ modelliert werden (t: Zeit in Tagen nach Beobachtungsbeginn, f(t): Anzahl der Bakterien pro Tag). Dabei wurde nach 8 Tagen eine Änderungsrate von 31 Bakterien pro Tag und nach 12 Tagen eine Änderungsrate von 8 Bakterien pro Tag festgestellt.

a) Stellen Sie ein Gleichungssystem auf und ermitteln Sie damit die Parameter a und b.
b) Zeigen Sie, dass F mit $F(t) = 36{,}8e^{-0{,}5t}(-2t^2 - 8t - 16)$ eine Stammfunktion von f ist.
c) Bestimmen Sie die Funktion, die die Bakterienpopulation in Abhängigkeit von t beschreibt, wenn zu Beginn der Beobachtung 11 Bakterien zu sehen waren.

● **13. Ausblick:** Die Große Hungersnot in Irland war die Folge mehrerer Missernten von Kartoffeln, dem damaligen Hauptnahrungsmittel der Iren. Die Bevölkerung, die 1845 etwa 8 Millionen Einwohner betrug, sank in Folge der Hungersnöte so stark, dass sich das Land bis heute nicht davon erholen konnte.

Durch die Funktion f mit $f(t) = 8 - \frac{1}{10\,000}t^2e^{-0{,}02t + 3{,}5}$ kann annähernd das Bevölkerungsmodell Irlands ab 1845 modelliert werden. t gibt die Zeit in Jahren nach 1845 und f(t) die Bevölkerungszahl in Millionen an.

a) Bestimmen Sie die Bevölkerungszahl Irlands im Jahr 2019. Geben Sie das Ergebnis auch als Anteil an der ursprünglichen Bevölkerungszahl im Jahr 1845 an.
b) Ermitteln Sie die niedrigste Bevölkerungszahl Irlands seit 1845.
c) Ermitteln Sie die mittlere Bevölkerung in der Abnahmephase von 1845 bis 1945 sowie in der Anstiegsphase von 1945 bis 2019.
d) Bestimmen Sie die Grenze, der sich die Bevölkerungszahl nach diesem Modell nähert.
e) Aufgrund des Bevölkerungsschubs der letzten Jahre ist anzunehmen, dass sich ab 2019 die Einwohnerzahl so entwickelt, dass schon im Jahr 2020 die 5-Millionen-Marke erreicht wird. Bestimmen Sie eine Funktion vom Typ $g(t) = ae^{kt}$, die den weiteren Verlauf ab 2019 beschreibt.

Hinweis zu 13c: GTR
Der Mittelwert m einer Funktion f im Intervall [a; b] wird berechnet durch

$m = \frac{1}{b-a}\int_a^b f(x)\,dx.$

4.4 Kurvenanpassung mit zusammengesetzten Funktionen

■ Die Konzentration eines Wirkstoffs im Blut eines Menschen lässt sich näherungsweise durch den Graph einer Funktion beschreiben. Man weiß, dass der Wirkstoff vor einer Stunde verabreicht wurde, aktuell eine Konzentration von $2\,\frac{\mu g}{l}$ hat und noch mit $1\,\frac{\mu g}{l}$ pro Stunde ansteigt.

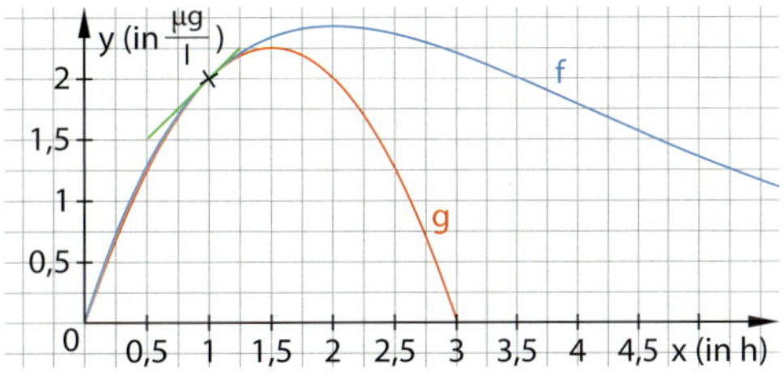

a) Finden Sie eine quadratische Funktion g, deren Graph die obigen Bedingungen erfüllt.
b) Finden Sie eine Funktion f der Form $f(x) = (ax + b)\,e^{cx}$ mit obigen Eigenschaften.
c) Beschreiben Sie, welche Funktion den Sachverhalt besser beschreibt. ■

Zusammengesetzte Funktionen bestimmen

Auch bei zusammengesetzten Funktionen lassen sich Funktionsgleichungen aus Informationen über den Funktionsgraphen bestimmen. Aus den Bedingungen ergibt sich ein System von Gleichungen. Häufig handelt es sich jedoch nicht um ein lineares Gleichungssystem, sodass andere Lösungsmethoden genutzt werden müssen.

Beispiel 1: Bestimmen Sie die Funktionsgleichung einer Funktion f mit $f(x) = ax \cdot e^{-bx}$, deren Graph durch den Punkt A(1 | 2) mit der Steigung m = −1 verläuft.

Lösung:

Stellen Sie die allgemeine Funktionsgleichung auf und bestimmen Sie deren Ableitung.

Ansatz:
$f(x) = ax \cdot e^{-bx}$
$f'(x) = a \cdot e^{-bx} + ax \cdot (-b) \cdot e^{-bx}$
$\quad = (a - abx)\,e^{-bx}$
$\quad = (1 - bx) \cdot ae^{-bx}$

Stellen Sie anhand der Bedingungen und des Ansatzes zwei Gleichungen auf.

Gleichungen aufstellen:
Punkt A(1 | 2): $f(1) = ae^{-b} = 2$ (I)
Steigung: $f'(1) = (1 - b) \cdot ae^{-b} = -1$ (II)

Teilen Sie Gleichung I durch Gleichung II, um eine Variable zu eliminieren und b zu ermitteln.
Setzen Sie b in Gleichung I ein und ermitteln Sie so den Parameter a.

Parameter bestimmen:
$\frac{ae^{-b}}{(1 - b) \cdot ae^{-b}} = \frac{2}{-1} \Leftrightarrow \frac{1}{1 - b} = -2 \Leftrightarrow b = \frac{3}{2}$
$ae^{-\frac{3}{2}} = 2 \Leftrightarrow a = 2e^{\frac{3}{2}}$
$f(x) = 2e^{\frac{3}{2}} \cdot x \cdot e^{-\frac{3}{2}x} = 2 \cdot x \cdot e^{-\frac{3}{2}x + \frac{3}{2}}$

Basisaufgaben

1. Bestimmen Sie die Funktionsgleichung einer Funktion f mit $f(x) = ae^{bx}$, deren Graph durch die Punkte P und Q verläuft.
   a) P(0 | 1) und Q(1 | e)   b) P(1 | 1) und Q(2 | 5)   c) P(−2 | 0,5) und Q(1 | 2)

2. Bestimmen Sie die Funktionsgleichung einer Funktion f mit $f(x) = axe^{bx}$, deren Graph im Punkt P die Steigung m hat.
   a) $P\left(-1 \,\middle|\, -\frac{1}{e}\right)$; m = 0   b) P(1 | 3); m = 2   c) P(0,5 | e); m = 4e

3. Die Funktionsgleichung des abgebildeten Graphen ist von der Form $f(x) = ae^{bx}$ oder $f(x) = axe^{bx}$. Bestimmen Sie die Funktionsgleichung.

a)
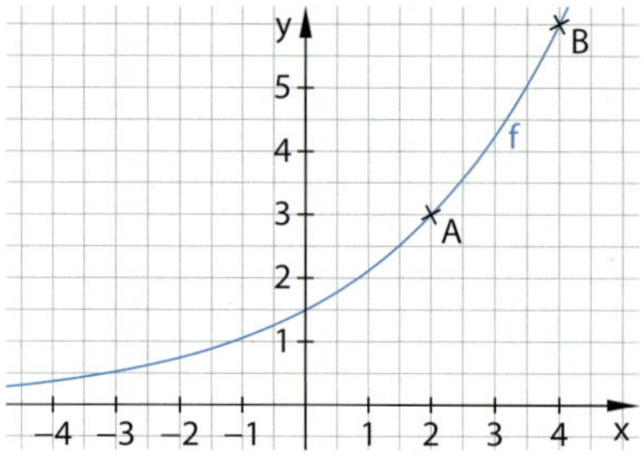

b)
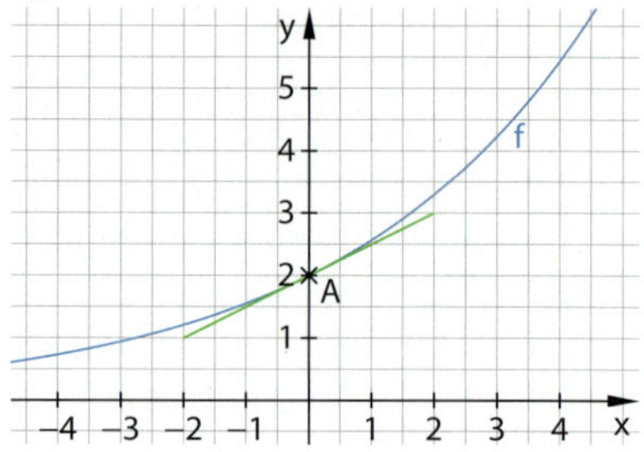

c)
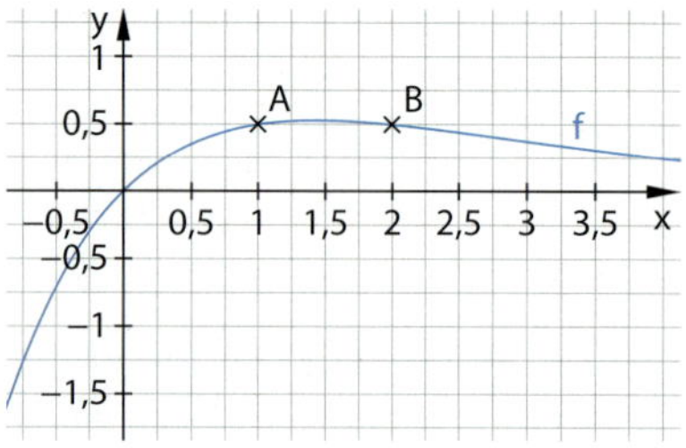

d)
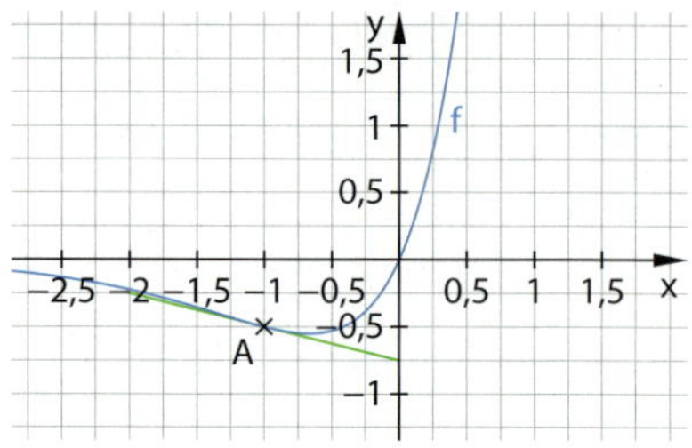

4. Bestimmen Sie die Funktionsgleichung der Funktion f mit folgenden Eigenschaften.

a) Der Graph der Funktion f mit $f(x) = (a + 1)\,e^{-bx}$ hat im Punkt $P(1\,|\,e)$ die Steigung $-2e$.

b) Der Graph der Funktion f mit $f(x) = ae^{bx}$ berührt die Gerade mit der Gleichung $y = 2x - 1$ an der Stelle $x = 1$.

c) Der Graph der Funktion f mit $f(x) = e^{ax^2 - x} + b$ hat im Punkt $P(0{,}5\,|\,e^{-0{,}25})$ einen Tiefpunkt.

d) Der Graph der Funktion f mit $f(x) = (a - x)\,e^{bx}$ schneidet die x-Achse bei $x = 3$ und hat an der Stelle $x = 1$ eine waagerechte Tangente.

Parametervariation – Scharen zusammengesetzter Funktionen

Aus einer Schar lässt sich eine geeignete Funktion herausfiltern, wenn eine bestimmte Eigenschaft gefordert ist.

Beispiel 2: Gegeben ist die Funktionenschar f_a mit $f_a(x) = (x + a) \cdot e^{-x}$, $a \in \mathbb{R}$.

a) Zeigen Sie, dass F_a mit $F_a(x) = (-x - a - 1) \cdot e^{-x}$ eine Stammfunktion von f ist.

b) Der Graph von f_a schließt für $x \geq 0$ mit der x-Achse ein nach rechts unbeschränktes Flächenstück ein. Bestimmen Sie a so, dass der Flächeninhalt dieses Stücks 2 FE beträgt.

Lösung:

a) Leiten Sie F_a mithilfe der Produktregel ab. Beachten Sie die Verkettung bei e^{-x}.

$$F_a'(x) = (-1) \cdot e^{-x} + (-x - a - 1) \cdot e^{-x} \cdot (-1) = e^{-x} \cdot (x + a) = f_a(x) \text{ (gilt allgemein)}$$

b) Berechnen Sie zunächst die Nullstelle mithilfe des Satzes zum Nullprodukt.

$$f_a(x) = (x + a) \cdot e^{-x} = 0 \quad (e^{-x} \neq 0)$$

Einzige Nullstelle bei $x = -a$.

Berechnen Sie das bestimmte Integral zwischen der Nullstelle $-a$ und einem Wert $u > -a$.
Bestimmen Sie den Grenzwert für $u \to \infty$.
Ermitteln Sie anschließend a so, dass der Grenzwert dem gewünschten Flächeninhalt entspricht.

$$\int_{-a}^{u} f(x)\,dx = [(-x - a - 1) \cdot e^{-x}]_{-a}^{u} = (-u - a - 1) \cdot e^{-u} - (-1) \cdot e^{a} \xrightarrow{u \to \infty} e^{a}$$

$e^a = 2$ für $a = \ln(2) \approx 0{,}6931$

Der Flächeninhalt beträgt 2 FE für $a = \ln(2)$.

Basisaufgaben

5. Gegeben ist die Funktionenschar f_a mit $f_a(x) = \left(\frac{x}{a} - 1\right) \cdot e^{a-x}$, $a > 0$.
   a) Zeichnen Sie die Graphen für a = 0,2; 0,3; 0,4; 0,5.
   b) Berechnen Sie die Nullstelle von f_a.
   c) Bestimmen Sie a so, dass der Hochpunkt des Graphen die y-Koordinate 1 hat.
   d) Zeigen Sie, dass $F_a = \left(1 - \frac{x}{a} - \frac{1}{a}\right) \cdot e^{a-x}$ eine Stammfunktion zu f_a ist.
   e) Für a = 1 schließt der Graph von f_1 mit den beiden Koordinatenachsen ein Flächenstück ein. Berechnen Sie dessen Flächeninhalt.

6. Gegeben ist die Funktionenschar f_a mit $f_a(x) = (x^2 - ax) \cdot e^{-x}$, $a > 0$.
   a) Bestimmen Sie die Nullstellen und die Extremstellen von f_a in Abhängigkeit von a.
   b) Zeigen Sie, dass die Funktion F_a mit $F_a(x) = (-x^2 + ax - 2x + a - 2) \cdot e^{-x}$ eine Stammfunktion von f_a ist.
   c) Der Graph von f_a schließt zwischen seinen Nullstellen ein Flächenstück mit der x-Achse ein. Berechnen Sie den Flächeninhalt dieses Flächenstücks in Abhängigkeit von a.
   d) Der Graph von f_a schließt für $x > a$ mit der x-Achse ein nach rechts offenes Flächenstück ein. Bestimmen Sie a so, dass der Flächeninhalt des Stücks $\frac{3}{e}$ FE beträgt.

Weiterführende Aufgaben

7. Nach Betriebsunfällen in einer Chemiefabrik kommt es immer wieder zu einer erhöhten Schadstoffkonzentration in einem nahegelegenen See. Sie kann in den ersten Wochen mithilfe der Funktionenschar f_a mit $f_a(x) = 10a \cdot x \cdot e^{-0,5x}$ modelliert werden (x: Anzahl der Wochen nach dem Unfall, f(x): Konzentration in $\frac{mg}{l}$). Der Parameter a hängt dabei von der Schwere des Unfalls ab.
   a) Zeigen Sie, dass unabhängig von der Schwere des Unfalls die höchste Schadstoffkonzentration nach 2 Wochen erreicht wird.
   b) Wenn die Schadstoffkonzentration 25 $\frac{mg}{l}$ überschreitet, muss eine besondere Warnung an die Bevölkerung gegeben werden. Bestimmen Sie den Wert von a, ab dem eine solche Warnung notwendig wird.
   c) Zeigen Sie, dass F_a mit $F_a(x) = (-20ax - 40a) \cdot e^{-0,5x}$ eine Stammfunktion von f_a ist.
   d) Die mittlere Schadstoffkonzentration über einem Zeitintervall [c; d] lässt sich mit $\frac{1}{d-c}\int_c^d f_a(x)\,dx$ ermitteln. Berechnen Sie die mittlere Schadstoffkonzentration für die ersten 5 Wochen nach einem Unfall in Abhängigkeit von a.
   e) Berechnen Sie den Zeitpunkt, zu dem die Schadstoffkonzentration am stärksten abnimmt.
   f) Es wird angenommen, dass ab dem Zeitpunkt der stärksten Abnahme die Schadstoffkonzentration mit gleicher Geschwindigkeit linear abnimmt. Berechnen Sie, wann die Schadstoffkonzentration nach diesem Modell auf null zurückgegangen ist.

8. **Stolperstelle:** Sven untersucht die Funktion f mit $f(x) = -5x \cdot e^{-2x}$ und findet eine Wendestelle bei x = 1. Er folgert, dass der Graph an dieser Stelle am stärksten abfällt. Prüfen Sie, ob Sven recht hat.

9. Kettenlinie: Eine durchhängende Kette bildet eine Kettenlinie oder Katenoide. Die beschreibende Funktion ist eine Kombination aus e-Funktionen und hat die Form $f_a(x) = \frac{a}{2}(e^{bx} + e^{-bx})$, wobei der tiefste Punkt der Kettenlinie die Koordinaten $(0\,|\,a)$ hat.
Bestimmen Sie die beschreibende Funktion, wenn die Pfosten der Kette einen Abstand von 2 m und eine Höhe von 70 cm haben. Im tiefsten Punkt hängt die Kette 15 cm über dem Boden.

GTR **10.** Bei einer Hängebrücke sind die 80 m hohen Pylone 250 m voneinander entfernt. Das Tragkabel hängt in der Mitte 38 m über der Fahrbahn und lässt sich näherungsweise durch den Graphen der Funktion f mit $f(x) = a(e^{bx} + e^{-bx})$ beschreiben.
a) Bestimmen Sie die Parameter a und b.
b) Wie lang sind die vertikalen Tragseile jeweils 20 m von den Pylonen entfernt?
c) Berechnen Sie, unter welchem Winkel die Tragkabel auf die Pylone stoßen.

11. Der „Gateway Arch" ist Teil des Jefferson National Expansion Memorial in St. Louis, Missouri. Es ist ein Stahlbogen in der Gestalt einer umgekehrten Kettenlinie, in dem sogar Aufzüge fahren. Die äußere Randkurve ist 180 m hoch und an der Basis 180 m breit. Die innere Randkurve ist 175 m hoch und 150 m breit. Die Funktionsgleichungen der Randkurven haben die Form $f(x) = b - \frac{a}{2}\left(e^{\frac{x}{a}} + e^{-\frac{x}{a}}\right)$.
a) Bestimmen Sie die Werte der Parameter a und b für die innere und äußere Randkurve des Gateway Arch.
b) Im Inneren des Bogens soll eine 70 m breite Flagge aufgehängt werden, die bis zum Boden reicht. Berechnen Sie, wie lang die Flagge mindestens sein muss.
c) Die Fläche zwischen den Randkurven dient dem Wind als Angriffsfläche. Berechnen Sie den Flächeninhalt dieser Fläche.

12. Periodische Funktionen: Bestimmen Sie die Parameter der Funktion f mit der Gleichung $f(x) = a \cdot \sin(bx + c)$, deren Graph achsensymmetrisch zur y-Achse ist, durch den Punkt $(0\,|\,4)$ verläuft und seine kleinste positive Nullstelle bei 3π hat.

13. Eine 60 m lange Rampe soll einen Höhenunterschied von 4 m überwinden und die Form des Graphen der Funktion f mit $f(x) = a \cdot \cos(bx) + c$ haben.
a) Bestimmen Sie die Parameter a, b und c.
b) Zeigen Sie, dass die maximale Steigung der Rampe kleiner als 10° ist.

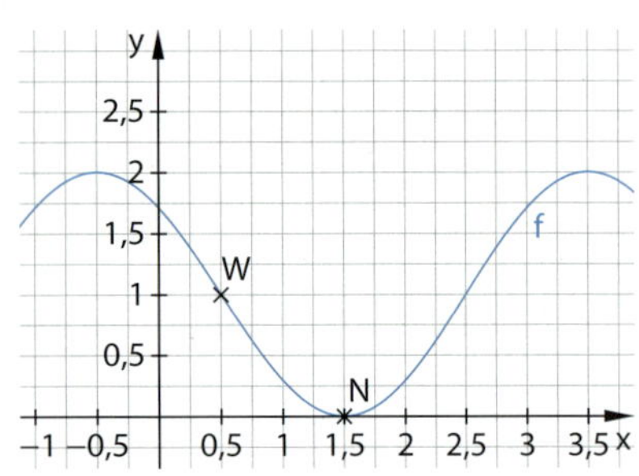

14. Die Abbildung zeigt den Graphen der Funktion f mit $f(x) = a \cdot \cos(bx + c) + d$.
a) Bestimmen Sie die Funktionsgleichung.
b) Berechnen Sie die Fläche, die die Wendetangente im I. Quadranten mit den Koordinatenachsen einschließt.
c) Berechnen Sie die Fläche, die der Graph von f im I. Quadranten mit den Koordinatenachsen einschließt.

15. Archäologen untersuchen die Reste eines etwa 70 m langen und 10 m hohen Walls. Für jedes $0 \le k \le 7$ ist der Graph der Funktionenschar f_k mit $f_k(x) = 8k^2xe^{-2x^2-k}$ im Bereich $0 \le x \le 2$ das Profil eines Querschnitts durch den Damm. Mit wachsendem k bewegt man sich in Längsrichtung des Damms, im oberen Bild also auf den Betrachter zu. Eine Längeneinheit steht für 10 m.

a) Diskutieren Sie für allgemeines $k > 0$ die Funktionenschar f_k in Bezug auf Nullstellen, Verhalten für $x \to \infty$, Extrem- und Wendepunkte. Beschränken Sie sich auf $0 \le x \le 2$.

b) Skizzieren Sie die Graphen von f_2 und f_5 in ein Koordinatensystem mit $0 \le x \le 2$. Berechnen Sie dazu auch $f_2(2)$ und $f_5(2)$.

c) $H_k\left(\frac{1}{2}\middle|4k^2e^{-k-\frac{1}{2}}\right)$ ist der Hochpunkt des Graphen von f_k. Berechnen Sie, für welches k man die höchste Stelle des Walles erhält, und geben Sie an, wie hoch der Wall hier ist.

d) Betrachten Sie jetzt die Funktion f_2: Der Wall fällt nach rechts ziemlich flach ab. Man vermutet, dass seine rechte Teilfläche im Originalzustand ein Trapez bildete mit einer oberen Breite von 5 m, in unserem Maßstab also 0,5 LE (unteres Bild). Das Material, welches oben weggebrochen ist, müsste dann die Abflachung am Fuße des Walls bilden. Insgesamt müsste das Trapez den gleichen Flächeninhalt haben wie die jetzige rechte Profilhälfte (bis x = 2). Prüfen Sie diese Vermutung, indem Sie die Koordinaten des Punktes F berechnen. Nehmen Sie kurz Stellung.

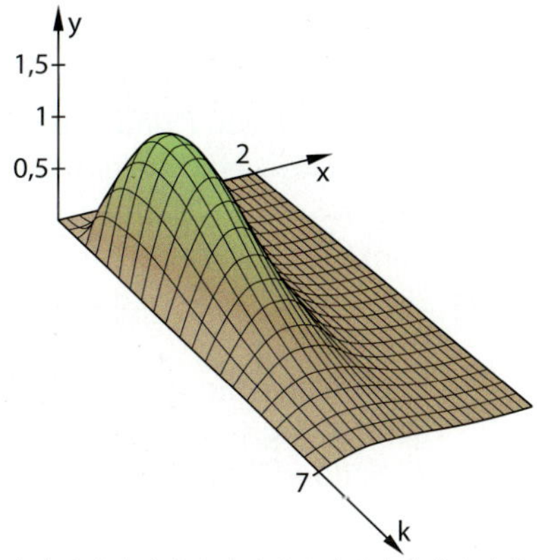

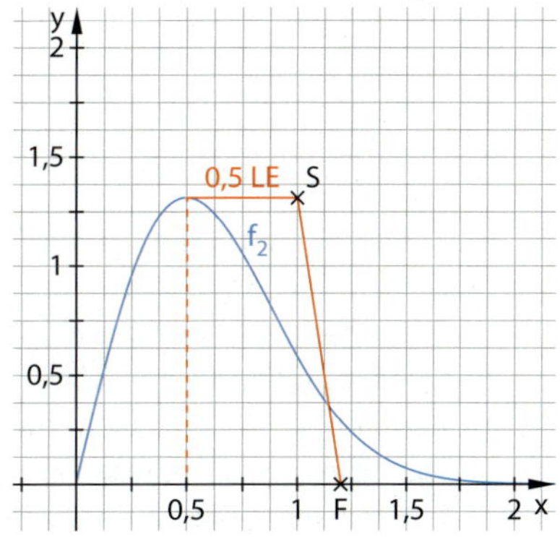

16. **Ausblick:** Eine Funktionenschar f_a mit $f_a(x) = ax^2 + a$ lässt sich auch als eine Funktion auffassen, die von zwei Variablen abhängt. Interpretiert man den Parameter a als zweite Variable y, so ergibt sich die Funktion $f(x, y) = x^2y + y$. Diese Funktion ordnet jedem Punkt $(x|y)$ in der Ebene eine Zahl $f(x, y)$ zu.
Da die Funktion f nun von zwei Variablen abhängt, man aber nur nach einer Variablen ableiten kann, spricht man von einer **partiellen Ableitung**. Die zweite Variable, nach der nicht abgeleitet wird, verhält sich dabei wie eine Konstante. Die partielle Ableitung von f nach x ist $\frac{\partial}{\partial x}f(x, y) = 2xy$ und die partielle Ableitung von f nach y ist $\frac{\partial}{\partial y}f(x, y) = x^2 + 1$.
Die beiden partiellen Ableitungen lassen sich als Vektor zusammenfassen und bilden den sogenannten **Gradienten** von f. Es gilt: $\text{grad}(f(x, y)) = \begin{pmatrix} 2xy \\ x^2+1 \end{pmatrix}$.
Für den Fall, dass der Gradient der Nullvektor ist, liegt ein sogenannter kritischer Punkt vor und die Ebene hat dort möglicherweise eine waagerechte Tangentialebene.
Gegeben ist die Funktion g mit $g(x, y) = \frac{1}{x^2 + y^2 + 1}$.

a) Bestimmen Sie den Gradienten von g.

b) Geben Sie die Richtung des steilsten Anstiegs in den Punkten A(1|1), B(0|−2), C(4|1) und D(2x|x) sowie E(0|y) an.

c) Bestimmen Sie den kritischen Punkt der Funktion g.

d) Bestimmen Sie, über welchem Punkt auf der xy-Ebene der Wall aus Aufgabe 15 seinen höchsten Punkt hat.

Hinweis zu 16:
Setzt man einen beliebigen Punkt der xy-Ebene in den Gradienten ein, so zeigt der Vektor immer in die Richtung des steilsten Anstiegs.

4.5 Abiturtraining

Aufgaben ohne GTR/CAS

1. Gegeben ist die Funktion f mit $f(x) = (x + 3) \cdot e^{-x}$, $x \in \mathbb{R}$.

a) Leiten Sie ausführlich die Ableitungsfunktion f' mit $f'(x) = -(x + 2) \cdot e^{-x}$ her.

b) Die zweite Ableitung von f ist gegeben durch $f''(x) = (x + 1) \cdot e^{-x}$, $x \in \mathbb{R}$. Zeigen Sie mithilfe von f' und f'', dass f an der Stelle $x = -2$ ein lokales Maximum hat. Geben Sie die Koordinaten des Hochpunkts an.

c) Die Abbildung zeigt die Graphen von f' und f''. Entscheiden Sie, welcher Graph zu f' gehört. Begründen Sie anhand der Abbildung, dass der Graph von f den Wendepunkt $W(-1\,|\,f(-1))$ hat.

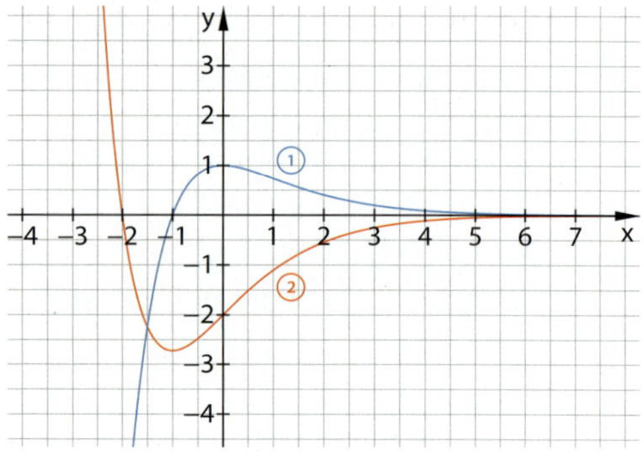

2. Gegeben sind die Funktion f und ihre Ableitungsfunktion f':
$f(x) = x^2 \cdot e^{-x}$ und $f'(x) = (2x - x^2) \cdot e^{-x}$

a) Bestimmen Sie die zweite Ableitung von f und leiten Sie die Extrempunkte des Graphen von f her.

b) Zeigen Sie, dass die Funktion F mit $F(x) = (-x^2 - 2x - 2) \cdot e^{-x}$ eine Stammfunktion zu f ist.

c) Begründen Sie mithilfe der bisherigen Ergebnisse, dass der Graph jeder Stammfunktion F zu f den Sattelpunkt $S(0\,|\,F(0))$ hat.

d) Der Graph von f schließt mit der x-Achse ein nach rechts offenes Flächenstück ein. Berechnen Sie den Flächeninhalt dieses Flächenstücks.

e) Die Ableitungsfunktion f' schließt zwischen ihren Nullstellen ein Flächenstück mit der x-Achse ein. Berechnen Sie den Flächeninhalt dieses Flächenstücks.

3. Gegeben ist die Funktion f mit $f(x) = \frac{1}{2}(x - 2) \cdot e^{-2x}$, $x \in \mathbb{R}$.

a) Bestimmen Sie die erste Ableitung f' und geben Sie alle Nullstellen von f und f' an.

b) Beschreiben Sie das Verhalten des Graphen von f für $x \to \infty$ und $x \to -\infty$.

c) Zeigen Sie, dass F mit $F(x) = -\frac{1}{4}\left(x - \frac{3}{2}\right) \cdot e^{-2x}$, $x \in \mathbb{R}$ eine Stammfunktion zu f ist. Geben Sie eine weitere Stammfunktion G an, für die $G(1{,}5) = 3$ gilt.

4. Gegeben ist die Funktionenschar f_a mit $f_a(x) = \frac{1}{a} \cdot e^{-\frac{x}{a}}$ für $a > 0$.

a) Zeigen Sie, dass die Tangente an den Graphen von f_a im Punkt $B(0\,|\,f_a(0))$ die Gleichung $t_a(x) = -\frac{1}{a^2} \cdot (x - a)$ hat.

b) Zeigen Sie, dass der Flächeninhalt des Dreiecks, das die Tangente t_a mit den Achsen einschließt, unabhängig von a ist.

c) Berechnen Sie $\int_0^a f_a(x)\,dx$.

d) Untersuchen Sie, ob das nach rechts offene Flächenstück, das der Graph von f_a mit den Achsen einschließt, einen endlichen Flächeninhalt hat, und geben Sie diesen gegebenenfalls an.

e) Berechnen Sie den Schnittpunkt der Graphen zu $a = 0{,}5$ und $a = 1$.

Aufgaben mit GTR/CAS

5. Die Funktion f mit $f(t) = 15t \cdot e^{-0{,}2t}$ beschreibt die Entwicklung des Wirkstoffgehalts im Blut eines Patienten nach der Einnahme eines Medikaments. Dabei ist t die Zeit in Stunden und f(t) gibt die Wirkstoffmenge in mg pro Liter Blut an.

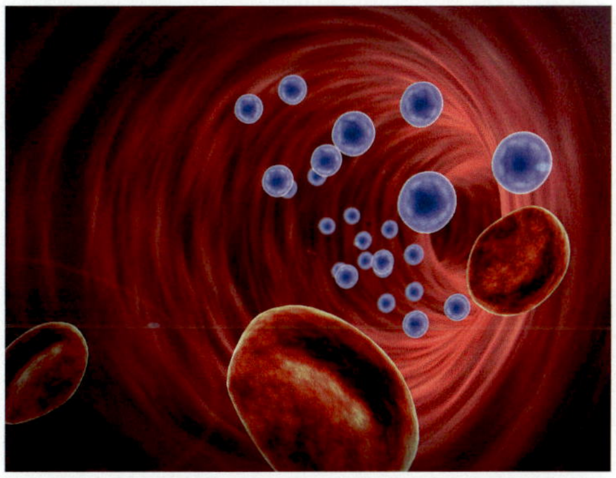

a) Das Medikament beginnt ab einer Konzentration von 7,5 mg pro Liter Blut zu wirken.

① Bestimmen Sie den Zeitpunkt, ab dem das Medikament Wirkung zeigt, gerundet auf volle Minuten.

② Bestimmen Sie alle Zeitpunkte, zu denen die Wirkstoffmenge 10 mg pro Liter beträgt.

③ Bestimmen Sie den Zeitpunkt, zu dem der Wirkstoffgehalt maximal ist, und geben Sie den maximalen Wirkstoffgehalt an.

④ Beschreiben Sie das asymptotische Verhalten des Graphen von f für $t \to \infty$ und interpretieren Sie das Ergebnis im Sachzusammenhang.

b) Die mittlere Wirkstoffmenge in einem Zeitintervall [a; b] lässt sich berechnen als

$$\frac{1}{b-a} \cdot \int_a^b f(t)\,dt.$$

① Zeigen Sie, dass die Funktion F mit $F(t) = (-75t - 375) \cdot e^{-0{,}2t}$ eine Stammfunktion zu f ist.

② Berechnen Sie die mittlere Wirkstoffmenge in den ersten 20 Stunden.

c) Bestimmen Sie den Zeitpunkt, zu dem die Wirkstoffmenge am stärksten abnimmt, und geben Sie an, mit welcher Geschwindigkeit die Wirkstoffmenge zu diesem Zeitpunkt abnimmt.

d) In einem abgewandelten Modell wird angenommen, dass ab der Wendestelle die Wendetangente den linearen Abbau der Wirkstoffmenge beschreibt. Berechnen Sie, wann nach diesem Modell der Wirkstoff vollständig abgebaut ist.

6. Gegeben ist die Funktion f mit $f(x) = (x^2 + 1) \cdot e^{-x}$.

a) Untersuchen Sie f auf Null-, Extrem- und Wendestellen. Geben Sie zu den Wendepunkten auch die zugehörigen Wendetangenten an.

b) Zeigen Sie, dass der Graph von f genau einen Punkt mit dem Graphen der Funktion g mit $g(x) = e^{-x}$ gemeinsam hat. Begründen Sie, dass sich die Graphen der beiden Funktionen in diesem Punkt berühren.

c) Zeigen Sie, dass die Funktion F mit $F(x) = (-x^2 - 2x - 3) \cdot e^{-x}$ eine Stammfunktion zu f ist.

d) Der Graph von f schließt mit der x-Achse und der y-Achse ein nach rechts offenes Flächenstück ein. Zeigen Sie, dass dieses Flächenstück einen endlichen Inhalt hat, und geben Sie diesen Flächeninhalt an.

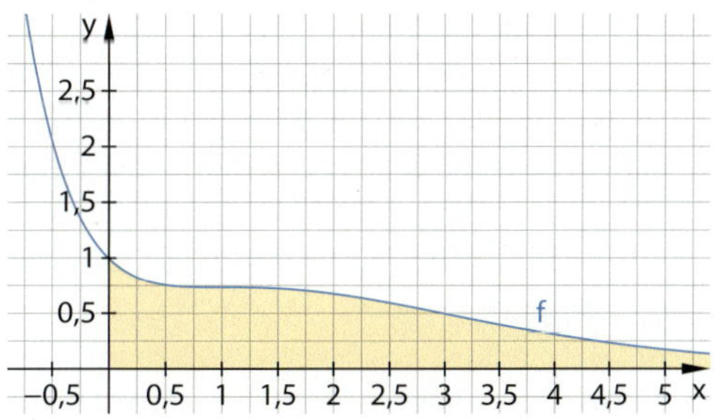

Prüfen Sie Ihr neues Fundament

Lösungen
↗ S. 498/499

1. Bestimmen Sie die erste und zweite Ableitung der Funktion f.
a) $f(x) = 3 \cdot e^x$ b) $f(x) = 2x^3 - \frac{2}{3}e^x$ c) $f(x) = x \cdot e^x$
d) $f(x) = (1 - x^2) \cdot e^{2x}$ e) $f(t) = (t^2 - t) \cdot e^{-0,5t}$ f) $f_a(x) = a \cdot x^2 \cdot e^{-2a \cdot x}$

2. Berechnen Sie die Nullstellen sowie die Extrem- und Wendepunkte der Funktion f.
a) $f(x) = (x^2 - 1) \cdot e^{x-1}$ b) $f(x) = (x - 1)^2 \cdot e^x$
c) $f(t) = (t + 1) \cdot (t - 2) \cdot e^{2t}$ d) $f(t) = 4t \cdot e^{-2t}$

3. Bestimmen Sie eine Stammfunktion von f.
a) $f(x) = 2x + e^{3x+1}$ b) $f(x) = e^{-x-1} - 1$ c) $f(t) = t^{\frac{1}{2}} - 2e^{5t+2} - t$

4. Untersuchen Sie, ob der Graph von f für $x \to \infty$ oder $x \to -\infty$ eine waagerechte Asymptote hat. Geben Sie in diesem Fall ihre Gleichung an.
a) $f(x) = x \cdot e^{-2x}$ b) $f(x) = x^2 \cdot e^{-x} + 1$ c) $f(t) = e^{-t^2} - 2$ d) $f(x) = e^{3x} + x$

5. Gegeben ist die Funktion f mit $f(x) = 4 \cdot (x - 1) \cdot e^{-(x-1)}$
a) Geben Sie die Nullstellen von f an.
b) Bestimmen Sie das Verhalten von f für betragsmäßig große Zahlen.
c) Geben Sie das Monotonieverhalten von f durch Ermitteln der Extrempunkte an.
d) Ermitteln Sie die Wendetangente von f.
e) Prüfen Sie den Graphen von f auf Achsensymmetrie zur y-Achse und Punktsymmetrie zum Ursprung.
f) Zeigen Sie, dass durch $F(x) = -4 \cdot x \cdot e^{1-x}$ eine Stammfunktion zu f gegeben ist. Bestimmen Sie den Inhalt der Fläche, die vom Graphen von f und der x-Achse im Intervall [1; 5] eingeschlossen wird.

6. Die Funktion f mit $f(t) = (t - 3)^2 \cdot e^{-\frac{t}{4}}$ sei für $0 \le t \le 15$ ein Modell für die Wachstumsgeschwindigkeit einer Bakterienkultur. Dabei beschreibt t die Zeit in Stunden. Die Wachstumsgeschwindigkeit wird in Tausend pro Stunde angegeben. Zum Beobachtungsbeginn (Zeitpunkt $t = 0$) waren 2000 Bakterien vorhanden.

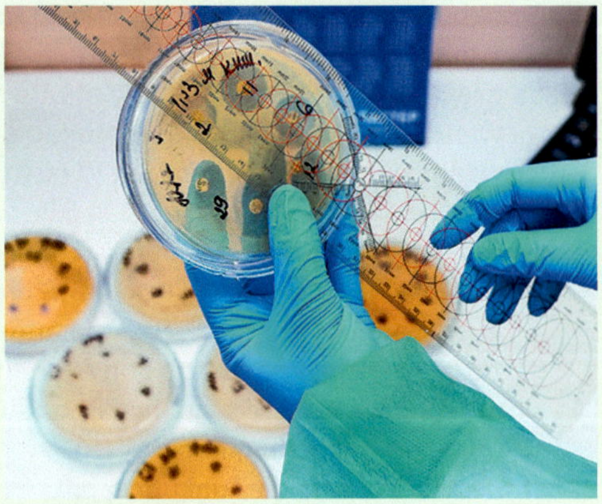

a) Bestimmen Sie die Extrem- und Wendepunkte von f im Intervall $0 \le t \le 15$.
b) Zeichnen Sie den Graphen von f im angegebenen Intervall.
c) Untersuchen Sie den Wahrheitsgehalt folgender Aussagen.
A: Im Zeitraum $0 \le t \le 3$ nimmt die Anzahl der Bakterien ab.
B: Für $t = 3$ ist die Bakterienanzahl gleich null.
C: Zum Zeitpunkt $t = 11$ ist die Bakterienanzahl am größten.
d) Ermitteln Sie näherungsweise die Bakterienanzahl fünf Stunden nach Beobachtungsbeginn.

7. Eine zusammengesetzte Funktion $f(x) = a \cdot x \cdot e^{1-bx}$ hat einen lokalen Hochpunkt H(1 | 5). Ermitteln Sie eine Gleichung dieser Funktion.

Lösungen
↗ S. 499/500

GTR **8.** Zeichnen Sie den Graphen der Funktion f mit dem GTR. Lesen Sie am Graphen die Gleichung der Asymptote von f ab und weisen Sie rechnerisch nach, dass es eine Asymptote ist.

a) $f(x) = e^{-\frac{x}{3}}$ b) $f(x) = (x+1) \cdot e^{-\frac{x}{2}}$ c) $f(x) = x^2 \cdot e^{x-1} - 10$

d) $f(x) = -\frac{1}{2}x + e^{x-1}$ e) $f(x) = e^{-x^2}$ f) $f(x) = e^{-x} + 2x - 1$

GTR **9.** Bei einem Test wird die Geschwindigkeit v eines Autos (v in Meter pro Sekunde) in Abhängigkeit von der Zeit t (t in Sekunden) durch die Funktion $v(t) = 10t \cdot e^{-0{,}2t}$ für den Zeitraum $0 \leq t \leq 30$ beschrieben.

a) Stellen Sie den Sachverhalt grafisch dar.

b) Berechnen Sie den Höchstwert der Geschwindigkeit des Autos (in km/h) im Zeitraum $0 \leq t \leq 30$.

c) Berechnen Sie mit dem GTR, wann das Auto eine Geschwindigkeit von 50 km/h überschreitet.

d) Begründen Sie, weshalb die Funktion s mit $s(t) = -50 \cdot (t+5) \cdot e^{-0{,}2t} + 250$ den Zusammenhang zwischen zurückgelegtem Weg s (s in Meter) und der Zeit t (t in Sekunden) beschreibt.

e) Berechnen Sie den Weg, den das Auto in den ersten fünf Sekunden zurücklegt.

GTR **10.** In der Tabelle ist die Höhe einer Sonnenblume in Abhängigkeit von der Zeit dargestellt.

Tage	5	12	20	28	40	63	75	90
Höhe in cm	20	40	69	100	150	230	250	260

a) Stellen Sie das Wachstum in einer Grafik dar und beschreiben Sie den Verlauf.

b) Ermitteln Sie einen Funktionsterm durch logistische Regression und geben Sie dann an, bis zu welchem Zeitraum man von exponentiellem Wachstum sprechen kann.

c) Bestimmen Sie die maximale Höhe der Sonnenblume in cm und den Zeitpunkt, zu dem diese Höhe vermutlich erstmals erreicht wird.

GTR **11.** Durch $f(x) = 2x - a \cdot e^x$ $(a \neq 0)$ ist eine Kurvenschar gegeben.

a) Untersuchen Sie f in Abhängigkeit von a auf Extrem- und Wendestellen.

b) Bestimmen Sie a so, dass der Hochpunkt auf der x-Achse liegt.

c) Ermitteln Sie eine Gleichung der Geraden, auf der alle Hochpunkte von f liegen.

d) Zeichnen Sie für verschiedene a die Graphen der Funktion f und begründen Sie, dass die Anzahl der Nullstellen von a abhängt.

12. Das Laden eines Smartphoneakkus lässt sich durch die Funktionenschar mit der Gleichung $L(t) = 100 - 80e^{-k \cdot t}$ mit $k > 0$ beschreiben. Hierbei ist L(t) der Ladezustand in Prozent zum Zeitpunkt t in Stunden.

a) Begründen Sie anhand des Funktionsterms, dass sich der Ladestand mit wachsendem t 100 % nähert.

b) Beschreiben Sie, wie sich die Ladegeschwindigkeit mit wachsendem t ändert.

c) Für welche Werte von k ist der Ladestand 1,5 Stunden nach Beginn des Ladevorgangs größer als 60 %?

d) Der voll aufgeladene Akku ist ohne Benutzung nach 12 Stunden auf 75 % gesunken. Stellen Sie für den Entladevorgang eine Funktionsgleichung auf.

Zusammenfassung

Regression

Die Ergebnisse einer Messreihe, lassen sich als **Punktwolke** $P_1(x_1 | y_1), \ldots, P_n(x_n | y_n)$ in einem Koordinatensystem darstellen.

Durch **Regression** lässt sich eine Funktion bestimmen, deren Graph die Punkte möglichst gut beschreibt.

Der Verlauf der Punkte oder der Sachkontext geben Information darüber, welcher Funktionstyp geeignet ist und als Basis der Regression verwendet wird.

Neben linearer Regression (Ausgleichsgerade) werden häufig quadratische, ganzrationale, exponentielle, trigonometrische oder logistische Regression angewendet.

Aus einer Messreihe ergibt sich die Punktwolke $P_1(0|0)$, $P_2(0{,}25|0{,}3)$, $P_3(0{,}5|1{,}2)$, $P_4(0{,}75|2{,}8)$, $P_5(1|4{,}8)$ und $P_6(1{,}25|7{,}5)$. Aus der Lage der Punkte lässt sich ein quadratischer Zusammenhang vermuten. Durch quadratische Regression ergibt sich eine Funktion f.

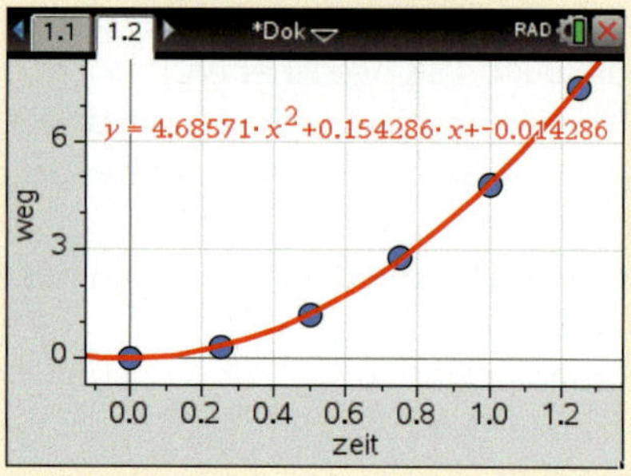

$f(x) = 4{,}68571x^2 + 0{,}154286x - 0{,}014286$

Zusammengesetzte Funktionen

Beim Verhalten der Funktionswerte für $x \to \infty$ und $x \to -\infty$ setzt sich in nicht eindeutigen Fällen eine Exponentialfunktion gegenüber jeder Potenzfunktion und daher auch gegenüber jeder ganzrationalen Funktion durch.

Für $x \to \infty$ gilt: $x^n \cdot e^{-x} \to 0$

Für $x \to -\infty$ gilt: $x^n \cdot e^{x} \to 0 \ (n \in \mathbb{N})$

$f(x) = (x^2 - x + 8) \cdot e^x$

$$\lim_{x \to \infty} ((\underbrace{x^2 - x + 8}_{\infty}) \cdot \underbrace{e^x}_{\infty}) = \infty$$

$$\lim_{x \to -\infty} ((\underbrace{x^2 - x + 8}_{\infty}) \cdot \underbrace{e^x}_{0}) = 0$$

Modellierung

Durch Verknüpfung von ganzrationalen Funktionen mit Exponentialfunktionen lassen sich Prozesse modellieren, in denen es Extrem- oder Wendepunkte gibt und zusätzlich eine asymptotische Annäherung an eine Grenze stattfindet.

Aus einem Schwimmbecken wird Wasser abgelassen und anschließend wird es gefüllt. Die Zuflussrate des Wassers wird durch $f(t) = (t - 5)\,e^{-0{,}1t}$ mit t in s und f(t) in $\frac{m^3}{s}$ beschrieben.

Bis zur Nullstelle bei $t = 5$ ist die Zuflussrate negativ. Sie steigt kontinuierlich an und erreicht ihren Höchstwert an der Extremstelle $t = 15$. Danach fällt sie ab und nähert sich dem Wert null an.

Funktionen bestimmen

Auch bei zusammengesetzten Funktionen lassen sich Funktionsgleichungen aus Informationen über den Funktionsgraphen bestimmen. Aus den Bedingungen ergibt sich ein System von Gleichungen. Häufig handelt es sich um kein lineares Gleichungssystem.

Gesucht ist eine Funktion f mit $f(x) = axe^{-bx}$, deren Graph durch den Punkt $A(1|2)$ mit der Steigung $m = -1$ verläuft.

Eigenschaften als Gleichungen formulieren:

Punkt $A(1|2)$: $\quad f(1) = ae^{-b} = 2 \quad$ (I)

Steigung: $\quad f'(1) = (a - ab)\,e^{-b} = -1 \quad$ (II)

Gleichung I durch Gleichung II teilen, um eine Variable zu eliminieren:

$$\frac{ae^{-b}}{(a - ab)\,e^{-b}} = \frac{2}{-1} \Leftrightarrow \frac{1}{1 - b} = -2 \Leftrightarrow b = \frac{3}{2}$$

Gleichung I: $ae^{-\frac{3}{2}} = 2 \Leftrightarrow a = 2e^{\frac{3}{2}}$

$f(x) = 2e^{\frac{3}{2}} \cdot x \cdot e^{-\frac{3}{2}x} = 2 \cdot x \cdot e^{-\frac{3}{2}x + \frac{3}{2}}$

5. Punkte und Vektoren im Raum

Beim Klettern muss der Weg nach oben geschickt gewählt werden. Um den Weg im dreidimensionalen Raum beschreiben zu können, eignen sich Vektoren.

Nach diesem Kapitel können Sie …
- Punkte und Vektoren durch Tupel beschreiben,
- Vektoren addieren und subtrahieren sowie vervielfachen,
- Punkte, Strecken, ebene Flächen und Körper mithilfe von Vektoren beschreiben,
- Längen von Vektoren bestimmen und zwei Vektoren auf Kollinearität überprüfen.

Lösungen
↗ S. 500/501

Dreiecke und Vierecke

1. Gegeben ist ein rechtwinkliges Dreieck ABC. Berechnen Sie die Länge der fehlenden Seite. Runden Sie auf Zehntel Zentimeter.

a) $a = 2{,}1\,cm$; $b = 3{,}9\,cm$; $\gamma = 90°$
b) $a = 2{,}1\,cm$; $b = 3{,}9\,cm$; $\beta = 90°$
c) $a = 5{,}3\,cm$; $c = 2{,}1\,cm$; $\alpha = 90°$
d) $b = 3{,}9\,cm$; $c = 45\,mm$; $\alpha = 90°$

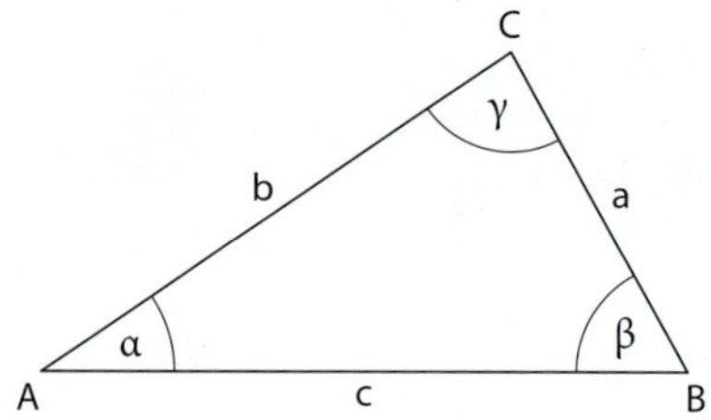

Hinweis zu 2:
Hier gilt die übliche Beschriftung eines Dreiecks.

2. Untersuchen Sie, ob das gegebene Dreieck ABC rechtwinklig ist. Geben Sie gegebenenfalls den Eckpunkt mit dem rechten Winkel an.

a) $a = 5\,cm$; $b = 3\,cm$; $c = 4\,cm$
b) $a = 1{,}2\,m$; $b = 0{,}5\,m$; $c = 1{,}3\,m$
c) $a = 5{,}0\,m$; $b = 7{,}0\,m$; $c = 4{,}5\,m$
d) $a = 8\,cm$; $b = 10\,cm$; $c = 6\,cm$

3. Gegeben sind folgende Vierecke.

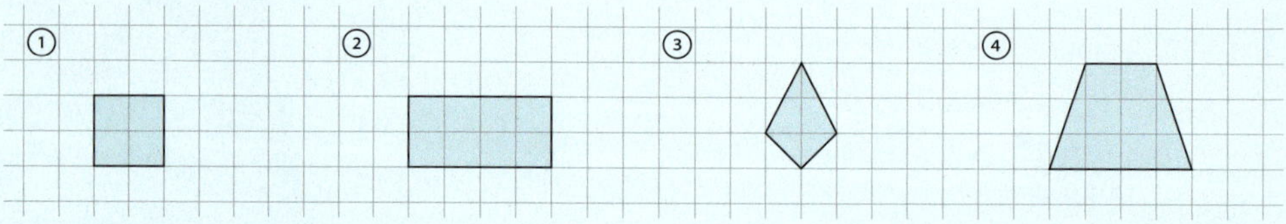

a) Begründen Sie, welche der Vierecke ein Trapez, Drachenviereck, Parallelogramm, Raute, Rechteck oder Quadrat sind.
b) Zeichnen Sie die Vierecke im Maßstab 1 : 2 und tragen Sie alle Symmetrieachsen ein.

4. Berechnen Sie den Flächeninhalt und den Umfang der abgebildeten Figur.

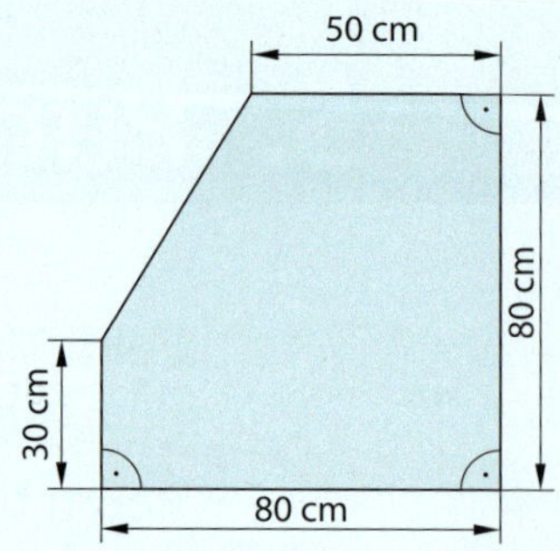

5. Beurteilen Sie die Aussage.

a) Jedes Parallelogramm ist ein Trapez.
b) Es gibt Rechtecke, in denen die Diagonalen senkrecht aufeinander stehen.
c) In jedem Trapez halbieren sich die Diagonalen.
d) Wenn ein Dreieck gleichseitig ist, dann sind die Höhen des Dreiecks gleich lang.

Punkte und Figuren im Koordinatensystem

6. Gegeben sind die Punkte A (3 | 1), B (3 | 4) und C (1 | 2,5).

a) Zeichnen Sie das Dreieck ABC im Koordinatensystem.
b) Spiegeln Sie das Dreieck ABC an der x-Achse und geben Sie die Koordinaten der Spiegelpunkte A′, B′ und C′ an.
c) Verschieben Sie das Dreieck ABC in negativer x-Richtung um 3 Einheiten und geben Sie die Koordinaten der Bildpunkte A″, B″ und C″ an.

7. Gegeben sind die Punkte A (3 | 1), B (3 | 4) und C (1 | 2,5).

a) Berechnen Sie die Längen der Strecken $\overline{AB}$, $\overline{BC}$ und $\overline{AC}$.
b) Geben Sie die Koordinaten der Mittelpunkte der Strecken $\overline{AB}$, $\overline{BC}$ und $\overline{AC}$ an.

8. Gegeben ist die nebenstehende Figur ABCDEFGHI. Der Halbkreis schneidet die y-Achse im Punkt J.
   a) Geben Sie die Koordinaten all dieser Punkte an.
   b) Ermitteln Sie den Flächeninhalt und den Umfang der Figur.

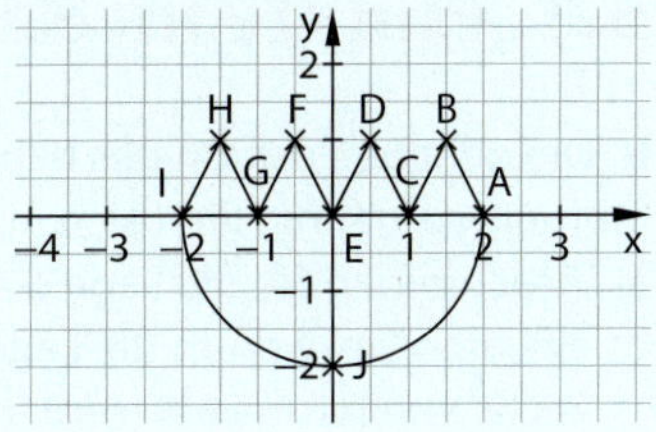

Lösungen ↗ S. 501

Körper

9. Zeichnen Sie ein Schrägbild des Körpers.
   a) Würfel mit Kantenlänge a = 4 cm
   b) Quader mit den Kantenlängen a = 3 cm, b = 4 cm und c = 6 cm
   c) gerade Pyramide mit quadratischer Grundfläche der Seitenlänge a = 5 cm und Höhe h = 7 cm

10. Berechnen Sie das Volumen und den Oberflächeninhalt des Körpers.

a)

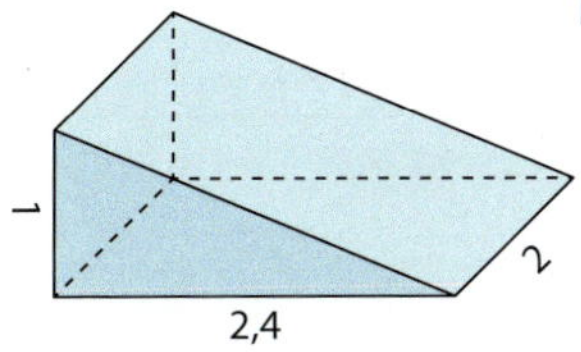

b)

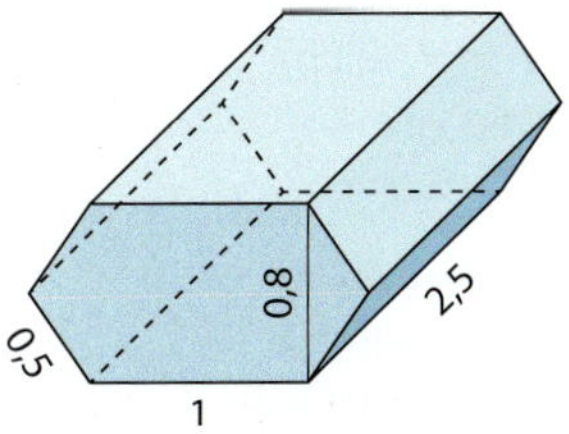

c)

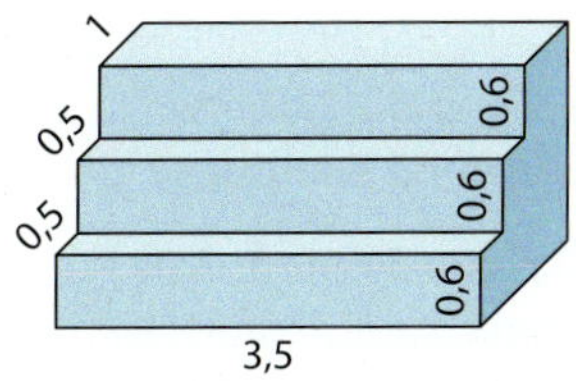

11. Ordnen Sie den gegebenen Körpern jeweils eine Formel zu, mit der das Volumen des betreffenden Körpers berechnet werden kann.

Würfel	Pyramide	Quader	① $a \cdot b \cdot h$	② $\frac{1}{3} \cdot a \cdot b \cdot h$	③ $\pi \cdot r^2 \cdot h$
Zylinder	Kegel	Kugel	④ $a \cdot a \cdot a$	⑤ $\frac{4}{3} \cdot \pi \cdot r^3$	⑥ $\frac{1}{3} \cdot \pi \cdot r^2 \cdot h$

12. Begründen Sie, dass für den Oberflächeninhalt eines geraden Kreiszylinders die folgende Formel gilt: $O = 2\pi r(h + r)$

Vermischtes

13. a) Formulieren Sie das Kommutativ- und das Assoziativgesetz für die Addition (bzw. Multiplikation) reeller Zahlen sowohl verbal als auch mithilfe von Variablen.
    b) Formulieren Sie das Distributivgesetz für das Rechnen mit reellen Zahlen sowohl verbal als auch mithilfe von Variablen.

14. Zeigen Sie, wie der Term $4a + 4b$ ohne Distributivgesetz zu $4(a + b)$ umgeformt werden kann.

15. Berechnen Sie ohne Taschenrechner. Nutzen Sie dazu das Distributivgesetz, wenn es vorteilhaft ist.

a) $\frac{3}{10} \cdot (1{,}8 + 1{,}2)$
b) $\left(\frac{7}{6} - \frac{5}{6}\right) \cdot 0{,}3$
c) $\frac{1}{3} \cdot \left(\frac{3}{5} + 3\right)$
d) $10 \cdot \left(0{,}1 + \frac{1}{20}\right)$
e) $\frac{1}{4} \cdot \left(\frac{8}{5} + 0{,}8\right)$
f) $(1{,}15 + 0{,}35) \cdot \frac{4}{3}$
g) $\frac{4}{7} \cdot \frac{3}{5} + \frac{3}{7} \cdot \frac{3}{5}$
h) $2{,}25 \cdot 1{,}5 - 0{,}75 \cdot 1{,}5$

5.1 Punkte im Raum

■ Die genaue Position des Balls in dieser Momentaufnahme lässt sich nur erahnen.
a) Beschreiben Sie die Lage des Balls.
b) Erklären Sie, warum die Lage des Balls nicht zweifelsfrei erkennbar ist.
c) Bestimmen Sie, wie viele Zahlenangaben nötig sind, um die momentane Lage genau zu beschreiben. ■

Das zweidimensionale Koordinatensystem hat zwei Koordinatenachsen, d. h. zwei aufeinander senkrecht stehende Geraden.
In ihm kann die Lage eines Punktes in der Ebene durch zwei Koordinaten eindeutig beschrieben werden.
Der Punkt P (3 | 2) liegt 3 Einheiten in x_1-Richtung und 2 Einheiten in x_2-Richtung vom Ursprung entfernt.

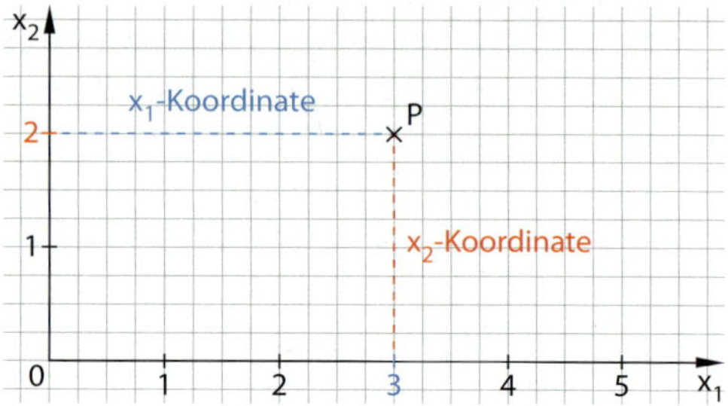

Hinweis:
Die Koordinaten x_1, x_2 und x_3 werden in der Regel als Länge, Breite und Höhe interpretiert. Daher wird das 2D-Kreuz nach vorn „geklappt" und die x_3-Achse verläuft vertikal.

Das dreidimensionale Koordinatensystem ist ähnlich aufgebaut. Die bekannte $x_1 x_2$-Ebene wird durch eine dritte x_3-Achse ergänzt. Diese verläuft durch den Ursprung und steht senkrecht auf der Ebene. Die Lage eines Punktes im Raum kann durch drei Koordinaten eindeutig beschrieben werden.
Der Punkt P (2 | 4 | 3) liegt 2 Einheiten in x_1-, 4 Einheiten in x_2- und 3 Einheiten in x_3-Richtung vom Ursprung entfernt.

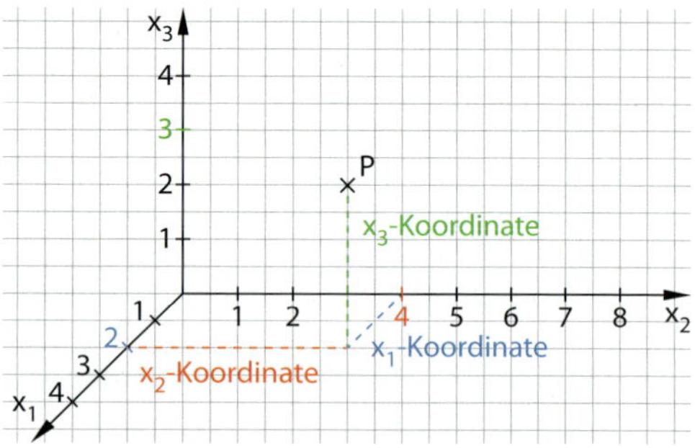

Im dreidimensionalen Koordinatensystem zeigt die x_1-Achse in der Regel nach vorne, die x_2-Achse nach rechts und die x_3-Achse nach oben. Wie bei einem Schrägbild wird die x_1-Achse diagonal mit verkürzten Einheiten eingezeichnet. Auf Karopapier ist es günstig, für die x_2- und die x_3-Achse eine Längeneinheit von 1 cm zu wählen und für die x_1-Achse eine Längeneinheit von einer Kästchendiagonalen.

Wissen: Punkte im Raum
Die Lage eines Punktes im Raum gibt man in der Form $P(x_1 | x_2 | x_3)$ mit **drei Koordinaten** an. Diese beschreiben, wo sich der Punkt in Bezug auf die Richtung der jeweiligen **Koordinatenachse** befindet. Im **dreidimensionalen Koordinatensystem** (mit dem **Ursprung** O) lassen sich die Punkte veranschaulichen.

Im 3D-Koordinatensystem spannen je zwei Koordinatenachsen eine **Koordinatenebene** auf. Liegt ein Punkt in einer Koordinatenebene, so ist mindestens eine Koordinate gleich 0:

x_1x_2-Ebene: alle Punkte $P(x_1 | x_2 | 0)$
x_1x_3-Ebene: alle Punkte $P(x_1 | 0 | x_3)$
x_2x_3-Ebene: alle Punkte $P(0 | x_2 | x_3)$

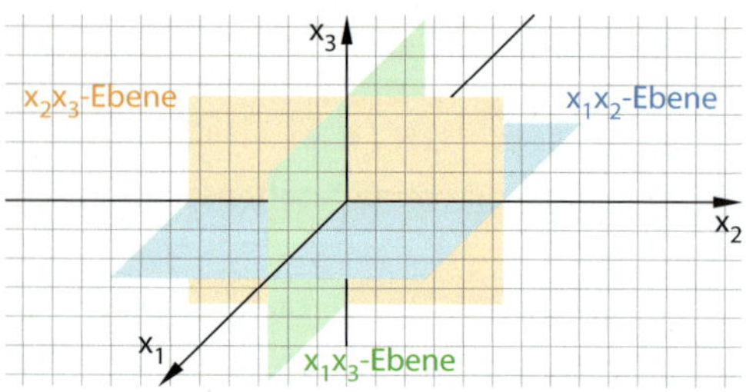

Beispiel 1: Gegeben sind die Punkte A (3 | 2 | 1), B (−2 | −2,5 | 1,5), C (0 | −2 | −1) und D (0 | 1,5 | 0).
a) Zeichnen Sie ein Koordinatensystem und tragen Sie die Punkte ein.
b) Beschreiben Sie die besondere Lage der Punkte C und D.

Lösung:
a) Zeichnen Sie die waagerechte x_2-Achse und die senkrechte x_3-Achse mit 1 cm = 1 LE. Ergänzen Sie die x_1-Achse als Diagonale durch den Ursprung. Wählen Sie als Längeneinheit eine Kästchendiagonale.
Gehen Sie vom Ursprung aus 3 Einheiten nach vorn, 2 Einheiten nach rechts und 1 Einheit nach oben. Tragen Sie dort den Punkt A (3 | 2 | 1) ein. Wiederholen Sie das Vorgehen für die Punkte B, C und D. Bei negativem Vorzeichen einer Koordinate ändert sich die Laufrichtung.

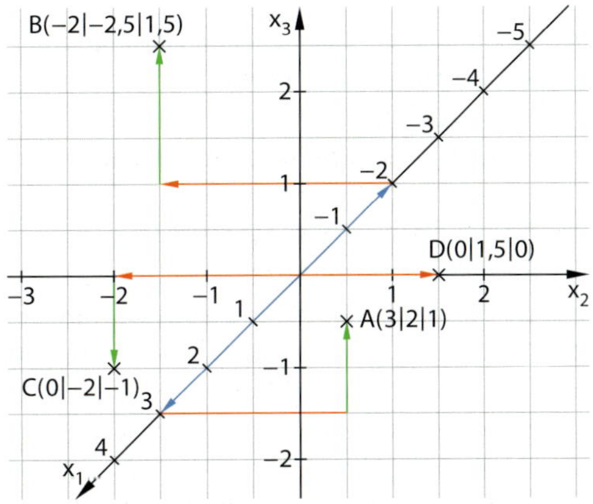

b) C liegt in einer Koordinatenebene, da eine Koordinate 0 ist. D liegt auf einer der Achsen, da zwei Koordinaten 0 sind.

C (0 | −2 | −1) liegt in der x_2x_3-Ebene.
D (0 | 1,5 | 0) liegt auf der x_2-Achse.

Merkhilfe:
Das Vorzeichen einer Koordinate gibt die Richtung an.
Auf der x_1-Achse:
+ → vorn; − → hinten
Auf der x_2-Achse:
+ → rechts; − → links
Auf der x_3-Achse:
+ → oben; − → unten

Basisaufgaben

1. Bestimmen Sie die Koordinaten der Punkte A bis H in der Zeichnung.

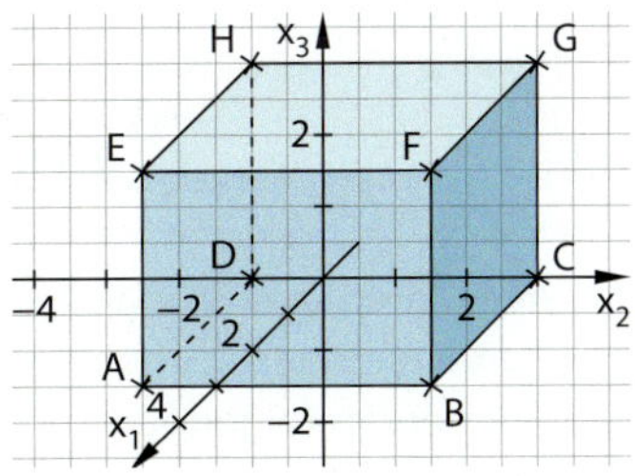

Lösungen zu 1:

2. Zeichnen Sie ein Koordinatensystem und tragen Sie die Punkte ein.
a) A (2 | 3 | 0), B (−3 | 2 | 1) und C (3 | −1 | 2)
b) A (3 | 0 | 0), B (0 | 1 | 0) und C (0 | 0 | 2)
c) A (3 | 0 | −1), B (−1 | 1 | −1), C (−1 | 1 | 3) und D (3 | 0 | 3)

3. Erklären Sie mithilfe der Zeichnung, warum beim Eintragen eines Punktes die Reihenfolge, in der die Koordinaten abgezählt werden, keine Rolle spielt.

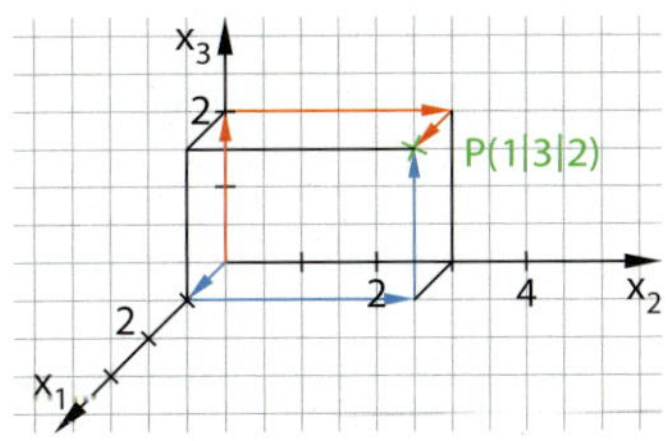

4. Zeichnen Sie die dreiseitige Pyramide mit der Grundfläche A (−1 | −4 | 1), B (3 | 0 | 0), C (−2 | 0 | 0) und der Spitze S (1 | 0 | 5) in ein Koordinatensystem.

5. Die fünf Punkte sind Eckpunkte eines Quaders. Zeichnen Sie den Quader in ein Koordinatensystem ein. Geben Sie die Koordinaten der übrigen drei Ecken an.
a) A (2 | −1 | −2), B (2 | 3 | −2), C (−2 | 3 | −2), D (−2 | −1 | −2), E (2 | −1 | 3)
b) A (1 | −1 | 0), C (−2 | 2 | 0), D (−2 | −1 | 0), F (1 | 2 | 2), H (−2 | −1 | 2)
c) B (3 | 3 | 0), C (0 | 3 | 0), E (3 | 0 | 3), G (0 | 3 | 3), H (0 | 0 | 3)

Hinweis zu 6:
Raumdiagonale eines Quaders

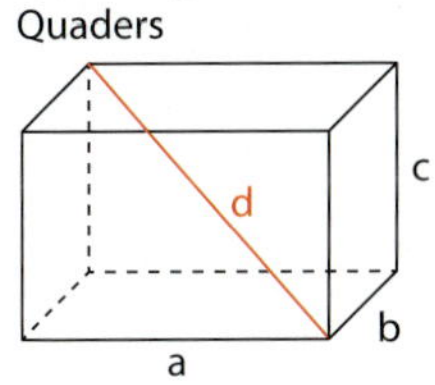

6. Die Punkte A und O (0 | 0 | 0) sind Ecken eines Quaders mit achsenparallelen Kanten. Sie liegen sich auf einer Raumdiagonale gegenüber. Zeichnen Sie den Quader in ein Koordinatensystem und geben Sie die Koordinaten der übrigen Ecken an.
a) A (2 | 3 | 3) b) A (−3 | 2 | 1) c) A (4 | −3 | −1) d) A (−2 | 2 | −1)

7. Geben Sie an, auf welchen der drei Koordinatenachsen und in welchen der drei Koordinatenebenen die Punkte liegen.

A(0|0|1) B(3|0|−5) C(6|0|0) D(0|−2|0) E(6|6|0) F(0|0|0)

8. Geben Sie die Koordinaten zweier Punkte an, die
a) auf der x_1-Achse liegen,
b) auf der x_3-Achse liegen,
c) in der x_1x_2-Ebene liegen,
d) in der x_1x_3-Ebene liegen,
e) in der x_2x_3-Ebene, aber auf keiner Koordinatenachse liegen.

9. Beschreiben Sie die Lage aller Punkte,
a) deren x_1-Koordinate 0 ist,
b) deren x_2- und x_3-Koordinate 0 sind,
c) die in der x_1x_2-Ebene und x_2x_3-Ebene liegen,
d) deren x_3-Koordinate 2 ist,
e) deren x_1-Koordinate 0 und deren x_2-Koordinate 1 ist.

10. Beim Ablesen von Koordinaten gab es verschiedene Ergebnisse:
Hannah: P(0|1|−2) Ilja: P(−2|0|−3)
Jona: P(4|3|0) Karl: P(2|2|−1)
Übertragen Sie das Koordinatensystem und tragen Sie die vier Punkte der Schüler ein. Beschreiben Sie Ihre Beobachtung und beurteilen Sie die Ergebnisse der Schüler. Formulieren Sie einen Satz über das Ablesen der Koordinaten eines Punktes im dreidimensionalen Koordinatensystem.

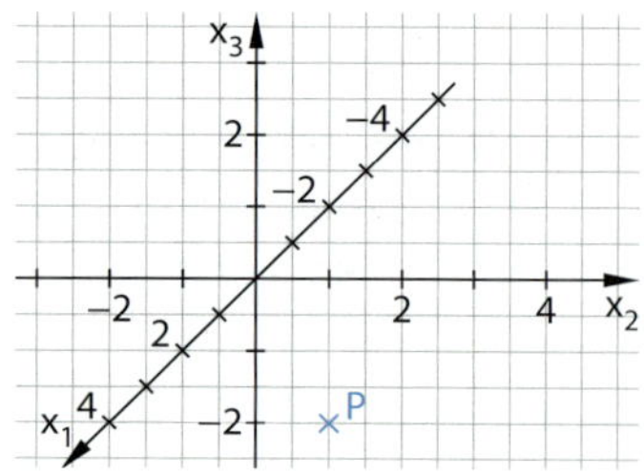

Weiterführende Aufgaben

11. In ein dreidimensionales Koordinatensystem wurde der Punkt A eingezeichnet. Geben Sie die Koordinaten von A unter der folgenden Voraussetzung an.

① A liegt in der x_2x_3-Ebene.
② A liegt in der x_1x_2-Ebene.
③ A hat die x_1-Koordinate −2.
④ A hat die x_3-Koordinate 2.

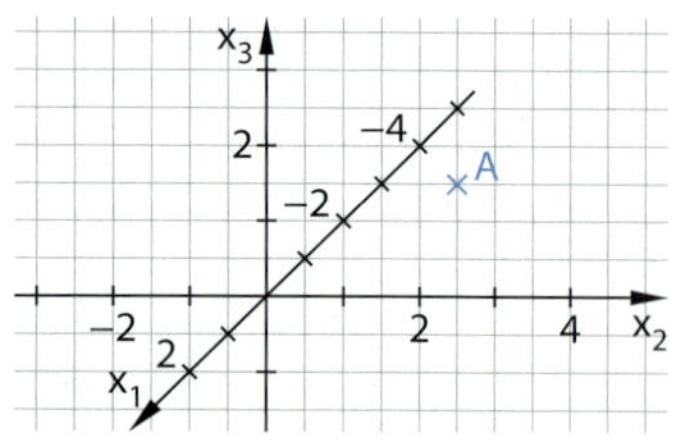

12. Stolperstelle: Tobias stellt fest: *„Wenn ich Punkte wie A(2|1|1) oder B(6|3|3), bei denen x_1 doppelt so groß ist wie x_2 und x_3, in ein Koordinatensystem einzeichnen will, lande ich wieder beim Ursprung. Es gibt also viele Möglichkeiten, Koordinaten für den Ursprung anzugeben."*
Nehmen Sie dazu Stellung.

13. Entscheiden Sie, ob die Aussage wahr oder falsch ist.
a) Alle Punkte mit $x_1 = 3$ und $x_3 = -1$ liegen auf einer Geraden, die parallel zur x_2-Achse ist.
b) Die Punkte P(1|−2|5) und Q(−3|3|1) liegen auf verschiedenen Seiten der x_1x_2-Ebene.
c) Die x_3-Koordinate eines Punktes gibt seinen Abstand zur x_1x_2-Ebene an.

● **14.** Der Punkt B soll genau in der Mitte zwischen den Punkten A und C liegen. Geben Sie die fehlenden Koordinaten an.
a) A(0|2|0), B(●|●|●), C(0|10|0)
b) A(1|1|0), B(4|4|0), C(●|●|●)
c) A(●|●|●), B(5|8|−1), C(0|0|0)
d) A(−2|3|10), B(●|●|●), C(4|5|2)
e) A(7|0|3,5), B(5|6|4), C(●|●|●)
f) A(●|−6|2), B(4|−1|●), C(7|●|3)

15. Gegeben ist eine gerade quadratische Pyramide mit den Ecken der Grundfläche A (1 | 0 | 1), B (1 | 4 | 1), C (−3 | 4 | 1) und D und der Spitze S. Die Höhe der Pyramide ist 3 LE.
Zeichnen Sie die Pyramide in ein Koordinatensystem ein und geben Sie die Koordinaten der übrigen Ecken an. Gibt es mehrere Möglichkeiten?

16. Die um 2550 v. Chr. erbaute Chephrenpyramide ist die zweithöchste aller ägyptischen Pyramiden. Damals wurde die Längeneinheit Königsellen verwendet. Die Pyramide hat eine quadratische Grundfläche mit einer Seitenlänge von 410 Königsellen und ist 275 Königsellen hoch.

a) Beschreiben Sie die fünf Eckpunkte der Pyramide in einem geeigneten Koordinatensystem. Geben Sie die Koordinaten der Punkte an.
b) Vergleichen Sie Ihre Ergebnisse mit Ihrem Nachbarn und erklären Sie, warum es verschiedene richtige Ergebnisse geben kann.

Hinweis zu 16:
Gehen Sie davon aus, dass die Pyramide gerade ist. Sie können die Einheit Königselle verwenden oder in Meter umrechnen.
1 Königselle = 52,4 cm

17. Punkte auf Geraden: Gegeben sind die Punkte A (4 | 1 | 0), B (0 | 1 | −1) und C (2 | 3 | 0,5).
a) Zeichnen Sie die Punkte in das übliche Koordinatensystem ein. Entscheiden Sie, ob die Punkte auf einer Geraden liegen.
b) Zeichnen Sie ein Koordinatensystem, das um die x_3-Achse um 90° gedreht wurde und bei dem die x_1-Achse nach rechts und die x_2-Achse nach hinten geht. Tragen Sie die Punkte ein und überprüfen Sie Ihre Aussage aus a).
c) Wiederholen Sie das Vorgehen aus a) und b) mit P (−1 | −4 | −1), Q (5 | 5 | 2), R (2 | 0,5 | 0,5).

Hinweis zu 17:
Hier bietet sich die Verwendung einer dynamischen Geometriesoftware an.

18. Senkrechte Projektion: Der Punkt B ergibt sich durch eine **senkrechte Projektion** des Punktes A auf die x_1x_2-Ebene.
B entspricht dem Schattenpunkt von A auf der x_1x_2-Ebene, wenn das Licht senkrecht von oben auf diese Ebene fällt.

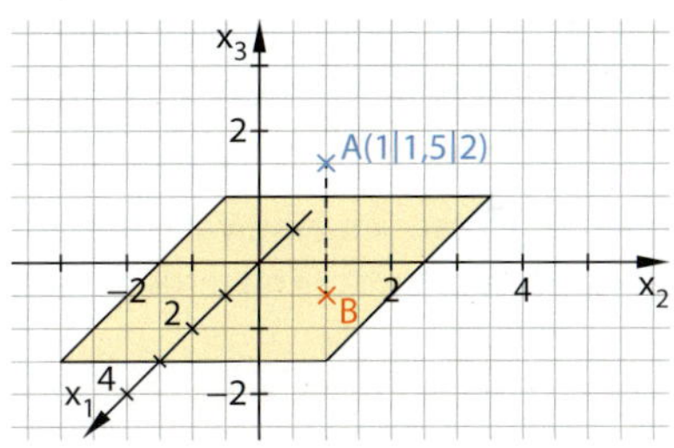

a) Geben Sie die Koordinaten von B an.
b) Die Punkte C und D ergeben sich durch eine Projektion des Punktes A auf die x_1x_3-Ebene bzw. auf die x_2x_3-Ebene. Geben Sie die Koordinaten an.

19. Spiegelung an einer Koordinatenebene: Der Punkt B ergibt sich durch eine **Spiegelung** des Punktes A (4 | −1 | 3) an der x_1x_2-Ebene.
a) Zeichnen Sie Punkt A in ein Koordinatensystem. Ermitteln Sie die Koordinaten von B.
b) Die Punkte C und D ergeben sich durch eine Spiegelung des Punktes A an der x_1x_3- bzw. an der x_2x_3-Ebene. Ermitteln Sie die Koordinaten von C und D.
c) Ermitteln Sie die Koordinaten des Punktes E, der sich ergibt, wenn A nacheinander an der x_1x_2-, der x_1x_3- und der x_2x_3-Ebene gespiegelt wird.

20. Ausblick: Die Lage eines Punktes im Raum kann auch durch seinen Abstand zum Ursprung $r \geq 0$ sowie zwei Winkel $0 \leq \alpha < 180°$ und $0 \leq \beta < 360°$ beschrieben werden. Die Koordinaten $(\sqrt{2}\,|\,45°\,|\,90°)$ beschreiben zum Beispiel den Punkt P (0 | 1 | 1).
Geben Sie r, α und β für die Punkte A (1 | 0 | 0), B (−2 | 0 | 0), C (0 | 3 | 0), D (1 | 1 | 0), E (1 | 0 | 1) und F (0 | 1 | −1) an.

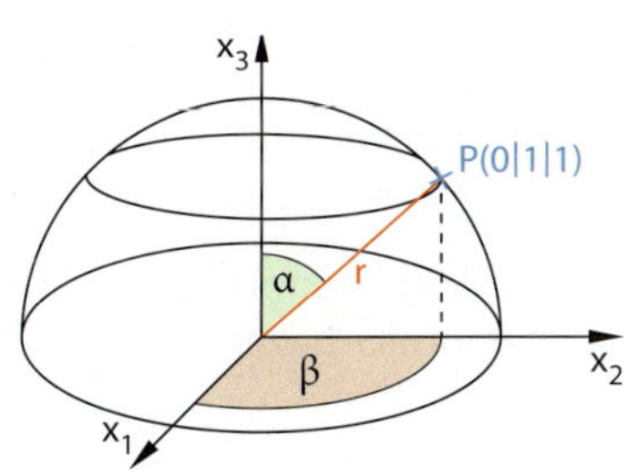

Info:
Diese Koordinaten werden als **Kugelkoordinaten** bezeichnet. Sie werden zum Beispiel bei der Beschreibung von Gravitationsfeldern verwendet.

5.2 Vektoren

■ Auf der Karte sind verschiedene Winde mithilfe von Pfeilen dargestellt.

a) Geben Sie an, welche der Pfeile man als gleich bezeichnen könnte.
Beschreiben Sie, worin sich die übrigen Pfeile unterscheiden.

b) Erläutern Sie, wie sich die dargestellten Winde unterscheiden und wie dies durch die Pfeile verdeutlicht wird. ■

Das Dreieck ABC wird um 3 Einheiten in x_1-Richtung und um 2 Einheiten in x_2-Richtung verschoben. Damit wird der Punkt A (1 | 5) auf A'(4 | 7), der Punkt B (5 | 3) auf B'(8 | 5) und der Punkt C (4 | 5) auf C'(7 | 7) abgebildet. Die drei Verbindungspfeile haben alle dieselbe Länge und zeigen in dieselbe Richtung.

Die Verschiebung lässt sich kurz mit dem Ausdruck $\begin{pmatrix} 3 \\ 2 \end{pmatrix}$ darstellen. Der Ausdruck wird als **Vektor** mit den **Koordinaten** 3 und 2 bezeichnet.

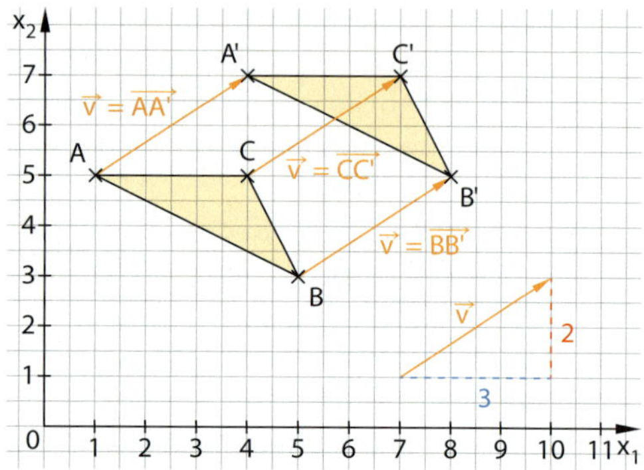

Hinweis:
Die abgebildeten Pfeile sind parallel zueinander, aber haben eine entgegengesetzte Orientierung.

Hinweis:
Ist eine Koordinate eines Vektors negativ, so erfolgt die Verschiebung entgegen der Richtung der zugehörigen Koordinatenachse.

Im Koordinatensystem kann ein Vektor durch Vektorpfeile dargestellt werden. Alle Vektorpfeile mit gleicher **Länge** und gleicher **Richtung** beschreiben dieselbe Verschiebung und gehören damit zum selben Vektor. Ein Vektor ist also nicht an einen Ort gebunden. Gleiche Richtung bedeutet, dass die Vektorpfeile **parallel zueinander** sind und die **gleiche Orientierung** haben.

Im Raum lässt sich eine Verschiebung entsprechend durch einen Vektor mit *drei* Koordinaten beschreiben. Vektoren werden mit Kleinbuchstaben und einem Pfeil darüber bezeichnet.

Wissen: Vektoren in der Ebene und im Raum

Ein **zweidimensionaler Vektor** $\vec{v} = \begin{pmatrix} v_1 \\ v_2 \end{pmatrix}$ beschreibt eine **Verschiebung in der Ebene.**

Ein **dreidimensionaler Vektor** $\vec{v} = \begin{pmatrix} v_1 \\ v_2 \\ v_3 \end{pmatrix}$ beschreibt eine **Verschiebung im Raum.**

Geometrisch kann man einen Vektor durch einen **Vektorpfeil** darstellen, der gekennzeichnet ist durch seine **Länge** und **Richtung**.

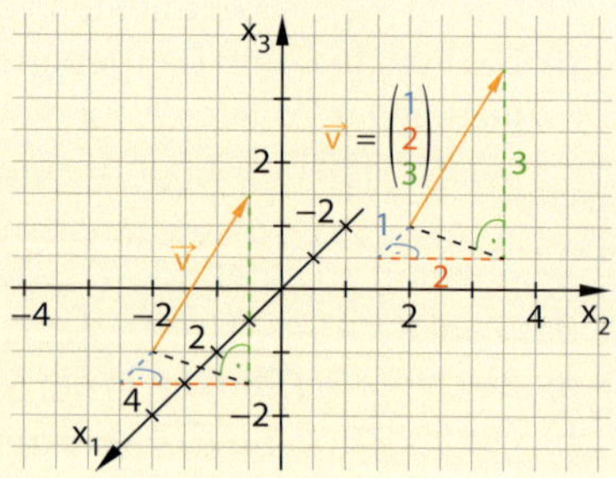

Ein besonderer Vektor ist der **Nullvektor** $\vec{0} = \begin{pmatrix} 0 \\ 0 \end{pmatrix}$ bzw. $\vec{0} = \begin{pmatrix} 0 \\ 0 \\ 0 \end{pmatrix}$. Er hat keine Richtung.

Um den Punkt P (2 | 1) zum Punkt Q (7 | 4) zu verschieben, muss man 7 − 2 = 5 Einheiten in x_1-Richtung und 4 − 1 = 3 Einheiten in x_2-Richtung gehen.

Der zugehörige Vektor $\begin{pmatrix} 5 \\ 3 \end{pmatrix}$ wird als **Verbindungsvektor** $\overrightarrow{PQ}$ bezeichnet.

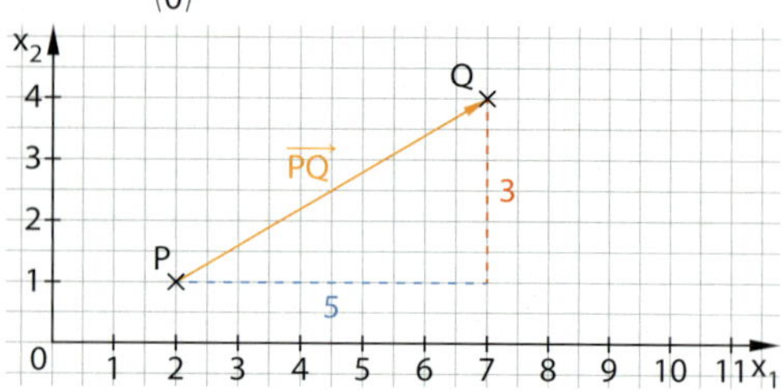

Wissen: Verbindungsvektoren und Ortsvektoren

Für den **Verbindungsvektor** von einem Punkt $P(p_1|p_2|p_3)$ zu einem Punkt $Q(q_1|q_2|q_3)$ gilt:

$$\overrightarrow{PQ} = \begin{pmatrix} q_1 - p_1 \\ q_2 - p_2 \\ q_3 - p_3 \end{pmatrix}$$

Der Verbindungsvektor $\overrightarrow{OP}$ vom Koordinatenursprung O zu einem Punkt $P(p_1|p_2|p_3)$ heißt **Ortsvektor** von P:

$$\overrightarrow{OP} = \begin{pmatrix} p_1 \\ p_2 \\ p_3 \end{pmatrix}$$

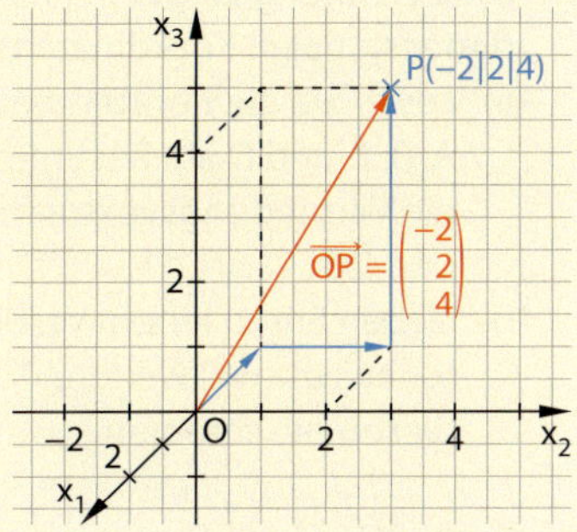

Hinweis:
Im zweidimensionalen Fall gilt entsprechend $\overrightarrow{PQ} = \begin{pmatrix} q_1 - p_1 \\ q_2 - p_2 \end{pmatrix}$ und $\overrightarrow{OP} = \begin{pmatrix} p_1 \\ p_2 \end{pmatrix}$.

Hinweis:
Die Koordinaten des Ortsvektors stimmen mit den Koordinaten des Punktes überein.

Beispiel 1: Die Punkte A, B, C, D, E, F, G und H sind die Ecken eines Quaders im dreidimensionalen Koordinatensystem.

a) Bestimmen Sie die Koordinaten der Punkte A und F und damit den Verbindungsvektor $\overrightarrow{AF}$.

b) Zeigen Sie, dass zwei weitere Ecken des Quaders denselben Verbindungsvektor haben.

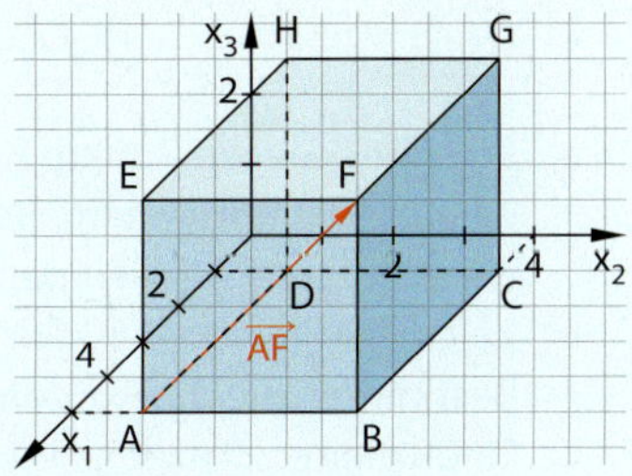

Lösung:

a) Lesen Sie die Koordinaten von A und F aus der Zeichnung ab.
Der Vektor $\overrightarrow{AF}$ zeigt von A in Richtung F.
Subtrahieren Sie die Koordinaten von A von denen von F.

A(5|1|0), F(5|4|3)

$$\overrightarrow{AF} = \begin{pmatrix} 5-5 \\ 4-1 \\ 3-0 \end{pmatrix} = \begin{pmatrix} 0 \\ 3 \\ 3 \end{pmatrix}$$

b) Wählen Sie eine Diagonale, die parallel zu $\overline{AF}$ verläuft, und bestimmen Sie den Verbindungsvektor der Eckpunkte.

D(1|1|0), G(1|4|3) $\overline{DG}$ parallel zu $\overline{AF}$

$$\overrightarrow{DG} = \begin{pmatrix} 1-1 \\ 4-1 \\ 3-0 \end{pmatrix} = \begin{pmatrix} 0 \\ 3 \\ 3 \end{pmatrix} = \overrightarrow{AF}$$

Basisaufgaben

1. Zeichnen Sie zum Vektor drei Vektorpfeile in ein Koordinatensystem. Geben Sie jeweils die Anfangs- und Endpunkte der Pfeile an.

a) $\begin{pmatrix} 2 \\ 0 \end{pmatrix}$ b) $\begin{pmatrix} 0 \\ -1 \end{pmatrix}$ c) $\begin{pmatrix} 1 \\ 2 \end{pmatrix}$ d) $\begin{pmatrix} -1 \\ -3 \end{pmatrix}$

e) $\begin{pmatrix} 1 \\ 0 \\ 0 \end{pmatrix}$ f) $\begin{pmatrix} 1 \\ 0 \\ -1 \end{pmatrix}$ g) $\begin{pmatrix} 1 \\ 3 \\ -2 \end{pmatrix}$ h) $\begin{pmatrix} -2 \\ -1 \\ 3 \end{pmatrix}$

2. Bestimmen Sie die Koordinaten des Vektors $\overrightarrow{PQ}$.

a) P(0|0), Q(5|−2) b) P(2|3), Q(7|4) c) P(8|−3|−2), Q(0|4|−2)
d) P(−1|6|−5), Q(2|−4|−6) e) P(8|−5|7), Q(0|0|0) f) P(7|3|1), Q(7|3|1)

Lösungen zu 2:

3. Ergänzen Sie die fehlenden Eckpunkte so, dass die Gleichung stimmt.

a) $\overrightarrow{AB} = \overrightarrow{E●}$ b) $\overrightarrow{AB} = \overrightarrow{●G}$
c) $\overrightarrow{FE} = \overrightarrow{C●}$ d) $\overrightarrow{H●} = \overrightarrow{GC}$
e) $\overrightarrow{EH} = \overrightarrow{A●} = \overrightarrow{●G}$ f) $\overrightarrow{DG} = \overrightarrow{A●}$
g) $\overrightarrow{HF} = \overrightarrow{●●}$ h) $\overrightarrow{●●} = \overrightarrow{AD}$

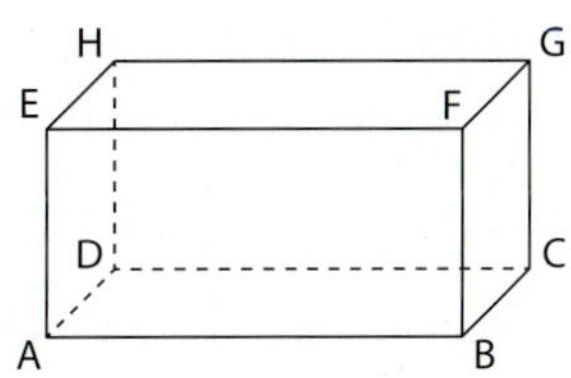

4. Die Zeichnung zeigt ein Prisma im dreidimensionalen Koordinatensystem.

a) Lesen Sie die Koordinaten der Punkte A, B, C und D ab. Bestimmen Sie damit die Verbindungsvektoren $\overrightarrow{AB}$, $\overrightarrow{AC}$, $\overrightarrow{AD}$ und $\overrightarrow{BC}$.

b) Geben Sie zu jedem Verbindungsvektor aus a) zwei weitere Punkte an, die diesen beschreiben.

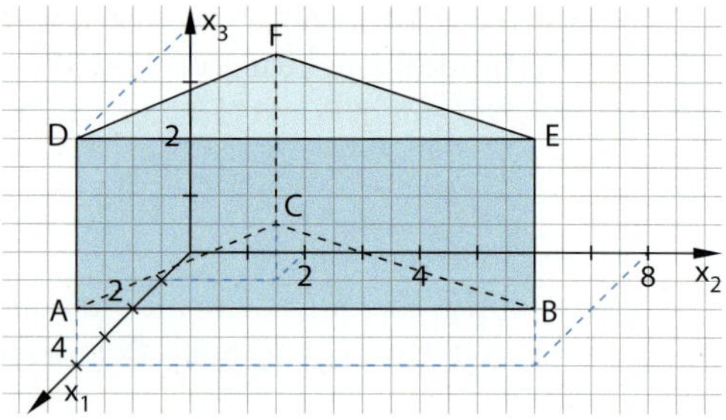

5. Es sei $\overrightarrow{PQ} = \begin{pmatrix} 4 \\ 5 \\ -2 \end{pmatrix}$. Bestimmen Sie die Koordinaten des Punktes P bzw. Q.

a) P(1 | 1 | 1) b) P(5 | 4 | 7) c) Q(2 | 3 | 2) d) P(12 | −5 | −7)
e) Q(−8 | 7 | −3) f) Q(0 | 3 | a) g) Q(x | y | z) h) P(x | y − 2 | z + 4)

6. a) Zeichnen Sie die Punkte P(4 | 1 | 0) und Q(3 | 3 | 4) und den Vektorpfeil von P nach Q in ein Koordinatensystem. Bestimmen Sie die Koordinaten von $\overrightarrow{PQ}$ und kennzeichnen Sie diese durch Hilfslinien parallel zu den Koordinatenachsen.

b) Zeichnen Sie den Punkt R(2 | −1 | 1) ein und von dort ausgehend den Vektorpfeil von $\overrightarrow{PQ}$. Bestimmen Sie die Koordinaten des Endpunktes S, für den $\overrightarrow{PQ} = \overrightarrow{RS}$ gilt.

c) Tarek meint: *„Der Vektor $\overrightarrow{PQ}$ verbindet nicht nur die Punkte P und Q, sondern auch die Punkte R und S."* Hat er Recht? Begründen Sie.

d) Svea meint: *„Während die Koordinaten eines Punktes einen Ort beschreiben, beschreiben die Koordinaten eines Vektors einen Weg."* Nehmen Sie dazu Stellung. Erläutern Sie den Unterschied zwischen einem Punkt und einem Vektor.

Betrag eines Vektors – Abstand zweier Punkte

Der **Betrag** $|\vec{v}|$ eines Vektors $\vec{v}$ bezeichnet die gemeinsame Länge seiner Pfeile.
Für den zweidimensionalen Vektor $\vec{v} = \begin{pmatrix} v_1 \\ v_2 \end{pmatrix}$ (mit zunächst positiven Koordinaten) kann diese Länge berechnet werden, indem ein Pfeil als Hypotenuse eines rechtwinkligen Dreiecks betrachtet wird. Dann ergibt sich aus dem Satz des Pythagoras: $|\vec{v}| = \sqrt{v_1^2 + v_2^2}$

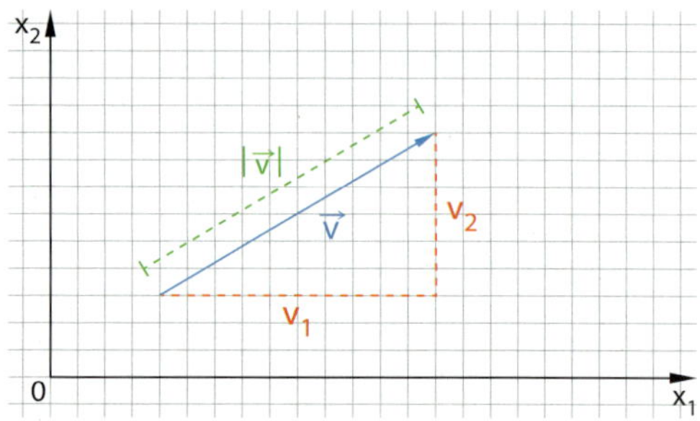

Bei einem dreidimensionalen Vektor $\vec{v} = \begin{pmatrix} v_1 \\ v_2 \\ v_3 \end{pmatrix}$ entspricht ein Pfeil der Raumdiagonale eines Quaders. Um die Länge zu ermitteln, wird der Satz des Pythagoras zweimal angewendet.

① Flächendiagonale:

$$|\vec{v_0}| = \sqrt{v_1^2 + v_2^2} \text{ mit } \vec{v_0} = \begin{pmatrix} v_1 \\ v_2 \\ 0 \end{pmatrix}$$

② Raumdiagonale:

$$|\vec{v}| = \sqrt{|\vec{v_0}|^2 + v_3^2} = \sqrt{\left(\sqrt{v_1^2 + v_2^2}\right)^2 + v_3^2}$$
$$= \sqrt{v_1^2 + v_2^2 + v_3^2}$$

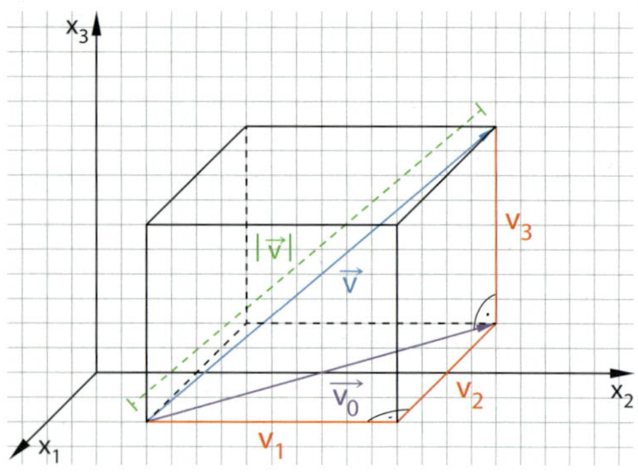

Dies gilt auch, wenn unter den Komponenten die Null oder negative Zahlen vorkommen.

Definition: Betrag eines Vektors in der Ebene oder im Raum
Der **Betrag** $|\vec{v}|$ eines Vektors $\vec{v}$ ist die Länge seiner Vektorpfeile im Koordinatensystem.

Für $\vec{v} = \begin{pmatrix} v_1 \\ v_2 \end{pmatrix}$ gilt: $|\vec{v}| = \sqrt{v_1^2 + v_2^2}$ Für $\vec{v} = \begin{pmatrix} v_1 \\ v_2 \\ v_3 \end{pmatrix}$ gilt: $|\vec{v}| = \sqrt{v_1^2 + v_2^2 + v_3^2}$

Hinweis:
Der Betrag eines Vektors wird auch als Länge des Vektors bezeichnet.

Der Nullvektor hat damit den Betrag $|\vec{0}| = \sqrt{0^2 + 0^2} = 0$ bzw. $|\vec{0}| = \sqrt{0^2 + 0^2 + 0^2} = 0$.

Beispiel 2: Betrag eines Vektors im Raum
Berechnen Sie den Betrag des Vektors $\vec{v} = \begin{pmatrix} 3 \\ 0 \\ -2 \end{pmatrix}$.

Lösung:
Berechnen Sie die Quadrate der einzelnen Koordinaten. Addieren Sie diese und ziehen Sie anschließend die Wurzel.

$$|\vec{v}| = \sqrt{3^2 + 0^2 + (-2)^2} = \sqrt{9 + 0 + 4} = \sqrt{13} \approx 3{,}61$$

Der Abstand zweier Punkte P und Q entspricht der Länge der Strecke $\overline{PQ}$ und somit dem Betrag des Verbindungsvektors $\overrightarrow{PQ}$.

Wissen: Abstand zweier Punkte im Raum
Für den **Abstand** zweier Punkte $P(p_1 | p_2 | p_3)$ und $Q(q_1 | q_2 | q_3)$ gilt:

$$|\overrightarrow{PQ}| = \left|\begin{pmatrix} q_1 - p_1 \\ q_2 - p_2 \\ q_3 - p_3 \end{pmatrix}\right| = \sqrt{(q_1 - p_1)^2 + (q_2 - p_2)^2 + (q_3 - p_3)^2}$$

Beispiel 3: Abstand zweier Punkte im Raum
Berechnen Sie den Abstand der Punkte $P(1 | -6 | -2)$ und $Q(-3 | 0 | 4)$.

Lösung:
Bestimmen Sie den Verbindungsvektor $\overrightarrow{PQ}$ und berechnen Sie dessen Betrag.
Die Punkte P und Q haben einen Abstand von etwa 9,38 LE.

$$\overrightarrow{PQ} = \begin{pmatrix} -3 - 1 \\ 0 - (-6) \\ 4 - (-2) \end{pmatrix} = \begin{pmatrix} -4 \\ 6 \\ 6 \end{pmatrix}$$

$$|\overrightarrow{PQ}| = \sqrt{(-4)^2 + 6^2 + 6^2} = \sqrt{16 + 36 + 36} = \sqrt{88} \approx 9{,}38$$

Basisaufgaben

7. Zeichnen Sie einen Vektorpfeil des Vektors $\vec{v}$ in ein Koordinatensystem und messen Sie die Länge des Pfeils. Kontrollieren Sie, indem Sie den Betrag des Vektors berechnen.
a) $\vec{v} = \begin{pmatrix} 0 \\ 4 \end{pmatrix}$ b) $\vec{v} = \begin{pmatrix} -2 \\ 0 \end{pmatrix}$ c) $\vec{v} = \begin{pmatrix} 3 \\ 4 \end{pmatrix}$ d) $\vec{v} = \begin{pmatrix} 3 \\ -4 \end{pmatrix}$ e) $\vec{v} = \begin{pmatrix} 2 \\ -5 \end{pmatrix}$

8. Berechnen Sie den Betrag des Vektors.
a) $\vec{v} = \begin{pmatrix} 4 \\ 1 \\ 8 \end{pmatrix}$ b) $\vec{v} = \begin{pmatrix} 3 \\ 0 \\ 0 \end{pmatrix}$ c) $\vec{v} = \begin{pmatrix} 2 \\ -2 \\ 0 \end{pmatrix}$ d) $\vec{v} = \begin{pmatrix} 5 \\ -2 \\ -3 \end{pmatrix}$ e) $\vec{v} = \begin{pmatrix} 10 \\ -2 \\ 5 \end{pmatrix}$
f) $\vec{v} = \begin{pmatrix} 0 \\ 0 \\ 0 \end{pmatrix}$ g) $\vec{v} = \begin{pmatrix} \frac{1}{2} \\ \frac{2}{3} \\ 0 \end{pmatrix}$ h) $\vec{v} = \begin{pmatrix} 4 \\ \sqrt{14} \\ \sqrt{19} \end{pmatrix}$ i) $\vec{v} = \begin{pmatrix} 6 \\ 8 \\ a \end{pmatrix}$ j) $\vec{v} = \begin{pmatrix} 0 \\ -b \\ b \end{pmatrix}$

9. Berechnen Sie den Abstand der Punkte P und Q.
a) $P(3 | -2 | 6)$, $Q(0 | 2 | 6)$ b) $P(4 | 1)$, $Q(-2 | -2)$ c) $P(0 | 5)$, $Q(12 | 0)$
d) $P(5 | -3 | 1)$, $Q(6 | -2 | -1)$ e) $P(3 | 9 | 2)$, $Q(0 | 0 | 0)$ f) $P(2 | 13 | 7)$, $Q(2 | 13 | 7)$

10. Bestimmen Sie die Seitenlängen des abgebildeten Dreiecks ABC.

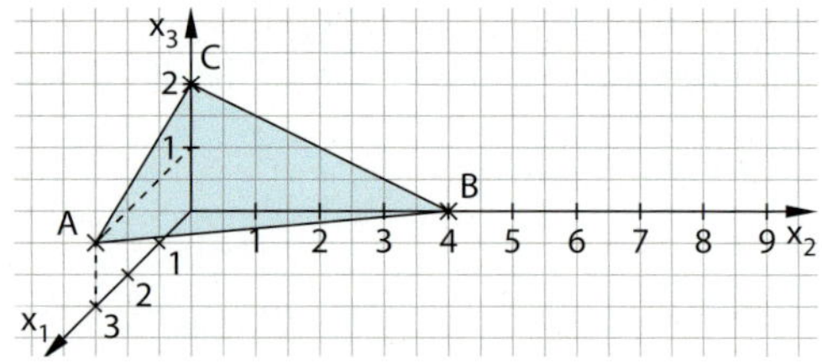

11. a) Geben Sie vier Vektoren an, die denselben Betrag haben wie $\vec{v} = \begin{pmatrix} 3 \\ 4 \end{pmatrix}$.

b) Geben Sie vier Punkte an, die zum Punkt P (0 | − 2 | 5) jeweils den Abstand 3 haben.

Weiterführende Aufgaben

Erinnerung:
Zwei Vektorpfeile, die parallel zueinander und gleich orientiert sind, haben die gleiche Richtung.

12. a) Zeichnen Sie einen Vektorpfeil des Vektors $\vec{v} = \begin{pmatrix} 2 \\ -1 \end{pmatrix}$ in ein zweidimensionales Koordinatensystem. Berechnen Sie den Betrag von $\vec{v}$.

b) Zeichnen Sie Vektorpfeile von vier Vektoren ein, die die gleiche Richtung haben wie $\vec{v}$, aber alle einen anderen Betrag.
Geben Sie die Koordinaten der Vektoren und ihren Betrag an.

c) Zeichnen Sie Vektorpfeile von vier Vektoren ein, die den gleichen Betrag haben wie $\vec{v}$, aber in unterschiedliche Richtung zeigen. Geben Sie die Koordinaten der Vektoren an.

13. Gegenvektor: Der Gegenvektor zu $\vec{v} = \begin{pmatrix} v_1 \\ v_2 \\ v_3 \end{pmatrix}$ ist $-\vec{v} = \begin{pmatrix} -v_1 \\ -v_2 \\ -v_3 \end{pmatrix}$.

a) Bestimmen Sie zu den Punkten P (6 | − 3 | 9) und Q (− 1 | − 2 | 3) die Verbindungsvektoren $\overrightarrow{PQ}$ und $\overrightarrow{QP}$. Vergleichen Sie die Beträge und Richtungen der Vektoren und erklären Sie, warum $\overrightarrow{QP}$ als Gegenvektor zu $\overrightarrow{PQ}$ bezeichnet wird.

b) Geben Sie den Gegenvektor zu $\vec{v}$ an.

① $\vec{v} = \begin{pmatrix} 10 \\ 4 \\ -6 \end{pmatrix}$ ② $\vec{v} = \begin{pmatrix} -2 \\ -11 \\ 0 \end{pmatrix}$

c) Überprüfen Sie jede Aussage an mindestens drei Beispielen.
① Für alle Punkte P und Q ist $\overrightarrow{QP}$ der Gegenvektor zu $\overrightarrow{PQ}$.
② Die Verschiebung, die der Gegenvektor beschreibt, macht die Verschiebung, die der Vektor beschreibt, rückgängig.
③ Die Vektorpfeile von Vektor und Gegenvektor sind gleich lang und parallel, haben aber eine entgegengesetzte Orientierung.

14. Stolperstelle: Leonard und Ruby berechnen den Betrag eines Vektors.

Leonard: $\left|\begin{pmatrix} 2 \\ 5 \\ -1 \end{pmatrix}\right| = \sqrt{2 + 5 - 1} = \sqrt{6}$ Ruby: $\left|\begin{pmatrix} 2 \\ 5 \\ -1 \end{pmatrix}\right| = \sqrt{2^2 + 5^2 - 1^2} = \sqrt{28}$

Nehmen Sie dazu Stellung.

15. Berechnen Sie, für welche Werte von a der Vektor den angegebenen Betrag hat.

a) $\vec{v} = \begin{pmatrix} 3a \\ a \end{pmatrix}, |\vec{v}| = 2$ b) $\vec{v} = \begin{pmatrix} a \\ 1 \\ 3 \end{pmatrix}, |\vec{v}| = \sqrt{26}$ c) $\vec{v} = \begin{pmatrix} 2a \\ 3a \\ 12 \end{pmatrix}, |\vec{v}| = 14$

16. Berechnen Sie, für welche Werte von a die beiden Punkte P (3 | − 2 | 6) und Q (2 | 2 | a) den Abstand 9 haben.

17. Zeigen Sie, dass der Betrag eines Vektors immer mindestens so groß ist wie der Betrag der betragsgrößten Koordinate. Erklären Sie, in welchen Fällen beide Werte gleich sind.

18. Beschreiben Sie die Menge aller Punkte P in der Ebene bzw. im Raum mit den angegebenen Eigenschaften.

$\overrightarrow{OP} = \begin{pmatrix} x_1 \\ x_2 \end{pmatrix}$ mit $x_1 = 2$

$\overrightarrow{OP} = \begin{pmatrix} x_1 \\ x_2 \end{pmatrix}$ mit $|\overrightarrow{OP}| = 1$

$\overrightarrow{OP} = \begin{pmatrix} x_1 \\ x_2 \end{pmatrix}$ mit $x_1 = x_2$

$\overrightarrow{OP} = \begin{pmatrix} x_1 \\ x_2 \\ x_3 \end{pmatrix}$ mit $x_2 = -3$

$\overrightarrow{OP} = \begin{pmatrix} x_1 \\ x_2 \\ x_3 \end{pmatrix}$ mit $x_1 = x_3$

$\overrightarrow{OP} = \begin{pmatrix} x_1 \\ x_2 \\ x_3 \end{pmatrix}$ mit $|\overrightarrow{OP}| = 2$

19. Die Maße des abgebildeten Hauses mit einer Dachgaube sind in Meter angegeben.

a) Zeichnen Sie das Haus in ein Koordinatensystem und geben Sie die Vektoren $\overrightarrow{EH}$, $\overrightarrow{HK}$, $\overrightarrow{MP}$ und $\overrightarrow{LT}$ an.

b) Vergleichen Sie Ihre Lösungen aus a) mir Ihrem Nachbarn. Begründen Sie, dass die Lösungen nicht von der Lage des Hauses im Koordinatensystem abhängen.

c) Berechnen Sie die Beträge der Vektoren aus Teil a).

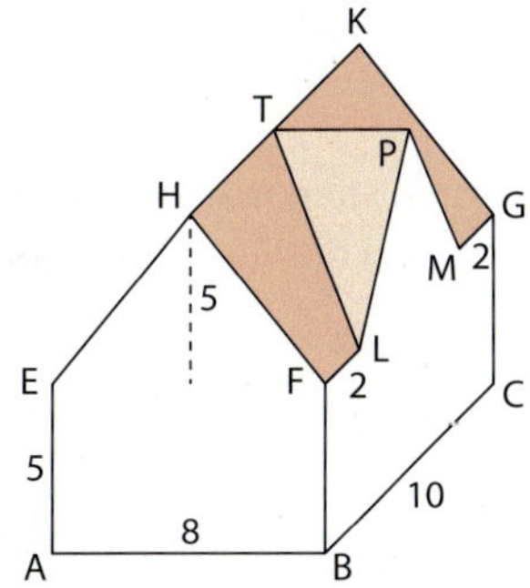

20. Untersuchen Sie, ob das Dreieck ABC gleichschenklig oder sogar gleichseitig ist.

a) A (3 | 1 | 2), B (1 | 5 | 5), C (– 2 | – 1 | 2)

b) A (5 | – 5 | 10), B (2 | – 2 | 3), C (2 | – 5 | 10)

21. Untersuchen Sie, ob das Dreieck rechtwinklig ist.

a) A (2 | 2 | 5), B (3 | – 2 | 8), C (0 | 0 | 3)

b) A (2 | 1 | – 3), B (– 4 | 0 | 6), C (5 | – 1 | – 1)

c) A (6 | 7 | – 4), B (1 | 6 | – 2), C (5 | 0 | 5)

d) A (4 | 4 | 1), B (4 | 1 | – 2), C (4 | 4 | – 5)

Hinweis zu 21:
Verwenden Sie die Umkehrung des Satzes des Pythagoras.

22. Untersuchen Sie, ob das Viereck ABCD eine Raute ist.

a) A (– 2 | 1), B (3 | 1), C (6 | 5), D (1 | 5)

b) A (1 | – 1), B (4 | 1), C (1 | 4), D (– 2 | 1)

23. Eine kleine Biene befindet sich auf dem Rückflug zu ihrem Bienenstock im Koordinatenursprung. Beim Überfliegen von Punkt P (10 | 10) entdeckt sie noch drei Blumen auf der Wiese, deren Nektar sie holen möchte.
Ermitteln Sie, in welcher Reihenfolge die Biene diese Blumen anfliegen sollte, damit ihr Weg am kürzesten ist.

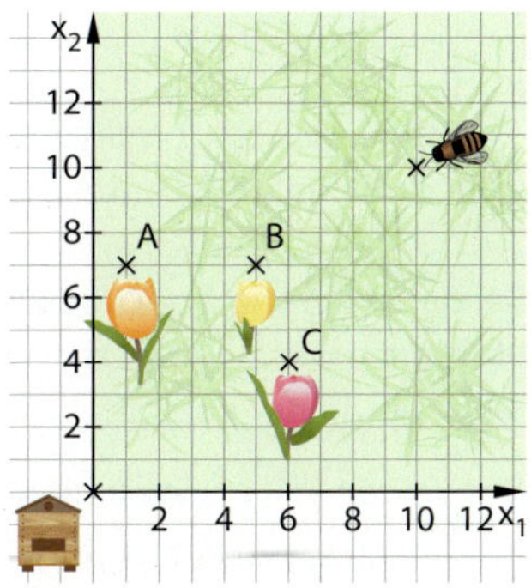

24. Ein mit Helium gefüllter Luftballon bewegt sich durch Wind und seinen Auftrieb durch die Luft. Innerhalb einer Sekunde bewegt er sich von P (0 | 0 | 7) nach Q (2 | – 1 | 9), wobei eine Längeneinheit im Koordinatensystem ein Meter ist.

a) Berechnen Sie den Betrag des Vektors $\overrightarrow{PQ}$ und geben Sie an, welche Größe dieser Betrag im Sachzusammenhang wiedergibt.

b) Bestimmen Sie, welchen Punkt der Luftballon bei gleichmäßiger Bewegung nach 2, 3, 4 bzw. 10 Sekunden erreicht.

25. Ausblick: Für natürliche Zahlen $p \geq 1$ ist die **p-Norm** eines Vektors $\vec{v} = \begin{pmatrix} v_1 \\ v_2 \\ v_3 \end{pmatrix}$ definiert durch $|\vec{v}|_p = \sqrt[p]{|v_1|^p + |v_2|^p + |v_3|^p}$.

a) Berechnen Sie die p-Norm der Vektoren $\vec{a} = \begin{pmatrix} 1 \\ 4 \\ 0 \end{pmatrix}$ und $\vec{b} = \begin{pmatrix} 2 \\ -3 \\ 1 \end{pmatrix}$ für $p = 1$, $p = 2$, $p = 3$ und $p = 10$.

b) Untersuchen Sie das Verhalten der p-Norm eines Vektors für $p \to \infty$.

5.3 Addition und Subtraktion von Vektoren

■ Der Schiffsarzt schlendert über Deck des Kreuzfahrtschiffes. Seine Bewegung entspricht den Vektoren $\vec{a} = \begin{pmatrix} 6 \\ 6 \end{pmatrix}$ gefolgt von $\vec{b} = \begin{pmatrix} -6 \\ 6 \end{pmatrix}$.

a) Drücken Sie die Bewegung des Arztes mithilfe eines einzigen Vektors aus.

b) Im gleichen Zeitraum legt das Schiff eine Strecke gemäß $\vec{s} = \begin{pmatrix} 30 \\ 30 \end{pmatrix}$ zurück. Welcher Verschiebungsvektor gibt die Positionsänderung des Arztes relativ zum Heimathafen wieder? ■

Vektoren kann man addieren. Der Vektor $\vec{a} + \vec{b}$ beschreibt die Verschiebung, die entsteht, wenn man die Verschiebungen von $\vec{a}$ und $\vec{b}$ hintereinander ausführt.

Der Vektor $\vec{a} = \begin{pmatrix} 5 \\ 1 \end{pmatrix}$ verschiebt den Punkt P(0|0) zum Punkt Q(5|1). Anschließend verschiebt der Vektor $\vec{b} = \begin{pmatrix} 3 \\ 2 \end{pmatrix}$ den Punkt Q(5|1) zum Punkt R(8|3).

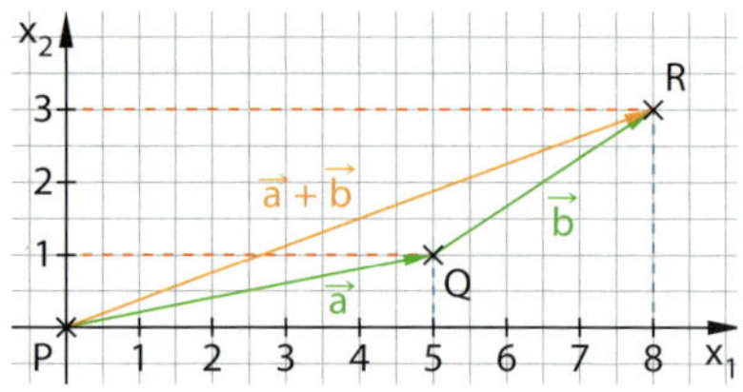

Insgesamt wird der Punkt P also zum Punkt R verschoben. Zu dieser Verschiebung gehört der Vektor

$\vec{a} + \vec{b} = \begin{pmatrix} 5+3 \\ 1+2 \end{pmatrix} = \begin{pmatrix} 8 \\ 3 \end{pmatrix}$.

Für die Verbindungsvektoren gilt: $\overrightarrow{PQ} + \overrightarrow{QR} = \overrightarrow{PR}$

Die Koordinaten des Summenvektors $\vec{a} + \vec{b}$ ergeben sich durch Addition der entsprechenden Koordinaten von $\vec{a}$ und $\vec{b}$. Dies ist auch bei dreidimensionalen Vektoren der Fall.

Wissen: Addition von Vektoren

Vektoren werden koordinatenweise addiert:

$$\begin{pmatrix} a_1 \\ a_2 \end{pmatrix} + \begin{pmatrix} b_1 \\ b_2 \end{pmatrix} = \begin{pmatrix} a_1 + b_1 \\ a_2 + b_2 \end{pmatrix}, \qquad \begin{pmatrix} a_1 \\ a_2 \\ a_3 \end{pmatrix} + \begin{pmatrix} b_1 \\ b_2 \\ b_3 \end{pmatrix} = \begin{pmatrix} a_1 + b_1 \\ a_2 + b_2 \\ a_3 + b_3 \end{pmatrix}$$

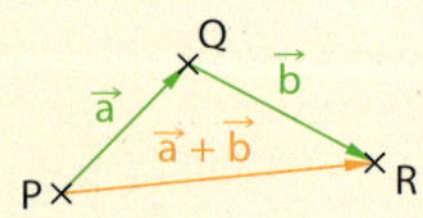

Geometrisch trägt man an die Pfeilspitze von $\vec{a}$ das Pfeilende von $\vec{b}$ an.

Für drei Punkte P, Q und R gilt die **Dreiecksregel**: $\overrightarrow{PQ} + \overrightarrow{QR} = \overrightarrow{PR}$

Erinnerung:
Der Gegenvektor zu $\vec{b} = \begin{pmatrix} b_1 \\ b_2 \\ b_3 \end{pmatrix}$ ist $-\vec{b} = \begin{pmatrix} -b_1 \\ -b_2 \\ -b_3 \end{pmatrix}$.

Bei der Differenz $\vec{a} - \vec{b}$ zweier Vektoren wird ein Pfeil des **Gegenvektors** $-\vec{b}$ von $\vec{b}$ an die Pfeilspitze von $\vec{a}$ gesetzt. Die Koordinaten des Differenzvektors $\vec{a} - \vec{b}$ ergeben sich durch Subtraktion der entsprechenden Koordinaten von $\vec{a}$ und $\vec{b}$.

Der Vektor $\vec{a} = \begin{pmatrix} 5 \\ 1 \end{pmatrix}$ verschiebt P(0|0) zum Punkt Q(5|1).
Anschließend verschiebt $-\vec{b} = \begin{pmatrix} -3 \\ -2 \end{pmatrix}$ den Punkt Q zum Punkt S(2|−1).
Die gesamte Verschiebung ergibt sich durch Addition von $-\vec{b}$ zu $\vec{a}$:

$\vec{a} - \vec{b} = \vec{a} + (-\vec{b}) = \begin{pmatrix} 5 \\ 1 \end{pmatrix} + \begin{pmatrix} -3 \\ -2 \end{pmatrix} = \begin{pmatrix} 5-3 \\ 1-2 \end{pmatrix} = \begin{pmatrix} 2 \\ -1 \end{pmatrix}$

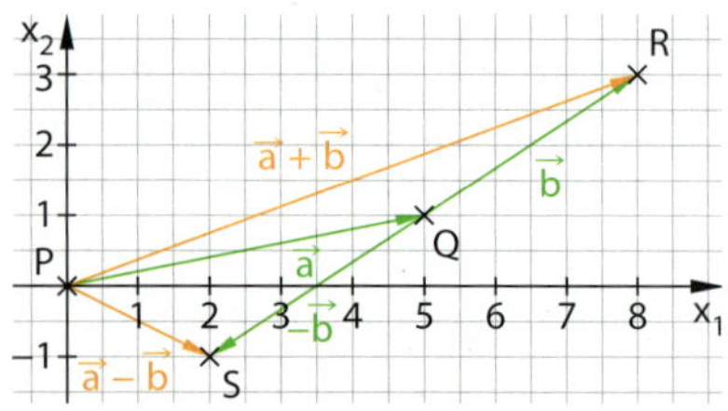

Wissen: Subtraktion von Vektoren

Vektoren werden koordinatenweise subtrahiert:

$$\begin{pmatrix} a_1 \\ a_2 \end{pmatrix} - \begin{pmatrix} b_1 \\ b_2 \end{pmatrix} = \begin{pmatrix} a_1 - b_1 \\ a_2 - b_2 \end{pmatrix}, \qquad \begin{pmatrix} a_1 \\ a_2 \\ a_3 \end{pmatrix} - \begin{pmatrix} b_1 \\ b_2 \\ b_3 \end{pmatrix} = \begin{pmatrix} a_1 - b_1 \\ a_2 - b_2 \\ a_3 - b_3 \end{pmatrix}$$

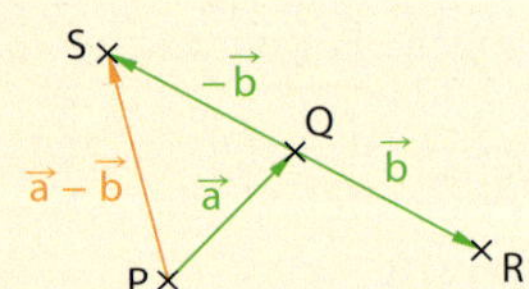

Die Subtraktion eines Vektors entspricht der Addition des Gegenvektors: $\vec{a} - \vec{b} = \vec{a} + (-\vec{b})$

Anstatt eine Verschiebung zuerst mit Vektor $\vec{a}$ und dann mit Vektor $\vec{b}$ vorzunehmen, kann man auch umgekehrt vorgehen, ohne dass sich die Gesamtverschiebung ändert.

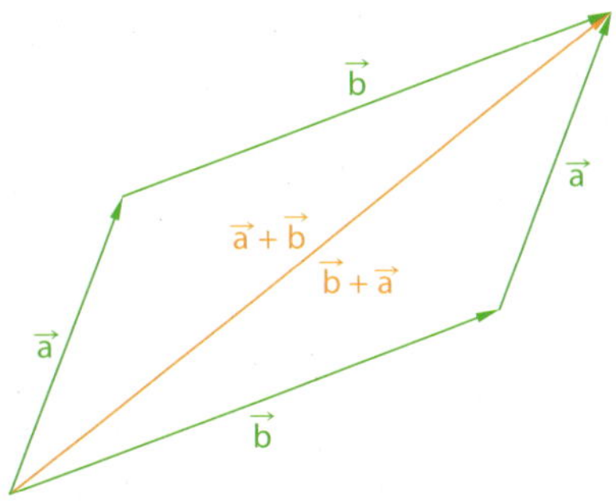

Für Vektoren gilt damit das Kommutativgesetz:
$\vec{a}+\vec{b}=\vec{b}+\vec{a}$

Dies kann man auch rechnerisch zeigen:
$\begin{pmatrix}a_1\\a_2\\a_3\end{pmatrix}+\begin{pmatrix}b_1\\b_2\\b_3\end{pmatrix}=\begin{pmatrix}a_1+b_1\\a_2+b_2\\a_3+b_3\end{pmatrix}=\begin{pmatrix}b_1+a_1\\b_2+a_2\\b_3+a_3\end{pmatrix}=\begin{pmatrix}b_1\\b_2\\b_3\end{pmatrix}+\begin{pmatrix}a_1\\a_2\\a_3\end{pmatrix}$

Man führt das Kommutativgesetz für Vektoren also auf jenes für reelle Zahlen zurück. Ähnlich kann man auch bei anderen Rechengesetzen vorgehen.

Wissen: Rechenregeln
Für zwei- oder dreidimensionale Vektoren gelten die folgenden Regeln.

Kommutativgesetz: $\vec{a}+\vec{b}=\vec{b}+\vec{a}$ **Assoziativgesetz:** $(\vec{a}+\vec{b})+\vec{c}=\vec{a}+(\vec{b}+\vec{c})$

Hinweis:
$\vec{a}+\vec{0}=\vec{a}$
$\vec{0}+\vec{a}=\vec{a}$
$\vec{a}-\vec{0}=\vec{a}$
$\vec{0}-\vec{a}=-\vec{a}$
$\vec{a}-\vec{a}=\vec{0}$

Beispiel 1: Gegeben sind die Vektoren $\vec{a}=\begin{pmatrix}3\\5\\-1\end{pmatrix}$, $\vec{b}=\begin{pmatrix}-2\\10\\-6\end{pmatrix}$ und $\vec{c}=\begin{pmatrix}-1\\0\\7\end{pmatrix}$. Berechnen Sie

a) $\vec{a}+\vec{b}$, b) $\vec{b}-\vec{c}$, c) $\vec{a}-\vec{b}+\vec{c}$.

Lösung:

a) Addieren Sie die Koordinaten der Vektoren $\vec{a}$ und $\vec{b}$.
$\vec{a}+\vec{b}=\begin{pmatrix}3\\5\\-1\end{pmatrix}+\begin{pmatrix}-2\\10\\-6\end{pmatrix}=\begin{pmatrix}3+(-2)\\5+10\\-1+(-6)\end{pmatrix}=\begin{pmatrix}1\\15\\-7\end{pmatrix}$

b) Subtrahieren Sie die Koordinaten des Vektors $\vec{c}$ von denen des Vektors $\vec{b}$.
$\vec{b}-\vec{c}=\begin{pmatrix}-2\\10\\-6\end{pmatrix}-\begin{pmatrix}-1\\0\\7\end{pmatrix}=\begin{pmatrix}-2-(-1)\\10-0\\-6-7\end{pmatrix}=\begin{pmatrix}-1\\10\\-13\end{pmatrix}$

c) Rechnen Sie auch bei mehr als zwei Vektoren koordinatenweise.
$\vec{a}-\vec{b}+\vec{c}=\begin{pmatrix}3-(-2)-1\\5-10+0\\-1-(-6)+7\end{pmatrix}=\begin{pmatrix}4\\-5\\12\end{pmatrix}$

Beispiel 2: Die Vektoren $\vec{a}$, $\vec{b}$ und $\vec{c}$ spannen ausgehend vom Punkt A einen sogenannten Spat auf, der von Parallelogrammen begrenzt wird.

a) Drücken Sie die Vektoren $\overrightarrow{AC}$ und $\overrightarrow{HB}$ durch die Vektoren $\vec{a}$, $\vec{b}$ und $\vec{c}$ aus.
b) Drücken Sie $\vec{c}-\vec{b}+\vec{a}$ als Verbindungsvektor zweier Eckpunkte aus.

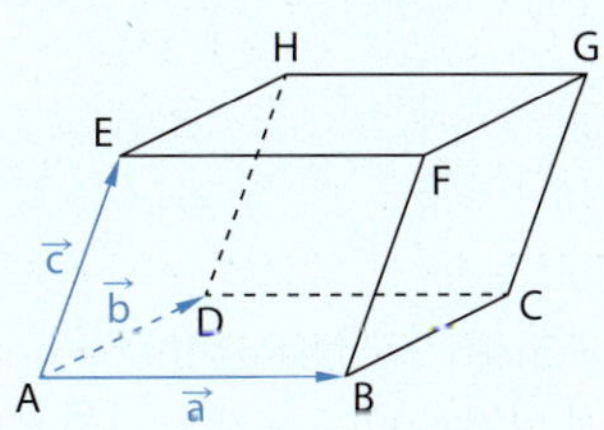

Lösung:

a) Suchen Sie einen Weg von A bis C bzw. von H bis B entlang der Kanten des Spats. Berücksichtigen Sie, dass Sie die gekennzeichneten Pfeile von $\vec{a}$, $\vec{b}$, $\vec{c}$ zu den parallelen Kanten verschieben können.

$\overrightarrow{AC}=\overrightarrow{AB}+\overrightarrow{BC}=\vec{a}+\vec{b}$
$\overrightarrow{HB}=\overrightarrow{HG}+\overrightarrow{GF}+\overrightarrow{FB}$
$=\overrightarrow{HG}-\overrightarrow{FG}-\overrightarrow{BF}$
$=\vec{a}-\vec{b}-\vec{c}$

Hinweis:
Wenn Sie gegen die Pfeilrichtung gehen, müssen Sie den Vektor subtrahieren.

b) Wählen Sie einen geeigneten Startpunkt, in diesem Fall D. Gehen Sie von dort aus nacheinander entlang der Vektoren $\vec{c}$, $-\vec{b}$ und $\vec{a}$. So gelangen Sie zu den Punkten H, E und schließlich zu F.

$\vec{c}-\vec{b}+\vec{a}=\overrightarrow{DH}+\overrightarrow{HE}+\overrightarrow{EF}$
$=\overrightarrow{DF}$

Basisaufgaben

Lösungen zu 1:

−1 4 11
9 −8
8 2,2
4,3 −18,3
−27 17

1. Berechnen Sie.

a) $\begin{pmatrix} 2 \\ 3 \\ 6 \end{pmatrix} + \begin{pmatrix} -3 \\ 1 \\ 5 \end{pmatrix}$ b) $\begin{pmatrix} 0 \\ -12 \\ -7 \end{pmatrix} + \begin{pmatrix} 9 \\ 4 \\ 15 \end{pmatrix}$ c) $\begin{pmatrix} 3{,}7 \\ 4 \\ -6{,}2 \end{pmatrix} + \begin{pmatrix} -1{,}5 \\ 0{,}3 \\ -12{,}1 \end{pmatrix}$ d) $\begin{pmatrix} -8 \\ 26 \end{pmatrix} + \begin{pmatrix} -19 \\ -9 \end{pmatrix}$

2. Berechnen Sie, indem Sie ① koordinatenweises subtrahieren bzw. ② den Gegenvektor des zweiten Vektors (Subtrahend) zum ersten Vektor (Minuend) addieren.

a) $\begin{pmatrix} 7 \\ 3 \\ -4 \end{pmatrix} - \begin{pmatrix} 2 \\ 4 \\ 8 \end{pmatrix}$ b) $\begin{pmatrix} -4 \\ -11 \\ 3 \end{pmatrix} - \begin{pmatrix} -8 \\ 5 \\ -10 \end{pmatrix}$ c) $\begin{pmatrix} 24 \\ 37 \\ -35 \end{pmatrix} - \begin{pmatrix} 24 \\ 18 \\ -44 \end{pmatrix}$ d) $\begin{pmatrix} 0 \\ -2 \end{pmatrix} - \begin{pmatrix} -3 \\ 4 \end{pmatrix}$

3. Zeichnen Sie einen Vektorpfeil von $\vec{a}$ in ein Koordinatensystem. Tragen Sie an die Pfeilspitze von $\vec{a}$ das Ende des Vektorpfeils von $\vec{b}$ und von $-\vec{b}$ an. Zeichnen Sie Vektorpfeile von $\vec{a} + \vec{b}$ und $\vec{a} - \vec{b}$ ein und lesen Sie ihre Koordinaten ab. Kontrollieren Sie, indem Sie $\vec{a} + \vec{b}$ und $\vec{a} - \vec{b}$ berechnen.

a) $\vec{a} = \begin{pmatrix} 2 \\ -4 \end{pmatrix}, \vec{b} = \begin{pmatrix} 0 \\ 3 \end{pmatrix}$ b) $\vec{a} = \begin{pmatrix} 5 \\ 2 \end{pmatrix}, \vec{b} = \begin{pmatrix} -4 \\ 2 \end{pmatrix}$

4. Gegeben ist das regelmäßige Sechseck ABCDEF.

a) Drücken Sie die Summe $\vec{a} + \vec{b} + \vec{a}$ als Verbindungsvektor zweier Eckpunkte aus.

b) Drücken Sie die Vektoren $\overrightarrow{CD}$, $\overrightarrow{DE}$, $\overrightarrow{AC}$, $\overrightarrow{BE}$, $\overrightarrow{CF}$ und $\overrightarrow{AD}$ mithilfe von $\vec{a}$ und $\vec{b}$ aus.

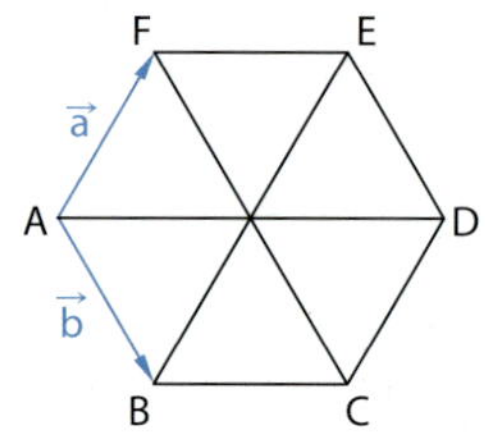

5. Die Zeichnung zeigt einen aus zwei Würfeln zusammengesetzten Quader.
Drücken Sie die Vektoren $\overrightarrow{OE}$, $\overrightarrow{AC}$, $\overrightarrow{DH}$, $\overrightarrow{EB}$ und $\overrightarrow{BD}$ durch die drei Vektoren $\vec{a}$, $\vec{b}$ und $\vec{c}$ aus. Verwenden Sie hierzu auch Summen und Gegenvektoren.

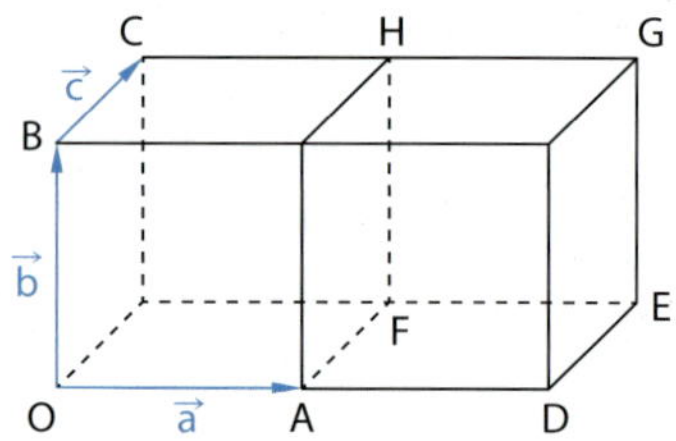

6. Die Vektoren $\vec{a} = \begin{pmatrix} 4 \\ -1 \\ 3 \end{pmatrix}$, $\vec{b} = \begin{pmatrix} -8 \\ 3 \\ 0 \end{pmatrix}$ und $\vec{c} = \begin{pmatrix} 2 \\ -6 \\ 7 \end{pmatrix}$ sind gegeben. Berechnen Sie.

a) $\vec{a} + \vec{b}$ b) $\vec{b} - \vec{a}$ c) $\vec{a} + \vec{a}$
d) $0 - \vec{c}$ e) $\vec{c} - \vec{b} - \vec{a}$ f) $\vec{b} + \vec{c} + \vec{b} - \vec{a}$

7. Führen Sie die Rechnung geometrisch im Heft aus und zeichnen Sie einen Vektorpfeil des Ergebnisvektors. Überprüfen Sie die Koordinaten des Ergebnisvektors rechnerisch.

a) $\vec{a} + \vec{b}$ b) $\vec{b} + \vec{a}$ c) $\vec{a} - \vec{b}$
d) $\vec{b} - \vec{a}$ e) $\vec{a} + \vec{a} - \vec{b}$ f) $(\vec{a} + \vec{b}) + \vec{c}$
g) $\vec{a} + (\vec{b} + \vec{c})$ h) $\vec{b} - \vec{c} + \vec{a}$ i) $\vec{b} - (\vec{c} + \vec{a})$

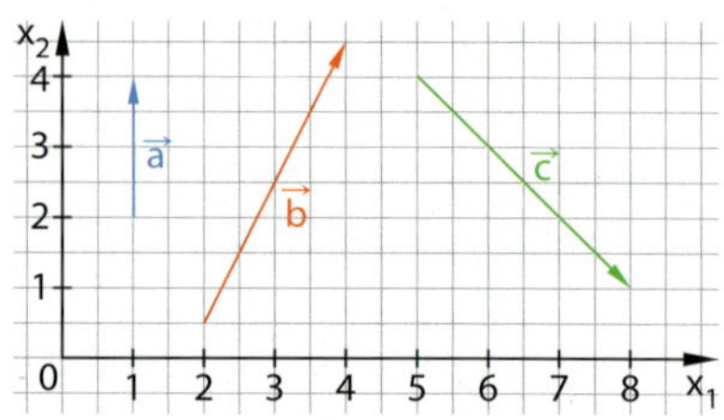

8. Ordnen Sie jeder Rechnung das richtige Ergebnis auf den Kärtchen zu.

a) $\vec{a} + \vec{0}$ b) $\vec{0} + \vec{a}$ c) $\vec{a} - \vec{0}$
d) $\vec{0} - \vec{a}$ e) $\vec{a} + (-\vec{a})$ f) $\vec{a} - \vec{a}$
g) $|\vec{0}|$ h) $|-\vec{a} + \vec{a}|$ i) $\vec{0} - (-\vec{a})$

Kärtchen: 0 $\vec{a}$ $\vec{0}$ $-\vec{a}$

9. a) Zeigen Sie mithilfe der Dreiecksregel, dass sich der Verbindungvektor zweier Punkte P und Q mithilfe der Ortsvektoren berechnen lässt: $\overrightarrow{PQ} = -\overrightarrow{OP} + \overrightarrow{OQ}$
Fertigen Sie dazu eine Skizze an.

b) Setzen Sie in die Gleichung von a) die Koordinaten der Ortsvektoren von $P(p_1 \mid p_2 \mid p_3)$ und $Q(q_1 \mid q_2 \mid q_3)$ ein und zeigen Sie, dass sich die aus Abschnitt 5.2 bekannte Formel
$\overrightarrow{PQ} = \begin{pmatrix} q_1 - p_1 \\ q_2 - p_2 \\ q_3 - p_3 \end{pmatrix}$ ergibt.

10. Vereinfachen Sie so, dass das Ergebnis aus einem einzigen Vektor besteht.
Beispiel: $\overrightarrow{CA} - \overrightarrow{BA} = \overrightarrow{CA} + \overrightarrow{AB} = \overrightarrow{CB}$

a) $\overrightarrow{BC} + \overrightarrow{CA}$ b) $\overrightarrow{PQ} - \overrightarrow{RQ}$ c) $\overrightarrow{TS} + \overrightarrow{ST}$ d) $\overrightarrow{DC} + \overrightarrow{CB} + \overrightarrow{BA}$
e) $\overrightarrow{FG} + \overrightarrow{HI} + \overrightarrow{GH}$ f) $-\overrightarrow{PR} + \overrightarrow{ST} + \overrightarrow{PS}$ g) $\overrightarrow{KN} - \overrightarrow{KM} + \overrightarrow{LM}$ h) $\overrightarrow{UV} + \overrightarrow{WU} + \overrightarrow{VW}$

Hinweis zu 10:
Für alle Punkte P gilt:
$\overrightarrow{PP} = \vec{0}$ und $-\overrightarrow{PQ} = \overrightarrow{QP}$

Weiterführende Aufgaben

11. Die Zeichnung veranschaulicht die Addition dreier Vektoren.

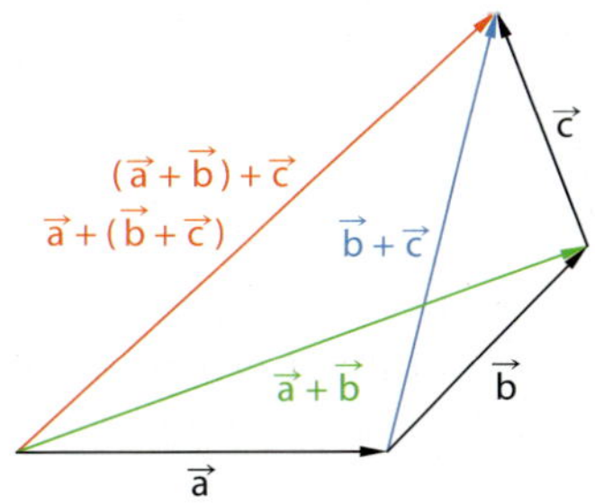

a) Formulieren Sie das Assoziativgesetz mit den Vektoren
$\vec{a} = \begin{pmatrix} 2 \\ -1 \\ 3 \end{pmatrix}, \vec{b} = \begin{pmatrix} -4 \\ 3 \\ 0 \end{pmatrix}$ und $\vec{c} = \begin{pmatrix} 3 \\ -2 \\ 8 \end{pmatrix}$.
Kontrollieren Sie die Gültigkeit durch eine Rechnung.

b) Erläutern Sie die allgemeine Gültigkeit des Assoziativgesetzes anhand der Zeichnung.

c) Begründen Sie das Gesetz rechnerisch, indem Sie die Vektoren mit allgemeinen Koordinaten schreiben.

12. **Stolperstelle:** Nehmen Sie Stellung zu den Aussagen der Schüler. Erläutern Sie Fehler und Fehlvorstellungen.
Lea: *„Wenn $\vec{a}$ den Betrag 3 und $\vec{b}$ den Betrag 4 hat, dann hat $\vec{a} + \vec{b}$ den Betrag 7."*
Tim: *„Nein, $\vec{a} + b$ muss den Betrag 5 haben, wegen des Satzes des Pythagoras."*
Tatjana: *„Man weiß nicht, welchen Betrag $\vec{a} + \vec{b}$ hat, aber er kann nicht größer als 7 sein."*
Niels: *„Und er muss mindestens 1 sein."*

13. **Dreiecksungleichung:** Für Vektoren gilt die **Dreiecksungleichung**: $|\vec{a} + \vec{b}| \leq |\vec{a}| + |\vec{b}|$

a) Überprüfen Sie die Ungleichung mit den Vektoren $\begin{pmatrix} 3 \\ 4 \\ 0 \end{pmatrix}$ und $\begin{pmatrix} 8 \\ 0 \\ -6 \end{pmatrix}$.

b) Begründen Sie die Ungleichung anschaulich.

c) Geben Sie Beispiele für Vektoren $\vec{a}$ und $\vec{b}$ an, für die gilt: $|\vec{a} + \vec{b}| = |\vec{a}| + |\vec{b}|$
Erklären Sie, was $\vec{a}$ und $\vec{b}$ allgemein erfüllen müssen, damit diese Gleichung gilt.

14. Die Vektoren $\vec{a}$, $\vec{b}$ und $\vec{c}$ legen eine quadratische Pyramide fest. Schreiben Sie die Vektoren $\vec{d}$, $\vec{e}$, $\vec{f}$, $\vec{k}$ und $\vec{h}$ als Summen oder Differenzen von $\vec{a}$, $\vec{b}$, $\vec{c}$.

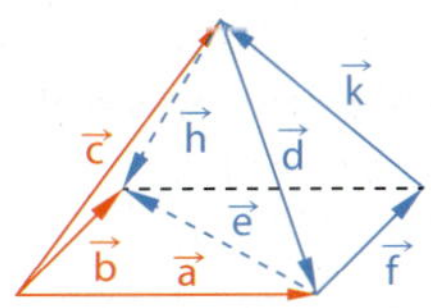

15. Bestimmen Sie den Vektor $\vec{x}$.

a) $\begin{pmatrix} -3 \\ 13 \\ -7 \end{pmatrix} + \vec{x} = \begin{pmatrix} 0 \\ 8 \\ -5 \end{pmatrix}$ b) $\begin{pmatrix} 4 \\ -1 \\ 10 \end{pmatrix} - \vec{x} = \begin{pmatrix} -2 \\ -4 \\ 3 \end{pmatrix}$ c) $\begin{pmatrix} 2 \\ -15 \\ 8 \end{pmatrix} + \begin{pmatrix} 9 \\ 3 \\ -1 \end{pmatrix} = \vec{x} - \begin{pmatrix} 4 \\ 11 \\ 12 \end{pmatrix}$

16. Bestimmen Sie die unbekannten Koordinaten.

a) $\begin{pmatrix} a \\ 3 \\ 1 \end{pmatrix} + \begin{pmatrix} 6 \\ -5 \\ c \end{pmatrix} = \begin{pmatrix} 6 \\ b \\ -4 \end{pmatrix}$ b) $\begin{pmatrix} 3 \\ 0 \\ z \end{pmatrix} - \begin{pmatrix} x \\ -7 \\ 2 \end{pmatrix} = \begin{pmatrix} 4 \\ y \\ 8 \end{pmatrix}$ c) $\begin{pmatrix} 3 \\ s \\ -3 \end{pmatrix} + \begin{pmatrix} 20 \\ 14 \\ -9 \end{pmatrix} = \begin{pmatrix} r \\ 11 \\ 6 \end{pmatrix} - \begin{pmatrix} 16 \\ 6 \\ t \end{pmatrix}$

17. Wenn sich die Diagonalen eines Vierecks halbieren, dann ist es ein Parallelogramm.

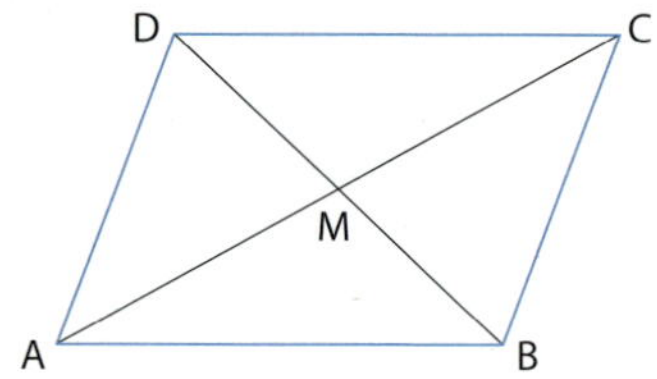

a) Beweisen Sie die Aussage mithilfe der Abbildung, indem Sie zeigen, dass gegenüberliegende Seiten durch den gleichen Vektor beschrieben werden.

b) Zeigen Sie, dass die Bedingung $\overrightarrow{AB} = \overrightarrow{DC}$ ebenfalls hinreichend dafür ist, dass ein Viereck ABCD ein Parallelogramm ist.

18. Ein Viereck ist genau dann eine Raute, wenn seine Diagonalen sich gegenseitig halbieren und senkrecht aufeinander stehen.

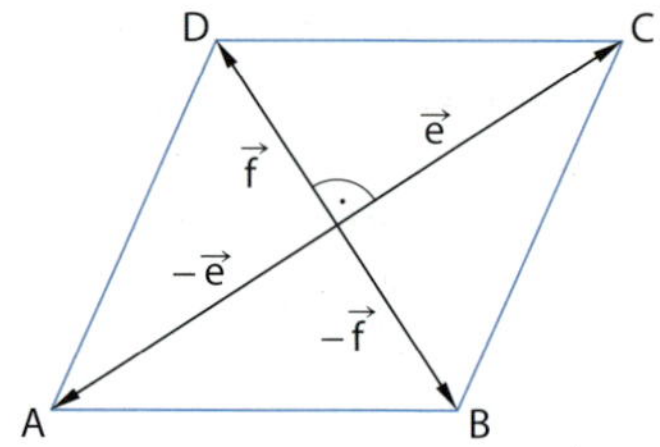

Hinweis zu 18a:
Zeigen Sie mithilfe der Vektoraddition, dass $\overrightarrow{AB} = \overrightarrow{DC}$ und $|\overrightarrow{AB}| = |\overrightarrow{AD}|$ gelten.

a) Nutzen Sie dies, um zu zeigen, dass die Vektoren $\vec{e} = \begin{pmatrix} -3 \\ 1 \\ 4 \end{pmatrix}$ und $\vec{f} = \begin{pmatrix} 1 \\ -1 \\ 1 \end{pmatrix}$ senkrecht aufeinander stehen.

b) Beschreiben Sie allgemein, wie man prüfen kann, ob zwei Vektoren senkrecht aufeinander stehen.

19. Eine Kraft wird durch ihren Betrag und ihre Richtung festgelegt. Daher werden Kräfte durch Vektoren dargestellt. Wirken zwei Kräfte auf einen Körper in unterschiedliche Richtungen, so ist die auf den Körper wirkende Gesamtkraft gleich der Summe der einzelnen Kraftvektoren. Ein aufgehängter Meisenknödel erfährt eine Schwerkraft $\vec{F}_G$ von 1 N. Durch einen anhaltenden Wind wird auf ihn eine Kraft $\vec{F}_W$ von 0,28 N in waagerechte Richtung ausgeübt.

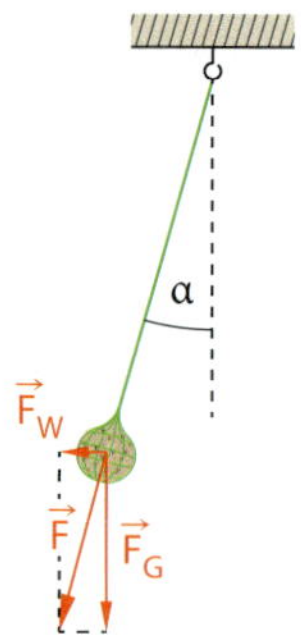

Hinweis zu 19b:
$\tan(\alpha) = \frac{\text{Gegenkathete}}{\text{Ankathete}}$

a) Berechnen Sie die Größe der Gesamtkraft $\vec{F}$.

b) Berechnen Sie den Auslenkungswinkel des Fadens, an dem der Knödel aufgehängt ist.

20. Ein Flugzeug wird so gesteuert, dass es bei Windstille pro Stunde den durch $\vec{v} = \begin{pmatrix} -21 \\ 14 \\ 1{,}5 \end{pmatrix}$ beschriebenen Weg zurücklegen würde. Es bewegt sich in einer konstanten Luftströmung, die durch den Vektor $\vec{w} = \begin{pmatrix} 3 \\ 6 \\ 0 \end{pmatrix}$ ausgedrückt wird.

a) Berechnen Sie den effektiven Weg des Flugzeugs in einer Stunde.

b) Prüfen Sie, ob der Betrag seiner Geschwindigkeit über dem Erdboden durch die Luftströmung vergrößert wird.

c) Bestimmen Sie, wie das Flugzeug gesteuert werden muss, wenn es bei gleicher Luftströmung $\vec{w}$ pro Stunde über dem Erdboden den Weg $\vec{s} = \begin{pmatrix} 6 \\ -3 \\ 0 \end{pmatrix}$ zurücklegen soll.

21. Ausblick: Man kann ganzrationale Funktionen vom Grad ≤ 3 auch in Form von Vektoren darstellen. Dafür setzen wir f mit $f(x) = ax^3 + bx^2 + cx + d$ mit $\begin{pmatrix} a \\ b \\ c \\ d \end{pmatrix}$ gleich.

a) Notieren Sie $\begin{pmatrix} -2 \\ 1 \\ 4 \\ -3 \end{pmatrix}, \begin{pmatrix} 0 \\ 6 \\ 2 \\ -3 \end{pmatrix}, \begin{pmatrix} 2 \\ 0 \\ 0 \\ 4 \end{pmatrix}, \begin{pmatrix} 0 \\ 0 \\ 1 \\ 0 \end{pmatrix}$ als Funktionen.

b) Notieren Sie $f_1(x) = -3x^3 + 5x^2 + 4x - 7$, $f_2(x) = 5x^2 - 4$, $f_3(x) = -3x$ und $f_4(x) = 0$ in Vektorschreibweise. Berechnen Sie damit $f_1 + f_2$, $f_1 - f_2$ und $f_2 + f_3$.

c) Die Menge der ganzrationalen Funktionen vom Grad ≤ 3 (einschließlich der Nullfunktion) ist gegenüber der Addition abgeschlossen. Erläutern Sie, was das bedeutet.

d) Zeigen Sie, dass die Menge der ganzrationalen Funktionen vom Grad 3 gegenüber der Addition *nicht* abgeschlossen ist.

5.4 Vielfache von Vektoren

■ Ein Flugzeug hebt beim Start genau am Koordinatenursprung ab und befindet sich nach einer Sekunde am Punkt mit dem Ortsvektor $\overrightarrow{P_1} = \begin{pmatrix} 35 \\ -45 \\ 21 \end{pmatrix}$.
Bestimmen Sie, welchen Ortsvektor das Flugzeug bei gleichbleibender Bewegung nach jeweils 2, 3, 5 und 10 Sekunden hat. ■

Die mehrfache Addition desselben Vektors lässt sich (wie bei reellen Zahlen) einfacher durch eine Multiplikation beschreiben.
Für $\vec{a} + \vec{a} + \vec{a}$ schreibt man beispielsweise $3 \cdot \vec{a}$.
Der Vektor $3 \cdot \vec{a}$ hat die dreifache Länge von $\vec{a}$ und die gleiche Richtung.

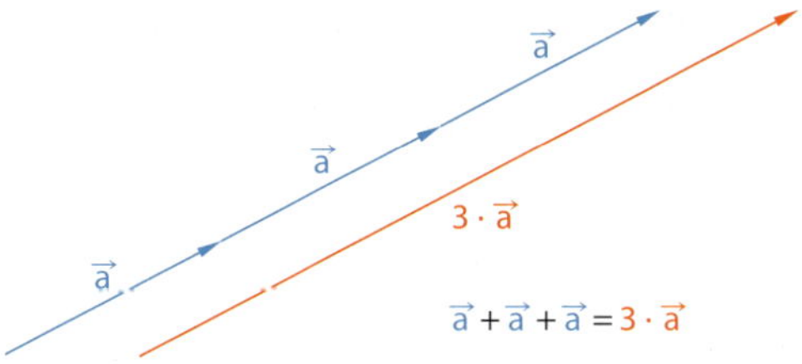

Für $\vec{a} = \begin{pmatrix} a_1 \\ a_2 \\ a_3 \end{pmatrix}$ gilt: $3 \cdot \begin{pmatrix} a_1 \\ a_2 \\ a_3 \end{pmatrix} = \begin{pmatrix} a_1 \\ a_2 \\ a_3 \end{pmatrix} + \begin{pmatrix} a_1 \\ a_2 \\ a_3 \end{pmatrix} + \begin{pmatrix} a_1 \\ a_2 \\ a_3 \end{pmatrix} = \begin{pmatrix} a_1 + a_1 + a_1 \\ a_2 + a_2 + a_2 \\ a_3 + a_3 + a_3 \end{pmatrix} = \begin{pmatrix} 3a_1 \\ 3a_2 \\ 3a_3 \end{pmatrix}$

Wissen: Multiplikation eines Vektors mit einer reellen Zahl
Bei der Multiplikation eines Vektors $\vec{a}$ mit einer reellen Zahl r wird jede Koordinate des Vektors mit der Zahl r multipliziert:
$r \cdot \begin{pmatrix} a_1 \\ a_2 \end{pmatrix} = \begin{pmatrix} r \cdot a_1 \\ r \cdot a_2 \end{pmatrix}$, $r \cdot \begin{pmatrix} a_1 \\ a_2 \\ a_3 \end{pmatrix} = \begin{pmatrix} r \cdot a_1 \\ r \cdot a_2 \\ r \cdot a_3 \end{pmatrix}$

Hinweis:
Der Malpunkt hat hier zwei verschiedene Bedeutungen:
$r \cdot a_1$: Multiplikation zweier Zahlen.
$r \cdot \vec{a}$: Multiplikation einer Zahl (Skalar) mit einem Vektor. Man spricht auch von **skalarer Multiplikation**.

Bei der Multiplikation eines Vektors $\vec{a} \neq \vec{0}$ mit einer positiven Zahl r ergibt sich ein Vektor mit r-facher Länge und gleicher Richtung.
Ist r negativ, so erhält man einen Vektor mit $|r|$-facher Länge und entgegengesetzter Richtung, d. h., die Vektorpfeile sind zueinander parallel, aber mit entgegengesetzter Orientierung.
$(-1) \cdot \vec{a}$ ergibt den Gegenvektor $-\vec{a}$.

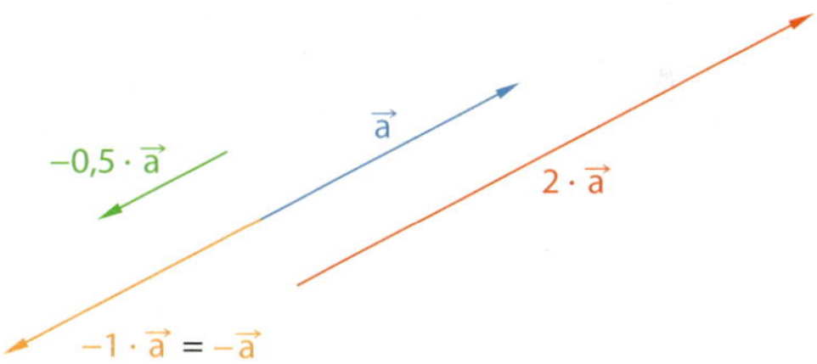

Beim Rechnen mit reellen Zahlen gilt neben dem Kommutativ- und dem Assoziativgesetz auch das Distributivgesetz: $(a + b)c = ac + bc$
Entsprechend gilt in der Vektorrechnung $(r + s) \cdot \vec{a} = r \cdot \vec{a} + s \cdot \vec{a}$, denn:

$$(r + s) \cdot \begin{pmatrix} a_1 \\ a_2 \\ a_3 \end{pmatrix} = \begin{pmatrix} (r + s)a_1 \\ (r + s)a_2 \\ (r + s)a_3 \end{pmatrix} = \begin{pmatrix} ra_1 + sa_1 \\ ra_2 + sa_2 \\ ra_3 + sa_3 \end{pmatrix} = \begin{pmatrix} ra_1 \\ ra_2 \\ ra_3 \end{pmatrix} + \begin{pmatrix} sa_1 \\ sa_2 \\ sa_3 \end{pmatrix} = r \cdot \begin{pmatrix} a_1 \\ a_2 \\ a_3 \end{pmatrix} + s \cdot \begin{pmatrix} a_1 \\ a_2 \\ a_3 \end{pmatrix}$$

Wissen: Rechenregeln
Sind $\vec{a}, \vec{b}$ Vektoren und r, s reelle Zahlen, so gelten die Rechenregeln:
① $(r + s) \cdot \vec{a} = r \cdot \vec{a} + s \cdot \vec{a}$, $r \cdot (\vec{a} + \vec{b}) = r \cdot \vec{a} + r \cdot \vec{b}$ (Distributivgesetze)
② $r \cdot (s \cdot \vec{a}) = s \cdot (r \cdot \vec{a}) = (r \cdot s) \cdot \vec{a}$
③ $1 \cdot \vec{a} = \vec{a}$, $(-1) \cdot \vec{a} = -\vec{a}$, $0 \cdot \vec{a} = \vec{0}$, $r \cdot \vec{0} = \vec{0}$
④ $|r \cdot \vec{a}| = |r| \cdot |\vec{a}|$

Hinweis:
Der Malpunkt zwischen Zahl und Vektor kann weggelassen werden.

Beispiel 1: Gegeben ist der Vektor $\vec{a} = \begin{pmatrix} 3 \\ 1{,}5 \\ -6 \end{pmatrix}$.

a) Berechnen Sie $(-2) \cdot \vec{a}$.

b) Bestimmen Sie $\vec{x}$ so, dass $3\vec{x} = 2\vec{a}$ gilt.

Lösung:

a) Multiplizieren Sie jede Koordinate des Vektors mit dem Faktor −2.

$$(-2) \cdot \begin{pmatrix} 3 \\ 1{,}5 \\ -6 \end{pmatrix} = \begin{pmatrix} -2 \cdot 3 \\ -2 \cdot 1{,}5 \\ -2 \cdot (-6) \end{pmatrix} = \begin{pmatrix} -6 \\ -3 \\ 12 \end{pmatrix}$$

b) Multiplizieren Sie die Gleichung mit $\frac{1}{3}$, um den Vektor $\vec{x}$ zu isolieren.

$$3\vec{x} = 2\vec{a} \quad | \cdot \tfrac{1}{3}$$

Multiplizieren Sie $\frac{2}{3}$ mit dem Vektor $\vec{a}$.

$$\vec{x} = \tfrac{2}{3}\vec{a} = \begin{pmatrix} \frac{2}{3} \cdot 3 \\ \frac{2}{3} \cdot 1{,}5 \\ \frac{2}{3} \cdot (-6) \end{pmatrix} = \begin{pmatrix} 2 \\ 1 \\ -4 \end{pmatrix}$$

Basisaufgaben

1. Berechnen Sie.

a) $5 \cdot \begin{pmatrix} 0 \\ 3 \\ 0 \end{pmatrix}$ b) $(-4) \cdot \begin{pmatrix} 7 \\ -1 \\ 4 \end{pmatrix}$ c) $\frac{1}{4} \cdot \begin{pmatrix} 8 \\ -12 \\ 2 \end{pmatrix}$ d) $0 \cdot \begin{pmatrix} 6 \\ 3{,}4 \\ -14 \end{pmatrix}$ e) $150 \cdot \begin{pmatrix} 0{,}3 \\ 0{,}5 \end{pmatrix}$

2. Zeichnen Sie für $\vec{a} = \begin{pmatrix} 2 \\ -1 \end{pmatrix}$ je einen Vektorpfeil der folgenden Vektoren in ein Koordinatensystem. Geben Sie auch die Koordinaten der Vektoren an.

① $\vec{a}$ ② $2 \cdot \vec{a}$ ③ $1{,}5 \cdot \vec{a}$ ④ $(-1) \cdot \vec{a}$ ⑤ $(-3) \cdot \vec{a}$

Lösungen zu 3:

3. Gegeben sind $\vec{a} = \begin{pmatrix} -1 \\ 2 \\ 1 \end{pmatrix}$, $\vec{b} = \begin{pmatrix} 3 \\ 0 \\ 1 \end{pmatrix}$ und $\vec{c} = \begin{pmatrix} 1 \\ 3 \\ -2 \end{pmatrix}$. Bestimmen Sie $\vec{x}$.

a) $\vec{x} = 3 \cdot \vec{a}$ b) $\vec{x} = 1{,}5 \cdot \vec{c}$ c) $\vec{x} = 7 \cdot \vec{b} - 4 \cdot \vec{c}$
d) $3 \cdot \vec{x} = 4 \cdot \vec{b}$ e) $\vec{x} = 2 \cdot (4 \cdot \vec{a} + 3 \cdot \vec{c})$ f) $\vec{x} + 2 \cdot \vec{a} = 3 \cdot \vec{b} + \vec{c}$
g) $\vec{x} + \vec{a} - 3 \cdot \vec{c} = 0$ h) $5 \cdot (\vec{b} + 2 \cdot \vec{x}) = 2 \cdot \vec{a} - 3 \cdot \vec{c}$ i) $2 \cdot (\vec{x} + \vec{c}) = 3 \cdot \vec{x} + 2 \cdot \vec{b}$

4. Führen Sie die Rechnung geometrisch im Heft aus und zeichnen Sie einen Vektorpfeil des Ergebnisvektors. Überprüfen Sie die Koordinaten des Ergebnisvektors rechnerisch.

a) $4 \cdot \vec{a}$ b) $3 \cdot \vec{a} + 2 \cdot \vec{b}$
c) $2 \cdot \vec{c} - 3 \cdot \vec{a}$ d) $\frac{1}{2} \cdot \vec{a} + \frac{1}{2} \cdot \vec{b}$
e) $2 \cdot \vec{b} - 3 \cdot \vec{a} - \vec{c}$ f) $2 \cdot \vec{b} - 2 \cdot \vec{c}$
g) $2 \cdot (\vec{b} - \vec{c})$ h) $\vec{c} - 2 \cdot \vec{a} - \vec{b}$

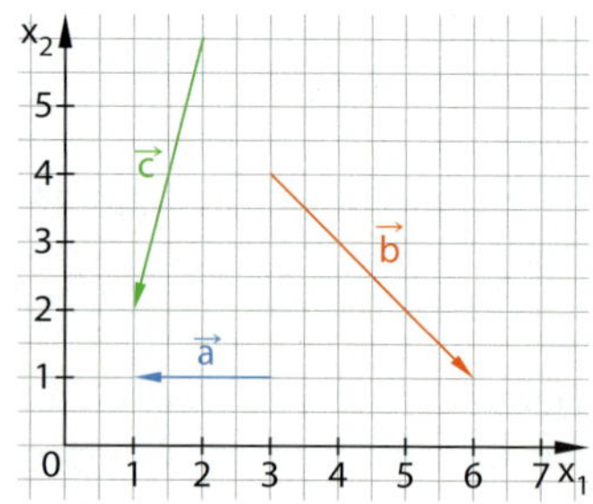

5. Vereinfachen Sie die Terme nach den Rechengesetzen.

a) $5 \cdot \vec{a} - 3 \cdot \vec{a}$ b) $4 \cdot \vec{v} + 2 \cdot \vec{v} - 6 \cdot \vec{u} - \vec{v}$
c) $3 \cdot (\vec{a} + \vec{b}) - 2 \cdot \vec{a} + \vec{b}$ d) $\frac{1}{2} \cdot (\vec{a} + \vec{b} + \vec{c}) - (\vec{b} + \vec{c})$
e) $\vec{v} - 1 \cdot \vec{v} + 0 \cdot \vec{v}$ f) $3 \cdot (5 \cdot \vec{u} - 2 \cdot \vec{v})$
g) $(-2) \cdot \vec{c} + 3 \cdot (2 \cdot \vec{b} + 5 \cdot (\vec{b} - \vec{c})) + (-3) \cdot (\vec{a} + \vec{b} + 2 \cdot \vec{c})$

Hinweis zu 6:
Beispiel:
$\begin{pmatrix} \frac{2}{3} \\ -4 \\ 0{,}5 \end{pmatrix} = \begin{pmatrix} \frac{4}{6} \\ -\frac{24}{6} \\ \frac{3}{6} \end{pmatrix} = \frac{1}{6} \cdot \begin{pmatrix} 4 \\ -24 \\ 3 \end{pmatrix}$

6. Schreiben Sie den Vektor als Produkt aus einer reellen Zahl und einem Vektor mit ganzzahligen Koordinaten.

a) $\begin{pmatrix} 0{,}5 \\ 4 \\ 1{,}5 \end{pmatrix}$ b) $\begin{pmatrix} \frac{1}{6} \\ \frac{7}{3} \\ \frac{2}{3} \end{pmatrix}$ c) $\begin{pmatrix} 2{,}3 \\ 6{,}1 \\ -0{,}6 \end{pmatrix}$ d) $\begin{pmatrix} \frac{1}{4} \\ \frac{1}{6} \end{pmatrix}$ e) $\begin{pmatrix} \frac{2}{5} \\ 0{,}75 \\ -1{,}2 \end{pmatrix}$

Kollinearität und Linearkombinationen von Vektoren

Für jeden Vektor $\vec{a} \neq \vec{0}$ und jede reelle Zahl $r \neq 0$ liegen die Vektorpfeile von $\vec{a}$ und $r\vec{a}$ parallel zueinander. Liegen die Vektorpfeile von $\vec{a}$ und $\vec{b}$ parallel zueinander, so lässt sich der eine Vektor als Vielfacher des anderen Vektors schreiben. Wenn dies möglich ist, nennt man beide Vektoren **kollinear zueinander**.

Definition: Kollineare Vektoren

Zwei Vektoren $\vec{a} \neq \vec{0}$ und $\vec{b} \neq \vec{0}$ heißen **kollinear**, wenn es eine reelle Zahl r gibt mit $\vec{b} = r \cdot \vec{a}$. Die Vektorpfeile kollinearer Vektoren sind parallel zueinander.

Beispiel 2: Kollineare Vektoren

Prüfen Sie, ob $\vec{a}$ und $\vec{b}$ kollinear sind. a) $\vec{a} = \begin{pmatrix} 4 \\ -2 \\ 6 \end{pmatrix}, \vec{b} = \begin{pmatrix} -6 \\ 3 \\ -9 \end{pmatrix}$ b) $\vec{a} = \begin{pmatrix} 6 \\ 8 \\ -2 \end{pmatrix}, \vec{b} = \begin{pmatrix} 3 \\ 4 \\ -4 \end{pmatrix}$

Lösung:

Setzen Sie den einen Vektor mit dem r-Fachen des anderen Vektors gleich. Sie erhalten dann für jede Koordinate eine Gleichung. Hat jede Gleichung für r dieselbe Lösung, so ist die Vektorgleichung mit diesem Wert lösbar und die Vektoren sind kollinear.
Sind die Lösungen unterschiedlich, so ist die Vektorgleichung nicht lösbar und die Vektoren sind nicht kollinear.

a) $\begin{pmatrix} 4 \\ -2 \\ 6 \end{pmatrix} = r \cdot \begin{pmatrix} -6 \\ 3 \\ -9 \end{pmatrix} \Leftrightarrow \begin{vmatrix} 4 = -6r \\ -2 = 3r \\ 6 = -9r \end{vmatrix} \Leftrightarrow \begin{vmatrix} -\frac{2}{3} = r \\ -\frac{2}{3} = r \\ -\frac{2}{3} = r \end{vmatrix}$

$\Leftrightarrow r = -\frac{2}{3}$ $\vec{a}$ und $\vec{b}$ sind kollinear.

b) $\begin{pmatrix} 6 \\ 8 \\ -2 \end{pmatrix} = r \cdot \begin{pmatrix} 3 \\ 4 \\ -4 \end{pmatrix} \Leftrightarrow \begin{vmatrix} 6 = 3r \\ 8 = 4r \\ -2 = -4r \end{vmatrix} \Leftrightarrow \begin{vmatrix} 2 = r \\ 2 = r \\ \frac{1}{2} = r \end{vmatrix}$

$\vec{a}$ und $\vec{b}$ sind nicht kollinear.

Durch Addition von Vielfachen zweier Vektoren $\vec{a}$ und $\vec{b}$ ergibt sich ein neuer Vektor $\vec{c}$. Dieser Vektor lässt sich dann mithilfe von $\vec{a}$ und $\vec{b}$ ausdrücken:
$\vec{c} = r \cdot \vec{a} + s \cdot \vec{b}$
Man nennt $\vec{c}$ eine **Linearkombination von $\vec{a}$ und $\vec{b}$**.

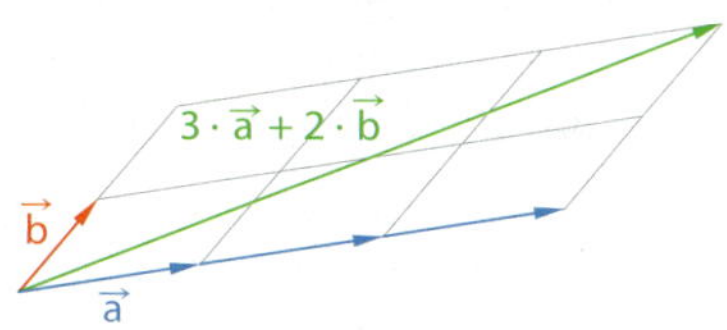

Hinweis:
Ist $\vec{c}$ eine Linearkombination von $\vec{a}$ und $\vec{b}$, so liegen $\vec{a}$, $\vec{b}$ und $\vec{c}$ in einer Ebene.

Beispiel 3: Linearkombinationen von Vektoren

Prüfen Sie, ob $\vec{v}$ Linearkombination von $\vec{a} = \begin{pmatrix} 3 \\ 2 \\ -1 \end{pmatrix}$ und $\vec{b} = \begin{pmatrix} 1 \\ 4 \\ 1 \end{pmatrix}$ ist. a) $\vec{v} = \begin{pmatrix} 3 \\ -8 \\ -5 \end{pmatrix}$ b) $\vec{v} = \begin{pmatrix} 4 \\ 6 \\ 3 \end{pmatrix}$

Lösung:

a) Setzen Sie $\vec{v}$ mit der Summe des r-Fachen von $\vec{a}$ und dem s-Fachen von $\vec{b}$ gleich. Sie erhalten damit für jede Koordinate eine Gleichung. Ist dieses Gleichungssystem lösbar, so ist $\vec{v}$ eine Linearkombination von $\vec{a}$ und $\vec{b}$.

$r \cdot \begin{pmatrix} 3 \\ 2 \\ -1 \end{pmatrix} + s \cdot \begin{pmatrix} 1 \\ 4 \\ 1 \end{pmatrix} = \begin{pmatrix} 3 \\ -8 \\ 5 \end{pmatrix}$

$\begin{vmatrix} 3r + s = 3 \\ 2r + 4s = -8 \\ -r + s = -5 \end{vmatrix} \underset{\text{I}-\text{III}}{\overset{4\cdot\text{I}-\text{II}}{\Longleftrightarrow}} \begin{vmatrix} 3r + s = 3 \\ 10r = 20 \\ 4r = 8 \end{vmatrix}$

$r = 2, s = -3$, also $\vec{v} = 2 \cdot \vec{a} - 3 \cdot \vec{b}$

b) Setzen Sie $\vec{v}$ mit $r \cdot \vec{a} + s \cdot \vec{b}$ gleich und stellen Sie damit ein LGS auf. Mit den Umformungen 4 · I – II und I – III ergibt sich ein Widerspruch. Somit ist $\vec{v}$ keine Linearkombination von $\vec{a}$ und $\vec{b}$.

$r \cdot \begin{pmatrix} 3 \\ 2 \\ -1 \end{pmatrix} + s \cdot \begin{pmatrix} 1 \\ 4 \\ 1 \end{pmatrix} = \begin{pmatrix} 4 \\ 6 \\ 3 \end{pmatrix}$

$\begin{vmatrix} 3r + s = 4 \\ 2r + 4s = 6 \\ -r + s = 3 \end{vmatrix} \Leftrightarrow \begin{vmatrix} 3r + s = 4 \\ 10r = 10 \\ 4r = 1 \end{vmatrix} \Leftrightarrow \begin{vmatrix} 3r + s = 4 \\ r = 1 \\ r = \frac{1}{4} \end{vmatrix}$

Basisaufgaben

7. Prüfen Sie, ob die Vektoren $\vec{a}$ und $\vec{b}$ kollinear sind.

a) $\vec{a} = \begin{pmatrix} 3 \\ 2 \\ 1 \end{pmatrix}, \vec{b} = \begin{pmatrix} 6 \\ 4 \\ 2 \end{pmatrix}$ b) $\vec{a} = \begin{pmatrix} 0 \\ 2 \\ 0 \end{pmatrix}, \vec{b} = \begin{pmatrix} 4 \\ 0 \\ 0 \end{pmatrix}$ c) $\vec{a} = \begin{pmatrix} 1 \\ 3 \end{pmatrix}, \vec{b} = \begin{pmatrix} 2 \\ 4 \end{pmatrix}$

d) $\vec{a} = \begin{pmatrix} 14 \\ 0 \\ 7 \end{pmatrix}, \vec{b} = \begin{pmatrix} -10 \\ 0 \\ -5 \end{pmatrix}$ e) $\vec{a} = \begin{pmatrix} \frac{7}{3} \\ \frac{8}{5} \end{pmatrix}, \vec{b} = \begin{pmatrix} \frac{7}{4} \\ \frac{3}{5} \end{pmatrix}$ f) $\vec{a} = \begin{pmatrix} \sqrt{8} \\ 6 \\ \sqrt{7} \end{pmatrix}, \vec{b} = \begin{pmatrix} 4 \\ \sqrt{72} \\ \sqrt{14} \end{pmatrix}$

8. Geben Sie an, welcher der Vektoren kollinear zum Vektor $\vec{v} = \begin{pmatrix} 1 \\ 3 \\ -4 \end{pmatrix}$ ist.

$\vec{a} = \begin{pmatrix} 2 \\ -6 \\ 8 \end{pmatrix}, \vec{b} = \begin{pmatrix} -1{,}5 \\ -4{,}5 \\ 6 \end{pmatrix}, \vec{c} = \begin{pmatrix} -0{,}5 \\ -1{,}5 \\ -2 \end{pmatrix}, \vec{d} = \begin{pmatrix} -2 \\ -4 \\ 6 \end{pmatrix}$

9. Bestimmen Sie, für welche Werte der Variablen die Vektoren $\vec{a}$ und $\vec{b}$ kollinear sind.

a) $\vec{a} = \begin{pmatrix} -3 \\ 2 \end{pmatrix}, \vec{b} = \begin{pmatrix} 12 \\ a \end{pmatrix}$ b) $\vec{a} = \begin{pmatrix} 125 \\ 75 \\ v \end{pmatrix}, \vec{b} = \begin{pmatrix} u \\ 6 \\ 4 \end{pmatrix}$ c) $\vec{a} = \begin{pmatrix} x \\ -2 \\ 4 \end{pmatrix}, \vec{b} = \begin{pmatrix} 0 \\ y \\ 10 \end{pmatrix}$

10. Berechnen Sie die Koordinaten der angegebenen Linearkombination der Vektoren $\vec{a} = \begin{pmatrix} -1 \\ 4 \end{pmatrix}$ und $\vec{b} = \begin{pmatrix} 2 \\ 3 \end{pmatrix}$. Stellen Sie $\vec{a}$, $\vec{b}$ und den Ergebnisvektor in einem Koordinatensystem dar.

a) $\vec{a} + 4 \cdot \vec{b}$ b) $\frac{1}{2} \cdot \vec{a} + \frac{3}{2} \cdot \vec{b}$ c) $-2 \cdot \vec{a} + 2 \cdot \vec{b}$ d) $2 \cdot \vec{a} - 3 \cdot \vec{b}$

11. a) Geben Sie folgende Verbindungsvektoren als Linearkombinationen von $\vec{a}$, $\vec{b}$ und $\vec{c}$ an: $\overrightarrow{DF}$; $\overrightarrow{DC}$; $\overrightarrow{DE}$; $\overrightarrow{DI}$; $\overrightarrow{DJ}$; $\overrightarrow{AH}$; $\overrightarrow{HB}$; $\overrightarrow{AJ}$; $\overrightarrow{IB}$; $\overrightarrow{JE}$.

b) Geben Sie einen Verbindungsvektor zwischen zwei Punkten an, der durch die angegebene Linearkombination dargestellt wird.

① $2 \cdot \vec{a} + 3 \cdot \vec{b}$ ② $2 \cdot \vec{a} - 3 \cdot \vec{b}$

③ $3 \cdot \vec{b} - 2 \cdot \vec{a}$ ④ $2 \cdot \vec{c}$

⑤ $2 \cdot \vec{b} + 2 \cdot \vec{c}$ ⑥ $2 \cdot \vec{a} - 3 \cdot \vec{b} - \vec{c}$

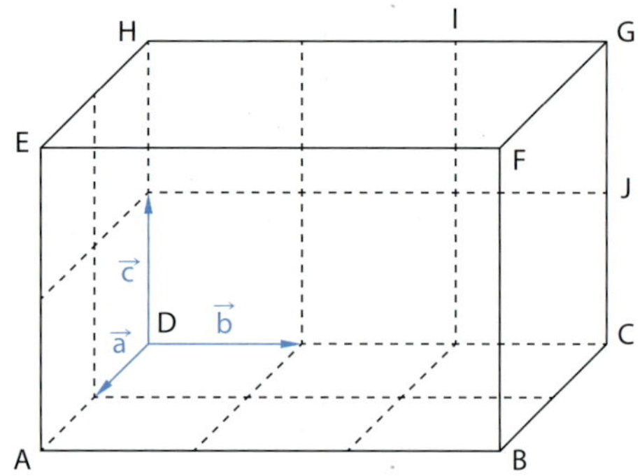

12. Die Vektorpfeile von $\vec{v}$ und $\vec{w}$ verlaufen vom Punkt A aus entlang der Linien des Rasters. Schreiben Sie die folgenden Verbindungsvektoren als Linearkombination der Vektoren $\vec{v}$ und $\vec{w}$.

① $\overrightarrow{AB}$ ② $\overrightarrow{AC}$ ③ $\overrightarrow{AD}$

④ $\overrightarrow{AE}$ ⑤ $\overrightarrow{AF}$ ⑥ $\overrightarrow{AG}$

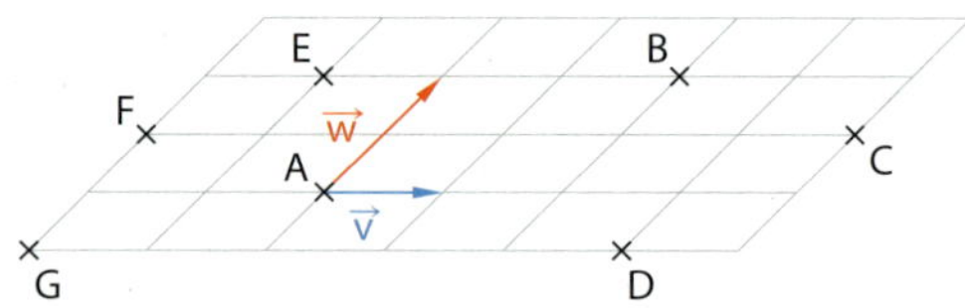

13. Untersuchen Sie, ob $\vec{v} = \begin{pmatrix} -9 \\ 8 \end{pmatrix}$ bzw. $\vec{w} = \begin{pmatrix} 14 \\ 0 \end{pmatrix}$ eine Linearkombination der Vektoren $\vec{a}$ und $\vec{b}$ ist.

a) $\vec{a} = \begin{pmatrix} 1 \\ 0 \end{pmatrix}, \vec{b} = \begin{pmatrix} 0 \\ 1 \end{pmatrix}$ b) $\vec{a} = \begin{pmatrix} 3 \\ -5 \end{pmatrix}, \vec{b} = \begin{pmatrix} 6 \\ -10 \end{pmatrix}$ c) $\vec{a} = \begin{pmatrix} 3 \\ 2 \end{pmatrix}, \vec{b} = \begin{pmatrix} 1 \\ -4 \end{pmatrix}$

14. Untersuchen Sie, ob $\vec{v} = \begin{pmatrix} 11 \\ 8 \\ -3 \end{pmatrix}$ bzw. $\vec{w} = \begin{pmatrix} 12 \\ -3 \\ 4 \end{pmatrix}$ eine Linearkombination der angegebenen Vektoren ist.

a) $\vec{a} = \begin{pmatrix} 2 \\ 1 \\ 2 \end{pmatrix}, \vec{b} = \begin{pmatrix} -3 \\ 3 \\ 1 \end{pmatrix}$ b) $\vec{a} = \begin{pmatrix} 3 \\ 1 \\ 2 \end{pmatrix}, \vec{b} = \begin{pmatrix} 0 \\ 7 \\ -2 \end{pmatrix}$ c) $\vec{a} = \begin{pmatrix} 1 \\ 1 \\ 0 \end{pmatrix}, \vec{b} = \begin{pmatrix} 1 \\ -1 \\ 0 \end{pmatrix}, \vec{c} = \begin{pmatrix} 0 \\ 0 \\ 1 \end{pmatrix}$

Weiterführende Aufgaben

15. Gegeben sind die Punkte A (3 | −7 | 2), B (5 | −11 | 8), C (5 | 1 | −2), D (0 | 1 | −7) sowie die Vektoren

$\vec{u} = \begin{pmatrix} 1 \\ -2 \\ 3 \end{pmatrix}, \vec{v} = \begin{pmatrix} -1 \\ -3 \\ 2 \end{pmatrix}, \vec{w} = \begin{pmatrix} -0{,}5 \\ 1 \\ -1{,}5 \end{pmatrix}$.

Prüfen Sie, welche der Vektoren $\overrightarrow{AB}$, $\overrightarrow{AC}$, $\overrightarrow{AD}$, $\overrightarrow{BC}$, $\overrightarrow{BD}$, $\overrightarrow{CD}$, $\vec{u}$, $\vec{v}$ und $\vec{w}$ die gleiche Richtung haben.

Erinnerung:
Ein Vektor und sein Gegenvektor unterscheiden sich in der Orientierung ihrer Vektorpfeile und somit auch in ihrer Richtung.

16. Stolperstelle: Diskutieren Sie die folgenden Aussagen. Korrigieren Sie Fehlvorstellungen.

a) Maja: *„Das Produkt einer Zahl r und einem Vektor $\vec{a}$ hat immer den r-fachen Betrag von $\vec{a}$."*

b) Tom: *„Ein Vektor und sein Gegenvektor sind nicht kollinear, da sie in entgegengesetzte Richtungen zeigen."*

c) Lena: *„Der Vektor $2 \cdot \vec{v}$ ist doppelt so lang wie $\vec{v}$. Also lässt sich jeder Vektor, der doppelt so lang ist wie $\vec{v}$, als Vielfaches $2 \cdot \vec{v}$ oder $(-2) \cdot \vec{v}$ schreiben."*

17. Prüfen Sie an selbstgewählten Beispielen die Gültigkeit der folgenden Gesetze bei der Multiplikation mit reellen Zahlen. Dabei sind r und s reelle Zahlen, $\vec{v}$ und $\vec{w}$ Vektoren.

a) $1 \cdot \vec{v} = \vec{v}$

b) $r \cdot (\vec{v} + \vec{w}) = r \cdot \vec{v} + r \cdot \vec{w}$

c) $(r + s) \cdot \vec{v} = r \cdot \vec{v} + s \cdot \vec{v}$

d) $r \cdot (s \cdot \vec{v}) = (r \cdot s) \cdot \vec{v}$

18. Beweisen Sie das Rechengesetz für allgemeine dreidimensionale Vektoren.

a) $r \cdot (\vec{a} + \vec{b}) = r \cdot \vec{a} + r \cdot \vec{b}$

b) $r \cdot (s \cdot \vec{a}) = s \cdot (r \cdot \vec{a}) = (rs) \cdot \vec{a}$

19. Für den Betrag des Vielfachen eines Vektors gilt: $|r \cdot \vec{a}| = |r| \cdot |\vec{a}|$

a) Überprüfen Sie die Formel rechnerisch an diesen Beispielen:

① $r = 3;\ \vec{a} = \begin{pmatrix} 4 \\ 0 \end{pmatrix}$ ② $r = 2;\ \vec{a} = \begin{pmatrix} 3 \\ 6 \\ 2 \end{pmatrix}$ ③ $r = -4;\ \vec{a} = \begin{pmatrix} -2 \\ 1 \\ 7 \end{pmatrix}$ ④ $r = 0;\ \vec{a} = \begin{pmatrix} -6 \\ 8 \\ 0 \end{pmatrix}$

b) Zeigen Sie rechnerisch, dass die Formel allgemein für dreidimensionale Vektoren gilt.

20. Einheitsvektor: Einen Vektor mit dem Betrag 1 nennt man **Einheitsvektor**. Geben Sie zum gegebenen Vektor alle kollinearen Einheitsvektoren an.

a) $\vec{a} = \begin{pmatrix} 6 \\ 0 \\ 0 \end{pmatrix}$ b) $\vec{a} = \begin{pmatrix} 0 \\ 1 \\ 1 \end{pmatrix}$ c) $\vec{a} = \begin{pmatrix} 3 \\ 0 \\ -4 \end{pmatrix}$ d) $\vec{a} = \begin{pmatrix} 4 \\ -5 \\ -3 \end{pmatrix}$

Hinweis zu 20:
Zu beliebigem Vektor $\vec{a} \neq \vec{0}$ ist $\vec{e} = \frac{1}{|\vec{a}|}\vec{a}$ ein Einheitsvektor.

21. Punkte auf einer Geraden: Es wird untersucht, ob die Punkte P (5 | 1 | −2), Q (15 | 9 | 6) und R (0 | −3 | −6) auf einer Geraden liegen.

a) Zeigen Sie, dass die Vektoren $\overrightarrow{PQ}$ und $\overrightarrow{PR}$ kollinear sind. Erklären Sie, warum daraus folgt, dass die drei Punkte auf einer Geraden liegen.

b) Prüfen Sie, ob die Punkte A (6 | −7 | 4), B (7 | −13 | 5) und C (−1 | 3,5 | −2) auf einer Geraden liegen.

Hinweis zu 21:
Die Wahl der Verbindungsvektoren spielt bei der Untersuchung keine Rolle.

22. Mittelpunkt einer Strecke: Für den Mittelpunkt M einer Strecke $\overline{PQ}$ gilt: $\overrightarrow{OM} = \overrightarrow{OP} + \frac{1}{2} \cdot \overrightarrow{PQ}$

a) Erläutern Sie diese Gleichung anhand einer Skizze. Berechnen Sie damit die Koordinaten von M für P (0 | 5 | −1) und Q (4 | −7 | 5).

b) Ebenso gilt die Gleichung $\overrightarrow{OM} = \frac{1}{2} \cdot (\overrightarrow{OP} + \overrightarrow{OQ})$. Zeigen Sie, dass Sie mit dieser Gleichung für die Punkte P und Q aus a) denselben Punkt M erhalten. Leiten Sie die Formel aus der ersten Gleichung rechnerisch her.

c) Beschreiben Sie mit Worten, wie die Koordinaten des Mittelpunktes M mit den Koordinaten der Endpunkte P und Q zusammenhängen.

d) Bestimmen Sie die Koordinaten des Mittelpunktes M der Strecke $\overline{PQ}$.

① P (2 | 6), Q (1 | 8) ② P (−3 | 5 | 4), Q (2 | −3 | 4) ③ P (18 | 25 | −7), Q (0 | −15 | 17)

23. Ein Hamburger einer Fast-Food-Kette enthält 8,5 g Fett, 30 g Kohlenhydrate, 13 g Eiweiß und 54 g Wasser. Man kann diese Zahlen in einem Vektor zusammenfassen: $\vec{h} = \begin{pmatrix} 8{,}5 \\ 30 \\ 13 \\ 54 \end{pmatrix}$. Eine Portion Pommes enthält 21 g Fett, 54 g Kohlenhydrate, 5,2 g Eiweiß und 64 g Wasser. Eine Cola enthält 250 g Wasser, 27 g Kohlenhydrate, kein Fett und kein Eiweiß. Berechnen Sie mithilfe von Addition und Vervielfachung von Vektoren, wie viel Gramm der einzelnen Bestandteile jemand zu sich nimmt, der

a) einen Hamburger isst und dazu eine Cola trinkt.
b) zwei Hamburger, eine Portion Pommes und drei Cola verzehrt.

24. Gegeben ist das Viereck A(4|−4|0), B(2|2|−2), C(0|6|0), D(−4|−2|2).
a) Berechnen Sie die Koordinaten der Seitenmitten des Vierecks.
b) Zeigen Sie, dass diese Seitenmitten ein Parallelogramm bilden.
c) Prüfen Sie, ob dieses Parallelogramm eine Raute ist.

25. a) Zeigen Sie, dass M(3|2|1) der Mittelpunkt der Strecke $\overline{AB}$ ist. Berechnen Sie die Koordinaten des Mittelpunktes N der Strecke $\overline{AC}$.
b) Der Schwerpunkt S eines Dreiecks teilt dessen Seitenhalbierenden im Verhältnis 2 : 1. Das heißt: Die Länge der Strecke $\overline{CS}$ beträgt $\frac{2}{3}$ der Länge der Strecke $\overline{CM}$. Die Länge der Strecke $\overline{BS}$ beträgt ebenso $\frac{2}{3}$ der Länge der Strecke $\overline{BN}$. Nutzen Sie dies, um die Koordinaten von S als Punkt der Strecke $\overline{CM}$ zu berechnen. Berechnen Sie S auch als Punkt der Strecke $\overline{BN}$.

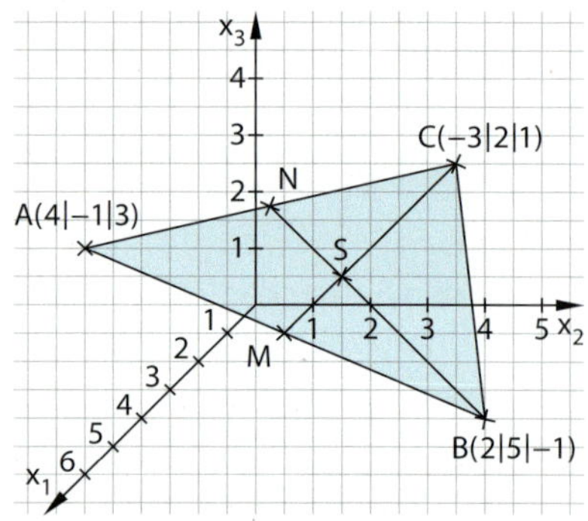

c) Zeigen Sie, dass für den Ortsvektor des Schwerpunktes gilt: $\overrightarrow{OS} = \frac{1}{3} \cdot (\overrightarrow{OA} + \overrightarrow{OB} + \overrightarrow{OC})$

Hinweis zu 26:
Schreiben Sie $\overrightarrow{TM_1}$ als Linearkombination von $\vec{a}$, $\vec{b}$, $\vec{c}$. Verwenden Sie dabei unter anderem die Formel aus Aufgabe 22 b.

26. Die Vektoren $\vec{a}$, $\vec{b}$ und $\vec{c}$ beschreiben eine dreiseitige Pyramide. Die Punkte M_1 und M_2 sind Kantenmittelpunkte. Ferner ist $\overrightarrow{OT} = \frac{1}{3}\overrightarrow{OM_2}$. Beweisen Sie, dass $\overrightarrow{TM_1}$ nicht parallel zu $\vec{c}$ ist.

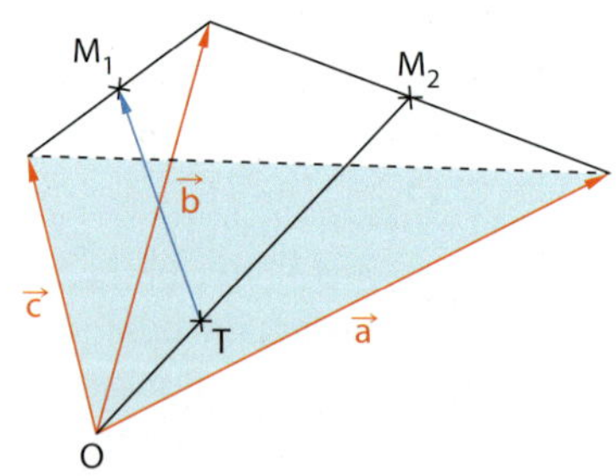

27. Beweisen Sie mithilfe der Mittelpunktsberechnung, dass sich bei einem Parallelogramm die Diagonalen halbieren.

28. Zeigen Sie, dass sich jeder Vektor $\vec{v} = \begin{pmatrix} v_1 \\ v_2 \end{pmatrix}$ als Linearkombination von $\vec{a} = \begin{pmatrix} 2 \\ 1 \end{pmatrix}$ und $\vec{b} = \begin{pmatrix} 1 \\ 0 \end{pmatrix}$ schreiben lässt. Begründen Sie, dass dies auch für beliebige Vektoren $\vec{a} = \begin{pmatrix} a_1 \\ a_2 \end{pmatrix}$ und $\vec{b} = \begin{pmatrix} b_1 \\ b_2 \end{pmatrix}$ gilt, wenn $\vec{a}$ und $\vec{b}$ nicht kollinear sind und $\vec{a} \neq \vec{0}$ sowie $\vec{b} \neq \vec{0}$ gilt.

29. Ausblick: Mehrere Vektoren $\vec{a_1}, \vec{a_2}, \ldots, \vec{a_n}$ heißen **linear abhängig**, wenn es Zahlen $r_1, r_2, \ldots, r_n$ gibt, die nicht alle gleich 0 sind und mit denen gilt $r_1\vec{a_1} + r_2\vec{a_2} + \ldots + r_n\vec{a_n} = \vec{0}$.
a) Zeigen Sie: Zwei Vektoren, die nicht der Nullvektor sind, sind genau dann linear abhängig, wenn sie kollinear sind.
b) Zeigen Sie: Drei zweidimensionale Vektoren sind immer linear abhängig.
c) Charakterisieren Sie die Anordnung dreier Vektoren im Raum, die linear abhängig sind.

5.5 Abiturtraining

Aufgaben ohne GTR/CAS

1. Gegeben sind die Punkte A(1 | 0 | 5), B(−1 | 4 | 6) und C(2 | 1 | 9).
   a) Bestimmen Sie einen Punkt D, sodass A, B, C, D die Ecken eines Parallelogramms bilden.
   b) Zeigen Sie, dass A, B und C nicht drei Ecken einer Raute sein können.

2. Gegeben sind die Punkte A(−2 | 5 | 3) und B(−4 | 6 | 0).
   a) Geben Sie einen Vektor $\vec{v}$ an, der denselben Betrag wie der Vektor $\overrightarrow{AB}$ hat, aber zu diesem nicht kollinear ist.
   b) Es ist $\vec{w} = \begin{pmatrix} a \\ b \\ 4-b \end{pmatrix}$ für a, b ∈ ℝ. Bestimmen Sie Werte für a und b so, dass $\vec{w}$ kollinear zu $\overrightarrow{AB}$ ist.

3. Gegeben ist das Dreieck ABC mit A(−1 | 0 | 1), B(3 | 8 | −3) und C(−5 | 6 | 5).
   a) Berechnen Sie die Koordinaten der Seitenmitten M_a, M_b und M_c des Dreiecks ABC.
   b) Zeigen Sie, dass der Vektor $\overrightarrow{M_a M_b}$ kollinear zu $\overrightarrow{AB}$ ist und halb so lang wie dieser.

4. Drücken Sie die Vektoren $\vec{h}$, $\vec{k}$, $\vec{m}$ und $\vec{n}$ mithilfe der Vektoren $\vec{a}$, $\vec{b}$ und $\vec{c}$ aus.

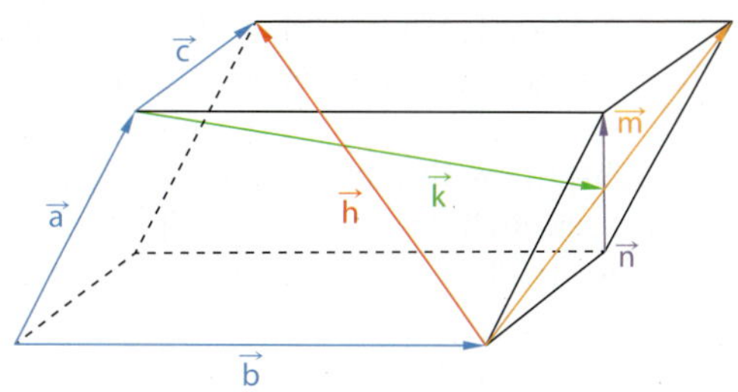

Aufgaben mit GTR/CAS

5. Die Skizze zeigt ein Haus mit Walmdach im Grundriss und im Aufriss. Eine Längeneinheit entspricht einem Meter.
   a) Geben Sie die Koordinaten aller Eckpunkte an und zeichnen Sie das Haus in ein dreidimensionales Koordinatensystem.
   b) Zeigen Sie, dass das Dreieck RTS gleichschenklig mit der Basis RT ist.
   Berechnen Sie den Flächeninhalt dieses Dreiecks.
   c) Stellen Sie $\overrightarrow{SV}$ als Linearkombination von $\overrightarrow{TS}$, $\overrightarrow{VU}$ und $\overrightarrow{UT}$ dar. Begründen Sie, dass man $\overrightarrow{SV}$ nicht als Linearkombination von $\overrightarrow{TS}$, $\overrightarrow{TR}$ und $\overrightarrow{SR}$ darstellen kann.
   d) Bestimmen Sie die Mittelpunkte der Strecken $\overline{TU}$ und $\overline{SV}$. Berechnen Sie damit und mit dem Ergebnis aus b) den Flächeninhalt der gesamten Dachfläche.

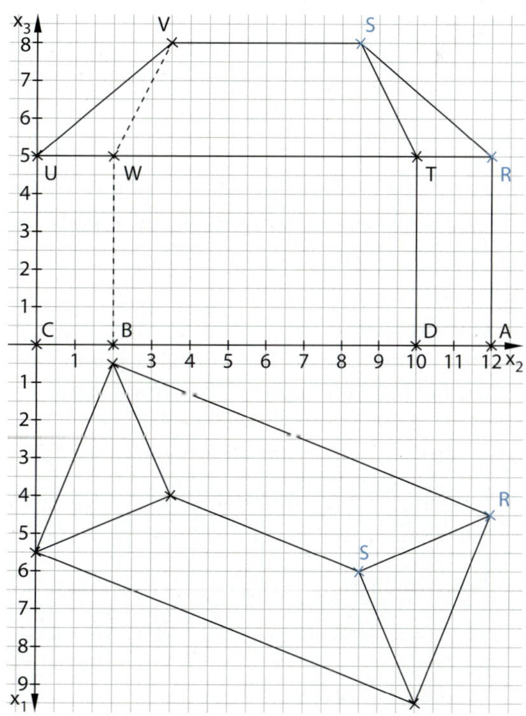

Lösungen
↗ S. 501/502

1. Bestimmen Sie die Koordinaten der Punkte A, B, C, D, E, F, G und H in der Zeichnung.

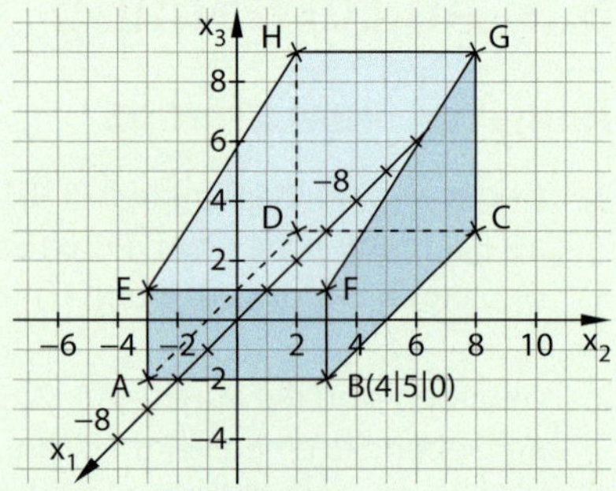

2. Zeichnen Sie ein Koordinatensystem und tragen Sie die Punkte A(3|5|4), B(−2|5|4), C(5|−4|−6) und D(−3|−3|−3) ein.

3. Geben Sie an, auf welchen der drei Koordinatenachsen und in welchen der drei Koordinatenebenen der angegebene Punkt liegt.

A(4|0|0) B(0|−2|0) C(0|0|10) D(0|0|0) E(0|0|−3) F(−7|0|0)

4. Beschreiben Sie die Lage aller Punkte,
a) deren x_2-Koordinate 0 ist,
b) deren x_1- und x_3-Koordinaten 0 sind,
c) die in der x_1x_2- und x_1x_3-Ebene liegen,
d) deren x_1-Koordinate −4 ist.

5. Bestimmen Sie die Koordinaten des Vektors $\overrightarrow{PQ}$.
a) P(1|2); Q(0|0)
b) P(1|2|−2); Q(3|4|5)
c) P(0|0); Q(5|−2)
d) P(1|k|2k); Q(k|2|0)

6. Ergänzen Sie die fehlenden Eckpunkte des Quaders im Heft.
a) $\overrightarrow{AE} = \overrightarrow{C■}$
b) $\overrightarrow{DH} = \overrightarrow{■F}$
c) $\overrightarrow{BG} = \overrightarrow{■■}$
d) $\overrightarrow{GC} = \overrightarrow{■■} = \overrightarrow{■■}$
e) $\overrightarrow{■■} = \overrightarrow{HC}$
f) $\overrightarrow{AG} = \overrightarrow{■■}$

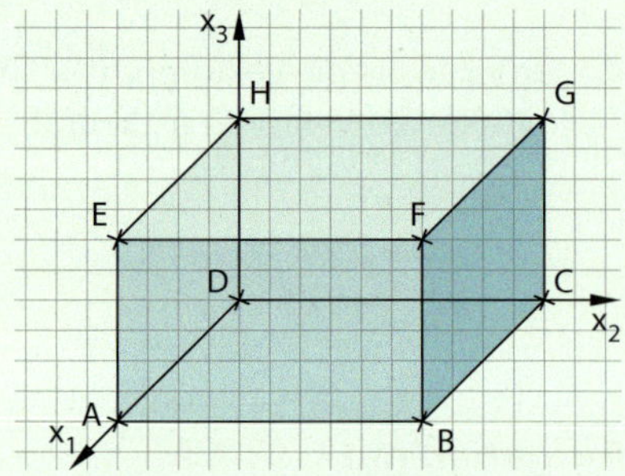

7. Berechnen Sie den Betrag des Vektors.
a) $\vec{v} = \begin{pmatrix} 1 \\ -1 \\ 1 \end{pmatrix}$
b) $\vec{v} = \begin{pmatrix} \sqrt{6} \\ -1 \\ -3 \end{pmatrix}$
c) $\vec{v} = \begin{pmatrix} 2 \\ -\sqrt{2} \\ \frac{1}{2} \end{pmatrix}$
d) $\vec{v} = \begin{pmatrix} -8 \\ 6 \end{pmatrix}$
e) $\vec{v} = \begin{pmatrix} -4 \\ -3 \end{pmatrix}$
f) $\vec{v} = \begin{pmatrix} 1{,}2 \\ -0{,}5 \end{pmatrix}$

8. Berechnen Sie den Abstand der Punkte P und Q.
a) P(−3|2); Q(2|−1)
b) P(1|2|−1); Q(2|3|4)
c) P(0|2|−1); Q(2|0|−4)

9. Die Punkte A(−1|−2|−3), B(−2|5|4) und C(1|−4|2) bilden das Dreieck ABC.
a) Prüfen Sie für diese Punkte die Gültigkeit der Gleichung $\overrightarrow{AB} + \overrightarrow{BC} = \overrightarrow{AC}$.
b) Berechnen Sie den Umfang des Dreiecks ABC.

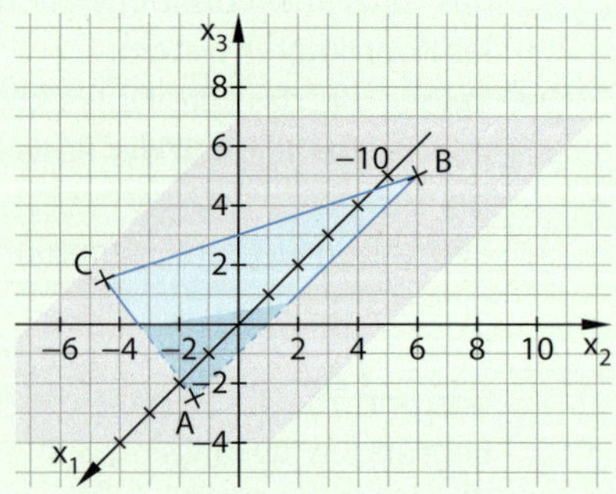

10. Berechnen Sie.
a) $\begin{pmatrix} 2 \\ -3 \\ 5 \end{pmatrix} + \begin{pmatrix} -3 \\ 6 \\ -1 \end{pmatrix}$
b) $\begin{pmatrix} 0{,}5 \\ -1{,}2 \\ 0{,}03 \end{pmatrix} + \begin{pmatrix} 1{,}07 \\ -0{,}8 \\ -2 \end{pmatrix}$
c) $\begin{pmatrix} 0 \\ 2 \\ -1 \end{pmatrix} - \begin{pmatrix} -1 \\ 2 \\ -6 \end{pmatrix}$
d) $\begin{pmatrix} 1{,}3 \\ -2{,}1 \\ 0 \end{pmatrix} - \begin{pmatrix} 1{,}7 \\ -0{,}9 \\ -4{,}2 \end{pmatrix}$
e) $\frac{1}{2} \cdot \begin{pmatrix} -5 \\ 6 \\ 4 \end{pmatrix}$
f) $(-1{,}2) \cdot \begin{pmatrix} 0{,}08 \\ -0{,}5 \\ 1{,}2 \end{pmatrix}$

Lösungen
↗ **S. 502**

11. Berechnen Sie.

a) $3 \cdot \begin{pmatrix} -1 \\ 3 \\ 2 \end{pmatrix} + 2 \cdot \begin{pmatrix} 0 \\ 4 \\ -1 \end{pmatrix}$ b) $(-4) \cdot \begin{pmatrix} 1 \\ 4 \\ -2 \end{pmatrix} - 3 \cdot \begin{pmatrix} 2 \\ -3 \\ 4 \end{pmatrix}$ c) $(-3) \cdot \begin{pmatrix} 1{,}2 \\ -3{,}6 \\ -2{,}1 \end{pmatrix} - 2 \cdot \begin{pmatrix} -1{,}1 \\ 3{,}2 \\ -1{,}7 \end{pmatrix}$

12. Gegeben sind $\vec{a} = \begin{pmatrix} -1 \\ 3 \\ 5 \end{pmatrix}$, $\vec{b} = \begin{pmatrix} 3 \\ 2 \\ 0 \end{pmatrix}$ und $\vec{c} = \begin{pmatrix} 1 \\ -3 \\ 2 \end{pmatrix}$. Bestimmen Sie $\vec{x}$.

a) $\vec{x} = 2\vec{a}$ b) $\vec{x} = 3{,}5\,\vec{b}$ c) $\vec{x} = (-2)\,\vec{c}$
d) $3(\vec{x} - 2\vec{c}) = 2\vec{x} + \vec{b}$ e) $-4\vec{x} + 2\vec{a} = \vec{0}$ f) $4\vec{x} = \vec{a} - 2\vec{c} + \vec{b}$

13. Vereinfachen Sie den Term nach den Rechengesetzen für Vektoren.

a) $2(\vec{a} + \vec{b} - \vec{c}) + 3(\vec{a} - \vec{b} + \vec{c}) - 4(\vec{a} + 2\vec{b} - 3\vec{c})$
b) $t \cdot (\vec{a} + \vec{b} - \vec{c}) + (1 - t) \cdot (2\vec{a} + 3\vec{b} + \vec{c})$

14. Formen Sie die Vektorgleichung nach $\vec{x}$ um.

a) $3(\vec{a} + \vec{b} - \vec{x}) = -\vec{a}$
b) $\frac{1}{2}(\vec{a} + 2\vec{b} - \vec{x}) = \frac{1}{3}(3\vec{a} + \vec{b} + \vec{x})$

15. Prüfen Sie, ob die Vektoren $\vec{a}$ und $\vec{b}$ kollinear sind.

a) $\vec{a} = \begin{pmatrix} 7 \\ 2 \\ -4 \end{pmatrix}$; $\vec{b} = \begin{pmatrix} 14 \\ 4 \\ -8 \end{pmatrix}$ b) $\vec{a} = \begin{pmatrix} 1 \\ -2 \\ 3 \end{pmatrix}$; $\vec{b} = \begin{pmatrix} 2 \\ 4 \\ 6 \end{pmatrix}$ c) $\vec{a} = \begin{pmatrix} -3 \\ \frac{2}{3} \\ 5 \end{pmatrix}$; $\vec{b} = \begin{pmatrix} -9 \\ 2 \\ 15 \end{pmatrix}$

16. Geben Sie an, welcher der Vektoren kollinear zum Vektor $\vec{v} = \begin{pmatrix} 2 \\ -1 \\ 5 \end{pmatrix}$ ist.

$\vec{a} = \begin{pmatrix} 1 \\ -2 \\ 10 \end{pmatrix}$; $\vec{b} = \begin{pmatrix} -4 \\ 2 \\ -10 \end{pmatrix}$; $\vec{c} = \begin{pmatrix} \frac{1}{3} \\ -\frac{1}{6} \\ \frac{5}{6} \end{pmatrix}$; $\vec{d} = \begin{pmatrix} 4 \\ -2 \\ 0 \end{pmatrix}$

17. Die Vektoren $\vec{a} = \overrightarrow{AH}$, $\vec{b} = \overrightarrow{BC}$ und $\vec{c} = \overrightarrow{GE}$ verlaufen entlang der Kanten eines Gittermodells eines regelmäßigen Oktaeders (H ist der Mittelpunkt der Strecke $\overline{AB}$).
Geben Sie einen Verbindungsvektor zwischen zwei Punkten des Körpers an, der mit der Linearkombination dargestellt wird.

① $-2\vec{c}$ ② $2\vec{a} + \vec{b}$
③ $\vec{c} + \vec{a} + \frac{1}{2}\vec{b}$ ④ $-\vec{c} - \vec{a} - \frac{1}{2}\vec{b}$
⑤ $\vec{a} + \frac{1}{2}\vec{b} - \vec{c}$ ⑥ $2\vec{a}\quad\vec{b}$

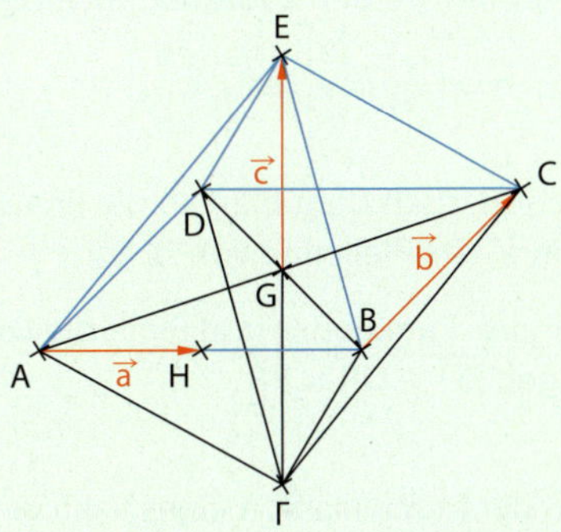

18. Gegeben ist ein Dreieck ABC mit A(1 | 1), B(7 | 2) und C(3 | 5).

a) Beschreiben Sie die Vektoren $\overrightarrow{AB}$, $\overrightarrow{BC}$ und $\overrightarrow{AC}$ als Differenz von Ortsvektoren der Eckpunkte A, B und C.
b) Beschreiben Sie die Ortsvektoren der Mittelpunkte E, F und G der Dreiecksseiten als Linearkombination von Ortsvektoren oder Verbindungsvektoren der Eckpunkte des Dreiecks.

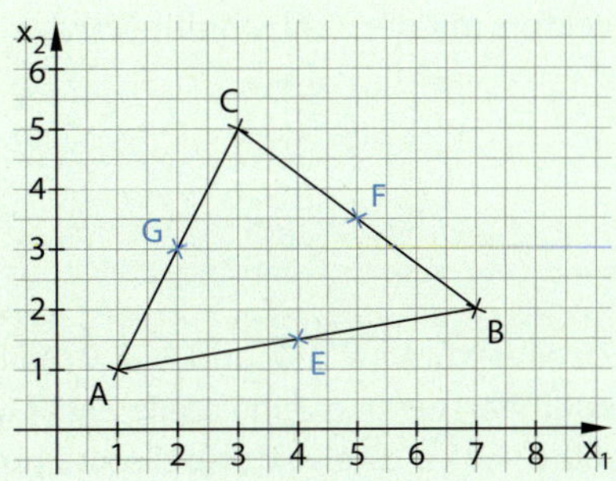

Zusammenfassung

Punkte im Raum

Die Lage eines Punktes im Raum gibt man in der Form $P(x_1|x_2|x_3)$ mit **drei Koordinaten** an. Diese geben an, wo in Bezug auf die Richtung der jeweiligen **Koordinatenachse** sich der Punkt im **dreidimensionalen Koordinatensystem** befindet.

Punkte $P(4|3|1)$ und $Q(4|-1|1)$ im dreidimensionalen Koordinatensystem

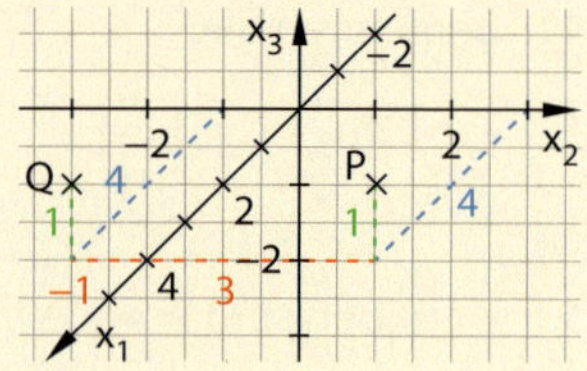

Vektoren

Ein **dreidimensionaler Vektor** $\vec{v} = \begin{pmatrix} v_1 \\ v_2 \\ v_3 \end{pmatrix}$ beschreibt eine **Verschiebung im Raum**. Die zugehörigen **Vektorpfeile** sind durch ihre **Länge** und **Richtung** gekennzeichnet.

Der **Betrag** $|\vec{v}|$ eines Vektors ist die Länge seiner Vektorpfeile im Koordinatensystem.
$|\vec{v}| = \sqrt{v_1^2 + v_2^2 + v_3^2}$

Der Vektor $v = \begin{pmatrix} 2 \\ 4 \\ 2 \end{pmatrix}$ wird durch Pfeile im Koordinatensystem dargestellt.

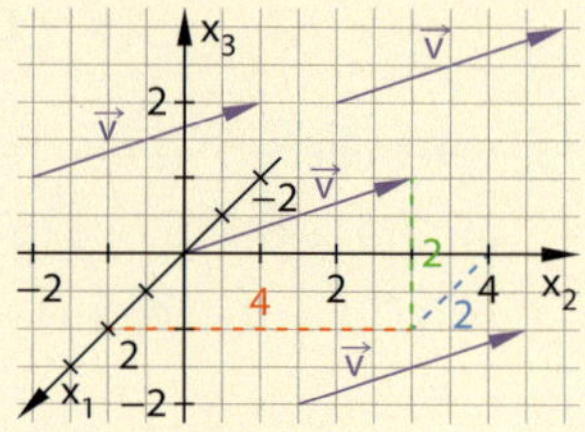

Betrag: $|\vec{v}| = \sqrt{2^2 + 4^2 + 2^2} = \sqrt{24} \approx 4{,}9$

Orts- und Verbindungsvektoren

Der Vektor $\overrightarrow{PQ} = \begin{pmatrix} q_1 - p_1 \\ q_2 - p_2 \\ q_3 - p_3 \end{pmatrix}$ ist der **Verbindungsvektor** vom Punkt $P(p_1|p_2|p_3)$ zum Punkt $Q(q_1|q_2|q_3)$.

Der Verbindungsvektor $\overrightarrow{OP}$ vom Koordinatenursprung O zu einem Punkt $P(p_1|p_2|p_3)$ heißt **Ortsvektor** von P: $\overrightarrow{OP} = \begin{pmatrix} p_1 \\ p_2 \\ p_3 \end{pmatrix}$

$P(2|-1|3)$
$Q(2|4|2)$
Ortsvektoren:
$\overrightarrow{OP} = \begin{pmatrix} 2 \\ -1 \\ 3 \end{pmatrix}$

$\overrightarrow{OQ} = \begin{pmatrix} 2 \\ 4 \\ 2 \end{pmatrix}$

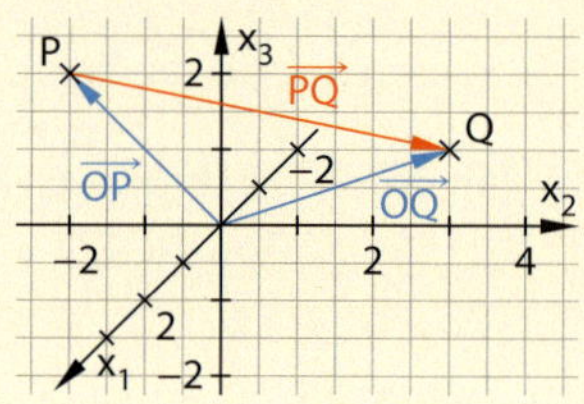

Verbindungsvektor: $\overrightarrow{PQ} = \begin{pmatrix} 2-2 \\ 4-(-1) \\ 2-3 \end{pmatrix} = \begin{pmatrix} 0 \\ 5 \\ -1 \end{pmatrix}$

Addition von Vektoren

Vektoren werden koordinatenweise addiert:
$\vec{a} + \vec{b} = \begin{pmatrix} a_1 \\ a_2 \\ a_3 \end{pmatrix} + \begin{pmatrix} b_1 \\ b_2 \\ b_3 \end{pmatrix} = \begin{pmatrix} a_1 + b_1 \\ a_2 + b_2 \\ a_3 + b_3 \end{pmatrix}$

Geometrisch trägt man an die Pfeilspitze von $\vec{a}$ das Pfeilende von $\vec{b}$ an.

Für drei Punkte P, Q und R gilt die **Dreiecksregel**: $\overrightarrow{PQ} + \overrightarrow{QR} = \overrightarrow{PR}$

$\vec{a} = \begin{pmatrix} 2 \\ 4 \\ 2 \end{pmatrix}$

$\vec{b} = \begin{pmatrix} -2 \\ 1 \\ -3 \end{pmatrix}$

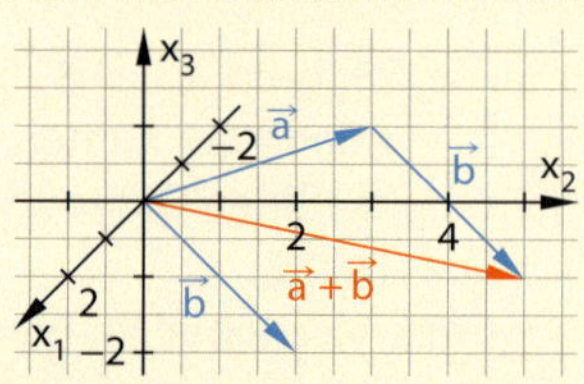

$\vec{a} + \vec{b} = \begin{pmatrix} 2+(-2) \\ 4+1 \\ 2+(-3) \end{pmatrix} = \begin{pmatrix} 0 \\ 5 \\ -1 \end{pmatrix}$

Vielfache von Vektoren

Bei der Multiplikation eines Vektors $\vec{a}$ mit einer reellen Zahl r wird jede Koordinate des Vektors mit der Zahl r multipliziert:

$r \cdot \vec{a} = r \cdot \begin{pmatrix} a_1 \\ a_2 \\ a_3 \end{pmatrix} = \begin{pmatrix} r \cdot a_1 \\ r \cdot a_2 \\ r \cdot a_3 \end{pmatrix}$

$\vec{a} = \begin{pmatrix} 2 \\ 4 \\ 2 \end{pmatrix}$

$(-0{,}5) \cdot \vec{a}$

$= \begin{pmatrix} -0{,}5 \cdot 2 \\ -0{,}5 \cdot 4 \\ -0{,}5 \cdot 2 \end{pmatrix} = \begin{pmatrix} -1 \\ -2 \\ -1 \end{pmatrix}$

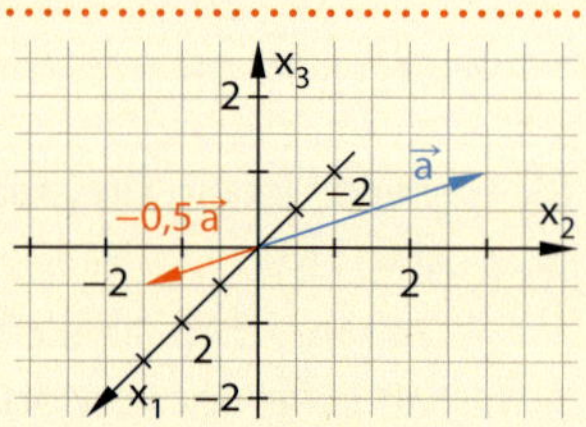

Kollinearität

Zwei Vektoren $\vec{a} \neq \vec{0}$ und $\vec{b} \neq \vec{0}$ heißen **kollinear**, wenn es eine reelle Zahl r gibt mit $\vec{b} = r \cdot \vec{a}$. Die Vektorpfeile kollinearer Vektoren sind **parallel** zueinander.

$\vec{a} = \begin{pmatrix} 1 \\ -2 \\ 3 \end{pmatrix}, \vec{b} = \begin{pmatrix} 2 \\ -4 \\ 6 \end{pmatrix}$

$\vec{b} = \begin{pmatrix} 2 \cdot 1 \\ 2 \cdot (-2) \\ 2 \cdot 3 \end{pmatrix} = 2 \cdot \vec{a}$ $\quad$ $\vec{a}$ und $\vec{b}$ sind kollinear.

6. Geraden und Ebenen

Basstölpel können Fische aus großer Höhe erspähen und stürzen zur Jagd mit bis zu 100 km/h auf die Wasseroberfläche zu. Ihre Flugbahn verläuft dabei nahezu geradlinig. Zu welcher Zeit sie ihre Beute erreichen, lässt sich gut mit Geraden und Ebenen modellieren.

Nach diesem Kapitel können Sie …
- Geraden und Ebenen mit Parametergleichungen beschreiben,
- Lagebeziehungen von Geraden untersuchen,
- Spurpunkte und Spurgeraden bestimmen,
- Skalarprodukte berechnen und geometrisch deuten.

Lösungen ↗ S. 502/503

Lineare Gleichungssysteme

1. Lösen Sie das lineare Gleichungssystem rechnerisch.

a) $\begin{array}{l} 2x + 3y = 7 \\ 4x + 5y = 11 \end{array}$ b) $\begin{array}{l} 3x + 4y = 1 \\ 2x - 4y = 14 \end{array}$ c) $\begin{array}{r} x + y = 2 \\ 9x - 7y = 2 \end{array}$ d) $\begin{array}{r} 4x - 2y + z = 3 \\ 2x + y - z = 1 \\ x + y + z = 6 \end{array}$

2. Gegeben ist die erweiterte Koeffizientenmatrix eines linearen Gleichungssystems. Bringen Sie diese in Zeilenstufenform und bestimmen Sie die Lösungsmenge.

a) $\left(\begin{array}{cc|c} 1 & 2 & 5 \\ 3 & 5 & 13 \end{array}\right)$ b) $\left(\begin{array}{cc|c} 1 & -2 & 2{,}5 \\ -2 & 5 & -6 \end{array}\right)$ c) $\left(\begin{array}{cc|c} 0{,}5 & 2 & -6 \\ \frac{1}{4} & 5 & -9 \end{array}\right)$ d) $\left(\begin{array}{ccc|c} 1 & 2 & 1 & 2 \\ 2 & 2 & 5 & 6{,}5 \\ 0{,}5 & -1 & 2 & 2 \end{array}\right)$

3. Gegeben ist die Zeilenstufenform eines linearen Gleichungssystems. Entscheiden Sie, ob das LGS keine Lösung, genau eine Lösung oder unendlich viele Lösungen hat.

a) $\left(\begin{array}{ccc|c} 2 & -1 & 3 & 4 \\ 0 & 1 & 2 & 3 \\ 0 & 0 & 0 & 2 \end{array}\right)$ b) $\left(\begin{array}{ccc|c} 2 & -1 & 3 & 5 \\ 0 & 1 & 2 & 3 \\ 0 & 0 & 2 & 4 \end{array}\right)$ c) $\left(\begin{array}{ccc|c} 2 & 1 & -4 & 1 \\ 0 & 1 & -2 & -1 \\ 0 & 0 & 0 & 0 \end{array}\right)$

4. Gegeben ist die Zeilenstufenform eines linearen Gleichungssystems. Geben Sie die Lösungsmenge an.

a) $\left(\begin{array}{ccc|c} 2 & -1 & 3 & 4 \\ 0 & 1 & 2 & -3 \\ 0 & 0 & 2 & 2 \end{array}\right)$ b) $\left(\begin{array}{ccc|c} 1 & -1 & 2 & 4 \\ 0 & 1 & 2 & 3 \\ 0 & 0 & -4 & 8 \end{array}\right)$ c) $\left(\begin{array}{ccc|c} 1 & 2 & 3 & 4 \\ 0 & 2 & 1 & 0 \\ 0 & 0 & 2 & 1 \end{array}\right)$

5. Gegeben ist die erweiterte Koeffizientenmatrix eines linearen Gleichungssystems.

① $\left(\begin{array}{ccc|c} 2 & -1 & 3 & 4 \\ 2 & 0 & 5 & 1 \\ 0 & 1 & 4 & -2 \end{array}\right)$ ② $\left(\begin{array}{ccc|c} 2 & -1 & 3 & 4 \\ 4 & 1 & 8 & 5 \\ 4 & -2 & 6 & 8 \end{array}\right)$ ③ $\left(\begin{array}{ccc|c} 2 & -1 & 3 & 4 \\ 1 & 1 & 2 & 3 \\ 4 & -2 & 6 & 6 \end{array}\right)$

a) Bestimmen Sie die Lösungsmenge des LGS ohne GTR.

GTR b) Bestimmen Sie die Lösungsmenge des LGS mit dem GTR.

6. Ergänzen Sie die erweiterte Koeffizientenmatrix – wenn möglich – so, dass das zugehörige lineare Gleichungssystem

① eindeutig lösbar ist, ② keine Lösung hat, ③ unendlich viele Lösungen hat.

a) $\left(\begin{array}{ccc|c} 1 & 2 & 3 & 4 \\ 2 & 3 & 1 & -2 \\ \blacksquare & \blacksquare & \blacksquare & \blacksquare \end{array}\right)$ b) $\left(\begin{array}{ccc|c} 2 & 3 & 3 & 2 \\ 2 & 2 & 1 & 0 \\ \blacksquare & \blacksquare & \blacksquare & 4 \end{array}\right)$ c) $\left(\begin{array}{ccc|c} 3 & 2 & 3 & 4 \\ 0 & 0 & 0 & 2 \\ \blacksquare & \blacksquare & \blacksquare & \blacksquare \end{array}\right)$

7. Ordnen Sie jedem Zahlentripel eine passende Lösungsmenge L eines linearen Gleichungssystems zu.

① $(-2\,|\,4\,|\,-1)$ ② $(5\,|\,14\,|\,3)$ ③ $\left(-\frac{3}{4}\,\middle|\,\frac{3}{2}\,\middle|\,-\frac{7}{2}\right)$ ④ $(2\,|\,4{,}5\,|\,0{,}5)$ ⑤ $(15\,|\,-2\,|\,7)$

$L_1 = \{(2 + t\,|\,5t - 1\,|\,t);\ t \in \mathbb{R}\}$ $L_2 = \left\{\left(-\frac{1}{2}t\,\middle|\,t\,\middle|\,t - 5\right);\ t \in \mathbb{R}\right\}$ $L_3 = \{(2t + 1\,|\,5 - t\,|\,t);\ t \in \mathbb{R}\}$

8. Bestimmen Sie die Lösungsmenge des linearen Gleichungssystems.

a) $\left|\begin{array}{l} -2 + r = 10 + s \\ 4 + 2r = 8 + s \\ 1 + 2r = -15 \end{array}\right|$ b) $\left|\begin{array}{l} 3 + 3r = 1 - 1{,}5s \\ 11 - r = -2 + 0{,}5s \\ -5 - 2r = 3 + s \end{array}\right|$ c) $\left|\begin{array}{l} -1 - 2r = 1 + 0{,}5s \\ 3 + 4r = -1 - s \\ -3 - r = -2 + 0{,}25s \end{array}\right|$

GTR **9.** Bestimmen Sie die Lösungsmenge des linearen Gleichungssystems mit dem GTR.

a) $\left|\begin{array}{l} 1 - r + s = 1 - t \\ 8 + r + 2s = 2 + t \\ -2 + 2r - s = -1 + t \end{array}\right|$ b) $\left|\begin{array}{l} -3r - s = -2t + 4u \\ 8 + 2r + s = t - 5u \\ -1 + 2r + s = 3t - u \end{array}\right|$ c) $\left|\begin{array}{l} 5 + 2r + 4s = -7 + 6t - 2u \\ 6 + 3r + 3s = -7 + 6t \\ -2 + 6r + 8s = -24 + 14t - 2u \end{array}\right|$

Punkte und Vektoren

Lösungen
↗ S. 503

10. Bestimmen Sie den Vektor, der vom Punkt A aus zum Punkt B verläuft.

a) A(3|2|1) B(6|7|9) b) A(2|1|1) B(7|6|8) c) A(−2|−4|−2) B(7|8|5)

11. Berechnen Sie den Abstand der Punkte A und B.

a) A(2|3) B(5|−1) b) A(0|1|2) B(−1|4|2) c) A(−2|1|−2) B(−6|−5|−7)

12. Berechnen Sie.

a) $\begin{pmatrix} 3 \\ 2 \\ -1 \end{pmatrix} + \begin{pmatrix} -5 \\ 0 \\ 2 \end{pmatrix}$ b) $\frac{1}{4} \cdot \begin{pmatrix} 4 \\ -16 \\ 0 \end{pmatrix}$ c) $(-7) \cdot \begin{pmatrix} -11 \\ -3 \\ 5 \end{pmatrix} + (-7) \cdot \begin{pmatrix} 9 \\ 3 \\ -4 \end{pmatrix}$

13. Prüfen Sie, ob die Vektoren $\vec{v}$ und $\vec{w}$ kollinear sind.

a) $\vec{v} = \begin{pmatrix} 2 \\ 4 \\ 5 \end{pmatrix}; \vec{w} = \begin{pmatrix} 4 \\ 8 \\ 10 \end{pmatrix}$ b) $\vec{v} = \begin{pmatrix} 2 \\ 4 \\ 3 \end{pmatrix}; \vec{w} = \begin{pmatrix} 6 \\ 12 \\ 6 \end{pmatrix}$ c) $\vec{v} = \begin{pmatrix} -9 \\ -6 \\ -12 \end{pmatrix}; \vec{w} = \begin{pmatrix} 3 \\ 2 \\ 4 \end{pmatrix}$

14. Betrachten Sie den abgebildeten Quader.

a) Geben Sie die Koordinaten der Eckpunkte an.
b) Bestimmen Sie die Vektoren $\overrightarrow{AB}$ und $\overrightarrow{FG}$.
c) Zeigen Sie, dass die Kanten $\overline{AB}$ und $\overline{EF}$ zueinander parallel verlaufen.

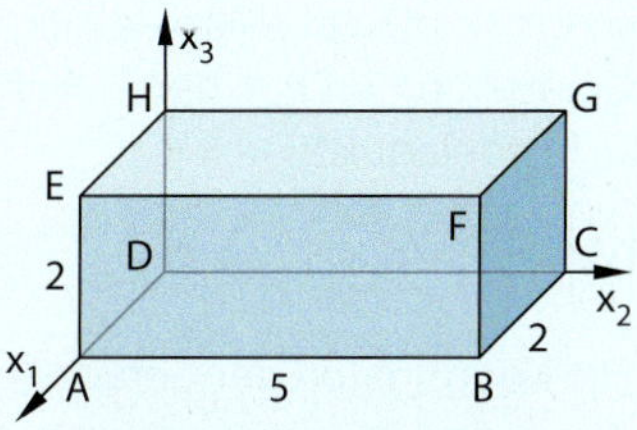

15. Beschreiben Sie die Menge aller Punkte $P(x_1|x_2|x_3)$ mit der angegebenen Eigenschaft.

① $x_3 = 0$ ② $x_1 = x_2 = 0$ ③ $x_2 = 3$ ④ $x_1 = x_2$

16. Berechnen Sie die Koordinaten der Linearkombination der Vektoren $\vec{v} = \begin{pmatrix} 1 \\ -2 \\ 4 \end{pmatrix}$ und $\vec{w} = \begin{pmatrix} -2 \\ 3 \\ -1 \end{pmatrix}$.

a) $\vec{v} + 2 \cdot \vec{w}$ b) $\frac{1}{2} \cdot \vec{v} - \vec{w}$ c) $3 \cdot \vec{v} - 4 \cdot \vec{w}$ d) $-0{,}5 \cdot \vec{v} - 2{,}5 \cdot \vec{w}$

17. Untersuchen Sie, ob der Vektor $\vec{v}$ eine Linearkombination der Vektoren $\vec{a}$ und $\vec{b}$ ist.

a) $\vec{v} = \begin{pmatrix} 5 \\ -6 \\ 0 \end{pmatrix}; \vec{a} = \begin{pmatrix} 1 \\ -2 \\ 2 \end{pmatrix}; \vec{b} = \begin{pmatrix} -6 \\ 4 \\ 8 \end{pmatrix}$ b) $\vec{v} = \begin{pmatrix} 8 \\ 4 \\ 11 \end{pmatrix}; \vec{a} = \begin{pmatrix} 1 \\ -2 \\ 4 \end{pmatrix}; \vec{b} = \begin{pmatrix} 3 \\ -2 \\ 5 \end{pmatrix}$

Vermischtes

18. Gegeben ist die Funktion f mit der Gleichung $f(x) = mx + 1$.

a) Ermitteln Sie die Steigung m so, dass das Zahlenpaar (−6|4) zur Funktion f gehört.
b) Geben Sie eine Funktionsgleichung einer Funktion g an, deren Graph parallel zum Graphen der Funktion f durch den Punkt P(1|1,5) verläuft.

19. In der Abbildung wird ein Dreieck auf einem Bleistift balanciert. Wie findet man den Punkt des Dreiecks, um das Dreieck zu balancieren? Erproben Sie es mit einem Pappdreieck.

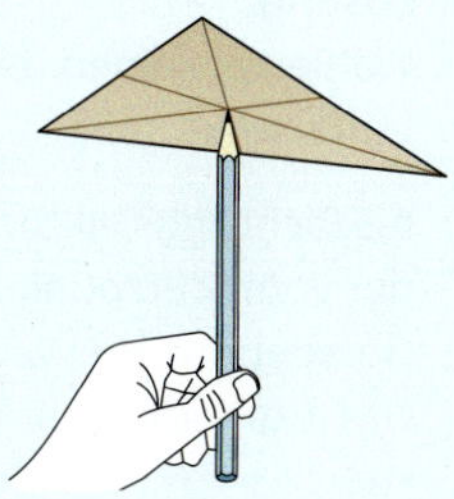

20. Eine 5 cm hohe gerade Pyramide hat eine quadratische Grundfläche (a = 5 cm). Berechnen Sie den Oberflächeninhalt und das Volumen der Pyramide.

6.1 Parametergleichung einer Geraden

■ Ein Flugzeug befindet sich beim Landeanflug zum Zeitpunkt t = 0 (Zeit in Minuten) über dem Punkt A (6 | 5). Von oben betrachtet bewegt es sich pro Minute um den Vektor $\vec{u} = \begin{pmatrix} -4 \\ -3 \end{pmatrix}$. Eine LE entspricht 2 km.
Berechnen Sie die Position des Flugzeugs für t = 1, t = 2, t = 0,5 und t = −1.
Stellen Sie die Situation in einem Koordinatensystem dar. ■

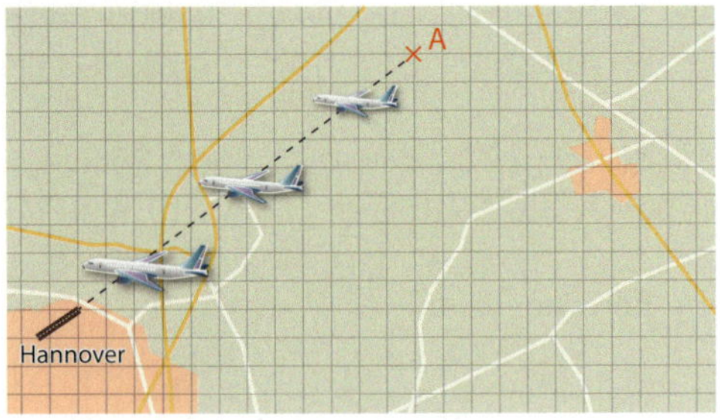

Erinnerung:
Bei der Geradengleichung y = mx + b ist mit (0 | b) ein Punkt der Geraden und durch den Steigungsfaktor m eine Richtung gegeben.

Eine Gerade ist durch einen Punkt und ihre Richtung festgelegt. Trägt man am Punkt A (1 | 2 | 3) Vielfache des Vektors $\vec{u} = \begin{pmatrix} 2 \\ 4 \\ 2 \end{pmatrix}$ ab, so erhält man alle Punkte X (x_1 | x_2 | x_3) der Geraden g durch A, deren Richtung durch $\vec{u}$ festgelegt ist:

$$\begin{pmatrix} x_1 \\ x_2 \\ x_3 \end{pmatrix} = \begin{pmatrix} 1 \\ 2 \\ 3 \end{pmatrix} + r \begin{pmatrix} 2 \\ 4 \\ 2 \end{pmatrix}, \quad r \in \mathbb{R}$$

Die Koordinaten der Geradenpunkte werden durch den Parameter r bestimmt.

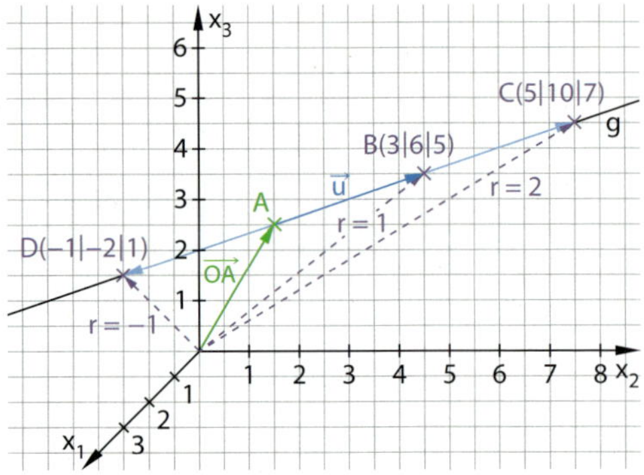

Merkhilfe:
Gehe vom Ursprung O aus zum Punkt A der Geraden und von dort aus weiter mit $r \cdot \vec{u}$ in Richtung der Geraden.

Wissen: Parametergleichung einer Geraden
Ist A ein Punkt einer Geraden g und ist $\vec{u}$ ein Vektor in Richtung der Geraden, dann lässt sich die Gerade beschreiben durch die **Parametergleichung**

$$\vec{x} = \overrightarrow{OA} + r \cdot \vec{u} \quad (r \in \mathbb{R}).$$

Der **Stützvektor** $\overrightarrow{OA}$ ist der Ortsvektor des **Stützpunktes** A.
$\vec{u}$ ist ein **Richtungsvektor** der Geraden.
Für jeden Wert des **Parameters** r erhält man den Ortsvektor $\vec{x}$ des entsprechenden Punktes X der Geraden.

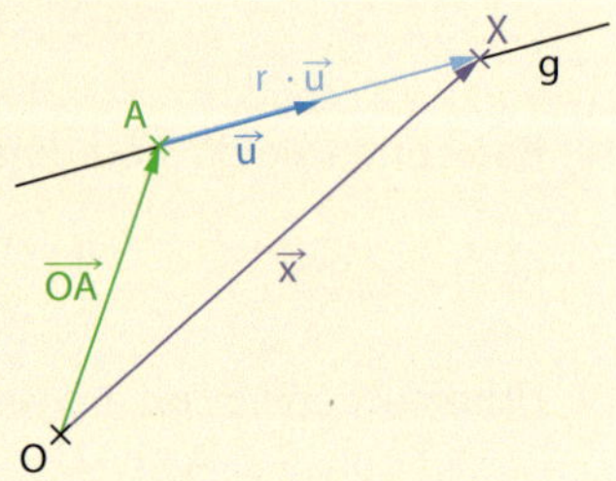

Die Parametergleichung einer Geraden ist nicht eindeutig bestimmt. Jeder Punkt der Geraden kann als Stützpunkt und jeder Vektor in Richtung der Geraden kann als Richtungsvektor gewählt werden.

Beispiel 1: Gerade durch zwei Punkte
Geben Sie eine Parametergleichung der Geraden an, die durch die Punkte B (1 | 1 | 3) und D (−1 | 5 | 1) verläuft.

Hinweis:
In der Vektorrechnung wird die Gerade BD auch mit g_{BD} bezeichnet.

Lösung:
Wählen Sie einen der beiden Punkte als Stützpunkt.

Stützvektor: $\overrightarrow{OB} = \begin{pmatrix} 1 \\ 1 \\ 3 \end{pmatrix}$

Als Richtungsvektor eignet sich der Vektor, der vom Stützpunkt B aus zum zweiten Geradenpunkt D verläuft.

Richtungsvektor: $\overrightarrow{BD} = \begin{pmatrix} -1-1 \\ 5-1 \\ 1-3 \end{pmatrix} = \begin{pmatrix} -2 \\ 4 \\ -2 \end{pmatrix}$

Das ergibt die Gleichung der Geraden.

Geradengleichung: g_{BD}: $\vec{x} = \begin{pmatrix} 1 \\ 1 \\ 3 \end{pmatrix} + r \begin{pmatrix} -2 \\ 4 \\ -2 \end{pmatrix}$

Beispiel 2: Punktprobe

Prüfen Sie, ob der Punkt auf der Geraden g: $\vec{x} = \begin{pmatrix} 2 \\ -1 \\ 4 \end{pmatrix} + r \begin{pmatrix} 1 \\ -2 \\ 1 \end{pmatrix}$ liegt.

a) B(1 | 1 | 3)   b) C(4 | −1 | 6)

Lösung:

a) B liegt auf g, wenn $\overrightarrow{OB}$ Ortsvektor eines Geradenpunktes ist: $\overrightarrow{OB} = \overrightarrow{OA} + r \cdot \vec{u}$

$$\begin{pmatrix} 1 \\ 1 \\ 3 \end{pmatrix} = \begin{pmatrix} 2 \\ -1 \\ 4 \end{pmatrix} + r \begin{pmatrix} 1 \\ -2 \\ 1 \end{pmatrix} = \begin{pmatrix} 2 + r \\ -1 - 2r \\ 4 + r \end{pmatrix}$$

Es ergibt sich ein lineares Gleichungssystem aus drei Gleichungen für r. In allen drei Gleichungen ergibt sich derselbe Wert r = −1.

$1 = 2 + r \quad \Leftrightarrow r = -1$
$1 = -1 - 2r \quad \Leftrightarrow r = -1$
$3 = 4 + r \quad \Leftrightarrow r = -1$

B liegt auf g.

b) Einsetzen von $\overrightarrow{OC}$ in die Geradengleichung ergibt ein Gleichungssystem mit drei Gleichungen für r. Lösen Sie die drei einzelnen Gleichungen. Es ergibt sich kein einheitlicher Wert für r; das LGS ist nicht lösbar.

$$\begin{pmatrix} 4 \\ -1 \\ 6 \end{pmatrix} = \begin{pmatrix} 2 \\ -1 \\ 4 \end{pmatrix} + r \begin{pmatrix} 1 \\ -2 \\ 1 \end{pmatrix} = \begin{pmatrix} 2 + r \\ -1 - 2r \\ 4 + r \end{pmatrix}$$

$4 = 2 + r \quad \Leftrightarrow r = 2$
$-1 = -1 - 2r \quad \Leftrightarrow r = 0$
$6 = 4 + r \quad \Leftrightarrow r = 2$

C liegt nicht auf g.

Basisaufgaben

1. Geben Sie die Koordinaten von vier Punkten an, die auf der Geraden g liegen.

a) g: $\vec{x} = \begin{pmatrix} -6 \\ -1 \end{pmatrix} + r \begin{pmatrix} 3 \\ -2 \end{pmatrix}$ b) g: $\vec{x} = \begin{pmatrix} 0 \\ 2 \\ -3 \end{pmatrix} + r \begin{pmatrix} 2 \\ -1 \\ 3 \end{pmatrix}$

2. Zeichnen Sie in ein Koordinatensystem diejenigen Punkte, die sich ergeben, wenn Sie in die Geradengleichung für r die Werte 0, 1, 2, 3, 4, 5 einsetzen.

a) g: $\vec{x} = \begin{pmatrix} -6 \\ -1 \end{pmatrix} + r \begin{pmatrix} 3 \\ 1 \end{pmatrix}$ b) g: $\vec{x} = \begin{pmatrix} 4 \\ -1 \\ 6 \end{pmatrix} + r \begin{pmatrix} -1 \\ 1 \\ -2 \end{pmatrix}$

3. Geben Sie zur Geraden g: $\vec{x} = \begin{pmatrix} -2 \\ 4 \\ 7 \end{pmatrix} + r \begin{pmatrix} 2 \\ -4 \\ -6 \end{pmatrix}$ eine weitere Parametergleichung mit einem anderen Stützvektor und einem anderen Richtungsvektor an.

4. Geben Sie eine Parametergleichung der Geraden an, die durch die Punkte A und B geht. Vergleichen Sie Ihre Gleichung mit der Ihres Nachbarn oder Ihrer Nachbarin.

a) A(3 | −4 | 1) B(−6 | 8 | −2)   b) A(8 | −1 | 1) B(−4 | −3 | 5)
c) A(2 | 1 | 3) B(0 | 0 | 0)   d) A(0 | 2 | 5) B(0 | 2 | −1)

5. Prüfen Sie, ob die Punkte P und Q auf der Geraden g liegen.

a) P(−1 | −8) Q(2 | −2) g: $\vec{x} = \begin{pmatrix} 2 \\ -5 \end{pmatrix} + r \begin{pmatrix} 3 \\ 3 \end{pmatrix}$

b) P(8 | 3 | 6) Q(7 | −1 | −6) g: $\vec{x} = \begin{pmatrix} 7 \\ 2 \\ 3 \end{pmatrix} + s \begin{pmatrix} 0 \\ 1 \\ 3 \end{pmatrix}$

c) P(−3 | 10 | 5) Q(3 | 4 | −1) g: $\vec{x} = \begin{pmatrix} 3 \\ 4 \\ -1 \end{pmatrix} + t \begin{pmatrix} -1 \\ 1 \\ 1 \end{pmatrix}$

d) P(1 | 6 | 2) Q(0 | 0 | 7) g: $\vec{x} = \begin{pmatrix} 0 \\ 2 \\ 3 \end{pmatrix} + r \begin{pmatrix} 0 \\ 3 \\ -6 \end{pmatrix}$

6. Die Gerade durch die Punkte A und B mit dem Stützpunkt A und dem Richtungsvektor $\overrightarrow{AB}$ hat die Gleichung $\vec{x} = \overrightarrow{OA} + r \cdot \overrightarrow{AB}$. Geben Sie an, für welche Werte des Parameters r man die Ortsvektoren der folgenden Punkte auf der Geraden erhält. Verdeutlichen Sie die Lage der Punkte durch eine Skizze.

a) Punkt A
b) Punkt B
c) Punkte zwischen A und B
d) Mittelpunkt von A und B
e) Punkte, die von A aus gesehen hinter B liegen
f) Punkte, die von B aus gesehen hinter A liegen

7. Darstellung einer Strecke: Eine Strecke $\overline{AB}$ lässt sich durch die Gleichung $\vec{x} = \overrightarrow{OA} + r \cdot \overrightarrow{AB}$ mit $0 \le r \le 1$ beschreiben.

a) Erläutern Sie die Parametergleichung der Strecke anhand einer Skizze. Welcher Unterschied besteht zu einer Parametergleichung der Geraden AB?
b) Bestimmen Sie zu den Punkten A(−5|−8|11) und B(7|0|7) die Parametergleichung der Strecke $\overline{AB}$.
c) Bestimmen Sie die Koordinaten von drei Punkten der Strecke $\overline{AB}$ aus b).

8. Gegeben ist die Strecke $\overline{PQ}$ mit P(−2|1|7) und Q(1|−8|13).

a) Geben Sie eine Parametergleichung der Strecke an.
b) Überprüfen Sie, welche der Punkte A(−5|10|1), B(0|−5|11), C(2|−11|15) und D(−1|4|9) auf der Strecke liegen.

9. Die Punkte A, B, C, D und E aus der Abbildung bilden eine Pyramide.
Geben Sie eine Parametergleichung für die Gerade oder Strecke an.

a) Gerade g durch C und D
b) Gerade h durch A und C
c) Strecke $\overline{BC}$
d) Strecke $\overline{BE}$

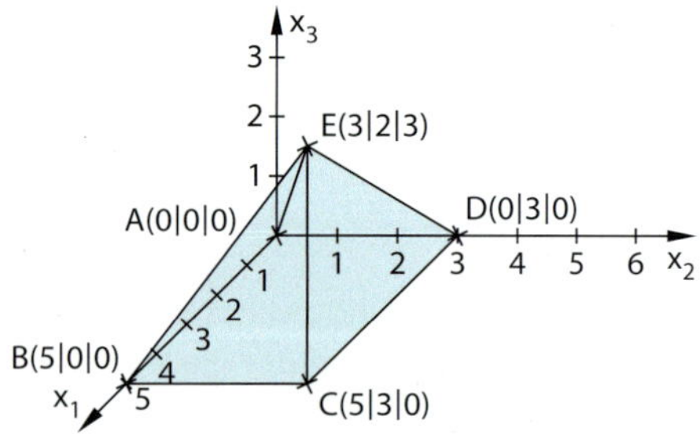

10. Ein Flugzeug befindet sich zum Zeitpunkt t = 0 im Punkt A(10|−12|1,8) und zum Zeitpunkt t = 1 im Punkt B(7|−7|1,9) (t in Minuten, Längeneinheit 2 km).

a) Geben Sie eine Gleichung der (in den ersten 20 Minuten geradlinigen) Flugbahn an.
b) Im Punkt P(−11|23|2,5) schwebt ein Luftballon. Prüfen Sie, ob er sich in der Flugbahn befindet.

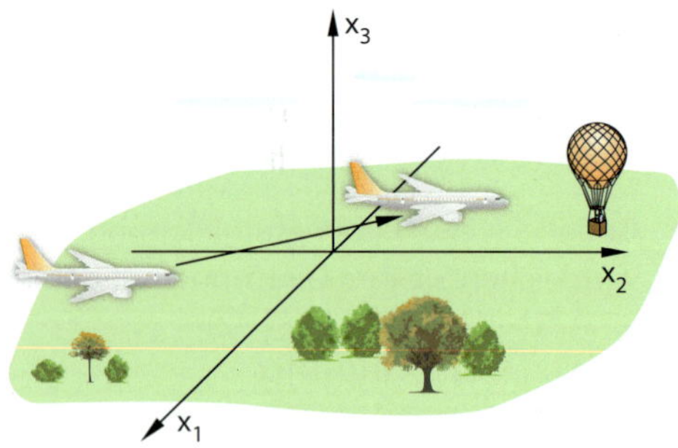

11. Die Punkte A(−1|0|1), B(3|8|−3) und C(−5|6|5) bilden ein Dreieck.

a) Geben Sie Parametergleichungen zu den (blauen) Seitenhalbierenden des Dreiecks an.
b) Geben Sie Parametergleichungen zu den (roten) Mittelparallelen an.
c) Geben Sie einen inneren Punkt der Strecke $\overline{M_c M_a}$ an.

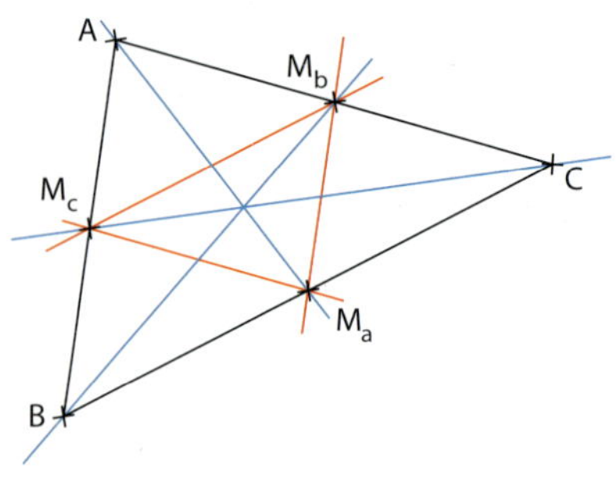

Lage von Geraden im Koordinatensystem – Spurpunkte

Die Schnittpunkte einer Geraden mit den Koordinatenebenen heißen **Spurpunkte**. Sie helfen oft, die Lage einer Geraden im dreidimensionalen Koordinatensystem zu verdeutlichen.

Beispiel 3:

a) Bestimmen Sie die Spurpunkte der Geraden g: $\vec{x} = \begin{pmatrix} -2 \\ -4 \\ 4 \end{pmatrix} + r \begin{pmatrix} 2 \\ 2 \\ -1 \end{pmatrix}$.

b) Zeichnen Sie die Gerade g mithilfe der Spurpunkte in ein Koordinatensystem.

Lösung:

a) Der Spurpunkt S_{12} ist der Schnittpunkt von g mit der x_1x_2-Ebene.
Es gilt: $x_3 = 0$, also $4 - r = 0 \Leftrightarrow r = 4$

$\overrightarrow{OS_{12}} = \begin{pmatrix} -2 \\ -4 \\ 4 \end{pmatrix} + 4 \cdot \begin{pmatrix} 2 \\ 2 \\ -1 \end{pmatrix} = \begin{pmatrix} -2+8 \\ -4+8 \\ 4-4 \end{pmatrix} = \begin{pmatrix} 6 \\ 4 \\ 0 \end{pmatrix}$

$S_{12}(6|4|0)$

S_{13}: $x_2 = 0$, also $-4 + 2r = 0 \Leftrightarrow r = 2$

$\overrightarrow{OS_{13}} = \begin{pmatrix} -2 \\ -4 \\ 4 \end{pmatrix} + 2 \cdot \begin{pmatrix} 2 \\ 2 \\ -1 \end{pmatrix} = \begin{pmatrix} -2+4 \\ -4+4 \\ 4-2 \end{pmatrix} = \begin{pmatrix} 2 \\ 0 \\ 2 \end{pmatrix}$

$S_{13}(2|0|2)$

S_{23}: $x_1 = 0$, also $-2 + 2r = 0 \Leftrightarrow r = 1$

$\overrightarrow{OS_{23}} = \begin{pmatrix} -2 \\ -4 \\ 4 \end{pmatrix} + 1 \cdot \begin{pmatrix} 2 \\ 2 \\ -1 \end{pmatrix} = \begin{pmatrix} -2+2 \\ -4+2 \\ 4-1 \end{pmatrix} = \begin{pmatrix} 0 \\ -2 \\ 3 \end{pmatrix}$

$S_{23}(0|-2|3)$

b)

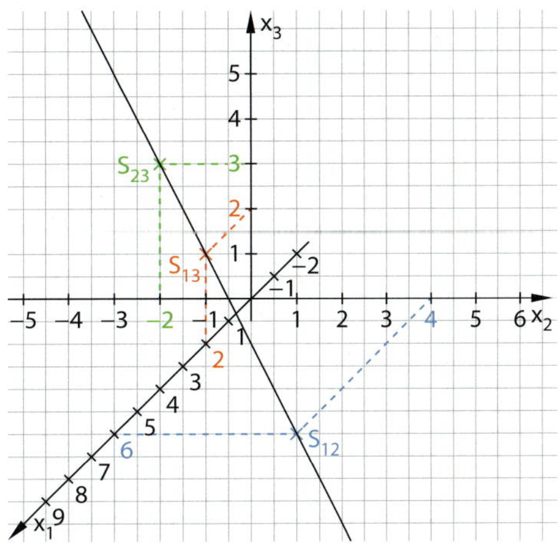

Erinnerung:
Die x_1x_2-Ebene ist eine Koordinatenebene. Sie besteht aus allen Punkten, deren x_3-Koordinate gleich 0 ist.

Hinweis:
Nicht jede Gerade hat drei Spurpunkte. Solche Fälle werden in Aufgabe 19 behandelt.

Basisaufgaben

12. Die Zeichnung zeigt die Gerade g und ihre Spurpunkte S_{12}, S_{13} und S_{23}.

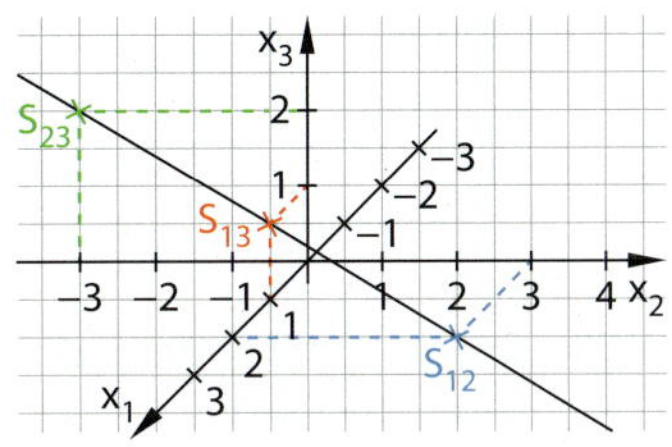

a) Lesen Sie die Koordinaten der Spurpunkte ab.
b) Stellen Sie mithilfe der Spurpunkte S_{12} und S_{13} eine Parametergleichung von g auf.
c) Berechnen Sie mithilfe der Gleichung aus b) die Koordinaten des Spurpunktes S_{23}.

13. Bestimmen Sie die Spurpunkte der Geraden und skizzieren Sie die Gerade mithilfe dieser Spurpunkte.

a) g: $\vec{x} = \begin{pmatrix} 2 \\ 1 \\ 2 \end{pmatrix} + r \begin{pmatrix} -1 \\ -1 \\ 2 \end{pmatrix}$ b) g: $\vec{x} = \begin{pmatrix} -4 \\ 3 \\ -3 \end{pmatrix} + r \begin{pmatrix} -2 \\ 1 \\ -2 \end{pmatrix}$ c) g: $\vec{x} = \begin{pmatrix} 1 \\ 2 \\ 2 \end{pmatrix} + r \begin{pmatrix} 2 \\ -4 \\ -2 \end{pmatrix}$

d) h verläuft durch A (2 | 8 | 9) und B (−1 | 2 | 4,5).
e) k verläuft parallel zu h durch P (3 | 6 | 6).

14. Schattenwurf: Im Punkt P (−2 | 2,5 | 0) der x_1x_2-Ebene steht ein Stab mit der Spitze S (−2 | 2,5 | 3). Die Sonnenstrahlen fallen in Richtung $\vec{v} = \begin{pmatrix} 2 \\ -0{,}5 \\ -1 \end{pmatrix}$ ein.
Berechnen Sie den Schattenpunkt S′ von S in der x_1x_2-Ebene. Skizzieren Sie den Stab und seinen Schatten in einem Koordinatensystem.

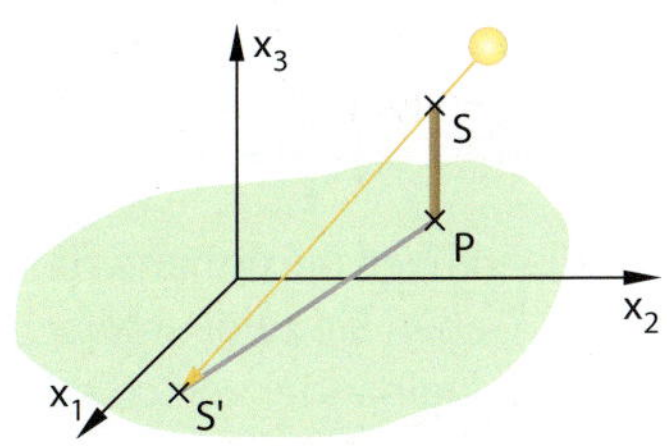

Weiterführende Aufgaben

Hinweis zu 15:
Stellen Sie eine Gleichung auf für die Gerade durch zwei der angegebenen Punkte. Prüfen Sie, ob der dritte Punkt auf dieser Geraden liegt.

15. Prüfen Sie, ob die drei Punkte auf einer Geraden liegen.
a) $A(-2|1|7)$, $B(-3|5|5)$, $C(1|-11|13)$ b) $A(14|0|2)$, $B(-2|3|8)$, $C(-10|1{,}5|11)$

16. Stolperstelle: Mia und Moritz untersuchen die Gerade $g\colon \vec{x} = \begin{pmatrix}0\\2\\0\end{pmatrix} + r\begin{pmatrix}0\\1\\-2\end{pmatrix}$.

Mia verdoppelt den Richtungsvektor und behauptet, dass die Gleichung $\vec{x} = \begin{pmatrix}0\\2\\0\end{pmatrix} + r\begin{pmatrix}0\\2\\-4\end{pmatrix}$ ebenfalls die Gerade g beschreibt.

Moritz verdoppelt den Stützvektor und meint, dass auch die Gleichung $\vec{x} = \begin{pmatrix}0\\4\\0\end{pmatrix} + r\begin{pmatrix}0\\1\\-2\end{pmatrix}$ zur Geraden g gehört.
Überprüfen Sie die beiden Aussagen. Begründen Sie sie oder widerlegen Sie sie mit einem Gegenbeispiel.

Hinweis:
Haben eine Gerade und eine Ebene keine gemeinsamen Punkte, dann verläuft die Gerade (echt) parallel zur Ebene.

Hinweis:
Zwei Geraden sind parallel zueinander, wenn ihre Richtungsvektoren parallel verlaufen (kollinear sind).

17. Beschreiben Sie die besondere Lage der Geraden im Koordinatensystem.
a) $g\colon \vec{x} = \begin{pmatrix}-2\\0\\0\end{pmatrix} + r\begin{pmatrix}0\\2\\2\end{pmatrix}$ b) $g\colon \vec{x} = \begin{pmatrix}0\\0\\3\end{pmatrix} + r\begin{pmatrix}0\\1\\0\end{pmatrix}$
c) $g\colon \vec{x} = \begin{pmatrix}2\\2\\2\end{pmatrix} + r\begin{pmatrix}1\\1\\1\end{pmatrix}$ d) $g\colon \vec{x} = r\begin{pmatrix}0\\0\\1\end{pmatrix}$
e) $g\colon \vec{x} = r\begin{pmatrix}5\\0\\-3\end{pmatrix}$ f) $g\colon \vec{x} = \begin{pmatrix}0\\2\\0\end{pmatrix} + r\begin{pmatrix}0\\-3\\5\end{pmatrix}$

18. Geben Sie eine Parametergleichung für die Gerade mit den angegebenen Eigenschaften an.
a) g verläuft durch $A(2|-2|3)$ und ist parallel zur x_1-Achse.
b) h verläuft durch den Ursprung und hat den Richtungsvektor $\vec{v} = \begin{pmatrix}2\\5\\3\end{pmatrix}$.
c) k verläuft durch $B(-2|7|-1)$ und ist parallel zu h.
d) l ist die x_2-Achse.
e) m liegt in der x_1x_2-Ebene und in der x_1x_3-Ebene.
f) n schneidet die x_3-Achse an der Stelle $x_3 = -2$, liegt in der x_2x_3-Ebene und verläuft parallel zur x_1x_2-Ebene.

● **19. Sonderfälle für Spurpunkte:**
a) Lesen Sie die Koordinaten der Spurpunkte S_{12} und S_{13} der Geraden h ab und geben Sie eine Parametergleichung für h an.
b) Beschreiben Sie die besondere Lage der Geraden h im Koordinatensystem und geben Sie an, weshalb h nur zwei Spurpunkte hat.
c) Berechnen Sie die Spurpunkte der Geraden g_1 bis g_4.

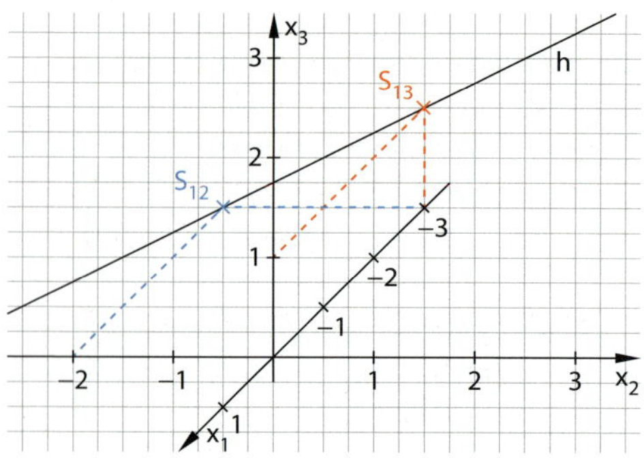

$g_1\colon \vec{x} = \begin{pmatrix}2\\-4\\6\end{pmatrix} + r\begin{pmatrix}-1\\2\\-3\end{pmatrix}$ $g_2\colon \vec{x} = \begin{pmatrix}6\\-8\\-1\end{pmatrix} + r\begin{pmatrix}-3\\8\\1\end{pmatrix}$ $g_3\colon \vec{x} = \begin{pmatrix}4\\6\\4\end{pmatrix} + r\begin{pmatrix}0\\3\\2\end{pmatrix}$ $g_4\colon \vec{x} = \begin{pmatrix}2\\1\\0\end{pmatrix} + r\begin{pmatrix}0\\0\\1\end{pmatrix}$

d) Erklären Sie anhand der Ergebnisse aus c) die besondere Lage von g_1 bis g_4.
e) Geben Sie zwei unterschiedliche Möglichkeiten dafür an, dass eine Gerade genau zwei voneinander verschiedene Spurpunkte hat.

20. Die Grundfläche der abgebildeten Pyramide ist ein Parallelogramm. Die Punkte B, S und M haben die Koordinaten B(0|8|0), S(−2|3|6) und M(−3|4,5|3). Der Punkt M ist der Mittelpunkt der Kante $\overline{CS}$.

a) Geben Sie Parametergleichungen für die Geraden g_{SB}, g_{SC} und g_{CB} an.

b) Es sei A(0|0|0). Zeigen Sie, dass F(−2|3|0) auf der Geraden g_{BD} und senkrecht unterhalb von S liegt.

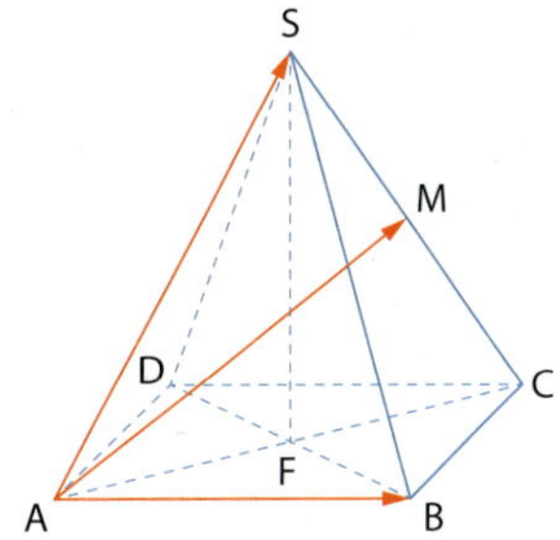

21. Die Punkte A(2|−1|0), B(2|5|−1) und C(−2|3|1) bilden die Grundseite einer dreiseitigen Pyramide mit Spitze T(0|1|6).

a) Zeichnen Sie die Pyramide in ein Koordinatensystem und zeigen Sie, dass der Ursprung (entgegen dem Anschein) nicht auf g_{AC} liegt. Geben Sie die Gleichung einer Ursprungsgeraden an, welche in der Zeichnung mit g_{AC} zusammenfällt.

b) Geben Sie eine Gleichung von g_{AB} sowie die Koordinaten zweier von A und B verschiedener Punkte auf g_{AB} an.

c) Zeigen Sie, dass $P\left(2|2|-\frac{1}{2}\right)$ auf g_{AB} liegt. Welcher besondere Punkt auf g_{AB} ist P?

d) Die Seitenhalbierende g_c des Grunddreiecks ABC verläuft durch C und durch den Mittelpunkt M der Strecke $\overline{AB}$. Auf dieser Seitenhalbierenden liegt der Schwerpunkt S des Dreiecks ABC, und zwar so, dass gilt: $\overrightarrow{CS} = \frac{2}{3}\overrightarrow{CM}$. Geben Sie die Koordinaten von S an und prüfen Sie, ob T, S und Q(2|5|−12) auf einer Geraden liegen.

22. An der Zwischenwand wurden mehrere Punkte markiert. Die Wand soll so durchbohrt werden, dass der Punkt Z vom Punkt T aus zu sehen ist. Alle Angaben sind in Meter.

a) Geben Sie an, welcher der markierten Punkte A bis G als Bohrstelle gewählt werden sollte.

b) Lösen Sie Teil a) mithilfe des Strahlensatzes.

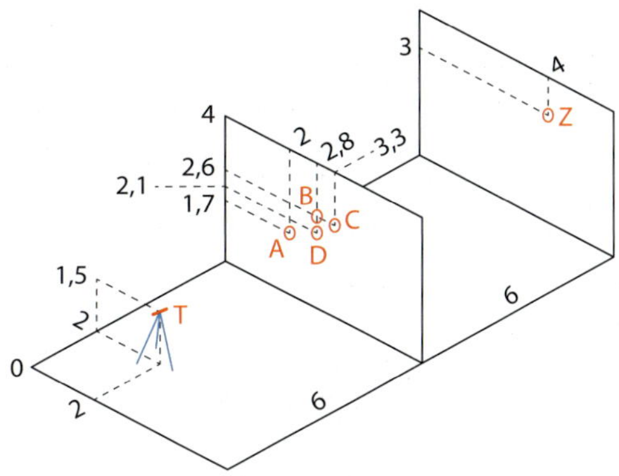

23. Der abgebildete Quader wird von einer punktförmigen Lichtquelle im Punkt L(−1|−2|4) aus beleuchtet.

a) Berechnen Sie die Koordinaten der Schattenpunkte der Würfelecken F, G und H in der x_1x_2-Ebene.

b) Zeichnen Sie den Quader, die Lichtquelle und den Schatten in ein Koordinatensystem.

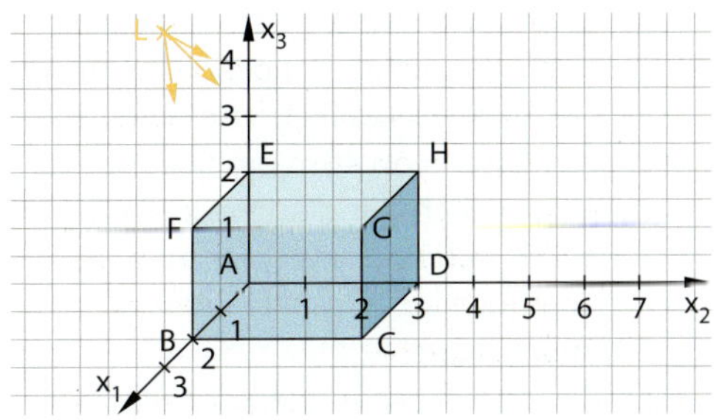

24. Die Punkte A(−7|3|−8), B(−3|5|2) und C(−1|6|7) liegen auf einer Geraden.

a) Bestimmen Sie, welcher der drei Punkte zwischen den beiden anderen liegt. Begründen Sie Ihr Vorgehen.

b) Stina sagt: *„Ich kann das ohne Rechnung. Ich schaue mir nur die erste Koordinate an."* Erläutern Sie, was Stina meint.

25. Zwei Jollensegler streben dem Hafen zu, an dem noch eine Anlegestelle im Punkt H(400 | −150) frei ist. Einer der Segler befindet sich im Punkt A_0(−50 | 75). Sein Kurs wird durch $\begin{pmatrix} 100 \\ -50 \end{pmatrix}$ gegeben (zurückgelegter Weg in Meter nach einer Minute). Der zweite Segler befindet sich in B_0(−200 | −350). Zwei Minuten später befindet er sich im Punkt B_2(−50 | −300).

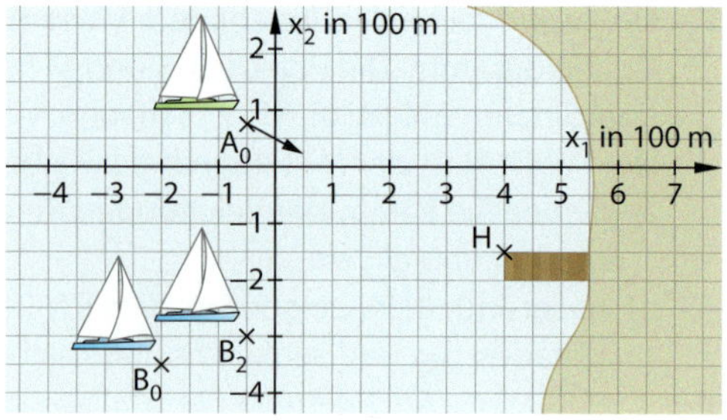

a) Zeigen Sie, dass sich beide Segler auf richtigem Kurs zum Anlegepunkt H befinden.
b) Prüfen Sie, welcher Segler den Anlegeplatz als erster erreicht.

26. Kurz nach dem Start geht ein Flugzeug im Punkt P(1,5 | 9 | 0,5) in eine geradlinige Flugbahn über, wobei sein in einer Minute zurückgelegter Weg dem Vektor $\vec{v} = \begin{pmatrix} -1 \\ 5 \\ 0{,}2 \end{pmatrix}$ entspricht.
Eine Längeneinheit beträgt 1 km, x_3 gibt die Flughöhe über dem flachen Erdboden an.

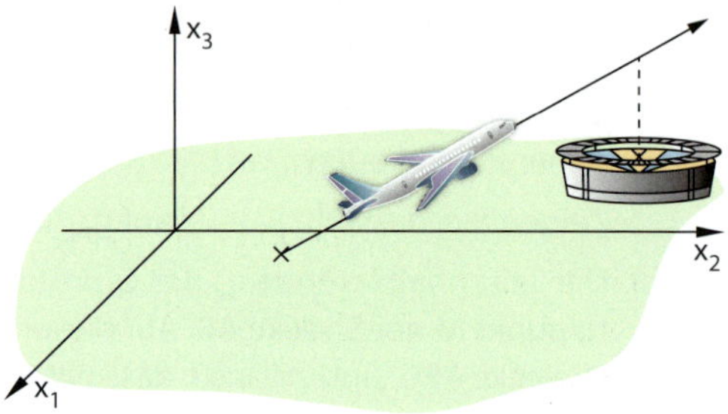

a) Nach 4 Minuten erreicht das Flugzeug den Rand einer nahegelegenen Großstadt. Berechnen Sie seine Flughöhe zu diesem Zeitpunkt.
b) Bei einer Flughöhe von 2 500 m ändert der Pilot die Flugrichtung. Berechnen Sie die Koordinaten des Punktes, in dem sich das Flugzeug zu diesem Zeitpunkt befindet. Geben Sie an, welche Zeit vergangen ist, seit sich das Flugzeug im Punkt P befand.
c) Der Punkt A(−4,5 | 39 | 0,1) entspricht dem Anstoßpunkt eines Fußballstadions. Ermitteln Sie, in welcher Höhe das Flugzeug dieses Stadion überfliegt.

● **27.** Es ist Flugschau auf dem Sportflugplatz. Ein Fesselballon wird im Punkt B(280 | 600 | 0) losgelassen (1 Längeneinheit entspricht 1 m). Der Ballon steigt genau senkrecht hoch, es ist windstill. Er steigt pro Sekunde um 5 m. Zur gleichen Zeit befindet sich ein Flugzeug im Punkt F(0 | −1350 | 650). Es fliegt mit einer Geschwindigkeit von 40 m pro Sekunde parallel zur x_2-Achse in positive x_2-Richtung. Der Sicherheitsabstand zwischen Ballon und Flugzeug sollte jederzeit 500 m betragen.

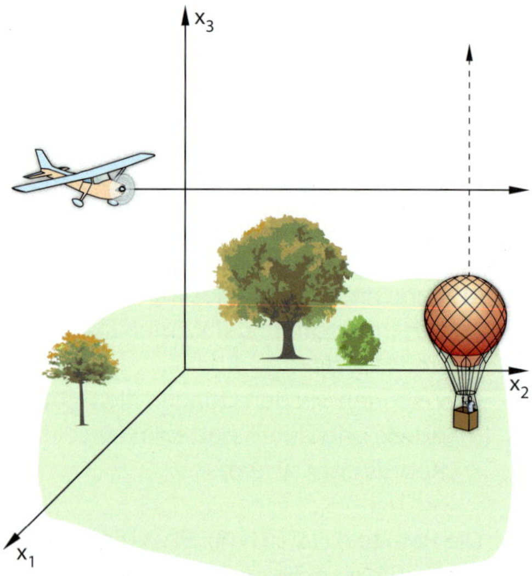

a) Zeigen Sie, dass für jeden Zeitpunkt t (in s) der Abstand beider Flugobjekte gegeben ist durch $\overrightarrow{FB_t} = \begin{pmatrix} 280 \\ 1\,950 - 40t \\ -650 + 5t \end{pmatrix}$.
b) Ermitteln Sie den minimalen Abstand der beiden Flugobjekte, also den minimalen Betrag des Vektors $\overrightarrow{FB_t}$. Entscheiden Sie, ob der Pilot reagieren muss.
c) Bestimmen Sie den Zeitpunkt, in dem der Sicherheitsabstand zwischen Flugzeug und Ballon zum ersten Mal unterschritten wird.

28. Der rote Quader wurde in ein Koordinatensystem gezeichnet, um ein zentralperspektivisches Bild von ihm zu erhalten. Die x_2x_3-Ebene ist die Bildfläche. Der Quader soll so gezeichnet werden, wie er vom Punkt Z aus gesehen auf dieser Bildfläche erscheint. Für den Eckpunkt A des Quaders ist sein Bildpunkt A' gleich dem Spurpunkt der Geraden ZA in der x_2x_3-Ebene.

a) Ermitteln Sie die Bildpunkte aller sichtbaren Quaderecken.

b) Zeichnen Sie mithilfe eines zweidimensionalen Achsenkreuzes ein perspektivisches Bild des Quaders.

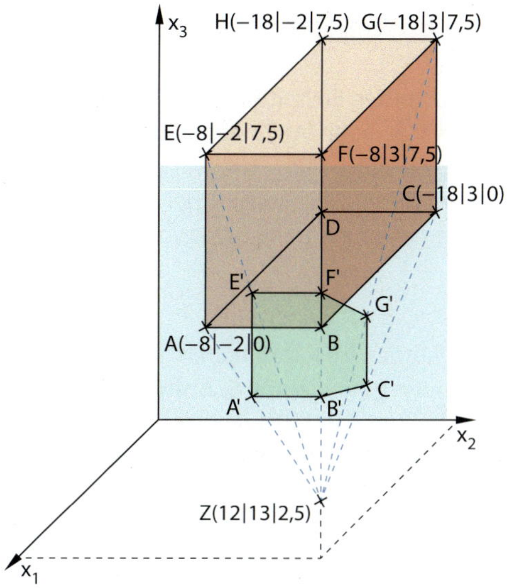

29. Geraden im ebenen Koordinatensystem werden auch durch Gleichungen der Form $y = mx + b$ charakterisiert. Werden die Achsen mit x_1- bzw. x_2-Achse bezeichnet, so wird daraus $x_2 = mx_1 + b$.

a) Skizzieren Sie in ein Koordinatensystem die Gerade g: $x_2 = 2x_1 - 3$. Erklären Sie an diesem Beispiel die Bedeutung von m und b.

b) Gewinnen Sie aus m und b einen Richtungs- und einen Stützvektor und schreiben Sie eine Parametergleichung von g auf.

c) Stellen Sie zu den Geraden h: $x_2 = -\frac{1}{2}x_1 + 1$, j: $x_2 = -x_1$ sowie k: $x_2 = 4$ Parametergleichungen auf. Überprüfen Sie Ihre Ergebnisse durch eine Skizze im Koordinatensystem.

● **30.** Gibt es auch für eine Gerade im Raum eine Koordinatengleichung? Wenn ja, dann müsste sie in etwa aussehen wie $x_3 = 2x_1 + \frac{1}{2}x_2 - 1$. Mit einer solchen Gleichung wird jedem Zahlenpaar $(x_1 \mid x_2)$ ein x_3-Wert zugeordnet. Begründen Sie, weshalb durch diese Gleichung keine Gerade beschrieben wird.

● **31.** Untersucht wird die Gerade g: $\vec{x} = \begin{pmatrix} 2 \\ 4 \\ 2 \end{pmatrix} + r\begin{pmatrix} 1 \\ 1 \\ -1 \end{pmatrix}$.

a) Bestimmen Sie die Spurpunkte von g.

b) Die Gerade h entsteht, indem man die Gerade g an der x_1x_2-Ebene spiegelt. Stellen Sie eine Parametergleichung von h auf.

Hinweis zu 31b:
Beim Spiegeln einer Geraden an einer Ebene wird jeder Punkt der Geraden an der Ebene gespiegelt.

● **32. Ausblick:** Die Lösung des linearen Gleichungssystems enthält eine frei wählbare Variable.

$$\begin{aligned} x + y + z &= 7 \\ 3x + y + 7z &= 11 \\ 2x + y + 4z &= 9 \end{aligned}$$

a) Bestimmen Sie die Lösungsmenge des Gleichungssystems.

b) Geben Sie vier verschiedene Lösungen des LGS an. Diese kann man als Koordinaten von Punkten im Raum auffassen. Zeichnen Sie diese vier Punkte in ein Koordinatensystem. Was beobachten Sie?

c) Schreiben Sie die Lösungsmenge des linearen Gleichungssystems in Form einer Parametergleichung einer Geraden g.

d) Zeigen Sie, dass auch alle Punkte der Geraden h: $\vec{x} = \begin{pmatrix} -1 \\ 7 \\ 1 \end{pmatrix} + r\begin{pmatrix} 6 \\ -4 \\ -2 \end{pmatrix}$ Lösung sind.

e) Mia meint: *„Die Geraden g und h sind gleich."* Nehmen Sie dazu Stellung.

6.2 Lagebeziehungen zwischen Geraden

■ Beschreiben Sie mithilfe zweier Stifte, wie zwei Geraden im Raum zueinander liegen können.
Welcher dieser Fälle kommt bei zwei Geraden in einer Ebene nicht vor? ■

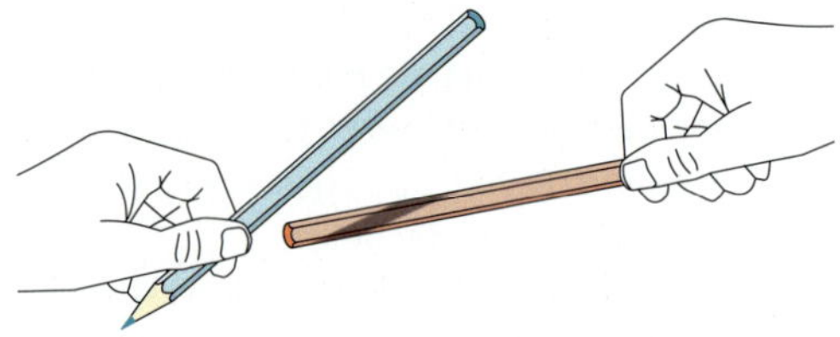

Zwei Geraden im Raum haben zueinander eine von vier möglichen Lagebeziehungen:
Sie können genau einen **Schnittpunkt** haben. Nicht-parallele Geraden ohne gemeinsamen Punkt heißen **windschief** zueinander. Parallele Geraden nennt man **echt parallel**, wenn sie keinen gemeinsamen Punkt haben, anderenfalls sind sie **identisch**.

g und h schneiden sich.

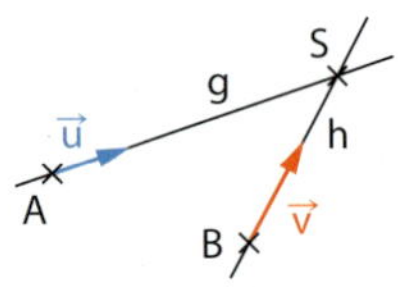

$\vec{u}$ und $\vec{v}$ nicht kollinear;
ein gemeinsamer Punkt S

g und h sind windschief.

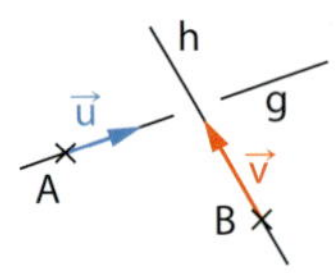

$\vec{u}$ und $\vec{v}$ nicht kollinear;
kein gemeinsamer Punkt

g und h sind echt parallel zueinander.

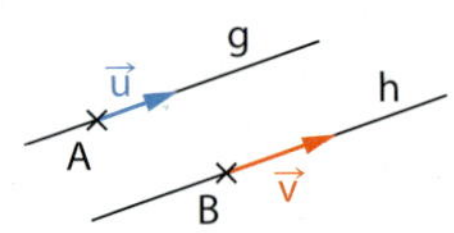

$\vec{u}$ und $\vec{v}$ kollinear;
kein gemeinsamer Punkt

g und h sind identisch.

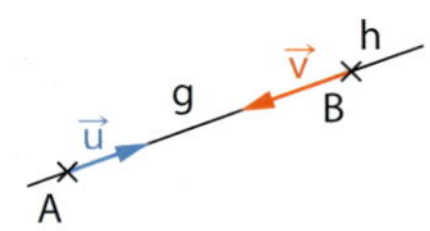

$\vec{u}$ und $\vec{v}$ kollinear;
alle Punkte gemeinsam

Ein möglicher gemeinsamer Punkt muss beide Geradengleichungen erfüllen. Daraus ergibt sich ein lineares Gleichungssystem. Die Lagebeziehung der Geraden ergibt sich aus der Art der Lösungsmenge.

Beispiel 1: Zeigen Sie, dass sich die Geraden g und h schneiden. Berechnen Sie die Koordinaten des Schnittpunktes. $g: \vec{x} = \begin{pmatrix} 1 \\ 2 \\ -1 \end{pmatrix} + r \begin{pmatrix} 2 \\ -1 \\ 3 \end{pmatrix}$ $\quad h: \vec{x} = \begin{pmatrix} 3 \\ 6 \\ 6 \end{pmatrix} + s \begin{pmatrix} -2 \\ 6 \\ 1 \end{pmatrix}$

Lösung:

Durch Gleichsetzen der Geradengleichungen erhalten Sie die Schnittbedingung.

Geradengleichungen gleichsetzen:

$$\begin{pmatrix} 1 \\ 2 \\ -1 \end{pmatrix} + r \begin{pmatrix} 2 \\ -1 \\ 3 \end{pmatrix} = \begin{pmatrix} 3 \\ 6 \\ 6 \end{pmatrix} + s \begin{pmatrix} -2 \\ 6 \\ 1 \end{pmatrix}$$

Die Schnittbedingung entspricht einem linearen Gleichungssystem mit drei Gleichungen und zwei Variablen. Stellen Sie das LGS um und bringen Sie es auf Zeilenstufenform.

$$\left| \begin{array}{r} 1 + 2r = 3 - 2s \\ 2 - r = 6 + 6s \\ -1 + 3r = 6 + s \end{array} \right| \xrightarrow{\text{umstellen}} \left| \begin{array}{l} 2r + 2s = 2 \\ -r - 6s = 4 \\ 3r - \;\; s = 7 \end{array} \right|$$

$$\left(\begin{array}{rr|r} 2 & 2 & 2 \\ -1 & -6 & 4 \\ 3 & -1 & 7 \end{array} \right) \xrightarrow{\text{ZSF}} \left(\begin{array}{rr|r} 1 & 1 & 1 \\ 0 & -1 & 1 \\ 0 & 0 & 0 \end{array} \right) \qquad r = 2;\ s = -1$$

Das LGS ist eindeutig lösbar, also schneiden sich die Geraden.

Setzen Sie r = 2 in die Gleichung von g ein (oder s = −1 in die Gleichung von h) und berechnen Sie so die Koordinaten des Schnittpunktes S.

Schnittpunkt berechnen:

$$\overrightarrow{OS} = \begin{pmatrix} 1 \\ 2 \\ -1 \end{pmatrix} + 2 \cdot \begin{pmatrix} 2 \\ -1 \\ 3 \end{pmatrix} = \begin{pmatrix} 5 \\ 0 \\ 5 \end{pmatrix}$$

Schnittpunkt: S(5 | 0 | 5)

Beispiel 2:
Ermitteln Sie die gegenseitige Lage der Geraden g: $\vec{x} = \begin{pmatrix} 1 \\ 2 \\ -1 \end{pmatrix} + r\begin{pmatrix} 2 \\ -1 \\ 3 \end{pmatrix}$ und h.

a) h: $\vec{x} = \begin{pmatrix} 3 \\ 6 \\ 6 \end{pmatrix} + s\begin{pmatrix} -4 \\ 2 \\ -6 \end{pmatrix}$ b) h: $\vec{x} = \begin{pmatrix} 3 \\ 6 \\ 6 \end{pmatrix} + s\begin{pmatrix} 1 \\ -3 \\ 0 \end{pmatrix}$ c) h: $\vec{x} = \begin{pmatrix} -1 \\ 3 \\ -4 \end{pmatrix} + s\begin{pmatrix} 1 \\ -0{,}5 \\ 1{,}5 \end{pmatrix}$

Lösung:

a) Setzen Sie die beiden Geradengleichungen gleich.
Formen Sie die Gleichung in ein LGS um und bringen Sie es auf Zeilenstufenform. Die zweite Zeile ist eine Widerspruchszeile, also hat das LGS keine Lösung.

$$\begin{pmatrix} 1 \\ 2 \\ -1 \end{pmatrix} + r\begin{pmatrix} 2 \\ -1 \\ 3 \end{pmatrix} = \begin{pmatrix} 3 \\ 6 \\ 6 \end{pmatrix} + s\begin{pmatrix} -4 \\ 2 \\ -6 \end{pmatrix}$$

$$\left(\begin{array}{cc|c} 2 & 4 & 2 \\ -1 & -2 & 4 \\ 3 & 6 & 7 \end{array}\right) \xrightarrow{\text{ZSF}} \left(\begin{array}{cc|c} 2 & 4 & 2 \\ 0 & 0 & 5 \\ 0 & 0 & 0 \end{array}\right)$$

keine Lösung, also kein gemeinsamer Punkt

Die Geraden sind windschief oder echt parallel. Überprüfen Sie, ob die Richtungsvektoren kollinear sind.
Hier ist das der Fall, also sind die Geraden echt parallel zueinander.

$\begin{pmatrix} -4 \\ 2 \\ -6 \end{pmatrix} = -2 \cdot \begin{pmatrix} 2 \\ -1 \\ 3 \end{pmatrix}$, also Vielfache

g ist echt parallel zu h.

b) Die Schnittbedingung führt zu einem Gleichungssystem, dessen Matrix in Stufenform umgewandelt wird.
Die letzte Zeile ist eine Widerspruchszeile, also hat das LGS keine Lösung.

$$\begin{pmatrix} 1 \\ 2 \\ -1 \end{pmatrix} + r\begin{pmatrix} 2 \\ -1 \\ 3 \end{pmatrix} = \begin{pmatrix} 3 \\ 6 \\ 6 \end{pmatrix} + s\begin{pmatrix} 1 \\ -3 \\ 0 \end{pmatrix}$$

$$\left(\begin{array}{cc|c} 2 & -1 & 2 \\ -1 & 3 & 4 \\ 3 & 0 & 7 \end{array}\right) \xrightarrow{\text{ZSF}} \left(\begin{array}{cc|c} 2 & -1 & 2 \\ 0 & 1 & 2 \\ 0 & 0 & \frac{1}{3} \end{array}\right)$$

keine Lösung, also kein gemeinsamer Punkt

Da die Richtungsvektoren nicht kollinear sind, sind die Geraden windschief zueinander.

$\begin{pmatrix} 1 \\ -3 \\ 0 \end{pmatrix} = k \cdot \begin{pmatrix} 2 \\ -1 \\ 3 \end{pmatrix}$ ergibt $\begin{array}{rcl} 1 = 2k & \Leftrightarrow & k = 0{,}5 \\ -3 = -k & \Leftrightarrow & k = 3 \\ 0 = 3k & \Leftrightarrow & k = 0 \end{array}$

Widerspruch, also keine Vielfachen
g und h sind windschief.

c) Die Schnittbedingung führt zu einem Gleichungssystem. In dessen Stufenform ist die Zahl der Nichtnullzeilen kleiner als die Zahl der Variablen. Also hat das LGS unendlich viele Lösungen.
Jeder Punkt von g ist auch ein Punkt von h. Also sind die Geraden identisch.

$$\begin{pmatrix} 1 \\ 2 \\ -1 \end{pmatrix} + r\begin{pmatrix} 2 \\ -1 \\ 3 \end{pmatrix} = \begin{pmatrix} -1 \\ 3 \\ -4 \end{pmatrix} + s\begin{pmatrix} 1 \\ -0{,}5 \\ 1{,}5 \end{pmatrix}$$

$$\left(\begin{array}{cc|c} 2 & -1 & -2 \\ -1 & 0{,}5 & 1 \\ 3 & -1{,}5 & -3 \end{array}\right) \xrightarrow{\text{ZSF}} \left(\begin{array}{cc|c} 2 & -1 & -2 \\ 0 & 0 & 0 \\ 0 & 0 & 0 \end{array}\right)$$

unendlich viele Lösungen
g und h sind identisch.

Basisaufgaben

1. Berechnen Sie die Koordinaten des Schnittpunktes der beiden Geraden.

a) g: $\vec{x} = \begin{pmatrix} 1 \\ 0 \\ 2 \end{pmatrix} + r\begin{pmatrix} 2 \\ 1 \\ 0 \end{pmatrix}$ h: $\vec{x} = \begin{pmatrix} 3 \\ 8 \\ -5 \end{pmatrix} + s\begin{pmatrix} 0 \\ 1 \\ -1 \end{pmatrix}$

b) g: $\vec{x} = \begin{pmatrix} -1 \\ 4 \\ 0 \end{pmatrix} + r\begin{pmatrix} 1 \\ -1 \\ 1 \end{pmatrix}$ h: $\vec{x} = \begin{pmatrix} -7 \\ 6 \\ -5 \end{pmatrix} + s\begin{pmatrix} 4 \\ 0 \\ 3 \end{pmatrix}$

c) g: $\vec{x} = \begin{pmatrix} 4 \\ 1 \\ 4 \end{pmatrix} + r\begin{pmatrix} -1 \\ 2 \\ 2 \end{pmatrix}$ h: $\vec{x} = \begin{pmatrix} -1 \\ -1 \\ 0 \end{pmatrix} + s\begin{pmatrix} 3 \\ 0 \\ 1 \end{pmatrix}$

d) g: $\vec{x} = \begin{pmatrix} 1 \\ 5 \\ 2 \end{pmatrix} + r\begin{pmatrix} -3 \\ 1 \\ -2 \end{pmatrix}$ h: $\vec{x} = \begin{pmatrix} -2 \\ 6 \\ 0 \end{pmatrix} + s\begin{pmatrix} 5 \\ -5 \\ 2 \end{pmatrix}$

Lösungen zu 1:
(−1 | 3 | 5)
(−3 | 6 | −2)
(−2 | 6 | −2)
(5 | −1 | 2)
(3 | 1 | 2)

2. Die Geraden g und h haben keinen Punkt gemeinsam. Prüfen Sie, ob sie echt parallel oder windschief zueinander sind.

a) g: $\vec{x} = \begin{pmatrix} 2 \\ -3 \\ 1 \end{pmatrix} + r\begin{pmatrix} 8 \\ -4 \\ 2 \end{pmatrix}$ h: $\vec{x} = \begin{pmatrix} -2 \\ -2 \\ 0 \end{pmatrix} + s\begin{pmatrix} -4 \\ 2 \\ 1 \end{pmatrix}$

b) g: $\vec{x} = \begin{pmatrix} 2 \\ -3 \\ 1 \end{pmatrix} + r\begin{pmatrix} 8 \\ -4 \\ 2 \end{pmatrix}$ h: $\vec{x} = \begin{pmatrix} -2 \\ -1 \\ 6 \end{pmatrix} + s\begin{pmatrix} -4 \\ 2 \\ -1 \end{pmatrix}$

c) g: $\vec{x} = \begin{pmatrix} 0 \\ 2 \\ -5 \end{pmatrix} + r\begin{pmatrix} 2 \\ -4 \\ 1 \end{pmatrix}$ h: $\vec{x} = \begin{pmatrix} -1 \\ 0 \\ 1 \end{pmatrix} + s\begin{pmatrix} -1 \\ -1 \\ 2 \end{pmatrix}$

d) g: $\vec{x} = \begin{pmatrix} 1 \\ 7 \\ -8 \end{pmatrix} + r\begin{pmatrix} 1 \\ 2 \\ 0 \end{pmatrix}$ h: $\vec{x} = \begin{pmatrix} 2 \\ 5 \\ 5 \end{pmatrix} + s\begin{pmatrix} -1 \\ 3 \\ 1 \end{pmatrix}$

3. Ermitteln Sie die gegenseitige Lage der Geraden g und h. Berechnen Sie gegebenenfalls ihren Schnittpunkt. Es gilt g: $\vec{x} = \begin{pmatrix} 3 \\ -2 \\ 4 \end{pmatrix} + r\begin{pmatrix} 6 \\ 2 \\ -4 \end{pmatrix}$.

a) h: $\vec{x} = \begin{pmatrix} 1 \\ 4 \\ 2 \end{pmatrix} + s\begin{pmatrix} -3 \\ -1 \\ 2 \end{pmatrix}$

b) h: $\vec{x} = \begin{pmatrix} 0 \\ -3 \\ 3 \end{pmatrix} + s\begin{pmatrix} 2 \\ 1 \\ -2 \end{pmatrix}$

c) h: $\vec{x} = \begin{pmatrix} -3 \\ -4 \\ 8 \end{pmatrix} + s\begin{pmatrix} 1{,}5 \\ 0{,}5 \\ -1 \end{pmatrix}$

d) h: $\vec{x} = \begin{pmatrix} 3 \\ -2 \\ 4 \end{pmatrix} + s\begin{pmatrix} 1 \\ 0 \\ 1 \end{pmatrix}$

e) h ist die x_1-Achse.

f) h geht durch A(0|3|3) und B(−3|2|5).

4. Samira untersucht die Lage der Geraden g und h. Sie behauptet: „Ich muss nicht immer eine Schnittbedingung aufstellen. An den Geradengleichungen erkenne ich, ob die Richtungsvektoren Vielfache voneinander sind. Wenn ja, sind die Geraden echt parallel oder identisch. Dann muss ich nur prüfen, ob der Stützvektor von g auch auf h liegt."
Nehmen Sie Stellung zu Samiras Behauptung. Prüfen Sie möglichst ohne Schnittbedingung die gegenseitige Lage von g und h.

a) g: $\vec{x} = \begin{pmatrix} 1 \\ 0 \\ -5 \end{pmatrix} + r\begin{pmatrix} 2 \\ -4 \\ 2 \end{pmatrix}$ h: $\vec{x} = \begin{pmatrix} 3 \\ -4 \\ -5 \end{pmatrix} + s\begin{pmatrix} 1 \\ -2 \\ 1 \end{pmatrix}$

b) g: $\vec{x} = \begin{pmatrix} 2 \\ 8 \\ 0 \end{pmatrix} + r\begin{pmatrix} -15 \\ 9 \\ 21 \end{pmatrix}$ h: $\vec{x} = \begin{pmatrix} 7 \\ -1 \\ 7 \end{pmatrix} + s\begin{pmatrix} 5 \\ -9 \\ 7 \end{pmatrix}$

c) g: $\vec{x} = \begin{pmatrix} -5 \\ 0 \\ 0 \end{pmatrix} + r\begin{pmatrix} 2 \\ 3 \\ -4 \end{pmatrix}$ h: $\vec{x} = \begin{pmatrix} 0 \\ 7{,}5 \\ -10 \end{pmatrix} + s\begin{pmatrix} -1 \\ -1{,}5 \\ 2 \end{pmatrix}$

5. Aufgabe 4 führt zu einem anderen Vorgehen bei der Überprüfung der gegenseitigen Lage zweier Geraden. Vervollständigen Sie das Diagramm in Ihrem Heft und erläutern Sie es.

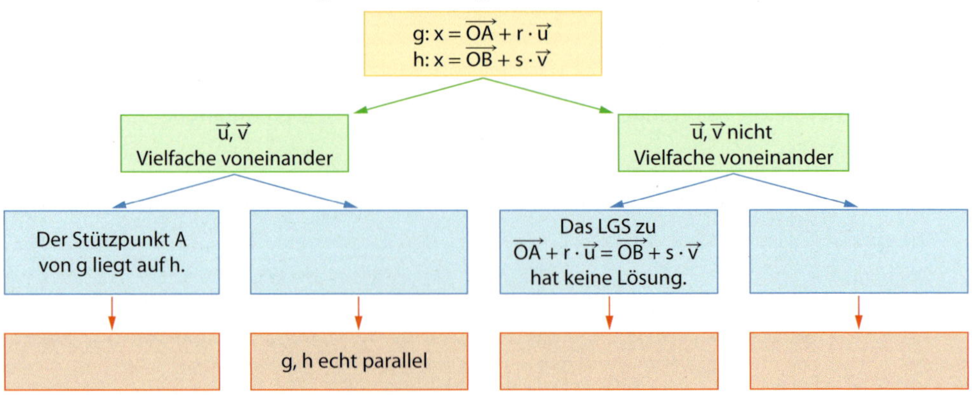

6. Hier wurde das LGS zur Schnittbedingung mit dem GTR gelöst. Erläutern Sie, was sich anhand des Screenshots über die gegenseitige Lage der beiden Geraden aussagen lässt.

a) 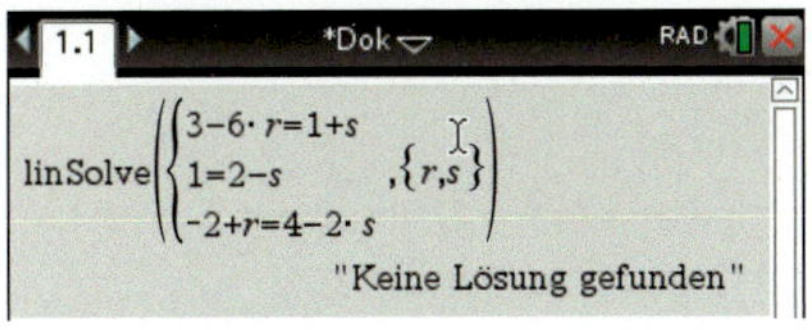

b) 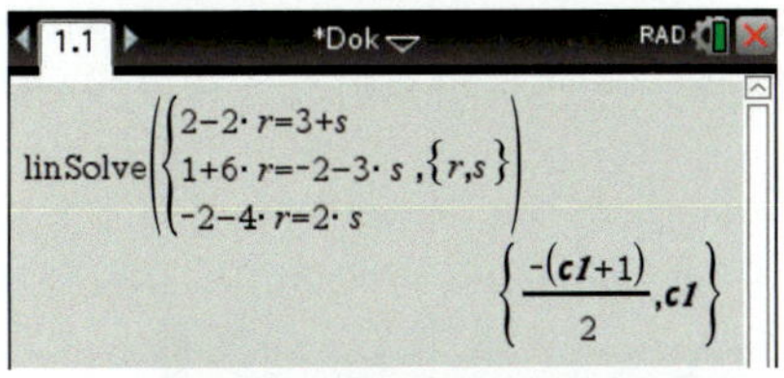

c) 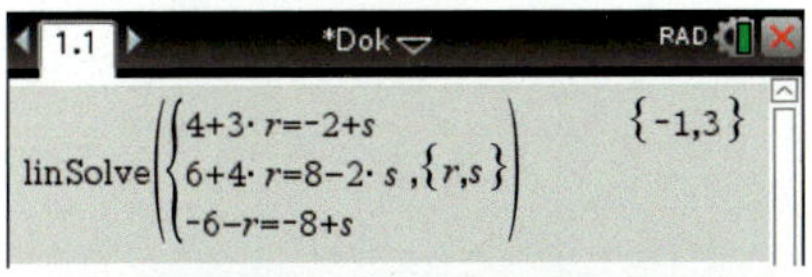

d) 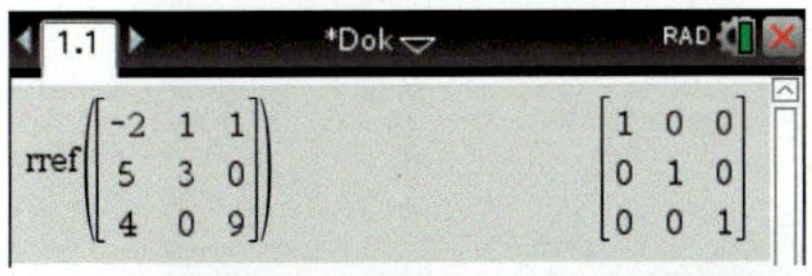

e) 

f) 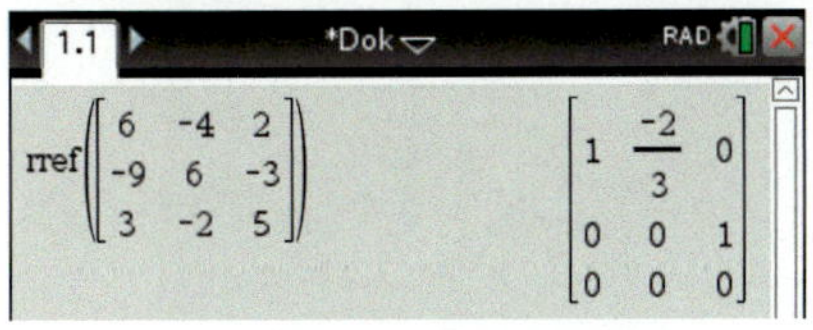

GTR **7.** Ermitteln Sie die gegenseitige Lage beider Geraden mit dem GTR und berechnen Sie gegebenenfalls ihren Schnittpunkt.

a) $g: \vec{x} = \begin{pmatrix} 2{,}1 \\ -0{,}3 \\ 4 \end{pmatrix} + r\begin{pmatrix} 1{,}2 \\ -0{,}8 \\ 5{,}6 \end{pmatrix}$ $\quad h: \vec{x} = \begin{pmatrix} 3{,}7 \\ -5 \\ 1{,}1 \end{pmatrix} + s\begin{pmatrix} -0{,}9 \\ 0{,}6 \\ -4{,}2 \end{pmatrix}$

b) $g: \vec{x} = \begin{pmatrix} 4{,}6 \\ 2{,}2 \\ -3{,}7 \end{pmatrix} + r\begin{pmatrix} 5{,}6 \\ 0{,}8 \\ 2 \end{pmatrix}$ $\quad h: \vec{x} = \begin{pmatrix} 0{,}8 \\ 2 \\ 0 \end{pmatrix} + s\begin{pmatrix} -1{,}2 \\ 0 \\ 2{,}1 \end{pmatrix}$

c) $g: \vec{x} = \begin{pmatrix} 2{,}7 \\ 0 \\ 1 \end{pmatrix} + r\begin{pmatrix} -1{,}2 \\ 0{,}4 \\ 1{,}6 \end{pmatrix}$ $\quad h: \vec{x} = \begin{pmatrix} 0{,}3 \\ 0{,}8 \\ 4{,}2 \end{pmatrix} + s\begin{pmatrix} 30 \\ -10 \\ -40 \end{pmatrix}$

d) $g: \vec{x} = \begin{pmatrix} 2 \\ 0{,}4 \\ 0 \end{pmatrix} + r\begin{pmatrix} 1{,}2 \\ 0 \\ 2{,}6 \end{pmatrix}$ $\quad h: \vec{x} = \begin{pmatrix} -8{,}4 \\ 0{,}1 \\ -20{,}5 \end{pmatrix} + s\begin{pmatrix} 9{,}8 \\ 2{,}1 \\ 7 \end{pmatrix}$

Hinweis zu 7:
Hier lohnt es sich, den Befehl *linSolve* zu verwenden. So spart man sich das Umsortieren innerhalb der Gleichungen.

8. g, h und k sind Geraden in der Ebene.

$g: \vec{x} = \begin{pmatrix} 7 \\ 4 \end{pmatrix} + r\begin{pmatrix} 2 \\ -1 \end{pmatrix}$ $\quad h: \vec{x} = \begin{pmatrix} -2 \\ 1 \end{pmatrix} + s\begin{pmatrix} 1 \\ 1 \end{pmatrix}$ $\quad k: \vec{x} = \begin{pmatrix} 3 \\ 0 \end{pmatrix} + t\begin{pmatrix} -4 \\ 2 \end{pmatrix}$

a) Stellen Sie die drei Geraden in einem Koordinatensystem dar.
b) Berechnen Sie den Schnittpunkt von g und h.
c) Zeigen Sie rechnerisch, dass g und k parallel zueinander sind.
d) Erläutern Sie allgemein, wie man die Lage zweier Geraden in der Ebene ermitteln kann und welche Fälle dabei auftreten können.

9. a) Zeichnen Sie die Geraden g und h mithilfe ihrer Stütz- und Richtungsvektoren in ein Koordinatensystem.

$g: \vec{x} = \begin{pmatrix} 1 \\ 3 \\ 3 \end{pmatrix} + r\begin{pmatrix} 1 \\ 2 \\ -1 \end{pmatrix}$ $\quad h: \vec{x} = \begin{pmatrix} 2 \\ -1 \\ 0 \end{pmatrix} + s\begin{pmatrix} -1 \\ 1 \\ 2 \end{pmatrix}$ $\quad k: \vec{x} = \begin{pmatrix} 1 \\ 0 \\ 0 \end{pmatrix} + t\begin{pmatrix} -1 \\ 1 \\ 0 \end{pmatrix}$

b) Ermitteln Sie anhand der Zeichnung, für welches r und s sich eventuell ein Schnittpunkt von g und h ergibt.
c) Bestätigen Sie Ihr Ergebnis aus a) durch eine Rechnung und berechnen Sie auch den Schnittpunkt.
d) Lesen Sie entsprechend für g und k geeignete Werte für r und t aus der Skizze ab und überprüfen Sie das Ergebnis rechnerisch.

Hinweis zu 10:
Beachten Sie, dass die Gleichungen für AB und CD in der Schnittbedingung unterschiedliche Parameter haben müssen.

10. Bestimmen Sie die gegenseitige Lage der Geraden AB und CD. Berechnen Sie gegebenenfalls die Koordinaten des Schnittpunktes.

a) A(−5 | 1 | 8), B(−1 | 1 | 6), C(−5 | 7 | 2), D(7 | −2 | 5)

b) A(1 | 4 | −1), B(3 | 0 | 3), C(5 | 1 | 0), D(4 | 3 | −2)

11. Solange es nur die Leitungen $\overline{DC}$, $\overline{FE}$ und $\overline{HG}$ gab, war alles in Ordnung. Als eine Leitung von A nach B gezogen wurde, gab es einen Knall und der Strom fiel aus.

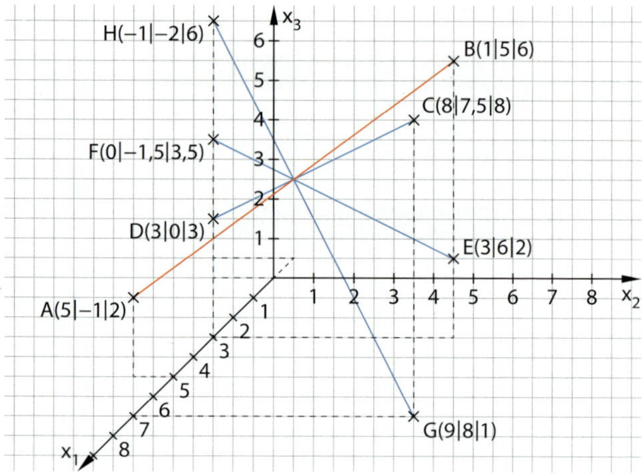

Finden Sie heraus, mit welcher der Leitungen die neue Leitung $\overline{AB}$ in Kontakt kam.

12. Gegeben ist die Gerade g: $\vec{x} = \begin{pmatrix} 2 \\ 3 \\ -1 \end{pmatrix} + r\begin{pmatrix} 5 \\ 0 \\ -2 \end{pmatrix}$.

Geben Sie eine Parametergleichung einer Geraden h an, die

a) den Punkt P(−8 | 3 | 3) enthält und parallel zu g ist,

b) parallel, aber nicht identisch zu g ist,

c) genau einen Schnittpunkt mit g hat,

d) windschief zu g ist.

Weiterführende Aufgaben

13. Beurteilen Sie die Aussage. Veranschaulichen Sie die Situation mit Stiften.

a) Wenn die Geraden g und h parallel zueinander sind und die Gerade k windschief zu g ist, dann können h und k nicht parallel zueinander sein.

b) Wenn die Geraden g und h sich schneiden und ebenso die Geraden g und k, dann können h und k nicht windschief sein.

c) Wenn im dreidimensionalen Koordinatensystem zwei Geraden parallel aussehen, dann sind sie auch in Wirklichkeit parallel.

14. Ermitteln Sie den Schnittpunkt der Geraden g und h, ohne ein lineares Gleichungssystem aufzustellen. Beschreiben Sie Ihr Vorgehen.

a) g: $\vec{x} = \begin{pmatrix} 3 \\ 3 \\ 3 \end{pmatrix} + r\begin{pmatrix} 1 \\ 1 \\ 1 \end{pmatrix}$ h: $\vec{x} = \begin{pmatrix} -8 \\ 0 \\ 0 \end{pmatrix} + s\begin{pmatrix} 5 \\ 0 \\ 0 \end{pmatrix}$

b) g: $\vec{x} = r\begin{pmatrix} -1 \\ 5 \\ 3 \end{pmatrix}$ h: $\vec{x} = \begin{pmatrix} 8 \\ 2 \\ 2 \end{pmatrix} + s\begin{pmatrix} 4 \\ 1 \\ 1 \end{pmatrix}$

15. Begründen Sie, dass die beiden Geraden windschief zueinander sind.

a) g: $\vec{x} = \begin{pmatrix} 3 \\ 0 \\ 0 \end{pmatrix} + r\begin{pmatrix} 0 \\ 1 \\ 0 \end{pmatrix}$ h: $\vec{x} = \begin{pmatrix} -2 \\ 2 \\ 0 \end{pmatrix} + s\begin{pmatrix} 0 \\ 4 \\ -2 \end{pmatrix}$

16. Stolperstelle: Gegeben sind die Geraden g: $\vec{x} = \begin{pmatrix} 2 \\ 6 \\ -1 \end{pmatrix} + r \begin{pmatrix} 5 \\ 0 \\ -2 \end{pmatrix}$ und h: $\vec{x} = s \begin{pmatrix} 1 \\ 3 \\ 9 \end{pmatrix}$.
Die Gerade k verläuft durch die Punkte A(−7|7|5) und B(−1|8|5). Überprüfen Sie die folgenden Rechnungen, erläutern Sie die Fehler und korrigieren Sie diese.

a) Lage von g und h:

Schnittbedingung: $\begin{pmatrix} 2 \\ 6 \\ -1 \end{pmatrix} + r \begin{pmatrix} 5 \\ 0 \\ -2 \end{pmatrix} = s \begin{pmatrix} 1 \\ 3 \\ 9 \end{pmatrix}$
An der mittleren Gleichung $6 = 3s$ erkennt man, dass $s = 2$ sein muss.
Aus $2 + 5r = 2 \cdot 1$ erhält man $r = 0$.
Also schneiden sich die Geraden im Punkt S mit
$\overrightarrow{OS} = \begin{pmatrix} 2 \\ 6 \\ -1 \end{pmatrix} + 0 \cdot \begin{pmatrix} 5 \\ 0 \\ -2 \end{pmatrix} = \begin{pmatrix} 2 \\ 6 \\ -1 \end{pmatrix}$.

b) Lage von g und k:

k: $\vec{x} = \begin{pmatrix} -7 \\ 7 \\ 5 \end{pmatrix} + r \begin{pmatrix} 6 \\ 1 \\ 0 \end{pmatrix}$
$\begin{pmatrix} 2 \\ 6 \\ -1 \end{pmatrix} + r \begin{pmatrix} 5 \\ 0 \\ -2 \end{pmatrix} = \begin{pmatrix} -7 \\ 7 \\ 5 \end{pmatrix} + r \begin{pmatrix} 6 \\ 1 \\ 0 \end{pmatrix}$
$\begin{pmatrix} 9 \\ -1 \\ -6 \end{pmatrix} = r \begin{pmatrix} 1 \\ 1 \\ 2 \end{pmatrix}$ $\quad \begin{cases} r = 9 \\ r = -1 \\ r = -3 \end{cases}$
Das LGS hat keine Lösung.
Die Geraden sind windschief oder parallel zueinander.

17. Die drei Geraden g_1, g_2 und g_3 schließen ein Dreieck ein. Berechnen Sie die Koordinaten seiner Eckpunkte und die Längen seiner Seiten.

g_1: $\vec{x} = \begin{pmatrix} 3 \\ -3 \\ 2 \end{pmatrix} + r \begin{pmatrix} 2 \\ 1 \\ -3 \end{pmatrix}$ $\qquad$ g_2: $\vec{x} = \begin{pmatrix} 2 \\ 1 \\ -1 \end{pmatrix} + s \begin{pmatrix} 1 \\ -4 \\ 3 \end{pmatrix}$ $\qquad$ g_3: $\vec{x} = \begin{pmatrix} 1 \\ 2 \\ -1 \end{pmatrix} + t \begin{pmatrix} 1 \\ -1 \\ 0 \end{pmatrix}$

18. Gegeben sind die Höhen h_1 bzw. h_2 der Dreiecke ABC_1 und ABC_2:
A(1|−3|3), B(−2|3|−3), C_1(−3|2|1), C_2(3|2|−5),

h_1: $\vec{x} = \begin{pmatrix} -3 \\ 2 \\ 1 \end{pmatrix} + r \begin{pmatrix} -2 \\ 1 \\ 2 \end{pmatrix}$ $\qquad$ h_2: $\vec{x} = \begin{pmatrix} 3 \\ 2 \\ -5 \end{pmatrix} + s \begin{pmatrix} -2 \\ 1 \\ 0 \end{pmatrix}$

Berechnen Sie die Schnittpunkte H_1 und H_2 von h_1 bzw. h_2 mit der Grundgeraden AB. Prüfen Sie jeweils, ob der Höhenschnittpunkt innerhalb der Strecke $\overline{AB}$ liegt. Prüfen Sie anschließend Ihr Ergebnis anhand einer Skizze im Koordinatensystem.

19. Die Punkte L(−4|0|−1), M(−2|5|1), N(1|8|3) und P(2|6|3) sind die Eckpunkte eines Vierecks.
a) Zeigen Sie, dass LMNP ein Trapez ist, das nicht gleichschenklig ist.
b) Berechnen Sie die Koordinaten des Diagonalenschnittpunktes von LMNP.
c) Berechnen Sie die Koordinaten des Schnittpunktes der nicht parallelen Seiten.

20. Schwerpunkt eines Dreiecks: Gegeben ist ein Dreieck mit den Eckpunkten A(0|0), B(8|−2) und C(6|2). Die Seitenhalbierende s_c ist die Gerade durch C und den Mittelpunkt M_c der Strecke $\overline{AB}$.

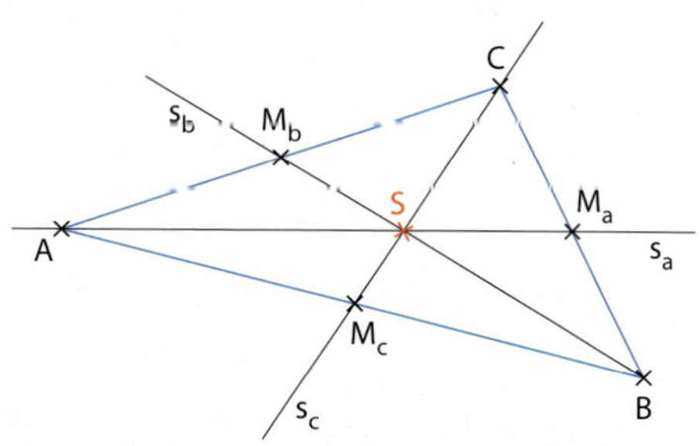

a) Stellen Sie Parametergleichungen für die drei Seitenhalbierenden auf. Zeigen Sie, dass sich die Seitenhalbierenden in einem Punkt S schneiden.
b) Der Punkt S teilt die Strecken $\overline{AM_a}$, $\overline{BM_b}$ und $\overline{CM_c}$ in je zwei Teile. Bestimmen Sie das Verhältnis der beiden Teilstrecken zueinander.
c) Lösen Sie Teil a) und b) für das Dreieck im Raum mit den Eckpunkten A(3|−1|−2), B(3|5|0) und C(−3|5|2).

21. Bei einem Tetraeder mit den Eckpunkten A(4|0|−4), B(4|4|−4), C(−2|2|−4) und der Spitze O(0|0|0) sind N_a, N_b und N_c die Mittelpunkte der Kanten zur Spitze. M_a, M_b und M_c sind Mittelpunkte der Seiten des Grunddreiecks ABC.
g_a bezeichnet die Gerade durch die Punkte M_a und N_a. Entsprechend sind auch die Geraden g_b und g_c festgelegt.

a) Zeigen Sie, dass sich die Geraden g_a, g_b und g_c in einem Punkt S schneiden.

b) Zeigen Sie, dass für diesen Punkt S gilt: $\overrightarrow{OS} = \frac{1}{4}(\overrightarrow{OA} + \overrightarrow{OB} + \overrightarrow{OC})$

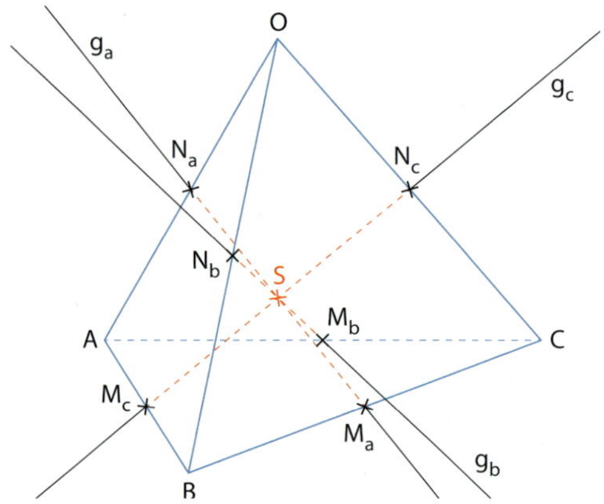

22. Die Pyramide befindet sich im Bau. Momentan ist der Stumpf 3 m hoch. Die zukünftige Spitze der Pyramide ist der Schnittpunkt der Geraden durch die Seitenkanten.

a) Passen Sie die Pyramide in ein Koordinatensystem ein und berechnen Sie die Koordinaten der Spitze.

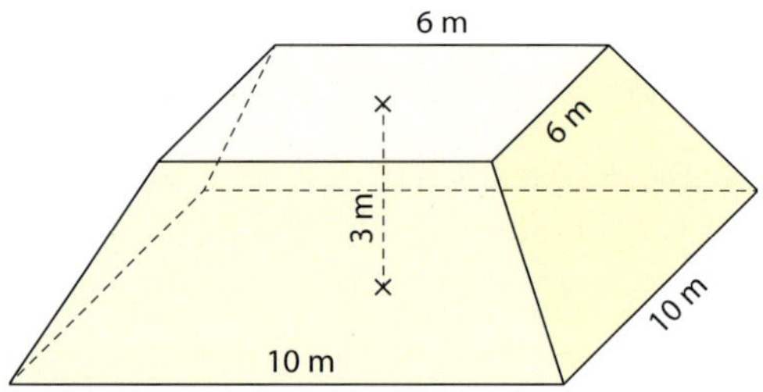

b) Berechnen Sie das Volumen der fertiggestellten Pyramide.

c) Berechnen Sie das Volumen des Pyramidenstumpfs.

Hinweis zu 23: DGS
Ein Viereck ist eben, wenn sich dessen Diagonalen schneiden.

23. Ebene Vierecke im Raum: Vier Punkte im Raum bilden ein Viereck. Dieses muss aber nicht eben sein. Aus einem ebenen Viereck erhalten Sie ein nicht ebenes Viereck, indem Sie es längs einer Diagonalen knicken.

a) Überprüfen Sie rechnerisch, ob das Viereck ABCD eben ist.
① A(4|−2|0), B(4|4|−1), C(0|3|−2), D(−4|0|−2)
② A(3|0|0), B(5|4|−1), C(1|5|−1), D(−2|1|0)

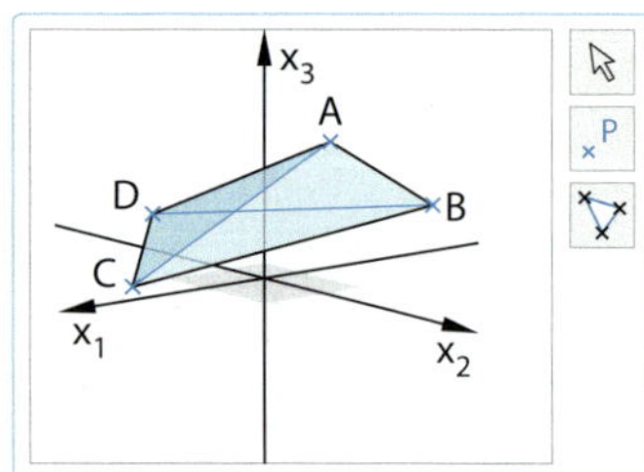

b) Zeichnen Sie die Vierecke aus a) mit einer dynamischen Geometriesoftware und überprüfen Sie Ihre Ergebnisse.

c) Ergänzen Sie einen Punkt C zu A(1|−3|2), B(6|4|0) und D(−2|4|1), sodass das Viereck ABCD eben wird. Beschreiben Sie Ihr Vorgehen.

● d) Ergänzen Sie einen Punkt C zu A, B und D aus Teil c), sodass das Viereck ABCD nicht eben wird. Beschreiben Sie Ihr Vorgehen.

24. Die Terrasse liegt in der x_1x_2-Ebene. In den Punkten A(−10|−22|26) und D(−14|−10|24) der Hauswand soll ein Sonnensegel befestigt werden, dessen äußere Eckpunkte bei Straffung des Segels B(20|32|23) und C(19|35|22,5) sind (1 Längeneinheit entspricht 1 dm).

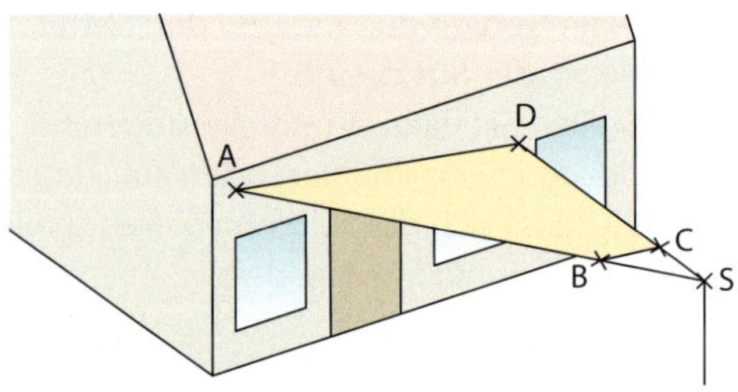

a) Zeigen Sie, dass das Segel die Form eines Trapezes hat. Prüfen Sie, ob das Trapez gleichschenklig ist.

b) Das Segel wird an einer Stange mit Spitze S befestigt. Berechnen Sie, wie hoch die Stange sein muss und in welchem Punkt der x_1x_2-Ebene sie aufgestellt werden muss.

25. Untersuchen Sie, für welchen Wert der Variablen k sich die beiden Geraden schneiden.

a) $g: \vec{x} = \begin{pmatrix} 1 \\ -2 \\ 3 \end{pmatrix} + r\begin{pmatrix} -4 \\ 1 \\ 2 \end{pmatrix}$ $\quad h: \vec{x} = \begin{pmatrix} 2-k \\ k-9 \\ 4-k \end{pmatrix} + s\begin{pmatrix} 3 \\ -2 \\ -3 \end{pmatrix}$

b) $g: \vec{x} = \begin{pmatrix} 5 \\ 0 \\ 1 \end{pmatrix} + r\begin{pmatrix} 3 \\ 7 \\ 2 \end{pmatrix}$ $\quad h: \vec{x} = \begin{pmatrix} 7+3k \\ 2k \\ 9-4k \end{pmatrix} + s\begin{pmatrix} 2 \\ 4 \\ -1 \end{pmatrix}$

26. Die Positionen von zwei Flugzeugen zur Zeit t lassen sich in einem geeigneten Koordinatensystem durch die Gleichungen

$g_1: \vec{x} = \begin{pmatrix} 11{,}4 \\ -2{,}28 \\ 0{,}66 \end{pmatrix} + t\begin{pmatrix} -0{,}45 \\ 0{,}36 \\ 0{,}03 \end{pmatrix}$ und

$g_2: \vec{x} = \begin{pmatrix} 0{,}1 \\ 9 \\ 1{,}4 \end{pmatrix} + t\begin{pmatrix} 0{,}32 \\ -0{,}48 \\ -0{,}02 \end{pmatrix}$ beschreiben

(Längeneinheit 1 km, Zeiteinheit 10 s).

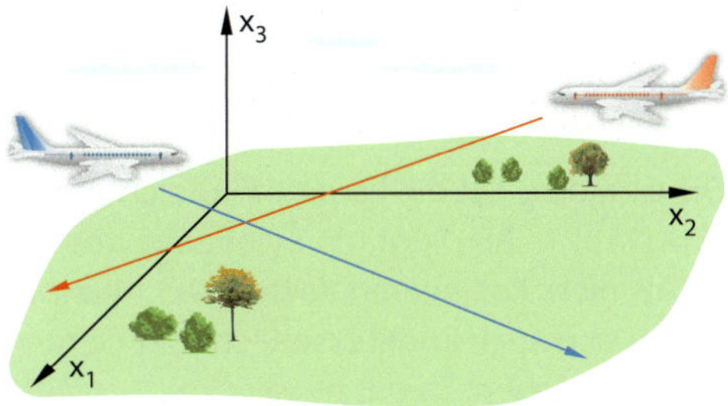

a) Berechnen Sie, in welchen Punkten sich die Flugzeuge nach 10, nach 50 und nach 140 Sekunden befinden, und wie weit sie jeweils voneinander entfernt sind.
b) Prüfen Sie, ob die Flugbahnen sich kreuzen.
c) Prüfen Sie, ob es zu einer Kollision kommt.

27. Ein Boot der Küstenwache im Hafen K(1,5 | 0) erhält die Nachricht, dass soeben in E(2 | 7) ein Schmugglerboot in Richtung des Inselhafens B(12 | 3) gestartet ist. Das Wetter erlaubt nur eine Sicht von 1000 Metern. Nach Einschätzung des vermutlichen Kurses und der Geschwindigkeit des Schmugglerboots entschließt sich der Kapitän, mit einer Geschwindigkeit zu fahren, welche in 5 Minuten dem Vektor $\binom{2}{1}$ entspricht. Das Schmugglerschiff legt in 5 Minuten den Weg $\binom{2{,}5}{-1}$ zurück.

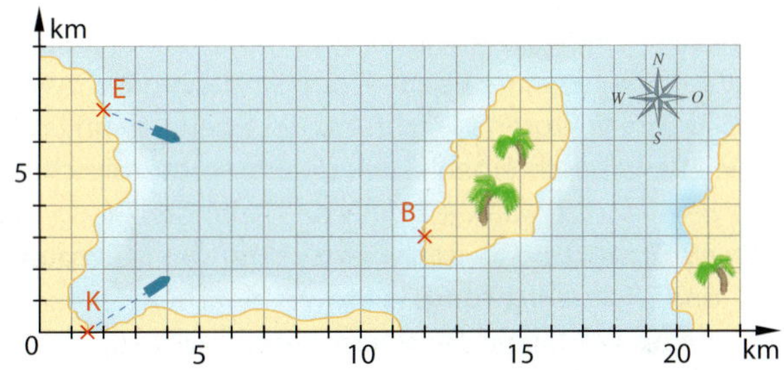

a) Berechnen Sie die Koordinaten des Schnittpunktes der beiden Schiffskurse.
b) Überprüfen Sie, ob die Küstenwache das Schmugglerboot wird sehen können.

28. Ausblick: Soll der Schnittpunkt zweier Seitenhalbierender eines beliebigen Dreiecks berechnet werden, kann man ein schiefes Koordinatensystem einführen, dessen Ursprung der Punkt A des Dreiecks ist, und dessen Achsen durch die (eventuell ungleich langen) Seitenvektoren $\vec{u} = \overrightarrow{AB} = \binom{1}{0}$ und $\vec{v} = \overrightarrow{AC} = \binom{0}{1}$ festgelegt werden. Der Punkt D hat in diesem System die Koordinaten (2 | −1).

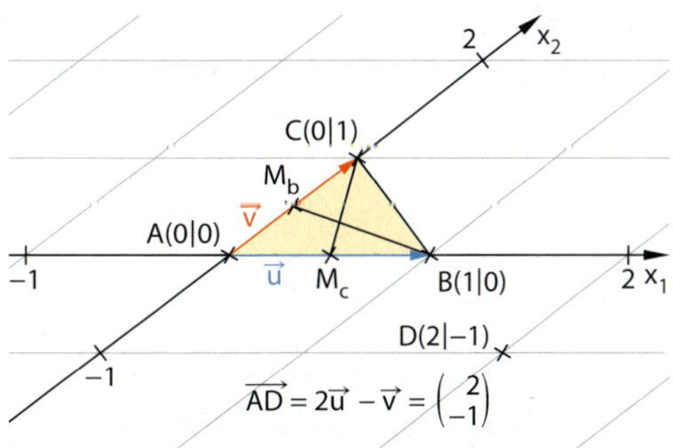

a) Geben Sie in diesem Koordinatensystem die Koordinaten der Seitenmittelpunkte M_c und M_b an und berechnen Sie den Schnittpunkt der beiden Seitenhalbierenden.
b) Im üblichen Koordinatensystem sind die Eckpunkte A(1 | 1), B(4 | 1) und C(3 | 2). Geben Sie die Koordinaten des Schnittpunktes aus a) im üblichen Koordinatensystem an.

6.3 Parametergleichung einer Ebene

■ Nutzen Sie die Geraden

g: $\vec{x} = \begin{pmatrix} -1 \\ 0{,}5 \\ 1 \end{pmatrix} + r \begin{pmatrix} 0 \\ 2 \\ 1 \end{pmatrix}$ und h: $\vec{x} = \begin{pmatrix} -1 \\ 0{,}5 \\ 1 \end{pmatrix} + s \begin{pmatrix} 1 \\ 2{,}5 \\ 0 \end{pmatrix}$,

um die Koordinaten des Punktes K zu berechnen. Geben Sie an, welche Punkte sich prinzipiell mithilfe von g und h bestimmen lassen. ■

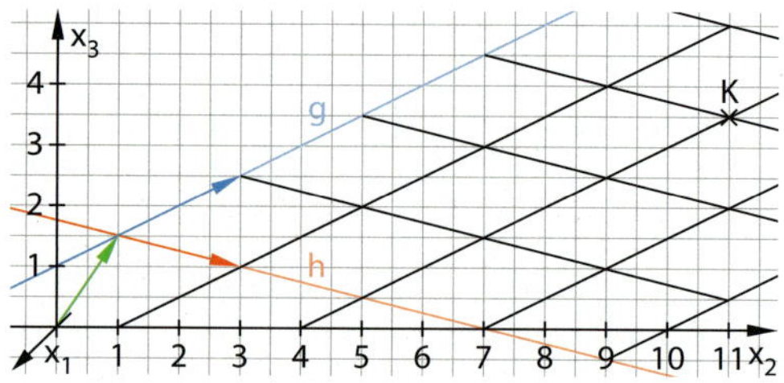

Die Gerade g hat die Parametergleichung $\vec{x} = \overrightarrow{OA} + r \cdot \overrightarrow{AB}$. Fügt man Vielfache des zu $\overrightarrow{AB}$ nicht kollinearen Vektors $\overrightarrow{AC}$ hinzu, so lassen sich auch Punkte „seitlich" der Geraden g erreichen. So gilt etwa

$$\overrightarrow{OP} = \overrightarrow{OA} + 3 \cdot \overrightarrow{AB} + (-1) \cdot \overrightarrow{AC}.$$

Daher wird durch die Punkte A, B und C, die nicht auf einer Geraden liegen, eine **Ebene** im Raum festgelegt. Eine Parametergleichung der Ebene ist $\vec{x} = \overrightarrow{OA} + r \cdot \overrightarrow{AB} + s \cdot \overrightarrow{AC}$.

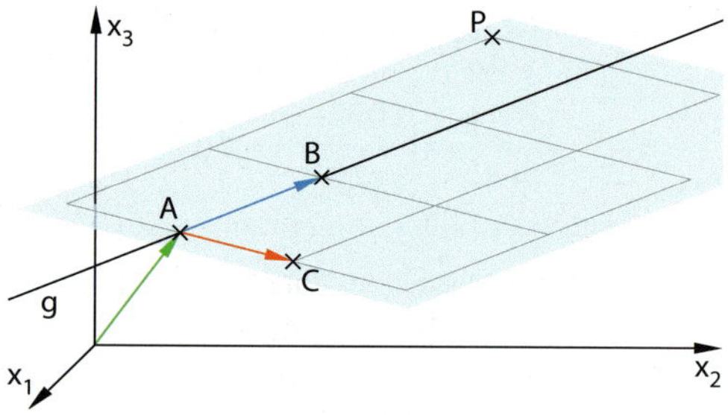

Wissen: Parametergleichung einer Ebene

Ist A ein Punkt einer Ebene E und sind $\vec{u}$ und $\vec{v}$ zwei nicht kollineare Vektoren in Richtung der Ebene, dann lässt sich die Ebene beschreiben durch die **Parametergleichung**

$$\vec{x} = \overrightarrow{OA} + r \cdot \vec{u} + s \cdot \vec{v} \quad (r, s \in \mathbb{R}).$$

Der **Stützvektor** $\overrightarrow{OA}$ ist der Ortsvektor des **Stützpunktes** A.
$\vec{u}$ und $\vec{v}$ sind **Richtungsvektoren** der Ebene.
Für jedes Wertepaar der **Parameter** r und s erhält man den Ortsvektor $\vec{x}$ eines Punktes X der Ebene.

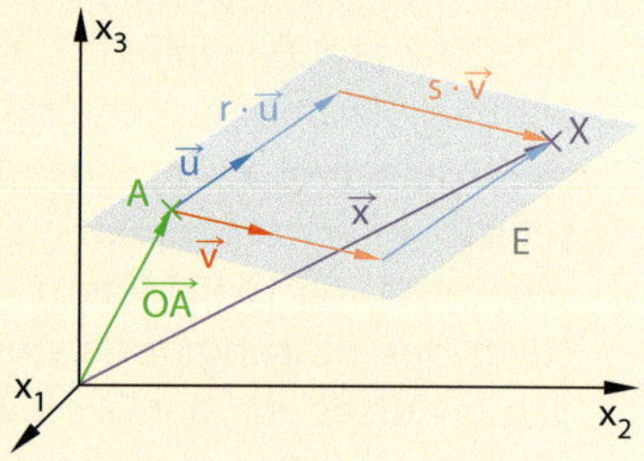

Die Parametergleichung einer Ebene ist nicht eindeutig bestimmt. Als Stützpunkt kann man jeden Punkt der Ebene wählen und als Richtungsvektoren zwei beliebige nicht kollineare Vektoren, deren Vektorpfeile sich in die Ebene legen lassen.

Beispiel 1: Ebene durch drei Punkte

Prüfen Sie, ob die Punkte A(1 | −5 | 1), B(3 | 1 | 0) und C(0 | 4 | −8) eine Ebene aufspannen. Falls ja, geben Sie eine Parametergleichung der Ebene an.

Lösung:

Bilden Sie die beiden Richtungsvektoren $\overrightarrow{AB}$ und $\overrightarrow{AC}$ und prüfen Sie, ob diese kollinear sind.

$\overrightarrow{AB} = \begin{pmatrix} 3-1 \\ 1+5 \\ 0-1 \end{pmatrix} = \begin{pmatrix} 2 \\ 6 \\ -1 \end{pmatrix}$ $\overrightarrow{AC} = \begin{pmatrix} 0-1 \\ 4+5 \\ -8-1 \end{pmatrix} = \begin{pmatrix} -1 \\ 9 \\ -9 \end{pmatrix}$

Sind $\overrightarrow{AB}$ und $\overrightarrow{AC}$ nicht kollinear, so legen die Punkte A, B und C eine Ebene fest.

$\overrightarrow{AC}$ ist kein Vielfaches von $\overrightarrow{AB}$, also sind die beiden Vektoren nicht kollinear.

Wählen Sie zum Beispiel als Stützpunkt den Punkt A und $\overrightarrow{AB}$ und $\overrightarrow{AC}$ als Richtungsvektoren. Stellen Sie damit die Parametergleichung der Ebene auf.

$$E: \vec{x} = \overrightarrow{OA} + r \cdot \overrightarrow{AB} + s \cdot \overrightarrow{AC} = \begin{pmatrix} 1 \\ -5 \\ 1 \end{pmatrix} + r \begin{pmatrix} 2 \\ 6 \\ -1 \end{pmatrix} + s \begin{pmatrix} -1 \\ 9 \\ -9 \end{pmatrix}$$

Hinweis:
Drei Punkte, die auf einer Geraden liegen, spannen keine Ebene auf.

Beispiel 2: Punktprobe

Prüfen Sie, ob der Punkt in der Ebene E: $\vec{x} = \begin{pmatrix} 2 \\ 0 \\ -5 \end{pmatrix} + r\begin{pmatrix} -1 \\ 2 \\ 1 \end{pmatrix} + s\begin{pmatrix} 3 \\ -1 \\ -1 \end{pmatrix}$ liegt.

a) $P(-4|7|-1)$

b) $Q(-4|5|-3)$

Lösung:

a) P liegt in E, wenn $\overrightarrow{OP}$ Ortsvektor eines Ebenenpunktes ist:
$\overrightarrow{OP} = \overrightarrow{OA} + r \cdot \vec{u} + s \cdot \vec{v}$
Es ergibt sich ein lineares Gleichungssystem aus drei Gleichungen für r und s.
Bringen Sie das LGS auf Zeilenstufenform und prüfen Sie, ob es lösbar ist.

$$\begin{pmatrix} -4 \\ 7 \\ -1 \end{pmatrix} = \begin{pmatrix} 2 \\ 0 \\ -5 \end{pmatrix} + r\begin{pmatrix} -1 \\ 2 \\ 1 \end{pmatrix} + s\begin{pmatrix} 3 \\ -1 \\ -1 \end{pmatrix}$$

$$\left(\begin{array}{cc|c} -1 & 3 & -6 \\ 2 & -1 & 7 \\ 1 & -1 & 4 \end{array}\right) \xrightarrow{\text{ZSF}} \left(\begin{array}{cc|c} -1 & 3 & -6 \\ 0 & 5 & -5 \\ 0 & 0 & 0 \end{array}\right)$$

Das LGS ist lösbar, P liegt in E.

Zur Probe kann man r und s berechnen und in die Ebenengleichung einsetzen.

Probe mit $r = 3$ und $s = -1$:

$$\begin{pmatrix} -4 \\ 7 \\ -1 \end{pmatrix} = \begin{pmatrix} 2 \\ 0 \\ -5 \end{pmatrix} + 3 \cdot \begin{pmatrix} -1 \\ 2 \\ 1 \end{pmatrix} + (-1) \cdot \begin{pmatrix} 3 \\ -1 \\ -1 \end{pmatrix}$$

b) Einsetzen von $\overrightarrow{OQ}$ in die Ebenengleichung ergibt ein Gleichungssystem mit drei Gleichungen für r und s.
Bringen Sie das LGS auf Zeilenstufenform und prüfen Sie, ob es lösbar ist.
Die letzte Zeile ist eine Widerspruchszeile, also hat das LGS keine Lösung.

$$\begin{pmatrix} -4 \\ 5 \\ -3 \end{pmatrix} = \begin{pmatrix} 2 \\ 0 \\ -5 \end{pmatrix} + r\begin{pmatrix} -1 \\ 2 \\ 1 \end{pmatrix} + s\begin{pmatrix} 3 \\ -1 \\ -1 \end{pmatrix}$$

$$\left(\begin{array}{cc|c} -1 & 3 & -6 \\ 2 & -1 & 5 \\ 1 & -1 & 2 \end{array}\right) \xrightarrow{\text{ZSF}} \left(\begin{array}{cc|c} -1 & 3 & -6 \\ 0 & 5 & -7 \\ 0 & 0 & -5 \end{array}\right)$$

Das LGS ist nicht lösbar, Q liegt nicht in E.

Basisaufgaben

1. Berechnen Sie die Koordinaten des Punktes der Ebene E: $\vec{x} = \begin{pmatrix} -3 \\ 2 \\ 1 \end{pmatrix} + r\begin{pmatrix} 2 \\ 3 \\ 2 \end{pmatrix} + s\begin{pmatrix} -2 \\ 2 \\ -2 \end{pmatrix}$, der durch r und s festgelegt ist. Zeichnen Sie den Punkt in ein Koordinatensystem.

a) $r = 1; s = 3$
b) $r = 3; s = 1$
c) $r = 4; s = -1$
d) $r = 1; s = 0$
e) $r = 0; s = 1$
f) $r = -1; s = 2$
g) $r = 2; s = 1{,}5$
h) $r = 1{,}5; s = -1{,}5$

2. Prüfen Sie, ob die Punkte A, B und C eine Ebene aufspannen. Falls ja, geben Sie eine Parametergleichung der Ebene an.

a) $A(2|-4|1)$; $B(1|7|-3)$; $C(-4|2|1)$
b) $A(4|0|0)$; $B(0|5|0)$; $C(0|0|6)$
c) $A(4|6|8)$; $B(-3|6|0)$; $C(-1|2|0)$
d) $A(3|-2|4)$; $B(7|-4|-2)$; $C(9|-5|-5)$

3. Begründen Sie, warum die Parametergleichung $\vec{x} = \overrightarrow{OA} + r \cdot \vec{u} + s \cdot \vec{v}$ keine Ebene beschreibt, wenn die Richtungsvektoren $\vec{u}$ und $\vec{v}$ kollinear sind. Was wird durch die Parametergleichung in diesem Fall beschrieben?

4. Geben Sie zur Ebene E: $\vec{x} = \begin{pmatrix} -3 \\ 0 \\ 1 \end{pmatrix} + r\begin{pmatrix} 0{,}5 \\ -1 \\ 0{,}25 \end{pmatrix} + s\begin{pmatrix} \frac{2}{3} \\ \frac{1}{3} \\ -2 \end{pmatrix}$ eine weitere Parametergleichung an, sodass

a) der Stützvektor auf den Punkt gerichtet ist, den man für $r = 4$ und $s = 3$ erhält,
b) die Richtungsvektoren ganzzahlige Koordinaten haben,
c) kein Richtungsvektor zu $\vec{v} = \begin{pmatrix} \frac{2}{3} \\ \frac{1}{3} \\ -2 \end{pmatrix}$ kollinear ist,
d) der Stützvektor die x_3-Koordinate 0 hat.

5. Prüfen Sie, ob die angegebenen Punkte in der Ebene E liegen.

a) P(−4 | 6 | 7), Q(−4 | 1 | −2) $\quad$ E: $\vec{x} = \begin{pmatrix} -2 \\ 5 \\ 1 \end{pmatrix} + r\begin{pmatrix} -2 \\ 0 \\ 3 \end{pmatrix} + s\begin{pmatrix} 1 \\ 1 \\ 0 \end{pmatrix}$

b) P(1 | 0 | −8), Q(6 | 10 | −1) $\quad$ E: $\vec{x} = \begin{pmatrix} 1 \\ 7 \\ -9 \end{pmatrix} + r\begin{pmatrix} 4 \\ 2 \\ 6 \end{pmatrix} + s\begin{pmatrix} -1 \\ 3 \\ -2 \end{pmatrix}$

c) P(13 | 5 | −10), E enthält die Punkte A(2 | 1 | 3), B(−5 | 0 | 6) und C(−1 | 3 | −4).

6. Die Ebene E wird vom Punkt D_4(1 | −1 | 3) aus durch die beiden Richtungsvektoren $\vec{u} = \begin{pmatrix} -3 \\ 1{,}5 \\ -3 \end{pmatrix}$ und $\vec{v} = \begin{pmatrix} -6 \\ 2 \\ -2 \end{pmatrix}$ aufgespannt.

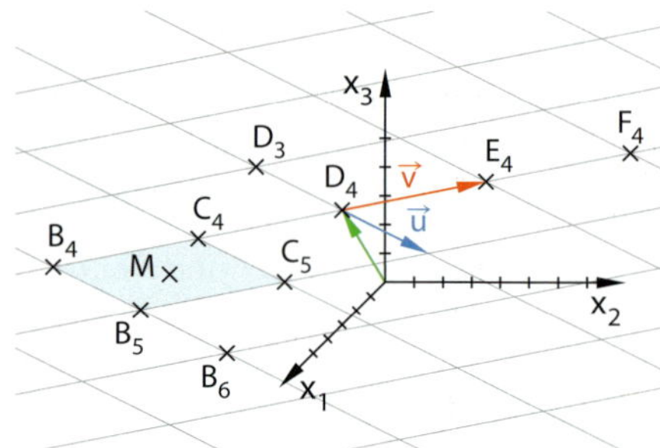

a) Bestimmen Sie die Koordinaten der Punkte E_4, D_3, C_5, B_5 und B_6.

b) Der Punkt M ist der Mittelpunkt des Parallelogramms $B_5C_5C_4B_4$. Berechnen Sie die Koordinaten von M.

c) Prüfen Sie, ob die Punkte P(−11 | 4 | −5), Q(−2 | 1,5 | −4), R(−5 | 1,5 | −1), S(−4 | −2,5 | 6) und T(−12 | 3,5 | −2) in E liegen. Wenn ja, beschreiben Sie ihre Lage im Parallelogrammgitter.

7. Die Dachfläche ABCD soll mit Solarpaneelen ausgelegt werden. Zum Einsatz kommt ein vollautomatischer Hebekran, in den nur die rechte obere Ecke jedes Paneels einprogrammiert werden muss. In dem dazu gewählten Koordinatensystem hat der Punkt P die Koordinaten P(8 | 7 | 11). Die Ausmaße und die Ausrichtung jedes Paneels auf dem Dach ist gegeben durch die Vektoren $\vec{u} = \begin{pmatrix} -2 \\ 1 \\ 0 \end{pmatrix}$ und $\vec{v} = \begin{pmatrix} -2 \\ -4 \\ 2 \end{pmatrix}$.

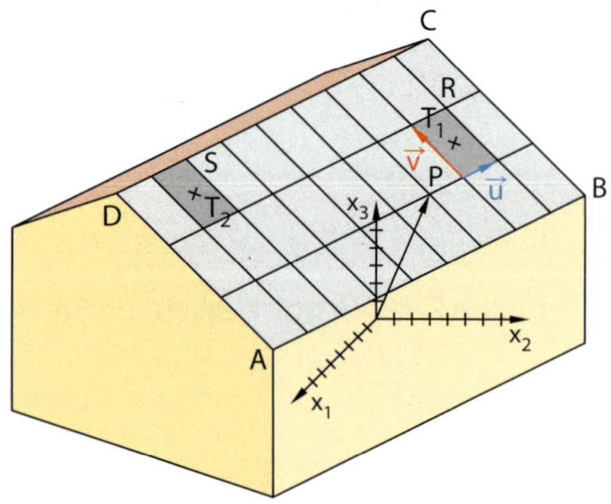

a) Geben Sie eine Gleichung der Ebene an, in der die Dachfläche ABCD enthalten ist.

b) Ermitteln Sie die Koordinaten der Punkte R, S, T_1 und T_2, wobei T_1 und T_2 die Mittelpunkte der dunkelgrauen Paneele sind.

c) Prüfen Sie, ob die Punkte K(10 | 1 | 13) und L(2 | 15 | 9) in der Fläche ABCD liegen.

d) Geben Sie an, für welche Werte für r und s in $\vec{x} = \overrightarrow{OP} + r \cdot \vec{u} + s \cdot \vec{v}$ man Punkte der Dachfläche ABCD erhält.

Hinweis zu 8:
Zwei Ebenen mit gleichen Richtungsvektoren sind parallel zueinander.

8. Bestimmen Sie eine Parametergleichung der Ebene E mit den angegebenen Eigenschaften.

a) E ist die x_1x_3-Koordinatenebene.

b) E enthält den Punkt P(2 | −3 | 5) und ist parallel zur x_1x_3-Koordinatenebene.

c) E enthält den Punkt P(1 | −1 | 4) und ist parallel zur Ebene
E_0: $\vec{x} = \begin{pmatrix} -3 \\ 0 \\ 5 \end{pmatrix} + r\begin{pmatrix} 3 \\ -1 \\ -5 \end{pmatrix} + s\begin{pmatrix} 6 \\ -8 \\ 1 \end{pmatrix}$.

d) Die Geraden g: $\vec{x} = \begin{pmatrix} -5 \\ 4 \\ -1 \end{pmatrix} + r\begin{pmatrix} 1 \\ 1 \\ 0 \end{pmatrix}$ und h: $\vec{x} = \begin{pmatrix} -5 \\ 4 \\ -1 \end{pmatrix} + r\begin{pmatrix} -3 \\ 0 \\ 5 \end{pmatrix}$ liegen in E.

Weiterführende Aufgaben

9. Beschreiben Sie die besondere Lage der Ebene E bezüglich der Koordinatenebenen und des Koordinatenursprungs.

a) E: $\vec{x} = \begin{pmatrix}0\\0\\2\end{pmatrix} + r\begin{pmatrix}0\\1\\0\end{pmatrix} + s\begin{pmatrix}1\\0\\0\end{pmatrix}$

b) E: $\vec{x} = r\begin{pmatrix}1\\-5\\2\end{pmatrix} + s\begin{pmatrix}-6\\3\\7\end{pmatrix}$

c) E: $\vec{x} = \begin{pmatrix}5\\3\\7\end{pmatrix} + r\begin{pmatrix}0\\2\\2\end{pmatrix} + s\begin{pmatrix}0\\0\\1\end{pmatrix}$

d) E: $\vec{x} = \begin{pmatrix}3\\0\\0\end{pmatrix} + r\begin{pmatrix}0\\6\\0\end{pmatrix} + s\begin{pmatrix}-3\\0\\5\end{pmatrix}$

10. Eine Ebene E enthält die Gerade g: $\vec{x} = \begin{pmatrix}6\\0\\0\end{pmatrix} + k\begin{pmatrix}-2\\0\\1\end{pmatrix}$ und den Punkt P(0|5|0).

a) Zeigen Sie, dass der Punkt A(4|0|1) in E liegt.

b) Begründen Sie, dass die Gerade h: $\vec{x} = \begin{pmatrix}4\\0\\1\end{pmatrix} + k\begin{pmatrix}-2\\0\\1\end{pmatrix}$ in E liegt.

c) Geben Sie die Gleichung einer weiteren Geraden an, welche durch A verläuft und in der Ebene E liegt.

11. Die Ebene durch die Punkte A, B und C mit dem Stützpunkt A und den nicht kollinearen Richtungsvektoren $\overrightarrow{AB}$ und $\overrightarrow{AC}$ hat die Gleichung $\vec{x} = \overrightarrow{OA} + r \cdot \overrightarrow{AB} + s \cdot \overrightarrow{AC}$.
Geben Sie an, für welche Werte der Parameter r und s man die Ortsvektoren der angegebenen Punkte erhält.

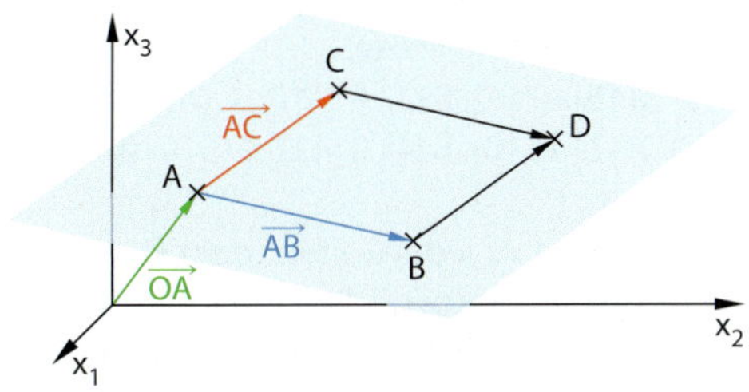

a) Punkt A
b) Punkte B und C
c) Punkte auf der Strecke $\overline{AB}$
d) Punkte auf der Strecke $\overline{AC}$
e) Punkt D des Parallelogramms ABDC
f) Punkte auf der Strecke $\overline{BD}$
g) Punkte auf der Strecke $\overline{CD}$
h) Mittelpunkt der Strecke $\overline{AD}$
i) Punkte im Inneren des Parallelogramms ABDC

12. Stolperstelle: Die Ebene E enthält den Punkt A(16|−4|0) und wird durch die Vektoren $\vec{u} = \begin{pmatrix}56\\28\\-14\end{pmatrix}$ und $\vec{v} = \begin{pmatrix}27\\18\\27\end{pmatrix}$ aufgespannt. Korrigieren und erläutern Sie die Fehler.

a) Lara: *„Vereinfacht ist auch $\vec{x} = \begin{pmatrix}4\\-1\\0\end{pmatrix} + k\begin{pmatrix}4\\2\\-1\end{pmatrix} + s\begin{pmatrix}3\\2\\3\end{pmatrix}$ eine Gleichung für E."*

b) Dennis: *„Der Punkt P mit $\overrightarrow{OP} = \begin{pmatrix}16\\-4\\0\end{pmatrix} + 2 \cdot \begin{pmatrix}4\\2\\-1\end{pmatrix} + 3 \cdot \begin{pmatrix}3\\2\\3\end{pmatrix}$ liegt nicht in dem Parallelogramm, das von A aus durch $\vec{u}$ und $\vec{v}$ aufgespannt wird."*

13. Prüfen Sie, ob die Punkte A(3|5|6), B(1|0,5|2,5) und C(−1|2|1) in dem Parallelogramm liegen, welches vom Punkt P(−1|−2|1) aus durch die Vektoren $\vec{u} = \begin{pmatrix}3\\4{,}5\\3\end{pmatrix}$ und $\vec{v} = \begin{pmatrix}2\\2\\1\end{pmatrix}$ aufgespannt wird. Begründen Sie Ihre Antwort mit einer Skizze.

14. Eine Ebene lässt sich durch drei Punkte A, B und C, die nicht auf einer Geraden liegen, festlegen. Nennen Sie weitere Möglichkeiten, eine Ebene durch Punkte und/oder Geraden zu beschreiben. Geben Sie zu jeder Möglichkeit ein Beispiel in Form einer Parametergleichung und einer Skizze an.

15. Prüfen Sie, ob es eine eindeutige Ebene gibt, in der die Gerade g und der Punkt P liegen. Falls ja, geben Sie eine Parametergleichung der Ebene an.

a) $g\colon \vec{x} = \begin{pmatrix} -2 \\ 3 \\ 7 \end{pmatrix} + r\begin{pmatrix} 15 \\ -5 \\ 10 \end{pmatrix}$ $P(-8\,|\,5\,|\,3)$ b) $g\colon \vec{x} = \begin{pmatrix} 1 \\ 0 \\ -5 \end{pmatrix} + r\begin{pmatrix} 3 \\ -2 \\ 4 \end{pmatrix}$ $P(7\,|\,-4\,|\,-1)$

16. Prüfen Sie, ob es eine Ebene gibt, in der die Geraden g und h liegen. Falls ja, geben Sie eine Parametergleichung der Ebene an.

a) $g\colon \vec{x} = \begin{pmatrix} 5 \\ 2 \\ -6 \end{pmatrix} + r\begin{pmatrix} -2 \\ 5 \\ 1 \end{pmatrix}$ $h\colon \vec{x} = \begin{pmatrix} -1 \\ -16 \\ 0 \end{pmatrix} + s\begin{pmatrix} -4 \\ -1 \\ 3 \end{pmatrix}$

b) $g\colon \vec{x} = \begin{pmatrix} 0 \\ 1 \\ 0 \end{pmatrix} + r\begin{pmatrix} 2 \\ 0 \\ -1 \end{pmatrix}$ $h\colon \vec{x} = \begin{pmatrix} 0 \\ 0 \\ 5 \end{pmatrix} + s\begin{pmatrix} 1 \\ -1 \\ 0 \end{pmatrix}$

c) $g\colon \vec{x} = \begin{pmatrix} 2 \\ -1 \\ 0 \end{pmatrix} + r\begin{pmatrix} -2 \\ 0 \\ 1 \end{pmatrix}$ $h\colon \vec{x} = \begin{pmatrix} 1 \\ 0 \\ 4 \end{pmatrix} + s\begin{pmatrix} 4 \\ 0 \\ -2 \end{pmatrix}$

d) $g\colon \vec{x} = \begin{pmatrix} 2 \\ 1 \\ 1 \end{pmatrix} + r\begin{pmatrix} -0{,}5 \\ 2 \\ 1 \end{pmatrix}$ $h\colon \vec{x} = \begin{pmatrix} 5 \\ -11 \\ -5 \end{pmatrix} + s\begin{pmatrix} 1 \\ -4 \\ -2 \end{pmatrix}$

17. Prüfen Sie, ob die Punkte A, B, C und D in einer gemeinsamen Ebene liegen. Erläutern Sie Ihre Vorgehensweise.
a) $A(5\,|\,-7\,|\,9)$, $B(3\,|\,-7\,|\,10)$, $C(6\,|\,-4\,|\,13)$, $D(4\,|\,-4\,|\,14)$
b) $A(3\,|\,-1\,|\,0)$, $B(4\,|\,-1\,|\,1)$, $C(5\,|\,0\,|\,0)$, $D(7\,|\,1\,|\,3)$

18. Geben Sie zu jeder Seiten- oder Diagonalfläche des Quaders, die Punkt A enthält, eine Parametergleichung derjenigen Ebene an, in der die Fläche liegt.

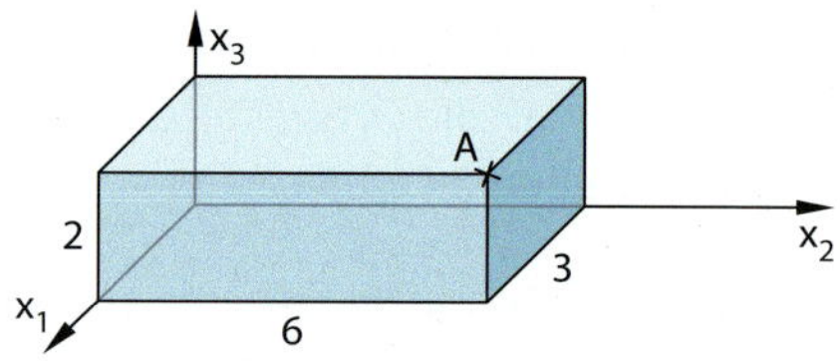

● **19.** Die Abbildung zeigt einen Carport (2 LE entsprechen 1 m). Wegen eines Baums ist die Rückwand schmaler als die Einfahrtswand. Der Boden des Carports liegt in der x_1x_2-Ebene. Damit das Dach ein Gefälle hat, sind die Stützen unterschiedlich lang.
Berechnen Sie, wie lang die Stütze unter dem Punkt B sein muss, damit das Dach auch hier aufliegt.

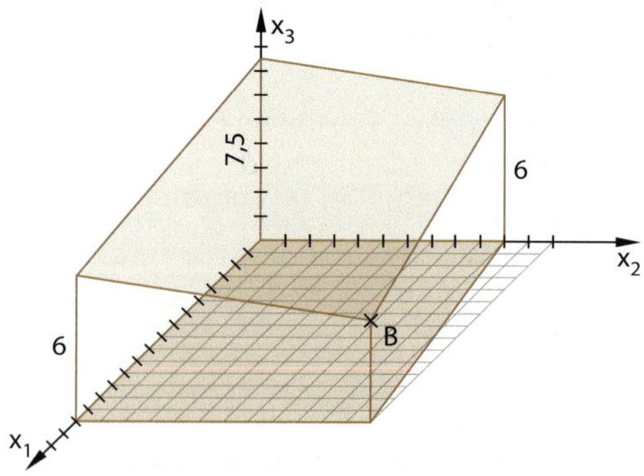

20. Die Skizze zeigt ein Hausdach.
a) Zeigen Sie, dass die Vierecke ABCD, ABEF und DCEF Parallelogramme sind.
b) Prüfen Sie, in welchem dieser Parallelogramme der Punkt $P(1\,|\,4\,|\,1)$ liegt.

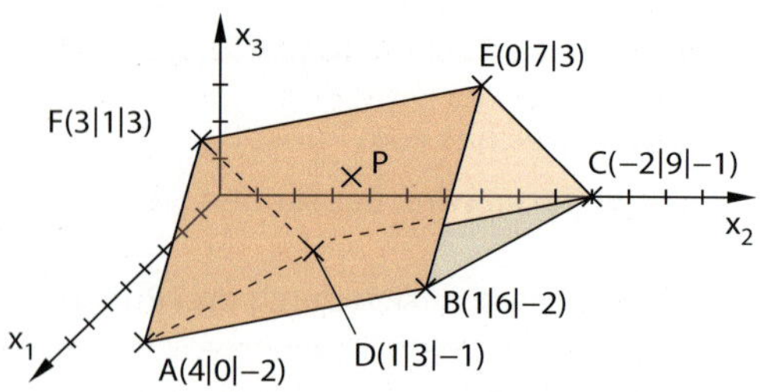

21. Gegeben sind die Punkte A(3|0|−3), B(3|5|−3) und D(−1|0|0).

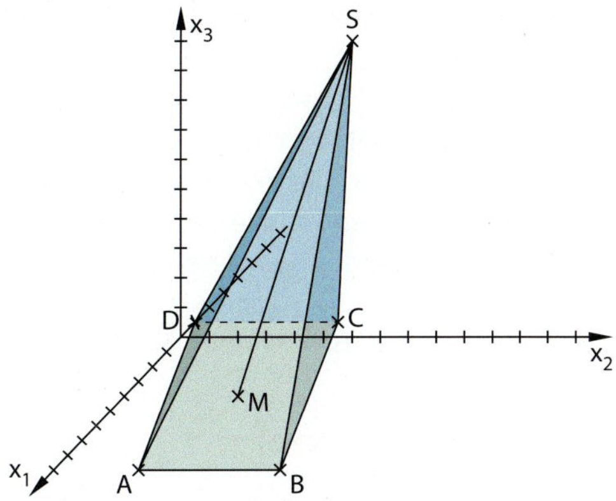

a) Berechnen Sie die Koordinaten des Punktes C, sodass ABCD ein Parallelogramm ist.

b) Zeigen Sie, dass das Parallelogramm sogar ein Quadrat ist, indem Sie die Längen der Seiten miteinander vergleichen und auch die Längen der Diagonalen.

c) Berechnen Sie die Koordinaten des Mittelpunktes M des Quadrats ABCD. Zeigen Sie, dass M auf der Geraden h liegt, welche durch S(−7|2,5|6,5) verläuft und den Richtungsvektor $\vec{v} = \begin{pmatrix} -1 \\ 0 \\ 1 \end{pmatrix}$ hat.

d) Zeigen Sie, dass der Punkt S von den vier Eckpunkten des Quadrats gleich weit entfernt ist. Geben Sie an, welche Bedeutung dann die Strecke $\overline{MS}$ für die Pyramide mit Grundfläche ABCD und Spitze S hat.

e) Berechnen Sie das Volumen der Pyramide.

22. Spurpunkte: Die Schnittpunkte einer Ebene mit den Koordinatenachsen heißen **Spurpunkte**. Mit ihnen lässt sich die Lage einer Ebene im Koordinatensystem verdeutlichen. Es sei

$$E: \vec{x} = \begin{pmatrix} x_1 \\ x_2 \\ x_3 \end{pmatrix} = \begin{pmatrix} 1 \\ -2 \\ 2 \end{pmatrix} + r\begin{pmatrix} 0 \\ 8 \\ -2 \end{pmatrix} + s\begin{pmatrix} -3 \\ 14 \\ -2 \end{pmatrix}$$

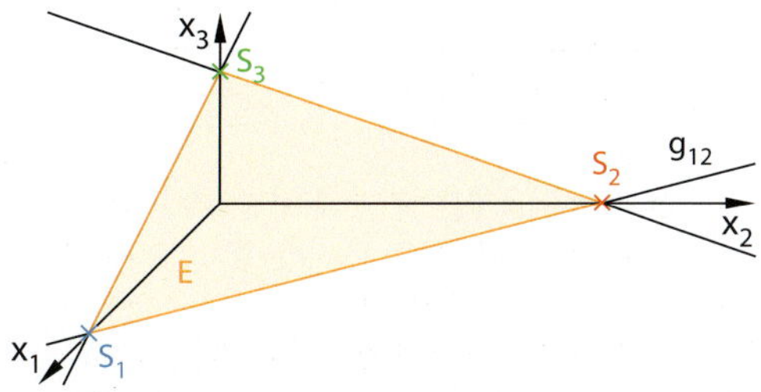

a) Zeigen Sie, dass $S_1(4|0|0)$ der Spurpunkt von E mit der x_1-Achse ist. Erklären Sie, weshalb zwei der Koordinaten dieses Punktes 0 sind.

b) Berechnen Sie, für welche Werte der Parameter r und s man $x_1 = 0$ und $x_3 = 0$ erhält. Dazu müssen Sie ein 2×2 LGS lösen. Beschreiben Sie, welche Punkte Sie durch die ermittelten Parameterwerte angeben können.

c) Bestimmen Sie den Spurpunkt S_3 der Ebene E mit der x_3-Achse.

d) Stellen Sie E mithilfe der Spurpunkte in einem Koordinatensystem dar.

23. Ausblick: Es seien A, B und C drei beliebige Punkte, die nicht auf einer Geraden liegen, und $\vec{b}$ und $\vec{c}$ Vektoren wie in der Abbildung festgelegt. Für einen Punkt Q im von den Vektoren $\vec{b}$ und $\vec{c}$ von A aus aufgespannten Parallelogramm gilt $\overrightarrow{OQ} = \overrightarrow{OA} + r \cdot \vec{b} + s \cdot \vec{c}$ mit $0 \le r \le 1$ und $0 \le s \le 1$. In dieser Aufgabe sollen Sie ein Kriterium dafür entwickeln, dass ein gegebener Punkt P im Dreieck ABC liegt.

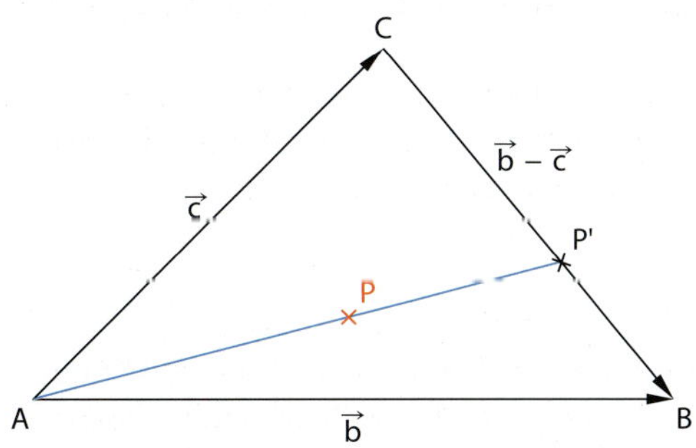

a) Zeigen Sie: Der Punkt P' liegt genau dann auf der Strecke $\overline{CB}$, wenn die Gleichung $\overrightarrow{OP'} = \overrightarrow{OA} + r \cdot \vec{b} + s \cdot \vec{c}$ mit $0 \le r$, s und $r + s = 1$ gilt. Setzen Sie dazu $s = 1 - r$ im Ausdruck für $\overrightarrow{OP'}$ und vereinfachen Sie den Ausdruck.

b) Zu jedem Punkt P im Dreieck ABC gibt es einen Punkt P' auf der Strecke $\overline{CB}$, sodass gilt $\overrightarrow{AP} = k \cdot \overrightarrow{AP'}$ mit $0 \le k \le 1$. Nutzen Sie das Ergebnis aus Teil a), um herauszufinden, für welche r, s ein Punkt P mit $\overrightarrow{OP} = \overrightarrow{OA} + r \cdot \vec{b} + s \cdot \vec{c}$ im Dreieck ABC liegt.

6.4 Skalarprodukt und orthogonale Vektoren

■ Zum Vektor $\vec{v} = \binom{2}{2}$ wird ein Vektor gesucht, dessen Pfeile senkrecht auf denen von $\vec{v}$ stehen.

a) Schätzen Sie mithilfe der Zeichnung, welcher der Vektoren $\vec{a}$, $\vec{b}$ und $\vec{c}$ dies erfüllt.

b) Für die Summe der Koordinatenprodukte von $\vec{a}$ und $\vec{v}$ gilt: $(-2)\cdot 2 + 1\cdot 2 = -2$. Berechnen Sie diese für $\vec{b}$ und $\vec{v}$ sowie $\vec{c}$ und $\vec{v}$. Beschreiben Sie Ihre Beobachtung. ■

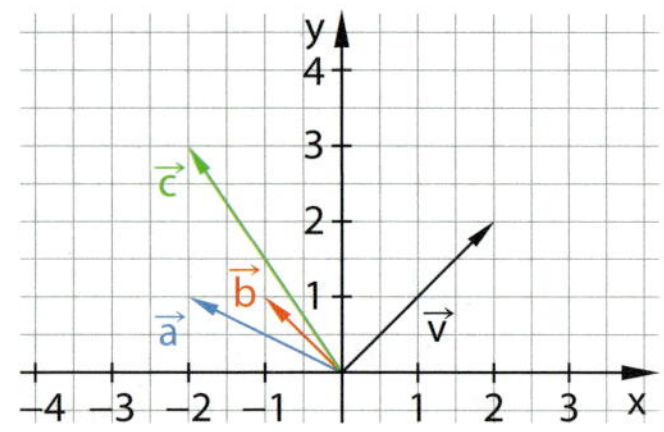

Orthogonale Vektoren

Zwei Vektoren nennt man zueinander **orthogonal** (senkrecht), wenn ihre Vektorpfeile zueinander senkrecht sind.

Nach dem Satz des Pythagoras sind die Vektoren $\vec{a}$ und $\vec{b}$ genau dann zueinander orthogonal, wenn gilt:
$|\vec{a}|^2 + |\vec{b}|^2 = |\vec{a} - \vec{b}|^2$

Mit $\vec{a} = \binom{a_1}{a_2}$ und $\vec{b} = \binom{b_1}{b_2}$ und $\vec{a} - \vec{b} = \binom{a_1 - b_1}{a_2 - b_2}$ lässt sich die Gleichung umformen:

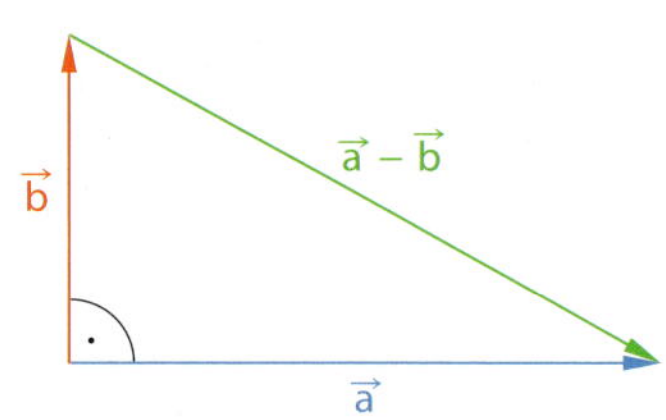

Erinnerung:
Wegen $|\vec{a}| = \sqrt{a_1^2 + a_2^2}$ ist $|\vec{a}|^2 = a_1^2 + a_2^2$.

$$(a_1^2 + a_2^2) + (b_1^2 + b_2^2) = (a_1 - b_1)^2 + (a_2 - b_2)^2 \quad | \text{ 2. binomische Formel}$$

$$a_1^2 + a_2^2 + b_1^2 + b_2^2 = a_1^2 - 2a_1b_1 + b_1^2 + a_2^2 - 2a_2b_2 + b_2^2 \quad | -(a_1^2 + a_2^2 + b_1^2 + b_2^2) \quad | :(-2)$$

$$0 = a_1b_1 + a_2b_2$$

Der Ausdruck $a_1b_1 + a_2b_2$ entscheidet also darüber, ob die Vektoren $\vec{a}$ und $\vec{b}$ zueinander orthogonal sind. Das gilt auch für den entsprechenden Ausdruck für Vektoren im Raum.

Hinweis:
Für Vektoren in der Ebene gilt:
$\vec{a} \cdot \vec{b} = \binom{a_1}{a_2} \cdot \binom{b_1}{b_2} = a_1b_1 + a_2b_2$

Definition: Skalarprodukt zweier Vektoren

Für die Vektoren $\vec{a}$ und $\vec{b}$ heißt $\vec{a} \cdot \vec{b} = \begin{pmatrix} a_1 \\ a_2 \\ a_3 \end{pmatrix} \cdot \begin{pmatrix} b_1 \\ b_2 \\ b_3 \end{pmatrix} = a_1b_1 + a_2b_2 + a_3b_3$
das **Skalarprodukt** von $\vec{a}$ und $\vec{b}$.

Das Ergebnis eines Skalarprodukts ist eine reelle Zahl (ein Skalar) und kein Vektor. Mithilfe des Skalarprodukts lässt sich kurz formulieren:

Hinweis:
$a_1b_1 + a_2b_2 + a_3b_3$ ist eigentlich eine Summe. Man spricht dennoch vom Skalarprodukt, da z. B. gilt:
$\vec{a} \cdot (\vec{b} + \vec{c}) = \vec{a} \cdot \vec{b} + \vec{a} \cdot \vec{c}$

Satz: Orthogonale Vektoren

Zwei Vektoren $\vec{a} \neq \vec{0}$ und $\vec{b} \neq \vec{0}$ sind genau dann zueinander **orthogonal** (senkrecht), wenn ihr Skalarprodukt null ist, also $\vec{a} \cdot \vec{b} = 0$ gilt.

Beispiel 1: Orthogonalität prüfen

Prüfen Sie, ob der Vektor $\vec{a} = \begin{pmatrix} 7 \\ -3 \\ 5 \end{pmatrix}$ orthogonal zu $\vec{b} = \begin{pmatrix} 2 \\ 8 \\ 2 \end{pmatrix}$ oder $\vec{c} = \begin{pmatrix} -1 \\ 5 \\ 4 \end{pmatrix}$ ist.

Lösung:

Berechnen Sie die Skalarprodukte $\vec{a} \cdot \vec{b}$ und $\vec{a} \cdot \vec{c}$. Bilden Sie dazu die Produkte a_1b_1, a_2b_2, a_3b_3 (bzw. a_1c_1, a_2c_2, a_3c_3) und addieren Sie diese.
Ist das Skalarprodukt null, so sind die Vektoren orthogonal zueinander.

$\vec{a} \cdot \vec{b} = \begin{pmatrix} 7 \\ -3 \\ 5 \end{pmatrix} \cdot \begin{pmatrix} 2 \\ 8 \\ 2 \end{pmatrix} = 7\cdot 2 - 3\cdot 8 + 5\cdot 2 = 0$
$\vec{a}$ ist orthogonal zu $\vec{b}$.

$\vec{a} \cdot \vec{c} = \begin{pmatrix} 7 \\ -3 \\ 5 \end{pmatrix} \cdot \begin{pmatrix} -1 \\ 5 \\ 4 \end{pmatrix} = -7 - 15 + 20 = -2 \neq 0$
$\vec{a}$ ist nicht orthogonal zu $\vec{c}$.

Beispiel 2: Orthogonalen Vektor aufstellen

Bestimmen Sie einen Vektor $\vec{n}$, der zu $\vec{a} = \begin{pmatrix} 3 \\ -6 \\ 2 \end{pmatrix}$ und zu $\vec{b} = \begin{pmatrix} -3 \\ 4 \\ 1 \end{pmatrix}$ orthogonal ist.

Lösung:

Damit $\vec{n}$ orthogonal zu $\vec{a}$ und zu $\vec{b}$ ist, muss gelten $\vec{n} \cdot \vec{a} = 0$ und $\vec{n} \cdot \vec{b} = 0$.

$\vec{n} \cdot \vec{a} = 0 \qquad 3 \cdot n_1 - 6 \cdot n_2 + 2 \cdot n_3 = 0$

$\vec{n} \cdot \vec{b} = 0 \qquad -3 \cdot n_1 + 4 \cdot n_2 + 1 \cdot n_3 = 0$

Stellen Sie mit diesen Gleichungen ein LGS auf und bilden Sie die Zeilenstufenform. Wählen Sie eine Variable (hier n_3) als t und stellen Sie den allgemeinen Lösungsvektor $\vec{n_t}$ auf. Ersetzen Sie dort den Faktor t so durch einen Wert, dass der Vektor möglichst bruchfrei wird. So ergibt sich eine konkrete Lösung.
Da dieser Rechenweg fehleranfällig ist, sollten Sie immer eine **Probe** machen.

$\left(\begin{array}{ccc|c} 3 & -6 & 2 & 0 \\ -3 & 4 & 1 & 0 \end{array}\right) \xrightarrow{\text{ZSF}} \left(\begin{array}{ccc|c} 3 & -6 & 2 & 0 \\ 0 & -2 & 3 & 0 \end{array}\right)$

$n_3 = t$ frei wählbar: $n_2 = \frac{3}{2}t \quad n_1 = \frac{7}{3}t$

$\vec{n_t} = \begin{pmatrix} \frac{7}{3}t \\ \frac{3}{2}t \\ t \end{pmatrix} = t \begin{pmatrix} \frac{7}{3} \\ \frac{3}{2} \\ 1 \end{pmatrix}$ Mit $t = 6$ ergibt sich $\vec{n} = \begin{pmatrix} 14 \\ 9 \\ 6 \end{pmatrix}$.

$\vec{n} \cdot \vec{a} = 42 - 54 + 12 = 0$

$\vec{n} \cdot \vec{b} = -42 + 36 + 6 = 0$

Hinweis:
Da nur gefordert wird, dass $\vec{n}$ zu $\vec{a}$ und $\vec{b}$ orthogonal ist, ist die Länge von $\vec{n}$ nicht festgelegt. Dies drückt der Faktor t aus.

Basisaufgaben

1. Berechnen Sie die Skalarprodukte.

a) $\begin{pmatrix} 2 \\ -1 \\ 7 \end{pmatrix} \cdot \begin{pmatrix} -3 \\ -5 \\ 1 \end{pmatrix}$ b) $\begin{pmatrix} 6 \\ 2 \\ 3 \end{pmatrix} \cdot \begin{pmatrix} 1 \\ 0 \\ -2 \end{pmatrix}$ c) $\begin{pmatrix} 1 \\ 1 \\ 1 \end{pmatrix} \cdot \begin{pmatrix} 3 \\ -7 \\ 8 \end{pmatrix}$

d) $\begin{pmatrix} 2 \\ 5 \end{pmatrix} \cdot \begin{pmatrix} 4 \\ -1 \end{pmatrix}$ e) $\begin{pmatrix} 3 \\ -1 \\ 4 \end{pmatrix} \cdot \left(\begin{pmatrix} -2 \\ 5 \\ 1 \end{pmatrix} + \begin{pmatrix} 6 \\ 0 \\ 5 \end{pmatrix} \right)$ f) $\begin{pmatrix} 3 \\ -1 \\ 4 \end{pmatrix} \cdot \begin{pmatrix} -2 \\ 5 \\ 1 \end{pmatrix} + \begin{pmatrix} 3 \\ -1 \\ 4 \end{pmatrix} \cdot \begin{pmatrix} 6 \\ 0 \\ 5 \end{pmatrix}$

2. Prüfen Sie, ob die Vektoren $\vec{a}$ und $\vec{b}$ zueinander orthogonal sind.

a) $\vec{a} = \begin{pmatrix} 2 \\ 0 \\ 0 \end{pmatrix} \quad \vec{b} = \begin{pmatrix} 0 \\ 3 \\ 5 \end{pmatrix}$ b) $\vec{a} = \begin{pmatrix} 2 \\ 3 \\ -9 \end{pmatrix} \quad \vec{b} = \begin{pmatrix} 5 \\ 1 \\ 1 \end{pmatrix}$ c) $\vec{a} = \begin{pmatrix} 1 \\ 1 \\ 7 \end{pmatrix} \quad \vec{b} = \begin{pmatrix} -3 \\ -4 \\ 1 \end{pmatrix}$

d) $\vec{a} = \begin{pmatrix} 0 \\ 9 \\ 17 \end{pmatrix} \quad \vec{b} = \begin{pmatrix} 21 \\ 17 \\ -9 \end{pmatrix}$ e) $\vec{a} = \begin{pmatrix} 13 \\ 1 \\ -6 \end{pmatrix} \quad \vec{b} = \begin{pmatrix} -2 \\ 1 \\ -3 \end{pmatrix}$ f) $\vec{a} = \begin{pmatrix} -4 \\ 9 \\ -3 \end{pmatrix} \quad \vec{b} = \begin{pmatrix} 3 \\ 7 \\ 17 \end{pmatrix}$

3. Zeichnen Sie je einen Vektorpfeil von $\vec{a}$ und $\vec{b}$ in ein Koordinatensystem und schätzen Sie, ob die Pfeile senkrecht sind. Kontrollieren Sie rechnerisch.

a) $\vec{a} = \begin{pmatrix} -1 \\ -2 \end{pmatrix} \quad \vec{b} = \begin{pmatrix} 5 \\ -2 \end{pmatrix}$ b) $\vec{a} = \begin{pmatrix} 2 \\ 3 \end{pmatrix} \quad \vec{b} = \begin{pmatrix} 1{,}5 \\ -1 \end{pmatrix}$ c) $\vec{a} = \begin{pmatrix} -1 \\ -2 \end{pmatrix} \quad \vec{b} = \begin{pmatrix} 4 \\ -2 \end{pmatrix}$

4. Gegeben sind die Vektoren $\vec{a} = \begin{pmatrix} 0 \\ 7 \\ 5 \end{pmatrix}$, $\vec{b} = \begin{pmatrix} -7 \\ 0 \\ 2 \end{pmatrix}$ und $\vec{c} = \begin{pmatrix} 5 \\ 2 \\ 0 \end{pmatrix}$ sowie $\vec{v} = \begin{pmatrix} 2 \\ -5 \\ 7 \end{pmatrix}$ und $\vec{w} = \begin{pmatrix} 6 \\ 3 \\ -8 \end{pmatrix}$.

a) Zeigen Sie, dass $\vec{a}$, $\vec{b}$ und $\vec{c}$ orthogonal zu $\vec{v}$ sind.

b) Vergleichen Sie die Koordinaten von $\vec{a}$, $\vec{b}$ und $\vec{c}$ mit denen von $\vec{v}$ und beschreiben Sie Besonderheiten. Geben Sie auf die gleiche Weise drei orthogonale Vektoren zu $\vec{w}$ an.

Hinweis zu 4b:
Hier muss kein LGS aufgestellt werden.

5. Bestimmen Sie einen zu $\vec{a}$ und $\vec{b}$ orthogonalen Vektor.

a) $\vec{a} = \begin{pmatrix} 5 \\ 0 \\ 0 \end{pmatrix} \quad \vec{b} = \begin{pmatrix} 0 \\ 2 \\ 0 \end{pmatrix}$ b) $\vec{a} = \begin{pmatrix} 2 \\ 1 \\ 0 \end{pmatrix} \quad \vec{b} = \begin{pmatrix} 0 \\ 0 \\ 4 \end{pmatrix}$ c) $\vec{a} = \begin{pmatrix} 3 \\ 0 \\ 1 \end{pmatrix} \quad \vec{b} = \begin{pmatrix} 2 \\ 4 \\ 2 \end{pmatrix}$

d) $\vec{a} = \begin{pmatrix} 1 \\ -1 \\ 4 \end{pmatrix} \quad \vec{b} = \begin{pmatrix} -1 \\ 2 \\ 1 \end{pmatrix}$ e) $\vec{a} = \begin{pmatrix} 2 \\ 6 \\ 4 \end{pmatrix} \quad \vec{b} = \begin{pmatrix} -1 \\ 5 \\ 2 \end{pmatrix}$ f) $\vec{a} = \begin{pmatrix} 3 \\ 5 \\ -1 \end{pmatrix} \quad \vec{b} = \begin{pmatrix} -2 \\ 1 \\ 0 \end{pmatrix}$

Hinweis zu 5:
In manchen Teilaufgaben muss man kein LGS aufstellen.

Orthogonalität bei Geraden und Ebenen

Da die Richtung einer Geraden durch ihren Richtungsvektor festgelegt ist, kann man anhand der Richtungsvektoren entscheiden, ob zwei Geraden orthogonal zueinander sind.

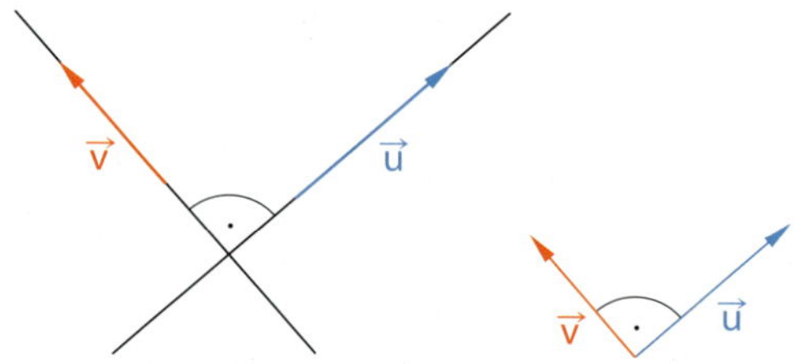

Definition: Orthogonale Geraden
Zwei Geraden verlaufen zueinander **orthogonal** genau dann, wenn ihre Richtungsvektoren zueinander **orthogonal** sind.

Nach dieser Definition können zwei Geraden auch dann orthogonal zueinander sein, wenn sie windschief zueinander sind. Ein Beispiel dafür sind die Geraden g und h entlang der Kanten des abgebildeten Würfels.

Die Gerade g ist auch orthogonal zu der Ebene E, in der die Grundfläche des Würfels liegt, da g zu allen Geraden in E orthogonal ist. Insbesondere ist der Richtungsvektor von g orthogonal zu den Richtungsvektoren von E.

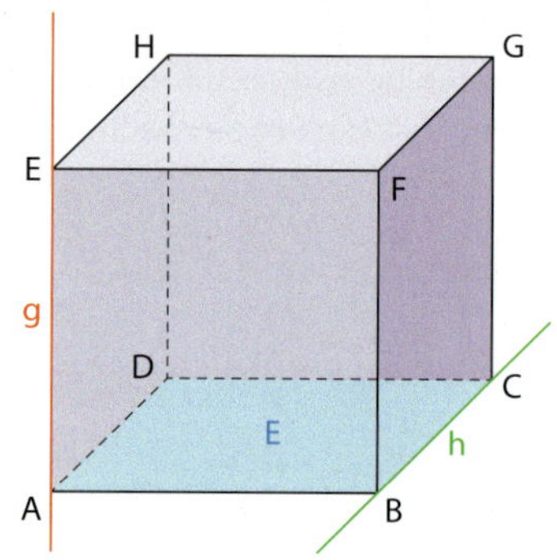

Definition: Gerade orthogonal zu einer Ebene
Eine Gerade verläuft **orthogonal** zu einer Ebene, wenn der Richtungsvektor der Geraden zu beiden Richtungsvektoren der Ebene **orthogonal** ist.

Beispiel 3: Gegeben ist die Gerade g: $\vec{x} = \begin{pmatrix} -7 \\ 8 \\ 8 \end{pmatrix} + r\begin{pmatrix} 4 \\ 5 \\ 1 \end{pmatrix}$. Prüfen Sie, ob die Gerade g orthogonal verläuft

a) zur Geraden h: $\vec{x} = \begin{pmatrix} 2 \\ -1 \\ 0 \end{pmatrix} + s\begin{pmatrix} 2 \\ 0 \\ -8 \end{pmatrix}$,

b) zur Ebene E: $\vec{x} = \begin{pmatrix} 4 \\ 0 \\ 1 \end{pmatrix} + s\begin{pmatrix} 1 \\ -1 \\ 1 \end{pmatrix} + t\begin{pmatrix} -2 \\ -1 \\ 8 \end{pmatrix}$.

Lösung:

a) Prüfen Sie mithilfe des Skalarprodukts, ob die Richtungsvektoren zueinander orthogonal sind. Wenn ja, verlaufen auch die Geraden orthogonal.

$$\begin{pmatrix} 4 \\ 5 \\ 1 \end{pmatrix} \cdot \begin{pmatrix} 2 \\ 0 \\ -8 \end{pmatrix} = 8 + 0 - 8 = 0$$

Die Geraden g und h verlaufen orthogonal zueinander.

b) Prüfen Sie mithilfe des Skalarprodukts, ob der Richtungsvektor der Geraden zu den Richtungsvektoren der Ebene orthogonal ist. Nur wenn beide Skalarprodukte null sind, dann ist die Gerade orthogonal zur Ebene.

$$\begin{pmatrix} 4 \\ 5 \\ 1 \end{pmatrix} \cdot \begin{pmatrix} 1 \\ -1 \\ 1 \end{pmatrix} = 4 - 5 + 1 = 0$$

$$\begin{pmatrix} 4 \\ 5 \\ 1 \end{pmatrix} \cdot \begin{pmatrix} -2 \\ -1 \\ 8 \end{pmatrix} = -8 - 5 + 8 = -5$$

Die Gerade g verläuft nicht orthogonal zur Ebene E.

Basisaufgaben

6. Prüfen Sie, ob die Geraden g und h zueinander orthogonal verlaufen.

a) g: $\vec{x} = \begin{pmatrix} 2 \\ -1 \\ 5 \end{pmatrix} + r\begin{pmatrix} 3 \\ 4 \\ -1 \end{pmatrix}$ h: $\vec{x} = \begin{pmatrix} 5 \\ 0 \\ -2 \end{pmatrix} + s\begin{pmatrix} 1 \\ 1 \\ 5 \end{pmatrix}$

b) g: $\vec{x} = \begin{pmatrix} 3 \\ 1 \\ 0 \end{pmatrix} + r\begin{pmatrix} 4 \\ 5 \\ -2 \end{pmatrix}$ h: $\vec{x} = \begin{pmatrix} -1 \\ 2 \\ 3 \end{pmatrix} + s\begin{pmatrix} 2 \\ 2 \\ 9 \end{pmatrix}$

c) g: $\vec{x} = \begin{pmatrix} 1 \\ 0 \\ 0 \end{pmatrix} + r\begin{pmatrix} 13 \\ -2 \\ 4 \end{pmatrix}$ h: $\vec{x} = \begin{pmatrix} 0 \\ 0 \\ 3 \end{pmatrix} + s\begin{pmatrix} -2 \\ -1 \\ 6 \end{pmatrix}$

d) g: $\vec{x} = \begin{pmatrix} 4 \\ 5 \\ 4 \end{pmatrix} + r\begin{pmatrix} 2 \\ 3 \\ 1 \end{pmatrix}$ h: $\vec{x} = \begin{pmatrix} -2 \\ 1 \\ 1 \end{pmatrix} + s\begin{pmatrix} 2 \\ -4 \\ 3 \end{pmatrix}$

7. Die Verlängerungen der 12 Würfelkanten sind 12 Geraden. Geben Sie an, welche dieser Geraden
a) zu AB orthogonal verlaufen und AB schneiden,
b) zu AB orthogonal verlaufen und AB nicht schneiden,
c) zur Ebene durch die Punkte A, E und H orthogonal verlaufen.

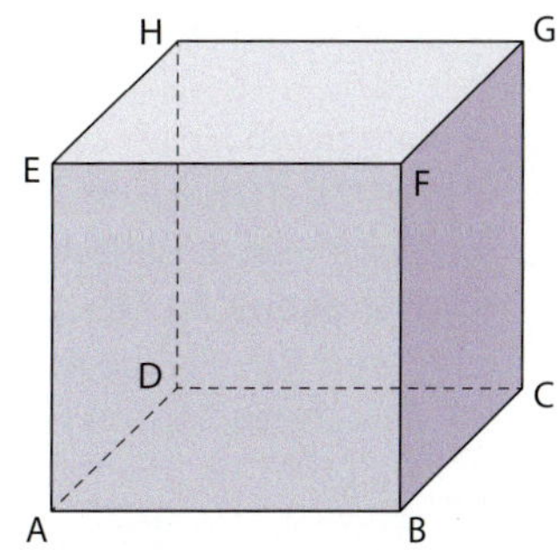

8. Zeigen Sie, dass sich die Geraden g und h schneiden. Prüfen Sie, ob g und h orthogonal zueinander verlaufen.

a) g: $\vec{x} = \begin{pmatrix} 3 \\ 1 \\ 4 \end{pmatrix} + r\begin{pmatrix} 2 \\ -7 \\ 5 \end{pmatrix}$ h: $\vec{x} = \begin{pmatrix} 5 \\ -6 \\ 9 \end{pmatrix} + s\begin{pmatrix} 1 \\ 1 \\ 1 \end{pmatrix}$

b) g: $\vec{x} = \begin{pmatrix} 3 \\ 0 \\ 1 \end{pmatrix} + r\begin{pmatrix} -3 \\ 1 \\ -1 \end{pmatrix}$ h: $\vec{x} = \begin{pmatrix} 0 \\ 1 \\ 0 \end{pmatrix} + s\begin{pmatrix} 1 \\ 2 \\ 2 \end{pmatrix}$

9. Prüfen Sie, ob die Gerade g orthogonal zur Ebene E verläuft.

a) g: $\vec{x} = \begin{pmatrix} 2 \\ 1 \\ 1 \end{pmatrix} + k\begin{pmatrix} 3 \\ -1 \\ 4 \end{pmatrix}$ E: $\vec{x} = \begin{pmatrix} -1 \\ 1 \\ 1 \end{pmatrix} + r\begin{pmatrix} 3 \\ 5 \\ -1 \end{pmatrix} + s\begin{pmatrix} 1 \\ 0 \\ -2 \end{pmatrix}$

b) g: $\vec{x} = \begin{pmatrix} 3 \\ 4 \\ -5 \end{pmatrix} + k\begin{pmatrix} 5 \\ -6 \\ 2 \end{pmatrix}$ E: $\vec{x} = \begin{pmatrix} 1 \\ 0 \\ 3 \end{pmatrix} + r\begin{pmatrix} 2 \\ 2 \\ 1 \end{pmatrix} + s\begin{pmatrix} 6 \\ 4 \\ -3 \end{pmatrix}$

c) g: $\vec{x} = \begin{pmatrix} 3 \\ -6 \\ 1 \end{pmatrix} + k\begin{pmatrix} 3 \\ 0 \\ 5 \end{pmatrix}$ E: $\vec{x} = \begin{pmatrix} 2 \\ 1 \\ 1 \end{pmatrix} + r\begin{pmatrix} 5 \\ 1 \\ 3 \end{pmatrix} + s\begin{pmatrix} 1 \\ 2 \\ -1 \end{pmatrix}$

10. Bestimmen Sie die Parametergleichung einer Geraden h, die die Gerade g senkrecht schneidet.

a) g: $\vec{x} = \begin{pmatrix} 4 \\ 1 \\ 1 \end{pmatrix} + k\begin{pmatrix} 3 \\ 0 \\ 4 \end{pmatrix}$ b) g: $\vec{x} = \begin{pmatrix} 2 \\ 7 \\ -2 \end{pmatrix} + k\begin{pmatrix} 5 \\ 1 \\ -3 \end{pmatrix}$ c) g: $\vec{x} = \begin{pmatrix} -5 \\ 0 \\ 2 \end{pmatrix} + k\begin{pmatrix} 2 \\ -1 \\ 2 \end{pmatrix}$

11. a) Bestimmen Sie die Parametergleichungen dreier zueinander nicht paralleler Geraden, die senkrecht zur x_1-Achse verlaufen und diese in P (3 | 0 | 0) schneiden. Vergleichen Sie die Ergebnisse mit Ihrem Nachbarn.

b) Die Gerade g geht durch den Ursprung und den Punkt Q (0 | 3 | 3). Bestimmen Sie eine Parametergleichung einer Ebene durch den Punkt Q, die senkrecht zu g verläuft.

Weiterführende Aufgaben

12. Für das Skalarprodukt eines Vektors $\vec{a}$ mit sich selbst gilt: $\vec{a} \cdot \vec{a} = |\vec{a}|^2$

a) Überprüfen Sie die Formel an zwei selbst gewählten Beispielen.

b) Zeigen Sie allgemein, dass die Formel für jeden dreidimensionalen Vektor gilt.

c) Begründen Sie, dass für den Betrag eines Vektors $\vec{a}$ gilt: $|\vec{a}| = \sqrt{\vec{a} \cdot \vec{a}}$

13. Prüfen Sie, ob die Aussage richtig ist, und begründen Sie mithilfe einer Skizze.

a) Wenn in der Ebene ein Vektor $\vec{a}$ orthogonal zu einem Vektor $\vec{b}$ ist und $\vec{b}$ orthogonal zu $\vec{c}$, dann sind die Vektoren $\vec{a}$ und $\vec{c}$ kollinear.

b) Wenn im Raum ein Vektor $\vec{a}$ orthogonal zu einem Vektor $\vec{b}$ ist und $\vec{b}$ orthogonal zu $\vec{c}$, dann sind die Vektoren $\vec{a}$ und $\vec{c}$ kollinear. (Prüfen Sie dies an einem Würfel.)

c) Wenn im Raum ein Vektor $\vec{a}$ orthogonal zu einem Vektor $\vec{b}$ ist und die Vektoren $\vec{a}$ und $\vec{c}$ kollinear sind, dann sind die Vektoren $\vec{b}$ und $\vec{c}$ orthogonal zueinander.

14. a) Skizzieren Sie im zweidimensionalen Koordinatensystem das Dreieck ABC mit A(−2|−1), B(4|−3), C(4|2).

b) Geben Sie die Gleichung einer Geraden h_c an, welche durch den Punkt C verläuft und orthogonal zu $\overline{AB}$ ist.

c) Berechnen Sie die Koordinaten des Schnittpunktes H von h_c und AB.

d) Berechnen Sie den Flächeninhalt des Dreiecks mithilfe von $|\overrightarrow{AB}|$ und $|\overrightarrow{CH}|$. Erläutern Sie Ihre Rechnung an der Skizze.

e) Ermitteln Sie ebenso den Flächeninhalt des Dreiecks ABC mit A(0|−3), B(6|0), C(−1|4).

15. Stolperstelle: Michael möchte die Höhe des Dreiecks ABC bestimmen. Er überlegt sich ein Vorgehen, beginnt zu rechnen und kommt aber auf kein Ergebnis. Erläutern Sie seinen Rechenweg und finden Sie heraus, weshalb dieser Weg scheitert.

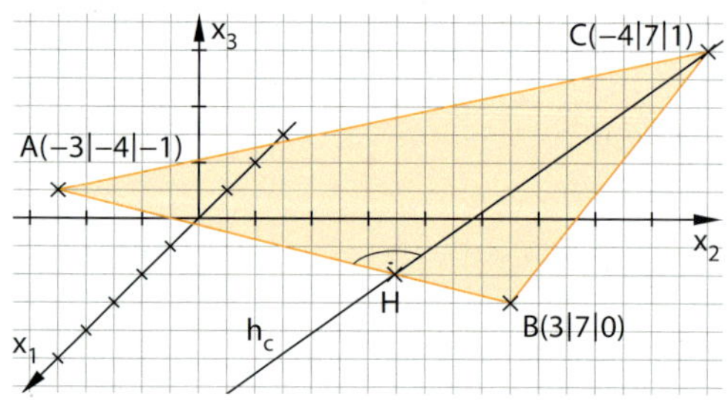

① AB: $\vec{x} = \begin{pmatrix} -3 \\ -4 \\ -1 \end{pmatrix} + r \begin{pmatrix} 6 \\ 11 \\ 1 \end{pmatrix}$

② $\vec{v} = \begin{pmatrix} 1 \\ 0 \\ -6 \end{pmatrix}$, da $\begin{pmatrix} 1 \\ 0 \\ -6 \end{pmatrix} \cdot \begin{pmatrix} 6 \\ 11 \\ 1 \end{pmatrix} = 0$, also ③ h_c: $\vec{x} = \begin{pmatrix} -4 \\ 7 \\ 1 \end{pmatrix} + s \begin{pmatrix} 1 \\ 0 \\ -6 \end{pmatrix}$

Der Fußpunkt H der Höhe ist der Schnittpunkt von h_c mit AB: ④ $\begin{pmatrix} -3 \\ -4 \\ -1 \end{pmatrix} + r \begin{pmatrix} 6 \\ 11 \\ 1 \end{pmatrix} = \begin{pmatrix} -4 \\ 7 \\ 1 \end{pmatrix} + s \begin{pmatrix} 1 \\ 0 \\ 6 \end{pmatrix}$

Das LGS hat keine Lösung, also gibt es keinen Schnittpunkt.

16. Rechengesetze des Skalarprodukts:

a) Claudia sagt, dass die Vektoren $\vec{u} = \begin{pmatrix} 14 \\ 21 \\ -28 \end{pmatrix}$ und $\vec{v} = \begin{pmatrix} 7 \\ -2 \\ 2 \end{pmatrix}$ zueinander orthogonal seien, denn es gälte $\begin{pmatrix} 2 \\ 3 \\ -4 \end{pmatrix} \cdot \begin{pmatrix} 7 \\ -2 \\ 2 \end{pmatrix} = 14 - 6 - 8 = 0$. Erklären Sie ihren Rechenvorteil.

b) Bestätigen Sie am Beispiel $\vec{a} = \begin{pmatrix} 2 \\ 3 \\ -4 \end{pmatrix}$, $\vec{b} = \begin{pmatrix} 3 \\ 2 \\ -1 \end{pmatrix}$ und $r = 7$ die Gültigkeit des Gesetzes $(r \cdot \vec{a}) \cdot \vec{b} = r \cdot (\vec{a} \cdot \vec{b})$.

c) Erläutern Sie, inwiefern in Aufgabe 1 das Distributivgesetz überprüft wird.

17. Ermitteln Sie einen Vektor, der zum Vektor $\vec{a}$ orthogonal ist und die Länge b hat.

a) $\vec{a} = \begin{pmatrix} 2 \\ 1 \\ 2 \end{pmatrix}$ $b = \sqrt{5}$

b) $\vec{a} = \begin{pmatrix} 12 \\ -3 \\ 4 \end{pmatrix}$ $b = 5$

c) $\vec{a} = \begin{pmatrix} 3 \\ -6 \\ 2 \end{pmatrix}$ $b = 3 \cdot \sqrt{5}$

18. Untersuchen Sie, ob das Dreieck ABC rechtwinklig ist.

a) A(3|0|3), B(−2|6|2), C(−1|2|6) b) A(−1|1|4), B(1|7|2), C(−3|9|4)

19. Prüfen Sie, ob das Viereck ABCD ein Rechteck, eine Raute oder ein Quadrat ist.

a) A(4|−2|1), B(1|0|1), C(1|0|5), D(4|−2|5)
b) A(1|−3|4), B(3|−4|10), C(−3| −2|11), D(−5|−1|5)
c) A(−3|−2|1), B(2|−2|1), C(2|−5|5), D(−3|−5|5)
d) A(5|0|−1), B(9|−3|1), C(11|3|4), D(9|6|0)

20. Zeigen Sie, dass die Diagonalen des Vierecks ABCD mit A(−5|0|−6), B(2|5|−2), C(5|5|4) und D(−3|−5|8) gleich lang sind und senkrecht aufeinander stehen. Entscheiden Sie, ob ABCD ein Quadrat ist.

● **21.** Gegeben sind die Punkte A(4|−6|−1), B(0|6|−5) und D(0|−4|9).

a) Zeigen Sie, dass die Vektoren $\overrightarrow{AB}$ und $\overrightarrow{AD}$ von A aus ein Rechteck aufspannen und dass P(−1|4|1) ein innerer Punkt dieses Rechtecks ist.

b) Die geradlinige Flugbahn eines Balls ist gegeben durch g: $\vec{x} = \begin{pmatrix} 31 \\ 18 \\ 11 \end{pmatrix} + r\begin{pmatrix} -16 \\ -7 \\ -5 \end{pmatrix}$.
Zeigen Sie, dass der Ball im Punkt P auf die durch die Punkte A, B und D festgelegte rechteckige Wand trifft.

c) Der Ball fliegt ohne Spin. Zeigen Sie, dass er von der Wand wieder in Richtung des Spielers zurückfliegen wird.

● **22.** Eine Pyramide hat die rechteckige Grundfläche ABCD mit A(3|1|−1), B(−3|4|2), D(4|−1|3).

a) Zeigen Sie: $\overrightarrow{AB}$ und $\overrightarrow{AD}$ stehen senkrecht aufeinander. Berechnen Sie Punkt C des Rechtecks ABCD.

b) Zeigen Sie, dass der Punkt P(−0,5|2|3) im Rechteck ABCD liegt, aber nicht dessen Mittelpunkt ist.

c) Ermitteln Sie eine Gleichung der Geraden g, welche durch den Punkt P senkrecht zur Ebene E_{ABD} verläuft.

d) Zeigen Sie, dass die Spitze S(5,5|11|6) der Pyramide auf der Geraden g liegt.

e) Berechnen Sie das Volumen der Pyramide.

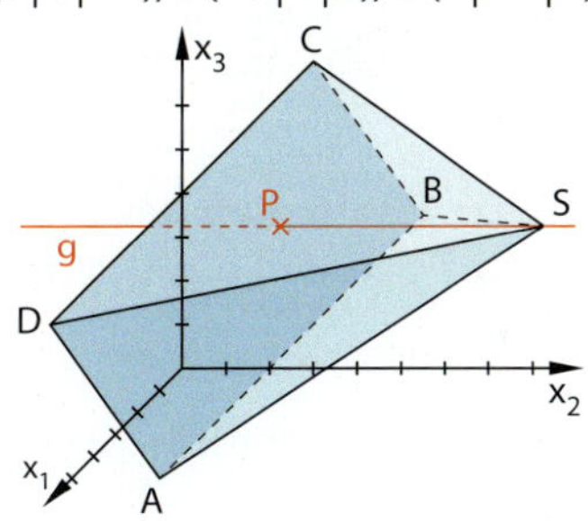

Hinweis zu 22c:
E_{ABD} bezeichnet die Ebene durch die Punkte A, B und D.

● **23. Ausblick: Lotfußpunktverfahren**

Gesucht ist der Abstand des Punktes P(6|4|8) von der Geraden g: $\vec{x} = \begin{pmatrix} 2 \\ -1 \\ 1 \end{pmatrix} + t\begin{pmatrix} -4 \\ 6 \\ 2 \end{pmatrix}$. Dazu wird ein Punkt Q auf g so lange verschoben, bis die Strecke $\overline{PQ}$ senkrecht auf g steht. Es ist also $\overrightarrow{OQ_t} = \begin{pmatrix} 2 \\ -1 \\ 1 \end{pmatrix} + t\begin{pmatrix} -4 \\ 6 \\ 2 \end{pmatrix}$.

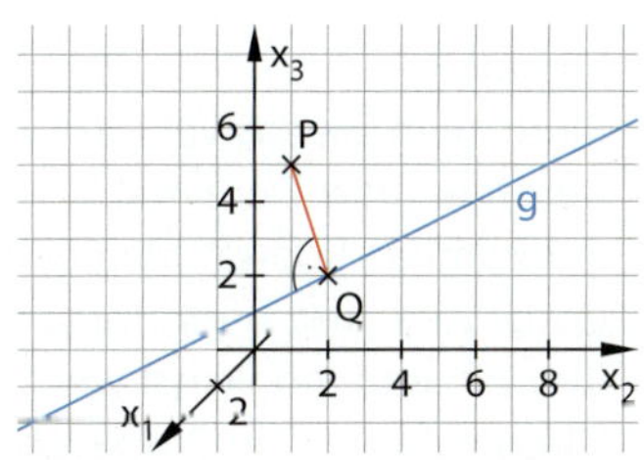

a) Bestimmen Sie für t = 0 (t = 1; t = 2) den Vektor $\overrightarrow{PQ_t}$ und prüfen Sie, ob er senkrecht auf g steht.

b) Berechnen Sie das Skalarprodukt von $\overrightarrow{PQ_t}$ und dem Richtungsvektor von g für allgemeines t. Setzen Sie das Skalarprodukt gleich null und bestimmen Sie, für welches t der Vektor $\overrightarrow{PQ_t}$ senkrecht auf g steht. Bestimmen Sie für dieses t den Wert von $|\overrightarrow{PQ_t}|$ und begründen Sie, dass der Wert der Abstand von P zu g ist.

c) Bestimmen Sie den Abstand des Punktes P(10|11|8) von der Geraden g: $\vec{x} = \begin{pmatrix} 7 \\ -6 \\ 5 \end{pmatrix} + r\begin{pmatrix} 2 \\ -3 \\ 1 \end{pmatrix}$.

d) Im Dreieck ABC mit A(2|0|3), B(11|−12|9), C(−1|−6|10) entspricht die Länge der Höhe h_c dem Abstand des Punktes C von der Geraden g_{AB} durch die Ecken A und B. Berechnen Sie den Flächeninhalt des Dreiecks.

6.5 Vektorprodukt

■ Gegeben sind die Vektoren $\vec{a} = \begin{pmatrix} 2 \\ 1 \\ -5 \end{pmatrix}$ und $\vec{b} = \begin{pmatrix} -3 \\ 4 \\ -2 \end{pmatrix}$.

a) Bestimmen Sie mithilfe eines Gleichungssystems alle Vektoren $\vec{n_t}$, die orthogonal zu $\vec{a}$ und zu $\vec{b}$ sind.

b) Zeigen Sie, dass der Vektor $\vec{n}$ eine spezielle Lösung aus a) ist. Beschreiben Sie, wie sich der Vektor $\vec{n}$ aus dem abgebildeten Schema ergibt. Was macht $\vec{n}$ besonders? ■

$$\vec{n} = \begin{pmatrix} -2 - (-20) \\ 15 - (-4) \\ 8 - (-3) \end{pmatrix}$$

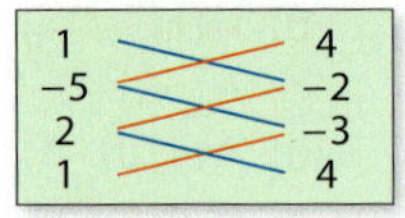

Soll $\vec{n}$ ein **Lotvektor** zu zwei nicht kollinearen Vektoren $\vec{a}$ und $\vec{b}$ sein, so müssen zwei Bedingungen erfüllt sein:
$\vec{a} \cdot \vec{n} = 0$ und $\vec{b} \cdot \vec{n} = 0$
Damit ist die Länge von $\vec{n}$ nicht festgelegt; es ergibt sich ein unterbestimmtes LGS.
Die rechts hergeleitete Lösung stellt ein Schema für einen möglichen Lotvektor dar.
Mit diesem Schema wird eine neue Verknüpfung zwischen zwei Vektoren definiert, das sogenannte Vektorprodukt.

$$\vec{a} = \begin{pmatrix} a_1 \\ a_2 \\ a_3 \end{pmatrix},\ \vec{b} = \begin{pmatrix} b_1 \\ b_2 \\ b_3 \end{pmatrix},\ \vec{n} = \begin{pmatrix} n_1 \\ n_2 \\ n_3 \end{pmatrix}$$

$$\left| \begin{array}{l} a_1 n_1 + a_2 n_2 + a_3 n_3 = 0 \\ b_1 n_1 + b_2 n_2 + b_3 n_3 = 0 \end{array} \right| \quad \begin{array}{l} | \cdot (-b_1) \\ | \cdot a_1 \end{array} \quad +$$

$$\left| \begin{array}{r} a_1 n_1 + a_2 n_2 + a_3 n_3 = 0 \\ (a_1 b_2 - a_2 b_1) n_2 + (a_1 b_3 - a_3 b_1) n_3 = 0 \end{array} \right|$$

Gleichung II ist erfüllt für:
$n_2 = a_3 b_1 - a_1 b_3$ und $n_3 = a_1 b_2 - a_2 b_1$
Einsetzen in Gleichung I ergibt für $a_1 \neq 0$:
$n_1 = a_2 b_3 - a_3 b_2$

Definition: Das Vektorprodukt

$\vec{a} \times \vec{b} = \begin{pmatrix} a_1 \\ a_2 \\ a_3 \end{pmatrix} \times \begin{pmatrix} b_1 \\ b_2 \\ b_3 \end{pmatrix} = \begin{pmatrix} a_2 b_3 - a_3 b_2 \\ a_3 b_1 - a_1 b_3 \\ a_1 b_2 - a_2 b_1 \end{pmatrix}$ heißt **Vektorprodukt** von $\vec{a}$ und $\vec{b}$.

Hinweis:
Eine andere Bezeichnung für das Vektorprodukt ist **Kreuzprodukt**. Diese findet sich beispielsweise im GTR.

Satz: Eigenschaft des Vektorprodukts

Sind $\vec{a} \neq \vec{0}$ und $\vec{b} \neq \vec{0}$ nicht kollinear, so ist der Vektor $\vec{a} \times \vec{b}$ orthogonal zu $\vec{a}$ und zu $\vec{b}$.

Beispiel 1: Ermitteln Sie einen Vektor mit ganzzahligen Koordinaten von möglichst kleinem Betrag, der zu $\vec{a} = \begin{pmatrix} 3 \\ 2 \\ -4 \end{pmatrix}$ und zu $\vec{b} = \begin{pmatrix} 1 \\ -2 \\ 2 \end{pmatrix}$ orthogonal ist. Machen Sie die Probe.

Lösung:
Berechnen Sie das Vektorprodukt mithilfe der Definition. Der Ergebnisvektor hat ganzzahlige Koordinaten und ist orthogonal zu $\vec{a}$ und $\vec{b}$. „Kürzen" Sie dessen Koordinaten möglichst weit.
Überprüfen Sie zur Probe, ob die Skalarprodukte von $\vec{a}$ und $\vec{b}$ mit $\vec{n}$ jeweils 0 ergeben.

$$\begin{pmatrix} 3 \\ 2 \\ -4 \end{pmatrix} \times \begin{pmatrix} 1 \\ -2 \\ 2 \end{pmatrix} = \begin{pmatrix} 2 \cdot 2 - (-4) \cdot (-2) \\ (-4) \cdot 1 - 3 \cdot 2 \\ 3 \cdot (-2) - 2 \cdot 1 \end{pmatrix} = \begin{pmatrix} -4 \\ -10 \\ -8 \end{pmatrix}$$

$$\vec{n} = \begin{pmatrix} 2 \\ 5 \\ 4 \end{pmatrix}$$

$$\vec{a} \cdot \vec{n} = \begin{pmatrix} 3 \\ 2 \\ -4 \end{pmatrix} \cdot \begin{pmatrix} 2 \\ 5 \\ 4 \end{pmatrix} = 6 + 10 - 16 = 0$$

$$\vec{b} \cdot \vec{n} = \begin{pmatrix} 1 \\ -2 \\ 2 \end{pmatrix} \cdot \begin{pmatrix} 2 \\ 5 \\ 4 \end{pmatrix} = 2 - 10 + 8 = 0$$

Hinweis:
Bei der Berechnung des Vektorprodukts können schnell Fehler passieren. Daher sollten Sie stets eine Probe machen.

Basisaufgaben

1. Berechnen Sie das Vektorprodukt von $\vec{a}$ und $\vec{b}$.

a) $\vec{a} = \begin{pmatrix} 2 \\ -1 \\ 3 \end{pmatrix}$ $\vec{b} = \begin{pmatrix} 1 \\ 4 \\ -1 \end{pmatrix}$

b) $\vec{a} = \begin{pmatrix} 3 \\ -2 \\ 1 \end{pmatrix}$ $\vec{b} = \begin{pmatrix} -6 \\ 4 \\ -2 \end{pmatrix}$

c) $\vec{a} = \begin{pmatrix} 0 \\ 3 \\ -2 \end{pmatrix}$ $\vec{b} = \begin{pmatrix} 2 \\ 5 \\ 4 \end{pmatrix}$

2. Ermitteln Sie mithilfe des Vektorprodukts einen zu $\vec{a}$ und $\vec{b}$ orthogonalen Vektor mit möglichst kleinen ganzzahligen Koordinaten. Machen Sie die Probe.

a) $\vec{a} = \begin{pmatrix} 4 \\ -6 \\ 3 \end{pmatrix}$ $\vec{b} = \begin{pmatrix} 2 \\ 4 \\ -1 \end{pmatrix}$ b) $\vec{a} = \begin{pmatrix} 4 \\ -7 \\ 5 \end{pmatrix}$ $\vec{b} = \begin{pmatrix} 8 \\ 3 \\ 3 \end{pmatrix}$ c) $\vec{a} = \begin{pmatrix} -3 \\ -1 \\ 5 \end{pmatrix}$ $\vec{b} = \begin{pmatrix} 1 \\ 7 \\ -3 \end{pmatrix}$

GTR 3. Berechnen Sie das Vektorprodukt von $\vec{a}$ und $\vec{b}$ mit dem GTR.

a) $\vec{a} = \begin{pmatrix} 3 \\ -1 \\ -3 \end{pmatrix}$ $\vec{b} = \begin{pmatrix} 4 \\ 2 \\ 1 \end{pmatrix}$ b) $\vec{a} = \begin{pmatrix} 0 \\ -1 \\ 5 \end{pmatrix}$ $\vec{b} = \begin{pmatrix} 9 \\ 13 \\ 28 \end{pmatrix}$ c) $\vec{a} = \begin{pmatrix} 8 \\ 19 \\ -1 \end{pmatrix}$ $\vec{b} = \begin{pmatrix} 16 \\ 11 \\ 7 \end{pmatrix}$

4. Berechnen Sie das Vektorprodukt von $\vec{a}$ und $\vec{b}$ und erklären Sie das Ergebnis.

a) $\vec{a} = \begin{pmatrix} 3 \\ 1 \\ 0 \end{pmatrix}$ $\vec{b} = \begin{pmatrix} 1 \\ -2 \\ 0 \end{pmatrix}$ b) $\vec{a} = \begin{pmatrix} 4 \\ 0 \\ 0 \end{pmatrix}$ $\vec{b} = \begin{pmatrix} 0 \\ 0 \\ 3 \end{pmatrix}$ c) $\vec{a} = \begin{pmatrix} 3 \\ 1 \\ -1 \end{pmatrix}$ $\vec{b} = \begin{pmatrix} -6 \\ -2 \\ 2 \end{pmatrix}$

Weiterführende Aufgaben

5. Zeigen Sie, dass die Vektoren $\vec{a}$ und $\vec{b}$ ein Quadrat aufspannen.
Bestimmen Sie einen Vektor $\vec{c}$ so, dass $\vec{a}$, $\vec{b}$ und $\vec{c}$ einen Quader mit dem angegebenen Volumen V aufspannen. Beschreiben Sie die Form des sich ergebenden Quaders.

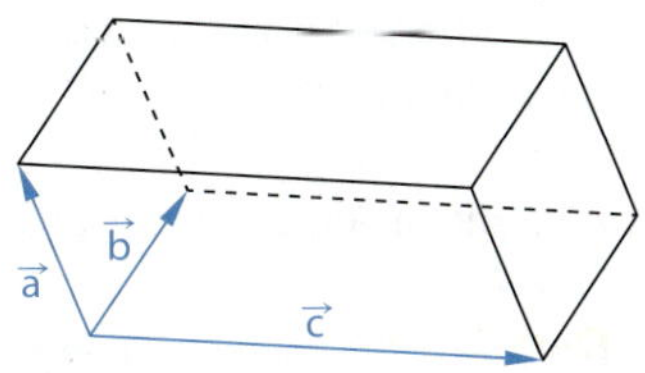

a) $\vec{a} = \begin{pmatrix} 3 \\ 8 \\ 5 \end{pmatrix}$; $\vec{b} = \begin{pmatrix} 9 \\ -4 \\ 1 \end{pmatrix}$; $V = 686$ b) $\vec{a} = \begin{pmatrix} 8 \\ 4 \\ 1 \end{pmatrix}$; $\vec{b} = \begin{pmatrix} -4 \\ 7 \\ 4 \end{pmatrix}$; $V = 729$

6. **Stolperstelle:** Beschreiben Sie die Fehler, die bei der Berechnung des Vektorprodukts gemacht wurden, und korrigieren Sie diese.

$$\begin{pmatrix} -2 \\ 3 \\ 5 \end{pmatrix} \times \begin{pmatrix} 1 \\ 4 \\ -6 \end{pmatrix} = \begin{pmatrix} 5 \cdot 4 - 3 \cdot (-6) \\ 5 \cdot 1 + 2 \cdot 6 \\ (-2) \cdot 1 - 3 \cdot 4 \end{pmatrix} = \begin{pmatrix} 38 \\ 17 \\ -14 \end{pmatrix}$$

7. Zeigen Sie allgemein, dass der Vektor $\vec{a} \times \vec{b}$ orthogonal zu $\vec{a}$ und $\vec{b}$ ist.

8. **Weitere Eigenschaften des Vektorprodukts:** Für $\vec{a} \neq \vec{0}$ und $\vec{b} \neq \vec{0}$ gelten:
① $\vec{a} \times \vec{b} = -\vec{b} \times \vec{a}$ ② $(r\vec{a}) \times \vec{b} = \vec{a} \times (r\vec{b}) = r(\vec{a} \times \vec{b})$
③ $\vec{a} \times \vec{b} = \vec{0}$, falls $\vec{a}$ und $\vec{b}$ kollinear sind.

a) Zeigen Sie, dass ① für $\vec{a} = \begin{pmatrix} 3 \\ -1 \\ -3 \end{pmatrix}$, $\vec{b} = \begin{pmatrix} -1 \\ 2 \\ 3 \end{pmatrix}$ und allgemein für $\vec{a} = \begin{pmatrix} a_1 \\ a_2 \\ a_3 \end{pmatrix}$, $\vec{b} = \begin{pmatrix} b_1 \\ b_2 \\ b_3 \end{pmatrix}$ gilt.

b) Bestätigen Sie Eigenschaft ② anhand der zwei Beispiele

$r = 2$, $\vec{a} = \begin{pmatrix} 3 \\ -5 \\ 1 \end{pmatrix}$, $\vec{b} = \begin{pmatrix} 1 \\ 2 \\ 1 \end{pmatrix}$ und $r = -3$, $\vec{a} = \begin{pmatrix} 2 \\ 2 \\ -1 \end{pmatrix}$, $\vec{b} = \begin{pmatrix} -1 \\ 4 \\ 2 \end{pmatrix}$.

● c) Beweisen Sie Eigenschaft ③.

Hinweis zu 8:
Eigenschaft ① bedeutet, dass das Vektorprodukt antikommutativ ist.

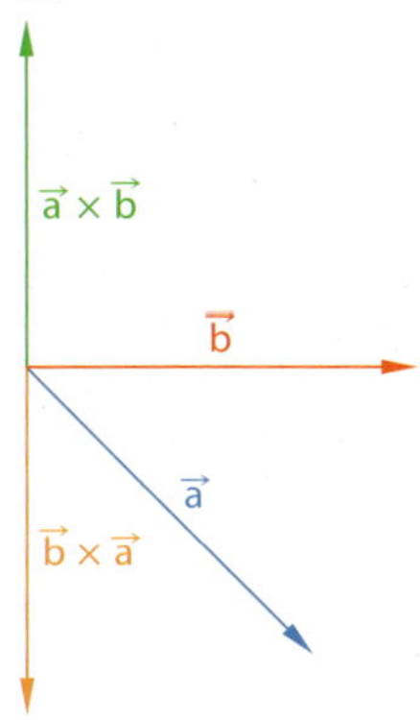

● 9. **Ausblick:** Zwei orthogonale Vektoren $\vec{a}$ und $\vec{b}$ spannen ein Rechteck auf.

a) Zeigen Sie: Aus $(\vec{a} \cdot \vec{b})^2 = 0$ folgt die Gleichung
$a_1^2 b_1^2 + a_2^2 b_2^2 + a_3^2 b_3^2$
$= -2(a_1 a_2 b_1 b_2 + a_1 a_3 b_1 b_3 + a_2 a_3 b_2 b_3)$.

b) Berechnen Sie $|\vec{a} \times \vec{b}|^2$ und $|\vec{a}|^2 \cdot |\vec{b}|^2$.

c) Zeigen Sie, dass $|\vec{a} \times \vec{b}|^2 = |\vec{a}|^2 \cdot |\vec{b}|^2$ gilt. Folgern Sie daraus, dass $|\vec{a} \times \vec{b}|$ dem Flächeninhalt des Rechtecks entspricht.

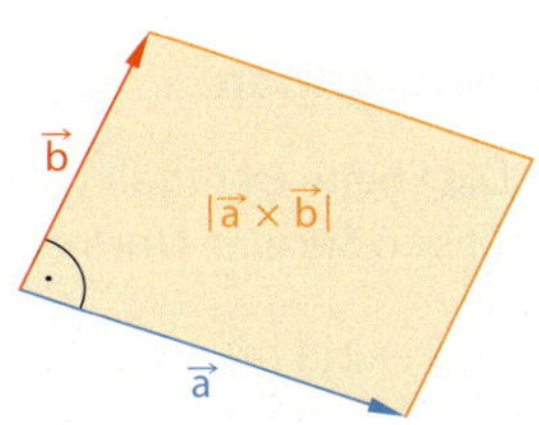

6.6 Normalen- und Koordinatengleichung

■ Die Gerade g ist senkrecht zu den Ebenen E_1, E_2 und E_3.

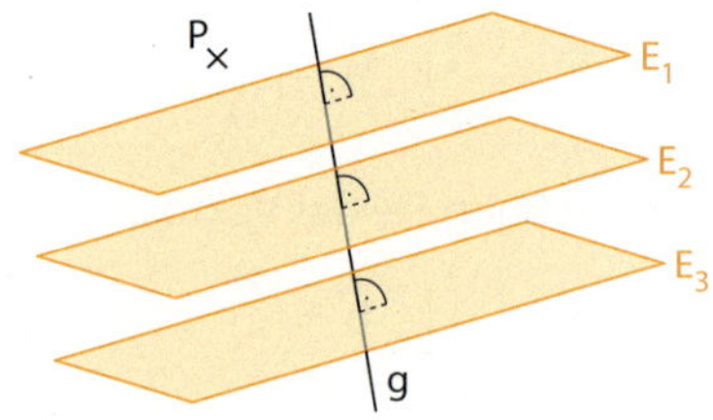

a) Beschreiben Sie, was sich daraus für die Lage der Ebenen zueinander ergibt.

b) Geben Sie an, wie viele Ebenen es gibt, die durch den Punkt P und senkrecht zur Geraden g verlaufen.

c) Es sei E_1: $\vec{x} = \begin{pmatrix} 3 \\ -2 \\ 1 \end{pmatrix} + r\begin{pmatrix} 2 \\ -3 \\ 0 \end{pmatrix} + s\begin{pmatrix} 1 \\ 2 \\ 1 \end{pmatrix}$. Ermitteln Sie einen Richtungsvektor der Geraden g. ■

Bei der Parametergleichung wird die Lage einer Ebene durch einen Stützvektor und *zwei* Richtungsvektoren beschrieben. Es genügen jedoch bereits ein Stützvektor und ein zur Ebene orthogonaler Vektor, um die Lage der Ebene festzulegen.
Ein zur Ebene orthogonaler Vektor heißt **Normalenvektor der Ebene**.

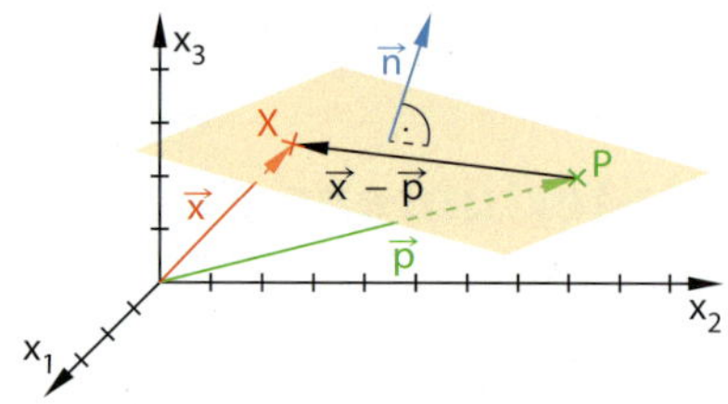

Hinweis:
Die Parametergleichung beschreibt einen Weg zu den Punkten der Ebene. Die Normalen- und die Koordinatengleichung formulieren eine Bedingung dafür, dass ein Punkt in der Ebene liegt.

Wissen: Normalen- und Koordinatengleichung
Eine Ebene E lässt sich durch einen Normalenvektor $\vec{n}$ und einen Stützvektor $\vec{p}$ beschreiben. Jeder Ortsvektor $\vec{x}$ von E erfüllt die Gleichung $(\vec{x} - \vec{p}) \cdot \vec{n} = 0$ (**Normalengleichung** von E) und deren ausmultiplizierte Form $\mathbf{ax_1 + bx_2 + cx_3 = e}$ (**Koordinatengleichung** von E). Dabei sind a, b, c die Koordinaten von $\vec{n}$ und e ist das Skalarprodukt von $\vec{n}$ mit einem beliebigen Stützvektor von E.

Beispiel 1: Die Ebene E enthält den Punkt P (2 | −4 | 1) und ist orthogonal zu $\vec{n} = \begin{pmatrix} 5 \\ -2 \\ 1 \end{pmatrix}$.

a) Geben Sie eine Normalen- und eine Koordinatengleichung von E an.

b) Prüfen Sie, ob die Punkte A (3 | 4 | −2) und B (3 | 1 | 6) auf E liegen.

Lösung:

a) Stellen Sie die Normalengleichung mit den gegebenen Vektoren auf.
Multiplizieren Sie die Normalengleichung aus und stellen Sie diese so um, dass auf der rechten Seite das Skalarprodukt von $\overrightarrow{OP}$ und $\vec{n}$ steht.

Normalengleichung:

$$\left(\begin{pmatrix} x_1 \\ x_2 \\ x_3 \end{pmatrix} - \begin{pmatrix} 2 \\ -4 \\ 1 \end{pmatrix}\right) \cdot \begin{pmatrix} 5 \\ -2 \\ 1 \end{pmatrix} = 0$$

Koordinatengleichung:

$5x_1 - 2x_2 + x_3 - (10 + 8 + 1) = 0 \quad | +19$

$5x_1 - 2x_2 + x_3 = 19$

b) Setzen Sie die Koordinaten von A und B in die Koordinatengleichung ein und prüfen Sie, ob die Gleichung erfüllt ist.

Punktprobe:

A: $5 \cdot 3 - 2 \cdot 4 - 2 = 5 \neq 19$; A liegt nicht auf E.

B: $5 \cdot 3 - 2 \cdot 1 + 6 = 19$; B liegt auf E.

Basisaufgaben

1. Die Ebene E enthält den Punkt P und verläuft orthogonal zum Vektor $\vec{n}$.
Geben Sie eine Normalen- und eine Koordinatengleichung von E an.

a) P(−2 | 1 | 4) $\vec{n} = \begin{pmatrix} 2 \\ 4 \\ 3 \end{pmatrix}$

b) P(2 | 0 | 1) $\vec{n} = \begin{pmatrix} 0 \\ 3 \\ 5 \end{pmatrix}$

c) P(0 | 0 | 0) $\vec{n} = \begin{pmatrix} 1 \\ -1 \\ 0 \end{pmatrix}$

2. Prüfen Sie, ob die Punkte A und B in der Ebene E liegen.

a) E: $\vec{x} \cdot \begin{pmatrix} 3 \\ 1 \\ -6 \end{pmatrix} = 5$; A(1 | 1 | 1); B(2 | 5 | 1) b) E: $x_1 + x_2 - 4x_3 = 7$; A(5 | 6 | 1); B(7 | 0 | 0)

3. Bestimmen Sie die fehlende Koordinate so, dass der Punkt in E: $-4x_1 + 2x_2 - x_3 = 8$ liegt.

a) A(x_1 | 1 | 2) b) B(x_1 | 0 | 0) c) C(x_1 | 8 | 4) d) D(−3 | x_2 | 1) e) E(2 | 3 | x_3)

4. Geben Sie drei Punkte an, die in der Ebene E: $5x_1 - x_2 + 2x_3 = 6$ liegen.

5. Geben Sie eine Koordinatengleichung der Ebene E an.

a) E: $\left(\vec{x} - \begin{pmatrix} 3 \\ -1 \\ 2 \end{pmatrix}\right) \cdot \begin{pmatrix} 6 \\ 1 \\ -2 \end{pmatrix} = 0$ b) E: $\vec{x} \cdot \begin{pmatrix} 0 \\ 1 \\ 0 \end{pmatrix} = 8$ c) E: $\vec{x} \cdot \begin{pmatrix} -1 \\ 5 \\ 8 \end{pmatrix} = \begin{pmatrix} 6 \\ 1 \\ 9 \end{pmatrix} \cdot \begin{pmatrix} -1 \\ 5 \\ 8 \end{pmatrix}$

Hinweis zu 5c:
Hier ist die Normalengleichung in der Form $\vec{x} \cdot \vec{n} = \vec{p} \cdot \vec{n}$ gegeben.

6. Geben Sie eine Normalen- und eine Koordinatengleichung der Ebene durch den Punkt A(−2 | 0 | 6) an, welche orthogonal zur Geraden g verläuft.

a) g: $\vec{x} = \begin{pmatrix} 2 \\ -5 \\ 1 \end{pmatrix} + r\begin{pmatrix} 4 \\ 3 \\ 1 \end{pmatrix}$ b) g ist die x_3-Achse. c) g: $\vec{x} = r\begin{pmatrix} -2 \\ 3 \\ 1 \end{pmatrix}$ d) g: $\vec{x} = r\begin{pmatrix} -4 \\ 6 \\ 2 \end{pmatrix}$

Zwischen Ebenendarstellungen wechseln

Beispiel 2: Parametergleichung gegeben

Ermitteln Sie eine Koordinatengleichung der Ebene E: $\vec{x} = \begin{pmatrix} -2 \\ 4 \\ 1 \end{pmatrix} + r\begin{pmatrix} 3 \\ 0 \\ 1 \end{pmatrix} + s\begin{pmatrix} 3 \\ -2 \\ 2 \end{pmatrix}$.

Lösung:

Berechnen Sie das Vektorprodukt der Richtungsvektoren. Das Ergebnis ist ein Normalenvektor $\vec{n}$ der Ebene E.

Normalenvektor:

$$\vec{n} = \begin{pmatrix} 3 \\ 0 \\ 1 \end{pmatrix} \times \begin{pmatrix} 3 \\ -2 \\ 2 \end{pmatrix} = \begin{pmatrix} 0-(-2) \\ 3-6 \\ -6-0 \end{pmatrix} = \begin{pmatrix} 2 \\ -3 \\ -6 \end{pmatrix}$$

Die Koordinaten von $\vec{n}$ stehen auf der linken Seite der Koordinatengleichung.

Berechnen Sie das Skalarprodukt des Stützvektors mit $\vec{n}$. Dieses steht auf der rechten Seite.

Rechte Seite:

$$\begin{pmatrix} -2 \\ 4 \\ 1 \end{pmatrix} \cdot \begin{pmatrix} 2 \\ -3 \\ -6 \end{pmatrix} = -4 - 12 - 6 = -22$$

Koordinatengleichung:

$2x_1 - 3x_2 - 6x_3 = -22$

Beispiel 3: Koordinatengleichung gegeben

Ermitteln Sie eine Parametergleichung zur Ebene E: $3x_1 + 4x_2 - x_3 = 9$.

Lösung:

Bestimmen Sie durch Probieren einen Stützpunkt, der die Koordinatengleichung erfüllt.

Stützpunkt:

$x_1 = 0$ und $x_2 = 0 \Rightarrow x_3 = -9$

P(0 | 0 | −9)

Lesen Sie aus der Koordinatengleichung den Normalenvektor $\vec{n} = \begin{pmatrix} 3 \\ 4 \\ -1 \end{pmatrix}$ ab.

Bestimmen Sie zwei nicht kollineare Vektoren, die orthogonal zu $\vec{n}$ sind.

Richtungsvektoren:

$$\begin{pmatrix} 4 \\ -3 \\ 0 \end{pmatrix} \cdot \begin{pmatrix} 3 \\ 4 \\ -1 \end{pmatrix} = 0 \text{ und } \begin{pmatrix} 0 \\ 1 \\ 4 \end{pmatrix} \cdot \begin{pmatrix} 3 \\ 4 \\ -1 \end{pmatrix} = 0$$

Schreiben Sie die Parametergleichung auf.

Parametergleichung:

$$E: \vec{x} = \begin{pmatrix} 0 \\ 0 \\ -9 \end{pmatrix} + r\begin{pmatrix} 4 \\ -3 \\ 0 \end{pmatrix} + s\begin{pmatrix} 0 \\ 1 \\ 4 \end{pmatrix}$$

Hinweis:
Um einfach einen Stützvektor zu ermitteln, wurde $x_1 = x_2 = 0$ gesetzt.
Als Richtungsvektoren wurden $\begin{pmatrix} n_2 \\ -n_1 \\ 0 \end{pmatrix}$ und $\begin{pmatrix} 0 \\ -n_3 \\ n_2 \end{pmatrix}$ gewählt.

Basisaufgaben

Hinweis:
Gewöhnen Sie sich an, zur Probe den Normalenvektor mit beiden Richtungsvektoren zu multiplizieren. Das vermeidet frühe Fehler bei langen Aufgaben.

7. Geben Sie zu E eine Koordinatengleichung an.

a) $E: \vec{x} = \begin{pmatrix} -3 \\ 1 \\ 0 \end{pmatrix} + r\begin{pmatrix} 1 \\ -1 \\ 2 \end{pmatrix} + s\begin{pmatrix} 8 \\ 2 \\ 1 \end{pmatrix}$ b) $E: \vec{x} = \begin{pmatrix} 5 \\ 3 \\ 1 \end{pmatrix} + r\begin{pmatrix} 1 \\ 1 \\ -1 \end{pmatrix} + s\begin{pmatrix} -4 \\ -2 \\ 1 \end{pmatrix}$

c) $E: \vec{x} = \begin{pmatrix} 2 \\ 1 \\ 5 \end{pmatrix} + r\begin{pmatrix} -3 \\ 0 \\ 2 \end{pmatrix} + s\begin{pmatrix} 1 \\ -1 \\ 2 \end{pmatrix}$ d) $E: \vec{x} = \begin{pmatrix} 5 \\ 4 \\ 6 \end{pmatrix} + r\begin{pmatrix} -3 \\ 5 \\ 0 \end{pmatrix} + s\begin{pmatrix} 1 \\ 1 \\ 0 \end{pmatrix}$

e) $E: \vec{x} = \begin{pmatrix} 8 \\ 1 \\ 12 \end{pmatrix} + r\begin{pmatrix} 4 \\ 1 \\ 0 \end{pmatrix} + s\begin{pmatrix} 2 \\ 0 \\ 6 \end{pmatrix}$ f) $E: \vec{x} = \begin{pmatrix} 6 \\ -6 \\ 1 \end{pmatrix} + r\begin{pmatrix} 1 \\ -2 \\ 1 \end{pmatrix} + s\begin{pmatrix} 4 \\ 4 \\ 1 \end{pmatrix}$

8. Bestimmen Sie zur Ebene E eine Parametergleichung.

a) $E: 3x_1 + 2x_2 + x_3 = 8$ b) $E: x_1 + x_2 = 0$ c) $E: x_3 = 2$ d) $E: 6x_1 + 4x_2 + 2x_3 = 10$

9. Auf den Karten sind zwei Methoden zur Ermittlung einer Koordinatengleichung derjenigen Ebene beschrieben, die durch die drei Punkte A, B und C geht.

① **Über die Parameterform:**
Zunächst wird eine Parametergleichung mit Stützvektor $\overrightarrow{OA}$ und Richtungsvektoren $\overrightarrow{AB}$ und $\overrightarrow{AC}$ aufgestellt. Der Vektor $\vec{n} = \overrightarrow{AB} \times \overrightarrow{AC}$ ist ein Normalenvektor. Eine mögliche Koordinatengleichung ist: $\vec{x} \cdot \vec{n} = \overrightarrow{OA} \cdot \vec{n}$

② **Über ein Gleichungssystem:**
Die Koordinaten der drei Punkte werden für x_1, x_2, x_3 in die Gleichung $ax_1 + bx_2 + cx_3 = d$ eingesetzt. Es ergibt sich ein unterbestimmtes lineares Gleichungssystem. Eine Lösung liefert mögliche Werte für a, b, c und d.

a) Bestimmen Sie mit beiden Verfahren eine Koordinatengleichung für die Ebene durch die Punkte $A(1|3|-2)$, $B(2|7|-4)$ und $C(4|-6|-1)$. Vergleichen Sie den Aufwand.

b) Bestimmen Sie mit dem Verfahren Ihrer Wahl die Koordinatengleichung einer Ebene durch $A(-2|4|2)$, $B(-1|6|5)$ und $C(1|7|1)$.

Hinweis zu 10:
Zwei Ebenen sind parallel zueinander, wenn ihre Normalenvektoren kollinear sind. Weitere Lagebeziehungen zwischen Ebenen werden im Abschnitt 6.8 thematisiert.

10. Gegeben sind vier Ebenen durch Koordinatengleichungen.

$E_1: 2x_1 + x_2 - x_3 = 7$ $E_2: -3x_1 + 6x_2 - 9x_3 = 4$ $E_3: x_1 - 2x_2 + 3x_3 = 2$ $E_4: 2x_2 + x_3 = 6$

a) Geben Sie jeweils eine Normalengleichung an.

b) Prüfen Sie, welche der Ebenen parallel zueinander sind.

11. Die Ebene E_2 enthält den Punkt $A(3|-1|6)$ und verläuft parallel zur Ebene E_1 mit $E_1: x_1 - 3x_2 + 4x_3 = 1$. Geben Sie eine Normalen- und eine Koordinatengleichung zu E_2 an.

12. Gegeben ist die Ebene $E: -2x_1 + 2x_2 + x_3 = 7$.

a) Bestimmen Sie eine Parametergleichung von E.

b) Prüfen Sie anhand der Koordinatengleichung und mithilfe der Parametergleichung von E, ob die Punkte $A(3|1|3)$ und $B(-2|2|-1)$ in E liegen.

c) Vergleichen Sie den Aufwand beider Methoden in b).

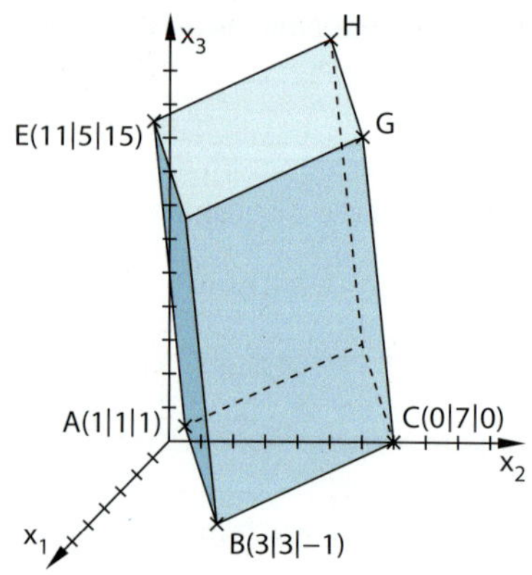

13. a) Zeigen Sie, dass der von den Vektoren $\overrightarrow{AB}$, $\overrightarrow{BC}$ und $\overrightarrow{AE}$ aufgespannte Körper ein Quader ist.

b) Ermitteln Sie je eine Koordinatengleichung von E_{ABE} und von E_{CGH}.

c) Ermitteln Sie eine Koordinatengleichung von E_{ACE}.

Ebenen im Koordinatensystem – Spurpunkte und Spurgeraden

Die Schnittpunkte einer Ebene mit den Koordinatenachsen heißen **Spurpunkte** der Ebene. Es sind die Punkte der Ebene, bei denen jeweils zwei Koordinaten den Wert null haben. Schneidet eine Ebene die Koordinatenachsen in genau drei Punkten, dann bilden diese ein Dreieck, welches die Lage der Ebene veranschaulicht.

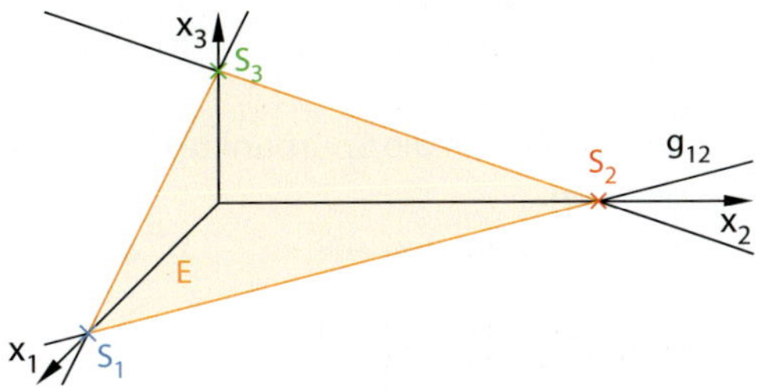

Hinweis:
Nicht jede Ebene hat drei Spurpunkte.
Hat eine Koordinatenachse mit einer Ebene keinen Punkt gemeinsam, dann verläuft sie echt parallel zu dieser Ebene.

Eine Gerade, die alle gemeinsamen Punkte einer Ebene und einer Koordinatenebene enthält, heißt **Spurgerade**. Die Spurgerade g_{12} enthält alle Punkte, welche die Ebene mit der x_1x_2-Ebene gemeinsam hat. Existieren die Spurpunkte S_1 und S_2, so liegen sie auf g_{12}.

Beispiel 4: Gegeben ist die Ebene E: $3x_1 + 2x_2 + 6x_3 = 12$.
a) Bestimmen Sie die Spurpunkte und skizzieren Sie die Ebene in ein Koordinatensystem.
b) Geben Sie eine Gleichung der Spurgeraden g_{12} an.

Lösung:

a) Setzen Sie jeweils zwei Koordinaten gleich null und lösen Sie die Gleichung nach der verbleibenden Variablen auf. So ergibt sich die fehlende Koordinate des entsprechenden Spurpunktes.

Spurpunkt S_1 auf der x_1-Achse:
$x_2 = x_3 = 0$ ergibt $3x_1 = 12 \Rightarrow x_1 = 4$ $S_1(4|0|0)$
Spurpunkt S_2 auf der x_2-Achse:
$x_1 = x_3 = 0$ ergibt $2x_2 = 12 \Rightarrow x_2 = 6$ $S_2(0|6|0)$
Ebenso erhält man $S_3(0|0|2)$

Zeichnen Sie ein Koordinatensystem und tragen Sie die Spurpunkte ein. Verbinden Sie die Spurpunkte zu einem Dreieck und Sie erhalten eine gute Vorstellung von der Lage der Ebene im Koordinatensystem.

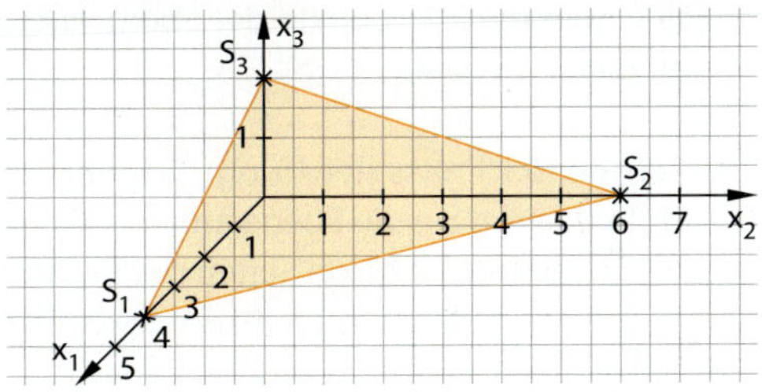

b) Stellen Sie eine Gleichung der Geraden durch S_1 und S_2 auf.

$g_{12}: \vec{x} = \begin{pmatrix}4\\0\\0\end{pmatrix} + r\begin{pmatrix}-4\\6\\0\end{pmatrix}$

Basisaufgaben

14. Lesen Sie die Koordinaten der Spurpunkte ab. Geben Sie eine Parametergleichung und eine Koordinatengleichung der Ebene an.

a)

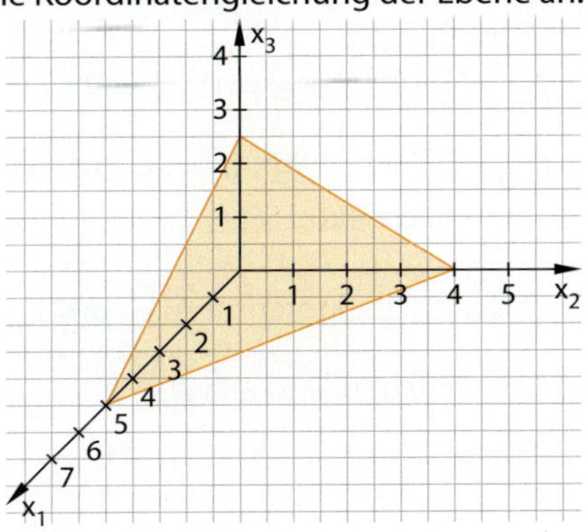

b)

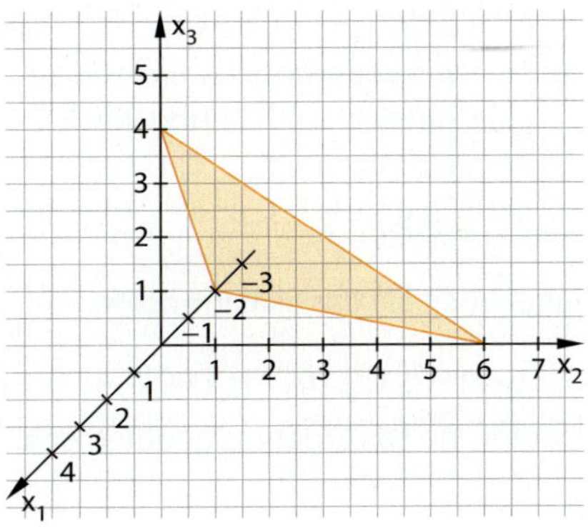

15. Ermitteln Sie die Spurpunkte der Ebene E und skizzieren Sie damit die Ebene in ein Koordinatensystem.

a) $E: x_1 + 2x_2 + 5x_3 = 10$ b) $E: 6x_1 + 3x_2 + 2x_3 = 6$ c) $E: 4x_1 - 2x_2 + 2x_3 = 8$

16. Bestimmen Sie die Spurpunkte der Ebene E und je eine Parametergleichung der Spurgeraden.

a) $E: 2x_1 - 3x_2 + x_3 = 9$ b) E verläuft durch A(10|5|−6), B(−6|1|6) und C(3|2|0).

c) $E: \left(\vec{x} - \begin{pmatrix} 1 \\ 2 \\ 3 \end{pmatrix}\right) \cdot \begin{pmatrix} -4 \\ 1 \\ 2 \end{pmatrix} = 0$ d) $E: \vec{x} = \begin{pmatrix} 6 \\ 5 \\ 3 \end{pmatrix} + r\begin{pmatrix} 4 \\ 1 \\ 3 \end{pmatrix} + s\begin{pmatrix} 6 \\ 1 \\ 6 \end{pmatrix}$

17. Beschreiben Sie die besondere Lage der Ebene im Koordinatensystem. Geben Sie jeweils an, welche Konsequenz diese Lage für die Anzahl der Spurpunkte und Spurgeraden hat.

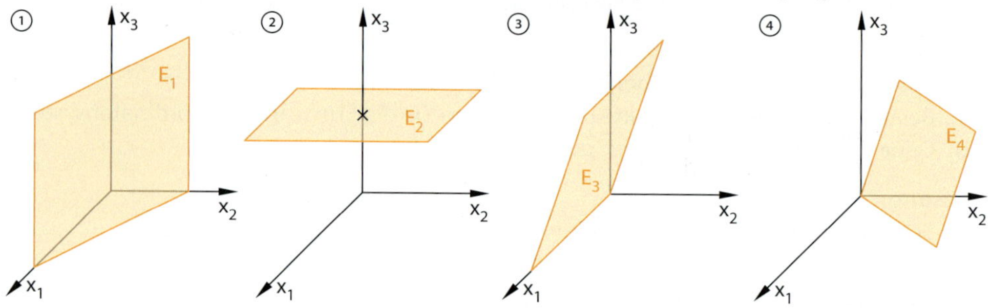

18. Beschreiben Sie die besondere Lage der Ebene E im Koordinatensystem. Geben Sie an, was sich über die Spurpunkte der Ebene aussagen lässt.

a) $E: x_1 - 2x_2 = 4$ b) $E: x_2 = 6$ c) $E: 4x_1 + 3x_2 - x_3 = 0$ d) $E: 3x_2 - x_3 = 0$

19. Achsenabschnittsgleichung: Gegeben ist die Ebene E durch $E: 4x_1 - 6x_2 + 3x_3 = 12$.

a) Skizzieren Sie die Ebene anhand ihrer Spurpunkte in ein Koordinatensystem.

b) Dividieren Sie beide Seiten der Koordinatengleichung durch 12. Erklären Sie, weshalb die neue Gleichung **Achsenabschnittsgleichung** von E heißt.

Weiterführende Aufgaben

20. Entscheiden Sie, ob die Aussage wahr oder falsch ist.

a) Zwei zueinander parallele Ebenen haben den gleichen Normalenvektor.

b) Zwei Ebenen mit gleichem Normalenvektor sind parallel.

c) Eine Multiplikation beider Seiten der Koordinatengleichung einer Ebene E mit einer Zahl ungleich null bewirkt eine Parallelverschiebung von E.

d) Eine Vergrößerung der rechten Seite der Koordinatengleichung einer Ebene E bewirkt eine Parallelverschiebung von E.

e) Wenn für Punkte A, B, C, D und einen Vektor $\vec{v}$ gilt $\overrightarrow{OA} \cdot \vec{v} = \overrightarrow{AB} \cdot \vec{v} = \overrightarrow{AC} \cdot \vec{v} = \overrightarrow{OD} \cdot \vec{v}$, dann liegen A, B, C und D auf einer Ebene mit Normalenvektor $\vec{v}$.

21. Berechnen Sie das Skalarprodukt von $\vec{v} = \begin{pmatrix} 2 \\ -1 \\ 4 \end{pmatrix}$ mit den Ortsvektoren zu A(1|−2|1), B(5|−2|−2), C(6|0|−1), D(0|−4|1), E(2|0|1), F(3|−2|0) und G(2|−4|2).

Deuten Sie das Ergebnis geometrisch.

22. Gegeben sind die Ebene E: $-2x_1 - x_2 + 4x_3 = 6$ und der Vektor $\vec{v} = \begin{pmatrix} 4 \\ 2 \\ -8 \end{pmatrix}$.

a) Zeigen Sie, dass die Punkte $P(4|-2|3)$ und $Q(-2|2|1)$ auf E liegen und dass $\vec{v}$ zu E orthogonal ist.

b) Stellen Sie mithilfe von P und $\vec{v}$ eine Koordinatengleichung für E auf. Vergleichen Sie diese mit der ursprünglichen Gleichung für E.

c) Stellen Sie mithilfe von Q und $\vec{v}$ eine Koordinatengleichung für E auf.

23. Zeichnen Sie die Ebenen anhand ihrer Spurpunkte. Erklären Sie das Ergebnis.

E_1: $2x_1 + 3x_2 + 2x_3 = 6$ | E_2: $2x_1 + 3x_2 + 2x_3 = 12$ | E_3: $4x_1 + 6x_2 + 4x_3 = 12$

24. Stolperstelle: Laura sagt: *„Wenn ich bei E: $4x_1 + 8x_2 - 6x_3 = 9$ den Normalenvektor halbiere, steht er immer noch senkrecht auf E. Deshalb ist $2x_1 + 4x_2 - 3x_3 = 9$ auch eine Gleichung für E."*
Nehmen Sie dazu Stellung und korrigieren Sie die zweite Gleichung.

25. Eine Architektin plant einen Versammlungsraum mit fünfeckigem Grundriss. Das Dach besteht aus zwei Dreiecken und einem Viereck.

a) Geben Sie die Koordinaten der Punkte B', C', D', E und F an.

b) Ermitteln Sie eine Koordinatengleichung der Ebene durch B', C' und E'.

c) Bestimmen Sie die Koordinaten des Punktes A' und die Länge der Kante AA'.

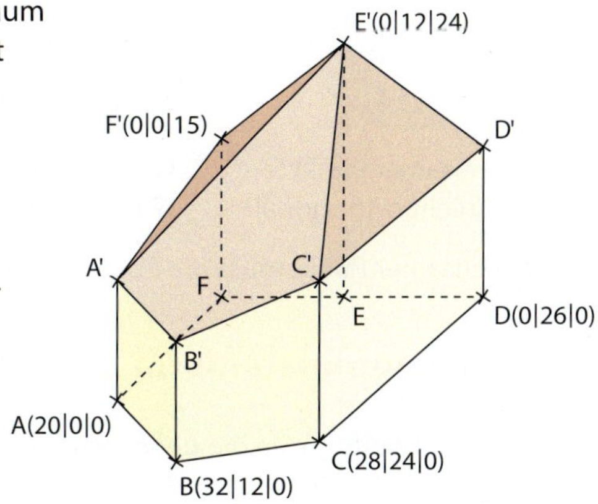

26. Prüfen Sie, ob die Ebenen E_1 und E_2 identisch sind.

E_1: $x_1 + 2x_2 - x_3 = 3$

E_2: $\vec{x} = \begin{pmatrix} -3 \\ 1 \\ 2 \end{pmatrix} + r\begin{pmatrix} 4 \\ -1 \\ 2 \end{pmatrix} + s\begin{pmatrix} -2 \\ 3 \\ 4 \end{pmatrix}$

27. Gegeben ist die Gerade g: $\vec{x} = \overrightarrow{OP} + k\begin{pmatrix} 1 \\ 2 \\ 1 \end{pmatrix}$ mit $P(1|1|1)$.

a) Ermitteln Sie eine Gleichung der Ebene E_1 durch P senkrecht zu g.

b) Berechnen Sie die Spurpunkte von E_1 und skizzieren Sie E_1 in ein Koordinatensystem.

c) Die drei Spurpunkte bilden mit dem Ursprung eine dreiseitige Pyramide. Berechnen Sie ihr Volumen.

d) Zeigen Sie, dass E_2 mit E_2: $\vec{x} = \begin{pmatrix} 2 \\ 3 \\ 2 \end{pmatrix} + r\begin{pmatrix} -3 \\ 1 \\ 1 \end{pmatrix} + s\begin{pmatrix} -1 \\ 1 \\ -1 \end{pmatrix}$ parallel zu E_1 ist.

e) Zeigen Sie, dass der Stützpunkt $Q(2|3|2)$ von E_2 auf g liegt. Berechnen Sie den Abstand der Ebenen E_1 und E_2.

f) Berechnen Sie die Spurpunkte von E_2 und das Volumen der von diesen Spurpunkten und dem Ursprung gebildeten Pyramide.

28. Ausblick: Normalengleichung einer Geraden im $\mathbb{R}^2$

a) Skizzieren Sie die Gerade g: $\vec{x} = \binom{3}{2} + t\binom{1}{2}$ in ein Koordinatensystem.

b) Multiplizieren Sie beide Seiten der Parametergleichung von g mit einem zu g orthogonalen Vektor. Sie erhalten eine Normalengleichung der Geraden.

c) Lösen Sie die Gleichung nach x_2 auf und überprüfen Sie das Ergebnis an der Skizze.

6.7 Lagebeziehungen zwischen Ebene und Gerade

■ Beschreiben Sie mit einem Stift und einem Blatt Papier, wie eine Ebene E und eine Gerade g zueinander liegen können.
Vergleichen Sie die Fälle mit den Lagebeziehungen zwischen zwei Geraden. Beschreiben Sie Gemeinsamkeiten und Unterschiede. ■

Die Lagebeziehung zwischen E und g kann durch die Anzahl der gemeinsamen Punkte und durch die gegenseitige Lage von Normalen- und Richtungsvektoren charakterisiert werden.

E und g schneiden sich in einem Punkt S.

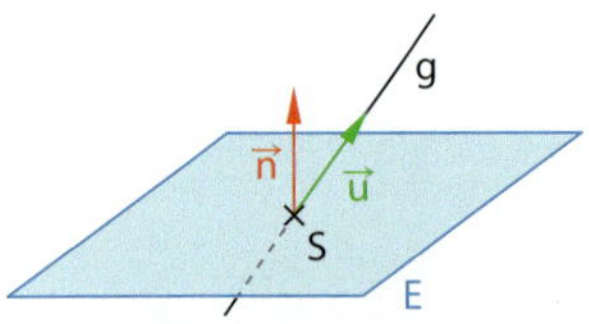

ein gemeinsamer Punkt S;
$\vec{n}$ und $\vec{u}$ nicht orthogonal

E und g sind echt parallel zueinander.

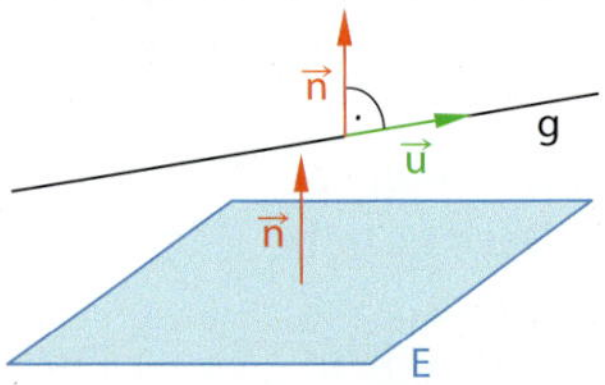

kein gemeinsamer Punkt;
$\vec{n}$ und $\vec{u}$ orthogonal

g liegt in E.

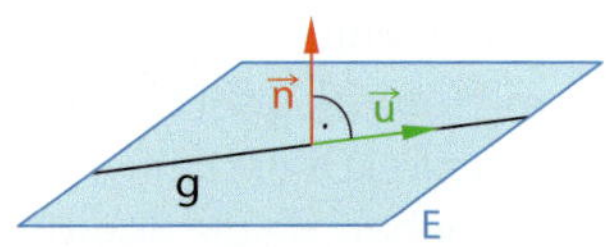

alle Punkte von g in E;
$\vec{n}$ und $\vec{u}$ orthogonal

Ein gemeinsamer Punkt muss die Ebenen- und die Geradengleichung erfüllen.

Ebene in Koordinatenform

Beispiel 1: Ermitteln Sie die gegenseitige Lage der Geraden g und der Ebene E mit
E: $x_1 - 4x_2 + 3x_3 = 12$.

a) g: $\vec{x} = \begin{pmatrix} 2 \\ -1 \\ -2 \end{pmatrix} + t\begin{pmatrix} -2 \\ 1 \\ -2 \end{pmatrix}$ b) g: $\vec{x} = \begin{pmatrix} 3 \\ 2 \\ -1 \end{pmatrix} + t\begin{pmatrix} 1 \\ 1 \\ 1 \end{pmatrix}$ c) g: $\vec{x} = \begin{pmatrix} 2 \\ -1 \\ 2 \end{pmatrix} + t\begin{pmatrix} -2 \\ 1 \\ 2 \end{pmatrix}$

Lösung:

a) Setzen Sie die Koordinaten von g in die Gleichung von E ein.
Die Gleichung ist eindeutig lösbar. Also schneidet g die Ebene in einem Punkt S.
Einsetzen von t = −1 in die Geradengleichung liefert die Koordinaten von S.

Koordinaten von g in E einsetzen:
$(2 - 2t) - 4(-1 + t) + 3(-2 - 2t) = 12$
$-12t = 12 \Leftrightarrow t = -1$

Schnittpunkt berechnen:
$\overrightarrow{OS} = \begin{pmatrix} 2 \\ -1 \\ -2 \end{pmatrix} + (-1) \cdot \begin{pmatrix} -2 \\ 1 \\ -2 \end{pmatrix} = \begin{pmatrix} 4 \\ -2 \\ 0 \end{pmatrix}$

g schneidet E im Punkt S(4|−2|0).

b) Setzen Sie die Koordinaten von g in die Gleichung von E ein. Die Gleichung hat keine Lösung. Also gibt es keine gemeinsamen Punkte von g und E.

Koordinaten von g in E einsetzen:
$(3+t) - 4(2+t) + 3(-1+t) = 12$
$-8 = 12$ (keine Lösung)

g ist parallel zu E.

c) Sie erhalten eine Gleichung, die allgemeingültig ist. Also sind alle Punkte von g auch Punkte von E.

Koordinaten von g in E einsetzen:
$(2-2t) - 4(-1+t) + 3(2+2t) = 12$
$12 = 12$ (gilt allgemein)

g liegt in E.

Basisaufgaben

1. Berechnen Sie den Schnittpunkt der Geraden g: $\vec{x} = \begin{pmatrix} 4 \\ 0 \\ -1 \end{pmatrix} + t\begin{pmatrix} 3 \\ -2 \\ 5 \end{pmatrix}$ mit der Ebene E.

a) E: $2x_1 - x_2 + x_3 = 33$ b) E: $-x_1 + 2x_3 = 1$ c) E: $-4x_1 + 4x_2 + 2x_3 = 2$

2. Ermitteln Sie die gegenseitige Lage der Ebene E und der Geraden g. Berechnen Sie gegebenenfalls den Schnittpunkt.

a) E: $4x_1 + 2x_2 - x_3 = 15$; g: $\vec{x} = \begin{pmatrix} -8 \\ 4 \\ 1 \end{pmatrix} + t\begin{pmatrix} 3 \\ -1 \\ 10 \end{pmatrix}$

b) E: $x_1 - 5x_2 + 3x_3 = 13$; g: $\vec{x} = \begin{pmatrix} 3 \\ 1 \\ -3 \end{pmatrix} + t\begin{pmatrix} -2 \\ 1 \\ 1 \end{pmatrix}$

c) E: $4x_1 - 2x_2 + 3x_3 = 3$; g: $\vec{x} = \begin{pmatrix} 0 \\ 6 \\ 5 \end{pmatrix} + t\begin{pmatrix} -1 \\ 1 \\ 2 \end{pmatrix}$

3. Zeigen Sie anhand des Normalenvektors von E, dass g parallel zu E oder mit E identisch ist. Unterscheiden Sie zwischen diesen beiden Fällen, indem Sie prüfen, ob der Stützpunkt von g in E liegt.

a) E: $x_1 - 2x_2 + 3x_3 = 9$; g: $\vec{x} = \begin{pmatrix} -5 \\ -7 \\ 0 \end{pmatrix} + t\begin{pmatrix} 1 \\ 2 \\ 1 \end{pmatrix}$

b) E: $3x_1 + 5x_2 - 2x_3 = 13$; g: $\vec{x} = \begin{pmatrix} 3 \\ 7 \\ 1 \end{pmatrix} + t\begin{pmatrix} -3 \\ 1 \\ -2 \end{pmatrix}$

c) E: $-x_2 + 9x_3 = 8$; g: $\vec{x} = \begin{pmatrix} 13 \\ 1 \\ 1 \end{pmatrix} + t\begin{pmatrix} 6 \\ 9 \\ 1 \end{pmatrix}$

4. Berechnen Sie jeweils die Schnittpunkte der Ebene E: $-4x_1 + 2x_2 + 5x_3 = 20$ mit den Geraden g_1: $\vec{x} = t\begin{pmatrix} 1 \\ 0 \\ 0 \end{pmatrix}$, g_2: $\vec{x} = t\begin{pmatrix} 0 \\ 1 \\ 0 \end{pmatrix}$ und g_3: $\vec{x} = t\begin{pmatrix} 0 \\ 0 \\ 1 \end{pmatrix}$. Erklären Sie die Bedeutung dieser Punkte.

5. Ermitteln Sie die gegenseitige Lage der Ebene E und der Geraden g: $\vec{x} = \begin{pmatrix} 4 \\ -1 \\ 3 \end{pmatrix} + t\begin{pmatrix} -2 \\ 3 \\ 1 \end{pmatrix}$.

a) E: $x_1 = 2$ b) E: $x_1 = 0$ c) E: $3x_1 + 2x_2 = 0$ d) E: $x_1 + x_2 - x_3 = 0$

Ebene in Parameterform

Beispiel 2: Ermitteln Sie die gegenseitige Lage der Ebene
E: $\vec{x} = \begin{pmatrix} 3 \\ 1 \\ -4 \end{pmatrix} + r\begin{pmatrix} 1 \\ -3 \\ -1 \end{pmatrix} + s\begin{pmatrix} 2 \\ 4 \\ 0 \end{pmatrix}$ und der Geraden g: $\vec{x} = \begin{pmatrix} 2 \\ 0 \\ -2 \end{pmatrix} + t\begin{pmatrix} -3 \\ 1 \\ 2 \end{pmatrix}$.
Berechnen Sie gegebenenfalls die Koordinaten des Schnittpunktes.

Lösung:

Setzen Sie die Parametergleichungen von E und g gleich. Formen Sie die Gleichung in ein lineares Gleichungssystem mit drei Gleichungen und drei Variablen um.

Parametergleichungen gleichsetzen:

$$\begin{pmatrix} 3 \\ 1 \\ -4 \end{pmatrix} + r\begin{pmatrix} 1 \\ -3 \\ -1 \end{pmatrix} + s\begin{pmatrix} 2 \\ 4 \\ 0 \end{pmatrix} = \begin{pmatrix} 2 \\ 0 \\ -2 \end{pmatrix} + t\begin{pmatrix} -3 \\ 1 \\ 2 \end{pmatrix}$$

$$r\begin{pmatrix} 1 \\ -3 \\ -1 \end{pmatrix} + s\begin{pmatrix} 2 \\ 4 \\ 0 \end{pmatrix} + t\begin{pmatrix} 3 \\ -1 \\ -2 \end{pmatrix} = \begin{pmatrix} -1 \\ -1 \\ 2 \end{pmatrix}$$

Schreiben Sie das LGS als Matrix und bringen Sie diese auf Zeilenstufenform.
An der Zeilenstufenform erkennt man, dass das LGS eindeutig lösbar ist. Also schneiden sich g und E in einem Punkt S.

Lineares Gleichungssystem lösen:

$$\left(\begin{array}{ccc|c} 1 & 2 & 3 & -1 \\ -3 & 4 & -1 & -1 \\ -1 & 0 & -2 & 2 \end{array}\right) \xrightarrow{\text{ZSF}} \left(\begin{array}{ccc|c} 1 & 2 & 3 & -1 \\ 0 & 10 & 8 & -4 \\ 0 & 0 & 3 & -9 \end{array}\right) \quad \begin{array}{l} r = 4 \\ s = 2 \\ t = -3 \end{array}$$

Die Koordinaten des Schnittpunktes S erhalten Sie durch Einsetzen von $t = -3$ in die Gleichung von g (oder von $r = 4$ und $s = 2$ in die Gleichung von E).

Schnittpunkt berechnen:

$$\overrightarrow{OS} = \begin{pmatrix} 2 \\ 0 \\ -2 \end{pmatrix} + (-3) \cdot \begin{pmatrix} -3 \\ 1 \\ 2 \end{pmatrix} = \begin{pmatrix} 11 \\ -3 \\ -8 \end{pmatrix}$$

g schneidet E im Punkt S(11 | −3 | −8).

Hinweis:
Die Fälle, dass g parallel zu E ist oder in E liegt, werden ab Aufgabe 7 thematisiert.

Basisaufgaben

6. Berechnen Sie die Koordinaten des Schnittpunktes der Geraden mit der Ebene.

a) $E: \vec{x} = \begin{pmatrix} 2 \\ -8 \\ 1 \end{pmatrix} + r\begin{pmatrix} 3 \\ -2 \\ 0 \end{pmatrix} + s\begin{pmatrix} 1 \\ -1 \\ 4 \end{pmatrix}$ $\quad g: \vec{x} = \begin{pmatrix} 10 \\ 1 \\ 9 \end{pmatrix} + t\begin{pmatrix} 4 \\ 5 \\ -2 \end{pmatrix}$

b) $E: \vec{x} = \begin{pmatrix} -1 \\ 3 \\ 1 \end{pmatrix} + r\begin{pmatrix} 1 \\ -1 \\ 2 \end{pmatrix} + s\begin{pmatrix} 4 \\ -5 \\ 7 \end{pmatrix}$ $\quad g: \vec{x} = \begin{pmatrix} -6 \\ 9 \\ -4 \end{pmatrix} + t\begin{pmatrix} 3 \\ 0 \\ -3 \end{pmatrix}$

c) $E: \vec{x} = \begin{pmatrix} -5 \\ 2 \\ 4 \end{pmatrix} + r\begin{pmatrix} 1 \\ -2 \\ 3 \end{pmatrix} + s\begin{pmatrix} 4 \\ 0 \\ -7 \end{pmatrix}$ $\quad g: \vec{x} = \begin{pmatrix} -1 \\ 3 \\ 4 \end{pmatrix} + t\begin{pmatrix} 2 \\ -6 \\ -8 \end{pmatrix}$

7. Die Matrix in Zeilenstufenform ergibt sich aus der Schnittbedingung zwischen einer Geraden g und einer Ebene E. Beschreiben Sie die gegenseitige Lage von E und g.

a) $\left(\begin{array}{ccc|c} 1 & 3 & -1 & 2 \\ 0 & 2 & 3 & -4 \\ 0 & 0 & 0 & 1 \end{array}\right)$ b) $\left(\begin{array}{ccc|c} 2 & 5 & -1 & 2 \\ 0 & 4 & 1 & 8 \\ 0 & 0 & 2 & 3 \end{array}\right)$ c) $\left(\begin{array}{ccc|c} 1 & 0 & 3 & 2 \\ 0 & 1 & 0 & 9 \\ 0 & 0 & 1 & 1 \end{array}\right)$ d) $\left(\begin{array}{ccc|c} -2 & 4 & 5 & -1 \\ 0 & 1 & 3 & 9 \\ 0 & 0 & 0 & 0 \end{array}\right)$

8. Ermitteln Sie die gegenseitige Lage der Ebene $E: \vec{x} = \begin{pmatrix} 4 \\ -8 \\ 1 \end{pmatrix} + r\begin{pmatrix} 2 \\ -4 \\ -2 \end{pmatrix} + s\begin{pmatrix} 1 \\ -1 \\ -4 \end{pmatrix}$ und der Geraden g. Berechnen Sie gegebenenfalls deren Schnittpunkt.

a) $g: \vec{x} = \begin{pmatrix} 1 \\ -2 \\ 1 \end{pmatrix} + t\begin{pmatrix} 1 \\ -3 \\ 2 \end{pmatrix}$ b) $g: \vec{x} = \begin{pmatrix} 6 \\ 4 \\ -1 \end{pmatrix} + t\begin{pmatrix} -1 \\ -4 \\ 3 \end{pmatrix}$

c) $g: \vec{x} = \begin{pmatrix} 4 \\ 1 \\ -3 \end{pmatrix} + t\begin{pmatrix} -1 \\ 2 \\ 1 \end{pmatrix}$ d) $g: \vec{x} = \begin{pmatrix} 5 \\ -9 \\ -3 \end{pmatrix} + t\begin{pmatrix} 0 \\ -1 \\ 3 \end{pmatrix}$

e) g ist die x_3-Achse. f) g geht durch $A(6|-9|-10)$ und $B(0|-2|11)$.

9. Die Schnittbedingung einer Ebene mit einer Geraden wurde mit dem GTR bearbeitet. Interpretieren Sie das Ergebnis in Bezug auf die Lagebeziehung.

a) 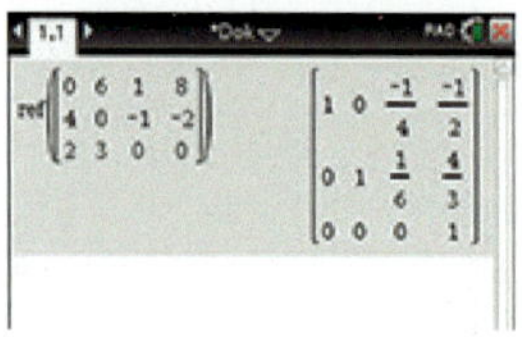

b) 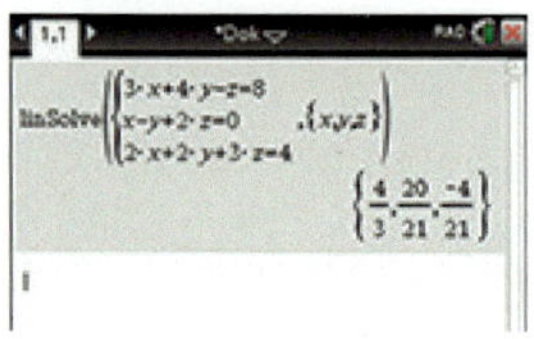

c) 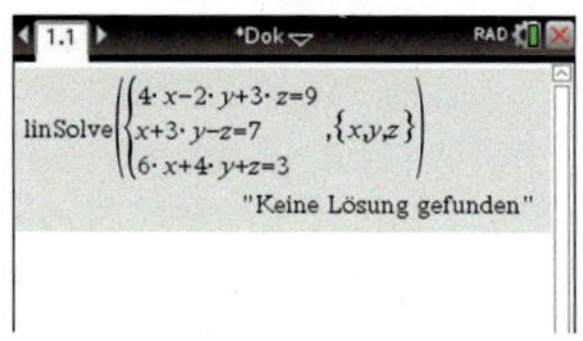

GTR **10.** Ermitteln Sie die gegenseitige Lage der Geraden g_1, g_2, g_3 und der Ebenen E_1, E_2 mit dem GTR. Berechnen Sie gegebenenfalls deren Schnittpunkt.

$g_1: \vec{x} = \begin{pmatrix} -55 \\ -94 \\ -436 \end{pmatrix} + t\begin{pmatrix} 13 \\ 4 \\ 72 \end{pmatrix}$ $\quad g_2: \vec{x} = \begin{pmatrix} 194 \\ -32 \\ 230 \end{pmatrix} + t\begin{pmatrix} 79 \\ -3 \\ 111 \end{pmatrix}$ $\quad E_1: \vec{x} = \begin{pmatrix} 94 \\ -38 \\ 80 \end{pmatrix} + r\begin{pmatrix} 50 \\ 3 \\ 75 \end{pmatrix} + s\begin{pmatrix} 58 \\ -12 \\ 72 \end{pmatrix}$

$g_3: \vec{x} = \begin{pmatrix} -9 \\ 30 \\ 52 \end{pmatrix} + t\begin{pmatrix} -8 \\ 15 \\ 3 \end{pmatrix}$ $\quad E_2: \vec{x} = \begin{pmatrix} -1 \\ 15 \\ -55 \end{pmatrix} + r\begin{pmatrix} -29 \\ 26 \\ -66 \end{pmatrix} + s\begin{pmatrix} -45 \\ 56 \\ -60 \end{pmatrix}$

11. Bei der Untersuchung der Lagebeziehung einer Ebene E und einer Geraden g führt die Schnittbedingung $\begin{pmatrix} 3 \\ -1 \\ 0 \end{pmatrix} + r\begin{pmatrix} 1 \\ -2 \\ 1 \end{pmatrix} + s\begin{pmatrix} 2 \\ 1 \\ -3 \end{pmatrix} = \begin{pmatrix} 5 \\ -5 \\ 2 \end{pmatrix} + t\begin{pmatrix} -1 \\ -8 \\ 9 \end{pmatrix}$ zur Lösung $s = -2t$, $r = 2 + 3t$.

a) Geben Sie an, was sich daraus für die gegenseitige Lagebeziehung von E und g ergibt.

b) Setzen Sie die Lösungen für r und s in die Gleichung ein und überprüfen Sie, ob beide Seiten der Schnittbedingung gleich werden.

Weiterführende Aufgaben

12. Die Entscheidungsregeln bei der Untersuchung der Lagebeziehung zwischen einer Geraden und einer Ebene lassen sich schematisch darstellen. Hier wird der Fall mit einer Ebene in Parameterform beschrieben.

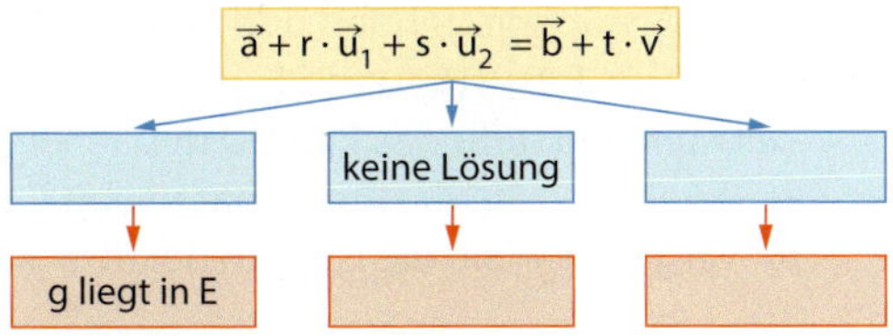

a) Übertragen Sie das Schema und vervollständigen Sie es.
b) Beschreiben Sie für jeden Fall die Zeilenstufenform der Matrix des LGS.
c) Erstellen Sie ein solches Schema für eine Ebene in Koordinatenform.

13. Gegeben sind die Ebene E_{ABC} durch die Punkte A(5|−2|1), B(9|2|−1), C(11|4|5) und die Gerade g_{KL} durch die Punkte K(14|−3|6) und L(16|4|8).
a) Berechnen Sie den Schnittpunkt S von E_{ABC} und g_{KL}.
b) Prüfen Sie, ob S im von A aus durch $\overrightarrow{AB}$ und $\overrightarrow{AC}$ aufgespannten Parallelogramm liegt und ob S auf der Strecke $\overline{KL}$ liegt.

14. Gegeben sind g: $\vec{x} = \begin{pmatrix} 23 \\ -2 \\ 6 \end{pmatrix} + t \begin{pmatrix} 5 \\ -3 \\ 1 \end{pmatrix}$ und E: $\vec{x} = \begin{pmatrix} -7 \\ 2 \\ 1 \end{pmatrix} + r \begin{pmatrix} 1 \\ 2 \\ 1 \end{pmatrix} + s \begin{pmatrix} -7 \\ -2 \\ 2 \end{pmatrix}$.
a) Berechnen Sie den Schnittpunkt von g und E mithilfe der Parametergleichung von E.
b) Ermitteln Sie eine Koordinatengleichung von E und berechnen Sie den Schnittpunkt.
GTR c) Gehen Sie vor wie in a), aber verwenden Sie den GTR.
d) Vergleichen Sie den Rechenaufwand der drei Berechnungen.
e) Beurteilen Sie beide Verfahren in Hinblick auf die Fragestellungen in Aufgabe 13 b).

Hinweis zu 14d:
Es empfiehlt sich, die Zeiten für die Bearbeitung von a), b) c) zu stoppen. Bei der Bewertung der Verfahren spielen weitere Gesichtspunkte eine Rolle.

15. Seien g eine Gerade und E eine Ebene. Prüfen Sie, ob die Aussage wahr oder falsch ist.
a) Wenn der Richtungsvektor von g orthogonal zum Normalenvektor von E ist, dann schneidet g die Ebene E.
b) Wenn der Richtungsvektor von g orthogonal zu den Richtungsvektoren von E ist, dann schneidet g die Ebene E.
c) Wenn g die Ebene E schneidet, dann ist der Richtungsvektor von g orthogonal zu den Richtungsvektoren von E.
d) Wenn g parallel zu E ist, dann ist der Richtungsvektor von g orthogonal zum Normalenvektor von E.

16. Stolperstelle Hannes bestimmt den Schnittpunkt von g: $\vec{x} = \begin{pmatrix} 2 \\ 1 \\ 3 \end{pmatrix} + t \begin{pmatrix} 1 \\ -2 \\ 1 \end{pmatrix}$ und E: $\vec{x} = \begin{pmatrix} -1 \\ -1 \\ -2 \end{pmatrix} + r \begin{pmatrix} -1 \\ 1 \\ 1 \end{pmatrix} + s \begin{pmatrix} 1 \\ 1 \\ 7 \end{pmatrix}$ mit dem GTR und schreibt:
„Der Schnittpunkt ist S(−3,5|1,5|2).“
Nehmen Sie Stellung und korrigieren Sie.

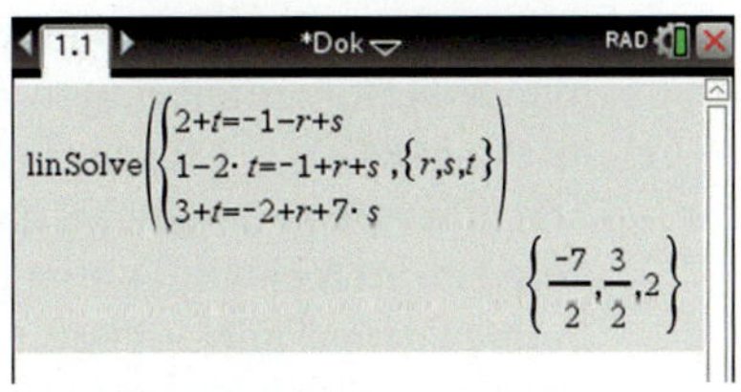

17. Aus einer punktförmigen Lichtquelle in L(10|1|0) scheint Licht auf den abgebildeten Würfel der Kantenlänge 3. Es entsteht ein Schatten auf der zur x_2x_3-Ebene parallelen Ebene E durch P(−4|0|0). Berechnen Sie die Koordinaten der Schattenpunkte. Skizzieren Sie den Schatten im Koordinatensystem.

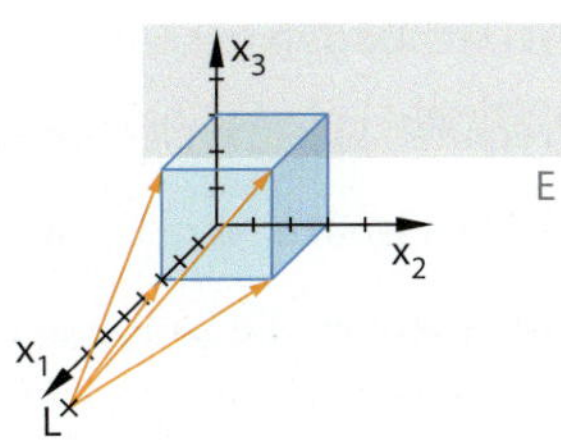

18. Vom Punkt L(13|−11|12) fällt Licht durch den Schlitz mit den Endpunkten A(1|−3|6) und B(3|−1|6). Auf der gegenüberliegenden und von den Punkten E(−8|0|0), F(0|8|0) und S(0|0|12) aufgespannten Zeltwand entsteht das Bild $\overline{CD}$ des Schlitzes.

a) Berechnen Sie die Koordinaten von C und D.

b) Vergleichen Sie die Längen der Strecken $\overline{AB}$ und $\overline{CD}$.

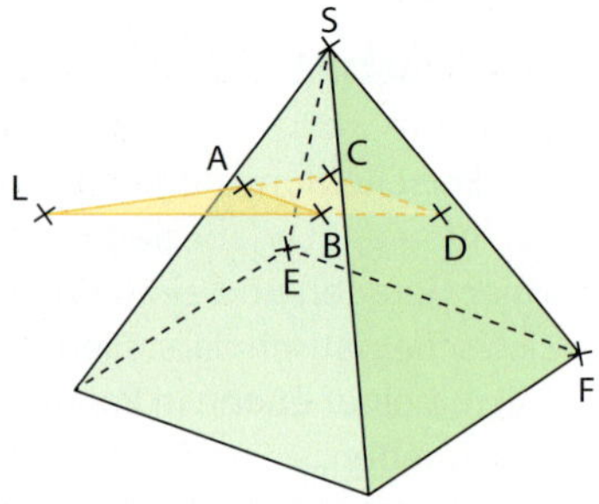

19. Gegeben sind die Punkte A(2|1|0), B(8|5|2), C(2|14|5) und die Gerade g: $\vec{x} = \begin{pmatrix} 3 \\ 19 \\ -23 \end{pmatrix} + t\begin{pmatrix} -1 \\ -5 \\ 13 \end{pmatrix}$.

a) Geben Sie die Koordinaten eines Punktes D an, sodass ABCD ein Parallelogramm ist. Zeigen Sie, dass der Punkt N(1|9|3) im Parallelogramm ABCD liegt.

b) Zeigen Sie, dass g auf der Ebene E_{ABC} senkrecht steht, und berechnen Sie den Schnittpunkt von g und E_{ABC}.

c) Geben Sie eine Parametergleichung der Ebene E an, welche die Gerade g und den Punkt B enthält. Zeigen Sie, dass D(−4|10|2) nicht auf E liegt.

20. Die Punkte A(0|0|0), B(0|6|0), C(−4|2|0) und D(−3|−4|5) bilden mit den Punkten E und F ein schiefes Prisma. Der Punkt N(−2|3,5|0) befindet sich auf dem Boden des Prismas. Von N aus wird parallel zur x_3-Achse durch den Körper gebohrt.

a) Schätzen Sie, aus welcher Seitenwand des Prismas die Bohrung austritt.

b) Überprüfen Sie Ihre Vermutung rechnerisch.

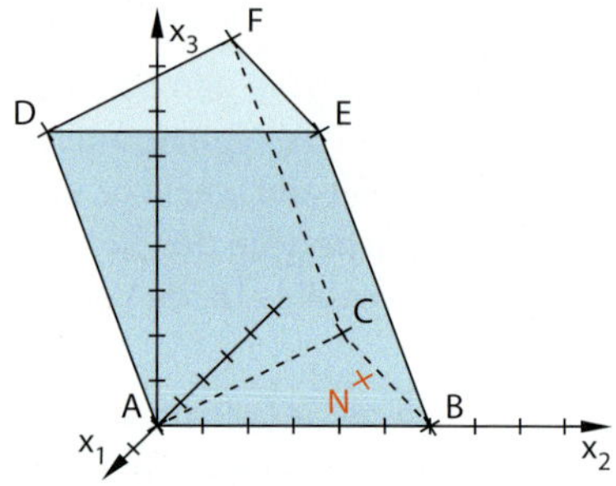

21. Gegeben sind P(8|7|11), E(12|−15|11) und $\vec{u} = \begin{pmatrix} -2 \\ 1 \\ 0 \end{pmatrix}$, $\vec{v} = \begin{pmatrix} -2 \\ -4 \\ 2 \end{pmatrix}$. Die Dachvierecke ABCD und EDCF sind Parallelogramme. (1 LE = 1 m)

a) Zeigen Sie, dass die Dachvierecke ABCD und EDCF Rechtecke sind.

b) Die Dachfläche ABCD ist mit 27 gleich großen Paneelen vollständig bedeckt. Geben Sie an, wie viele dieser Paneele man auf EDCF unterbringen kann.

c) Im Punkt R(10|1|13) soll ein Mast angebracht werden. Zeigen Sie, dass dieser Punkt im Viereck ABCD, aber nicht im Inneren eines Paneels liegt.

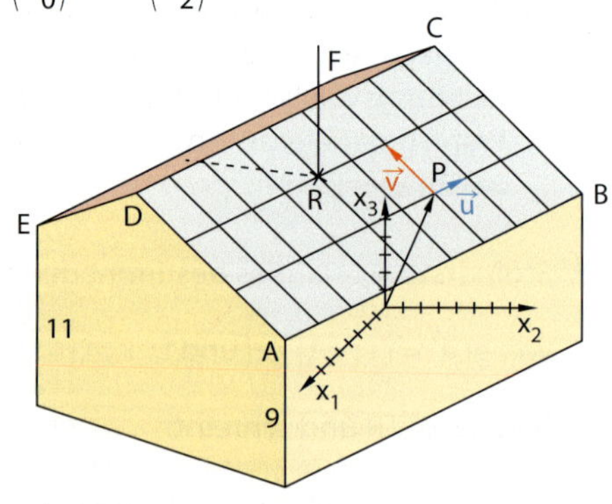

d) Der Mast soll mit einem Drahtseil verbunden werden. Das Seil wird vom Punkt R durch den Dachboden gespannt und verläuft auf der Geraden g: $\vec{x} = \begin{pmatrix} 10 \\ 1 \\ 13 \end{pmatrix} + t\begin{pmatrix} -2 \\ -9 \\ 0 \end{pmatrix}$.
Berechnen Sie, in welchem Punkt S der Dachfläche EDCF das Seil befestigt wird.

e) Der Mast ist 8 m lang. Entlang des Vektors $\vec{s} = \begin{pmatrix} 0 \\ 1 \\ -2 \end{pmatrix}$ fallen Sonnenstrahlen ein.
Berechnen Sie die Länge des Schattens, den der Mast auf die Dachfläche ABCD wirft.

22. Das Dreieck ABC mit A(−1 | 2 | −2), B(−3 | 4 | −4) und C(−5 | 6 | 0) ist die Grundseite einer dreiseitigen Pyramide mit Spitze S(1 | 10 | −2). Der Fußpunkt der durch S verlaufenden Pyramidenhöhe sei H. Berechnen Sie die Koordinaten von H und die Höhe der Pyramide.

23. Gegeben sind die Punkte A(5 | 1 | −0,1), B(2 | 10 | 0,1) und D(−4 | −2 | −0,1).

a) Bestimmen Sie den Punkt C so, dass ABCD ein Parallelogramm ist.
Zeigen Sie, dass dieses Parallelogramm sogar ein Rechteck ist.

b) Das Rechteck ABCD beschreibt die Landebahn eines Sportflugplatzes. Ein Flugzeug nähert sich auf einer geradlinigen Flugbahn dem Flugplatz. Zum Zeitpunkt t befindet es sich im durch $\vec{x_t} = \begin{pmatrix} -1 \\ -46 \\ 5 \end{pmatrix} + t\begin{pmatrix} 0 \\ 10 \\ -1 \end{pmatrix}$ gegebenen Punkt.
(1 LE = 100 m; 1 ZE = 1 min)
Bestimmen Sie, in welchem Punkt das Flugzeug die Ebene E_{ABC} erreicht, wenn sich die Flugbahn nicht ändert. Zeigen Sie, dass dieser Punkt der Mittelpunkt der Landebahn ist.

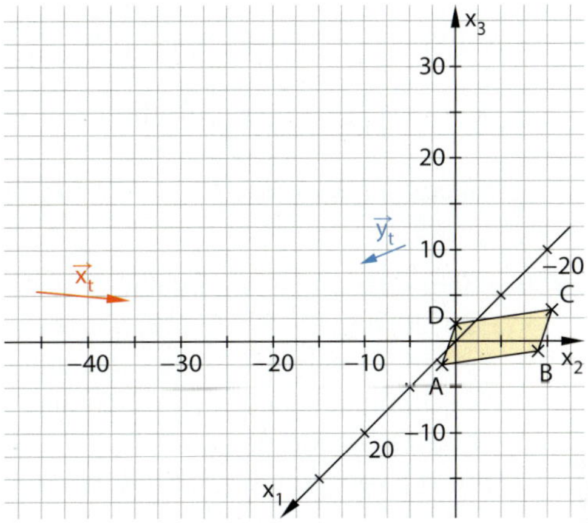

c) Ein zweites Flugzeug befindet sich zum Zeitpunkt t im Punkt $\vec{y_t} = \begin{pmatrix} -21 \\ -16 \\ 0 \end{pmatrix} + t\begin{pmatrix} 10 \\ 0 \\ 1 \end{pmatrix}$.
Zeigen Sie, dass sich beide Flugbahnen schneiden.

● d) Berechnen Sie den Zeitpunkt, an dem der Abstand beider Flugzeuge minimal ist.

24. **Senkrechte Projektion auf eine Ebene:** Gegeben sind die Ebene E: $x_1 - x_2 + 2x_3 = 6$ und der Punkt P(3 | −5 | 5). Der Punkt P soll senkrecht auf die Ebene E projiziert werden.

a) Stellen Sie die Ebene anhand ihrer Spurpunkte im Koordinatensystem dar. Zeichnen Sie auch den Punkt P ein.

b) Ermitteln Sie eine Gleichung der Geraden, die durch P und senkrecht zu E verläuft. Der Schnittpunkt P′ dieser Geraden mit der Ebene E ist die senkrechte Projektion von P in die Ebene E. Berechnen Sie die Koordinaten von P′.

c) Projizieren Sie ebenso den Ursprung auf die Ebene und berechnen Sie so den Abstand der Ebene vom Ursprung.

● **25.** P′ ist die senkrechte Projektion des Punktes P(10 | 1 | −4) auf die Ebene
E: $\vec{x} = \begin{pmatrix} -1 \\ 1 \\ -2 \end{pmatrix} + r\begin{pmatrix} 1 \\ 1 \\ -2 \end{pmatrix} + s\begin{pmatrix} 1 \\ 2 \\ 0 \end{pmatrix}$.
Berechnen Sie die Koordinaten des Punktes P′.

26. **Spiegelung an einer Ebene:** Der Punkt P(−2 | −5,5 | 2) soll an der Ebene E: $x_1 + 2x_2 - x_3 = 3$ gespiegelt werden.

a) Berechnen Sie die Koordinaten des Spiegelpunktes P′.

b) Stellen Sie die Ebene E anhand ihrer Spurpunkte in einem Koordinatensystem dar und zeichnen Sie die Gerade PP′ ein.

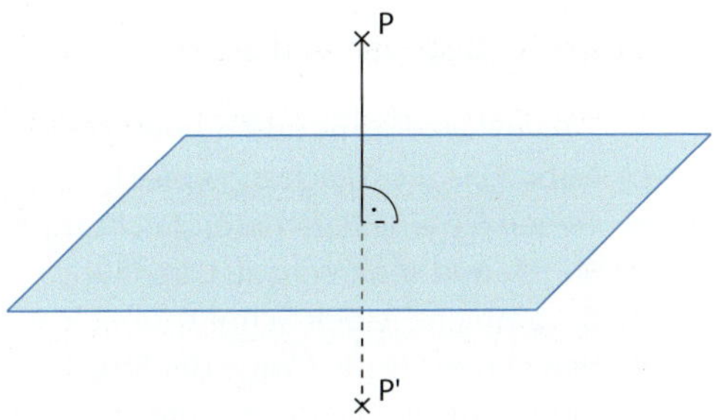

27. Geradenschar: Gegeben sind der Punkt P, die Gerade g und die **Geradenschar** h_a.

P(−1 | 3 | 2) $\quad g: \vec{x} = \begin{pmatrix} 5 \\ -2 \\ 4 \end{pmatrix} + s\begin{pmatrix} 1 \\ -2 \\ 1 \end{pmatrix} \quad h_a: \vec{x} = \begin{pmatrix} -1 \\ 3 \\ 2 \end{pmatrix} + t\begin{pmatrix} 1+2a \\ 1+a \\ 1 \end{pmatrix};\ a \in \mathbb{R}$

a) Zeigen Sie, dass alle Geraden der Schar h_a in derjenigen Ebene liegen, die senkrecht zu g durch P verläuft.

b) Berechnen Sie alle möglichen Werte für a so, dass h_a die Gerade g schneidet.

28. Gegeben sind die Ebene $E: \vec{x} = \begin{pmatrix} -3 \\ -6 \\ 8 \end{pmatrix} + r\begin{pmatrix} 1 \\ 1 \\ -2 \end{pmatrix} + s\begin{pmatrix} 4 \\ 6 \\ -6 \end{pmatrix}$ und für $a \in \mathbb{R}$ die Geradenschar $g_a: \vec{x} = \begin{pmatrix} 6 \\ 9 \\ a-5 \end{pmatrix} + t\begin{pmatrix} 4-a \\ 1-3a \\ -10-a^2 \end{pmatrix}$. Bestimmen Sie alle Werte von a, sodass gilt:

① E und g_a schneiden sich. ② g_a verläuft in E. ③ g_a und E verlaufen parallel.

29. In einem kartesischen Koordinatensystem sind die Punkte A (20 | −4 | −10), C (−22 | 2 | −10), F (2 | 20 | 20) und P (−3 | −15 | 15) gegeben.

a) Zeigen Sie rechnerisch, dass das Dreieck ACF gleichseitig ist. Berechnen Sie eine Gleichung der Ebene E_{ACF} durch die Punkte A, C und F.

b) Sei g die Gerade, die durch P und senkrecht zu E_{ACF} verläuft. Berechnen Sie den Schnittpunkt S von g mit E_{ACF}. [Zur Kontrolle: S (0 | 6 | 0)]

c) Zeigen Sie, dass jeder Punkt P_k(−3 + k | −15 + 7k | 15 − 5k) auf g gleich weit von A und C entfernt ist.

Ab hier können Sie die Tatsache verwenden, dass jeder Punkt von g von allen Eckpunkten des Dreiecks ACF gleich weit entfernt liegt.

d) Das Dreieck ACF soll Seitenfläche eines regelmäßigen Tetraeders ACFH sein. Bestimmen Sie die beiden Punkte der Geraden g aus Teilaufgabe b), die als vierter Eckpunkt H des Tetraeders ACFH in Frage kommen.

e) Das regelmäßige Tetraeder ACFH mit H (−4 | −22 | 20) als viertem Eckpunkt ist einem Würfel einbeschrieben (siehe Abbildung). Berechnen Sie die Höhe des Tetraeders ACFH und damit auch dessen Volumen.

f) Zeigen Sie, dass sich die Mittelpunkte M_{AF}, M_{FC}, M_{CH} und M_{HA} der Strecken $\overline{AF}$, $\overline{FC}$, $\overline{CH}$ und $\overline{HA}$ zu einem Quadrat verbinden lassen.

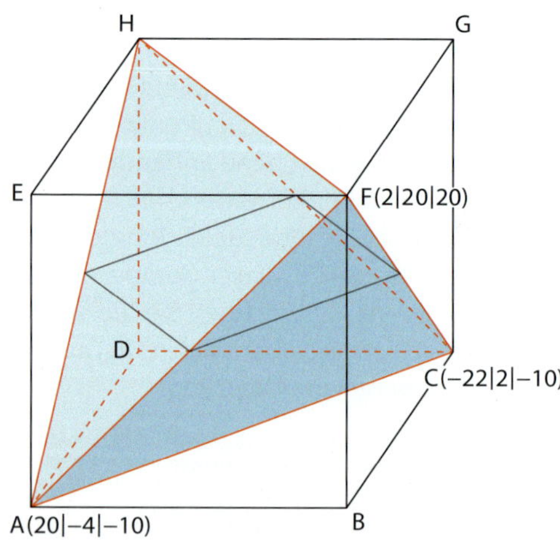

g) Berechnen Sie die Koordinaten des Punktes B des abgebildeten Würfels.

30. Ausblick: Gegeben sind die beiden Geraden $g_1: \vec{x} = \begin{pmatrix} 2 \\ -1 \\ 5 \end{pmatrix} + r\begin{pmatrix} 2 \\ 1 \\ 1 \end{pmatrix}$ und $g_2: \vec{x} = \begin{pmatrix} 3 \\ 3 \\ -1 \end{pmatrix} + s\begin{pmatrix} 2 \\ -2 \\ -1 \end{pmatrix}$.

a) Zeigen Sie, dass g_1 und g_2 windschief zueinander sind.

b) Geben Sie die Gleichung einer Ebene E an, welche g_1 enthält und zu g_2 parallel ist.

c) Geben Sie eine Parametergleichung der Geraden g_3 an, welche durch den Stützpunkt P von g_2 und senkrecht zu E verläuft.

d) Bestimmen Sie den Schnittpunkt P' von g_3 und E.

e) Berechnen Sie die Länge der Strecke $\overline{PP'}$ und veranschaulichen Sie sich die Bedeutung dieser Streckenlänge mithilfe von Stiften.

6.8 Lagebeziehungen zwischen Ebenen

■ Zeigen Sie mithilfe zweier Papierblätter, wie zwei Ebenen zueinander liegen können. Verwenden Sie Stifte als Normalenvektoren. Erläutern Sie, wie die Lagebeziehung der Blätter mit der Lagebeziehung der Stifte zusammenhängt. ■

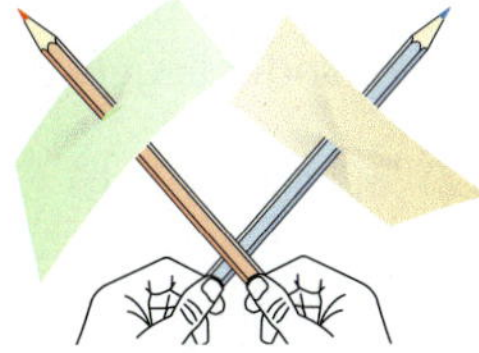

Wenn zwei Ebenen sich schneiden, so entsteht eine Schnittgerade. Die Schnittbedingung hat nie eine eindeutige Lösung. Zur Lageuntersuchung werden Normalenvektoren verglichen und gemeinsame Punkte bestimmt. Ein gemeinsamer Punkt muss beide Ebenengleichungen erfüllen.

E_1 und E_2 schneiden sich in einer Geraden g.

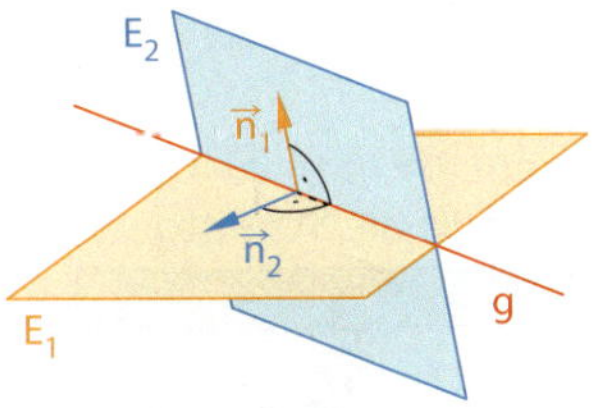

Schnittgerade;
$\vec{n}_1$ und $\vec{n}_2$ nicht kollinear

E_1 und E_2 sind echt parallel zueinander.

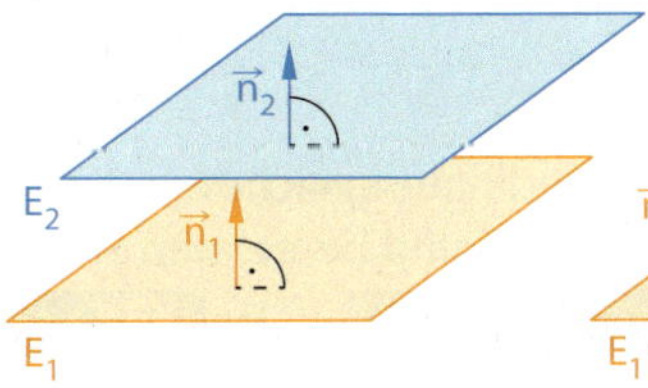

keine gemeinsamen Punkte;
$\vec{n}_1$ und $\vec{n}_2$ kollinear

E_1 und E_2 sind identisch.

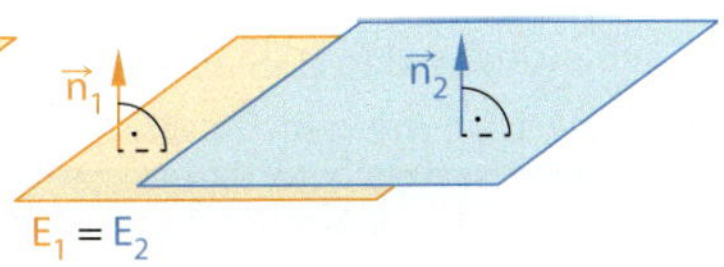

alle Punkte gemeinsam;
$\vec{n}_1$ und $\vec{n}_2$ kollinear

Hinweis:
Wie bei Geraden haben zwei echt parallele Ebenen keine gemeinsamen Punkte.
Zwei Ebenen können nicht windschief zueinander verlaufen.

Beide Ebenen in Koordinatenform

Beispiel 1: Ermitteln Sie die gegenseitige Lage von $E_1\colon -2x_1 + x_2 - 5x_3 = 15$ und E_2.
a) $E_2\colon 3x_1 + 7x_2 - x_3 = 37$ b) $E_2\colon -6x_1 + 3x_2 - 15x_3 = 45$ c) $E_2\colon 4x_1 - 2x_2 + 10x_3 = 7$

Lösung:

a) Die beiden Koordinatengleichungen bilden ein LGS. Bringen Sie es in Zeilenstufenform. Eine Variable ist frei wählbar. Also schneiden sich die Ebenen in einer Geraden.
Schreiben Sie die allgemeine Lösung als Vektor und ermitteln Sie so eine Gleichung der Schnittgeraden.

Gleichungssystem aufstellen:
$$\left(\begin{array}{ccc|c} -2 & 1 & -5 & 15 \\ 3 & 7 & -1 & 37 \end{array}\right) \xrightarrow{\text{ZSF}} \left(\begin{array}{ccc|c} -2 & 1 & -5 & 15 \\ 0 & 1 & -1 & 7 \end{array}\right)$$
eine Variable frei wählbar
$L = \{(-4 - 2t \mid 7 + t \mid t);\ t \in \mathbb{R}\}$
Schnittgerade bestimmen:
$$g\colon \begin{pmatrix} x_1 \\ x_2 \\ x_3 \end{pmatrix} = \begin{pmatrix} -4-2t \\ 7+t \\ t \end{pmatrix} = \begin{pmatrix} -4 \\ 7 \\ 0 \end{pmatrix} + t \cdot \begin{pmatrix} -2 \\ 1 \\ 1 \end{pmatrix}$$

b) Stellen Sie mit den Koordinatengleichungen ein LGS auf. Beim Umformen entsteht eine Nullzeile. Also sind zwei Variablen frei wählbar, d.h., die Ebenen sind identisch.

Gleichungssystem aufstellen:
$$\left(\begin{array}{ccc|c} -2 & 1 & -5 & 15 \\ -6 & 3 & -15 & 45 \end{array}\right) \xrightarrow{\text{ZSF}} \left(\begin{array}{ccc|c} -2 & 1 & -5 & 15 \\ 0 & 0 & 0 & 0 \end{array}\right)$$
zwei Variablen frei wählbar
E_1 und E_2 sind identisch.

Hinweis:
Im Fall identischer Ebenen sieht man, dass die Gleichungen Vielfache voneinander sind. Bei parallelen Ebenen gilt dies für die linken Seiten der Gleichungen, aber nicht für die ganzen Gleichungen.

c) Bringen Sie das LGS der beiden Koordinatengleichungen in Zeilenstufenform. Es entsteht eine Widerspruchszeile. Also haben E_1 und E_2 keine gemeinsamen Punkte.

Gleichungssystem aufstellen:
$$\left(\begin{array}{ccc|c} -2 & 1 & -5 & 15 \\ 4 & -2 & 10 & 7 \end{array}\right) \xrightarrow{\text{ZSF}} \left(\begin{array}{ccc|c} -2 & 1 & -5 & 15 \\ 0 & 0 & 0 & 37 \end{array}\right)$$
keine Lösung
E_1 und E_2 sind echt parallel zueinander.

Basisaufgaben

Hinweis zu 1 und 2:
Hier werden Normalengleichungen in der Form $\vec{n} \cdot \vec{x} = d$ angegeben. Dabei ist $\vec{n}$ ein Normalenvektor und d das Skalarprodukt eines beliebigen Ortsvektors der Ebene mit $\vec{n}$.

1. Entscheiden Sie, ohne ein lineares Gleichungssystem zu lösen, wie die Ebenen E_1 und E_2 zueinander liegen. Sie brauchen keine Schnittgerade zu berechnen.

a) $E_1: \begin{pmatrix} 5 \\ -2 \\ 7 \end{pmatrix} \cdot \vec{x} = 18$ $\quad E_2: \begin{pmatrix} 3 \\ 4 \\ 1 \end{pmatrix} \cdot \vec{x} = 18$

b) $E_1: \begin{pmatrix} 4 \\ -2 \\ -6 \end{pmatrix} \cdot \vec{x} = 14$ $\quad E_2: -2x_1 + x_2 + 3x_3 = 9$

c) $E_1: \begin{pmatrix} 3 \\ 1 \\ -4 \end{pmatrix} \cdot \vec{x} = 7$ $\quad E_2: \begin{pmatrix} 6 \\ 2 \\ -8 \end{pmatrix} \cdot \vec{x} = 14$

d) $E_1: -2x_1 + 2x_2 + x_3 = 3$ $\quad E_2: -2x_1 - x_2 - x_3 = 3$

2. Ermitteln Sie die gegenseitige Lage der Ebenen E und F. Falls eine Schnittgerade vorliegt, beschreiben Sie diese mithilfe einer Gleichung.

a) $E: 3x_1 - 2x_2 + 4x_3 = 7$ $\quad F: 6x_1 - 4x_2 + 8x_3 = 8$

b) $E: 8x_1 + 6x_2 - 5x_3 = 8$ $\quad F: 2x_1 + 4x_2 - x_3 = 14$

c) $E: \begin{pmatrix} 1 \\ 0 \\ -2 \end{pmatrix} \cdot \vec{x} = 3$ $\quad F: \begin{pmatrix} 1 \\ 6 \\ -1 \end{pmatrix} \cdot \vec{x} = 2$

d) $E: \begin{pmatrix} 1 \\ 0 \\ 3 \end{pmatrix} \cdot \vec{x} = 5$ $\quad F: \begin{pmatrix} 3 \\ 0 \\ 9 \end{pmatrix} \cdot \vec{x} = 15$

e) $E: x_3 = 0$ $\quad F: 4x_1 - x_2 - 2x_3 = 4$

f) $E: 2x_1 - 3x_2 + 5x_3 = 1$ $\quad F: -2x_1 + 3x_2 - 5x_3 = -1$

3. Hier wurde das LGS aus den Koordinatengleichungen zweier Ebenen mit dem GTR gelöst. Geben Sie die gegenseitige Lage an und berechnen Sie gegebenenfalls die Schnittgerade.

a) 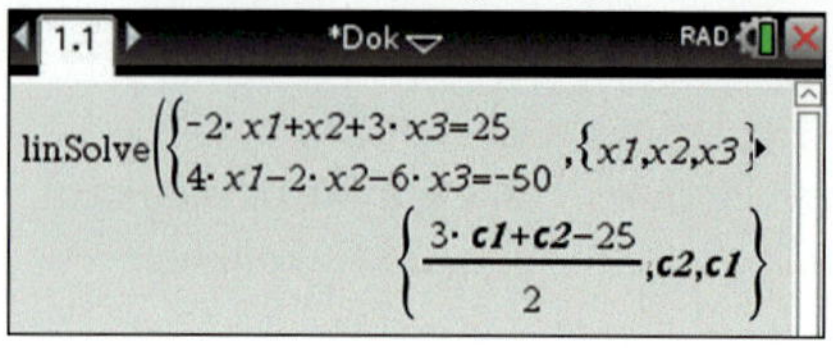

b) 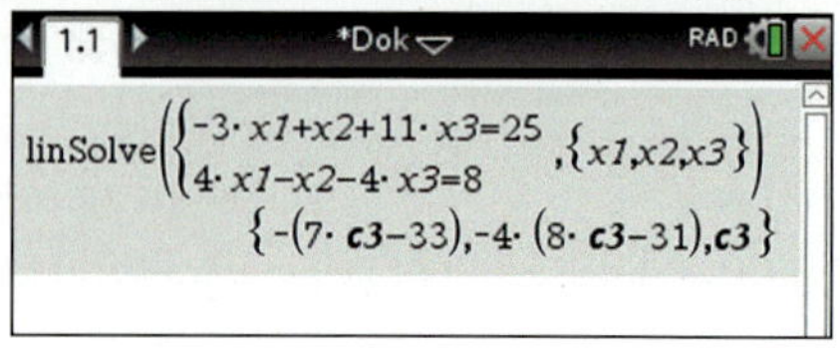

Eine Ebene in Parameterform, die andere in Koordinatenform

Beispiel 2: Ermitteln Sie die gegenseitige Lage von $E_1: \vec{x} = \begin{pmatrix} 3 \\ 1 \\ -4 \end{pmatrix} + r\begin{pmatrix} 1 \\ -3 \\ -1 \end{pmatrix} + s\begin{pmatrix} 2 \\ 4 \\ 0 \end{pmatrix}$ und E_2.

a) $E_2: -2x_1 + x_2 - 5x_3 = 15$ $\quad$ b) $E_2: 3x_1 + 7x_2 - x_3 = 37$

Lösung:

a) Setzen Sie die Koordinaten von E_1 in die Koordinatengleichung von E_2 ein. Es ergibt sich eine Gleichung mit zwei Parametern. Beim Zusammenfassen verschwinden die Variablen und es ergibt sich eine Gleichung, die für alle r und s erfüllt ist. Also sind alle Punkte von E_1 auch gemeinsame Punkte.

Koordinaten von E_1:
$x_1 = 3 + r + 2s;\ x_2 = 1 - 3r + 4s;\ x_3 = -4 - r$

Einsetzen in E_2:

$$-2(3 + r + 2s) + (1 - 3r + 4s) - 5(-4 - r) = 15$$
$$-6 - 2r - 4s + 1 - 3r + 4s + 20 + 5r = 15$$
$$15 = 15 \text{ (gilt allgemein)}$$

E_1 und E_2 sind identisch.

Hinweis:
Ergibt sich beim Umformen der Gleichung ein Widerspruch, so sind die Ebenen echt parallel.

b) Setzen Sie die Koordinaten von E_1 in die Koordinatengleichung von E_2 ein. Lösen Sie die Gleichung nach r auf. Beim Umstellen bleiben die Variablen erhalten. Setzen Sie $r = -1 + 2s$ in die Parametergleichung von E_1 ein und bestimmen Sie so die Gleichung der Schnittgeraden g.

Koordinaten von E_1 in E_2 einsetzen:

$$3(3 + r + 2s) + 7(1 - 3r + 4s) - (-4 - r) = 37$$
$$r = -1 + 2s$$

E_1 und E_2 schneiden sich.

Schnittgerade bestimmen:

$$g: \vec{x} = \begin{pmatrix} 3 \\ 1 \\ -4 \end{pmatrix} + (-1 + 2s) \cdot \begin{pmatrix} 1 \\ -3 \\ -1 \end{pmatrix} + s \cdot \begin{pmatrix} 2 \\ 4 \\ 0 \end{pmatrix}$$
$$= \begin{pmatrix} 2 \\ 4 \\ -3 \end{pmatrix} + s \cdot \begin{pmatrix} 4 \\ -2 \\ -2 \end{pmatrix}$$

Basisaufgaben

4. Berechnen Sie die Schnittgerade von $E_1\colon \vec{x} = \begin{pmatrix} 4 \\ 2 \\ -1 \end{pmatrix} + r\begin{pmatrix} 2 \\ 1 \\ 4 \end{pmatrix} + s\begin{pmatrix} -3 \\ 0 \\ 2 \end{pmatrix}$ und E_2.

a) $E_2\colon x_1 + 2x_2 + x_3 = 5$ b) $E_2\colon 2x_1 - 4x_2 + 3x_3 = 9$ c) $E_2\colon -4x_2 + 2x_3 = 2$

5. Ermitteln Sie die gegenseitige Lage der Ebenen E_1 und E_2. Geben Sie gegebenenfalls eine Gleichung der Schnittgeraden an.

a) $E_1\colon \vec{x} = \begin{pmatrix} 2 \\ -2 \\ 1 \end{pmatrix} + r\begin{pmatrix} 1 \\ -3 \\ 2 \end{pmatrix} + s\begin{pmatrix} 1 \\ -1 \\ 3 \end{pmatrix}$ $E_2\colon -3x_1 + x_2 + 2x_3 = 2$

b) $E_1\colon \vec{x} = \begin{pmatrix} 2 \\ 0 \\ 1 \end{pmatrix} + r\begin{pmatrix} 1 \\ -3 \\ 0 \end{pmatrix} + s\begin{pmatrix} 1 \\ -1 \\ 2 \end{pmatrix}$ $E_2\colon \begin{pmatrix} 3 \\ 1 \\ -1 \end{pmatrix} \cdot \vec{x} = 5$

c) $E_1\colon \vec{x} = \begin{pmatrix} 1 \\ -3 \\ 4 \end{pmatrix} + r\begin{pmatrix} 4 \\ 1 \\ -2 \end{pmatrix} + s\begin{pmatrix} 1 \\ 0 \\ 2 \end{pmatrix}$ $E_2\colon 2x_1 - 10x_2 - x_3 = 5$

d) $E_1\colon \vec{x} = \begin{pmatrix} -2 \\ 8 \\ 2 \end{pmatrix} + r\begin{pmatrix} 1 \\ 1 \\ 1 \end{pmatrix} + s\begin{pmatrix} 1 \\ 3 \\ 0 \end{pmatrix}$ $E_2\colon \begin{pmatrix} -3 \\ 1 \\ 2 \end{pmatrix} \cdot \vec{x} = \begin{pmatrix} -3 \\ 1 \\ 2 \end{pmatrix} \cdot \begin{pmatrix} 1 \\ 1 \\ 2 \end{pmatrix}$

e) E_1 verläuft durch A (5 | 6 | 7), B (4 | 6 | 2) und C (5 | 4 | 8). $E_2\colon -5x_1 - 4x_2 + 7x_3 = 15$

f) E_1 verläuft durch A (−2 | 4 | 3), B (1 | 2 | 4) und C (0 | 5 | 5). $E_2\colon -5x_1 - 4x_2 + 7x_3 = 1$

6. Zeigen Sie, dass E_1 und E_2 den gleichen Normalenvektor haben. Geben Sie an, was sich daraus für die gegenseitige Lage beider Ebenen ergibt.

$E_1\colon \vec{x} = \begin{pmatrix} -2 \\ 5 \\ 6 \end{pmatrix} + r\begin{pmatrix} 1 \\ 3 \\ 4 \end{pmatrix} + s\begin{pmatrix} 4 \\ -1 \\ 3 \end{pmatrix}$ $E_2\colon -x_1 - x_2 + x_3 = 2$

Beide Ebenen in Parameterform

Beispiel 3: Ermitteln Sie die gegenseitige Lage der Ebenen

$E_1\colon \vec{x} = \begin{pmatrix} 3 \\ 1 \\ -4 \end{pmatrix} + r\begin{pmatrix} 1 \\ -3 \\ -1 \end{pmatrix} + s\begin{pmatrix} 2 \\ 4 \\ 0 \end{pmatrix}$ und $E_2\colon \vec{x} = \begin{pmatrix} 8 \\ 2 \\ 1 \end{pmatrix} + k\begin{pmatrix} 3 \\ -1 \\ 2 \end{pmatrix} + l\begin{pmatrix} 4 \\ -1 \\ 5 \end{pmatrix}$.

Lösung:

Setzen Sie die Ebenengleichungen gleich und erzeugen Sie so ein lineares Gleichungssystem.

Parametergleichungen gleichsetzen:

$$\begin{pmatrix} 3 \\ 1 \\ -4 \end{pmatrix} + r\begin{pmatrix} 1 \\ -3 \\ -1 \end{pmatrix} + s\begin{pmatrix} 2 \\ 4 \\ 0 \end{pmatrix} = \begin{pmatrix} 8 \\ 2 \\ 1 \end{pmatrix} + k\begin{pmatrix} 3 \\ -1 \\ 2 \end{pmatrix} + l\begin{pmatrix} 4 \\ -1 \\ 5 \end{pmatrix}$$

Bringen Sie das LGS in Zeilenstufenform. Die Lösung enthält eine frei wählbare Variable. Somit schneiden sich E_1 und E_2 in einer Geraden.

Lineares Gleichungssystem lösen:

$$\left(\begin{array}{cccc|c} 1 & 2 & -3 & -4 & 5 \\ -3 & 4 & 1 & 1 & 1 \\ -1 & 0 & -2 & -5 & 5 \end{array}\right) \xrightarrow{\text{ZSF}} \left(\begin{array}{cccc|c} 1 & 2 & -3 & -4 & 5 \\ 0 & 10 & -8 & 11 & 16 \\ 0 & 0 & 1 & 2 & -2 \end{array}\right)$$

eine Variable ist frei wählbar

$k = -2l - 2;\quad s = -\frac{1}{2}l;\quad r = -l - 1$

Setzen Sie $k = -2l - 2$ in die Gleichung von E_2 ein und bestimmen Sie so die Gleichung der Schnittgeraden g.
Das Einsetzen von $r = -l - 1$ und $s = -\frac{1}{2}l$ in E_1 ist aufwändiger, liefert aber ebenfalls die Gleichung von g.

Schnittgerade bestimmen:

$$g\colon \vec{x} = \begin{pmatrix} 8 \\ 2 \\ 1 \end{pmatrix} + (-2l - 2) \cdot \begin{pmatrix} 3 \\ -1 \\ 2 \end{pmatrix} + l \cdot \begin{pmatrix} 4 \\ -1 \\ 5 \end{pmatrix} = \begin{pmatrix} 2 \\ 4 \\ -3 \end{pmatrix} + l \cdot \begin{pmatrix} -2 \\ 1 \\ 1 \end{pmatrix}$$

E_1 und E_2 schneiden sich in g.

Hinweis:
Ergibt sich beim Umformen eine Widerspruchszeile, so sind die Ebenen echt parallel.
Sind zwei Variablen frei wählbar, so sind die Ebenen identisch.

Basisaufgaben

7. Berechnen Sie die Schnittgerade von $E_1\colon \vec{x} = \begin{pmatrix} 3 \\ 0 \\ -2 \end{pmatrix} + r\begin{pmatrix} 1 \\ -1 \\ 4 \end{pmatrix} + s\begin{pmatrix} 3 \\ 5 \\ 2 \end{pmatrix}$ und E_2.

a) $E_2\colon \vec{x} = \begin{pmatrix} 2 \\ 5 \\ 0 \end{pmatrix} + k\begin{pmatrix} -3 \\ -1 \\ 4 \end{pmatrix} + l\begin{pmatrix} 4 \\ 2 \\ 3 \end{pmatrix}$

b) $E_2\colon \vec{x} = \begin{pmatrix} 8 \\ 14 \\ -8 \end{pmatrix} + k\begin{pmatrix} 1 \\ 4 \\ 0 \end{pmatrix} + l\begin{pmatrix} -4 \\ -5 \\ 2 \end{pmatrix}$

8. Das lineare Gleichungssystem zur Schnittbedingung zweier Ebenen wurde mit dem GTR gelöst. Interpretieren Sie das Ergebnis in Bezug auf die Lagebeziehung.

a) $\text{rref}\left(\begin{bmatrix} 2 & 5 & -1 & 0 & -3 \\ -2 & -1 & 2 & 1 & 2 \\ -4 & 2 & 5 & 3 & 3 \end{bmatrix}\right)$ $\begin{bmatrix} 1 & 0 & \frac{-9}{8} & \frac{-5}{8} & \frac{-7}{8} \\ 0 & 1 & \frac{1}{4} & \frac{1}{4} & \frac{-1}{4} \\ 0 & 0 & 0 & 0 & 0 \end{bmatrix}$

b) $\text{ref}\left(\begin{bmatrix} 2 & 5 & -1 & 0 & -3 \\ -2 & -1 & 2 & 1 & 2 \\ -4 & -8 & 3 & 1 & 3 \end{bmatrix}\right)$ $\begin{bmatrix} 1 & 2 & \frac{-3}{4} & \frac{-1}{4} & \frac{-3}{4} \\ 0 & 1 & \frac{1}{6} & \frac{1}{6} & \frac{1}{6} \\ 0 & 0 & 1 & 1 & -5 \end{bmatrix}$

c) $\text{linSolve}\left(\begin{cases} 3\cdot x+2\cdot y-v+w=-1 \\ -2\cdot x+y+2\cdot v-w=-2 \\ -x+4\cdot y+3\cdot v-w=-5 \end{cases}, \{x,y,v,w\}\right)$ $\left\{\frac{-(3\cdot c5-5\cdot c6-3)}{7}, \frac{c5-4\cdot(c6+2)}{7}, c6, c5\right\}$

d) $\text{linSolve}\left(\begin{cases} 3\cdot x+2\cdot y-v+w=-1 \\ -2\cdot x+y+2\cdot v-w=-2 \\ -x+4\cdot y+v-w=-5 \end{cases}, \{x,y,v,w\}\right)$ $\left\{\frac{-3\cdot(c7-1)}{7}, \frac{c7-8}{7}, 0, c7\right\}$

9. Ermitteln Sie die gegenseitige Lage der Ebenen E_1 und E_2. Geben Sie gegebenenfalls eine Gleichung der Schnittgeraden an.

a) $E_1\colon \vec{x} = \begin{pmatrix} 2 \\ 5 \\ 3 \end{pmatrix} + r\begin{pmatrix} 1 \\ 0 \\ 1 \end{pmatrix} + s\begin{pmatrix} 0 \\ 1 \\ 0 \end{pmatrix}$ $\quad E_2\colon \vec{x} = \begin{pmatrix} 4 \\ 0 \\ 0 \end{pmatrix} + k\begin{pmatrix} 1 \\ 1 \\ 1 \end{pmatrix} + l\begin{pmatrix} 1 \\ 3 \\ 1 \end{pmatrix}$

b) $E_1\colon \vec{x} = \begin{pmatrix} 2 \\ 1 \\ 3 \end{pmatrix} + r\begin{pmatrix} 2 \\ 0 \\ 1 \end{pmatrix} + s\begin{pmatrix} 0 \\ -1 \\ -2 \end{pmatrix}$ $\quad E_2\colon \vec{x} = k\begin{pmatrix} 2 \\ 1 \\ 3 \end{pmatrix} + l\begin{pmatrix} -2 \\ 2 \\ 3 \end{pmatrix}$

c) $E_1\colon \vec{x} = \begin{pmatrix} 2 \\ 2 \\ 2 \end{pmatrix} + r\begin{pmatrix} 2 \\ 0 \\ 5 \end{pmatrix} + s\begin{pmatrix} 1 \\ 2 \\ -3 \end{pmatrix}$ $\quad E_2\colon \vec{x} = \begin{pmatrix} 5 \\ 6 \\ 1 \end{pmatrix} + k\begin{pmatrix} 1 \\ 1 \\ 1 \end{pmatrix} + l\begin{pmatrix} 1 \\ 0 \\ 0 \end{pmatrix}$

d) $E_1\colon \vec{x} = \begin{pmatrix} 4 \\ 4 \\ 4 \end{pmatrix} + r\begin{pmatrix} 2 \\ 1 \\ 0 \end{pmatrix} + s\begin{pmatrix} -1 \\ 0 \\ 3 \end{pmatrix}$ $\quad E_2\colon \vec{x} = \begin{pmatrix} 2 \\ 0 \\ 2 \end{pmatrix} + k\begin{pmatrix} 1 \\ 1 \\ 3 \end{pmatrix} + l\begin{pmatrix} 5 \\ 2 \\ -3 \end{pmatrix}$

e) $E_1\colon \vec{x} = \begin{pmatrix} 3 \\ 1 \\ -4 \end{pmatrix} + r\begin{pmatrix} 1 \\ -3 \\ -1 \end{pmatrix} + s\begin{pmatrix} 2 \\ 4 \\ 0 \end{pmatrix}$ $\quad E_2\colon \vec{x} = \begin{pmatrix} 8 \\ 2 \\ 1 \end{pmatrix} + k\begin{pmatrix} 3 \\ 1 \\ -1 \end{pmatrix} + l\begin{pmatrix} 0 \\ 5 \\ 1 \end{pmatrix}$

10. Gegeben sind $E_1\colon \vec{x} = \begin{pmatrix} 5 \\ 3 \\ 2 \end{pmatrix} + r\begin{pmatrix} 1 \\ 2 \\ 5 \end{pmatrix} + s\begin{pmatrix} 0 \\ -1 \\ 1 \end{pmatrix}$ und $E_2\colon \vec{x} = \begin{pmatrix} -2 \\ 4 \\ 0 \end{pmatrix} + k\begin{pmatrix} 3 \\ 2 \\ 3 \end{pmatrix} + l\begin{pmatrix} 2 \\ 1 \\ 5 \end{pmatrix}$.

a) Berechnen Sie die Schnittgerade mithilfe der Parametergleichungen.

b) Wandeln Sie eine der Parametergleichungen in eine Koordinatengleichung um. Berechnen Sie anschließend erneut die Schnittgerade.

c) Vergleichen Sie den Rechenaufwand beider Vorgehensweisen.

11. Die Ebenen $E_1\colon -x_1 + x_3 = 3$ und $E_2\colon 4x_1 - 3x_2 + 2x_3 = 9$ schneiden sich. Berechnen Sie die Schnittgerade auf zwei Arten und vergleichen Sie den Aufwand.

① Lösen Sie das LGS aus den beiden Koordinatengleichungen.

② Wandeln Sie eine der Koordinatengleichungen in eine Parametergleichung um und setzen Sie deren Koordinaten in die andere Koordinatengleichung ein.

Weiterführende Aufgaben

12. Die Entscheidungsregeln bei der Untersuchung der Lagebeziehung zweier Ebenen können mithilfe eines Schemas dargestellt werden.

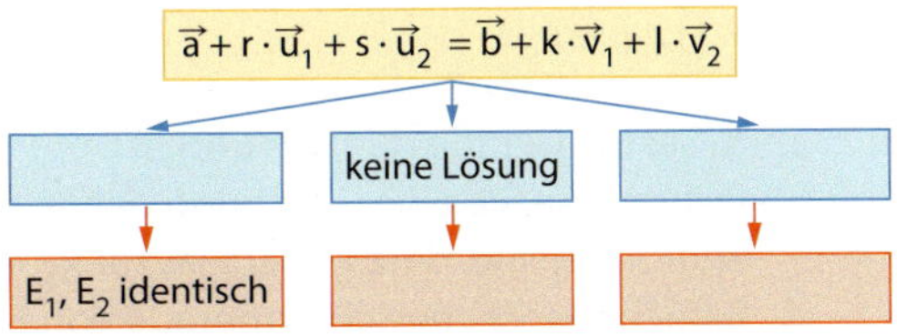

a) Vervollständigen Sie das Schema für zwei Ebenen in Parameterform.

b) Beschreiben Sie mit einem ähnlichen Schema das Vorgehen im Fall Parameterform/Koordinatenform.

c) Erstellen Sie für zwei Ebenen in Koordinatenform ein Schema, in dem zuerst die Normalenvektoren betrachtet werden.

13. Wählen Sie den günstigsten Rechenweg zur Bestimmung der gegenseitigen Lage.

a) $E_1\colon \vec{x} = \begin{pmatrix} 5 \\ 3 \\ 2 \end{pmatrix} + r \begin{pmatrix} 1 \\ 2 \\ 0 \end{pmatrix} + s \begin{pmatrix} 0 \\ 2 \\ 1 \end{pmatrix}$ $E_2\colon \vec{x} = \begin{pmatrix} -2 \\ 3 \\ 4 \end{pmatrix} + k \begin{pmatrix} -3 \\ 1 \\ 6 \end{pmatrix} + l \begin{pmatrix} 2 \\ 1 \\ 1 \end{pmatrix}$

b) $E_1\colon \vec{x} = \begin{pmatrix} 1 \\ 1 \\ 4 \end{pmatrix} + r \begin{pmatrix} -1 \\ 0 \\ 1 \end{pmatrix} + s \begin{pmatrix} 0 \\ 1 \\ 1 \end{pmatrix}$ E_2: Ebene durch $A(-1|14|-5)$, $B(2|-7|7)$ und $C(1|9|-4)$

c) $E_1\colon \vec{x} = \begin{pmatrix} 1 \\ 3 \\ 6 \end{pmatrix} + r \begin{pmatrix} 3 \\ 2 \\ 2 \end{pmatrix} + s \begin{pmatrix} 1 \\ -2 \\ 2 \end{pmatrix}$ E_2: Ebene durch $P(-3|1|3)$, senkrecht zu $g\colon \vec{x} = \begin{pmatrix} -2 \\ 3 \\ 4 \end{pmatrix} + k \begin{pmatrix} 2 \\ -1 \\ 2 \end{pmatrix}$

14. Seien E_1 und E_2 zwei Ebenen. Entscheiden Sie, ob die Aussage wahr oder falsch ist.

a) Wenn der Normalenvektor von E_1 zu beiden Richtungsvektoren von E_2 orthogonal ist, dann haben E_1 und E_2 keine gemeinsamen Punkte.

b) Wenn der Normalenvektor von E_1 kollinear zu einem Richtungsvektor von E_2 ist, dann haben E_1 und E_2 keine gemeinsamen Punkte.

c) Zwei Ebenen können genau einen gemeinsamen Punkt haben.

d) Drei Ebenen können genau einen gemeinsamen Punkt haben.

e) Der Richtungsvektor der Schnittgeraden zweier Ebenen E_1 und E_2 ist orthogonal zum Normalenvektor von E_1 und zum Normalenvektor von E_2.

15. Stolperstelle. Bei der Ermittlung der Lagebeziehung von $E_1\colon 2x_1 + 3x_2 - x_3 = 5$ und $E_2\colon -x_1 + x_2 + 4x_3 = 3$ wählt Mateo den Ansatz: $2x_1 + 3x_2 - x_3 - 5 = -x_1 + x_2 + 4x_3 - 3$
Beurteilen Sie diesen Ansatz.

16. Der abgebildete Körper hat die Eckpunkte $A(-5|-5|0)$, $A'(-3{,}5|-2|6)$, $B(1|7|0)$, $C(-5|7|0)$ und $C'(-3{,}5|4|6)$. Die fehlenden Koordinaten des Punktes $B'(x_1|x_2|4)$ sollen ermittelt werden. Berechnen Sie dazu die Schnittgerade von $E_{AA'B}$ und $E_{BCC'}$.

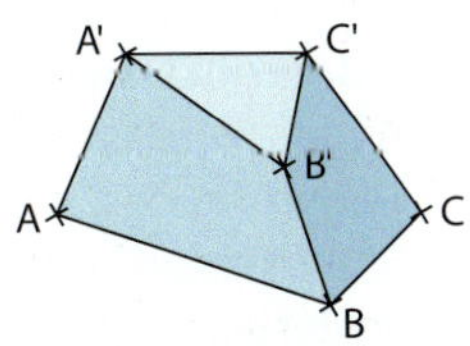

17. Die Gleichungen eines LGS mit drei Variablen können als Koordinatengleichungen von Ebenen aufgefasst werden.

① $\left| \begin{array}{l} x_1 + 3x_2 - x_3 = 5 \\ -2x_1 - 6x_2 + x_3 = 9 \end{array} \right|$ ② $\left| \begin{array}{l} -2x_1 + 4x_2 + x_3 = 3 \\ 6x_1 - 12x_2 - 3x_3 = 2 \end{array} \right|$ ③ $\left| \begin{array}{l} -x_1 + 2x_2 = 0 \\ x_3 = 5 \end{array} \right|$

Geben Sie an, welche beiden Gleichungssysteme jeweils zwei sich schneidende Ebenen beschreiben. Welche Lagebeziehung haben die Ebenen aus dem dritten LGS?

18. Gegeben sind die Punkte A(−3|2|−1), B(−5|1|−2), C(4|2|−1) sowie die Ebene

$E_1: \begin{pmatrix} 3 \\ -1 \\ 2 \end{pmatrix} \cdot \vec{x} = 8.$

a) g_1 sei die Gerade durch A und B. Untersuchen Sie die Lagebeziehung von g_1 und E_1.
b) Bestimmen Sie eine Gleichung der Ebene E_2, die die Gerade g_1 und den Punkt C enthält. Begründen Sie, dass E_2 parallel zur x_1-Achse verläuft.
c) Berechnen Sie die Schnittgerade von E_1 und E_2.

19. Gegeben sind die Ebenen $E_1: \begin{pmatrix} 2 \\ 1 \\ -1 \end{pmatrix} \cdot \vec{x} = 7$ und $E_2: \begin{pmatrix} 3 \\ -1 \\ -4 \end{pmatrix} \cdot \vec{x} = 13.$

a) Begründen Sie, dass E_1 und E_2 nicht parallel sind, und berechnen Sie die Schnittgerade von E_1 und E_2.
b) Die Ebenen E_3 und E_4 enthalten den Punkt P(1|1|1), außerdem ist E_3 zu E_1 und E_4 zu E_2 parallel. Geben Sie zu E_3 und E_4 eine Normalengleichung an.
c) Geben Sie mithilfe der bisherigen Ergebnisse eine Gleichung der Schnittgeraden von E_3 und E_4 an.

20. Die Seitenflächen einer V-förmigen Rinne liegen in den Ebenen E_1 und E_2. Die Ebene E_1 ist durch die Punkte A(−3|9|8), B(12|−1|−3) und C(6|1|−1) festgelegt. Die Ebene E_2 hat die Gleichung E_2: $2x_1 + 3x_2 + 3x_3 = 12$.

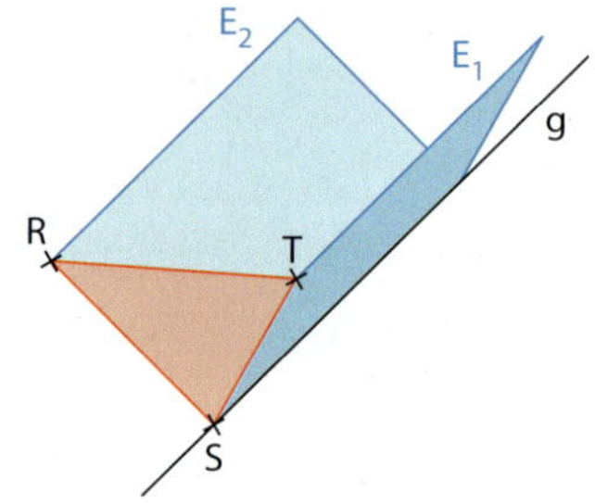

a) Ermitteln Sie eine Gleichung der Geraden g, in der die beiden Seitenflächen zusammenstoßen.
b) Die Rinne wird senkrecht durch ein Dreieck RST mit S(3|2|0) abgeschlossen. Dieses Dreieck liegt in der Ebene E_3. Geben Sie eine Gleichung von E_3 an.
c) Die Kante AT verläuft parallel zu g. Berechnen Sie die Koordinaten von T und die Länge der Strecke $\overline{TS}$.
d) Die Gerade h, welche durch S und R verläuft, ist den Ebenen E_2 und E_3 gemeinsam. Berechnen Sie eine Parametergleichung von h.
e) Bestimmen Sie die Koordinaten von R. Nutzen Sie dazu, dass R auf h liegt und dass die Kanten $\overline{ST}$ und $\overline{SR}$ gleich lang sind. Außerdem ist die x_3-Koordinate von R positiv.

● **21.** Zwei Platten ABCD und DEFG sollen aneinander gelehnt werden, sodass sie sich im Punkt D berühren. Dazu müssen sie entlang der Linie DH bzw. DI beschnitten werden. Gegeben sind A(2|−4|0), B(−1|0|0), D(6|−1|12), E(6|3|0) und F(1|3|0).

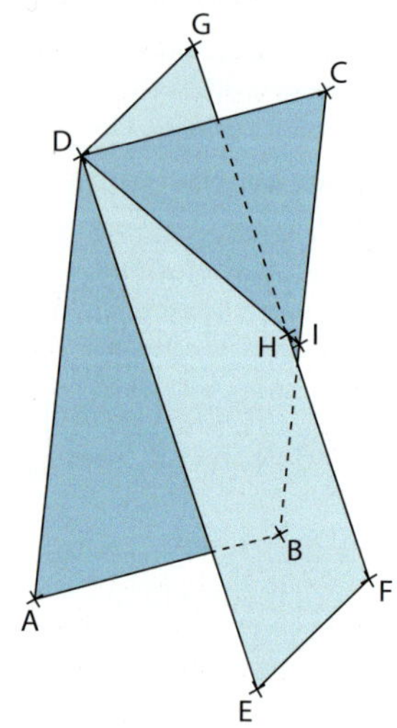

a) Geben Sie die Koordinaten der Punkte C und G an, sodass ABCD und DEFG Parallelogramme sind. Zeigen Sie, dass es sogar Rechtecke sind.
b) Zeigen Sie, dass die Rechtecke gleich breit sind, ihre Grundkanten aber nicht parallel zueinander ausgerichtet sind.
c) Berechnen Sie die Schnittgerade DH.
GTR d) Berechnen Sie die Koordinaten der Punkte H und I mit dem GTR.
e) Berechnen Sie nun die Längen der Strecken $\overline{FH}$ und $\overline{BI}$ auf zwei Nachkommastellen.

22. Ebenenscharen: Gegeben sind die Ebene E, die Ebenenschar E_a und die Gerade g.

$E: \vec{x} = \begin{pmatrix} 2 \\ 1 \\ 1 \end{pmatrix} + k\begin{pmatrix} -2 \\ 0 \\ 1 \end{pmatrix} + l\begin{pmatrix} 1 \\ 1 \\ 0 \end{pmatrix}$ $E_a: \vec{x} = \begin{pmatrix} 1 \\ 0 \\ 4 \end{pmatrix} + r\begin{pmatrix} -1 \\ 1 \\ 1 \end{pmatrix} + s\begin{pmatrix} 0 \\ 2 \\ a \end{pmatrix}$ $g: \vec{x} = \begin{pmatrix} 2 \\ 1 \\ 1 \end{pmatrix} + t\begin{pmatrix} 1 \\ -1 \\ 2 \end{pmatrix}$

a) Ermitteln Sie, für welche Werte $a \in \mathbb{R}$ die Ebenen E und E_a sich schneiden, parallel oder identisch sind. Gibt es einen Fall, der nie vorkommt?
b) Ermitteln Sie eine Gleichung der Schnittgeraden von E und E_{-2}.
c) Nach Teilaufgabe a) ist E_1 parallel zu E. Zeigen Sie, dass g auf E und auf E_1 senkrecht steht.
d) Berechnen Sie die Schnittpunkte von g mit E und E_1 und ermitteln Sie so den Abstand beider Ebenen.

● **23.** Für jedes $a \in \mathbb{R}$ sei $E_a: \vec{x} = \begin{pmatrix} -1 \\ 1 \\ 4 \end{pmatrix} + r\begin{pmatrix} 4 \\ 4 \\ 2 \end{pmatrix} + s\begin{pmatrix} 1 \\ -a \\ a \end{pmatrix}$. Durch $g: \vec{x} = \begin{pmatrix} 1 \\ 3 \\ 5 \end{pmatrix} + t\begin{pmatrix} 2 \\ 2 \\ 1 \end{pmatrix}$ ist eine Gerade und durch $E: -2x_1 + x_2 + 2x_3 = 20$ eine Ebene gegeben.
a) Berechnen Sie allgemein den Schnitt von E_a und E. Welche Fälle treten für welche a ein? Geben Sie die Gleichung der Schnittgeraden für a = 1 an.
b) Zeigen Sie, dass alle Ebenen der Schar E_a die Gerade g enthalten.
c) Ermitteln Sie die gegenseitige Lage von g und E. Erläutern Sie das Resultat anhand der Ergebnisse aus a) und b).

24. Lagebeziehungen zwischen drei Ebenen: Mit einer Tischplatte und zwei Blättern Papier lassen sich die möglichen Lagebeziehungen zwischen drei Ebenen veranschaulichen. Die Lagebeziehungen können anhand von Normalenvektoren $\vec{n_1}$, $\vec{n_2}$, $\vec{n_3}$ sowie der gemeinsamen Schnittmenge S der drei Ebenen charakterisiert werden.
Beschreiben Sie acht verschiedene Lagebeziehungen zwischen drei Ebenen. Treffen Sie jeweils Aussagen über die Normalenvektoren und die Schnittmenge der drei Ebenen.

25. Die Ebenen E_1, E_2 und E_3 schneiden sich in einem Punkt. Berechnen Sie diesen.
a) $E_1: x_1 + 2x_2 - 2x_3 = 1$ $E_2: x_1 + x_2 - 4x_3 = 2$ $E_3: -x_1 + x_2 + x_3 = 3$
b) $E_1: \vec{x} = \begin{pmatrix} 4 \\ 8 \\ 4 \end{pmatrix} + r\begin{pmatrix} 2 \\ 1 \\ 3 \end{pmatrix} + s\begin{pmatrix} 1 \\ 1 \\ 0 \end{pmatrix}$ $E_2: \vec{x} = \begin{pmatrix} 4 \\ 9 \\ 9 \end{pmatrix} + k\begin{pmatrix} 1 \\ 2 \\ 5 \end{pmatrix} + l\begin{pmatrix} 0 \\ 1 \\ 1 \end{pmatrix}$ $E_3: \vec{x} = \begin{pmatrix} 2 \\ 4 \\ 3 \end{pmatrix} + n\begin{pmatrix} 1 \\ 1 \\ 1 \end{pmatrix} + m\begin{pmatrix} 2 \\ -1 \\ 4 \end{pmatrix}$

● **26.** Die Gleichungen eines LGS mit drei Variablen können als Koordinatengleichungen von Ebenen aufgefasst werden. Veranschaulichen Sie zu jedem LGS die gegenseitige Lage der Ebenen und geben Sie so an, welche Art von Lösung zu erwarten ist.

① $\begin{vmatrix} x_1 + 3x_2 - x_3 = 5 \\ 2x_1 + 6x_2 - 2x_3 = 11 \\ -x_1 - 3x_2 + x_3 = 5 \end{vmatrix}$

② $\begin{vmatrix} x_1 - 2x_2 - 4x_3 = 6 \\ x_1 + x_2 = 9 \\ 2x_1 - 4x_2 - 8x_3 = 4 \end{vmatrix}$

③ $\begin{vmatrix} -x_1 + x_2 = 0 \\ x_3 = 0 \\ x_1 + x_2 = 0 \end{vmatrix}$

● **27. Ausblick:** Gegeben sind zwei Ebenen $E_1: \vec{n_1} \cdot \vec{x} = d_1$ und $E_2: \vec{n_2} \cdot \vec{x} = d_2$, die sich in einer Geraden g schneiden.
a) Zeigen Sie, dass der Vektor $\vec{n_1} \times \vec{n_2}$ ein möglicher Richtungsvektor von g ist.
b) Begründen Sie, dass $\vec{n_1}$ und $\vec{n_2}$ eine Ebene E aufspannen.
c) Erklären Sie, warum sich drei Ebenen nur dann in genau einem Punkt schneiden können, wenn sich je zwei der Ebenen in einer Geraden schneiden.
d) Nun wird eine dritte Ebene $E_3: \vec{n_3} \cdot \vec{x} = d_3$ betrachtet, deren Normalenvektor $\vec{n_3}$ in der von $\vec{n_1}$ und $\vec{n_2}$ aufgespannten Ebene liegt. Begründen Sie, dass sich die drei Ebenen E_1, E_2 und E_3 nicht in einem Punkt schneiden können.

6.9 Abiturtraining

Aufgaben ohne GTR/CAS

1. Gegeben sind die Punkte A (5 | 0 | 0), B (4 | −3 | 2), D (6 | 1 | 1), P (0 | 9 | 6) und Q (9 | −6 | 3).
   a) Zeigen Sie, dass die Punkte A, B und D nicht auf einer Geraden liegen.
   b) Geben Sie die Koordinaten des Mittelpunktes der Strecke $\overline{AB}$ an.
   c) Geben Sie eine Parametergleichung der Ebene E durch die Punkte A, B und D an.
   d) Berechnen Sie den Schnittpunkt S von E mit der Geraden durch P und Q.
   e) Prüfen Sie, ob S im Parallelogramm liegt, welches von A aus durch $\overrightarrow{AB}$ und $\overrightarrow{AD}$ aufgespannt wird.
   f) Prüfen Sie, ob es sich bei dem durch $\overrightarrow{AB}$ und $\overrightarrow{AD}$ aufgespannten Parallelogramm um ein Rechteck oder eine Raute handelt.

2. Die Gerade g verläuft durch A (3 | −5 | 5) und B (2 | −3,5 | 3).
   a) Prüfen Sie, ob P (1 | −2 | 1) auf der Strecke $\overline{AB}$ liegt.
   b) E sei die Ebene, welche durch P senkrecht zu g verläuft. Geben Sie eine Koordinatengleichung und eine Parametergleichung von E an.
   c) Skizzieren Sie E mithilfe seiner Spurpunkte in ein Koordinatensystem. Tragen Sie A, B, P und die Gerade g_{AB} in die Skizze ein.
   d) E_2 sei die Ebene durch den Ursprung und die Punkte P und Q (1 | 6 | −2). Geben Sie eine Parametergleichung von E_2 an und berechnen Sie die Schnittgerade h von E und E_2.
   e) Begründen Sie, dass h parallel zur x_1x_2-Ebene verläuft.

3. Die Gerade g verläuft durch die Punkte A (1 | −1 | 1) und B (3 | 2 | −5).
   a) Geben Sie alle Punkte der Geraden g an, welche von B den Abstand 7 LE haben.
   b) Geben Sie eine Parameter- und eine Normalengleichung der Ebene E durch A, C (4 | −1 | 2) und D (4 | 1 | 3) an. Begründen Sie, dass g orthogonal zu E verläuft.
   c) Spiegeln Sie den Punkt B an der Ebene E.

4. Gegeben sind die Geraden g_1 und g_2.
   $g_1\colon \vec{x} = \begin{pmatrix} 6 \\ 2 \\ 0 \end{pmatrix} + r\begin{pmatrix} 10 \\ -1 \\ -4 \end{pmatrix}$ $\quad g_2\colon \vec{x} = \begin{pmatrix} -18 \\ 4 \\ 10 \end{pmatrix} + s\begin{pmatrix} 14 \\ -1 \\ -6 \end{pmatrix}$
   a) Berechnen Sie die Koordinaten des Schnittpunktes von g_1 und g_2.
   b) Die Ebene E enthält die Geraden g_1 und g_2. Bestimmen Sie eine Parameter- und eine Normalengleichung von E.
   c) Die Ebene E_1 enthält g_1, die Ebene E_2 enthält g_2. Sowohl E_1 als auch E_2 ist orthogonal zur Ebene E. Geben Sie Parametergleichungen von E_1 und E_2 an.
   d) Bestimmen Sie die Schnittgerade von E_1 und E_2.

5. Gegeben seien die Punkte A (2 | 4 | −1), B (4 | 3 | 2) und R_k(−4 | k | −3 − k).
   a) Bestimmen Sie k so, dass R_k auf der Geraden g durch A und B liegt.
   b) Geben Sie die besondere Lage der Ebene E: $x_2 + 3x_3 = 1$ im Achsenkreuz an und ermitteln Sie die gegenseitige Lage von E und g.
   c) Für jedes k sei g_k die zu E orthogonale Gerade durch R_k. Berechnen Sie für allgemeines k den Schnittpunkt S_k von E und g_k.
   d) Geben Sie eine Parametergleichung der Geraden an, auf der die Punkte S_k liegen.
   e) Für jedes k sei E_k die zu E parallele Ebene durch R_k.
   Geben Sie an, für welches k der Punkt C (5 | 6 | −3) auf E_k liegt.

Aufgaben mit GTR/CAS

6. Gegeben sind die Punkte A (2 | 2 | −3), B (1 | 6 | −1) und C (−5 | 3 | 2).
   a) Geben Sie die Koordinaten eines Punktes D an, sodass das Viereck ABCD ein Parallelogramm ist. Zeigen Sie, dass es sogar ein Rechteck ist.
   b) Ermitteln Sie einen Vektor, welcher auf $\overline{AB}$ und $\overline{AD}$ senkrecht steht.
   c) Das Rechteck ABCD soll die Grundfläche eines Quaders sein mit einem Volumen von 252 Einheiten. Geben Sie die Koordinaten der vier weiteren Eckpunkte E, F, G, H des Quaders an. Geben Sie an, weshalb es zwei Lösungen geben muss.
   d) Betrachtet wird nun der Quader aus c), bei dem die x_3-Koordinaten der Punkte EFGH positiv sind. Skizzieren Sie den Quader in ein Koordinatensystem.
   e) Für $k \in \mathbb{R}$ ist durch E_k: $-10x_1 + 5x_2 - x_3 = 7k$ eine Ebenenschar gegeben. Bestimmen Sie die Ebene E' der Schar, die den Punkt D enthält. Zeigen Sie, dass der Mittelpunkt M der Strecke $\overline{CG}$ auf E' liegt.
   f) Zeigen Sie, dass E' nicht die Kante $\overline{AB}$ schneidet. Berechnen Sie den Schnittpunkt N von E' mit der Kante $\overline{BC}$. Tragen Sie das Dreieck DNM in die Skizze ein.
   g) Die Ebene E' schneidet vom Quader eine Pyramide DNMC ab. Berechnen Sie das Volumen dieser Pyramide.

7. Ein Flugzeug befindet sich im Landeanflug auf den Flughafen Köln-Bonn. In einem Koordinatensystem, bei dem der Flughafen sich in der x_1x_2-Ebene befindet, beträgt seine Position um 10:05 Uhr P (−7 | −2 | 1,5) und um 10:06 Uhr Q (−3,5 | 1 | 1,25). (1 LE = 1 km)

   a) Bestimmen Sie, wo sich das Flugzeug bei gleichbleibender Geschwindigkeit und konstantem Kurs um 10:07 Uhr und um 10:08 Uhr befindet.
   b) Ermitteln Sie, zu welcher Uhrzeit und an welchem Punkt das Flugzeug auf der Landebahn aufsetzt.
   c) Die Spitzen der Türme des Kölner Doms haben die Koordinaten (7 | 10 | 0,16). Entscheiden Sie, ob sich der Kurs des Flugzeugs eignet, um den Dom gefahrlos zu überfliegen. Bewerten Sie die Aussicht, die sich den Fluggästen auf den Dom bietet.
   d) Berechnen Sie die Geschwindigkeit des Flugzeuges.
   e) Auf den Rheinwiesen im Punkt W (9,25 | 13 | 0) lassen Kinder um 10:03 Uhr einen Luftballon steigen.
   Er wird vom Wind etwas abgetrieben und steigt pro Minute um den Vektor $\begin{pmatrix} 0{,}25 \\ 0 \\ 0{,}05 \end{pmatrix}$.
   Prüfen Sie, ob der Luftballon die Flugbahn des Flugzeugs kreuzt und ob er mit dem Flugzeug kollidiert.
   f) Ermitteln Sie den Zeitpunkt, an dem der Abstand zwischen dem Flugzeug und dem Ballon am kleinsten ist.
   g) Eine Ebene E enthält den Punkt W (−1 | −9 | 0) und beschreibt zum Zeitpunkt t = 0 den Rand einer Schlechtwetterfront. Der Vektor $\begin{pmatrix} -0{,}6 \\ 0{,}7 \\ 0 \end{pmatrix}$ beschreibt die Bewegung des Unwetters in einer Minute. Geben Sie eine Gleichung der Ebene E an und untersuchen Sie die gegenseitige Lage von E und der Flugbahn des Flugzeugs
   h) Geben Sie eine Ebenenschar an, die die Grenze der Schlechtwetterfront in Abhängigkeit von der Zeit t (in Minuten) beschreibt. Untersuchen Sie, ob die Passagiere des Flugzeugs während des Landeanflugs mit Turbulenzen rechnen müssen.

Lösungen ↗ S. 503/504

1. Die Gleichung der Geraden h ist gegeben durch $\vec{x} = \begin{pmatrix}2\\1\\1\end{pmatrix} + r\begin{pmatrix}1\\1\\0\end{pmatrix}$.

a) Geben Sie die Koordinaten zweier Punkte an, die auf h liegen.
b) Untersuchen Sie, ob die Punkte $P(0|-1|1)$ und $Q(3|3|-1)$ auf h liegen.
c) Berechnen Sie die Koordinaten der Spurpunkte von h.
d) Beschreiben Sie die besondere Lage von h bezüglich der Koordinatenebenen.

2. Gegeben sind die Punkte $A(-2|1|0)$ und $B(3|4|5)$.

a) Geben Sie eine Parametergleichung der Strecke $\overline{AB}$ an.
b) Ermitteln Sie die Länge der Strecke $\overline{AB}$.
c) Bestimmen Sie die Koordinaten des Mittelpunktes M der Strecke $\overline{AB}$.

3. Ermitteln Sie die gegenseitige Lage der Geraden g: $\vec{x} = \begin{pmatrix}1\\-2\\4\end{pmatrix} + r\begin{pmatrix}3\\1\\0\end{pmatrix}$ und h
① ohne GTR, ② mit dem GTR.
Berechnen Sie gegebenenfalls den Schnittpunkt von g und h.

a) h: $\vec{x} = \begin{pmatrix}8\\1\\2\end{pmatrix} + s\begin{pmatrix}1\\1\\-2\end{pmatrix}$ b) h: $\vec{x} = \begin{pmatrix}-1\\6\\5\end{pmatrix} + s\begin{pmatrix}1\\1\\1\end{pmatrix}$ c) h: $\vec{x} = \begin{pmatrix}2\\0\\4\end{pmatrix} + s\begin{pmatrix}-6\\-2\\0\end{pmatrix}$

4. Gegeben ist der Vektor $\vec{a} = \begin{pmatrix}4\\2\\1\end{pmatrix}$.

a) Bestimmen Sie einen Vektor $\vec{b}$, sodass $\vec{a}$ und $\vec{b}$ senkrecht zueinander sind.
b) Ermitteln Sie einen dritten Vektor $\vec{c}$, der sowohl zu $\vec{a}$ als auch zu $\vec{b}$ orthogonal ist.

5. Die Punkte $P_t(-t|3+t|3)$ mit $t \in \mathbb{R}$ liegen auf einer Geraden g.

a) Geben Sie eine Parametergleichung für die Gerade g an und beschreiben Sie die Lage dieser Geraden im Koordinatensystem.
b) Geben Sie je eine Parametergleichung einer Geraden h an, die
① parallel, aber nicht identisch zu g ist, ② genau einen Schnittpunkt mit g hat,
③ windschief zu g ist.

6. Gegeben sind die Punkte $P(-1|0|0)$, $Q(0|3|0)$ und $R(0|0|2)$.

a) Begründen Sie, dass P, Q und R eine Ebene E festlegen.
b) Beurteilen Sie, ob folgende Gleichungen eine Parametergleichung von E beschreiben. Es gilt jeweils $s, t \in \mathbb{R}$.

① $\vec{x} = \begin{pmatrix}-1\\0\\0\end{pmatrix} + s\begin{pmatrix}1\\3\\0\end{pmatrix} + t\begin{pmatrix}1\\0\\2\end{pmatrix}$

② $\vec{x} = \begin{pmatrix}-2\\0\\-4\end{pmatrix} + s\begin{pmatrix}1\\0\\2\end{pmatrix} + t\begin{pmatrix}0\\-3\\2\end{pmatrix}$

c) Geben Sie eine weitere Parametergleichung für E an.
d) Geben Sie eine Normalen- und eine Koordinatengleichung für E an.

7. Geben Sie eine Parametergleichung der Ebene E an.

a) E: $x_1 + x_2 - x_3 = 5$ b) E: $x_1 + x_2 - 3x_3 = -3$ c) E: $x_1 + 2x_2 = 4$

d) E: $\left(\vec{x} - \begin{pmatrix}1\\2\\3\end{pmatrix}\right) \cdot \begin{pmatrix}2\\1\\0\end{pmatrix} = 0$ e) E: $\vec{x} \cdot \begin{pmatrix}4\\1\\2\end{pmatrix} = \begin{pmatrix}2\\0\\5\end{pmatrix} \cdot \begin{pmatrix}4\\1\\2\end{pmatrix}$ f) E: $\vec{x} \cdot \begin{pmatrix}3\\1\\9\end{pmatrix} = 18$

8. Die Ebene E enthält den Punkt $P(1|1|1)$ und verläuft senkrecht zur Geraden
g: $\vec{x} = \begin{pmatrix}-1\\0\\1\end{pmatrix} + t\begin{pmatrix}0\\1\\-1\end{pmatrix}$. Geben Sie eine Koordinaten- und eine Parametergleichung von E an.

Lösungen ↗ S. 504/505

9. Ermitteln Sie die gegenseitige Lage der Ebene E und der Geraden g. Berechnen Sie gegebenenfalls den Schnittpunkt.

a) $E: x_1 + x_2 - x_3 = 0$
$g: \vec{x} = \begin{pmatrix} 1 \\ 4 \\ -1 \end{pmatrix} + t\begin{pmatrix} 1 \\ 1 \\ -1 \end{pmatrix}$

b) $E: x_1 + x_2 - x_3 = 0$
$g: \vec{x} = \begin{pmatrix} 1 \\ 1 \\ 1 \end{pmatrix} + t\begin{pmatrix} 1 \\ 1 \\ 2 \end{pmatrix}$

c) $E: x_1 + x_2 - x_3 = 0$
$g: \vec{x} = \begin{pmatrix} 1 \\ 1 \\ 2 \end{pmatrix} + t\begin{pmatrix} 1 \\ 1 \\ 2 \end{pmatrix}$

10. Ermitteln Sie die gegenseitige Lage der Ebene E und der Geraden g. Berechnen Sie gegebenenfalls deren Schnittpunkt.

$E: \vec{x} = \begin{pmatrix} 1 \\ 0 \\ 1 \end{pmatrix} + r\begin{pmatrix} 1 \\ 1 \\ 0 \end{pmatrix} + s\begin{pmatrix} 0 \\ 1 \\ 1 \end{pmatrix}$

a) $g: \vec{x} = \begin{pmatrix} 1 \\ 2 \\ 3 \end{pmatrix} + t\begin{pmatrix} 1 \\ 1 \\ 1 \end{pmatrix}$

b) $g: \vec{x} = \begin{pmatrix} 1 \\ 2 \\ 3 \end{pmatrix} + t\begin{pmatrix} 2 \\ 2 \\ 0 \end{pmatrix}$

c) g ist die x_1-Achse

d) g geht durch $A(4|0|0)$ und $B(0|0|4)$.

11. Untersuchen Sie die gegenseitige Lage der Ebenen $E_1: x_1 + x_2 - x_3 = 0$ und E_2. Geben Sie gegebenenfalls eine Gleichung der Schnittgeraden an.

a) $E_2: x_1 + x_2 - x_3 = 1$

b) $E_2: x_1 + x_2 - x_3 = x_1$

c) $E_2: \left(\vec{x} - \begin{pmatrix} 1 \\ 1 \\ 2 \end{pmatrix}\right) \cdot \begin{pmatrix} 1 \\ 1 \\ -1 \end{pmatrix} = 0$

d) $E_2: \vec{x} \cdot \begin{pmatrix} 2 \\ -1 \\ 1 \end{pmatrix} = 3$

e) $E_2: \vec{x} = \begin{pmatrix} 1 \\ -1 \\ -1 \end{pmatrix} + r\begin{pmatrix} 0 \\ 1 \\ 2 \end{pmatrix} + s\begin{pmatrix} 2 \\ 0 \\ 1 \end{pmatrix}$

f) $E_2: \vec{x} = r\begin{pmatrix} 2 \\ -2 \\ 0 \end{pmatrix} + s\begin{pmatrix} 1 \\ -2 \\ 0 \end{pmatrix}$

12. Untersuchen Sie die gegenseitige Lage der Ebenen zur E_1 und E_2. Geben Sie gegebenenfalls eine Gleichung der Schnittgeraden an.

$E_1: \vec{x} = \begin{pmatrix} 0 \\ 1 \\ 0 \end{pmatrix} + r\begin{pmatrix} 1 \\ 0 \\ 0 \end{pmatrix} + s\begin{pmatrix} 0 \\ 0 \\ 1 \end{pmatrix}$

a) $E_2: \vec{x} = \begin{pmatrix} 1 \\ 0 \\ 0 \end{pmatrix} + r\begin{pmatrix} 1 \\ 1 \\ 0 \end{pmatrix} + s\begin{pmatrix} 0 \\ 1 \\ 1 \end{pmatrix}$

b) $E_2: \vec{x} = \begin{pmatrix} 1 \\ 0 \\ 1 \end{pmatrix} + r\begin{pmatrix} 1 \\ 0 \\ -1 \end{pmatrix} + s\begin{pmatrix} 1 \\ 0 \\ 1 \end{pmatrix}$

GTR **13.** Untersuchen Sie mit dem GTR die gegenseitigen Lagebeziehungen der Ebenen E_1, E_2 und E_3. Geben Sie gegebenenfalls eine Gleichung der Schnittgeraden an.

E_1 enthält die Punkte $A(2|-1|0)$, $B(4|2|1)$ und $C(-1|2|1)$.

E_2 enthält $P(2|-1|1)$ und ist senkrecht zu $g: \vec{x} = \begin{pmatrix} 1 \\ 2 \\ 3 \end{pmatrix} + t\begin{pmatrix} 0 \\ -1 \\ 3 \end{pmatrix}$.

E_3 enthält die Gerade $g: \vec{x} = \begin{pmatrix} 2 \\ 2 \\ 2 \end{pmatrix} + t\begin{pmatrix} 1 \\ 1 \\ 0 \end{pmatrix}$ und die x_3-Achse.

14. Ein quadratisches Sonnensegel ist 2 m parallel über dem ebenen Boden angebracht. Vereinfachend wird angenommen, dass das Sonnensegel eine ebene Fläche bildet. Die Eckpunkte des Sonnensegels seien $A(0|-2|2)$, $B(2|-2|2)$, $C(2|0|2)$ und $D(0|0|2)$. Die parallelen Sonnenstrahlen haben die Richtung $\begin{pmatrix} -6 \\ 4 \\ -2 \end{pmatrix}$.

a) Ermitteln Sie die Koordinaten der Schattenpunkte A′, B′, C′ und D′ auf dem Erdboden.
b) Beschreiben Sie die Gestalt des Schattens des Sonnensegels.
c) Ermitteln Sie den Inhalt der Schattenfläche.

Parametergleichung einer Geraden

Parametergleichung:
g: $\vec{x} = \overrightarrow{OA} + r \cdot \vec{u} \quad (r \in \mathbb{R})$

$\overrightarrow{OA}$ ist ein **Stützvektor** der Geraden und $\vec{u}$ ein **Richtungsvektor**.

Die Gerade g enthält die Punkte B(1 | 1 | 3) und D(−1 | 5 | 1).

Stützvektor: $\overrightarrow{OB}$ Richtungsvektor: $\overrightarrow{BD}$

Geradengleichung: g_{BD}: $\vec{x} = \begin{pmatrix} 1 \\ 1 \\ 3 \end{pmatrix} + r \begin{pmatrix} -2 \\ 4 \\ -2 \end{pmatrix}$

Skalarprodukt und orthogonale Vektoren

Für Vektoren $\vec{a}$ und $\vec{b}$ heißt

$$\vec{a} \cdot \vec{b} = \begin{pmatrix} a_1 \\ a_2 \\ a_3 \end{pmatrix} \cdot \begin{pmatrix} b_1 \\ b_2 \\ b_3 \end{pmatrix} = a_1b_1 + a_2b_2 + a_3b_3$$

das **Skalarprodukt** von $\vec{a}$ und $\vec{b}$.

Zwei Vektoren $\vec{a} \neq \vec{0}$ und $\vec{b} \neq \vec{0}$ sind genau dann zueinander **orthogonal** (senkrecht), wenn ihr Skalarprodukt null ist.

Gegeben: $\vec{a} = \begin{pmatrix} 7 \\ -3 \\ 5 \end{pmatrix}$ und $\vec{b} = \begin{pmatrix} 2 \\ 8 \\ 2 \end{pmatrix}$

$$\vec{a} \cdot \vec{b} = \begin{pmatrix} 7 \\ -3 \\ 5 \end{pmatrix} \cdot \begin{pmatrix} 2 \\ 8 \\ 2 \end{pmatrix} = 14 - 24 + 10 = 0$$

$\vec{a}$ ist orthogonal zu $\vec{b}$.

Vektorprodukt

$\vec{a} \times \vec{b} = \begin{pmatrix} a_1 \\ a_2 \\ a_3 \end{pmatrix} \times \begin{pmatrix} b_1 \\ b_2 \\ b_3 \end{pmatrix} = \begin{pmatrix} a_2b_3 - a_3b_2 \\ a_3b_1 - a_1b_3 \\ a_1b_2 - a_2b_1 \end{pmatrix}$ heißt **Vektorprodukt** von $\vec{a}$ und $\vec{b}$.
Sind $\vec{a} \neq \vec{0}$ und $\vec{b} \neq \vec{0}$ nicht kollinear, so ist der Vektor $\vec{a} \times \vec{b}$ orthogonal zu $\vec{a}$ und zu $\vec{b}$.

$$\begin{pmatrix} 3 \\ 2 \\ -4 \end{pmatrix} \times \begin{pmatrix} 1 \\ -2 \\ 2 \end{pmatrix} = \begin{pmatrix} 2 \cdot 2 - (-4) \cdot (-2) \\ (-4) \cdot 1 - 3 \cdot 2 \\ 3 \cdot (-2) - 2 \cdot 1 \end{pmatrix} = \begin{pmatrix} -4 \\ -10 \\ -8 \end{pmatrix}$$

$$\begin{pmatrix} 3 \\ 2 \\ -4 \end{pmatrix} \cdot \begin{pmatrix} -4 \\ -10 \\ -8 \end{pmatrix} = 0 \text{ und } \begin{pmatrix} 1 \\ -2 \\ 2 \end{pmatrix} \cdot \begin{pmatrix} -4 \\ -10 \\ -8 \end{pmatrix} = 0$$

Ebenengleichungen

Parametergleichung:
E: $\vec{x} = \overrightarrow{OA} + r \cdot \vec{u} + s \cdot \vec{v} \quad (r, s \in \mathbb{R})$

$\overrightarrow{OA}$ ist ein **Stützvektor** der Ebene; $\vec{u}$ und $\vec{v}$ sind nicht kollineare **Richtungsvektoren**.

Normalengleichung:
E: $(\vec{x} - \overrightarrow{OA}) \cdot \vec{n} = 0$

$\overrightarrow{OA}$ ist ein **Stützvektor** der Ebene; $\vec{n}$ ist ein **Normalenvektor**, d. h. zu E orthogonal.

Koordinatengleichung:
E: $ax_1 + bx_2 + cx_3 = e$
a, b, c sind die Koordinaten von $\vec{n}$ und e ist das Skalarprodukt von $\vec{n}$ mit einem beliebigen Stützvektor von E.

Die Ebene E enthält die Punkte A(1 | −5 | 1), B(3 | 1 | 0) und C(0 | 4 | −8).
$\overrightarrow{AB}$ und $\overrightarrow{AC}$ sind nicht kollinear.

Parametergleichung:

$$E: \vec{x} = \begin{pmatrix} 1 \\ -5 \\ 1 \end{pmatrix} + r \begin{pmatrix} 2 \\ 6 \\ -1 \end{pmatrix} + s \begin{pmatrix} -1 \\ 9 \\ -9 \end{pmatrix}$$

Normalenvektor: $\vec{n} = \begin{pmatrix} 2 \\ 6 \\ -1 \end{pmatrix} \times \begin{pmatrix} -1 \\ 9 \\ -9 \end{pmatrix} = \begin{pmatrix} -45 \\ 19 \\ 24 \end{pmatrix}$

Normalengleichung:

$$E: \left(\vec{x} - \begin{pmatrix} 1 \\ -5 \\ 1 \end{pmatrix}\right) \cdot \begin{pmatrix} -45 \\ 19 \\ 24 \end{pmatrix} = 0$$

Koordinatengleichung:
E: $-45x_1 + 19x_2 + 24x_3 = -161$

Lagebeziehungen

Ausschlaggebend für die Lagebeziehung sind die Richtungs- bzw. Normalenvektoren.

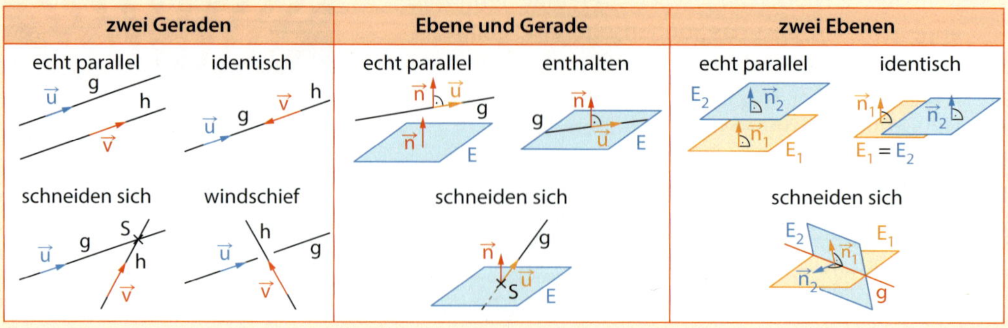

7. Winkel und Abstände

Für den Brandschutz ist der Abstand von verschiedenen Objekten zueinander entscheidend. Möchte man zum Beispiel Leuchtstoffröhren in einer Bibliothek einbauen, so muss ein Mindestabstand der sich erhitzenden Röhren zu den leicht entflammbaren Büchern in den Bücherregalen an jedem Punkt der Röhre und zu jedem Regal gewährleistet sein.

Nach diesem Kapitel können Sie …
- Winkel zwischen Vektoren, Strecken, Geraden und Ebenen in der Ebene und im Raum bestimmen,
- verschiedene Verfahren zur Bestimmung von Abständen im Raum beschreiben und anwenden,
- Projektionen vom Raum in die Ebene beschreiben und damit Punktkoordinaten für Schrägbilder berechnen.

Ihr Fundament

Lösungen
↗ S. 505/506

Sinus und Kosinus

1. Gegeben ist ein rechtwinkliges Dreieck ABC.

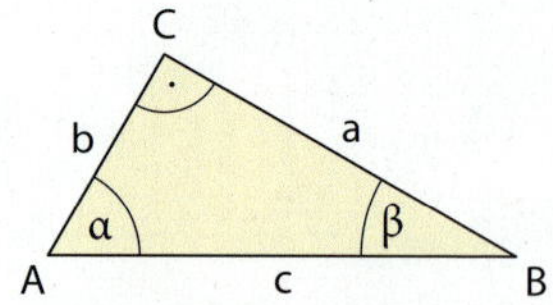

a) Stellen Sie Gleichungen für $\sin(\alpha)$ und $\sin(\beta)$ sowie für $\cos(\alpha)$ und $\cos(\beta)$ auf.

b) Es gilt $\alpha = 35°$ und $c = 5\,cm$. Berechnen Sie mit dem Sinus die Längen von a und b.

c) Es gilt $\alpha = 60°$ und $b = 3\,cm$. Berechnen Sie mit dem Kosinus die Längen von a und c.

2. Die Zeichnung zeigt einen Einheitskreis, in dem ein Winkel α im Ursprung abgetragen wurde.

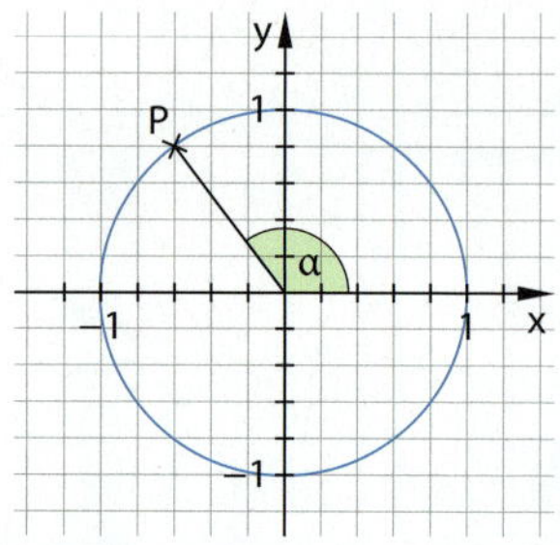

a) Erklären Sie, wie die Werte $\sin(\alpha)$ und $\cos(\alpha)$ damit ermittelt werden können. Lesen Sie die Werte näherungsweise ab.

b) Beschreiben Sie, wie die Lage des Punktes P das Vorzeichen der Werte $\sin(\alpha)$ und $\cos(\alpha)$ bestimmt. Geben Sie für alle vier Quadranten die Vorzeichen von $\sin(\alpha)$ und $\cos(\alpha)$ an.

3. Geben Sie ohne Rechnung die Vorzeichen von $\sin(\alpha)$ und $\cos(\alpha)$ an.

a) $\alpha = 205°$ b) $\alpha = 67°$ c) $\alpha = 290°$ d) $\alpha = 103°$

4. Betrachten Sie die Graphen der Funktionen f und g mit $f(x) = \sin(x)$ und $g(x) = \cos(x)$ im Intervall $[0; 2\pi]$.

a) Geben Sie alle Nullstellen und Extrempunkte von f und g an.

b) Geben Sie die Teilintervalle an, in denen die Graphen monoton fallen bzw. steigen.

c) Skizzieren Sie die Graphen auf dem Intervall $[0; 2\pi]$.

Satz des Pythagoras

5. Zeichnen Sie eine Planfigur und berechnen Sie die dritte Seitenlänge des Dreiecks.

a) $a = 8\,cm$, $b = 15\,cm$, $\gamma = 90°$

b) $a = 1{,}3\,m$, $b = 1{,}2\,m$, $\alpha = 90°$

c) $b = 60\,mm$, $c = 4{,}8\,cm$, $\beta = 90°$

6. Entscheiden Sie, ob das Dreieck mit den Seiten a, b und c rechtwinklig ist. Wenn ja, geben Sie die Hypotenuse und den rechten Winkel an.

a) $a = 2{,}9\,cm$, $b = 2{,}1\,cm$, $c = 2{,}0\,cm$

b) $a = 4{,}8\,cm$, $b = 2{,}0\,cm$, $c = 1{,}5\,cm$

c) $a = 80\,dm$, $b = 10\,m$, $c = 6\,m$

7. Berechnen Sie die Längen der rot markierten Strecken.

a) Prisma

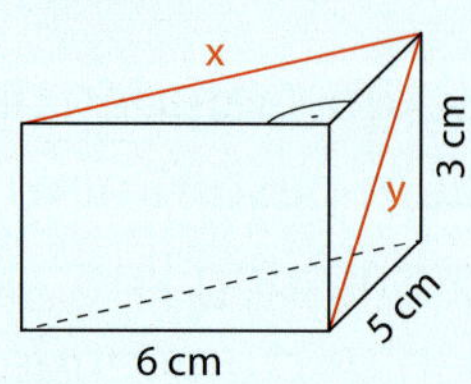

b) Zylinder

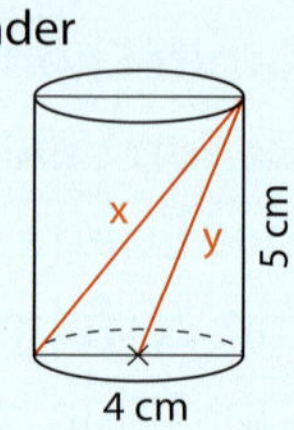

c) Prisma

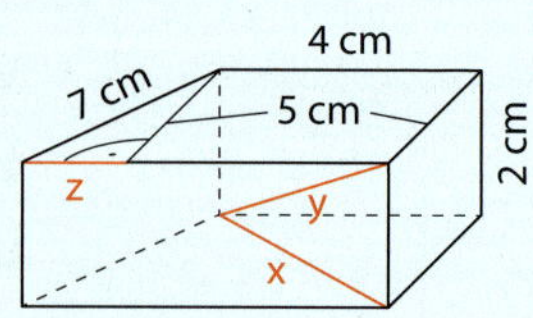

Flächen- und Volumenberechnungen

Lösungen ↗ S. 506

8. Berechnen Sie den Flächeninhalt der Figur. Entnehmen Sie die erforderlichen Daten der Zeichnung.

a) 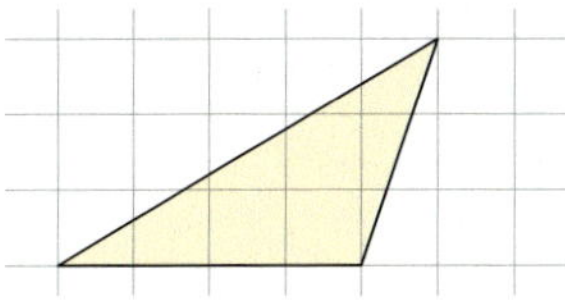

b) 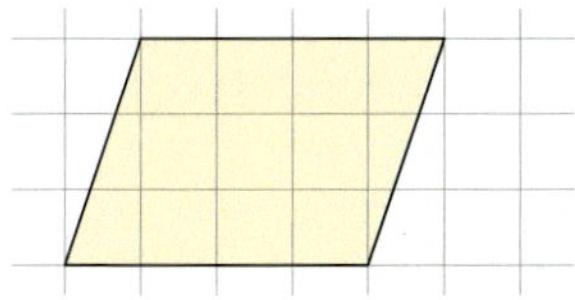

c) 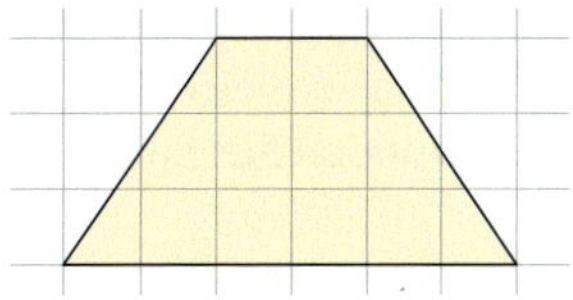

9. Berechnen Sie das Volumen und den Oberflächeninhalt des Körpers.

a) 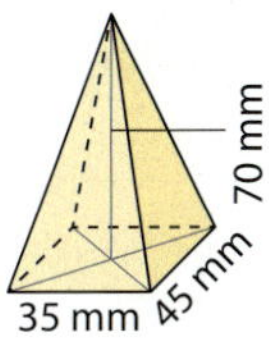

b) 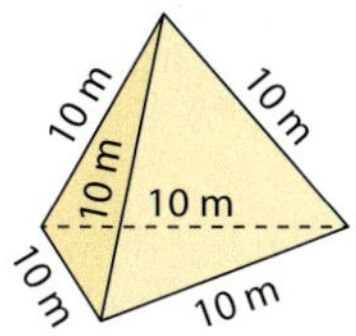

c) 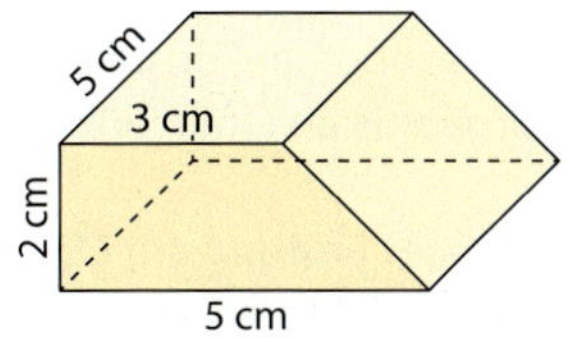

10. Berechnen Sie das Volumen und den Oberflächeninhalt des Körpers (Angaben in mm).

a) 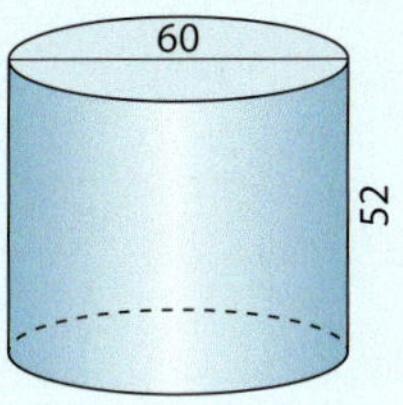

b) 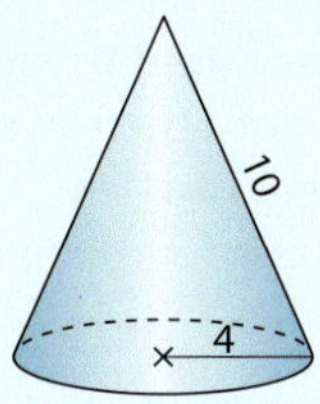

c) 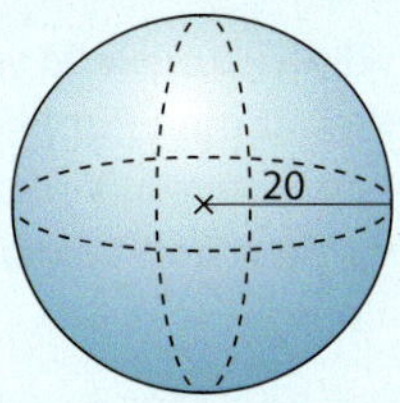

11. Berechnen Sie das Volumen und den Oberflächeninhalt des Körpers (Angaben in mm).

a) 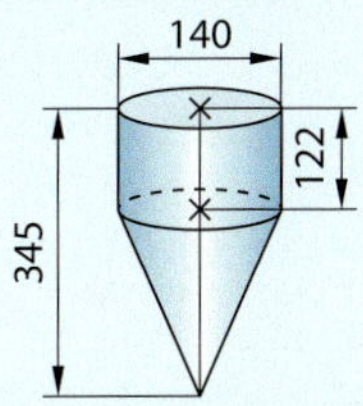

b) 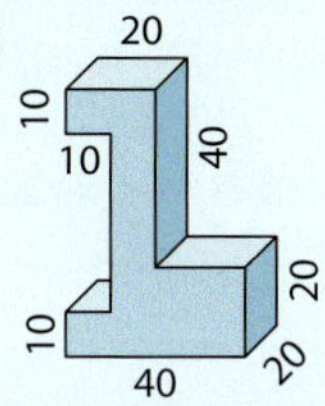

c) 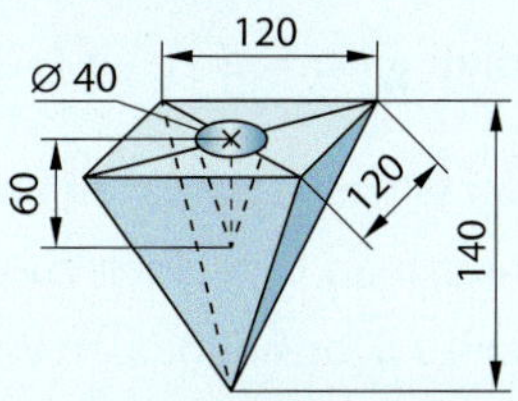

12. Die Abbildung zeigt die schematische Darstellung eines Zementsilos.

a) Ermitteln Sie, wie viele Tonnen Zement, mit einer spezifischen Dichte $\rho = 1{,}9\,\frac{g}{cm^3}$, das Silo maximal fasst.

b) Das Silo soll von außen angestrichen werden. Die vier Standfüße werden dabei ausgelassen. Ein Liter Farbe reicht für $4\,m^2$. Berechnen Sie, wie viele Liter Farbe für den Anstrich benötigt werden.

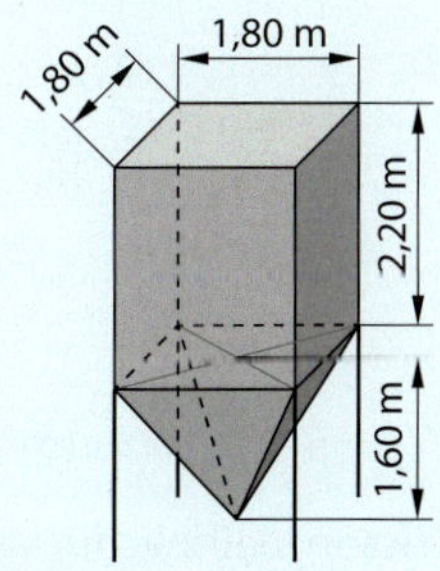

Vermischtes

13. Berechnen Sie die Stelle im Intervall $[0, \pi]$, an der die Differenz der Funktionswerte von f mit $f(x) = \sin(x)$ und g mit $g(x) = \cos(x)$ am größten ist.

14. Aus Blech soll eine zylinderförmige Dose ($V = 400\,ml$) mit möglichst geringem Materialverbrauch hergestellt werden. Ermitteln Sie die Höhe h und den Durchmesser d der Dose.

7.1 Winkel zwischen Vektoren und Geraden

■ Im zweidimensionalen Koordinatensystem sei α der Winkel zwischen den Vektoren $\vec{a}$ und $\vec{b}$ aus der Abbildung. Die x_2-Koordinate von $\vec{a}$ ist also gleich 0.

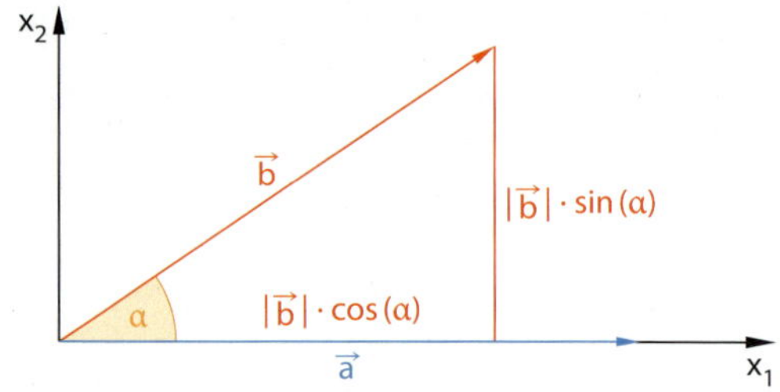

a) Begründen Sie, dass
$\vec{b} = \begin{pmatrix} |\vec{b}|\cos(\alpha) \\ |\vec{b}|\sin(\alpha) \end{pmatrix}$ und $\vec{a} = \begin{pmatrix} |\vec{a}| \\ 0 \end{pmatrix}$ gilt, und
berechnen Sie das Skalarprodukt $\vec{a} \cdot \vec{b}$.

b) Es sei α der Winkel zwischen $\vec{a} = \begin{pmatrix} 6 \\ 0 \end{pmatrix}$ und $\vec{b} = \begin{pmatrix} 2 \\ 3 \end{pmatrix}$. Berechnen Sie $\cos(\alpha)$ mithilfe der in a) gewonnenen Formel für $\vec{a} \cdot \vec{b}$. Geben Sie die Größe dieses Winkels an. Überprüfen Sie Ihr Ergebnis an einer Skizze. ■

Neben der Prüfung auf Orthogonalität können mit dem Skalarprodukt allgemein Winkel zwischen Vektoren, Geraden und Strecken untersucht werden.

Winkel zwischen zwei Vektoren

Hinweis:
Im Gegensatz zur Einstiegsaufgabe sind $\vec{a}$ und $\vec{b}$ hier zwei beliebige Vektoren im Raum oder in der Ebene.

Stellt man die Vektorpfeile von zwei Vektoren $\vec{a}$ und $\vec{b}$ von einem gemeinsamen Punkt ausgehend dar, entstehen zwei Winkel. Den kleineren Winkel α bezeichnet man als den **Winkel zwischen den Vektoren** $\vec{a}$ **und** $\vec{b}$.

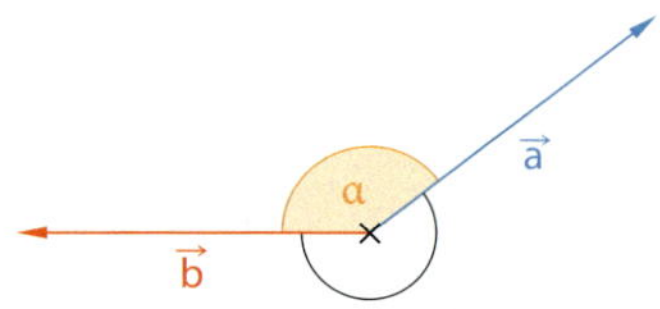

Für kollineare Vektoren $\vec{a}$ und $\vec{b}$, welche in die gleiche Richtung zeigen, ist $\vec{b} = r \cdot \vec{a}$ mit $r > 0$ und es gilt: $|\vec{b}| = |r \cdot \vec{a}| = r \cdot |\vec{a}|$

Es folgt: $\vec{a} \cdot \vec{b} = \vec{a} \cdot (r \cdot \vec{a}) = r \cdot (\vec{a} \cdot \vec{a}) = r \cdot |\vec{a}|^2 = |\vec{a}| \cdot (r \cdot |\vec{a}|) = |\vec{a}| \cdot |\vec{b}|$

Ist der Winkel α zwischen zwei Vektoren $\vec{a}$ und $\vec{b}$ kleiner als 90°, so kann man $\vec{b}$ in einen zu $\vec{a}$ parallelen Vektor $\vec{b_p}$ und einen zu $\vec{a}$ orthogonalen Vektor $\vec{b_o}$ zerlegen: $\vec{b} = \vec{b_p} + \vec{b_o}$

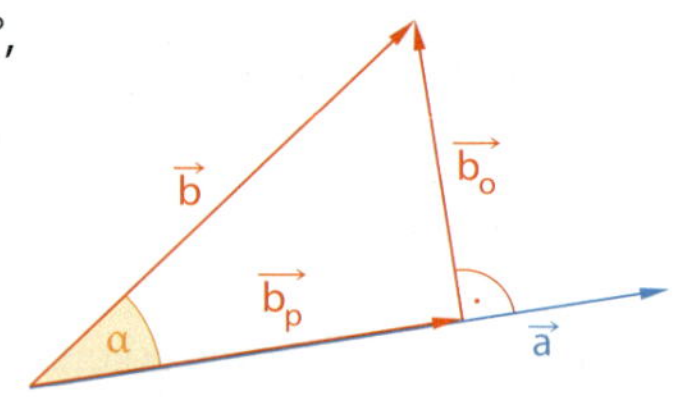

Es folgt:

$$
\begin{aligned}
\vec{a} \cdot \vec{b} &= \vec{a} \cdot (\vec{b_p} + \vec{b_o}) && |\ \text{Distributivgesetz} \\
&= \vec{a} \cdot \vec{b_p} + \vec{a} \cdot \vec{b_o} && |\ \vec{a} \cdot \vec{b_o} = 0, \text{ da orthogonal} \\
&= \vec{a} \cdot \vec{b_p} && |\ \vec{a} \text{ und } \vec{b_p} \text{ zeigen in die gleiche Richtung.} \\
&= |\vec{a}| \cdot |\vec{b_p}| && |\ \cos(\alpha) = \tfrac{|\vec{b_p}|}{|\vec{b}|}, \text{ also } |\vec{b_p}| = |\vec{b}| \cdot \cos(\alpha) \\
&= |\vec{a}| \cdot |\vec{b}| \cdot \cos(\alpha)
\end{aligned}
$$

Man kann in ähnlicher Weise zeigen, dass diese Formel für das Skalarprodukt zweier Vektoren auch für die Fälle $\alpha = 0°$, $\alpha = 90°$, $\alpha = 180°$ und für $90° < \alpha < 180°$ gilt.

Hinweis:
Beachten Sie, dass der Malpunkt verschiedene Bedeutungen hat, je nachdem ob die Faktoren reelle Zahlen oder Vektoren sind.

Wissen: Winkel zwischen zwei Vektoren
Für den Winkel α zwischen zwei Vektoren $\vec{a} \neq \vec{0}$ und $\vec{b} \neq \vec{0}$ gilt:

$\vec{a} \cdot \vec{b} = |\vec{a}| \cdot |\vec{b}| \cdot \cos(\alpha)$ bzw. $\cos(\alpha) = \frac{\vec{a} \cdot \vec{b}}{|\vec{a}| \cdot |\vec{b}|}$ $(0° \leq \alpha \leq 180°)$

Beispiel 1: Berechnen Sie den Winkel zwischen $\vec{a} = \begin{pmatrix} -2 \\ 6 \\ 4 \end{pmatrix}$ und $\vec{b} = \begin{pmatrix} 3 \\ 1 \\ -1 \end{pmatrix}$.

Lösung:
In der Formel für $\cos(\alpha)$ steht im Zähler das Skalarprodukt von $\vec{a}$ und $\vec{b}$. Das Produkt der Beträge im Nenner ist das Produkt zweier Wurzeln.
Berechnen Sie mit dem Taschenrechner einen Näherungswert für $\cos(\alpha)$.
Mit der Taste $\cos^{-1}$ erhalten Sie den Wert des Winkels zwischen $\vec{a}$ und $\vec{b}$.

$$\cos(\alpha) = \frac{\vec{a} \cdot \vec{b}}{|\vec{a}| \cdot |\vec{b}|} = \frac{\begin{pmatrix} -2 \\ 6 \\ 4 \end{pmatrix} \cdot \begin{pmatrix} 3 \\ 1 \\ -1 \end{pmatrix}}{\sqrt{(-2)^2 + 6^2 + 4^2} \cdot \sqrt{3^2 + 1^2 + (-1)^2}}$$
$$= \frac{-6 + 6 - 4}{\sqrt{56} \cdot \sqrt{11}}$$
$$= \frac{-4}{\sqrt{56} \cdot \sqrt{11}} \approx -0{,}161$$
$$\alpha \approx \cos^{-1}(-0{,}161) \approx 99{,}3°$$

Hinweis:
Achten Sie darauf, dass das Winkelmaß Ihres Taschenrechners auf DEG (Grad) eingestellt ist.

Basisaufgaben

1. Berechnen Sie das Skalarprodukt der Vektoren $\vec{a}$ und $\vec{b}$ und den Winkel zwischen ihnen.

a) $\vec{a} = \begin{pmatrix} 2 \\ 4 \\ 1 \end{pmatrix}$ $\vec{b} = \begin{pmatrix} 1 \\ 3 \\ 0 \end{pmatrix}$

b) $\vec{a} = \begin{pmatrix} -4 \\ 7 \\ -2 \end{pmatrix}$ $\vec{b} = \begin{pmatrix} 1 \\ -6 \\ -3 \end{pmatrix}$

c) $\vec{a} = \begin{pmatrix} 3 \\ 6 \\ 5 \end{pmatrix}$ $\vec{b} = \begin{pmatrix} -2 \\ -4 \\ -7 \end{pmatrix}$

d) $\vec{a} = \begin{pmatrix} 4 \\ 0 \\ -8 \end{pmatrix}$ $\vec{b} = \begin{pmatrix} 1 \\ 1 \\ 1 \end{pmatrix}$

2. Zeichnen Sie je einen Vektorpfeil von $\vec{a}$ und $\vec{b}$ von einem gemeinsamen Punkt ausgehend in ein zweidimensionales Koordinatensystem. Schätzen und messen Sie den Winkel zwischen den Pfeilen. Kontrollieren Sie rechnerisch.

a) $\vec{a} = \begin{pmatrix} 6 \\ 1 \end{pmatrix}$ $\vec{b} = \begin{pmatrix} 3 \\ 5 \end{pmatrix}$

b) $\vec{a} = \begin{pmatrix} 6 \\ 0 \end{pmatrix}$ $\vec{b} = \begin{pmatrix} 4 \\ 6 \end{pmatrix}$

c) $\vec{a} = \begin{pmatrix} 5 \\ 2 \end{pmatrix}$ $\vec{b} = \begin{pmatrix} -3 \\ 4 \end{pmatrix}$

d) $\vec{a} = \begin{pmatrix} 5 \\ 2 \end{pmatrix}$ $\vec{b} = \begin{pmatrix} 2 \\ -5 \end{pmatrix}$

3. a) Berechnen Sie den Winkel zwischen den Vektoren $\vec{a} = \begin{pmatrix} -4 \\ 0 \\ -3 \end{pmatrix}$ und $\vec{b} = \begin{pmatrix} 2 \\ 4 \\ 1 \end{pmatrix}$.

b) Überlegen Sie anhand einer Skizze, wie groß der Winkel zwischen den folgenden Vektoren ist. Kontrollieren Sie durch eine Rechnung.
① $2\vec{a}$ und $2\vec{b}$ ② $\vec{a}$ und $-\vec{b}$ ③ $-\vec{a}$ und $\vec{b}$ ④ $-\vec{a}$ und $-\vec{b}$

4. a) Begründen Sie: Ist das Skalarprodukt zweier Vektoren größer als 0, so ist der Winkel zwischen ihnen ein spitzer Winkel. Ist das Skalarprodukt kleiner als 0, so ist der Winkel zwischen den Vektoren ein stumpfer Winkel.

b) Sandra meint: *„Je größer der Winkel zwischen zwei Vektoren gleicher Länge ist, desto kleiner ist ihr Skalarprodukt."* Ist das richtig? Begründen Sie.

Erinnerung:
$\cos\alpha$ am Einheitskreis:

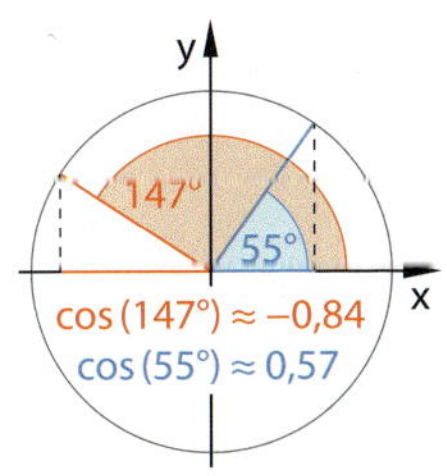

5. Geben Sie anhand des Skalarprodukts an, ob der Winkel zwischen $\vec{a}$ und $\vec{b}$ spitz oder stumpf ist.

a) $\vec{a} = \begin{pmatrix} 2 \\ -3 \\ 4 \end{pmatrix}$ $\vec{b} = \begin{pmatrix} 1 \\ -6 \\ -2 \end{pmatrix}$

b) $\vec{a} = \begin{pmatrix} -3 \\ 4 \\ 1 \end{pmatrix}$ $\vec{b} = \begin{pmatrix} 5 \\ 2 \\ 1 \end{pmatrix}$

6. Geben Sie die Koordinaten zweier dreidimensionaler Vektoren $\vec{a}$ und $\vec{b}$ an, für die gilt:

a) $\vec{a} \cdot \vec{b} = |\vec{a}| \cdot |\vec{b}|$

b) $\vec{a} \cdot \vec{b} = -|\vec{a}| \cdot |\vec{b}|$

7. Formulieren Sie einen Satz über das Skalarprodukt $\vec{a} \cdot \vec{b}$, wenn $\vec{a}$ und $\vec{b}$ kollinear sind. Unterscheiden Sie dabei die Fälle $\alpha = 0$ und $\alpha = 180°$.

Winkel zwischen zwei Geraden

Als Winkel γ zwischen zwei sich schneidenden Geraden bezeichnet man den kleineren Winkel an der Geradenkreuzung.
Bei jeder Orientierung der Richtungsvektoren $\vec{u}$ und $\vec{v}$ gilt $\cos(\gamma) = |\cos(\alpha)|$.

Also gilt für den Winkel zwischen den Geraden:
$\cos(\gamma) = \frac{|\vec{u} \cdot \vec{v}|}{|\vec{u}| \cdot |\vec{v}|}$

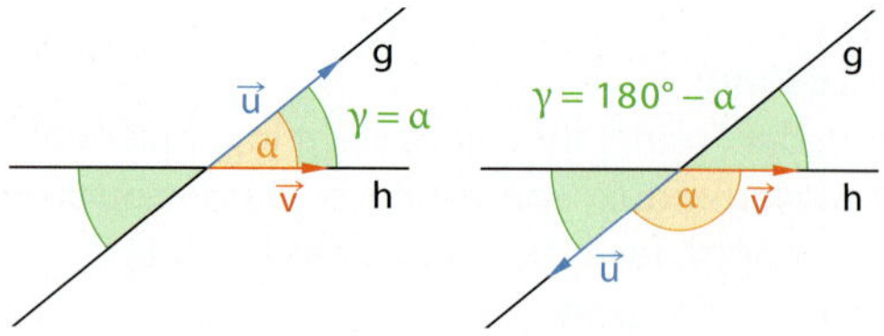

Beispiel 2: Bestimmen Sie den Winkel zwischen den sich schneidenden Geraden
g: $\vec{x} = \begin{pmatrix} -7 \\ 1 \\ 0 \end{pmatrix} + r \begin{pmatrix} 5 \\ -1 \\ 2 \end{pmatrix}$ und h: $\vec{x} = \begin{pmatrix} 3 \\ -1 \\ 4 \end{pmatrix} + s \begin{pmatrix} -3 \\ -2 \\ 1 \end{pmatrix}$.

Lösung:
Vergessen Sie nicht, um den Zähler Betragsstriche zu setzen. Sie erhalten den Kosinus des Winkels zwischen den Geraden.

$$\cos(\gamma) = \frac{\left| \begin{pmatrix} 5 \\ -1 \\ 2 \end{pmatrix} \cdot \begin{pmatrix} -3 \\ -2 \\ 1 \end{pmatrix} \right|}{\sqrt{30} \cdot \sqrt{14}} = \frac{|-11|}{\sqrt{30} \cdot \sqrt{14}} \approx 0{,}537$$
$$\gamma \approx \cos^{-1}(0{,}537) \approx 57{,}5°$$

Basisaufgaben

Lösungen zu 8:
128,72°
90°
75,04°
62°
180°

8. Bestimmen Sie den Winkel zwischen den sich schneidenden Geraden g und h.

a) g: $\vec{x} = \begin{pmatrix} 4 \\ -7 \\ -1 \end{pmatrix} + r \begin{pmatrix} 3 \\ 0 \\ -1 \end{pmatrix}$ h: $\vec{x} = \begin{pmatrix} 5 \\ -9 \\ -8 \end{pmatrix} + s \begin{pmatrix} 1 \\ -2 \\ 1 \end{pmatrix}$

b) g: $\vec{x} = \begin{pmatrix} -1 \\ 7 \\ 1 \end{pmatrix} + r \begin{pmatrix} 8 \\ 1 \\ -2 \end{pmatrix}$ h: $\vec{x} = \begin{pmatrix} -9 \\ 6 \\ 3 \end{pmatrix} + s \begin{pmatrix} -1 \\ 1 \\ 1 \end{pmatrix}$

c) g: $\vec{x} = \begin{pmatrix} -2 \\ 0 \\ 3 \end{pmatrix} + r \begin{pmatrix} 7 \\ -2 \\ 3 \end{pmatrix}$ h: $\vec{x} = \begin{pmatrix} 0 \\ 4 \\ 1 \end{pmatrix} + s \begin{pmatrix} 1 \\ 2 \\ -1 \end{pmatrix}$

d) g: $\vec{x} = \begin{pmatrix} 4{,}2 \\ 1 \\ -0{,}3 \end{pmatrix} + r \begin{pmatrix} 2{,}1 \\ -3{,}1 \\ 1{,}6 \end{pmatrix}$ h: $\vec{x} = \begin{pmatrix} 4{,}2 \\ 1 \\ -0{,}3 \end{pmatrix} + s \begin{pmatrix} -6{,}3 \\ 9{,}3 \\ -4{,}8 \end{pmatrix}$

9. Bestimmen Sie den Schnittpunkt und den Schnittwinkel der Geraden g und h.

a) g: $\vec{x} = \begin{pmatrix} 1 \\ -3 \\ -3 \end{pmatrix} + r \begin{pmatrix} 2 \\ 1 \\ -1 \end{pmatrix}$ h: $\vec{x} = \begin{pmatrix} 0 \\ 0 \\ -8 \end{pmatrix} + s \begin{pmatrix} 3 \\ -2 \\ 4 \end{pmatrix}$

b) g: $\vec{x} = \begin{pmatrix} 1 \\ 0 \\ -2 \end{pmatrix} + r \begin{pmatrix} 1 \\ 3 \\ 0 \end{pmatrix}$ h: $\vec{x} = \begin{pmatrix} 3 \\ 2 \\ 1 \end{pmatrix} + s \begin{pmatrix} 1 \\ -1 \\ 3 \end{pmatrix}$

10. Berechnen Sie die Seitenlängen und die Größen der Innenwinkel des Dreiecks ABC.
a) A(2 | −1), B(−5 | 0), C(−1 | 3) b) A(5 | −1 | −3), B(1 | 3 | 4), C(5 | −1 | 2)

11. Es sei g die Flugbahn beim Landeanflug eines Flugzeugs und g' die senkrechte Projektion von g auf die x_1x_2-Ebene:

g: $\vec{x} = \begin{pmatrix} 20 \\ -40 \\ 30 \end{pmatrix} + t \begin{pmatrix} 50 \\ 10 \\ -3 \end{pmatrix}$ g': $\vec{x} = \begin{pmatrix} 20 \\ -40 \\ 0 \end{pmatrix} + s \begin{pmatrix} 50 \\ 10 \\ 0 \end{pmatrix}$

Berechnen Sie, mit welchem Winkel das Flugzeug auf die in der x_1x_2-Ebene liegende Landebahn auftreffen wird.

Weiterführende Aufgaben

12. α sei der Winkel zwischen $\vec{a}$ und $\vec{b}$. Prüfen Sie die Aussage.

a) Wenn $\vec{a} \cdot \vec{b} = |\vec{a}| \cdot |\vec{b}|$ für $\vec{a} \neq 0$ und $\vec{b} \neq 0$ gilt, dann sind $\vec{a}$ und $\vec{b}$ kollinear.

b) Wenn $\alpha > 90°$ ist, dann ist das Skalarprodukt $\vec{a} \cdot \vec{b}$ negativ.

c) Wenn $\vec{a}$ und $\vec{b}$ beide den Betrag 1 haben, so ist ihr Skalarprodukt gleich $\cos(\alpha)$.

d) Wenn $\vec{a} \cdot \vec{b} = \vec{a} \cdot \vec{c}$ für $\vec{a} \neq \vec{0}$ gilt, dann muss $\vec{b} = \vec{c}$ sein.

e) Es gilt $\vec{a} \cdot \vec{b} = \vec{b} \cdot \vec{a}$.

13. Stolperstelle: Mike hat herausgefunden, dass beim Dreieck ABC mit A (−2 | 1 | 3), B (−5 | 5 | 4) und C (3 | 2 | 1) zwei Innenwinkel größer als 90° sind. Weshalb kann das nicht stimmen? Finden Sie den Fehler in seiner Rechnung und korrigieren Sie.

$$\cos(\alpha) = \frac{\overrightarrow{AB} \cdot \overrightarrow{AC}}{|\overrightarrow{AB}| \cdot |\overrightarrow{AC}|} = \frac{\begin{pmatrix}-3\\4\\1\end{pmatrix} \cdot \begin{pmatrix}5\\1\\-2\end{pmatrix}}{\sqrt{26} \cdot \sqrt{30}} \approx -0{,}47$$

$\alpha \approx 118°$

$$\cos(\beta) = \frac{\overrightarrow{AB} \cdot \overrightarrow{BC}}{|\overrightarrow{AB}| \cdot |\overrightarrow{BC}|} = \frac{\begin{pmatrix}-3\\4\\1\end{pmatrix} \cdot \begin{pmatrix}8\\-3\\-3\end{pmatrix}}{\sqrt{26} \cdot \sqrt{82}} \approx -0{,}84$$

$\beta \approx 147°$

14. Die Abbildung zeigt ein Haus mit einem Walmdach. Dabei ist M ist der Mittelpunkt der Strecke $\overline{AB}$. Berechnen Sie die eingezeichneten Neigungswinkel der Dachflächen.

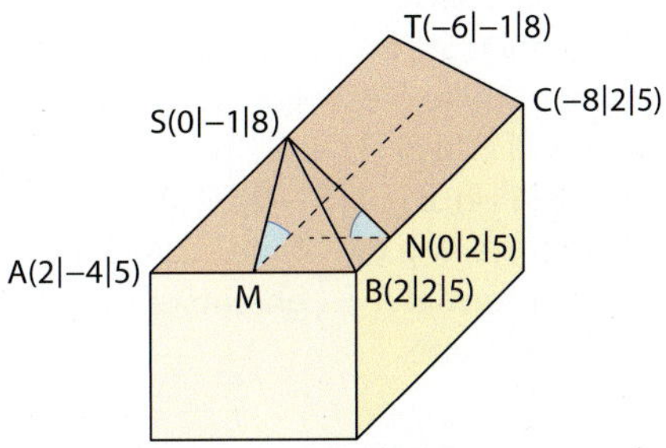

15. Zeigen Sie, dass die Vektoren $\vec{a}$, $\vec{b}$ und $\vec{c}$ einen Würfel aufspannen. Ermitteln Sie die Größen der Winkel, die von je zwei Raumdiagonalen des Würfels eingeschlossen werden.

a) $\vec{a} = \begin{pmatrix}4\\3\\0\end{pmatrix}$, $\vec{b} = \begin{pmatrix}-3\\4\\0\end{pmatrix}$, $\vec{c} = \begin{pmatrix}0\\0\\5\end{pmatrix}$

b) $\vec{a} = \begin{pmatrix}2\\-14\\5\end{pmatrix}$, $\vec{b} = \begin{pmatrix}11\\-2\\-10\end{pmatrix}$, $\vec{c} = \begin{pmatrix}-10\\-5\\-10\end{pmatrix}$

16. Ein Parallelepiped ist ein Körper mit 6 Parallelogrammen als Seitenflächen, bei dem gegenüberliegende Flächen zueinander kongruent sind. Die Vektoren

$\overrightarrow{AB} = \begin{pmatrix}7\\24\\0\end{pmatrix}$, $\overrightarrow{AD} = \begin{pmatrix}-20\\12\\9\end{pmatrix}$ und $\overrightarrow{AE} = \begin{pmatrix}-12\\-15\\16\end{pmatrix}$

spannen vom Punkt A (0 | 0 | 0) aus ein solches Parallelepiped auf.

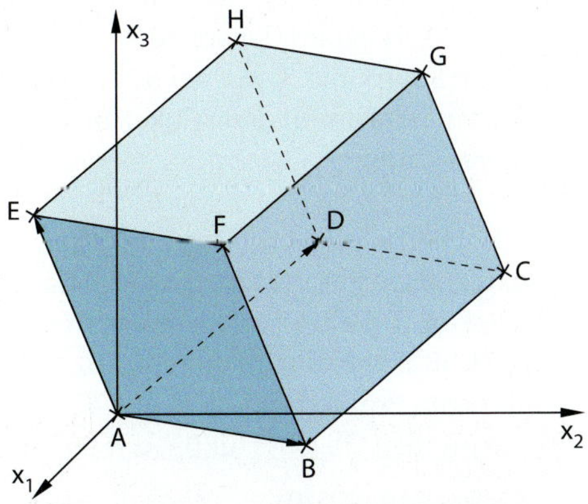

a) Geben Sie die Koordinaten aller Eckpunkte des Körpers an.

b) Zeigen Sie, dass alle Seitenflächen sogar Rauten sind.

c) Berechnen Sie die Innenwinkel jeder Raute und weisen Sie so nach, dass die Figur entgegen dem Anschein kein Würfel ist.

d) Zeigen Sie, dass die Raumdiagonalen AG, BH und CE sich in einem Punkt schneiden. Vergleichen Sie den Winkel zwischen AG und BH mit dem zwischen AG und CE.

17. Gegeben ist das Viereck mit den Eckpunkten $A(2|-1|0)$, $B(0|0|0)$, $C(-2|1|-1)$, $D(-2|2|4)$.

a) Zeigen Sie, dass das Viereck nicht eben ist.

b) Prüfen Sie, ob die Summe der Innenwinkel dieses Vierecks 360° beträgt.

c) Kann bei einem Dreieck im Raum die Summe der Innenwinkel von 180° abweichen? Begründen Sie Ihre Antwort.

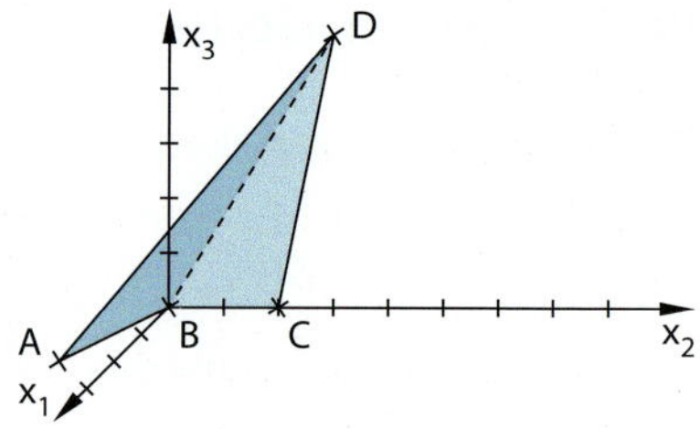

18. Gegeben ist das Dreieck ABC mit $A(4|-1|-3)$, $B(-2|5|-3)$ und $C(-2|-1|3)$.

a) Berechnen Sie den Winkel α bei A.

b) Zeigen Sie, dass das Dreieck gleichschenklig ist.

c) Zeigen Sie, dass die Gerade s_c: $\vec{x} = \begin{pmatrix} -2 \\ 5 \\ -3 \end{pmatrix} + t \begin{pmatrix} 1 \\ -2 \\ 1 \end{pmatrix}$ eine Seitenhalbierende des Dreiecks ist.

Zeigen Sie auch, dass s_c zur Strecke $\overline{AC}$ orthogonal ist.

d) Berechnen Sie den Flächeninhalt des Dreiecks ABC.

19. In Formelsammlungen findet man für den Flächeninhalt eines Dreiecks ABC die Formel $\mathbf{A = \frac{1}{2} ab \sin(\gamma)}$.

a) Berechnen Sie im Dreieck ABC den Winkel γ und dann mithilfe dieser Formel den Flächeninhalt.

① $A(-1|2)$, $B(5|1)$, $C(3|3)$

② $A(3|1|4)$, $B(-1|5|-2)$, $C(0|3|7)$

b) Zeigen Sie, wie die obige Formel aus der üblichen Flächenformel $A = \frac{1}{2} gh$ entsteht. Verwenden Sie b als Grundseite.

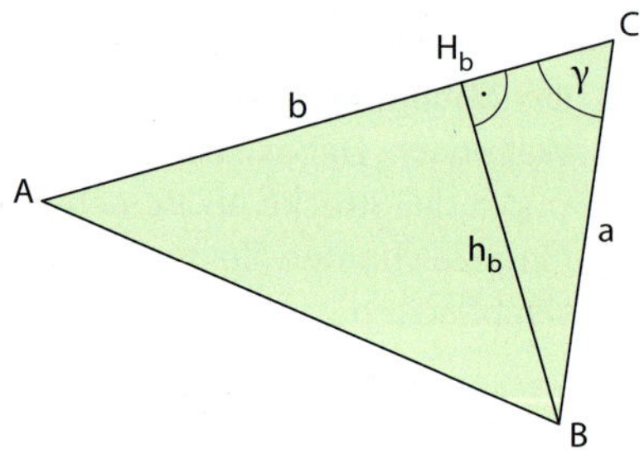

20. Gegeben ist die Ebene E: $\vec{x} = \begin{pmatrix} 5 \\ -4 \\ 3 \end{pmatrix} + r \begin{pmatrix} -5 \\ -4 \\ 6 \end{pmatrix} + s \begin{pmatrix} 10 \\ -12 \\ 3 \end{pmatrix}$.

a) Berechnen Sie die Spurpunkte der Ebene E und skizzieren Sie die Ebene anhand der Spurpunkte in ein Koordinatensystem.

b) Die drei Spurpunkte bilden zusammen mit dem Ursprung eine dreiseitige Pyramide. Berechnen Sie ihr Volumen. (Betrachten Sie einen der Spurpunkte als Pyramidenspitze.)

c) Beim Spurpunkt S_1 auf der x_1-Achse bilden die Pyramidenkanten drei Winkel. Berechnen Sie deren Größe.

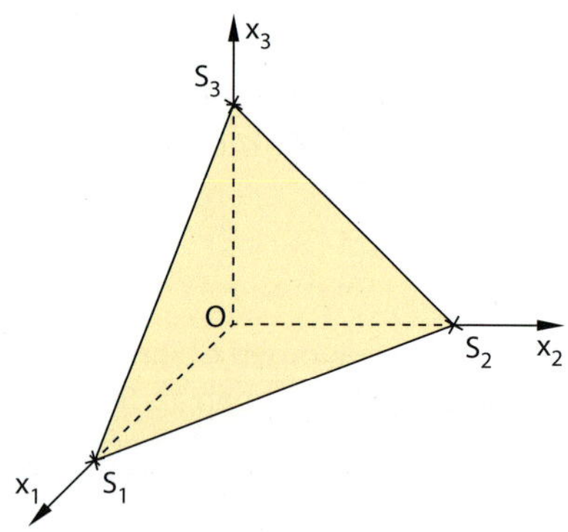

21. Geometrische Interpretation des Skalarprodukts: Von der Spitze des Vektors $\vec{b}$ wurde das Lot auf den Vektor $\vec{a}$ gefällt, sodass ein rechtwinkliges Dreieck SB′B entsteht. Man nennt $\overrightarrow{b_P} = \overrightarrow{SB'}$ die **senkrechte Projektion von $\vec{b}$ auf $\vec{a}$.**

a) Begründen Sie, dass für $0 < \alpha < 90°$ gilt:

① $|\overrightarrow{b_P}| = |\vec{b}| \cos(\alpha)$ ② $\vec{a} \cdot \vec{b} = |\vec{a}| \cdot |\overrightarrow{b_P}|$

③ $\vec{a} \cdot \vec{b} = \vec{a} \cdot \overrightarrow{b_P}$

④ Das Skalarprodukt gibt die Fläche des Rechtecks SB″PA an.

b) Formulieren Sie ② und ③ aus a) in Worten.

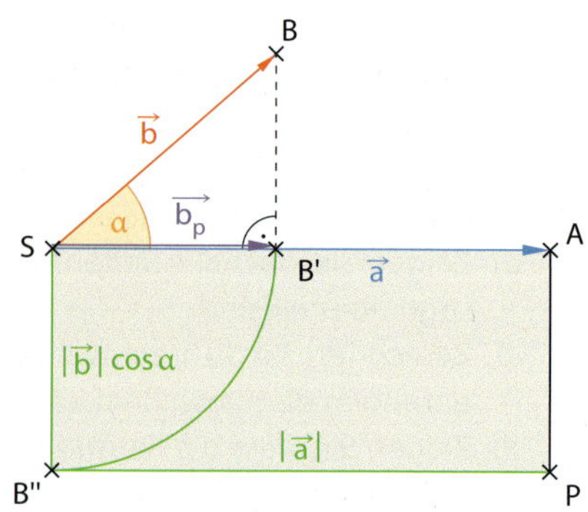

22. Für die physikalische Arbeit gilt:
Arbeit = Kraft · Weg
Die Person im Bild zieht mit der Kraft $\vec{F} = \begin{pmatrix} 3 \\ 2 \end{pmatrix}$ (in N) den Kasten einen Hang hoch. Die Kraft wird in einem Winkel φ zum Hang ausgeübt. Nur der Teil der Kraft, welcher in Richtung des Weges wirkt, darf in die Berechnung eingehen. Man benötigt also die senkrechte Projektion $\vec{F_H}$ von $\vec{F}$ auf den Wegvektor $\vec{s} = \begin{pmatrix} 12 \\ 4 \end{pmatrix}$ (in m). Nutzen Sie Aufgabe 21, um möglichst einfach die beim Hochziehen geleistete Arbeit zu berechnen.

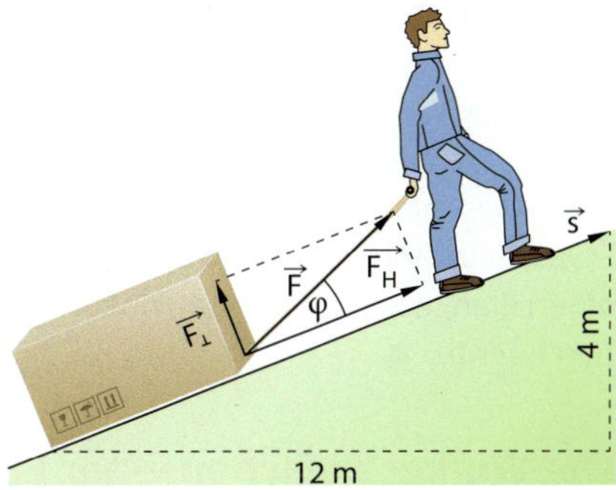

Hinweis zu 22 und 23:
Einheit der Kraft:
1 N (Newton)
Einheit der Arbeit:
1 Nm = 1 J (Joule)

23. Früher wurden Schiffe auf Kanälen von Pferden gezogen, die auf Treidelpfaden am Ufer gingen. Berechnen Sie, welche Arbeit ein Pferd verrichtet, wenn es mit der angegebenen Kraft (in N) ziehend den Weg $\vec{s}$ (in m) zurücklegt.

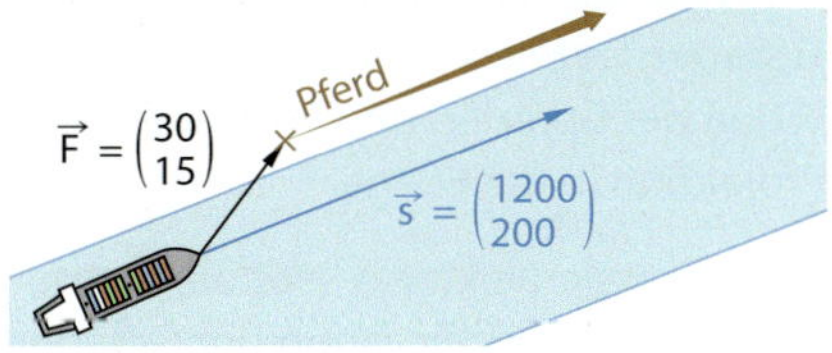

24. In einem Koordinatensystem, bei dem die ebene Erdoberfläche der x_1-x_2-Ebene entspricht, beschreiben die Geraden g_1, g_2 und g_3 näherungsweise die Flugbahnen dreier Flugzeuge F_1, F_2 und F_3 für einen betrachteten Zeitraum. Dabei entspricht eine Längeneinheit 1 km und r, s, t geben die Zeit in Minuten seit 8:00 Uhr an.

$g_1: \vec{x} = \begin{pmatrix} 0 \\ -5 \\ 1 \end{pmatrix} + r \cdot \begin{pmatrix} 4 \\ 3 \\ 1 \end{pmatrix}$ mit $-1 \leq r \leq 12$

$g_2: \vec{x} = \begin{pmatrix} 26 \\ 18 \\ 6 \end{pmatrix} + s \cdot \begin{pmatrix} 3{,}5 \\ 3{,}5 \\ 0{,}5 \end{pmatrix}$ mit $-6 \leq s \leq 12$

$g_3: \vec{x} = \begin{pmatrix} -8 \\ -4 \\ 14 \end{pmatrix} + t \cdot \begin{pmatrix} 3 \\ 3 \\ -1 \end{pmatrix}$ mit $0 \leq t \leq 12$

a) Zeigen Sie, dass sich g_1 und g_2 schneiden, und berechnen Sie den Schnittwinkel.
b) Berechnen Sie den Abstand der Flugzeuge F_1 und F_2 für den Augenblick, in dem F_1 die Flugbahn von F_2 kreuzt.
c) Zeigen Sie, dass die Geraden g_1 und g_3 windschief zueinander sind.
Im Punkt P(10 | 14 | 8) kommt F_3 der Flugbahn von F_1 am nächsten.
Bestimmen Sie, zu welchem Zeitpunkt das der Fall ist.
d) h sei die Gerade durch P, welche zu g_1 und g_3 senkrecht verläuft. Geben Sie eine Gleichung von h an.
e) Zeigen Sie, dass h auch die Gerade g_1 schneidet, und bestimmen Sie den Abstand der beiden Flugbahnen g_1 und g_3.
f) Berechnen Sie, zu welchem Zeitpunkt die Flugzeuge F_1 und F_3 den kürzesten Abstand zueinander haben, und vergleichen Sie diesen Abstand mit dem ihrer Flugbahnen.

25. Ausblick: Es soll gezeigt werden, dass $|\vec{a} \times \vec{b}| = |\vec{a}| \cdot |\vec{b}| \cdot \sin(\alpha)$ gilt, und dass $|\vec{a} \times \vec{b}|$ gleich der Flächenmaßzahl des von $\vec{a}$ und $\vec{b}$ aufgespannten Parallelogramms ist. Dabei ist α der Winkel zwischen $\vec{a}$ und $\vec{b}$.

a) Berechnen Sie $|\vec{a} \times \vec{b}|^2 = \left|\begin{pmatrix} a_2b_3 - a_3b_2 \\ a_3b_1 - a_1b_3 \\ a_1b_2 - a_2b_1 \end{pmatrix}\right|^2$.
b) Berechnen Sie $|\vec{a}|^2 \cdot |\vec{b}|^2 - |\vec{a} \cdot \vec{b}|^2$ und zeigen Sie so, dass gilt:
$|\vec{a} \times \vec{b}|^2 = |\vec{a}|^2 \cdot |\vec{b}|^2 - |\vec{a} \cdot \vec{b}|^2$
c) Zeigen Sie mithilfe von b) und den Formeln $\vec{a} \cdot \vec{b} = |\vec{a}| \cdot |\vec{b}| \cdot \cos(\alpha)$ und $(\cos(\alpha))^2 = 1 - (\sin(\alpha))^2$, dass gilt: $|\vec{a} \times \vec{b}| = |\vec{a}| \cdot |\vec{b}| \cdot \sin(\alpha)$
d) Zeigen Sie, dass $|\vec{a}| \cdot |\vec{b}| \cdot \sin(\alpha)$ gleich der Flächenmaßzahl des von $\vec{a}$ und $\vec{b}$ aufgespannten Parallelogramms ist.

7.2 Winkel zwischen Ebenen und Geraden

■ Mit der Schreibfläche als Ebene und einem Stift als Gerade können Sie sich veranschaulichen, was man unter dem Winkel zwischen Ebene und Gerade versteht. Entwickeln Sie einen Plan, wie man diesen Winkel berechnen könnte. ■

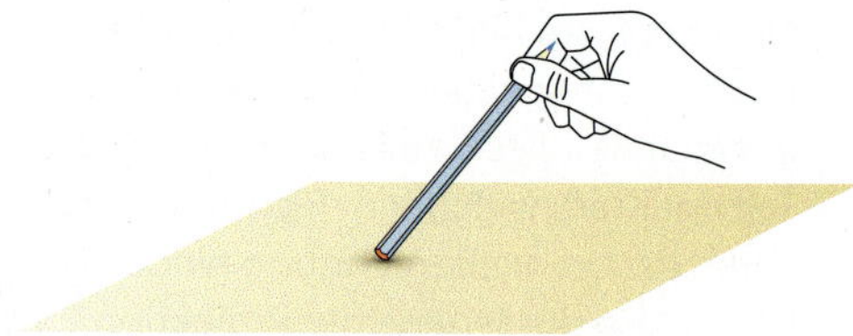

Der Winkel zwischen einer Ebene und einer Geraden

Als **Winkel zwischen einer Ebene und einer Geraden** bezeichnet man den Winkel zwischen der Geraden und ihrer senkrechten Projektion in die Ebene.

Der Normalenvektor $\vec{n}$ legt die Richtung der Ebene E fest. Die Richtung der Geraden g wird durch den Richtungsvektor $\vec{u}$ beschrieben. Der Winkel α zwischen E und g ergänzt sich mit dem Winkel zwischen $\vec{n}$ und der Geraden zu 90°.

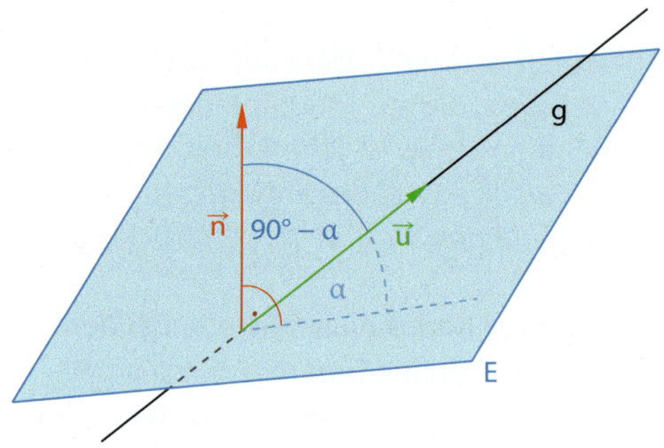

Es gilt: $\cos(90° - \alpha) = \frac{|\vec{n} \cdot \vec{u}|}{|\vec{n}| \cdot |\vec{u}|}$. Mit $\cos(90° - \alpha) = \sin(\alpha)$ ergibt sich eine Formel für α.

Hinweis:
Durch die Betragsstriche ist sichergestellt, dass man einen spitzen Winkel erhält.

Wissen: Winkel zwischen Ebene und Gerade
Für den Winkel zwischen einer Ebene E mit dem Normalenvektor $\vec{n}$ und einer Geraden g mit dem Richtungsvektor $\vec{u}$ gilt: $\sin(\alpha) = \frac{|\vec{n} \cdot \vec{u}|}{|\vec{n}| \cdot |\vec{u}|}$ $(0° \le \alpha \le 90°)$

Beispiel 1: Berechnen Sie den Winkel zwischen der Ebene E und der Geraden g.

E: $x_1 - 2x_2 + x_3 = 5$ g: $\vec{x} = \begin{pmatrix} 2 \\ 1 \\ 5 \end{pmatrix} + t \begin{pmatrix} 0 \\ 1 \\ -1 \end{pmatrix}$

Lösung:
Lesen Sie aus der Koordinatengleichung der Ebene einen Normalenvektor $\vec{n}$ ab und berechnen Sie damit sin(α).

$\vec{n} = \begin{pmatrix} 1 \\ -2 \\ 1 \end{pmatrix}$ $\vec{u} = \begin{pmatrix} 0 \\ 1 \\ -1 \end{pmatrix}$

$\sin(\alpha) = \frac{|\vec{n} \cdot \vec{u}|}{|\vec{n}| \cdot |\vec{u}|} = \frac{|1 \cdot 0 - 2 \cdot 1 + 1 \cdot (-1)|}{\sqrt{6} \cdot \sqrt{2}}$

$\approx 0{,}866$

Mit der Taste $\sin^{-1}$ auf dem Taschenrechner erhalten Sie einen Näherungswert für den Winkel α.

$\alpha \approx \sin^{-1}(0{,}866) \approx 30°$

Der Winkel zwischen E und g beträgt etwa 30°.

Basisaufgaben

1. Berechnen Sie den Winkel zwischen der Ebene E und der Geraden g.

a) E: $x_1 - 3x_2 + x_3 = 1$; g: $\vec{x} = \begin{pmatrix} 3 \\ 1 \\ 7 \end{pmatrix} + t \begin{pmatrix} 1 \\ 4 \\ 1 \end{pmatrix}$

b) E: $x_1 - 3x_3 = 2$; g: $\vec{x} = \begin{pmatrix} 1 \\ 5 \\ 9 \end{pmatrix} + t \begin{pmatrix} -2 \\ 3 \\ 1 \end{pmatrix}$

c) E: $\vec{x} \cdot \begin{pmatrix} 3 \\ -4 \\ 6 \end{pmatrix} = 8$; g: $\vec{x} = \begin{pmatrix} 0 \\ 1 \\ 0 \end{pmatrix} + t \begin{pmatrix} 3 \\ -1 \\ 1 \end{pmatrix}$

d) E: $\vec{x} \cdot \begin{pmatrix} -2 \\ -1 \\ 1 \end{pmatrix} = 11$; g: $\vec{x} = \begin{pmatrix} -7 \\ 4 \\ 1 \end{pmatrix} + t \begin{pmatrix} 2 \\ 1 \\ 5 \end{pmatrix}$

2. Berechnen Sie den Winkel zwischen der Ebene E und der Geraden g.

a) $E: x_1 - x_2 + 3x_3 = 9$ $\quad g: \vec{x} = \begin{pmatrix} 5 \\ 1 \\ -4 \end{pmatrix} + t\begin{pmatrix} -1 \\ 0 \\ 1 \end{pmatrix}$

b) $E: \vec{x} = \begin{pmatrix} 7 \\ 1 \\ -4 \end{pmatrix} + r\begin{pmatrix} -1 \\ 8 \\ 2 \end{pmatrix} + s\begin{pmatrix} 2 \\ 2 \\ -2 \end{pmatrix}$ $\quad g: \vec{x} = \begin{pmatrix} -3 \\ 0 \\ 2 \end{pmatrix} + t\begin{pmatrix} 2 \\ -1 \\ 0 \end{pmatrix}$

c) $E: \vec{x} = \begin{pmatrix} 5 \\ 5 \\ 1 \end{pmatrix} + r\begin{pmatrix} 2 \\ -2 \\ 1 \end{pmatrix} + s\begin{pmatrix} 6 \\ 8 \\ -1 \end{pmatrix}$ $\quad g: \vec{x} = \begin{pmatrix} 1 \\ 5 \\ 9 \end{pmatrix} + t\begin{pmatrix} -2 \\ 3 \\ 1 \end{pmatrix}$

d) $E: \vec{x} = \begin{pmatrix} 3 \\ 1 \\ -5 \end{pmatrix} + r\begin{pmatrix} 1 \\ -1 \\ 2 \end{pmatrix} + s\begin{pmatrix} 3 \\ 2 \\ 1 \end{pmatrix}$ $\quad g: \vec{x} = \begin{pmatrix} -6 \\ 7 \\ 9 \end{pmatrix} + t\begin{pmatrix} 1 \\ -1 \\ 2 \end{pmatrix}$

e) $E: \begin{pmatrix} 5 \\ -1 \\ 1 \end{pmatrix} \cdot \vec{x} = \begin{pmatrix} 5 \\ -1 \\ 1 \end{pmatrix} \cdot \begin{pmatrix} 2 \\ -1 \\ 0 \end{pmatrix}$ $\quad g: \vec{x} = \begin{pmatrix} 7 \\ 1 \\ 1 \end{pmatrix} + t\begin{pmatrix} 1 \\ 2 \\ -3 \end{pmatrix}$

f) $E: 2x_1 - 3x_2 + 2x_3 = 7$ $\quad$ g enthält die Punkte $A(3|-4|3)$ und $B(4|-2|5)$.

Hinweis:
Der Winkel zwischen E und g beträgt genau dann 0°, wenn E und g echt parallel zueinander sind oder wenn g in E liegt.

3. Die Gerade zu $g: \vec{x} = \begin{pmatrix} 1 \\ 5 \\ 9 \end{pmatrix} + t\begin{pmatrix} -2 \\ 3 \\ 1 \end{pmatrix}$ schließt mit jeder der drei Koordinatenebenen einen Winkel ein. Berechnen Sie diese Winkel.

Der Winkel zwischen zwei Ebenen

Zwei sich schneidende Ebenen E_1 und E_2 können im Querschnitt durch Geraden g_1 und g_2 dargestellt werden. Diese Geraden schneiden sich und verlaufen orthogonal zur Schnittgerade der Ebenen. Den Winkel α zwischen g_1 und g_2 bezeichnet man als **Winkel zwischen den Ebenen.** Dieser Winkel entspricht dem Winkel α' zwischen zwei Normalenvektoren.

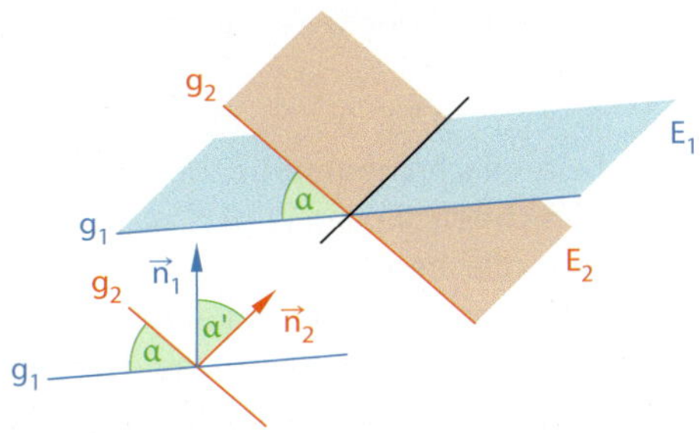

Wissen: Winkel zwischen zwei Ebenen
Für den Winkel α zwischen den Ebenen E_1 und E_2 mit den Normalenvektoren $\vec{n_1}$ und $\vec{n_2}$ gilt:
$\cos(\alpha) = \frac{|\vec{n_1} \cdot \vec{n_2}|}{|\vec{n_1}| \cdot |\vec{n_2}|}$ $\quad (0° \le \alpha \le 90°)$

Durch die Betragsstriche im Zähler spielt die Orientierung der Normalenvektoren keine Rolle; man erhält auf jeden Fall den Kosinus eines spitzen Winkels.

Beispiel 2: Berechnen Sie den Winkel zwischen den Ebenen E_1 und E_2.

$E_1: \vec{x} = \begin{pmatrix} 2 \\ -1 \\ 4 \end{pmatrix} + r\begin{pmatrix} 1 \\ 1 \\ -1 \end{pmatrix} + s\begin{pmatrix} -2 \\ 0 \\ 3 \end{pmatrix}$ $\quad E_2: \vec{x} \cdot \begin{pmatrix} 3 \\ 4 \\ 2 \end{pmatrix} = \begin{pmatrix} 1 \\ 0 \\ 1 \end{pmatrix} \cdot \begin{pmatrix} 3 \\ 4 \\ 2 \end{pmatrix}$

Hinweis:
$\cos(180 - \alpha) = -\cos(\alpha)$

Lösung:
Bestimmen Sie Normalenvektoren beider Ebenen und berechnen Sie damit $\cos(\alpha)$.
Mit der Taste $\cos^{-1}$ auf dem Taschenrechner erhalten Sie einen Näherungswert für den Winkel α.

$\vec{n}_1 = \begin{pmatrix} 1 \\ 1 \\ -1 \end{pmatrix} \times \begin{pmatrix} -2 \\ 0 \\ 3 \end{pmatrix} = \begin{pmatrix} 3 \\ -1 \\ 2 \end{pmatrix}$ $\quad \vec{n}_2 = \begin{pmatrix} 3 \\ 4 \\ 2 \end{pmatrix}$

$\cos(\alpha) = \frac{9 - 4 + 4}{\sqrt{14} \cdot \sqrt{29}} \approx 0{,}4467$

$\alpha \approx \cos^{-1}(0{,}4467) \approx 63{,}5°$

Basisaufgaben

4. Berechnen Sie den Winkel zwischen den Ebenen E_1 und E_2.

a) $E_1: x_1 - 3x_2 + 4x_3 = 9$ $\quad E_2: 6x_1 - x_2 + 2x_3 = 4$

b) $E_1: 3x_1 - 4x_2 + x_3 = 10$ $\quad E_2: x_1 + x_2 + x_3 = 12$

5. Berechnen Sie den Winkel α zwischen den Ebenen E_1 und E_2. Erklären Sie, welche Lagebeziehungen zwischen E_1 und E_2 möglich sind, wenn $\alpha = 0°$ ist.

a) $E_1: \vec{x} = \begin{pmatrix} 1 \\ 3 \\ -6 \end{pmatrix} + r\begin{pmatrix} 2 \\ -1 \\ 4 \end{pmatrix} + s\begin{pmatrix} -2 \\ 5 \\ 0 \end{pmatrix}$ $\quad E_2: \vec{x} \cdot \begin{pmatrix} 1 \\ -2 \\ 1 \end{pmatrix} = 7$

b) $E_1: \vec{x} \cdot \begin{pmatrix} 2 \\ -1 \\ 1 \end{pmatrix} = 4$ $\quad E_2: \vec{x} = \begin{pmatrix} 0 \\ 2 \\ 1 \end{pmatrix} + r\begin{pmatrix} 4 \\ -1 \\ 3 \end{pmatrix} + s\begin{pmatrix} 1 \\ -2 \\ -1 \end{pmatrix}$

c) $E_1: \vec{x} \cdot \begin{pmatrix} 5 \\ -1 \\ 2 \end{pmatrix} = 5$ $\quad E_2: \vec{x} \cdot \begin{pmatrix} -1 \\ 3 \\ 1 \end{pmatrix} = \begin{pmatrix} 8 \\ -1 \\ 9 \end{pmatrix} \cdot \begin{pmatrix} -1 \\ 3 \\ 1 \end{pmatrix}$

d) $E_1: \vec{x} = \begin{pmatrix} 6 \\ 1 \\ 2 \end{pmatrix} + r\begin{pmatrix} -4 \\ 1 \\ 0 \end{pmatrix} + s\begin{pmatrix} 2 \\ -3 \\ 5 \end{pmatrix}$ $\quad E_2: \vec{x} = \begin{pmatrix} 4 \\ -1 \\ 7 \end{pmatrix} + k\begin{pmatrix} 2 \\ 1 \\ -3 \end{pmatrix} + l\begin{pmatrix} 2 \\ 0 \\ -1 \end{pmatrix}$

Weiterführende Aufgaben

6. Die abgebildete regelmäßige Pyramide hat ein Grundquadrat der Seitenlänge 8 LE und eine Höhe von 10 LE.

a) Berechnen Sie den Neigungswinkel einer Seitenfläche gegenüber der Grundfläche.

b) Berechnen Sie den Winkel zwischen zwei Seitenflächen.

c) Berechnen Sie den Winkel zwischen einer zur Spitze führenden Kante und der Grundfläche.

d) Berechnen Sie den Winkel zwischen der Kante $\overline{AS}$ und der x_1-Achse.

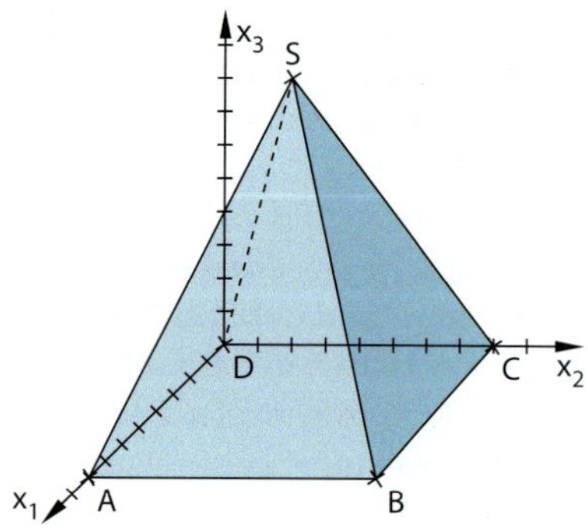

7. **Stolperstelle:** Mike berechnet den Winkel α zwischen zwei Ebenen E_1 und E_2. Er wählt einen Normalenvektor $\vec{n_1}$ von E_1 und einen Richtungsvektor $\vec{v}$ von E_2. Dann verwendet er den Ansatz: $\cos(90° - \alpha) = \frac{|\vec{n_1} \cdot \vec{v}|}{|\vec{n_1}| \cdot |\vec{v}|}$

Beurteilen Sie diesen Ansatz. Prüfen Sie dazu mithilfe von Blättern und Stiften, ob $\vec{n_1}$ mit allen Vektoren, die in E_2 liegen, einen gleich großen Winkel einschließt.

8. Die Gerade $g: \vec{x} = \begin{pmatrix} -1 \\ -46 \\ 5 \end{pmatrix} + t\begin{pmatrix} 0 \\ 10 \\ -1 \end{pmatrix}$ beschreibt die Flugbahn eines Flugzeugs beim Landeanflug. Die Landebahn liegt in der Ebene $E: -x_1 + 3x_2 + 15x_3 = 13$.
Berechnen Sie, in welchem Winkel das Flugzeug landet.

9. Gegeben sind die Punkte $P(2|-2|1)$, $Q(3|0|-1)$, $R(1|2|0)$ und $S(5|10|1)$.

a) Die Ebene E_1 enthält P, Q und R. Bestimmen Sie eine Normalengleichung von E_1.

b) Berechnen Sie die Schnittgerade g und den Winkel von E_1 und $E_2: x_1 + 2x_2 - 2x_3 = 5$.

c) Die Ebene E_3 enthält die Gerade g und den Punkt S. Zeigen Sie, dass E_3 den Winkel zwischen E_1 und E_2 halbiert.

10. Eine Weltraumstation habe die Form eines Prismas. Gegeben sind A (2 | 2 | −2), B (−2 | 4 | 2), C (0 | 0 | 6), F (4 | 10 | 5) sowie die Gerade

$g: \vec{x} = \begin{pmatrix} 8 \\ 14 \\ -2 \end{pmatrix} + t \begin{pmatrix} -2 \\ -3 \\ 1 \end{pmatrix}$.

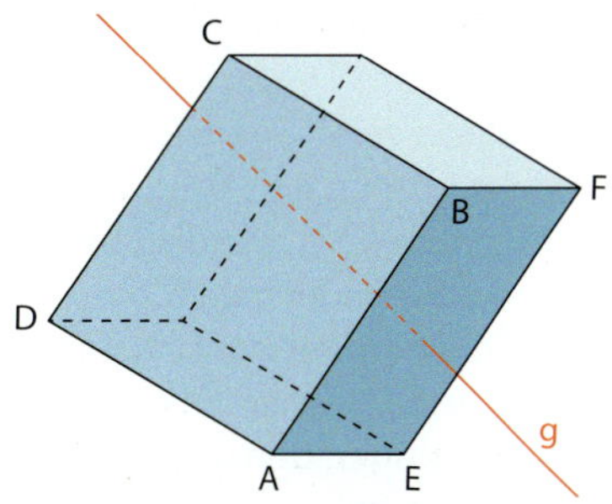

a) Berechnen Sie die Punkte D und E des Prismas und skizzieren Sie es in ein Koordinatensystem. Zeigen Sie, dass die Parallelogramme ABCD und AEFB Rechtecke sind.

b) Ein außerhalb der Station befindlicher Astronaut wirft einen Gegenstand Richtung Station, der sich entlang der Geraden g bewegt. Zeigen Sie, dass der Gegenstand das Rechteck AEFB trifft und berechnen Sie den Auftreffwinkel.

● c) Der Gegenstand gleitet nach dem Auftreffen an der Wand entlang, also auf der Projektion von g auf E_{AEF}. Geben Sie eine Gleichung dieser Projektionsgeraden an.

11. Ein Haus mit Walmdach hat einen Anbau mit Flachdach. Auf dem Flachdach steht ein 7 m hoher Mast. Die untere Abbildung zeigt zwei der Dachflächen in einem Koordinatensystem (1 LE = 1 m).

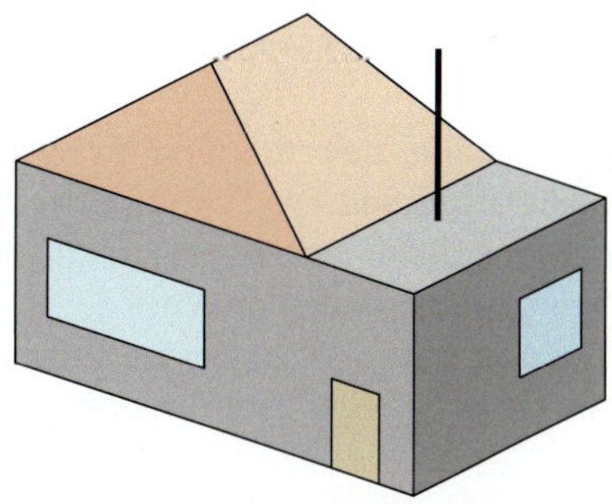

a) Zeigen Sie, dass das Viereck ABCD ein gleichschenkliges Trapez ist.

b) Ermitteln Sie eine Normalengleichung der Ebene E_{ABD} und eine Gleichung ihrer Spurgeraden g in der x_1x_2-Ebene, an welcher die beiden Dachflächen aneinanderstoßen.

c) Berechnen Sie den Winkel zwischen den beiden Dachflächen.

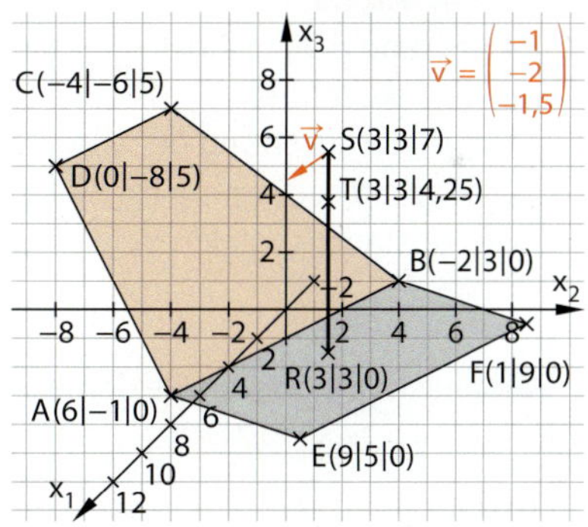

d) Berechnen Sie den Winkel, in dem die Sonnenstrahlen entlang dem Vektor $\vec{v}$ auf das Trapez ABCD treffen.

e) Der an der Geraden g geknickte Schatten des Mastes $\overline{RS}$ auf der Dachfläche soll berechnet werden.

① Berechnen Sie die Punkte S′ und T′, die man durch Projektion von S und T entlang $\vec{v}$ auf die Ebene E_{ABD} erhält.

② Berechnen Sie den Schnittpunkt von $g_{S'T'}$ mit der Geraden g. Übertragen Sie die untere Abbildung in Ihr Heft und tragen Sie den „geknickten" Schatten in die Skizze ein.

f) Berechnen Sie den Winkel am Knick des Schattens und begründen Sie, weshalb er gleich dem Winkel zwischen den Flächen ist.

● **12. Ausblick: Richtungskosinus und Einheitsvektor**

Gegeben ist die Ebene E: $3x_1 - 2x_2 + x_3 = 1$.

a) Berechnen Sie die Winkel $\alpha_1, \alpha_2, \alpha_3$ zwischen einem Normalenvektor $\vec{n}$ der Ebene und den Koordinatenachsen.

b) Zeigen Sie am Beispiel, dass für den Einheitsvektor $\vec{n_0} = \frac{1}{|\vec{n}|}\vec{n}$ gilt: $\vec{n_0} = \begin{pmatrix} \cos(\alpha_1) \\ \cos(\alpha_2) \\ \cos(\alpha_3) \end{pmatrix}$.

c) Zeigen Sie am Beispiel, dass die Beträge der Koordinaten von $\vec{n_0}$ gleich dem Sinus des Winkels zwischen E und der jeweiligen Koordinatenachse sind.

7.3 Abstand eines Punktes von einer Ebene

■ Die Skizze zeigt einige Repräsentanten einer Schar paralleler Ebenen E_a: $-0{,}5x_1 + 2x_2 + x_3 = a$; $a \in \mathbb{R}$.

a) Beschreiben Sie, wie die Ebenen E_a für a = 2, a = 4 und a = 6 zueinander liegen.

b) Beschreiben Sie, was sich mit wachsendem a ändert.

c) Berechnen Sie mithilfe einer geeigneten Ursprungsgeraden den Abstand dieser Ebenen zum Ursprung. ■

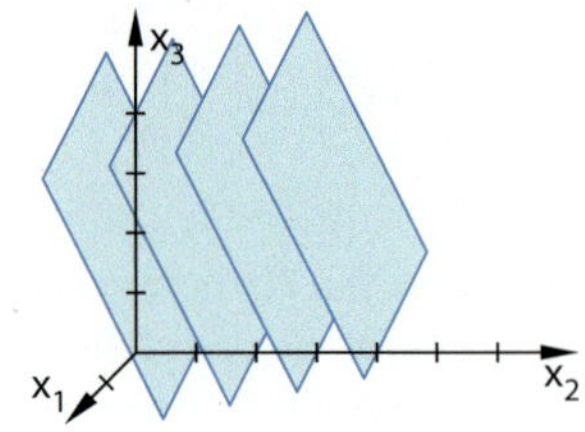

Abstandsbestimmung mit einer Lotgeraden

Ein Punkt A, der außerhalb einer Ebene E liegt, hat zu jedem Punkt der Ebenen einen Abstand. Der kürzeste dieser Abstände wird als **Abstand des Punktes A von der Ebene E** definiert.
Eine Gerade, die orthogonal zu E verläuft, heißt **Lotgerade**. Der Schnittpunkt F der Lotgeraden durch den Punkt A mit der Ebene heißt **Lotfußpunkt von A auf E**.
Der Abstand von A zur Ebene entspricht dem Abstand von A zum Lotfußpunkt.

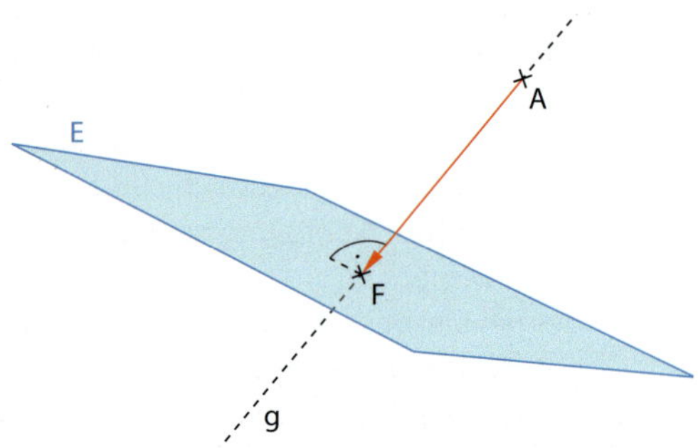

Wissen: Abstand Punkt – Ebene mit dem Lotfußpunktverfahren
Der Abstand d (A, E) eines Punktes A zu einer Ebene E mit dem Normalenvektor $\vec{n}$ lässt sich wie folgt berechnen.
① Parametergleichung der Lotgeraden g durch A mit Richtungsvektor $\vec{n}$ aufstellen.
② Die Schnittbedingung für E und g liefert den Lotfußpunkt F.
③ Der Abstand ist gleich der Länge des Vektors $\overrightarrow{AF}$, also $d(A, E) = |\overrightarrow{AF}|$.

Beispiel 1: Berechnen Sie den Abstand des Punktes A (9 | −3 | 2) zur Ebene E: $3x_1 + x_2 - 2x_3 = -12$.

Lösung:
Mit $\overrightarrow{OA}$ als Stützvektor und einem Normalenvektor von E als Richtungsvektor ergibt sich eine Gleichung der Lotgeraden.

Lotgerade:
$$g: \vec{x} = \begin{pmatrix} 9 \\ -3 \\ 2 \end{pmatrix} + t\begin{pmatrix} 3 \\ 1 \\ -2 \end{pmatrix}$$

Das Einsetzen der Koordinaten von g in die Koordinatengleichung von E liefert die Schnittbedingung. Lösen Sie nach t auf. Setzen Sie t in die Geradengleichung ein und berechnen Sie so den Ortsvektor des Lotfußpunktes F.

Lotfußpunkt:
$$3(9 + 3t) + (-3 + t) - 2(2 - 2t) = -12$$
$$20 + 14t = -12 \Leftrightarrow t = -\tfrac{16}{7}$$
$$\overrightarrow{OF} = \begin{pmatrix} 9 \\ -3 \\ 2 \end{pmatrix} - \frac{16}{7}\begin{pmatrix} 3 \\ 1 \\ -2 \end{pmatrix} = \frac{1}{7}\begin{pmatrix} 15 \\ -37 \\ 46 \end{pmatrix}$$

Berechnen Sie den Betrag von $\overrightarrow{AF}$ und damit den Abstand von A zur Ebene E.

Abstand:
$$d(A, E) = |\overrightarrow{AF}| = |\overrightarrow{OF} - \overrightarrow{OA}|$$
$$= \left|\begin{pmatrix} 9 \\ -3 \\ 2 \end{pmatrix} - \frac{16}{7}\begin{pmatrix} 3 \\ 1 \\ -2 \end{pmatrix} - \begin{pmatrix} 9 \\ -3 \\ 2 \end{pmatrix}\right| = \frac{16\sqrt{14}}{7} \approx 8{,}6$$

Hinweis:
Ist nur der Abstand gefragt, dann benötigen Sie nicht die Koordinaten von F. Das Beispiel zeigt:
$\overrightarrow{AF} = t \cdot \vec{n}$

Basisaufgaben

1. Gegeben sind eine Ebene E und ein Punkt A. Geben Sie die Koordinaten des Lotfußpunktes von A auf E an. Berechnen Sie den Abstand von E und A.

a) $E: \begin{pmatrix} 3 \\ 4 \\ -1 \end{pmatrix} \cdot \vec{x} = 8$ $\quad A(-6|-11|8)$

b) $E: \begin{pmatrix} 2 \\ -1 \\ 2 \end{pmatrix} \cdot \vec{x} = \begin{pmatrix} 2 \\ -1 \\ 2 \end{pmatrix} \cdot \begin{pmatrix} 5 \\ 1 \\ 3 \end{pmatrix}$ $\quad A(8|-7|5)$

c) $E: \begin{pmatrix} 5 \\ -1 \\ 6 \end{pmatrix} \cdot \vec{x} + 9 = 0$ $\quad A(4|4|1)$

d) $E: 12x_1 - 5x_3 = 17$ $\quad A(-11|6|4)$

2. Berechnen Sie den Abstand des Punktes P zur Ebene E.

a) $E: \begin{pmatrix} 2 \\ -7 \\ 3 \end{pmatrix} \cdot \vec{x} = 4$ $\quad P(5|-6|2)$

b) $E: x_1 - 8x_2 + 4x_3 = 9$ $\quad P(-1|-8|0)$

3. Ermitteln Sie die Koordinaten des Lotfußpunktes von P auf die Ebene E.

a) $E: \vec{x} = \begin{pmatrix} 3 \\ 5 \\ -2 \end{pmatrix} + r\begin{pmatrix} 1 \\ -1 \\ 1 \end{pmatrix} + s\begin{pmatrix} 0 \\ 2 \\ 1 \end{pmatrix}$ $\quad P(5|2|-7)$

b) $E: \vec{x} = \begin{pmatrix} 1 \\ 0 \\ 1 \end{pmatrix} + r\begin{pmatrix} 1 \\ 4 \\ 3 \end{pmatrix} + s\begin{pmatrix} 0 \\ 0 \\ 1 \end{pmatrix}$ $\quad P(3{,}5|1{,}5|1)$

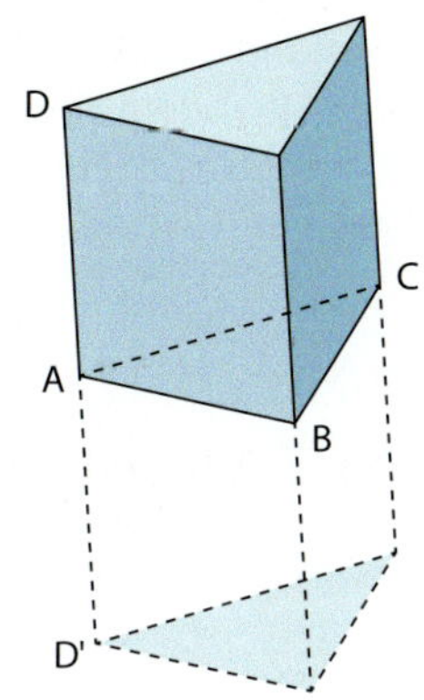

4. Das Dreieck $A(5|0|-2)$, $B(10|-5|-2)$, $C(2|-4|2)$ ist die Grundfläche eines dreiseitigen Prismas. Die Kante $\overline{AD}$ soll senkrecht zur Grundfläche verlaufen und 18 LE lang sein. Bestimmen Sie alle möglichen Koordinaten des Punktes D.

Die Hesse'sche Normalenform

Gegeben sind eine Ebene E mit Stützpunkt P und Normalenvektor $\vec{n}$ sowie ein beliebiger Punkt A.
Der Winkel α zwischen $\overrightarrow{PA}$ und $\vec{n}$ erfüllt die Gleichung:

$$\cos(\alpha) = \frac{d(A, E)}{|\overrightarrow{PA}|}$$

Umstellen ergibt:

$$d(A, E) = \cos(\alpha) \cdot |\overrightarrow{PA}|$$

Nach Abschnitt 7.1 lässt sich $\cos(\alpha)$ durch das Skalarprodukt ausdrücken:

$$\begin{aligned} d(A, E) &= \cos(\alpha) \cdot |\overrightarrow{PA}| \\ &= \frac{\vec{n} \cdot \overrightarrow{PA}}{|\vec{n}| \cdot |\overrightarrow{PA}|} \cdot |\overrightarrow{PA}| \\ &= \frac{1}{|\vec{n}|} \cdot \vec{n} \cdot \overrightarrow{PA} \end{aligned}$$

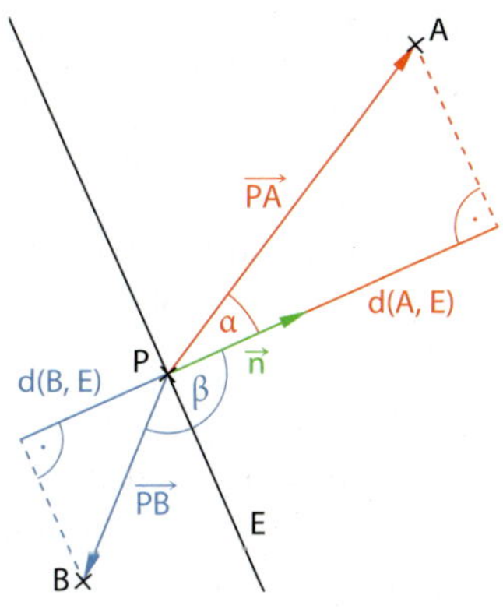

Erinnerung:
Im rechtwinkligen Dreieck gilt:
$\cos(\alpha) = \frac{\text{Ankathete}}{\text{Hypotenuse}}$

Erinnerung:
In $\vec{n} \cdot \vec{p} = |\vec{n}| \cdot |\vec{p}| \cdot \cos(\alpha)$ sind die Beträge positiv. Deshalb hängt das Vorzeichen des Skalarprodukts alleine von $\cos(\alpha)$ ab.
Für $\alpha < 90°$ ist das Skalarprodukt positiv, für $\alpha > 90°$ ist es negativ.

Dies ist gültig für $\alpha < 90°$. Für den Punkt B in der Zeichnung ist $\cos(\beta)$ negativ, weil $\beta > 90°$ ist. Sicherheitshalber setzt man also den Ausdruck für d (A, E) in Betragsstriche:

$$d(A, E) = \left|\frac{1}{|\vec{n}|} \cdot \vec{n} \cdot \overrightarrow{PA}\right| = \left|\frac{1}{|\vec{n}|} \cdot \vec{n} \cdot (\overrightarrow{OA} - \overrightarrow{OP})\right| = \frac{1}{|\vec{n}|}\left|\vec{n} \cdot \overrightarrow{OA} - \vec{n} \cdot \overrightarrow{OP}\right|$$

Satz: Abstand Punkt – Ebene

Sei E eine Ebene durch den Punkt P und mit Normalenvektor $\vec{n}$. Für den Abstand eines Punktes A zur Ebene E gilt: $d(A, E) = \frac{1}{|\vec{n}|}\left|\vec{n} \cdot \overrightarrow{OA} - \vec{n} \cdot \overrightarrow{OP}\right|$

Hinweis:
Der Vektor $\overrightarrow{n_0} = \frac{1}{|\vec{n}|}\vec{n}$ hat die Länge 1 und heißt **Normaleneinheitsvektor** der Ebene.

Definition: Hesse'sche Normalenform (HNF)

Ist $\vec{n} \cdot \vec{x} - \vec{n} \cdot \overrightarrow{OP} = 0$ eine Normalengleichung einer Ebene E, so heißt

$\frac{1}{|\vec{n}|}(\vec{n} \cdot \vec{x} - \vec{n} \cdot \overrightarrow{OP}) = 0$ **Hesse'sche Normalenform** (HNF) der Ebene E.

Merkregel:
Der Abstand von A zu E entspricht dem Betrag der linken Seite einer Hesse'schen Normalenform von E, wobei $\vec{x}$ durch $\overrightarrow{OA}$ ersetzt wird.

Beispiel 2: Abstand eines Punktes zu einer Ebene

Berechnen Sie den Abstand des Punktes A (9 | −3 | 2) zur Ebene E: $3x_1 + x_2 - 2x_3 = -12$.

Lösung:

Stellen Sie eine Normalengleichung auf und formen Sie diese so um, dass die rechte Seite null ist. Dividieren Sie die Gleichung durch den Betrag des Normalenvektors.

$\begin{pmatrix} -3 \\ -1 \\ 2 \end{pmatrix} \cdot \vec{x} = 12 \qquad \left|\begin{pmatrix} -3 \\ -1 \\ 2 \end{pmatrix}\right| = \sqrt{14}$

Hesse'sche Normalenform:

$\frac{1}{\sqrt{14}}\left[\begin{pmatrix} -3 \\ -1 \\ 2 \end{pmatrix} \cdot \vec{x} - 12\right] = 0$

Den Abstand des Punktes A zur Ebene E erhalten Sie, indem Sie die Koordinaten von A in die Hesse'sche Normalenform einsetzen und Betragsstriche ergänzen.

Abstand berechnen:

$d(A, E) = \frac{1}{\sqrt{14}}\left|\begin{pmatrix} -3 \\ -1 \\ 2 \end{pmatrix} \cdot \begin{pmatrix} 9 \\ -3 \\ 2 \end{pmatrix} - 12\right| = \frac{32}{\sqrt{14}} \approx 8{,}6$

Der Abstand beträgt rund 8,6 LE.

Hinweis:
Die rechte Seite jeder Koordinatengleichung entspricht (betragsmäßig) dem Produkt von $|\vec{n}|$ und dem Ursprungsabstand.

Für den Abstand einer Ebene E zum Ursprung O gilt:

$d = d(O, E) = \frac{1}{|\vec{n}|}\left|\vec{n} \cdot \begin{pmatrix} 0 \\ 0 \\ 0 \end{pmatrix} - \vec{n} \cdot \overrightarrow{OP}\right| = \frac{1}{|\vec{n}|}|\vec{n} \cdot \overrightarrow{OP}| = |\overrightarrow{n_0} \cdot \overrightarrow{OP}|$

Die Hesse'sche Normalenform enthält also unmittelbar den Ursprungsabstand der Ebene.

Beispiel 3: Abstand einer Ebene zum Ursprung

a) Berechnen Sie den Ursprungsabstand der Ebene E: $-2x_1 + x_2 - 2x_3 = -12$.
b) Ermitteln Sie Gleichungen der beiden zu E parallelen Ebenen im Abstand 2.

Lösung:

a) Lesen Sie den Normalenvektor $\vec{n}$ ab und berechnen Sie $|\vec{n}|$. Die rechte Seite der Koordinatengleichung von E entspricht dem Skalarprodukt $\vec{n} \cdot \overrightarrow{OP}$.

$\vec{n} = \begin{pmatrix} -2 \\ 1 \\ -2 \end{pmatrix}; \quad |\vec{n}| = 3; \quad \vec{n} \cdot \overrightarrow{OP} = -12$

$d(O, E) = \frac{1}{|\vec{n}|}|\vec{n} \cdot \overrightarrow{OP}| = \frac{1}{3} \cdot 12 = 4$

b) Die gesuchten Ebenen haben den gleichen Normalenvektor wie E und die Ursprungsabstände 2 und 6. Stellen Sie die Abstandsformeln um und bestimmen Sie so die Skalarprodukte $\vec{n} \cdot \overrightarrow{OP}$ und damit die rechten Seiten der Koordinatengleichungen.

Ebene mit Ursprungsabstand 6:

$\frac{1}{|\vec{n}|}|\vec{n} \cdot \overrightarrow{OP}| = 6$ also $|\vec{n} \cdot \overrightarrow{OP}| = 6 \cdot |\vec{n}| = 6 \cdot 3 = 18$

E_1: $2x_1 - x_2 + 2x_3 = 18$

Ebene mit Ursprungsabstand 2:

$\frac{1}{|\vec{n}|}|\vec{n} \cdot \overrightarrow{OP}| = 2$ also $|\vec{n} \cdot \overrightarrow{OP}| = 2 \cdot |\vec{n}| = 2 \cdot 3 = 6$

E_2: $2x_1 - x_2 + 2x_3 = 6$

Basisaufgaben

5. Geben Sie eine Hesse'sche Normalenform der Ebene E an.

a) E: $\begin{pmatrix} 5 \\ 1 \\ 2 \end{pmatrix} \cdot \vec{x} - \begin{pmatrix} 5 \\ 1 \\ 2 \end{pmatrix} \cdot \begin{pmatrix} 4 \\ 5 \\ 0 \end{pmatrix} = 0$

b) E: $\vec{x} = \begin{pmatrix} 2 \\ 1 \\ 0 \end{pmatrix} + r\begin{pmatrix} 3 \\ 4 \\ -4 \end{pmatrix} + s\begin{pmatrix} -1 \\ -2 \\ 1 \end{pmatrix}$

6. Bestimmen Sie den Abstand des Punktes A von der Ebene E.

a) E: $7x_1 - 4x_2 + 4x_3 = 13$ A(2|8|1)

b) E: $x_1 + 2x_2 + 2x_3 = -6$ A(−3|1|−4)

c) E: $x_1 + x_2 - x_3 = -2$ A(−2|1|4)

d) E: $5x_1 + 12x_2 - 6 = 0$ A(−6|3|7)

7. Bestimmen Sie den Abstand des Punktes A von der Ebene E.

a) E: $\vec{x} = \begin{pmatrix} 2 \\ 5 \\ 1 \end{pmatrix} + r\begin{pmatrix} 1 \\ 1 \\ 1 \end{pmatrix} + s\begin{pmatrix} -1 \\ 1 \\ 2 \end{pmatrix}$ A(5|0|6)

b) E: $\vec{x} = \begin{pmatrix} -1 \\ 3 \\ 0 \end{pmatrix} + r\begin{pmatrix} 2 \\ 2 \\ -1 \end{pmatrix} + s\begin{pmatrix} -3 \\ 2 \\ 4 \end{pmatrix}$ A(−2|7|3)

8. Gegeben sind E: $-2x_1 + x_2 + 2x_3 = 5$ und der Punkt P(12|1|−4). Berechnen Sie den Abstand von P zu E einmal mithilfe der Hesse'schen Normalenform und einmal mithilfe der Lotgeraden. Vergleichen Sie den Aufwand und den Ertrag beider Verfahren.

9. Ermitteln Sie den Abstand d der Ebene E zum Ursprung.

a) E: $\vec{x} \cdot \begin{pmatrix} 2 \\ -1 \\ 3 \end{pmatrix} = 15$

b) E: $\begin{pmatrix} -1 \\ 5 \\ -2 \end{pmatrix} \cdot \vec{x} = \begin{pmatrix} -1 \\ 5 \\ -2 \end{pmatrix} \cdot \begin{pmatrix} 4 \\ 1 \\ 4 \end{pmatrix}$

c) E: $\vec{x} = \begin{pmatrix} 1 \\ 0 \\ 2 \end{pmatrix} + r\begin{pmatrix} 2 \\ -3 \\ 1 \end{pmatrix} + s\begin{pmatrix} 1 \\ 0 \\ 2 \end{pmatrix}$

d) E: $4x_1 - 7x_2 - 4x_3 = 18$

10. Geben Sie zwei Ebenen an, die zu E parallel sind und von E den Abstand d haben.

a) E: $8x_1 - 4x_2 + x_3 = 18$ $d = 5$

b) E: $5x_1 - x_2 + 3x_3 = 6$ $d = 3$

Weiterführende Aufgaben

11. Abstand Gerade – Ebene: Zeigen Sie, dass die Gerade g parallel zur Ebene E verläuft und berechnen Sie den Abstand von g und E.

a) g: $\vec{x} = \begin{pmatrix} 2 \\ 1 \\ 4 \end{pmatrix} + t\begin{pmatrix} 4 \\ 3 \\ -6 \end{pmatrix}$

E: $3x_1 - 2x_2 + x_3 = 9$

b) g: $\vec{x} = \begin{pmatrix} -2 \\ 1 \\ 1 \end{pmatrix} + t\begin{pmatrix} 1 \\ 1 \\ 1 \end{pmatrix}$

E: $\vec{x} = \begin{pmatrix} 4 \\ 1 \\ -1 \end{pmatrix} + r\begin{pmatrix} 2 \\ -1 \\ 1 \end{pmatrix} + s\begin{pmatrix} 3 \\ 0 \\ 2 \end{pmatrix}$

12. Abstand Ebene – Ebene: Begründen Sie, dass die Ebenen E_1 und E_2 parallel zueinander sind, und berechnen Sie ihren Abstand.

a) E_1: $3x_1 - 5x_2 + 2x_3 = 5$
E_2: $6x_1 - 10x_2 + 4x_3 = 8$

b) E_1: $-x_1 + 4x_2 - 2x_3 = 11$
E_2: $x_1 - 4x_2 + 2x_3 = 13$

13. Entscheiden Sie, ob die Aussage wahr oder falsch ist.

a) Der Abstand paralleler Ebenen kann auf die Grundaufgabe Abstand Punkt – Ebene zurückgeführt werden.

b) Der Abstand paralleler Geraden im Raum kann auf die Grundaufgabe Abstand Punkt – Ebene zurückgeführt werden.

c) Der Abstand Punkt – Ebene kann mithilfe einer Lotgeraden der Ebene durch den Punkt ermittelt werden.

14. Stolperstelle: Teresa soll Ebenen bestimmen, die parallel zur Ebene E: $2x_1 - 6x_2 + 3x_3 = 14$ im Abstand 3 verlaufen. Finden und korrigieren Sie Teresas Fehler.

E_1: $2x_1 - 6x_2 + 3x_3 = 14 + 3$ E_2: $2x_1 - 6x_2 + 3x_3 = 11$

15. Die Ebene E sei gegeben durch E: $\vec{x} \cdot \vec{n} = \vec{p} \cdot \vec{n}$. Der Winkel zwischen $\vec{p}$ und $\vec{n}$ heiße α.

a) Zeigen Sie anhand einer Skizze:
Ist $e = \vec{p} \cdot \vec{n} > 0$, so ist $\alpha < 90°$ und $\vec{n}$ zeigt vom Ursprung in Richtung der Ebene.
Ist $e = \vec{p} \cdot \vec{n} < 0$, so ist $\alpha > 90°$ und $\vec{n}$ zeigt vom Ursprung von der Ebene weg.

b) $\vec{n} = \begin{pmatrix} -1 \\ 3 \\ -6 \end{pmatrix}$ ist Normalenvektor einer Ebene, die den Punkt $P(-2\,|\,3\,|\,5)$ enthält.
Prüfen Sie, ob $\vec{n}$ vom Ursprung aus zur Ebene zeigt.

16. Die Ebenen E_1 und E_2 sind parallel zueinander. Berechnen Sie den Abstand zwischen den Ebenen sowie deren Ursprungsabstände. Vergleichen Sie die Ursprungsabstände mit dem Abstand $d(E_1, E_2)$. Erklären Sie das Ergebnis anhand einer Skizze.

① E_1: $2x_1 - 9x_2 - 6x_3 = 33$
E_2: $2x_1 - 9x_2 - 6x_3 = 55$

② E_1: $x_1 - 3x_2 + 6x_3 = 6$
E_2: $2x_1 - 6x_2 + 12x_3 = 0$

③ E_1: $2x_1 - x_2 + 2x_3 = 12$
E_2: $-2x_1 + x_2 - 2x_3 = 6$

17. Spiegelung an einer Ebene:

a) Der Punkt P wird an der Ebene E gespiegelt.
Beschreiben Sie, wie sich mithilfe der Lotgeraden zu E durch P der Spiegelpunkt P' ergibt.

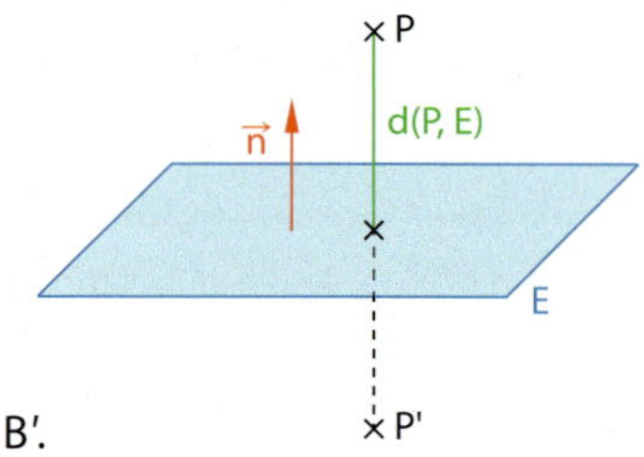

b) Die Punkte $A(8\,|\,25\,|\,-10)$ und $B(-5\,|\,-12\,|\,-4)$ werden an der Ebene E_1: $\vec{x} = \begin{pmatrix} 2 \\ 1 \\ -2 \end{pmatrix} + r\begin{pmatrix} 4 \\ -1 \\ 0 \end{pmatrix} + s\begin{pmatrix} 0 \\ 1 \\ 3 \end{pmatrix}$ gespiegelt.
Ermitteln Sie die Koordinaten der Spiegelpunkte A' und B'.

c) Der Punkt $P(2\,|\,-5\,|\,8)$ wird an einer Ebene E_2 auf den Punkt $P'(4\,|\,-1\,|\,2)$ gespiegelt.
Ermitteln Sie eine Gleichung der Spiegelebene E_2.

18. Die Objekte werden an der Ebene E_1: $3x_1 + 12x_2 - 4x_3 = 26$ gespiegelt.
Ermitteln Sie eine Gleichung der Geraden oder der Ebene, die sich dabei ergibt.

Gerade g_1: $\vec{x} = \begin{pmatrix} 9 \\ 12 \\ -6 \end{pmatrix} + t\begin{pmatrix} 8 \\ -1 \\ 3 \end{pmatrix}$ parallel zu E_1

Ebene E_2: $3x_1 + 12x_2 - 4x_3 = 39$ parallel zu E_1

Ebene E_3: $3x_1 - x_2 - 4x_3 = a$ durch $P(3\,|\,-13\,|\,-1)$

Gerade g_2: $\vec{x} = \begin{pmatrix} -7 \\ -37 \\ 4 \end{pmatrix} + t\begin{pmatrix} -1 \\ 14 \\ -1 \end{pmatrix}$

19. Gegeben sind die Punkte $A(10\,|\,-8\,|\,1)$, $B(-2\,|\,-2\,|\,-3)$ und $D(14\,|\,4\,|\,7)$.

a) Geben Sie die Koordinaten eines Punktes C an, sodass ABCD ein Parallelogramm ist. Weisen Sie nach, dass es sich um ein Quadrat handelt.

b) Das Quadrat ABCD ist die Grundfläche einer quadratischen Pyramide mit Spitze $S(3\,|\,-1\,|\,8)$. Berechnen Sie die Höhe dieser Pyramide und ihr Volumen.

c) g sei die Lotgerade zum Quadrat ABCD durch S. Bestimmen Sie zwei Punkte S_1 und S_1' auf g, sodass die Pyramide mit Grundfläche ABCD und Spitze S_1 bzw. S_1' ein Volumen von 1372 VE hat.

Hinweis zu 20c:
Prüfen Sie, ob A und N auf der gleichen Seite derjenigen Ebene E liegen, welche B und S enthält und senkrecht auf der Grundfläche steht.

20. Gegeben sind das Parallelogramm ABCD mit $A(2\,|\,1\,|\,3)$, $B(0\,|\,5\,|\,1)$, $C(-3\,|\,5\,|\,4)$, $D(-1\,|\,1\,|\,6)$ sowie die Punkte $N(-1{,}5\,|\,4\,|\,3{,}5)$ und $S(4\,|\,8\,|\,9)$.

a) Zeigen Sie, dass ABCD ein Rechteck ist und dass N im Inneren dieses Rechtecks liegt.

b) S sei die Spitze einer Pyramide, deren Grundfläche das Rechteck ABCD ist. Skizzieren Sie die Pyramide in ein Koordinatensystem und berechnen Sie ihr Volumen.

c) Die Pyramide wird vom Punkt N aus senkrecht zur Grundfläche durchbohrt. Untersuchen Sie, ob dabei das Dreieck ABS oder das Dreieck BCS durchstoßen wird.

21. Es wird mit Bällen vom Punkt P(5|−1|−2) auf eine ebene Wand geschossen, welche durch die Punkte A(−2|−1|2), B(0|6|−1) und C(0|5|0) gegeben ist.

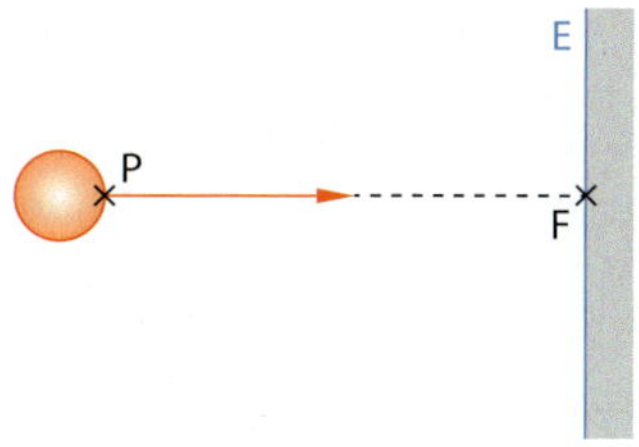

a) Ermitteln Sie eine Normalenform der Ebene E_{ABC} und berechnen Sie den Abstand von P zu E_{ABC}.

b) Berechnen Sie den Punkt F von E_{ABC}, in dem ein von P aus senkrecht gegen E_{ABC} geworfener Ball auftrifft.

c) Nun wird ein Ball von P aus entlang der Geraden

$g: \vec{x} = \begin{pmatrix} 5 \\ -1 \\ -2 \end{pmatrix} + r \begin{pmatrix} -8 \\ 10 \\ 10 \end{pmatrix}$ gegen die Ebene E_{ABC} geworfen.

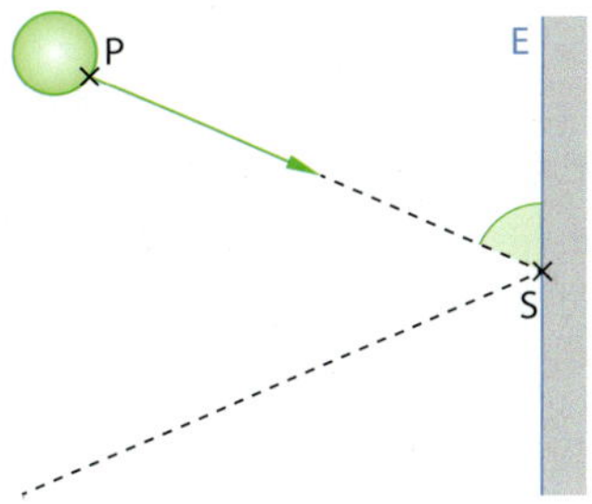

Berechnen Sie den Punkt S und den Winkel α zur Wand, in dem der Ball auf E_{ABC} trifft.

d) Geben Sie eine Gleichung der Geraden g_{FS} durch S und den Lotfußpunkt F von P auf E_{ABC} an. Welche Bedeutung hat sie in Bezug auf die Flugbahn g und die Ebene?

[Kontrollergebnis: $g_{FS}: \vec{x} = \begin{pmatrix} -1 \\ 2 \\ 1 \end{pmatrix} + s \begin{pmatrix} 2 \\ 2 \\ 2 \end{pmatrix}$]

e) Geben Sie die Gleichung der Ebene E an, welche in S senkrecht auf g_{FS} steht.

f) Der in Aufgabe c) geworfene Ball prallt im Punkt S wieder von der Ebene ab. Geben Sie eine Gerade an, entlang der der Ball nach dem Aufprallen weiterfliegt.

● **22.** Das Dach eines Turms hat die Form einer quadratischen Pyramide, deren Eckpunkte auf den Koordinatenachsen liegen.

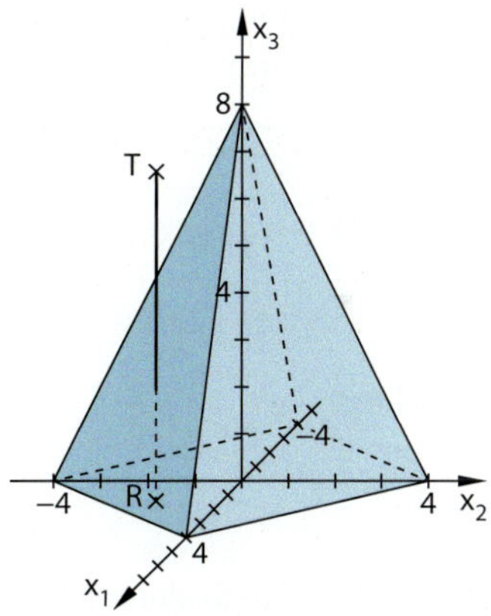

a) Im Punkt $R(\sqrt{2}|-\sqrt{2}|0)$ wird ein Mast der Höhe 7 LE aufgestellt. Berechnen Sie, an welchem Punkt P und in welchem Winkel der Mast das Dach durchstößt.

b) Berechnen Sie den Abstand der Spitze T des Mastes zur Dachfläche, die durchstoßen wird.

c) In die Dachpyramide soll eine möglichst große Kugel eingebaut werden. Ihr Mittelpunkt liegt auf der x_3-Achse und soll von allen 5 Flächen der Pyramide gleich weit entfernt sein. Ermitteln Sie die Koordinaten des Kugelmittelpunktes.

d) Prüfen Sie, ob der Mast entfernt werden muss, damit die Kugel Platz hat.

● **23. Ausblick:** Gegeben sind der Punkt P(−12|12|8) und die Ebene E: $-4x_1 + 7x_2 + 4x_3 = 2$.

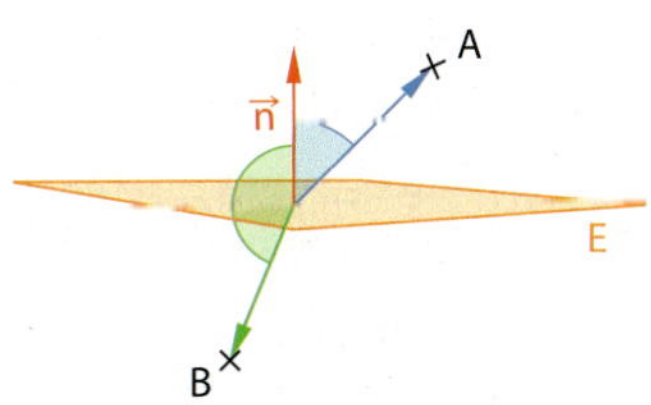

Hinweis zu 23:
Unterscheiden Sie die Seiten der Ebene mithilfe des Ursprungs oder der Orientierung des Normalenvektors.

a) Bestimmen Sie eine Hesse'sche Normalenform von E. Setzen Sie in die linke Seite der Hesse'schen Normalenform den Punkt P ein. Geben Sie anhand des Vorzeichens des Ergebnisses an, auf welcher Seite von E der Punkt P liegt.

b) Spiegeln Sie den Punkt P an der Ebene E, ohne den Lotfußpunkt zu bestimmen. Verwenden Sie dazu einen Normaleneinheitsvektor von E (Normalenvektor mit Länge 1) sowie die Information aus a).

c) Erklären Sie allgemein, wie man prüfen kann, ob ein Punkt P auf derselben Seite einer Ebene E liegt wie der Koordinatenursprung.

7.4 Abstand von einer Geraden im Raum

■ Verdeutlichen Sie sich mit Stiften, was man unter dem Abstand eines Punktes von einer Geraden im Raum verstehen kann. Klären Sie ebenso, was der Abstand zweier paralleler Geraden und was der Abstand zweier windschiefer Geraden sein könnte. ■

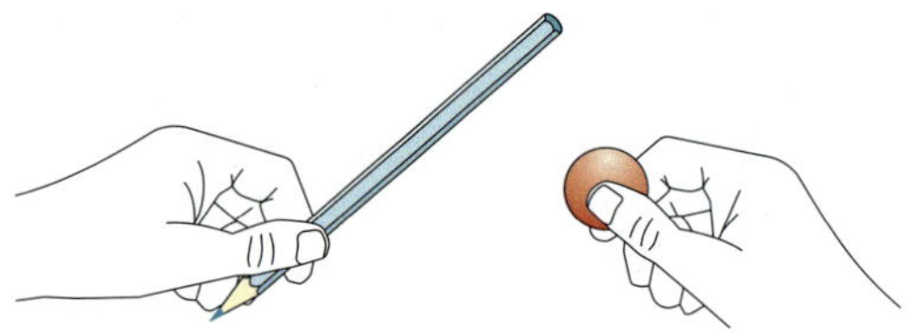

Abstand eines Punktes von einer Geraden im Raum

Hinweis:
In Aufgabe 3 werden das Lotfußpunktverfahren und die Abstandsbestimmung mittels Hilfsebene miteinander verglichen.

Ein Punkt A außerhalb einer Geraden g hat zu jedem Punkt von g einen Abstand. Der kürzeste dieser Abstände wird als **Abstand des Punktes zur Geraden** definiert.

Dieser Abstand kann am Fußpunkt F des Lotes von A auf g gemessen werden.

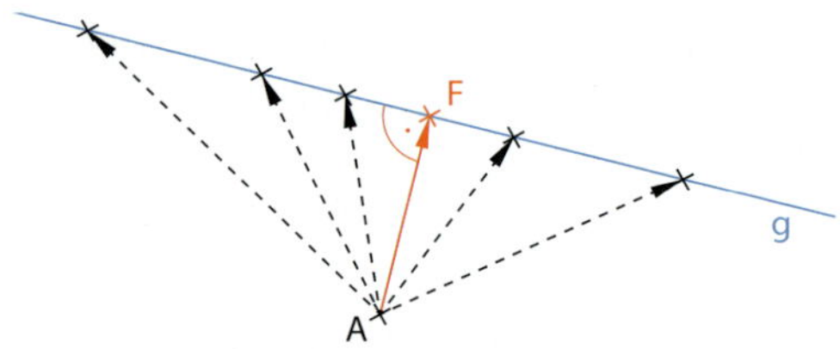

Wissen: Abstand Punkt – Gerade mit dem Lotfußpunktverfahren

Der Abstand d (A, g) eines Punktes A zu einer Geraden g: $\vec{x} = \overrightarrow{OP} + t\,\vec{v}$ lässt sich wie folgt berechnen.

① Parameter t ermitteln, sodass der allgemeine Verbindungsvektor $\overrightarrow{AX_t}$ senkrecht zu $\vec{v}$ ist.

② t in die Gleichung von g einsetzen und so den Lotfußpunkt F ermitteln.

③ Der Abstand ist gleich der Länge des Vektors $\overrightarrow{AF}$, also $d(A, g) = |\overrightarrow{AF}|$.

Beispiel 1: Gegeben sind der Punkt A(−17 | −17 | 2) und die Gerade g: $\vec{x} = \begin{pmatrix} -4 \\ 3 \\ 8 \end{pmatrix} + t \begin{pmatrix} 9 \\ 2 \\ -6 \end{pmatrix}$.

Geben Sie den Fußpunkt des Lotes von A auf g an. Bestimmen Sie den Abstand von A und g.

Lösung:

Bilden Sie den allgemeinen Verbindungsvektor $\overrightarrow{AX_t} = -\overrightarrow{OA} + \overrightarrow{OX_t}$ zwischen A und g.

Parameter ermitteln:

$$\overrightarrow{AX_t} = -\begin{pmatrix} -17 \\ -17 \\ 2 \end{pmatrix} + \begin{pmatrix} -4 \\ 3 \\ 8 \end{pmatrix} + t\begin{pmatrix} 9 \\ 2 \\ -6 \end{pmatrix} = \begin{pmatrix} 13 + 9t \\ 20 + 2t \\ 6 - 6t \end{pmatrix}$$

Setzen Sie das Skalarprodukt von $\overrightarrow{AX_t}$ und dem Richtungsvektor der Geraden gleich 0 und lösen Sie die resultierende Gleichung nach t auf.

$$\begin{pmatrix} 13 + 9t \\ 20 + 2t \\ 6 - 6t \end{pmatrix} \cdot \begin{pmatrix} 9 \\ 2 \\ -6 \end{pmatrix} = 0$$

$$(117 + 40 - 36) + (81 + 4 + 36)\,t = 0$$

$$121 + 121t = 0 \quad \text{also } t = -1$$

Hinweis:
Wenn nur nach dem Abstand gefragt ist, erhält man den Lotvektor ohne Umweg über F durch Einsetzen von t = −1 in $\overrightarrow{AX_t}$.

Setzen Sie t = −1 in die Gleichung von g ein und ermitteln Sie so den Ortsvektor des Lotfußpunktes F.
Der Lotvektor ist gleich $\overrightarrow{AF}$.

Fußpunkt und Lotvektor ermitteln:

$$\overrightarrow{OF} = \begin{pmatrix} -4 - 9 \\ 3 - 2 \\ 8 + 6 \end{pmatrix} = \begin{pmatrix} -13 \\ 1 \\ 14 \end{pmatrix}$$

$$\overrightarrow{AF} = \overrightarrow{OF} - \overrightarrow{OA} = \begin{pmatrix} -13 \\ 1 \\ 14 \end{pmatrix} - \begin{pmatrix} -17 \\ -17 \\ 2 \end{pmatrix} = \begin{pmatrix} 4 \\ 18 \\ 12 \end{pmatrix}$$

Berechnen Sie den Betrag des erhaltenen Lotvektors $\overrightarrow{AF}$.

Abstand berechnen:

$$d(A, g) = \left|\begin{pmatrix} 4 \\ 18 \\ 12 \end{pmatrix}\right| = \sqrt{484} = 22$$

Basisaufgaben

1. Berechnen Sie den Abstand des Punktes A von der Geraden g und geben Sie den Fußpunkt des Lotes von A auf g an.

   a) $A(8|-12|17)$ $\quad g: \vec{x} = \begin{pmatrix} 5 \\ -7 \\ 2 \end{pmatrix} + t\begin{pmatrix} 1 \\ 3 \\ -2 \end{pmatrix}$ $\qquad$ b) $A(15|1|-3)$ $\quad g: \vec{x} = \begin{pmatrix} 1 \\ 0 \\ -3 \end{pmatrix} + t\begin{pmatrix} 4 \\ 2 \\ 3 \end{pmatrix}$

2. Ermitteln Sie die Koordinaten des Lotfußpunktes von P auf g.

   a) $P(-7|9|-14)$ $\quad g: \vec{x} = \begin{pmatrix} 3 \\ 1 \\ 7 \end{pmatrix} + t\begin{pmatrix} 6 \\ -7 \\ 6 \end{pmatrix}$ $\qquad$ b) $P(8|10|9)$ $\quad g: \vec{x} = \begin{pmatrix} -10 \\ -2 \\ -3 \end{pmatrix} + t\begin{pmatrix} -1 \\ 2 \\ 1 \end{pmatrix}$

3. **Abstandsberechnung mit einer Hilfsebene:**
   Gegeben sind der Punkt $A(10|-18|11)$ und die Gerade g mit $g: \vec{x} = \begin{pmatrix} 8 \\ 0 \\ -8 \end{pmatrix} + t\begin{pmatrix} 2 \\ 6 \\ -1 \end{pmatrix}$.

   a) E sei die Ebene, die durch A orthogonal zu g verläuft. Veranschaulichen Sie die Lage von g, E und A durch eine Skizze oder durch ein Blatt-Stift-Modell. Geben Sie an, welche Bedeutung der Schnittpunkt von g und E hat.
   b) Berechnen Sie den Abstand von A zu g mithilfe der in a) beschriebenen Hilfsebene E.
   c) Berechnen Sie nun den Abstand von A und g mithilfe des Lotfußpunktverfahrens. Vergleichen Sie den Rechenaufwand beider Verfahren.

4. Im Dreieck $A(2|0|3)$, $B(11|-12|9)$, $C(-1|-6|10)$ entspricht die Länge der Höhe h_C dem Abstand des Punktes C von der Geraden g_{AB}.
   Berechnen Sie den Flächeninhalt des Dreiecks.

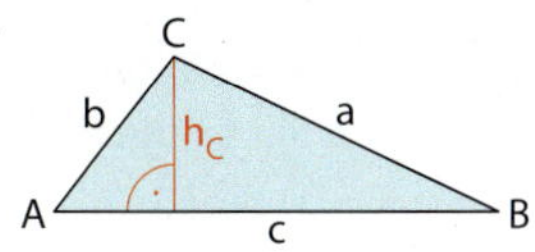

5. **Abstand paralleler Geraden:** Die Geraden g und h sind parallel zueinander.
   Berechnen Sie ihren Abstand mithilfe der Grundaufgabe „Abstand Punkt-Gerade".

   a) $g: \vec{x} = \begin{pmatrix} 0 \\ 3 \\ -1 \end{pmatrix} + r\begin{pmatrix} 1 \\ -4 \\ -1 \end{pmatrix}$ $\qquad$ b) $g: \vec{x} = r\begin{pmatrix} -3 \\ 2 \\ 3 \end{pmatrix}$

   $h: \vec{x} = \begin{pmatrix} 3 \\ 0 \\ -4 \end{pmatrix} + s\begin{pmatrix} -1 \\ 4 \\ 1 \end{pmatrix}$ $\qquad$ $h: \vec{x} = \begin{pmatrix} -12 \\ 11 \\ 10 \end{pmatrix} + r\begin{pmatrix} -6 \\ 4 \\ 6 \end{pmatrix}$

Abstand windschiefer Geraden

Zwei beliebige Punkte der windschiefen Geraden g_1 und g_2 haben einen Abstand zueinander. Der kürzeste dieser Abstände wird als **Abstand der windschiefen Geraden** definiert.
Dieser Abstand kann mit den Fußpunkten F_1 und F_2 des gemeinsamen Lotes der Geraden bestimmt werden.

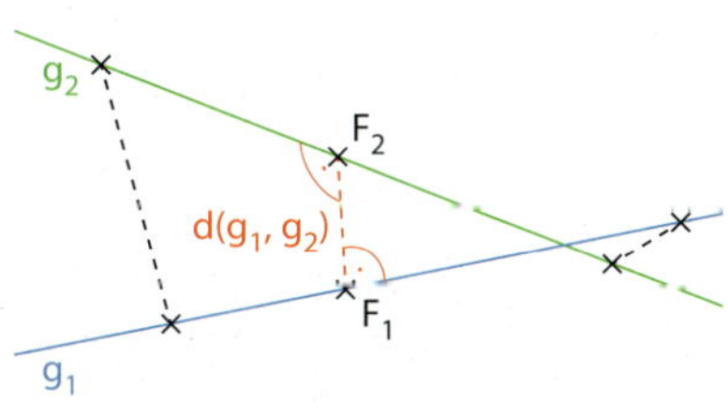

Hinweis:
In Aufgabe 8 werden das Lotfußpunktverfahren und die Abstandsbestimmung mittels Hilfsebene mit einander verglichen.

Wissen: Abstand windschiefer Geraden mit dem Lotfußpunktverfahren
Der Abstand $d(g_1, g_2)$ zweier windschiefer Geraden $g_1: \vec{x} = \overrightarrow{OP_1} + r\vec{v}_1$ und $g_2: \vec{x} = \overrightarrow{OP_2} + s\vec{v}_2$ lässt sich wie folgt berechnen.
① Parameter r und s ermitteln, sodass Verbindungsvektor $\overrightarrow{X_rX_s}$ senkrecht zu $\vec{v}_1$ und $\vec{v}_2$ ist.
② r und s in $\overrightarrow{X_rX_s}$ einsetzen und die Lotfußpunkte F_1 und F_2 ermitteln.
③ Der Abstand ist gleich der Länge des Vektors $\overrightarrow{F_1F_2}$, also $d(g_1, g_2) = |\overrightarrow{F_1F_2}|$.

Beispiel 2: Die Geraden g_1: $\vec{x} = \begin{pmatrix}-2\\-7\\9\end{pmatrix} + r\begin{pmatrix}2\\3\\-4\end{pmatrix}$ und g_2: $\vec{x} = \begin{pmatrix}29\\-9\\-5\end{pmatrix} + s\begin{pmatrix}-1\\0\\4\end{pmatrix}$ sind windschief zueinander. Bestimmen Sie den Abstand der Geraden und geben Sie die Koordinaten der Fußpunkte des gemeinsamen Lotes an.

Lösung:

Bilden Sie den Verbindungsvektor $\overrightarrow{X_rX_s}$ zwischen beliebigen Punkten $\overrightarrow{X_r} = \begin{pmatrix}-2+2r\\-7+3r\\9-4r\end{pmatrix}$ und $\overrightarrow{X_s} = \begin{pmatrix}29-s\\-9\\-5+4s\end{pmatrix}$ der Geraden g_1 bzw. g_2.

Setzen Sie das Skalarprodukt von $\overrightarrow{X_rX_s}$ mit dem Richtungsvektor von g_1 und mit dem von g_2 jeweils gleich null.
Es ergibt sich ein Gleichungssystem mit 2 Gleichungen und 2 Variablen.
Ermitteln Sie die Lösung.

Parameter bestimmen:

$\overrightarrow{X_rX_s} = \overrightarrow{X_s} - \overrightarrow{X_r} = \begin{pmatrix}31-2r-s\\-2-3r\\-14+4r+4s\end{pmatrix}$

$\begin{pmatrix}31-2r-s\\-2-3r\\-14+4r+4s\end{pmatrix} \cdot \begin{pmatrix}2\\3\\-4\end{pmatrix} = 0$

Gleichung I: $-29r - 18s = -112$

$\begin{pmatrix}31-2r-s\\-2-3r\\-14+4r+4s\end{pmatrix} \cdot \begin{pmatrix}-1\\0\\4\end{pmatrix} = 0$

Gleichung II: $18r + 17s = 87$

Lösung: $r = 2$ und $s = 3$

Setzen Sie $r = 2$ und $s = 3$ in den Verbindungsvektor ein und berechnen Sie den gemeinsamen Lotvektor.

Lotvektor und Fußpunkte bestimmen:

$\overrightarrow{X_2X_3} = \begin{pmatrix}31-2\cdot2-3\\-2-3\cdot2\\-14+4\cdot2+4\cdot3\end{pmatrix} = \begin{pmatrix}24\\-8\\6\end{pmatrix}$

Hinweis:
Wenn nur nach dem Abstand gefragt ist, kann man auf das Bestimmen der Fußpunkte verzichten.

Setzen Sie den Wert $r = 2$ in die Gleichung von g_1 ein und $s = 3$ in die Gleichung von g_2. Bestimmen Sie so die Fußpunkte.

$\overrightarrow{OF_1} = \begin{pmatrix}-2\\-7\\9\end{pmatrix} + 2\cdot\begin{pmatrix}2\\3\\-4\end{pmatrix} = \begin{pmatrix}2\\-1\\1\end{pmatrix}$ $F_1(2|-1|1)$

$\overrightarrow{OF_2} = \begin{pmatrix}29\\-9\\-5\end{pmatrix} + 3\cdot\begin{pmatrix}-1\\0\\4\end{pmatrix} = \begin{pmatrix}26\\-9\\7\end{pmatrix}$ $F_2(26|-9|7)$

Berechnen Sie den Betrag des gemeinsamen Lotvektors $\overrightarrow{X_2X_3}$.

Abstand berechnen:

$d(g_1, g_2) = \left|\begin{pmatrix}24\\-8\\6\end{pmatrix}\right| = \sqrt{676} = 26$

Basisaufgaben

6. Berechnen Sie den Abstand der windschiefen Geraden g und h sowie die Koordinaten der Fußpunkte des gemeinsamen Lotes.

a) g: $\vec{x} = \begin{pmatrix}-5\\5\\-8\end{pmatrix} + r\begin{pmatrix}2\\1\\2\end{pmatrix}$
h: $\vec{x} = \begin{pmatrix}10\\-5\\3\end{pmatrix} + s\begin{pmatrix}7\\1\\0\end{pmatrix}$

b) g: $\vec{x} = \begin{pmatrix}-2\\-7\\9\end{pmatrix} + r\begin{pmatrix}2\\3\\-4\end{pmatrix}$
h: $\vec{x} = \begin{pmatrix}29\\-9\\-5\end{pmatrix} + s\begin{pmatrix}-1\\0\\4\end{pmatrix}$

7. **Abstandberechnung mit einer Hilfsebene:**

a) Stellen Sie mit Stiften zwei windschiefe Geraden dar. Drehen und verschieben Sie beide Stifte, ohne ihre gegenseitige Lage zu verändern, bis ein Stift auf dem Tisch liegt und der andere parallel zur Tischplatte verläuft. Begründen Sie an diesem Modell, dass die Bestimmung des Abstands windschiefer Geraden auf den Abstand Punkt – Ebene zurückgeführt werden kann.

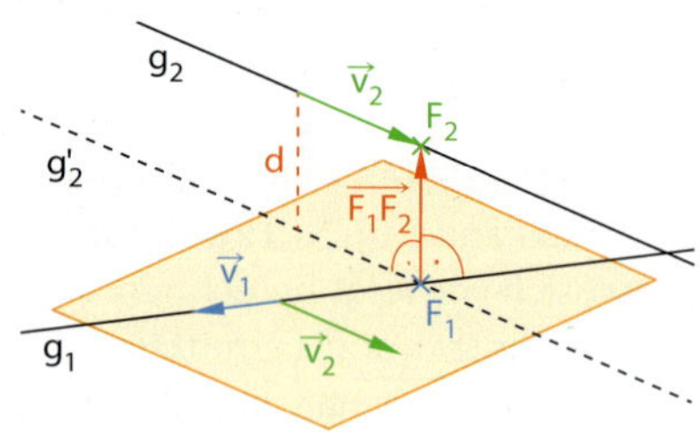

b) Berechnen Sie $d(g_1, g_2)$ mithilfe einer Hilfsebene für g_1 und g_2 aus Beispiel 2.

8. In dieser Aufgabe soll das Verfahren zur Abstandsberechnung mittels Hilfsebene mit dem Lotfußpunktverfahren verglichen werden.

a) Berechnen Sie die Abstände der Geraden g und h jeweils mithilfe einer Hilfsebene (vgl. Aufgabe 7) und mit dem Lotfußpunktverfahren (vgl. Beispiel 2).

① $g: \vec{x} = \begin{pmatrix} 2 \\ 0 \\ 1 \end{pmatrix} + s\begin{pmatrix} -1 \\ -4 \\ 3 \end{pmatrix}$

$h: \vec{x} = \begin{pmatrix} 2 \\ -1 \\ -1 \end{pmatrix} + t\begin{pmatrix} -1 \\ 0 \\ 2 \end{pmatrix}$

② $g: \vec{x} = \begin{pmatrix} 2 \\ -1 \\ 7 \end{pmatrix} + s\begin{pmatrix} 4 \\ 1 \\ -2 \end{pmatrix}$

$h: \vec{x} = \begin{pmatrix} 9 \\ -7 \\ 6 \end{pmatrix} + t\begin{pmatrix} 6 \\ 1 \\ -4 \end{pmatrix}$

b) Erläutern Sie, welches Verfahren günstiger ist, wenn die Fußpunkte des gemeinsamen Lotes nicht bestimmt werden sollen.

Weiterführende Aufgaben

9. Entscheiden Sie, ob die Aussage wahr oder falsch ist.

a) Die Bestimmung der Höhe eines Dreiecks im Raum kann auf die Grundaufgabe „Abstand Punkt – Gerade" zurückgeführt werden.

b) Der Abstand Punkt – Ebene kann mit der Hesse'schen Normalenform und auch mit dem Lotfußpunktverfahren berechnet werden.

c) Ist der Abstand des Punktes A von der Geraden g gleich null, so liegt A auf g.

d) Der Abstand Punkt – Gerade im Raum kann mithilfe einer Ebene berechnet werden, die durch den Punkt und parallel zur Geraden verläuft.

e) Die Bestimmung der Höhe einer Pyramide kann auf die Grundaufgabe „Abstand Punkt – Ebene" zurückgeführt werden.

10. Zeigen Sie, dass die Punkte A(−3 | 1 | 1), B(5 | 3 | 3), C(5 | 0 | 0), D(1 | −1 | −1) ein Trapez bilden, und berechnen Sie seinen Flächeninhalt.

11. Stolperstelle: Duc möchte den Abstand vom Punkt A(−3 | 7 | 0) zur Geraden $g: \vec{x} = \begin{pmatrix} 7 \\ 3 \\ 14 \end{pmatrix} + t\begin{pmatrix} 4 \\ 2 \\ 3 \end{pmatrix}$ ermitteln.

a) Begründen Sie, warum sein Ergebnis nicht dem gesuchten Abstand entspricht, auch wenn Duc keine Rechenfehler unterlaufen sind.

b) Bestimmen Sie d(A, g).

Die Ebene E: $\vec{x} = \begin{pmatrix} -3 \\ 7 \\ 0 \end{pmatrix} + r\begin{pmatrix} 4 \\ 2 \\ 3 \end{pmatrix} + s\begin{pmatrix} 1 \\ 0 \\ 0 \end{pmatrix}$ verläuft durch A parallel zu g. Die Koordinatengleichung ist E: $3x_2 - 2x_3 = 21$. Es gilt:

$d(A, g) = d(E, g) = \frac{1}{\sqrt{13}}\left|\begin{pmatrix} 0 \\ 3 \\ -2 \end{pmatrix}\begin{pmatrix} 7 \\ 3 \\ 14 \end{pmatrix} - 21\right| \approx 11{,}1$

Hinweis zu 11:
Veranschaulichen Sie sich Ducs Lösungsansatz mithilfe von Stiften und Papier.

12. Auf ebener Erde (x_1x_2-Ebene) stehen drei Masten mit den Fußpunkten $A_b(1 | -2 | 0)$, $B_b(9 | 10 | 0)$, $C_b(-1 | 3 | 0)$. Die Masten sind 8 m, 4 m bzw. 5 m hoch. An ihnen ist ein Sonnensegel befestigt. Die Sonnenstrahlen fallen nachmittags in Richtung des Vektors $\vec{v} = \begin{pmatrix} -1 \\ -1 \\ -1 \end{pmatrix}$ ein, sodass sich am Erdboden das Schattendreieck A'B'C' bildet.

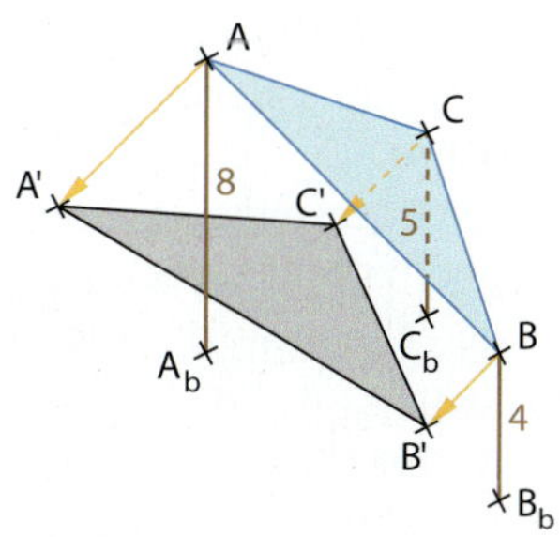

a) Berechnen Sie den Flächeninhalt des Segels.

b) Berechnen Sie die Eckpunkte des Schattendreiecks. Vergleichen Sie seinen Flächeninhalt mit dem des Segels.

13. Eine Rakete bewegt sich entlang der Geraden zu

$g: \vec{x} = \begin{pmatrix} 8 \\ 8 \\ 1 \end{pmatrix} + t\begin{pmatrix} 2 \\ 4 \\ 1 \end{pmatrix}$. Der Planet mit dem Mittelpunkt

M(38 | 98 | 1) hat den Radius r = 6.

a) Bestimmen Sie die Koordinaten desjenigen Punktes T_1 der Geraden g, in dem die Entfernung zwischen der Rakete und der Oberfläche des Planeten am geringsten ist. Berechnen Sie den Abstand von T_1 zur Oberfläche des Planeten.

b) In T_1 biegt die Rakete ein in eine Kreisbahn um den Planeten. In T_2 hat sie ihn halb umrundet. Geben Sie die Koordinaten von T_2 sowie die Länge der Flugbahn von T_1 bis T_2 an.

14. Ein Flugzeug befindet sich im Landeanflug. Momentan bewegt es sich längs einer Geraden mit der Gleichung

$\vec{x} = \begin{pmatrix} -24\,200 \\ 35\,600 \\ 1\,616 \end{pmatrix} + t \cdot \begin{pmatrix} 300 \\ -400 \\ -20 \end{pmatrix}$ (1 LE entspricht 1 Meter, 1t entspricht 10 Sekunden).

a) Berechnen Sie die Geschwindigkeit des Flugzeugs in km/h.

b) Der Mittelstreifen der Landebahn entspricht der Strecke $\overline{AE}$ mit A(−500 | 4000 | 20) und E(1000 | 2000 | 0). Berechnen Sie die Koordinaten des Punktes L, bei dem das Flugzeug bei unverändertem Kurs auf dem Mittelstreifen der Landebahn aufsetzen wird. Entscheiden Sie, ob es noch 1500 m Platz zum Ausrollen hat.

c) Berechnen Sie, in welchem Winkel das Flugzeug auf die Landebahn auftrifft.

d) Die Spitze eines Turmes hat die Koordinaten T(−2900 | 7830 | 116).
Berechnen Sie, in welchem Abstand das Flugzeug diese Turmspitze passiert. Geben Sie an, wie viele Sekunden vor der Landung dies geschieht.

● **15.** Zwei Flugobjekte bewegen sich geradlinig. Das eine befindet sich zum Zeitpunkt t im Punkt

$\overrightarrow{OP_t} = \begin{pmatrix} 5 \\ -2 \\ 4 \end{pmatrix} + t\begin{pmatrix} 1 \\ -2 \\ 1 \end{pmatrix}$, das andere im Punkt

$\overrightarrow{OH_t} = \begin{pmatrix} -1 \\ 3 \\ 2 \end{pmatrix} + t\begin{pmatrix} 1 \\ 1 \\ 1 \end{pmatrix}$.

a) Berechnen Sie den Abstand beider Flugbahnen und ermitteln Sie eine Gleichung der gemeinsamen Lotgeraden.

b) Berechnen Sie den Zeitpunkt, an dem der Abstand beider Flugobjekte minimal ist.

c) Erläutern Sie den Unterschied der Aufgaben a) und b).

16. Das Viereck ABCD der in Planung befindlichen Versammlungshalle ist ein Drachen mit Symmetrieachse $\overline{AC}$.

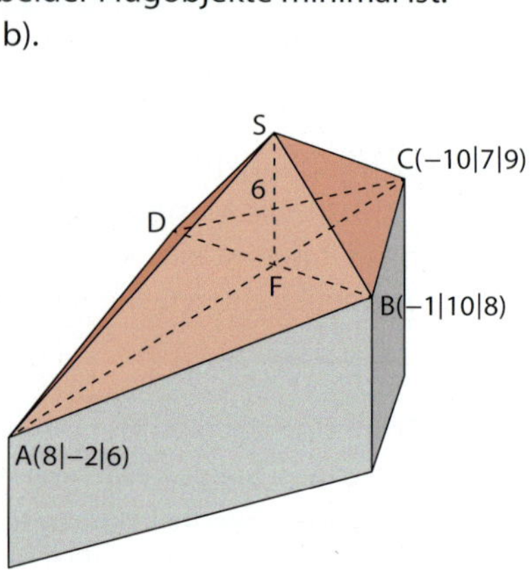

a) Die Dachspitze S befindet sich 6 Einheiten oberhalb (in x_3-Richtung) des Punktes F. Berechnen Sie die Koordinaten von S und D.

b) Zeigen Sie, dass das Dreieck BSF rechtwinklig ist, das Dreieck AFS aber nicht.

c) Berechnen Sie, welche Winkel die Kanten $\overline{AS}$ bzw. $\overline{CS}$ mit $\overline{AC}$ einschließen.

d) Berechnen Sie den Flächeninhalt von ABCD.

17. Eine dreiseitige Pyramide hat die Eckpunkte A(−12 | −3 | −6), B(−3 | 6 | 3), C(4 | 1 | 2) und D(1 | −5 | 11). Berechnen Sie ihr Volumen.

18. Spiegelungen: Bei Spiegelungen eines Punktes P an einer Ebene E oder einer Geraden g können die Koordinaten des Spiegelpunktes P′ mithilfe des Lotvektors von P auf E bzw. P auf g ermittelt werden.
Berechnen Sie die Koordinaten des Spiegelpunktes von P(0 | −11 | 18) bei einer Spiegelung

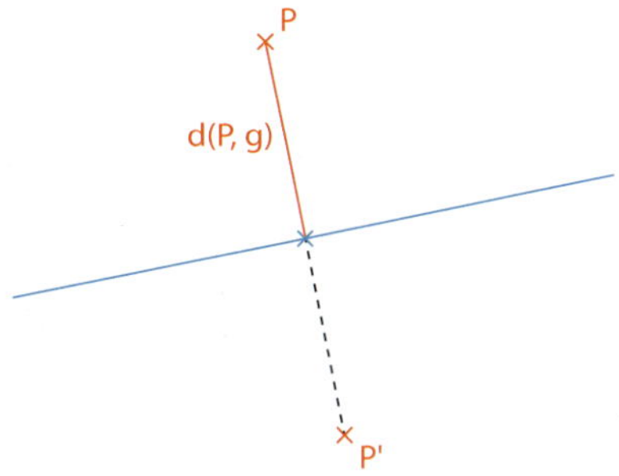

a) an der Geraden g: $\vec{x} = \begin{pmatrix} -6 \\ 1 \\ 5 \end{pmatrix} + k\begin{pmatrix} 6 \\ -3 \\ 2 \end{pmatrix}$,

b) an der Ebene E: $-3x_1 - 6x_2 + 5x_3 = 16$.

19. Auf den Karten sind verschiedene Methoden zur Bestimmung des Lotfußpunktes F von einem Punkt P auf eine Gerade g beschrieben.
Ermitteln Sie den Lotfußpunkt F für P(5 | 5 | −1) und g: $\vec{x} = \begin{pmatrix} 0 \\ -5 \\ 1 \end{pmatrix} + t\begin{pmatrix} 4 \\ 3 \\ -1 \end{pmatrix}$ mit allen vier Methoden. Vergleichen Sie die Rechenaufwände.

① F mit dem Lotfußpunktverfahren wie in Beispiel 1 bestimmen.

② F mithilfe der Ebene E durch P, die senkrecht zu g verläuft, bestimmen.

③ Die Ebene E, die P und g enthält, ermitteln. F mithilfe der Geraden h durch P, die in E liegt und senkrecht zu g verläuft, bestimmen.

④ $P_t(4t \mid -5 + 3t \mid 1 - t)$ ist ein beliebiger Punkt von g. F ergibt sich für dasjenige t, für welches die Funktion f mit $f(t) = |\overrightarrow{PP_t}|$ ein Minimum hat.

Hinweis zu 19:
Bestimmen Sie in ③ die Gerade h mithilfe eines Normalenvektors von E.

20. Gegeben sind die Geraden g_1: $\vec{x} = \begin{pmatrix} 1 \\ 2 \\ 0 \end{pmatrix} + r\begin{pmatrix} 1 \\ 0 \\ 2 \end{pmatrix}$ und g_2: $\vec{x} = \begin{pmatrix} 6 \\ 10 \\ 0 \end{pmatrix} + s\begin{pmatrix} -1 \\ 4 \\ -2 \end{pmatrix}$.

a) Zeigen Sie, dass die beiden Geraden windschief zueinander sind.
b) Berechnen Sie ihren Abstand mit dem Lotfußpunktverfahren.
c) Berechnen Sie ihren Abstand mithilfe einer Ebene E_1, welche g_1 enthält und zu g_2 parallel ist.
d) E_2 sei die Ebene, welche g_2 enthält und zu E_1 orthogonal ist. Berechnen Sie den Schnittpunkt F_1 von E_2 und g_1, und zeigen Sie an einem Blatt-Stift-Modell, dass F_1 auf der gemeinsamen Lotgeraden von g_1 und g_2 liegt.
e) Berechnen Sie mithilfe dieser gemeinsamen Lotgeraden den Abstand von g_1 und g_2.

21. Ausblick: Der Abstand der windschiefen Geraden g_1: $\vec{x} = r\begin{pmatrix} 1 \\ 0 \\ 2 \end{pmatrix}$ und h: $\vec{x} = \begin{pmatrix} 2 \\ 10 \\ 0 \end{pmatrix} + s\begin{pmatrix} 0 \\ -1 \\ 1 \end{pmatrix}$ soll als Extremwertaufgabe berechnet werden.
Der allgemeine Verbindungsvektor $\overrightarrow{X_rX_s}$ zwischen einem Punkt X_r von g und einem Punkt X_s von h enthält zwei Variablen. Gesucht sind Werte für r und s, sodass der Abstand $|\overrightarrow{X_rX_s}|$ minimal wird. Dieses Problem lässt sich folgendermaßen angehen.

a) Wählen Sie zunächst einen beliebigen, aber festen Punkt $X_r(r \mid 0 \mid 2r)$ von g. Bestimmen Sie, für welches s der Verbindungsvektor $\overrightarrow{X_rX_s}$ einen minimalen Betrag hat.
b) In Teil a) erhält man s = r + 5. Setzen Sie s = r + 5 in den Verbindungsvektor ein und zeigen Sie, dass er für alle r auf h senkrecht steht.
c) Ermitteln Sie nun dasjenige r, für welches der Betrag des Verbindungsvektors aus b) minimal ist. Nutzen Sie dieses r, um den Abstand der beiden Geraden anzugeben.

Hinweis zu 21a:
Hier ist (ähnlich wie bei Funktionenscharen) s eine Variable und r ein Parameter.

7.5 Projektionen vom Raum in die Ebene

■ Liest man die Koordinaten von A (6 | 2 | 4) im x_2x_3-Achsenkreuz der Zeichenebene ab, so erhält man (−1 | 1) bzw. A′(0 | −1 | 1).

a) B′ und C′ seien die Projektionen von B (−2 | 3 | 2) und C (3 | −1 | 3) in die x_2x_3-Ebene. Geben Sie die Koordinaten von B′ und C′ an. Untersuchen Sie, wie A′, B′, C′ aus A, B, C hervorgehen.

b) Zeichnen Sie den Punkt P (5 | −1 | 4) in das Achsenkreuz, indem Sie vorher die Koordinaten von P′ berechnen. Beschreiben Sie Ihren Rechenweg. ■

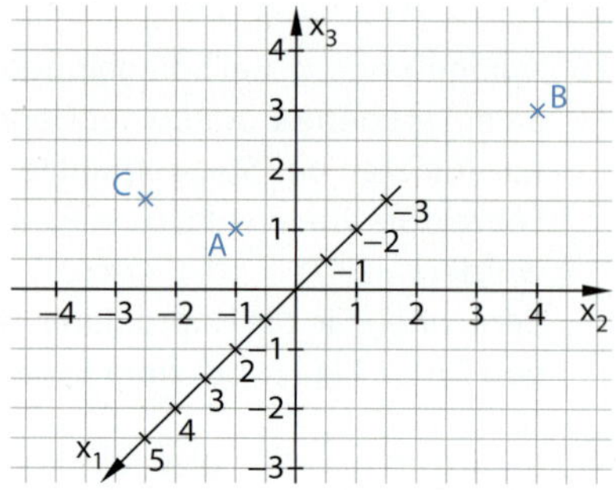

Hinweis:
In Abschnitt 6.1, Aufgabe 28 finden Sie ein Beispiel für eine **Zentralprojektion**.
In der Vektorrechnung ist mit „Projektion" in der Regel Parallelprojektion gemeint.

Ein Schrägbild wie ein Schattenwurf entlang parallel einfallender Sonnenstrahlen ist eine Parallelprojektion in Richtung eines **Projektionsvektors** $\vec{v}$. Die **Projektion P′ eines Punktes P in eine Ebene E** ist derjenige Punkt, an dem die Gerade g: $\vec{x} = \overrightarrow{OP} + r \cdot \vec{v}$ die Ebene E schneidet. Dieser Abschnitt untersucht Projektionen mit beliebigem $\vec{v}$ in die Koordinatenebenen.

Punkt: P $(p_1 | p_2 | p_3)$ Projektionsvektor: $\vec{v} = \begin{pmatrix} v_1 \\ v_2 \\ v_3 \end{pmatrix}$

Projektionsebene: x_1x_2-Ebene

Aus $\begin{pmatrix} p_1 \\ p_2 \\ p_3 \end{pmatrix} + r \begin{pmatrix} v_1 \\ v_2 \\ v_3 \end{pmatrix} = \begin{pmatrix} p_1' \\ p_2' \\ 0 \end{pmatrix}$ folgt $r = -\frac{p_3}{v_3}$.

Eingesetzt ergibt dieser Wert die von r unabhängigen Projektionsgleichungen:

$$1 \cdot p_1 + 0 \cdot p_2 - \frac{v_1}{v_3} \cdot p_3 = p_1'$$

$$0 \cdot p_1 + 1 \cdot p_2 - \frac{v_2}{v_3} \cdot p_3 = p_2'$$

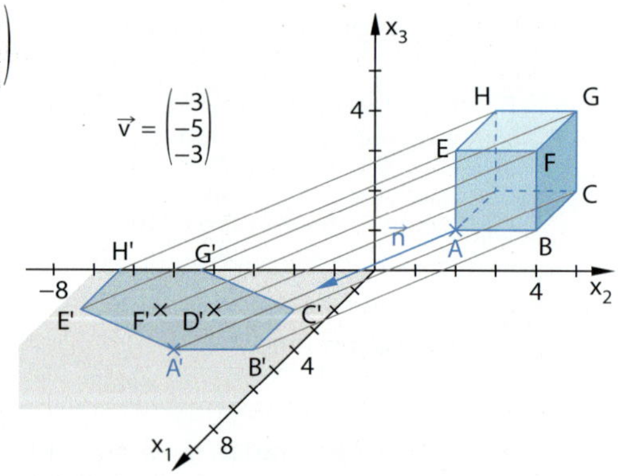

Ist P′ bekannt und P gesucht, dann bilden die Gleichungen ein LGS mit den Variablen p_1, p_2 und p_3. Die Matrix zum LGS charakterisiert die Projektion mit $\vec{v}$ in die x_1x_2-Ebene.

Wissen: Projektionen in eine Koordinatenebene
Eine Projektion in eine der Koordinatenebenen in Richtung eines Vektors $\vec{v} = \begin{pmatrix} v_1 \\ v_2 \\ v_3 \end{pmatrix}$ kann mithilfe einer Matrix beschrieben werden. Es gilt für die Projektion in die

x_1x_2-Ebene: $v_3 \neq 0$ $\begin{pmatrix} 1 & 0 & -\frac{v_1}{v_3} \\ 0 & 1 & -\frac{v_2}{v_3} \end{pmatrix}$

x_1x_3-Ebene: $v_2 \neq 0$ $\begin{pmatrix} 1 & -\frac{v_1}{v_2} & 0 \\ 0 & -\frac{v_3}{v_2} & 1 \end{pmatrix}$

x_2x_3-Ebene: $v_1 \neq 0$ $\begin{pmatrix} -\frac{v_2}{v_1} & 1 & 0 \\ -\frac{v_3}{v_1} & 0 & 1 \end{pmatrix}$

Beispiel 1: Ein Würfel wird in Richtung des Vektors $\vec{v} = \begin{pmatrix} -3 \\ -5 \\ -3 \end{pmatrix}$ in die x_1x_2-Ebene projiziert.

a) Beschreiben Sie die Projektion mithilfe einer Abbildungsmatrix.
b) Berechnen Sie die Projektionen der Würfelecken A (10 | 7 | 6) und B (10 | 9 | 6).

Lösung:

a) Berechnen Sie die beiden Quotienten $-\frac{v_1}{v_3}$ und $-\frac{v_2}{v_3}$.
Setzen Sie sie in die Matrix ein.

$\vec{v} = \begin{pmatrix} -3 \\ -5 \\ -3 \end{pmatrix}$; $-\frac{v_1}{v_3} = -1$; $-\frac{v_2}{v_3} = -\frac{5}{3}$

$M = \begin{pmatrix} 1 & 0 & -1 \\ 0 & 1 & -\frac{5}{3} \end{pmatrix}$

b) Aus der Matrix ergeben sich die Projektionsgleichungen.
Berechnen Sie jeweils p_1' mithilfe der ersten Zeile und p_2' mithilfe der zweiten Zeile.
Die Zahlen der 1. Spalte werden dazu mit p_1 multipliziert, die der 2. Spalte mit p_2, die der 3. Spalte mit p_3.

A(10|7|6):
$p_1' = 1 \cdot 10 + 0 \cdot 7 - 1 \cdot 6 = 4$
$p_2' = 0 \cdot 10 + 1 \cdot 7 - \frac{5}{3} \cdot 6 = -3$

B(10|9|6):
$p_1' = 1 \cdot 10 + 0 \cdot 9 - 1 \cdot 6 = 4$
$p_2' = 0 \cdot 10 + 1 \cdot 9 - \frac{5}{3} \cdot 6 = -1$

Projektionen: A'(4|−3) und B'(4|−1)

Hinweis:
Die Berechnung von A' mithilfe der Matrix:
p_2' ist das Skalarprodukt der 1. Zeile von M mit $\overline{OA}$.
p_3' ist das Skalarprodukt der 2. Zeile von M mit $\overline{OA}$.

Basisaufgaben

1. Beschreiben Sie die Projektion mithilfe einer Abbildungsmatrix.

a) entlang $\vec{v} = \begin{pmatrix} 3 \\ 2 \\ 1 \end{pmatrix}$ in die x_1x_2-Ebene
b) entlang $\vec{v} = \begin{pmatrix} -2 \\ -4 \\ 6 \end{pmatrix}$ in die x_2x_3-Ebene
c) entlang $\vec{v} = \begin{pmatrix} 2 \\ 3 \\ -1 \end{pmatrix}$ in die x_1x_3-Ebene
d) entlang $\vec{v} = \begin{pmatrix} 2 \\ 2 \\ 4 \end{pmatrix}$ in die x_1x_2-Ebene

2. Die Matrix beschreibt eine Projektion in eine Koordinatenebene. Geben Sie einen möglichen Projektionsvektor und die Ebene an.

a) $\begin{pmatrix} -\frac{2}{3} & 1 & 0 \\ -\frac{4}{3} & 0 & 1 \end{pmatrix}$
b) $\begin{pmatrix} 1 & 0 & -3 \\ 0 & 1 & -1{,}5 \end{pmatrix}$
c) $\begin{pmatrix} \frac{1}{2} & 1 & 0 \\ \frac{1}{3} & 0 & 1 \end{pmatrix}$
d) $\begin{pmatrix} 1 & \frac{1}{2} & 0 \\ 0 & -3 & 1 \end{pmatrix}$

3. Ein Würfel mit den Eckpunkten B(10|9|6), C(8|9|6), D(8|7|6), F(10|9|8), G(8|9|8) und H(8|7|8) wird wie in Beispiel 1 entlang $\vec{v} = \begin{pmatrix} -3 \\ -5 \\ -3 \end{pmatrix}$ in die x_1x_2-Ebene projiziert.

a) Berechnen Sie die Schattenbilder der Eckpunkte.
b) Zeichnen Sie den Würfel und den Schatten in ein Koordinatensystem und vergleichen Sie Ihre Zeichnung mit der Abbildung auf Seite 310.
c) Im dreidimensionalen Koordinatensystem erscheint der Schatten des Würfels verzerrt. Zeichnen Sie den Schatten in ein ebenes Koordinatensystem mit x_1- und x_2-Achse.

GTR **4.** Die Punkte A(2|4|2), B(4|6|1), C(3|8|3), D(1|6|4), E(4|3|4), F(6|5|3), G(5|7|5), H(3|5|6) sind Ecken eines Würfels. Sonnenstrahlen fallen in Richtung $\vec{v} = \begin{pmatrix} 1 \\ -2 \\ -1 \end{pmatrix}$ ein.

a) Geben Sie die Matrix für eine Projektion in Richtung $\vec{v}$ in die x_1x_2-Ebene an.
b) Berechnen Sie mit dem GTR die Schattenpunkte in der x_1x_2-Ebene.
c) Skizzieren Sie den Würfel in ein dreidimensionales Koordinatensystem und den Schatten in ein zweidimensionales Koordinatensystem.

Hilfe zu GTR/CAS
↗ S. 485

5. Das Tetraeder mit den Eckpunkten A(4|3|−2), B(8|7|−1), C(3|9|−1) und D(5|6|4) soll in Richtung $\vec{v} = \begin{pmatrix} -2 \\ -5 \\ 2 \end{pmatrix}$ auf die x_2x_3-Ebene projiziert werden. Bestimmen Sie die Projektionen der Eckpunkte mithilfe der drei Methoden auf den Kärtchen und vergleichen Sie die Aufwände.

① Schneiden Sie die jeweilige Projektionsgerade mit der x_2x_3-Ebene.

② Stellen Sie die Projektionsmatrix auf und berechnen Sie die Bildpunkte ohne Taschenrechner.

③ Stellen Sie die Projektionsmatrix auf und berechnen Sie die Bildpunkte mit dem GTR.

Hinweis:
Das übliche Schrägbild mit $\alpha = 45°$, $k = \frac{1}{\sqrt{2}}$ ergibt ein mittelmäßiges Bild. Sein großer Vorteil ist, dass sich Punkte mit ganzzahligen Koordinaten mithilfe der Kästchen einzeichnen lassen.

Achsenkreuz als Schrägbild

Ein **Schrägbild** ist die räumliche Darstellung eines Körpers auf einer zweidimensionalen Zeichenebene. Das Bild entsteht durch Projektion der Punkte im dreidimensionalen Koordinatensystem auf die x_2x_3-Ebene (Zeichenebene). Der optische Eindruck hängt vom Richtungswinkel α und einer Verkürzungskonstanten k ab.

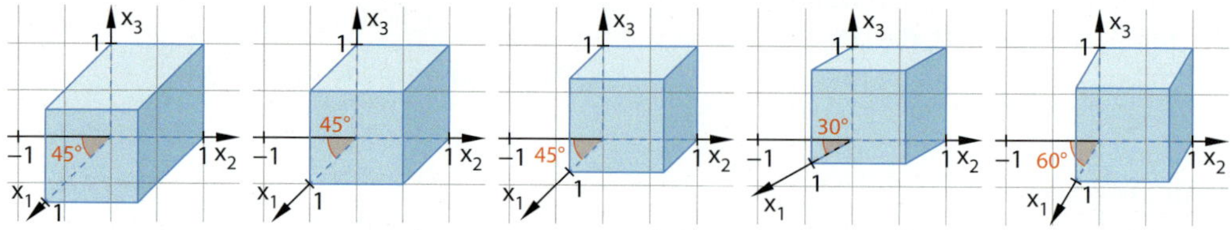

$\alpha = 45°; k = 1$ verzerrt — $\alpha = 45°; k = \frac{1}{\sqrt{2}}$ praktisch — $\alpha = 45°; k = \frac{1}{2}$ guter Eindruck — $\alpha = 30°; k = \frac{1}{2}$ guter Eindruck — $\alpha = 60°; k = \frac{1}{2}$ guter Eindruck

Zur Projektion auf die x_2x_3-Ebene entlang $\vec{v} = \begin{pmatrix} -1 \\ a \\ b \end{pmatrix}$ gehört die Matrix $\begin{pmatrix} a & 1 & 0 \\ b & 0 & 1 \end{pmatrix}$. Der Zusammenhang von a, b und k, α ergibt sich zum Beispiel durch Projektion des Punktes $P(1|0|0)$ auf $P'(0|a|b)$.

a, b gegeben: $k = \sqrt{a^2 + b^2}$ $\quad \tan(\alpha) = \frac{|b|}{|a|}$

α, k gegeben: $a = -k\cos(\alpha)$ $\quad b = -k\sin(\alpha)$

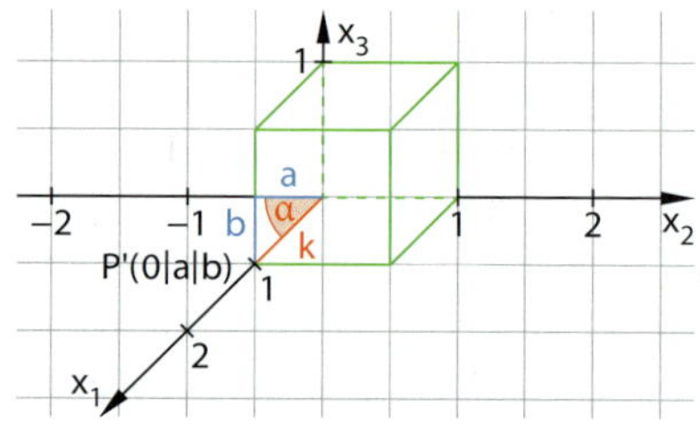

Beispiel 2: Das dreidimensionale Koordinatensystem soll als Schrägbild mit $\alpha = 30°$ und $k = 0{,}5$ im zweidimensionalen Koordinatensystem (Zeichenebene) dargestellt werden. Bestimmen Sie die Koordinaten der Punkte zu $A(1|0|0)$ und $B(2|-1|3)$ im Schrägbild.

Lösung:

Berechnen Sie a und b mithilfe von α und k. Achten Sie dabei auf die Minuszeichen.

$a = -\frac{1}{2}\cos(30°) \approx -0{,}43$

$b = -\frac{1}{2}\sin(30°) = -0{,}25$

Stellen Sie die Projektionsmatrix auf.

$M = \begin{pmatrix} a & 1 & 0 \\ b & 0 & 1 \end{pmatrix} = \begin{pmatrix} -0{,}43 & 1 & 0 \\ -0{,}25 & 0 & 1 \end{pmatrix}$

Berechnen Sie damit die Koordinaten der Punkte im Schrägbild.

$A'(-0{,}43|-0{,}25)$, $B'(-1{,}86|2{,}5)$

Basisaufgaben

6. Die Punkte $A(5|4|2)$, $B(1|-3|4)$ und $C(-2|3|1)$ sollen in das übliche Schrägbild des Koordinatensystems mit $\alpha = 45°$ und $k = \frac{1}{\sqrt{2}}$ eingezeichnet werden.

a) Bestimmen Sie die Koordinaten der Projektionen A', B' und C' auf die x_2x_3-Ebene.

b) Zeichnen Sie A, B, C mithilfe der Koordinaten von A', B', C' in das Achsenkreuz.

c) Kontrollieren Sie die Zeichnung durch das übliche Kästchenzählen.

d) Beschreiben Sie, wie das Eintragen von Punkten vereinfacht werden kann.

7. Der Punkt D des Würfels der Kantenlänge 3 liegt im Ursprung. Zeichnen Sie ein Schrägbild des Würfels mit gegebenem α und k. Berechnen Sie dafür zunächst die Koordinaten der Projektionen der Eckpunkte auf die x_2x_3-Ebene.

a) $\alpha = 45°; k = \frac{1}{\sqrt{2}}$

b) $\alpha = 30°; k = 0{,}5$

c) $\alpha = 60°; k = 0{,}5$

d) $\alpha = 30°; k = \frac{1}{4}$

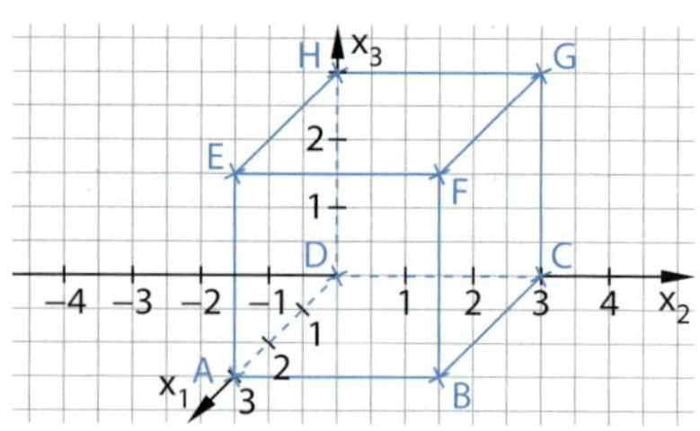

8. Zeichnen Sie je ein Schrägbild des Körpers mit $\alpha = 45°$, $k = \frac{1}{\sqrt{2}}$ und $\alpha = 30°$, $k = 0{,}5$. Berechnen Sie zunächst die Koordinaten der Projektionen der Eckpunkte auf die x_2x_3-Ebene.

a) Pyramide mit Eckpunkten A(6|1|−1), B(6|5|−1), C(2|5|−1), D(2|1|−1) und S(4|3|5)

b) Quader mit Eckpunkten A(6|1|3), B(2|3|−3), C(1|7|−1), D(5|5|5), E(0|−2|6), F(−4|0|0), G(−5|4|2) und H(−1|2|8)

Weiterführende Aufgaben

9. Im Lehrtext auf Seite 310 wurde die Matrix für eine Projektion in die x_1x_2-Ebene hergeleitet. Leiten Sie ebenso die Matrix für die Projektion in die x_2x_3-Ebene her.

10. Stolperstelle: Lucas berechnet die Projektion P′ des Punktes P(2|−4|3) in die x_1x_2-Ebene in Richtung des Vektors $\vec{v} = \begin{pmatrix} -2 \\ 3 \\ -1 \end{pmatrix}$.

Matrix: $M = \begin{pmatrix} 1 & 0 & 2 \\ 0 & 1 & -3 \end{pmatrix}$, also
P′(2 + 6|−4 − 9|0) = P′(8|−13|0).

Begründen Sie anschaulich, weshalb die Koordinaten von P′ falsch sein müssen. Finden Sie den Fehler in der Rechnung.

11. Gegeben sind die Punkte A(4|9|5), B(8|3|7), C(2|12|4), D(2|6|−4) und E(4|6|1). Berechnen Sie die Projektionen der Punkte für ① und ②. Beschreiben und erklären Sie die Besonderheit bei den Ergebnissen.

① Projektionsvektor $\vec{v} = \begin{pmatrix} 0 \\ -3 \\ -4 \end{pmatrix}$; x_1x_3-Ebene

② Projektionsvektor $\vec{v} = \begin{pmatrix} -2 \\ 3 \\ -1 \end{pmatrix}$; x_2x_3-Ebene

12. Projektion von Geraden: Die Gerade $g: \vec{x} = \begin{pmatrix} 2 \\ -2 \\ 6 \end{pmatrix} + r \begin{pmatrix} 2 \\ 4 \\ -3 \end{pmatrix}$ soll entlang $\vec{v} = \begin{pmatrix} -1 \\ 3 \\ -2 \end{pmatrix}$ in die angegebene Ebene projiziert werden. Projizieren Sie dazu den allgemeinen Geradenpunkt $P_r(2 + 2r \mid -2 + 4r \mid 6 - 3r)$ und schreiben Sie das Ergebnis als Geradengleichung.

a) Projektion in die x_1x_2-Ebene

b) Projektion in die x_2x_3-Ebene

● **13.** Ein 3,5 m hoher Mast im Punkt F(3|4|0) stützt eine Stromleitung, deren Verlauf gegeben ist durch $g: \vec{x} = \begin{pmatrix} 3 \\ 4 \\ 3{,}5 \end{pmatrix} + r \begin{pmatrix} 1 \\ 2 \\ -0{,}5 \end{pmatrix}$. In Richtung $\vec{v} = \begin{pmatrix} 1 \\ -2 \\ -1 \end{pmatrix}$ fällt Sonnenlicht ein, sodass an einer Wand (x_1x_3-Ebene) und auf dem Boden (x_1x_2-Ebene) der Schatten von Mast und Leitung entsteht. Führen Sie alle Berechnungen durch, um die Schatten einzeichnen zu können.

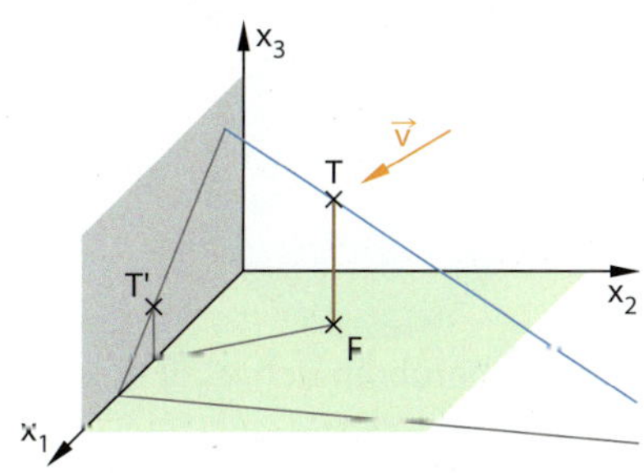

● **14. Ausblick:** Den besten optischen Eindruck liefert die Zentralperspektive. Sie ist durch die Position des Ausgangspunktes Z gekennzeichnet. Bei ihr erhält man zu jedem Punkt P den Bildpunkt P′ als Schnittpunkt des Strahls ZP mit der x_2x_3-Ebene. Berechnen und skizzieren Sie ein zentralperspektivisches Bild der Pyramide mit Ausgangspunkt Z(12|10|1).

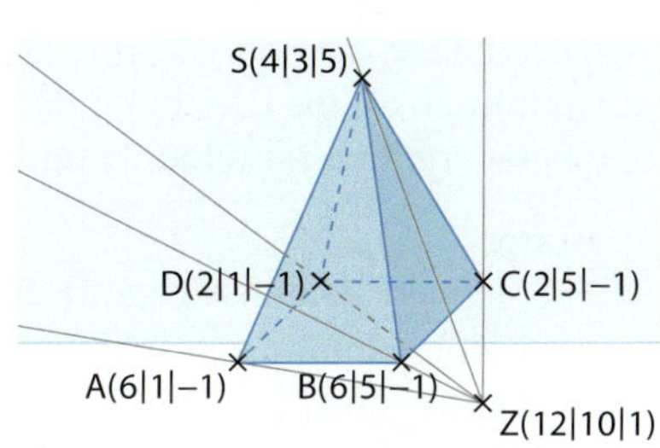

Kugeln

■ Ein GPS-Gerät im Punkt P empfängt von einem Satelliten dessen Position sowie Angaben zur Ermittlung der Entfernung zu diesem Satelliten.
Aus der Entfernung r_1 zu einem Satelliten S_1 ergibt sich, dass sich das GPS-Gerät auf der Oberfläche einer Kugel mit dem Radius r_1 um S_1 befindet.
Geben Sie an, welche Information sich aus der Entfernung zu 2, 3 und 4 Satelliten ergibt. ■

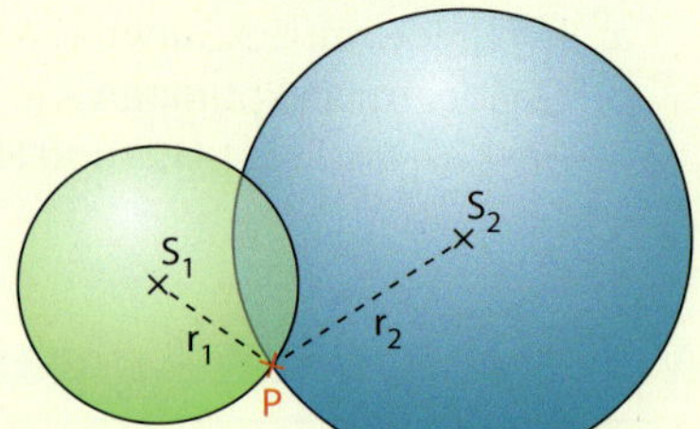

Hinweis:
Ein Punkt $P(x_1 | x_2)$ liegt auf einer Kreislinie mit dem Radius r um den Mittelpunkt $M(m_1 | m_2)$, wenn $|\overrightarrow{OP} - \overrightarrow{OM}| = r$ gilt.

Eine Kugel K im dreidimensionalen Raum wird durch einen Mittelpunkt $M(m_1 | m_2 | m_3)$ und einen Radius r eindeutig festgelegt. Ein Punkt $P(x_1 | x_2 | x_3)$ liegt genau dann auf der Kugeloberfläche, wenn sein Abstand vom Mittelpunkt M gleich dem Radius r ist:
$|\overrightarrow{OP} - \overrightarrow{OM}| = \sqrt{(x_1 - m_1)^2 + (x_2 - m_2)^2 + (x_3 - m_3)^2} = r$
Ist der Abstand geringer, so liegt der Punkt im Inneren der Kugel.

Definition: Kugelgleichung
Ein Punkt $P(x_1 | x_2 | x_3)$ liegt genau dann auf der Kugel K um $M(m_1 | m_2 | m_3)$ mit Radius r, wenn gilt: $(x_1 - m_1)^2 + (x_2 - m_2)^2 + (x_3 - m_3)^2 = r^2$

Beispiel 1: Prüfen Sie die Lage der Punkte $A(3 | 7 | 4)$ und $B(2 | 9 | 3)$ bezüglich der Kugel K um $M(-1 | 3 | 5)$ mit Radius $r = 7$.

Lösung:
Stellen Sie die Kugelgleichung auf und setzen Sie die Koordinaten der Punkte ein. Punkt A liegt im Inneren von K, da sein Abstand zu M kleiner als r ist. Punkt B erfüllt die Gleichung, liegt also auf der Oberfläche.

K: $(x_1 + 1)^2 + (x_2 - 3)^2 + (x_3 - 5)^2 = 49$
A: $(3+1)^2 + (7-3)^2 + (4-5)^2 = 16 + 16 + 1 < 49$
A liegt im Inneren der Kugel.
B: $(2+1)^2 + (9-3)^2 + (3-5)^2 = 9 + 36 + 4 = 49$
B liegt auf der Kugel.

Hinweis:
In allen anderen Fällen haben die Kugeln keine gemeinsamen Punkte.

Die **Lagebeziehung zweier Kugeln** hängt vom Abstand $|\overrightarrow{M_1M_2}|$ ihrer Mittelpunkte ab.

$|\overrightarrow{M_1M_2}| = |r_1 - r_2|$

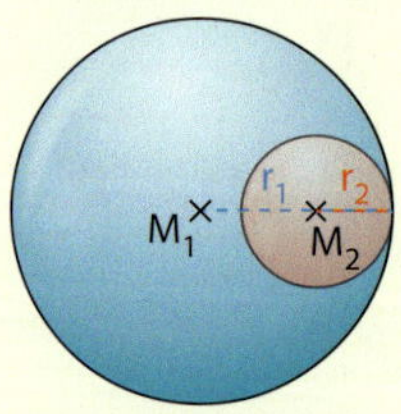

Kugeln berühren sich, K_2 in K_1

$|r_1 - r_2| < |\overrightarrow{M_1M_2}| < r_1 + r_2$

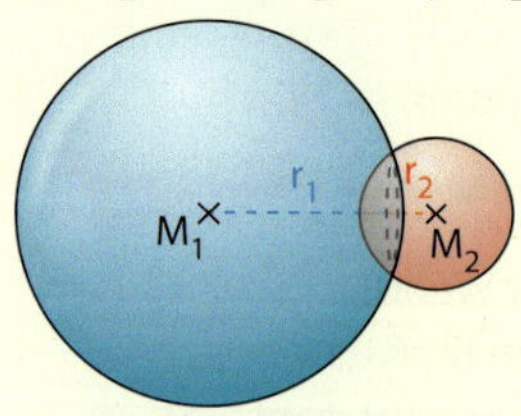

Kugeln schneiden sich

$|\overrightarrow{M_1M_2}| = r_1 + r_2$

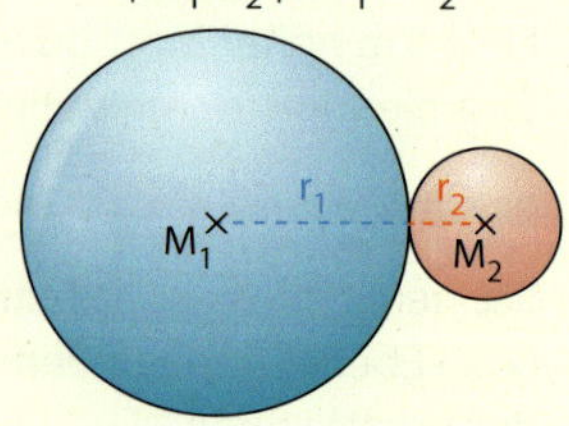

Kugeln berühren sich

Beispiel 2: Gegeben sind die Kugeln K_1 mit $M_1(2 | 2 | 3)$, $r_1 = 2$ und K_2 mit $M_2(1 | 0 | 2)$, $r_2 = 1$.
a) Zeigen Sie, dass die Kugeln sich schneiden.
b) Ermitteln Sie die Gleichung der Ebene, in welcher der Schnittkreis liegt.
c) Berechnen Sie Mittelpunkt und Radius des Schnittkreises.

Lösung:
a) Berechnen Sie den Abstand $|\overrightarrow{M_1M_2}|$ der Mittelpunkte und vergleichen Sie diesen mit $r_1 + r_2$ und $|r_1 - r_2|$.

$|\overrightarrow{M_1M_2}| = \sqrt{(1-2)^2 + (0-2)^2 + (2-3)^2} \approx 2{,}5$
$|r_1 - r_2| = 1 < |\overrightarrow{M_1M_2}| < 3 = r_1 + r_2$
Die Kugeln schneiden sich.

b) Alle gemeinsamen Punkte müssen beide Kugelgleichungen erfüllen. Es ergibt sich ein Gleichungssystem mit zwei quadratischen Gleichungen.
Beim Subtrahieren beider Gleichungen fallen alle Quadrate weg. Es bleibt die Koordinatengleichung der Ebene E, in der der Schnittkreis liegt.

K_1: $(x_1 - 2)^2 + (x_2 - 2)^2 + (x_3 - 3)^2 = 2^2$
K_2: $(x_1 - 1)^2 + x_2^2 + (x_3 - 2)^2 = 1^2$

$x_1^2 - 4x_1 + 4 + x_2^2 - 4x_2 + 4 + x_3^2 - 6x_3 + 9 = 4$
$x_1^2 - 2x_1 + 1 + x_2^2 + x_3^2 - 4x_3 + 4 = 1$

$-2x_1 + 3 \quad -4x_2 + 4 \quad -2x_3 + 5 = 3$
$\Leftrightarrow$ E: $-2x_1 - 4x_2 - 2x_3 = -9$

c) Stellen Sie eine Gleichung der Geraden g durch die Mittelpunkte auf.
Berechnen Sie den Schnittpunkt S der Geraden g mit der Ebene E. Dieser Schnittpunkt ist der Mittelpunkt des Schnittkreises.
Der Radius r des Schnittkreises, die Strecke $\overrightarrow{M_1S}$ und r_1 bilden ein rechtwinkliges Dreieck. Berechnen Sie daraus den Radius r.

$g: \vec{x} = \begin{pmatrix} 2 \\ 2 \\ 3 \end{pmatrix} + t \begin{pmatrix} -1 \\ -2 \\ -1 \end{pmatrix} = \begin{pmatrix} 2 - t \\ 2 - 2t \\ 3 - t \end{pmatrix}$

Einsetzen in E liefert t = 0,75.
Mittelpunkt S (1,25 | 0,5 | 2,25)

$|\overrightarrow{M_1S}| = \sqrt{0{,}75^2 + 1{,}5^2 + 0{,}75^2}$
$= 0{,}75 \cdot \sqrt{1 + 2^2 + 1} = 0{,}75\sqrt{6}$

$r^2 + |\overrightarrow{M_1S}| = r_1^2$

Radius $r = \sqrt{2^2 - (0{,}75\sqrt{6})^2} \approx 0{,}79$

Hinweis:
Das Gleichungssystem zur Berechnung der gemeinsamen Punkte zweier Kugeln liefert überraschenderweise weder eine Entscheidung über die gegenseitige Lage der Kugeln noch eine Gleichung des Schnittgebildes.

Aufgaben

1. Prüfen Sie die Lage von A und B zur Kugel mit dem Radius r und dem Mittelpunkt M.
a) M(3 | 2 | 1); r = 5 A(0 | 5 | 7); B(0 | 6 | 1) b) M(7 | −9 | 2); r = 9 A(1 | 1 | 1); B(1 | −6 | −5)

2. Untersuchen Sie die Lage der Kugeln mit den Mittelpunkten M_1, M_2 und Radien r_1, r_2.
a) $M_1(3 | -2 | 6)$; $r_1 = 2$ $M_2(0 | 2 | 6)$; $r_2 = 3$ b) $M_1(1 | -7 | 8)$; $r_1 = 4$ $M_2(3 | -3 | 12)$; $r_2 = 3$

3. Gegeben sind die Kugeln K_1: $x_1^2 + x_2^2 + x_3^2 = 16$ und K_2: $x_1^2 + (x_2 - 4)^2 + x_3^2 = 4$.
a) Ermitteln Sie eine Gleichung der Ebene E, die den Schnittkreis von K_1 und K_2 enthält.
b) Skizzieren Sie den Querschnitt der x_1x_2-Ebene durch beide Kugeln. Benennen Sie in der Skizze den Schnittpunkt von E mit der Geraden durch M_1 und M_2 mit dem Buchstaben S.
c) Berechnen Sie Mittelpunkt und Radius des Schnittkreises.
d) Lösen Sie a) und c) für K_1: $(x_1 - 2)^2 + (x_2 + 3)^2 + (x_3 + 1)^2 = 16$ und K_2: $(x_1 - 3)^2 + (x_2 - 2)^2 + (x_3 - 1)^2 = 4$.

Hinweis zu 3c:
Die Strecke $|\overrightarrow{M_1S}|$, der Radius r_1 und der Radius r des Schnittkreises bilden ein rechtwinkliges Dreieck.

4. Global-Positioning-System (GPS):
In dieser Aufgabe wird die Erde als Kugel mit Radius $r_0 = 1$ (1 LE = 6370 km) betrachtet. Der Erdmittelpunkt M_0 sei Ursprung eines Koordinatensystems.
Ein GPS-Gerät wertet Signale von drei Satelliten aus:
Sat1: Position: $M_1(2 | 3 | 1)$ Entfernung: $r_1 = 3$
Sat2: Position: $M_2(2 | 2 | 2)$ Entfernung: $r_2 = 3$
Sat3: Position: $M_3(2{,}5 | 3 | 0{,}8)$ Entfernung: $r_3 = 3{,}3$

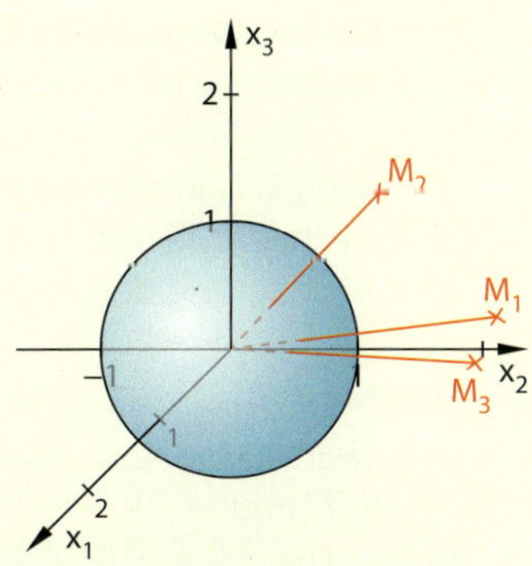

a) Ermitteln Sie die Ebenen E_1, E_2, E_3, auf denen der Schnittkreis der Erdkugel mit den Kugeln um M_1, M_2 bzw. M_3 liegt.
b) Die Position P ist der Schnittpunkt dieser drei Ebenen. Berechnen Sie P.
c) Nach 2 Stunden Fahrt befindet sich das GPS-Gerät im Punkt Q (0,0169 | 0,9998 | 0,0107). Nutzen Sie den Winkel zwischen $\overrightarrow{OP}$ und $\overrightarrow{OQ}$, um die Länge des Kreisbogens $\overset{\frown}{PQ}$ auf der Erdkugel in Kilometern zu berechnen.

Erinnerung:
Für die Länge eines Kreisbogens b_α mit dem Radius r und dem Öffnungswinkel α gilt:
$b_\alpha = \frac{\alpha}{180°} \cdot \pi \cdot r$

7.6 Abiturtraining

Aufgaben ohne GTR/CAS

1. Berechnen Sie das Skalarprodukt der Vektoren $\vec{a}$ und $\vec{b}$. Entscheiden Sie damit, ob der Winkel zwischen den Vektoren ein spitzer, ein stumpfer oder ein rechter Winkel ist.

a) $\vec{a} = \begin{pmatrix} 2 \\ 0 \\ -3 \end{pmatrix}$ $\vec{b} = \begin{pmatrix} 3 \\ 4 \\ 1 \end{pmatrix}$ b) $\vec{a} = \begin{pmatrix} 2 \\ 0 \\ -3 \end{pmatrix}$ $\vec{b} = \begin{pmatrix} -3 \\ 4 \\ 1 \end{pmatrix}$ c) $\vec{a} = \begin{pmatrix} 2 \\ 0 \\ -3 \end{pmatrix}$ $\vec{b} = \begin{pmatrix} 3 \\ 4 \\ 2 \end{pmatrix}$

2. In dieser Aufgabe wird der Flächeninhalt von Dreiecken im Raum berechnet.
   a) Zeigen Sie, dass das Dreieck mit den Eckpunkten A (1 | −2 | 4), B (5 | 3 | 6), C (3 | −1 | 2) rechtwinklig ist. Nutzen Sie dies, um seinen Flächeninhalt zu berechnen.
   b) Zeigen Sie, dass das Dreieck mit den Eckpunkten A (−2 | 3 | 6), B (1 | 9 | 2), C (4 | 3 | −2) gleichschenklig ist. Geben Sie die Koordinaten des Mittelpunktes M der Basis dieses Dreiecks an. Nutzen Sie M, um den Flächeninhalt des Dreiecks zu berechnen.
   c) Das Dreieck mit den Eckpunkten A (−2|−1|8), B (7|2|−4), C (6|7|3) ist weder rechtwinklig noch gleichschenklig. Seine Höhe h_c ist gleich dem Abstand von C zur Geraden g_{AB}. Berechnen Sie h_c und zeigen Sie, dass für den Flächeninhalt des Dreiecks gilt: $A = \frac{21}{2}\sqrt{26}$

3. Gegeben sind die Punkte A (3 | −2 | 2), B (7 | 0 | 1) und C (5 | 2 | −3).
   a) Zeigen Sie, dass das Dreieck ABC rechtwinklig ist, und geben Sie einen Punkt D an, sodass das Viereck ABCD ein Rechteck ist.
   b) Ermitteln Sie einen Vektor $\vec{n}$ mit ganzzahligen Koordinaten, welcher auf $\overrightarrow{AB}$ und $\overrightarrow{AD}$ senkrecht steht und einen möglichst kleinen Betrag hat.
   c) Zeigen Sie, dass das Rechteck ABCD einen Flächeninhalt von $6 \cdot \sqrt{14}$ FE hat. Das Rechteck soll die Grundfläche eines Quaders mit der Höhe $h = r \cdot |\vec{n}|$ sein ($r > 0$). Bestimmen Sie r so, dass der Quader ein Volumen von 168 Einheiten hat. Geben Sie die Koordinaten der vier weiteren Eckpunkte des Quaders an.
   d) Begründen Sie, dass es zu c) zwei Lösungen geben muss.

4. Gegeben sind der Punkt P (5 | −6 | 12) sowie die Geraden g_1 und g_2 mit den Gleichungen
$g_1\colon \vec{x} = \begin{pmatrix} -1 \\ -3 \\ 3 \end{pmatrix} + r \cdot \begin{pmatrix} -2 \\ -4 \\ 5 \end{pmatrix}$ und $g_2\colon \vec{x} = \begin{pmatrix} -15 \\ -1 \\ 8 \end{pmatrix} + s \cdot \begin{pmatrix} 8 \\ 1 \\ -5 \end{pmatrix}$.
   a) Zeigen Sie, dass sich die Geraden schneiden, und geben Sie den Schnittpunkt an.
   b) E sei die Ebene, die die Geraden g_1 und g_2 enthält.
   Ermitteln Sie eine Parameter- und eine Normalengleichung von E.
   c) g_3 sei die Gerade, die g_1 und g_2 schneidet und senkrecht zu diesen Geraden verläuft. Geben Sie eine Gleichung von g_3 an.
   d) Berechnen Sie den Abstand des Punktes P zur Ebene E.
   e) Berechnen Sie den Abstand des Punktes P zur Geraden g_1.

5. Die Matrix $M = \begin{pmatrix} 1 & 0 & -1 \\ 0 & 1 & 2 \end{pmatrix}$ beschreibt eine Projektion in eine Koordinatenebene.
   a) Geben Sie die Koordinatenebene und einen Vektor, der in Richtung der Projektion zeigt, an.
   b) Das Dreieck A (3 | 0 | 2), B (1 | 3 | 2), C (−1 | −1 | 1) soll mithilfe der Matrix projiziert werden. Berechnen Sie die Koordinaten der projizierten Eckpunkte.

Aufgaben mit GTR/CAS

6. Gegeben ist das gleichseitige Dreieck ABC mit den Eckpunkten A (−2 | −1 | −3), B (4 | 5 | −3) und C (4 | −1 | 3).
   a) Zeigen Sie, dass der Flächeninhalt des Dreiecks $18 \cdot \sqrt{3}$ FE beträgt.
   b) Geben Sie die Koordinatengleichung der Ebene E_{ABC} an, in der das Dreieck ABC liegt.
   c) Der Punkt S (−2 | 5 | 3) wird an der Ebene E_{ABC} gespiegelt. Bestimmen Sie die Koordinaten des Spiegelpunktes S′.
   d) Berechnen Sie das Volumen der Pyramide mit Grundfläche ABC und Spitze S.

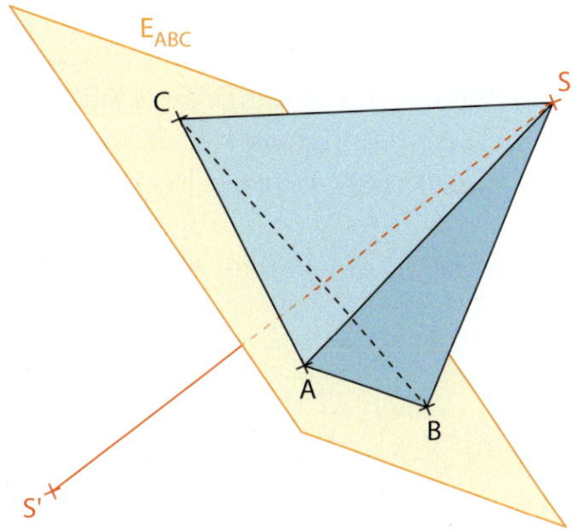

   e) E_{ABC} gehört zur Ebenenschar E_a mit der Gleichung E_a: $x_1 - x_2 - x_3 = a$. Ermitteln Sie, für welche Werte von a die Ebene E_a das Tetraeder ABCS schneidet.
   f) Berechnen Sie den Winkel zwischen den Kanten $\overline{CS}$ und $\overline{CB}$ sowie den Winkel zwischen E_{ABC} und der Geraden g_{CS} durch C und S.
   g) Zeigen Sie rechnerisch, dass die Gerade g_{CS} windschief zur Geraden g_{AB} durch A und B verläuft.
   h) Berechnen Sie den Abstand der beiden windschiefen Geraden g_{CS} und g_{AB}.

7. Die Abbildung zeigt ein Haus mit Walmdach. Das Haus steht auf leicht abschüssigem Gelände. Der Erdboden wird durch die Ebene E: $x_1 + 2x_2 + 10x_3 = 20$ beschrieben. (1 LE entspricht 1 m.)
   a) Der Punkt A liegt in der Ebene E. Berechnen Sie seine Koordinaten und geben Sie die Länge der Kante $\overline{AE}$ an. Zeigen Sie, dass die Strecke $\overline{AB}$ orthogonal zur Strecke $\overline{BC}$ ist.
   b) Berechnen Sie die Winkel, welche die Dachflächen EFH und FGKH mit der x_1x_2-Ebene einschließen.
   c) Das Dach soll neu gedeckt werden. Berechnen Sie den Flächeninhalt des Daches.

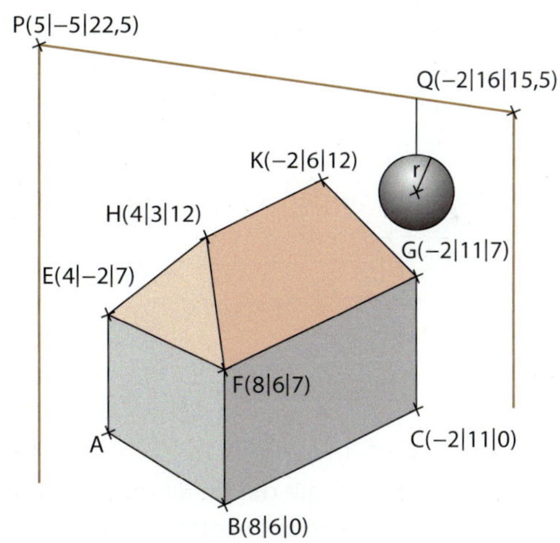

   d) Die Spitzen der Masten, über welche das Drahtseil einer Materialseilbahn gespannt ist, sind die Punkte P (5 | −5 | 22,5) und Q (−2 | 16 | 15,5). Berechnen Sie, wie hoch dieses Drahtseil über dem Dachfirst HK verläuft.
   e) Für eine Fabrik soll an dem Drahtseil eine Kugel mit Radius r = 3 m zum Transport von Gasen gezogen werden. Die Kugel hängt 3 m unterhalb des Seils (siehe Skizze). Begründen Sie, dass die Kugel zu tief hängt, und berechnen Sie den Punkt S, an dem die Kugel die Dachfläche FGKH berühren würde.
   f) Das Seil, an dem die Kugel hängt, lässt sich auf 2 m kürzen. Zusätzlich soll der Mast mit der Spitze Q so weit erhöht werden, dass die Kugel in 1,50 m Abstand über dem Dachfirst HK schwebt. Berechnen Sie die Höhe des neuen Mastes.

Prüfen Sie Ihr neues Fundament

Lösungen
↗ S. 506/507

1. Ermitteln Sie den Schnittpunkt und den Schnittwinkel der Geraden

$g: \vec{x} = \begin{pmatrix} -1 \\ 0 \\ -1 \end{pmatrix} + r \begin{pmatrix} 3 \\ 1 \\ -2 \end{pmatrix}$ und $h: \vec{x} = \begin{pmatrix} 2 \\ 1 \\ -3 \end{pmatrix} + t \begin{pmatrix} 1 \\ 1 \\ 1 \end{pmatrix}$.

2. Untersuchen Sie, ob das Dreieck ABC einen rechten Innenwinkel hat, und berechnen Sie die Größe aller Innenwinkel.

a) A(3|4|1); B(7|4|3); C(1|5|15)

b) A(1|2|4); B(2|−3|1); C(5|6|4)

3. Berechnen Sie den Winkel zwischen der Geraden g und der Ebene E.

a) $E: x_1 + x_2 + x_3 = 1$ $\quad g: \vec{x} = \begin{pmatrix} 1 \\ 0 \\ 0 \end{pmatrix} + t \begin{pmatrix} 1 \\ 1 \\ 1 \end{pmatrix}$

b) $E: \begin{pmatrix} 2 \\ 0 \\ 0 \end{pmatrix} \cdot \vec{x} = \begin{pmatrix} -1 \\ 2 \\ -1 \end{pmatrix} \cdot \begin{pmatrix} 2 \\ 2 \\ 2 \end{pmatrix}$ $\quad g: \vec{x} = \begin{pmatrix} 3 \\ -2 \\ 4 \end{pmatrix} + t \begin{pmatrix} 0 \\ 1 \\ 0 \end{pmatrix}$

c) $E: \vec{x} = \begin{pmatrix} 1 \\ 0 \\ 2 \end{pmatrix} + r \begin{pmatrix} 1 \\ 2 \\ 0 \end{pmatrix} + s \begin{pmatrix} 0 \\ 1 \\ 2 \end{pmatrix}$ $\quad g: \vec{x} = \begin{pmatrix} 1 \\ 3 \\ 1 \end{pmatrix} + t \begin{pmatrix} -2 \\ -2 \\ 2 \end{pmatrix}$

4. Berechnen Sie den Winkel zwischen den Ebenen E_1 und E_2.

a) $E_1: x_1 + 2x_2 + x_3 = 3$ $\quad E_2: x_1 + x_2 = 0$

b) $E_1: \vec{x} = \begin{pmatrix} 1 \\ 2 \\ 4 \end{pmatrix} + r \begin{pmatrix} 2 \\ 0 \\ 1 \end{pmatrix} + s \begin{pmatrix} 4 \\ -1 \\ 5 \end{pmatrix}$ $\quad E_2: \vec{x} \cdot \begin{pmatrix} 6 \\ -3 \\ 4 \end{pmatrix} = 5$

c) $E_1: \vec{x} \cdot \begin{pmatrix} 4 \\ 0 \\ 0 \end{pmatrix} = 3$ $\quad E_2: \vec{x} \cdot \begin{pmatrix} 5 \\ 1 \\ 3 \end{pmatrix} = \begin{pmatrix} 1 \\ 1 \\ -1 \end{pmatrix} \cdot \begin{pmatrix} 4 \\ 3 \\ 7 \end{pmatrix}$

d) $E_1: \vec{x} = \begin{pmatrix} 0 \\ 2 \\ -1 \end{pmatrix} + r \begin{pmatrix} 2 \\ 1 \\ 3 \end{pmatrix} + s \begin{pmatrix} 5 \\ 2 \\ 1 \end{pmatrix}$ $\quad E_2: \vec{x} = \begin{pmatrix} 1 \\ 0 \\ 0 \end{pmatrix} + k \begin{pmatrix} 3 \\ 3 \\ 1 \end{pmatrix} + l \begin{pmatrix} -2 \\ 1 \\ 2 \end{pmatrix}$

5. Bestimmen Sie den Abstand des Punktes A von der Ebene E.

a) $E: x_1 + x_2 = 1$ $\quad$ A(1|1|1)

b) $E: \vec{x} \cdot \begin{pmatrix} 2 \\ 1 \\ -3 \end{pmatrix} = 5$ $\quad$ A(1|−1|2)

c) $E: \vec{x} = \begin{pmatrix} -3 \\ 2 \\ -1 \end{pmatrix} + r \begin{pmatrix} 1 \\ 0 \\ 0 \end{pmatrix} + s \begin{pmatrix} 0 \\ -1 \\ 0 \end{pmatrix}$ $\quad$ A(2|1|−1)

6. Für die Ebene E gilt die Gleichung $2x_1 + x_2 - 2x_3 = 12$.

a) Berechnen Sie den Abstand der Ebene E vom Ursprung.

b) Bestimmen Sie die beiden parallelen Ebenen, die zu E einen Abstand von 5 haben.

7. Berechnen Sie den Abstand des Punktes A von der Geraden g und geben Sie den Lotfußpunkt von A auf g an.

a) A(1|0|−1) $\quad g: \vec{x} = \begin{pmatrix} 1 \\ 1 \\ 3 \end{pmatrix} + t \begin{pmatrix} 0 \\ 1 \\ 0 \end{pmatrix}$

b) A(5|4|1) $\quad g: \vec{x} = \begin{pmatrix} 3 \\ 5 \\ -1 \end{pmatrix} + t \begin{pmatrix} 2 \\ -1 \\ -4 \end{pmatrix}$

8. Berechnen Sie den Abstand der windschiefen Geraden g und h.

① $g: \vec{x} = \begin{pmatrix} 1 \\ 2 \\ 3 \end{pmatrix} + s \begin{pmatrix} 4 \\ -4 \\ -1 \end{pmatrix}$

$h: \vec{x} = \begin{pmatrix} -1 \\ 3 \\ 1 \end{pmatrix} + t \begin{pmatrix} 3 \\ -1 \\ 0 \end{pmatrix}$

② $g: \vec{x} = \begin{pmatrix} -8 \\ 2 \\ 3 \end{pmatrix} + s \begin{pmatrix} 13 \\ -4 \\ -1 \end{pmatrix}$

$h: \vec{x} = \begin{pmatrix} 4 \\ 3 \\ 5 \end{pmatrix} + t \begin{pmatrix} 1 \\ 5 \\ 4 \end{pmatrix}$

Lösungen
↗ **S. 507/508**

9. Gegeben ist ein Würfel ABCDEFGH der Kantenlänge 6. Der Punkt I ist Mittelpunkt der Kante $\overline{FG}$. Der Punkt J ist Mittelpunkt der Kante $\overline{EH}$.

a) Berechnen Sie das Volumen der Pyramide ACDJ.
b) Ermitteln Sie die Innenwinkel des Dreiecks ACJ.
c) Berechnen Sie den Abstand des Punktes I von der Geraden g_{AC} durch die Punkte A und C. Geben Sie die Koordinaten des Lotfußpunktes von I auf g_{AC} an.

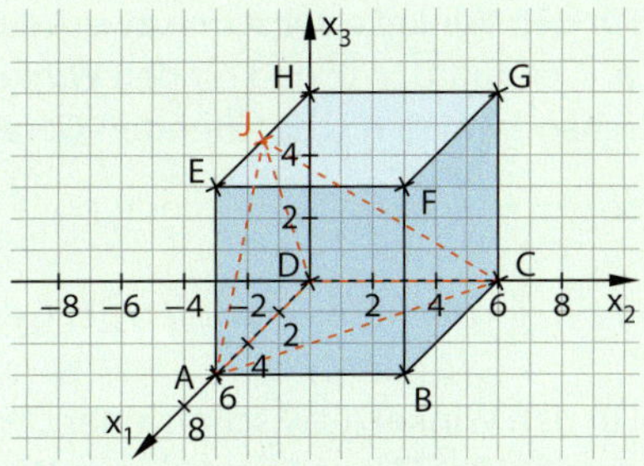

10. Zwei Flugzeuge bewegen sich geradlinig vom Flughafen weg bzw. zum Flughafen hin. Die geradlinigen Bahnen lassen sich durch die Geradengleichungen g und h beschreiben (Angaben in km). Die Parameter s und t beschreiben die Zeit. Die x_1x_2-Ebene beschreibt die Erdoberfläche.

Flugzeug ①	Flugzeug ②
g: $\vec{x} = \begin{pmatrix} 4 \\ 3 \\ 5 \end{pmatrix} + s\begin{pmatrix} 2 \\ 2 \\ -1 \end{pmatrix}$	h: $\vec{x} = \begin{pmatrix} 3 \\ 5 \\ 1 \end{pmatrix} + s\begin{pmatrix} 2 \\ 2 \\ 1 \end{pmatrix}$

a) Begründen Sie, welches Flugzeug startet und welches landet.
b) Berechnen Sie für beide Flugzeuge die Koordinaten des Start- bzw. Landepunktes.
c) Berechnen Sie für beide Flugzeuge den Winkel, in dem es startet bzw. landet.
d) Berechnen Sie den minimalen Abstand der beiden Flugbahnen.

11. Beschreiben Sie die Projektion mit einer Abbildungsmatrix.

a) Projektion in Richtung des Vektors $\vec{v} = \begin{pmatrix} 2 \\ -3 \\ 4 \end{pmatrix}$ in die x_1x_2-Ebene
b) Projektion in Richtung des Vektors $\vec{v} = \begin{pmatrix} 5 \\ 3 \\ -1 \end{pmatrix}$ in die x_2x_3-Ebene

12. Die Matrix beschreibt eine Projektion in eine Koordinatenebene. Geben Sie einen möglichen Projektionsvektor und die Ebene an.

a) $\begin{pmatrix} 3 & 1 & 0 \\ 2 & 0 & 1 \end{pmatrix}$ b) $\begin{pmatrix} 1 & 0 & 4 \\ 0 & 1 & 5 \end{pmatrix}$

13. Gegeben ist eine Pyramide mit den Eckpunkten A(2|1|0), B(6|3|0), C(4|5|0), D(4|5|4). Zeichnen Sie je ein Schrägbild der Pyramide mit $\alpha = 45°$ und $k = \frac{1}{\sqrt{2}}$ sowie mit $\alpha = 30°$ und $k = 0{,}5$. Berechnen Sie zunächst die Koordinaten der Projektionen der Eckpunkte in der x_2x_3-Ebene.

14. Auf eine Pyramide mit den Eckpunkten A(6|1|1), B(6|5|1), C(2|5|1), D(2|1|1) und S(4|3|6) fällt parallel zum Vektor $\vec{v} = \begin{pmatrix} -3 \\ 2 \\ -1 \end{pmatrix}$ Sonnenlicht.
Das Schattenbild der Pyramide in der x_2x_3-Ebene soll bestimmt werden.

a) Beschreiben Sie die Projektion mithilfe der Abbildungsmatrix.
b) Berechnen Sie die Bildpunkte für diese Projektion.
c) Stellen Sie das Schattenbild grafisch dar.

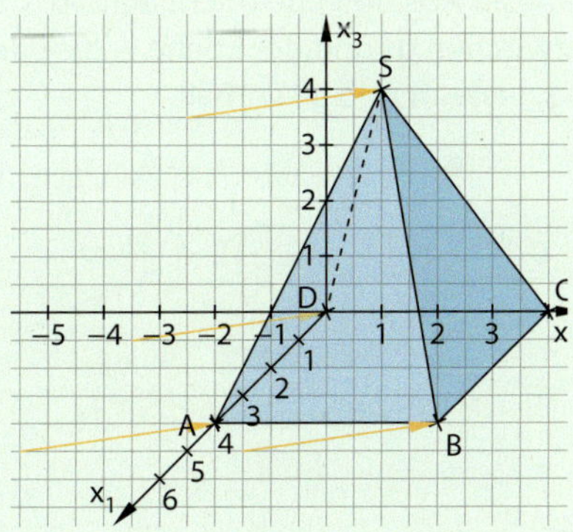

Winkel Vektor–Vektor und Gerade–Gerade

Für den **Winkel α zwischen zwei Vektoren** $\vec{a} \neq \vec{0}$ und $\vec{b} \neq \vec{0}$ und für den **Winkel γ zwischen zwei sich schneidenden Geraden** gilt:

$\cos(\alpha) = \frac{\vec{a} \cdot \vec{b}}{|\vec{a}| \cdot |\vec{b}|}$ $\qquad \cos(\gamma) = \frac{|\vec{u} \cdot \vec{v}|}{|\vec{u}| \cdot |\vec{v}|}$

$\vec{u}$, $\vec{v}$ sind Richtungsvektoren der Geraden.

$g\colon \vec{x} = \begin{pmatrix} -7 \\ 1 \\ 0 \end{pmatrix} + r \begin{pmatrix} 5 \\ -1 \\ 2 \end{pmatrix}; \quad h\colon \vec{x} = \begin{pmatrix} 3 \\ -1 \\ 4 \end{pmatrix} + r \begin{pmatrix} -3 \\ -2 \\ 1 \end{pmatrix}$

$\cos(\gamma) = \frac{\left| \begin{pmatrix} 5 \\ -1 \\ 2 \end{pmatrix} \cdot \begin{pmatrix} -3 \\ -2 \\ 1 \end{pmatrix} \right|}{\sqrt{30} \cdot \sqrt{14}} \approx 0{,}537$

$\gamma \approx \cos^{-1}(0{,}537) \approx 57{,}5°$

Winkel Gerade–Ebene und Ebene–Ebene

Für den **Winkel α zwischen einer Geraden g und einer Ebene E** und für den **Winkel γ zwischen zwei Ebenen E_1 und E_2** gilt:

$\sin(\alpha) = \frac{|\vec{n} \cdot \vec{u}|}{|\vec{n}| \cdot |\vec{u}|}$ $\qquad \cos(\alpha) = \frac{|\vec{n_1} \cdot \vec{n_2}|}{|\vec{n_1}| \cdot |\vec{n_2}|}$

$\vec{n}$, $\vec{n_1}$, $\vec{n_2}$ sind Normalenvektoren von E, E_1, E_2.
$\vec{u}$ ist ein Richtungsvektor von g.

$E_1\colon x_1 - 2x_2 + x_3 = 5; \quad E_2\colon \vec{x} \cdot \begin{pmatrix} 3 \\ 4 \\ 2 \end{pmatrix} = 5$

γ ist der Schnittwinkel zwischen E_1 und E_2.

$\cos(\gamma) = \frac{|1 \cdot 3 - 2 \cdot 4 + 1 \cdot 2|}{\sqrt{6} \cdot \sqrt{29}} \approx 0{,}227$

$\gamma \approx \cos^{-1}(0{,}227) \approx 76{,}9°$

Abstand Punkt – Ebene

Für den **Abstand eines Punktes A zur Ebene E** gilt:

$d(A, E) = \frac{1}{|\vec{n}|} |\vec{n} \cdot \overrightarrow{OA} - \vec{n} \cdot \overrightarrow{OP}|$

P ist ein Punkt auf E.
$\vec{n}$ ist ein Normalenvektor von E.

Die Gleichung $\frac{1}{|\vec{n}|}(\vec{n} \cdot \vec{x} - \vec{n} \cdot \overrightarrow{OP}) = 0$ heißt **Hesse'sche Normalenform** der Ebene E.

$A(9|-3|2); \quad E\colon 3x_1 + x_2 - 2x_3 = 12$

$d(A, E) = \frac{1}{\sqrt{14}} \left| \begin{pmatrix} 3 \\ 1 \\ -2 \end{pmatrix} \cdot \begin{pmatrix} 9 \\ -3 \\ 2 \end{pmatrix} - 12 \right| = \frac{8}{\sqrt{14}} \approx 2{,}14$

Hesse'sche Normalenform:

$\frac{1}{\sqrt{14}} \left[\begin{pmatrix} 3 \\ 1 \\ -2 \end{pmatrix} \cdot \vec{x} - 12 \right] = 0$

Abstand Punkt – Gerade

Der **Abstand eines Punktes A zu einer Geraden g** ist der kürzeste Abstand von A zu einem Punkt auf g. Dieser Abstand entspricht der Länge des Lotvektors von A auf g.

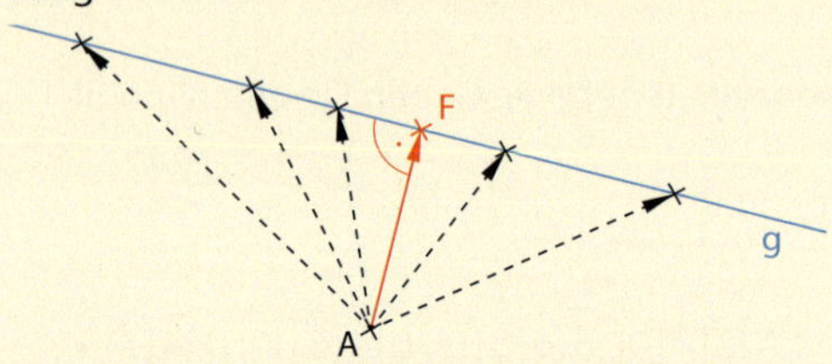

$A(-17|-17|2); \quad g\colon \vec{x} = \begin{pmatrix} -4 \\ 3 \\ 8 \end{pmatrix} + t \begin{pmatrix} 9 \\ 2 \\ -6 \end{pmatrix}$

$\overrightarrow{AX_t} = \begin{pmatrix} -4 + 9t - (-17) \\ 3 + 2t - (-17) \\ 8 - 6t - 2 \end{pmatrix} = \begin{pmatrix} 13 + 9t \\ 20 + 2t \\ 6 - 6t \end{pmatrix}$

$\begin{pmatrix} 13 + 9t \\ 20 + 2t \\ 6 - 6t \end{pmatrix} \cdot \begin{pmatrix} 9 \\ 2 \\ -6 \end{pmatrix} = 0$ ergibt $t = -1$

$d(A, g) = |\overrightarrow{AX_{-1}}| = \left| \begin{pmatrix} 4 \\ 18 \\ 12 \end{pmatrix} \right| = 22$

Abstand windschiefer Geraden

Der **Abstand zweier windschiefer Geraden g_1 und g_2** ist der kürzeste Abstand zwischen einem Punkt auf g_1 und einem Punkt auf g_2. Dieser Abstand entspricht dem Abstand zwischen g_2 und der Ebene E, die parallel zu g_2 verläuft und g_1 enthält.

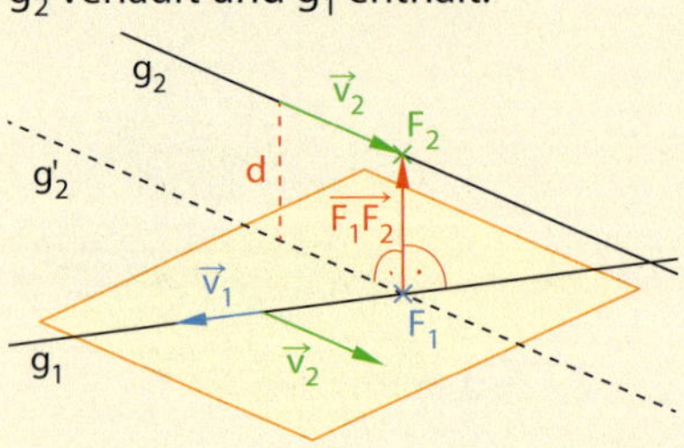

$g_1\colon \vec{x} = \begin{pmatrix} 29 \\ -9 \\ -5 \end{pmatrix} + r \begin{pmatrix} -1 \\ 0 \\ 4 \end{pmatrix}; \quad g_2\colon \vec{x} = \begin{pmatrix} -2 \\ -7 \\ 9 \end{pmatrix} + s \begin{pmatrix} 2 \\ 3 \\ -4 \end{pmatrix}$

Ebene E durch g_1 parallel zu g_2 bestimmen:

$\vec{n} = \begin{pmatrix} -1 \\ 0 \\ 4 \end{pmatrix} \times \begin{pmatrix} 2 \\ 3 \\ -4 \end{pmatrix} = \begin{pmatrix} 0 - 12 \\ 8 - 4 \\ -3 - 0 \end{pmatrix} = \begin{pmatrix} -12 \\ 4 \\ -3 \end{pmatrix}$

HNF von E: $\frac{1}{13} \left[\begin{pmatrix} -12 \\ 4 \\ -3 \end{pmatrix} \cdot \vec{x} - \begin{pmatrix} -12 \\ 4 \\ -3 \end{pmatrix} \cdot \begin{pmatrix} 29 \\ -9 \\ -5 \end{pmatrix} \right] = 0$

Ortsvektor von g_2 einsetzen:

$d(g_1, g_2) = d(E, g_2)$

$= \frac{1}{13} \left| \begin{pmatrix} -12 \\ 4 \\ -3 \end{pmatrix} \cdot \begin{pmatrix} -2 \\ -7 \\ 9 \end{pmatrix} + 369 \right| = \frac{338}{13} = 26$

8. Grundbegriffe der Wahrscheinlichkeitsrechnung

Wenn man Lose auf dem Rummel kauft, dann entscheidet der Zufall, ob man gewinnt. Mithilfe des Erwartungswerts aber lässt sich errechnen, bei wie vielen der gekauften Lose man einen Gewinn erwarten kann. Die Standardabweichung gibt an, wie stark die wirkliche Anzahl der Gewinne vom Erwartungswert abweicht.

Nach diesem Kapitel können Sie …

- bedingte Wahrscheinlichkeiten berechnen und Vorgänge auf stochastische Unabhängigkeit untersuchen,
- zufällige Vorgänge mithilfe von Zufallsgrößen beschreiben und anhand ihrer Kenngrößen untersuchen,
- mit dem Erwartungswert faire Spiele erkennen.

Lösungen ↗ S. 509

Einstufige Zufallsexperimente

1. Geben Sie alle Ergebnisse des Zufallsexperiments an.
   a) einmaliges Drehen eines Glücksrads mit den ersten sechs Primzahlen
   b) gleichzeitiges Werfen einer 10-Cent-Münze und einer Ein-Euro-Münze
   c) Test der vier Triebwerke eines Flugzeugs

2. Geben Sie zu folgender Ergebnismenge ein geeignetes Zufallsexperiment an.
   a) {Kreuz; Pik; Herz; Karo}
   b) {1; 2; 3; 4; 5; 6; 7; 8}
   c) {rot; gelb; grün; weiß; blau; schwarz}
   d) {2; 3; 4; 5; 6; 7; 8; 9; 10; 11; 12}

3. Überprüfen Sie, ob es sich um ein Laplace-Experiment handelt. Wenn ja, ermitteln Sie die Wahrscheinlichkeit für das angegebene Ereignis E.
   a) Ein Glücksrad mit 9 gleich großen Sektoren, die mit den Zahlen 1 bis 9 bezeichnet sind, wird gedreht. E: Eine gerade Zahl wird gedreht.
   b) Aus dem Wort ABITUR wird zufällig ein Buchstabe ausgewählt.
   E: Der Buchstabe T wird gewählt.
   c) Ein Elfmeter wird geschossen. E: Der Schuss wird gehalten.

4. Die Tabelle zeigt die Wahrscheinlichkeiten beim Drehen eines Glücksrads mit Sektoren 1 bis 5.

Sektor X	1	2	3	4	5
P (X)	$\frac{1}{5}$	$\frac{1}{4}$	$\frac{1}{3}$	$\frac{1}{6}$	

   a) Ergänzen Sie die Tabelle im Heft und zeichnen Sie das Glücksrad.
   b) Ermitteln Sie die Wahrscheinlichkeiten für das Ereignis
   E: Eine ungerade Zahl wird gedreht.
   c) Geben Sie die Ergebnisse zum Gegenereignis $\overline{E}$ und die Wahrscheinlichkeit $P(\overline{E})$ an.

Mehrstufige Zufallsexperimente

5. Geben Sie alle Ergebnisse des Zufallsexperiments an, stellen Sie diese in einem Baumdiagramm dar und tragen Sie alle Pfadwahrscheinlichkeiten ein.
   a) zweimaliges Werfen einer Münze
   b) zweimaliges Würfeln mit einem „Ich-du-wir-Würfel"

6. Ein Rubbellos enthält 6 Felder. Hinter zwei Feldern verbirgt sich „GEWINN" und hinter vier Feldern „NIETE". Es werden zufällig zwei Felder freigerubbelt. Ein Los, bei dem zweimal GEWINN erscheint, gewinnt. Erstellen Sie dazu ein Baumdiagramm und tragen Sie alle Pfadwahrscheinlichkeiten ein.

7. Ein Spielwürfel wird dreimal geworfen. Berechnen Sie die Wahrscheinlichkeit, dass
   a) genau zweimal eine 6 gewürfelt wird,
   b) mindestens zweimal eine 6 gewürfelt wird,
   c) mindestens einmal eine 6 gewürfelt wird.

8. In einer Klasse sind 14 Mädchen (M) und 12 Jungen (J). 10 Jungen und 9 Mädchen dieser Klasse haben als 2. Fremdsprache Französisch.
   a) Stellen Sie diese Informationen in einer Vierfeldertafel dar.
   b) Ein Mitglied der Klasse soll zufällig ausgewählt werden. Stellen Sie diesen Zufallsversuch unter Angabe aller Pfadwahrscheinlichkeiten mithilfe eines Baumdiagramms dar, welches zuerst nach Mädchen oder Junge verzweigt.

Datenreihen auswerten

Lösungen
↗ S. 509/510

9. Berechnen Sie das arithmetische Mittel, die empirische Varianz und die empirische Standardabweichung der Datenreihe.
   a) 2; 4; 8; 11; 12; 9; 7; 7
   b) 5,1 m; 4,8 m; 5,6 m; 4,6 m; 5,4 m; 4,5 m
   c) 102; 96; 89; 111; 104; 95
   d) 1; 2; 2; 3; 3; 3; 4; 4; 5; 6

10. Bei einer Befragung nach der Anzahl der Kinder in der Familie ergab sich folgender Datensatz: 1 2 0 1 0 3 2 1 0 1 2 2 1 4 1 2 1 1 2 3 1 2 1 2 1
    a) Erstellen Sie eine Häufigkeitstabelle.
    b) Stellen Sie die Daten in einem Säulen- und in einem Kreisdiagramm dar.

11. Das Streifendiagramm stellt die Verteilung der Blutgruppen in Deutschland dar.

    a) Erstellen Sie eine Tabelle mit den relativen Häufigkeiten der Blutgruppen.
    b) Stellen Sie die Blutgruppenverteilung in einem Kreisdiagramm dar.

12. Das Diagramm zeigt absolute Häufigkeiten aus einer empirischen Erhebung. Geben Sie ohne Rechnung eine Schätzung für das arithmetische Mittel und die empirische Standardabweichung an. Überprüfen Sie die Schätzung durch eine Berechnung.

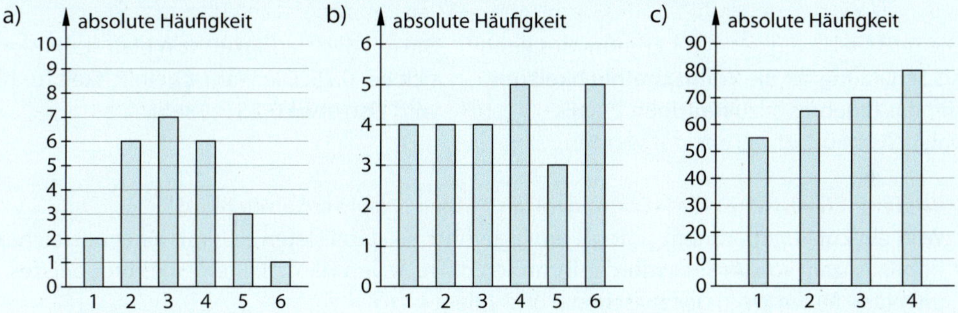

Vermischtes

13. Mit einem Spielwürfel wird gewürfelt.
    A: Es wird eine Augenzahl größer 1 gewürfelt.
    B: Es wird eine ungerade Augenzahl gewürfelt.
    a) Formulieren Sie das Gegenereignis von A und B.
    b) Geben Sie alle Ergebnisse für das Ereignis C an, bei dem sowohl A als auch B eintritt.
    c) Geben Sie $P(A)$, $P(\overline{A})$, $P(B)$, $P(\overline{B})$, $P(C)$ und $P(\overline{C})$ an.

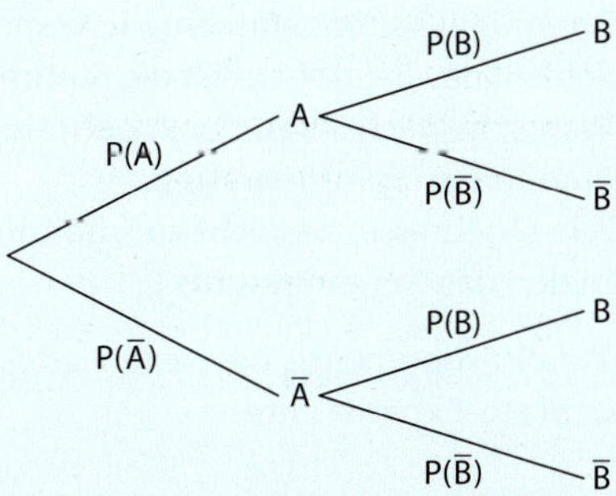

14. Formulieren Sie alle Gesetzmäßigkeiten über Wahrscheinlichkeiten für das Baumdiagramm.

15. Berechnen Sie.
    a) $0{,}2 \cdot 0{,}8 + 0{,}1 \cdot 0{,}2$
    b) $\frac{1}{4} \cdot \frac{1}{3} + \frac{2}{4} \cdot \frac{2}{3}$
    c) $\frac{1 - 0{,}4 \cdot 0{,}7}{0{,}9}$
    d) $\frac{1}{3} : \frac{2}{3} + \frac{1}{5} : \frac{7}{10}$
    e) $\frac{1}{3}[(4{,}0 - 4{,}2)^2 + (4{,}1 - 4{,}2)^2 + (5{,}4 - 4{,}2)^2]$
    f) $\frac{1}{2}(-3 - (-2))^2 + \frac{5}{12}(-2 - (-2))^2 + \frac{1}{12}(4 - (-2))^2$
    g) $\sqrt{0{,}89 \cdot (0 - 0{,}8)^2 + 0{,}01 \cdot (50 - 0{,}8)^2 + 0{,}03 \cdot (5 - 0{,}8)^2 + 0{,}04 \cdot (3 - 0{,}8)^2 + 0{,}03 \cdot (1 - 0{,}8)^2}$

8.1 Wiederholung: Grundlagen der Stochastik

Schätzen Sie, wie hoch die Wahrscheinlichkeit ist, dass bei zwei, drei oder vier Geschwister alle das gleiche Geschlecht haben. Überprüfen Sie Ihre Vermutung, indem Sie die benötigten Daten in Ihrem Kurs sammeln. Lassen sich mithilfe der gesammelten Daten Prognosen für den Jahrgang anstellen?

Zufallsexperimente und Wahrscheinlichkeiten

Ein **Zufallsexperiment** hat mehrere mögliche **Ergebnisse** (Versuchsausgänge), deren Eintreten im Voraus nicht vorhergesagt werden kann. Die Menge aller möglichen Ergebnisse des Zufallsexperiments heißt **Ergebnismenge**.

Das Glücksrad wird gedreht.

Ergebnismenge:
S = {blau, grün, gelb, rot}

Das Zufallsexperiment wird mehrfach durchgeführt. Die **absolute Häufigkeit** eines Ergebnisses gibt an, wie oft dieses vorgekommen ist. Die **relative Häufigkeit** beschreibt den Anteil des Ergebnisses an der Gesamtzahl aller Versuche.

Häufigkeiten für blau:

Anzahl Drehungen	Absolute Häufigkeit H	Relative Häufigkeit h
100	22	0,22
200	52	0,26
1000	252	0,252

Hinweis:
Relative Häufigkeiten beschreiben den Ausgang von durchgeführten Zufallsexperimenten. **Wahrscheinlichkeiten** beschreiben die Chancen in bevorstehenden Experimenten. Mit ihnen können auftretende relative Häufigkeiten geschätzt werden.

Die relative Häufigkeit eines Ergebnisses kann als Schätzung für die **Wahrscheinlichkeit**, mit der das Ergebnis in zukünftigen Zufallsversuchen auftritt, verwendet werden.

Die relative Häufigkeit von blau stabilisiert sich bei 0,25. Die Wahrscheinlichkeit für blau wird also etwa $0{,}25 = \frac{1}{4}$ sein.

Wissen: Empirisches Gesetz der großen Zahlen – Wahrscheinlichkeit
Wird ein Zufallsexperiment sehr oft durchgeführt, so stabilisieren sich mit einer ausreichend hohen Anzahl von Versuchsdurchführungen die relativen Häufigkeiten eines Ergebnisses um einen festen Wert, der zwischen 0 und 1 liegt.
Dieser feste Wert wird als **Wahrscheinlichkeit des Ergebnisses** bezeichnet.

Hinweis:
Die Summe der Wahrscheinlichkeiten aller Ergebnisse eines Zufallsexperiments ist 1 (100 %).

Man kann mehrere Ergebnisse zu einem **Ereignis** zusammenfassen. Die Wahrscheinlichkeit des Ereignisses ist die Summe der Wahrscheinlichkeiten der zugehörigen Ergebnisse (**Summenregel**).
Alle Ergebnisse, die nicht zu E gehören, bilden das **Gegenereignis** $\overline{E}$.

Die Wahrscheinlichkeiten der Farben erhält man aus den Flächenanteilen im Glücksrad.
Ereignis E: blau oder gelb
$P(E) = P(\text{blau}) + P(\text{gelb}) = \frac{1}{4} + \frac{1}{8} = \frac{3}{8}$

Gegenereignis $\overline{E}$: grün oder rot
$P(\overline{E}) = 1 - P(E) = 1 - \frac{3}{8} = \frac{5}{8}$

Zufallsexperimente, bei denen jedes Ergebnis die gleiche Wahrscheinlichkeit hat, heißen **Laplace-Experimente**.

Wissen: Wahrscheinlichkeiten bei Laplace-Experimenten
Ein Zufallsexperiment, bei dem alle Ergebnisse gleich wahrscheinlich sind, nennt man **Laplace-Experiment**. Für die Wahrscheinlichkeit eines Ereignisses E gilt:

$$P(E) = \frac{\text{Anzahl der Ergebnisse, die zum Ereignis gehören}}{\text{Anzahl aller möglichen Ergebnisse}}$$

Beispiel 1: Ein gleichmäßiger Würfel mit acht Seiten wird einmal geworfen.
a) Begründen Sie, dass es sich um ein Laplace-Experiment handelt.
b) Bestimmen Sie die Wahrscheinlichkeit für das Ereignis
E: Wert des Würfels ist größer oder gleich 6.
c) Formulieren Sie das Gegenereignis $\overline{E}$ und berechnen Sie die Wahrscheinlichkeit $P(\overline{E})$.

„Achtflächner“:

Lösung:

a) Prüfen Sie, ob alle möglichen Ergebnisse die gleiche Wahrscheinlichkeit haben.

Ergebnismenge $S = \{1, 2, 3, 4, 5, 6, 7, 8\}$
Alle Ergebnisse sind gleich wahrscheinlich, da alle Würfelflächen gleich groß sind.

b) Ermitteln Sie alle Ergebnisse zum Ereignis E. Teilen Sie die Anzahl dieser Ergebnisse durch die Anzahl aller möglichen Ergebnisse.

$E = \{6, 7, 8\}$
$P(E) = \frac{3}{8}$

c) Das Gegenereignis enthält alle Ergebnisse, die nicht zu E gehören. Subtrahieren Sie vom Wert 1 die Wahrscheinlichkeit von E.

$\overline{E} = \{1, 2, 3, 4, 5\}$
$\overline{E}$: Geworfener Wert ist kleiner als 6.
$P(\overline{E}) = 1 - P(E) = 1 - \frac{3}{8} = \frac{5}{8}$

Basisaufgaben

1. In einem Lostopf befinden sich 2000 Lose. Diese bestehen aus zwei Hauptgewinnen, 20 mittleren Gewinnen und 178 kleinen Gewinnen. Alle weiteren Lose sind Nieten. Aus dem Lostopf wird einmal gezogen.
a) Begründen Sie, dass es sich um ein Laplace-Experiment handelt.
b) Berechnen Sie die Wahrscheinlichkeit für jede Gewinnsorte und die Wahrscheinlichkeit für eine Niete.
c) Bestimmen Sie die Wahrscheinlichkeit, überhaupt ein Gewinnlos zu ziehen.
d) Formulieren Sie das Gegenereignis zum Ereignis in c) und berechnen Sie die Wahrscheinlichkeit dieses Gegenereignisses.

2. Führen Sie im Kurs das folgende Zufallsexperiment durch: Jeder Schüler „würfelt“ 100-mal mit einer Reißzwecke und notiert nach jedem Wurf in einer Strichliste die Lage der Reißzwecke („Kopf“ oder „Seite“).

absolute Häufigkeit	||||/ ||||/ |||	|

a) Bestimmen Sie die relativen Häufigkeiten beider Lagen nach 10, 50 und 100 Durchgängen Ihres eigenen Versuchs. Bestimmen Sie die relativen Häufigkeiten auch auf Grundlage aller im Kurs durchgeführten Würfe.
b) Schätzen Sie die Wahrscheinlichkeit dafür, dass bei erneuter Versuchsdurchführung das Ergebnis „Seite“ lautet.
c) Erläutern Sie das Gesetz der großen Zahlen an diesem Zufallsexperiment.

3. In einem 12er Oberstufenjahrgang wurde die Altersstruktur der Schüler ermittelt. Drei Schüler sind 16 Jahre alt, 69 sind 17 Jahre alt, 48 sind 18 Jahre alt, 11 sind 19 Jahre alt und zwei Schüler sind 20 Jahre alt.
a) Geben Sie die Ergebnismenge und die relativen Häufigkeiten der Ergebnisse an.
b) Bestimmen Sie die Wahrscheinlichkeit dafür, dass ein beliebig ausgewählter Schüler aus diesem Jahrgang 17 Jahre oder älter ist.

4. In einem Oberstufenjahrgang wurde eine Umfrage unter 145 Schülern zur Wahl des Abispruchs durchgeführt. Die Tabelle zeigt das Resultat.

Abispruch	Stimmen
ABIbaba und die 40 Klausuren	23
KohlrABI – Wir machen uns vom Acker	47
ABImatik – Jahre des Gehirntrainings	17
Aπ – 13 Jahre im Kreis gedreht	58

a) Geben Sie die Ergebnismenge an und berechnen Sie zu allen möglichen Ergebnissen die relativen Häufigkeiten.

b) Einer der 145 Schüler wird zufällig ausgewählt und nach seiner Wahl gefragt. Begründen Sie, ob die relativen Häufigkeiten der Umfrage als Schätzung für die Wahrscheinlichkeit seiner Antwort verwendet werden können.

5. Planen Sie ein Zufallsexperiment mit einem Objekt, das nur teilsymmetrisch ist, wie z. B. eine Streichholzschachtel. Führen Sie das Experiment so oft durch, dass Sie eine Aussage über die Wahrscheinlichkeit der verschiedenen Ergebnisse treffen können. Formulieren Sie alle notwendigen Bedingungen an das Zufallsexperiment.

6. Ein Glücksrad ist bei einem Firmenfest mit den Buchstaben FIRMA beschriftet. Die Wahrscheinlichkeiten für dieses Glücksrad sind in der abgebildeten Tabelle angegeben.

Beschriftung	Wahrscheinlichkeit
F	0,5
I	$\frac{1}{8}$
R	0,125
M	6,25 %
A	

a) Ergänzen Sie die Tabelle im Heft. Wählen Sie für die Darstellung der Wahrscheinlichkeiten ausschließlich Brüche.

b) Zeichnen Sie das Glücksrad.

c) Bestimmen Sie die Wahrscheinlichkeit, einen Konsonanten (bzw. einen Buchstaben aus dem Namen IRMA) zu drehen.

d) Formulieren Sie die Gegenereignisse zu den beiden Ereignissen aus c) und berechnen Sie deren Wahrscheinlichkeiten.

e) Erläutern Sie den Unterschied zwischen der Ergebnismenge des Glücksrads und der Ereignismenge bei Aufgabenteil c).

f) Das Glücksrad wird 80-mal gedreht. Geben Sie eine Prognose für die absoluten Häufigkeiten der Ergebnisse an.

7. Aus einem Skat-Kartenspiel (32 Karten; 4 Farben) wird zufällig eine Karte ausgewählt. Es werden die Ergebnisse betrachtet, Karo, Herz, Pik oder Kreuz zu ziehen.

a) Begründen Sie, dass es ein Laplace-Experiment ist.

b) Bestimmen Sie die Wahrscheinlichkeit, dass eine rote Zahl gezogen wird.

c) Geben Sie ein weiteres Laplace-Experiment im Zusammenhang mit einem Skat-Kartenspiel an.

8. Geben Sie zu den Ereignissen eine Wahrscheinlichkeit an und formulieren Sie jeweils das Gegenereignis.

- 4 von 13 Menschen mögen kein Vanille-Eis.
- Charlotte trifft 9 von 10 Würfen im Basketball.
- Eine Primzahl beim sechsseitigen Würfel werfen.
- Auf Montag folgt Dienstag.
- Jedes dritte Los gewinnt.
- Die Chancen stehen 50-50.

Mehrstufige Zufallsexperimente

Ein Zufallsexperiment, das mehrfach hintereinander ausgeführt wird, oder eine Hintereinander-Ausführung verschiedener Zufallsexperimente nennt man **mehrstufiges Zufallsexperiment**. Die Ergebnisse mehrstufiger Zufallsexperimente heißen entsprechend **zusammengesetzte Ergebnisse**.

Dabei lassen sich Zufallsexperimente mit **unabhängigen** und **abhängigen Stufen** unterscheiden. Sind die Stufen abhängig, so beeinflusst das Ergebnis vorheriger Stufen die Wahrscheinlichkeit des nachfolgenden Ergebnisses.

Das Zufallsexperiment im Beispiel hat unabhängige Stufen, da die Wahl des Hauptgangs keinen Einfluss auf die Wahl der Nachspeise hat.

Die Kombinationsmöglichkeiten und Wahrscheinlichkeiten mehrstufiger Zufallsexperimente lassen sich übersichtlich in **Baumdiagrammen** darstellen. Dabei stehen an den Ästen des Baumdiagramms jeweils die Einzelwahrscheinlichkeiten.

In einer Schulmensa gibt es folgendes Angebot für ein Mittagsmenü.

Freie Menü-Wahl Wähle zu jedem Gang deinen Favoriten!			
Hauptgang	Lasagne	Zucchini-Reis-Pfanne	Schnitzel mit Kroketten
Nachspeise	Joghurt mit Fruchtstücken	Apfel oder Birne	

Ergebnismenge:
{(Lasagne; Joghurt); (Lasagne; Obst); (Zucchini; Joghurt); (Zucchini; Obst); (Schnitzel; Joghurt); (Schnitzel; Obst)}

Aus Erfahrung weiß die Köchin, wie oft welche Speise gewählt wird.

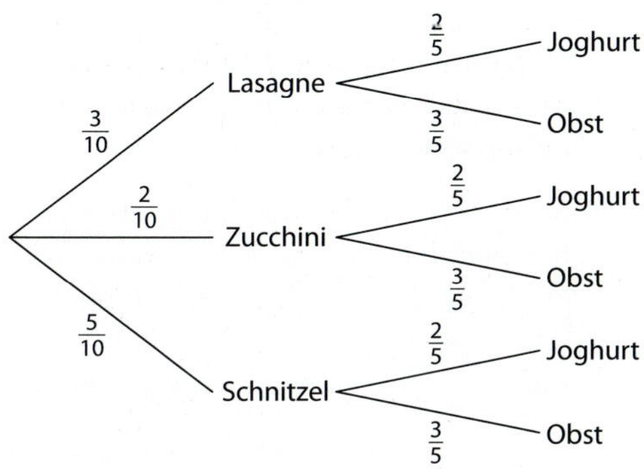

Wissen: Baumdiagramm
Ein Vorgang, aus dem sich mehrere Kombinationsmöglichkeiten ergeben, kann gut mit einem mehrstufigen **Baumdiagramm** dargestellt werden. Die **Gesamtzahl der Möglichkeiten** entspricht der Anzahl der Baum-Enden (Blätter).

Die Wahrscheinlichkeit des zusammengesetzten Ergebnisses wird durch Multiplikation entlang des Pfades berechnet.

Die Wahrscheinlichkeit eines Ereignisses berechnet sich durch Addition aller zugehörigen Pfade.

Wahrscheinlichkeit für das Menü Lasagne und Obst:
$P(\text{Lasagne; Obst}) = \frac{3}{10} \cdot \frac{3}{5} = \frac{9}{50} = 18\,\%$

Wahrscheinlichkeit für Lasagne – Obst oder Schnitzel – Joghurt:
$P(\text{Lasagne; Obst}) + P(\text{Schnitzel; Joghurt})$
$= \frac{3}{10} \cdot \frac{3}{5} + \frac{5}{10} \cdot \frac{2}{5} = \frac{19}{50} = 38\,\%$

Wissen: Pfadregeln
Pfadmultiplikation:
Die Wahrscheinlichkeit eines zusammengesetzten Ergebnisses erhält man über die Multiplikation der Einzelwahrscheinlichkeiten entlang des Pfades.
Pfadaddition:
Die Wahrscheinlichkeit eines Ereignisses erhält man über die Addition der Wahrscheinlichkeiten aller zugehörigen Pfade.

Beispiel 2: Nacheinander werden aus einem Gefäß mit 3 roten und 5 blauen Kugeln zwei Kugeln gezogen. Die erste gezogene Kugel wird dabei nicht zurückgelegt.

a) Stellen Sie dieses Zufallsexperiment mithilfe eines Baumdiagramms übersichtlich dar.

b) Bestimmen Sie die Wahrscheinlichkeit, dass im ersten Zug eine rote und im zweiten Zug eine blaue Kugel gezogen wird.

c) Bestimmen Sie die Wahrscheinlichkeit, dass eine rote und eine blaue Kugel gezogen werden. Die Reihenfolge der Ziehung ist unerheblich.

Lösung:

a) Zeichnen Sie ein Baumdiagramm mit zwei Stufen (zwei Ziehungen) mit jeweils zwei Möglichkeiten (rot und blau). Da nicht zurückgelegt wird, ändern sich bei der zweiten Ziehung die Wahrscheinlichkeiten. Die Stufen sind also abhängig.

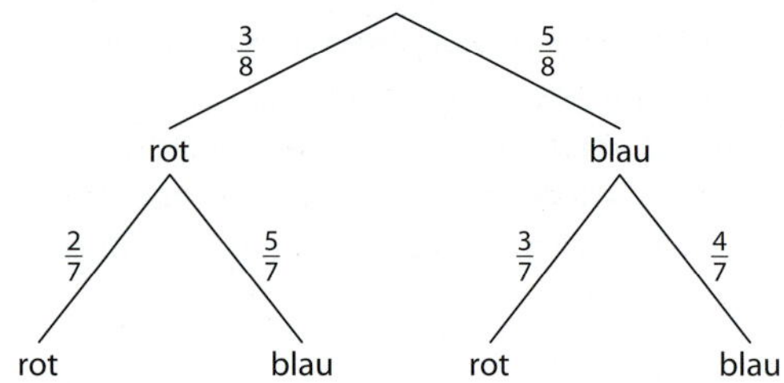

b) Multiplizieren Sie die Wahrscheinlichkeiten aller Ergebnisse entlang des betreffenden Pfades.

$P(\text{rot; blau}) = \frac{3}{8} \cdot \frac{5}{7} = \frac{15}{56} \approx 0{,}27$

c) Bestimmen Sie mit der Pfadmultiplikationsregel die Wahrscheinlichkeiten aller Pfade mit dem Ergebnis rot und blau (ohne Beachtung der Reihenfolge). Addieren Sie die Wahrscheinlichkeiten.

E: rot und blau (ohne Beachtung der Reihenfolge)

$P(E) = P(\text{rot; blau}) + P(\text{blau; rot})$
$= \frac{3}{8} \cdot \frac{5}{7} + \frac{5}{8} \cdot \frac{3}{7} = \frac{30}{56} \approx 0{,}54$

Basisaufgaben

9. Aus einem Skat-Kartenspiel (32 Karten mit 4 Farben) werden nacheinander zwei Karten gezogen, ohne dass die erste Karte zurückgesteckt wird. Für jede Karte wird ausschließlich geprüft, ob sie die Farbe Herz hat oder nicht.
   a) Erstellen Sie ein Baumdiagramm für dieses Zufallsexperiment.
   b) Bestimmen Sie die Wahrscheinlichkeit, dass die erste Karte Herz zeigt und die zweite Karte kein Herz.
   c) Bestimmen Sie die Wahrscheinlichkeit, dass beide Karten Herz zeigen.
   d) Bestimmen Sie die Wahrscheinlichkeit, dass eine Karte Herz zeigt und eine Karte nicht. Die Reihenfolge ist dabei egal.

10. Das abgebildete Glücksrad wird zweimal gedreht.
   a) Zeichnen Sie das zugehörige Baumdiagramm und tragen Sie die Wahrscheinlichkeiten an den Zweigen ein.
   b) Bestimmen Sie die Wahrscheinlichkeiten aller zusammengesetzten Ergebnisse. Kontrollieren Sie die Berechnungen, indem Sie die Summe dieser Wahrscheinlichkeiten bilden.

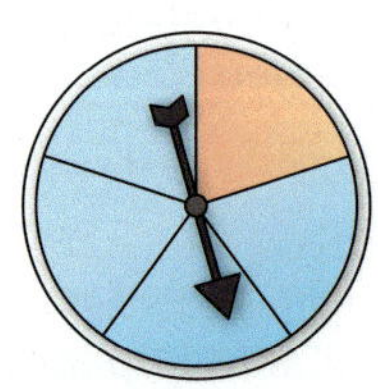

11. In 4 von 11 Wagen einer S-Bahn befindet sich jeweils ein Schwarzfahrer. Zwei zufällig ausgewählte Wagen werden durch Fahrkartenkontrolleure kontrolliert. Bestimmen Sie die Wahrscheinlichkeiten für folgende Ereignisse:
   a) Es werden zwei Schwarzfahrer erwischt.
   b) Es wird mindestens ein Schwarzfahrer erwischt.

12. Die Zahlen im abgebildeten Glücksrad geben die Winkelgrößen der Farbfelder an. Bestimmen Sie die Wahrscheinlichkeiten der folgenden Ereignisse beim dreimaligen Drehen.

a) erst rot, dann gelb, dann grau
b) erst dunkelblau, dann zweimal gelb
c) rot, gelb, hellblau ohne Beachtung der Reihenfolge
d) rot und zweimal blau ohne Beachtung der Reihenfolge

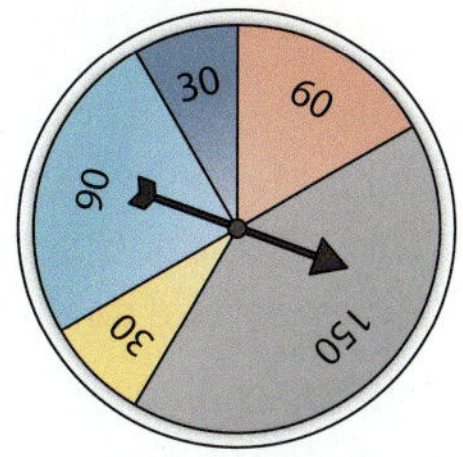

Hinweis:
Nicht immer ist es sinnvoll, ein vollständiges Baumdiagramm zu zeichnen, sondern nur denjenigen Teil darzustellen, der zur Lösungsbestimmung benötigt wird.

Lösungen zu 12:

13. In einem Gefäß liegen drei weiße und zwei schwarze Kugeln. Zwei Kugeln werden nacheinander zufällig entnommen.

a) Zeichnen Sie ein Baumdiagramm und berechnen Sie die Wahrscheinlichkeit, dass zwei gleichfarbige Kugeln gezogen werden, wenn gezogene Kugeln zurückgelegt (bzw. nicht zurückgelegt) werden.
b) Erläutern Sie die Änderung der Wahrscheinlichkeiten durch das Zurücklegen bzw. Nicht-Zurücklegen von Kugeln.

14. In der Pokervariante Texas Hold'em (52 Spielkarten mit 4 Farben) hat jeder Spieler zwei Karten. In der Mitte werden nacheinander bis zu 5 Karten aufgedeckt. Jeder Spieler kann mit seinen zwei Karten und den Karten in der Mitte die bestmögliche Kombination aus 5 Karten bilden.
Hier spielen zwei Spieler gegeneinander. Es werden noch zwei weitere Karten in der Mitte aufgedeckt. Bestimmen Sie für jeden Spieler die Wahrscheinlichkeit, einen Flush (5 Karten einer Farbe) zu bekommen.

Hinweis zu 14:
Die vier Farben sind Kreuz ♣, Pik ♠, Herz ♥ und Karo ♦
In jeder Farbe gibt es 13 Karten.

15. Ronja und Janne sind gute Basketballspielerinnen. Beim Freiwurf haben beide eine Trefferquote von etwa 50 %. Die Sportlehrerin lässt sie in folgendem Spiel gegeneinander antreten: Abwechselnd haben Ronja und Janne je einen Freiwurf. Trifft Ronja, so wird das rote Leibchen auf der Leiter eine Sprosse höher gehängt. Trifft sie nicht, wandert das gelbe Leibchen eine Stufe höher. Eine entsprechende Regel gilt für Janne: Trifft sie, wird das gelbe Leibchen höher gehängt, andernfalls das rote. Zu Beginn hängen das rote Leibchen (Ronja) auf der zweiten Sprosse und das gelbe Leibchen (Janne) auf der ersten Sprosse. Erreicht im Laufe des Spiels das gelbe Leibchen die Höhe des roten, so gewinnt Janne. Erreicht das rote Leibchen vorher die 4. Sprosse, so gewinnt Ronja. Den ersten Wurf hat Ronja.

a) Bestimmen Sie die Wahrscheinlichkeit, dass Ronja (bzw. Janne) gewinnt.
b) Bestimmen Sie die Wahrscheinlichkeit, dass insgesamt dreimal geworfen wird.
c) Mit welcher Wahrscheinlichkeit kann der Spielstand auf dem Bild entstehen?
d) Berechnen Sie die die Wahrscheinlichkeit, dass Janne (gelbes Leibchen) zwei von drei Spielen gewinnt.

Vierfeldertafeln

Die Verknüpfung zweier Ereignisse oder zweier Merkmale mit jeweils zwei Ausprägungen lässt sich übersichtlich in einer **Vierfeldertafel** darstellen.

In der Vierfeldertafel lassen sich **absolute Häufigkeiten** entsprechend des jeweiligen Merkmals eintragen. In der rechten äußeren Spalte und der untersten Zeile werden jeweils die Summen der Häufigkeiten eingetragen.

Ebenso lassen sich in der Vierfeldertafel die **relativen Häufigkeiten** darstellen. Hierfür werden die absoluten Häufigkeiten durch die Gesamtanzahl dividiert. Je nach Kontext können auch **Wahrscheinlichkeiten** angegeben werden.

In einer Umfrage werden 600 Personen aus zwei Altersgruppen gefragt, ob sie lieber das Fernsehen oder Streaming-Dienste nutzen.

Vierfeldertafel mit absoluten Häufigkeiten:

	Fernsehen	Streaming	gesamt
bis 25	121	219	340
über 25	180	80	260
gesamt	301	299	600

Vierfeldertafel mit relativen Häufigkeiten:

	Fernsehen	Streaming	gesamt
bis 25	20,2 %	36,5%	56,7%
über 25	30,0 %	13,3%	43,3%
gesamt	50,2%	49,8 %	100 %

Die relativen Häufigkeiten oder Wahrscheinlichkeiten in einer Vierfeldertafel lassen sich auch in ein **Baumdiagramm** übertragen. Dabei ist jedoch zu beachten, dass eine Rangfolge der Merkmale festgelegt wird. Die erste Stufe des Baumdiagramms enthält also zuerst nur eines der Merkmale. Das andere Merkmal wird in Abhängigkeit vom ersten errechnet.

Beispiel 3: In einer Umfrage sollten sich 73 Schüler eines Oberstufenjahrgangs spontan für die Jahreszeit „Sommer" oder „Winter" entscheiden. Einer der 73 Schüler wird zufällig ausgewählt und nach seiner Antwort gefragt. Erstellen Sie ein Baumdiagramm aus der Vierfeldertafel, welches in der ersten Stufe nach Geschlecht unterscheidet.

	Sommer	Winter	gesamt
Mädchen	27	14	41
Junge	20	12	32
gesamt	47	26	73

Lösung:

In der ersten Stufe wird nach Geschlecht unterschieden. Teilen Sie die absoluten Häufigkeiten der Mädchen und Jungen jeweils durch die Gesamtzahl der Befragten. So ergeben sich die Wahrscheinlichkeiten.

In der zweiten Stufe werden die Antworten unterschieden. Beim Berechnen der Wahrscheinlichkeiten wird durch die jeweilige Gesamtzahl (Mädchen oder Jungen) geteilt. Zum Beispiel wird die Zahl derjenigen Mädchen, die mit Sommer antworten (27), durch die Anzahl aller Mädchen (41) geteilt. So ergibt sich die Wahrscheinlichkeit P (Sommer, falls Mädchen) $= \frac{27}{41}$.

1. Stufe: P (Mädchen) $= \frac{41}{73} \approx 0{,}562$

P (Junge) $= \frac{32}{73} \approx 0{,}438$

2. Stufe:

P (Sommer, falls Mädchen) $= \frac{27}{41} \approx 0{,}659$

P (Winter, falls Mädchen) $= \frac{14}{41} \approx 0{,}341$

P (Sommer, falls Junge) $= \frac{20}{32} = 0{,}625$

P (Winter, falls Junge) $= \frac{12}{32} = 0{,}375$

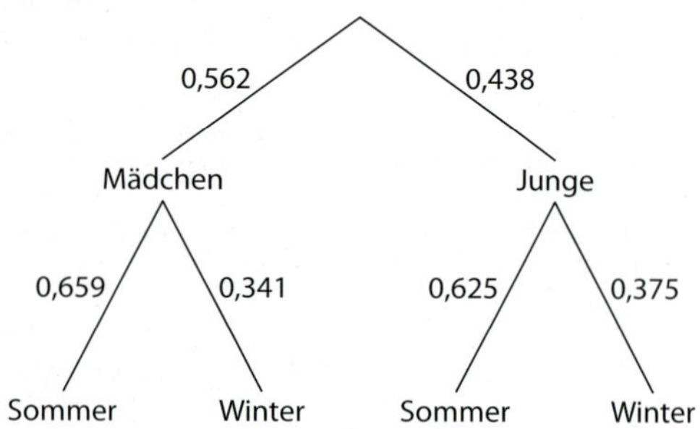

Beispiel 4: In Deutschland liegt der Anteil der Frauen bei etwa 51 %. Ungefähr 6,1 % der Frauen und 2,5 % der Männer sind Vegetarier.

a) Eine Person wird zufällig ausgewählt. Erstellen Sie ein Baumdiagramm mit Wahrscheinlichkeiten.

b) Erstellen Sie zu dem Baumdiagramm eine Vierfeldertafel mit relativen Häufigkeiten.

Lösung:

a) Unterscheiden Sie in der ersten Stufe nach „Mann" oder „Frau" und in der zweiten Stufe nach „Vegetarier" oder „nicht Vegetarier". Tragen Sie die Anteile als Wahrscheinlichkeiten im Baumdiagramm ein und vervollständigen Sie es.

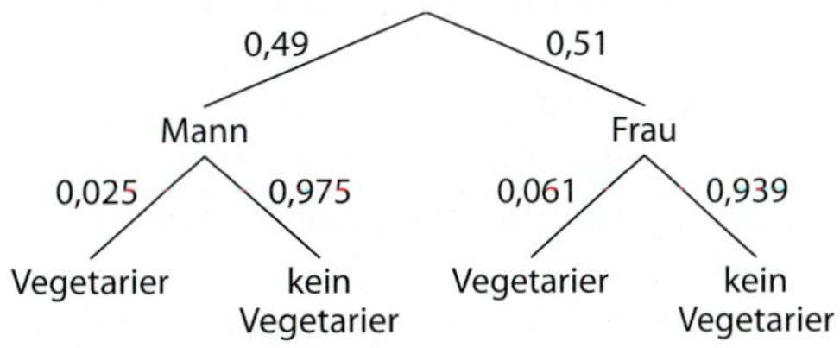

b) Berechnen Sie die Wahrscheinlichkeiten für die zusammengesetzten Ergebnisse mit der Pfadmultiplikationsregel.

P (Mann; Vegetarier) = $0{,}49 \cdot 0{,}025 \approx 0{,}012$
P(Mann; nicht Vegetarier) = $0{,}49 \cdot 0{,}975 \approx 0{,}478$
P(Frau; Vegetarier) = $0{,}51 \cdot 0{,}061 \approx 0{,}031$
P(Frau; nicht Vegetarier) = $0{,}51 \cdot 0{,}939 \approx 0{,}479$

Da eine Person zufällig ausgewählt wurde, können die Wahrscheinlichkeiten als relative Häufigkeiten für die inneren Felder (gelb) verwendet werden. Tragen Sie die vier Werte ein und bilden Sie zeilen- und spaltenweise die Summen.

	Vegetarier		gesamt
	ja	nein	
Männer	1,2 %	47,8 %	49 %
Frauen	3,1 %	47,9 %	51 %
gesamt	4,3 %	95,7 %	100 %

Basisaufgaben

16. Vervollständigen Sie die Vierfeldertafel.

a)

	mögen Avocado		gesamt
	ja	nein	
Männer			40 %
Frauen	42 %		
gesamt		26 %	

b)

	geimpft		gesamt
	ja	nein	
Männer			115
Frauen	625		670
gesamt		62	

17. In einem großen Korb liegen 37 grüne und 25 rote Äpfel, außerdem 42 grüne und neun rote Birnen. Weitere Früchte enthält er nicht. Samuel greift zufällig eine Frucht heraus. Berechnen Sie mithilfe einer Vierfeldertafel die Wahrscheinlichkeit,

a) dass Samuel eine Birne nimmt,

b) dass Samuel einen grünen Apfel nimmt,

c) dass Samuel einen Apfel erhält, wenn er nach einer roten Frucht gegriffen hat,

d) dass Samuel eine rote Frucht erhält, wenn er nach einem Apfel gegriffen hat.

18. Unter Gamern gibt es häufig eine emotional geführte Diskussion über die Vor- und Nachteile von Konsolen und PCs. Die Vierfeldertafel zeigt das Ergebnis einer Umfrage dazu.

	Konsole	PC	gesamt
Frauen	105	85	190
Männer	131	119	250
gesamt	236	204	440

a) Eine der befragten Personen wird zufällig ausgewählt. Erstellen Sie ein Baumdiagramm, welches zuerst nach dem Geschlecht unterscheidet.

b) Erstellen Sie zu dem Baumdiagramm eine Vierfeldertafel mit relativen Häufigkeiten.

19. Der Anteil der 18–24-Jährigen an allen Personen mit einer Fahrerlaubnis liegt in Deutschland bei ca. 9,7 %. Die Wahrscheinlichkeit für einen Unfall mit Personenschaden liegt bei ca. 0,9 % pro Jahr. Die Gruppe der mindestens 25-Jährigen stellt pro Jahr 89,58 % aller Personen, die keinen Unfall mit Personenschaden haben.
a) Erstellen Sie eine Vierfeldertafel mit den relativen Häufigkeiten.
b) Zeichnen Sie ein Baumdiagramm, in dem zunächst nach Alter verzweigt wird.
c) Entscheiden Sie, welche Personengruppe im Straßenverkehr gefährdeter ist.

20. Bei einer Studie mit 856 Testpersonen haben 281 Personen regelmäßig eine Mundspülung verwendet. Von diesen sind 18 im vergangenen Jahr an Karies erkrankt. Von den Personen, die die Mundspülung nicht verwendet haben, sind 46 erkrankt.
a) Stellen Sie eine Vierfeldertafel auf. Berechnen Sie für beide Testgruppen die Wahrscheinlichkeit, dass ein zufällig ausgewählter Teilnehmer an Karies erkrankt ist.
b) Der Hersteller der Mundspülung behauptet: „Mit unserem Produkt senken Sie Ihr Kariesrisiko um 20 %." Untersuchen Sie diese Behauptung.

Weiterführende Aufgaben

21. Zwei Würfel werden geworfen.
a) Berechnen Sie mithilfe eines Baumdiagramms die Wahrscheinlichkeit, dass die Augensumme 7 beträgt.
b) In der Tabelle können alle möglichen Ergebnisse dargestellt werden. Zum Beispiel zeigt das grüne Feld das Ergebnis 5 und 3, das blaue Feld zeigt das Ergebnis 4 und 6. Beschreiben Sie, wie man hiermit die Wahrscheinlichkeit für die Augensumme 7 berechnen kann.
c) Berechnen Sie mithilfe der Tabelle die Wahrscheinlichkeit, dass die Augensumme größer als 10 ist.

	1	2	3	4	5	6
1						
2						
3						
4						
5						
6						

22. **Stolperstelle:** Die Insel Fuerteventura ist ein Paradies für Wind- und Kitesurfer. Dort liegt die Wahrscheinlichkeit für gute Windbedingungen (ab Windstärke 3) bereits im Februar an jedem Tag bei ca. 75 %. Nachdem Johnny schon zwei Tage gute Windbedingungen hatte, überlegt er, den dritten Tag lieber für Ausflüge zu nutzen. Er berechnet, dass die Wahrscheinlichkeit für „kein Wind am dritten Tag" niedriger ist als sonst, und entscheidet, auch am dritten Tag wieder Kitesurfen zu gehen.

P(kein Wind am dritten Tag)
$= 0{,}75 \cdot 0{,}75 \cdot 0{,}25 \approx 14\,\%$

a) Beurteilen Sie Johnnys Entscheidung.
b) Berechnen Sie die Wahrscheinlichkeit, dass an 2 von 3 Tagen gute Windbedingungen zum Kite- oder Windsurfen sind.

23. Der deutsche NBA-Basketballer Dennis Schröder hatte in der Saison 2017/2018 eine Freiwurfquote von nahezu 85 % (er traf also im Schnitt ca. 85 von 100 Freiwürfen). Während eines Spiels hat er bereits 9 von 9 Freiwürfen verwandelt. Ein Fan sagt daraufhin: „Den nächsten Freiwurf wird er nicht treffen." Nehmen Sie Stellung zu dieser Aussage.

24. Ein Multiple-Choice-Test hat drei Fragen. Pro Frage muss man „richtig" oder „falsch" ankreuzen. Eine Person, die die Antworten nicht kennt und deshalb rät, füllt den Test aus. Bestimmen Sie die Wahrscheinlichkeiten für die folgenden Ereignisse.

① alle Antworten richtig
② höchstens eine Antwort falsch
③ die zweite Antwort falsch
④ nur die erste Antwort falsch
⑤ mindestens eine Antwort falsch
⑥ nicht nur falsch geraten
⑦ häufiger falsch als richtig geraten
⑧ genauso oft richtig wie falsch geraten

25. Ein Fahrradschloss mit einem 4er-Zahlenring (Ziffern: 0 bis 9) und einfachem Drahtgeflecht als Sicherung gilt allgemein nur als Wegfahrsperre. Diebe knacken solche Schlösser mit einem Bolzenschneider innerhalb von Sekunden. Ohne Bolzenschneider ist das jedoch nicht so leicht.

a) Bestimmen Sie die Wahrscheinlichkeit, dass ein Dieb das Schloss im ersten Versuch durch Raten der Zahlenkombination knackt.

b) Ein Fahrradbesitzer hat sich auf seinem Zahlenschloss alle vier Ziffern der Kombination notiert, um sie sich leichter merken zu können. Jedoch hat er die Reihenfolge vertauscht. Bestimmen Sie die Wahrscheinlichkeiten, dass ein Dieb mit diesem Wissen zufällig im ersten Versuch die richtige Kombination errät.

c) Ist diese Art der Erinnerungshilfe aus b) ratsam? Geben Sie eine begründete Einschätzung ab.

Hinweis zu 25b:
Beachten Sie, dass die vier Ziffern nicht verschieden sein müssen. Betrachten Sie verschiedene Fälle.

● **26.** Mia befürchtet, sich im Urlaub mit einer tropischen Krankheit angesteckt zu haben. Sie macht einen Test, der beim Vorliegen der Krankheit dies in 98 % der Fälle anzeigt. Der Test ist aber auch zu 4 % positiv, wenn die Person nicht erkrankt ist. Aus Erfahrung weiß man, dass 0,1 % der Getesteten die Krankheit haben. Mia erhält ein positives Testergebnis.

a) Schätzen Sie die Wahrscheinlichkeit, dass Mia tatsächlich erkrankt ist.

b) Erstellen Sie ein Baumdiagramm, welches zuerst nach „krank" bzw. „nicht krank" verzweigt.

c) Erstellen Sie eine Vierfeldertafel und ein Baumdiagramm, welches zuerst nach „positives Testergebnis" und „negatives Testergebnis" verzweigt.

d) Bestimmen Sie die Wahrscheinlichkeit, dass Mia tatsächlich erkrankt ist, und vergleichen Sie Ihr Ergebnis mit der Schätzung.

e) Gehen Sie davon aus, dass 100 000 Personen den Test machen. Erstellen Sie eine Vierfeldertafel mit absoluten Häufigkeiten. Erläutern Sie anhand der absoluten Werte das Ergebnis von d).

● **27. Ausblick:** Das **Ziegenproblem** ist eine in der Stochastik bekannte Fragestellung, deren Lösung verblüfft. In einer Spielshow hat der Kandidat die Wahl zwischen drei Toren, von denen er eines auswählen soll. Hinter einem Tor verbirgt sich der Hauptpreis, hinter den anderen beiden Toren jeweils eine Ziege. Hat der Kandidat ein Tor ausgewählt, lässt der Moderator (der weiß, wo sich der Hauptpreis befindet) ein anderes Tor öffnen, und zwar eines mit einer Ziege. Nun bietet der Moderator dem Kandidaten an, statt des ursprünglich gewählten Tores das dritte, noch ungeöffnete Tor zu nehmen. Entscheiden Sie, ob der Kandidat sein Tor wechseln sollte.

8.2 Bedingte Wahrscheinlichkeit

■ Die Vierfeldertafel bildet den Anteil der Häftlinge in Deutschland für das Jahr 2016 in Abhängigkeit vom Geschlecht ab.

	Mann	Frau	gesamt
inhaftiert	0,058 %	0,004 %	0,062 %
nicht inhaftiert	49,243 %	50,695 %	99,938 %
gesamt	49,301 %	50,699 %	100,000 %

a) Bestimmen Sie die Wahrscheinlichkeit, dass eine zufällig ausgewählte Person ein Mann (bzw. eine Frau) ist.
b) Bestimmen Sie die Wahrscheinlichkeit, dass ein Häftling ein Mann (bzw. eine Frau) ist. ■

In einem Kurs mit gleich vielen Mädchen und Jungen haben 70 % der Mädchen und 60 % der Jungen ein Haustier. Eine zufällig ausgewählte Person des Kurses wird befragt.

Im linken Pfad des Baumdiagramms steht in der ersten Stufe die Wahrscheinlichkeit für M: Person ist ein Mädchen.

In der zweiten Stufe steht die Wahrscheinlichkeit dafür, dass die Person ein Haustier hat (Ereignis H), unter der **Bedingung**, dass die Person ein Mädchen ist (Ereignis M). Für eine solche **bedingte Wahrscheinlichkeit** schreibt man $P_M(H) = 0{,}7$.

Der ganze Pfad beschreibt das Ereignis, dass die Person ein Mädchen ist und ein Haustier hat. Dafür schreibt man kurz $M \cap H$.

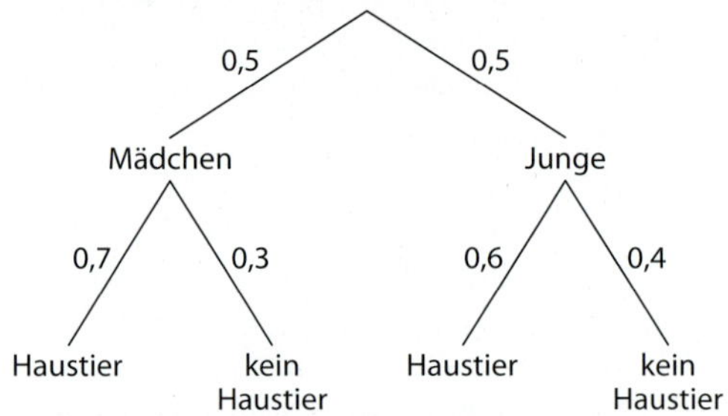

Pfadmultiplikationsregel für den linken Pfad:

$0{,}5 \cdot 0{,}7 = 0{,}35$

$P(M) \cdot P_M(H) = P(M \cap H) \quad | : P(M)$

$P_M(H) = \frac{P(M \cap H)}{P(M)}$

Hinweis:
$A \cap B$ gibt das Ereignis an, dass sowohl Ereignis A als auch Ereignis B eintritt.

Wissen: Bedingte Wahrscheinlichkeit
$P_A(B)$ ist die bedingte Wahrscheinlichkeit, dass das Ereignis B eintritt unter der Bedingung, dass das Ereignis A bereits eingetreten ist. Für $P(A) > 0$ legt man fest: $P_A(B) = \frac{P(A \cap B)}{P(A)}$.
Durch Umformen ergibt sich $P(A \cap B) = P(A) \cdot P_A(B)$.

Beispiel 1: Die Vierfeldertafel beschreibt die Merkmale „Regelmäßiges Zähneputzen" und „Kariesbildung".

	Karies (K)	kein Karies ($\overline{K}$)	gesamt
regelmäßig geputzt (R)	6 %	71 %	77 %
unregelmäßig geputzt ($\overline{R}$)	13 %	10 %	23 %
gesamt	19 %	81 %	100 %

a) Bestimmen Sie die Wahrscheinlichkeit für Kariesbildung, unter der Bedingung, dass regelmäßig die Zähne geputzt werden.
b) Zeichnen Sie ein passendes Baumdiagramm mit Wahrscheinlichkeiten, welches zuerst nach dem Zähneputzen verzweigt.

Lösung:

a) Wenden Sie die Formel zur Berechnung der bedingten Wahrscheinlichkeit an.

$P_R(K) = \frac{P(R \cap K)}{P(R)} = \frac{0{,}06}{0{,}77} \approx 0{,}08$

b) Die Wahrscheinlichkeiten an den Ästen der 2. Stufe sind bedingte Wahrscheinlichkeiten, z. B. $P_R(K)$.
Am Ende der Pfade stehen die Wahrscheinlichkeiten der kombinierten Ereignisse, z. B. $P(R \cap K)$.

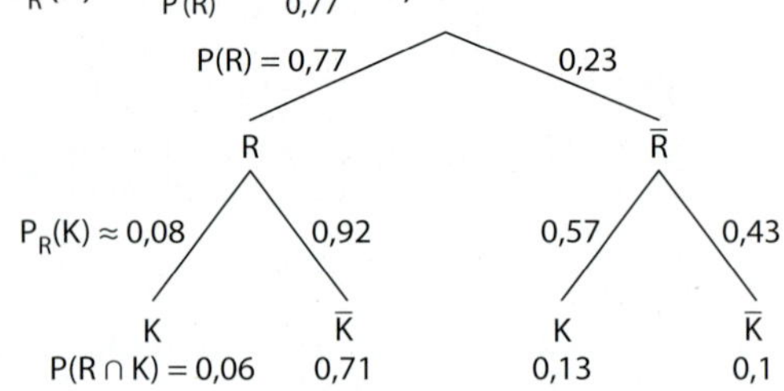

Merkhilfe:
Bei einer Vierfeldertafel erhält man bedingte Wahrscheinlichkeiten, indem man den Eintrag in einem inneren Feld durch einen zugehörigen Eintrag in einem äußeren Feld dividiert.

Bedingte Wahrscheinlichkeiten treten auch auf, wenn bei einem Zufallsexperiment zusätzliche Informationen vorliegen. Diese Informationen können die ursprünglichen Wahrscheinlichkeiten bedingen und damit verändern.

Beispiel 2: Beim Werfen eines Würfels beträgt die Wahrscheinlichkeit, dass eine gerade Zahl geworfen wird, $\frac{1}{2}$. Nach dem Wurf erhält man die Information, dass eine Primzahl gewürfelt wurde. Dadurch verändert sich die Wahrscheinlichkeit für eine gerade Zahl.

a) Schreiben Sie die veränderte Wahrscheinlichkeit als bedingte Wahrscheinlichkeit und berechnen Sie diese mithilfe der Formel.

b) Erläutern Sie, wie das Ergebnis aus a) ohne die Formel bestimmt werden kann.

Lösung:

a) Es handelt sich um ein Laplace-Experiment. Daher ergeben sich die Wahrscheinlichkeiten P (B) und P (A ∩ B) durch Abzählen. Von 6 Zahlen sind drei Primzahlen. Nur die Zahl 2 ist gerade und eine Primzahl. Setzen Sie die Werte der Wahrscheinlichkeiten in die Formel ein und berechnen Sie $P_A(B)$.

A: Augenzahl ist Primzahl
B: Augenzahl ist gerade
A ∩ B: Augenzahl ist gerade Primzahl

$P(A) = \frac{3}{6} = \frac{1}{2}$

$P(A \cap B) = \frac{1}{6}$

$P_A(B) = \frac{P(A \cap B)}{P(A)} = \frac{\frac{1}{6}}{\frac{1}{2}} = \frac{2}{6} = \frac{1}{3}$

b) Ist bekannt, dass die Augenzahl eine Primzahl ist, so kommen nur drei Zahlen in Frage, von denen nur eine gerade ist.

$P_A(B) = \frac{\text{Anzahl der geraden Primzahlen}}{\text{Anzahl der Primzahlen}}$

$= \frac{1}{3}$

Info:
In $P_A(B)$ ist A das **bedingende** und B das **bedingte** Ereignis.

Basisaufgaben

1. Das Baumdiagramm enthält Anteile der Geschlechter unter Mathematikstudenten.

A: weiblich B: studiert Mathematik
$\overline{A}$: männlich $\overline{B}$: studiert nicht Mathematik

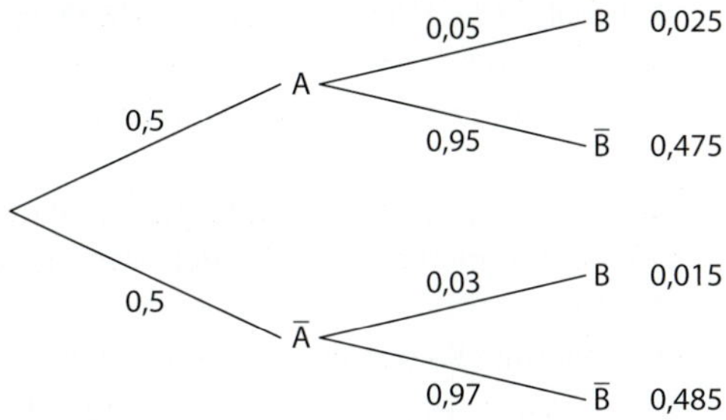

a) Beschreiben Sie alle Wahrscheinlichkeiten des Baumdiagramms mit Worten. Geben Sie bei den bedingten Wahrscheinlichkeiten jeweils an, welches das bedingende und welches das bedingte Ereignis ist.

b) Schreiben Sie zu jeder Wahrscheinlichkeit in a) den vollständigen Term in der Form $P(X)$, $P(\overline{X} \cap Y)$, $P_X(Y)$ usw.

Erinnerung:
$\overline{A}$ ist das Gegenereignis zu A. Es gilt:
$P(A) + P(\overline{A}) = 1$.

2. In der nebenstehenden Vierfeldertafel sind die Merkmale rote Fellfarbe und das Geschlecht einer Katzenzüchtung angegeben. Da die Vererbung der Fellfarbe über die X- und Y-Chromosome der Eltern gesteuert wird, kommen rötlich gefärbte Katzen nicht im selben Geschlechterverhältnis vor. Eines der 49 Tiere wird zufällig ausgewählt.

	Katze	Kater	gesamt
rote Fellfarbe	3	17	20
andere Fellfarbe	19	10	29
gesamt	22	27	49

a) Bestimmen Sie mithilfe der Formel für bedingte Wahrscheinlichkeit, dass das Tier weiblich ist unter der Bedingung, dass es rotes Fell hat. Vergleichen Sie mit dem Anteil weiblicher Tiere unter den Tieren mit roter Fellfärbung.

b) Bestimmen Sie die Wahrscheinlichkeit, dass das Tier rotes Fell hat unter der Bedingung, dass es weiblich (bzw. männlich) ist.

3. Die Vierfeldertafel gibt die Ergebnisse eines Impfexperiments an.

	krank	gesund	gesamt
geimpft	6 %	26 %	32 %
nicht geimpft	13 %	55 %	68 %
gesamt	19 %	81 %	100 %

a) Bestimmen Sie die Wahrscheinlichkeit einer Person zu erkranken (bzw. nicht zu erkranken) unter der Bedingung, dass sie geimpft wurde.

b) Zeichnen Sie zu a) ein Baumdiagramm mit allen zugehörigen Wahrscheinlichkeiten.

4. Die Vierfeldertafel zeigt das Resultat einer medizinischen Untersuchung.

	Diabetes	kein Diabetes	gesamt
Übergewicht	736	5684	6420
kein Übergewicht	185	3967	4152
gesamt	921	9651	10572

a) Bestimmen Sie zu den Merkmalen Diabetes und Übergewicht alle acht bedingten Wahrscheinlichkeiten, die sich für einen zufällig gewählten Probanden bilden lassen.

b) Zeichnen Sie beide möglichen Baumdiagramme zu a) und markieren Sie die bedingten Wahrscheinlichkeiten.

Hinweis zu 5:
Erstellen Sie eine Tabelle mit allen möglichen Ergebnissen.

Lösungen zu 5:

5. Bei einem Zufallsexperiment wird das Produkt aus den Zahlen eines Würfelwurfs und des abgebildeten Glücksrads betrachtet. Alle ungeraden Zahlen des Würfels sind rot und alle geraden blau gefärbt. Das Ergebnis in dem abgebildeten Fall ist $6 \cdot 1 = 6$. Es werden die Ereignisse A: „Ergebnis ist durch drei teilbar“ und B: „Farbe des Würfels ist blau“ betrachtet. Bestimmen Sie die Wahrscheinlichkeiten und beschreiben Sie das Ereignis mit Worten.

mal

a) $P(A \cap B)$ b) $P_A(B)$ c) $P_A(\overline{B})$ d) $P(\overline{A} \cap \overline{B})$ e) $P(\overline{B})$ f) $P_{\overline{B}}(A)$

6. Die Kunden eines schwedischen Möbelhauses bauen die Möbel in der Regel selbst zusammen. Alle benötigten Schrauben und Kleinteile werden in Plastikbeuteln mitgeliefert. In 5 % der Fälle bemerkt ein Kunde beim Aufbau, dass eine Schraube oder ein anderes Kleinteil fehlt. Mit einer unbekannten Wahrscheinlichkeit bauen Kunden in diesen Fällen das Möbelstück ohne dieses Teil weiter auf und beschweren sich nicht. Es lässt sich schätzen, dass bei 3,5 % aller aufgebauten Möbelstücke eine Schraube oder ähnliches fehlt. Bestimmen Sie die im Text erwähnte unbekannte Wahrscheinlichkeit.

7. Oft misslingt der Versuch, USB-Stecker ohne genaues Hinsehen einzustecken, obwohl der USB-Stecker richtig herum eingeführt wurde. Dann wird der Stecker gedreht und ein neuer Versuch gestartet, der natürlich ebenfalls misslingt. Auch wenn es keine wissenschaftlichen Untersuchungen dazu gibt, lässt sich annehmen, dass ein Einsteckversuch in 20 % der Fälle misslingt, obwohl der Stecker richtig herum ist. Nehmen Sie an, dass beim ersten Versuch zu 50 % die richtige Seite gewählt wird.

a) Bestimmen Sie die Wahrscheinlichkeit, dass zwei verschiedene USB-Sticks auf Anhieb korrekt eingesetzt werden.

b) Bestimmen Sie die Wahrscheinlichkeit, dass für einen USB-Stick drei Einsteckversuche gebraucht werden, bis der Stecker sitzt. Gehen Sie davon aus, dass der Stecker bei jedem Versuch gedreht wird.

8. Aus einem Kartenblatt mit 32 Karten wird verdeckt eine Karte gezogen. Die Wahrscheinlichkeit, das Pik-Ass zu ziehen, beträgt $\frac{1}{32}$. Die Wahrscheinlichkeit ändert sich jedoch, wenn bekannt ist, dass die gezogene Karte die Farbe Pik hat.
   a) Berechnen Sie die veränderte Wahrscheinlichkeit mithilfe der Formel für bedingte Wahrscheinlichkeiten.
   b) Bestimmen Sie die veränderte Wahrscheinlichkeit ohne die Formel.
   c) Berechnen Sie die Wahrscheinlichkeit, bei zwei Ziehungen Pik-Ass und Pik-König zu ziehen (ohne Zurückstecken und ohne Beachtung der Reihenfolge), wenn bekannt ist, dass beide Karten Pik zeigen.

9. Bei einem zweifachen Würfelwurf wird die Augensumme betrachtet.
   a) Bestimmen Sie unter den folgenden Bedingungen die Wahrscheinlichkeiten, dass die Augensumme der Würfel 10 beträgt.

      ① Der erste Würfel zeigt eine 6.
      ② Der erste Würfel zeigt eine 2.
      ③ Beide Augenzahlen sind gerade.
      ④ Kein Würfel zeigt eine 6.

   b) Geben Sie eine Bedingung für einen der Würfel an, sodass die Wahrscheinlichkeit, eine 10 zu würfeln, größer (bzw. kleiner) wird als ohne die Bedingungen.

10. Aus einer Urne mit 2 schwarzen und 5 roten Kugeln wird dreimal hintereinander ohne Zurücklegen eine Kugel gezogen. Bestimmen Sie die Wahrscheinlichkeit, dass die dritte gezogene Kugel rot (bzw. schwarz) ist unter der Bedingung, dass zwei von drei gezogenen Kugeln rot sind.

11. Aus einem Gefäß mit 10 Gewinnen und 40 Nieten werden zufällig zwei Lose gezogen. Bestimmen Sie mit der Formel $P(A \cap B) = P(A) \cdot P_A(B)$ die Wahrscheinlichkeit, dass es zwei Gewinne sind. Geben Sie an, was Sie als Ereignisse A und B gewählt haben, und kontrollieren Sie Ihr Ergebnis mit einem Baumdiagramm.

Weiterführende Aufgaben

12. Erläutern Sie an einem Beispiel die Unterschiede zwischen $P(A \cap B)$, $P_A(B)$ und $P_B(A)$.

13. **Stolperstelle:** Die Vierfeldertafel zeigt einen Teil der Auswertung einer Umfrage zum Wahlverhalten. Anton, Bela, Caro und Djamila leiten daraus Schlussfolgerungen ab. Entscheiden Sie, welche der Aussagen stimmen und welche Fehler bei den anderen gemacht wurden.

	Mann	Frau	gesamt
Partei A	125	350	475
Partei B		340	
gesamt	280		

Anton: *„Die meisten Wähler von Partei B sind Frauen."*
Bela: *„Die meisten Frauen haben Partei B gewählt."*
Caro: *„Unter der Bedingung, dass Partei B genannt wurde, ist die Wahrscheinlichkeit höher, dass ein Mann befragt wurde."*
Djamila: *„Wurde ein Mann befragt, so haben sich diese häufiger für Partei B entschieden."*

14. Zeigen Sie mithilfe der Formel für bedingte Wahrscheinlichkeiten, dass gilt:
$P_A(B) + P_A(\overline{B}) = 1$.

Hinweis:
$P(A \cap B) + P(A \cap \overline{B}) = P(A)$

15. Die Regel von Bayes: Wenn bereits die Wahrscheinlichkeit $P_A(B)$ bekannt ist und man nun $P_B(A)$ bestimmen möchte, dann ist die sogenannte **Regel von Bayes** hilfreich:

$$P_B(A) = \frac{P(A) \cdot P_A(B)}{P(A) \cdot P_A(B) + P(\overline{A}) \cdot P_{\overline{A}}(B)}.$$

Leiten Sie diese mithilfe des Baumdiagramms her.

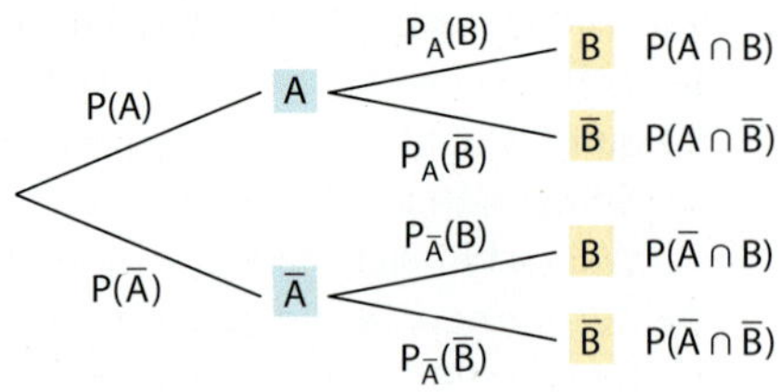

16. Von drei Würfeln seien zwei Würfel Laplace-Würfel und der dritte so manipuliert, dass er mit einer Wahrscheinlichkeit von 0,5 eine 6 zeigt. Ein Würfel wird zufällig ausgewählt und zeigt nach dem Werfen eine 6. Bestimmen Sie mithilfe der Regel von Bayes die Wahrscheinlichkeit, dass es sich um den manipulierten Würfel handelt.

17. Eine der abgebildeten Urnen wird zufällig ausgewählt und aus ihr verdeckt eine Kugel entnommen. Die gezogene Kugel ist schwarz oder blau. Bestimmen Sie die Wahrscheinlichkeit, dass die Kugel aus der linken Urne stammt.

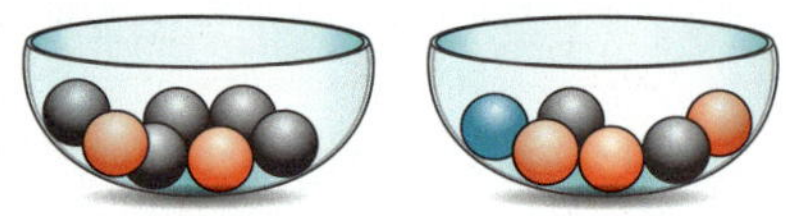

18. Prüfen Sie, ob sich die beiden Zeitungsmeldungen widersprechen. Beurteilen Sie sie hinsichtlich ihrer Aussagen und der Wirkung, die mit statistischen Daten erzielt werden kann.

Nach Angaben der Bundesagentur für Arbeit betrug im Juli 2018 die Arbeitslosenquote in Ostdeutschland 6,8 %, in Westdeutschland dagegen nur 4,8 %. Circa 20 % der arbeitsfähigen Bevölkerung leben derzeit in Ostdeutschland.

Im Juli 2018 betrug die deutschlandweite Arbeitslosenquote 5,2 %. Etwa jeder dritte Arbeitslose (35,4 %) lebt in den östlichen Bundesländern. Jedoch leben 80 % der erwerbsfähigen Bevölkerung in den westlichen Bundesländern.

19. Medizinische Tests auf Krankheiten werden mit zwei Merkmalen bewertet.
Sensitivität: Wahrscheinlichkeit, dass eine erkrankte Person positiv getestet wird.
Spezifität: Wahrscheinlichkeit, dass eine gesunde Person negativ getestet wird.

a) Diskutieren Sie, ob die Sensitivität oder die Spezifität des Tests höher sein sollte.
b) Wird eine Person positiv getestet, wird in der Folge häufig ein Test eines zweiten Testverfahrens durchgeführt. Erläutern Sie, ob bei diesem zweiten Verfahren eine hohe Sensitivität oder eine hohe Spezifität wichtiger ist.

20. Lebens- und Rentenversicherungen verwenden sogenannte Sterbetafeln als Grundlage dafür, ihr „Risiko" abschätzen zu können, dass ihre Versicherten ein gewisses Alter erreichen. Die Tafeln geben an, wie viele von 100 000 Lebendgeborenen im jeweiligen Alter noch leben.

a) Geben Sie anhand der Sterbetafel an, mit welcher Wahrscheinlichkeit ein neugeborenes Mädchen 80 Jahre alt wird.
b) Bestimmen Sie, mit welcher Wahrscheinlichkeit ein 20-jähriger (bzw. 30-jähriger) Mann 80 Jahre alt wird.
c) Erläutern Sie, inwiefern in b) bedingte Wahrscheinlichkeiten auftreten.

Alter	männlich	weiblich	Alter	männlich	weiblich
0	100 000	100 000	55	93 949	96 539
5	99 578	99 638	60	90 413	94 608
10	99 534	99 606	65	85 073	91 717
15	99 488	99 566	70	77 765	87 414
20	99 339	99 485	75	68 016	81 251
25	99 111	99 395	80	54 794	71 485
30	98 857	99 285	85	36 886	54 827
35	98 513	99 115	90	17 933	31 872
40	98 036	98 866	95	5001	11 112
45	97 303	98 453	100	638	2051
50	96 078	97 743			

21. Beim Glücksspiel „Craps“ wird mit zwei Würfeln gewürfelt.
Ist die Summe der beiden Würfel 7 oder 11, gewinnt der Spieler sofort. Bei 2, 3 oder 12 (diese Ergebnisse heißen „Craps“) hat er direkt verloren. Bei jeder anderen Augensumme würfelt der Spieler erneut, und zwar solange, bis die Augensumme entweder 7 ist (in diesem Fall verliert er) oder der Augensumme aus dem ersten Wurf entspricht (in diesem Fall gewinnt er).

a) Bestimmen Sie die Wahrscheinlichkeit, dass der Spieler zweimal hintereinander eine „9“ würfelt, also als Gewinner hervorgeht.
b) Einer der Würfel zeigt im ersten Wurf eine 5, der andere bleibt an der Bande des Spielfelds auf der Kante stehen und soll wiederholt geworfen werden. Bestimmen Sie die Wahrscheinlichkeit, dass der Spieler beim Wiederholen direkt gewinnt.
c) Bestimmen Sie die Wahrscheinlichkeit, dass ein Spieler erst eine „5“, dann im zweiten Wurf „weder 5 noch 7“ und im dritten Wurf eine „7“ würfelt, also das Spiel verliert.

22. Ein Taschenspieler möchte Ihnen einen Trick mit drei Münzen vorführen, wobei er Sie nur eine Münze näher untersuchen lässt, die tatsächlich „Kopf“ und „Zahl“ aufweist. Bezüglich der anderen beiden Münzen können Sie davon ausgehen, dass eine auf beiden Seiten „Kopf“ und die andere auf beiden Seiten „Zahl“ zeigt. Sie sollen dann eine der drei verdeckten Münzen zufällig auswählen und werfen. Diese zeigt „Kopf“. Bestimmen Sie die Wahrscheinlichkeit, dass die Unterseite der Münze „Zahl“ zeigt.

23. In einer Spielshow sammeln zwei Kandidaten Geld für ihr gemeinsames Spielkonto. Nach der ersten Runde müssen sie eine verdeckte Entscheidung treffen. Sie können sich für „Behalten“ oder „Teilen“ entscheiden. Die Tabelle zeigt die möglichen Konstellationen. Wählen beide Kandidaten „Behalten“, so wird das Spiel direkt beendet. Sonst werden zwei Runden gespielt, in denen jeweils die Hälfte des Gesamtgewinns verteilt wird. Gehen Sie davon aus, dass nach der ersten Runde „Behalten“ und „Teilen“ mit gleicher Wahrscheinlichkeit gewählt werden. Wählt ein Kandidat jedoch „Behalten“ und der andere nicht, so wird dieser sich nach der zweiten Runde rächen und sich mit einer Wahrscheinlichkeit von 80 % für „Behalten“ entscheiden. Alle anderen Wahrscheinlichkeiten ändern sich nicht.

	A wählt Teilen	**A wählt Behalten**
B wählt Teilen	A und B erhalten jeweils 50 %	A erhält alles
B wählt Behalten	B erhält alles	A und B erhalten nichts

a) Bestimmen Sie die Wahrscheinlichkeiten der möglichen Gewinnbeträge beider Kandidaten nach der ersten Runde (es gibt vier Möglichkeiten).
b) Bestimmen Sie die Wahrscheinlichkeit, dass einer der Kandidaten nach zwei Runden alles gewonnen hat.
c) Bestimmen Sie die Wahrscheinlichkeiten für alle möglichen Gewinne eines Kandidaten nach zwei Runden und geben Sie die scheinbar sinnvollste Strategie an.

24. **Ausblick:** Im Baumdiagramm soll gelten $P(\overline{B}) = 0{,}175$. Schreiben Sie für die unbekannte Wahrscheinlichkeit von A zunächst $P(A) = x$ und berechnen Sie damit alle Wahrscheinlichkeiten.

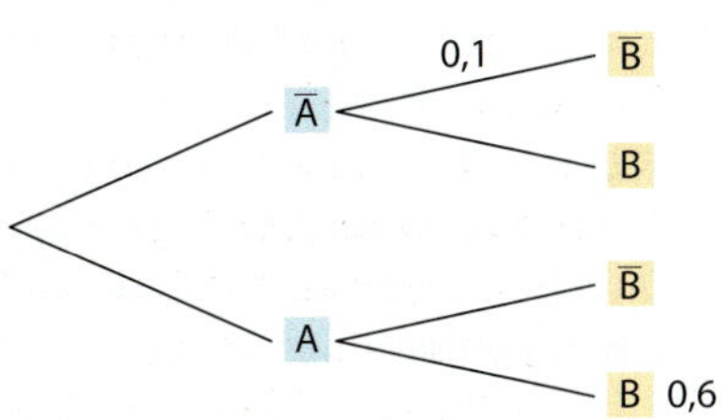

8.3 Stochastische Unabhängigkeit

■ In der nebenstehenden Vierfeldertafel sind Haarfarben von Männern in Bezug zur Körpergröße dargestellt. Hat die Haarfarbe einen Einfluss auf die Körpergröße? Untersuchen Sie mögliche Zusammenhänge, indem Sie bei zufälliger Auswahl einer Person die Wahrscheinlichkeiten vergleichen. ■

		Haarfarbe		gesamt
		hell	dunkel	
Körpergröße	< 1,75 m	58	116	174
	≥ 1,75 m	109	218	327
gesamt		167	334	501

Nicht alle Ereignisse eines Zufallsexperiments haben Einfluss auf andere Ereignisse. Den meisten ist intuitiv klar, dass beispielsweise beim mehrmaligen Werfen einer Münze das Ergebnis des ersten Wurfes keinen Einfluss auf den zweiten und dritten (und so weiter) Wurf hat. Ob Ereignisse tatsächlich unabhängig voneinander sind, lässt sich mathematisch untersuchen.

In einer Urne befinden sich 3 grüne (G) und 4 rote (R) Kugeln. Es wird zweimal hintereinander eine Kugel gezogen. Die Baumdiagramme stellen die Wahrscheinlichkeiten der Ziehungen ohne bzw. mit Zurücklegen der Kugeln dar.

ohne Zurücklegen

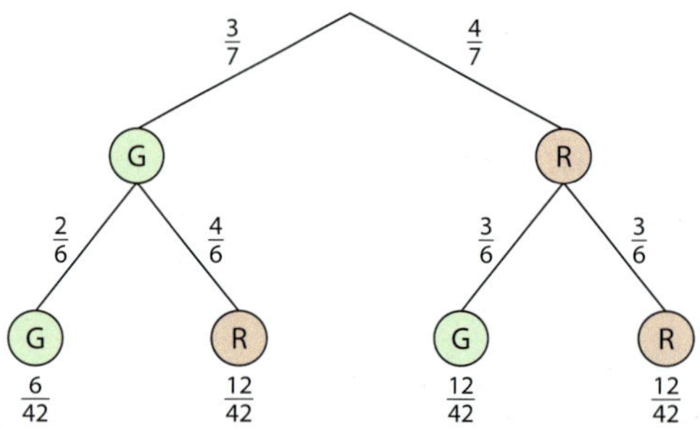

mit Zurücklegen

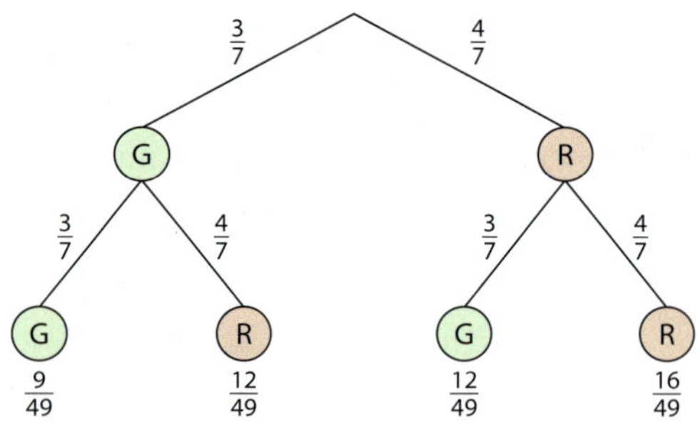

Für die Ereignisse **A**: „grün beim 1. Zug“ und **B**: „grün beim 2. Zug“ gilt jeweils:

$P_A(B) = \frac{2}{6}$ und $P_{\overline{A}}(B) = \frac{3}{6}$
$P(B) = \frac{6}{42} + \frac{12}{42} = \frac{3}{7}$
Grün im zweiten Zug ist abhängig vom Ergebnis des ersten Zugs.
Beim Ziehen ohne Zurücklegen sind die Wahrscheinlichkeiten beim 2. Zug vom Ergebnis des 1. Zugs **abhängig**. Die beiden Teilbäume der 2. Stufe sind verschieden.

$P_A(B) = \frac{3}{7}$ und $P_{\overline{A}}(B) = \frac{3}{7}$
$P(B) = \frac{9}{49} + \frac{12}{49} = \frac{3}{7}$
Grün im zweiten Zug ist unabhängig vom Ergebnis des ersten Zugs.
Beim Ziehen mit Zurücklegen sind die Wahrscheinlichkeiten beim 2. Zug vom Ergebnis des 1. Zugs **unabhängig**. Die beiden Teilbäume der 2. Stufe sind gleich.

Hinweis:
Die Ereignisse A und B kann man tauschen, sie sind also auch genau dann unabhängig, wenn gilt: $P_B(A) = P(A)$

Wissen: Stochastische Unabhängigkeit
Zwei Ereignisse A und B mit $P(A) > 0$, $P(B) > 0$ heißen **stochastisch unabhängig**, wenn gilt:
$\mathbf{P_A(B) = P(B)}$.
Mit $P(A \cap B) = P(A) \cdot P_A(B)$ folgt die **Multiplikationsregel**:
A und B sind genau dann **stochastisch unabhängig**, wenn gilt: $\mathbf{P(A \cap B) = P(A) \cdot P(B)}$.

Die stochastische Abhängigkeit unterscheidet sich von der kausalen Abhängigkeit, die häufig im Alltag auftritt. Zwei Ereignisse A und B nennt man **kausal abhängig**, wenn sie in Ursache und Wirkung voneinander abhängen. Umgekehrt nennt man A und B **kausal unabhängig**, wenn der Ausgang von A keinerlei Einfluss auf den Ausgang von B hat und umgekehrt der von B keinerlei Einfluss auf den von A.

Zwei Ereignisse können stochastisch unabhängig und dennoch kausal abhängig voneinander sein. Beim Werfen zweier Würfel sind zum Beispiel die Ereignisse
A: „Augenzahl des ersten Würfels gerade" und B: „Summe beider Augenzahlen gerade" stochastisch unabhängig, denn es gilt: $P_A(B) = \frac{9}{18} = \frac{1}{2}$ und $P(B) = \frac{18}{36} = \frac{1}{2}$.
Die Ereignisse sind aber kausal abhängig, da das Ereignis A das Ereignis B beeinflusst.

Hinweis:
Ist in den folgenden Aufgaben von Abhängigkeit oder Unabhängigkeit die Rede, so ist die stochastische Abhängigkeit bzw. stochastische Unabhängigkeit gemeint.

Beispiel 1: Gegeben ist eine Vierfeldertafel mit absoluten Häufigkeiten zu den Merkmalen Schlafqualität und Arbeitszeitbelastung.

a) Prüfen Sie mit der Multiplikationsregel, ob die Merkmale Schlafqualität und Arbeitszeitbelastung unabhängig voneinander sind.

b) Vergleichen Sie die Werte von $P_A(B)$ und $P(B)$ für die Ereignisse A: „schläft ruhig" und B: „arbeitet mehr als 40h/Woche". Stellen Sie einen Zusammenhang her zum Ergebnis von a).

	schläft ruhig	schläft unruhig	gesamt
arbeitet mehr als 40 h/Woche	213	132	345
arbeitet weniger als 40 h/Woche	126	50	176
gesamt	339	182	521

Lösung:

a) Berechnen Sie das Produkt der Einzelwahrscheinlichkeiten sowie die Wahrscheinlichkeit dafür, dass beide Merkmale zutreffen. Da die Werte nicht übereinstimmen, sind die Merkmale A und B stochastisch abhängig.

A: schläft ruhig
B: arbeitet mehr als 40 h/Woche
$P(A) \cdot P(B) = \frac{339}{521} \cdot \frac{345}{521} \approx 0{,}43$
$P(A \cap B) = \frac{213}{521} \approx 0{,}41$
$P(A \cap B) \neq P(A) \cdot P(B)$

b) Auch der Vergleich dieser Werte zeigt die Abhängigkeit der Merkmale.

$P_A(B) = \frac{213}{339} \approx 0{,}63$; $P(B) = \frac{345}{521} \approx 0{,}66$
$P_A(B) \neq P(B)$

Basisaufgaben

1. Gegeben ist eine Vierfeldertafel mit absoluten Häufigkeiten zu den Merkmalen Intelligenz und Handynutzung.
   a) Prüfen Sie mit Multiplikationsregel, ob die Merkmale unabhängig voneinander sind.
   b) Bestätigen Sie das Ergebnis aus a) mithilfe der Gleichung für die bedingte Wahrscheinlichkeit.

	Handynutzung		gesamt
	intensiv	nicht intensiv	
IQ > 130	60	90	150
IQ ≤ 130	140	110	250
gesamt	200	200	400

der

2. Prüfen Sie, ob die Merkmale in der Vierfeldertafel unabhängig sind.

a)

	B	$\overline{B}$	gesamt
A	32	128	160
$\overline{A}$	96	384	480
gesamt	128	512	640

b)

	geimpft	nicht geimpft	gesamt
krank	0,06	0,38	0,44
nicht krank	0,44	0,12	0,56
gesamt	0,5	0,5	1

3. Zeichnen Sie zu beiden Vierfeldertafeln aus Aufgabe 2 jeweils das Baumdiagramm, bei dem in der ersten Stufe die Ereignisse A und $\overline{A}$ stehen, sowie das umgekehrte Baumdiagramm, bei dem in der ersten Stufe die Ereignisse B und $\overline{B}$ stehen. Untersuchen Sie, in welchen der insgesamt vier Diagramme die Teilbäume der 2. Stufe übereinstimmen. Erläutern Sie den Zusammenhang mit der Unabhängigkeit der Ereignisse A und B.

4. Im Jahr 2017 wurden ca. 300 000 Unfälle mit Personenschäden registriert, ca. 13 000 davon waren durch Alkoholeinfluss verursacht. Ungefähr 200 000 der Unfälle ohne Alkoholeinfluss ereigneten sich tagsüber, während von den Unfällen mit Alkoholeinfluss ca. 4000 tagsüber passierten.

a) Stellen Sie diesen Sachverhalt in einer Vierfeldertafel mit absoluten Zahlen dar. Prüfen Sie die Merkmale auf stochastische Unabhängigkeit.

b) Erläutern Sie ohne Berechnung, aus welchem Grund die Vermutung naheliegend ist, dass die betrachteten Merkmale kausal abhängig voneinander sind.

5. In einer Urne liegen 5 rote und 3 blaue Kugeln. Es wird zweimal hintereinander verdeckt eine Kugel gezogen.
Zeichnen Sie zum Experiment ein Baumdiagramm und prüfen Sie, ob das Ereignis „die zweite Kugel ist rot“ unabhängig vom Ausgang der ersten Ziehung ist, wenn die zuerst gezogene Kugel zurückgelegt (bzw. nicht zurückgelegt) wird.

Hinweis zu 6:
Beim Roulette landet die Kugel zufällig auf einer der Zahlen von 0 bis 36.

6. Zwei mögliche Wetten beim Roulette-Spiel sind „die letzten zwölf Zahlen“ (25 bis 36) sowie „das Carré 29, 30, 32, 33“.

a) Formulieren Sie eine Vermutung, ob die beiden Ereignisse abhängig voneinander sind.

b) Überprüfen Sie Ihre Vermutung mithilfe der Definition für stochastische Unabhängigkeit.

7. Beim Werfen zweier Würfel werden die folgenden Ereignisse betrachtet:

A: Die Augenzahl des ersten Würfels ist 4.

B: Die Augenzahl des zweiten Würfels ist 3.

C: Die Augensumme ist 7.

D: Die Augensumme ist 6.

a) Schätzen Sie, ob das Ereignis A vom Ereignis B (Ereignis C, Ereignis D) unabhängig ist.

b) Überprüfen Sie Ihre Schätzungen rechnerisch. Begründen Sie die Ergebnisse.

8. Zwei Münzen werden geworfen. Das Ereignis A lautet „höchstens einmal Kopf“ und das Ereignis B „mindestens einmal Kopf und mindestens einmal Zahl“.

a) Prüfen Sie, ob A und B stochastisch unabhängig sind.

b) Prüfen Sie ebenfalls, ob A und B stochastisch unabhängig sind, wenn drei Münzen geworfen werden.

9. Die besten Basketballspieler der NBA haben bei Freiwürfen eine durchschnittliche Trefferquote von 75 % und höher.

a) Berechnen Sie die Wahrscheinlichkeit, dass ein Spieler bei zwei Freiwürfen beide Male trifft, wenn er jeden Freiwurf unabhängig voneinander mit 75 % Wahrscheinlichkeit verwandelt.

b) Nennen Sie mögliche Gründe gegen die Unabhängigkeit der beiden Freiwürfe.

10. Die Vierfeldertafel ist nicht vollständig.

a) Übertragen Sie die Tafel in Ihr Heft und ergänzen Sie die fehlenden Werte so, dass die Merkmale A und B einmal abhängig und einmal unabhängig sind.

b) Tauschen Sie Ihre Ergebnisse mit Ihrem Nachbarn. Kontrollieren Sie sich gegenseitig.

	B	$\overline{B}$	gesamt
A			
$\overline{A}$		40	160
gesamt			400

Weiterführende Aufgaben

11. Im Jahr 2011 führten ein Erdbeben und ein Tsunami zur Notabschaltung der Reaktorblöcke im Atomkraftwerk von Fukushima. Um eine Kernschmelze zu verhindern, mussten die Reaktoren auch nach der Abschaltung gekühlt werden. Zwölf Notstromgeneratoren – und damit mehr als benötigt – standen vor der Katastrophe für die Kühlung zur Verfügung.

a) Wenn ein Notstromgenerator mit einer Wahrscheinlichkeit von p ausfällt, so beträgt die Wahrscheinlichkeit für den Ausfall von n Generatoren p^n. Erläutern Sie, welche Annahme dieser Rechnung zugrunde liegt.

b) In Fukushima wurden 5 der 12 Notstromgeneratoren durch den Tsunami überflutet und zerstört. Beurteilen Sie unter diesem Aspekt erneut die Annahme aus Aufgabenteil a).

12. Stolperstelle: Eine Umfrage, welche nach dem Geschlecht und der Haarlänge fragte, hat ergeben, dass 53 % der Befragten weiblich waren und 39 % lange Haare hatten.
Erik: *„47 % der Befragten sind also männlich und 61 % haben kurze Haare. Also beträgt der Anteil an Männern mit kurzen Haaren nach der Multiplikationsregel $0{,}47 \cdot 0{,}61 \approx 0{,}29$."*
Beurteilen Sie Eriks Rechnung.

13. Bei der Schokoladenproduktion kommt es manchmal zu Verunreinigungen. In Deutschland sind ca. 28 % aller produzierten Schokoladensorten keine Milchschokolade. Der Anteil von Milchschokolade mit Verunreinigungen betrage in diesem Beispiel 0,072 %. Für die zufällige Auswahl einer Tafel Schokolade seien die Ereignisse A: „die Sorte ist Milchschokolade" und B: „die Schokolade ist verunreinigt" stochastisch unabhängig voneinander.
Bestimmen Sie die Wahrscheinlichkeit für die Ereignisse B und $\overline{A} \cap \overline{B}$.

14. Beim Würfeln gibt es den weit verbreiteten Irrglauben, dass nach mehreren Versuchen ohne eine 6 beim nächsten Wurf die Wahrscheinlichkeit für eine 6 höher ausfällt.
Zeigen Sie, dass die Ereignisse A und B unabhängig voneinander sind.
A: Die ersten drei Würfe fällt keine 6. B: Beim vierten Versuch fällt eine 6.

● **15.** Die Ereignisse A und B seien unabhängig. Weisen Sie mithilfe der Vierfeldertafel und den gegebenen Wahrscheinlichkeiten nach, dass dann auch A und $\overline{B}$, $\overline{A}$ und B sowie $\overline{A}$ und $\overline{B}$ unabhängig voneinander sind.

	B	$\overline{B}$	gesamt
A	$a \cdot b$		a
$\overline{A}$			
gesamt	b	$1 - b$	1

● **16.** An einer Schule haben 40 % der Schüler eines Jahrgangs Mathematik als Leistungskurs gewählt und 25 % Physik. 15 % haben sowohl Mathematik als auch Physik gewählt.

a) Bestimmen Sie die Wahrscheinlichkeit, dass ein zufällig aus diesem Jahrgang ausgewählter Schüler Mathematik oder Physik als Leistungskurs gewählt hat.

b) Entwickeln Sie aus den Bausteinen P (A), P (B) und $P(A \cap B)$ eine Formel zur Berechnung von P (A oder B).

c) Berechnen Sie P (A oder B), wenn A und B unabhängig sind und $P(A) = P(B) = \frac{1}{2}$ gilt.

● **17. Ausblick:** Drei Ereignisse A, B und C sind stochastisch unabhängig, wenn die Ereignisse jeweils paarweise unabhängig sind und außerdem gilt $P(A \cap B \cap C) = P(A) \cdot P(B) \cdot P(C)$. Für den Nachweis sind alle Bedingungen zu prüfen. Aus einem Skatkartenspiel mit 32 Karten wird eine Karte zufällig ausgewählt.

a) Zeigen Sie, dass die Ereignisse A, B und C stochastisch unabhängig sind.

A: Die Karte ist schwarz.

B: Die Karte ist eine Dame.

C: Die Karte zeigt Pik oder Herz.

b) Entwickeln Sie am Beispiel des Skatspiels ein neues Ereignis B so, dass alle Ereignisse A, B und C paarweise stochastisch unabhängig sind, nicht jedoch A, B, C zusammen.

8.4 Simulation von Zufallsexperimenten

■ Zielt Alexander beim Dart auf das Feld „Doppel-20", trifft er im Schnitt mit 2 von 6 Pfeilen. Im Training wirft er auf die Doppel-20 in Serien von drei Pfeilen.

a) Beschreiben Sie eine Möglichkeit, eine Trainingsserie mithilfe von Würfeln zu simulieren.
b) Führen Sie 50 Simulationen durch.
c) Zählen Sie, wie oft in der Simulation 0, 1, 2 oder 3 Treffer erzielt wurden. ■

Es ist nicht immer möglich oder zumindest sehr aufwändig, ein Zufallsexperiment durchzuführen. Deswegen greift man gerne auf Simulationen zurück. In bestimmten Fällen kann eine Simulation mit Münzen oder Würfeln durchgeführt werden. Allerdings ist die Anzahl der möglichen Ausgänge festgelegt und die Durchführung immer noch zeitaufwändig.

Ein entscheidendes Hilfsmittel sind Simulationen mit Tabellenkalkulationen. Damit können zufällige Werte aus vorgegebenen Bereichen erzeugt werden.

Hinweis:
Solche Simulationen können auch mit dem GTR durchgeführt werden. Der kleine Bildschirm macht es aber oft unübersichtlich. Hinweise zur Simulation mit dem GTR/CAS finden Sie ab der Seite 486.

=ZUFALLSBEREICH(n;m)

Der Befehl liefert eine ganzzahlige Zufallszahl zwischen n und m.

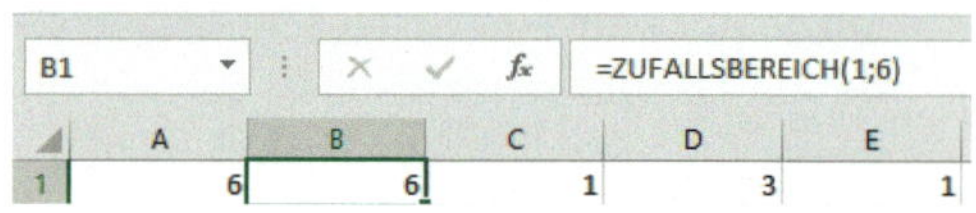

=ZUFALLSZAHL()

Der Befehl liefert eine Zufallszahl zwischen 0 und 1.

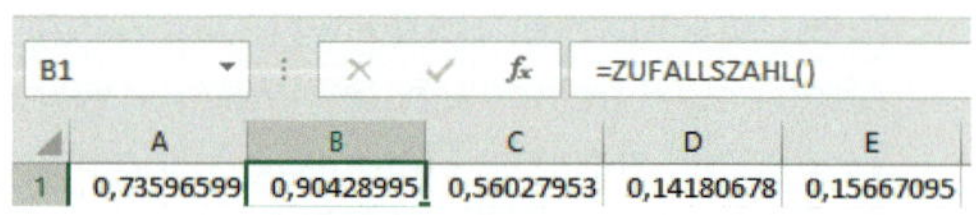

Wird der Inhalt einer Zelle verändert, so werden alle Zufallszahlen der gesamten Tabelle neu bestimmt. Um in einer Spalte beliebig viele Zufallszahlen zu erzeugen, kann die untere rechte Ecke der Zelle mit der Zufallszahl „heruntergezogen" werden und so die Formel zur Erzeugung der Zufallszahl in die neuen Zellen kopiert werden.

Es gibt eine Vielzahl an Funktionen und Befehlen, um die zufälligen Ergebnisse zu verarbeiten und auszuwerten. Einige davon werden hier vorgestellt.

Befehl	Bedeutung	Beispiel/Hinweis
=ZÄHLENWENN(Bereich; Kriterium)	Zählt die Anzahl der Zellen in einem Bereich, die ein vorgegebenes Kriterium erfüllen.	*=ZÄHLENWENN(A2:A100;3)* In den Zellen A2 bis A100 wird die Anzahl der „3" gezählt. Der Bereich wird durch zwei Zellen getrennt durch „:" angegeben.
=WENN(Wahrheitstest; [Wert_wenn_wahr]; [Wert_wenn_falsch])	Testet eine Bedingung und gibt abhängig vom Ergebnis einen Wert bzw. Text aus.	*=WENN(A1>0,5;"ja";"nein")* Gibt ja aus, wenn der Wert in A1 größer als 0,5 ist, und nein, wenn dies nicht erfüllt ist.
=SUMME(Bereich)	Addiert alle Werte in einem Bereich.	*=SUMME(A1:A10)* Berechnet die Summe A1 + A2 + … + A10.
=MAX(Bereich) *=MIN(Bereich)*	Gibt von den Werten in einem Bereich den größten bzw. kleinsten Wert aus.	*=MAX(A:A)* Gibt den größten Wert aus Spalte A aus.

Beispiel 1: Paula und Mario würfeln jeder mit einem normalen Spielwürfel. Wer die höhere Zahl würfelt, gewinnt.

a) Simulieren Sie mit einer Tabellenkalkulation 100 Durchgänge des Würfelspiels.
b) Bestimmen Sie die Anzahl der Durchgänge, in denen Paula bzw. Mario gewinnt.

Lösung:

a) Simulieren Sie den Ausgang eines Wurfs mit dem Befehl *=ZUFALLSBEREICH(1;6)*. Ziehen Sie die untere rechte Ecke der Zellen A2 und B2 von Zeile 2 bis Zeile 101 herunter, um 100 Würfe zu simulieren.

A3 =ZUFALLSBEREICH(1;6)

	A	B	C	D
1	Paula	Mario		
2	2	3		
3	6	3		

b) Bilden Sie in Spalte C die Differenz (Spalte A – Spalte B) der Ergebnisse. Diese wird wieder bis Zeile 101 heruntergezogen.
Ist der Wert in Spalte C größer als 0, so gewinnt Paula. Ist der Wert kleiner als 0, so gewinnt Mario. Bei einer 0 endet das Spiel unentschieden.
Zählen Sie mit dem Befehl *=ZÄHLENWENN(C2:C101;">0")* die Anzahl der Siege von Paula und mit dem Befehl *=ZÄHLENWENN(C2:C101;"<0")* die Anzahl der Siege von Mario.

Die Differenz wird ermittelt:

C2 =A2-B2

	A	B	C	D
1	Paula	Mario	Differenz	
2	2	3	-1	
3	6	3	3	

Paulas und Marios Siege werden gezählt:

D2 =ZÄHLENWENN(C2:C101;">0")

	A	B	C	D
1	Paula	Mario	Differenz	Paula gewinnt
2	2	3	-1	37
3	6	3	3	Mario gewinnt
4	4	6	-2	50

Basisaufgaben

1. Beim Fußballtraining unterteilt der Trainer ein Tor in sechs Felder (siehe Abbildung). Drei Spieler schießen gleichzeitig und ohne Absprache auf das Tor. Jedes Feld wird mit gleicher Wahrscheinlichkeit getroffen. Kein Spieler schießt am Tor vorbei.

Das Team bekommt ein bis drei Punkte, je nachdem wie viele Felder getroffen wurden.
a) Diskutieren Sie mit Ihrem Nachbarn, wie viele Punkte am wahrscheinlichsten sind.
b) Beschreiben Sie, wie das Training mit einem Spielwürfel simuliert werden kann.
c) Bilden Sie Gruppen und simulieren Sie 100 Wiederholungen des Trainings.
d) Vergleichen Sie die Ausgänge der Simulation mit der Vermutung aus Aufgabenteil a).

TK **2.** Zwei Spieler würfeln mit je zwei Würfeln. Die höhere Augensumme gewinnt. Simulieren Sie 100 Durchgänge dieses Spiels mit einer Tabellenkalkulation.

TK **3.** **WENN-Befehl:** Jonas hat von der Freiwurflinie eine Trefferquote von 78 %. Die Tabellenkalkulation simuliert 50 Würfe mit Zufallszahlen. Zur Auswertung in Spalte B wird der WENN-Befehl verwendet.
a) Erklären Sie den Aufbau der Tabelle.
b) Erstellen Sie eine Simulation für 80 Würfe.

D2 =ZÄHLENWENN(B2:B51;"Treffer")

	A	B	C	D
1	Zufallszahl	Auswertung		Treffer
2	0,5405257	Treffer		40
3	0,3716289	Treffer		
4	0,520804	Treffer		vorbei
5	0,3765757	Treffer		10

Hinweis:
Erklärungen zum WENN-Befehl finden Sie auf der vorherigen Seite.

Weiterführende Aufgaben

Spielwürfel:

Tertraeder-Würfel:

TK **4.** Patrick würfelt mit einem normalen Spielwürfel, Nina mit einem Tetraeder-Würfel. Ninas Würfelergebnis wird verdoppelt. Wer das höhere Ergebnis hat, gewinnt.

a) Erklären Sie, welcher der Befehle das Würfelergebnis von Nina simuliert.
① *=ZUFALLSBEREICH(2;8)* ② *=2*ZUFALLSBEREICH(1;4)*

b) Simulieren Sie 1000 Spiele und zählen Sie, wie oft Nina bzw. Patrick gewinnt.

c) Patrick schlägt vor, die Regeln zu ändern: Ninas Würfelergebnis wird
① mit 1,5 multipliziert. ② um 1 erhöht.
Untersuchen Sie anhand von 1000 Simulationen, welche dieser Varianten fairer zu sein scheint.

TK **5.** **Augensummen beim Würfeln:** Mithilfe einer Tabellenkalkulation soll die Verteilung der Augensumme beim Würfeln mit mehreren Würfeln simuliert werden.

G2 =ZÄHLENWENN(D:D;F2)

	A	B	C	D	E	F	G
1	Würfel A	Würfel B	Würfel C	Summe		Summe	Häufigkeit
2	6	5	1	12		3	5
3	6	5	3	14		4	23
4	3	2	5	10		5	50

a) Erstellen Sie eine solche Tabellenkalkulation für die Augensumme bei drei Würfeln. Erklären Sie den Unterschied zwischen Spalte D und Spalte F.

b) Führen Sie insgesamt fünf Durchgänge mit je 1500 Simulationen durch. Bestimmen Sie jeweils die absolute und relative Häufigkeit der Würfe, in denen die Augensumme zwischen 8 und 13 liegt.

c) Erklären Sie, warum die Ergebnisse aus b) in jedem Durchgang zwar unterschiedlich, aber doch sehr ähnlich sind.

d) Simulieren Sie (mit möglichst wenig Änderungen an der Tabellenkalkulation)
① das Produkt der Augenzahlen beim dreifachen Würfelwurf,
② die Augensumme beim Werfen von fünf Würfeln.

Hinweis zu 6:
Der Befehl *=ABS(A1)* bestimmt den Betrag des Eintrags in der Zelle A1.

6. **Stolperstelle:** In den Spalten A und B simuliert Lea zwei Zufallszahlen zwischen 1 und 6. In Spalte C bestimmt sie den Betrag der Differenz. Um die Häufigkeiten aller Differenzbeträge zu zählen, trägt Lea in Zelle E3 den abgebildeten Befehl ein und zieht die untere rechte Ecke der Zelle nach rechts bis Zelle J3.

E3 =ZÄHLENWENN(C:C;E1)

	A	B	C	D	E	F	G
1	Zahl 1	Zahl 2	Differenz	Differenz	0	1	2
2	3	3	0				
3	2	6	4	Anzahl	12	0	0

a) Erklären Sie, warum das Zählen nicht wie gewünscht funktioniert.

b) Beschreiben Sie, wie man den Fehler korrigieren kann.

Hinweis zu 7:
Der WENN-Befehl kann auch mehrfach verwendet werden.
=WENN(A1 < 0,2;"A"; WENN(A1 < 0,4;"B";"C"))
gibt A für A1 < 0,2, B für 0,2 ≤ A1 < 0,4 und C für A1 ≥ 0,4 aus.

● TK **7.** Ein Glücksrad besteht aus unterschiedlich großen Feldern.

a) Feld A nimmt 30 % und Feld B 70 % der Fläche ein. Simulieren Sie 500 Drehungen des Glücksrades mithilfe der Befehle *=ZUFALLSZAHL() und =WENN()*.

b) Ein anderes Glücksrad hat drei Felder. A nimmt 50 %, B 30 % und C 20 % ein. Simulieren Sie 500 Drehungen dieses Glücksrades.

c) Ein drittes Glücksrad hat vier unterschiedlich große Felder. Feld A nimmt 10 % ein, Feld B 30 %, Feld C 40 % und Feld D 20 %. Simulieren Sie 1000 Drehungen.

d) Zählen Sie, wie oft in den einzelnen Simulationen das Feld A gedreht wurde. Vergleichen Sie die Anzahl mit der theoretischen Trefferwahrscheinlichkeit.

● TK **8.** **Ausblick:** Entwerfen Sie eine Simulation, bei der eine beliebige Startzahl so lange um eine beliebige Zahl zwischen a und b erhöht wird, bis sie eine vorgegebene Grenze erreicht. Die Simulation soll zusätzlich die Anzahl der benötigten Schritte zählen.

8.5 Zufallsgrößen und Wahrscheinlichkeitsverteilungen

■ Die beiden Würfel werden geworfen und es wird das Produkt der beiden Augenzahlen gebildet.
a) Untersuchen Sie, welche Produkte möglich sind.
b) Geben Sie zu jedem möglichen Produkt die zugehörigen Ergebnisse der Würfel an.
c) Bestimmen Sie die Wahrscheinlichkeiten der auftretenden Produkte. ■

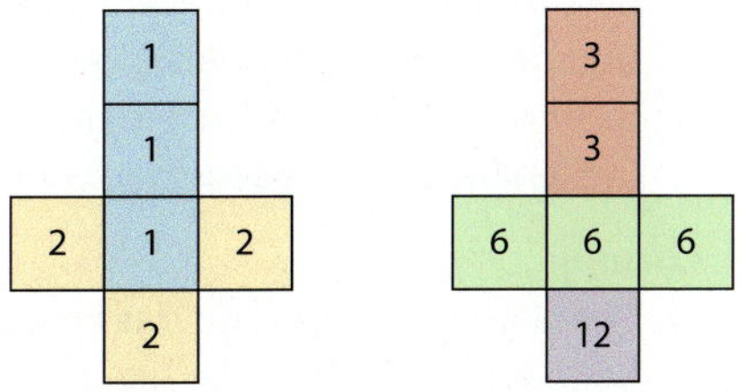

Häufig interessiert man sich bei einem Zufallsexperiment nicht für jedes einzelne Ergebnis, sondern für eine Größe, die vom Ausgang des Experiments abhängt, zum Beispiel für die Höhe eines Gewinns bei einem Glücksspiel oder für die Häufigkeit von Ereignissen.

Beim Werfen zweier normaler Spielwürfel gibt es 36 verschiedene Ergebnisse. Addiert man die beiden Augenzahlen, so ergibt sich eine Zahl zwischen 2 und 12. Die Augensumme ist eine **Zufallsgröße X**, die jedem Ergebnis einen Wert von 2 bis 12 zuordnet.

Ergebnisse

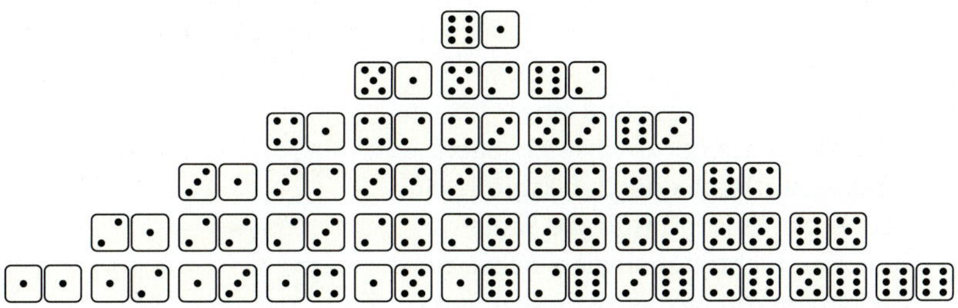

Wert x der Augensumme	2	3	4	5	6	7	8	9	10	11	12
Wahrscheinlichkeit P (X = x)	$\frac{1}{36}$	$\frac{2}{36}$	$\frac{3}{36}$	$\frac{4}{36}$	$\frac{5}{36}$	$\frac{6}{36}$	$\frac{5}{36}$	$\frac{4}{36}$	$\frac{3}{36}$	$\frac{2}{36}$	$\frac{1}{36}$

Durch die Zufallsgröße werden meist mehrere Ergebnisse zusammengefasst.
Mit X = 4 bezeichnet man z.B. das Ereignis, dass die Augensumme 4 ist. Zu diesem Ereignis gehören die Ergebnisse , 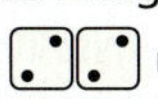 und . Da dies 3 von 36 möglichen, gleich wahrscheinlichen Ergebnissen sind, gilt für die Wahrscheinlichkeit, dass die Augensumme 4 ist:
$P(X = 4) = \frac{3}{36} = \frac{1}{12}$

Definition: Zufallsgröße und Wahrscheinlichkeitsverteilung
Eine **Zufallsgröße X** ist eine Zuordnung, die jedem Ergebnis eines Zufallsexperiments eine reelle Zahl x zuordnet.
Die Zuordnung, die jedem Wert x, den eine Zufallsgröße X annehmen kann, die Wahrscheinlichkeit P (X = x) zuordnet, heißt **Wahrscheinlichkeitsverteilung** von X.

Alle Wahrscheinlichkeiten einer Wahrscheinlichkeitsverteilung addieren sich zu 1. Wahrscheinlichkeitsverteilungen können mit Tabellen dargestellt werden. Wenn die Zufallsgröße nur ganzzahlige Werte annimmt, verwendet man auch spezielle Säulendiagramme, sogenannte **Histogramme**. Die Säulen mit der Breite 1 werden im Koordinatensystem dargestellt, die Höhe entspricht der Wahrscheinlichkeit.

Erinnerung:
Bei einem **Laplace-Experiment** ergibt sich die Wahrscheinlichkeit eines Ereignisses, indem man die Anzahl der Ergebnisse, die zu diesem Ereignis gehören, durch die Anzahl aller möglichen Ergebnisse teilt.

Hinweis:
P (X = x) ist die Wahrscheinlichkeit, dass die Zufallsgröße X den Wert x annimmt.

Hinweis:
In einem Histogramm entspricht der Flächeninhalt einer Säule der Wahrscheinlichkeit des zugehörigen Werts der Zufallsgröße.
Der Flächeninhalt aller Säulen zusammen ist 1.

Beispiel 1: Das abgebildete Glücksrad wird zweimal gedreht und der Betrag der Differenz der beiden Ergebnisse berechnet. Die Zufallsgröße X gibt diesen Betrag an.

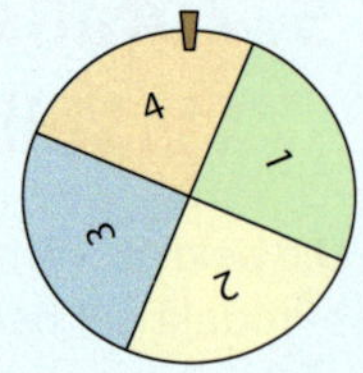

a) Bestimmen Sie, welche Werte die Zufallsgröße annehmen kann, und geben Sie die zugehörigen Ergebnisse an.
b) Bestimmen Sie die Wahrscheinlichkeitsverteilung der Zufallsgröße.
c) Stellen Sie die Wahrscheinlichkeitsverteilung in einem Histogramm dar.

Lösung:

a) Die blaue Zeile steht für das Ergebnis beim ersten Drehen, die blaue Spalte für das Ergebnis beim zweiten Drehen. Die weißen Zellen geben den Betrag x der Differenz an. Möglich sind die Werte 0, 1, 2, 3.

	1	2	3	4
1	0	1	2	3
2	1	0	1	2
3	2	1	0	1
4	3	2	1	0

b) Die Wahrscheinlichkeiten P (X = x) ergeben sich mithilfe der Laplace-Regel. Alle Wahrscheinlichkeiten der Wahrscheinlichkeitsverteilung addieren sich zu 1.

$P(X = 0) = \frac{4}{16} = \frac{1}{4}$ $\quad P(X = 1) = \frac{6}{16} = \frac{3}{8}$

$P(X = 2) = \frac{4}{16} = \frac{1}{4}$ $\quad P(X = 3) = \frac{2}{16} = \frac{1}{8}$

x	0	1	2	3
P (X = x)	$\frac{1}{4}$	$\frac{3}{8}$	$\frac{1}{4}$	$\frac{1}{8}$

c) Zeichnen Sie eine x- und eine y-Achse. Tragen Sie auf der x-Achse für jeden möglichen Wert x der Zufallsgröße eine Säule ein. Es ist günstig, die Säule für x = 0 rechts neben die y-Achse zu zeichnen. Wählen Sie als Säulenbreite 1 und als Höhe die Wahrscheinlichkeit P (X = x).

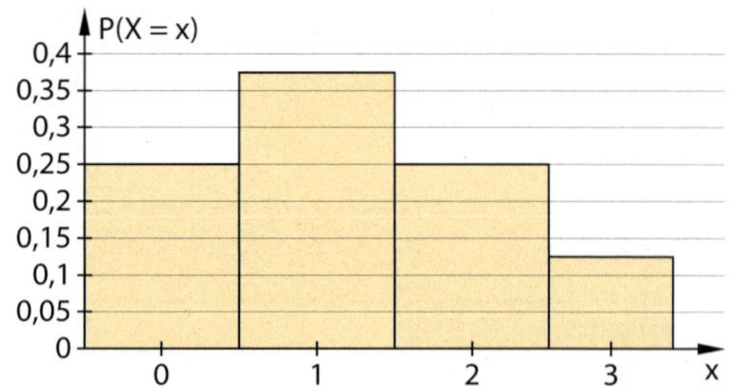

Basisaufgaben

1. Ein Glücksrad mit 20 gleich großen Feldern von 1 bis 20 wird einmal gedreht. Ist die gedrehte Zahl gerade, so bekommt man 1 €. Bei einer einstelligen ungeraden Zahl bekommt man 2 €, bei einer zweistelligen ungeraden Zahl bekommt man 3 €. Die Zufallsgröße X gibt den ausgezahlten Betrag in Euro an.
   a) Bestimmen Sie, welche Werte die Zufallsgröße X annehmen kann, und geben Sie die zugehörigen Ergebnisse an.
   b) Bestimmen Sie die Wahrscheinlichkeitsverteilung der Zufallsgröße X.
   c) Addieren Sie alle Wahrscheinlichkeiten der Wahrscheinlichkeitsverteilung und erklären Sie das Ergebnis.

2. Die angegebene Wahrscheinlichkeitsverteilung ist unvollständig. Ergänzen Sie begründet die fehlende Wahrscheinlichkeit. Geben Sie ein passendes Zufallsexperiment an.

a)

x	1	2	3
P (X = x)	0,5	0,2	

b)

x	2	3	5	7	11
P (X = x)	0,2		0,2	0,2	0,2

c)

x	0	1	2
P (X = x)	0,25		0,25

d)

x	0	1	2	3	4
P (X = x)	0,1	0,45	0,25		0,05

3. Stellen Sie die Wahrscheinlichkeitsverteilung in einem Histogramm dar.

a)

x	0	1	2	3
P(X = x)	0,25	0,2	0,15	0,4

b)

x	0	3	5	10
P(X = x)	0,3	0,2	0,45	0,05

GTR **4.** Informieren Sie sich, wie Sie mit dem GTR ein Histogramm erzeugen können. Stellen Sie die Wahrscheinlichkeitsverteilung in einem Histogramm dar.

a)

x	0	1	2	3
P(X = x)	0,3	0,3	0,2	0,2

b)

x	0	5	10	15
P(X = x)	0,6	0,3	0,05	0,05

5. Mit einem Tetraeder-Würfel können Zahlen von 1 bis 4 gewürfelt werden. Der Würfel wird zweimal gewürfelt. Die Zufallsgröße X beschreibt die Augensumme. Die Zufallsgröße Y beschreibt das Produkt der beiden gewürfelten Zahlen.

a) Geben Sie an, welche Werte die Zufallsgrößen jeweils annehmen können.
b) Bestimmen Sie die Wahrscheinlichkeitsverteilungen der beiden Zufallsgrößen.
c) Stellen Sie die Wahrscheinlichkeitsverteilungen in Histogrammen dar.

6. In einer Urne sind 2 rote und 8 grüne Kugeln. Nacheinander werden drei Kugeln
① mit Zurücklegen, ② ohne Zurücklegen gezogen.
Die Zufallsgröße X gibt die Anzahl der roten Kugeln an.
a) Stellen Sie das Zufallsexperiment für beide Fälle in einem Baumdiagramm dar.
b) Bestimmen Sie jeweils die Wahrscheinlichkeitsverteilung der Zufallsgröße X.

7. Mit dem abgebildeten Würfel wird gewürfelt. Die Zufallsgröße X gibt die Augenzahl an. Die Tabelle zeigt die Wahrscheinlichkeitsverteilung von X.

x	1	2	3	4	5	6
P(X = x)	0,1	0,15	0,25	0,25	0,15	0,1

Ordnen Sie jedem Ereignis das passende Kärtchen zu und berechnen Sie die zugehörige Wahrscheinlichkeit.

Beispiel: Die Augenzahl ist höchstens 2.
$P(X \leq 2) = P(X = 1) + P(X = 2) = 0{,}1 + 0{,}15 = 0{,}25$

Die Augenzahl ist
① höchstens 3, ② mindestens 3, ③ größer als 3, ④ kleiner als 3,
⑤ mindestens 3 und höchstens 5, ⑥ größer als 3 und kleiner als 5.

$3 < X < 5$ | $X < 3$ | $X \geq 3$ | $X \leq 3$ | $3 \leq X \leq 5$ | $X > 3$

8. Das Histogramm steht für die Wahrscheinlichkeitsverteilung einer Zufallsgröße X. Stellen Sie das Ereignis wie in Aufgabe 7 mithilfe von X dar und berechnen Sie dessen Wahrscheinlichkeit.
Der Wert der Zufallsgröße X ist

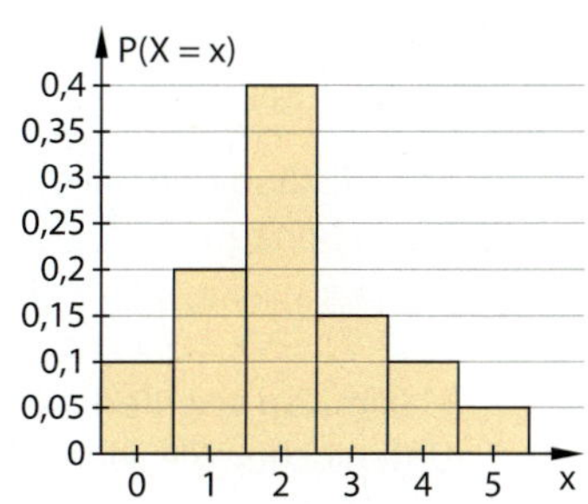

a) höchstens 2,
b) kleiner als 3,
c) nicht größer als 3,
d) zwischen 1 und 4,
e) größer als 4,
f) höchstens 5,
g) mindestens 2,
h) 0.

Weiterführende Aufgaben

9. Ein Glücksrad mit 10 Feldern von 1 bis 10 wird einmal gedreht. Ist die gedrehte Zahl durch 2, 3 bzw. 5 teilbar, so bekommt man 2 €, 3 € bzw. 5 €. Ist die Zahl durch zwei dieser Zahlen teilbar, so bekommt man die Summe der Beträge ausgezahlt.
Die Zufallsgröße X beschreibt den ausgezahlten Betrag in Euro.

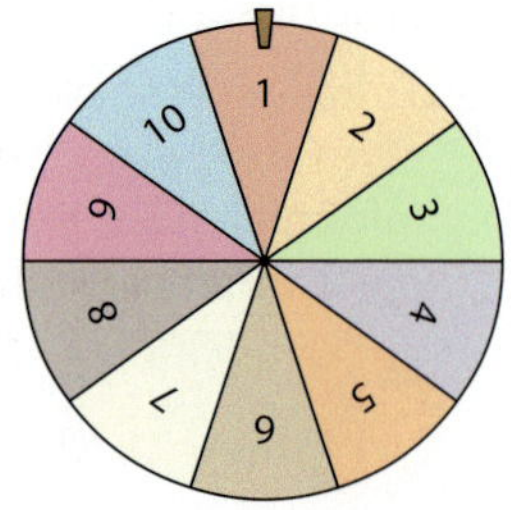

a) Bestimmen Sie, welche Werte die Zufallsgröße X annehmen kann, und geben Sie die zugehörigen Ergebnisse an.
b) Bestimmen Sie die Wahrscheinlichkeitsverteilung von X.

10. In einem Zufallsexperiment wird mit zwei normalen Würfeln gewürfelt und die größere Zahl wird notiert. Carolin und Nadine würfeln beide 50-mal und führen eine Strichliste. Die Tabellen zeigen die absoluten Häufigkeiten der Ergebnisse.

Carolin:

Max.	1	2	3	4	5	6
Anz.	2	4	8	12	9	15

Nadine:

Max.	1	2	3	4	5	6
Anz.	3	7	5	10	13	12

a) Berechnen Sie die relative Häufigkeitsverteilung der Ergebnisse von Carolin und Nadine.
b) Führen Sie das Experiment selber durch und bestimmen Sie die absolute und relative Häufigkeitsverteilung. Vergleichen Sie Ihre Häufigkeitsverteilung mit denen von Carolin und Nadine.
c) Die Zufallsgröße X gibt die größere gewürfelte Zahl an. Bestimmen Sie die Wahrscheinlichkeitsverteilung der Zufallsgröße X.
d) Vergleichen Sie die relativen Häufigkeitsverteilungen aus a) und b) mit der Wahrscheinlichkeitsverteilung. Erklären Sie Gemeinsamkeiten und Unterschiede.

Oktaeder-Würfel:

11. Stolperstelle: Beim Würfeln mit einem Oktaeder-Würfel bekommt man 10 Punkte, wenn man eine Primzahl würfelt. Sonst bekommt man 1 Punkt. Die Zufallsgröße X gibt die Punktzahl an. Tim, Ilka und Lisa bestimmen die Wahrscheinlichkeitsverteilung der Zufallsgröße X.

Tim:

x	2, 3, 5, 7	1, 4, 6, 8
$P(X = x)$	0,5	0,5

Lisa:

x	1	10
$P(X = x)$	0,5	0,5

Ilka:

x	1	2	3	4	5	6	7	8
$P(X = x)$	$\frac{1}{8}$	$\frac{1}{8}$	$\frac{1}{8}$	$\frac{1}{8}$	$\frac{1}{8}$	$\frac{1}{8}$	$\frac{1}{8}$	$\frac{1}{8}$

a) Kontrollieren Sie, welche der Wahrscheinlichkeitsverteilungen richtig sind.
b) Beschreiben Sie, welche Fehler gemacht wurden.

12. Für ein Zufallsexperiment wurden die unvollständige Wahrscheinlichkeitsverteilung der Zufallsgröße X sowie einzelne Berechnungen übermittelt.

x	0	1	2	3	4	5	6	7	8
P (X = x)	0,05	0,1				0,1	0,1	0,05	0,05

$P(X < 3) = 0{,}3$
$P(1 \leq X \leq 3) = 0{,}5$

a) Vervollständigen Sie die Wahrscheinlichkeitsverteilung im Heft.
b) Marie behauptet: *„$P(X \leq 7)$ kann mit der unvollständigen Wahrscheinlichkeitsverteilung nicht berechnet werden, denn es gilt:
$P(X \leq 7) = P(X=0) + P(X=1) + P(X=2) + P(X=3) + P(X=4) + P(X=5) + P(X=6) + P(X=7)$."*
Maximilian erwidert: *„Klar geht das, deine Rechnung ist nur zu umständlich."*
Untersuchen Sie, wer von beiden Recht hat. Erklären Sie gegebenenfalls, wie die Wahrscheinlichkeit $P(X \leq 7)$ einfacher berechnet werden kann.

13. In einer Urne sind 2 rote und 3 schwarze Kugeln. Aus der Urne wird dreimal ohne Zurücklegen gezogen.

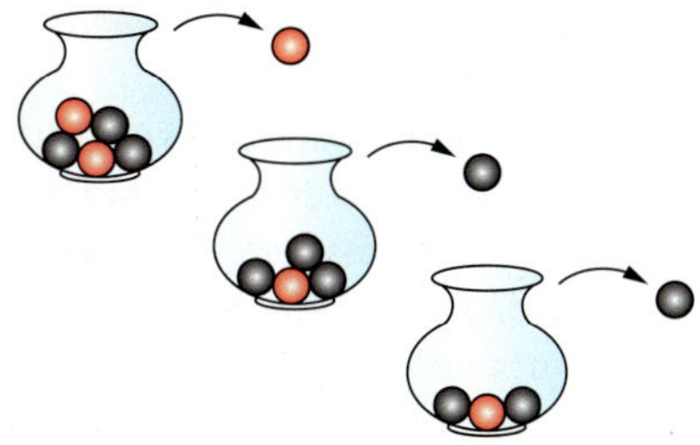

a) Stellen Sie das Zufallsexperiment in einem Baumdiagramm dar.

b) Es werden die Zufallsgrößen X und Y mit den angegebenen Wahrscheinlichkeitsverteilungen betrachtet. Untersuchen Sie, was die jeweilige Zufallsgröße beschreibt.

x	0	1	2	3
P (X = x)	0,1	0,6	0,3	0

y	0	1	2	3
P (Y = y)	0	0,3	0,6	0,1

● c) Die Zufallsgröße W beschreibt die Anzahl der Ziehungen bis zur ersten roten Kugel. Die Wahrscheinlichkeiten in der Tabelle addieren sich nicht zu 1. Erläutern Sie dies und beschreiben Sie die Problematik.

w	1	2	3
P (W = w)	0,4	0,3	0,2

TK **14.** Es wird ein normaler Spielwürfel geworfen und ein Glücksrad mit vier gleich großen Feldern mit den Zahlen 0, 2, 4 und 6 als Aufschrift gedreht. X gibt die höhere Zahl an.

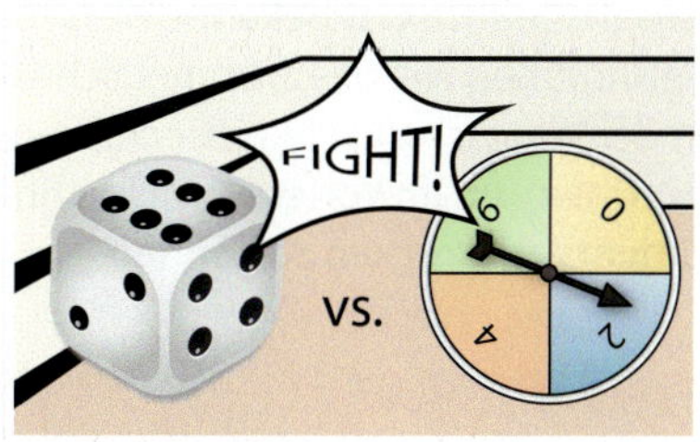

a) Erstellen Sie eine Tabellenkalkulation zur Simulation dieses Zufallsexperiments.

b) Erhöhen Sie schrittweise die Anzahl der Wiederholungen von 50 auf 100, 200, 500 und 1000. Notieren Sie jeweils die relative Häufigkeitsverteilung von X.

c) Bestimmen Sie die theoretische Wahrscheinlichkeitsverteilung von X.

● d) Benjamin behauptet: *„Mit ansteigender Anzahl an Wiederholungen nähert sich die relative Häufigkeitsverteilung in jedem Fall immer mehr der theoretischen Wahrscheinlichkeitsverteilung an.“* Nehmen Sie Stellung zu dieser Aussage.

Hinweis zu 14:
Die Simulation kann auch mit einem GTR durchgeführt werden.

● TK **15.** Drei Glücksräder mit je vier gleich großen Feldern mit den Werten 1, 2, 3 und 4 werden gleichzeitig gedreht. Die Zufallsgröße X gibt den kleinsten der drei gedrehten Werte an.

a) Simulieren Sie mithilfe einer Tabellenkalkulation 1000 Drehungen der Glücksräder und bestimmen Sie die absolute und relative Häufigkeitsverteilung von X.

b) Bestimmen Sie die theoretische Wahrscheinlichkeitsverteilung von X und erklären Sie die Unterschiede zu den Werten der Verteilung aus a).

c) Die Zufallsgröße Y gibt die Summe des größten und des kleinsten gedrehten Werts an. Wiederholen Sie die Teilaufgaben a) und b) für die Zufallsgröße Y.

Hinweis zu 15:
Die Simulation kann auch mit einem GTR durchgeführt werden.

● **16.** **Ausblick:** In einem Zufallsexperiment wird mit zwei Tetraeder-Würfeln gewürfelt. Die Zufallsgröße X beschreibt den Betrag der Differenz der Augenzahlen. Die Zufallsgröße Y beschreibt die maximale Augenzahl. Für die Zufallsgröße Z gilt $Z = X + Y$.

	1	2	…
1	$X = 0, Y = 1, Z = 1$	$X = 1, Y = 2, Z = 3$	
2	$X = 1, Y = 2, Z = 3$		
…			

a) Bestimmen Sie alle Würfelergebnisse, die zu $Z = 4$ führen, und geben Sie damit $P(Z = 4)$ an.

b) Notieren Sie in einer 4×4-Tabelle in jedem Feld die Werte der Zufallsgröße X, Y und Z (Ausschnitt siehe Abbildung) und bestimmen Sie mithilfe der Tabelle die Wahrscheinlichkeitsverteilung der Zufallsgröße Z.

c) Bestimmen Sie analog zu Aufgabenteil b) die Wahrscheinlichkeitsverteilung der Zufallsgrößen W und U mit $W = X - Y$ und $U = 2 \cdot X - Y$.

8.6 Erwartungswert und Standardabweichung

■ Auf einem Jahrmarkt wird ein Glücksspiel mit dem abgebildeten Glücksrad angeboten. Dreht man ein rotes Feld, dann bekommt man 5 €, dreht man ein gelbes Feld, dann bekommt man 1 €.

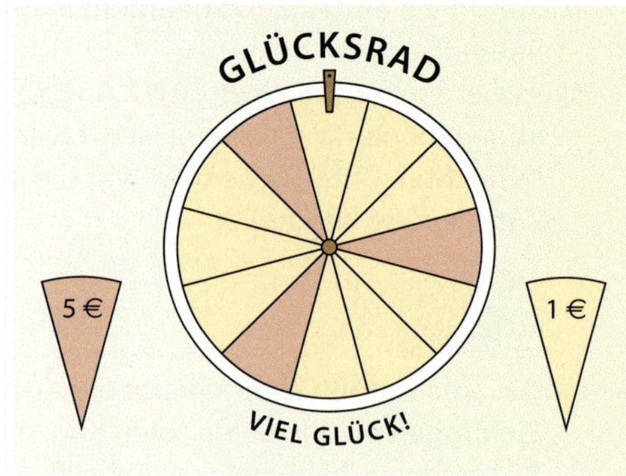

a) Tim behauptet: *„Ein fairer Einsatz sind 3 €, da dies der Mittelwert von 5 € und 1 € ist."* Beziehen Sie Stellung zu dieser Aussage.
b) Untersuchen Sie auf der Grundlage von 1000 (theoretischen) Spielen, mit welchen Auszahlungen der Betreiber rechnen muss.
c) Leiten Sie aus der Berechnung einen fairen Einsatz für das Glücksspiel ab. ■

Aus der Statistik ist bekannt, dass man erhobene und bereits vorliegende Datenmengen durch Kenngrößen wie das arithmetische Mittel oder die Standardabweichung beschreibt.
In der Wahrscheinlichkeitsrechnung werden analog Kenngrößen für Zufallsexperimente herangezogen, um im Vorfeld der Durchführung die Erwartungen an die Ausgänge des Zufallsexperiments ausdrücken zu können.

Erwartungswert

In einer Urne mit 20 Kugeln sind 14 schwarze, fünf gelbe und eine grüne Kugel. Zieht man gelb, so bekommt man 4 €, und bei grün bekommt man 20 €. Die Zufallsgröße X beschreibt die Auszahlung.

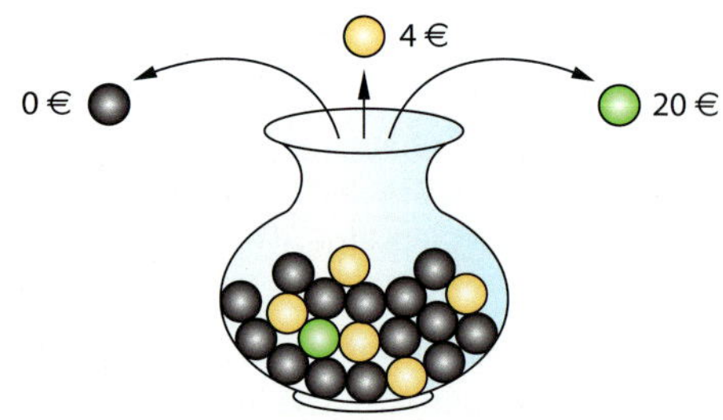

Langfristig, also bei häufiger Wiederholung des Zufallsexperiments, kann man davon ausgehen, dass die relativen Häufigkeiten der Ergebnisse in der Nähe der theoretischen Wahrscheinlichkeiten liegen, dass also $\frac{14}{20}$ der gezogenen Kugeln schwarz sind, $\frac{5}{20}$ gelb und $\frac{1}{20}$ grün.

X: Höhe der Auszahlung in €
Wahrscheinlichkeitsverteilung von X:

x	0	4	20
P (X = x)	$\frac{14}{20}$	$\frac{5}{20}$	$\frac{1}{20}$

Erinnerung:
Bei einem Merkmal mit Werten $x_1, x_2, \ldots, x_n$ und relativen Häufigkeiten $h_1, h_2, \ldots, h_n$ gilt für das arithmetische Mittel:
$\bar{x} = h_1 x_1 + \ldots + h_n x_n$

Mit diesen Werten lässt sich ein arithmetischer Mittelwert für die Auszahlung berechnen. Dieses (theoretische) arithmetische Mittel bezeichnet man als **Erwartungswert** der Zufallsgröße.

arithmetisches Mittel:
$0 \cdot \frac{14}{20} + 4 \cdot \frac{5}{20} + 20 \cdot \frac{1}{20} = 2$
Langfristig ist mit einer Auszahlung von durchschnittlich 2 € pro Spiel zu rechnen.

Hinweis:
Den Erwartungswert E (X) bezeichnet man auch mit μ („mü"), wenn klar ist, welche Zufallsgröße X gemeint ist.

Definition: Erwartungswert einer Zufallsgröße
Für den **Erwartungswert** einer Zufallsgröße X, die die Werte $x_1, x_2, \ldots, x_n$ annehmen kann, gilt: $E(X) = x_1 \cdot P(X = x_1) + x_2 \cdot P(X = x_2) + \ldots + x_n \cdot P(X = x_n)$

Der Erwartungswert stellt eine Prognose für das arithmetische Mittel der Zufallsgröße dar. Das tatsächliche arithmetische Mittel kann vom Erwartungswert abweichen. Es wird sich aber dem Erwartungswert annähern, wenn das Experiment sehr häufig durchgeführt wird.

Beispiel 1: Bei einem Glücksspiel würfelt man einmal mit einem normalen Spielwürfel. Ist die Augenzahl gerade, so bekommt man den gewürfelten Betrag in Euro ausgezahlt. Ist die Augenzahl ungerade, so bekommt man nichts.
a) Berechnen Sie den Erwartungswert der Auszahlung.
b) Geben Sie einen Einsatz für das Spiel an, sodass das Spiel fair ist.

Lösung:
a) Die Zufallsgröße X beschreibt die Höhe der Auszahlung. Sie kann die Werte 0, 2, 4 und 6 annehmen. Drei Ergebnisse führen zu X = 0 und je ein Ergebnis zu X = 2, X = 4 und X = 6. Daraus ergeben sich die Wahrscheinlichkeiten.
Multiplizieren Sie die Auszahlungen mit den zugehörigen Wahrscheinlichkeiten und addieren Sie diese Produkte.

X: Höhe der Auszahlung in €

$P(X=0)=\frac{3}{6}=\frac{1}{2}$ $P(X=2)=\frac{1}{6}$

$P(X=4)=\frac{1}{6}$ $P(X=6)=\frac{1}{6}$

x	0	2	4	6
P(X = x)	$\frac{1}{2}$	$\frac{1}{6}$	$\frac{1}{6}$	$\frac{1}{6}$

$E(X)=0\cdot\frac{1}{2}+2\cdot\frac{1}{6}+4\cdot\frac{1}{6}+6\cdot\frac{1}{6}=2$

b) Das Spiel ist fair, wenn die langfristig zu erwartende durchschnittliche Auszahlung dem Einsatz entspricht.

Langfristig erwartet man eine durchschnittliche Auszahlung von 2 € pro Spiel. Das Spiel ist also bei einem Einsatz von 2 € fair.

Hinweis:
Ein Spiel ist **fair**, wenn weder Spieler noch Anbieter langfristig einen Vorteil erwarten können.

Basisaufgaben

1. Berechnen Sie den Erwartungswert der Zufallsgröße X.

a)

x	1	2	3	4
P(X = x)	0,1	0,2	0,3	0,4

b)

x	5	10	15	20	25
P(X = x)	0,1	0,3	0,4	0,1	0,1

c)

x	10	100	200	300	1000
P(X = x)	0,5	0,2	0,15	0,1	0,05

d)

x	−5	−2	0	1	10
P(X = x)	0,2	0,1	0,4	0,2	0,1

2. Bei einem Glücksspiel würfelt man einmal mit einem Oktaeder-Würfel mit den Zahlen von 1 bis 8. Bei einer 1, 2 und 3 bekommt man 1 €, bei einer 4, 5 und 6 bekommt man 2 €, bei einer 7 gibt es 5 € und bei einer 8 gibt es 10 €.
a) Berechnen Sie den Erwartungswert der Auszahlung.
b) Geben Sie einen Einsatz für das Spiel an, sodass das Spiel fair ist.

GTR 3. Eine Wahrscheinlichkeitsverteilung kann auch im Listen-Menü des GTR untersucht werden.

x	0	2	4	6
P(X = x)	0,1	0,6	0,2	0,1

a) Übertragen Sie die Wahrscheinlichkeitsverteilung in das Listen-Menü des Taschenrechners und bestimmen Sie den Erwartungswert.
b) Variieren Sie die Wahrscheinlichkeiten P (X = 2) und P (X = 4) in 0,05er-Schritten und beschreiben Sie die Auswirkungen auf den Erwartungswert.

Hinweis zu 3b:
Achten Sie beim Variieren darauf, dass die Summe aller Wahrscheinlichkeiten 1 bleibt.

4. Die Wahrscheinlichkeitsverteilung einer Zufallsgröße X ist gegeben durch das abgebildete Histogramm. Schätzen Sie den Erwartungswert E (X) und berechnen Sie ihn zur Kontrolle.

a)
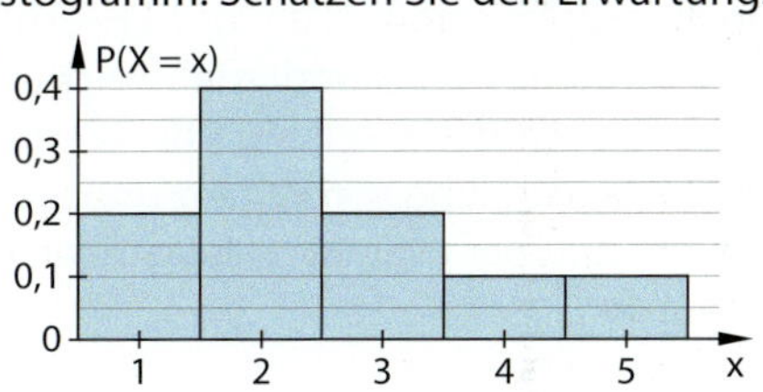

b)
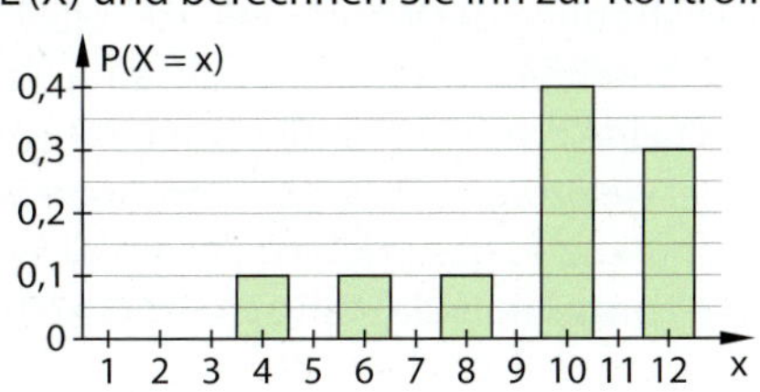

5. Zwei Glücksräder mit je drei gleich großen Feldern 1 €, 2 € und 4 € werden gleichzeitig gedreht. Ausgezahlt wird der größere der beiden Beträge. Der Einsatz beträgt 2,50 €.
   a) Berechnen Sie den Erwartungswert der Auszahlung.
   b) Geben Sie den langfristig zu erwartenden durchschnittlichen Gewinn für den Spieler an. Erläutern Sie, warum das Spiel nicht fair ist.
   c) Bestimmen Sie, bei welchem Einsatz das Spiel fair wäre.

Hinweis:
Gewinn
= Auszahlung – Einsatz

GTR 6. Bei besonderen Verteilungen kann man den Erwartungswert ohne konkrete Berechnungen bestimmen.

① Augenzahl beim Würfeln

② ganzzahlige Zufallsziffer von 0 bis 9 mit dem GTR

③ Anzahl von Wappen bei zweifachem Münzwurf

④ Glücksrad mit fünf gleich großen Feldern mit den Zahlen 1 bis 5

⑤ Augensumme beim zweifachen Würfeln

⑥ Anzahl der Mädchen bei drei Kindern, wenn Mädchengeburten zu 50 % auftreten

   a) Geben Sie die Wahrscheinlichkeitsverteilungen der beschriebenen Zufallsgrößen an.
   b) Stellen Sie die Verteilungen mit dem GTR in Histogrammen dar.
   c) Stellen Sie ohne Rechnung Vermutungen für die Erwartungswerte auf.
   d) Überprüfen Sie Ihre Vermutungen aus c) durch Rechnung.
   e) Formulieren Sie eine Regel für den Erwartungswert solcher Verteilungen.

Varianz und Standardabweichung

Der Erwartungswert einer Zufallsgröße allein ist häufig nicht sehr aussagekräftig. Hier werden die einfachen Würfe eines normalen Spielwürfels und eines Quader-Würfels verglichen.

Spielwürfel
X: Augenzahl

E(X) = 3,5

x	1	2	3	4	5	6
P (X = x)	$\frac{1}{6}$	$\frac{1}{6}$	$\frac{1}{6}$	$\frac{1}{6}$	$\frac{1}{6}$	$\frac{1}{6}$

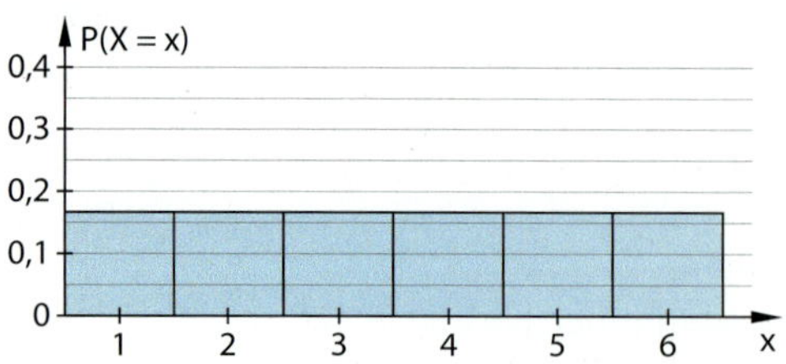

Quader-Würfel
Y: Augenzahl

E(Y) = 3,5

y	1	2	3	4	5	6
P (Y = y)	0,05	0,1	0,35	0,35	0,1	0,05

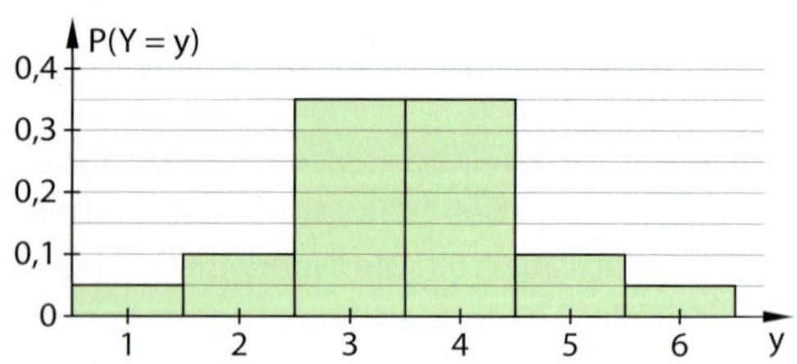

Die Zufallsgrößen haben beide einen Erwartungswert von 3,5. Anhand der Histogramme sieht man, dass Werte, die deutlich vom Erwartungswert abweichen, beim Spielwürfel wahrscheinlicher sind als beim Quader-Würfel: Die Werte von X streuen stärker als die Werte von Y.

Um die Streuung der Wahrscheinlichkeitsverteilung einer Zufallsgröße X um den Erwartungswert zu beschreiben, definiert man eine (theoretische) **Varianz** bzw. **Standardabweichung**. Sie stellt eine Prognose für die empirische Varianz bzw. Standardabweichung s der Werte dar, die X bei vielen Versuchsdurchführungen annimmt. Die Berechnung von Varianz und Standardabweichung erfolgt analog zu den empirischen Größen, statt der relativen Häufigkeiten enthält die Formel nun die Wahrscheinlichkeiten $P(X = x_i)$.

Definition: Varianz und Standardabweichung einer Zufallsgröße

Für eine Zufallsgröße X, die die Werte $x_1, x_2, \dots, x_n$ annehmen kann und den Erwartungswert $\mu = E(X)$ hat, heißt
$V(X) = (x_1 - \mu)^2 \cdot P(X = x_1) + (x_2 - \mu)^2 \cdot P(X = x_2) + \dots + (x_n - \mu)^2 \cdot P(X = x_n)$ **Varianz** von X und
$\sigma(X) = \sqrt{V(X)}$ **Standardabweichung** von X.

Hinweis:
Die Abweichungen $(x_i - \mu)$ werden quadriert, damit sich positive und negative Abweichungen nicht gegenseitig aufheben.

Beispiel 2: Gegeben sind die Wahrscheinlichkeitsverteilungen der Zufallsgrößen X und Y.

x	1	2	3	4
P(X = x)	0,3	0,3	0,2	0,2

y	1	2	3	4
P(Y = y)	0,5	0,1	0	0,4

X und Y haben beide den gleichen Erwartungswert $E(X) = E(Y) = 2{,}3$.

a) Berechnen Sie die Varianz und die Standardabweichung von X und Y.

b) Vergleichen Sie die Ergebnisse und erklären Sie ihre Bedeutung für die Wahrscheinlichkeitsverteilungen.

Lösung:

a) Berechnen Sie für jedes x (bzw. y) die Differenz x − 2,3 (bzw. y − 2,3), quadrieren Sie die Ergebnisse und multiplizieren Sie sie mit den zugehörigen Wahrscheinlichkeiten. Die Summe dieser Produkte ergibt die Varianz von X (bzw. Y). Durch Ziehen der Wurzel erhalten Sie die Standardabweichung.

$V(X) = (1 - 2{,}3)^2 \cdot 0{,}3 + (2 - 2{,}3)^2 \cdot 0{,}3 + (3 - 2{,}3)^2 \cdot 0{,}2 + (4 - 2{,}3)^2 \cdot 0{,}2 = 1{,}21$

$\sigma(X) = \sqrt{V(X)} = 1{,}1$

$V(Y) = (1 - 2{,}3)^2 \cdot 0{,}5 + (2 - 2{,}3)^2 \cdot 0{,}1 + (3 - 2{,}3)^2 \cdot 0 + (4 - 2{,}3)^2 \cdot 0{,}4 = 2{,}01$

$\sigma(Y) = \sqrt{V(Y)} \approx 1{,}418$

b) Die Ergebnisse aus a) geben einen Eindruck, welche Verteilung stärker streut.

Es gilt $V(Y) > V(X)$ und $\sigma(Y) > \sigma(X)$.
Die Wahrscheinlichkeitsverteilung von Y streut stärker um den Erwartungswert 2,3 als die von X.

Basisaufgaben

7. Berechnen Sie den Erwartungswert und die Varianz der Zufallsgröße X.

a)

x	1	2	4	5	6
P(X = x)	0,3	0,3	0,1	0,1	0,2

b)

x	5	10	15	20	25
P(X = x)	0,1	0,3	0,2	0,3	0,1

c)

x	−2	−1	0	1	2
P(X = x)	0,6	0,1	0,1	0,1	0,1

d)

x	1	2	3	4	8
P(X = x)	0,5	0,3	0,1	0,05	0,05

Lösungen zu 7:

8. Bestimmen Sie den Erwartungswert und die Varianz der Zufallsgröße.

a) U: Anzahl von „Kopf" beim einfachen Münzwurf

b) V: Augenzahl beim einfachen Würfelwurf

c) W: Augensumme beim zweifachen Würfelwurf mit einem Tetraeder

d) X: Anzahl korrekter Antworten bei 2 Multiple-Choice-Fragen mit je 3 Möglichkeiten. Die Antworten werden geraten.

e) Y: Ergebnis des TK-Befehls =*ZUFALLSBEREICH(2;4)*

f) Z: Ergebnis des TK-Befehls =*ZUFALLSBEREICH(0;1)*ZUFALLSBEREICH(4;5)*

Hinweis zu 8:
TK steht für Tabellenkalkulation. Erklärungen zu den Befehlen finden Sie auf Seite 488.

9. Die angegebenen Wahrscheinlichkeitsverteilungen haben alle den gleichen Erwartungswert.

①

x	1	2	3	4	5	6
P (X = x)	$\frac{1}{6}$	$\frac{1}{6}$	$\frac{1}{6}$	$\frac{1}{6}$	$\frac{1}{6}$	$\frac{1}{6}$

②

x	1	2	3	4	5	6
P (X = x)	0	0	0,5	0,5	0	0

③

x	1	2	3	4	5	6
P (X = x)	0,5	0	0	0	0	0,5

④

x	1	2	3	4	5	6
P (X = x)	0,05	0,15	0,3	0,3	0,15	0,05

a) Ordnen Sie die Verteilungen ① bis ④ ohne weitere Berechnungen nach der Größe ihrer Standardabweichung. Begründen Sie Ihre Einteilung.

GTR

b) Bestimmen Sie die Standardabweichungen der Wahrscheinlichkeitsverteilungen im Listen-Menü des GTR.

10. Die Histogramme stellen vier unterschiedliche Wahrscheinlichkeitsverteilungen dar.

①

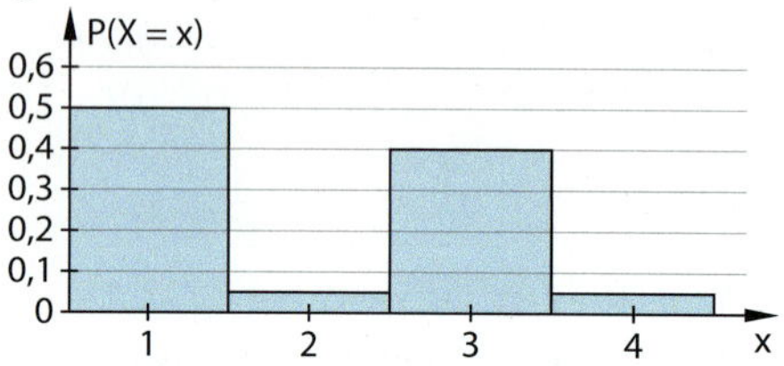

②

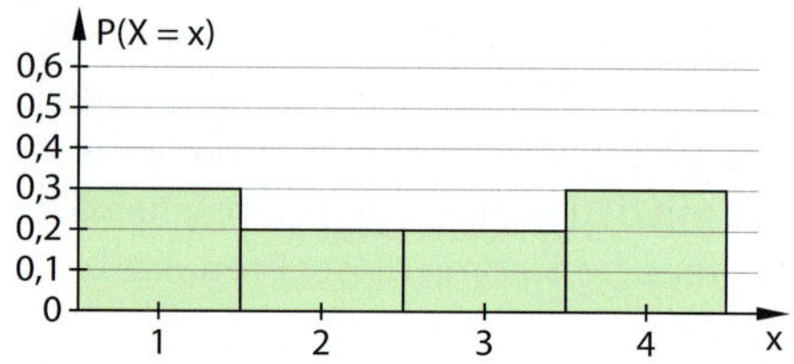

③

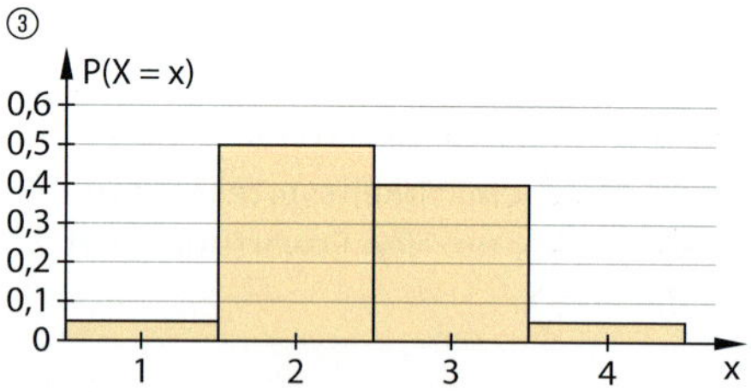

④

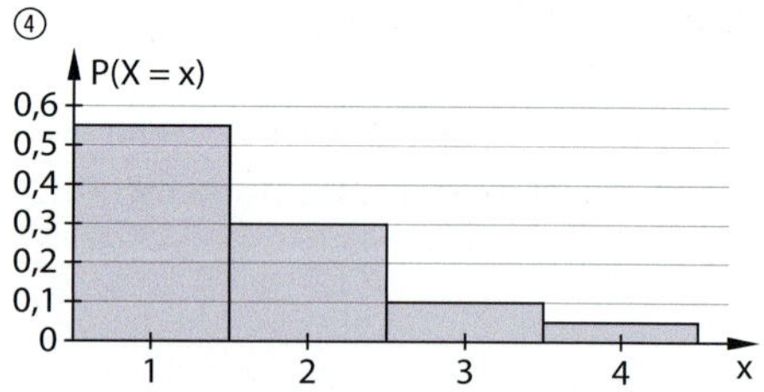

a) Ordnen Sie die Wahrscheinlichkeitsverteilungen ① bis ④ ohne konkrete Berechnungen nach dem Wert ihrer Standardabweichung von groß nach klein.

b) Lesen Sie aus den Histogrammen die Wahrscheinlichkeitsverteilungen ab und bestimmen Sie die Standardabweichungen. Überprüfen Sie damit Ihre Einschätzung aus a).

11. In einer Urne liegen zwei rote und eine gelbe Kugel. Für einen Einsatz von 1 € bietet ein Glücksspielanbieter zwei unterschiedliche Glücksspiele an.

① Es wird eine Kugel aus der Urne gezogen.
Ist die Kugel rot, so bekommt man 0,50 € ausgezahlt.
Ist die Kugel gelb, so bekommt man 2 € ausgezahlt.

② Es werden zwei Kugeln mit Zurücklegen gezogen.
Sind beide Kugeln rot, so bekommt man 1 € ausgezahlt.
Sind beide gelb, so bekommt man 5 €.
In anderen Fällen ist der Einsatz verloren.

a) Entscheiden Sie sich spontan für eines der beiden Glücksspiele und begründen Sie Ihre Entscheidung.

b) Bestimmen Sie für beide Glücksspiele die Wahrscheinlichkeitsverteilung der Auszahlung.

c) Berechnen Sie den Erwartungswert und die Varianz für beide Glücksspiele.

d) Vergleichen Sie die Ergebnisse aus c) und erklären Sie ihre Bedeutung im Sachzusammenhang.

Weiterführende Aufgaben

12. Beurteilen Sie die Aussage. Geben Sie bei einer falschen Aussage ein Gegenbeispiel an.
a) Wenn eine Zufallsgröße nur ganze Zahlen als Werte annimmt, dann ist auch der Erwartungswert der Zufallsgröße ganzzahlig.
b) Der Erwartungswert liegt in der Nähe des Werts, den die Zufallsgröße mit der größten Wahrscheinlichkeit annimmt.
c) Der Erwartungswert einer Zufallsgröße liegt immer zwischen dem kleinsten und dem größten Wert, den die Zufallsgröße annehmen kann.
d) Je kleiner die Standardabweichung ist, desto wahrscheinlicher ist es, dass der Wert einer Zufallsgröße in der Nähe des Erwartungswerts liegt.

13. Bei einem Anbieter stehen zwei Arten von Glücksspielen zur Auswahl. Die Tabellen zeigen den Einsatz und die Wahrscheinlichkeitsverteilungen der Auszahlungen.

Spiel 1: Einsatz 0,60 €, X: Auszahlung in €

x	0	1	2
P(X = x)	0,3	0,6	0,1

Spiel 2: Einsatz 2 €, Y: Auszahlung in €

y	0	1	2	5	8
P(Y = y)	0,3	0,25	0,2	0,15	0,1

a) Untersuchen Sie für beide Glücksspiele, ob sie fair sind.
b) Untersuchen Sie, welches der beiden Glücksspiele riskanter ist.
c) Erklären Sie, warum beide Glücksspiele so wohl nie angeboten werden.
d) Formulieren Sie konkrete Spielregeln für Glücksspiele, die zu den beiden gegebenen Wahrscheinlichkeitsverteilungen passen.

14. Für einen Einsatz von 4 € werden zwei Spielwürfel geworfen. Ist die Augensumme ungerade, so werden 0 € ausgezahlt. Ist die Augensumme gerade, so bekommt man die Augensumme ausgezahlt. Betrachten Sie die Zufallsgrößen X und Y.

x	0	2	4	6	8	10	12
P(X = x)	$\frac{1}{2}$	$\frac{1}{36}$	$\frac{3}{36}$	$\frac{5}{36}$	$\frac{5}{36}$	$\frac{3}{36}$	$\frac{1}{36}$

y	−4	−2	0	2	4	6	8
P(Y = y)	$\frac{1}{2}$	$\frac{1}{36}$	$\frac{3}{36}$	$\frac{5}{36}$	$\frac{5}{36}$	$\frac{3}{36}$	$\frac{1}{36}$

a) Beschreiben Sie den Zusammenhang zwischen den Zufallsgrößen und dem Spiel.
b) Berechnen Sie Erwartungswert, Varianz und Standardabweichung zu X und Y.
c) Erklären Sie die Ergebnisse aus b) im Sachzusammenhang.
d) Erläutern Sie, welchen Erwartungswert die Zufallsgröße Y haben müsste, damit das Glücksspiel als fair bezeichnet werden könnte.

15. Stolperstelle: Die Zufallsgröße X beschreibt die Auszahlung bei einem Glücksspiel mit einem Einsatz von 2 €. Timo, Michelle und André berechnen den Erwartungswert und bewerten das Spiel. Beurteilen Sie die Lösungen der Schüler.

x	0	4	10
P(X = x)	$\frac{6}{10}$	$\frac{3}{10}$	$\frac{1}{10}$

a) Timo:
$E(X) = \frac{\left(0 \cdot \frac{6}{10} + 4 \cdot \frac{3}{10} + 10 \cdot \frac{1}{10}\right)}{3} \approx 0{,}733 < 2$ *Der Spieler wird benachteiligt.*

b) Michelle:
$E(X) = 0 \cdot \frac{6}{10} + 4 \cdot \frac{3}{10} + 10 \cdot \frac{1}{10} = \frac{22}{10} = 2{,}2$ *Durchschnittlich gewinnt man 2,20 € bei dem Spiel.*

c) André:
$E(X) = -2 \cdot \frac{6}{10} + 2 \cdot \frac{3}{10} + 8 \cdot \frac{1}{10} = 0{,}20 < 2$ *Das Spiel ist zum Nachteil des Spielers.*

Hinweis zu 16:
Beim Modus „Best-of-five" gewinnt die Mannschaft, die zuerst 3 Spiele gewonnen hat. Es werden höchstens 5 Spiele gespielt.

● **16.** Zufallsgrößen können auch genutzt werden, um die Anzahl an Wiederholungen eines Zufallsexperiments bis zu einem gewünschten Ausgang zu beschreiben. Berechnen Sie den Erwartungswert der Zufallsgröße X und beschreiben Sie dessen Bedeutung im Sachzusammenhang.

① Es wird so lange gewürfelt, bis eine 6 kommt. Nach 5 Würfen wird abgebrochen. X beschreibt die Anzahl der Würfe.

② Zwei gleich gute Teams spielen im Modus „Best-of-five" gegeneinander. X beschreibt die Anzahl der Spiele.

③ Aus der Vergangenheit ist bekannt, dass Team A gegen Team B zu 60 % gewinnt. A und B spielen im Modus „Best-of-five" gegeneinander. X beschreibt die Anzahl der Spiele.

④ Zwei gleich gute Tischtennisspieler spielen ein Spiel über 5 Gewinnsätze. Es steht nach Sätzen bereits 3 : 1 für Spieler A. X beschreibt die Anzahl der noch zu spielenden Sätze, bis ein Sieger feststeht.

17. Auf einem Schulfest bietet ein Mathematikkurs einen Lottostand nach dem Verfahren „3 aus 5" an. Dabei sind die Zahlen 1 bis 5 in der Lostrommel und die Spieler müssen drei dieser Zahlen auf ihrem Lottoschein tippen.
Auf dem Schulfest wurde an zwei unterschiedlichen Ständen gespielt. Die Tabellen zeigen die Häufigkeitsverteilungen der Anzahl der Richtigen pro Lottoschein.

Stand 1 (120 Lottoscheine)

Richtige	0	1	2	3
Anzahl	0	31	79	10
relativ	0	0,26	0,66	0,08

Stand 2 (150 Lottoscheine)

Richtige	0	1	2	3
Anzahl	0	54	84	12
relativ	0	0,36	0,56	0,08

a) Spielen Sie im Kurs einige Runden Lotto „3 aus 5". Notieren Sie in einer Tabelle die absoluten und relativen Häufigkeiten der Anzahl der Richtigen pro Lottoschein.
b) Berechnen Sie mit den relativen Häufigkeiten das arithmetische Mittel der Anzahl der Richtigen pro Lottoschein an den beiden Ständen des Schulfestes und für den Kurs.
c) Bestimmen Sie die Wahrscheinlichkeitsverteilung der Anzahl der Richtigen pro Lottoschein sowie den zugehörigen Erwartungswert.
d) Erläutern Sie anhand der Ergebnisse aus b) und c) die unterschiedliche Aussagekraft des arithmetischen Mittels und des Erwartungswerts.

18. In Formelsammlungen findet man für die Varianz häufig die Formel $V(X) = E((X - E(X))^2)$.
Betrachten Sie zunächst die Zufallsgröße X mit der angegebenen Wahrscheinlichkeitsverteilung.

x	2	4	6	8
P (X = x)	0,1	0,5	0,2	0,2

a) Berechnen Sie E (X) und V (X) mit den Formeln aus der Definition.
b) Bestimmen Sie die Verteilung von $(X - E(X))^2$ und berechnen Sie den zugehörigen Erwartungswert.
● c) Begründen Sie die Formel $V(X) = E((X - E(X))^2)$ allgemein.

● **19.** In einer Urne sind zwei gelbe und eine unbekannte Anzahl roter Kugeln. Es wird zweimal aus der Urne gezogen. Sind beide Kugeln gelb, so gewinnt man 5 €.
a) Legt man die erste gezogene Kugel wieder zurück, so ist das Spiel bei einem Einsatz von 0,80 € fair. Bestimmen Sie die Anzahl der roten Kugeln in der Urne.
b) Wird das Spiel ohne Zurücklegen der ersten gezogenen Kugel gespielt, so ist es bei einem Einsatz von 0,50 € fair. Bestimmen Sie die Anzahl der roten Kugeln in der Urne.
c) Untersuchen Sie, welche der beiden Varianten risikoreicher ist.

TK **20.** Für das Bistro einer kleinen Schule werden jeden Tag 100 Brötchen geschmiert. An jedem Tag wurden davon mindestens 80 Brötchen verkauft. Der Betreiber überlegt, ob er nicht lieber weniger Brötchen herstellen sollte. Über 75 Tage zählt er, wie viele Brötchen er tatsächlich verkaufen konnte. Ein Brötchen kostet in der Herstellung 1€ und wird für 1,20€ verkauft.

Verkaufte Brötchen	80	81	82	83	84	85	86	87	88	89	90
Anzahl der Tage	3	4	4	2	1	1	5	7	3	3	2
Verkaufte Brötchen	91	92	93	94	95	96	97	98	99	100	
Anzahl der Tage	4	4	5	8	3	2	4	4	4	2	

Gehen Sie im Weiteren davon aus, dass die obigen Werte als Wahrscheinlichkeitsverteilung eines unveränderten Kaufverhaltens betrachtet werden können.

a) Übertragen Sie die Werte in eine Tabellenkalkulation.
b) Berechnen Sie mithilfe der Tabellenkalkulation, mit welchen Einnahmen der Bistrobetreiber durchschnittlich pro Tag rechnen kann.
c) Untersuchen Sie, welche Auswirkungen auf den Erwartungswert ein Anheben des Preises um 0,10€ bei unverändertem Kaufverhalten haben würde.
d) Der Betreiber beschließt, täglich nur noch 90 Brötchen herzustellen. Die Herstellkosten liegen unverändert bei 1€ pro Brötchen, der Verkaufspreis bei 1,20€.
Untersuchen Sie, ob diese Maßnahme wirtschaftlich positiv zu bewerten ist.

● **21.** Ein Glücksrad besteht aus fünf unterschiedlich großen Sektoren, die mit 0€, 4€, 8€, 12€ und 16€ beschriftet sind. Für das einmalige Drehen des Glücksrades beschreibt die Zufallsgröße X die Auszahlung in €. Das einmalige Drehen des Glücksrades ist bei einem Einsatz von 7€ fair.

x	0	4	8	12	16
P(X = x)	c	$\frac{1}{4}$	$\frac{1}{8}$	$\frac{1}{4}$	d

a) Bestimmen Sie die Wahrscheinlichkeiten $P(X = 0)$ und $P(X = 16)$.
b) Beim zweimaligen Drehen wird der höhere der beiden gedrehten Beträge ausgezahlt. Bestimmen Sie einen fairen Einsatz für dieses Glücksspiel.

● **22. Ausblick:** Die **Tschebyscheff-Ungleichung** besagt, dass bei einer Zufallsgröße X mit Erwartungswert E(X) und Varianz V(X) für jede Zahl $k > 0$ gilt:
$P(|X - E(X)| > k) \leq \frac{V(X)}{k^2}$

a) Begründen Sie, dass die Tschebyscheff-Ungleichung äquivalent ist zu
$P(|X - E(X)| \leq k) \geq 1 - \frac{V(X)}{k^2}$.
b) Ein Verlag lässt die Verkaufsaussichten eines neuen Buchs erforschen. Die Marktforschung liefert die Aussage, dass mit einem Verkauf von 75 000 Büchern bei einer zu erwartenden Standardabweichung von 2500 Büchern zu rechnen sei.
Schätzen Sie die Wahrscheinlichkeit ab, dass der Verlag zwischen 70 000 und 80 000 Bücher verkauft.
c) Beschreiben Sie in eigenen Worten die Aussage der folgenden Ungleichung:
$P\left(E(X) - \sqrt{2 \cdot V(X)} \leq X \leq E(X) + \sqrt{2 \cdot V(X)}\right) \geq 0{,}5$
d) Beweisen Sie die Aussage aus Aufgabenteil c) mithilfe der Tschebyscheff-Ungleichung.

8.7 Abiturtraining

Aufgaben ohne GTR/CAS

1. Die abgebildete Vierfeldertafel beschreibt den Zusammenhang zwischen zwei Ereignissen A und B.

	A	$\overline{A}$	Summe
B			350
$\overline{B}$	100		
Summe		300	500

a) Vervollständigen Sie die Vierfeldertafel.

b) Berechnen Sie die Wahrscheinlichkeiten $P(A)$, $P(A \cap B)$, $P_B(A)$, $P_A(B)$.

c) Stellen Sie die Daten der Vierfeldertafel in einem Baumdiagramm, das zuerst nach dem Ereignis A verzweigt, dar.

d) Entscheiden Sie, ob die Ereignisse A und B stochastisch unabhängig sind.

2. Zwei Würfel mit Augenzahlen von 1 bis 6 werden geworfen und die folgenden Ereignisse betrachtet.

A: Die Augenzahl des ersten Würfels ist gerade.
B: Die Augenzahl des zweiten Würfels ist 2.
C: Die Augensumme ist 4.
D: Die Augenzahlen sind bei beiden Würfeln gleich.

a) Zeigen Sie, welche der Ereignisse B, C und D vom Ereignis A stochastisch unabhängig und welche stochastisch abhängig sind.

b) Geben Sie ein Ereignis E an, welches vom Ereignis A stochastisch abhängig ist (aber nicht mit A übereinstimmt) und vom Ereignis B stochastisch unabhängig ist. Zeigen Sie die Abhängigkeit bzw. die Unabhängigkeit.

3. Ein Glücksrad hat ein rotes, ein gelbes und ein grünes Feld (siehe Abbildung).

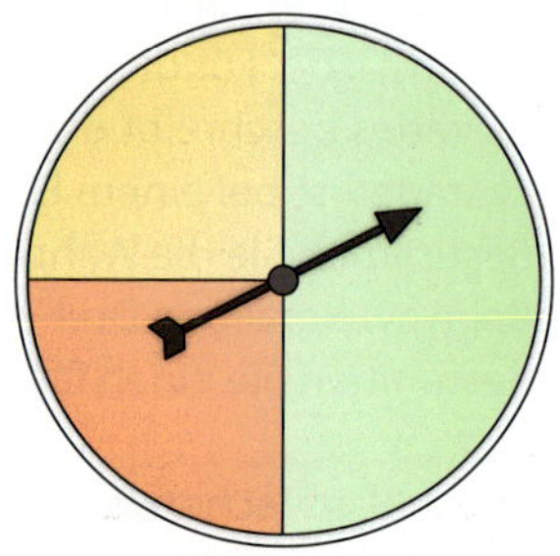

a) Berechnen Sie die Wahrscheinlichkeit, dass
① beim dreimaligen Drehen die Kombination (rot, gelb, grün) gedreht wird.
② beim zweimaligen Drehen zwei unterschiedliche Farben gedreht werden.
③ beim vierten Dreh das erste Mal grün gedreht wird.

b) Beschreiben Sie in diesem Sachzusammenhang die Bedeutung des Terms $2 \cdot 0{,}25^2 + 0{,}5^2$.

c) Geben Sie einen Term an, mit dem die Wahrscheinlichkeit dafür, dass beim dreimaligen Drehen des Glücksrads alle drei Farben erscheinen, berechnet werden kann.

4. Die Zufallsgröße X steht für die Auszahlung bei einem Glücksspiel. Der Einsatz beträgt 2 €.

k	0 €	1 €	3 €	10 €
P (X = k)	0,4	0,3	0,2	0,1

a) Zeigen Sie, dass das Spiel nicht fair ist.

b) Die 10 € sollen so durch einen neuen Betrag ersetzt werden, dass das Spiel fair ist. Bestimmen Sie den gesuchten Auszahlungsbetrag.

c) Die Zufallsgröße Y beschreibt die Auszahlung in einer neuen Variante des Glücksspiels. Diese Variante soll bei einem Einsatz von 1,50 € fair sein. Bestimmen Sie die passenden Werte für a und b.

k	0 €	1 €	3 €	10 €
P (X = k)	a	0,3	0,2	b

Aufgaben mit GTR/CAS

5. Die Abbildung zeigt die Körpernetze zweier Würfel A und B.

A:

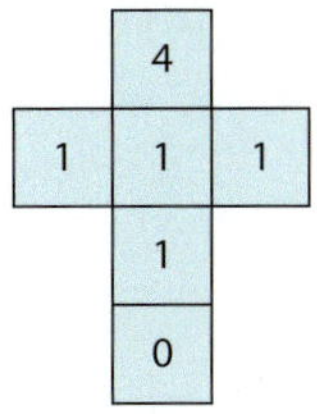

B:

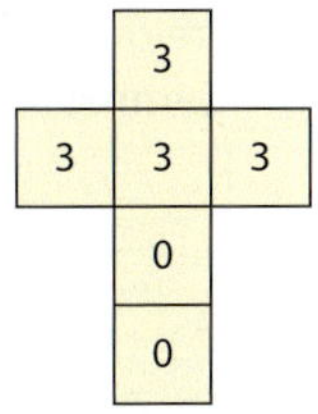

a) Bestimmen Sie für den Würfel A die Wahrscheinlichkeiten der folgenden Ereignisse.
① Es wird zweimal hintereinander eine „1" gewürfelt.
② Es wird dreimal in Folge „keine 4" gewürfelt.
③ Es wird dreimal gewürfelt. Dabei werden drei unterschiedliche Augenzahlen gewürfelt.

b) Tim und Martin spielen mit den Würfeln A und B gegeneinander. Derjenige, der die höhere Zahl würfelt, gewinnt das Spiel. Würfeln beide die gleiche Zahl, so endet das Spiel unentschieden. Vor Spielbeginn darf Tim einen Würfel auswählen.
Untersuchen Sie, ob Tim durch die Auswahlmöglichkeit des Würfels im Vorteil ist.

c) Mit dem Würfel B wird ein Glücksspiel in zwei unterschiedlichen Varianten angeboten. Der Spieler muss vor Spielbeginn eine Variante auswählen und einen (noch unbekannten) Einsatz zahlen. Dann wird der Würfel B zweimal geworfen. Die Auszahlung erfolgt je nach Variante nach den folgenden Regeln.
Variante A: Ausgezahlt wird die Augensumme der beiden Würfe in Euro.
Variante B: Ausgezahlt wird das Produkt der Augenzahlen der beiden Würfe in Euro.
Zeigen Sie, dass der faire Einsatz für dieses Glücksspiel unabhängig von der gewählten Variante ist. Untersuchen Sie, ob eine der beiden Varianten risikoreicher ist.

d) Bei Würfel A wird die „0" durch eine weitere „4" ersetzt. Die Abbildung zeigt das angepasste Körpernetz des Würfels. Mit dem neuen Würfel A wird so lange gewürfelt, bis die Augensumme insgesamt mindestens 6 beträgt. Bestimmen Sie die Wahrscheinlichkeitsverteilung der Zufallsgröße Z, die die Anzahl der Würfe zählt.

A neu:

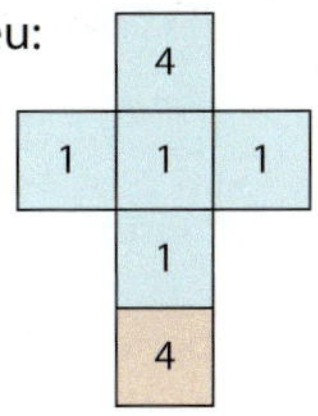

6. Um eine Ausbreitung der BSE-Seuche unter Rindern zu verhindern, wurden in Deutschland im Jahr 2000 etwa 500 000 Rinder geschlachtet. 500 der Tiere waren tatsächlich erkrankt. Der dabei verwendete Schnelltest identifiziert mit einer Wahrscheinlichkeit von 95 % die erkrankten Rinder korrekt. Ein gesundes Tier wird mit einer Wahrscheinlichkeit von 3 % als „BSE-krank" identifiziert.

a) Stellen Sie die Situation in einer Vierfeldertafel mit absoluten Zahlen und in einem Baumdiagramm mit Wahrscheinlichkeiten dar. Bestimmen Sie die Wahrscheinlichkeit,
① dass ein Rind gesund und das Testergebnis negativ ist.
② dass ein Rind krank ist und das Testergebnis positiv ist.
③ dass ein Rind mit dem Testergebnis „BSE erkrankt" wirklich an BSE erkrankt war.

b) Bestimmte Gebiete der Bundesrepublik galten als besondere Risikobereiche für BSE. In diesen Bereichen kann angenommen werden, dass die relative Häufigkeit von BSE-erkrankten Rindern teilweise deutlich erhöht war. Nehmen Sie nun an, dass der Anteil p der tatsächlich an BSE erkrankten Rinder variabel sei.
Erläutern Sie, dass die Funktion f mit $f(p) = \frac{p \cdot 0{,}95}{p \cdot 0{,}95 + (1 - p) \cdot 0{,}03}$ die bedingte Wahrscheinlichkeit P (krank | Test positiv) in Abhängigkeit von p beschreibt.
Geben Sie den Funktionswert f (0,01) an und deuten Sie diesen im Sachzusammenhang. Bestimmen Sie mithilfe der Funktion f, wie hoch der Anteil p der erkrankten Rinder sein müsste, damit die Wahrscheinlichkeit, dass ein positiv getestetes Rind tatsächlich krank war, größer als 50 % ist.

Prüfen Sie Ihr neues Fundament

Lösungen
↗ S. 510/511

1. Die Vierfeldertafeln beschreiben mit Anzahlen bzw. Anteilen für zwei Gymnasien Zusammenhänge zwischen dem Geschlecht und der Aktivität in einem Sportverein.
Ereignis A: Eine zufällig ausgewählte Person ist männlich.
Ereignis B: Eine zufällig ausgewählte Person ist in einem Sportverein aktiv.

Gymnasium 1

	B	$\overline{B}$	gesamt
A	100		330
$\overline{A}$			
gesamt	150		600

Gymnasium 2

	B	$\overline{B}$	gesamt
A		28 %	
$\overline{A}$	18 %		60 %
gesamt			100 %

Ergänzen Sie die fehlenden Felder. Prüfen Sie mit der Multiplikationsregel, ob die Ereignisse A und B stochastisch unabhängig sind.

2. In einer Schale liegen vier gleichartige Kugeln, die mit den Zahlen 1, 2, 3 und 4 beschriftet sind. Es wird nacheinander mit Zurücklegen zweimal genau je eine Kugel gezogen. Betrachten Sie folgende Ereignisse:

A: Im 1. Zug wird die 2 gezogen.
B: Im 2. Zug wird die 2 gezogen.
C: Im 1. Zug wird eine Primzahl gezogen.
D: Die Summe ist 4.

a) Schätzen Sie, ob Ereignis A von Ereignis B (von C, von D) stochastisch unabhängig ist.
b) Überprüfen Sie Ihre Schätzungen rechnerisch und begründen Sie die Ergebnisse.

3. Stellen Sie die Wahrscheinlichkeitsverteilung in einem Histogramm dar.

a)

x	2	4	6	8	10	12
P (X = x)	0,1	0,2	0,3	0,2	0,1	0,1

b)

x	1	2	3	4	5
P (X = x)	0,10	0,40	0,25	0,15	0,1

4. Die angegebene Wahrscheinlichkeitsverteilung ist unvollständig. Füllen Sie die Lücken und begründen Sie Ihre Wahl.

a)

x	1	2	3	4	5	6
P (X = x)	0,1	0,1	0,1	0,1		0,1

b)

x	20	25	30	35	40
P (X = x)		0,1	0,1	0,2	

5. In einer Urne befinden sich 4 blaue und 6 gelbe Kugeln. Daraus werden nacheinander zwei Kugeln ① mit Zurücklegen und ② ohne Zurücklegen gezogen.
Die Zufallsgröße X bestimmt die Anzahl der blauen Kugeln.
a) Stellen Sie das Zufallsexperiment für beide Fälle in einem Baumdiagramm dar.
b) Bestimmen Sie jeweils die Wahrscheinlichkeitsverteilung der Zufallsgröße X.

6. Das Histogramm stellt die Wahrscheinlichkeitsverteilung einer Zufallsgröße X dar. Beschreiben Sie die folgenden Ereignisse mithilfe einer Ungleichung (z. B. $X > 3$) und ermitteln Sie deren Wahrscheinlichkeiten.
Die Zufallsgröße X
a) ist kleiner als 5,
b) ist höchstens 2,
c) liegt zwischen 2 und 5,
d) ist mindestens 1.

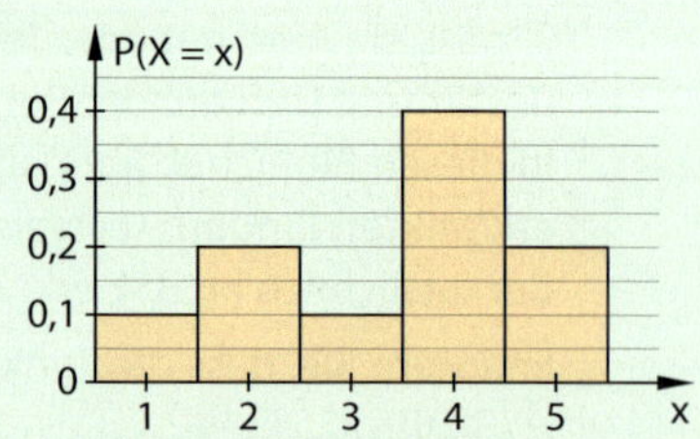

7. Berechnen Sie den Erwartungswert und die Standardabweichung der Zufallsgröße X.

a)

x	−2	−1	0	1	2	3
P (X = x)	0,2	0,1	0,2	0,1	0,3	0,1

b)

x	10	20	30	40	50
P (X = x)	0,2	0,2	0,2	0,2	0,2

Lösungen
↗ S. 511/512

8. Die Histogramme stellen drei verschiedene Wahrscheinlichkeitsverteilungen dar.

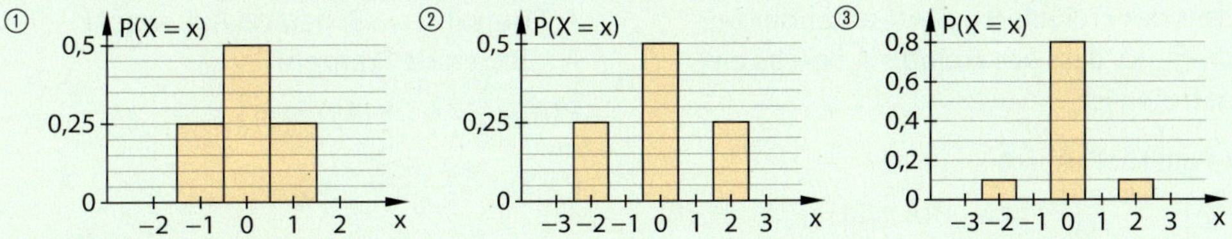

a) Entscheiden Sie ohne zu rechnen, welche der Zufallsgrößen die größte Standardabweichung hat.
b) Berechnen Sie die Standardabweichungen und vergleichen Sie mit Ihrem Ergebnis aus Teilaufgabe a).

9. Für das Glücksspiel mit dem abgebildeten Glücksrad muss der Spieler einen Einsatz von 1 € bezahlen. Das Glücksrad wird zweimal gedreht. Zeigt der Zeiger beide Male auf ein rotes Feld, erhält der Spieler 5 €. Zeigt er beide Male auf ein grünes Feld, erhält der Spieler 8 €. Zeigt er beide Male auf das blaue Feld, erhält der Spieler 13 €. Zeigt der Zeiger auf verschiedene Farben, erhält der Spieler nichts.

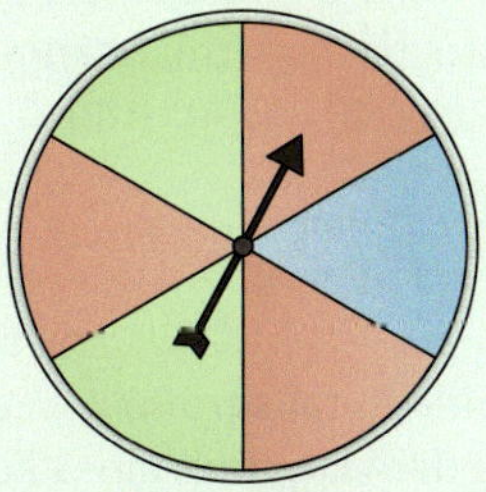

a) Berechnen Sie den Erwartungswert der Auszahlung.
b) Ermitteln Sie, wie groß der Einsatz des Spielers sein muss, damit das Spiel fair ist.

10. Gegeben sind Zufallsgrößen durch die Beschreibungen auf den Karten.

① Augenzahl beim Werfen eines Tetraeder-Würfels mit den Augenzahlen 1, 2, 3 und 4.

② Summe der Zahlen beim zweimaligen Drehen eines Glücksrades mit drei gleich großen Sektoren mit den Zahlen 2, 4 und 6.

③ Anzahl „Wappen" beim dreifachen Münzwurf.

④ Erzeugen einer ganzzahligen Zufallszahl aus dem Bereich [−3; 3] mit dem GTR.

a) Geben Sie für jede Zufallsgröße eine Wahrscheinlichkeitsverteilung als Tabelle an.
b) Stellen Sie jede Wahrscheinlichkeitsverteilung in einem Histogramm dar.
c) Sortieren Sie ohne Rechnung die Zufallsgrößen aufsteigend nach der Größe ihres vermutlichen Erwartungswerts.
d) Überprüfen Sie Ihre Vermutungen aus Teilaufgabe c) rechnerisch.

11. Zwei sechsseitige Spielwürfel werden geworfen. Für einen Einsatz von 1 € werden zwei Glücksspiele angeboten.

Glücksspiel 1: Fallen zwei gleiche Augenzahlen (Pasch), so erhält der Spieler 6 € ausgezahlt. In allen anderen Fällen ist der Einsatz verloren.

Glücksspiel 2: Ist die Augensumme 12, so werden dem Spieler 14 € ausgezahlt, bei der Augensumme 11 werden 11 € ausgezahlt. Sonst gibt es keine Auszahlung.

a) Entscheiden Sie sich aus der Sicht des Spielers spontan für eines der Glücksspiele und begründen Sie Ihre Entscheidung.
b) Bestimmen Sie für jedes der beiden Glücksspiele die Wahrscheinlichkeitsverteilung des Gewinns des Spielers.
c) Berechnen Sie für jedes der beiden Glücksspiele den Erwartungswert und die Standardabweichung des Gewinns des Spielers.
d) Vergleichen Sie die Erwartungswerte und die Standardabweichungen. Erklären Sie ihre Bedeutung im Sachzusammenhang.

Bedingte Wahrscheinlichkeit

$P_A(B)$ ist die bedingte Wahrscheinlichkeit, dass das Ereignis B eintritt unter der Bedingung, dass das Ereignis A bereits eingetreten ist.

Es gilt für $P(A) > 0$:
$P_A(B) = \frac{P(A \cap B)}{P(A)}$ bzw. $P(A \cap B) = P(A) \cdot P_A(B)$

Werfen eines Würfels:
A: Primzahl B: gerade Augenzahl
$A \cap B$: gerade Primzahl
$P(A) = \frac{3}{6} = \frac{1}{2}$ $P(A \cap B) = \frac{1}{6}$
$P_A(B) = \frac{P(A \cap B)}{P(A)} = \frac{\frac{1}{6}}{\frac{1}{2}} = \frac{2}{6} = \frac{1}{3}$

Stochastische Unabhängigkeit

Zwei Ereignisse A und B mit $P(A) > 0$, $P(B) > 0$ heißen **stochastisch unabhängig**, wenn gilt: $P_A(B) = P(B)$

Zwei Ereignisse A und B sind genau dann stochastisch unabhängig, wenn gilt:
$P(A \cap B) = P(A) \cdot P(B)$

Zwei Spielwürfel werden geworfen.
A: Erster Würfel zeigt eine 4.
B: Zweiter Würfel zeigt eine 2.
C: Die Augensumme ist 5.
$P(A) = \frac{1}{6}$; $P(B) = \frac{1}{6}$; $P(C) = \frac{4}{36}$
$P(A \cap B) = \frac{1}{36} = P(A) \cdot P(B)$
A und B sind stochastisch unabhängig.
$P(A \cap C) = \frac{1}{36} \neq P(A) \cdot P(C)$
A und C sind stochastisch abhängig.

Zufallsgrößen

Eine **Zufallsgröße X** ist eine Zuordnung, die jedem Ergebnis eines Zufallsexperiments eine reelle Zahl x zuordnet.

Die Zuordnung, die jedem Wert x, den eine Zufallsgröße X annehmen kann, die Wahrscheinlichkeit $P(X = x)$ zuordnet, heißt **Wahrscheinlichkeitsverteilung** von X.

Ein Glücksrad mit drei gleich großen Feldern mit Werten 1, 2 und 3 wird zweimal gedreht.
X: Betrag der Differenz der gedrehten Werte

Ergebnisse	(1;1), (2;2), (3;3)	(1;2), (2;3), (2;1), (3;2)	(1;3), (3;1)
X	0	1	2

Wahrscheinlichkeitsverteilung von X:

X = x	0	1	2
P (X = x)	$\frac{3}{9}$	$\frac{4}{9}$	$\frac{2}{9}$

Erwartungswert

Für den **Erwartungswert** einer Zufallsgröße X, die die Werte $x_1, x_2, \ldots, x_n$ annehmen kann, gilt:
$E(X) = x_1 \cdot P(X = x_1) + x_2 \cdot P(X = x_2) + \ldots + x_n \cdot P(X = x_n)$
Der Erwartungswert gibt den langfristig zu erwartenden Durchschnittswert der Zufallsgröße an.
Beschreibt eine Zufallsgröße X die Auszahlung bei einem Glücksspiel, so ist dieses **fair**, wenn der Einsatz genau E(X) beträgt.

Wahrscheinlichkeitsverteilung von X:

x	1	2	3	4
P (X = x)	0,3	0,3	0,2	0,2

$E(X) = 1 \cdot 0{,}3 + 2 \cdot 0{,}3 + 3 \cdot 0{,}2 + 4 \cdot 0{,}2$
$= 0{,}3 + 0{,}6 + 0{,}6 + 0{,}8 = 2{,}3$
Ein Glücksspiel, bei dem X die Auszahlung in € beschreibt, ist bei einem Einsatz von 2,30 € pro Spielrunde fair. Langfristig können weder Spieler noch Anbieter einen Gewinn erwarten.

Varianz und Standardabweichung

Für eine Zufallsgröße X, die die Werte $x_1, x_2, \ldots, x_n$ annehmen kann und den Erwartungswert $\mu = E(X)$ hat, heißt
$V(X) = (x_1 - \mu)^2 \cdot P(X = x_1) + (x_2 - \mu)^2 \cdot P(X = x_2) + \ldots + (x_n - \mu)^2 \cdot P(X = x_n)$
Varianz von X und
$\sigma(X) = \sqrt{V(X)}$ **Standardabweichung von X.**
Beide Kenngrößen sind ein Maß für die Streuung der Verteilung um ihren Erwartungswert.

Wahrscheinlichkeitsverteilung von X:

x	1	2	3	4
P (X = x)	0,3	0,3	0,2	0,2

$E(X) = 2{,}3$
Varianz:
$V(X) = (1 - 2{,}3)^2 \cdot 0{,}3 + (2 - 2{,}3)^2 \cdot 0{,}3 + (3 - 2{,}3)^2 \cdot 0{,}2 + (4 - 2{,}3)^2 \cdot 0{,}2 = 1{,}21$

Standardabweichung: $\sigma(X) = \sqrt{1{,}21} = 1{,}1$

9. Binomialverteilung

Spieleabende sind ein schöner Zeitvertrieb, erst recht, wenn man eine Glückssträhne hat. Um eine Erfolg versprechende Spielstrategie zu finden, kann man bei vielen Spielen seine Chancen mit der Binomialverteilung berechnen.

Nach diesem Kapitel können Sie …
- Situationen mit Bernoulli-Ketten beschreiben und Wahrscheinlichkeiten für die Anzahl von Treffern berechnen,
- Wahrscheinlichkeiten und Parameter bei binomialverteilten Zufallsgrößen bestimmen,
- Eigenschaften der Binomialverteilung nutzen und Prognosen aufstellen.

Lösungen
↗ S. 512

Baumdiagramme und Wahrscheinlichkeit

1. Bei einem Glücksrad mit sechs gleich großen Sektoren ergibt die Farbe „Rot" einen Hauptgewinn. Man darf dreimal drehen.

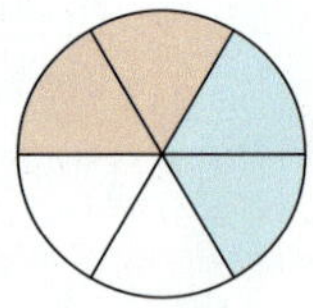

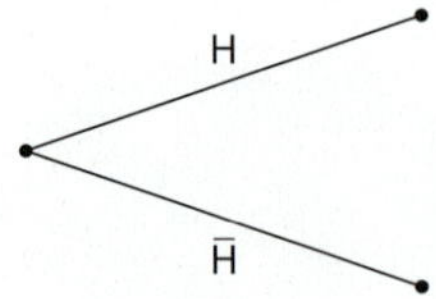

   a) Vervollständigen Sie das Baumdiagramm und geben Sie alle zugehörigen Pfadwahrscheinlichkeiten an.
   b) Berechnen Sie die Wahrscheinlichkeit, dass man dabei genau zweimal einen Hauptgewinn „erdreht".

2. In einer Urne befinden sich 3 weiße Kugeln und 9 rote Kugeln. Es werden nacheinander zwei Kugeln ohne Zurücklegen gezogen.

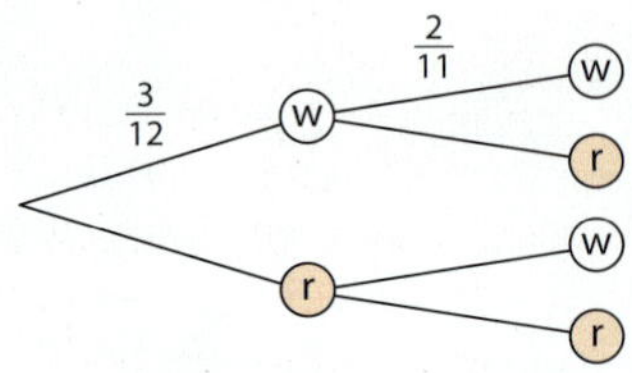

   a) Vervollständigen Sie das Baumdiagramm durch Angabe aller Pfadwahrscheinlichkeiten.
   b) Erläutern Sie eine Kontrollmöglichkeit.

3. Auf dem Flughafen Hannover werden für Reisen innerhalb der EU stichprobenartig Pass- und Zollkontrollen unabhängig voneinander durchgeführt.
   Es wird angenommen, dass Passkontrollen mit einer Wahrscheinlichkeit von 0,1 und Zollkontrollen mit einer Wahrscheinlichkeit von 0,2 stattfinden. Mit einem Flugzeug kommen 200 Fluggäste an.

   a) Zeichnen Sie dazu ein Baumdiagramm mit allen Pfadwahrscheinlichkeiten.
   b) Berechnen Sie, wie viele dieser Fluggäste wahrscheinlich sowohl die Pass- als auch die Zollkontrolle durchlaufen werden.

Zufallsgrößen und Wahrscheinlichkeitsverteilung

4. Die Zufallsgröße X wird durch die Wahrscheinlichkeitsverteilung in der Tabelle beschrieben.

mögliche Werte x	2	4	6	8
P (X = x)	$\frac{1}{2}$	$\frac{1}{4}$	$\frac{1}{8}$	$\frac{1}{8}$

   a) Ermitteln Sie die Wahrscheinlichkeiten.
   ① $P(X < 4)$ ② $P(X \leq 4)$ ③ $P(X \geq 4)$ ④ $P(X > 6)$
   b) Berechnen Sie Erwartungswert, Varianz und Standardabweichung dieser Zufallsgröße.

5. Die Anzahl der Muttern in einer Packung schwankt bei der maschinellen Abpackung zufällig zwischen 38 und 42 Muttern. Die Zufallsgröße X beschreibt die Anzahl der Muttern in einer Packung. Die Wahrscheinlichkeitsverteilung der Zufallsgröße X ist aus langjähriger Erfahrung bekannt und in der Tabelle unvollständig dargestellt.

x	38	39	40	41	42
P (X = x)		0,253	0,362	0,231	0,054

   a) Berechnen Sie die Wahrscheinlichkeit $P(X = 38)$ sowie den Erwartungswert $E(X)$.
   b) Interpretieren Sie die Ergebnisse aus a) in diesem Sachzusammenhang.

6. Erstellen Sie ein Histogramm für die Zufallsgröße X. Erklären Sie, welchen Einfluss der Erwartungswert und die Standardabweichung auf das Histogramm haben.

x	0	1	2	3	4
P (X = x)	0,1	0,2	0,4	0,2	0,1

7. Das Histogramm stellt die Wahrscheinlichkeitsverteilung einer Zufallsgröße X dar.

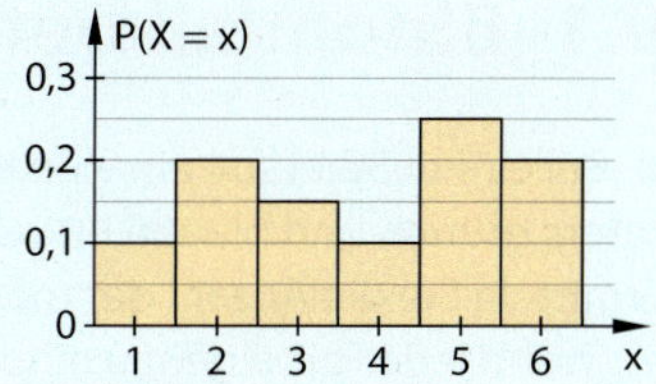

a) Erstellen Sie eine passende Tabelle zur Wahrscheinlichkeitsverteilung von X.

b) Ordnen Sie jedem Ereignis ein passendes Kärtchen zu und ermitteln Sie die zugehörige Wahrscheinlichkeit. Der Wert von X ist
① mindestens 4, ② kleiner als 3, ③ höchstens 3, ④ größer als 4,
⑤ mindestens 2 und höchstens 5, ⑥ größer als 2 und kleiner als 5.

$X < 3$ | $X > 4$ | $2 < X < 5$ | $2 \leq X \leq 5$ | $X \geq 4$ | $X \leq 3$

Lösungen ↗ S. 513

8. Bei einem Spiel mit zwei Würfeln, die gleichzeitig geworfen werden, erhält man für jede gewürfelte „6" 1 €. Wird keine „6" gewürfelt, so muss der Spieler 1 € zahlen.
Die Zufallsgröße X beschreibt den Gewinn bzw. Verlust bei einem Spiel und kann folglich die Werte −1 €, 1 € und 2 € annehmen.

a) Ermitteln Sie die Wahrscheinlichkeitsverteilung der Zufallsgröße X sowie ihren Erwartungswert.
b) Stellen Sie die Wahrscheinlichkeitsverteilung von X grafisch dar.
c) Erklären Sie, warum dieses Spiel nicht als fair bezeichnet werden kann.
d) Ermitteln Sie eine Auszahlung, bei der das Spiel fair ist.

TK **9.** Das abgebildete Glücksrad hat 8 gleich große Segmente.

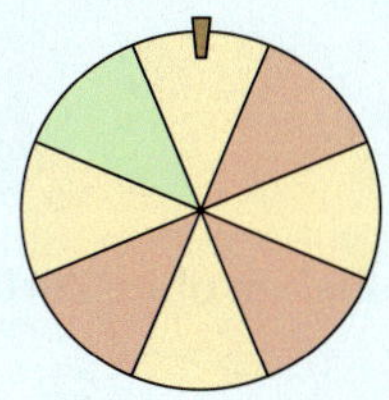

a) Es wird einmal gedreht. Geben Sie die theoretischen Wahrscheinlichkeiten für ein rotes, gelbes bzw. grünes Segment an.
b) Simulieren Sie mit einer Tabellenkalkulation 100 Drehungen des Glücksrads. Ermitteln Sie die relativen Häufigkeiten. Vergleichen Sie diese mit den theoretischen Wahrscheinlichkeiten.

Vermischtes

10. Bestimmen Sie die Anzahl der möglichen dreistelligen Zahlen, die sich aus den Ziffern 1, 2 und 3 bilden lassen, wenn

a) jede Ziffer genau einmal in jeder Zahl vorkommen soll,
b) die Ziffern mehrfach in jeder Zahl vorkommen können.

11. Berechnen Sie ohne Taschenrechner möglichst vorteilhaft.

a) $\frac{7 \cdot 6 \cdot 5 \cdot 4}{4 \cdot 3 \cdot 2 \cdot 1}$ b) $\frac{10 \cdot 9 \cdot 8 \cdot 7 \cdot 6}{5 \cdot 4 \cdot 3 \cdot 2 \cdot 1}$ c) $\frac{6^2 \cdot 4^2}{2^4}$ d) $\frac{1 \cdot 2 \cdot 3 \cdot 4 \cdot 5 \cdot 6}{10 \cdot 11 \cdot 12}$ e) $\frac{(5 \cdot 4 \cdot 3)^2}{10 \cdot 9 \cdot 8}$

12. Berechnen Sie.

a) $\frac{2 \cdot 1 + 5 \cdot 2 + 8 \cdot 3 + 6 \cdot 4 + 3 \cdot 5 + 1 \cdot 6}{25}$ b) $2 \cdot \frac{2}{5} + 3 \cdot \frac{1}{5} + 4 \cdot \frac{1}{10} + 5 \cdot \frac{3}{10}$

c) $\sqrt{0{,}4 \cdot (2 - 2{,}6)^2 + 0{,}6 \cdot (3 - 2{,}6)^2}$

d) $\frac{3}{25}(1 - 3{,}24)^2 + \frac{5}{25}(2 - 3{,}24)^2 + \frac{8}{25}(3 - 3{,}24)^2 + \frac{6}{25}(4 - 3{,}24)^2 + \frac{3}{25}(5 - 3{,}24)^2$

13. Ermitteln Sie den Termwert.

a) $\lg(2) \cdot \lg(0{,}2)$ b) $\lg(2^4)$ c) $\frac{\lg(10)}{\lg(0{,}5)}$ d) $\lg(10^{-1}) \cdot \lg(10^{-2})$

Erinnerung:
Die Abkürzung lg steht für den Logarithmus zur Basis 10.
$\lg(x) = \log_{10}(x)$

GTR **14.** Lösen Sie die Gleichung bzw. Ungleichung.

a) $12^x = 324$ b) $0{,}4^x = 0{,}01$ c) $0{,}6^n < 0{,}002$ $(n \in \mathbb{N})$ d) $0{,}7^n \geq 0{,}05$ $(n \in \mathbb{N})$

9.1 Binomialkoeffizienten

■ Bei einem Spiel soll ein vierstelliger Code aus gelben, roten, grünen und blauen Kugeln geknackt werden. Ermitteln Sie die Anzahl der möglichen Kombinationen,
a) wenn jede Farbe genau einmal benutzt wird,
b) wenn die Farben beliebig oft verwendet werden. ■

Das Ziehen von Kugeln aus einer Urne ist eines der Standardmodelle in der Wahrscheinlichkeitsrechnung. Für die Berechnung von Wahrscheinlichkeiten ist in diesen Fällen immer die Anzahl an möglichen Ergebnissen von Bedeutung. Dabei müssen grundsätzlich Ziehungen mit und ohne Zurücklegen unterschieden werden.

Hier wird eine Urne mit 5 verschiedenen Kugeln betrachtet. Es wird dreimal gezogen.

Ziehen mit Zurücklegen:

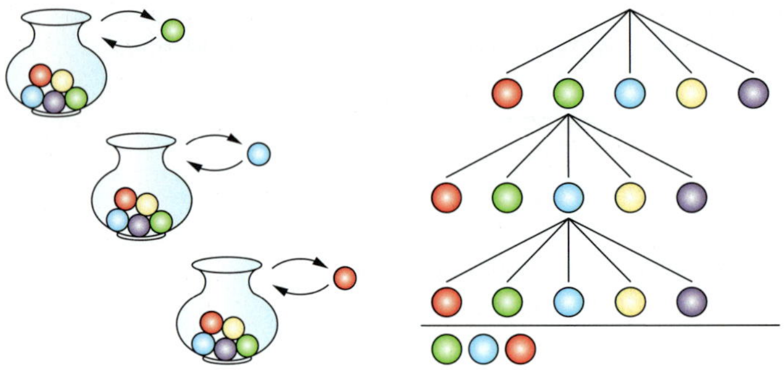

Anzahl der Ergebnisse:

$5 \cdot 5 \cdot 5 = 125$
verschiedene Ergebnisse

Ziehen ohne Zurücklegen:

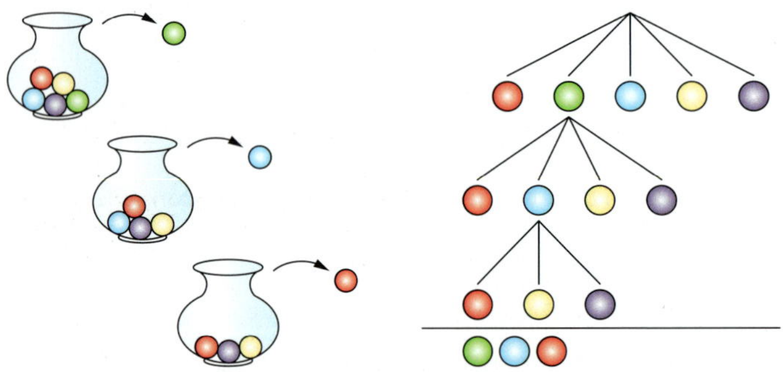

Anzahl der Ergebnisse:

$5 \cdot 4 \cdot 3 = 60$
verschiedene Ergebnisse

Bei beiden Ziehungen wurde die Reihenfolge berücksichtigt. Zum Beispiel wurden beim **Ziehen ohne Zurücklegen** neben 🟢–🔵–🔴 auch 🟢–🔴–🔵, 🔵–🔴–🟢, 🔵–🟢–🔴, 🔴–🔵–🟢 und 🔴–🟢–🔵 mitgezählt. Es gibt $3 \cdot 2 \cdot 1 = 6$ mögliche Anordnungen dieser drei Farben. Spielt die Reihenfolge keine Rolle (wie z. B. beim Lotto), muss die Anzahl aller Möglichkeiten also durch 6 geteilt werden. Es gibt daher $\frac{5 \cdot 4 \cdot 3}{3 \cdot 2 \cdot 1} = \frac{60}{6} = 10$ Möglichkeiten.
Der Bruch lässt sich folgendermaßen erweitern und umschreiben: $\frac{5 \cdot 4 \cdot 3}{3 \cdot 2 \cdot 1} = \frac{5 \cdot 4 \cdot 3 \cdot 2 \cdot 1}{3 \cdot 2 \cdot 1 \cdot 2 \cdot 1} = \frac{5!}{3! \cdot 2!}$
Dabei steht n! für das Produkt $1 \cdot 2 \cdot 3 \cdot \ldots \cdot n$.

Hinweis:
Es wird festgelegt, dass $0! = 1$ gilt. Daraus folgt $\binom{n}{0} = 1$ und $\binom{n}{n} = 1$.

Definition: Fakultät und Binomialkoeffizient
Für natürliche Zahlen n und k mit $k \leq n$ ist
$n! = 1 \cdot 2 \cdot \ldots \cdot n$ **(n Fakultät)** und $\binom{n}{k} = \frac{n!}{k! \cdot (n-k)!}$ **(Binomialkoeffizient n über k).**

Mit dieser Festlegung lässt sich die obige Rechnung für eine Urne mit n Kugeln verallgemeinern.

Satz: Ziehen ohne Zurücklegen und ohne Berücksichtigung der Reihenfolge
Es gibt $\binom{n}{k}$ Möglichkeiten, aus einer Urne mit n verschiedenen Kugeln einen Satz von k Kugeln ohne Zurücklegen zu entnehmen, wenn die Reihenfolge nicht berücksichtigt wird.

Hinweis:
$\binom{n}{k}$ ist der Anzahl der Möglichkeiten, aus einer Menge mit n Elementen k Elemente auszuwählen.

Beispiel 1: Auf einem Parkplatz sind 6 Plätze frei. Nacheinander steuern 3 Autos den Parkplatz an und stellen sich auf jeweils einen der freien Plätze. Bestimmen Sie, wie viele Möglichkeiten es gibt, drei der sechs Plätze zu belegen.

Lösung:
Die Situation lässt sich mit einer Ziehung aus einer Urne modellieren. Aus 6 Kugeln (freie Plätze) werden 3 Kugeln (Plätze, die belegt werden) gezogen.
Ein Platz kann nicht zweimal als belegt markiert werden (Ziehen ohne Zurücklegen). Die Reihenfolge, in der die Plätze ausgewählt werden, spielt keine Rolle.

Aus n = 6 freien Parkplätzen werden k = 3 Plätze ausgewählt. Es wird nicht zurückgelegt und die Reihenfolge spielt keine Rolle.

$$\binom{6}{3} = \frac{6!}{3!\cdot(6-3)!} = \frac{6!}{3!\cdot 3!}$$
$$= \frac{\cancel{1}\cdot\cancel{2}\cdot\cancel{3}\cdot 4\cdot 5\cdot 6}{\cancel{1}\cdot\cancel{2}\cdot\cancel{3}\cdot 1\cdot 2\cdot 3} = \frac{4\cdot 5\cdot 6}{1\cdot 2\cdot 3} = 20$$

Es gibt 20 Möglichkeiten.

Hinweis:
Mit der Formel
$\binom{n}{k} = \frac{n\cdot(n-1)\cdot\ldots\cdot(n-k+1)}{k!}$
lassen sich Binomialkoeffizienten häufig leichter berechnen.

Basisaufgaben

1. Berechnen Sie den Wert.
a) 3! b) 2! c) 5! d) 4! e) $\binom{4}{2}$ f) $\binom{5}{3}$ g) $\binom{10}{1}$ h) $\binom{10}{10}$

2. a) Zeigen Sie mit der Definition von $\binom{n}{k}$, dass $\binom{11}{3} = \frac{11\cdot 10\cdot 9}{3\cdot 2\cdot 1}$ und $\binom{15}{4} = \frac{15\cdot 14\cdot 13\cdot 12}{4\cdot 3\cdot 2\cdot 1}$ gilt.
b) Formulieren Sie eine Regel, wie man in a) die Produkte im Zähler und Nenner bildet.
c) Berechnen Sie mit der Regel aus b). ① $\binom{7}{3}$ ② $\binom{12}{2}$ ③ $\binom{12}{10}$ ④ $\binom{10}{6}$

3. Nach einem 100-m-Lauf werden drei der ersten vier Läufer für eine Dopingkontrolle ausgewählt. Berechnen Sie die Anzahl der Möglichkeiten für die Auswahl.

GTR **4.** Fakultäten und Binomialkoeffizienten können mit dem GTR direkt berechnet werden. Berechnen Sie den Wert.
a) 7! b) 10! c) $\binom{8}{3}$ d) $\binom{15}{10}$

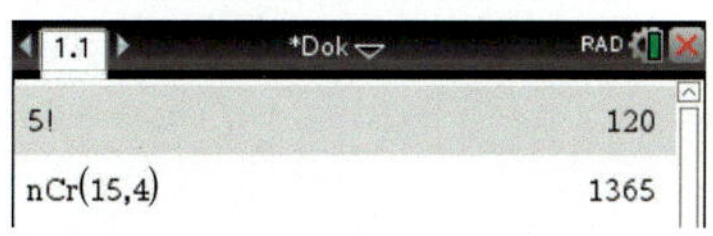

GTR **5.** In einer Kleinstadt gibt es 5500 Telefonanschlüsse. Berechnen Sie mit dem GTR die Anzahl der möglichen Gesprächspaarungen.

6. a) Entscheiden Sie, welche der Situationen ① bis ⑤ als das Ziehen aus einer Urne ohne Zurücklegen und ohne Berücksichtigung der Reihenfolge interpretiert werden können.

① Anzahl aller Möglichkeiten 7 verschiedene Bücher in ein Bücherregal zu stellen.

② Anzahl der vierstelligen Zahlen mit den Ziffern 1, 2, 3, 4, 5.

③ Von den Buchstaben M, A, T, H, E werden 3 verschiedene ausgewählt.

④ Anzahl der vierstelligen Zahlen mit den Ziffern 1, 2, 3, 4, 5, bei denen jede Ziffer genau einmal auftritt.

⑤ In einer Schublade sind 10 Paar Socken; es werden zufällig zwei Socken ausgewählt.

b) Schreiben Sie für die in a) gefundenen Situationen die gesuchte Anzahl als Binomialkoeffizienten und berechnen Sie den Wert.
c) Schreiben Sie zu Situation ③ alle Möglichkeiten auf und vergleichen Sie mit b).

Weiterführende Aufgaben

7. Laura und ihre Freundin Melissa gehören zu einem Handballteam. Unter allen 20 Mitgliedern des Teams werden zwei Freikarten für ein Bundesligaspiel verlost. Berechnen Sie mit einem Binomialkoeffizienten die Wahrscheinlichkeit, dass Laura und Melissa die beiden Karten gewinnen.

8. Beim Lotto „6 aus 49" werden zufällig 6 verschiedene Zahlen aus den Zahlen 1 bis 49 ohne Zurücklegen gezogen.

a) Bestimmen Sie die Anzahl der möglichen Ausgänge einer Ziehung.

b) Berechnen Sie die Wahrscheinlichkeit für 6 Richtige.

9. **Stolperstelle:** Mark, Lisa und Franz berechnen die Anzahl der Möglichkeiten, 4 aus 10 Kugeln ohne Zurücklegen und ohne Berücksichtigung der Reihenfolge zu ziehen. Beschreiben Sie ihre Fehler und korrigieren Sie die Rechnung.

Mark:
$\binom{4}{10} = \frac{4!}{4! \cdot 6!} = \frac{1}{6}! = \frac{1}{720}$

Lisa:
$\binom{10}{4} = \frac{10}{4 \cdot 6} = \frac{10}{24}$

Franz:
$\binom{10}{4} = \frac{10!}{4!} = 151\,200$

10. Der Weg von A(0|0) nach B(5|4) soll durch Vektoren $\vec{v} = \binom{1}{0}$ und $\vec{w} = \binom{0}{1}$ beschrieben werden. Das Bild zeigt die Kombination
$\vec{v} \to \vec{v} \to \vec{w} \to \vec{v} \to \vec{w} \to \vec{w} \to \vec{v} \to \vec{w} \to \vec{v}$.

a) Bestimmen Sie die Anzahl aller möglichen Kombinationen aus $\vec{v}$ und $\vec{w}$.

b) Geben Sie begründet eine Formel für die Anzahl aller möglichen Wege von A(0|0) nach B(m|n) für m, n ∈ ℕ an.

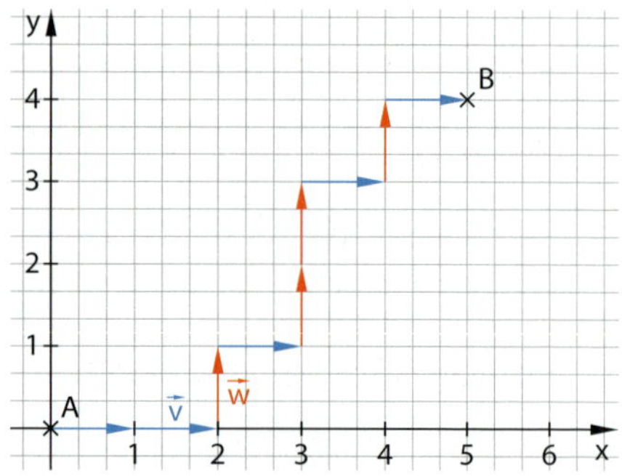

11. **Pascal'sches Dreieck:** Das Pascal'sche Dreieck ist nach dem französischen Mathematiker Blaise Pascal (17. Jh.) benannt.

a) Beschreiben Sie den Aufbau des Pascal'schen Dreiecks. Achten Sie dabei besonders auf Additionen.

b) Zeigen Sie anhand unterschiedlicher Zahlen auf, inwieweit jede Zahl interpretiert werden kann als die Anzahl der Wege, die zur Position der Zahl im Dreieck führen.

c) Die untere Abbildung zeigt das Dreieck mit Binomialkoeffizienten.
Begründen Sie, dass die beiden Dreiecke die gleichen Werte enthalten.

1
1 1
1 2 1
1 3 3 1
1 4 6 4 1
1 5 10 10 5 1
⋮

$\binom{0}{0}$
$\binom{1}{0}$ $\binom{1}{1}$
$\binom{2}{0}$ $\binom{2}{1}$ $\binom{2}{2}$
$\binom{3}{0}$ $\binom{3}{1}$ $\binom{3}{2}$ $\binom{3}{3}$
$\binom{4}{0}$ $\binom{4}{1}$ $\binom{4}{2}$ $\binom{4}{3}$ $\binom{4}{4}$
$\binom{5}{0}$ $\binom{5}{1}$ $\binom{5}{2}$ $\binom{5}{3}$ $\binom{5}{4}$ $\binom{5}{5}$
⋮

12. Untersuchen Sie, ob die Aussage über die Verteilung der Binomialkoeffizienten korrekt ist.

a) Für festes n gilt: Je größer k ist, desto größer ist $\binom{n}{k}$.

b) Für jedes n gilt: Es gibt genau ein k, bei dem $\binom{n}{k}$ den größten Wert hat.

13. Rechenregeln für Binomialkoeffizienten: Es gelten folgende Regeln.

① $\binom{n}{0} = \binom{n}{n} = 1$ ② $\binom{n}{1} = \binom{n}{n-1}$ ③ $\binom{n}{k} = \binom{n}{n-k}$ ④ $\binom{n}{k} + \binom{n}{k+1} = \binom{n+1}{k+1}$

a) Erklären Sie die Rechenregeln anhand des Pascal'schen Dreiecks.

b) Setzen Sie den folgenden Beweis der Rechenregel ③ fort.

$\binom{n}{n-k} = \frac{n!}{(n-k)! \cdot (n-(n-k))!} = \ldots$

c) Beweisen Sie die Rechenregeln ①, ② und ④.

Hinweis zu 13b:
0! = 1

14. Beim Lotto „6 aus 49" wird bereits ab 3 richtigen Zahlen ein Gewinn ausgezahlt.

a) Linda soll die Wahrscheinlichkeit für das Ereignis E: „4 Richtige" berechnen.

Sie wählt den Ansatz: $P(E) = \frac{\binom{6}{4} \cdot \binom{43}{2}}{\binom{49}{6}} = \ldots$

Erklären Sie ihren Ansatz und berechnen Sie die Wahrscheinlichkeit.

b) Berechnen Sie wie in Aufgabenteil a) die Wahrscheinlichkeit für
① 5 Richtige, ② 3 Richtige.

15. Geburtstagsparadoxon: Wenn sich zwei Personen zufällig treffen, dann ist es sehr unwahrscheinlich, dass beide am selben Tag (ohne Geburtsjahr) Geburtstag haben. Die Wahrscheinlichkeit wird aber erstaunlich schnell größer, wenn mehr und mehr Personen dazukommen.
Die Wahrscheinlichkeit für das Gegenereignis lässt sich leichter bestimmen.

E: „Von n Personen haben mindestens zwei am gleichen Tag Geburtstag."
$\overline{E}$: „n Personen haben alle an verschiedenen Tagen Geburtstag."

a) Erläutern Sie die folgende Berechnung der Wahrscheinlichkeiten für n = 2 und n = 3.

$n = 2\colon P(E) = 1 - \frac{365 \cdot 364}{365^2} \approx 0{,}003$ $n = 3\colon P(E) = 1 - \frac{365 \cdot 364 \cdot 363}{365^3} \approx 0{,}008$

b) Zeigen Sie, dass für die Wahrscheinlichkeit P(E) gilt: $P(E) = 1 - \frac{n! \cdot \binom{365}{n}}{365^n}$

c) Zeigen Sie, dass bei 23 Personen die Wahrscheinlichkeit, dass mindestens zwei Personen am gleichen Tag Geburtstag haben, bereits über 0,5 liegt.

d) Bestimmen Sie die Personenzahl, ab der die Wahrscheinlichkeit dafür, dass mindestens zwei Personen am gleichen Tag Geburtstag haben, größer als 0,99 ist.

Erinnerung:
Für die Wahrscheinlichkeit des Gegenereignisses $\overline{E}$ zu einem Ereignis E gilt:
$P(\overline{E}) = 1 - P(E)$

16. Ausblick: Ein Skatspiel wird mit 3 Spielern und 32 Karten gespielt. Zu Beginn erhält jeder Spieler 10 Karten. Die übrigen 2 Karten werden extra gelegt.
Bestimmen Sie die Anzahl aller Möglichkeiten, die 32 Karten zu verteilen.

9.2 Bernoulli-Ketten

■ Ein Tourist steht in Manhattan an der Metro Ecke 50th Street/8th Avenue. Er ist ohne Stadtplan unterwegs und bewegt sich nur auf „Streets“ und „Avenues“ und dem „Broadway“. An jeder Ecke entscheidet er per Münzwurf, ob er in östliche oder in nördliche Richtung weitergeht. Das führt er 7-mal aus.

a) Geben Sie alle Kreuzungen an, die der Tourist mit drei Richtungsentscheidungen erreichen kann.
b) Der Tourist möchte zur Metro am Museum of Modern Art. Bestimmen Sie, mit welcher Wahrscheinlichkeit er genau den eingezeichneten Weg geht.
c) Bestimmen Sie, mit welcher Wahrscheinlichkeit der Tourist nach sieben Richtungsentscheidungen an der Metro ankommt. ■

Bernoulli-Experiment und Bernoulli-Kette

Hinweis:
Für „Treffer“ wird auch der Begriff „Erfolg“ verwendet.

Bei Zufallsexperimenten wird häufig nur beobachtet, ob ein bestimmtes Ereignis eintritt oder nicht. Tritt das Ereignis ein, spricht man von einem **Treffer**. Insbesondere ist interessant, wie oft ein Treffer bei mehrmaligen Wiederholungen des gleichen Experiments erzielt wird.

Beim Würfeln mit einem normalen Würfel könnte man sich nur für das Ereignis „6 gewürfelt“ interessieren und untersuchen, wie viele Sechsen bei 10 Würfen gewürfelt werden.

Definition: Bernoulli-Experiment und Bernoulli-Kette
Ein **Bernoulli-Experiment** ist ein Zufallsexperiment, bei dem nur die Ausgänge „Treffer“ und „kein Treffer“ unterschieden werden. Die Wahrscheinlichkeit für das Eintreten eines Treffers wird **Trefferwahrscheinlichkeit p** genannt.
Wird ein Bernoulli-Experiment n-mal mit konstanter Trefferwahrscheinlichkeit wiederholt, dann spricht man von einer **Bernoulli-Kette der Länge n.**

Tritt bei einem Bernoulli-Experiment kein Treffer ein, so spricht man auch von „Nichttreffer“, „Niete“ oder „Fehlversuch“. Die Wahrscheinlichkeit für das Eintreten eines Fehlversuchs ist die **Gegenwahrscheinlichkeit** zu p und beträgt $1 - p$.

Beispiel 1: Es wird mit einem Spielwürfel zehnmal gewürfelt. Das Würfeln einer „6“ wird als Treffer bezeichnet. Begründen Sie, dass eine Bernoulli-Kette vorliegt, und bestimmen Sie die Trefferwahrscheinlichkeit p, die Wahrscheinlichkeit für einen Fehlversuch bei einem Wurf sowie die Länge der Bernoulli-Kette.

Lösung:
Beim Würfeln wird hier nur unterschieden, ob eine „6“ gewürfelt wird (Treffer) oder nicht. Die Trefferwahrscheinlichkeit $p = \frac{1}{6}$ gilt für jeden Wurf, sie ist unabhängig vom Ausgang vorheriger Würfe. Die Wahrscheinlichkeit für einen Fehlversuch ist die Gegenwahrscheinlichkeit $1 - p = \frac{5}{6}$. Da 10-mal gewürfelt wird, hat die Bernoulli-Kette die Länge $n = 10$.

Basisaufgaben

1. Begründen Sie, ob ein Bernoulli-Experiment vorliegt. Geben Sie, wenn möglich, die Trefferwahrscheinlichkeit p an sowie die Wahrscheinlichkeit, dass es keinen Treffer gibt.
   a) Eine Münze wird geworfen. Es wird notiert, ob „Zahl" oben liegt.
   b) Beim Untersuchen der Blutgruppe einer Person wird festgestellt, ob die Blutgruppe A, B, AB oder 0 ist.
   c) Es wird so lange gewürfelt, bis eine 6 kommt. Die Anzahl der Würfe wird notiert.
   d) Beim Werfen zweier Würfel wird notiert, ob die Augensumme 8 beträgt.
   e) Beim Werfen eines Würfels wird notiert, ob die Augenzahl größer als 2 ist.
   f) Beim Werfen dreier Münzen wird notiert, wie viele Münzen „Zahl" zeigen.

2. Begründen Sie, ob man das Zufallsexperiment als Bernoulli-Kette auffassen kann. Falls ja, beschreiben Sie, was ein Treffer ist, und geben Sie die Länge der Bernoulli-Kette an.
   a) Ein Würfel wird viermal geworfen. Bei jedem Wurf wird notiert, ob die Augenzahl gerade ist.
   b) Fünf Spieler einer Fußballmannschaft treten zum Elfmeterschießen an.
   c) Bei der Herstellung eines Bauteils ist ein Bauteil zu 2 % fehlerhaft. Zehn hergestellte Bauteile werden auf Fehler überprüft.
   d) Aus der abgebildeten Urne werden nacheinander drei Kugeln ohne Zurücklegen gezogen.
   e) Aus der abgebildeten Urne werden nacheinander drei Kugeln mit Zurücklegen gezogen.

3. Geben Sie an, unter welchen Bedingungen eine Bernoulli-Kette vorliegt. Legen Sie fest, was ein Treffer ist. Geben Sie die Länge n der Bernoulli-Kette und, wenn möglich, die Trefferwahrscheinlichkeit p an.
   a) Vier Münzen werden gleichzeitig geworfen.
   b) Aus einer Urne mit fünf blauen und drei roten Kugeln wird viermal nacheinander eine Kugel gezogen.
   c) 2016 sind 21 % der deutschen Bevölkerung älter als 60 Jahre. 100 zufällig ausgewählte Personen werden nach ihrem Alter befragt.
   d) Ein Fußballer schießt dreimal auf das untere Loch einer Torwand.
   e) Es werden 100 Neugeborene betrachtet.

4. Die Zufallsgröße X gibt die Anzahl der Treffer bei einer Bernoulli-Kette der Länge n an.
   a) Es sei n = 5. Geben Sie alle Werte an, die X annehmen kann.
   b) Geben Sie an, wie viele verschiedene Werte X für beliebiges n annehmen kann.

5. Eine Basketballspielerin hat beim Freiwurf eine Trefferquote von 75 %. Zum Abschluss des Trainings wirft sie immer noch drei Freiwürfe extra und zählt die Anzahl ihrer Treffer.
   a) Stellen Sie das Werfen dieser drei Freiwürfe in einem Baumdiagramm dar und tragen Sie die Wahrscheinlichkeiten an den Zweigen und den Pfadenden ein.
   b) Berechnen Sie die Wahrscheinlichkeit für 0, 1, 2 und 3 Treffer.
   c) Beschreiben Sie, unter welchen Bedingungen das Werfen der Freiwürfe eine Bernoulli-Kette ist.

Wahrscheinlichkeiten bei Bernoulli-Ketten

In einem Überraschungsei ist mit der Wahrscheinlichkeit p eine neue Fußballfigur. Das Kaufen von drei Überraschungseiern kann als Bernoulli-Kette der Länge $n = 3$ mit der Trefferwahrscheinlichkeit p gedeutet werden. Die Zufallsgröße X gibt die Anzahl der Treffer an. Die Wahrscheinlichkeitsverteilung kann mithilfe eines Baumdiagramms bestimmt werden.

Alle Pfade mit 2 Treffern und einem Fehlversuch haben die gleiche Wahrscheinlichkeit $p^2 \cdot (1-p)$, da die Zweigwahrscheinlichkeiten, die bei den beiden Treffern jeweils p und beim Fehlversuch $1-p$ sind, multipliziert werden. Es gibt $\binom{3}{2}$ Möglichkeiten, 2 Treffer auf die 3 Abschnitte eines Pfades zu verteilen. Die Anzahl der zugehörigen Pfade ergibt sich also aus dem Binomialkoeffizienten $\binom{3}{2} = 3$. Entsprechendes gilt für die anderen Trefferanzahlen.

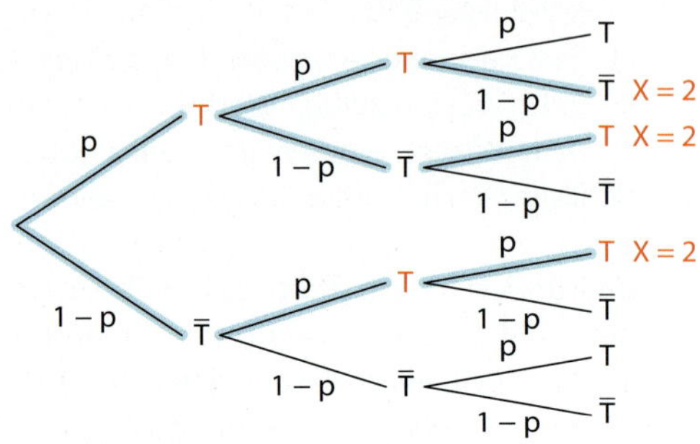

Erinnerung:
Der **Binomialkoeffizient** $\binom{n}{k} = \frac{n!}{k! \cdot (n-k)!}$ gibt die Anzahl der Möglichkeiten an, aus n Objekten ohne Zurücklegen und Berücksichtigung der Reihenfolge k Objekte auszuwählen.

Trefferanzahl k	3	2	1	0
Wahrscheinlichkeit eines Pfads	p^3	$p^2 \cdot (1-p)$	$p \cdot (1-p)^2$	$(1-p)^3$
Anzahl der Pfade	$\binom{3}{3} = 1$	$\binom{3}{2} = 3$	$\binom{3}{1} = 3$	$\binom{3}{0} = 1$
P (X = k)	$1 \cdot p^3$	$3 \cdot p^2 \cdot (1-p)$	$3 \cdot p \cdot (1-p)^2$	$1 \cdot (1-p)^3$

Bei einem Bernoulli-Experiment der Länge n gibt es entsprechend $\binom{n}{k}$ Pfade mit k Treffern, da es genau $\binom{n}{k}$ Möglichkeiten gibt, in den n Schritten insgesamt genau k Treffer zu erzielen. Jeder dieser Pfade hat die Wahrscheinlichkeit $p^k (1-p)^{n-k}$.

Satz: Bernoulli-Formel
Gibt die Zufallsgröße X bei einer Bernoulli-Kette der Länge n mit der Trefferwahrscheinlichkeit p die Anzahl der Treffer an, so gilt für die Wahrscheinlichkeit, dass es k Treffer gibt:

$$P(X = k) = \binom{n}{k} \cdot p^k (1-p)^{n-k} \qquad (k = 0, 1, \ldots, n)$$

Beispiel 2: Ein Tetraeder-Würfel wird zehnmal geworfen. Die Zufallsgröße X zählt dabei die Anzahl der Einsen. Bestimmen Sie die Wahrscheinlichkeit, dass … gewürfelt wird.
a) … genau 3-mal die „1" …
b) … höchstens 2-mal die „1" …
c) … mindestens 3-mal die „1" …
d) … höchstens 5-mal, aber mindestens 3-mal die „1" …

Lösung:

a) Wenden Sie die Bernoulli-Formel mit $n = 10$, $k = 3$ und $p = \frac{1}{4} = 0{,}25$ direkt an.

$$P(X = 3) = \binom{10}{3} \cdot 0{,}25^3 \cdot (1 - 0{,}25)^{10-3} = \binom{10}{3} \cdot 0{,}25^3 \cdot 0{,}75^7 \approx 0{,}250$$

b) Addieren Sie die einzelnen Wahrscheinlichkeiten für genau null Einsen, eine Eins und zwei Einsen.

$$P(X \leq 2) = P(X = 0) + P(X = 1) + P(X = 2) \approx 0{,}056 + 0{,}188 + 0{,}282 = 0{,}526$$

c) „Mindestens 3 Einsen" ist das Gegenereignis zu „höchstens 2 Einsen".

$$P(X \geq 3) = 1 - P(X \leq 2) \approx 1 - 0{,}526 = 0{,}474$$

d) Addieren Sie die einzelnen Wahrscheinlichkeiten für 3-, 4- und 5-mal die „1".

$$P(3 \leq X \leq 5) = P(X = 3) + P(X = 4) + P(X = 5) \approx 0{,}250 + 0{,}146 + 0{,}058 = 0{,}454$$

Basisaufgaben

Hinweis:
Bei einer **fairen Münze** haben Kopf und Zahl jeweils die Wahrscheinlichkeit $\frac{1}{2}$.

6. Eine faire Münze wird sechsmal geworfen. Die Zufallsgröße X zählt, wie oft die Zahl oben liegt. Bestimmen Sie die Wahrscheinlichkeit, dass die Zahl … oben liegt.
a) … genau 3-mal … b) … genau 4-mal … c) … keinmal …

7. Die Zufallsgröße X gibt die Anzahl der Treffer bei einer Bernoulli-Kette mit $n = 5$ und $p = 0{,}5$ an. Berechnen Sie die angegebene Wahrscheinlichkeit.
a) $P(X = 2)$ b) $P(X = 5)$ c) $P(X \leq 2)$ d) $P(X > 3)$ e) $P(X < 5)$

Lösungen zu 7:
0,19 0,64 0,5 0,31 0,97 0,03

8. Die Zufallsgröße X gibt die Anzahl der Treffer bei einer Bernoulli-Kette mit $n = 12$ und $p = 0{,}7$ an. Berechnen Sie die angegebene Wahrscheinlichkeit.
a) $P(X = 7)$ b) $P(X \geq 10)$ c) $P(X \leq 8)$ d) $P(4 \leq X \leq 6)$ e) $P(3 < X < 10)$

9. In einer Schule kommen durchschnittlich 40 % aller Kinder mit dem Fahrrad zur Schule.
a) Erklären Sie die Bedeutung des Terms $\binom{10}{3} \cdot 0{,}4^3 \cdot 0{,}6^7$ in diesem Zusammenhang.
b) 5 Kinder der Schule werden unabhängig voneinander befragt. Berechnen Sie die Wahrscheinlichkeit, dass … mit dem Fahrrad zur Schule fahren.
① … genau 3 … ② … mehr als 3 … ③ … weniger als 2 …

10. Bei einem Multiple-Choice-Test werden insgesamt 25 Fragen gestellt. Bei jeder Frage gibt es 4 Antwortmöglichkeiten, von denen genau eine richtig ist.

a) Erklären Sie, unter welchen Umständen das Ausfüllen des Tests eine Bernoulli-Kette ist. Geben Sie die Werte von n und p an.
b) Beschreiben Sie in dieser Sachsituation die Bedeutung des Terms
$\binom{25}{3} \cdot 0{,}25^3 \cdot 0{,}75^{22} + \binom{25}{2} \cdot 0{,}25^2 \cdot 0{,}75^{23} + \binom{25}{1} \cdot 0{,}25^1 \cdot 0{,}75^{24} + \binom{25}{0} \cdot 0{,}25^0 \cdot 0{,}75^{25}$.
c) Bestimmen Sie die Wahrscheinlichkeit, dass der Prüfling mehr als 10, aber weniger als 15 Antworten richtig hat, wenn er bei jeder Frage rät.

11. Aus den Ziffern 0 bis 9 wird zufällig ein sechsstelliger Code gebildet. Es soll die Wahrscheinlichkeit berechnet werden, dass genau vier Ziffern des Codes nicht 0 sind.
Erläutern Sie die Vorgehensweise von Yannik und Fabian, überprüfen Sie ihre Richtigkeit und vergleichen Sie. Bestimmen Sie auch die gesuchte Wahrscheinlichkeit.

Yannik:
X: Anzahl der Ziffern ungleich 0.
$p = \frac{9}{10} = 0{,}9$ und $n = 6$
$P(X = 4) = \binom{6}{4} \cdot 0{,}9^4 \cdot 0{,}1^2$

Fabian:
Y: Anzahl der Ziffern gleich 0.
$p = \frac{1}{10} = 0{,}1$ und $n = 6$
$P(Y = 2) = \binom{6}{2} \cdot 0{,}1^2 \cdot 0{,}9^4$

12. Ein normaler Spielwürfel wird insgesamt 10-mal geworfen.
a) Berechnen Sie die Wahrscheinlichkeit, dass … die „6" gewürfelt wird.
① … genau 3- oder 4-mal … ② … höchstens 4-mal … ③ … mindestens 2-mal …
④ … mehr als 4-mal … ⑤ … weniger als 5-mal …
b) Beschreiben Sie das Ereignis E, dessen Wahrscheinlichkeit mit dem Term
$P(E) = 1 - \left(\binom{10}{10} \cdot \left(\frac{1}{6}\right)^{10} \cdot \left(\frac{5}{6}\right)^0 + \binom{10}{9} \cdot \left(\frac{1}{6}\right)^9 \cdot \left(\frac{5}{6}\right)^1\right)$ berechnet wird.
c) Bestimmen Sie die Wahrscheinlichkeit, dass genau 7-mal keine „6" gewürfelt wird.
d) Berechnen Sie die Wahrscheinlichkeit, dass erst 3-mal die „6" und dann 7-mal keine „6" gewürfelt wird.

Weiterführende Aufgaben

13. Betrachtet wird das Drehen eines Glücksrads.

a) Beschreiben Sie, unter welchen Bedingungen das Drehen des Glücksrads ein Bernoulli-Experiment ist.

b) Skizzieren Sie ein Glücksrad und geben Sie ein Ereignis dazu an, dessen Wahrscheinlichkeit durch $\binom{5}{2} \cdot 0{,}2^2 \cdot 0{,}8^3$ berechnet wird.

c) Betrachten Sie den Term $\binom{10}{4} \cdot p^4 \cdot (1-p)^6$ für $p = \frac{1}{5}, \frac{2}{5}, \frac{3}{5}, \frac{4}{5}$. Stellen Sie ohne Berechnung eine Vermutung auf, für welchen Wert von p der Term den größten Wert hat.

d) Überprüfen Sie Ihre Vermutung aus c) durch Berechnung des Terms.

14. Stolperstelle: Lina, Kai und Anna haben in einer Studie gelesen, dass etwa 63,5 % der Deutschen eine Brille tragen. Unter dieser Annahme berechnen sie im Vorfeld einer Befragung die Wahrscheinlichkeiten unterschiedlicher Ereignisse.

Lina:
„Unter 10 Befragten sind genau 8 Brillenträger."
$P(X = 8) = \binom{10}{8} \cdot 0{,}635^8$
$\approx 1{,}19$

Kai:
„Unter 5 Befragten sind mehr als 3 Brillenträger."
$P(X \geq 3) = P(X = 3) + P(X = 4) + P(X = 5)$
$\approx 0{,}341 + 0{,}297 + 0{,}103 = 0{,}741$

Anna:
„Unter 6 Befragten sind mehr als ein Brillenträger."
$P(X > 1) = 1 - P(X < 1)$
$= 1 - P(X = 0)$
$\approx 1 - 0{,}0024$
$= 0{,}9976$

a) Beschreiben Sie die Fehler in den Rechnungen der drei Schülerinnen und Schüler.

b) Berechnen Sie die korrekten Wahrscheinlichkeiten und benennen Sie die Stellen, an denen Lina, Kai und Anna ihre Fehler gemacht haben.

15. In einer Urne sind 40 rote und 60 gelbe Kugeln. Es wird dreimal eine Kugel gezogen. Die Höhe des Preisgelds richtet sich nach der Anzahl der gezogenen roten Kugeln. Der Einsatz beträgt 2 €.

rote Kugeln	Preisgeld
0	2,00 €
1	1,00 €
2	1,50 €
3	10,00 €

a) Erklären Sie, warum es sich nur dann um eine Bernoulli-Kette handelt, wenn das Spiel mit Zurücklegen der gezogenen Kugel gespielt wird.

b) Das Spiel wird mit Zurücklegen der gezogenen Kugel gespielt. Bestimmen Sie die Wahrscheinlichkeitsverteilung des Preisgelds.

c) Weisen Sie rechnerisch nach, dass das Spiel nicht fair ist. Erklären Sie dabei, ob das Spiel langfristig für den Anbieter oder den Spieler lukrativ ist.

d) Passen Sie den Hauptgewinn bei drei gezogenen roten Kugeln so an, dass das Spiel fair wird.

● **16.** Betrachten Sie eine Urne mit 40 roten und 60 gelben Kugeln. Es wird dreimal ohne Zurücklegen gezogen und die Anzahl X der gezogenen roten Kugeln gezählt.

a) Erklären Sie, warum $P(X = 2) = \binom{3}{2} \cdot \frac{40 \cdot 39 \cdot 60}{100 \cdot 99 \cdot 98}$ gilt.

b) Bestimmen Sie die Wahrscheinlichkeitsverteilung für die Anzahl der roten Kugeln.

c) Vergleichen Sie die Wahrscheinlichkeitsverteilung aus b) mit den Wahrscheinlichkeiten, die in Aufgabe 15 b) mit der Bernoulli-Formel berechnet wurden. Erläutern Sie, warum die Abweichungen gering sind, obwohl das Ziehen ohne Zurücklegen keine Bernoulli-Kette darstellt.

17. Bei der Verallgemeinerung der 1. binomischen Formel wird die ausmultiplizierte Form von $(a + b)^n$ gesucht.

a) Begründen Sie, dass für $k = 0, 1, \ldots, n$ alle Summanden der Form $a^k \cdot b^{n-k}$ mindestens einmal vorkommen.

b) Bestimmen Sie die Anzahl der Möglichkeiten, beim Ausmultiplizieren von n Klammern der Form $(a + b)$ genau k-mal den Faktor a zu wählen.

c) Zeigen Sie, dass aus a) und b) der **allgemeine binomische Lehrsatz** folgt:
$(a+b)^n = \binom{n}{0}a^0 \cdot b^{n-0} + \binom{n}{1}a^1 \cdot b^{n-1} + \ldots + \binom{n}{n}a^n \cdot b^0.$

d) Weisen Sie nach, dass die Summe der Wahrscheinlichkeiten $P(X = k) = \binom{n}{k}p^k \cdot (1-p)^{n-k}$ für $k = 0, 1, \ldots, n$ den Wert 1 hat. Verwenden Sie Aufgabenteil c).

Merkhilfe:
Die Koeffizienten zu $(a + b)^n$ stehen in der $(n + 1)$-ten Zeile des Pascal'schen Dreiecks.

18. Länge einer Bernoulli-Kette für mindestens einen Treffer:
Malte hat beim Torwandschießen eine Trefferquote von 30 %. Er überlegt: „Wie oft muss ich schießen, damit ich zu 99 % mindestens einen Schuss treffe?"

$$P(X \geq 1) \geq 0{,}99$$
$$1 - P(X = 0) \geq 0{,}99$$
$$0{,}01 \geq P(X = 0)$$
$$0{,}01 \geq 0{,}7^n$$

a) Erläutern Sie die Umformungsschritte.

b) Lösen Sie die letzte Ungleichung und beantworten Sie Maltes Frage. Vergleichen Sie mögliche Lösungswege.

19. a) Berechnen Sie, wie oft man mit einem normalen Spielwürfel mindestens würfeln muss, um mit einer Wahrscheinlichkeit von mindestens 99 % mindestens einmal eine Sechs zu würfeln.

b) Linda nimmt jede Woche an einem Gewinnspiel teil. Da es etwa 1000 Teilnehmer gibt, kann man annehmen, dass sie jede Woche mit einer Wahrscheinlichkeit von 0,1 % den Preis gewinnt. Berechnen Sie, wie lange Linda mindestens teilnehmen muss, um zu 90 % oder mehr den Preis wenigstens einmal zu gewinnen.

20. GTR Betrachten Sie eine Bernoulli-Kette der Länge n mit der Trefferwahrscheinlichkeit p.

a) Zeigen Sie, dass für ein beliebiges s mit $0 < s < 1$ die Ungleichung $P(X \geq 1) \geq s$ genau dann gilt, wenn $n \geq \frac{\ln(1-s)}{\ln(1-p)}$ ist.

b) Für die Trefferwahrscheinlichkeit gelte nun $p = 0{,}7$.
Beschreiben Sie die Aussage der Ungleichung $1 - 0{,}3^n - n \cdot 0{,}7 \cdot 0{,}3^{n-1} \geq 0{,}99$.
Lösen Sie die Ungleichung mit dem GTR und deuten Sie das Ergebnis.

21. Ausblick: Das nebenstehende Glücksrad besteht aus blauen, roten und grünen Sektoren. Bei 10 Drehungen soll insgesamt r-mal ein roter, b-mal ein blauer und g-mal ein grüner Sektor gedreht werden.

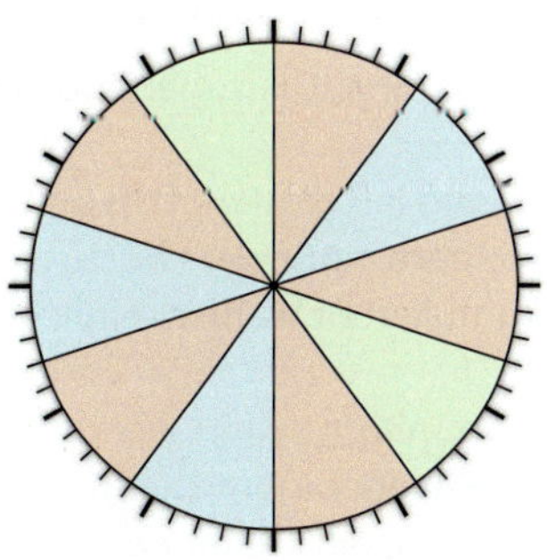

a) Beschreiben Sie, welche Eigenschaften einer Bernoulli-Kette das beschriebene Zufallsexperiment erfüllt und welche nicht.

b) Begründen Sie, dass es für dieses Ereignis
$\binom{10}{r} \cdot \binom{10-r}{b} \cdot \binom{10-r-b}{g}$ Möglichkeiten gibt.

c) Zeigen Sie: $\binom{10}{r} \cdot \binom{10-r}{b} \cdot \binom{10-r-b}{g} = \frac{10!}{r! \cdot b! \cdot g!}$

d) Berechnen Sie mithilfe der Ergebnisse aus b) und c) die Wahrscheinlichkeit für das Ereignis, dass 5-mal rot, 3-mal blau und 2-mal grün gedreht wird.

9.3 Binomialverteilung

■ Die Abbildungen zeigen Histogramme unterschiedlicher Wahrscheinlichkeitsverteilungen.

a) Entscheiden Sie, welches der Histogramme ① bis ③ zu einer Bernoulli-Kette mit $n = 5$ und $p = 0{,}25$ passt.

b) Das Histogramm ④ gehört auch zu einer Bernoulli-Kette. Begründen Sie, ob die Trefferwahrscheinlichkeit p größer, kleiner oder gleich 0,5 ist. ■

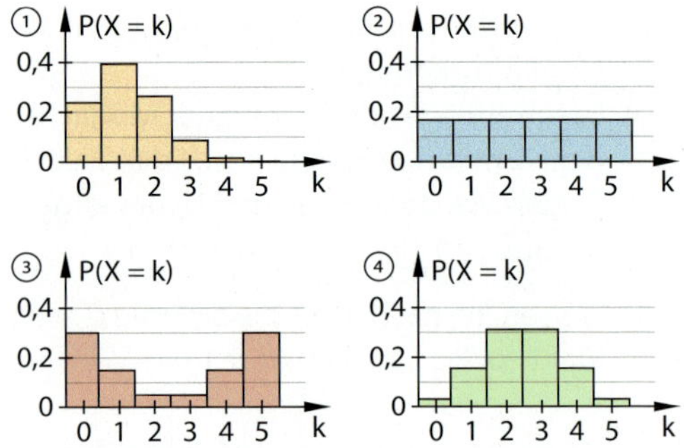

Binomialverteilte Zufallsgrößen

Zehn Reißzwecken werden gleichzeitig geworfen. Eine Reißzwecke landet beim Werfen mit einer Wahrscheinlichkeit von $p = 0{,}4$ mit der Spitze nach oben. Die Zufallsgröße X beschreibt bei diesem Bernoulli-Experiment die Anzahl der Reißzwecken, die mit der Spitze nach oben landen.

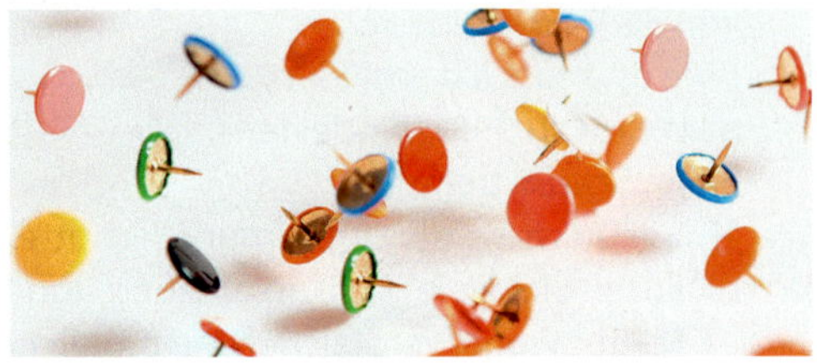

Mit der Bernoulli-Formel können die Wahrscheinlichkeiten $P(X = k)$ für jedes mögliche k berechnet werden. Daraus ergibt sich die Wahrscheinlichkeitsverteilung von X, die übersichtlich in einem Histogramm dargestellt wird. Man nennt sie **Binomialverteilung**.

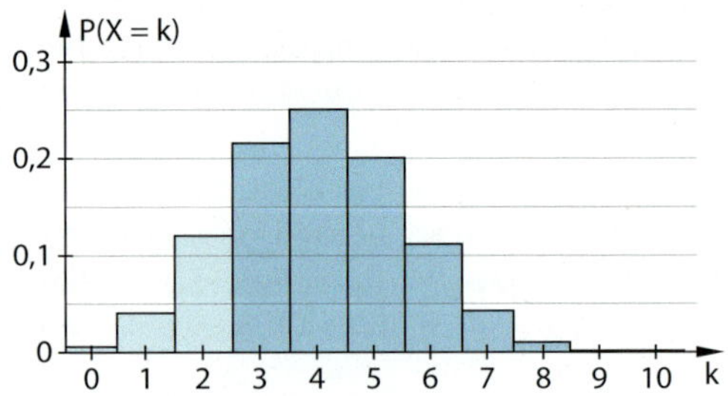

Der Flächeninhalt der hellblauen Fläche steht für die Wahrscheinlichkeit $P(X \leq 2)$, der der dunkelblauen Fläche für $P(X > 2)$.

$$P(X \leq 2) = P(X = 0) + P(X = 1) + P(X = 2) \approx 0{,}167$$

$$P(X > 2) = 1 - P(X \leq 2) \approx 0{,}833$$

Definition: Binomialverteilung, binomialverteilte Zufallsgrößen

Eine Zufallsgröße X heißt **binomialverteilt** mit den Parametern n und p (kurz $X \sim B_{n;\,p}$), wenn sie die Werte $k = 0, 1, 2, \ldots, n$ mit Wahrscheinlichkeiten

$$B_{n;\,p}(k) = P(X = k) = \binom{n}{k} \cdot p^k \cdot (1 - p)^{n-k} \qquad (0 < p < 1)$$

annimmt. Die zugehörige Wahrscheinlichkeitsverteilung heißt **Binomialverteilung**.

Hinweis:
Eine Summe mit vielen Summanden gleicher Art kann kurz mit dem Summenzeichen geschrieben werden.

$$\sum_{i=0}^{k} P(x = i) = P(X = 0) + P(X = 1) + \ldots + P(X = k)$$

Häufig interessiert man sich nicht für die Wahrscheinlichkeit einer konkreten Trefferzahl, sondern dafür, dass höchstens k Treffer erzielt werden. In diesem Fall spricht man von einer kumulierten Wahrscheinlichkeit.

Definition: Kumulierte Wahrscheinlichkeit

Bei einer binomialverteilten Zufallsgröße X nennt man die Wahrscheinlichkeit, dass die Anzahl der Treffer höchstens k ist, **kumulierte Wahrscheinlichkeit**:

$$F_{n;\,p}(k) = P(X \leq k) = P(X = 0) + P(X = 1) + \ldots + P(X = k)$$

Da die Berechnung von Wahrscheinlichkeiten, insbesondere von kumulierten, sehr aufwändig sein kann, greift man auf Befehle im GTR zurück.

Einzelwahrscheinlichkeit $P(X = 12)$:
binomPdf(n,p,k) mit $n = 25$; $p = 0{,}4$ und $k = 12$

```
binomPdf(25,0.4,12)        0.11395
```

Kumulierte Wahrscheinlichkeit $P(X \leq 12)$:
binomCdf(n,p,k) mit $n = 25$; $p = 0{,}4$ und $k = 12$

```
binomCdf(25,0.4,12)        0.846232
```

Intervallwahrscheinlichkeit $P(3 \leq X \leq 7)$:
binomCdf(n,p,a,b) mit $n = 25$; $p = 0{,}4$; $a = 3$; $b = 7$

```
binomCdf(25,0.4,3,7)       0.153122
```

Beispiel 1: Ein Tetraeder-Würfel wird 50-mal geworfen. Die Zufallsgröße X zählt dabei die Anzahl der Einsen. Bestimmen Sie die Wahrscheinlichkeit, dass … gewürfelt wird.
a) … genau 15-mal die „1" … b) … höchstens 10-mal die „1" …
c) … mindestens 15-mal die „1" … d) … höchstens 20-mal, aber mindestens 15-mal die „1" …

Lösung:
Das 50-malige Würfeln ist eine Bernoulli-Kette, X ist binomialverteilt mit $n = 50$ und $p = 0{,}25$.

a) Berechnen Sie die Einzelwahrscheinlichkeit $P(X = 15)$ mit dem Befehl *binomPdf(n,p,k)*.

$P(X = 15) \approx 0{,}089$

```
binomPdf(50,0.25,15)       0.088836
```

b) Berechnen Sie die kumulierte Wahrscheinlichkeit $P(X \leq 10)$ mit dem Befehl *binomCdf(n,p,k)*.

$P(X \leq 10) = P(X = 0) + P(X = 1) + \ldots + P(X = 10)$
$\approx 0{,}262$

```
binomCdf(50,0.25,10)       0.262202
```

c) Das Ereignis „mindestens 15 Treffer" ist das Gegenereignis zu „höchstens 14 Treffer". Verwenden Sie den Befehl *binomCdf(n,p,k)*.

$P(X \geq 15) = P(X = 15) + P(X = 16) + \ldots + P(X = 50)$
$= 1 - P(X \leq 14) \approx 0{,}252$

```
1-binomCdf(50,0.25,14)     0.251919
```

Hinweis zu c:
Alternativ ist auch der Befehl *binomCdf(50,0.25,15,50)* möglich.

d) Das Ereignis „höchstens 20-mal, aber mindestens 15-mal" bedeutet $X \leq 20$ und $X \geq 15$. Verwenden Sie den Befehl *binomCdf(n,p,a,b)*.

$P(15 \leq X \leq 20)$
$= P(X = 15) + P(X = 16) + \ldots + P(X = 20) \approx 0{,}246$

```
binomCdf(50,0.25,15,20)    0.245656
```

Basisaufgaben

GTR **1.** Erstellen Sie eine Tabelle zur Binomialverteilung mit den gegebenen Werten n und p. Stellen Sie diese in einem Histogramm dar.
a) $n = 8$; $p = 0{,}6$ b) $n = 12$; $p = 0{,}8$ c) $n = 10$; $p = 0{,}5$ d) $n = 15$; $p = 0{,}4$

Hilfe zu GTR/CAS ↗ S. 486

2. Das Histogramm zeigt eine Binomialverteilung mit $n = 10$ und $p = 0{,}6$.
a) Bestimmen Sie aus dem Histogramm näherungsweise die Werte für die Wahrscheinlichkeiten $P(X \leq 3)$, $P(X = 6)$, $P(X \geq 8)$, $P(X < 8)$, $P(5 \leq X \leq 8)$ und $P(X > 3)$.
GTR b) Berechnen Sie die Werte aus a) mit dem GTR und vergleichen Sie.

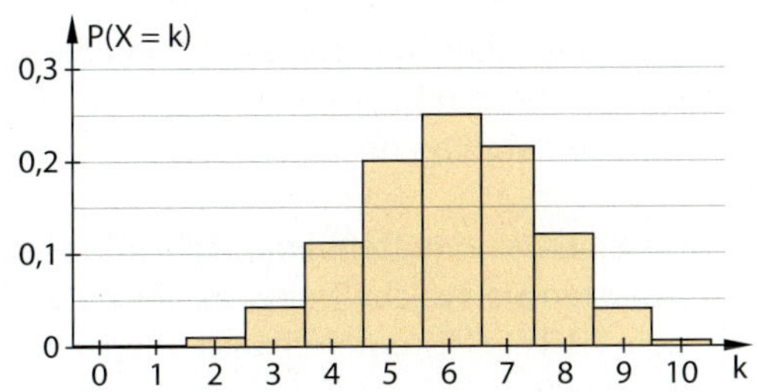

GTR **3.** Für eine Binomialverteilung gilt n = 40 und p = 0,4. Schreiben Sie die Wahrscheinlichkeit des Ereignisses mit kumulierten Wahrscheinlichkeiten und berechnen Sie dann die Wahrscheinlichkeit mit dem GTR.

① Es werden höchstens 25 Treffer erzielt.

② Es werden mindestens 10 Treffer erzielt.

③ Es werden zwischen 15 und 30 Treffer erzielt.

GTR **4.** Jeder Term berechnet eine Wahrscheinlichkeit zu einer binomialverteilten Zufallsgröße X.

① $\binom{25}{3} \cdot 0{,}25^3 \cdot 0{,}75^{25-3}$

② $\binom{10}{0} \cdot 0{,}3^0 \cdot 0{,}7^{10} + \binom{10}{1} \cdot 0{,}3^1 \cdot 0{,}7^9$

③ $1 - \left(\binom{15}{13} \cdot 0{,}8^{13} \cdot 0{,}2^2 + \binom{15}{14} \cdot 0{,}8^{14} \cdot 0{,}2 + 0{,}8^{15}\right)$

④ $\binom{60}{20} \cdot 0{,}6^{20} \cdot 0{,}4^{40} + \binom{60}{21} \cdot 0{,}6^{21} \cdot 0{,}4^{39} + \ldots + \binom{60}{39} \cdot 0{,}6^{39} \cdot 0{,}4^{21} + \binom{60}{40} \cdot 0{,}6^{40} \cdot 0{,}4^{20}$

a) Geben Sie die Werte für n und p an und formulieren Sie das betrachtete Ereignis in eigenen Worten.

b) Berechnen Sie die Wahrscheinlichkeiten möglichst einfach mit dem GTR.

GTR **5.** Im 11. Jahrgang eines Gymnasiums kommen im Schnitt 55 % der 80 Schüler mit dem Bus zur Schule, 30 % kommen mit dem Fahrrad und 15 % kommen auf anderen Wege zur Schule.

a) Die Zufallsgröße X zählt die Anzahl derjenigen Schüler, die an einem zufälligen Tag mit dem Bus zur Schule kommen. Erläutern Sie, unter welchen Annahmen X als binomialverteilt angenommen werden kann. Geben Sie die Parameter n und p an.

b) In der 11a sind 25 Schüler. Berechnen Sie die Wahrscheinlichkeit, dass
① höchstens 15 von ihnen mit dem Bus zur Schule kommen,
② zwischen 15 und 20 Schülern mit dem Fahrrad zur Schule kommen,
③ mindestens 10 mit dem Fahrrad zur Schule kommen.

GTR **6.** Die Produktionsabteilung einer Elektronikfirma gibt an, dass ein Bauteil nur mit einer Wahrscheinlichkeit von 0,1 % einen Fehler aufweist.

a) Erklären Sie in diesem Zusammenhang die Bedeutung des folgenden Terms.
① $0{,}999^{10} + \binom{10}{1} \cdot 0{,}001 \cdot 0{,}999^9 + \binom{10}{2} \cdot 0{,}001^2 \cdot 0{,}999^8$
② $\binom{50}{48} \cdot 0{,}999^{48} \cdot 0{,}001^2 + \binom{50}{49} \cdot 0{,}999^{49} \cdot 0{,}001 + 0{,}999^{50}$

b) Zu Wochenbeginn produziert die Firma am Montag 5000 und am Dienstag 7500 Bauteile. Berechnen Sie die Wahrscheinlichkeit, dass
① am Montag höchstens 10 Bauteile fehlerhaft sind,
② am Dienstag mindestens 7450 Bauteile in Ordnung sind,
③ an beiden Tagen zusammen mindestens 12 450 Bauteile in Ordnung sind,
④ am Montag höchstens 5 und am Dienstag höchstens 10 Bauteile fehlerhaft sind.

GTR **7.** Gegeben ist eine Trefferwahrscheinlichkeit p zu einer Binomialverteilung mit n = 20. Schätzen Sie, welche Trefferanzahl k die größte Wahrscheinlichkeit hat. Erstellen Sie mit dem GTR ein Histogramm und überprüfen Sie Ihre Schätzung.

a) p = 0,5 b) p = 0,3 c) p = 0,8 d) p = 0,1

Anwendungen der Binomialverteilung

Ist es wirklich notwendig, dass eine Firma ihren Parkplatz vergrößert? Braucht eine Schule noch mehr Fahrradständer? Sollte das Fitnessstudio ein weiteres Laufband aufstellen, weil in der letzten Woche einige Mitglieder ein paar Minuten warten mussten? Fragen wie diese können mithilfe von Binomialverteilungen untersucht werden.

Beispiel 2: Von 200 Mitarbeitern einer Firma kommen durchschnittlich 70 % mit dem Auto zur Arbeit.

a) Unter welchen Annahmen kann die Situation durch eine binomialverteilte Zufallsgröße beschrieben werden? Geben Sie die Parameter n und p an.

b) Bestimmen Sie die Wahrscheinlichkeit, dass an einem beliebigen Tag 150 Parkplätze ausreichend sind.

c) Bestimmen Sie, wie viele Parkplätze mindestens nötig sind, damit diese mit einer Wahrscheinlichkeit von mindestens 90 % ausreichen.

Lösung:

a) Eine Trefferzahl kann mit einer binomialverteilten Zufallsgröße beschrieben werden, wenn ein Bernoulli-Experiment n-mal unabhängig voneinander mit konstanter Trefferwahrscheinlichkeit wiederholt wird.

Es wird angenommen, die 200 Mitarbeiter entscheiden unabhängig voneinander mit gleicher Wahrscheinlichkeit 0,7, ob sie mit dem Auto fahren. Dann beschreibt $X \sim B_{200;\,0,7}$ die Anzahl der Mitarbeiter, die an einem ausgewählten Tag mit dem Auto kommen.

b) Gesucht ist die kumulierte Wahrscheinlichkeit $P(X \leq 150) = F_{200;\,0,7}(150)$. Berechnen Sie diese Wahrscheinlichkeit mit dem GTR.

$P(X \leq 150) = F_{200;\,0,7}(150) \approx 0,949$

Die Parkplätze reichen mit einer Wahrscheinlichkeit von ca. 95 % aus.

c) Das Ergebnis in b) zeigt, dass die Wahrscheinlichkeit dafür, dass 150 Parkplätze ausreichen, größer als 90 % ist. Berechnen Sie die Wahrscheinlichkeiten $P(X \leq k) = F_{200;\,0,7}(k)$ für k kleiner 150, bis der Wert 0,9 unterschritten wird.

$P(X \leq 149) = F_{200;\,0,7}(149) \approx 0,930$
$P(X \leq 148) = F_{200;\,0,7}(148) \approx 0,906$
$P(X \leq 147) = F_{200;\,0,7}(147) \approx 0,877$

Es sind mindestens 148 Parkplätze nötig.

Basisaufgaben

GTR **8.** In der Schulmensa können alle Personen der Schule ein warmes Mittagessen bestellen. Die Bestellungen müssen bis zum Vortag abgegeben werden. Die Erfahrung zeigt, dass durchschnittlich nur 90 % der bestellten Essen auch tatsächlich gekauft werden.

a) Erklären Sie, unter welchen Bedingungen die Anzahl der verkauften Mittagessen mit einer binomialverteilten Zufallsgröße beschrieben werden kann.

b) Berechnen Sie die Wahrscheinlichkeit, dass
① von 500 vorbestellten Essen mehr als 480 tatsächlich gekauft werden,
② von 400 Vorbestellungen zwischen 350 und 380 abgeholt werden,
③ von 650 Vorbestellungen weniger als 600 verkauft werden.

c) Es gehen 550 Vorbestellungen ein. Untersuchen Sie, mit welcher Wahrscheinlichkeit die Zubereitung von 500 Mittagessen ausreichen würde.

d) Prüfen Sie, ob die Wahrscheinlichkeit, dass bei 450 Vorbestellungen 410 zubereitete Essen nicht ausreichen, unter 20 % liegt.

GTR **9.** Betrachten Sie eine binomialverteilte Zufallsgröße mit $n = 70$ und $p = 0{,}35$.

a) Erstellen Sie eine Wertetabelle für $P(X \leq k)$ für $20 \leq k \leq 30$.

b) Bestimmen Sie mithilfe der Wertetabelle aus a) den kleinsten Wert von k, sodass gilt:
① $P(X \leq k) \geq 0{,}7$ ② $P(X \leq k) > 0{,}9$ ③ $P(X \leq k) > 0{,}5$

c) Bestimmen Sie den größten Wert von k, sodass gilt:
① $P(X > k) \geq 0{,}4$ ② $P(X > k) > 0{,}75$ ③ $P(X \leq k) < 0{,}5$

GTR **10.** Im Stehplatzblock L eines Handballvereins sind alle 350 Plätze an Dauerkarteninhaber vergeben. Erfahrungsgemäß ist Block L während eines Spiels nur zu 85 % gefüllt. Daher überlegt der Verein, für diesen Block zusätzlich Tageskarten anzubieten.

a) Bestimmen Sie, mit welcher Wahrscheinlichkeit mehr als 300 Dauerkarteninhaber an einem Spieltag in Block L sind.

b) Untersuchen Sie, wie viele Plätze der Verein in Block L für Dauerkarteninhaber freihalten sollte, damit sie mit einer Wahrscheinlichkeit von mindestens 95 % (90 %) ausreichen.

c) Erläutern Sie die Bedeutung des folgenden Terms in diesem Sachzusammenhang.
$\binom{350}{k} \cdot 0{,}85^{k} \cdot 0{,}15^{350-k} + \binom{350}{k+1} \cdot 0{,}85^{k+1} \cdot 0{,}15^{350-(k+1)} + \ldots + \binom{350}{350} \cdot 0{,}85^{350} \cdot 0{,}15^{0}$

GTR **11.** Eine Firma hat 3 Telefonleitungen, die von 10 Angestellten genutzt werden. Jeder Angestellte belegt eine Leitung durchschnittlich für 15 Minuten pro Stunde.

a) Die Anzahl der benötigten Leitungen kann man als binomialverteilt mit $n = 10$ und $p = \frac{1}{4}$ betrachten. Erläutern Sie dies.

b) Bestimmen Sie die Wahrscheinlichkeit, dass die vorhandenen Leitungen zu einem bestimmten Zeitpunkt ausreichen.

c) Die Firma plant den Zukauf einer vierten Leitung.
Entscheiden Sie, ob dies die Erreichbarkeit der Firma deutlich verbessert.

d) Untersuchen Sie, wie viele Leitungen die Firma mindestens benötigt, damit sie mit einer Wahrscheinlichkeit von 98 % ausreichen.

e) Die Firma stellt fünf neue Mitarbeiter ein. Bestimmen Sie die Anzahl der notwendigen Leitungen, damit sie mit einer Wahrscheinlichkeit von mindestens 98 % ausreichen.

Weiterführende Aufgaben

GTR **12.** Mithilfe von Listenmenüs lassen sich binomialverteilte Zufallsgrößen sehr effektiv darstellen. In der Abbildung ist in Spalte A eine Liste von 0 bis 250 notiert. Die Werte in Spalte B werden berechnet durch „=binomcdf(250,0.4,a[])“.

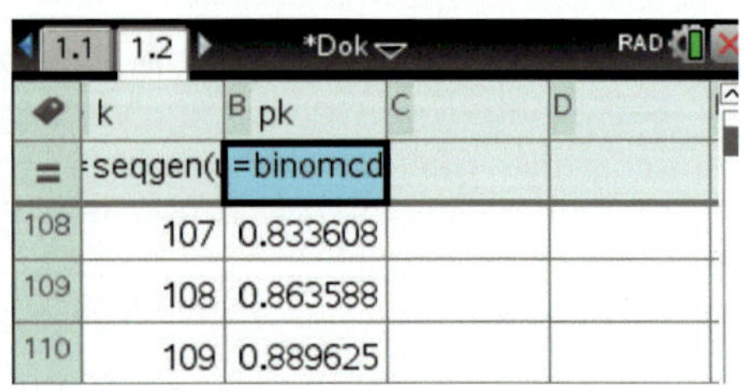

a) Beschreiben Sie die Bedeutung der Werte in Spalte B.

b) Bestimmen Sie mit einer solchen Tabelle
① den kleinsten Wert von k mit $P(X \leq k) > 0{,}5$,
② den größten Wert von k mit $P(X > k) > 0{,}1$.

c) Der Befehl in Spalte B wird in „=binomcdf(250,0.4,a[]−10, a[]+10)“ geändert.
Bestimmen Sie das Maximum in Spalte B und beschreiben Sie dessen Bedeutung.

d) Bestimmen Sie für $n = 500$ und $p = 0{,}7$ die passenden Werte für k.
① $P(X \leq k) < 0{,}4$ ② $P(X > k) > 0{,}5$
③ $P(X = 15) + P(X = 16) + \ldots + P(X = k) > 0{,}2$ ④ $P(k < X < k + 20)$ ist maximal.

13. Bei einem Galton-Brett mit 4 Stufen werden von der oberen Spitze aus Kugeln in das Brett geworfen, welche dann entlang der Zapfen nach unten und in einen Becher fallen. Der Weg der Kugel ist dabei zufällig.

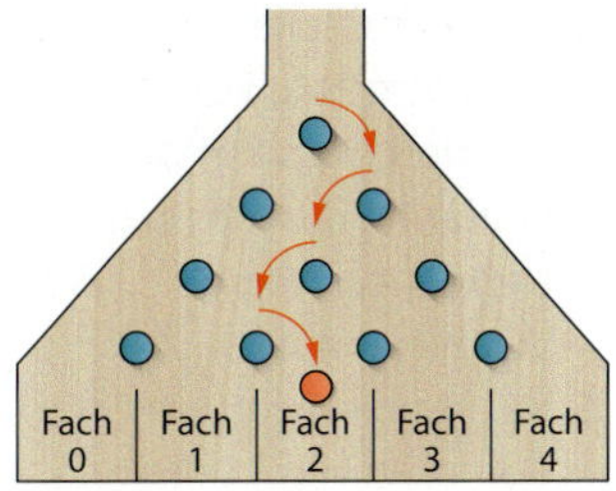

a) Es werden viermal je 50 Kugeln in das abgebildete Galton-Brett gegeben. Die Anzahl der Kugeln pro Fach ist für jede Durchführung in einem Diagramm festgehalten:

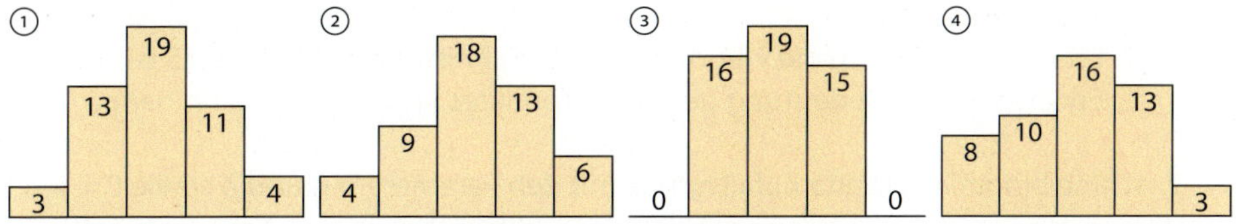

Bestimmen Sie die relative Häufigkeitsverteilung der vier Durchführungen. Beschreiben und erklären Sie Gemeinsamkeiten und Unterschiede.

b) Erläutern Sie, inwiefern das Experiment eine Bernoulli-Kette darstellt. Bestimmen Sie die theoretische Wahrscheinlichkeitsverteilung der zugehörigen Binomialverteilung.

c) Die Abbildung zeigt zwei absolute Häufigkeitsverteilungen von Durchführungen mit 500 Kugeln. Vergleichen Sie diese mit der theoretischen Wahrscheinlichkeitsverteilung aus b).

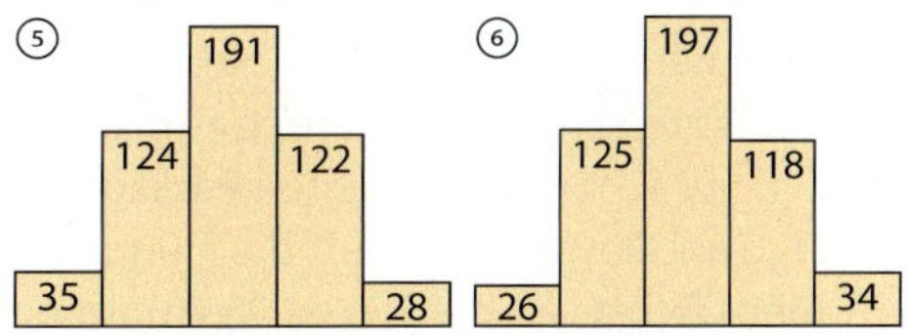

GTR

14. Stolperstelle: Bei einer Wahl bekam eine Partei 32 % der Stimmen. Nach der Wahl werden 200 zufällig ausgesuchte Wähler befragt.
Erklären Sie, welche Fehler Tim, Sabrina und Kai beim Berechnen der Wahrscheinlichkeiten machen, und korrigieren Sie diese.

a) Tim: *„Die Wahrscheinlichkeit, dass unter den Befragten weniger als 70 Wähler der Partei sind, ist $P(X \le 70) = P(X = 0) + P(X = 1) + \ldots + P(X = 70) \approx 0{,}838$; mit binomCdf()."*

b) Sabrina: *„Die Wahrscheinlichkeit, dass zwischen 60 und 80 Wähler der Partei befragt wurden, ist $P(60 \le X \le 80) = P(X \le 80) - P(X \le 60) \approx 0{,}693$; mit binomCdf()."*

c) Kai: *„Die Wahrscheinlichkeit, dass mehr als 60 Wähler der Partei dabei sind, ist $P(X > 60) = P(X \ge 61) = \text{binomCdf}(200, 0.32, 61) \approx 0{,}355$."*

GTR

15. Mira ist Mittelfeldspielerin. Sie hat eine durchschnittliche Passquote von 85 %.

a) In einem Spiel spielt sie insgesamt 75 Pässe. Berechnen Sie die Wahrscheinlichkeit, dass davon
① höchstens 70 Pässe ankommen,
② mindestens 60 Pässe ankommen,
③ zwischen 55 und 65 Pässen ankommen.

b) Die Zufallsgröße Y zählt die Anzahl der Fehlpässe, die Mira in einem Spiel mit 80 eigenen Pässen spielt.
Erklären Sie die Bedeutung von $P(Y \le 10)$ und berechnen Sie die Wahrscheinlichkeit.

c) Bestimmen Sie den kleinsten Wert von k mit $P(Y \le k) > 0{,}9$. Erklären Sie das Ergebnis im Sachzusammenhang.

16. Ein Basketballspieler hat bei 3-Punkt-Würfen eine Trefferquote von 40 %. Die Abbildung zeigt in blau den Graphen der Funktion $F_{50;\,0,4}$.

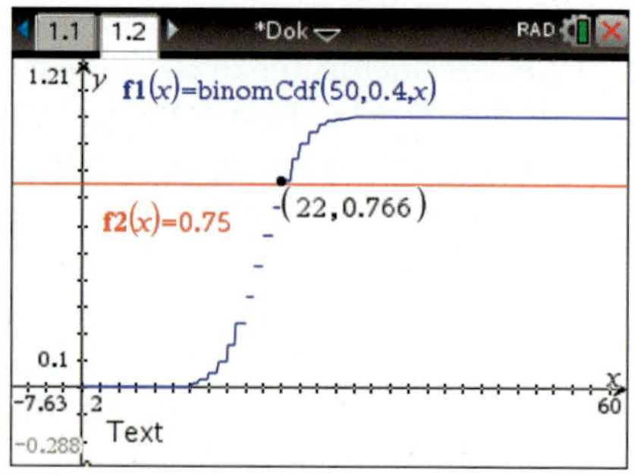

a) Erklären Sie, warum der Graph einen treppenartigen und keinen stetigen Verlauf nimmt.

b) Schneidet man den Graphen von $F_{50;\,0,4}$ mit der roten Horizontalen $y = 0{,}75$, so liefert der Rechner das eigenartige Ergebnis $S(22\,|\,0{,}766)$.
① Erklären Sie, warum die y-Koordinate des Schnittpunktes nicht 0,75 ist.
② Erklären Sie die Bedeutung des Schnittpunktes im Sachzusammenhang.

17. X ist eine binomialverteilte Zufallsgröße mit den Parametern n und p sowie $0 < p < 1$. Begründen Sie, ob die Aussage richtig oder falsch ist. Korrigieren Sie, wenn nötig.

a) $P(X \leq n) = 1$ b) $P(X \leq 0) = 0$ c) $P(X \leq k) + P(X \geq k) = 1$

d) Für $k = 0, 1, \ldots, n$ gilt: Je größer k ist, desto größer ist $P(X \leq k)$.

e) Für $k = 1, 2, \ldots, n$ gilt: Je größer n ist, desto größer ist $P(X \geq k)$.

GTR **18.** Bei einer überwiegend von Geschäftsleuten genutzten Flugverbindung treten durchschnittlich nur 95 % der gebuchten Passagiere ihren Flug an. Deshalb verkauft die Fluggesellschaft mehr Tickets als die 150 zur Verfügung stehenden Sitzplätze. Ein Flugticket kostet 100 €. Passagiere, die wegen einer Überbuchung nicht mitfliegen können, verursachen Kosten (inkl. Entschädigung) in Höhe von 300 €.

a) Berechnen Sie die Wahrscheinlichkeit, dass bei einem ausgebuchten Flug
① alle 150, ② mehr als 145, ③ weniger als 140 Passagiere erscheinen.

b) Berechnen Sie die Wahrscheinlichkeit, dass bei 160 verkauften Tickets alle Passagiere mitfliegen können, die tatsächlich zum Flug erscheinen.

c) Gehen Sie wieder von 160 verkauften Tickets aus. Die Zufallsgröße Z zählt die Anzahl der Passagiere, die aufgrund der Überbuchung nicht mitfliegen können.
① Bestimmen Sie die Wahrscheinlichkeitsverteilung von Z.
② Bestimmen Sie die zu erwartenden Kosten bei einem Verkauf von 160 Tickets.
③ Beurteilen Sie, ob sich der Verkauf von 160 Tickets wirtschaftlich lohnt.

GTR **19.** Ein Bio-Bauer beliefert einen Großmarkt mit Bio-Eiern. Dabei garantiert er, dass 95 % der Eier unbeschädigt sind. Der Großhändler überprüft bei Eintreffen der Lieferung eine Stichprobe von 50 Eiern. Wenn er mehr als 5 beschädigte Eier findet, dann braucht er nur 50 % des Preises bezahlen.

a) Berechnen Sie die Wahrscheinlichkeit, dass der Großhändler
① eine Lieferung mit 95 % unbeschädigten Eiern zum halben Preis bekommt,
② für eine Lieferung mit nur 85 % unbeschädigten Eiern den vollen Preis bezahlt.

b) Der Großhändler entnimmt einer Lieferung nun eine Stichprobe von 200 Eiern und akzeptiert dabei höchstens 20 beschädigte Eier. Untersuchen Sie, wie sich die Wahrscheinlichkeiten aus a) verändern.

GTR **20. Länge einer Bernoulli-Kette für eine Mindestanzahl an Treffern:**
Wie lang muss eine Bernoulli-Kette mindestens sein, damit bei einer Trefferwahrscheinlichkeit von $p = 0,4$ mit einer Wahrscheinlichkeit von mindestens 90 % mehr als 3 Treffer erzielt werden? Solche Fragen treten in vielen Sachsituationen auf.

a) Erklären Sie in diesem Zusammenhang die folgende Ungleichung:
$$1 - \left(0{,}6^n + \binom{n}{1} \cdot 0{,}4 \cdot 0{,}6^{n-1} + \binom{n}{2} \cdot 0{,}4^2 \cdot 0{,}6^{n-2} + \binom{n}{3} \cdot 0{,}4^3 \cdot 0{,}6^{n-3}\right) \geq 0{,}9$$

b) Erzeugen Sie mit dem Befehl *binomCdf(n,0.4,4,n)* für $n = 10, 11, \ldots, 20$ eine Tabelle mit Wahrscheinlichkeiten für mindestens 4 Treffer und beantworten Sie die Ausgangsfrage.

● CAS **21.** Mark trainiert für einen Wettkampf beim Tontaubenschießen. Im Training hat er eine Trefferquote von $p = 0,8$. Um beim Wettkampf die erste Runde zu überstehen, muss er mindestens 20 von 25 Scheiben treffen.

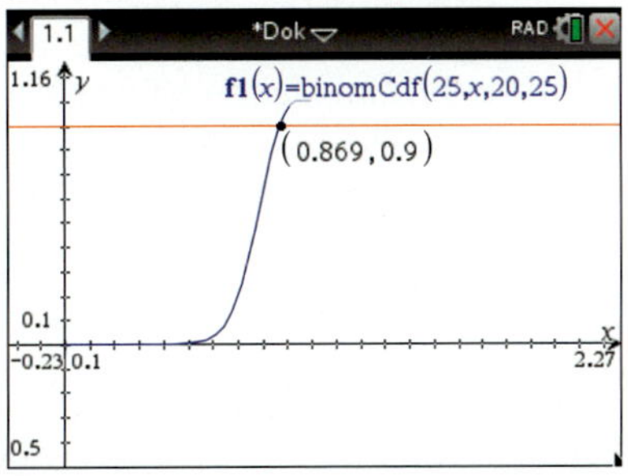

a) Berechnen Sie die Wahrscheinlichkeit, dass Mark die erste Runde übersteht.

b) Die Abbildung zeigt den Graphen der Funktion f mit $f(p) = P(X \geq 20)$ für eine unbekannte Trefferwahrscheinlichkeit p. Erklären Sie, warum der Graph nur für $0 < p < 1$ definiert ist. Erklären Sie, warum der Graph monoton steigt.

c) Erklären Sie die Bedeutung des Punktes $(0{,}869 \mid 0{,}9)$ im Sachzusammenhang.

● GTR **22.** Beim Bogenschießen trifft ein Schütze mit einer Wahrscheinlichkeit von 85 % ins Ziel. In einer Trainingseinheit schießt er so lange, bis er mindestens 10 Treffer erzielt hat.

a) Beschreiben Sie in diesem Zusammenhang die Gleichung $P(X \geq 10) = 1 - P(X \leq 9)$.

b) Untersuchen Sie, wie viele Versuche der Schütze ausführen muss, damit er mit einer Wahrscheinlichkeit von mindestens 95 % mindestens 10 Treffer erzielt.

● GTR **23.** Die Partei ABC hat bei der letzten Wahl 26 % der Stimmen erhalten. Nun sollen zufällig ausgewählte Wähler zu aktuellen politischen Themen befragt werden. Bestimmen Sie, wie viele Wähler mindestens befragt werden müssen, damit darunter mit einer Wahrscheinlichkeit von mindestens 99 % mindestens 40 Wähler der Partei ABC sind.

● GTR **24. Ausblick:** Marcel sammelt Unterschriften für ein Bürgerbegehren. An einem Nachmittag spricht er in der Fußgängerzone 150 Personen an. Er hofft, mehr als 100 Unterschriften zu sammeln. Es ist allerdings völlig unklar, mit welcher Wahrscheinlichkeit die Passanten sein Anliegen unterschreiben.

a) Zeichnen Sie den Graphen der Funktion f mit $f(x) = 1 - $ *binomCdf(150,x,100)* mit dem GTR und beschreiben Sie dessen Verlauf.

b) Es gilt $f(0{,}65) \approx 0{,}3$. Erklären Sie die Bedeutung des Punktes $(0{,}65 \mid 0{,}3)$ auf dem Graphen.

c) Untersuchen Sie mithilfe des Graphen:

① Marcel hofft, dass etwa 75 % der Passanten sein Anliegen unterschreiben. Mit welcher Wahrscheinlichkeit erreicht er sein Ziel von mehr als 100 Unterschriften?

② Mit welcher Wahrscheinlichkeit muss ein zufällig ausgewählter Bürger Marcels Anliegen unterschreiben, damit Marcel sein Ziel mit einer Wahrscheinlichkeit von mindestens 90 % erreicht?

9.4 Eigenschaften der Binomialverteilung

■ Bei einem Glücksrad sind 40 % der Fläche mit „Treffer" und die restlichen 60 % mit „Niete" beschriftet. Drei Tage lang wurden die Ergebnisse notiert.

a) Berechnen Sie für jeden der drei Tage die relative Häufigkeit der Treffer.

b) Am Samstag werden etwa 2500 Drehungen erwartet. Schätzen Sie die Anzahl der Treffer.

c) Beschreiben Sie die Rechnung des Taschenrechners. ■

Tag	Mi.	Do.	Fr.
Treffer	170	218	305
Niete	260	325	449

$$\sum_{k=0}^{2500} \left(k\cdot \text{nCr}(2500,k)\cdot (0.4)^{k}\cdot (0.6)^{2500-k}\right)$$

Erwartungswert und Standardabweichung

Beim Werfen einer fairen Münze wird das Ergebnis „Zahl" etwa bei jedem zweiten Wurf auftreten. Es ist also zu erwarten, dass von 100 Würfen $100 \cdot \frac{1}{2} = 50$ Würfe „Zahl" zeigen.
Ein Spielwürfel zeigt bei etwa einem Sechstel aller Würfe eine Sechs. Bei 120 Würfen kann man also durchschnittlich mit $120 \cdot \frac{1}{6} = 20$ Sechsen rechnen.

Allgemein ist es plausibel, dass der Erwartungswert einer binomialverteilten Zufallsgröße $X \sim B_{n;\,p}$ bei $n \cdot p$ liegt.

Mit den bekannten Ansätzen $\mu = E(X) = x_1 \cdot P(X = x_1) + \ldots + x_n \cdot P(X = x_n)$ für den Erwartungswert und $V(X) = (x_1 - \mu)^2 \cdot P(X = x_1) + \ldots + (x_n - \mu)^2 \cdot P(X = x_n)$ für die Varianz lassen sich die folgenden Formeln beweisen.

Erinnerung:
μ und σ sind griechische Buchstaben.
Aussprache:
μ – „mü"
σ – „sigma"

Satz: Erwartungswert und Standardabweichung bei der Binomialverteilung
Für eine binomialverteilte Zufallsgröße X mit den Parametern n und p gilt:
Erwartungswert $\mu = E(X) = n \cdot p$
Standardabweichung $\sigma = \sqrt{V(x)} = \sqrt{n \cdot p \cdot (1 - p)}$

Beispiel 1: X sei eine binomialverteilte Zufallsgröße mit $n = 100$ und $p = 0{,}2$.
Berechnen Sie den Erwartungswert μ und die Standardabweichung σ von X.

Lösung:
Verwenden Sie die Formeln $\mu = n \cdot p$ und $\sigma = \sqrt{n \cdot p \cdot (1 - p)}$ aus dem Satz.

$\mu = 100 \cdot 0{,}2 = 20$

$\sigma = \sqrt{100 \cdot 0{,}2 \cdot 0{,}8} = \sqrt{16} = 4$

Die folgenden Histogramme verdeutlichen, dass der Erwartungswert μ in der Nähe des Maximums der Binomialverteilung liegt. Die Standardabweichung σ gibt Auskunft über die Breite der Verteilung.

$n = 8;\ p = 0{,}4$
$\mu = 3{,}2;\ \sigma \approx 1{,}4$

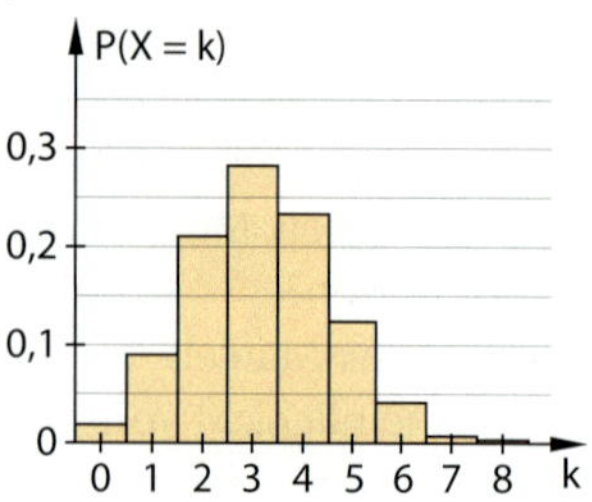

$n = 8;\ p = 0{,}75$
$\mu = 6;\ \sigma \approx 1{,}2$

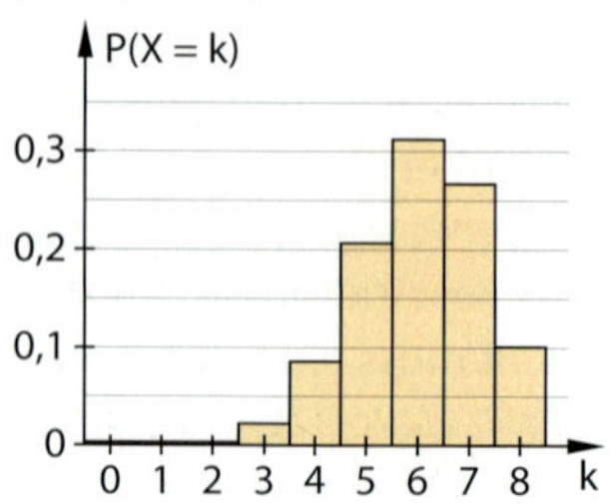

$n = 12;\ p = 0{,}5$
$\mu = 6;\ \sigma \approx 1{,}7$

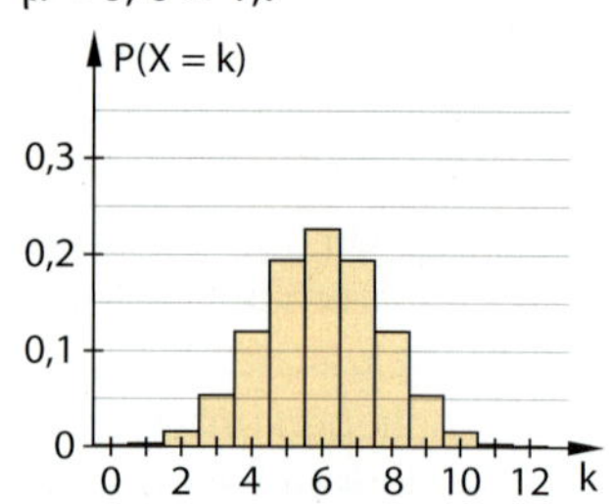

Beispiel 2: Das abgebildete Glücksrad wird 20-mal gedreht. Bei jeder Drehung erhält der Spieler 2 €, wenn das Rad bei „rot" stehen bleibt.

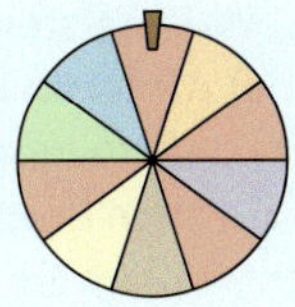

a) Der Einsatz beträgt 15 €. Entscheiden Sie, ob das Spiel fair ist.
b) Berechnen Sie die Standardabweichung der Binomialverteilung und erklären Sie ihre Bedeutung im Sachzusammenhang.

Lösung:

a) Das Spiel kann als Bernoulli-Kette modelliert werden. Es wird ein Treffer erzielt, wenn das Ereignis „rotes Feld" eintritt.
X: Anzahl der Treffer
X ist binomialverteilt mit $n = 20$ und $p = 0{,}4$
$\mu = n \cdot p = 20 \cdot 0{,}4 = 8$

Multiplizieren Sie den Erwartungswert μ der Trefferanzahl mit 2 €, um die mittlere erwartete Auszahlung zu erhalten.
Mittlere erwartete Auszahlung: $8 \cdot 2\,€ = 16\,€$

Prüfen Sie, ob diese Auszahlung dem Einsatz entspricht.
Dieser Betrag entspricht nicht dem Einsatz von 15 €, also ist das Spiel nicht fair.

b) Die Standardabweichung ist ein Maß für die Streuung der Trefferanzahl und somit auch für das Risiko des Glücksspiels
$\sigma = \sqrt{n \cdot p \cdot (1 - p)}$
$= \sqrt{20 \cdot 0{,}4 \cdot 0{,}6} \approx 2{,}2$

Basisaufgaben

1. Berechnen Sie den Erwartungswert μ und die Standardabweichung σ einer binomialverteilen Zufallsgröße X mit den angegebenen Parametern n und p.
a) $n = 100$; $p = 0{,}2$ b) $n = 400$; $p = 0{,}5$ c) $n = 100$; $p = 0{,}8$ d) $n = 10\,000$; $p = 0{,}1$

Lösungen zu 1:

2. Ein Mathe-Kurs wirft in Gruppen Reißzwecken. Die Tabelle zeigt, wie oft die Reißzwecken auf der Seite bzw. mit der Spitze nach oben liegen bleiben.

Gruppe	1	2	3	4	5
Seite	270	132	190	197	206
Spitze	165	88	135	106	149

a) Berechnen Sie für jede Gruppe die relative Häufigkeit der Würfe, bei denen die Reißzwecke auf der Seite zum Liegen kommt.
b) Begründen Sie mithilfe der Tabelle, dass eine Reißzwecke mit einer Wahrscheinlichkeit von etwa 0,6 auf der Seite liegen bleibt.
c) Die Zufallsgröße X zählt die Anzahl der Reißzwecken auf der Seite bei 2000 Würfen. Berechnen Sie den Erwartungswert μ und die Standardabweichung σ. Erklären Sie die Bedeutung von μ in dieser Situation.
d) Die Zufallsgröße Y zählt bei 2000 Würfen die Reißzwecken mit der Spitze nach oben. Berechnen Sie μ und σ für Y. Vergleichen Sie diese Werte mit den Werten aus c).

3. Die Histogramme gehören zu Binomialverteilungen mit $n = 10$.

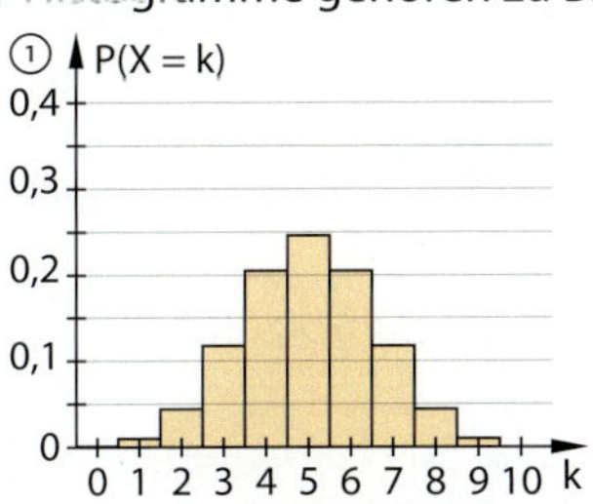

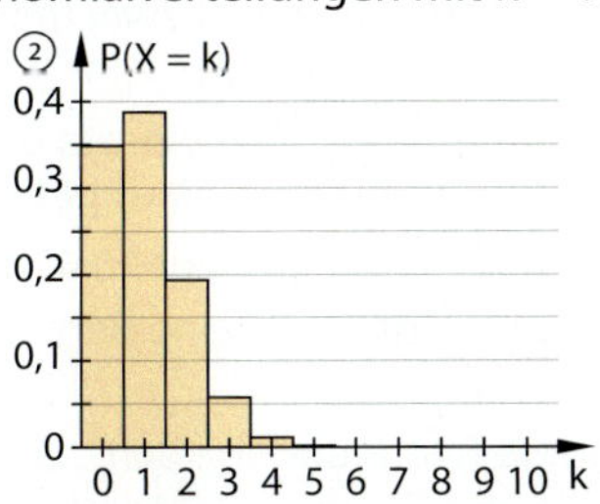

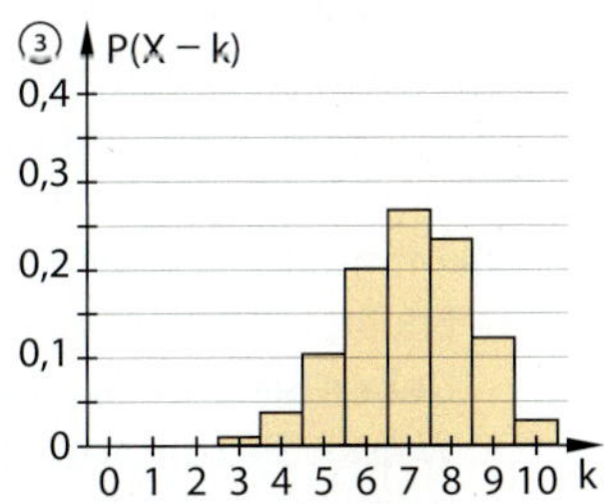

a) Ordnen Sie die Trefferwahrscheinlichkeiten $p = 0{,}5$ und $p = 0{,}7$ den Histogrammen zu.
b) Schätzen Sie begründet eine Trefferwahrscheinlichkeit für das übrige Histogramm.
c) Beschreiben Sie, wie sich die Gestalt der Verteilung in Abhängigkeit von p verändert.

GTR **4. Maximalstelle der Binomialverteilung:**

a) Untersuchen Sie mit dem GTR, bei welcher Trefferanzahl k das Maximum der Binomialverteilung mit den Parametern n und p liegt. Vergleichen Sie die Beobachtungen mit dem Erwartungswert.

① $n = 20$; $p = 0{,}7$ ② $n = 10$; $p = 0{,}6$ ③ $n = 40$; $p = 0{,}25$

④ $n = 10$; $p = 0{,}25$ ⑤ $n = 15$; $p = 0{,}75$ ⑥ $n = 16$; $p = 0{,}6$

b) Stellen Sie eine Regel für die Lage des Maximums auf, wenn

① $n \cdot p$ eine natürliche Zahl ist, ② $n \cdot p$ keine natürliche Zahl ist.

5. In Deutschland erreichen etwa 30 % der 25- bis 35-Jährigen einen Hochschulabschluss. In drei Umfragen mit unterschiedlichem Umfang werden Personen nach ihrem Abschluss befragt. X zählt die Anzahl der Personen mit einem Hochschulabschluss.

a) Berechnen Sie den Erwartungswert $E(X)$ für ① $n = 50$, ② $n = 100$ und ③ $n = 200$.

b) Begründen Sie ohne weitere Berechnungen, bei welchem der drei Fälle in a) die Wahrscheinlichkeit $P(X = E(X))$ am größten ist.

6. Die Histogramme zeigen Binomialverteilungen mit $p = 0{,}4$ für unterschiedliche n.

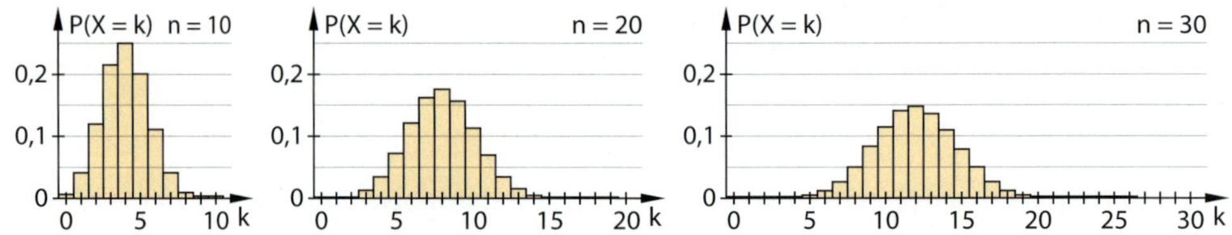

a) Beschreiben Sie, wie sich die Gestalt der Verteilung in Abhängigkeit von n verändert.

GTR b) Erstellen Sie mit dem GTR Histogramme für $p = 0{,}3$ ($p = 0{,}9$) für verschiedene n. Prüfen Sie, ob die Beobachtungen aus a) auch hier gelten.

c) Erläutern Sie, welche Beobachtungen man mit den Formeln für μ und σ erklären kann.

7. Die Abbildungen zeigen Histogramme von Binomialverteilungen mit $n = 10$.

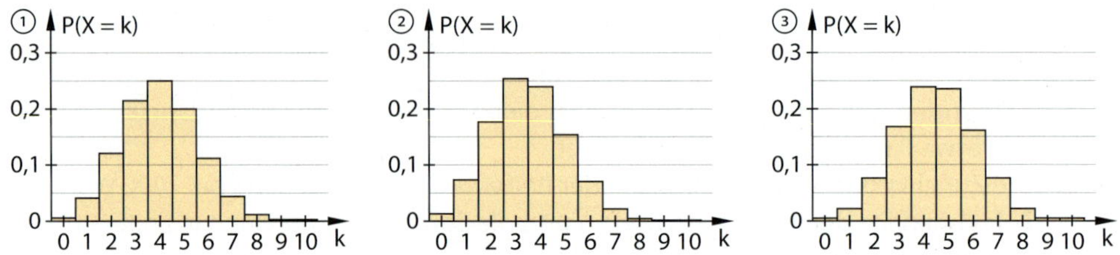

a) Die Verteilung ① hat einen ganzzahligen Erwartungswert. Bestimmen Sie die Trefferwahrscheinlichkeit p.

b) Schätzen Sie die Trefferwahrscheinlichkeit p in den Histogrammen ② und ③.

8. Eine Gruppe risikobereiter Erwachsener spielt zwei unterschiedliche Glücksspiele.
Variante A: Ein Spielwürfel wird 20-mal geworfen. Jedes Mal, wenn der Würfel eine 5 oder eine 6 zeigt, bekommt der Spieler 1,50 €. Der Einsatz beträgt 10 €.
Variante B: Ein Spielwürfel wird 40-mal geworfen. Jedes Mal, wenn der Würfel eine 6 zeigt, bekommt der Spieler 1,50 €. Der Einsatz beträgt 10 €.

a) Erklären Sie, warum beide Varianten auf eine Bernoulli-Kette zurückzuführen sind. Geben Sie jeweils n und p an.

b) Weisen Sie durch geeignete Rechnungen nach, dass beide Spielvarianten fair sind.

c) Bestimmen Sie die Standardabweichungen beider Binomialverteilungen, vergleichen Sie sie und erklären Sie ihre Bedeutung im Sachzusammenhang.

d) Bei einer Variante C werden zwei Würfel 20-mal geworfen und man bekommt 3 €, wenn die Augensumme 8 oder größer ist. Bestimmen Sie einen fairen Einsatz für dieses Spiel.

Sigma-Regeln

Bei Binomialverteilungen werden Einzelwahrscheinlichkeiten mit steigendem n schnell klein und damit uninteressant. Mit der Standardabweichung lassen sich Umgebungen um den Erwartungswert finden, in denen die Trefferanzahl mit festen Wahrscheinlichkeiten liegt.

Die Tabelle untersucht Binomialverteilungen mit $p = 0{,}4$. Es ist zu erkennen, dass sich die Wahrscheinlichkeit dafür, dass die Trefferzahl in einem Intervall $[\mu - \sigma; \mu + \sigma]$ liegt, für steigendes n einem Wert von ca. 0,68 annähert. Diese Beobachtung kann man auch für andere Trefferwahrscheinlichkeiten machen. Der Näherungswert ist unabhängig von p.
Auch für andere symmetrische Intervalle um den Erwartungswert wie $[\mu - 2\sigma; \mu + 2\sigma]$ oder $[\mu - 3\sigma; \mu + 3\sigma]$ nähern sich die Wahrscheinlichkeiten für steigendes n festen Werten an. Je größer σ ist, desto besser sind diese Näherungen. Nur für $\sigma > 3$ sind die Näherungen aussagekräftig.

	A	B	C	D	E	F
1	n	p	μ	μ - σ	μ + σ	P(μ - σ ≤ X ≤ μ + σ)
2	10	0,4	4	2,45	5,55	0,666471629
3	100	0,4	40	35,10	44,90	0,641629015
4	1000	0,4	400	384,51	415,49	0,682944763
5	100000	0,4	40000	39845,08	40154,92	**0,681377823**

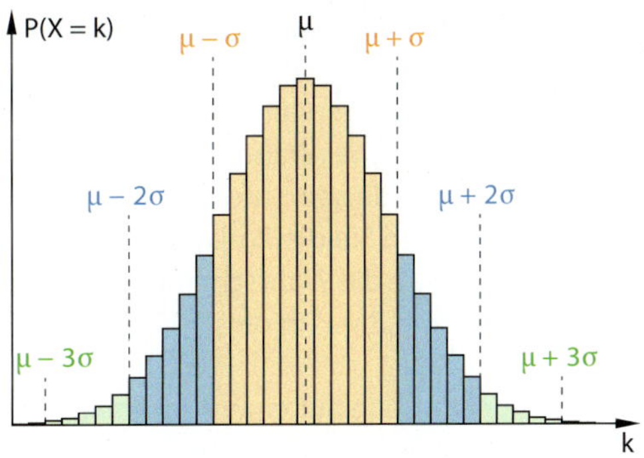

Satz: σ-Regeln
X sei eine binomialverteilte Zufallsgröße mit den Parametern n und p, dem Erwartungswert $\mu = n \cdot p$ und der Standardabweichung $\sigma = \sqrt{n \cdot p \cdot (1 - p)}$.
Falls die **Laplace-Bedingung** $\sigma > 3$ erfüllt ist, gelten näherungsweise folgende Wahrscheinlichkeiten, dass die Trefferanzahl in den gegebenen Intervallen liegt.

σ-Umgebung	Wahrscheinlichkeit
$[\mu - \sigma; \mu + \sigma]$	68 %
$[\mu - 2\sigma; \mu + 2\sigma]$	95,5 %
$[\mu - 3\sigma; \mu + 3\sigma]$	99,7 %

Die Intervalle, die sich aus den σ-Regeln ergeben, heißen **1σ-Umgebung, 2σ-Umgebung** bzw. **3σ-Umgebung** zum Erwartungswert μ. Die Wahrscheinlichkeit, dass die Trefferanzahl X in einer σ-Umgebung liegt, ändert sich nicht, wenn man die Intervallgrenzen „nach innen" auf ganze Zahlen rundet, denn X ist immer ganzzahlig.

Hinweis:
Beim „Runden nach innen" wird die untere Grenze auf- und die obere Grenze abgerundet. Das Intervall wird kleiner. Ein anderes Vorgehen wird in Aufgabe 12 diskutiert.

Beispielsweise gilt für $n = 100$, $p = 0{,}3$, $\mu = 30$ und $\sigma \approx 4{,}58$:
1σ-Umgebung: $P(\mu - \sigma \le X \le \mu + \sigma) = P(25{,}4 \le X \le 34{,}6) = P(26 \le X \le 34)$
2σ-Umgebung: $P(\mu - 2\sigma \le X \le \mu + 2\sigma) = P(20{,}8 \le X \le 39{,}2) = P(21 \le X \le 39)$
3σ-Umgebung: $P(\mu - 3\sigma \le X \le \mu + 3\sigma) = P(16{,}3 \le X \le 43{,}7) = P(17 \le X \le 43)$

Beispiel 3: Laut Umfrage fahren durchschnittlich 40 % der 1100 Schüler eines Gymnasiums mit dem Bus zur Schule. Die Zufallsgröße X zählt an einem ausgewählten Tag, wie viele Schüler mit dem Bus kommen. Bestimmen Sie ein symmetrisches Intervall um den Erwartungswert so, dass X mit einer Wahrscheinlichkeit von etwa 95,5 % in diesem Intervall liegt.

Lösung:

Berechnen Sie μ und σ. Prüfen Sie, ob die Laplace-Bedingung erfüllt ist.	$\mu = 1100 \cdot 0{,}4 = 440$ $\sigma = \sqrt{1\,100 \cdot 0{,}4 \cdot 0{,}6} \approx 16{,}25 > 3$
Die Trefferanzahl liegt mit etwa 95,5 % Wahrscheinlichkeit im Intervall $[\mu - 2\sigma; \mu + 2\sigma]$.	$\mu - 2\sigma \approx 407{,}5 \quad \mu + 2\sigma \approx 472{,}5$ 2σ-Umgebung: $[407{,}5; 472{,}5]$
Runden Sie $\mu - 2\sigma$ auf die nächste ganze Zahl auf und $\mu + 2\sigma$ ab.	Mit etwa 95,5 % Wahrscheinlichkeit kommen zwischen 408 und 472 Schüler mit dem Bus.

Basisaufgaben

GTR **9.** Die Zufallsgröße X ist binomialverteilt mit
① $n = 250$; $p = 0{,}8$, ② $n = 300$; $p = 0{,}5$,
③ $n = 1000$; $p = 0{,}05$, ④ $n = 2500$; $p = 0{,}75$.
a) Bestimmen Sie jeweils die 1σ-, die 2σ- und die 3σ-Umgebung.
b) Bestimmen Sie mit dem GTR die Wahrscheinlichkeiten dafür, dass X in diesen Umgebungen liegt.
c) Vergleichen Sie die Ergebnisse aus b) mit den σ-Regeln.

Hinweis:
In Sachzusammenhängen rundet man σ-Umgebungen meist nach innen auf ganzzahlige Grenzen, da die Zufallsgröße nur ganzzahlige Werte annehmen kann.

10. Eine 1-Cent-Münze wird 300-mal (400-mal, 500-mal) geworfen.
a) Bestimmen Sie ein um den Erwartungswert symmetrisches Intervall, sodass die Anzahl der Würfe mit „Zahl" mit einer Wahrscheinlichkeit von etwa 68 % (99,7 %) in diesem Intervall liegt.
GTR b) Bestimmen Sie die 2σ-Umgebung um den Erwartungswert sowie die Wahrscheinlichkeit, dass die Anzahl der Würfe mit „Zahl" in dieser Umgebung liegt.

11. Bei einer Lotterie auf einem Jahrmarkt sind 10 % aller Lose Gewinne.

a) An einem normalen Tag werden etwa 1000 Lose verkauft. Bestimmen Sie die 1σ- und die 3σ-Umgebung und erklären Sie die Bedeutung dieser Intervalle.
b) Ein Los kostet 0,50 €. 2 % aller Lose sind Hauptgewinne im Wert von 15 € und 8 % aller Lose sind normale Gewinne im Wert von 2 €. Der Veranstalter rechnet in einer Woche mit etwa 5000 verkauften Losen. Bestimmen Sie die 2σ-Umgebungen für die Anzahl der Hauptgewinne und die Anzahl der normalen Gewinne innerhalb dieser Woche.
c) Berechnen Sie anhand der 2σ-Umgebung genau, wie hoch die Ausgaben für Gewinne für den Betreiber im besten Fall und im schlechtesten Fall zu etwa 95,5 % sind.

GTR **12. Runden der Intervallgrenzen:** Die binomialverteilte Zufallsgröße X mit $n = 200$ und $p = 0{,}2$ hat den Erwartungswert $\mu = 40$ und die Standardabweichung $\sigma \approx 5{,}66$. Marie und Lucas suchen ein um μ symmetrisches Intervall mit ganzzahligen Grenzen, das die gleiche Wahrscheinlichkeit wie die 1σ-Umgebung hat.

Marie:	Lucas:
Gesuchtes Intervall: [34; 46]	*Gesuchtes Intervall: [35; 45]*

a) Erklären Sie, auf welche Weise Marie und Lucas die Intervallgrenzen bestimmt haben.
b) Begründen Sie, ob die Wahrscheinlichkeit $P(34 \le X \le 46)$ von Maries Intervall oder die Wahrscheinlichkeit $P(35 \le X \le 45)$ von Lucas' Intervall mit der Wahrscheinlichkeit $P(34{,}34 \le X \le 45{,}66)$ der 1σ-Umgebung übereinstimmt.
c) Berechnen Sie die Wahrscheinlichkeiten aus b) und vergleichen Sie sie mit dem Wert 68 % der 1σ-Regel.
d) Nennen Sie mögliche Argumente, die für das Vorgehen von Marie oder Lucas sprechen.
e) Judith sagt zu den beiden: *„Wenn n sehr groß ist, dann machen eure beiden Varianten doch keinen Unterschied."* Beziehen Sie Stellung zu Judiths Aussage.

Weiterführende Aufgaben

13. Die Abbildungen zeigen je einen Abschnitt eines Histogramms einer Binomialverteilung mit p = 0,15 und unterschiedlichem n.

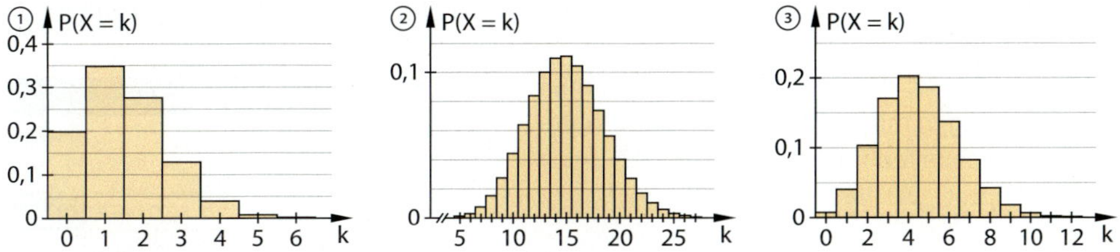

a) Ordnen Sie begründet die Histogramme aufsteigend nach dem Wert von n.
b) Beschreiben Sie die Histogramme bezüglich ihrer Symmetrie.

GTR **14.** Eine Zufallsgröße X ist binomialverteilt mit p = 0,5.
a) Berechnen Sie mit dem GTR die Wahrscheinlichkeiten der Binomialverteilung für n = 7 (n = 8) und stellen Sie die Verteilungen jeweils in einem Histogramm dar.
b) Erläutern Sie, welche Symmetrieeigenschaft die Verteilungen in a) haben.
c) Zeigen Sie mithilfe der Bernoulli-Formel, dass für beliebiges n und für k = 0, 1, …, n gilt: $P(X = k) = P(X = n - k)$
d) Untersuchen Sie, ob die Symmetrieeigenschaft auch für $p \neq 0{,}5$ gilt.

Hinweis zu 14c: $\binom{n}{k} = \binom{n}{n-k}$

15. Betrachten Sie eine binomialverteilte Zufallsgröße $X \sim B_{n;\,p}$. Untersuchen Sie, wie sich μ und σ verändern, wenn sich
a) n vervierfacht, b) n verneunfacht, c) n auf ein Viertel verringert.

16. X sei eine binomialverteilte Zufallsgröße mit ① n = 25 bzw. ② n = 50.
a) Berechnen Sie die Standardabweichung für p = 0,4, p = 0,5 und p = 0,6.
b) Begründen Sie, dass für jeden beliebigen Wert von n die Standardabweichung σ für p = 0,5 maximal wird.
c) Untersuchen Sie, ab welchem Wert von n die Laplace-Bedingung für p = 0,5 (p = 0,1) erfüllt ist.

17. Timo hat beim Torwandschießen eine Trefferquote von 45 % auf das untere Loch und 30 % auf das obere Loch. Die Zufallsgröße X zählt die Treffer in das untere Loch und Y zählt die Treffer in das obere Loch.

a) Timo schießt 50-mal auf das untere Loch und 50-mal auf das obere Loch. Berechnen Sie den Erwartungswert und die Standardabweichung von X und Y.
b) Timo trainiert weiter und schießt 60-mal auf das obere Loch. Berechnen Sie, wie oft er auf das untere Loch schießen muss, damit E(X) = E(Y) gilt.
c) Vergleichen Sie die Standardabweichungen von X und Y für die Anzahl der Schüsse aus Aufgabenteil b).
d) Timo schießt 75-mal auf jedes Loch. Bestimmen Sie die 1σ- und 2σ-Umgebungen um die Erwartungswerte E(X) und E(Y) und erklären Sie die Bedeutung in dieser Sachsituation.

GTR **18.** Die Zufallsgröße X ist binomialverteilt mit $p = 0{,}5$.

a) Berechnen Sie die Wahrscheinlichkeit $P(\mu - 2\sigma \leq X \leq \mu + 2\sigma)$ der 2σ-Umgebung für ① $n = 10$, ② $n = 40$, ③ $n = 400$, ④ $n = 4000$.

b) Prüfen Sie, ob der Wert 95,5 % der 2σ-Regel die Ergebnisse aus a) mit steigendem n besser annähert. Prüfen Sie für jedes n auch, ob die Laplace-Bedingung erfüllt ist.

GTR **19. Stolperstelle:** Mark berechnet für Binomialverteilungen mit $n = 20$ in der Tabelle Wahrscheinlichkeiten für 1σ-Umgebungen und behauptet: *„Die Werte liegen nicht in der Nähe von 0,68. Die Sigma-Regeln gelten nicht für p nahe 0 oder 1."*

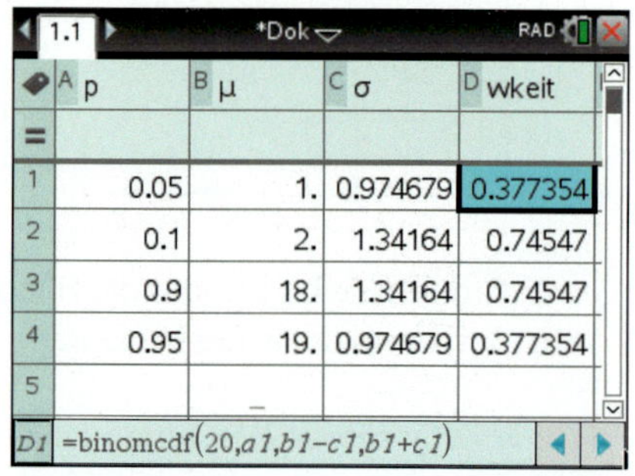

	A p	B μ	C σ	D wkeit
=				
1	0.05	1.	0.974679	0.377354
2	0.1	2.	1.34164	0.74547
3	0.9	18.	1.34164	0.74547
4	0.95	19.	0.974679	0.377354
5				

D1 =binomcdf(20,a1,b1−c1,b1+c1)

a) Erklären Sie, warum diese Behauptung nicht stimmt. Was hat Mark nicht beachtet?

b) Zeigen Sie mit geeigneten Werten, dass die Sigma-Regeln auch für $p = 0{,}05$ gelten.

GTR **20.** Ein LED-Lampen-Hersteller produziert und verkauft massenhaft Lampen für 3 € pro Stück. Etwa 5 % seiner Lampen sind fehlerhaft. Die Lieferungen an Großhändler erfolgen immer in 5000er-Paketen. Die Händler überprüfen die Qualität der Lampen stichprobenartig.

a) Großhändler und Lieferant vereinbaren: „Wenn mehr als 4 % der LEDs in einer Stichprobe defekt sind, dann verringert sich der Preis auf 2,50 € pro Stück."
Bestimmen Sie mit dem GTR die Wahrscheinlichkeit einer Preisreduzierung für einen Stichprobenumfang von ① $n = 250$ und ② $n = 400$.

b) Bestimmen Sie den Erwartungswert für die Kosten einer Lieferung bei einer Stichprobe von ① $n = 250$ und ② $n = 400$.

c) Der Großhändler nimmt Stichproben von $n = 300$ Stück und prüft die Lampen. Bestimmen Sie eine 2σ-Umgebung für die Anzahl der defekten LEDs in dieser Stichprobe. Erläutern Sie die Bedeutung dieser Intervalle.

d) Begründen Sie, dass eine Stichprobe mindestens den Umfang $n = 190$ haben sollte.

21. Der Zeitungsartikel beschreibt die Situation um Schwarzfahrer in Deutschland. Kontrolleure können im Tagesdurchschnitt etwa 750 Personen in einer Schicht kontrollieren.

> **Erhöhtes Bußgeld ohne Effekt**
> Die Erhöhung des Bußgeldes von 40 auf 60 Euro Anfang 2015 habe nicht zur Verbesserung der Zahlungsmoral beigetragen, sagt Diehl. „Das ist unserer Meinung nach kein besonderer Effekt, die 60 Euro haben demnach auch keinerlei messbare Auswirkungen."
> Bundesweit liege der Anteil der Schwarzfahrer seit Jahren konstant bei etwa 2,5 Prozent, sagt Lars Wagner, Pressesprecher des Verbands Deutscher Verkehrsunternehmen (VDV).

a) Bestimmen Sie ein Intervall für die Anzahl der Schwarzfahrer, mit denen die Kontrolleure in einer Schicht zu etwa 95,5 % rechnen können.

b) Bestimmen Sie zu a) die Einnahmen, mit denen ein Kontrolleur in einer Schicht zu etwa 95,5 % rechnen kann.

c) Ein Kontrolleur sagt in einem Interview: „An einem normalen Tag nehmen wir zwischen 900 € und 1380 € durch Bußgelder ein". Untersuchen Sie, auf welche Sigma-Umgebung sich der Kontrolleur bezieht.

TK **22. Weitere σ-Umgebungen:** Mithilfe einer Tabellenkalkulation können verschiedene σ-Umgebungen mit gerundeten Intervallgrenzen untersucht werden.

E3 =GANZZAHL(C3-2*D3)+1

	A	B	C	D	E	F	G
1							
2	n	p	μ	σ	μ - k·σ	μ + k·σ	P(μ - k·σ ≤ X ≤ μ + k·σ)
3	5000	0,2	1000	28,28	944	1056	0,95426044
4							
5							

=BINOM.VERT.BEREICH(A3;B3;E3;F3)

a) Erklären Sie, welche σ-Umgebung in der abgebildeten Tabellenkalkulation untersucht wird.

b) Erklären Sie die Formel in der markierten Zelle E3.

c) Erstellen Sie mit einer Tabellenkalkulation eine Tabelle wie in der Abbildung und untersuchen Sie mit dieser Tabellenkalkulation die folgenden Fragen.

① Welcher Wahrscheinlichkeit nähert sich die Wahrscheinlichkeit, dass eine binomialverteilte Zufallsgröße X in einer 1,5σ-Umgebung (0,5σ-Umgebung, 2,5σ-Umgebung) liegt, an?

② Die Wahrscheinlichkeit welcher σ-Umgebung nähert sich 80 % (90 %) an?

● d) Erläutern Sie, in welchen Spezialfällen die Formel aus Zelle E3 falsch wäre.

Hinweis:
Bei der Berechnung von Intervallwahrscheinlichkeiten runden Tabellenkalkulationen die Intervallgrenzen unter Umständen anders als der GTR.

23. Eine Münze wird 50-mal geworfen.

a) Berechnen Sie die 1σ-Umgebung für das Auftreten von „Kopf".

b) Führen Sie das Experiment möglichst oft durch oder simulieren Sie es. Prüfen Sie, mit welcher relativen Häufigkeit die Anzahl der Kopf-Würfe in der 1σ-Umgebung liegt. Vergleichen Sie den Wert mit der Wahrscheinlichkeit von 68 % der 1σ-Regel.

● **24.** GTR Das Histogramm einer Binomialverteilung hat näherungsweise die Form einer Glocke, wenn n groß ist und p nicht sehr nahe bei 0 oder 1 liegt. Der Erwartungswert μ gibt in etwa die Maximalstelle an. Welche Eigenschaft hat die Standardabweichung σ?

a) Betrachten Sie eine binomialverteilte Zufallsgröße X mit $n = 20$ und $p = 0{,}4$. Berechnen Sie mit einer Tabelle die Werte der Verteilung.

b) Untersuchen Sie, für welches k die Änderungsrate der Wahrscheinlichkeit am größten ist und beantworten Sie die Ausgangsfrage. Stellen Sie einen Zusammenhang her zwischen der Standardabweichung σ und den „Wendestellen" der Glocke.

Erinnerung:
Die Extremstellen der Ableitung f′ sind die Wendestellen der Funktion f.

● **25.** Die Abbildungen zeigen die Histogramme je zweier Binomialverteilungen mit $n = 5$.

a) Beschreiben Sie Symmetrien.

b) Überprüfen Sie Ihre Ergebnisse aus a) rechnerisch an ausgewählten Beispielen.

c) Erläutern Sie den Zusammenhang zwischen der in a) beschriebenen Symmetrie und der Gleichung $B_{n;p}(k) = B_{n;1-p}(n-k)$.

d) Beweisen Sie die Gültigkeit der Gleichung aus c).

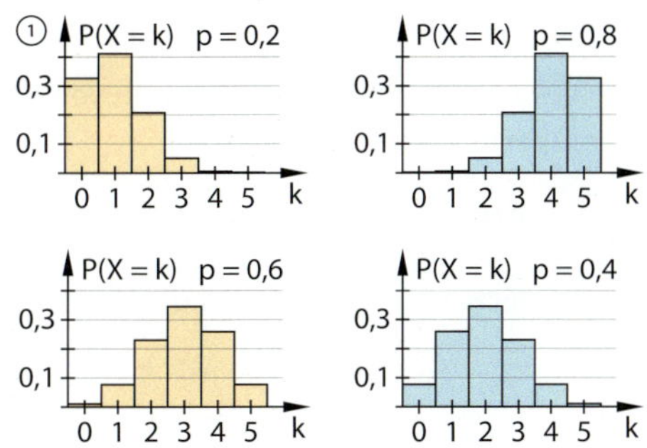

● **26. Ausblick:** Manchmal interessiert man sich nicht für die Anzahl von Treffern, sondern für die Anzahl der Versuche bis zum ersten Treffer. Beim Würfeln kann man sich zum Beispiel fragen, wie oft gewürfelt wird, bis zum ersten Mal eine „6" auftritt.
Zu einer Bernoulli-Kette mit Trefferwahrscheinlichkeit $p = 0{,}25$ zählt die Zufallsgröße X die Anzahl der notwendigen Bernoulli-Versuche, bis der erste Treffer erzielt wird.

a) Berechnen Sie die Wahrscheinlichkeiten $P(X = 2)$ und $P(X = 10)$.

b) Erläutern Sie, dass gilt: $P(X = k) = p \cdot (1 - p)^{k-1}$.

c) Richtig oder falsch? Begründen Sie: $P(X = k) > 0$ für alle Werte $k \in \mathbb{N}$ mit $k \geq 1$.

d) Erklären Sie anschaulich am Beispiel eines normalen Spielwürfels, dass für den Erwartungswert gilt: $E(X) = \frac{1}{p}$.

Hinweis zu 26:
Die hier behandelten Zufallsgrößen heißen geometrisch verteilt. Mehr zu dieser Verteilung finden Sie im Streifzug auf den folgenden Seiten.

Weitere Verteilungen

■ Bei einem Würfelspiel muss zu Beginn eine „6" gewürfelt werden, um eine Figur zu setzen. Man hat dafür jede Runde drei Versuche. Ermitteln Sie die Wahrscheinlichkeit dafür, dass ein Spieler in einer Runde eine Figur setzen kann. ■

Geometrische Verteilung

Ein Würfel wird so lange geworfen, bis zum ersten Mal eine „6" auftritt. Die Zufallsgröße X zählt die Anzahl der Versuche. Das Ereignis „erster Erfolg nach n Versuchen" bedeutet, dass zuerst n – 1 Misserfolge auftreten und dann ein Erfolg.

$P(X = 1) = \frac{1}{6}$ (kein Misserfolg)

$P(X = 2) = \frac{5}{6} \cdot \frac{1}{6}$ (1 Misserfolg)

$P(X = n) = \left(\frac{5}{6}\right)^{n-1} \cdot \frac{1}{6}$ (n – 1 Misserfolge)

Hinweis:
Die Bezeichnung geometrisch kommt von der Eigenschaft, dass $\frac{P(X = n + 1)}{P(X = n)}$ gleich $1 - p$ und damit konstant ist. Folgen (a_n) mit konstanten Quotienten $\frac{a_{n+1}}{a_n}$ heißen geometrische Folgen.

Definition: Geometrische Verteilung, geometrisch verteilte Zufallsgrößen
Eine Zufallsgröße X heißt **geometrisch verteilt** mit dem Parameter p (kurz $X \sim G_p$), wenn sie die Werte n = 1, 2, 3, … mit Wahrscheinlichkeiten
$G_p(n) = P(X = n) = p \cdot (1 - p)^{n-1}$ $(0 < p < 1)$
annimmt. Die zugehörige Wahrscheinlichkeitsverteilung heißt **geometrische Verteilung.**

Um die kumulierte Wahrscheinlichkeit $P(X \le 3)$ zu bestimmen, wird $q = 1 - p$ gesetzt.
Dann wird mit $\frac{1-q}{1-q}$ erweitert.
Anschließend wird der Zähler $1 - q$ in die Klammer multipliziert.

$P(X \le 3) = p + pq + pq^2$
$= p \cdot (1 + q + q^2) \cdot \frac{1-q}{1-q}$
$= p \cdot (1 - q + q - q^2 + q^2 - q^3) \cdot \frac{1}{1-q}$
$= p \cdot \frac{1-q^3}{1-q} = p \cdot \frac{1-(1-p)^3}{1-(1-p)} = 1 - (1-p)^3$

Dieses Vorgehen lässt sich verallgemeinern.

Hinweis:
Zur Berechnung des Erwartungswertes wird die Summe $\sum_{k=1}^{n} k \cdot P(X = k)$ umgeformt und der Grenzwert für $n \to \infty$ gebildet.

Satz: Eigenschaften geometrisch verteilter Zufallsgrößen
Ist eine Zufallsgröße X geometrisch verteilt mit dem Parameter p, dann gilt für die **kumulierte Wahrscheinlichkeit:**

$$F_p(n) = P(X \le n) = \sum_{k=1}^{n} (X = k) = 1 - (1 - p)^n$$

Für den **Erwartungswert** und die **Varianz** von X gelten:
$E(X) = \frac{1}{p}$ $V(x) = \frac{1}{p^2} - \frac{1}{p}$

Beispiel 1: Ein Würfel mit sechs Flächen wird so lange geworfen, bis die Augenzahl größer als zwei ist. Die Zufallsgröße X zählt die Anzahl der Versuche.
Bestimmen Sie die Wahrscheinlichkeit dafür, dass
① genau 3-mal, ② höchstens 4-mal, ③ mindestens 5-mal geworfen wird.

Lösung:
Die Wahrscheinlichkeit für „Augenzahl größer 2" ist $\frac{4}{6}$. Das Ereignis ② bedeutet $X \le 4$. Verwenden Sie dafür die kumulierte Wahrscheinlichkeit. ③ bedeutet $X \ge 5$, also das Gegenereignis von Ereignis ②.

Mit $p = \frac{4}{6} = \frac{2}{3}$ und $q = 1 - \frac{2}{3} = \frac{1}{3}$ folgt:
① $P(X = 3) = \frac{2}{3} \cdot \left(\frac{1}{3}\right)^2 = \frac{2}{27} \approx 0{,}074$
② $P(X \le 4) = 1 - \left(\frac{1}{3}\right)^4 = \frac{80}{81} \approx 0{,}988$
③ $P(X \ge 5) = 1 - P(X \le 4) = \frac{1}{81} \approx 0{,}012$

Aufgaben

1. X ist eine geometrisch verteilte Zufallsgröße mit Parameter $p = \frac{7}{10}\left(p = \frac{1}{4}\right)$.

a) Berechnen Sie die Wahrscheinlichkeiten $P(X = 4)$ und $P(X \leq 3)$.

b) Bestimmen Sie den Erwartungswert und die Varianz von X.

c) Vergleichen Sie die Ergebnisse aus b) für die verschiedenen Werte von p.

2. Ein Würfel wird so lange gewürfelt, bis das Ergebnis kleiner als 3 ist. Die Zufallsgröße X zählt die Anzahl der Versuche.

a) Bestimmen Sie die Wahrscheinlichkeit dafür, dass … geworfen wird.
① genau 4-mal ② genau 5-mal ③ höchstens 3-mal ④ höchstens 4-mal

b) Berechnen Sie den Erwartungswert von X und geben Sie an, wie stark die Streuung der Zufallsgröße ist.

3. Die Abbildung zeigt Ausschnitte aus Diagrammen zu geometrischen Verteilungen mit verschiedenen Parametern.

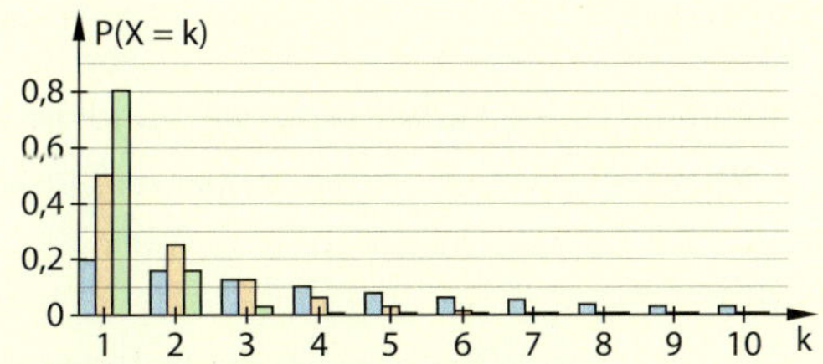

a) Beschreiben Sie den allgemeinen Verlauf unabhängig von der Wahl des Parameters.

b) Geben Sie an, welcher der Parameter zu welchem der Diagramme passt.
① $p = 0{,}5$ ② $p = 0{,}1$ ③ $p = 0{,}75$ ④ $p = 0{,}2$ ⑤ $p = 0{,}8$

c) Skizzieren Sie die Diagramme zu den übrigen Parametern aus b). Beschreiben Sie, wie sich das Diagramm in Abhängigkeit zur Wahl des Parameters verändert.

4. Gedächtnislosigkeit der geometrischen Verteilung:
Eine faire Münze mit einer grünen und einer roten Seite wird so lange geworfen, bis zum ersten Mal „grün" erscheint. Die Zufallsgröße X zählt die Anzahl der Versuche.

a) Berechnen Sie die Wahrscheinlichkeiten $P(X = 2)$ und $P(X = 4)$.

b) Lina hat bisher dreimal geworfen und immer kam „rot". Bestimmen Sie die bedingten Wahrscheinlichkeiten $P_E(X = 5)$ und $P_E(X = 7)$ mit dem Ereignis E: „$X > 3$". Vergleichen Sie die Ergebnisse mit denen aus a).

● c) Zeigen Sie, dass bei einer geometrisch verteilten Zufallsgröße X mit Parameter p gilt: $P_E(X = n + k) = P(X = n)$, mit E: „$X > k$" für natürliche Zahlen $k < n$. Erklären Sie, warum die geometrische Verteilung als gedächtnislose Verteilung bezeichnet wird.

● **5.** Micha war im Casino und berichtet stolz: „Ich habe immer gewartet, bis an einem Tisch mindestens 6-mal nacheinander keine rote Zahl kam. Dann habe ich an diesem Tisch immer auf Rot gesetzt. Am ganzen Abend habe ich das sechsmal probiert und davon viermal gewonnen. Das ist eine erfolgreiche Strategie."

Hinweis zu 5:
Zur Vereinfachung können Sie die „Null" ignorieren und annehmen, dass eine Roulettescheibe nur 18 rote und 18 schwarze Felder hat.

a) Bestimmen Sie die Gewinnwahrscheinlichkeiten bei Michas Strategie und erklären Sie, warum diese keinen Vorteil bietet.

b) Micha glaubt der Wahrscheinlichkeitsrechnung nicht und sagt: „Es passiert ganz selten, dass siebenmal nacheinander keine rote Zahl kommt. Also ist meine Strategie doch gut." Erklären Sie seinen Denkfehler und überlegen Sie mit Ihrem Nachbarn, wie man Micha überzeugen könnte.

Hypergeometrische Verteilung

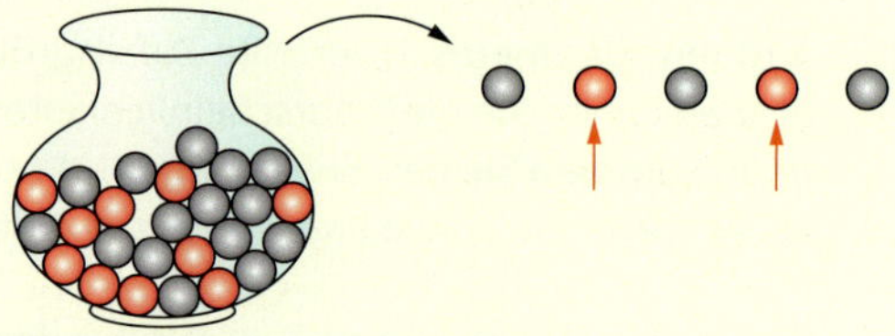

Die hypergeometrische Verteilung basiert auf dem Urnenmodell „Ziehen ohne Zurücklegen". Innerhalb einer **Grundmenge von N** Kugeln befinden sich **M Merkmalsträger** (z. B. Kugeln mit besonderer Farbe). Aus der Grundmenge wird eine **Stichprobe mit n** Kugeln gezogen. Die zufällige Verteilung der Merkmalsträger innerhalb der Stichprobe kann mithilfe der **hypergeometrischen Verteilung** beschrieben werden.

Hinweis:
min (a, b) gibt die kleinere und max (a, b) die größere der beiden Zahlen a und b an.

Wissen: Hypergeometrisch verteilte Zufallsgrößen

Eine Zufallsgröße X heißt **hypergeometrisch verteilt** mit Parametern N, M und n, wenn sie ihre Werte mit Wahrscheinlichkeiten

$P(X = k) = \frac{\binom{M}{k}\binom{N-M}{n-k}}{\binom{N}{n}}$ $(0 < p < 1)$; $n \leq N$; $M \leq N$ und $\max(0, n + M - N) \leq k \leq \min(n, M)$

annimmt. Für den **Erwartungswert** und die **Varianz** von X gelten:

$E(X) = n \cdot \frac{M}{N}$ $V(X) = n \cdot \frac{M}{N}\left(1 - \frac{M}{N}\right)\frac{N-n}{N-1}$

Beispiel 1: Auf ein Gymnasium mit 1000 Schülern gehen 550 Mädchen. Bei einer Umfrage werden zufällig 100 Schüler befragt.
Bestimmen Sie die Wahrscheinlichkeit dafür, dass unter den Befragten genau 55 Mädchen sind, und geben Sie die erwartete Anzahl an Mädchen an.

Lösung:

Von N = 1000 Schülern sind M = 550 Mädchen. Die Stichprobe enthält n = 100 Befragte. Gesucht ist die Wahrscheinlichkeit für k = 55 Mädchen. Wenden Sie auf diese Werte die Formeln an.

Mit N = 1000; M = 550; n = 100; k = 55 folgt:

$P(X = 55) = \frac{\binom{550}{55}\binom{1000-550}{100-55}}{\binom{1000}{100}} = \frac{\binom{550}{55}\binom{450}{45}}{\binom{1000}{100}} \approx 0{,}084$

$E(X) = 100 \cdot \frac{550}{1000} = \frac{550}{10} = 55$

Aufgaben

6. X ist eine hypergeometrisch verteilte Zufallsgröße mit N = 500.
a) Berechnen Sie die Wahrscheinlichkeiten P (X = 10) und P (X = 50) für die Parameter.
① M = 50 und n = 250 ② M = 50 und n = 100 ③ M = 300 und n = 100
b) Vergleichen Sie die Werte aus a) und beschreiben Sie, wie sich die Wahrscheinlichkeit in Abhängigkeit von den Parametern M und n verändert.

7. X ist eine hypergeometrisch verteilte Zufallsgröße mit den Parametern N, M und n.
a) Berechnen Sie den Erwartungswert und die Varianz.
① N = 100, M = 40, n = 60 ② N = 100, M = 80, n = 5 ③ N = 500, M = 250, n = 450
● b) Beschreiben Sie, wie sich die Werte in Abhängigkeit von den Parametern verhalten.

8. Bei einer Bundestagswahl haben rund 75 % der etwa 60 Millionen Wahlberechtigten eine gültige Stimme abgegeben. Ein Meinungsforschungsinstitut möchte mehr über die Gründe einer „Nicht-Wahl" herausfinden und führt unter 10 000 Wahlberechtigten eine Umfrage durch. Bestimmen Sie die erwartete Anzahl der „Nicht-Wähler" unter den Teilnehmern der Umfrage. Treffen Sie eine Aussage darüber, wie stark die erwarteten Abweichungen von diesem Wert sind.

9.5 Prognosen

■ Die Abbildung zeigt das amtliche Endergebnis der Bundestagswahl 2017. Im Wahlkreis Hannover II wurden 148 090 Stimmen abgegeben.

a) Bestimmen Sie die 2σ-Umgebung für die Anzahl an Unions- und an SPD-Wählern im Wahlkreis Hannover II. Geben Sie näherungsweise die Wahrscheinlichkeit zu dieser Umgebung an.
b) Im Wahlkreis Hannover II bekamen die SPD 37 911 und die Union 36 134 Stimmen. „Signifikante Abweichungen in Hannover", urteilte am nächsten Tag ein politischer Wahlbeobachter. Beurteilen Sie die Aussage anhand der Ergebnisse aus a). ■

Ein Bereich der beurteilenden Statistik beschäftigt sich mit dem **Schluss von der Gesamtheit auf die Stichprobe**. Der Anteil p der Objekte mit einer bestimmten Eigenschaft innerhalb einer Gesamtheit ist bekannt. Es werden Prognosen über den Anteil innerhalb einer Stichprobe abgegeben. Dazu wird die Situation mit einer Bernoulli-Kette beschrieben.

Gesamtheit	Eigenschaft	Anteil	Stichprobe
Bevölkerung Deutschlands	weiblich	51 %	1000 Personen

Eine plausible Prognose für den zu erwartenden Wert von X liefert der Erwartungswert μ. Die Wahrscheinlichkeit für einzelne Werte wie μ ist jedoch sehr gering.

X: Anzahl der Frauen innerhalb der Stichprobe ($X \sim B_{1000;\,0,51}$)

Wert als Prognose:
$\mu = 1000 \cdot 0{,}51 = 510 \quad P(X = \mu) \approx 0{,}025$

Aussagekräftiger sind Intervalle, die um den Erwartungswert symmetrisch sind und in denen der Wert von X mit einer vorgegebenen Mindestwahrscheinlichkeit (**Sicherheitswahrscheinlichkeit**) liegt. Im Beispiel liegt die Zahl der Frauen mit einer Wahrscheinlichkeit von mindestens 80 % zwischen 490 und 530. Üblicherweise werden Sicherheitswahrscheinlichkeiten von 90 %, 95 % und 99 % verwendet. Die zugehörigen Intervalle lassen sich mithilfe von **σ-Regeln** bestimmen.

Intervall als Prognose:

k	$[\mu - k; \mu + k]$	$P(\mu - k \le X \le \mu + k)$
1	[509; 511]	0,0756
2	[508; 512]	0,1256
3	[507; 513]	0,1752
…	…	…
19	[491; 529]	0,7826
20	[490; 530]	0,8053
21	[489; 531]	0,8262

Hinweis:
Ist μ nicht ganzzahlig, kann man im ersten Schritt die nächstkleinere und die nächstgrößere ganze Zahl als Intervallgrenzen wählen.
Beispiel: $n = 100$, $p = \frac{1}{6}$, $\mu = 16{,}\overline{6}$

[a; b]	$P(a \le X \le b)$
[16; 17]	0,2117
[15; 18]	0,4090
[14; 19]	0,5802
…	…

Satz: Prognoseintervalle
X sei eine binomialverteilte Zufallsgröße mit den Parametern n und p, dem Erwartungswert μ und der Standardabweichung σ.
Falls die Laplace-Bedingung $\sigma > 3$ erfüllt ist, liegt die Trefferanzahl näherungsweise mit den Wahrscheinlichkeiten **90 %, 95 % und 99 %** in den folgenden **Prognoseintervallen**.

Wahrscheinlichkeit	Prognoseintervall
90 %	$[\mu - 1{,}64\sigma; \mu + 1{,}64\sigma]$
95 %	$[\mu - 1{,}96\sigma; \mu + 1{,}96\sigma]$
99 %	$[\mu - 2{,}58\sigma; \mu + 2{,}58\sigma]$

Stichprobenergebnisse außerhalb des 95 %- bzw. 99 %-Prognoseintervalls sind sehr unwahrscheinlich. Man spricht dann von **signifikanten** bzw. **hochsignifikanten Abweichungen** vom Erwartungswert.

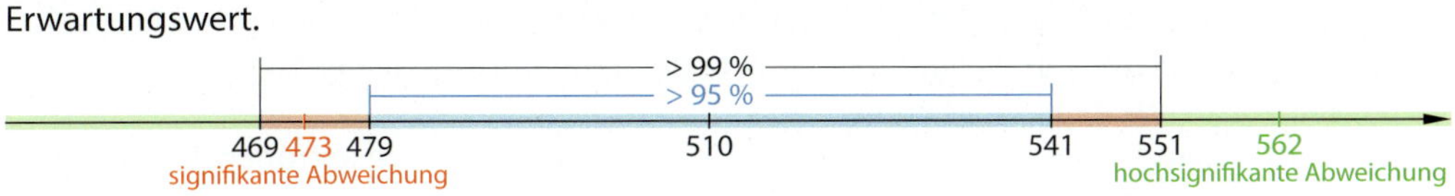

Beispiel 1: Der Anteil an Linkshändern beträgt deutschlandweit etwa 12 %. In einem Tennisverein mit 150 Mitgliedern wird die Anzahl der Linkshänder gezählt.
Gesucht sind Prognosen für die zu erwartende Anzahl an Linkshändern im Verein.

a) Geben Sie als Prognose einen Wert an und beurteilen Sie diese Prognose.
b) Geben Sie als Prognose ein Intervall um den Erwartungswert an, in dem die Anzahl der Linkshänder im Verein mit einer Wahrscheinlichkeit von mindestens 95 % bzw. 99 % liegt.
c) Die Zählung ergibt 27 Linkshänder. Beurteilen Sie diesen Wert mithilfe von b).

Lösung:

a) Berechnen Sie für $n = 150$ und $p = 0{,}12$ den Erwartungswert μ. Dieser ist eine plausible Prognose. Eine Berechnung von $P(X = \mu)$ zeigt, dass dieses Einzelereignis jedoch unwahrscheinlich ist.

X: Anzahl Linkshänder unter 150 Personen
$n = 150,\ p = 0{,}12$
$\mu = 150 \cdot 0{,}12 = 18 \quad P(X = 18) \approx 0{,}0998$
Es sind 18 Linkshänder zu erwarten.
Die Wahrscheinlichkeit dafür ist gering.

b) Die Laplace-Bedingung $\sigma > 3$ ist erfüllt. Berechnen Sie die Grenzen des 95 %-Prognoseintervalls. Runden Sie nach innen und prüfen Sie die Wahrscheinlichkeit des Intervalls. Diese liegt hier unter 95 %. Die Intervallgrenzen müssen also nach außen gerundet werden.

$\sigma = \sqrt{150 \cdot 0{,}12 \cdot 0{,}88} \approx 3{,}97 > 3$
$\mu - 1{,}96\sigma \approx 10{,}22; \quad \mu + 1{,}96\sigma \approx 25{,}78$
95 %-Prognoseintervall: $[10{,}22;\ 25{,}78]$
$P(11 \le X \le 25) \approx 0{,}9421 < 95\,\%$
$P(10 \le X \le 26) \approx 0{,}9684 > 95\,\%$
Prognose zu mindestens 95 %: zwischen 10 und 26 Linkshänder

Berechnen Sie die Grenzen des 99 %-Prognoseintervalls und runden Sie nach innen. Die Wahrscheinlichkeit des Intervalls liegt bereits über 99 %. Für das nächstkleinere Intervall gilt das nicht.

$\mu - 2{,}58\sigma \approx 7{,}76; \quad \mu + 2{,}58\sigma \approx 28{,}24$
99 %-Prognoseintervall: $[7{,}76;\ 28{,}24]$
$P(8 \le X \le 28) \approx 0{,}9918 > 99\,\%$
$P(9 \le X \le 27) \approx 0{,}9833 < 99\,\%$
Prognose zu mindestens 99 %: zwischen 8 und 28 Linkshänder

c) 27 liegt außerhalb des 95 %-Prognoseintervalls, aber innerhalb des 99 %-Prognoseintervalls.

Die Zahl der Linkshänder weicht signifikant, aber nicht hochsignifikant vom Durchschnitt in Deutschland ab.

Hinweis:
Beim „Runden nach innen" wird die untere Grenze auf- und die obere Grenze abgerundet. Das Intervall wird kleiner. Beim „Runden nach außen" wird die untere Grenze ab- und die obere Grenze aufgerundet. Das Intervall wird größer.

Basisaufgaben

GTR **1.** Der Anteil an Rechtshändern beträgt in Deutschland etwa 88 %. Ein Handballverein hat insgesamt 250 Mitglieder.

a) Geben Sie einen Wert als Prognose für die zu erwartende Anzahl an Rechtshändern im Verein an.
b) Bestimmen Sie das 95 %- und das 99 %-Prognoseintervall.
c) Im Verein gibt es 215 Rechtshänder. Beurteilen Sie diesen Wert mithilfe von b).

GTR **2.** Eine Handballspielerin hat bei ihren 7-m-Würfen eine Trefferquote von 65 %. In jedem Training wirft die Spielerin 80 Siebenmeter. X zählt dabei die Anzahl der Treffer.

a) Berechnen Sie den Erwartungswert $E(X)$ und die Wahrscheinlichkeit $P(X = E(X))$. Erklären Sie beides im Sachzusammenhang.
b) Erklären Sie, warum zur Prognose nicht allein der Erwartungswert, sondern vielmehr Prognoseintervalle herangezogen werden sollten.
c) Bestimmen Sie ein kleinstmögliches, um den Erwartungswert symmetrisches Intervall mit ganzzahligen Intervallgrenzen, in dem die Trefferanzahl mit einer Wahrscheinlichkeit von mindestens 95 % liegt.
d) Beim letzten Training hat die Spielerin 75 von 100 Siebenmetern getroffen. Beurteilen Sie, ob sie damit signifikant besser geworfen hat als üblich.

GTR **3.** Gegeben sind ein Stichprobenumfang n und eine Trefferwahrscheinlichkeit p.

① $n = 250$; $p = 0{,}4$ ② $n = 1000$; $p = 0{,}25$ ③ $n = 100$; $p = 0{,}8$

a) Bestimmen Sie für ①, ② und ③ das 95 %- und das 99 %-Prognoseintervall.
b) Geben Sie jeweils eine Trefferanzahl an, welche vom Erwartungswert signifikant bzw. hochsignifikant abweicht.

Lösungen zu 3:

[223;277]
[70; 90]
[85;115]
[215; 285]
[72; 88]
[80;120]

GTR **4.** Max ist sich sicher, dass er beim Würfeln immer Pech hat und selten eine 6 würfelt. Deswegen hat er heute mitgezählt, wie viele Sechsen er tatsächlich gewürfelt hat. Alle 100 Würfe hat er den Zwischenstand notiert.

Würfe	1–100	101–200	201–300	301–400	401–500
Anzahl „6“	11	8	12	19	24

a) Bestimmen Sie für $n = 100$ und $p = \frac{1}{6}$ das 95 %- und das 99 %-Prognoseintervall.
b) Beurteilen Sie anhand der Intervalle aus a), in welchem Block von 100 Würfen Max tatsächlich „Pech gehabt hat“.

GTR **5.** In Deutschland beträgt der Anteil der Jungen etwa 49 %. Die Tabelle zeigt die Größen der Jahrgänge 5 bis 10 eines Gymnasiums und die jeweilige Anzahl an Jungen.

Jahrgang	Schülerzahl	Anzahl Jungen
5	120	46
6	135	60
7	110	66
8	90	41
9	95	38
10	85	52

a) Bestimmen Sie für jeden Jahrgang das 95%- und das 99 %-Prognoseintervall.
b) Beschreiben Sie die Bedeutung der Intervalle aus a).
c) Beurteilen Sie für jeden Jahrgang, ob die tatsächliche Anzahl der Jungen signifikant oder hochsignifikant vom Erwartungswert abweicht.
d) Beurteilen Sie die Zahl der Jungen der gesamten Mittelstufe bezüglich der 49 %.

TK **6.** Gegeben ist eine binomialverteilte Zufallsgröße X mit $n = 100$ und $p = 0{,}5$.

a) Erklären Sie den Aufbau der Tabelle. Lesen Sie ein Prognoseintervall zur Sicherheitswahrscheinlichkeit von 50 % (30 %, 70 %) ab.
b) Ermitteln Sie mit einer Tabellenkalkulation 60 %-, 70 %- und 80 %-Prognoseintervalle für:

C3 | fx | ="["& 50-B3&";"&50+B3&"]"

	A	B	C	D
1		k	[50 - k; 50 + k]	P(µ-k ≤X≤ µ+k)
2		1	[49;51]	0,235646566
3		2	[48;52]	0,382700586
4		3	[47;53]	0,515881586
5		4	[46;54]	0,631798383
6		5	[45;55]	0,728746976
7		6	[44;56]	0,806652096

① $n = 100$; $p = 0{,}15$ ② $n = 150$; $p = 0{,}7$ ③ $n = 200$; $p = 0{,}9$

Hinweis:
Bei einer Prognose zur Sicherheitswahrscheinlichkeit S gibt man als Prognose häufig das kleinste um den Erwartungswert symmetrische Intervall an, für das die Wahrscheinlichkeit mindestens S ist.

GTR **7.** Laura bestimmt im Grafikmenü des GTR für den 100-fachen Wurf einer Münze ein Prognoseintervall zur Sicherheitswahrscheinlichkeit von 80 %.

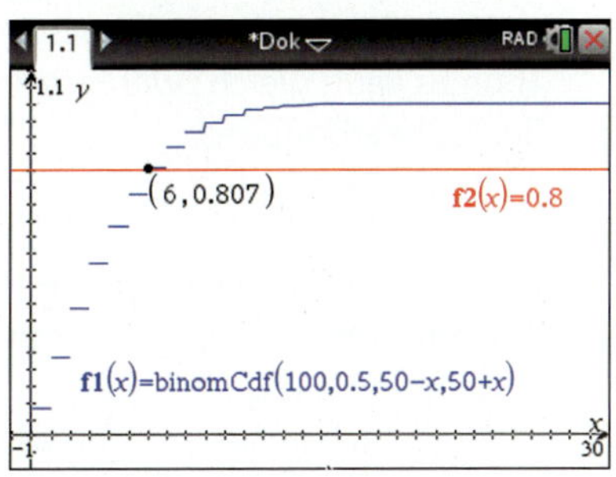

a) Beschreiben Sie Lauras Vorgehen anhand der Abbildung und geben Sie das 80 %-Prognoseintervall an.
b) Bestimmen Sie mit Lauras Methode auch das 90 %- und das 99 %-Prognoseintervall.
c) Verwenden Sie nun als Trefferwahrscheinlichkeit $p = 0{,}1$ ($p = 0{,}3$; $p = 0{,}9$) und bestimmen Sie das 95 %-Prognoseintervall für $n = 100$. Beschreiben Sie, wie sich die Graphen und die Intervalle verändern.

Verträglichkeit von p mit einer Stichprobe

Der genaue Wert der Trefferwahrscheinlichkeit p ist häufig nicht bekannt. Oft aber gibt es für p eine Angabe aus früheren Untersuchungen oder Umfragen. Dieser Wert von p kann mithilfe einer Stichprobe beurteilt werden. (**Schluss von der Stichprobe auf die Gesamtheit**)

Hinweis:
Die Verträglichkeit von p wird stets zu einer Sicherheitswahrscheinlichkeit angegeben. Neben den üblichen 95 % oder 99 % können auch andere Werte auftreten.

Definition: Verträglichkeit von p mit einer Stichprobe
Ein vermuteter Wert für den Parameter p heißt **verträglich mit einer Stichprobe** zur Sicherheitswahrscheinlichkeit von 95 %, wenn die Trefferanzahl der Stichprobe im 95 %-Prognoseintervall von p liegt.

Ist ein vermuteter Wert von p nicht verträglich mit einer Stichprobe, so kann dessen Gültigkeit angezweifelt werden.

Beispiel 2: Bei der letzten Erhebung lag der Anteil an Vegetariern bei $p = 0{,}06$. In einer aktuellen Umfrage von 300 Personen geben 25 Personen an, Vegetarier zu sein.
Prüfen Sie, ob der Wert von p bei einer Sicherheitswahrscheinlichkeit von 95 % mit der Stichprobe verträglich ist.

Lösung:

Berechnen Sie für $n = 300$ und $p = 0{,}06$ das 95 %-Prognoseintervall (Laplace-Bedingung $\sigma > 3$ ist erfüllt).	$\mu = 300 \cdot 0{,}06 = 18$ $\quad \sigma \approx 4{,}11 > 3$ $\mu - 1{,}96\sigma \approx 9{,}94$; $\quad \mu + 1{,}96\sigma \approx 26{,}06$ 95 %-Prognoseintervall: [9,94; 26,06]
Das Stichprobenergebnis 25 ist im Intervall enthalten. Also ist p verträglich mit der Stichprobe.	$25 \in [9{,}94; 26{,}06]$ $p = 0{,}06$ ist verträglich mit der Stichprobe.

Basisaufgaben

GTR **8.** Auf einem Jahrmarkt wirbt eine Losbude damit, dass 20 % aller Lose Gewinne seien. Eine Schülergruppe beobachtet den Stand eine Stunde lang. In dieser Zeit werden 255 Lose verkauft und dabei 42 Gewinne ausgegeben.

a) Bestimmen Sie unter der Annahme von $p = 0{,}2$ und $n = 255$ das 95 %-Prognoseintervall.
b) Beurteilen Sie $p = 0{,}2$ anhand des konkreten Stichprobenergebnisses.
c) Untersuchen Sie, ob der Wert von $p = 0{,}2$ mit den Beobachtungen in den folgenden drei Stunden verträglich ist (Sicherheitswahrscheinlichkeit 95 %).

① 205 Lose, 33 Gewinne ② 310 Lose, 42 Gewinne ③ 280 Lose, 71 Gewinne

GTR **9.** Eine Süßigkeitenfirma produziert Kaubonbons in unterschiedlichen Geschmacksrichtungen. Zum Firmenjubiläum gibt es eine Sondermischung mit 50 % Erdbeerbonbons. Thomas kauft gleich zwei Familienpackungen mit jeweils 40 Bonbons und zählt die Anzahl der Erdbeerbonbons.

a) Berechnen Sie $P(X = 40)$ sowie $P(X \geq 40)$ für eine geeignete Zufallsvariable X und deuten Sie die Ergebnisse im Sachzusammenhang.
b) In beiden Familienpackungen zusammen findet Thomas 50 Erdbeerbonbons. Begründen Sie, dass er aufgrund dieser Stichprobe den Anteil von 50 % Erdbeerbonbons anzweifeln sollte.
c) Untersuchen Sie, ob Thomas den Anteil von 50 % auch aufgrund eines 99 %-Prognoseintervalls anzweifeln sollte.

GTR **10.** Ein Würfel soll darauf getestet werden, ob er ideal ist. Er wird 800-mal geworfen.
a) Bestimmen Sie ein 95 %-Prognoseintervall für die Anzahl an Sechsen.
b) Geben Sie zwei Intervalle für die Anzahl an Sechsen an, innerhalb derer der Würfel als „nicht ideal" bezeichnet werden muss.
c) Wiederholen Sie das Vorgehen in a) und b) mit einer Sicherheitswahrscheinlichkeit von 80 % statt 95 %. Beschreiben Sie, wie sich die Ergebnisse verändern.

GTR **11.** Es wird angenommen, dass 30 % der Bevölkerung Deutschlands an einer Allergie leiden. In einer aktuellen Umfrage werden in verschiedenen Bundesländern jeweils 1000 Personen befragt.

Bundesland	Allergiker in der Umfrage
Bayern	321
Berlin	617
Hamburg	235
Hessen	262
Niedersachsen	317
Saarland	285
Thüringen	305

a) Begründen Sie, dass die Anzahl der Allergiker in einer Stichprobe als binomialverteilt angenommen werden kann.
b) Überprüfen Sie, mit welchen Umfrageergebnissen der vermutete Anteil an Allergikern verträglich ist (bei einer Sicherheitswahrscheinlichkeit von 99 %).
c) Die Umfrage in Berlin wurde vor einem Ärztezentrum für Allergologie durchgeführt. Erklären Sie damit das Ergebnis der Umfrage aus Berlin. Begründen Sie, dass diese Stichprobe nicht repräsentativ ist und daher vernachlässigt werden sollte.

Weiterführende Aufgaben

12. Nehmen Sie begründet Stellung zur Aussage.
a) Das 90 %-Prognoseintervall ist immer im 95 %-Prognoseintervall enthalten.
b) Wenn ein Ergebnis signifikant vom Erwartungswert abweicht, dann gilt dies auch für alle Ergebnisse, die noch weiter vom Erwartungswert entfernt liegen.
c) Wenn ein vermuteter Wert von p nicht verträglich mit dem Ergebnis einer Stichprobe ist, dann bedeutet das, dass der Wert von p falsch ist.
d) Wird ein Wert von p anhand einer Stichprobe verworfen, so entspricht der Anteil der Treffer beim Stichprobenergebnis dem richtigen Wert von p.

GTR **13.** Jeder von der Firma Untec in Massenproduktion hergestellte Mikrochip ist mit einer Wahrscheinlichkeit von 7,5 % fehlerhaft. In Stichproben von jeweils 300 Chips wird geprüft, ob sich der Anteil fehlerhafter Chips verändert.

a) Geben Sie einen Wert als Prognose für die zu erwartende Anzahl an fehlerhaften Chips in einer Stichprobe von 300 Exemplaren an.
b) Simon sagt: *„Wenn in einer Stichprobe nicht genau 7,5 % der Chips fehlerhaft sind, dann deutet das auf eine Veränderung des Anteils hin."* Beurteilen Sie diese Aussage.
c) Bestimmen Sie das kleinstmögliche Intervall mit dem Mittelpunkt 22,5, in dem bei einer Stichprobe von 300 Chips die Anzahl der fehlerhaften Chips mit einer Wahrscheinlichkeit von mindestens 95 % liegt.
d) Beschreiben Sie, wie Sie das Intervall aus c) nutzen können, um Stichproben von 300 Chips zu beurteilen. Nutzen Sie dabei auch den Begriff „Streuung".

14. Stolperstelle: Nehmen Sie Stellung zu den folgenden Aussagen von Max und Julia.

Max:
„Wenn das Ergebnis einer Stichprobe im 95 %-Prognoseintervall liegt, dann bedeutet dies, dass der angenommene Wert von p zu 95 % stimmt."

Julia:
„Man kann jeden beliebigen Wert von p immer anzweifeln. Man muss nur so viele Stichproben erheben, bis der Wert von p mit einer von ihnen nicht mehr verträglich ist."

GTR **15. Testen von p:** Es wird vermutet, dass eine Reißzwecke mit einer Wahrscheinlichkeit von $p = 0{,}4$ mit der Spitze nach oben landet. Dieser Wert soll mit einer Stichprobe von 200 Würfen zur Sicherheitswahrscheinlichkeit von 95 % überprüft werden. Es wird eine **Entscheidungsregel** formuliert, die den Wert von p verwirft, wenn dieser nicht mit dem Stichprobenergebnis verträglich ist.

a) Vervollständigen Sie die folgende Entscheidungsregel: „Der angenommene Wert $p = 0{,}4$ wird genau dann verworfen, wenn in der Stichprobe ..."

b) Bei den 200 Würfen landet die Reißzwecke 74-mal (94-mal) mit der Spitze nach oben. Entscheiden Sie mit der Regel aus a), ob $p = 0{,}4$ verworfen werden sollte.

c) Erläutern Sie, welche Fehler auftreten können, wenn man sich nach der Regel in a) anhand einer konkreten Stichprobe für bzw. gegen den Wert von p entscheidet.

d) Beim Testen von p liefert eine Stichprobe ein Ergebnis, welches signifikant vom Erwartungswert abweicht. Geben Sie zwei mögliche Gründe für solch ein Ergebnis an.

GTR **16.** Erfahrungsgemäß essen in einer Kantine einer Firma durchschnittlich 40 % der Belegschaft zum Mittag das Nudelgericht. Es kommen 360 Personen zum Mittagessen.

a) Bestimmen Sie Prognoseintervalle, in denen die Anzahl der Nudelesser zu

① mindestens 95 %, ② mindestens 99 %, ③ mindestens 90 % liegen.

b) Die Anzahl der Nudelesser wird eine Woche lang stichprobenartig untersucht. Formulieren Sie auf der Grundlage der Intervalle aus Aufgabenteil a) Entscheidungsregeln, wann der Anteil von 40 % Nudelessern bestätigt bzw. verworfen werden sollte.

● GTR **17.** In einem Supermarkt kann jeder Kunde, der für mindestens 20 € einkauft, ein Los ziehen und mit etwas Glück ein Getränk oder einen 10-€-Gutschein gewinnen. Der Supermarkt behauptet, die Chancen für ein Getränk und einen Gutschein seien gleich hoch. An einem Tag gibt es insgesamt 48 Gewinne, darunter sind nur 18 Gutscheine. Prüfen Sie, ob diese Anzahl so signifikant abweichend ist (Sicherheitswahrscheinlichkeit 95 %), dass man die Behauptung des Supermarkts anzweifeln sollte.

● TK **18.** Ein Spielwürfel wird 240-mal geworfen. Die Zufallsgröße X zählt die Anzahl der Sechsen.

a) Schätzen Sie, wie viele signifikante und hoch signifikante Ergebnisse es geben wird, wenn das Experiment 600-mal durchgeführt wird. Begründen Sie Ihre Schätzung.

b) Das Experiment wird 600-mal mit einer Tabellenkalkulation simuliert. Erklären Sie die Formel in Zelle B244.

c) Die Zellen A244 bis D244 zeigen, wie viele Ergebnisse signifikant bzw. hochsignifikant nach oben oder nach unten abweichen. Geben Sie alle vier Formeln an.

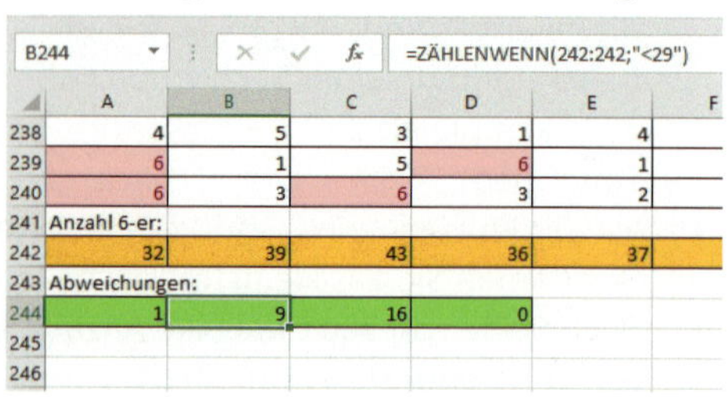

B244 =ZÄHLENWENN(242:242;"<29")

	A	B	C	D	E	F
238	4	5	3	1	4	
239	6	1	5	6	1	
240	6	3	6	3	2	
241	Anzahl 6-er:					
242	32	39	43	36	37	
243	Abweichungen:					
244	1	9	16	0		
245						
246						

d) Erstellen Sie eine Tabellenkalkulation, die den 240-fachen Würfelwurf 600-mal simuliert und die Anzahl der (hoch-)signifikant abweichenden Ergebnisse zählt.

19. Einseitiger Test: Im Jahr 2018 besaßen laut einer Studie 66 % der Weltbevölkerung ein Smartphone. Man möchte testen, ob der Anteil in Deutschland höher ist. Der Anteil von 66 % soll mit einem Test mit einer Sicherheitswahrscheinlichkeit von 95 % überprüft und nur dann verworfen werden, wenn die Umfrage signifikant zu viele Smartphonenutzer ergibt. Dazu werden 1000 Leute in Deutschland befragt.

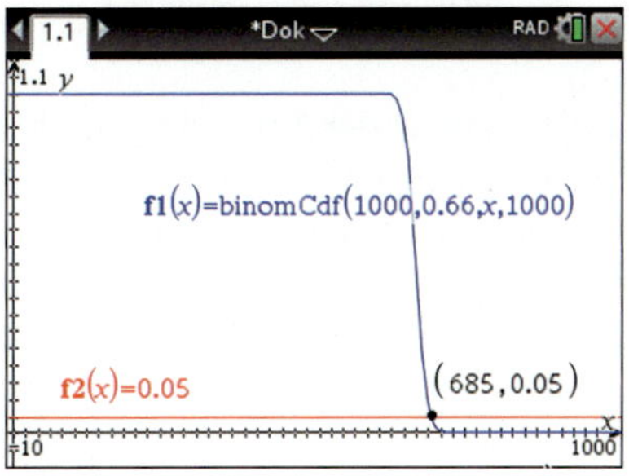

a) Erklären Sie in diesem Zusammenhang die Abbildung.
b) Formulieren Sie auf der Grundlage der Abbildung eine Entscheidungsregel.
c) Drei unterschiedliche Umfragen unter 1000 Leuten haben die folgenden Anzahlen an Smartphonenutzern ergeben: ① 805 ② 670 ③ 745
Überprüfen Sie jeweils, ob der Anteil von $p = 0{,}66$ verworfen werden sollte.

GTR **20. Prognoseintervalle für die relative Trefferhäufigkeit:**
Etwa 45 % der Deutschen haben die Blutgruppe 0.
a) Bestimmen Sie 95 %-Prognoseintervalle für die Anzahl der Personen mit Blutgruppe 0, wenn $n = 100$, $n = 1000$ oder $n = 10\,000$ Personen zufällig ausgewählt werden.
b) Teilen Sie die Grenzen der Intervalle aus a) durch n, um 95 %-Prognoseintervalle für relative Häufigkeiten zu erhalten. Beschreiben Sie, was solche Intervalle aussagen.
c) Bestimmen Sie jeweils die Breite der Prognoseintervalle in a) und b) und beschreiben Sie, wie sich die Breite mit wachsendem n verändert.

21. Gegeben ist eine Bernoulli-Kette der Länge n mit der Trefferwahrscheinlichkeit p.
a) Zeigen Sie, dass die relative Trefferhäufigkeit für $\sigma > 3$ zu etwa 95 % im folgenden Intervall liegt: $\left[p - 1{,}96 \cdot \sqrt{\frac{p \cdot (1-p)}{n}};\, p + 1{,}96 \cdot \sqrt{\frac{p \cdot (1-p)}{n}}\right]$
b) Begründen Sie, dass mit steigendem Stichprobenumfang n die Intervallbreite mit dem Faktor $\frac{1}{\sqrt{n}}$ abnimmt.

22. Ausblick: Die 95 %-Prognoseintervalle der relativen Trefferhäufigkeiten für $p = 0{,}5$ in Abhängigkeit von n werden in der Grafik durch einen Trichter veranschaulicht.

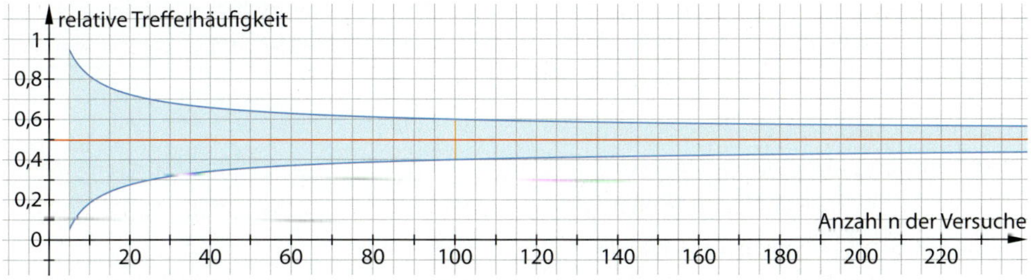

a) Zeigen Sie mithilfe von Aufgabe 21, dass sich die obere und untere Randkurve des Trichters näherungsweise durch $f(n) = \frac{1}{2} - \frac{1}{\sqrt{n}}$ und $g(n) = \frac{1}{2} + \frac{1}{\sqrt{n}}$ beschreiben lassen.
b) Beschreiben Sie die Bedeutung der gelben Linie in der Abbildung des 95 %-Trichters. Bestimmen Sie die Länge der entsprechenden Linien für $n = 25$ und $n = 400$.
c) Beschreiben Sie die relative Lage eines entsprechenden 90 %-Trichters (99 %-Trichters) zum 95 %-Trichter.
d) Formulieren Sie das empirische Gesetz der großen Zahlen für die relative Häufigkeit von „Zahl" beim Münzwurf und erläutern Sie den Zusammenhang mit dem 95 %-Trichter.

9.6 Konfidenzintervalle

■ Gesucht ist der Anteil der Linkshänder an der Südschule.

a) Geben Sie begründet einen Schätzwert für diesen Anteil an. Entscheiden Sie, ob es ein Schätzwert für eine Stichprobe oder für die Grundgesamtheit ist.

b) Prüfen Sie, ob ein Anteil von 15 % bzw. 20 % Linkshändern an der Schule verträglich ist mit dem Stichprobenergebnis des 12. Jahrgangs (Sicherheitswahrscheinlichkeit 95 %). ■

Südschule: 1075 Schüler im 12. Jahrgang 100 Schüler, davon 17 Linkshänder

Bei einer Bernoulli-Kette der Länge n mit Trefferwahrscheinlichkeit p gilt nach der 1,96σ-Regel für die Trefferanzahl k mit einer Wahrscheinlichkeit von 95 % etwa:

$n \cdot p - 1{,}96\sqrt{n \cdot p \cdot (1-p)} \le k \le n \cdot p + 1{,}96\sqrt{n \cdot p \cdot (1-p)}$ (falls $\sigma > 3$)

Die Division der Ungleichung durch n ergibt, dass für die relative Trefferhäufigkeit $h = \frac{k}{n}$ zu etwa 95 % gilt: $p - 1{,}96\sqrt{\frac{p \cdot (1-p)}{n}} \le h \le p + 1{,}96\sqrt{\frac{p \cdot (1-p)}{n}}$

Diese Aussage liefert bei einer bekannten Trefferwahrscheinlichkeit p ein 95 %-Prognoseintervall um p für die relative Trefferhäufigkeit h. Man kann diese Aussage auch umgekehrt nutzen, um mithilfe einer relativen Trefferhäufigkeit, die eine Stichprobe ergibt, den Wert von p zu schätzen, wenn dieser unbekannt ist. In der Regel interessiert man sich für einen Bereich, in dem der Wert von p mit einer gewissen Sicherheit liegt. Hier spricht man vom **Schluss von der Stichprobe auf die Gesamtheit**.

Der unbekannte Anteil p der Anhänger einer Partei unter allen Wählern soll mithilfe einer Stichprobe geschätzt werden. Bei einer Umfrage unter 1000 Wählern gaben 80 an, die Partei wählen zu wollen. Man fasst die Umfrage als Bernoulli-Kette der Länge n = 1000 mit der Trefferwahrscheinlichkeit p auf.
Als Schätzwert für p kann man die relative Häufigkeit $h = \frac{80}{1000} = 0{,}08$ nehmen.

Hinweis:
Alle Werte von p, für die h im 95 %-Prognoseintervall von p liegt, nennt man **verträglich** mit h bei einer Sicherheitswahrscheinlichkeit von 95 %.

Der feste, aber unbekannte Wert von p könnte aber auch in der Nähe von 0,08 liegen. Daher prüft man für weitere mögliche Werte von p, ob diese mit dem Stichprobenergebnis h = 0,08 verträglich sind und h = 0,08 im 95 %-Prognoseintervall

$\left[p - 1{,}96\sqrt{\frac{p \cdot (1-p)}{1000}}\,;\, p + 1{,}96\sqrt{\frac{p \cdot (1-p)}{1000}}\right]$ um p liegt.

p	95 %-Prognose-intervall um p	p verträglich mit h = 0,08?
0,06	[0,045; 0,075]	nein
0,07	[0,054; 0,086]	ja
0,08	[0,063; 0,097]	ja
0,09	[0,072; 0,108]	ja
0,10	[0,081; 0,119]	nein

In der Grafik sind die 95 %-Prognoseintervalle in Abhängigkeit von p dargestellt. Ihre Grenzen bilden die beiden Randkurven bei $h = p + 1{,}96\sqrt{\frac{p \cdot (1-p)}{1000}}$ und $h = p - 1{,}96\sqrt{\frac{p \cdot (1-p)}{1000}}$.

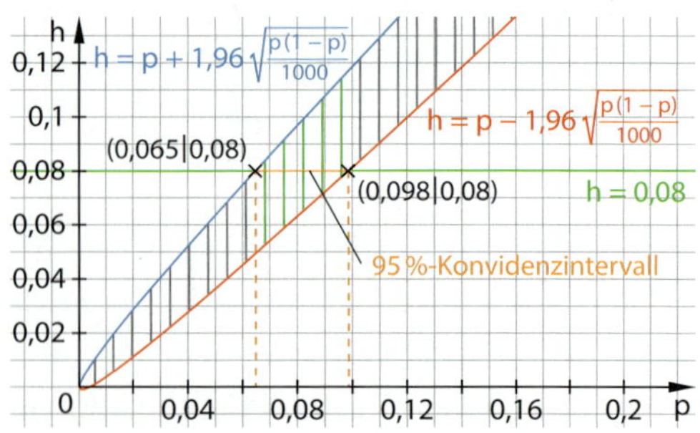

Hinweis:
Das Konfidenzintervall nennt man auch **Vertrauensintervall**. Es enthält alle p, denen man mit einer bestimmten Sicherheitswahrscheinlichkeit „vertraut", da sie verträglich mit h sind.

Alle Werte von p, für die h = 0,08 im 95 %-Prognoseintervall liegt, bilden das **95 %-Konfidenzintervall.**

Die Grenzen des Konfidenzintervalls sind die Schnittstellen der beiden Randkurven mit der Geraden bei h = 0,08.
Die beiden Randkurven schließen eine Ellipse (**Konfidenzellipse**) ein.

$p + 1{,}96\sqrt{\frac{p \cdot (1-p)}{1000}} = 0{,}08$ ergibt $p \approx 0{,}065$.

$p - 1{,}96\sqrt{\frac{p \cdot (1-p)}{1000}} = 0{,}08$ ergibt $p \approx 0{,}098$.

95 %-Konfidenzintervall für den Anteil der Parteianhänger: [0,065; 0,098]

Wissen: Konfidenzintervall

Bei einer Bernoulli-Kette der Länge n mit Trefferwahrscheinlichkeit p ergibt eine Stichprobe die relative Trefferhäufigkeit h. Dann enthält das **95 %-Konfidenzintervall** zu h alle Werte von p, für die h im 95 %-Prognoseintervall $\left[p - 1{,}96\sqrt{\frac{p \cdot (1-p)}{n}};\ p + 1{,}96\sqrt{\frac{p \cdot (1-p)}{n}}\right]$ liegt. Die Grenzen des Konfidenzintervalls erhält man, indem man die folgenden Gleichungen für p löst.

① $p + 1{,}96\sqrt{\frac{p \cdot (1-p)}{n}} = h$ ② $p - 1{,}96\sqrt{\frac{p \cdot (1-p)}{n}} = h$

Möchte man ein Konfidenzintervall zu einer anderen **Sicherheitswahrscheinlichkeit S** als 95 % bestimmen, muss man 1,96 durch den Faktor c der entsprechenden σ-Regel ersetzen.

Sicherheitswahrscheinlichkeit S	Faktor c
90 %	1,64
95 %	1,96
99 %	2,58

Die Grenzen eines Konfidenzintervalls sind Zufallsgrößen, da sie vom zufälligen Stichprobenergebnis h abhängen.

Die Abbildung zeigt 40 konkrete Konfidenzintervalle, welche sich aus 40 Stichprobenergebnissen ergeben haben. Mit einer Wahrscheinlichkeit von 95 % liegt das relative Stichprobenergebnis h im 95 %-Prognoseintervall von p. Genau in diesem Fall liegt p im 95 %-Konfidenzintervall von h (in der Abbildung blau). Man sagt, dass das 95 %-Konfidenzintervall den wahren Wert von p zu 95 % überdeckt.

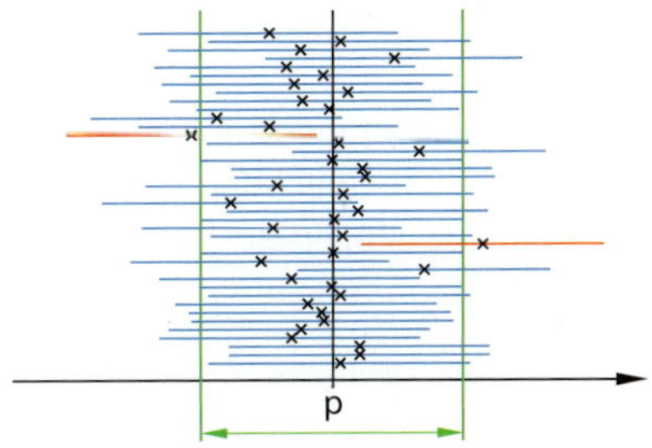

95 %-Prognoseintervall

Satz: Interpretation der Sicherheitswahrscheinlichkeit

Die Grenzen eines Konfidenzintervalls sind Zufallsgrößen. Ein 95 %-Konfidenzintervall überdeckt den festen, aber unbekannten Wert von p mit einer Sicherheitswahrscheinlichkeit von 95 %.

Hinweis:
Da die σ-Regeln nur näherungsweise und für σ > 3 gelten, gilt dies auch für den Satz.

Beispiel 1: Ein Supermarkt bekommt eine große Lieferung von Äpfeln. In einer Stichprobe von 75 Äpfeln haben 9 Äpfel eine Druckstelle. Bestimmen Sie ein 95 %-Konfidenzintervall für den Anteil der Äpfel mit Druckstellen unter allen Äpfeln ① algebraisch und ② grafisch.

Lösung:

Für den Umfang der Stichprobe gilt n = 75. Für den Stichprobenanteil der Äpfel mit Druckstellen ergibt sich $h = \frac{9}{75} = 0{,}12$.

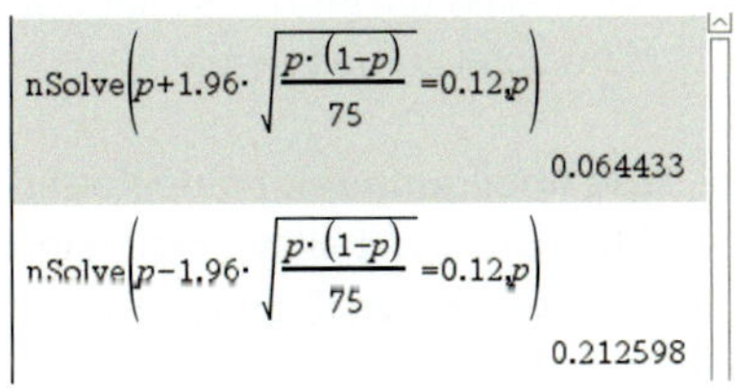

① Bestimmen Sie die Grenzen des Konfidenzintervalls, indem Sie die Gleichungen aus dem Wissen mit n = 75 und h = 0,12 für p lösen.

② Randkurven der Konfidenzellipse:

$h = p + 1{,}96\sqrt{\frac{p(1-p)}{75}}$ $h = p - 1{,}96\sqrt{\frac{p(1-p)}{75}}$

Bestimmen Sie die Schnittstellen der Randkurven mit der Geraden bei h = 0,12.

Für den Anteil der Äpfel mit Druckstellen unter allen Äpfeln ergibt sich das 95 %-Konfidenzintervall [0,064; 0,213].

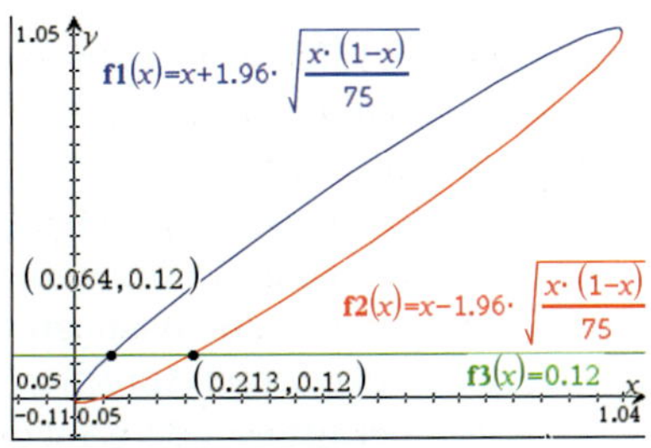

Basisaufgaben

GTR **1.** Der Chef einer Kfz-Werkstatt möchte, dass mindestens 85 % seiner Kunden mit dem Service in seiner Firma zufrieden sind. Von den ersten 750 befragten Kunden geben 620 Kunden an, zufrieden zu sein.

a) Bestimmen Sie ein 95 %-Konfidenzintervall für den Anteil der zufriedenen Kunden.
b) Interpretieren Sie das Intervall aus a) mit Blick auf die Zielsetzung des Chefs.

GTR **2.** Im Vorfeld einer Landratswahl lässt der aktuelle Amtsinhaber stichprobenartig seine Zustimmungswerte überprüfen. In einer ersten Umfrage unter 455 Personen würden ihn 53 % wählen, in einer zweiten Umfrage unter 680 Personen würden ihn 52 % wählen.

a) Bestimmen Sie für beide Umfragen ein 95 %-Konfidenzintervall für die Zustimmungswerte des Landrates. Wählen Sie dabei einmal einen algebraischen und einmal einen grafischen Lösungsweg.
b) Untersuchen Sie anhand der Intervalle aus a), ob der Amtsinhaber mit seiner Wiederwahl rechnen kann.

GTR **3.** Eine Lieferung von Tomaten enthält einen unbekannten Anteil p an Tomaten mit Druckstellen. Bei einer stichprobenartigen Überprüfung von 200 Tomaten werden 31 Tomaten mit Druckstellen gefunden.

a) Überprüfen Sie für $p = 0{,}05$; $p = 0{,}1$; $p = 0{,}15$ und $p = 0{,}2$, ob das relative Stichprobenergebnis im 95 %-Prognoseintervall $\left[p - 1{,}96\sqrt{\frac{p \cdot (1-p)}{200}};\ p + 1{,}96\sqrt{\frac{p \cdot (1-p)}{200}}\right]$ um p liegt.
b) Bestimmen Sie anhand der Stichprobe das 95 %-Konfidenzintervall für den Anteil an Tomaten mit Druckstellen. Beschreiben Sie, was für die Werte von p gilt, die im 95 %-Konfidenzintervall liegen. Vergleichen Sie mit den Ergebnissen in a).
c) Erklären Sie den Unterschied zwischen den Intervallen in a) und dem Intervall in b).

Hinweis:
Die Sicherheitswahrscheinlichkeit bei einem Konfidenzintervall nennt man auch Vertrauenswahrscheinlichkeit.

GTR **4.** Nach einem Handballspiel mit 8000 Zuschauern gaben bei einer Umfrage 759 an, dass sie mit dem Spiel zufrieden waren, 688 gaben an, dass sie nicht zufrieden mit dem Spiel waren. Überprüfen Sie, ob anhand dieser Stichprobe mit einer Vertrauenswahrscheinlichkeit von 95 % geschlossen werden kann, dass die Mehrheit der Zuschauer mit dem Spiel zufrieden war.

5. Die Abbildung zeigt eine Konfidenzellipse für eine Sicherheitswahrscheinlichkeit von 95 % und einen Stichprobenumfang $n = 100$.

a) Die Abbildung zeigt ein 95 %-Prognoseintervall. Geben Sie den Wert von p für dieses Intervall sowie das Intervall selber an.
b) Die Abbildung zeigt ein 95 %-Konfidenzintervall. Geben Sie das Intervall und den zugehörigen Stichprobenanteil an.
c) Erläutern Sie die Deutung der beiden Intervalle aus a) und b) anhand des Beispiels einer Schülersprecherwahl. Gehen Sie dabei insbesondere auf die Begriffe Stichprobe und Grundgesamtheit ein.

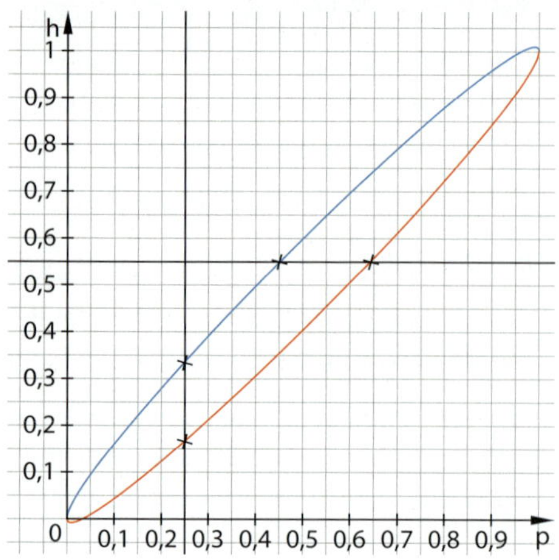

6. **Interpretation der Sicherheitswahrscheinlichkeit:** Die Abbildungen zeigen jeweils Konfidenzintervalle, die aus verschiedenen Stichprobenergebnissen resultieren.

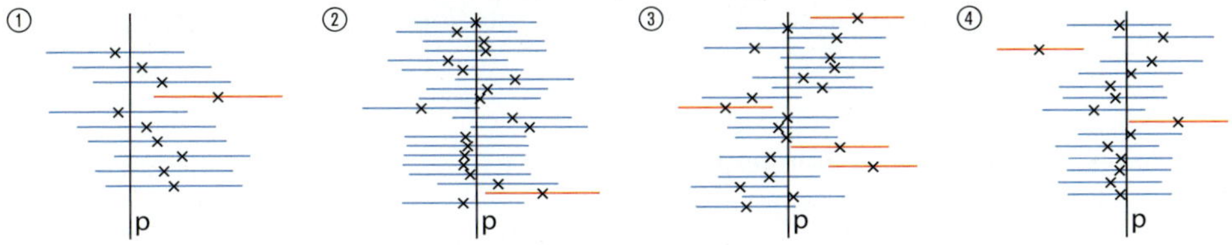

a) Erläutern Sie anhand der Abbildungen, dass die Stichprobenergebnisse und die Grenzen eines Konfidenzintervalls Zufallsgrößen sind.

b) Erläutern Sie den Zusammenhang zwischen den Konfidenzintervallen und der Sicherheitswahrscheinlichkeit.

c) Geben Sie zu jeder Abbildung begründet eine näherungsweise mögliche Sicherheitswahrscheinlichkeit passend zu den Konfidenzintervallen an.

GTR **7.** Mit einer Umfrage wird die Zustimmung der Bevölkerung zu einer Aussage überprüft. Von 300 Befragten stimmten der Aussage genau 165 zu.

a) Bestimmen Sie das zugehörige Konfidenzintervall bei einer Sicherheitswahrscheinlichkeit von 90 %, von 95 % und von 99 %.

b) Beschreiben Sie den Zusammenhang zwischen der Sicherheitswahrscheinlichkeit und der Länge der Konfidenzintervalle. Begründen Sie ihn ① anhand der Sachsituation und ② anhand der Funktionsgleichungen der Konfidenzellipse.

Hinweis zu 7:

s	c
90 %	1,64
95 %	1,96
99 %	2,58

GTR **8.** a) Vergleichen Sie bei einem Stichprobenanteil von $h = 0{,}4$ die Länge der 95 %-Konfidenzintervalle für $n = 100$, $n = 200$, $n = 400$ und $n = 1000$.

b) Erläutern Sie den Zusammenhang zwischen der Länge eines Konfidenzintervalls und dem Stichprobenumfang n ① qualitativ am Beispiel einer Umfrage und ② anhand der Funktionsgleichungen der Konfidenzellipse.

Mindestumfang der Stichprobe

Vergrößert man beim Schätzen der Trefferwahrscheinlichkeit p mit einer Stichprobe den Stichprobenumfang n, wird das Konfidenzintervall kleiner und die Schätzung genauer. Es soll nun untersucht werden, wie groß der Stichprobenumfang n sein muss, um eine bestimmte Genauigkeit mit großer Sicherheit (meist 95 %) zu erreichen.

Bei einer Bernoulli-Kette ($\sigma > 3$) liegt die relative Trefferhäufigkeit h einer Stichprobe nach der $1{,}96\sigma$-Regel zu 95 % im 95 %-Prognoseintervall um p. Das bedeutet:

$$p - 1{,}96\sqrt{\frac{p\cdot(1-p)}{n}} \le h \le p + 1{,}96\sqrt{\frac{p\cdot(1-p)}{n}} \quad |-p$$

$$-1{,}96\sqrt{\frac{p\cdot(1-p)}{n}} \le h - p \le 1{,}96\sqrt{\frac{p\cdot(1-p)}{n}} \quad |\text{ Definition des Betrags}$$

$$|h-p| \le 1{,}96\sqrt{\frac{p\cdot(1-p)}{n}}$$

Für die Abweichung $|h - p|$ zwischen relativer Trefferhäufigkeit h und Trefferwahrscheinlichkeit p gibt man nun eine gewünschte Genauigkeit d vor. Zu 95 % ist die Abweichung $|h - p|$ höchstens d, falls $1{,}96\sqrt{\frac{p\cdot(1-p)}{n}} \le d$ gilt. Um den Mindestumfang der Stichprobe zu bestimmen, löst man diese Ungleichung nach n auf: $n \ge \frac{1{,}96^2}{d^2}\cdot p\cdot(1-p)$.

Für alle möglichen Werte von p gilt $p\cdot(1-p) = 0{,}25 - (p-0{,}5)^2 \le 0{,}25$. Mit dieser Abschätzung nach oben erhält man $n \ge \frac{1{,}96^2}{d^2}\cdot 0{,}25$.

Hinweis:

s	c
90 %	1,64
95 %	1,96
99 %	2,58

Satz: Mindestumfang einer Stichprobe
Bei einer Bernoulli-Kette mit Trefferwahrscheinlichkeit p weicht die relative Trefferhäufigkeit einer Stichprobe vom Umfang n zu 95 % höchstens um einen Wert d von p ab, wenn gilt:
$n \geq \frac{1{,}96^2}{d^2} \cdot 0{,}25$ bzw. $n \geq \left(\frac{1{,}96}{2d}\right)^2$

Für andere **Sicherheitswahrscheinlichkeiten S** als 95 % muss man wieder 1,96 durch den Faktor c der entsprechenden σ-Regel ersetzen.

Hinweis:
Die Länge eines Konfidenzintervalls ist für h = 0,5 am größten.

Beispiel 2: Vor einer Wahl möchte der Amtsinhaber seinen Stimmenanteil mit einer Abweichung von maximal 4 Prozentpunkten bei einer Sicherheitswahrscheinlichkeit von 95 % vorhergesagt bekommen.
a) Bestimmen Sie den dafür notwendigen Stichprobenumfang n.
b) Bestimmen Sie ein 95 %-Konfidenzintervall für den Wert von n aus a) und das Stichprobenergebnis h = 0,5. Zeigen Sie, dass die Grenzen des Intervalls um etwa 4 Prozentpunkte von h abweichen.

Lösung:
a) 4 Prozentpunkte ergeben die Genauigkeit d = 0,04. Verwenden Sie die Ungleichung aus dem Satz, da über p keine weiteren Informationen bekannt sind.

$n \geq \frac{1{,}96^2}{d^2} \cdot 0{,}25 = \frac{1{,}96^2}{0{,}04^2} \cdot 0{,}25 = 600{,}25$
Der Umfang der Stichprobe muss mindestens 601 sein.

b) Bestimmen Sie für n = 601 und h = 0,5 die Grenzen p_1 und p_2 des 95 %-Konfidenzintervalls.
Die beiden Grenzen des 95 %-Konfidenzintervalls weichen gleich stark von h = 0,5 ab.

$p_1 + 1{,}96\sqrt{\frac{p_1(1-p_1)}{601}} = 0{,}5$, also $p_1 \approx 0{,}46015$
$p_2 - 1{,}96\sqrt{\frac{p_2(1-p_2)}{601}} = 0{,}5$, also $p_2 \approx 0{,}53985$
95 %-Konfidenzintervall: [0,46015; 0,53985]
$|p_2 - h| = |p_1 - h| \approx 0{,}03985 \approx 0{,}04$

Basisaufgaben

9. Eine Schulmensa möchte mit einer Umfrage bei einer Sicherheitswahrscheinlichkeit von 95 % untersuchen, wie viele Schüler mit ihrem Essensangebot zufrieden sind. Bestimmen Sie den dafür mindestens notwendigen Stichprobenumfang, falls die Abweichung maximal ① 5 Prozentpunkte und ② 2,5 Prozentpunkte betragen soll.

GTR 10. p sei der unbekannte Anteil in der Bevölkerung, der eine bestimmte App nutzt. Bei einer Stichprobe soll der Anteil h in der Stichprobe, der diese App nutzt, um höchstens 5 Prozentpunkte von p abweichen bei einer Sicherheitswahrscheinlichkeit von 95 %.

a) Bestimmen Sie, wie groß der Umfang n der Stichprobe mindestens sein muss.
b) Zeigen Sie für den Wert von n aus a) und das Stichprobenergebnis h = 0,5, dass die Grenzen des 95 %-Konfidenzintervalls um etwa 5 Prozentpunkte von h abweichen.
c) Bestimmen Sie für den Stichprobenumfang n = 350 und die angegebenen relativen Stichprobenergebnisse h, um welchen Wert die Grenzen des 95 %-Konfidenzintervalls von h abweichen. Vergleichen Sie diese untereinander. Prüfen Sie, ob die Abweichungen größer als 5 Prozentpunkte sind.
① h = 0,3 ② h = 0,4 ③ h = 0,5 ④ h = 0,6 ⑤ h = 0,7

Weiterführende Aufgaben

GTR **11.** Aus früheren Umfragen wird vermutet, dass ein Produkt bei 70 % der Bevölkerung bekannt ist. Eine neue Stichprobe vom Umfang $n = 600$ ergibt einen Bekanntheitsgrad von 68 %. Es soll untersucht werden, ob der vermutete Wert $p = 0{,}7$ mit dem Stichprobenergebnis $h = 0{,}68$ verträglich ist bei einer Sicherheitswahrscheinlichkeit von 95 %.

a) Bestimmen Sie, ob der Wert von h im 95-Prognoseintervall von p liegt.
b) Bestimmen Sie, ob der Wert von p im 95-Konfidenzintervall von h liegt.
c) Bearbeiten Sie die Teilaufgaben a) und b) für $n = 1000$, $p = 0{,}3$ und $h = 0{,}33$.
d) Erläutern Sie, inwieweit die Methoden in a) und b) geeignet sind, die Verträglichkeit von p und h zu prüfen. Erläutern Sie, welche Methode Sie einfacher finden.

GTR **12.** Der Anteil p bezeichnet den Anteil an Autofahrern, die beim Parken keinen Parkschein ziehen. Der Umfang einer Stichprobe sei $n = 100$.

a) Ermitteln Sie die 95 %-Prognoseintervalle für $p = 0{,}5$; $p = 0{,}2$ und $p = 0{,}05$.
b) Ermitteln Sie die 95 %-Konfidenzintervalle für die relativen Stichprobenergebnisse $h = 0{,}5$; $h = 0{,}2$ und $h = 0{,}05$.
c) Vergleichen Sie die Intervalle aus a) und aus b). Erläutern Sie dabei die Unterschiede innermathematisch und im Sachzusammenhang.
d) Die Intervalle $\left[h - 1{,}96\sqrt{\frac{h \cdot (1-h)}{n}};\ h + 1{,}96\sqrt{\frac{h \cdot (1-h)}{n}}\right]$ können näherungsweise für 95 %-Konfidenzintervalle zu einem Stichprobenergebnis h genutzt werden. Berechnen Sie damit die 95 %-Konfidenzintervalle aus b). Beschreiben Sie innermathematische Unterschiede zwischen diesen näherungsweise bestimmten Intervallen und den Konfidenzintervallen aus b). Vergleichen Sie auch mit den Intervallen aus a).

GTR **13.** Im Februar 2019 wurden bei einer Umfrage zur politischen Stimmungslage in Deutschland 1250 wahlberechtigte Personen befragt. Die Grafik zeigt das Ergebnis der Sonntagsfrage, welche Partei man wählen würde, wenn am nächsten Sonntag Bundestagswahlen wären. Aus der Umfrage ergaben sich auch die folgenden Aussagen.

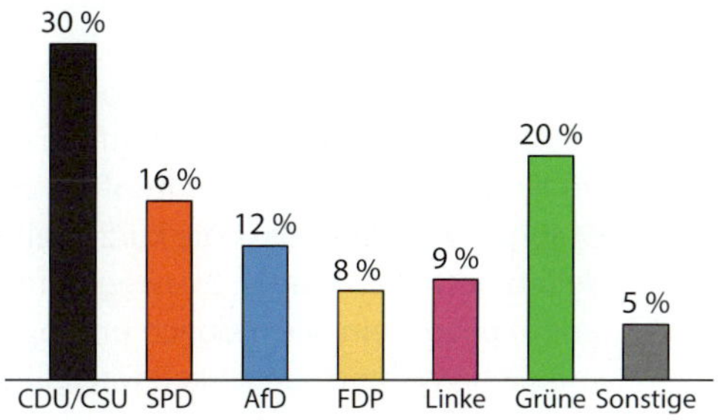

A: Für eine Erhöhung der Ausgaben für Bundeswehr und Verteidigung sprechen sich 44 Prozent der Befragten aus.
B: Nur 48 Prozent der 35-59-Jährigen fühlen sich für das Alter gut abgesichert.

a) Untersuchen Sie, ob aus der Aussage A bzw. B mit einer Sicherheitswahrscheinlichkeit von 95 % geschlossen werden kann, dass sich
   ① weniger als die Hälfte aller Wahlberechtigten für eine Erhöhung der Ausgaben für Bundeswehr und Verteidigung ausspricht,
   ② weniger als die Hälfte der 35-59-Jährigen für das Alter gut abgesichert fühlt.
b) Untersuchen Sie, ob auf der Grundlage dieses Ergebnisses bei der Sonntagsfrage
   ① die Große Koalition aus CDU/CSU und SPD mit einer Sicherheitswahrscheinlichkeit von 95 % über keine Mehrheit mehr verfügt.
   ② eine Koalition aus CDU/CSU, FDP und Grünen mit einer Sicherheitswahrscheinlichkeit von 95 % über eine Mehrheit verfügt.

GTR **14.** Unter dem Ergebnis einer Umfrage unter 1250 Personen zu einer Parteienwahl stand die Aussage rechts.

> Die Werte sind bei einem Anteil von 40 % rund drei Prozentpunkte und bei einem Anteil von 10 % rund zwei Prozentpunkte genau.

a) Untersuchen Sie die Aussage mithilfe geeigneter 95 %-Konfidenzintervalle.

b) Untersuchen Sie, wie groß der Stichprobenumfang sein müsste, damit die Abweichung bei einem Anteil von 40 % nur noch maximal 2 Prozentpunkte bzw. maximal 1 Prozentpunkt betragen würde.

15. Stolperstelle: Beschreiben Sie die Fehler in den Schüleraussagen.

Bernd: *„Zur Bestimmung von 95 %-Konfidenzintervallen nutze ich die Funktionen f mit $f(p) = p \pm 1{,}96\sqrt{\frac{p(1-p)}{n}}$. Die Intervallgrenzen ergeben sich durch Einsetzen des Stichprobenanteils, weil dieser p entspricht."*

Jule: *„Beim 95 %-Konfidenzintervall [0,45; 0,51] liegt der unbekannte Wert von p mit einer Wahrscheinlichkeit von 95 % in eben diesem Intervall.*

Karl: *„Konfidenzintervalle werden immer genauer, je höher die Sicherheitswahrscheinlichkeit ist."*

GTR **16.** Ein Baustein wird 250-mal geworfen. Als Ereignisse wurden die kurze Seite (k), die lange Seite (l) sowie die Oberseite (O) und die Unterseite (U) unterschieden. Die Tabelle zeigt die absoluten Häufigkeiten. Die Wahrscheinlichkeiten p_k, p_l, p_O und p_U stehen für die Wahrscheinlichkeit, dass die jeweilige Seite nach oben zeigt.

Seite	k	l	O	U
Häufigkeit	18	38	102	92

a) Ermitteln Sie anhand der Ergebnisse in der Tabelle je ein Konfidenzintervall mit einer Sicherheitswahrscheinlichkeit von 95 % für die Wahrscheinlichkeiten p_k, p_l, p_O und p_U.

b) Beurteilen Sie die folgenden Aussagen anhand der Konfidenzintervalle aus a).
Frank: „Der Baustein fällt auf jeden Fall häufiger mit der Oberseite als mit der Unterseite nach oben."
Kati: „Die kurze Seite fällt auf jeden Fall immer am seltensten."

c) Bestimmen Sie anhand der Konfidenzintervalle aus a) eine Wahrscheinlichkeitsverteilung, welche mit den Konfidenzintervallen vereinbar ist.

d) Stephan vermutet, dass die kurze Seite auffällig häufig und die Oberseite überraschend selten geworfen wurde. Deswegen möchte er vereinbar mit den Konfidenzintervallen aus a) p_k so klein wie möglich und p_O so groß wie möglich schätzen. Ermitteln Sie eine mögliche Wahrscheinlichkeitsverteilung. Begründen Sie Ihr Vorgehen.

GTR **17. Mindestumfang n bei Vorkenntnissen über p:** Eine Partei geht aufgrund früherer Umfragen davon aus, dass ihr Wahlergebnis nicht über 15 % liegen wird. Durch eine neue Umfrage möchte die Partei bei einer Sicherheitswahrscheinlichkeit von 95 % ihren aktuellen Wähleranteil erforschen.

a) Erklären Sie die Bedeutung der Abschätzung $n \geq \frac{1{,}96^2}{d^2} \cdot p \cdot (1-p)$ in diesem Zusammenhang.

b) Untersuchen Sie, wie viele Wahlberechtigte die Partei befragen muss, damit sie ihren Wähleranteil mit einer maximalen Abweichung von 2 Prozentpunkten genau vorhersagen kann.

c) Untersuchen Sie, wie es sich auf den notwendigen Stichprobenumfang auswirkt, wenn eine maximale Abweichung von ① 1 Prozentpunkt und ② 4 Prozentpunkten gefordert wird.

GTR **18.** Eine Untersuchung zur Einstellung der Bevölkerung zum Tempolimit auf Autobahnen ergab, dass 60 % der Frauen, aber nur 50 % der Männer eine solche Regelung befürworten.

a) Bestimmen Sie die 95 %-Konfidenzintervalle für die Zustimmung der Frauen und der Männer, wenn der Stichprobenumfang bei der Befragung jeweils $n = 200$ bzw. $n = 800$ betrug.

b) Untersuchen Sie, wie hoch der Stichprobenumfang sein muss, damit bei einer Sicherheitswahrscheinlichkeit von 95 % davon ausgegangen werden kann, dass Frauen ein Tempolimit auf Autobahnen stärker befürworten als Männer.

GTR **19.** In einem See befindet sich eine unbekannte Anzahl an Karpfen. Zum Schätzen der Karpfen werden 100 Karpfen gefangen und markiert. Eine Woche später werden 75 Karpfen gefangen. Unter ihnen sind 41 markierte Karpfen.

a) Bestimmen Sie anhand des Stichprobenanteils ein 95 %-Konfidenzintervall.

b) Schätzen Sie die Anzahl aller Karpfen im See. Ermitteln Sie für diese Anzahl ein Intervall zu einer Sicherheitswahrscheinlichkeit von 95 %.

GTR **20.** a) Erzeugen Sie mit dem GTR möglichst viele zufällige Stichprobenergebnisse für eine Bernoulli-Kette mit $n = 200$ und $p = 0{,}3$ und berechnen Sie zu jedem Stichprobenergebnis das 90 %-Konfidenzintervall.

b) Ermitteln Sie, welcher Anteil der Konfidenzintervalle aus a) den Wert $p = 0{,}3$ überdeckt. Beurteilen Sie, inwieweit das Ergebnis Ihren Erwartungen entspricht.

● **21.** Bei einer Bernoulli-Kette mit Trefferwahrscheinlichkeit p sei k die Trefferanzahl einer Stichprobe vom Umfang n. Begründen Sie, dass die folgenden Aussagen gleichbedeutend sind.

① p liegt im 95 %-Konfidenzintervall zu $\frac{k}{n}$.

② $\frac{k}{n}$ liegt im 95 %-Prognoseintervall $\left[p - 1{,}96\sqrt{\frac{p \cdot (1-p)}{n}};\ p + 1{,}96\sqrt{\frac{p \cdot (1-p)}{n}}\right]$ um p.

③ k liegt im 95 %-Prognoseintervall $[np + 1{,}96\sqrt{np(1-p)};\ np + 1{,}96\sqrt{np(1-p)}$ um den Erwartungswert np.

④ k liegt in der $1{,}96\sigma$-Umgebung um den Erwartungswert np.

● **22.** **Ausblick:** Grafisch gibt es zur Bestimmung von Konfidenzintervallen Alternativen zur Konfidenzellipse. Die obere Abbildung zeigt die Graphen der Funktionen f und g mit $f(p) = |110 - 300p|$ und $g(p) = 1{,}96\sqrt{300p(1-p)}$.

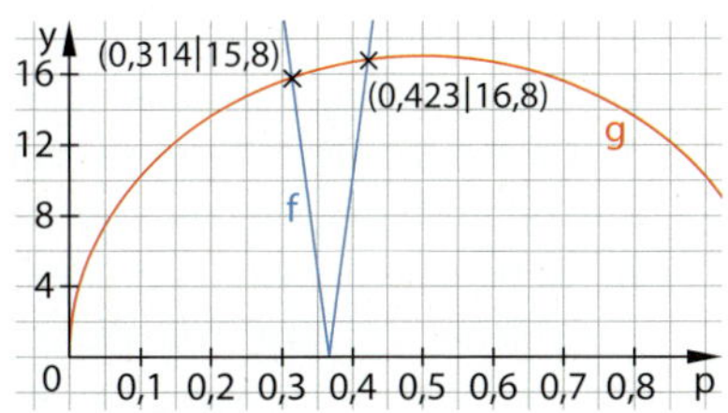

a) Geben Sie mithilfe der Abbildung und der Funktionsgleichungen die Sicherheitswahrscheinlichkeit, den Stichprobenumfang n und den Stichprobenanteil h sowie das zugehörige Konfidenzintervall an.

b) Leiten Sie die Gleichungen von f und g aus dem Ansatz $p \pm 1{,}96\sqrt{\frac{p \cdot (1-p)}{n}} = h$ her.

c) Eine weitere Möglichkeit zur Bestimmung des Konfidenzintervalls liefert die Parabel mit der Gleichung
$k(p) = (110 - 300p)^2 - 1{,}96^2 \cdot 300(p - p^2)$.
Erläutern Sie, wie mithilfe der Parabel das passende Konfidenzintervall bestimmt wird und wie sich die Funktionsgleichung von k ergibt.

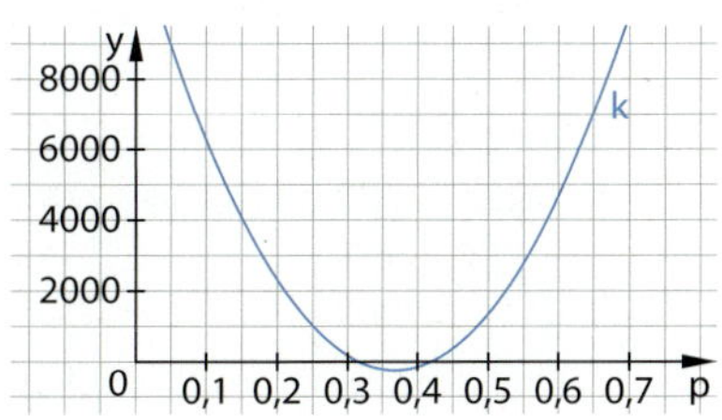

9.7 Abiturtraining

Aufgaben ohne GTR/CAS

1. Nach 120 Minuten steht es bei einem Fußballspiel unentschieden und es kommt zu einem Elfmeterschießen. Dabei treten zunächst 5 Spieler aus jedem Team als Schützen an. Die Versuche der Spieler aus Mannschaft A können modellhaft durch eine Bernoulli-Kette mit der Länge 5 und der Trefferwahrscheinlichkeit p modelliert werden. Die Zufallsgröße X zählt die Anzahl der Treffer.

a) Beschreiben Sie die Ereignisse, deren Wahrscheinlichkeit mit $P(X \leq 4)$ und $P(X > 2)$ bestimmt werden können.

b) Entscheiden Sie, mit welchem der Terme die Wahrscheinlichkeit für genau 3 Treffer bestimmt werden kann.

① $\binom{5}{3} \cdot p^2 \cdot (1-p)$ ② $\binom{5}{3} \cdot p^3 \cdot (1-p)^2$ ③ $\binom{5}{2} \cdot p^2 \cdot (1-p)^3$

c) Erläutern Sie beispielhaft, warum diese Modellierung eines Elfmeterschießens mit einer Bernoulli-Kette nicht der Realität entspricht.

2. An einem Gymnasium ist bekannt, dass 30 % der Schüler mit dem Fahrrad zur Schule kommen. An einem ausgewählten Tag werden alle 20 Schüler eines Mathematikkurses dieser Schule befragt, wie sie zur Schule gekommen sind. Die Zufallsgröße X beschreibt die Anzahl der Schüler, die mit dem Fahrrad gefahren sind.

a) Beschreiben Sie, unter welchen Annahmen die Zufallsgröße X als binomialverteilt angenommen werden kann.

b) X wird als binomialverteilt angenommen. Geben Sie Ereignisse an, die mit den folgenden Termen berechnet werden können.

① $\binom{20}{3} \cdot 0{,}3^3 \cdot 0{,}7^{17}$ ② $1 - \binom{20}{0} \cdot 0{,}3^0 \cdot 0{,}7^{20}$ ③ $\sum_{k=3}^{10} \binom{20}{k} \cdot 0{,}3^k \cdot 0{,}7^{20-k}$

c) Beschreiben Sie in diesem Sachzusammenhang ein Zufallsexperiment, bei dem die Wahrscheinlichkeit eines Ereignisses mit dem Term $1 - \left(\binom{15}{14} \cdot 0{,}3^{14} \cdot 0{,}7^1 + \binom{15}{15} \cdot 0{,}3^{15}\right)$ berechnet werden kann und geben Sie das Ereignis an.

3. Eine binomialverteilte Zufallsgröße X beschreibt bei 6 Versuchen die Anzahl der Treffer. Die Trefferwahrscheinlichkeit liegt bei $p = 0{,}6$.

a) Geben Sie einen Term an, mit dem die Wahrscheinlichkeit für das Ereignis „genau fünf Treffer" berechnet werden kann.

b) Geben Sie das Gegenereignis zum Ereignis „höchstens ein Treffer" an. Entscheiden Sie, welcher der Terme die Wahrscheinlichkeit dieses Ereignisses angibt.

① $1 - \left(\binom{6}{1} \cdot 0{,}6^1 \cdot 0{,}4^5 + \binom{6}{0} \cdot 0{,}6^0 \cdot 0{,}4^6\right)$ ② $1 - \left(\binom{6}{1} \cdot 0{,}6^5 \cdot 0{,}4^1 + \binom{6}{0} \cdot 0{,}6^6 \cdot 0{,}4^0\right)$

c) Geben Sie ein Ereignis an, dessen Wahrscheinlichkeit mit dem Term $\binom{6}{3} \cdot 0{,}6^3 \cdot 0{,}4^3 + \binom{6}{4} \cdot 0{,}6^4 \cdot 0{,}4^2 + \binom{6}{5} \cdot 0{,}6^5 \cdot 0{,}4^1$ berechnet werden kann.

d) Entscheiden Sie, welche der Abbildungen die Wahrscheinlichkeitsverteilung von X darstellt.

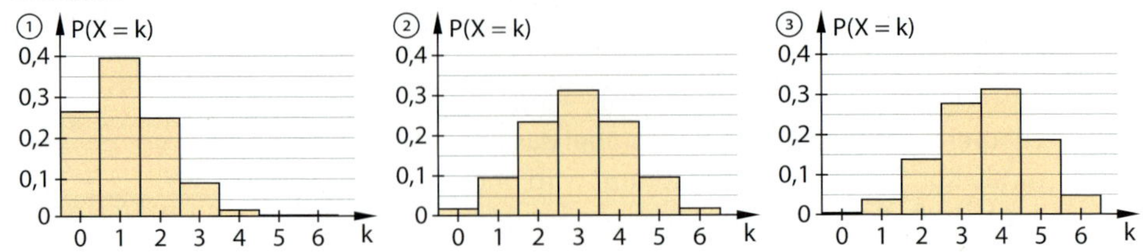

Aufgaben mit GTR/CAS

4. Die Abbildungen zeigen Ausschnitte aus Histogrammen zu Binomialverteilungen, bei denen der Erwartungswert und die Standardabweichung ganzzahlig sind.

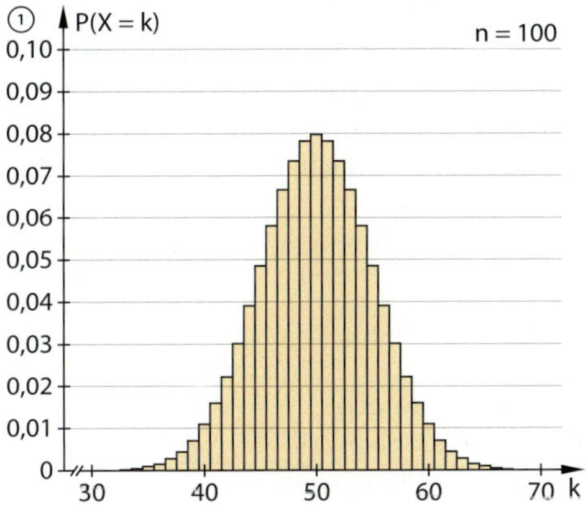

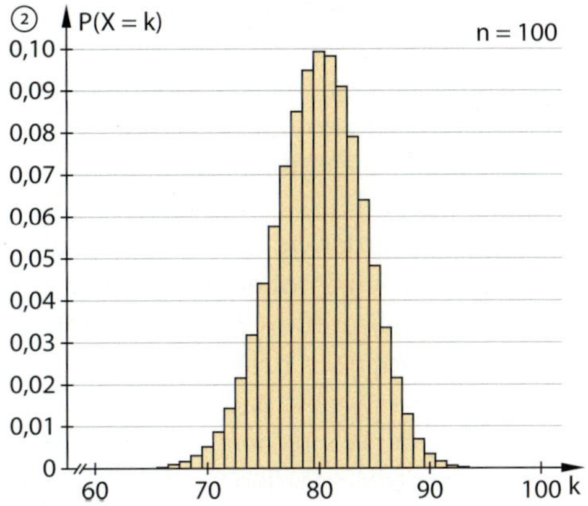

a) Geben Sie für beide Histogramme die Trefferwahrscheinlichkeit, den Erwartungswert und die Standardabweichung der dargestellten Zufallsgröße an.

b) Ermitteln Sie für beide dargestellten Zufallsgrößen ein Intervall, in denen ihre Werte etwa mit der angegebenen Wahrscheinlichkeit liegen. ① 95,5 % ② 99,7 %

5. Anlässlich der anstehenden Europameisterschaft produziert ein Hersteller von Überraschungseiern eine Sonderserie. Jedes zehnte Ei soll ein sogenanntes EM-Ei sein und eine witzige EM-Figur enthalten. Äußerlich unterscheiden sich die EM-Eier nicht von den normalen Überraschungseiern. Zum Versand werden Paletten zufällig mit Eiern bestückt.

a) Vor der Auslieferung wird die Verteilung der EM-Eier in Stichproben geprüft.
① 50 Eier werden zufällig ausgewählt. Bestimmen Sie die Wahrscheinlichkeit dafür, dass sich darunter mindestens 5 EM-Eier befinden.
② 400 Eier werden zufällig ausgewählt. Bestimmen Sie die Wahrscheinlichkeit dafür, dass die Anzahl der EM-Eier vom Erwartungswert der Anzahl der EM-Eier um höchstens 20 % abweicht.

b) Wer 10 EM-Figuren gesammelt hat, kann an einem Gewinnspiel teilnehmen. Mia hat bereits neun Figuren. Bestimmen Sie, wie viele der Überraschungseier Mia mindestens noch kaufen muss, um mit einer Wahrscheinlichkeit von mindestens 99 % eine weitere EM-Figur zu bekommen.

c) An einer Palette mit 25 Überraschungseiern hatte ein Supermarkt bisher 5 € Gewinn gemacht. In einer Werbeaktion werden jedem Kunden 50 € versprochen, der eine ganze 25er Palette kauft und keine einzige EM-Figur findet. Der Marktleiter geht vom ungünstigsten Fall aus, dass alle Kunden, die keine EM-Figur finden, sich auch melden und die Prämie fordern.
Bestimmen Sie den mittleren Gewinn pro Palette, den der Supermarkt während der Werbeaktion erwarten kann.

d) Max kauft für die Geburtstagsfeier seines Sohnes 50 Überraschungseier. Bestimmen Sie das kleinste um den Erwartungswert symmetrische Intervall, in dem die Anzahl der enthaltenen EM-Eier mit einer Wahrscheinlichkeit von mindestens 95 % liegt.

e) Nach mehreren Beschwerdebriefen plant der Hersteller, den Anteil der EM-Figuren zu erhöhen. Bestimmen Sie, wie groß der Anteil der EM-Eier an den Überraschungseiern mindestens sein müsste, damit die Kunden mit wenigstens 99 %iger Wahrscheinlichkeit erwarten können, in zehn gekauften Eiern wenigstens eine EM-Figur zu finden.

Prüfen Sie Ihr neues Fundament

Lösungen ↗ S. 513/514

1. Berechnen Sie die Werte.

a) $3!$ b) $\frac{10!}{9!}$ c) $\frac{n!}{(n-2)!}$ d) $\binom{10}{2}$ e) $\binom{100}{0}$ f) $\binom{3}{2} \cdot \left(\frac{1}{3}\right)^2 \cdot \frac{2}{3}$

2. Zweitausendeinhundert zufällig ausgewählte Bundesbürger wurden befragt, ob sie Probleme mit dem Schlaf haben. Etwa jeder Dritte der Befragten bejahte diese Frage.

a) Erläutern Sie, unter welchen Voraussetzungen bei diesem Sachverhalt eine Bernoulli-Kette vorliegt. Geben Sie an, was man dann als Treffer zählen kann und wie groß die Länge der Bernoulli-Kette ist.

b) Geben Sie einen plausiblen Wert für die Trefferwahrscheinlichkeit an.

3. Der Urne werden mit Zurücklegen zufällig drei Kugeln entnommen und deren Farbe notiert.

a) Die Zufallsgröße X zählt die Anzahl der schwarzen Kugeln. Begründen Sie, dass X binomialverteilt ist.

b) Zeichnen Sie ein Baumdiagramm, mit dem man die Berechnung der Wahrscheinlichkeiten für die Zufallsgröße X nachvollziehen kann. Stellen Sie die Wahrscheinlichkeitsverteilung von X tabellarisch und in einem Histogramm dar.

4. Gegeben ist eine binomialverteilte Zufallsgröße X mit $n = 4$ und $p = 0{,}1$. Berechnen Sie die Wahrscheinlichkeiten.

a) $P(X = 0)$ b) $P(X > 0)$ c) $P(X < 2)$ d) $P(1 \leq x \leq 3)$

5. Beschreiben Sie die angegebenen Zufallsversuche so, dass es sich um eine Bernoulli-Kette der Länge 5 handelt und geben Sie die Trefferwahrscheinlichkeit an. Stellen Sie zur Zufallsgröße X Terme für die Wahrscheinlichkeiten $P(X = 2)$, $P(X \leq 3)$ und $P(X > 3)$ auf.

a) Werfen eines regelmäßigen Tetraeders. X: Anzahl der „3en"

b) Werfen von drei 1-Euro-Münzen. X: Anzahl „alle drei gleichzeitig Kopf"

c) An einer Losbude gewinnt jedes fünfte Los. X: Anzahl der Gewinne

6. Bei einem Aufnahmetest werden 10 Fragen mit jeweils drei Antworten gestellt, von denen genau eine richtig ist. Ein Prüfling kreuzt bei jeder Frage zufällig eine Antwort an. Berechnen Sie, mit welcher Wahrscheinlichkeit er

a) genau 3 richtige Antworten hat,

b) mindestens fünf richtige Antworten hat,

c) mehr als drei richtige Antworten hat,

d) höchstens 5 richtige Antworten hat,

e) keine richtige Antwort hat,

f) nur die letzten beiden Fragen richtig hat.

7. Die Abbildungen zeigen Histogramme zu einer binomialverteilten Zufallsgröße X mit $n = 10$ und $p = 0{,}2$; $p = 0{,}8$ sowie $p = 0{,}5$.

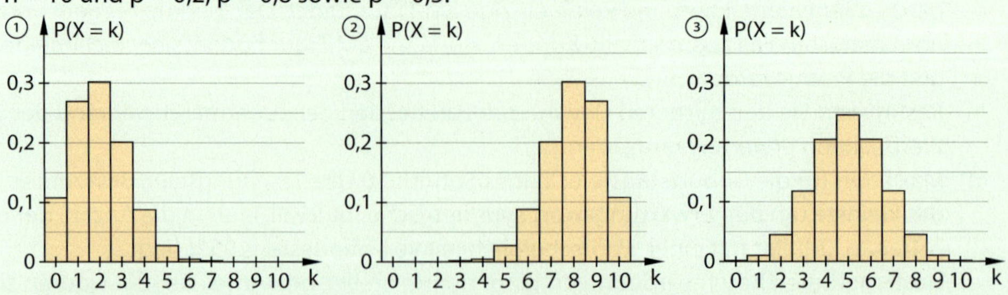

a) Ordnen Sie den Histogrammen die passende Trefferwahrscheinlichkeit p zu und geben Sie den Erwartungswert und die Standardabweichung an.

b) Geben Sie für alle drei Trefferwahrscheinlichkeiten und $n = 100$ Intervalle an, in denen die Werte von X mit einer Wahrscheinlichkeit von etwa 68 % (99,7 %) liegen.

Lösungen
↗ S. 514/515

8. Die Zufallsgröße X ist binomialverteilt mit dem Erwartungswert $\mu = 4$ und der Standardabweichung $\sigma = \sqrt{3}$. Berechnen Sie n und p.

GTR **9.** Ein Hersteller von Teegläsern rechnet bei der Produktion mit einem Ausschuss von 5 %.

a) Berechnen Sie, mit welcher Wahrscheinlichkeit eine Stichprobe von 60 Gläsern weniger als fünf fehlerhafte Gläser enthält.
b) Ermitteln Sie, wie viele Gläser man mindestens entnehmen müsste, um mit einer Wahrscheinlichkeit von mindestens 95 % mindestens zwei fehlerhafte Gläser zu erhalten.

10. Ein Glücksrad hat drei gleich große Sektoren in Rot, Gelb und Blau. Es wird fünfmal gedreht und die Farbe notiert.
a) Berechnen Sie die Wahrscheinlichkeiten für folgende Ereignisse.
A: Rot tritt genau dreimal auf. B: Blau tritt mindestens einmal auf.
C: Gelb tritt höchstens einmal auf. D: Blau kommt nicht vor.
b) Ordnen Sie jedem Ereignis einen der hier angegebenen Lösungsvorschläge zu.
① $\binom{5}{3} \cdot \left(\frac{1}{3}\right)^3 \cdot \left(\frac{2}{3}\right)^2$ ② $\left(\frac{2}{3}\right)^5$ ③ $\left(\frac{1}{3}\right)^5$ ④ $1 - \left(\frac{2}{3}\right)^5$ ⑤ $\left(\frac{2}{3}\right)^5 + 5 \cdot \left(\frac{1}{3}\right)^1 \cdot \left(\frac{2}{3}\right)^4$

GTR **11.** In Deutschland beträgt der Anteil der Linkshänder etwa 12 %. Die Tabelle zeigt die Schülerzahlen der Jahrgänge 11 bis 13 eines Gymnasiums und die jeweilige Anzahl an Linkshändern.

Jahrgang	Schüler	Anzahl Linkshänder
11	120	17
12	135	5
13	110	20

a) Bestimmen Sie für jeden Jahrgang das 95 %- und das 99 %-Prognoseintervall für die Anzahl der Linkshänder.
b) Beurteilen Sie für jeden Jahrgang, ob die tatsächliche Anzahl der Linkshänder signifikant oder hochsignifikant vom Erwartungswert abweicht.

GTR **12.** Ein Baumarkt erhält eine Sendung von 500 Blumenzwiebeln. Der Lieferant garantiert eine Keimfähigkeit von 90 %.
a) Ermitteln Sie einen Prognosewert und ein 95 %-Prognoseintervall für die Zahl der keimenden Zwiebeln.
b) 57 der gelieferten Zwiebeln keimen nicht. Untersuchen Sie, ob die Angabe des Lieferanten angezweifelt werden sollte.

GTR **13.** Es gibt den Verdacht, dass Euromünzen nicht fair sind, also die Wahrscheinlichkeit p für Kopf bzw. Zahl nicht gleich ist. Man wirft eine 1-Euro-Münze 250-mal und erhält 140-mal Kopf.
a) Bestimmen Sie das zugehörige Konfidenzintervall bei einer Sicherheitswahrscheinlichkeit von 90 %, von 95 % und von 99 %.
b) Beschreiben Sie den Zusammenhang zwischen der Sicherheitswahrscheinlichkeit und der Länge der Konfidenzintervalle.
c) Begründen Sie den Zusammenhang aus b) ① anhand der Sachsituation und ② anhand der Funktionsgleichungen der Konfidenzellipse.
d) Untersuchen Sie für jede Sicherheitswahrscheinlichkeit, ob das Stichprobenergebnis Anlass gibt, p = 0,5 in Zweifel zu ziehen.

14. Eine Meinungsumfrage zur Beliebtheit einer Serie soll mit einer Sicherheitswahrscheinlichkeit von 95 % durchgeführt werden. Bestimmen Sie den dafür mindestens notwendigen Stichprobenumfang, falls die Abweichung des Stichprobenergebnisses von der unbekannten Wahrscheinlichkeit maximal ① 5 Prozentpunkte und ② 2,5 Prozentpunkte betragen soll.

Zusammenfassung

Bernoulli-Ketten

Ein **Bernoulli-Experiment** ist ein Zufallsexperiment, bei dem nur die Ausgänge „Treffer" und „kein Treffer" unterschieden werden. Das Ereignis „Treffer" tritt mit einer **Trefferwahrscheinlichkeit p** ein.

Eine **Bernoulli-Kette** der **Länge n** ist eine n-fache Wiederholung eines Bernoulli-Experiments.
Zählt die Zufallsgröße X dabei die Anzahl der Treffer, so gilt die **Bernoulli-Formel**:

$P(X = k) = \binom{n}{k} \cdot p^k \cdot (1 - p)^{n-k}$, $(k = 0, 1, \dots, n)$

Ein Würfel wird fünfmal gewürfelt und das Ergebnis „6" wird als Treffer gewertet.

Die Ergebnisse der einzelnen Würfe sind unabhängig voneinander, bei jedem Wurf ist die Wahrscheinlichkeit für eine Sechs $\frac{1}{6}$. Also liegt eine Bernoulli-Kette der Länge $n = 5$ mit Trefferwahrscheinlichkeit $p = \frac{1}{6}$ vor.

Wahrscheinlichkeit für 3 Treffer:

$P(X = 3) = \binom{5}{3} \cdot \left(\frac{1}{6}\right)^3 \cdot \left(\frac{5}{6}\right)^2 = 10 \cdot \frac{5^2}{6^5} = \frac{250}{7776} \approx 0{,}032$

Binomialverteilte Zufallsgrößen

Eine Zufallsgröße X, die die Anzahl der Treffer in einer Bernoulli-Kette der Länge n beschreibt, heißt **binomialverteilt** mit den Parametern n und p. Die zugehörige Wahrscheinlichkeitsverteilung heißt **Binomialverteilung**.

Für den **Erwartungswert μ** und die **Standardabweichung σ** gilt:

$\mu = E(X) = n \cdot p \qquad \sigma = \sqrt{n \cdot p \cdot (1 - p)}$

Es wird eine binomialverteilte Zufallsgröße X mit $n = 10$ und $p = 0{,}5$ betrachtet.

$P(X = 0) = \binom{10}{0} \cdot 0{,}5^0 \cdot 0{,}5^{10} \approx 0{,}001$

$P(X = 1) = \binom{10}{1} \cdot 0{,}5^1 \cdot 0{,}5^9 \approx 0{,}010$

$P(X \le 1) = P(X = 0) + P(X = 1) \approx 0{,}011$

σ-Regeln

Falls die **Laplace-Bedingung** $\sigma > 3$ erfüllt ist, liegt die Trefferanzahl einer binomialverteilten Zufallsgröße näherungsweise mit den folgenden Wahrscheinlichkeiten in den angegebenen Intervallen.

Intervall	Wahrscheinlichkeit
$[\mu - \sigma; \mu + \sigma]$	68 %
$[\mu - 2\sigma; \mu + 2\sigma]$	95,5 %
$[\mu - 3\sigma; \mu + 3\sigma]$	99,7 %

Durchschnittlich 40 % der 1100 Schüler fahren mit dem Bus zur Schule. Die Zufallsgröße X zählt die Busfahrer an einem Tag.
$X \sim B_{1100;\,0,4}$ $\qquad \mu = 440$
$\sigma \approx 16{,}25 > 3$ (Laplace-Bedingung ist erfüllt.)
$\mu - 2\sigma \approx 407{,}5$; $\qquad \mu + 2\sigma \approx 472{,}5$
2σ-Umgebung: [407,5; 472,5]
Intervall nach innen gerundet: [408; 472]

Mit etwa 95,5 % Wahrscheinlichkeit kommen zwischen 408 und 472 Schüler mit dem Bus.

Prognoseintervalle

Die Werte einer binomialverteilten Zufallsgröße X mit dem Erwartungswert μ und der Standardabweichung σ liegen mit einer Wahrscheinlichkeit von ca. 95 % im 95 %-Prognoseintervall $[\mu - 1{,}96\sigma; \mu + 1{,}96\sigma]$, falls $\sigma > 3$ gilt.

In Deutschland liegt der Anteil der Menschen mit blauen Augen bei etwa 30 %.
Für eine Stichprobe von 1000 Personen ergibt sich ein 95 %-Prognoseintervall von [271,6; 328,4].

Konfidenzintervalle

Bei einer Bernoulli-Kette der Länge n mit Trefferwahrscheinlichkeit p ergibt eine Stichprobe die relative Trefferhäufigkeit h. Dann enthält das **95 %-Konfidenzintervall** zu h alle Werte von p, für die h im 95 %-Prognoseintervall liegt. Die Grenzen eines Konfidenzintervalls sind Zufallsgrößen. Ein 95 %-Konfidenzintervall überdeckt den unbekannten Wert von p mit einer Sicherheitswahrscheinlichkeit von 95 %.

Ein Supermarkt bekommt eine große Lieferung von Äpfeln. In einer Stichprobe von 75 Äpfeln haben 12 % Äpfel eine Druckstelle. Mit dem GTR lassen sich die Gleichungen

① $p + 1{,}96\sqrt{\frac{p \cdot (1 - p)}{75}} = 0{,}12$ und

② $p - 1{,}96\sqrt{\frac{p \cdot (1 - p)}{75}} = 0{,}12$ für p lösen.

So ergibt sich das 95 %-Konfidenzintervall [0,0644; 0,2126].

10. Normalverteilung

Keiner steht gern im Regen, aber mithilfe der Normalverteilung lässt sich berechnen, mit welcher Wahrscheinlichkeit der kommende Monat besonders regnerisch sein wird. Häufig sind Eigenschaften, die in der Natur auftreten, normalverteilt, da sie von vielen verschiedenen Faktoren abhängen und nicht nur ganzzahlige Werte annehmen können.

Nach diesem Kapitel können Sie …

- diskrete und stetige Zufallsgrößen unterscheiden,
- Erwartungswert, Standardabweichung und Verteilungsfunktionen für normalverteilte Zufallsgrößen bestimmen und interpretieren,
- Wahrscheinlichkeiten und Intervalle zu gegebenen Wahrscheinlichkeiten bestimmen,
- Prognoseintervalle für binomialverteilte Zufallsgrößen mithilfe der Normalverteilung bestimmen.

Lösungen ↗ S. 515/516

Daten darstellen und auswerten

1. Entscheiden Sie, ob das Merkmal von Objekten qualitativ oder quantitativ ist. Geben Sie mögliche Merkmalsausprägungen an.
   a) Ferientage im Jahr
   b) Haarfarbe
   c) Beliebtheit einer Lehrkraft
   d) Entfernung zwischen Wohnung und Schule

2. Berechnen Sie das arithmetische Mittel und den Median der Datenreihe. Vergleichen Sie die beiden Werte und kommentieren Sie das Ergebnis.
   a) 13; 14; 8; 12; 9; 5; 7
   b) 1,8 m; 65 cm; 1,45 m; 40 cm; 1,5 m; 115 cm
   c) 18 g; 67 g; 35 g; 25 g; 93 g; 17 g
   d) 18; 15; 14; 13; 14; 15; 16

3. Berechnen Sie die empirische Varianz und die empirische Standardabweichung.
   a) 27; 30; 33; 36; 41
   b) 18 m; 20 m; 21 m; 25 m; 26 m; 27 m
   c) 19,1°; 18,7°; 19,3°; 18,9°
   d) 2; 3; 3: 4; 4; 4; 5

4. Die Ergebnisse eines Tests aus zwei Geographiekursen sollen verglichen werden.

Zensuren	1	2	3	4	5	6
Anzahl in Kurs A	1	3	4	2	1	0
Anzahl in Kurs B	0	2	5	0	1	1

   a) Ermitteln und vergleichen Sie jeweils Mittelwert (arithmetisches Mittel) und Standardabweichung.
   b) Stellen Sie die Daten in einem geeigneten Diagramm dar und erklären Sie, wie sich die unterschiedlichen Kennzahlen in dem Diagramm widerspiegeln.

5. Bei 20 Neugeborenen wurden folgende Körpergewichte festgestellt (alle Angaben in g):

3692 3782 4028 2992 3414 3899 3080 4115 3334 3570
2865 3972 3768 3155 4199 3331 3459 3733 4087 3066

   a) Erklären Sie, warum eine Darstellung einzelner Werte in einem Diagramm ungünstig ist.
   b) Nehmen Sie eine Klasseneinteilung in 4 Klassen mit einer Klassenbreite von 500 g vor. Berechnen Sie die relativen Häufigkeiten und stellen Sie diese Daten grafisch dar.
   c) Wiederholen Sie das Vorgehen aus b) für eine Klasseneinteilung in 7 Klassen mit einer Klassenbreite von 200 g.
   d) Vergleichen Sie die Ergebnisse von b) und c).

Zufallsgrößen und Wahrscheinlichkeitsverteilungen

6. In einer Urne liegen drei blaue und eine weiße Kugel. Für einen Einsatz von zwei Euro gibt es zwei Spielangebote.
   Angebot A: Es wird eine Kugel gezogen. Ist diese blau, erhält der Spieler einen Euro. Ist die Kugel weiß, so werden drei Euro ausbezahlt.
   Angebot B: Es werden zwei Kugeln mit Zurücklegen gezogen. Sind beide Kugeln blau, so erhält der Spieler einen Euro. Sind beide Kugeln weiß, so werden drei Euro ausbezahlt. In jedem anderen Fall geht der Spieler leer aus.
   a) Der Auszahlungsbeträge werden als Zufallsgröße betrachtet. Geben Sie die Wahrscheinlichkeitsverteilungen dieser Zufallsgröße für beide Angebote an.
   b) Berechnen Sie für beide Angebote Erwartungswert und Standardabweichung und beurteilen Sie die Spielangebote.

Lösungen ↗ S. 516/517

7. Die Zufallsgröße X wird durch die Wahrscheinlichkeitsverteilung in der Tabelle beschrieben.

Werte x	2	4	6	8	10	12
P (X = x)	0,1	0,15	0,2	0,3	0,15	0,1

a) Ermitteln Sie die Wahrscheinlichkeiten.
① $P(X < 5)$ ② $(P(X \leq 8)$ ③ $P(X = 6)$ ④ $P(X > 5)$

b) Berechnen Sie Erwartungswert, Varianz und Standardabweichung der Zufallsgröße X.

GTR 8. Von den 850 Schülern eines Gymnasiums nutzen durchschnittlich 70 % den Schulbus. Die Zufallsgröße X gibt an, wie viele Schüler an einem ausgewählten Tag mit dem Bus kommen.

a) Berechnen Sie den Erwartungswert μ sowie die Standardabweichung σ und interpretieren Sie diese Kennzahlen im Sachkontext.

b) Berechnen Sie die Wahrscheinlichkeit, dass an einem beliebigen Tag 580 Plätze im Schulbus ausreichen.

c) Ermitteln Sie die Platzkapazität, die mindestens notwendig ist, damit mit einer Wahrscheinlichkeit von mindestens 90 % alle Schüler, die den Bus nutzen wollen, auch befördert werden können.

d) Bestimmen Sie ein symmetrisches Intervall um den Erwartungswert, sodass der Wert von X mit einer Wahrscheinlichkeit von 95,5 % in diesem Intervall liegt.

Integralrechnung

9. Berechnen Sie das Integral.

a) $\int_0^3 2x\,dx$ b) $\int_0^5 \frac{1}{10}x^2\,dx$ c) $\int_{-1}^1 \left(\frac{1}{5} + 3x^2\right) dx$

d) $\int_0^3 3(4 - x^2)\,dx$ e) $\int_0^2 e^{3x-2}\,dx$ f) $\int_{-3}^0 e^{-\frac{1}{3}x}\,dx$

10. Berechnen Sie die uneigentlichen Integrale.

a) $\int_1^\infty \frac{2}{x^3}\,dx$ b) $\int_0^2 \frac{1}{\sqrt{x}}\,dx$ c) $\int_{-\infty}^{-1} \frac{\pi}{x^2}\,dx$

11. Der Graph der Funktion f mit $f(x) = e^{-x} + 2$ schließt mit den Koordinatenachsen und einer zur y-Achse parallelen Geraden $x = a$ $(a < 0)$ eine Fläche vollständig ein.
Geben Sie eine Funktion für die Maßzahl des Flächeninhaltes dieser Fläche an.

12. Bestimmen Sie die Integralfunktion I_{-2} zur Funktion f mit $f(x) = x^4 + 2x^2$ zur unteren Grenze −2. Begründen Sie, dass I_{-2} eine Stammfunktion von f ist.

Vermischtes

13. Gegeben sind drei Kreise mit den Radien 3 cm, 4 cm und 5 cm und dem gemeinsamen Mittelpunkt M. Berechnen Sie den Flächeninhalt der drei Kreisringe. Ermitteln Sie jeweils den prozentualen Anteil der Fläche des Kreisrings an der Fläche des äußeren Kreises.

14. Gegeben ist die Funktion f mit $f(x) = 3x^3 - x$.

a) Untersuchen Sie, ob der Graph der Funktion f punkt- oder achsensymmetrisch ist.

b) Ermitteln Sie vom Graphen der Funktion f die Koordinaten der lokalen Extrempunkte und der Wendepunkte, falls diese vorhanden sind.

10.1 Histogramme klassierter Daten

■ Das Diagramm zeigt, welche Zeit 25 Schüler für den Schulweg benötigt haben.

a) Erläutern Sie, welche Nachteile die Darstellung hat.

b) Fassen Sie jeweils mehrere Zeiten zu Klassen zusammen und erstellen Sie damit ein anschauliches Diagramm. ■

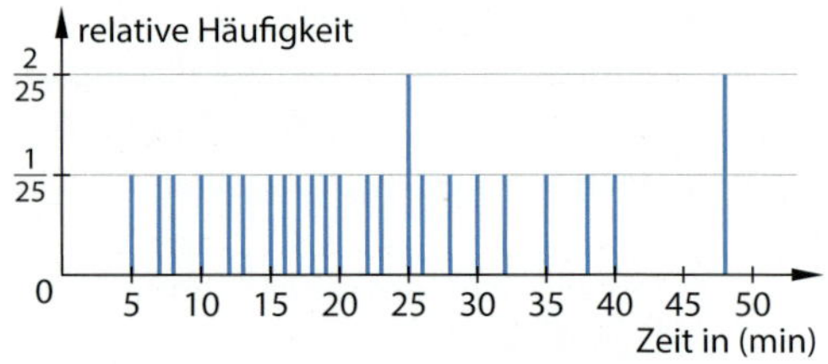

Zur Darstellung von Daten mit reellen Werten aus einem Intervall bildet man häufig eine **Klasseneinteilung**. Das betrachtete Intervall wird in Teilintervalle (**Klassen**) eingeteilt.

Auf einer Landstraße mit einer erlaubten Höchstgeschwindigkeit von 50 km/h wurde bei einer Radarkontrolle die Geschwindigkeit der Fahrzeuge gemessen. Die Geschwindigkeiten liegen zwischen 40 km/h und 70 km/h. In der Tabelle wurde dieser Bereich in vier Klassen eingeteilt. 33 % der Fahrzeuge fuhren mehr als 55 km/h, sodass ein Bußgeld zu zahlen ist.

Geschwindigkeit X in km/h	relative Häufigkeit
$40 \leq X \leq 45$	15 %
$45 < X \leq 50$	27 %
$50 < X \leq 55$	25 %
$55 < X \leq 70$	33 %

Im oberen Diagramm ist zu jeder Klasse eine Säule dargestellt, deren Höhe der relativen Häufigkeit entspricht. Es entsteht der falsche Eindruck, dass mehr als die Hälfte der Fahrzeuge schneller als 55 km/h war, da man sich intuitiv am Flächeninhalt orientiert.
So ein falscher Eindruck entsteht immer, wenn die **Klassenbreite** (Intervallbreite) der Klassen unterschiedlich ist.
Die letzte Klasse ist sie mit 15 dreimal so breit wie die anderen Klassen. Würde man diese Klasse in drei Klassen mit je 11 % relativer Häufigkeit aufteilen (im oberen Diagramm rot), wäre die Wirkung angemessener.

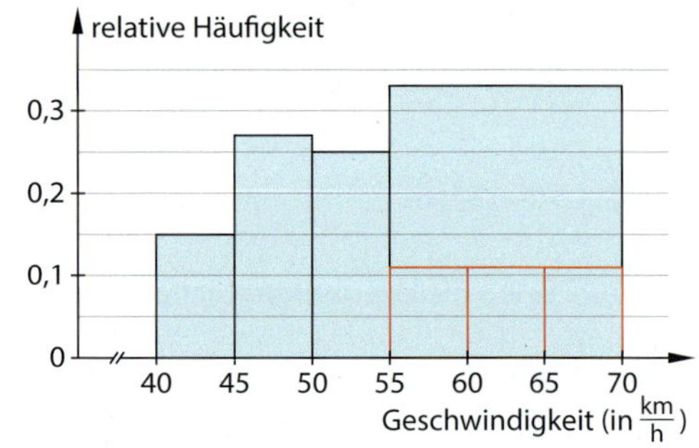

In einem **Histogramm** (unten) wählt man die Höhe einer Säule so, dass ihr Flächeninhalt der relativen Häufigkeit der Klasse entspricht. Diese Höhe heißt **Häufigkeitsdichte**. Man erhält sie, indem man die relative Häufigkeit jeder Klasse durch die Klassenbreite teilt.

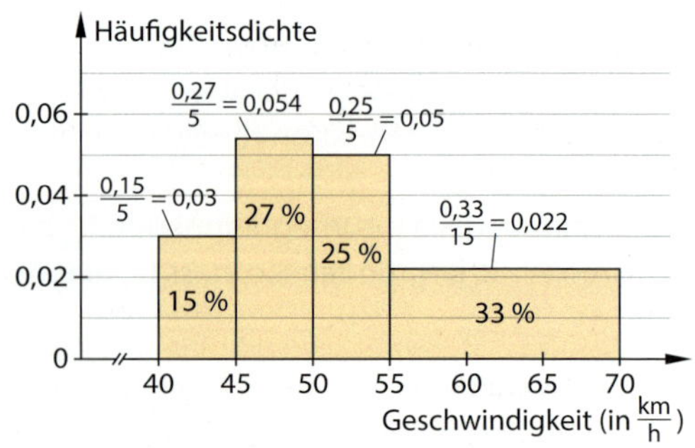

Wissen: Häufigkeitsdichte und Histogramme klassierter Daten
Bei der Darstellung von relativen Häufigkeiten klassierter Daten in einem Histogramm entspricht bei jeder Säule die Breite der **Klassenbreite**, die Höhe der **Häufigkeitsdichte** und der Flächeninhalt der **relativen Häufigkeit** der zugehörigen Klasse.
Für jede Klasse gilt: $\text{Häufigkeitsdichte} = \frac{\text{relative Häufigkeit der Klasse}}{\text{Klassenbreite}}$

Da die Summe der relativen Häufigkeiten aller Klassen 1 ist, ist im Histogramm auch der Gesamtflächeninhalt aller Säulen 1.

Beispiel 1: Bei Vergleichen in verschiedenen Supermärkten wurden für einen Joghurt die folgenden 10 Preise in Cent ermittelt: 49, 55, 39, 22, 49, 49, 39, 79, 60, 35.
Bilden Sie für den Preis X in Cent die Klassen $20 \le X \le 40$, $40 < X \le 50$ und $50 < X \le 80$ und stellen Sie die relative Häufigkeit der Klassen in einem Histogramm dar.

Lösung:
Berechnen Sie die relative Häufigkeit jeder Klasse und teilen Sie diese durch die zugehörige Klassenbreite.

Preis in Cent	relative Häufigkeit	Klassenbreite	Häufigkeitsdichte
$20 \le X \le 40$	$\frac{4}{10} = 0{,}4$	20	$\frac{0{,}4}{20} = 0{,}02$
$40 < X \le 50$	$\frac{3}{10} = 0{,}3$	10	$\frac{0{,}3}{10} = 0{,}03$
$50 < X \le 80$	$\frac{3}{10} = 0{,}3$	30	$\frac{0{,}3}{30} = 0{,}01$

Zeichnen Sie im Histogramm zu jeder Klasse eine Säule mit der Häufigkeitsdichte als Höhe.

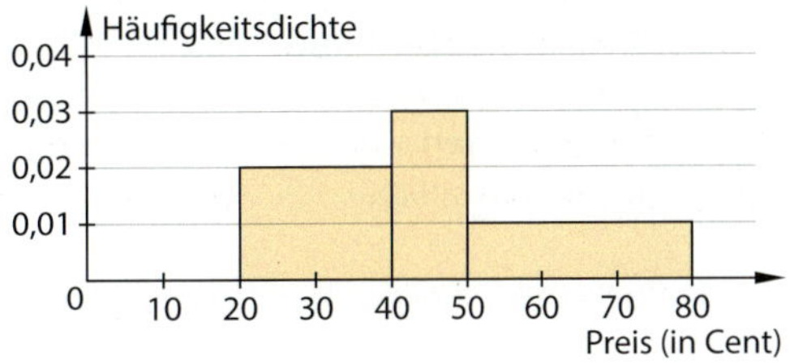

Basisaufgaben

1. Bei Bauer Norden liegt das Gewicht der Hühnereier zwischen 45 g und 75 g.
Eine Messung des Gewichts in g bei 10 Eiern ergab:

48,1 | 60,2 | 74,7 | 46 | 70 | 45,1 | 55,5 | 68,7 | 52,4 | 71,1

Güteklasse	Gewicht in g
S	unter 53
M	53 bis unter 63
L	63 bis unter 73
XL	mindestens 73

a) Teilen Sie das Gewicht von 45 g bis 75 g gemäß der Tabelle in 4 Güteklassen ein und berechnen Sie für jede Klasse die relative Häufigkeit.
b) Stellen Sie die relative Häufigkeit der Klassen aus a) in einem Histogramm dar.

2. In einem Unternehmen hängt das Gehalt der Mitarbeiter von der bisherigen Tätigkeitsdauer ab. Das Histogramm zeigt die Verteilung.
a) Geben Sie an, welche Klassen gebildet wurden.
b) Begründen Sie, ob es mehr Mitarbeiter im ersten Jahr oder mit mindestens 7 Jahren gibt.
c) Berechnen Sie den Anteil der Mitarbeiter, die zwischen 2 und 4 Jahren im Unternehmen sind.
d) Erstellen Sie ein Histogramm mit den beiden Klassen „bis 4 Jahre" und „mindestens 4 Jahre".

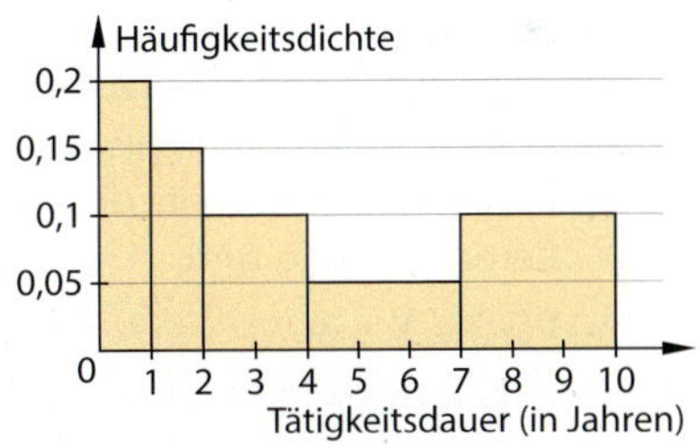

GTR **3.** Eine Messung bei 16 Schmetterlingen ergab die folgenden Flügelspannweiten in cm:

6,2 | 5,1 | 6,9 | 6,8 | 4,0 | 10,2 | 8,3 | 7,6 | 5,9 | 4,6 | 6,5 | 5,7 | 3,4 | 5,1 | 6,3 | 7,5

a) Erstellen Sie mit dem GTR ein Histogramm zur Verteilung der Flügelspannweiten. Teilen Sie die Daten in fünf Klassen mit den Klassengrenzen 3, 5, 6, 7, 8 und 11 ein.
b) Erstellen Sie mit dem GTR ein Histogramm mit vier gleich breiten Klassen.

Hilfe zu GTR/CAS ↗ S. 487

GTR **4.** Die Häufigkeitstabelle zeigt die in einem Test erzielten Punkte von 100 Teilnehmern.

Anzahl der Punkte	1	2	3	4	5	6	7	8	9	10	11	12
absolute Häufigkeit	0	4	7	9	12	9	11	16	11	10	5	6

Stellen Sie mit dem GTR die relative Häufigkeit der erzielten Punkte in einem Histogramm mit 12 Klassen bzw. mit 6 gleich breiten Klassen dar. Vergleichen Sie.

Hilfe zu GTR/CAS ↗ S. 486

Weiterführende Aufgaben

5. Bei einer Hausaufgabe haben 20 Schüler ihre Bearbeitungszeit in Minuten notiert:

8	10	12	13	15	18	19	21	24	24	25	27	29	33	36	37	39	45	45	58

a) Teilen Sie die Zeit von 60 Minuten ① in 30 gleich breite, ② in 6 gleich breite und ③ in 2 gleich breite Klassen ein und stellen Sie jeweils die relative Häufigkeit der Klassen in einem Histogramm dar.

b) Entscheiden Sie, welches Histogramm die Verteilung der Bearbeitungszeiten am besten veranschaulicht. Begründen Sie Ihre Meinung.

c) Erläutern Sie, warum es sinnvoll ist, bei der Darstellung von Daten mit vielen verschiedenen Werten eine Klasseneinteilung zu bilden, und worauf man bei der Wahl der Klassen achten sollte.

6. Stolperstelle: Bei der Herstellung von 600 mm langen Holzbrettern kann die Länge geringfügig von 600 mm abweichen. Das Histogramm zeigt die Verteilung der Länge. Überprüfen Sie die Aussage und korrigieren Sie, wenn nötig.

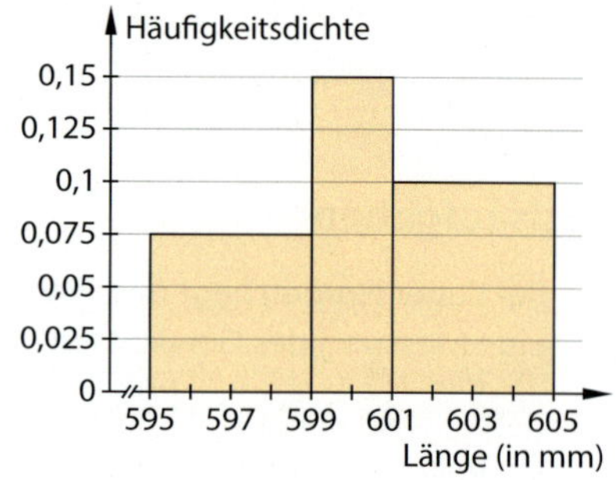

a) Die Säulenhöhe von 0,15 zeigt, dass 15 % der Bretter zwischen 599 mm und 601 mm lang sind.

b) Es sind mehr Bretter zwischen 599 mm und 601 mm als mindestens 601 mm lang.

● **7. Histogramme mit Wahrscheinlichkeiten:** In einem Histogramm lassen sich nicht nur relative Häufigkeiten, sondern auch Wahrscheinlichkeiten darstellen. Dann entspricht die Wahrscheinlichkeit, dass der Wert einer Zufallsgröße in einer Klasse liegt, dem Flächeninhalt der Säule, die zu dieser Klasse gehört.

Pia wirft auf eine Kreisscheibe mit 50 cm Radius, die aus fünf Kreisringen mit 10 cm Breite besteht. Es wird angenommen, dass der Pfeil die Scheibe an einer zufälligen Stelle trifft. Die Zufallsgröße X gibt den Abstand des Pfeils vom Mittelpunkt der Scheibe in cm an.

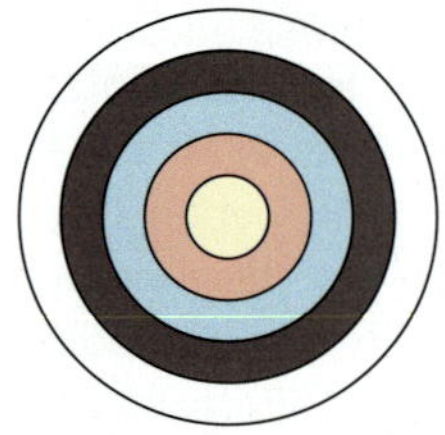

a) Pia berechnet mithilfe des Flächenanteils, dass der Pfeil den äußeren Kreisring trifft:

$$P(40 \leq X \leq 50) = \frac{\pi \cdot 50^2 - \pi \cdot 40^2}{\pi \cdot 50^2} = \frac{900}{2500} = 0{,}36$$

Erläutern Sie die Rechnung und berechnen Sie die Höhe der rechten Säule im Histogramm.

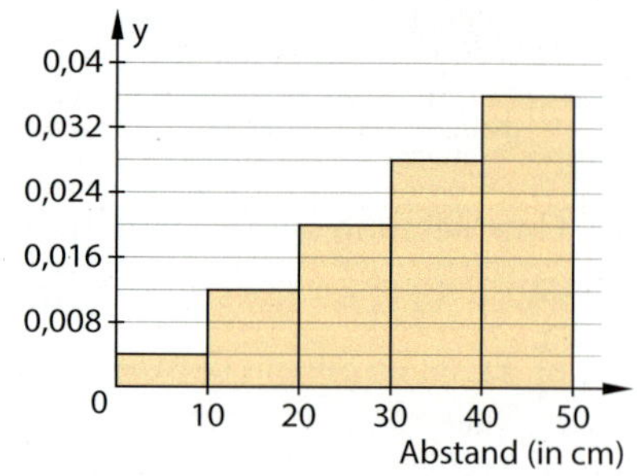

b) Prüfen Sie, ob die Flächeninhalte der anderen Säulen mit den Wahrscheinlichkeiten für die anderen Kreisringe übereinstimmen.

c) Zeichnen Sie ein entsprechendes Histogramm mit 10 Klassen für eine Kreisscheibe, die aus zehn Kreisringen mit 5 cm Breite besteht.

Hinweis:
Die Klassenmitte einer Klasse ist das arithmetische Mittel der beiden Klassengrenzen.

● **8. Ausblick:** Für eine Liste mit n Daten kann man das arithmetische Mittel $\bar{x}$ bilden.

a) Aus einem Histogramm, das die Verteilung dieser Daten in m Klassen zeigt, lassen sich nicht die einzelnen Daten, sondern die relativen Häufigkeiten $h_1, h_2, \ldots, h_m$ der Klassen und die Klassenmitten $k_1, k_2, \ldots, k_m$ bestimmen. Geben Sie mithilfe dieser Werte eine Formel für einen Näherungswert des arithmetischen Mittels $\bar{x}$ an.

b) Untersuchen Sie, wie stark der Näherungswert höchstens von $\bar{x}$ abweicht, wenn ① die Klassen gleich breit sind, ② die Klassen unterschiedlich breit sind.

10.2 Stetige Zufallsgrößen

■ Die Zufallsgröße X gibt eine zufällige reelle Zahl aus dem Intervall [1; 6] an.

a) Erläutern Sie, warum nicht wie beim Werfen eines Würfels $P(X = 1) = \frac{1}{6}$ gilt.

b) Es gilt $P(1 \leq X \leq 3) = \frac{2}{5}$. Machen Sie dies mithilfe von Intervalllängen plausibel.

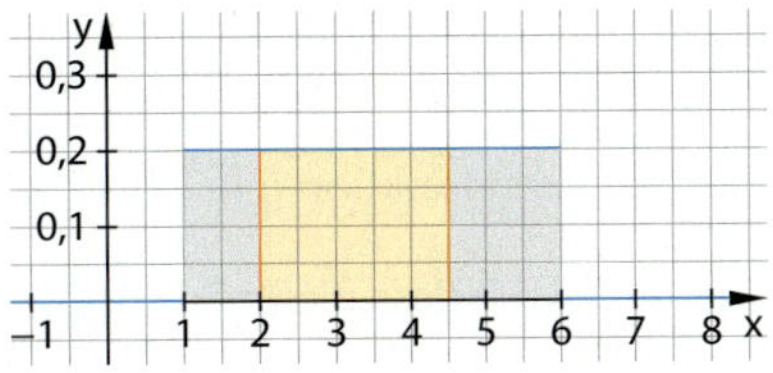

c) Überlegen Sie, wie man analog $P(2 \leq X \leq 4{,}5)$ und allgemein $P(a \leq X \leq b)$ berechnen kann. Vergleichen Sie dazu auch den Inhalt der farbigen Fläche in der Abbildung. ■

Bisher wurden **diskrete** Zufallsgrößen betrachtet, die nur einzelne Werte annehmen können. Beim Würfeln sind es die Augenzahlen 1 bis 6, bei einer Binomialverteilung die ganzzahligen Trefferanzahlen von 0 bis n. Beschreibt eine Zufallsgröße dagegen die Körpergröße oder die Wartezeit auf einen Bus, kann die Zufallsgröße alle reellen Zahlen aus einem Intervall annehmen. Solche Zufallsgrößen nennt man **stetig**.

Dichtefunktion und Wahrscheinlichkeiten

Ein seltenes Tier befindet sich irgendwo zufällig auf einer kreisförmigen Insel mit 10 km Radius. Ein Forscher, der sich in der Mitte der Insel befindet, möchte wissen, mit welcher Wahrscheinlichkeit sich das Tier in bestimmten Entfernungen aufhält. Die Zufallsgröße X gibt den Abstand des Tiers vom Kreismittelpunkt in km an.

Um die Wahrscheinlichkeitsverteilung von X zu untersuchen, kann man die Kreisfläche in Kreisringe einteilen. Die Wahrscheinlichkeit, dass sich das Tier in einem Kreisring mit innerem Radius a und äußerem Radius b befindet, ergibt sich aus dem Inhalt der Fläche des Kreisrings im Verhältnis zur Gesamtfläche:

$P(a \leq X \leq b) = \frac{\pi \cdot b^2 - \pi \cdot a^2}{\pi \cdot 10^2} = \frac{1}{100}(b^2 - a^2)$

Wählt man Kreisringe der Breite 1 wie im oberen Histogramm, erhält man beispielsweise

$P(2 \leq X \leq 3) = \frac{1}{100}(3^2 - 2^2) = 0{,}05.$

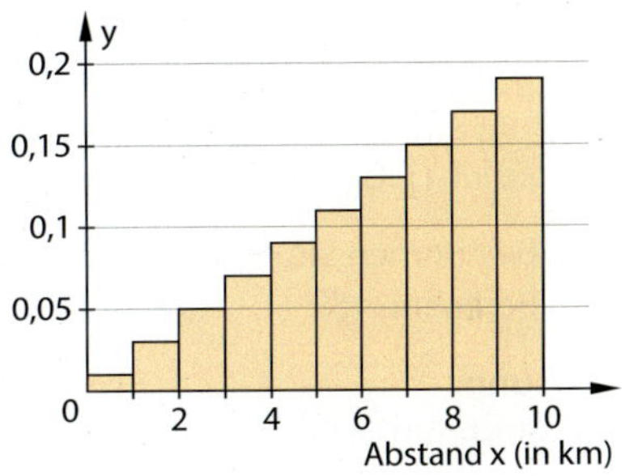

Erinnerung:
Im Histogramm gibt der Flächeninhalt einer Säule die Wahrscheinlichkeit der zugehörigen Klasse an. Bei der Klassenbreite 1 gilt dies auch für die Höhe der Säule.

Das zweite Histogramm zeigt die Wahrscheinlichkeitsverteilung, wenn man als Breite der Kreisringe 0,5 wählt. Die Wahrscheinlichkeiten der Kreisringe entsprechen den Flächeninhalten der Säulen.

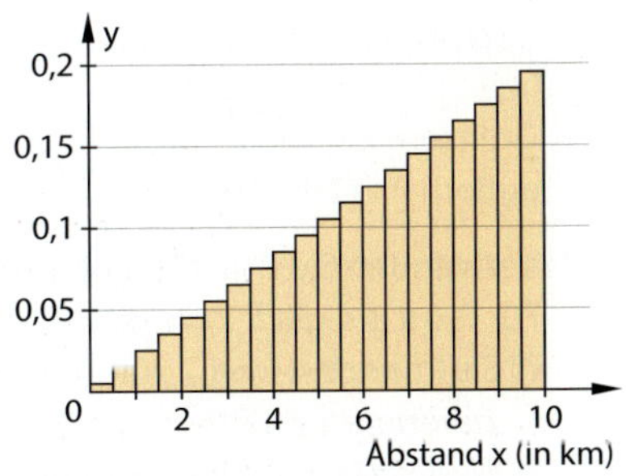

Für eine noch genauere Untersuchung der Verteilung von X wählt man die Breite der Kreisringe immer kleiner. Die Histogramme nähern sich dann dem Graphen einer Funktion f mit $f(x) = \frac{1}{50}x$ an und die Säulen der Fläche unter dem Graphen von f.

Es ist naheliegend, dass für die Wahrscheinlichkeit, dass X zwischen a und b liegt, gilt:

$$P(a \leq X \leq b) = \int_a^b f(x)\,dx.$$

Man kann dies leicht nachprüfen:

$$P(a \leq X \leq b) = \int_a^b \frac{1}{50}x\,dx = \left[\frac{1}{100}x^2\right]_a^b = \frac{1}{100}(b^2 - a^2)$$

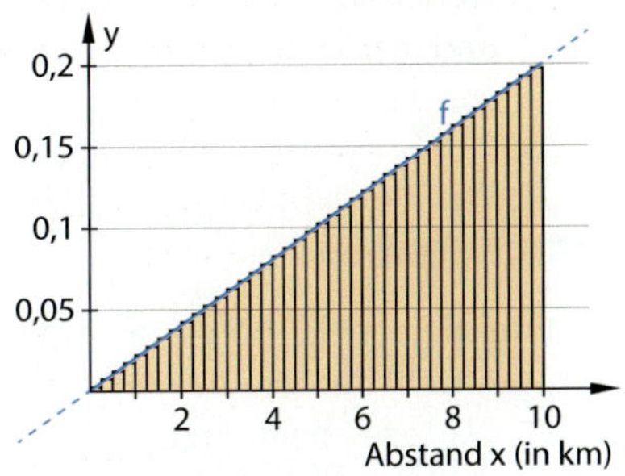

Der Term $f(x) = \frac{1}{50}x$ beschreibt nur für $x \in [0; 10]$ die Verteilung von X. Da X nur Werte zwischen 0 und 10 annimmt, muss $f(x) = 0$ für $x < 0$ und $x > 10$ gelten. Die Funktion f mit

$f(x) = \begin{cases} \frac{1}{50}x & \text{für } 0 \le x \le 10 \\ 0 & \text{sonst} \end{cases}$ nennt man die **Dichtefunktion** der Zufallsgröße X.

Für die Dichtefunktion gilt: $\int_{-\infty}^{\infty} f(x)\,dx = \int_0^{10} \frac{1}{50}x\,dx = \left[\frac{1}{100}x^2\right]_0^{10} = \frac{1}{100}(10^2 - 0^2) = 1$

Das bedeutet, dass die Zufallsgröße X zu 100 % irgendeinen reellen Wert annimmt.

Hinweis:
Ist f(x) nur auf einem Intervall [a; b] ungleich 0, gilt:
$\int_{-\infty}^{\infty} f(x)\,dx = \int_a^b f(x)\,dx$

Wissen: Dichtefunktion einer stetigen Zufallsgröße

Eine auf $\mathbb{R}$ definierte Funktion f heißt **Dichtefunktion**, wenn gilt:

1. $f(x) \ge 0$ für alle $x \in \mathbb{R}$
2. $\int_{-\infty}^{\infty} f(x)\,dx = 1$

Die Funktion f ist die Dichtefunktion der **stetigen Zufallsgröße** X, wenn für alle $a, b \in \mathbb{R}$ mit $a \le b$ gilt: $P(a \le X \le b) = \int_a^b f(x)\,dx$.

Der Funktionswert f(x) der Dichtefunktion gibt keine Wahrscheinlichkeit, sondern die Änderungsrate der Wahrscheinlichkeit an. Die Wahrscheinlichkeit, dass X genau einen Wert x annimmt, ist für jedes $x \in \mathbb{R}$ null, es gilt $P(X = x) = \int_x^x f(t)\,dt = 0$. Dennoch kann X natürlich den Wert x annehmen.

Wegen $P(X = x) = 0$ ist es für die Wahrscheinlichkeit von Intervallen egal, ob die Intervallgrenzen dazugehören, es gilt $P(a \le X \le b) = P(a < X < b) = P(a \le X < b) = P(a < X \le b)$.

Beispiel 1: Gegeben ist die Funktion f mit $f(x) = \begin{cases} kx & \text{für } 0 \le x \le 4 \\ 0 & \text{sonst} \end{cases}$ und $k \in \mathbb{R}$.

a) Bestimmen Sie den Wert von k, für den f eine Dichtefunktion ist.

b) Berechnen Sie. ① $P(1 \le X \le 3)$ ② $P(0 < X < 2)$ ③ $P(X \ge 3)$

Lösung:

a) Bestimmen Sie den Wert von k so, dass $\int_{-\infty}^{\infty} f(x)\,dx = 1$ gilt. Sie können in den Grenzen von 0 bis 4 integrieren, da außerhalb $f(x) = 0$ gilt.

$\int_{-\infty}^{\infty} f(x)\,dx = \int_0^4 kx\,dx = \left[\frac{1}{2}kx^2\right]_0^4 = 8k$

Aus $8k = 1$ folgt $k = \frac{1}{8}$.

Wegen $\frac{1}{8}x \ge 0$ für $x \in [0; 4]$ gilt $f(x) \ge 0$ für alle $x \in \mathbb{R}$.

b) Verwenden Sie $P(a \le X \le b) = \int_a^b f(x)\,dx$.
Für $0 \le x \le 4$ gilt $f(x) = \frac{1}{8}x$.

① $P(1 \le X \le 3) = \int_1^3 \frac{1}{8}x\,dx = \left[\frac{1}{16}x^2\right]_1^3 = \frac{1}{2}$

② Sie können 0 und 2 zum Intervall hinzunehmen, da $P(X = 0) = P(X = 2) = 0$.

② $P(0 < X < 2) = P(0 \le X \le 2) = \int_0^2 \frac{1}{8}x\,dx = \frac{1}{4}$

③ Wegen $f(x) = 0$ für $x > 4$ gilt $P(X > 4) = 0$ und man muss man nur den Bereich von 3 bis 4 berücksichtigen.

③ $P(X \ge 3) = P(3 \le X \le 4) = \int_3^4 \frac{1}{8}x\,dx = \frac{7}{16}$

Basisaufgaben

1. Entscheiden Sie, ob die angegebene Zufallsgröße diskret oder stetig ist.
   a) Anzahl der Tore beim Handball
   b) Gewicht einer Person
   c) Wartezeit beim Arzt
   d) Lebensdauer einer Katze
   e) Zahl der Klicks auf einer Internetseite
   f) Preis einer Schachtel Pralinen

2. Gegeben ist die Funktion f mit $f(x) = \begin{cases} \frac{3}{32}(4 - x^2) & \text{für } -2 \le x \le 2 \\ 0 & \text{sonst} \end{cases}$.

a) Zeigen Sie, dass f eine Dichtefunktion ist.

b) Die Zufallsgröße X hat die Dichtefunktion f. Berechnen Sie die Wahrscheinlichkeiten.
① $P(-1 \le X \le 1)$ ② $P(X \le 1{,}5)$ ③ $P(X = 0)$ ④ $P(X \ge 0{,}5)$

3. Bei der Herstellung von 20 mm langen Schrauben kann die tatsächliche Länge etwas vom exakten Wert 20 mm abweichen. Die Schraubenlänge in mm lässt sich durch die Zufallsgröße X mit der Dichtefunktion f mit $f(x) = \begin{cases} \frac{3}{4}(x - 19)(21 - x) & \text{für } 19 \le x \le 21 \\ 0 & \text{sonst} \end{cases}$ beschreiben.

a) Zeigen Sie, dass f eine Dichtefunktion ist.

b) Geben Sie einen Bereich an, in dem die Schraubenlänge mit 100 % Wahrscheinlichkeit liegt.

c) Berechnen Sie die Wahrscheinlichkeit, dass die Länge einer Schraube
① zwischen 19,9 mm und 20,1 mm liegt,
② um mehr als 0,5 mm von 20 mm abweicht,
③ exakt 20 mm beträgt,
④ größer als 20 mm ist.

4. **Gleichverteilte Zufallsgröße:** Gegeben ist die Funktion f mit $f(x) = \begin{cases} k & \text{für } 0 \le x \le 15 \\ 0 & \text{sonst} \end{cases}$.

a) Bestimmen Sie den Wert des Parameters k, für den f eine Dichtefunktion ist.

b) Die Zufallsgröße X hat die Dichtefunktion f. Berechnen Sie $P(2 \le X \le 5)$ und markieren Sie in einer Skizze die entsprechende Fläche unter dem Graphen von f.

c) Geben Sie ein Sachbeispiel für eine gleichverteilte Zufallsgröße an.

5. Alicia trifft zu einem zufälligen Zeitpunkt an einer Bushaltestelle ein, an der der Bus alle 20 Minuten fährt. Die Zufallsgröße X gibt die Zeitdauer an, die Alicia auf den nächsten Bus warten muss.

a) Bestimmen Sie eine Dichtefunktion zu X.

b) Berechnen Sie die Wahrscheinlichkeit, dass Alicia auf den Bus
① höchstens 5 min wartet, ② mehr als 10 min wartet,
③ 5 min wartet, wenn man die Wartezeit auf Minuten rundet.

c) Ermitteln Sie, wie sich die Wahrscheinlichkeiten in b) ändern, wenn der Bus alle 10 Minuten fährt.

Erwartungswert und Standardabweichung

Für die Bestimmung des Erwartungswerts einer stetigen Zufallsgröße X kann man die Dichtefunktion f durch ein Histogramm mit einer geringen Klassenbreite Δx und den Klassenmitten $x_1, \ldots, x_n$ annähern. Ordnet man den Klassenmitten x_i die Wahrscheinlichkeiten $p_i = f(x_i) \cdot \Delta x$ der i-ten Klasse zu, kann man den Erwartungswert näherungsweise wie im diskreten Fall berechnen:

$x_1 \cdot p_1 + \ldots + x_n \cdot p_n = x_1 \cdot f(x_i) \cdot \Delta x + \ldots + x_n \cdot f(x_i) \cdot \Delta x$

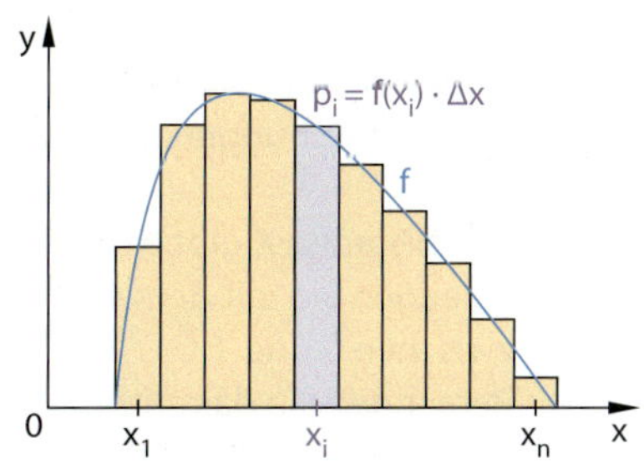

Erinnerung:
Für den Erwartungswert einer Zufallsgröße X, die die Werte $x_1, \ldots, x_n$ annehmen kann, gilt:
$\mu = x_1 \cdot P(X = x_1) + \ldots + x_n \cdot P(X = x_n)$

Man erhält eine Produktsumme zu der Funktion g mit $g(x) = x \cdot f(x)$. Für $\Delta x \to 0$ strebt die Produktsumme gegen das Integral von g.

Für den Erwartungswert von X legt man daher fest: $\mu = \int_{-\infty}^{\infty} x \cdot f(x)\,dx$

Ähnlich begründet man die Definition der Standardabweichung einer stetigen Zufallsgröße.

Hinweis:
Ist f(x) nur auf einem Intervall [a; b] ungleich 0, gilt:

$\mu = \int_a^b x \cdot f(x)\,dx$

$\sigma = \sqrt{\int_a^b (x-\mu)^2 \cdot f(x)\,dx}$

Definition: Erwartungswert und Standardabweichung

Für eine stetige Zufallsgröße mit der Dichtefunktion f gilt:

Erwartungswert $\mu = \int_{-\infty}^{\infty} x \cdot f(x)\,dx$ **Standardabweichung** $\sigma = \sqrt{\int_{-\infty}^{\infty} (x-\mu)^2 \cdot f(x)\,dx}$

Beispiel 2: Gegeben ist die Dichtefunktion f mit $f(x) = \begin{cases} \frac{1}{50}x & \text{für } 0 \le x \le 10 \\ 0 & \text{sonst} \end{cases}$.

Berechnen Sie den Erwartungswert und die Standardabweichung einer stetigen Zufallsgröße mit der Dichtefunktion f.

Lösung:

Verwenden Sie Formeln der Definition. Sie können jeweils in den Grenzen von 0 bis 10 integrieren, da außerhalb f(x) = 0 gilt.

$$\mu = \int_{-\infty}^{\infty} x \cdot f(x)\,dx = \int_0^{10} \frac{1}{50}x^2\,dx$$
$$= \left[\frac{1}{150}x^3\right]_0^{10} = \frac{1}{150}(10^3 - 0^3) = \frac{20}{3} \approx 6{,}67$$

Bei der Standardabweichung σ ist es für die Notation zweckmäßig, erst σ^2 zu berechnen und am Ende die Wurzel zu ziehen.

$$\sigma^2 = \int_{-\infty}^{\infty} (x-\mu)^2 \cdot f(x)\,dx = \int_0^{10} \left(x - \frac{20}{3}\right)^2 \cdot \frac{1}{50}x\,dx$$
$$= \int_0^{10} \left(\frac{1}{50}x^3 - \frac{4}{15}x^2 + \frac{8}{9}x\right)dx = \frac{50}{9}$$
$$\sigma = \sqrt{\frac{50}{9}} \approx 2{,}36$$

Basisaufgaben

6. Berechnen Sie den Erwartungswert und die Standardabweichung der stetigen Zufallsgröße mit der Dichtefunktion f.

a) $f(x) = \begin{cases} \frac{3}{32}(4 - x^2) & \text{für } -2 \le x \le 2 \\ 0 & \text{sonst} \end{cases}$ b) $f(x) = \begin{cases} \frac{1}{10} & \text{für } -3 \le x \le 7 \\ 0 & \text{sonst} \end{cases}$

GTR 7. Gegeben sind die Funktionen f und g mit

$f(x) = \begin{cases} \frac{1}{12}\left(1 + \sin\left(\frac{\pi}{6}x\right)\right) & \text{für } 0 \le x \le 12 \\ 0 & \text{sonst} \end{cases}$ und $g(x) = \begin{cases} \frac{1}{12}\left(1 + \cos\left(\frac{\pi}{6}x\right)\right) & \text{für } 0 \le x \le 12 \\ 0 & \text{sonst} \end{cases}$.

a) Zeigen Sie ohne GTR, dass f und g Dichtefunktionen sind.
b) Zeichnen Sie die Graphen von f und g mit dem GTR. Schätzen Sie die Erwartungswerte der zugehörigen Zufallsgrößen und berechnen Sie sie anschließend mit dem GTR.
c) Schätzen Sie, bei welcher Dichtefunktion die Standardabweichung der Zufallsgröße größer ist, und begründen Sie Ihre Schätzung. Berechnen Sie anschließend die Standardabweichungen mit dem GTR.

GTR 8. Die Zufallsgröße X gibt eine zufällige reelle Zahl zwischen und 0 und 1 an.

a) Erzeugen Sie mit dem GTR 100 zufällige Zahlen zwischen 0 und 1. Berechnen Sie das arithmetische Mittel und die empirische Standardabweichung der Zahlen.
b) Berechnen Sie den Erwartungswert und die Standardabweichung von X und vergleichen Sie mit den Ergebnissen in a).

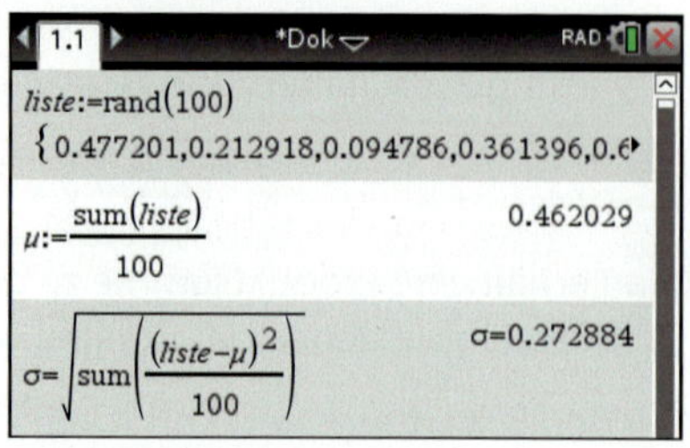

Weiterführende Aufgaben

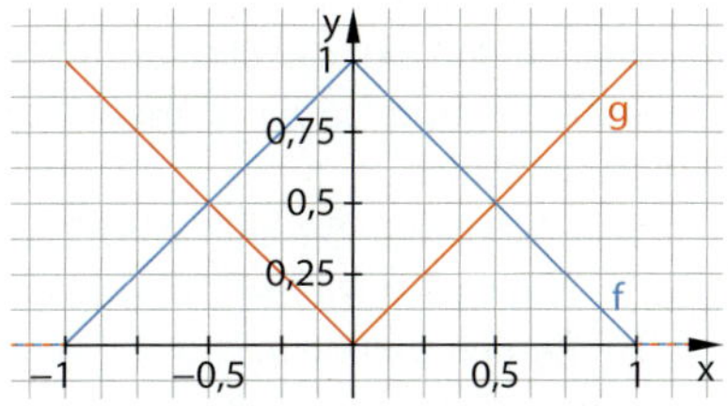

9. a) Die Zufallsgröße X ist verteilt nach

$$f(x) = \begin{cases} x + 1 \text{ für } -1 \le x \le 0 \\ 1 - x \text{ für } 0 < x \le 1 \\ 0 \quad \text{sonst} \end{cases}.$$

Zeigen Sie, dass f eine Dichtefunktion ist.

b) Berechnen Sie den Erwartungswert μ und die Standardabweichung σ von X und für $0 < a < 1$ die Wahrscheinlichkeit $P(-a \le X \le a)$. Geben Sie an, welchen Wert man für $a = \sigma$ erhält.

c) Stellen Sie die Funktionsgleichung für die abgebildete Funktion g auf. Zeigen Sie, dass g die Dichtefunktion einer Zufallsgröße Y ist und berechnen Sie auch zu Y Erwartungswert, Standardabweichung und $P(-a \le Y \le a)$.

10. Stolperstelle: Die Zufallsgröße X mit der Dichtefunktion f gibt eine zufällige reelle Zahl aus dem Intervall [0; 10] an.
Lara sagt: *„Die Wahrscheinlichkeit, dass die zufällige Zahl 5 ist, ist $P(X = 5) = f(5) = 0{,}1$."*
Kira widerspricht: *„Die Wahrscheinlichkeit, dass die Zahl exakt 5 ist, ist null."*
Darauf Lara: *„Das kann nicht sein, dann könnte die Zahl ja 5 gar nicht vorkommen."*
Nehmen Sie Stellung zu dem Dialog und korrigieren Sie die falschen Aussagen.

11. Die Weite beim Weitsprung von 16-jährigen Jungen lässt sich näherungsweise durch eine Zufallsgröße X mit der Dichtefunktion f mit $f(x) = \begin{cases} \frac{3}{4}(-x^2 + 8x - 15) \text{ für } 3 \le x \le 5 \\ 0 \quad \text{sonst} \end{cases}$ beschreiben. Berechnen Sie die Wahrscheinlichkeit, dass die Weite 4 Meter beträgt, wenn die gesprungene Weite wie folgt gerundet wird.

a) auf Dezimeter | b) auf Zentimeter | c) auf Millimeter | d) gar nicht

12. Verteilungsfunktion: Ist f die Dichtefunktion einer stetigen Zufallsgröße X, dann heißt die Funktion F mit $F(x) = P(X \le x) = \int_{-\infty}^{x} f(t)\,dt$ die **Verteilungsfunktion** von X. Gegeben sind die Dichtefunktion f mit $f(x) = \begin{cases} 0{,}2 \text{ für } 1 \le x \le 6 \\ 0 \quad \text{sonst} \end{cases}$ und F mit $F(x) = \begin{cases} 0 & \text{für } x < 1 \\ 0{,}2x - 0{,}2 & \text{für } 1 \le x \le 6 \\ 1 & \text{für } x > 6 \end{cases}$.

a) Zeigen Sie, dass die Funktion F die Verteilungsfunktion zu f ist.
Erläutern Sie dazu die folgende Rechnung und setzen Sie sie fort.

Verteilungsfunktion für $x > 6$: $\int_{-\infty}^{x} f(t)\,dt = \int_{-\infty}^{1} 0\,dt + \int_{1}^{6} 0{,}2\,dt + \int_{6}^{x} 0\,dt = \ldots$

Untersuchen Sie auch die Fälle $x < 1$ und $1 \le x \le 6$.

b) Zeichnen Sie die Graphen von f und F in ein Koordinatensystem und erläutern Sie ihren Zusammenhang.

c) Zeigen Sie, dass $F'(x) = f(x)$ für $x < 1$, für $1 < x < 6$ und für $x > 6$ gilt.

d) Ermitteln Sie die Verteilungsfunktion zu f mit $f(x) = \begin{cases} 2 - 2x \text{ für } 0 \le x \le 1 \\ 0 \quad \text{sonst} \end{cases}$.

13. GTR Bernd fährt mit dem Bus und dann mit der Straßenbahn. Beide Verkehrsmittel kommen rein zufällig, der Bus alle 10 Minuten, die Straßenbahn alle 20 Minuten.

a) Führen Sie eine 1000-fache Simulation für die Summe der Wartezeiten durch.
b) Stellen Sie anhand eines Histogramms eine Vermutung für die Dichtefunktion f auf.
c) Vergleichen Sie den Erwartungswert und die Standardabweichung der theoretischen Verteilung mit dem arithmetischen Mittel und der empirischen Standardabweichung.

Hilfe zu GTR/CAS
↗ S. 486/487

Hinweis zu 13b:
Die Darstellung des Graphen von f im Koordinatensystem erinnert an ein Trapez.

14. Die Zufallsgröße X gibt die Wartezeit in einer Arztpraxis in Minuten an. Die Wartezeit beträgt maximal 60 min. Für die Dichtefunktion f gilt $f(0) = k$ für ein $k \in \mathbb{R}$ und $f(60) = 0$, im Intervall $[0; 60]$ nimmt f linear ab.

a) Bestimmen Sie den Wert von k und die Gleichung der Dichtefunktion.

b) Berechnen Sie, mit welcher mittleren Wartezeit die Patienten rechnen können.

c) In einem Monat kommen 600 Patienten in die Praxis. Bestimmen Sie einen Wert als Prognose für die Anzahl derer, die mindestens eine halbe Stunde warten.

d) Der Arzt möchte werben: *„In meiner Praxis warten 90 % der Patienten höchstens … Minuten."* Bestimmen Sie, welche Wartezeit der Arzt in diesem Satz angeben sollte, damit die Prognose den Wahrscheinlichkeiten entspricht.

15. GTR Im Mittelpunkt eines kreisrunden Platzes mit Radius 20 m steht ein Redner. Die Zuhörer erhalten ihre Plätze rein zufällig. Jeder möchte möglichst nahe beim Redner stehen.

a) Der Platz sei in Kreisringe der Breite 1 m eingeteilt. Die diskrete Zufallsgröße X mit den Werten 0,5; 1,5; 2,5; …; 19,5 gibt näherungsweise an, wie viele Meter entfernt vom Kreismittelpunkt ein Platz im entsprechenden Kreisring ist. Erstellen Sie eine Verteilung von X und zeichnen Sie das Histogramm mit dem GTR.

b) Nun wird der Platz ohne Kreisringe betrachtet. Y sei die Zufallsgröße, die jedem Platz seine Entfernung zum Mittelpunkt in Meter zuordnet.
Finden Sie aus der Gestalt des Histogramms eine Funktionsgleichung für die Dichtefunktion f von Y. Berechnen Sie mit ihr die Wahrscheinlichkeit $P(0 \le Y \le 1)$ und vergleichen Sie mit dem Flächeninhalt der entsprechenden Säule im Histogramm.

c) Bestimmen Sie die Verteilungsfunktion F zur Dichtefunktion f und erläutern Sie den Zusammenhang zwischen F und f für $0 < x < 20$. Bestimmen Sie mithilfe von Kreisflächenanteilen die Wahrscheinlichkeit, dass ein Zuhörer höchstens x Meter vom Mittelpunkt entfernt ist, und zeigen Sie, dass sie F(x) entspricht.

d) Prüfen Sie, ob X und Y den gleichen Erwartungswert haben.

16. Ausblick: Einen zufälligen Punkt in einem Quadrat mit der Seitenlänge 10 kann man durch zwei Zufallsgrößen X (x-Koordinate) und Y (y-Koordinate) beschreiben, die gleichverteilt im Intervall $[0; 10]$ sind. Die Zufallsgröße $Z = X + Y$, gibt die Summe der x- und y-Koordinate an.

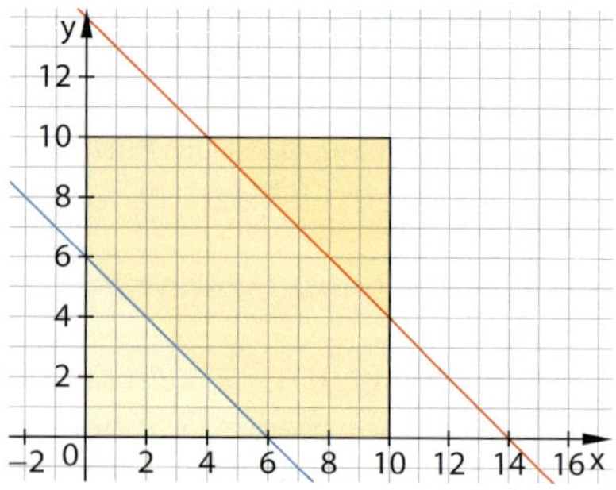

a) Beschreiben Sie die Lage der Punkte im Koordinatensystem, für die $Z \le 6$ bzw. $Z \le 14$ gilt.

b) Zeigen Sie mithilfe von Flächenanteilen, dass für die Verteilungsfunktion F von Z gilt:
$F(a) = P(Z \le a) = \frac{1}{200}a^2$ für $0 \le a \le 10$ $\quad F(a) = P(Z \le a) = -\frac{1}{200}a^2 + \frac{1}{5}a - 1$ für $10 \le a \le 20$

c) Ermitteln Sie die Dichtefunktion f von Z durch Ableiten von F für $0 < a < 10$ und $10 < a < 20$. Geben Sie auch Werte für f(0), f(10) und f(20) an. Zeichnen Sie den Graphen von f.

GTR d) Simulieren Sie je 1000 Werte von X und Y mit dem GTR und berechnen Sie jeweils den Wert von Z. Bilden Sie für die Ergebnisse von Z eine Klasseneinteilung mit 20 Klassen der Breite 1 und stellen Sie die relative Häufigkeit in einem Histogramm dar. Vergleichen Sie die Gestalt des Histogramms mit dem Graphen von f. Variieren Sie auch die Klassenbreite des Histogramms.

10.3 Normalverteilung

■ 100 Personen wurden aufgefordert, ohne zu messen zwei Punkte in einem Abstand von möglichst genau 10 cm auf ein leeres Blatt Papier zu zeichnen. Anschließend wurden alle Abstände gemessen. Das Histogramm zeigt die relativen Häufigkeiten der Ergebnisse bei einer Klassenbreite von 1 cm.

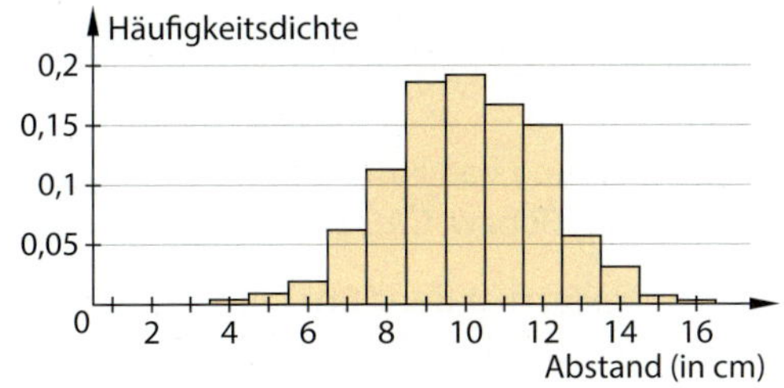

a) Begründen Sie, dass der gemessene Abstand als eine stetige Zufallsgröße X aufgefasst werden kann.
b) Skizzieren Sie den Graphen der Dichtefunktion von X und erläutern Sie seinen Verlauf. ■

10 000 erwachsene Männer in Deutschland wurden nach ihrer Körpergröße befragt. Das obere Histogramm zeigt die relativen Häufigkeiten bei einer Klassenbreite von 5 cm. Die Gestalt des Histogramms erinnert an eine Binomialverteilung. Die Körpergröße X in cm kann aber auch nichtganzzahlige Werte annehmen.

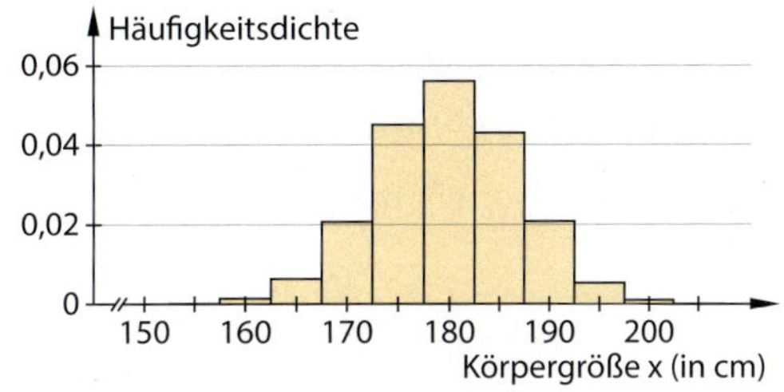

Verringert man die Klassenbreite (im unteren Histogramm beträgt sie 1 cm), nähert sich die Gestalt des Histogramms einer stetigen Verteilung, die man **Normalverteilung** nennt. Die Dichtefunktion der Normalverteilung ist die **Gaußsche Glockenfunktion** $\varphi_{\mu;\sigma}$ mit

$\varphi_{\mu;\sigma}(x) = \frac{1}{\sigma\sqrt{2\pi}} \cdot e^{-\frac{(x-\mu)^2}{2\sigma^2}}$.

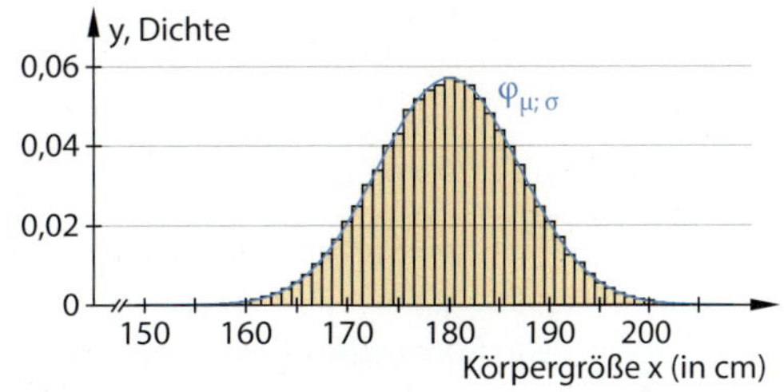

Dabei ist μ der Erwartungswert und σ die Standardabweichung von X. Bei μ liegt das Maximum der Verteilung, σ ist ein Maß für die Breite der Verteilung.

Man kann $\int_{-\infty}^{\infty} \varphi_{\mu;\sigma}(x)\,dx = 1$ zeigen.

Wegen $\varphi_{\mu;\sigma}(x) > 0$ für alle $x \in \mathbb{R}$ folgt daraus, dass $\varphi_{\mu;\sigma}$ eine Dichtefunktion ist.

Hier gilt $\mu = 180$ und $\sigma = 7$.

$\varphi_{180;7}(x) = \frac{1}{7\sqrt{2\pi}} \cdot e^{-\frac{(x-180)^2}{2\cdot 7^2}}$

Für die Wahrscheinlichkeit einer Körpergröße zwischen 173 cm und 187 cm gilt:

$P(173 \le X \le 187) = \int_{173}^{187} \varphi_{180;7}(x)\,dx \approx 0{,}683$

Hinweis:
In Aufgabe 17 wird an Beispielen gezeigt, dass μ der Erwartungswert und σ die Standardabweichung einer Zufallsgröße mit Dichtefunktion $\varphi_{\mu;\sigma}$ ist.

Hinweis:
In Aufgabe 16 wird an Beispielen gezeigt, dass $\varphi_{\mu;\sigma}$ eine Dichtefunktion ist.

Wissen: Normalverteilung Gaußsche Glockenfunktion

Eine stetige Zufallsgröße X heißt **normalverteilt** mit dem Erwartungswert μ und der Standardabweichung σ, wenn ihre Dichtefunktion die **Gaußsche Glockenfunktion** $\varphi_{\mu;\sigma}$ mit $\varphi_{\mu;\sigma}(x) = \frac{1}{\sigma\sqrt{2\pi}} \cdot e^{-\frac{(x-\mu)^2}{2\sigma^2}}$ ist.

Für $a, b \in \mathbb{R}$ mit $a \le b$ gilt: $P(a \le X \le b) = \int_a^b \varphi_{\mu;\sigma}(x)\,dx$

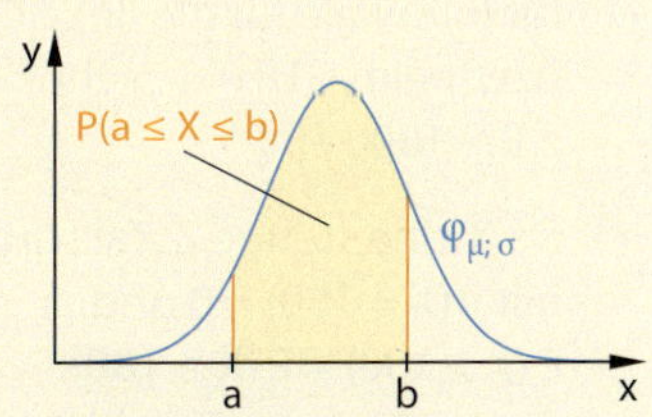

Hinweis:
Den Graphen der Gaußschen Glockenfunktion nennt man **Gaußsche Glockenkurve**.

Die **Verteilungsfunktion** von X bezeichnet man als **Gaußsche Integralfunktion** $\Phi_{\mu;\sigma}$.

Es gilt: $\Phi_{\mu;\sigma}(x) = P(X \le x) = \int_{-\infty}^{x} \varphi_{\mu;\sigma}(t)\,dt$. Die Gaußsche Integralfunktion $\Phi_{\mu;\sigma}$ ist eine Stammfunktion der Gaußschen Glockenfunktion $\varphi_{\mu;\sigma}$.

Wahrscheinlichkeiten berechnen

Für die Stammfunktion der Gaußschen Glockenfunktion $\varphi_{\mu;\sigma}$ kann man keinen Funktionsterm angeben. Man muss die Integrale, mit denen man Wahrscheinlichkeiten berechnet, numerisch bestimmen.

Zur Berechnung von Funktionswerten $\varphi_{\mu;\sigma}(x)$ und von Wahrscheinlichkeiten kann man auf Befehle im GTR bzw. CAS zurückgreifen.

Hinweis:
Lässt man bei den Befehlen Werte für μ und σ weg, verwendet der Rechner die Standardwerte $\mu = 0$ und $\sigma = 1$.

normPdf(x,μ,σ) gibt den Funktionswert $\varphi_{\mu;\sigma}(x)$ der Gaußschen Glockenfunktion an.

normPdf(9,8,1) $= \varphi_{8;1}(9) = \frac{1}{\sqrt{2\pi}} \cdot e^{-\frac{(9-8)^2}{2}} \approx 0{,}242$

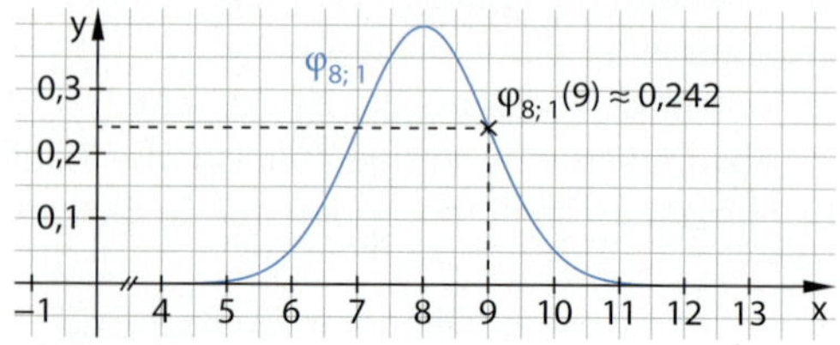

normCdf(a,b,μ,σ) gibt die Wahrscheinlichkeit für das Intervall [a; b] an.

Es sei X normalverteilt mit $\mu = 8$ und $\sigma = 1$:

$P(7 \le X \le 9) =$ *normCdf(7,9,8,1)* $= \int_7^9 \varphi_{8;1}(x)\,dx \approx 0{,}683$

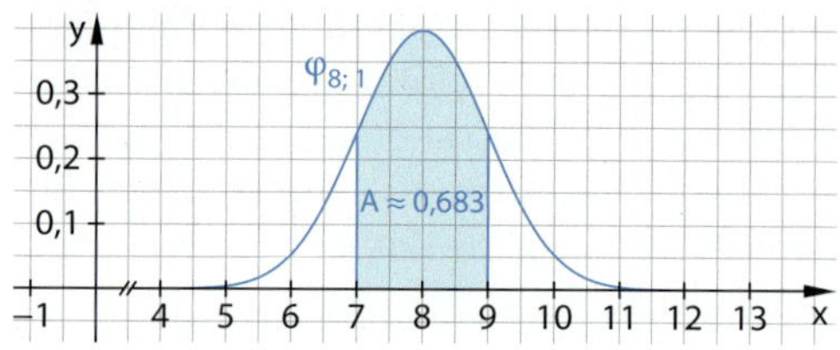

Hinweis:
normCdf(−∞,x,μ,σ) gibt den Funktionswert der Verteilungsfunktion $\Phi_{\mu;\sigma}(x)$ an.

$P(X \le 7) =$ *normCdf(−∞,7,8,1)* $= \int_{-\infty}^7 \varphi_{8;1}(x)\,dx \approx 0{,}159$

$P(X \ge 9) =$ *normCdf(9,∞,8,1)* $= \int_9^{\infty} \varphi_{8;1}(x)\,dx \approx 0{,}159$

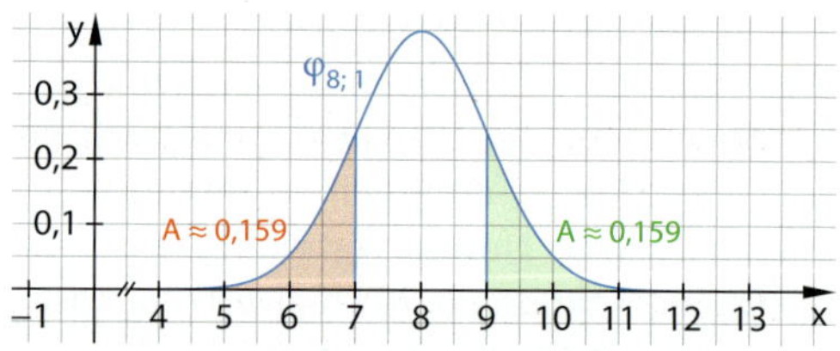

Hinweis:
Beim GTR verwendet man statt −∞ bzw. ∞ einen kleinen Wert (z. B. −1000) bzw. großen Wert (z. B. 1000), der weit vom Erwartungswert entfernt liegt.

Beispiel 1: Die Körpergröße von erwachsenen Frauen in Deutschland ist näherungsweise normalverteilt mit dem Erwartungswert 166 cm und der Standardabweichung 6,2 cm. Bestimmen Sie die Wahrscheinlichkeit, dass eine zufällig ausgewählte Frau
a) zwischen 160 cm und 170 cm, b) höchstens 160 cm, c) über 180 cm groß ist.

Lösung:
Die Körpergröße X in cm ist normalverteilt mit $\mu = 166$ und $\sigma = 6{,}2$

a) Berechnen Sie die Intervallwahrscheinlichkeit mit dem Befehl *normCdf(a,b,μ,σ)*.

$P(160 \le X \le 170) \approx 0{,}574$

```
normCdf(160,170,166,6.2)        0.574002
```

b) Setzen Sie beim Befehl *normCdf(a,b,μ,σ)* für Intervalle für die linke Grenze −∞ bzw. beim GTR eine sehr kleine Zahl wie z. B. −1000 ein.

$P(X \le 160) \approx 0{,}167$

```
normCdf(-∞,160,166,6.2)         0.166587
```

c) Da X eine stetige Zufallsgröße ist, gilt $P(X = 180) = 0$ und $P(X > 180) = P(X \ge 180)$.
Setzen Sie beim Befehl *normCdf(a,b,μ,σ)* für Intervalle für die rechte Grenze ∞ bzw. beim GTR eine sehr große Zahl wie z. B. 1000 ein.

$P(X > 180) = P(X \ge 180) \approx 0{,}012$

```
normCdf(180,∞,166,6.2)          0.011971
```

Basisaufgaben

GTR **1.** In einer Bäckerei ist das Gewicht einer Brotsorte normalverteilt mit dem Erwartungswert 760 g und der Standardabweichung 8 g. Bestimmen Sie die Wahrscheinlichkeit, dass ein zufällig ausgewähltes Brot dieser Sorte

a) zwischen 752 g und 768 g,
b) mindestens 750 g,
c) weniger als 745 g,
d) genau 760 g wiegt.

GTR **2.** Die Zufallsgröße X gibt die Höchsttemperatur an einem Tag im Juni in °C an. Aufgrund langjähriger Messungen nimmt man an, dass sie normalverteilt ist mit $\mu = 22$ und $\sigma = 3{,}5$.

a) Geben Sie die Funktionsgleichung der Dichtefunktion von X an.
b) Zeichnen Sie den Graphen der Dichtefunktion mit dem GTR.
c) Stellen Sie die Wahrscheinlichkeit, dass die Höchsttemperatur an einem zufälligen Junitag zwischen 20 °C und 25 °C liegt, mit einem Integral dar und berechnen Sie es.
d) Überprüfen Sie die Wahrscheinlichkeit aus c) mit dem *normCdf*-Befehl.

3. Abgebildet ist der Graph der Dichtefunktion einer normalverteilten Zufallsgröße X mit $\mu = 8$ und $\sigma = 3$.

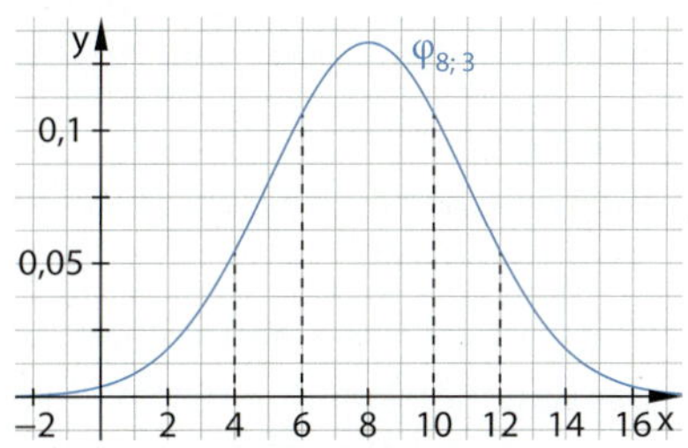

a) Schätzen Sie mithilfe des Graphen die Wahrscheinlichkeiten.
① $P(4 \le X \le 12)$ ② $P(X \le 6)$ ③ $P(X > 10)$

GTR b) Berechnen Sie die Wahrscheinlichkeiten aus a) und überprüfen Sie Ihre Schätzung.

GTR **4.** Eine Fabrik stellt Ladeflächen für große Lkw her. Eine Maschine bohrt Bolzenlöcher in Metallplatten. Die normalverteilte Zufallsgröße X beschreibt den Durchmesser der Löcher in Millimetern. Es ist $\mu = 45$ und $\sigma = 0{,}3$. Der Durchmesser der Bolzen muss mindestens um 0,4 mm kleiner sein als der der Bohrung. Berechnen Sie die Wahrscheinlichkeit dafür, dass ein Bolzen mit Durchmesser 44,1 mm nicht in eine zufällig ausgewählte Bohrung passt.

5. Bei einer Zeitmessung gibt die normalverteilte Zufallsgröße X mit dem Erwartungswert $\mu = 40$ und der Standardabweichung $\sigma = 2$ den Messwert in Sekunden an.

a) Beschreiben Sie die Bedeutung des Terms $1 - \int_{35}^{45} \frac{1}{2\sqrt{2\pi}} \cdot e^{-\frac{(x-40)^2}{8}} dx$ im Sachzusammenhang.
b) Entscheiden Sie, welche der Ausdrücke ① bis ③ den gleichen Wert haben wie der Term in a). Begründen Sie Ihre Entscheidung.
① $P(X \le 34) + P(X \ge 46)$ ② $P(X < 35) + P(X > 45)$ ③ $P(-45 \le X \le -35)$

GTR **6.** Gegeben ist die Verteilungsfunktion $\Phi_{\mu;\sigma}$ mit $\Phi_{\mu;\sigma}(x) = \int_{-\infty}^{x} \frac{1}{\sqrt{2\pi}} \cdot e^{\frac{(t-2)^2}{2}} dt$ einer normalverteilten Zufallsgröße X.

a) Geben Sie die Werte von μ und σ an.
b) Berechnen Sie $P(X \le 1)$ und erläutern Sie den Zusammenhang mit der Verteilungsfunktion.
c) Bestimmen Sie $\Phi_{\mu;\sigma}(x)$ für alle ganzzahligen x-Werte von −1 bis 5 und skizzieren Sie damit den Graphen von $\Phi_{\mu;\sigma}$.

Bereiche zu Wahrscheinlichkeiten bestimmen

Bei einer normalverteilten Zufallsgröße X möchte man auch zu einer gegebenen Wahrscheinlichkeit einen Bereich angeben, in dem der Wert von X mit dieser Wahrscheinlichkeit liegt. Dazu gibt es einen Befehl im GTR bzw. CAS.

Hinweis:
Lässt man bei *invNorm(p,μ,σ)* die Werte für μ und σ weg, verwendet der Rechner die Standardwerte $\mu = 0$ und $\sigma = 1$.

invNorm(p,μ,σ) gibt zu einer Wahrscheinlichkeit p den Wert b mit $P(X \leq b) = p$ an.

Es sei X normalverteilt mit $\mu = 8$ und $\sigma = 1$:
invNorm(0.8,8,1) $\approx 0{,}884$,
da $P(X \leq 8{,}84) \approx 0{,}8$ gilt.

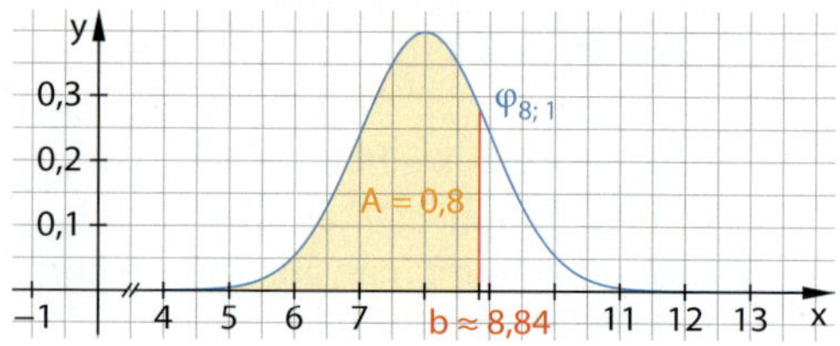

Während *normCdf(−∞,b,μ,σ)* die Wahrscheinlichkeit $p = P(X \leq b)$ eines Intervalls bestimmt, welches nur nach oben durch b begrenzt ist, erhält man durch *invNorm(p,μ,σ)* diese Intervallgrenze b zurück.

Beispiel 2: An einer Schule ist die Weite beim Kugelstoßen der Schülerinnen in der Oberstufe näherungsweise normalverteilt mit Erwartungswert 7 m und Standardabweichung 0,7 m. Bei einem Sportwettbewerb sollen die Schülerinnen, die beim Kugelstoßen eine bestimmte Mindestweite erreichen, eine Medaille erhalten. Bestimmen Sie den Wert dieser Mindestweite so, dass etwa 10 % der Schülerinnen eine Medaille bekommen.

Lösung:

Die Weite X in Meter ist normalverteilt mit $\mu = 7$ und $\sigma = 0{,}7$.

b: Mindestweite in Meter
Es soll gelten $P(X \geq b) = 0{,}1$

Bestimmen Sie die Wahrscheinlichkeit für das Gegenereignis $X < b$ zum Ereignis $X \geq b$, um ein nach oben begrenztes Intervall zu erhalten. Für diese gilt $p = 0{,}9$.

$P(X < b) = 1 - P(X \geq b) = 0{,}9$

Bestimmen Sie das b mit $P(X < b) = 0{,}9$ mithilfe des Befehls *invNorm(p,μ,σ)*.

```
invNorm(0.9,7,0.7)          7.89709
```

Man erhält $b \approx 7{,}90$.
Die Mindestweite beträgt etwa 7,90 m.

Basisaufgaben

GTR **7.** Eine Zufallsgröße X ist normalverteilt mit den Parametern $\mu = 2$ und $\sigma = 3$. Bestimmen Sie den Wert von c so, dass die folgende Gleichung gilt.
a) $P(X \leq c) = 0{,}4$ b) $P(X < c) = 0{,}5$ c) $P(X \geq c) = 0{,}2$ d) $P(X > c) = 0{,}9$

GTR **8.** Ein Supermarkt interessiert sich für die maximale Greifhöhe ihrer Kunden, in der sie ein Produkt im Regal noch erreichen können. Es wird angenommen, dass diese Greifhöhe normalverteilt ist mit dem Erwartungswert 178 cm und der Standardabweichung 9 cm.
a) Bestimmen Sie, in welcher Höhe sich ein Produkt befinden muss, damit es ein zufällig ausgewählter Kunde mit 90 % Wahrscheinlichkeit greifen kann.
b) Bestimmen Sie die Höhe des Produkts so, dass es für 5 % der Kunden zu hoch ist.

GTR **9.** Ein Mathematiklehrer weiß aus Erfahrung, dass er mit dem Auto durchschnittlich 25 Minuten für den Weg zur Schule benötigt. Er vermutet, dass die benötigte Zeit in Minuten etwa normalverteilt ist mit $\mu = 25$ und $\sigma = 3$. Um 8 Uhr ist er vor der Schule mit dem Schulleiter verabredet.
Berechnen Sie, wann der Lehrer mit dem Auto losfahren muss, damit er nur mit einer Wahrscheinlichkeit von 1 % zu spät kommt.

10. Eine Zufallsgröße X ist normalverteilt mit den Parametern $\mu = 10$ und $\sigma = 4$.
Chantal sagt: *„Der GTR-Befehl invNorm(x,10,4) ordnet jedem x zwischen 0 und 1 den Wert b mit $P(X \leq b) = x$ zu."* Melissa meint: *„Diese Zuordnung ist die Umkehrfunktion zur Gaußschen Dichtefunktion $\varphi_{10;\,4}$ von X."* Justin erwidert: *„Das stimmt nicht. Sie ist die Umkehrfunktion zur Verteilungsfunktion von X."* Nehmen Sie Stellung zu diesen Aussagen.

Weiterführende Aufgaben

11. Stolperstelle: Die Milchmenge in einer 200-ml-Flasche Milch sei normalverteilt mit einem Erwartungswert $\mu = 200$ ml und einer Standardabweichung $\sigma = 3$ ml.
Britta meint: *„Die Wahrscheinlichkeit, dass 200 ml Milch in der Flasche sind, ist 0, denn es gilt $\int_a^b \varphi_{200;\,3}(x)\,dx = 0$ für $a = b = 200$."* Philipp sagt. *„Es sollte doch aber am wahrscheinlichsten sein, dass 200 ml drin sind oder vielleicht 199 oder 201."*
Karl erwidert: *„Ja, wenn du auf Ganze rundest. Dann bedeutet 200 ml, dass es ja auch 200,1 oder 200,2 sein können."* Darauf Britta: *„Aber die Wahrscheinlichkeit für 200,1 ml oder 200,2 ml ist doch auch 0, oder nicht?"* Was meinen Sie dazu?

GTR **12. Erwartungswert μ und Standardabweichung σ aus Daten schätzen:**
Die Tabelle zeigt die Füllmengen in Gramm von 25 Packungen Salz, die von einer Maschine abgefüllt wurden. Die Angaben sind auf Gramm gerundet.

498	503	494	499	500
503	501	506	507	505
497	495	498	505	497
494	504	503	500	508
498	501	502	493	505

a) Stellen Sie die relativen Häufigkeiten der Füllmengen in einem Histogramm dar.
b) Bestimmen Sie das arithmetische Mittel $\overline{x}$ und die empirische Standardabweichung s der Daten.
c) Verwenden Sie $\overline{x}$ und s als Schätzwerte für den Erwartungswert und die Standardabweichung einer Normalverteilung und geben Sie die Gleichung der zugehörigen Dichtefunktion an.
d) Stellen Sie den Graphen der Dichtefunktion gemeinsam mit dem Histogramm dar.

Erinnerung:
Bei einer großen Anzahl von Werten, die eine Zufallsgröße X annimmt, liegt das arithmetische Mittel $\overline{x}$ in der Nähe des Erwartungswerts μ und die empirische Standardabweichung s in der Nähe der Standardabweichung σ von X.

Hilfe zu GTR/CAS ↗ S. 486/487

GTR **13.** Die Größe eines Pferds wird mit dem Stockmaß gemessen. Es gibt die Entfernung des Übergangs zwischen Hals und Rücken vom Erdboden an. Die Tabelle zeigt die Stockmaße (gerundet auf cm) von 400 Rassepferden (Hannoveraner) eines Gestüts.

Stockmaß in cm	160	161	162	163	164	165	166	167	168	169	170	171	172	173	174	175
Anzahl	3	10	14	23	31	41	50	53	50	41	34	22	13	8	4	3

a) Stellen Sie die relativen Häufigkeiten der Stockmaße in einem Histogramm dar.
b) Bestimmen Sie das arithmetische Mittel und die empirische Standardabweichung der Daten und verwenden Sie sie als Erwartungswert und Standardabweichung einer Normalverteilung. Geben Sie die Gleichung der zugehörigen Dichtefunktion an.
c) Fügen Sie den Graphen der Dichtefunktion dem Histogramm von Teilaufgabe a) hinzu.
d) Berechnen Sie mit der Normalverteilung die Wahrscheinlichkeit, dass das Stockmaß höchstens um das 1,5-Fache der Standardabweichung vom Erwartungswert abweicht und vergleichen Sie den Wert mit der relativen Häufigkeit bei den gemessenen Werten.

Hinweis zu 14:
Um mehr Daten zu erhalten, könnten auch Personen, die nicht im Kurs sind, am Experiment teilnehmen. Oder jeder trägt die beiden Punkte auf mehreren Blättern ein.

14. Zeichnen Sie, ohne zu messen, zwei Punkte in einem Abstand von möglichst genau 10 cm auf ein leeres Blatt Papier. Messen Sie anschließend den Abstand der beiden Punkte. Tragen Sie alle in Ihrem Kurs gemessenen Abstände in eine Liste ein und untersuchen Sie, ob die gemessenen Abstände näherungsweise normalverteilt sind. Bestimmen Sie gegebenenfalls den Erwartungswert und die Standardabweichung.

GTR **15. Simulation normalverteilter Zufallsgrößen:**

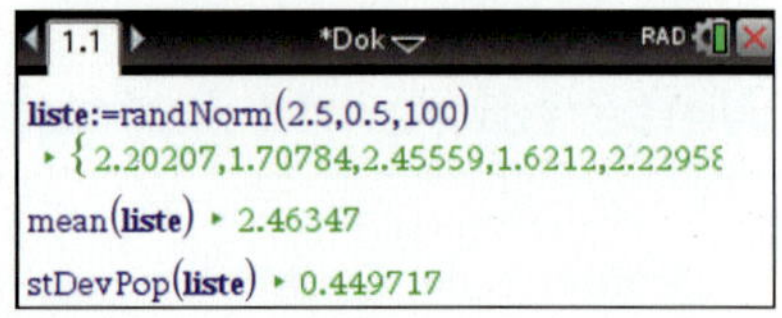

a) Erzeugen Sie mit dem GTR fünfmal eine Liste von 100 normalverteilten Zufallszahlen mit dem Erwartungswert $\mu = 2{,}5$ und der Standardabweichung $\sigma = 0{,}5$.
b) Bestimmen Sie das arithmetische Mittel und die empirische Standardabweichung für jede Liste.
c) Berechnen Sie für Ihre fünf Simulationen die durchschnittliche Abweichung der arithmetischen Mittelwerte der Listen vom Erwartungswert μ bzw. der empirischen Standardabweichungen der Listen von der Standardabweichung σ.

GTR **16.** Zeigen Sie für einige selbst gewählte Werte von μ und σ, dass die Gaußsche Glockenfunktion $\varphi_{\mu;\sigma}$ eine Dichtefunktion ist.

GTR **17.** X ist eine normalverteilte Zufallsgröße mit der Dichtefunktion $\varphi_{\mu;\sigma}$. Zeigen Sie für einige selbst gewählte Werte von μ und σ, dass μ der Erwartungswert und σ die Standardabweichung von X ist. Berechnen Sie dazu mit dem GTR die folgenden Terme.

① $\int_{-\infty}^{\infty} x \cdot \varphi_{\mu;\sigma}(x)\,dx$ ② $\sqrt{\int_{-\infty}^{\infty} (x-\mu)^2 \cdot \varphi_{\mu;\sigma}(x)\,dx}$

● GTR **18. Erwartungswert μ bestimmen:** Der Hersteller einer Infusionslösung möchte sicherstellen, dass bei der Abfüllung der Infusion in Flaschen mit maximal 550 ml Fassungsvermögen die Flaschen zu 99 % mindestens mit 500 ml gefüllt sind. Die Abfüllmaschine liefert eine normalverteilte Abfüllung, die Standardabweichung beträgt 2 ml.

a) Ermitteln Sie mit dem GTR, auf welche Größe der Erwartungswert einzustellen ist, damit die Forderung erfüllt wird.
b) Überlegen Sie eine weitere Methode, mit der man das Ergebnis von a) mit dem GTR bestimmen kann. Vergleichen Sie die Methoden in Ihrem Kurs.

Erinnerung:
Im Histogramm entspricht die relative Häufigkeit einer Klasse dem Flächeninhalt der zugehörigen Säule.

● GTR **19. Ausblick:** Die Abbildung zeigt eine Häufigkeitsverteilung für das Körpergewicht in Kilogramm von 500 Neugeborenen.

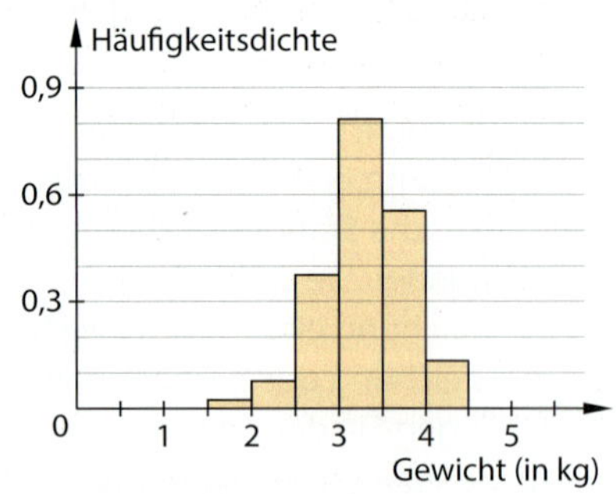

a) Entnehmen Sie der Darstellung die Einteilung der Klassen und möglichst genau die Häufigkeitsdichten.
b) Ermitteln Sie die Klassenmitten und die relativen Häufigkeiten der Klassen. Bestimmen Sie damit das arithmetische Mittel $\bar{x}$ und die empirische Standardabweichung s der Gewichte.
c) Stellen Sie mithilfe von $\bar{x}$ und s die Dichtefunktion $\varphi_{\mu;\sigma}$ einer Normalverteilung auf.
d) Testen Sie, ob $\varphi_{\mu;\sigma}$ eine brauchbare Näherung der Häufigkeitsverteilung ist.

10.4 Eigenschaften der Normalverteilung

■ Geben Sie Eigenschaften des Graphen der Gaußschen Glockenfunktion $\varphi_{\mu;\sigma}$ an, die sich aus der Abbildung erkennen lassen. Überlegen Sie, wie Sie mit dem GTR ein um den Erwartungswert symmetrisches Intervall bestimmen können, in dem der Wert einer normalverteilten Zufallsgröße mit 70 % Wahrscheinlichkeit liegt. ■

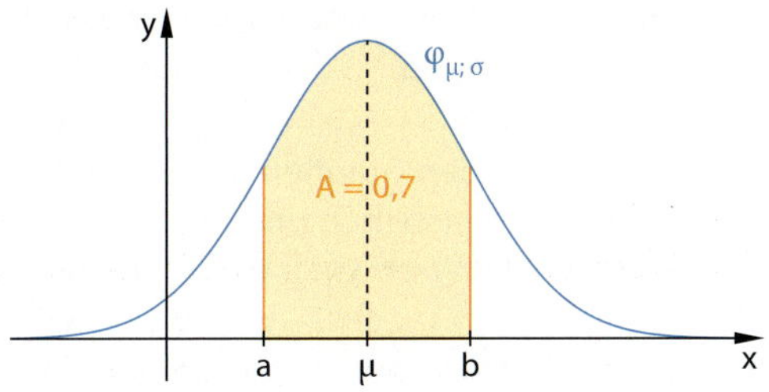

Der Graph der Gaußschen Glockenfunktion $\varphi_{\mu;\sigma}$ hat an der Stelle des Erwartungswerts μ einen Hochpunkt. Die Standardabweichung σ bestimmt direkt die Lage der beiden Wendepunkte, sie liegen bei $x = \mu - \sigma$ und $x = \mu + \sigma$.

Es lassen sich die folgenden Eigenschaften zeigen.

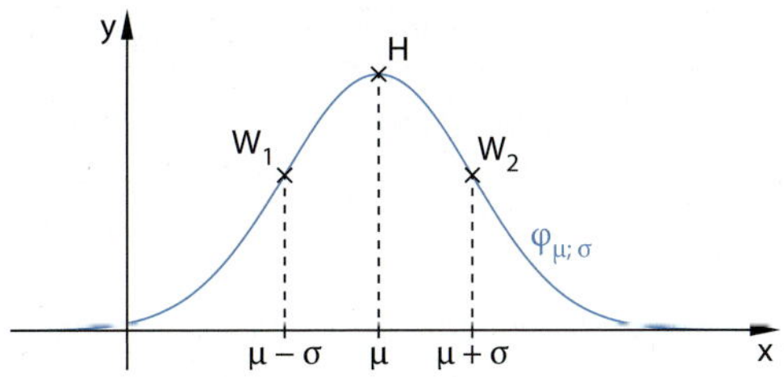

Satz: Eigenschaften der Gaußschen Glockenfunktion

Die Gaußsche Glockenfunktion $\varphi_{\mu;\sigma}$ mit $\varphi_{\mu;\sigma}(x) = \frac{1}{\sigma\sqrt{2\pi}} \cdot e^{-\frac{(x-\mu)^2}{2\sigma^2}}$ hat eine Maximalstelle bei $x = \mu$ und Wendestellen bei $x = \mu - \sigma$ und $x = \mu + \sigma$.
Ihr Graph ist symmetrisch zur Geraden bei $x = \mu$. Für $x \to \infty$ und $x \to -\infty$ gilt $\varphi_{\mu;\sigma}(x) \to 0$.

Hinweis:
Die Eigenschaften der Gaußschen Glockenfunktion werden in Aufgabe 14 gezeigt.

Beispiel 1: Berechnen Sie die Koordinaten des Hochpunktes und der Wendepunkte der Gaußschen Glockenfunktion $\varphi_{8;3}$ und skizzieren Sie ihren Graphen.

Lösung:

Berechnen Sie die Maximalstelle x_E und die Wendestellen x_{W1} und x_{W2} mithilfe des Satzes.

Maximalstelle: $x_E = \mu = 8$
Wendestellen: $x_{W1} = \mu - \sigma = 8 - 3 = 5$
$x_{W2} = \mu + \sigma = 8 + 3 = 11$

Setzen Sie diese Stellen in den Funktionsterm $\varphi_{8;3}(x) = \frac{1}{3\sqrt{2\pi}} \cdot e^{-\frac{(x-8)^2}{2\cdot 3^2}}$ ein, um die y-Koordinaten zu bestimmen.

$\varphi_{8;3}(8) = \frac{1}{3\sqrt{2\pi}} \cdot e^{-\frac{(8-8)^2}{2\cdot 3^2}} = \frac{1}{3\sqrt{2\pi}} \approx 0{,}133$

$\varphi_{8;3}(5) = \varphi_{8;3}(11) = \frac{1}{3\sqrt{2\pi}} \cdot e^{-\frac{1}{2}} \approx 0{,}081$

H(8 | 0,133), W_1(5 | 0,081), W_2(11 | 0,081)

Hinweis:
Mit dem GTR können Sie die Funktionswerte $\varphi_{8;3}(x)$ auch mit dem *normPdf(x,μ,σ)*-Befehl bestimmen.

Tragen Sie den Hochpunkt H und die Wendepunkte W_1 und W_2 in ein Koordinatensystem ein. Skizzieren Sie den Verlauf des Graphen durch diese Punkte. Beachten Sie: Der Graph ist symmetrisch zur Geraden bei x = 8, alle Funktionswerte sind positiv und für $x \to -\infty$ und $x \to \infty$ gilt $\varphi_{8;3}(x) \to 0$.

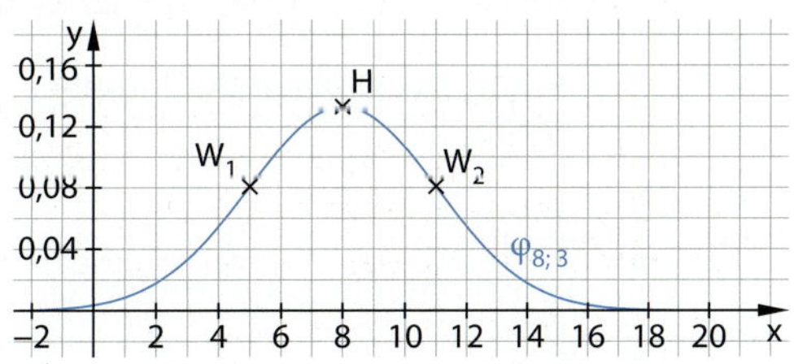

Basisaufgaben

1. Berechnen Sie die Koordinaten des Hochpunktes und der Wendepunkte der Gaußschen Glockenfunktion und skizzieren Sie ihren Graphen.
   a) $\varphi_{5;1}$ b) $\varphi_{0;1}$ c) $\varphi_{7;3}$ d) $\varphi_{-5;1}$ e) $\varphi_{100;10}$ f) $\varphi_{-6;6}$

Hinweis zu 2 und 3: GTR
Sie können beim GTR für den Funktionsterm den *normPdf(x,μ,σ)*-Befehl verwenden.

GTR **2.** Zeichnen Sie den Graphen der Gaußschen Glockenfunktion $\varphi_{\mu;\sigma}$ für $\mu = 4$ und $\sigma = 8$ mit dem GTR und bestimmen Sie im Grafikmenü den Hochpunkt und die Wendepunkte. Vergleichen Sie die Ergebnisse mit der Maximalstelle und den Wendestellen, die sich aus dem Satz ergeben.

GTR **3.** Zeichnen Sie den Graphen der Gaußschen Glockenfunktion $\varphi_{\mu;\sigma}$ für $\mu = 50$ und $\sigma = 10$ mit dem GTR. Untersuchen und beschreiben Sie, wie sich die Gestalt der Glockenkurve ändert, wenn sich der Wert von μ bzw. der Wert von σ ändert.

4. Entscheiden Sie, welche der Graphen ① bis ④ zu Gaußschen Glockenfunktionen $\varphi_{\mu;\sigma}$ gehören können.
Lesen Sie in diesem Fall näherungsweise die Werte von μ und σ ab.

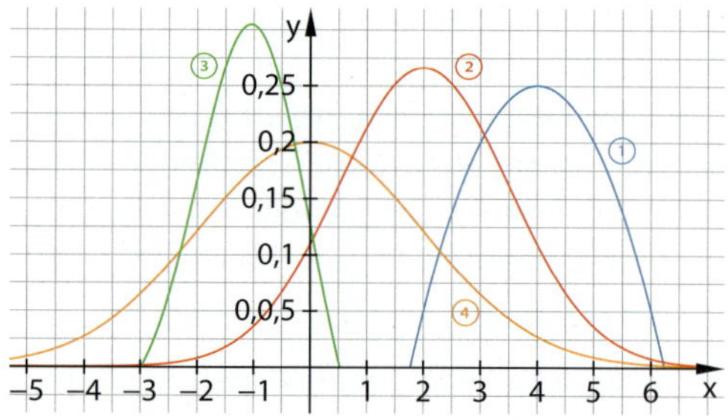

5. Eine Zufallsgröße X ist normalverteilt mit den Parametern $\mu = 60$ und $\sigma = 8$ und es gilt $a = 55$ und $b = 65$. Entscheiden Sie, ob die Wahrscheinlichkeit $P(a \leq X \leq b)$ größer oder kleiner wird, wenn sich der Wert des angegebenen Parameters um 5 vergrößert. Überprüfen Sie mit dem GTR.

a) a b) b c) μ d) σ

σ-Regeln und Prognoseintervalle

Ähnlich wie bei der Binomialverteilung liegt eine normalverteilte Zufallsgröße X mit dem Erwartungswert μ und der Standardabweichung σ mit bestimmten Wahrscheinlichkeiten in den σ-Umgebungen $[\mu - c\sigma; \mu + c\sigma]$.

Wie die Tabelle verdeutlicht, ist die Wahrscheinlichkeit, dass die normalverteilte Zufallsgröße X in der 1σ-Umgebung liegt, für alle Werte von μ und σ gleich. Dies gilt ebenfalls für die 2σ-Umgebung.
$P(\mu - \sigma \leq X \leq \mu + \sigma) \approx 68{,}3\,\%$
$P(\mu - 2\sigma \leq X \leq \mu + 2\sigma) \approx 95{,}5\,\%$

Es gelten die gleichen σ-Regeln wie bei der Binomialverteilung, die Laplace-Bedingung $\sigma > 3$ ist nicht nötig.

μ	σ	[μ − σ; μ + σ]	P(μ − σ ≤ X ≤ μ + σ)
10	2	[8; 12]	0,683
0	1	[−1; 1]	0,683
2,5	0,2	[2,3; 2,7]	0,683

μ	σ	[μ − 2σ; μ + 2σ]	P(μ − 2σ ≤ X ≤ μ + 2σ)
10	2	[6; 14]	0,955
0	1	[−2; 2]	0,955
2,5	0,2	[2,1; 2,9]	0,955

Satz: σ-Regeln
X sei eine normalverteilte Zufallsgröße mit dem Erwartungswert μ und der Standardabweichung σ. Der Wert von X liegt mit den folgenden Wahrscheinlichkeiten in den angegebenen σ-Umgebungen (Werte mit Nachkommastellen gerundet).

σ-Umgebung	Wahrscheinlichkeit
[μ − σ; μ + σ]	68,3 %
[μ − 2σ; μ + 2σ]	95,5 %
[μ − 3σ; μ + 3σ]	99,7 %

Wahrscheinlichkeit	σ-Umgebung
90 %	[μ − 1,64σ; μ + 1,64σ]
95 %	[μ − 1,96σ; μ + 1,96σ]
99 %	[μ − 2,58σ; μ + 2,58σ]

Häufig möchte man eine Prognose angeben, in welchem Bereich der Wert der Zufallsgröße mit einer vorgegebenen Wahrscheinlichkeit (z. B. 95 %) liegt. Zu 95 % liegt dieser Wert nach den σ-Regeln in der 1,96σ-Umgebung. Die 1,96σ-Umgebung ist das 95 %-Prognoseintervall. **Prognoseintervalle** sind um den Erwartungswert symmetrische Intervalle, in denen der Wert der Zufallsgröße mit der entsprechenden Wahrscheinlichkeit liegt.

Beispiel 2: Bei Bauer Süden ist das Gewicht der Hühnereier näherungsweise normalverteilt mit dem Erwartungswert 58 g und der Standardabweichung 6 g. Bestimmen Sie
a) das 90 %-Prognoseintervall mithilfe der σ-Regeln, b) das 50 %-Prognoseintervall.

Lösung:

a) Das Gewicht X in g ist normalverteilt mit $\mu = 58$ und $\sigma = 6$.
Das 90 %-Prognoseintervall entspricht der 1,64σ-Umgebung $[\mu - 1{,}64\sigma;\ \mu + 1{,}64\sigma]$.

$\mu - 1{,}64\sigma = 48{,}16$ $\quad \mu + 1{,}64\sigma = 67{,}84$
90 %-Prognoseintervall für das Gewicht in g: [48,16; 67,84]

b) Da der Graph der Gaußschen Glockenfunktion symmetrisch zur senkrechten Geraden bei $x = \mu$ ist, liegen außerhalb des 50 %-Prognoseintervalls [a; b] zwei 25 %-Bereiche.
Für die Grenzen des gesuchten Intervalls gilt also: $P(X \le a) = 0{,}25$ und $P(X \le b) = 0{,}75$

Bestimmen Sie die Werte von a und b mit dem Befehl *invNorm(p,μ,σ)*.

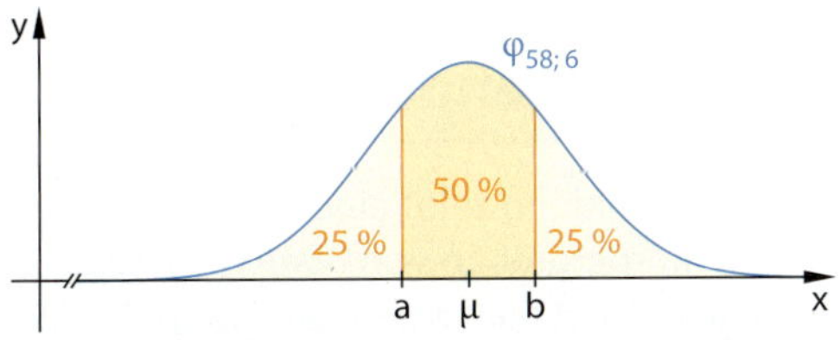

invNorm(0.25,58,6)	53.9531
invNorm(0.75,58,6)	62.0469

50 %-Prognoseintervall für das Gewicht in g: [53,95; 62,05]

Basisaufgaben

6. Bei einem Pkw-Modell geht man davon aus, dass der Benzinverbrauch im Stadtverkehr in Liter pro 100 km näherungsweise normalverteilt ist mit $\mu = 7{,}4$ und $\sigma = 1{,}1$.
   a) Berechnen Sie die σ-Umgebung und die 2σ-Umgebung.
   b) Erläutern Sie, was die entsprechenden σ-Regeln im Sachzusammenhang aussagen.

7. Das Gewicht von 60 cm großen Babys ist etwa normalverteilt mit dem Erwartungswert 6 kg und der Standardabweichung 0,4 kg.
   a) Bestimmen Sie das 95 %-Prognoseintervall mithilfe der σ-Regeln.
   b) Ermitteln Sie ein um den Erwartungswert symmetrisches Intervall, in dem das Gewicht eines 60 cm großen Babys mit einer Wahrscheinlichkeit von 90 % liegt.

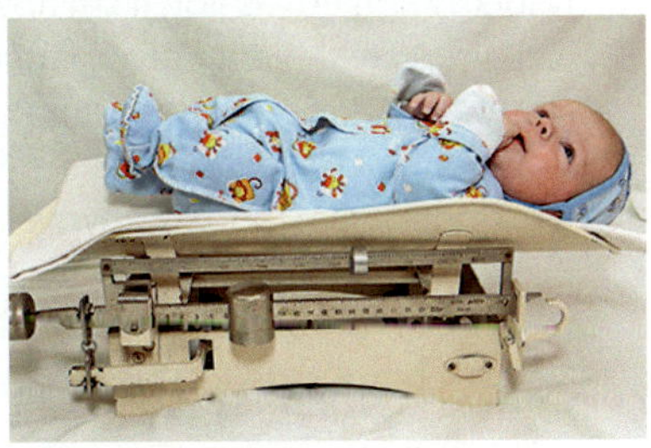

8. Der Intelligenzquotient X in der Bevölkerung ist normalverteilt mit dem Erwartungswert 100. Bei 68,3 % der Bevölkerung liegt der IQ zwischen 85 und 115.
   a) Ermitteln Sie aus den Angaben die Standardabweichung σ der Normalverteilung.
   b) Bestimmen Sie das a mit $P(100 - a \le X \le 100 + a) = 0{,}95$ und formulieren Sie das Ergebnis in Worten.

GTR

   c) Angenommen, eine Gruppe enthält die 34 % eines Jahrgangs mit den höchsten Intelligenzquotienten. Ermitteln Sie, welches dann der kleinste IQ in der Gruppe wäre.

9. Eine Zufallsgröße X ist normalverteilt mit den Parametern $\mu = 20$ und $\sigma = 5$.
Bestimmen Sie die angegebene Wahrscheinlichkeit mithilfe der σ-Regeln. Fertigen Sie dazu eine Skizze an. Nutzen Sie auch die Symmetrie der Normalverteilung.
a) $P(15 < X < 25)$ b) $P(20 \leq X \leq 30)$ c) $P(X \geq 25)$ d) $P(X < 10)$

GTR **10.** In einem Museum wird angenommen, dass die Aufenthaltsdauer der Besucher im Museum etwa normalverteilt ist mit dem Erwartungswert 60 min und der Standardabweichung 20 min.
a) Bestimmen Sie ein Intervall als Prognose, in dem die Aufenthaltsdauer zu 80 % liegt.
b) Bestimmen Sie das 99,9 %-Prognoseintervall und nehmen Sie zum Ergebnis Stellung.

Weiterführende Aufgaben

GTR **11.** Die Abbildung zeigt eine Häufigkeitsverteilung der Körpergrößen von über 1700 neugeborenen Babys. Es ist außerdem der Graph der Dichtefunktion einer Normalverteilung beigefügt, die den Zusammenhang näherungsweise beschreibt.

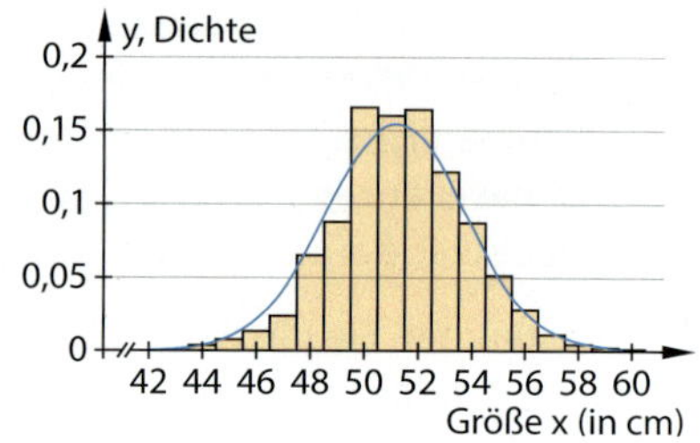

a) Entnehmen Sie der Darstellung näherungsweise den Erwartungswert μ sowie die Standardabweichung σ der Dichtefunktion.
b) Berechnen Sie mithilfe dieser Kenngrößen die Wahrscheinlichkeiten der Ereignisse:
A: Ein Neugeborenes ist höchstens 56 cm groß.
B: Ein Neugeborenes ist zwischen 48 cm und 54 cm groß.
C: Ein Neugeborenes ist auf Zentimeter gerundet 53 cm groß.
c) Bestimmen Sie ein um den Erwartungswert symmetrisches Intervall, in dem die Körpergröße eines Neugeborenen mit einer Wahrscheinlichkeit von 95 % liegt.

12. Stolperstelle: Die genaue Länge von 4 cm langen Nägeln kann etwas von 4 cm abweichen. Das Histogramm zeigt die relative Häufigkeit der Abweichungen. Aus dem Histogramm ergibt sich für die Abweichung das arithmetische Mittel 0,8 mm und die empirische Standardabweichung 0,35 mm.
Björn meint: *„Nach der σ-Regel liegt die Abweichung zu etwa 68,3 % zwischen 0,45 mm und 1,15 mm.“* Erläutern Sie, welchen Denkfehler Björn gemacht hat.

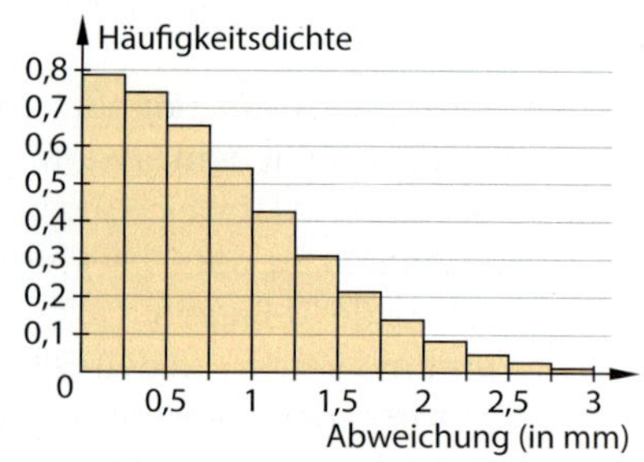

13. Bei einem Test von Autofahrern war die Reaktionszeit beim Bremsen normalverteilt. Bei 5 % der Probanden lag sie unter 0,6 Sekunden, bei 5 % lag sie über 1,6 Sekunden.
a) Bestimmen Sie den Erwartungswert und die Standardabweichung der Reaktionszeit.
b) Geben Sie ein Intervall als Prognose an, in dem die Länge der Strecke, die jemand in der Reaktionszeit bei einer Geschwindigkeit von 50 km/h zurücklegt, zu 95 % liegt.
GTR c) Bestimmen Sie, welchen Sicherheitsabstand man bei 50 km/h einhalten sollte, damit bei 99 % der Probanden die in der Reaktionszeit zurückgelegte Strecke kleiner ist als dieser Sicherheitsabstand.

14. Gegeben ist die Gaußsche Glockenfunktion $\varphi_{\mu;\sigma}$ mit $\varphi_{\mu;\sigma}(x) = \frac{1}{\sigma\sqrt{2\pi}} \cdot e^{-\frac{(x-\mu)^2}{2\sigma^2}}$.

a) Bestimmen Sie den Definitionsbereich, den Wertebereich und das Verhalten der Funktionswerte für $x \to \infty$ und $x \to -\infty$.

b) Zeigen Sie, dass der Graph von $\varphi_{\mu;\sigma}$ symmetrisch zur Geraden bei $x = \mu$ ist.

c) Bestimmen Sie die Nullstellen und mithilfe der 1. und 2. Ableitung die Extrempunkte und die Wendepunkte. Bei den Wendepunkten genügt es, die notwendige Bedingung zu untersuchen.

● **15. Standardnormalverteilung:** Die Normalverteilung mit dem Erwartungswert $\mu = 0$ und der Standardabweichung $\sigma = 1$ heißt **Standardnormalverteilung.**
Mithilfe der Standardnormalverteilung lassen sich Funktionswerte und Wahrscheinlichkeiten von beliebigen Normalverteilungen berechnen.

a) Geben Sie für die Standardnormalverteilung den Term der Gaußschen Glockenfunktion $\varphi_{0;1}$ an. Zeigen Sie, dass für alle $\mu, \sigma, x \in \mathbb{R}$ mit $\sigma > 0$ gilt: $\varphi_{\mu;\sigma}(x) = \frac{1}{\sigma}\varphi_{0;1}\left(\frac{x-\mu}{\sigma}\right)$

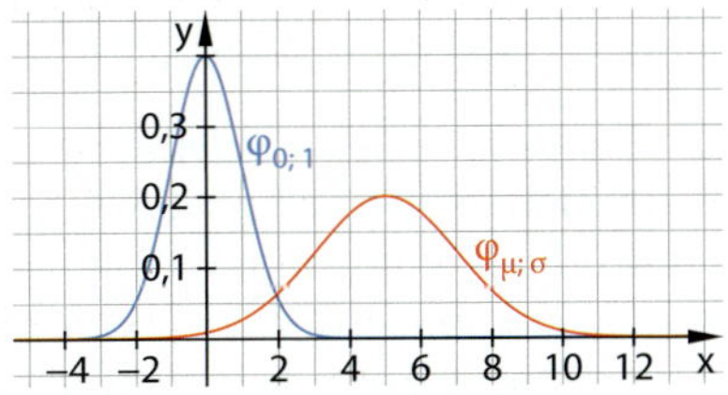

b) Beschreiben Sie, wie der Graph von $\varphi_{\mu;\sigma}$ durch Verschiebung und Streckung aus dem Graphen der Standardnormalverteilung hervorgeht.

c) Zeigen Sie mit der Kettenregel, dass die Funktion Φ mit $\Phi(x) = \Phi_{0;1}\left(\frac{x-\mu}{\sigma}\right)$ eine Stammfunktion von $\varphi_{\mu;\sigma}$ ist.

d) Begründen Sie mithilfe von c), dass für alle $\mu, \sigma, a, b \in \mathbb{R}$ mit $\sigma > 0$ und $a \le b$ gilt:

① $\int_a^b \varphi_{\mu;\sigma}(x)\,dx = \int_{\frac{a-\mu}{\sigma}}^{\frac{b-\mu}{\sigma}} \varphi_{0;1}(x)\,dx = \Phi_{0;1}\left(\frac{b-\mu}{\sigma}\right) - \Phi_{0;1}\left(\frac{a-\mu}{\sigma}\right)$ ② $\Phi_{\mu;\sigma}(b) = \Phi_{0;1}\left(\frac{b-\mu}{\sigma}\right)$

Info:
Als es noch keine digitalen Hilfsmittel gab, war es sehr aufwendig, Wahrscheinlichkeiten von Normalverteilungen zu bestimmen. Sie wurden auf die Standardnormalverteilung zurückgeführt, für deren Werte es Tabellen gab.

Erinnerung:
Die Gaußsche Integralfunktion $\Phi_{\mu;\sigma}$ ist eine Stammfunktion der Gaußschen Glockenfunktion $\varphi_{\mu;\sigma}$.

GTR **16.** Die Zufallsgröße X sei normalverteilt mit Erwartungswert μ und Standardabweichung σ.

a) Zeigen Sie mithilfe von Aufgabe 15 d), dass für alle $c \in \mathbb{R}$ mit $c \ge 0$ gilt:

$$P(\mu - c\sigma \le X \le \mu + c\sigma) = \int_{-c}^{c} \varphi_{0;1}(x)\,dx$$

b) Überprüfen Sie mithilfe von a) die σ-Regeln aus dem Satz auf Seite 436.

c) Formulieren Sie eine 4σ-Regel und eine $0{,}5\sigma$-Regel.

● GTR **17. Ausblick:** Die Zufallsgröße X sei normalverteilt mit dem Erwartungswert μ und der Standardabweichung σ.

a) Begründen Sie mithilfe von Aufgabe 16 a), dass für die Wahrscheinlichkeit einer $c\sigma$-Umgebung gilt: $P(\mu - c\sigma \le X \le \mu + c\sigma) = \Phi_{0;1}(c) - \Phi_{0;1}(-c) = 2\,\Phi_{0;1}(c) - 1$.

b) Bestimmen Sie den Wert von c mit $P(\mu - c\sigma \le X \le \mu + c\sigma) = 0{,}75$ und formulieren Sie eine entsprechende σ-Regel.

c) Der Anteil der Wähler der Partei A beträgt 10 %. Geben Sie mithilfe der σ-Regel aus b) ein Intervall als Prognose an, in dem der Anteil der Wähler von Partei A bei einer Umfrage von 1000 Personen mit einer Wahrscheinlichkeit von 75 % liegt.

d) Der unbekannte Anteil der Wähler von Partei B soll anhand einer Stichprobe von 1000 Personen geschätzt werden. In der Stichprobe beträgt dieser Anteil 20 %. Bestimmen Sie das 75 %-Konfidenzintervall für den Anteil der Wähler von Partei B.

10.5 Approximation der Binomialverteilung

■ Das Histogramm zeigt die Binomialverteilung mit n = 50 und p = 0,6. Es wird angenähert durch den Graphen einer Gaußschen Glockenfunktion $\varphi_{\mu;\sigma}$.
Stellen Sie eine Vermutung für die Werte von μ und σ der Glockenfunktion auf. Überprüfen Sie Ihre Vermutung, indem Sie mit dem GTR das Histogramm gemeinsam mit dem Graphen von $\varphi_{\mu;\sigma}$ darstellen. ■

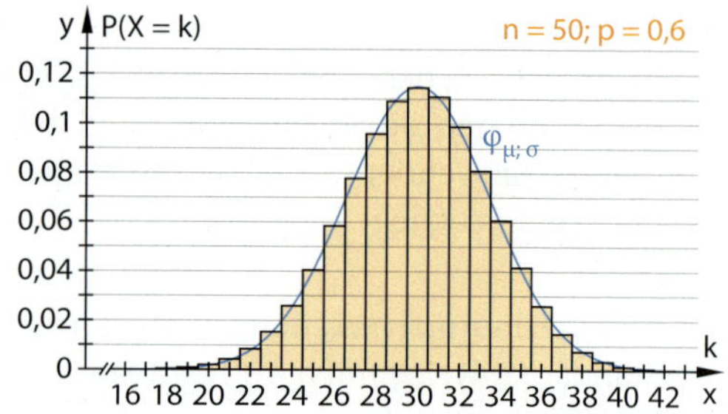

Info:
Ohne digitale Hilfsmittel ist die Berechnung von Wahrscheinlichkeiten bei Binomialverteilungen für großes n sehr aufwendig.
Früher nutzte man dazu die Approximation durch Normalverteilungen. Werte der Standardnormalverteilung waren tabelliert.

Histogramme der Binomialverteilung sind glockenförmig, insbesondere für großes n bzw. großes σ. Man kann daher eine Binomialverteilung durch eine Normalverteilung annähern.

Eine binomialverteilte Zufallsgröße X mit den Parametern n = 50 und p = 0,3 hat den Erwartungswert $\mu = n \cdot p = 15$ und die Standardabweichung $\sigma = \sqrt{n \cdot p \cdot (1-p)} \approx 3{,}24$.
Die Abbildung zeigt, dass der Graph der Gaußschen Glockenfunktion der Normalverteilung mit diesen Werten μ = 15 und σ = 3,24 das Histogramm der Binomialverteilung gut annähert.

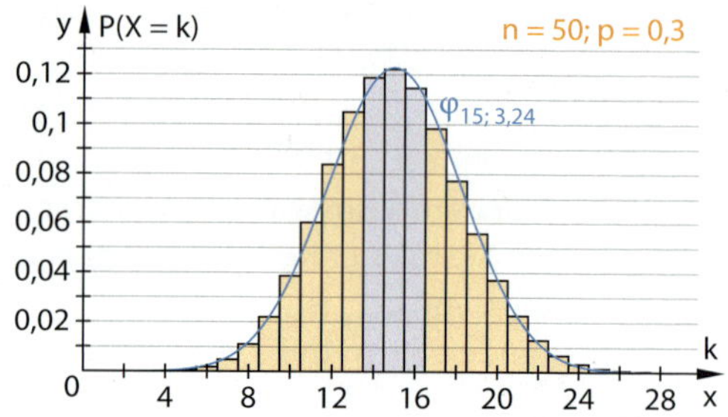

Die Wahrscheinlichkeit P (X = k) für genau k Treffer entspricht etwa dem Funktionswert $\varphi_{15;\,3,24}(k)$ der Gaußschen Glockenfunktion.
Für die Wahrscheinlichkeit, dass die Trefferanzahl X zwischen 14 und 16 liegt, gilt $P(14 \le X \le 16) = P(X = 14) + P(X = 15) + P(X = 16)$. Da P (X = k) wegen der Säulenbreite 1 sowohl der Höhe als auch dem Flächeninhalt der zu k gehörenden Säule entspricht, ist $P(14 \le X \le 16)$ gleich dem Flächeninhalt der Säulen, die zu k = 14, k = 15 und k = 16 gehören. Insgesamt liegen diese drei Säulen im Bereich $13{,}5 \le x \le 16{,}5$. Ihre Fläche entspricht etwa der Fläche zwischen dem Graphen der Normalverteilung von $\varphi_{15;\,3,24}$ und der x-Achse in diesem Bereich. Es gilt also $P(14 \le X \le 16) \approx \int_{13,5}^{16,5} \varphi_{15;\,3,24}(x)\,dx$.

Die Anpassung der Integrationsgrenzen um den Wert 0,5 nennt man **Stetigkeitskorrektur**.

Erinnerung:
Die Faustregel σ > 3 nennt man Laplace-Bedingung.

Die Annäherung einer Binomialverteilung durch eine Normalverteilung ist für σ > 3 so gut, dass man damit Wahrscheinlichkeiten der Binomialverteilung berechnen kann.

Satz von Moivre-Laplace: Binomialverteilung durch Normalverteilung annähern
X sei eine binomialverteilte Zufallsgröße mit den Parametern n und p, dem Erwartungswert $\mu = n \cdot p$ und der Standardabweichung $\sigma = \sqrt{n \cdot p \cdot (1-p)}$.
Falls σ > 3 erfüllt ist, gilt für die ganzzahligen Trefferanzahlen k, a und b mit a ≤ b näherungsweise:

① $P(X = k) \approx \varphi_{\mu;\sigma}(k)$ ② $P(a \le X \le b) \approx \int_{a-0,5}^{b+0,5} \varphi_{\mu;\sigma}(x)\,dx$

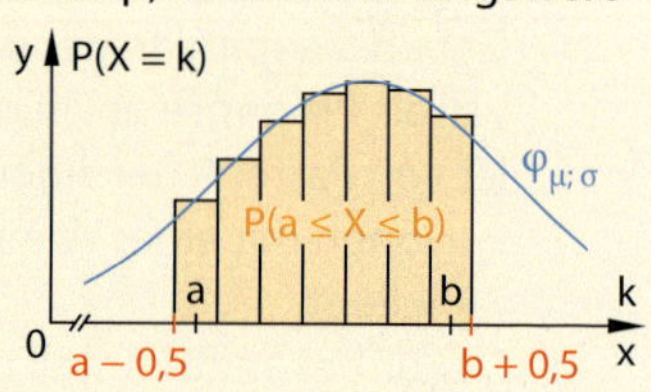

Für mindestens a Treffer bzw. höchstens b Treffer gilt entsprechend:

$$P(X \ge a) \approx \int_{a-0,5}^{\infty} \varphi_{\mu;\sigma}(x)\,dx \qquad P(X \le b) \approx \int_{-\infty}^{b+0,5} \varphi_{\mu;\sigma}(x)\,dx$$

Beispiel 1: Die Zufallsgröße X ist binomialverteilt mit den Parametern $n = 150$ und $p = 0{,}6$. Bestimmen Sie näherungsweise mit einer Normalverteilung die angegebene Wahrscheinlichkeit. Bestimmen Sie zum Vergleich die exakten Werte.

a) $P(X = 80)$ b) $P(80 \le X \le 90)$ c) $P(X < 80)$

Lösung:

Berechnen Sie den Erwartungswert μ und die Standardabweichung σ. Prüfen Sie, ob σ > 3 gilt, um die Näherung durch die Normalverteilung verwenden zu können.

$\mu = n \cdot p = 150 \cdot 0{,}6 = 90$
$\sigma = \sqrt{np(1-p)} = \sqrt{150 \cdot 0{,}6 \cdot 0{,}4} = 6 > 3$

a) Berechnen Sie $P(X = 80)$ mit dem Befehl *normPdf(x,μ,σ)*.
Berechnen Sie den exakten Wert mit dem Befehl *binomPdf(n,p,k)*.

$P(X = 80) \approx \varphi_{90;\,6}(80) \approx 0{,}01658$

normPdf(80,90,6)	0.01658
binomPdf(150,0.6,80)	0.016598

b) Berechnen Sie $P(80 \le X \le 90)$ mit dem Befehl *normCdf(a,b,μ,σ)*. Verwenden Sie für die Grenzen die Stetigkeitskorrektur:
$a = 80 - 0{,}5 = 79{,}5$ und $b = 90 + 0{,}5 = 90{,}5$
Berechnen Sie den exakten Wert mit dem Befehl *binomCdf(n,p,a,b)* mit $a = 80$, $b = 90$.

$$P(80 \le X \le 90) \approx \int_{79{,}5}^{90{,}5} \varphi_{90;\,6}(x)\,dx \approx 0{,}49315$$

normCdf(79.5,90.5,90,6)	0.493148
binomCdf(150,0.6,80,90)	0.490125

c) Da X nur ganzzahlige Werte annehmen kann, gilt $P(X < 80) = P(X \le 79)$.
Berechnen Sie $P(X \le 79)$ mit dem Befehl *normCdf(a,b,μ,σ)*. Verwenden Sie für die untere Grenze $a = -\infty$ (beim GTR z. B. −1000) und für die obere Grenze die Stetigkeitskorrektur: $b = 79 + 0{,}5 = 79{,}5$.
Berechnen Sie den exakten Wert mit dem Befehl *binomCdf(n,p,a,b)* mit $a = 0$, $b = 79$.

$$P(X < 80) = P(X \le 79) \approx \int_{-\infty}^{79{,}5} \varphi_{90;\,6}(x)\,dx \approx 0{,}04006$$

normCdf(-∞,79.5,90,6)	0.040059
binomCdf(150,0.6,0,79)	0.040861

Basisaufgaben

GTR **1.** Ein Hockey-Team hat bei Strafecken eine Trefferquote von 40 %. Bestimmen Sie näherungsweise mit einer Normalverteilung und zum Vergleich exakt die Wahrscheinlichkeit, dass die Anzahl der Treffer bei 50 Strafecken

a) genau 20, b) mindestens 15 und höchstens 25, c) kleiner als 20 ist.

GTR **2.** Die Zufallsgröße X gibt an, wie oft beim 100-maligen Drehen des Glücksrads „Blau" kommt. Bestimmen Sie näherungsweise mit einer Normalverteilung und exakt die angegebene Wahrscheinlichkeit.

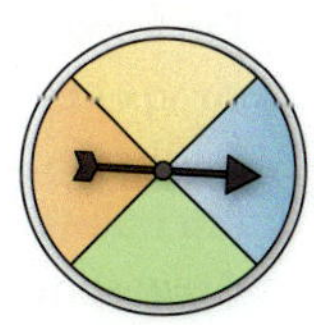

a) $P(X = 30)$ b) $P(20 \le X \le 30)$ c) $P(X \ge 25)$
d) $P(X < 25)$ e) $P(25 < X < 30)$ f) $P(X > 35)$

GTR **3.** Erstellen Sie mit dem GTR ein Histogramm der Binomialverteilung mit den Parametern n und p. Berechnen Sie den Erwartungswert μ und die Standardabweichung σ und fügen Sie dem Histogramm den Graphen der Gaußschen Glockenfunktion $\varphi_{\mu;\,\sigma}$ hinzu. Beurteilen Sie, wie gut die Normalverteilung die Binomialverteilung annähert. Prüfen Sie auch, ob die Bedingung σ > 3 erfüllt ist.

a) $n = 100, p = 0{,}5$ b) $n = 15, p = 0{,}5$ c) $n = 100, p = 0{,}9$ d) $n = 15, p = 0{,}9$

GTR **4.** Die Abbildung zeigt das Histogramm der Binomialverteilung für die Anzahl X der Sechsen beim 120-fachen Würfelwurf und die Annäherung mit einer Normalverteilung mit $\mu = 20$ und $\sigma \approx 4{,}08$.
Lara und Finn berechnen die Wahrscheinlichkeit für 17 Sechsen mit der Normalverteilung:
Lara: $P(X = 17) \approx \varphi_{20;\,4,08}(17)$

Finn: $P(17 \le X \le 17) \approx \int_{17-0,5}^{17+0,5} \varphi_{20;\,4,08}(x)\,dx$

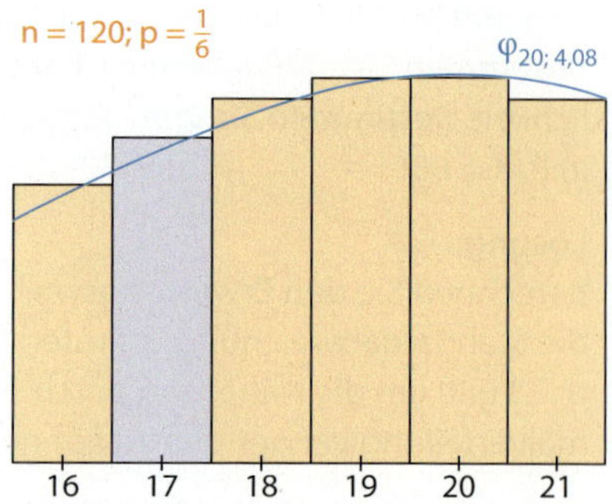

a) Begründen Sie die beiden Vorgehensweisen und erläutern Sie mithilfe der Abbildung, was jeweils berechnet wird.
b) Führen Sie beide Rechnungen aus und vergleichen Sie mit dem exakten Ergebnis.
c) Begründen Sie, welche der beiden Methoden für die Wahrscheinlichkeit von 20 Sechsen einen größeren Wert liefert. Berechnen Sie dann die Werte sowie das exakte Ergebnis.

Weiterführende Aufgaben

GTR **5.** Ein Verein hat 200 Mitglieder. Es wird angenommen, dass jedes Mitglied mit einer Wahrscheinlichkeit von 60 % zur Mitgliederversammlung kommt.

a) Bestimmen Sie näherungsweise mit einer Normalverteilung, wie viele Stühle aufgestellt werden müssen, damit sie mit einer Wahrscheinlichkeit von 90 % für alle Mitglieder Versammlung reichen.
b) Berechnen Sie mit einer Binomialverteilung die Wahrscheinlichkeit, dass die Anzahl der Stühle aus a) ausreicht. Diese Wahrscheinlichkeit soll mindestens 90 % betragen. Prüfen Sie, ob dafür auch weniger Stühle ausreichen bzw. mehr Stühle nötig sind.

6. Stolperstelle: X sei eine binomialverteilte Zufallsgröße mit $n = 25$ und $p = 0{,}5$. Erläutern Sie die Fehler in Sebastians Rechnungen und korrigieren Sie sie.
a) $\mu = 25 \cdot 0{,}5 = 12{,}5$ $\qquad \sigma = \sqrt{25 \cdot 0{,}5 \cdot (1 - 0{,}5)} = 2{,}5$
b) $P(X = \mu) = P(X = 12{,}5) \approx \varphi_{12,5;\,2,5}(12{,}5) \approx 0{,}16$
c) $P(10 < X < 15) \approx \int_{9,5}^{15,5} \varphi_{12,5;\,2,5}(x)\,dx \approx 0{,}77$

● GTR **7.** Ein französischer Student geht zu einer Veranstaltung einer deutschen Universität mit 100 Personen. Er überlegt, mit wie vielen er sich wohl auf Französisch unterhalten kann. Er nimmt an, dass jeder Anwesende mit einer Wahrscheinlichkeit von 20 % französisch spricht.

a) Bestimmen Sie näherungsweise mit einer Normalverteilung ein Intervall als Prognose, in dem die Anzahl der französisch sprechenden Personen zu etwa 50 % liegt. Verwenden Sie einmal die Stetigkeitskorrektur und einmal nicht.
b) Berechnen zum Vergleich mit einer Binomialverteilung die Wahrscheinlichkeit für die Intervalle aus a). Untersuchen Sie, ob die Stetigkeitskorrektur die Prognose verbessert.

GTR **8. Ganzzahlige näherungsweise normalverteilte Zufallsgrößen:** Wenn eine Zufallsgröße X, die nur ganzzahlige Werte annimmt, näherungsweise normalverteilt ist mit dem Erwartungswert μ und der Standardabweichung σ, kann man Wahrscheinlichkeiten mit den Formeln aus dem Satz auf Seite 440 berechnen.
Die Zufallsgröße X, welche die Anzahl der Äpfel auf einem zufällig ausgewählten Baum einer Plantage angibt, sei näherungsweise normalverteilt mit $\mu = 142{,}6$ und $\sigma = 5{,}8$. Berechnen Sie die angegebene Wahrscheinlichkeit näherungsweise. Begründen Sie, warum bei b) und c) die Stetigkeitskorrektur um den Wert 0,5 nötig ist.
a) $P(X = 143)$ b) $P(135 \le X \le 150)$ c) $P(X \ge 143)$ d) $P(X = 142{,}6)$

GTR **9.** Nach dem Zentralen Grenzwertsatz ist der Summe von zehn ganzzahligen „Würfelzufallszahlen“ von 1 bis 6 annähernd normalverteilt. Dies soll nun untersucht werden.

a) Erzeugen Sie in zehn Spalten der Tabellenkalkulation des GTR jeweils 200 Würfelzufallszahlen. Bilden Sie in einer weiteren Spalte die Summen dieser Zufallszahlen.

	I wü9	J wü10	K summe
=	=randint(	=randint(1,6,200)	=wü1+wü2+w
1	2	5	38
2	6	1	33

b) Ermitteln Sie das arithmetische Mittel und die empirische Standardabweichung der Summen und verwenden Sie sie als Parameter μ und σ einer Normalverteilung.
c) Stellen Sie die Häufigkeitsverteilung der Summen in einem Histogramm dar und prüfen Sie, ob die Normalverteilung aus c) eine gute Näherung darstellt.
d) Berechnen Sie mithilfe der Normalverteilung näherungsweise die Wahrscheinlichkeit, dass die Augensumme von zehn Würfeln zwischen 30 und 40 liegt.

Info:
Die große Bedeutung der Normalverteilung liegt am Zentralen Grenzwertsatz. Dieser besagt vereinfacht, dass Verteilungen, die einer Summe von vielen unabhängigen Einflüssen unterliegen, häufig annähernd normalverteilt sind.

● **10. Approximation mit der Standardnormalverteilung:** Die Wahrscheinlichkeiten $P(X = k)$ und $P(a \le X \le b)$ der Binomialverteilung aus dem Satz auf Seite 440 lassen sich auch näherungsweise mit der Standardnormalverteilung berechnen.
a) Geben Sie mithilfe der folgenden Umformungen solche Näherungen an.

① $\varphi_{\mu;\sigma}(x) = \frac{1}{\sigma}\varphi_{0;1}\left(\frac{x-\mu}{\sigma}\right)$ ② $\int_a^b \varphi_{\mu;\sigma}(x)\,dx = \int_{\frac{a-\mu}{\sigma}}^{\frac{b-\mu}{\sigma}} \varphi_{0;1}(x)\,dx = \Phi_{0;1}\left(\frac{b-\mu}{\sigma}\right) - \Phi_{0;1}\left(\frac{a-\mu}{\sigma}\right)$

b) Begründen Sie: $P(X \ge k) \approx 1 - \Phi_{0;1}\left(\frac{k-0{,}5-\mu}{\sigma}\right) = 1 - \Phi_{0;1}\left(\frac{k-0{,}5-np}{\sqrt{np(1-p)}}\right)$

GTR c) Ermitteln Sie mithilfe von b), wie oft man mindestens eine Münze werfen muss, um mit mindestens 90 % Wahrscheinlichkeit mindestens 25-mal „Zahl“ zu erhalten.

● **11. Ausblick: Exponentialverteilung**
GTR Eine stetige Zufallsgröße X heißt **exponentialverteilt** mit dem Parameter $\lambda \in \mathbb{R}^+$, wenn sie die Dichtefunktion f mit $f(x) = \begin{cases} \lambda e^{-\lambda x} & \text{für } x \ge 0 \\ 0 & \text{für } x < 0 \end{cases}$ hat.
a) Zeigen Sie, dass für die Verteilungsfunktion von X gilt: $F(x) = \begin{cases} 1 - e^{-\lambda x} & \text{für } x \ge 0 \\ 0 & \text{für } x < 0 \end{cases}$.
b) Zeigen Sie mit dem GTR für einige selbst gewählte Werte von λ, dass $\frac{1}{\lambda}$ der Erwartungswert von X ist.
c) Moderne LED-Lampen haben eine mittlere Lebensdauer von 30 000 h, herkömmliche Glühlampen von nur 1000 h. Modellieren Sie die Lebensdauer jeweils durch eine Exponentialverteilung. Zeichnen Sie für jede der beiden Lampen den Graphen von f und berechnen Sie die Wahrscheinlichkeit, dass die Lampe mindestens 1000 h hält.

d) Informieren Sie sich, warum man sagt, dass die Exponentialverteilung kein „Gedächtnis“ hat. Weisen Sie dies allgemein oder am Beispiel der Glühlampe nach.

10.6 Abiturtraining

Aufgaben ohne GTR/CAS

1. Der Graph der Funktion f mit $f(x) = \cos(x) + 1$ hat im Intervall $[-\pi; \pi]$ eine glockenförmige Gestalt.

a) Begründen Sie, weshalb diese Funktion in diesem Intervall nicht als Dichtefunktion einer stetigen Zufallsgröße in Frage kommt.

b) Verändern Sie den Funktionsterm so, dass er als Dichtefunktion einer stetigen Zufallsgröße in Frage kommt.

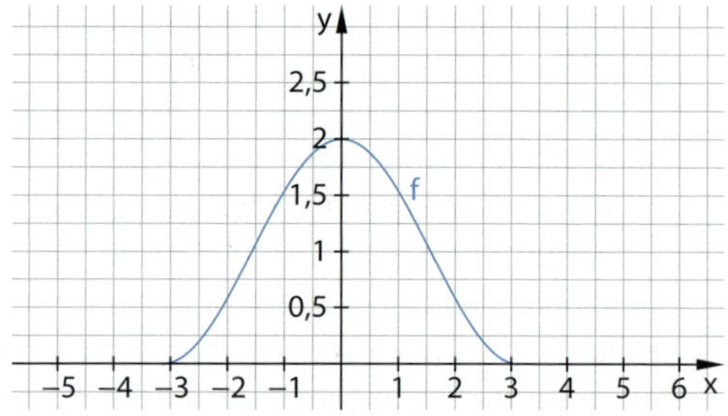

2. Ein Bus fährt vom Busbahnhof alle 10 Minuten zur Universität.

a) Modellieren Sie die Zufallsgröße X als Wartezeit eines zufällig eintreffenden Fahrgastes unter der Voraussetzung, dass die Ankunftszeit gleichverteilt ist. Geben Sie die zugehörige Dichtefunktion an und stellen Sie diese grafisch dar.

b) Bestimmen Sie die Wahrscheinlichkeit, dass ein zufällig eintreffender Fahrgast mindestens 4 und höchstens 6 Minuten auf den Bus warten muss.

c) Bestimmen Sie den Erwartungswert für die Wartezeit.

3. Im Risikomanagement sind oft nur drei Werte einer Größe bekannt, das Minimum, das Maximum und der wahrscheinlichste Wert. Als einfachste Verteilung wird hierbei oft eine Dreiecksverteilung genutzt. Die Kursentwicklung einer Aktie in den kommenden drei Monaten soll auf diese Weise als stetige Zufallsgröße X beschrieben werden. Dabei gilt:
pessimistischster Wert: −2 %
optimistischster Wert: +5 %
wahrscheinlichster Wert 2 %

a) Die Abbildung zeigt den Graphen einer Funktion f. Geben Sie die Funktionsgleichung von f abschnittsweise an und zeigen Sie, dass f eine Dichtefunktion zu X ist.

b) Berechnen Sie die Inhalte der farbig markierten Flächen und erklären Sie die Bedeutung dieser Werte im Sachzusammenhang.

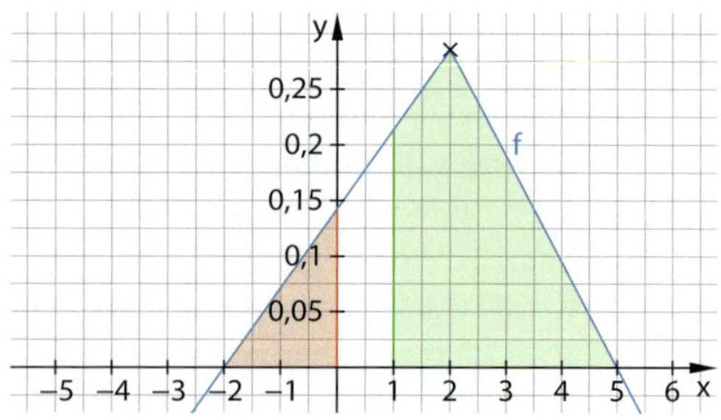

4. Die Abbildung zeigt den Graphen der Dichtefunktion φ einer normalverteilten Zufallsgröße X. Der Flächeninhalt der gefärbten Fläche beträgt ca. 0,16 FE.

a) Geben Sie den Erwartungswert von X an.

b) Ermitteln Sie folgende Wahrscheinlichkeiten:
① $P(X \geq 13)$ ② $P(X \leq 10)$
③ $P(7 < X < 13)$

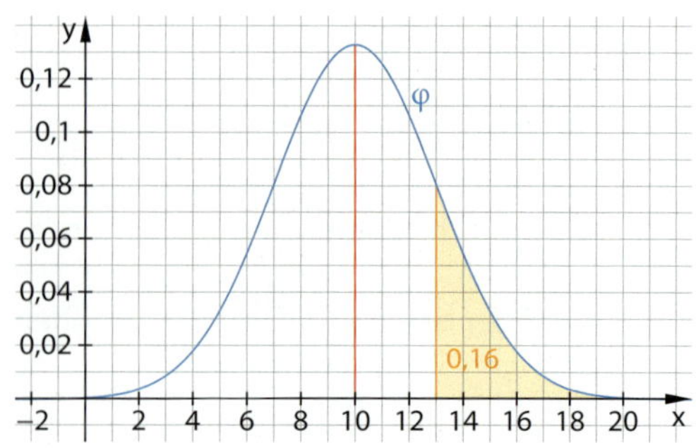

Aufgaben mit GTR/CAS

5. Die Tabelle enthält eine Häufigkeitsverteilung der Anzahl von Lebendgeburten in Deutschland im Jahr 2014 bezogen auf Altersgruppen (Klassen) der Mütter.

Alter in Jahren	< 15	[15; 20)	[20; 25)	[25; 30)	[30; 35)	[35; 40)	[40; 45)	≤ 45
Anzahl	66	12023	72519	191908	256630	146222	33433	2126

a) Erstellen Sie eine Tabelle, in der die relativen Häufigkeiten der Lebendgeburten jeder Klassenmitte zugeordnet sind. (Verwenden Sie für die Altersgruppe unter 15 Jahre die Klassenmitte 12,5 und für die Altersgruppe ab 45 Jahren die Klassenmitte 47,5.)

b) Ermitteln Sie anhand der Klassenmitten und ihrer relativen Häufigkeiten das arithmetische Mittel und die empirische Standardabweichung des Alters der Mütter als Näherungswerte für den Erwartungswert und die Standardabweichung einer normalverteilten Zufallsgröße X und geben Sie die Gleichung der Dichtefunktion an.

c) Ermitteln Sie anhand der relativen Häufigkeiten die zu jeder Klassenmitte gehörende Dichte. Stellen Sie die Dichten in Abhängigkeit von den Klassenmitten grafisch dar. Zeichnen Sie die Dichtefunktion von Teilaufgabe b) in das Diagramm ein.

d) Berechnen Sie mit der Normalverteilung die Wahrscheinlichkeiten der Ereignisse:
A: Eine Mutter ist jünger als 35 Jahre.
B: Eine Mutter ist mindestens 22 und höchstens 33 Jahre alt.
C: Eine Mutter ist 27 Jahre alt.

e) Bestimmen Sie, welches Alter 30 % der Mütter höchstens haben.

f) Unabhängig vom betrachteten Sachverhalt gilt für eine normalverteilte Zufallsgröße Y: $P(Y \leq 5) = P(Y \geq 10) = 0{,}1$.
Bestimmen Sie den Erwartungswert und die Standardabweichung von Y.

6. Eine Fluglinie bietet in einem Flugzeug für die Economy Class 520 Plätze an. Erfahrungsgemäß treten 96 % aller Fluggäste der Economy Class einen gebuchten Flug auch tatsächlich an.

a) Erklären Sie, unter welchen Voraussetzungen die Zufallsgröße X „Anzahl der zum Abflug erscheinenden Passagiere der Economy Class" vereinfacht als binomialverteilt bzw. normalverteilt betrachtet werden kann.

b) Verwenden Sie das Modell der Binomial- bzw. der Normalverteilung und bestimmen Sie jeweils einen symmetrischen Bereich um den Erwartungswert, in dem mit mindestens 95 % Wahrscheinlichkeit die Anzahl der tatsächlich zum Abflug erscheinenden Passagiere der Economy Class liegt, wenn Tickets für alle 520 Plätze verkauft wurden.

c) Berechnen Sie die Wahrscheinlichkeit, dass mindestens 500 Passagiere bei einem ausgebuchten Flug erscheinen, jeweils unter Verwendung des Modells der Binomial- bzw. der Normalverteilung. Interpretieren Sie die Resultate.

d) Da die Fluglinie an der maximalen Auslastung interessiert ist, erfolgt eine Überbuchung des Flugs mit 535 verkauften Tickets. Berechnen Sie die Wahrscheinlichkeit, mit der Passagiere umgebucht werden müssen. Lösen Sie die Aufgabe unter Verwendung der Binomial- bzw. der Normalverteilung.

e) Ermitteln Sie, wie viele Tickets die Airline höchstens anbieten sollte, wenn das Risiko mindestens einen Passagier umbuchen zu müssen, kleiner als 3 % sein soll.

Prüfen Sie Ihr neues Fundament

Lösungen
↗ S. 517–519

1. Bei einem Weitsprungwettbewerb wurden die folgenden Resultate (in cm) erzielt:

352 358 477 379 384 397 411 425 430 444 630
450 450 471 505 520 562 564 594 622

a) Teilen Sie die Weiten ① in 10 gleich breite, ② in 5 gleich breite Klassen ein und stellen Sie jeweils die relative Häufigkeit der Klassen in einem Histogramm dar.

b) Entscheiden Sie, welches Histogramm die Verteilung der Sprungweiten besser veranschaulicht. Begründen Sie Ihre Meinung.

c) Ermitteln Sie den Mittelwert aus den gegebenen Weiten und Schätzungen des Mittelwertes, wenn man nur die absoluten Häufigkeiten in der 5-Klasseneinteilung kennt.

2. Für eine Zufallsgröße X gilt folgende Funktion.

$$f(x) = \begin{cases} \frac{1}{5} + b \cdot x^2 & \text{für } 0 \le x \le 1 \\ 0 & \text{sonst} \end{cases}$$

a) Bestimmen Sie b so, dass f eine Dichtefunktion ist.

b) Bestimmen Sie die Verteilungsfunktion zu f.

c) Ermitteln Sie den Erwartungswert dieser Zufallsgröße.

3. Familie Schulz bekommt ein neues Boxspringbett. Die Lieferung ist für Samstag zwischen 9 und 10 Uhr angekündigt und es wird vorausgesetzt, dass die Lieferung innerhalb dieses Zeitraums zufällig erfolgt.
Gregor behauptet, dass die Wahrscheinlichkeit dafür, genau 30 Minuten zu warten, gleich 0 ist.
Maya sagt, das könne nicht stimmen, denn dies könnte man ja dann auch für 0, 1, …, 59 oder 60 Minuten behaupten. Sie erwähnt noch, dass man „genau“ noch genauer definieren müsste.
Erläutern Sie das Gespräch der beiden und verwenden Sie dazu die Dichtefunktion und Verteilungsfunktion des genannten Zufallsprozesses.

4. Vergleichen Sie die beiden Zufallsgrößen
X – Augenzahl beim Werfen eines Würfels und
Y – zufällige reelle Zahl aus dem Intervall [0; 6]
hinsichtlich Wahrscheinlichkeitsverteilung/Dichtefunktion, kumulierte Wahrscheinlichkeit/Verteilungsfunktion und Erwartungswert.

5. Der Graph der Funktion $f(x) = 2^{-x^2}$ verläuft ähnlich wie die Gauß'sche Glockenkurve. Er hat eine Glockenform. Er verläuft symmetrisch zur y-Achse und asymptotisch zur x-Achse. Begründen Sie, weshalb die Funktion f trotzdem nicht als Dichtefunktion für eine normalverteilte Zufallsgröße in Frage kommt.

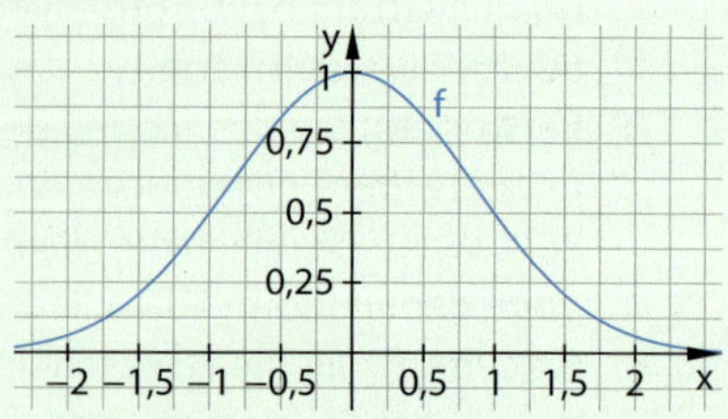

6. Gegeben ist der Graph der Dichtefunktion φ einer normalverteilten Zufallsgröße X.

a) Ermitteln Sie Näherungswerte für folgende Wahrscheinlichkeiten:
① $P(1 \le x \le 2)$ ② $P(3 \le X \le 6)$

b) Geben Sie den Wert von $P(X = 2{,}5)$ an.

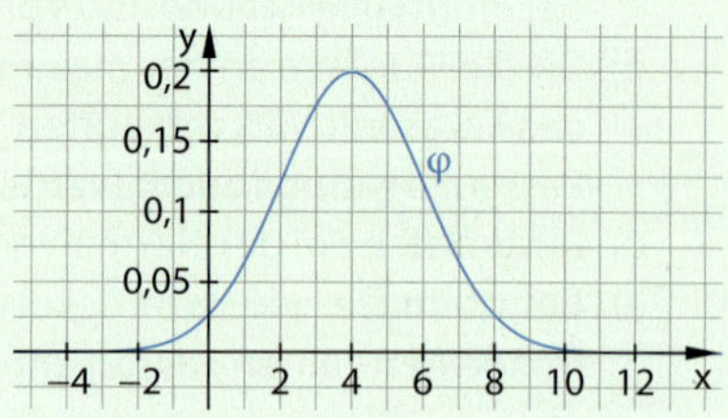

Lösungen
↗ S. 519/520

7. Der systolische Blutdruck bei einer großen Gruppe von Menschen sei eine normalverteilte Zufallsgröße X mit $\mu = 120\,\text{mmHg}$ und $\sigma = 15\,\text{mmHg}$ (mmHg: Millimeter Quecksilbersäule).

a) Geben Sie ein Intervall in mmHg an, für das gilt $\mu - 2 \cdot \sigma \leq X \leq \mu + 2 \cdot \sigma$.

b) Bestimmen Sie näherungsweise folgende Wahrscheinlichkeiten:
① $P(\mu - 2 \cdot \sigma \leq X \leq \mu + 2 \cdot \sigma)$ ② $P(\mu - 3 \cdot \sigma \leq X \leq \mu + 3 \cdot \sigma)$ ③ $P(X \leq \mu + \sigma)$

8. Gegeben ist eine normalverteilte Zufallsgröße X durch ihre Dichtefunktion φ mit
$\varphi(x) = \frac{1}{\sqrt{2\pi} \cdot 1{,}5} \cdot e^{-\frac{(x-5)^2}{4{,}5}}$.

a) Ordnen Sie der Dichtefunktion φ den passenden Graphen zu.

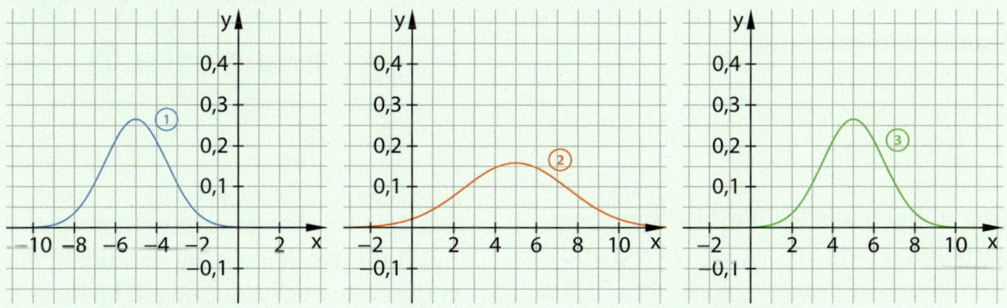

b) Beschreiben Sie die Integrale als Wahrscheinlichkeiten und geben Sie ihren Wert an.
① $\int_{-\infty}^{\infty} \varphi_{\mu;\sigma}(x)\,dx$ ② $\int_{-\infty}^{\mu} \varphi_{\mu;\sigma}(x)\,dx$ ③ $\int_{\mu-\sigma}^{\mu+2\sigma} \varphi_{\mu;\sigma}(x)\,dx$

9. Angenommen, die Wartezeit für Patienten in einer Arztpraxis ist normalverteilt mit $\mu = 40$ Minuten und $\sigma = 10$ Minuten. Die Abbildung zeigt den Graphen der zugehörigen Dichtefunktion. Der Inhalt der gefärbten Fläche beträgt ca. 0,159 FE.

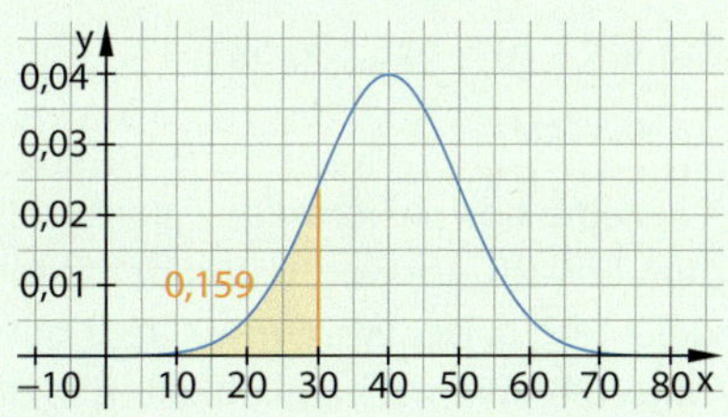

a) Interpretieren Sie diesen Flächeninhalt im Sachzusammenhang.

b) Berechnen Sie die Wahrscheinlichkeiten folgender Ereignisse:
A: Die Wartezeit beträgt mindestens 50 Minuten.
B: Die Wartezeit liegt zwischen 30 und 50 Minuten.

GTR **10.** Die Größe von Frauen im Alter von 16 bis 40 Jahren ist annähernd normalverteilt mit dem Erwartungswert 165 cm und der Standardabweichung 7 cm.

a) Bestimmen Sie das 95 %-Prognoseintervall mithilfe der σ-Regeln.

b) Bestimmen Sie ein um den Erwartungswert symmetrisches Intervall, in dem die Größe mit einer Wahrscheinlichkeit von 90 % liegt.

c) Bestimmen Sie den prozentualen Anteil der Frauen, die größer als 180 cm sind.

d) Angenommen, in Deutschland leben 20 Millionen Frauen, die zwischen 16 und 40 Jahre sind. Ermitteln Sie, wie viele Frauen kleiner als 150 cm sind.

GTR **11.** Die Skifirma Aspi geht davon aus, dass wie im vergangenen Jahr 30 % der verkauften Abfahrtski aus ihrer Produktion kommen.

a) Berechnen Sie die 1σ- und die 2σ-Umgebung für die Anzahl der von Aspi verkauften Ski bei einem Verkauf von insgesamt 800 Abfahrtski.

b) Bestimmen Sie mithilfe einer Normalverteilung die Wahrscheinlichkeit, dass die Anzahl der verkauften Ski von Aspi zwischen 230 und 250 liegen wird, wenn vom Verkauf von 800 Abfahrtski ausgegangen wird.

Zusammenfassung

Stetige Zufallsgrößen

Eine auf $\mathbb{R}$ definierte Funktion f heißt **Dichtefunktion**, wenn gilt:

1. $f(x) \geq 0$ für alle $x \in \mathbb{R}$ 2. $\int_{-\infty}^{\infty} f(x)\,dx = 1$

Die Funktion f ist die Dichtefunktion der **stetigen Zufallsgröße** X, wenn für alle a, b ∈ $\mathbb{R}$ mit $a \leq b$ gilt: $P(a \leq X \leq b) = \int_a^b f(x)\,dx$.

Erwartungswert: $\mu = \int_{-\infty}^{\infty} x \cdot f(x)\,dx$

Standardabweichung:

$$\sigma = \sqrt{\int_{-\infty}^{\infty} (x-\mu)^2 \cdot f(x)\,dx}$$

Zufallsgröße X mit Dichtefunktion f mit

$$f(x) = \begin{cases} \frac{1}{50}x & \text{für } 0 \leq x \leq 10 \\ 0 & \text{sonst} \end{cases}.$$

Es gilt $\int_{-\infty}^{\infty} f(x)\,dx = \int_0^{10} \frac{1}{50}x\,dx = \left[\frac{1}{100}x^2\right]_0^{10} = 1$

$$P(1 \leq X \leq 3) = \int_1^3 \frac{1}{50}x\,dx = \left[\frac{1}{100}x^2\right]_1^3 = \frac{8}{100}$$

$$\mu = \int_{-\infty}^{\infty} x \cdot f(x)\,dx = \int_0^{10} \frac{1}{50}x^2\,dx = \frac{20}{3} \approx 6{,}67$$

$$\sigma^2 = \int_{-\infty}^{\infty} (x-\mu)^2 \cdot f(x)\,dx = \int_0^{10} \left(x - \frac{20}{3}\right)^2 \cdot \frac{1}{50}x\,dx = \frac{50}{9}$$

$$\sigma = \sqrt{\frac{50}{9}} \approx 2{,}36$$

Normalverteilte Zufallsgrößen

Eine stetige Zufallsgröße X heißt **normalverteilt** mit dem Erwartungswert μ und der Standardabweichung σ, wenn ihre Dichtefunktion die **Gaußsche Glockenfunktion**

$\varphi_{\mu;\sigma}$ mit $\varphi_{\mu;\sigma}(x) = \frac{1}{\sigma\sqrt{2\pi}} \cdot e^{-\frac{(x-\mu)^2}{2\sigma^2}}$ ist.

Für a, b ∈ $\mathbb{R}$ mit $a \leq b$ gilt:

$$P(a \leq X \leq b) = \int_a^b \varphi_{\mu;\sigma}(x)\,dx$$

Die Zufallsgröße X in Meter ist normalverteilt mit $\mu = 7$ und $\sigma = 0{,}7$. Sie beschreibt die Wurfweite bei einem Wettbewerb im Kugelstoßen.

$$P(6 \leq X \leq 8) = \int_6^8 \varphi_{7;0,7}(x)\,dx$$

Mit dem GTR (normCdf(6,8,7,0.7)) ergibt sich $P(6 \leq X \leq 8) \approx 0{,}8468$.
Die Wahrscheinlichkeit für eine Weite zwischen 6 m und 8 m beträgt etwa 85 %.

σ-Regeln

X sei eine normalverteilte Zufallsgröße mit dem Erwartungswert μ und der Standardabweichung σ. Der Wert von X liegt mit den folgenden Wahrscheinlichkeiten in den angegebenen σ-Umgebungen.

σ-Umgebung	Wahrscheinlichkeit
$[\mu - \sigma; \mu + \sigma]$	68,3 %
$[\mu - 2\sigma; \mu + 2\sigma]$	95,5 %
$[\mu - 3\sigma; \mu + 3\sigma]$	99,7 %

Wahrscheinlichkeit	σ-Umgebung
90 %	$[\mu - 1{,}64\sigma; \mu + 1{,}64\sigma]$
95 %	$[\mu - 1{,}96\sigma; \mu + 1{,}96\sigma]$
99 %	$[\mu - 2{,}58\sigma; \mu + 2{,}58\sigma]$

Bei Bauer Süden ist das Gewicht der Hühnereier näherungsweise normalverteilt mit dem Erwartungswert 58 g und der Standardabweichung 6 g.
Als Prognose lassen sich Intervalle um den Erwartungswert bestimmen, in denen das Gewicht eines zufällig entnommenen Eies mit einer vorgegebenen Sicherheitswahrscheinlichkeit liegt.

Sicherheitswahrscheinlichkeit 90 %:
Aus den σ-Regeln ergibt sich [48,16; 67,84].

Approximation der Binomialverteilung

X sei eine binomialverteilte Zufallsgröße mit den Parametern n und p, dem Erwartungswert μ und der Standardabweichung σ. Falls $\sigma > 3$ erfüllt ist, gilt für die ganzzahligen Trefferanzahlen k, a und b mit $a \leq b$ näherungsweise:

① $P(X = k) \approx \varphi_{\mu;\sigma}(k)$

② $P(a \leq X \leq b) \approx \int_{a-0,5}^{b+0,5} \varphi_{\mu;\sigma}(x)\,dx$

Gegeben ist eine binomialverteilte Zufallsgröße X mit den Parametern $n = 150$ und $p = 0{,}6$.
Es gilt: $\mu = n \cdot p = 150 \cdot 0{,}6 = 90$ und $\sigma = \sqrt{np(1-p)} = \sqrt{150 \cdot 0{,}6 \cdot 0{,}4} = 6 > 3$
Mithilfe einer Normalverteilung können Wahrscheinlichkeiten näherungsweise bestimmt werden:

$$P(80 \leq X \leq 90) \approx \int_{79,5}^{90,5} \varphi_{90;6}(x)\,dx \approx 0{,}49$$

11. Abiturvorbereitung

Hier finden Sie abiturähnliche Aufgaben zur Vorbereitung auf die schriftlichen Prüfungen. Die Aufgaben sind nach den Themengebieten Analysis, Analytische Geometrie und Stochastik sortiert. Es gibt jeweils Aufgaben zum Pflicht- und zum Wahlpflichtteil.

11.1 Hinweise zur Abiturprüfung

Eine Abiturprüfung beinhaltet einen Pflichtteil (ohne Hilfsmittel) und einen Wahlteil (mit zugelassenen Hilfsmitteln). Jeder Teil enthält Aufgaben aus den drei Sachgebieten Analysis, Analytische Geometrie und Stochastik. Neben den Ergebnissen fließen auch die Dokumentation der Lösungswege in die Bewertung ein. Der Umfang der erwarteten Dokumentation ergibt sich aus der Aufgabenstellung. Zur Orientierung finden Sie im Folgenden eine Liste mit allen erwarteten inhaltlichen Kompetenzen aus allen drei Sachgebieten.

Inhaltliche Anforderungen der Analysis

Geforderte Kompetenz	Beispiele im Lehrbuch
Summen-, Faktor- und Potenzregel zur Berechnung von Ableitungsfunktionen anwenden und begründen	E-Phase: S. 100–107 S. 100 Nr. 1; S. 101 Nr. 6; S. 102 Nr. 17;
Produktregel und Kettenregel Berechnung von Ableitungsfunktionen anwenden	Q-Phase: S. 36–45 S. 37 Nr. 2 + 4; S. 38 Nr. 11; S. 41 Nr. 6–8
Extrem- und Wendepunkte ermitteln	E-Phase: S. 119–135 S. 121 Nr. 4; S. 122 Nr. 8; S. 133 Nr. 10; S. 134 Nr. 18
Sekanten- und Tangentensteigungen sowie die mittlere und lokale Änderungsrate bestimmen und interpretieren	E-Phase: S. 82–90 S. 83 Nr. 1 + 2; S. 86 Nr. 3; S. 87 Nr. 7
Symmetrie und Globalverhalten von Potenzfunktionen beschreiben	E-Phase: S. 18–27 S. 19 Nr. 1; S. 21 Nr. 2 + 3; S. 26 Nr. 2 + 3
Auswirkung eines Parameters auf die Eigenschaften einer Potenzfunktion erkennen und begründen	E-Phase: S. 28–35 S. 29 Nr. 2–4; S. 31 Nr. 8 + 9; S. 33 Nr. 13; S. 34 Nr. 23
Eigenschaften von Wurzelfunktionen beschreiben	E-Phase: S. 36,37 S. 36 Nr. 1; S. 37 Nr. 6
Potenz-, Exponential- und Sinusfunktionen gegeneinander abgrenzen	E-Phase: S. 40–43 S. 41 Nr. 2
Nullstellen ganzrationaler Funktionen bestimmen	E-Phase: S. 66–70 S. 67 Nr. 1 + 2, S. 69 Nr. 12; S. 68 Nr. 8
Globalverhalten ganzrationaler Funktionen beschreiben	E-Phase: S. 56–61 S. 57 Nr. 1 + 2
Symmetrie ganzrationaler Funktionen erkennen und begründen	E-Phase: S. 62–65 S. 63 Nr. 1 + 2
Mithilfe des Grenzwertes die lokale Änderungsrate aus der mittleren Änderungsrate bestimmen	E-Phase: S. 87–89 S. 88 Nr. 14
Tangenten- und Normalengleichung bestimmen	E-Phase: S. 88 Nr. 15; S. 90 Nr. 23 + 24
Graphen und Ableitungsgraphen entwickeln und begründen sowie Zusammenhänge erkennen und begründen	E-Phase: S. 92–97 S. 92 Nr. 1; S. 94 Nr. 11; S. 97 Nr. 4 + 5
Notwendige und hinreichende Bedingungen für lokale Extrem- und Wendestellen begründen	E-Phase: S. 119–135 S. 121 Nr. 7; S. 127 Nr. 9; S. 129 Nr. 16
Trigonometrische Funktionen ableiten	E-Phase: S. 95–99 S. 98 Nr. 10 + 11
Grenzwert von Produktsummen zur Berechnung von bestimmter Integralen nutzen	Q-Phase: S. 72–75 S. 73 Nr. 5; S. 75 Nr. 7 + 8

Geforderte Kompetenz	Beispiele im Lehrbuch
Bestimmte Integrale als Flächenbilanz beschreiben	Q-Phase: S. 75–78 S. 76 Nr. 12 + 13; S. 77 Nr. 22
Integralfunktion auch als Bestands- und Flächeninhaltsfunktion interpretieren	Q-Phase: S. 68–71 S. 69 Nr. 1; S. 70 Nr. 4 + 7
Uneigentliche Integrale als Grenzwert bestimmen und interpretieren	Q-Phase: S. 102–106 S. 103 Nr. 1; S. 104 Nr. 5; S. 105 Nr. 10 + 13
Volumen von Rotationskörpern um die x-Achse bestimmen	Q-Phase: S. 107–111 S. 108 Nr. 1 + 2 + 3; S. 110 Nr. 9
Exponentialgleichungen lösen	Q-Phase: S. 130–132 S. 130 Nr. 8 + 9; S. 132 Nr. 23
Stammfunktionen berechnen und durch Ableiten überprüfen	Q-Phase: S. 79–85 S. 82 Nr. 5 + 6; S. 83 Nr. 10 + 11
Die ln-Funktion als Stammfunktion verwenden	Q-Phase: S. 135–137 S. 135 Nr. 7; S. 136 Nr. 11
Bestimmte Integrale mithilfe des Hauptsatzes der Differenzial- und Integralrechnung bestimmen begründen	Q-Phase: S. 86–91 S. 87 Nr. 1 + 4; S. 88 Nr. 8 + 9
Exponentialfunktionen ableiten	Q-Phase: S. 122–127 S. 123 Nr. 1 + 2; S. 124 Nr. 5
Wachstumsgeschwindigkeit beim exponentiellen Wachstum beschreiben	Q-Phase: S. 138–143 S. 141 Nr. 8 + 9; S. 142 Nr. 10
Lösungsfunktionen von Differenzialgleichungen für Wachstumsmodelle überprüfen	Q-Phase: S. 150–155 S. 151 Nr. 1, S. 153 Nr. 5 + 7
Asymptotisches Verhalten des begrenzten Wachstums erläutern	Q-Phase: S. 144–149 S. 147 Nr. 7 + 9
Logistisches Wachstum mit bekannten Wachstumsmodellen vergleichen	Q-Phase: S. 156–161 S. 158 Nr. 3 + 4; S. 160 Nr. 13
Funktionsterm einer ganzrationalen Funktion anhand von lokalen und globalen Eigenschaften sowie charakteristischen Eigenschaften ermitteln	Q-Phase: S. 28–35 S. 30 Nr. 5 + 6; S. 31 Nr. 11; S. 32 Nr. 13; S. 33 Nr. 17 + 18
Parameterscharen untersuchen und variieren	Q-Phase: S. 54–59 S. 55 Nr. 2 + 3 + 7; S. 56 Nr. 16
Verknüpfungen der e-Funktion mit ganzrationalen Funktionen und Parametereinfluss untersuchen	Q-Phase: S. 173–181, 189–193 S. 176 Nr. 12; S. 177 Nr. 17; S. 191 Nr. 5 + 6; S. 192 Nr. 10
Stetigkeit und Differenzierbarkeit zur Synthese und Analyse abschnittsweise definierter Funktionen nutzen	Q-Phase: S. 46–51 S. 47 Nr. 3 + 4; S. 49 Nr. 6 + 7; S. 51 Nr. 13
Ortskurven bestimmen	Q-Phase: S. 58–59 S. 59 Nr. 2 + 4

Inhaltliche Anforderungen der Analytischen Geometrie

Geforderte Kompetenz	Beispiele im Lehrbuch
Lineare Gleichungssysteme mithilfe digitaler Mathewerkzeuge lösen	Q-Phase: S. 20–27 S. 25 Nr. 21 + 22
Gauß-Algorithmus erläutern und zur Lösung linearer Gleichungssysteme anwenden	Q-Phase: S. 20–27 S. 21, Nr. 1 + 2; S. 23 Nr. 8
Flächen- und Rauminhalte von gradlinig und ebenflächig begrenzten Objekten bestimmen	Q-Phase: S. 251 Nr. 21; S. 257 Nr. 22
Winkelgrößen in Ebene und Raum auch mithilfe des Skalarprodukts bestimmen	Q-Phase: S. 288–297 S. 289 Nr. 1 + 5; S. 295 Nr. 2; S. 296 Nr. 4 + 5
Abstände von Punkten, Gerade und Ebenen bestimmen	Q-Phase: S. 298–309 S. 299 Nr. 1 + 2; S .301 Nr. 6; S. 305 Nr. 1 + 3; S. 306 Nr. 6
Addition, Subtraktion und skalare Multiplikation von Vektoren anwenden	Q-Phase: S. 212–222 S. 214 Nr. 1 + 6; S. 215 Nr. 15 + 16, S. 218 Nr. 1 + 3
Zwei Vektoren auf Kollinearität überprüfen	Q-Phase: S. 219–222 S. 220 Nr. 7 + 8 + 9
Geraden in Parameterform beschreiben	Q-Phase: S. 230–237 S. 231 Nr. 4 + 5; S. 234 Nr. 18
Ebenen in Parameterform beschreiben	Q-Phase: S. 246–251 S. 247 Nr. 2 + 4; S. 248 Nr. 5 + 8 S. 250 Nr. 16
Ebenen durch Gleichungen in Normalen- und Koordinatenform beschreiben und zwischen den Darstellungsformen wechseln	Q-Phase: S. 260–265 S. 260 Nr. 1; S. 261 Nr. 4 + 5; S. 262 Nr. 7 + 8
Lagebeziehung von Geraden untersuchen und Schnittpunkte bestimmen	Q-Phase: S. 238–245 S. 239 Nr. 1; S. 240 Nr. 2 + 3; S. 241 Nr. 7 + 8; S. 245 Nr. 25
Lagebeziehungen zwischen Geraden und Ebenen untersuchen und Schnittpunkte bestimmen	Q-Phase: S. 266–272 S. 267 Nr. 2 + 5; S. 268 Nr. 6 + 8; S. 269 Nr. 14
Lagebeziehungen zwischen Ebenen untersuchen und Schnittprobleme lösen	Q-Phase: S. 273–279 S. 274 Nr. 2; S. 275 Nr. 5; S. 276 Nr. 7 + 9; S. 278 Nr. 18; S. 279 Nr. 22
Projektion vom Raum in die Ebene mit Matrizen beschreiben und Punktkoordinaten für Schrägbilder berechnen	Q-Phase: S. 310–313 S. 311 Nr. 1 + 2; S. 312 Nr. 6 + 7
Skalarprodukt geometrisch als Ergebnis einer Projektion deuten und verwenden	Q-Phase: S. 311
Kreis- und Kugelgleichungen anwenden	Q-Phase: S. 314–315 S. 315 Nr. 1 + 2 + 3

Inhaltliche Anforderungen der Stochastik

Geforderte Kompetenz	Beispiele im Lehrbuch
Arithmetisches Mittel, Modalwert, Median, empirische Varianz, empirische Standardabweichung und Spannweite bestimmen	E-Phase: S. 150–158 S. 150 Nr. 1 + 2; S. 151 Nr. 3 + 4; S. 152 Nr. 8; S. 155 Nr. 1 + 2
Datenerhebungen planen und beurteilen, dabei Repräsentativität beachten	E-Phase: S. 148–149 S. 149 Nr. 3 + 7 + 9
Häufigkeitsverteilungen in einem Säulendiagramm darstellen und interpretieren	E-Phase: S. 152 Nr. 7; S. 156 Nr. 6; S. 157 Nr. 12
Häufigkeitsverteilungen mithilfe der eingeführten Kenngrößen und Darstellungen vergleichen	E-Phase: S. 156 Nr. 6 + 7, S. 157 Nr. 9
Erwartungswert, Varianz und Standartabweichung berechnen	Q-Phase: S. 352–359 S. 353 Nr. 1; S. 355 Nr. 7 + 8; S. 357 Nr. 14
Erwartungswert und Standardabweichung für Binomialverteilung berechnen	Q-Phase: S. 386–393 S. 387 Nr. 1; S. 388 Nr. 4 + 5
Erwartungswert und Standardabweichung für Normalverteilung interpretieren	Q-Phase: S. 429–434 S. 431, Nr. 6; S. 432 Nr. 8 + 9
Stochastische Situationen durch Zufallsgrößen und Wahrscheinlichkeitsverteilungen beschreiben	Q-Phase: S. 347–351 S. 348 Nr. 1; S. 349 Nr. 4 + 5
Baumdiagramme und Vierfeldertafeln anwenden	Q-Phase: S. 327–333 S. 328 Nr. 9 + 10; S. 331 Nr. 16 + 17
Zufallsexperimente auf stochastische Unabhängigkeit untersuchen	Q-Phase: S. 340–343 S. 341 Nr. 1 + 2; S. 342 Nr. 8 + 10
Bedingte Wahrscheinlichkeit erkennen und berechnen	Q-Phase: S. 334–339 S. 335 Nr. 1 + 2; S. 336 Nr. 4 + 5
Binomialverteilung und Binomialkoeffizient verwenden und interpretieren	Q-Phase: S. 368–371; S. 378–385 S. 370 Nr. 7 + 8; S. 381 Nr. 8; S. 382 Nr. 10; S. 383 Nr. 15
Die Approximierbarkeit der Binomialverteilung durch die Normalverteilung beurteilen	Q-Phase: S. 440–443 S. 441 Nr. 2 + 3; S. 442 Nr. 5
Zwischen diskreten und stetigen Zufallsgrößen unterscheiden und Histogramme beurteilen	Q-Phase: S. 420–428 S. 421 Nr. 4; S. 422 Nr. 7
Prognoseintervalle für binomialverteilte Stichproben ermitteln	Q-Phase: S. 397–400 S. 398 Nr. 1; S. 399 Nr. 4 + 5
Prognoseintervalle für eine binomialverteilte Zufallsgröße mithilfe der Approximation durch die Normalverteilung berechnen	Q-Phase: S. 436–439 S. 437 Nr. 6 + 7
Verträglichkeit von p mit einer Stichprobe überprüfen	Q-Phase: S. 400–403 S. 400 Nr. 8; S. 401 Nr. 10
Konfidenzintervalle für den Parameter p und zu einer vorgegebenen Sicherheitswahrscheinlichkeit einer binomialverteilten Zufallsgröße berechnen	Q-Phase: S. 404–411 S. 406 Nr. 1 + 2; S. 407 Nr. 7
Simulationen zur Untersuchung stochastischer Situationen, die sich annähernd durch die Normalverteilung beschreiben lassen, verwenden	Q-Phase: S. 344–346 S. 345 Nr. 2 + 3; S. 346 Nr. 4 + 5

11.2 Aufgaben zum Pflichtteil

Die folgenden Aufgaben sollen ohne technische Hilfsmittel (Taschenrechner, GTR, CAS, Tabellenkalkulation etc.) sowie ohne Formelsammlung gelöst werden.

Eine Abiturprüfung enthält in der Regel fünf solcher Aufgaben (dreimal Analysis, einmal Analytische Geometrie und einmal Stochastik). Die Bearbeitungszeit beträgt 60 Minuten.

Aufgaben zur Analysis

1. Gegeben ist die Funktion f mit $f(x) = 5 \cdot e^{\frac{x}{5}} - 2$.
   a) Berechnen Sie die Nullstelle der Funktion f.
   Ermitteln Sie die Steigung der Tangente an den Graphen von f im Punkt $P(0\,|\,3)$.
   b) Zeigen Sie, dass diese Tangente mit den Koordinatenachsen ein gleichschenkliges Dreieck einschließt.
   c) Erläutern Sie, warum auch für eine beliebige Zahl $a > 0$ die Tangente an den Graphen von $f_a(x) = 5 \cdot e^{\frac{x}{5}} - a$ im Punkt $P_a(0\,|\,5 - a)$ mit den Koordinatenachsen ein gleichschenkliges Dreieck einschließt.

2. Gegeben ist die Funktion f mit $f(x) = (3x - 15) \cdot e^x$.
   a) Zeigen Sie, dass die Funktion F mit $F(x) = (3x - 18) \cdot e^x$ eine Stammfunktion der Funktion f ist.
   b) Berechnen Sie die Lösung der Gleichung $\int_0^u f(x)\,dx = 18$.

3. Die Abbildung zeigt den Graphen der Funktion f mit $f(x) = 3x - x^3$.
   a) Leiten Sie her, dass die Funktion f die Nullstellen $x_1 = -\sqrt{3}$, $x_2 = 0$ und $x_3 = \sqrt{3}$ hat.
   b) Berechnen Sie $A = \int_0^{\sqrt{3}} f(x)\,dx$ und erläutern Sie die geometrische Bedeutung der Zahl A.
   c) Erläutern Sie, dass der Inhalt der Fläche, die vom Graphen von f mit der x-Achse eingeschlossen wird, $2 \cdot A$ beträgt.

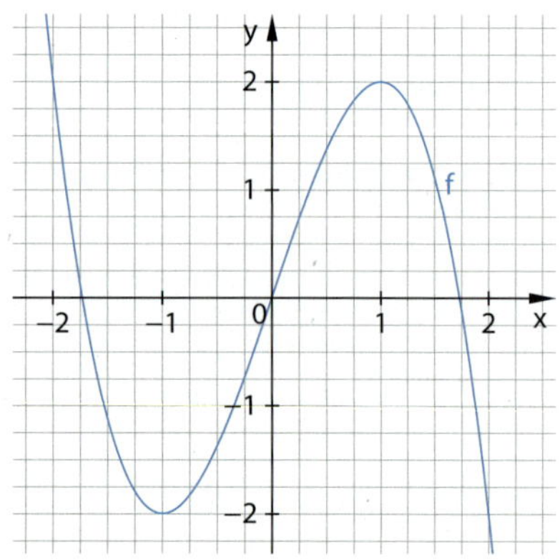

4. Die ganzrationale Funktion f dritten Grades ist punktsymmetrisch zum Ursprung.
   Die Tangente t an den Graphen von f im Punkt $B(1\,|\,0)$ hat die Gleichung $t(x) = 2x - 2$.
   a) Bestimmen Sie eine Funktionsgleichung von f.
   [Kontrollergebnis: $f(x) = x^3 - x$]
   b) Bestimmen Sie die Gleichung der Wendetangente des Graphen von f.

5. Gegeben sind die Parabeln f_a mit $f_a(x) = 4a \cdot x - 2x^2$ für $a > 0$.
   a) Bestimmen Sie a so, dass der Hochpunkt des Graphen von f_a die y-Koordinate 162 hat.
   b) Berechnen Sie den Inhalt des Flächenstücks, das der Graph von f_a mit der x-Achse einschließt.
   [Kontrollergebnis: $A(a) = \frac{8}{3}a^3$]
   c) Berechnen Sie a so, dass das Flächenstück aus a) den Inhalt 72 FE hat.

6. Gegeben ist die Funktion f mit $f(x) = (x - x^2) \cdot e^{-x}$. Die Abbildung zeigt den Graphen von f.

a) Zeigen Sie, dass die Funktion F mit $F(x) = (x^2 + x + 1) \cdot e^{-x}$ eine Stammfunktion zu f ist.

b) Berechnen Sie den Inhalt der Fläche, die der Graph von f zwischen seinen Nullstellen mit der x-Achse einschließt.

c) Geben Sie die Extremstellen der Funktion F an und erläutern Sie ohne weitere Berechnungen, um was für eine Art von Extremum es sich jeweils handelt.

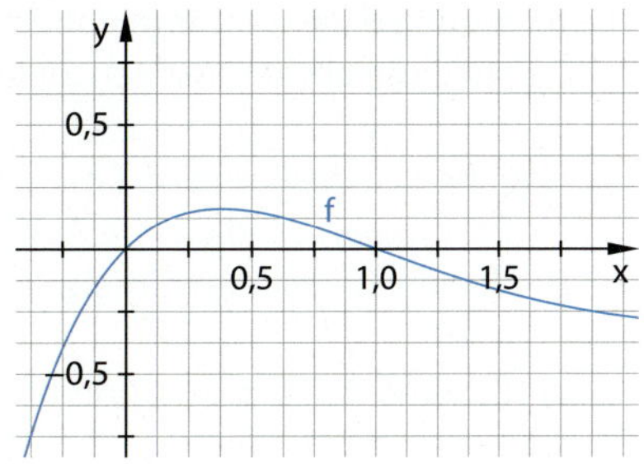

7. Gegeben ist die Funktionenschar f_a mit $f_a(x) = (2x - a) \cdot e^x$.

a) Zeigen Sie, dass für die Ableitung gilt: $f_a'(x) = (2x - a + 2) \cdot e^x$

b) Bestimmen Sie mit dieser Information f_4' und f_4''.

c) Zeigen Sie, dass der Graph von f_4 den Tiefpunkt $T(1\,|\,-2e)$ hat.

8. Eine Funktion f ist durch $f(x) - xe^{1-x}$, $x \in \mathbb{R}$, gegeben.

a) Bestimmen Sie das Verhalten der Funktion f für $x \to \pm\infty$.

b) Zeigen Sie, dass $O(0\,|\,0)$ der einzige Achsenabschnittspunkt des Graphen von f ist.

c) Zeigen Sie, dass die Funktion F mit $F(x) = (-x - 1) \cdot e^{1-x}$ eine Stammfunktion von f ist.

9. Gegeben ist die in $\mathbb{R}$ definierte Funktion f mit $f(x) = (3x - 1) \cdot e^{-x}$.

a) Bestätigen Sie, dass $x = \frac{1}{3}$ die einzige Nullstelle von f ist.

b) Erläutern Sie, welcher Geraden sich der Graph von f für $x \to \infty$ asymptotisch annähert.

c) Zeigen Sie, dass der Punkt $H\left(\frac{4}{3}\,\middle|\,3e^{-\frac{4}{3}}\right)$ ein Hochpunkt ist.

10. Gegeben ist die Funktion f mit $f(x) = -2 \cdot e^x$, $x \in \mathbb{R}$.

a) Bestimmen Sie die Ableitungsfunktion f′ und treffen Sie mit ihrer Hilfe eine Aussage über das Monotonieverhalten des Graphen von f.

b) Die Tangente an den Graphen von f im Schnittpunkt mit der y-Achse begrenzt mit den Koordinatenachsen ein Dreieck.
Weisen Sie nach, dass dieses Dreieck einen Flächeninhalt von 1 FE hat.

11. Gegeben sind die auf $\mathbb{R}$ definierten Funktionen f mit $f(x) = 2 + e^x$, g mit $g(x) = -e^{-x}$ und h mit $h(x) = 2 \cdot e^{-x}$.

a) Jeder der Graphen I, II und III in der oberen Abbildung stellt eine der Funktionen f, g und h dar. Ordnen Sie die Graphen den passenden Funktionsgleichungen zu. Begründen Sie Ihre Entscheidung.
Beschreiben Sie, wie die Graphen I, II und III aus dem Graphen der Funktion k mit $k(x) = e^x$ hervorgehen.

b) Die zwei Graphen in der unteren Abbildung stellen zwei der drei Ableitungsfunktionen f′, g′ und h′ von f, g und h dar. Entscheiden Sie, um welche Ableitungsfunktionen es sich dabei handelt. Skizzieren Sie den Graphen der dritten Ableitungsfunktion und geben Sie deren Funktionsgleichung an.

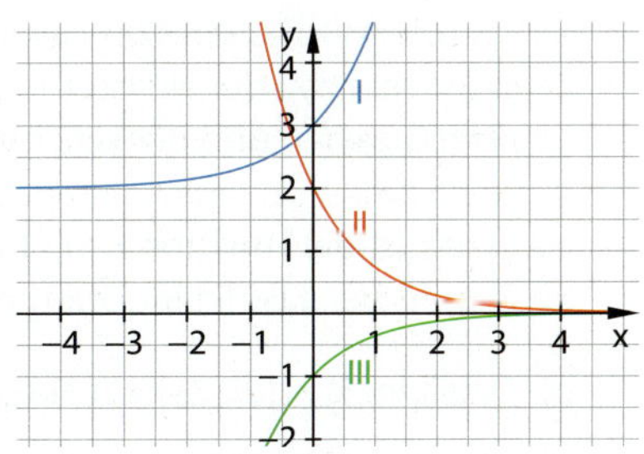

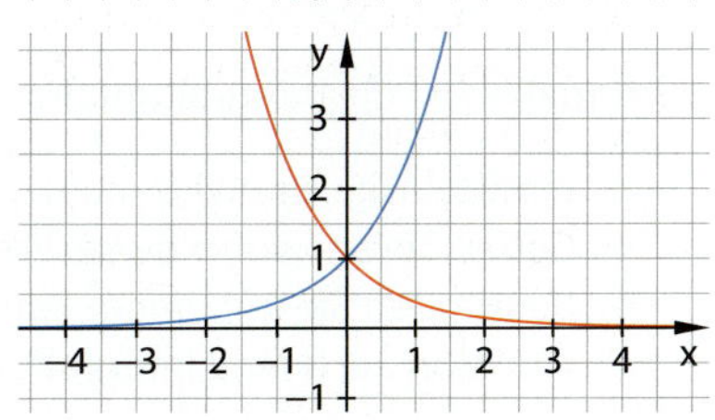

12. Gegeben ist die Funktion f mit $f(x) = (2x^5 - 3)^2$.

a) Leiten Sie f mit der Kettenregel ab.

b) Wandeln Sie den Term von f mit der binomischen Formel in eine Summe um und leiten Sie diese ab. Vergleichen Sie mit dem Ergebnis aus a).

13. Gegeben ist die Funktion f mit $f(x) = \ln(3x)$.

a) Bestimmen Sie die erste Ableitung von f mit der Kettenregel.

b) Zeigen Sie mit dem Ergebnis von a), dass es ein $k \in \mathbb{R}$ gibt mit $\ln(3x) = \ln(x) + k$ für alle $x > 0$.

c) Bestimmen Sie den Wert von k, ohne dabei ein Logarithmengesetz zu verwenden.

14. Gegeben ist für $a \in \mathbb{R}$ die Funktionenschar f_a mit $f_a(x) = a \cdot e^{2x} - \frac{1}{2}x - \frac{1}{4}$.

a) Bestimmen Sie a so, dass der Graph von f_a an der Stelle $x = 0$ einen Extrempunkt hat.
Ermitteln Sie die Art dieses Extrempunktes.

b) Zeigen Sie, dass jede Funktion f_a eine Lösung der Differenzialgleichung $f'(x) = 2 \cdot f(x) + x$ ist.

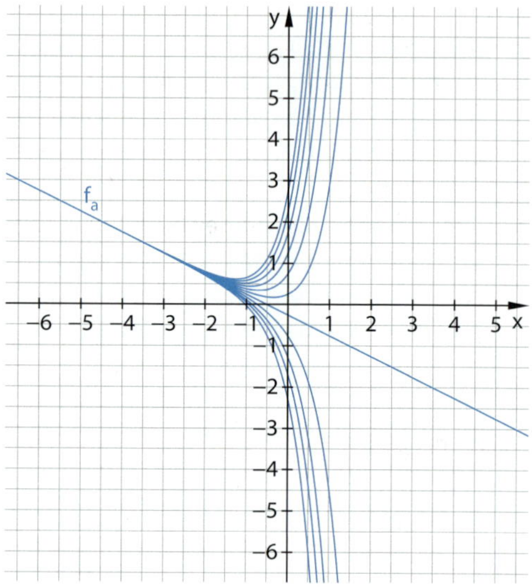

15. Gegeben ist die Funktion f mit der Gleichung $f(x) = (x - 2) \cdot e^{2-x}$.

a) Zeigen Sie, dass durch F mit $F(x) = (1 - x) \cdot e^{2-x}$ eine Stammfunktion zu f gegeben ist.

b) Bestimmen Sie die Nullstelle von f und berechnen Sie den Inhalt der sich ins Unendlich erstreckenden Fläche, die rechts von der Nullstelle zwischen dem Graphen und der x-Achse liegt.

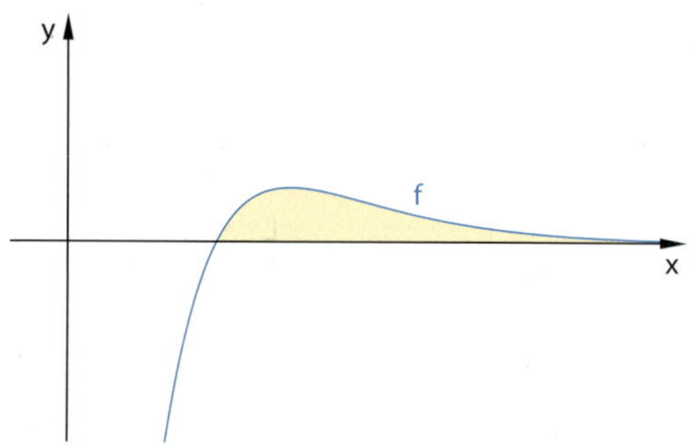

16. Gegeben ist die Funktion F mit $F(x) = x \cdot \ln(x) - x$ für $x > 0$.

a) Zeigen Sie, dass F eine Stammfunktion zu f mit $f(x) = \ln(x)$ ist.

b) Es gilt $\ln(5) > 1{,}6$. Zeigen Sie damit, dass $\int_1^5 \ln(x)\,dx > 4$ gilt.

17. Gegeben ist die Integralfunktion I_2 mit $I_2(x) = \int_2^x (3t^2 - t + 2)\,dt$.

a) Ermitteln Sie einen Funktionsterm für I_2 ohne Integral und bestimmen Sie $I_2(4)$. Geben Sie an, wofür dieser Wert anschaulich steht.

b) Begründen Sie mit einem Beispiel, dass nicht in jedem Fall eine Stammfunktion einer Funktion auch eine Integralfunktion ist.

Aufgaben zur Analytischen Geometrie

1. In einem kartesischen Koordinatensystem sind die Gerade g: $\vec{x} = \begin{pmatrix} 4 \\ 4 \\ -1 \end{pmatrix} + r \cdot \begin{pmatrix} 1 \\ 2 \\ 2 \end{pmatrix}$ und die Punkte A (3 | 2 | −3) und B (1 | 2 | −5) gegeben.
   a) Die Gerade h verläuft durch die Punkte A und B. Ermitteln Sie die Parameterdarstellung von h.
   b) Weisen Sie nach, dass sich die Geraden g und h in genau einem Punkt schneiden.
   c) Weisen Sie nach, dass die Geraden einen Winkel von 45° einschließen. (Hilfe: $\cos(45°) = \frac{1}{\sqrt{2}}$)

2. Die Gerade g verläuft durch die Punkte P (3 | 6 | 0) und Q (5 | 5 | 4).
   a) Ermitteln Sie eine Parametergleichung von g.
   b) Geben Sie die Koordinaten des Spurpunktes S_{12} von g in der x_1x_2-Ebene an.
   c) Zeigen Sie, dass die Gerade g parallel zur Geraden h: $\vec{x} = \begin{pmatrix} 2 \\ 4 \\ 5 \end{pmatrix} + r \cdot \begin{pmatrix} -6 \\ 3 \\ -12 \end{pmatrix}$ verläuft.

3. Ein Flugzeug befindet sich zum Zeitpunkt t = 0 im Punkt P (4 | −1 | 5). Die Bewegung des Flugzeugs innerhalb einer Minute wird durch den Vektor $\vec{v} = \begin{pmatrix} 3 \\ 4 \\ 0 \end{pmatrix}$ beschrieben.

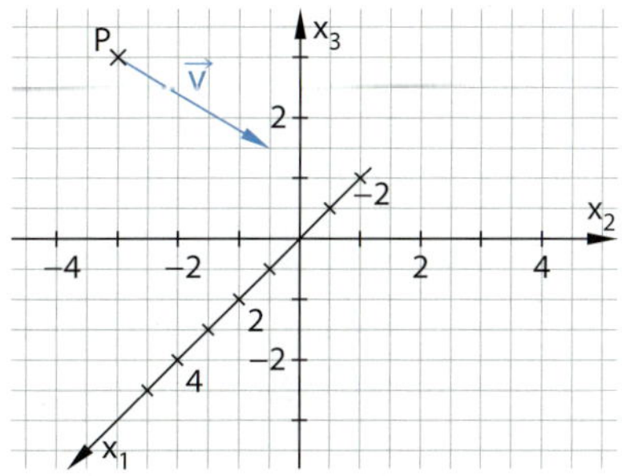

1 Längeneinheit = 1 km

   a) Ermitteln Sie die Position des Flugzeugs nach 2 Minuten und nach 10 Minuten.
   b) Überprüfen Sie, welche der Punkte Q (1 | 5 | 5) und R (−0,5 | −7 | 5) auf der Flugbahn liegen.
   c) Begründen Sie, dass das Flugzeug auf diesem Kurs niemals den Erdboden in der x_1x_2-Ebene berührt.
   d) Zeigen Sie, dass sich das Flugzeug mit einer Geschwindigkeit von 300 km/h bewegt.

4. Gegeben sind die Punkte A (1 | −1 | 6), B (10 | 8 | 6), C (4 | 5 | 0) und P (2 | y | 4) mit y ∈ ℝ.
   a) Bestimmen Sie y so, dass P auf der Geraden g durch A und C liegt.
   b) Zeigen Sie, dass das Dreieck ABC im Punkt C einen rechten Winkel aufweist und gleichschenklig ist.
   c) Berechnen Sie mithilfe des Ergebnisses aus b) den Flächeninhalt des Dreiecks ABC.
   d) Bestimmen Sie den Punkt D so, dass das Dreieck ABC zum Quadrat ergänzt wird.

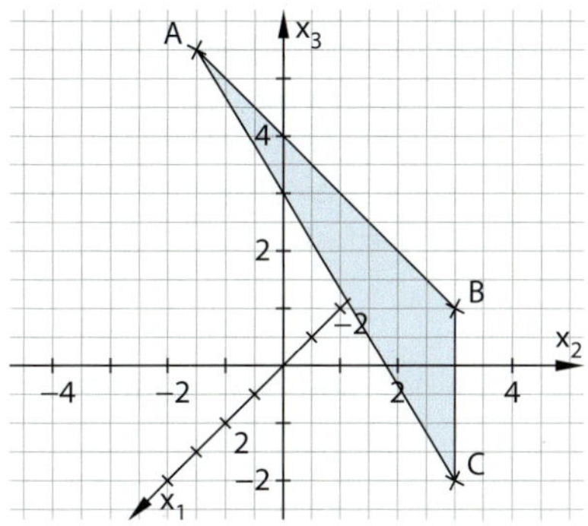

5. Gegeben ist die Ebene E: $\vec{x} = \begin{pmatrix} 3 \\ 2 \\ 3 \end{pmatrix} + r \cdot \begin{pmatrix} 1 \\ 1 \\ 1 \end{pmatrix} + s \cdot \begin{pmatrix} 2 \\ 1 \\ 2 \end{pmatrix}$, r, s ∈ ℝ.
   a) Zeigen Sie, dass der Punkt P (0 | 0 | 0) in der Ebene E liegt.
   b) Weisen Sie nach, dass der Punkt S (4 | 1 | 4) ein gemeinsamer Punkt der Ebene E und der Geraden g: $\vec{x} = \begin{pmatrix} 6 \\ 1 \\ 2 \end{pmatrix} + t \cdot \begin{pmatrix} 1 \\ 0 \\ -1 \end{pmatrix}$, t ∈ ℝ ist.
   c) Begründen Sie ohne weitere Berechnungen, dass alle Punkte der Geraden h: $\vec{x} = u \cdot \begin{pmatrix} 1 \\ 1 \\ 1 \end{pmatrix}$ in der Ebene E enthalten sind.

6. Die Abbildung zeigt einen Quader ABCDEFGH, der von den Vektoren $\vec{a}$, $\vec{b}$ und $\vec{c}$ aufgespannt wird.

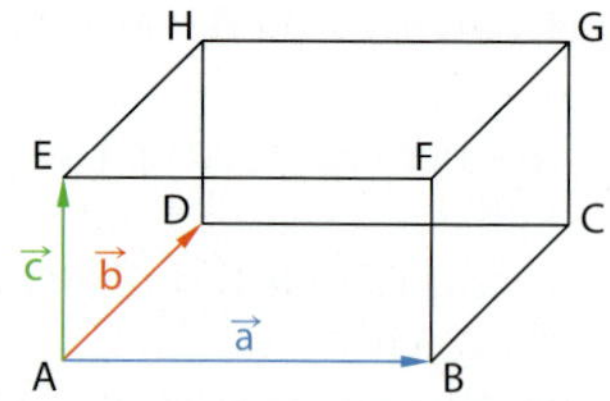

a) Stellen Sie die folgenden Vektoren mithilfe der Eckpunkte des Quaders dar.

$\vec{v_1} = \vec{a} + \vec{b}$ $\quad\quad$ $\vec{v_2} = \vec{a} - \vec{c}$

$\vec{v_3} = \vec{a} - \vec{b} + \vec{c}$ $\quad\quad$ $\vec{v_4} = \vec{a} - (\vec{b} + \vec{c})$

b) Der Quader wird in ein kartesisches Koordinatensystem mit den Eckpunkten A (3 | 0 | 0), B (3 | 4 | 0), D (0 | 0 | 0) und E (3 | 0 | 2) gezeichnet. Zeigen Sie, dass die Strecke $\overline{BD}$ eine Länge von 5 LE hat.

c) Berechnen Sie die Koordinaten der Mittelpunkte der Strecken $\overline{AB}$, $\overline{AD}$ und $\overline{AE}$. Ermitteln Sie damit die Koordinaten des Mittelpunktes des Quaders.

7. In einem kartesischen Koordinatensystem modelliert die x_1x_2-Ebene eine Dachfläche. Eine Längeneinheit entspricht 1 m. Im Punkt P (9 | 2 | 0) ist eine 5 m lange Antenne senkrecht zur Dachfläche angebracht. Der Vektor $\vec{v} = \begin{pmatrix} 1 \\ 1 \\ 1 \end{pmatrix}$ gibt die Richtung der Sonnenstrahlen an.

a) Bestimmen Sie die Koordinaten des Punktes S, der die Spitze das Mastes darstellt.

b) Zeigen Sie, dass die Länge des Schattens, den die Antenne auf die Dachfläche wirft, $\sqrt{50} \approx 7{,}07$ m beträgt.

c) Die Gerade g: $\vec{x} = \begin{pmatrix} 5 \\ 3 \\ 5 \end{pmatrix} + t \cdot \begin{pmatrix} 4 \\ -1 \\ -3 \end{pmatrix}$, $t \in \mathbb{R}$ schneidet die Gerade g_{PS} durch P und S, in der die Antenne liegt. Weisen Sie nach, dass der Schnittpunkt in der Strecke $\overline{PS}$ und somit in der Antenne liegt.

8. Die Grundfläche des Hauses liegt in der x_1x_2-Ebene des Koordinatensystems.

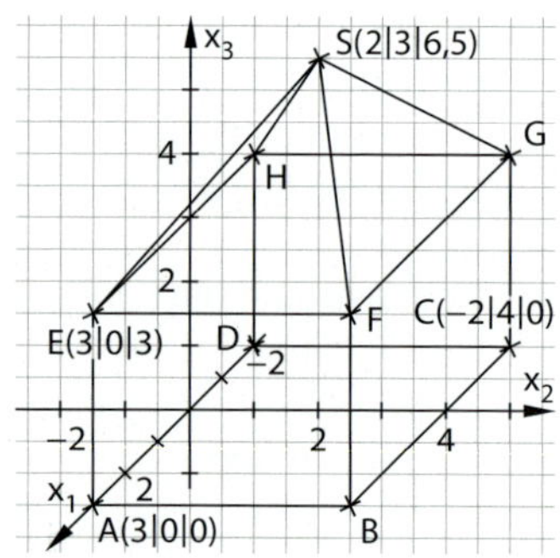

1 Längeneinheit = 1 m

a) Geben Sie die Koordinaten der Eckpunkte B, D, F, G und H an.

b) Ermitteln Sie die Höhe der Wände und die Gesamthöhe des Hauses.

c) Die vier Außenwände sollen neu gestrichen werden. Ein Liter Farbe reicht für 3 m². In einem Eimer sind 5 Liter. Berechnen Sie, wie viele Farbeimer benötigt werden.

9. Gegeben sind zwei Geraden g_1 und g_2 durch folgende Gleichungen:

g_1: $\vec{x} = \begin{pmatrix} 5 \\ 9 \\ 6 \end{pmatrix} + r \cdot \begin{pmatrix} 1 \\ 4 \\ 1 \end{pmatrix}$, $r \in \mathbb{R}$ $\quad$ und $\quad$ g_2: $\vec{x} = \begin{pmatrix} 1 \\ 2 \\ 2 \end{pmatrix} + s \cdot \begin{pmatrix} 2 \\ -1 \\ 2 \end{pmatrix}$, $s \in \mathbb{R}$

a) Zeigen Sie, dass der Punkt A (10 | 29 | 11) auf der Geraden g_1 und der Punkt B (9 | −2 | 10) auf der Geraden g_2 liegt.

b) Bestimmen Sie x und z so, dass der Punkt P (x | 8 | z) auf der Geraden g_2 liegt.

c) Berechnen Sie die Koordinaten des Schnittpunktes S der Geraden g_1 und g_2.
[Kontrollergebnis: S (3 | 1 | 4)]

d) Zeigen Sie, dass das Dreieck ABS rechtwinklig ist.

e) Entscheiden Sie, welcher der Terme ① bis ③ den Flächeninhalt des Dreiecks ABS angibt. Begründen Sie Ihre Entscheidung.

① $4{,}5 \cdot \sqrt{2 + 31^2}$ $\quad\quad$ ② $4{,}5 \cdot \sqrt{98 + 28^2}$ $\quad\quad$ ③ $\frac{1}{2} \cdot \sqrt{2 + 31^2} \cdot \sqrt{2 + 31^2}$

10. Es sei E die Ebene, welche die Punkte A(3|0|2), B(3|3|5) und C(4|3|1) enthält.

a) Stellen Sie eine Parametergleichung der Ebene auf.

b) Zeigen Sie, dass $\vec{n} = \begin{pmatrix} 4 \\ -1 \\ 1 \end{pmatrix}$ ein Normalenvektor von E ist, und geben Sie eine Normalengleichung von E an.

c) Untersuchen Sie die Lagebeziehung zwischen E und der Geraden $g: \vec{x} = \begin{pmatrix} -10 \\ -1 \\ 5 \end{pmatrix} + r\begin{pmatrix} 5 \\ -1 \\ 3 \end{pmatrix}$ ($r \in \mathbb{R}$) und bestimmen Sie gegebenenfalls den Schnittpunkt.

11. Gegeben ist die Ebenenschar E_a: $ax_1 + (2 - a)x_2 - 4x_3 = 8$ ($a \in \mathbb{R}$).

a) Bestimmen Sie die Schnittgerade g von E_0 und E_2.
(Zur Kontrolle: $g: \vec{x} = \begin{pmatrix} 4 \\ 4 \\ 0 \end{pmatrix} + r\begin{pmatrix} 2 \\ 2 \\ 1 \end{pmatrix}$, $r \in \mathbb{R}$)

b) Zeigen Sie, dass g in allen Ebenen der Schar enthalten ist.

c) Geben Sie eine Gleichung einer Ebene F an, die nicht zur Schar E_a gehört, aber ebenfalls die Gerade g enthält, und weisen Sie dies nach.
(Hinweis: Betrachten Sie E_a: $a(x_1 - x_2) + 2x_2 - 4x_3 - 8 = 0$.)

12. Gegeben ist die Ebene E: $\left(\vec{x} - \begin{pmatrix} 2 \\ 2 \\ 1 \end{pmatrix}\right) \cdot \begin{pmatrix} 1 \\ 3 \\ -2 \end{pmatrix} = 0$.

a) Bestimmen Sie eine Koordinatengleichung von E und geben Sie die Achsenschnittpunkte an.

b) Bestimmen Sie a und b so, dass $\begin{pmatrix} 7 \\ -11 \\ a \end{pmatrix}$ und $\begin{pmatrix} 4 \\ 2 \\ b \end{pmatrix}$ Richtungsvektoren von E sind.
Stellen Sie damit eine Parametergleichung von E auf.

c) Untersuchen Sie die Lagebeziehung von E und der Geraden
$g: \vec{x} = \begin{pmatrix} -2 \\ 0 \\ -4 \end{pmatrix} + t\begin{pmatrix} 17 \\ -5 \\ 1 \end{pmatrix}$ ($t \in \mathbb{R}$).

13. Gegeben ist die Ebene E laut Abbildung.

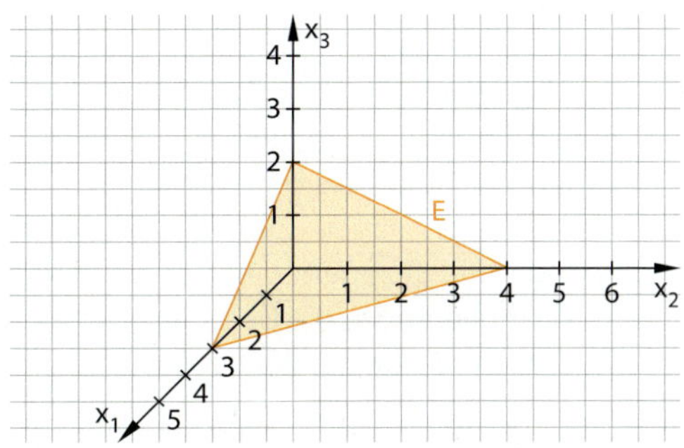

a) Geben Sie für E eine Koordinaten-, eine Normalen- und eine Parametergleichung an.

b) Geben Sie eine Koordinatengleichung für die Ebene F an, die den Punkt P(4|5|7) enthält und parallel zu E liegt.

c) Die Gerade g, die P enthält und senkrecht auf E steht, durchstößt E im Punkt Q.
Bestimmen Sie die Koordinaten von Q.

d) Bestimmen Sie den Abstand der Ebenen E und F.

14. Gegeben sind die Gerade $g: \vec{x} = \begin{pmatrix} -4 \\ 2 \\ 5 \end{pmatrix} + r\begin{pmatrix} 1 \\ 3 \\ -2 \end{pmatrix}$ ($r \in \mathbb{R}$) und die Gerade h durch die Punkte A(−7|3|12) und B(−3|15|4).

a) Zeigen Sie, dass die Geraden g und h zueinander parallel sind.

b) Berechnen Sie den Abstand zwischen g und h.

Aufgaben zur Stochastik

1. In einem Zufallsexperiment wird ein Würfel mit dem abgebildeten Körpernetz zweimal nacheinander gewürfelt. Die Zufallsgröße X beschreibt das Produkt der beiden Augensummen.

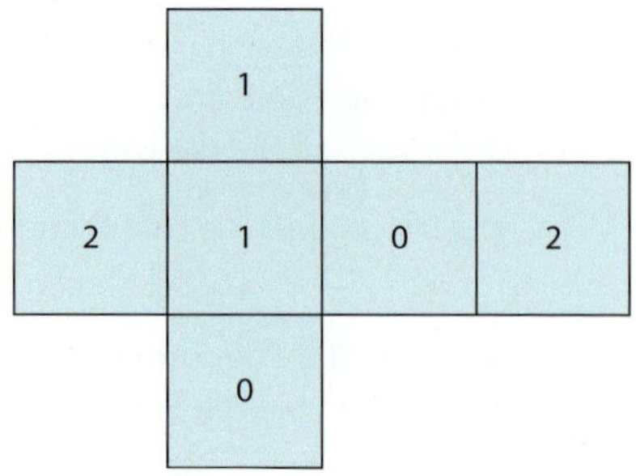

a) Bestimmen Sie die fehlenden Einträge in der Tabelle zur Wahrscheinlichkeitsverteilung von X.

x	0	1	2	
P(X = x)		$\frac{1}{9}$		

b) Berechnen Sie die Wahrscheinlichkeit für die Ereignisse E und F.
E: Das Produkt der Augenzahlen ist eine ungerade Zahl.
F: Das Produkt der Augenzahlen ist mindestens 2.

c) Auf Basis des Zufallsexperiments soll ein Glücksspiel angeboten werden. Der Spieler erhält 9 €, falls X = 2, und 18 €, falls X = 4. In den anderen Fällen erhält der Spieler keine Auszahlung. Als Einsatz für das Spiel werden 3 €, 4 € oder 5 € vorgeschlagen. Entscheiden Sie, bei welchem Einsatz das Spiel fair ist. Begründen Sie Ihre Entscheidung.

2. Von zwei Ereignissen A und B ist die Wahrscheinlichkeit dafür, dass beide eintreffen, gegeben durch $P(A \cap B) = \frac{1}{20}$.

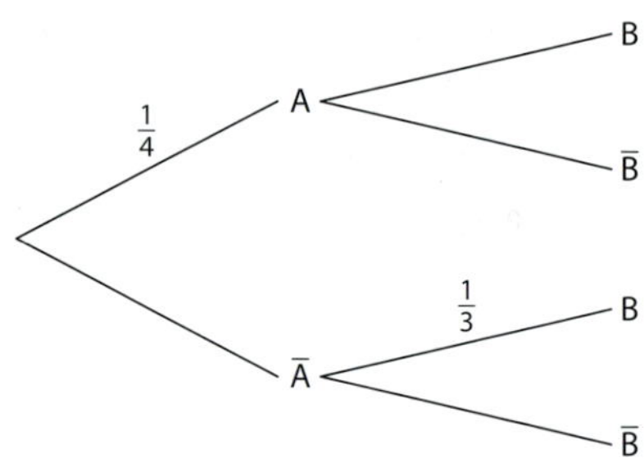

a) Übertragen Sie das Baumdiagramm und ergänzen Sie die fehlenden Wahrscheinlichkeiten.

b) Bestimmen Sie die Wahrscheinlichkeiten $P(\overline{A} \cap B)$, $P_{\overline{A}}(B)$, $P(B)$ und $P_B(A)$.

c) Untersuchen Sie, ob A und B stochastisch unabhängig sind.

3. In einem Kartendeck befinden sich 12 Karten, und zwar sechs Joker, vier Asse und zwei Buben. Es wird nacheinander je eine Karte ohne Zurücklegen gezogen. Es werden die folgenden Ereignisse betrachtet.
A: Nach zweimaligem Ziehen wurde mindestens ein Joker gezogen.
B: Unter drei gezogenen Karten befindet sich höchstens ein Bube.

a) Formulieren Sie die Gegenereignisse $\overline{A}$ und $\overline{B}$.

b) Berechnen Sie die Wahrscheinlichkeit von A und von $\overline{B}$.

4. In einer Urne befinden sich 3 schwarze und 5 weiße Kugeln. Es wird zweimal nacheinander eine Kugel gezogen und wieder zurückgelegt. Die Abbildung zeigt das Baumdiagramm zu diesem Zufallsexperiment.
Es werden die folgenden Ereignisse betrachtet.
A: Die erste Kugel ist schwarz.
B: Die zweite Kugel ist weiß.

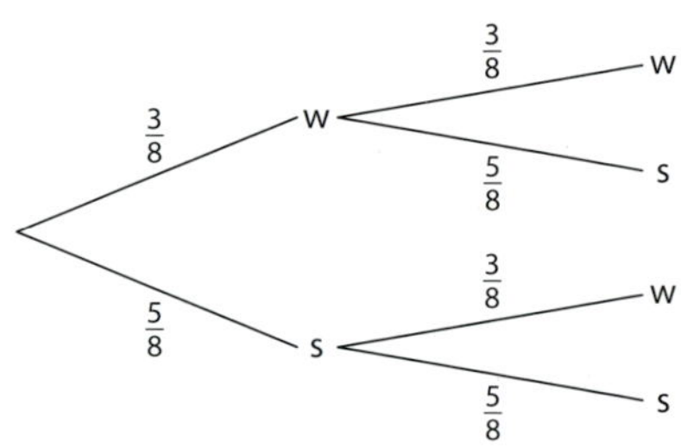

a) Zeigen Sie, dass A und B stochastisch unabhängig sind.

b) In einem zweiten Experiment wird zweimal aus der Urne gezogen, ohne dass die gezogene Kugel zurückgelegt wird. Zeichnen Sie ein Baumdiagramm zu diesem Experiment und tragen Sie darin alle Wahrscheinlichkeiten ein. Untersuchen Sie die Ereignisse A und B in diesem Experiment auf stochastische Unabhängigkeit.

5. Bei einem Glücksspiel wird eine faire Münze mit den Seiten „Kopf" und „Zahl" viermal geworfen. Zeigt die Münze bei jedem Wurf „Kopf", so erhält der Spieler einen Gewinn.
   a) Ermitteln Sie die Anzahl der zu erwartenden Gewinne, wenn das Spiel 74-mal durchgeführt wird.
   b) Bestimmen Sie die Höhe des Gewinns so, dass das Spiel bei einem Einsatz von 2 € fair ist.
   c) Hannes behauptet, dass er bei 30 Durchführungen des Spiels mit einer Wahrscheinlichkeit von über 95 % mindestens einmal gewinnt.
   Erklären Sie in diesem Zusammenhang die Bedeutung der Ausdrücke ① und ②.
   ① $\left(\frac{15}{16}\right)^n = 0{,}05$ ② $n = \frac{\ln(0{,}05)}{\ln\left(\frac{15}{16}\right)} \approx 46{,}42$
   Beurteilen Sie damit die Aussage von Hannes.

6. Zur Faschingszeit produziert ein Konditor Berliner Pfannkuchen. 5 % dieser Pfannkuchen enthalten Senf statt Marmelade. Nacheinander kaufen zehn Kunden einen Pfannkuchen.
   a) Geben Sie je einen Term an, mit dem die Wahrscheinlichkeit der Ereignisse A, B und C berechnet werden kann.
   A: Die ersten zwei Kunden bekommen einen Pfannkuchen mit Marmelade.
   B: Genau zwei der zehn Kunden erwischen einen Pfannkuchen mit Senf.
   C: Mindestens zwei Kunden bekommen einen Pfannkuchen mit Senf.
   b) Die Zufallsgröße X zählt die Anzahl der Kunden, die einen Pfannkuchen mit Senf bekommen. Entscheiden Sie, welche der Abbildung die Wahrscheinlichkeitsverteilung X darstellt.

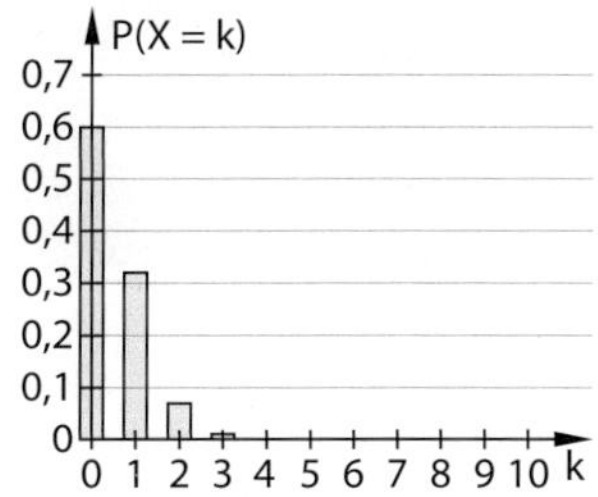

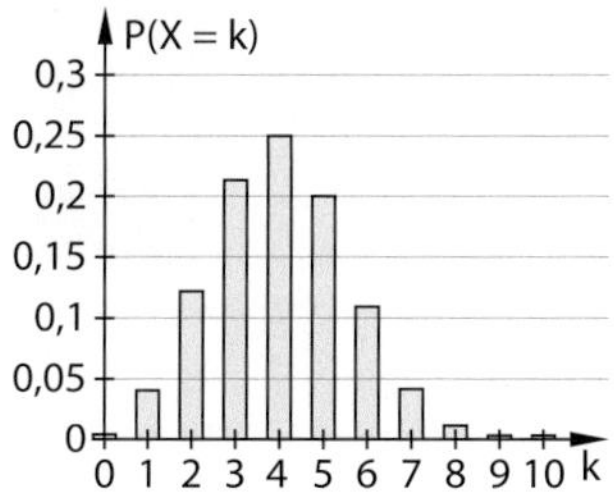

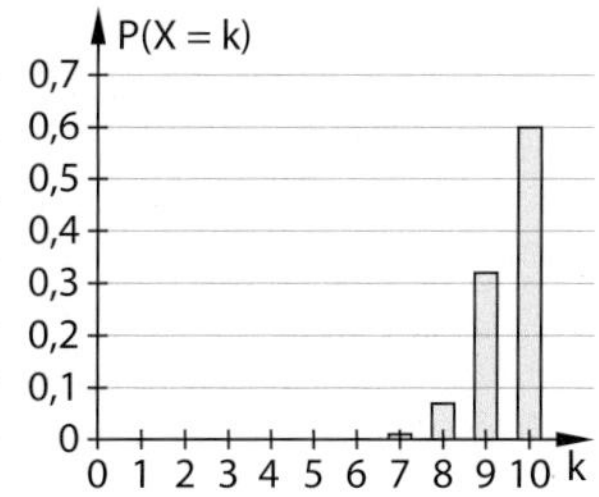

   Begründen Sie, dass eine der anderen Abbildungen die Verteilung der Anzahl der Kunden mit einem Marmeladen-Pfannkuchen beschreibt.

7. Bei einem Glücksspiel wird 100-mal eine Münze geworfen. Für jeden Wurf mit „Zahl" erhält der Spieler 1 €. Bei „Kopf" erhält er nichts. Es wird davon ausgegangen, dass die Münze fair ist.
   a) Bestimmen Sie einen Einsatz, bei dem das Spiel fair ist.
   b) Entscheiden Sie, in welchen Intervallen die Auszahlung nach 100 Würfen mit einer Wahrscheinlichkeit von mindestens 95,5 % liegt. Begründen Sie Ihre Entscheidung.
   ① [45; 55] ② [47; 53] ③ [40; 60] ④ [42; 58] ⑤ [38; 62]
   c) Bei einer Beobachtung von 10 000 Würfen mit der Münze tritt „Kopf" 5200-mal auf. Beurteilen Sie, ob die Fairness der Münze aufgrund dieser Beobachtung angezweifelt werden sollte.

8. Die Zufallsgröße X ist binomialverteilt mit einer Erfolgswahrscheinlichkeit p zu einer Bernoullikette der Länge n.
   a) Erklären Sie in diesem Zusammenhang die Bedeutung der Terme ①, ② und ③.
   ① $(1-p)^3$ ② $\binom{n}{5} \cdot p^5 \cdot (1-p)^{n-5}$ ③ $1 - ((1-p)^n + n \cdot p \cdot (1-p)^{n-1})$
   b) Der Erwartungswert von X ist $\mu = 20$. Die Standardabweichung von X ist $\sigma = 2$. Bestimmen Sie n und p.

9. In einer Urne befinden sich n Kugeln, die mit den Zahlen 1, …, n beschriftet sind. Es werden zwei Kugeln nacheinander mit Zurücklegen gezogen. Betrachtet werden die Ereignisse A und B.
A: Die Summe der Ziffern ist gerade.
B: Als erstes wurde die 1 gezogen.

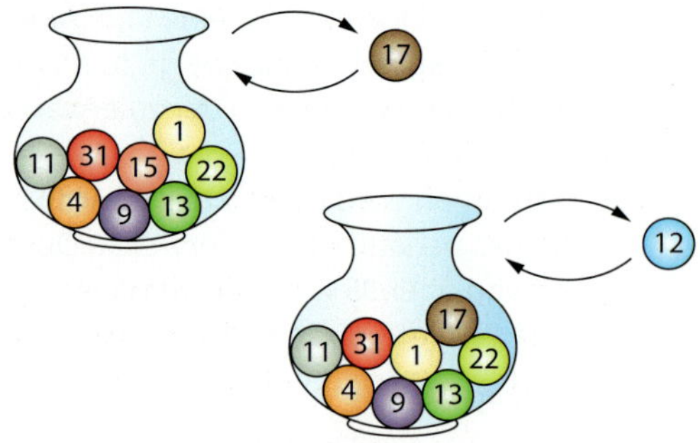

a) Es sei $n = 3$.
Bestimmen Sie die Wahrscheinlichkeit für A.

b) Es sei weiterhin $n = 3$.
Bestimmen Sie die Wahrscheinlichkeit von A unter der Bedingung B.
Untersuchen Sie die beiden Ereignisse auf stochastische Unabhängigkeit.

c) Es sei jetzt n eine gerade Zahl.
Untersuchen Sie, ob A und B in jedem Fall unabhängig sind.

10. Das Geburtsgewicht von Neugeborenen wird als normalverteilt mit $\mu = 3{,}5\,\text{kg}$ und $\sigma = 0{,}5\,\text{kg}$ angenommen. Es sei f die zugehörige Dichtefunktion.

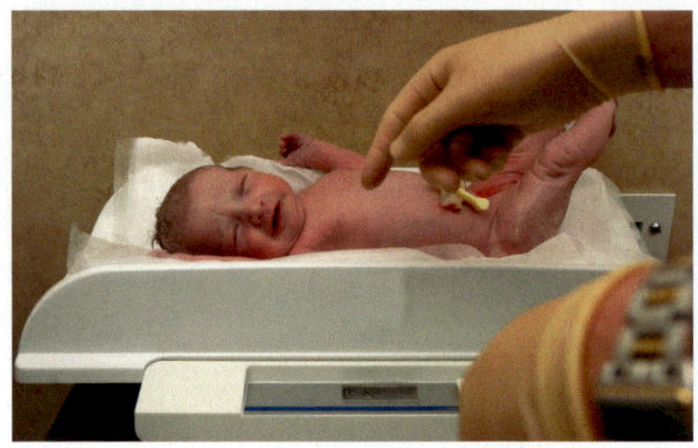

a) Erläutern Sie, wofür der Term $\int_{2{,}5}^{4{,}5} f(x)\,dx$ im Sachzusammenhang steht, und geben Sie seinen Wert näherungsweise an.

b) Es werden 1000 Kinder geboren.
Bestimmen Sie mithilfe der Abbildung eine Prognose für die Zahl der Neugeborenen, die ein Gewicht zwischen 3,5 und 4 kg haben (auf eine ganze Zahl gerundet).

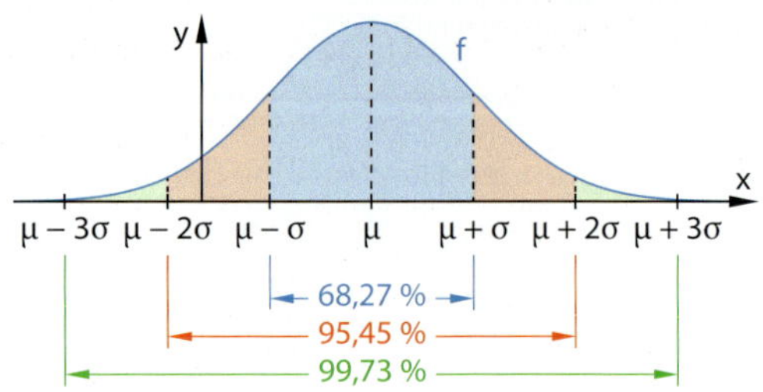

c) Es gilt $f(3{,}4) > 0{,}78$.
Zeigen Sie, dass für das Gewicht X eines Neugeborenen gilt:
$P(3{,}4 < X < 3{,}6) > P(4 < X < 4{,}5)$

11. Die Abbildung zeigt den Graphen der Dichtefunktion φ mit $\varphi(x) = \frac{1}{\sqrt{2\pi}} e^{-\frac{x^2}{2}}$ einer standardnormalverteilten Zufallsgröße X.
Die Funktion Φ mit $\Phi(x) = \int_{-\infty}^{x} \varphi(t)\,dt$ ist die zugehörige Verteilungsfunktion.

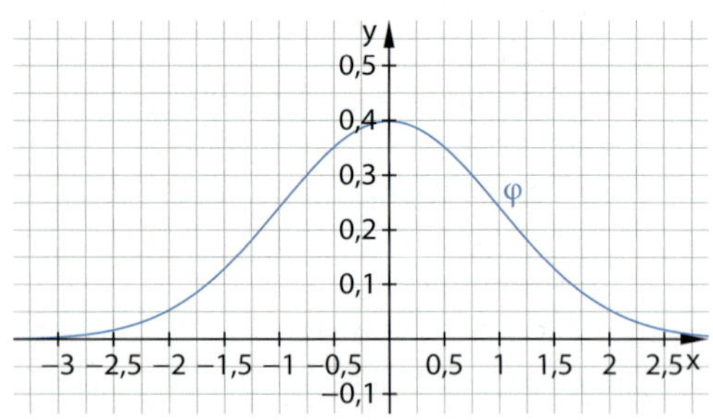

a) Begründen Sie, dass Φ streng monoton steigend ist.

b) Für eine standardnormalverteilte Zufallsgröße X sind die Werte $P(X < 1) = 0{,}84$ und $P(-1 < X < -0{,}5) = 0{,}15$ gegeben.
Bestimmen Sie damit $\Phi(-1)$ und $\Phi(-0{,}5)$.

11.3 Aufgaben zum Wahlpflichtteil

Bei der Bearbeitung der folgenden Aufgaben können digitale Mathematikwerkzeuge (GTR, CAS) sowie Formelsammlungen verwendet werden. Der Lösungsweg sollte vollständig nachvollziehbar dokumentiert werden. Die Dokumentation geht in die Bewertung ein. Bei der Übertragung von Graphen von Rechnern sollen die Skalierungen der Achsen, die Terme der dargestellten Funktionen und die Zuordnung „Term – Graph" mit dokumentiert werden.
In einer Abiturprüfung wird aus jedem Gebiet eine Aufgabe ausgewählt. Es gibt 30 Minuten Auswahl- und 240 Minuten Bearbeitungszeit.

Aufgaben zur Analysis

1. **Download**
Der Graph der Funktion f mit $f(t) = -\frac{1}{8}t^3 + \frac{3}{4}t^2$ beschreibt zwischen seinen Nullstellen die Übertragungsrate während eines Downloads einer App. Dabei gibt t die Zeit in Sekunden an und f(t) die Downloadgeschwindigkeit in Megabyte pro Sekunde $\left(\frac{\text{MB}}{\text{s}}\right)$.

a) Bestimmen Sie die Gesamtdauer des Downloads und die Downloadgeschwindigkeit nach 2 Sekunden.
Berechnen Sie den Zeitpunkt mit der höchsten Übertragungsrate.
Zeigen Sie, dass f bei $t = 2$ eine Wendestelle hat, und erklären Sie deren Bedeutung im Sachzusammenhang.

b) Berechnen Sie, wie viele Megabyte insgesamt heruntergeladen werden.
Zeigen Sie, dass nach 2 Sekunden erst weniger als 12,5 % und nach 5 Sekunden bereits über 85 % der Daten heruntergeladen sind.
Bestimmen Sie den Zeitpunkt, zu dem 50 % der Daten heruntergeladen sind.

c) Unabhängig vom Sachzusammenhang wird nun die Funktion f mit $f(x) = -\frac{1}{8}x^3 + \frac{3}{4}x^2$ für alle $x \in \mathbb{R}$ betrachtet.
Zeigen Sie, dass der Graph der Funktion h mit $h(x) = -\frac{1}{8}x^3 + \frac{3}{2}x$, $x \in \mathbb{R}$, aus einer Verschiebung des Graphen von f um 2 Einheiten nach links und um 2 Einheiten nach unten hervorgeht.
Begründen Sie mithilfe Ihrer bisherigen Ergebnisse, dass der Ursprung ein Wendepunkt des Graphen der Funktion h ist. Leiten Sie damit eine Symmetrieeigenschaft des Graphen von f her.

d) Die Graphen der Funktionen f und h schließen eine Fläche ein. Berechnen Sie deren Inhalt.
Es sei t die Tangente an den Graphen der Funktion f im Punkt $P(6\,|\,0)$. Bestimmen Sie den Inhalt der Fläche A, die von dem Graphen der Funktion f, der Geraden t und der y-Achse eingeschlossen wird.
Geben Sie eine Gleichung der Geraden durch die Schnittpunkte der Graphen von f und h an.
Bestimmen Sie das Verhältnis, in das die Fläche des Dreiecks, welches t und die Achsen bilden, durch die Gerade g geteilt wird.

e) Betrachten Sie für $a > 0$ die Funktionenschar f_a mit $f_a(x) = 2a \cdot x \cdot e^{-a \cdot x}$.
Zeigen Sie, dass F mit $F(x) = -2(a \cdot x + 1) \cdot \frac{e^{-a \cdot x}}{a}$ eine Stammfunktion von f_a ist.
Alle Graphen von f_a schließen mit der x-Achse ein nach rechts unbegrenztes Flächenstück F_a ein.
Zeigen Sie, dass der Flächeninhalt dieses Flächenstücks unabhängig von a endlich ist.
Bestimmen Sie einen Wert von a so, dass das Flächenstück F_a einen Flächeninhalt von 8 FE hat.

2. Firmenlogo

Eine Firma designt ein neues Firmenlogo, das an die Hauswand ihrer Firmenzentrale gezeichnet werden soll. Die gefärbte symmetrische Fläche im Koordinatensystem stellt einen ersten Entwurf dar (siehe Abbildung).
Es sind $B(3|0)$, $C(0|-6)$ und $E(1|0)$.

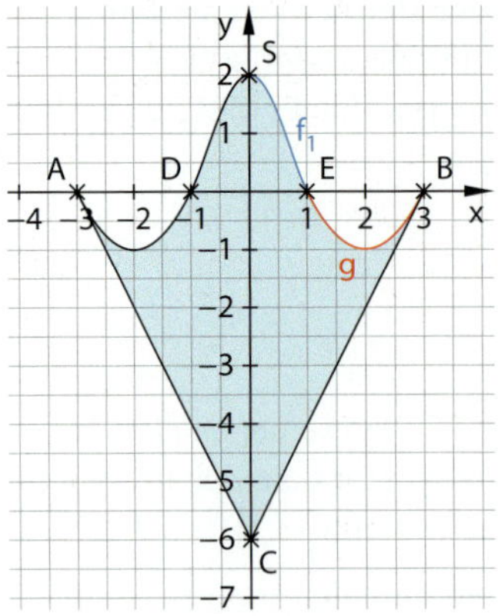

1 Längeneinheit entspricht 1 m.

a) Geben Sie die Gleichung der Geraden an, die durch C und B verläuft.
Ermitteln Sie die Funktionsgleichung des Parabelbogens g, welcher durch die Punkte E und B verläuft und in B dieselbe Steigung hat wie die Gerade durch C und B.
Begründen Sie, dass der Graph von g im Punkt E die Steigung -2 hat.

b) Eine Grafikerin liefert einen Entwurf, in dem die obere Randkurve durch die Graphen der Funktionen f_1 und g mit $f_1(x) = x^4 - 3x^2 + 2$ und $g(x) = x^2 - 4x + 3$ beschrieben wird.
Das Logo soll mit einer sehr teuren Spezialfarbe aufgetragen werden. Ein Liter dieser Farbe kostet 199 € und reicht für eine Fläche von $3\,m^2$.
Untersuchen Sie, ob ein Budget von 1200 € ausreicht, um genug Farbe zu kaufen.

c) Unabhängig vom Sachzusammenhang wird für jedes $a > 0$ die auf $\mathbb{R}$ definierte Funktion f_a mit der folgenden Gleichung betrachtet:
$f_a(x) = a \cdot \left(x^4 - \left(2 + \frac{1}{a}\right)x^2 + \left(1 + \frac{1}{a}\right)\right)$
Begründen Sie, dass die Graphen zu f_a achsensymmetrisch zur y-Achse sind und auf der y-Achse einen Hochpunkt haben.
Zeigen Sie zudem, dass die Anstiege der Tangenten an den Graphen von f_a und g im Punkt E übereinstimmen und die Verbindung somit ohne „Knick" ist.
Ermitteln Sie, für welchen Wert von a die gefärbte Fläche in der Abbildung und das Dreieck ABC den gleichen Flächeninhalt haben.

d) Nun wird eine weitere Funktionenschar h_a mit $h_a(x) = -\frac{x^2}{a} + a \cdot x$ für $a \neq 0$ betrachtet.
Durch Rotation der Graphen von h_a um die x-Achse entstehen zwischen den Nullstellen Körper.
Skizzieren Sie den Querschnitt dieses Körpers für zwei verschiedene Werte von a und beschreiben Sie den Einfluss des Parameters auf die Form und Maße der Körper.
Bestimmen Sie alle Werte von a, für die der Körper eine Länge von 9 LE hat.
Berechnen Sie für diese Werte von a den Durchmesser und das Volumen des jeweiligen Körpers.
Untersuchen Sie, für welche Werte von a das Volumen des Körpers dem einer Kugel mit einem Radius von 1 LE entspricht.

3. **Abkühlung**

Der Abkühlungsprozess von Flüssigkeiten kann mithilfe exponentieller Funktionen modelliert werden.
In einem Versuch wird heißes Wasser mit einer Temperatur von 85 °C in eine Umgebung mit 30 °C gebracht.
Nach 30 Minuten wird im Wasser eine Temperatur von 48 °C gemessen.

a) Sie können davon ausgehen, dass die Temperaturdifferenz mit der Zeit exponentiell abnimmt. Ermitteln Sie mithilfe des Messwerts eine Funktion f, die den Verlauf der Wassertemperatur in Abhängigkeit von der Zeit t (in Minuten) modellhaft beschreibt.
[Kontrollergebnis: $f(t) = 30 + 55e^{-0{,}037t}$]
Bestimmen Sie mithilfe von f die Wassertemperatur nach einer Stunde und den Zeitpunkt, an dem eine Temperatur von 40 °C erreicht wird.
Im Versuch wird nach einer Stunde eine Temperatur von 36 °C gemessen. Geben Sie die prozentuale Abweichung dieses Messwerts vom mit f errechneten Wert an.
Bestimmen Sie die Geschwindigkeit, mit der die Temperatur nach 45 Minuten abnimmt.
Zeigen Sie, dass sich der Graph der Ableitungsfunktion f' für $t \to \infty$ asymptotisch der t-Achse annähert. Deuten Sie dies im Sachzusammenhang.
Beschreiben Sie den Abkühlungsprozess mithilfe einer Differenzialgleichung und zeigen Sie, dass die Funktion f eine Lösung dieser Differenzialgleichung ist.

b) In einem weiteren Versuch wird das Wachstum einer Pilzkultur auf einer $20\,cm^2$ großen Fläche untersucht. Die von der Kultur bedeckte Fläche wächst zunächst exponentiell an. Mit zunehmender Dauer flacht das Wachstum ab und der Flächeninhalt der bedeckten Fläche nähert sich dem Gesamtflächeninhalt an.
Beschreiben Sie diesen Vorgang mit einer Differenzialgleichung und begründen Sie damit, dass ein Modell mit begrenztem Wachstum zur Beschreibung des Prozesses nicht geeignet ist. Zu Beobachtungsbeginn sind $2\,cm^2$ bedeckt. Drei Stunden später ist die bedeckte Fläche auf $8\,cm^2$ angewachsen.
Ermitteln Sie eine Funktion g, mit deren Hilfe der Flächeninhalt der bedeckten Fläche (in cm^2) in Abhängigkeit von der Zeit t (in Stunden) modelliert werden kann.
Ermitteln Sie mithilfe des Modells, wann die Pilze eine Fläche von $11\,cm^2$ bedecken.
Geben Sie für diesen Zeitpunkt die Wachstumsgeschwindigkeit an.
Bestimmen Sie den Zeitpunkt, an dem die Größe der bedeckten Fläche am stärksten zunimmt.

c) Unabhängig vom Sachzusammenhang wird die auf ganz $\mathbb{R}$ definierte Funktion f mit $f(x) = (x^2 - 1) \cdot e^{-x}$ betrachtet.
Beschreiben Sie das Verhalten des Graphen von f für $x \to \infty$ und $x \to -\infty$.
Zeigen Sie, dass durch $F(x) = -(x + 1)^2 \cdot e^{-x}$ eine Stammfunktion von f gegeben ist.
Geben Sie eine weitere Stammfunktion von f an.
Berechnen Sie den Inhalt der Fläche, die der Graph von f und die x-Achse einschließen.

d) Ermitteln Sie die Funktionsgleichung der ganzrationalen Funktion g zweiten Grades, also $g(x) = ax^2 + bx + c$, welche die gleichen Nullstellen wie die Funktion f aus Aufgabe c) hat und in der positiven Nullstelle die Steigung 2. Skizzieren Sie den Graphen von g in das Koordinatensystem.
[Kontrollergebnis: $g(x) = x^2 - 1$]
Berechnen Sie den Inhalt der Fläche, die von den Graphen von f und g sowie der x-Achse eingeschlossen ist.

4. Feinstaub an Neujahr

Die Luftbelastung mit gesundheitsgefährdendem Feinstaub ist vielerorts am ersten Tag des neuen Jahres so hoch wie sonst im ganzen Jahr nicht.
So wurde in der „Millenniumsnacht" am 1. Januar 2000 in Dresden mit mehr als $2000\,\frac{\mu g}{m^3}$ der höchste jemals in Sachsen gemessene Wert erreicht. Normal war zu dieser Zeit in Dresden eine ständige Belastung von $35\,\frac{\mu g}{m^3}$.

Für die ersten zwei Stunden des Jahres 2000 kann die Feinstaubkonzentration durch die Funktion f mit $f(t) = 300t \cdot e^{-0{,}05t} + 35$ modelliert werden. Dabei gibt t die Zeit in Minuten seit Mitternacht an und f(t) die Feinstaubkonzentration in $\frac{\mu g}{m^3}$. Nach zwei Stunden erfolgt der weitere Abbau näherungsweise linear.

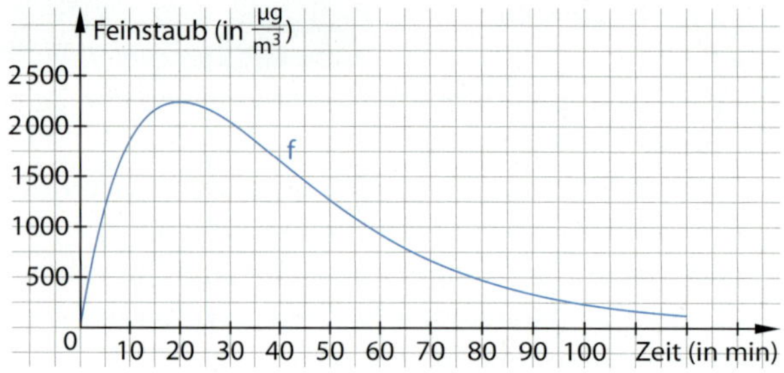

a) Berechnen Sie die Feinstaubkonzentration 10 Minuten nach dem Jahreswechsel.
Berechnen Sie f'(5) und interpretieren Sie das Ergebnis im Sachzusammenhang.
[Kontrollergebnis: $f'(t) = (300 - 15t) \cdot e^{-0{,}05t}$]

b) Berechnen Sie die maximale Feinstaubkonzentration in der Luft sowie den zugehörigen Zeitpunkt.
Bestimmen Sie den Zeitpunkt, zu dem der Feinstaub am stärksten reduziert wird, und geben Sie auch die zugehörige Abbaugeschwindigkeit an.

c) Zeigen Sie, dass die Funktion F mit $F(t) = (-6000t - 120\,000) \cdot e^{-0{,}05t} + 35t$ eine Stammfunktion zu f ist.
Begründen Sie, dass der Wert des Terms $\frac{1}{b-a} \cdot \int_a^b f(t)\,dt$ der mittleren Feinstaubkonzentration im Zeitintervall [a; b] entspricht.
Berechnen Sie die mittlere Feinstaubkonzentration für die Zeit von 0:00 Uhr bis 2:00 Uhr.

d) Der lineare Abbau nach 2 Stunden wird näherungsweise durch die Tangente g an den Graphen von f im Punkt (120 | f(120)) beschrieben. Bestimmen Sie die Gleichung der Tangente g. Zeigen Sie, dass die Feinstaubkonzentration 144 Minuten nach dem Jahreswechsel wieder genauso hoch ist wie um Mitternacht, nämlich $35\,\frac{\mu g}{m^3}$.
Berechnen Sie $\frac{1}{144} \cdot \left(\int_0^{120} f(t)\,dt + \int_{120}^{144} g(t)\,dt \right)$ und interpretieren Sie das Ergebnis im Sachzusammenhang.

e) Das Modell soll auf eine andere Stadt übertragen werden, von der nur wenige Messergebnisse vorliegen. Da die Grundbelastung vernachlässigbar gering ist, wird die Konzentration des Feinstaubs in der Luft hier durch eine Funktion h der folgenden Form beschrieben: $h(t) = at \cdot e^{-bt}$ mit $a > 0$ und $b > 0$. Wieder ist t die Zeit in Minuten nach dem Jahreswechsel; h(t) wird in der Einheit $\frac{\mu g}{m^3}$ gemessen.
Bestimmen Sie die Konstanten a und b, wenn die Feinstaubkonzentration genau 40 Minuten nach dem Jahreswechsel maximal ist und hier einen Wert von $1200\,\frac{\mu g}{m^3}$ erreicht.

Aufgaben zur analytischen Geometrie

1. **Doppelpyramide**
Gegeben ist eine Pyramide mit Spitze S und quadratischer Grundfläche ABCD (s. Skizze).

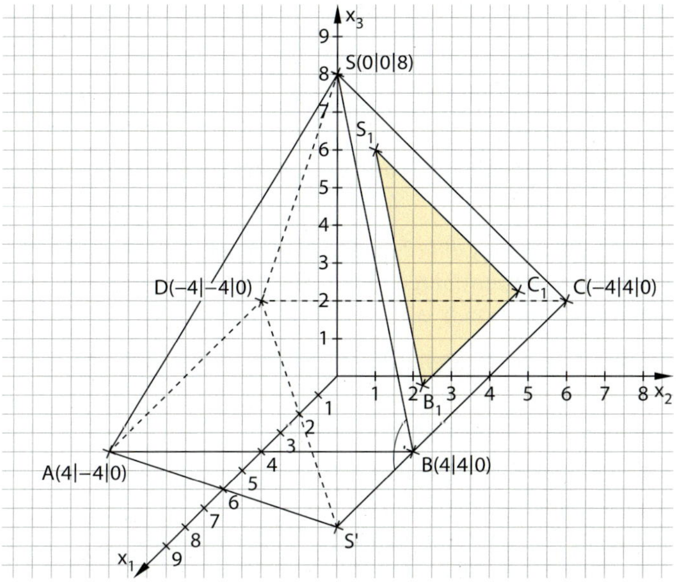

a) Die Ebene E_1 verläuft durch C und durch die Mittelpunkte der beiden Pyramidenkanten $\overline{BS}$ und $\overline{DS}$. Die Gerade g_{AS} enthält die Punkte A und S.
Bestimmen Sie zur Ebene E_1 und zur Geraden g_{AS} jeweils eine Gleichung.
Zeigen Sie, dass die Gerade g_{AS} zur Ebene E_1 orthogonal ist.

b) Berechnen Sie den Schnittpunkt T von E_1 und g_{AS}.
Zeigen Sie, dass die Strecke $\overline{AS}$ dreimal so lang ist wie die Strecke $\overline{TS}$.

c) Spiegeln Sie den Punkt A an der Ebene E_1.

d) Berechnen Sie das Volumen und die Oberfläche der Pyramide.

e) Berechnen Sie die Innenwinkel des Dreiecks BCS.

f) Die Seiten des Dreiecks $B_1C_1S_1$ mit $B_1\,(2{,}5\,|\,3{,}5\,|\,1)$ und $C_1\,(-2{,}5\,|\,3{,}5\,|\,1)$ sind parallel zu den entsprechenden Seiten des Dreiecks BCS.
Berechnen Sie die Koordinaten des Punktes S_1.

g) Die Pyramide soll zu einer Doppelpyramide erweitert werden.
Bestimmen Sie die Koordinaten des Punktes S' auf der x_3-Achse, sodass das Dreieck SS'B bei B einen rechten Winkel hat.

h) E_2 ist die Ebene durch B, C und S'.
Ermitteln Sie die Koordinaten des Punktes P auf der Strecke $\overline{AS}$, der von E_2 den Abstand $d(P, E_2) = \frac{11}{\sqrt{2}}$ hat.

2. Flugbahnen

Betrachtet werden ein Propellerflugzeug und ein Verkehrsflugzeug. Das Propellerflugzeug startet um 9:00 Uhr im Punkt A (1 | 8 | 0) und ist um 9:04 Uhr im Punkt B (7 | 12 | 2). Das Verkehrsflugzeug befindet sich um 9:02 Uhr im Punkt C (−10 | −5 | 3). Im hier betrachteten Zeitraum legt es pro Minute einen dem Vektor $\vec{v} = \begin{pmatrix} 5 \\ 3 \\ 0 \end{pmatrix}$ entsprechenden Weg zurück (alle Längenangaben in km). Der Erdboden wird durch die x_1x_2-Ebene modelliert.

a) Die Flugbahn des Propellerflugzeugs entspricht, bis es eine Höhe von 3 km über dem Erdboden erreicht hat, einer Geraden g_1.
Geben Sie eine Parametergleichung von g_1 an und berechnen Sie den Steigungswinkel des Propellerflugzeugs.

b) Ab dem Punkt $P(x_1 | x_2 | 3)$ fliegt das Propellerflugzeug in gleicher Richtung, aber die Höhe von 3 km beibehaltend, weiter, entlang einer Geraden g_2.
Geben Sie eine Parametergleichung von g_2 an.

c) Geben Sie für den Horizontalflug des Propellerflugzeugs und für das Verkehrsflugzeug die Geschwindigkeit in km/h an.
Berechnen Sie den Abstand beider Flugzeuge um 9:02 Uhr.

d) h sei die Gerade, welche der Flugbahn des Verkehrsflugzeugs entspricht.
Berechnen Sie den Abstand der Geraden g_1 und h.
F_1 und F_h seien die Fußpunkte des gemeinsamen Lotes beider Geraden.
Geben Sie an, zu welcher Uhrzeit sich die beiden Flugzeuge in F_1 bzw. in F_h befinden.
[Kontrollergebnis: $d(g_1, h) \approx 5{,}9$ km]

e) Berechnen Sie den Schnittpunkt der Flugbahnen g_2 und h.
Begründen Sie ohne weitere Rechnung, dass die Flugbahn g_1 bzw. g_2 des Propellerflugzeugs einen Mindestabstand von 5,9 km zur Flugbahn h einhält.

f) Im Punkt Z (38 | 34 | 3) ist das Zentrum eines Gewitters.
Berechnen Sie die beiden Punkte K_1 und K_2 der Flugbahn h, welche 17 km von Z entfernt liegen.

g) Begründen Sie, dass für den Mittelpunkt M der Strecke $\overline{K_1K_2}$ gilt: $d(h, Z) = d(Z, M)$.
Zeigen Sie, dass h mehr als 8 km vom Zentrum des Gewitters entfernt bleibt.

3. Schatten

Die Skizze zeigt ein Haus mit einem Spitzdach. Der Erdboden entspricht der x_1x_2-Ebene.

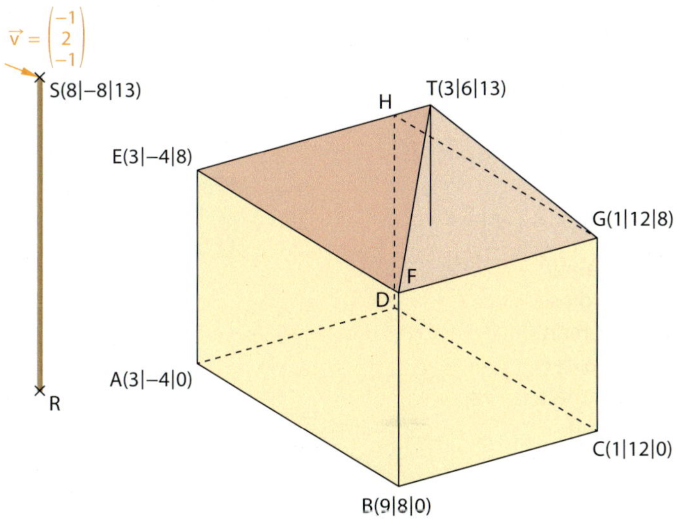

a) Berechnen Sie die Koordinaten des Punktes D so, dass das Viereck ABCD ein Parallelogramm ist, und weisen Sie nach, dass es sogar ein Rechteck ist.
Geben Sie auch die Koordinaten der Punkte F und H an.

b) Prüfen Sie, ob die Dachdreiecke EFT und FGT gleichschenklig sind.

c) E_1 sei die Ebene durch T orthogonal zur Geraden g_{EF} durch die Punkte E und F.
Berechnen Sie den Schnittpunkt L von E_1 und g_{EF}.
Geben Sie an, welche Bedeutung die Strecke $\overline{TL}$ für das Dreieck EFT hat, und berechnen Sie den Flächeninhalt dieses Dreiecks.

d) Das Sonnenlicht fällt in Richtung des Vektors $\vec{v} = \begin{pmatrix} -1 \\ 2 \\ -1 \end{pmatrix}$ ein. Der Schatten des Mastes mit Spitze S soll ermittelt werden. Führen Sie dazu die folgenden Schritte durch:
① Skizzieren Sie das Haus in ein Koordinatensystem.
(Sie brauchen ein querliegendes DIN A3 Blatt.)
② Geben Sie zu $\vec{v}$ die Matrix einer Projektion in die x_1x_2-Ebene an und ermitteln Sie die Koordinaten der Projektion S′ von S in die x_1x_2-Ebene.
③ Schneiden Sie die Geraden $g_{RS'}$ und g_{AB} und zeichnen Sie den Schatten des Mastes auf dem Boden und auf der Hauswand ein.
④ Der Schatten S″ der Mastspitze S fällt auf das Dach.
Prüfen Sie, in welchem Dachdreieck S″ liegt. (Es reicht nicht zu zeigen, in welcher Ebene S″ liegt, sondern die Lage innerhalb eines Dreiecks muss nachgewiesen werden.)
Zeichnen Sie den in diesem Dreieck liegenden Teil des Schattens ein.

e) Berechnen Sie den Neigungswinkel der Ebenen E_{EFT} und E_{FGT} gegen den in der Ebene E_{EDG} liegenden Dachboden.

f) Im Speicher soll eine möglichst große Kugel untergebracht werden. Diese berührt die Dachdreiecke EFT, FGT und GHT sowie den Dachboden EFGH.
Berechnen Sie die Koordinaten des Mittelpunktes M dieser Kugel und geben Sie ihren Radius an.

4. Rohrschnitt

Zwei Rohre sollen zusammengeschweißt werden. Dazu müssen sie schräg abgeschnitten werden. Die Schnittfläche hat die Form einer Ellipse. Betrachtet wird hier das Rohr mit der Geraden h als Mittelachse. Der Radius des Rohres ist r = 3 LE.

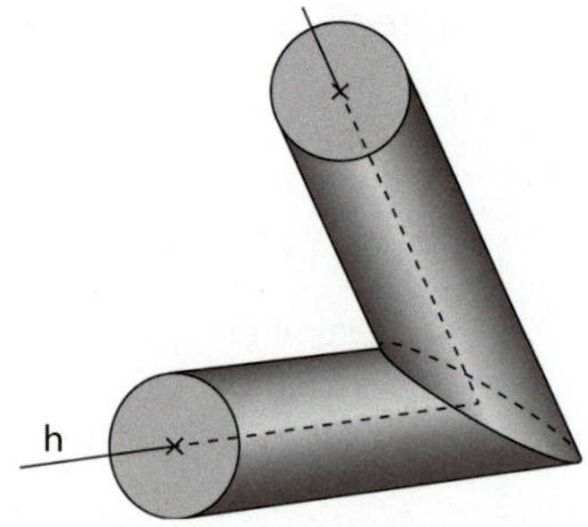

Gegeben sind h: $\vec{x} = t \cdot \begin{pmatrix} 2 \\ -1 \\ 2 \end{pmatrix}$, der Punkt P (0 | −3 | 3) und eine Gerade g durch P mit g: $\vec{x} = \begin{pmatrix} 0 \\ -3 \\ 3 \end{pmatrix} + r \cdot \begin{pmatrix} 1 \\ 0 \\ 1 \end{pmatrix}$.

a) Das Rohr wird ab P entlang einer Ebene E abgeschnitten. Um diese Ebene zu erhalten, benötigt man zuerst eine Hilfsebene E_1, die den Punkt P und die Gerade h enthält. Ermitteln Sie eine Koordinatengleichung für E_1.

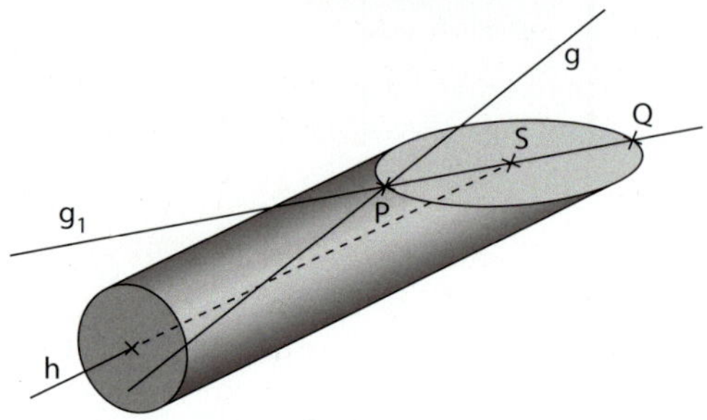

b) Die Schnittebene E ist senkrecht zu E_1 und enthält die Gerade g. Geben Sie eine Gleichung von E an und berechnen Sie den Schnittwinkel zwischen E und der Mittelachse h.

c) P ist ein Scheitelpunkt der entstehenden Schnittellipse. Die „Hauptachse" g_1 der Ellipse verläuft durch P und S, wobei S der Schnittpunkt von h und E ist. Ermitteln Sie eine Gleichung von g_1. Bestimmen Sie die Koordinaten des zweiten Scheitelpunktes Q der Ellipse, indem Sie P an S spiegeln.

d) Zeigen Sie, dass P auf dem Mantel des Zylinders liegt, also von h den Abstand 3 LE hat.

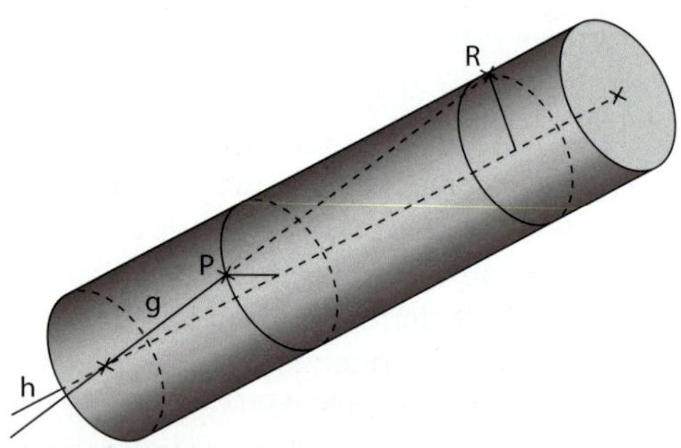

e) Bevor der Schnitt durchgeführt wird, macht man vom Punkt P aus eine Probebohrung entlang der Geraden g. Gesucht sind der Austrittspunkt R und die Länge der Bohrstrecke $\overline{PR}$. Führen Sie dazu die folgenden Schritte durch:

① $G_r(r \,|\, -3 \,|\, 3 + r)$ ist ein beliebiger Punkt von g und $H_t(2t \,|\, -t \,|\, 2t)$ ist ein beliebiger Punkt von h.
Zeigen Sie, dass der Vektor $\overrightarrow{H_tG_r}$ genau dann senkrecht auf h steht, wenn $t = \frac{4}{9}r + 1$ gilt.

② Durch Einsetzen von $t = \frac{4}{9}r + 1$ in $\overrightarrow{H_tG_r}$ erhalten Sie alle zu h orthogonalen Verbindungsvektoren von g und h.
Berechnen Sie, für welche r diese Vektoren den Betrag 3 haben.

③ Berechnen Sie nun durch Einsetzen des geeigneten Werts für t die Koordinaten von R und die Länge der Strecke $\overline{PR}$.

Aufgaben zur Stochastik

1. **Busunternehmen**

Der Bus eines Veranstalters von Erlebnisreisen bietet Platz für 58 Reisende. Aus langjähriger Erfahrung geht das Unternehmen davon aus, dass nur 90 % der Personen, die eine Reise gebucht haben, diese auch wirklich antreten. Deshalb plant das Unternehmen, mehr als 58 Buchungen anzunehmen.
Betrachtet wird die Zufallsgröße X. Diese zählt die Personen, die ihre gebuchte Reise auch tatsächlich antreten. Dabei kann davon ausgegangen werden, dass die Zufallsvariable X binomialverteilt ist.

a) 60 Personen buchen beim Veranstalter eine Reise.
Berechnen Sie die Wahrscheinlichkeit, dass
① genau 58 Personen die Reise tatsächlich antreten.
② mehr als 58 Personen die Reise tatsächlich antreten.
③ mehr als 55 aber höchstens 58 Personen die Reise tatsächlich antreten.
Bestimmen Sie für die Zufallsvariable X die 1,5σ-Umgebung um den Erwartungswert.

b) Jede Person bezahlt für die Busreise 350 Euro. Dem Unternehmen entstehen für jede Reise Gesamtkosten in Höhe von 19 000 Euro. Es werden 60 Reisen bei 58 zur Verfügung stehenden Plätzen verkauft. Falls mehr als 58 Personen die Reise antreten, ergeben sich für das Unternehmen Entschädigungskosten inklusive der Erstattung der Reisekosten in Höhe von 500 Euro für jede Person, die nicht an der Fahrt teilnehmen kann.
Begründen Sie, dass der zu erwartende Gewinn bei 60 verkauften Reisen mit dem folgenden Term berechnet werden kann.
$$60 \cdot 350 - 19000 - 1 \cdot 500 \cdot \binom{60}{59} \cdot 0{,}9^{59} \cdot 0{,}1^{1} - 2 \cdot 500 \cdot 0{,}9^{60}$$
Das Unternehmen überlegt, ob es statt 60 sogar 61 Reisen verkaufen sollte.
Untersuchen Sie, ob sich diese Maßnahme rein wirtschaftlich rechnet.

c) Eine junge Eventagentur hat keine Erfahrungswerte, wie hoch die Wahrscheinlichkeit p ist, dass Kunden ein gebuchtes Event auch tatsächlich antreten. Für ein Event mit insgesamt 100 Plätzen verkauft das Unternehmen 110 Karten. Die binomialverteilte Zufallsgröße Y mit n = 110 und unbekanntem p zählt die Anzahl der Kunden, die ein gebuchtes Event auch tatsächlich antreten.

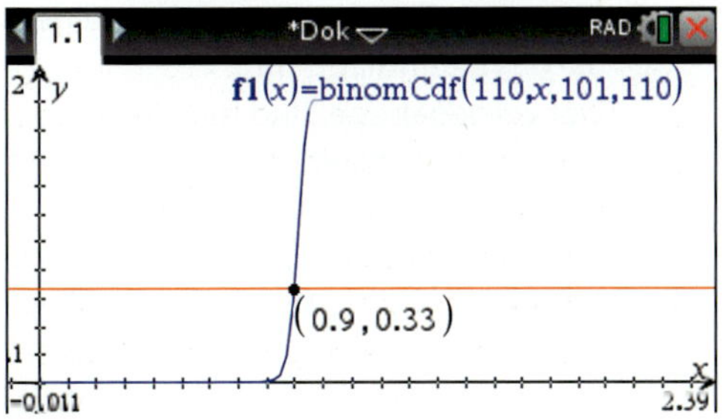

Der Graph zeigt die Funktion f mit f(p) = P(101 ≤ Y ≤ 110).
Erklären Sie die Bedeutung der Koordinaten des Punktes Q(0,9 | 0,33).

d) Die Daten des ersten Geschäftsjahres haben ergeben, dass 1000 Kunden ein Event gebucht haben und davon nur 875 Kunden dieses auch antraten.
Bestimmen Sie Konfidenzintervalle für die Wahrscheinlichkeit p, dass ein Kunde eine gebuchte Reise antritt, zu Sicherheitswahrscheinlichkeiten von 90 %, 95 % und 99 %.
Beurteilen Sie anhand der Ergebnisse, ob das Unternehmen seine ursprüngliche Annahme von p = 0,9 korrigieren sollte.

2. Diabetes

Diabetes wird umgangssprachlich auch Zuckerkrankheit genannt. Es handelt sich um eine chronische Stoffwechselkrankheit, bei der zu wenig Insulin in der Bauchspeicheldrüse produziert wird. In Deutschland sind etwa 10 von 1000 Personen erkrankt (Prävalenz). Beim medizinischen Test auf Diabetes wird ein Glukosetoleranztest durchgeführt. Dieser erkennt Diabetes in 72 % aller Fälle korrekt (Sensitivität). Gesunde Personen werden in 73 % aller Fälle korrekt erkannt (Spezifität).

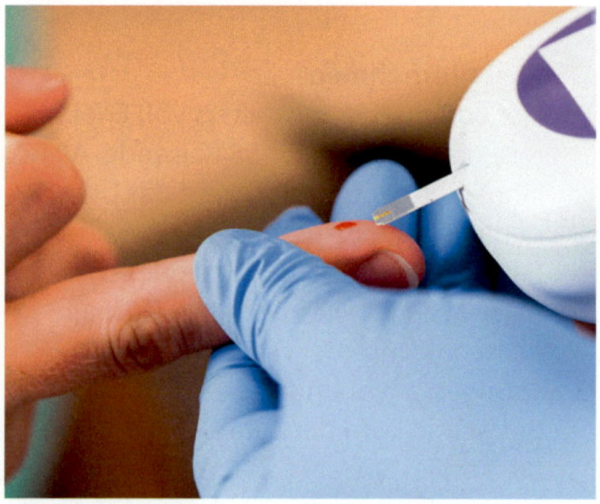

a) Vervollständigen Sie die Vierfeldertafel anhand der obigen Daten.

	Testergebnis positiv	Testergebnis negativ	Summe
krank	720		1000
gesund		72 270	99 000
Summe			100 000

Bestimmen Sie mithilfe der Vierfeldertafel die Wahrscheinlichkeit, dass eine zufällig ausgewählte Person

① an Diabetes erkrankt ist und einen positiven Test bekommt.
② gesund ist und einen negativen Test bekommt.
③ krank ist, wenn der Test positiv ausfällt.
④ gesund ist, wenn der Test negativ ausfällt.

b) Nur bei positiv getesteten Personen wird der Glukosetoleranztest wiederholt. Das Baumdiagramm veranschaulicht diese Situation. Vervollständigen Sie das Baumdiagramm.
Der vorgegebene Pfad hat eine Pfadwahrscheinlichkeit von $0{,}01 \cdot 0{,}72 \cdot 0{,}72 = 0{,}0052$.

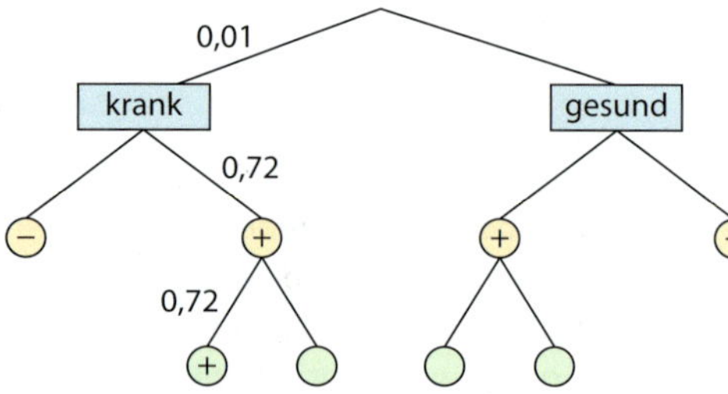

Erklären Sie die Bedeutung im Sachzusammenhang.
Berechnen Sie die Wahrscheinlichkeit, dass eine beliebige Person krank ist, wenn sie zweimal einen positiven Test bekommt.
Berechnen Sie die Wahrscheinlichkeit, dass eine beliebige Person gesund ist, wenn sie erst einen positiven und dann einen negativen Test bekommt.

c) Bei einer breit angelegten Untersuchung sollen 250 000 Personen auf Diabetes getestet werden.
Bestimmen Sie ein 95 %- und ein 99 %-Prognoseintervall für die Anzahl an erkrankten Personen innerhalb dieser Stichprobe.
Begründen Sie, dass 99 %-Prognoseintervalle immer größer als 95 %-Prognoseintervalle sind.
In einem anderen Land werden 100 000 Personen auf Diabetes getestet, bei 1350 Personen wird Diabetes nachgewiesen. Untersuchen Sie, ob die Verbreitung von Diabetes in diesem Land signifikant von der Verbreitung in Deutschland abweicht.

3. Glücksspiel „Tor" oder „Rot"

Ein Glücksrad ist in drei Felder mit den Bezeichnungen T, O und R geteilt. Die Wahrscheinlichkeit, dass der Zeiger auf einem bestimmten Feld stehen bleibt, beträgt $P(T) = 0{,}5$ bzw. $P(R) = P(O) = 0{,}25$.
Es gelten die folgenden Spielregeln:
Das Glücksrad darf maximal dreimal gedreht werden.
Gewinne gibt es für die Ergebnisse „TOR", „ROT" sowie für „TTT", „OOO" und „RRR".
Wenn kein Gewinn mehr möglich ist, endet das Spiel vorzeitig.

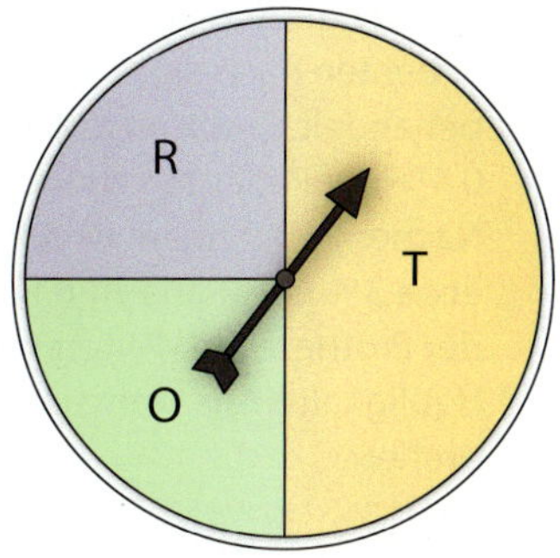

a) Begründen Sie, dass mit $2 \cdot 0{,}5 \cdot 0{,}25^2 + 0{,}5^3 + 2 \cdot 0{,}25^3$ die Wahrscheinlichkeit bestimmt wird, dass ein beliebiger Gewinn erzielt wird.
Vervollständigen Sie die Wahrscheinlichkeitsverteilung in der Tabelle.

Ergebnis	TOR	ROT	TTT	OOO	RRR	sonstige
Wahrscheinlichkeit	$\frac{1}{32}$		$\frac{1}{8}$	$\frac{1}{64}$		$\frac{50}{64}$

b) Das Spiel wird mit einem Einsatz von 3,50 € gespielt.
Die Tabelle enthält die Auszahlungsbeträge im Fall eines Gewinns.

Ergebnis	TOR	ROT	TTT	OOO	RRR	sonstige
Auszahlung	20 €	20 €	5 €	50 €	50 €	0 €

Weisen Sie rechnerisch nach, dass ein Spieler langfristig einen Verlust von 6,25 Cent pro Spiel macht.
Bestimmen Sie eine veränderte Auszahlung für den Fall „TTT", sodass das Spiel fair ist.

c) Die Wahrscheinlichkeit p steht für die Wahrscheinlichkeit, dass ein Spiel vorzeitig nach dem zweiten Dreh endet.
Bestimmen Sie die Wahrscheinlichkeit p.
[Kontrollergebnis: $p = \frac{7}{16}$]
Es werden 2000 Spiele betrachtet. Die Zufallsgröße X zählt die Anzahl an Spielen, die vorzeitig nach dem zweiten Drehen enden.
Begründen Sie, dass die Zufallsgröße X binomialverteilt ist.
Bestimmen Sie das kleinste um den Erwartungswert symmetrische Intervall, in dem die Werte von X mit einer Wahrscheinlichkeit von mindestens 95 % liegen.
Als Länge L einer 2σ-Umgebung wird die Differenz zwischen der oberen und der unteren Grenze der Umgebung bezeichnet. Bei einer unbekannten Anzahl an Spielen hat die 2σ-Umgebung eine Länge von $L = 84$.
Bestimmen Sie eine zugehörige Anzahl an Spielen.
Approximieren Sie die Zufallsgröße X durch eine normalverteilte Zufallsgröße und ermitteln Sie so ein symmetrisches Intervall um den Erwartungswert, in dem die Werte von X mit einer Wahrscheinlichkeit von ca. 85 % liegen.

d) Unabhängig vom Sachzusammenhang wird eine normalverteilte Zufallsgröße X mit einem ganzzahligen Erwartungswert μ und der Standardabweichung $\sigma = 4$ betrachtet.
Beschreiben Sie die Bedeutung des Terms $1 - \int_b^a \varphi_{\mu;\,4}(x)\,dx$ für reelle Zahlen a und b mit $a \leq b$.
Es ist bekannt, dass der Wert von X mit einer Wahrscheinlichkeit von ca. 5 % größer als 15,56 ist. Leiten Sie aus diesen Angaben den Wert von μ her.

4. Knieprothese

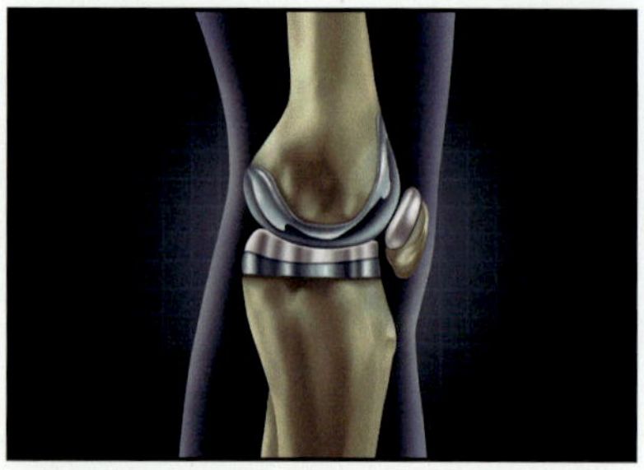

In einer großen Rehaklinik werden jährlich 1500 Patienten nach einer Knieprothesenoperation behandelt. Erfahrungsgemäß kommt es bei ca. 0,4 % der Patienten zu Problemen mit infektiösen Nacherkrankungen. Unabhängig davon haben etwa 3 % aller Patienten Probleme mit dem Sitz der Prothese. Im Weiteren werden diese relativen Häufigkeiten als Wahrscheinlichkeiten interpretiert.

a) Beschreiben Sie, unter welchen Annahmen die Zufallsgröße X: „Anzahl der Patienten, die an mindestens einem der beiden Probleme leiden" als binomialverteilt betrachtet werden kann.
Ermitteln Sie unter der Annahme, dass X eine binomialverteilte Zufallsgröße ist, die Wahrscheinlichkeit für das Ereignis A.
A: Ein zufällig ausgewählter Patient leidet an mindestens einem der Probleme „Infektion" oder „schlechter Sitz der Prothese".
(Kontrollergebnis: $P(A) \approx 0{,}034$)
Berechnen Sie ein Prognoseintervall für die Anzahl der Patienten, die an mindestens einem der beiden Probleme leiden, in einer Stichprobe unter 300 zufällig ausgewählten Patienten. Verwenden Sie als Sicherheitswahrscheinlichkeit 95,5 %.

b) Ermitteln Sie die Wahrscheinlichkeiten der folgenden Ereignisse sowohl unter Annahme der Binomialverteilung als auch durch Näherung mithilfe der Normalverteilung.
B: Von den 1500 Patienten haben höchstens zwei Patienten Probleme mit infektiösen Nacherkrankungen.
C: Von den 1500 Patienten haben mehr als 20 und weniger als 40 Patienten Probleme mit dem Sitz der Knieprothese.
Begründen Sie, weshalb bei der Berechnung von $P(B)$ das mit der Normalverteilung bestimmte Ergebnis ziemlich stark von dem mit der Binomialverteilung berechneten Resultat abweicht.

c) Bei der Anfangsuntersuchung von 350 Patienten, die in ein und demselben Krankenhaus ihre Knieprothese erhielten, wurden bei zehn Patienten Probleme mit dem Sitz der Prothese festgestellt. Ermitteln Sie ein Konfidenzintervall für die Wahrscheinlichkeit, dass ein in diesem Krankenhaus operierter Patient Probleme mit dem Sitz der Prothese hat (Sicherheitswahrscheinlichkeit 95 %).

d) Die Haltbarkeit von künstlichen Kniegelenken hängt von vielen Faktoren ab. Angenommen, die Lebensdauer von Knieprothesen eines bestimmten Herstellers sei normalverteilt mit einem Erwartungswert von 15,0 Jahren und einer Standardabweichung von 2,5 Jahren.
① Berechnen Sie, wie viel Prozent dieser Prothesen eine Lebensdauer von mehr als 18 Jahren haben.
② Ermitteln Sie ein zum Erwartungswert symmetrisches Intervall, in dem die Lebensdauer von 80 % der Prothesen liegt.
③ Der Hersteller testet eine neue Sorte von Knieprothesen. In Simulationen wurde herausgefunden, dass bei 5 % der neuen Prothesen mit einer Lebensdauer von höchstens 14 Jahren und bei ebenfalls 5 % mit mindestens 22 Jahren zu rechnen ist. Bestimmen Sie aus diesen Angaben den Erwartungswert und die Standardabweichung für die Lebensdauer der neuen Prothesen.

12. Digitale Mathewerkzeuge

Hier können Sie nachschlagen, wenn Sie Hilfe bei der Arbeit mit einem GTR oder einem CAS benötigen.

Anleitungen zum GTR/CAS

Hier finden Sie Anleitungen zu wichtigen Funktionen des GTR-Modells **TI-Nspire CX** und des CAS-Modells **TI-Nspire CX CAS.** Die Navigation ist bei beiden Geräten ähnlich. Ein CAS kann Berechnungen sowohl numerisch als auch algebraisch durchführen und verfügt daher über mehr Funktionen als ein GTR. Die Unterschiede erkennen Sie an den Symbolen GTR und CAS in der Randspalte.

Anwendungen des TI-Nspire CX CAS

Auf dem Homescreen kann man eine der folgenden **Anwendungen** starten.

1 Calculator (Rechenblatt)

3 Geometry (dynamische Geometrie)

5 Data&Statistics (Daten darstellen und auswerten)

7 VernierDataQuest (Messwerte sammeln und auswerten)

2 Graphs (grafische Darstellungen)

4 Lists&Spreadsheets (Tabellenkalkulation)

6 Notes (Textverarbeitung, interaktive Arbeitsblätter)

Dokumente erstellen und verwalten

Beim Starten einer Anwendung wird eine neue **Seite** im aktuellen Dokument angelegt.

Eine oder mehrere Seiten können in einem **Dokument** gespeichert werden. Die Seiten innerhalb des Dokuments sind verbunden. Dokumente werden über die Taste ***doc*** oder über den Homescreen ***/on*** erstellt oder verwaltet.

Tastenkürzel

esc	Befehl rückgängig machen
Kursor hinter das Zeichen setzen, ***del***	Zeichen löschen
shift ◄►	Ausdruck markieren
Ausdruck markieren und ***ctrl + x***	Ausdruck ausschneiden
Ausdruck markieren und ***ctrl + c***	Ausdruck kopieren
ctrl + v	Ausdruck einfügen
ctrl + del	markierten Ausdruck löschen
ctrl + esc oder ***ctrl + z***	Arbeitsschritte rückgängig machen
ctrl + y	Arbeitsschritt erneut aufrufen
menu – Aktionen – Protokoll löschen	alle Einträge auf einer Seite löschen
doc – Seitenlayout – Seite löschen	Seite in einem Dokument löschen

Standardeinstellungen des Rechners wiederherstellen

/on – Einstellungen – Dokumenteinstellungen – Zurücksetzen - enter - enter - enter
Der Wechsel zwischen den Bereichen bei ***Dokumenteinstellungen*** erfolgt mit ***tab***.

Terme eingeben

GTR CAS

In der Anwendung ***Calculator*** lassen sich Terme eingeben.

Manche Terme vereinfacht der CAS-Rechner automatisch. Deshalb kann das CAS auch zur **Selbstkontrolle** von handschriftlichen Lösungen dienen. Gleichartige Summanden werden automatisch zusammengefasst und meistens alphabetisch geordnet.

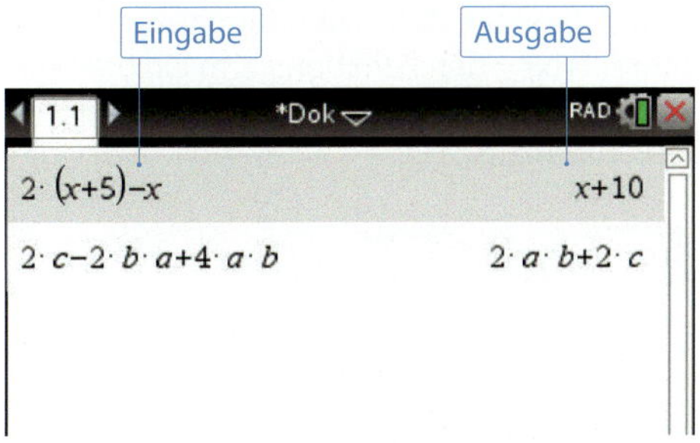

Hinweis:
Produkte zweier Variablen, wie a · b, müssen mit einem Malpunkt eingegeben werden. Anderenfalls wird der Ausdruck als eine Variable ab erkannt.

Gleichungen und Ungleichungen lösen

CAS

Rufen Sie im ***Calculator*** den Befehl ***solve*** auf. Geben Sie dann die Gleichung oder Ungleichung und die Variable ein, die berechnet werden soll.

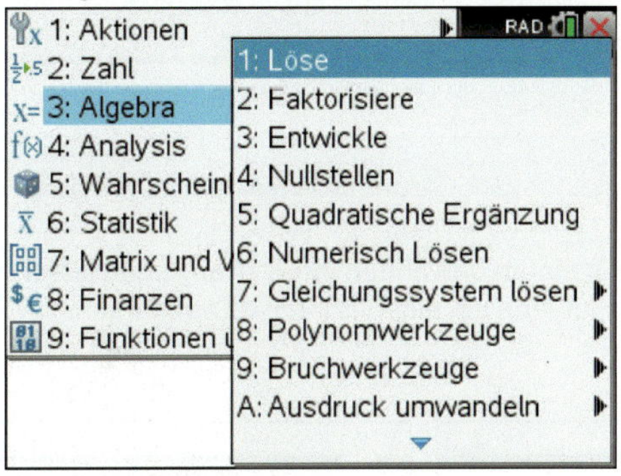

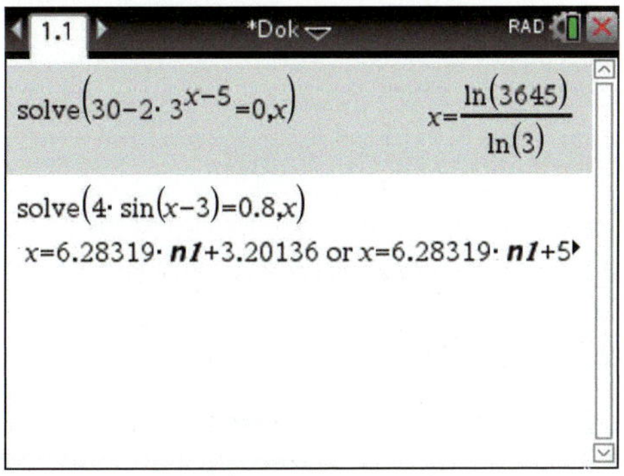

Der Rechner zeigt alle Lösungen an. Wenn die Gleichung oder Ungleichung keine Lösung hat, zeigt der Rechner ***false*** als Ergebnis an.

Mit dem ***WITH-Operator*** können Sie unter anderem Definitionsbereiche einschränken oder Variablen ersetzen.

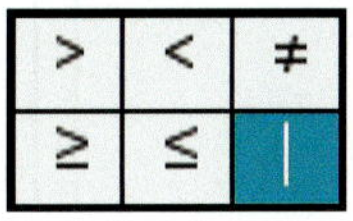

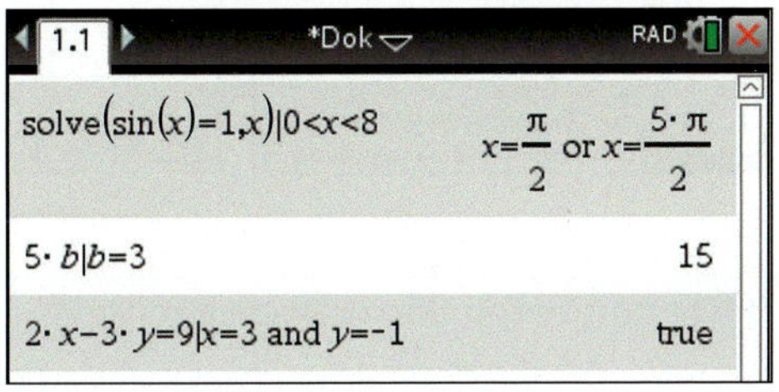

Gleichungen und Ungleichungen numerisch lösen

GTR CAS

Rufen Sie im ***Calculator*** den Befehl ***nsolve*** auf. Geben Sie dann die Gleichung oder Ungleichung und die Variable ein, die berechnet werden soll.

Der Rechner ermittelt ausgehend vom Startwert x = 0 iterativ eine Näherungslösung und zeigt diese an.

Der Startwert kann geändert werden, um weitere Näherungslösungen zu ermitteln. Wenn die Gleichung oder Ungleichung keine Lösung hat, gibt der Rechner eine entsprechende Rückmeldung.

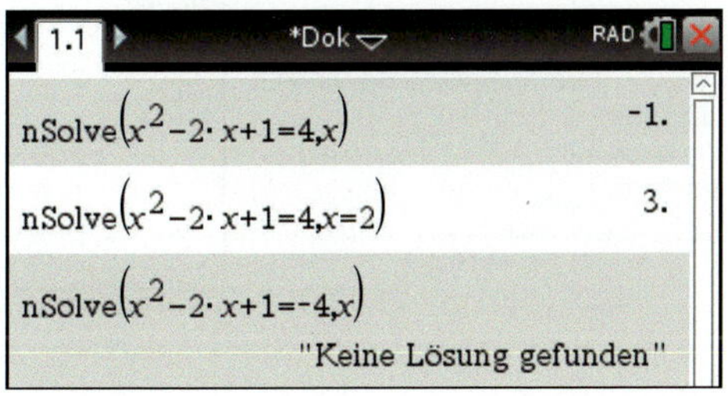

GTR CAS

Funktionen grafisch darstellen

Bitte öffnen Sie die Anwendung ***Graphs***. Gib hinter f1(x) = den Funktionsterm ein oder die Funktionsbezeichnung einer anderen Seite (z. B. Calculator).

Passen Sie, wenn nötig, die Fenstereinstellungen an.

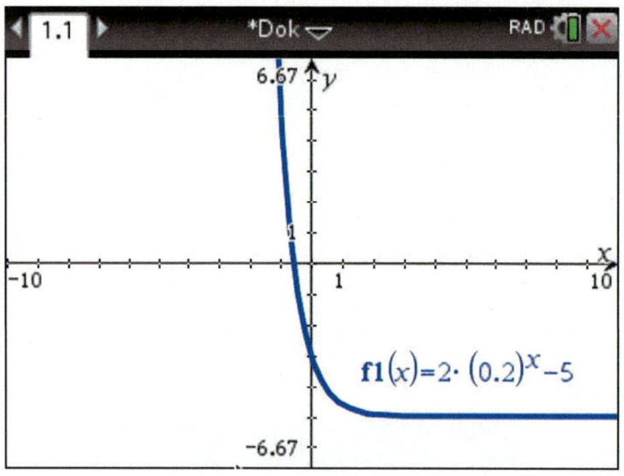

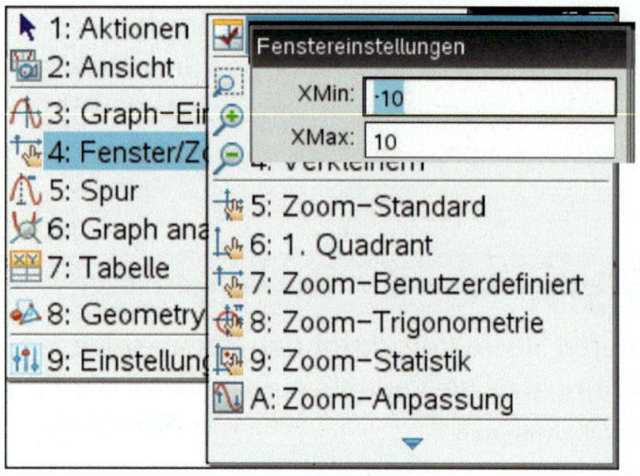

GTR CAS

Nullstellen grafisch ermitteln

Zeichnen Sie den Graphen der Funktion.

Mit dem Befehl ***Nullstelle*** können Sie eine Nullstelle in einem gewählten Intervall anzeigen lassen. Besitzt die Funktion mehrere Nullstellen, müssen Sie für jede ein eigenes Intervall auswählen.

Prüfen Sie die abgelesenen Lösungen.

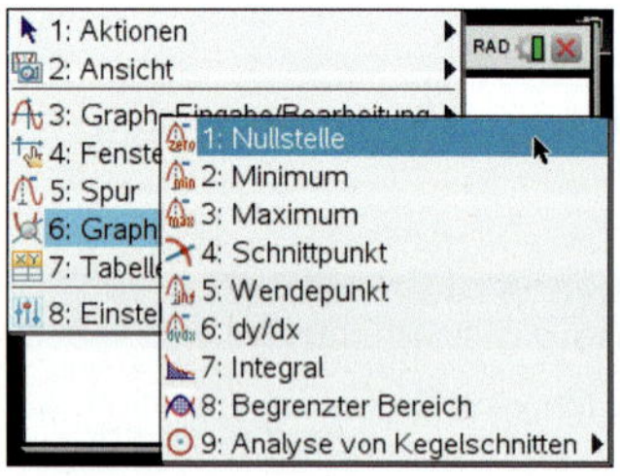

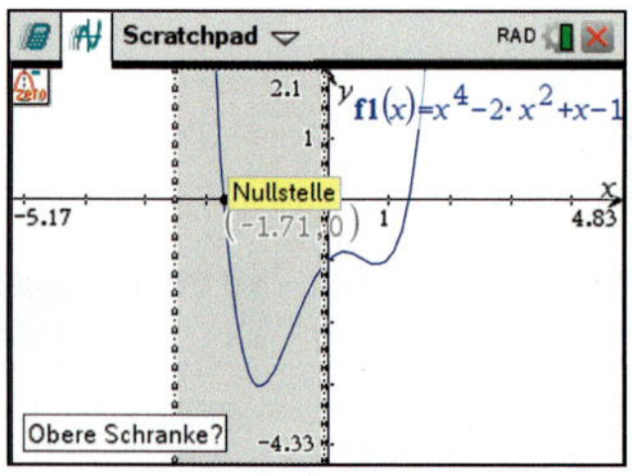

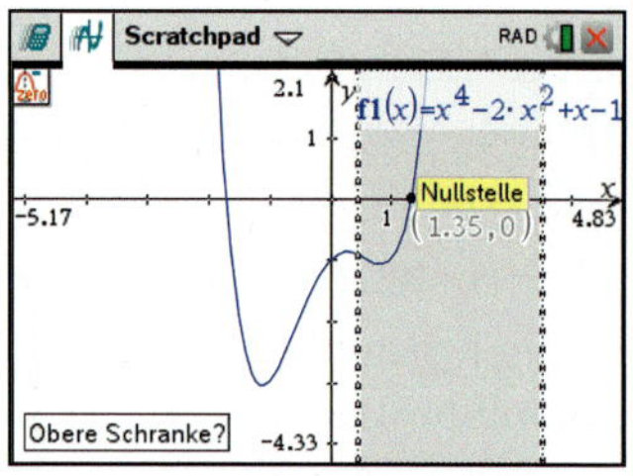

GTR CAS

Hoch- und Tiefpunkte grafisch ermitteln

Zeichnen Sie den Graphen der Funktion. Lassen Sie sich mit dem Befehl ***Minimum*** bzw. ***Maximum*** aus dem Menü ***Graph*** den tiefsten bzw. höchsten Funktionswert in einem gewählten Intervall anzeigen.

Prüfen Sie die abgelesenen Lösungen.

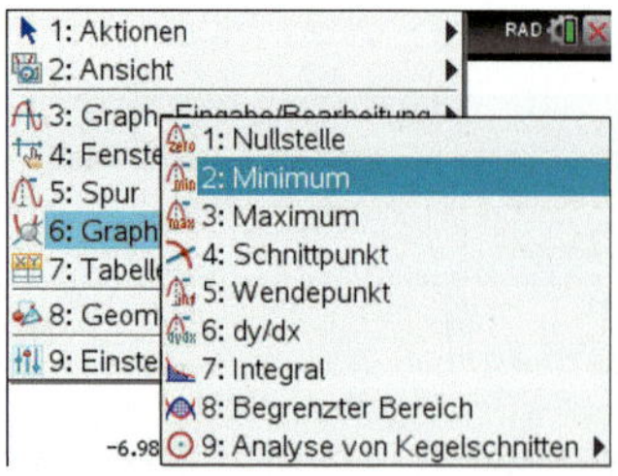

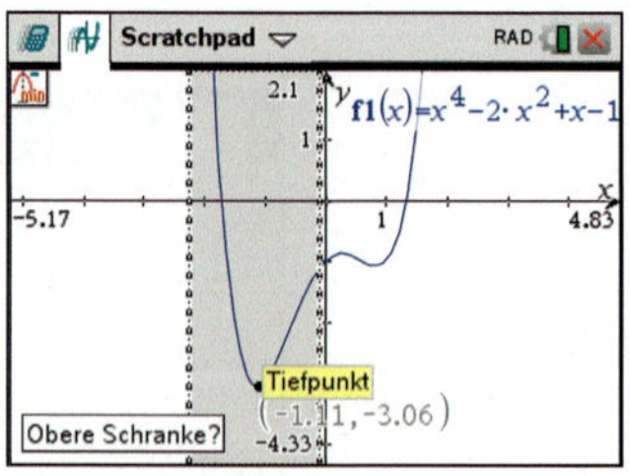

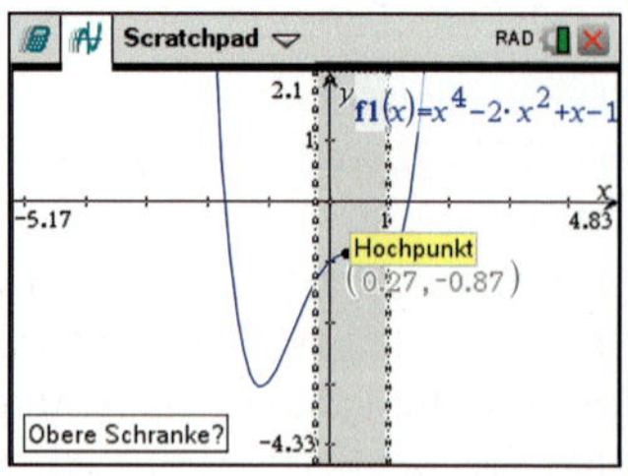

CAS

Globale Maxima und Minima bestimmen

Definieren Sie die Funktion im ***Calculator***.
Mit dem Befehl ***fMin()*** bzw. ***fMax()*** werden globale Maxima und Minima bestimmt.
Liegt kein globales Maximum oder Minimum vor, ist das Ergebnis
$x = -\infty$ or $x = \infty$.
Mit dem WITH-Operator kann die Suche auf ein Intervall begrenzt werden.

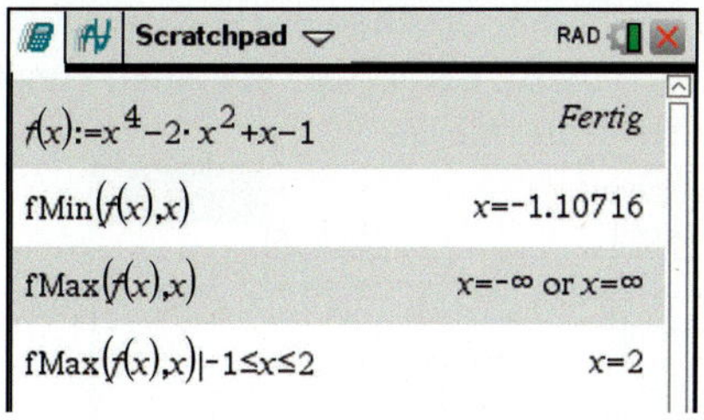

CAS

Symmetrie überprüfen

Definieren Sie die Funktion im ***Calculator***.
Sie können nun überprüfen, ob die allgemeinen Bedingungen für Achsensymmetrie zur y-Achse oder Punktsymmetrie zum Ursprung erfüllt sind.

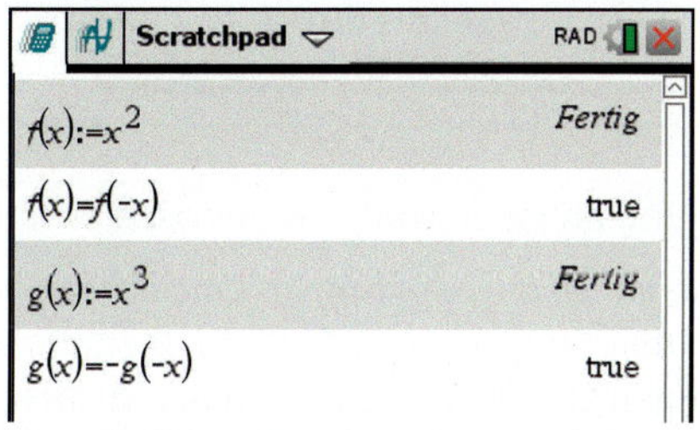

GTR CAS

Nullstellen rechnerisch ermitteln

Geben Sie die Funktionsgleichung ein und lösen Sie die Gleichung $f(x) = 0$ mit dem Befehl ***solve***.

Alternativ können Sie auch den Befehl ***zeros*** verwenden.

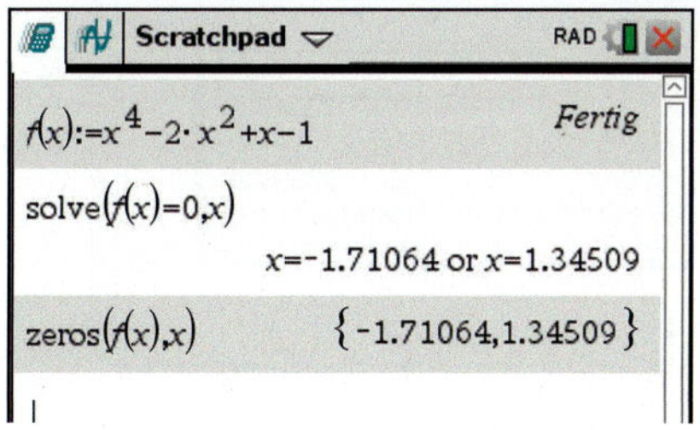

GTR CAS

Schnittpunkte grafisch bestimmen

Zeichnen Sie die Graphen der gegebenen Funktionen.
Mit dem Befehl ***Schnittpunkt*** können Sie die Lösung im gewählten Intervall ablesen.

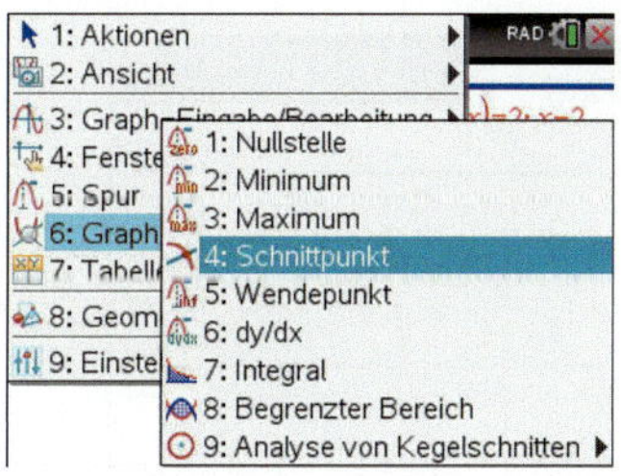

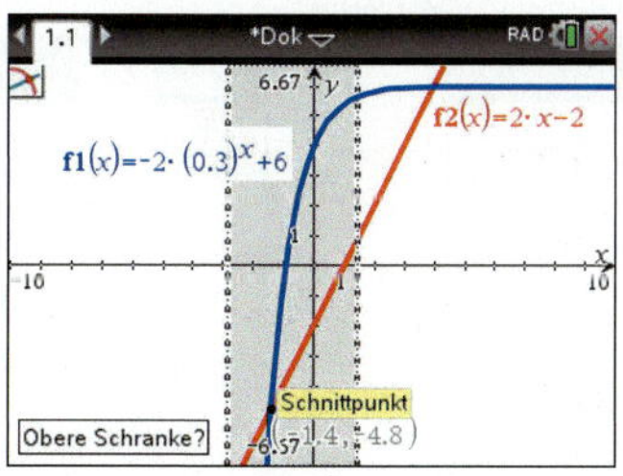

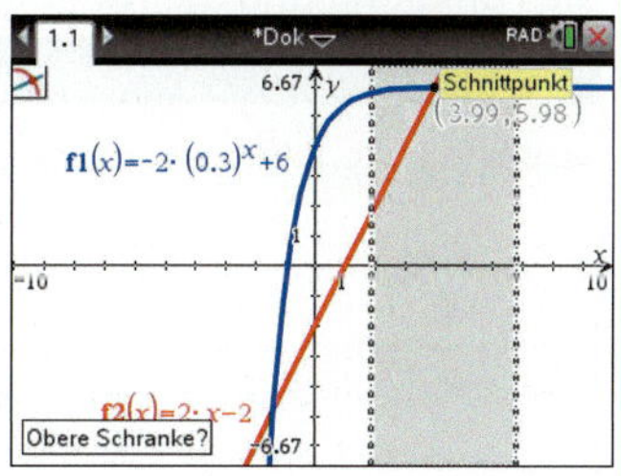

Auf diese Weise können Sie zum Beispiel Schnittpunkte der Graphen von linearen Funktionen und Exponentialfunktionen finden.
So können Sie auch Gleichungssysteme lösen. Zeichnen Sie dafür die Graphen aller Funktionen, die zum Gleichungssystem gehören. Mit dem Befehl Schnittpunkt erhalten Sie dann die Lösungen (wenn vorhanden).

GTR CAS

Steigung an einer Stelle grafisch ermitteln

Zeichnen Sie den Graphen der Funktion. Wählen Sie im Menü unter ***Graph analysieren*** den Befehl ***dy/dx***. Klicken Sie auf einen Punkt des Graphen und Ihnen wird die Steigung an dieser Stelle angezeigt.

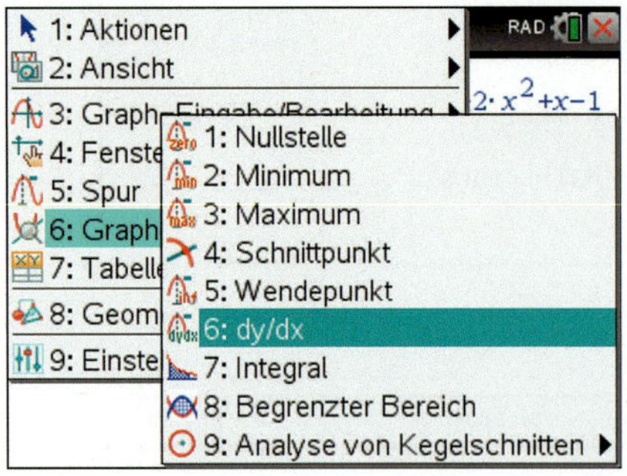

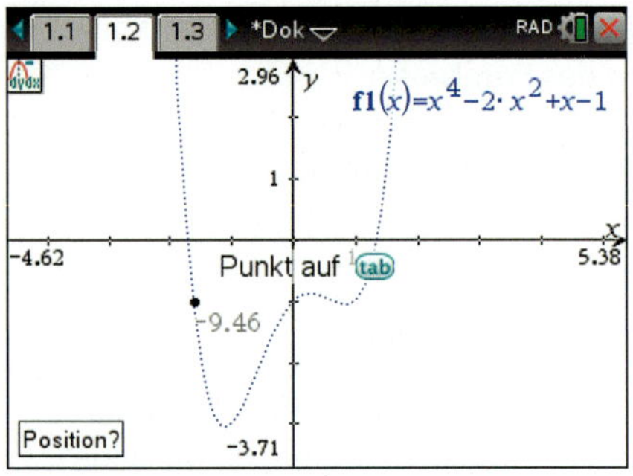

GTR CAS

Ableitung an einer Stelle rechnerisch ermitteln

Definieren Sie die Funktion im ***Calculator*** oder einem ***Notes-Fenster***. Verwenden Sie den Befehl ***Ableitung an einer Stelle*** im Menü ***Analysis***. Geben Sie den Wert der Stelle ein und bestätigen Sie. Die Ableitung an der Stelle wird Ihnen angezeigt.

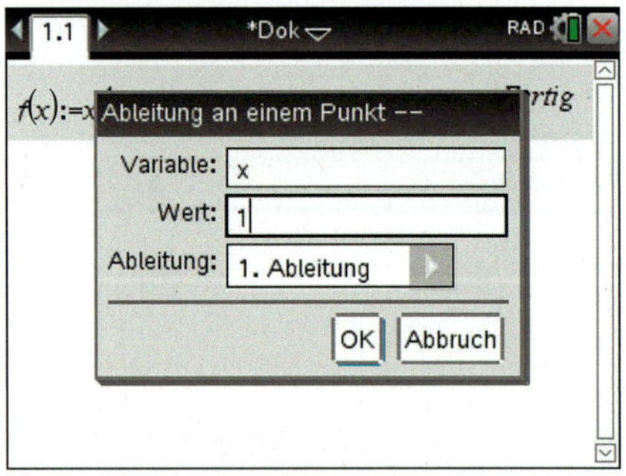

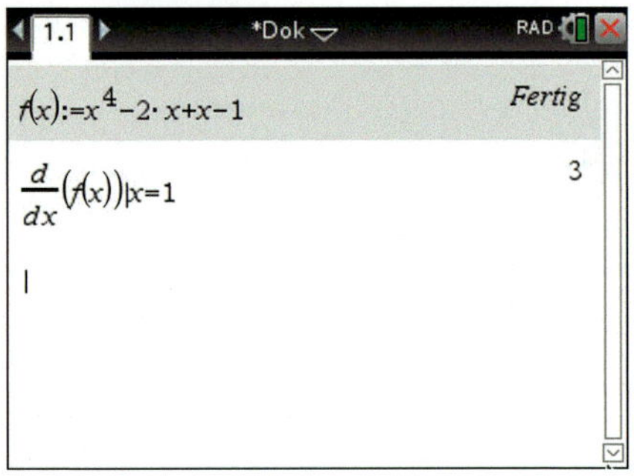

GTR CAS

Ableitungsfunktion bestimmen und zeichnen

Definieren Sie die Funktion f im ***Calculator*** oder einem ***Notes-Fenster***. Definieren Sie dann eine Hilfsfunktion (hier a (x)) als Ableitungsfunktion von f. Verwenden Sie dazu den Befehl ***Ableiten*** im Menü ***Analysis***. Öffnen Sie anschließend die Anwendung ***Graphs*** und zeichnen Sie die Funktion f und die Ableitungsfunktion a.

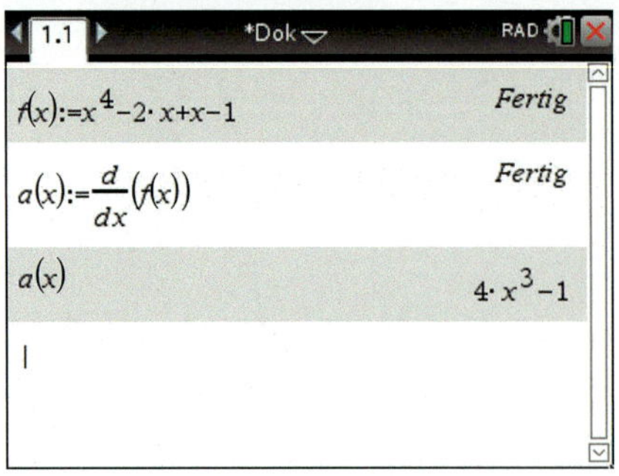

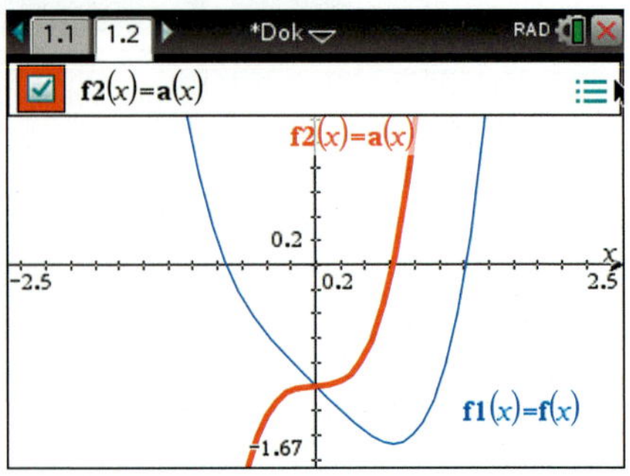

Tangenten- und Normalengleichungen bestimmen

CAS

Definieren Sie die Funktion im ***Calculator*** oder einem ***Notes-Fenster***. Verwenden Sie im Menü ***Analysis*** die Befehle ***tangentLine()*** für Tangenten und ***normalLine()*** für Normalen. Geben Sie die Funktion, die Variable und die Stelle, an der die Tangente oder Normale anliegt, an.

Der Rechner zeigt Ihnen den Term der Tangente oder Normale an.

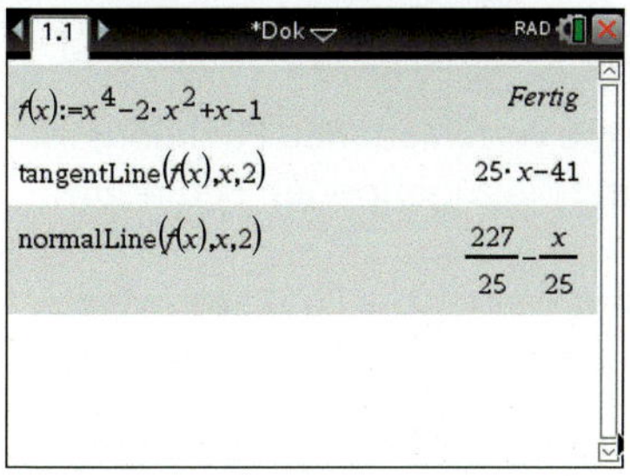

$t(x) = 25x - 41$

$n(x) = -\frac{227}{25}x + \frac{x}{25}$

Wendepunkte grafisch ermitteln

GTR CAS

Zeichnen Sie den Graphen der Funktion. Mit dem Befehl ***Wendepunkt*** im Menüpunkt ***Analysis*** können Sie sich einen Wendepunkt in einem gewählten Intervall anzeigen lassen.

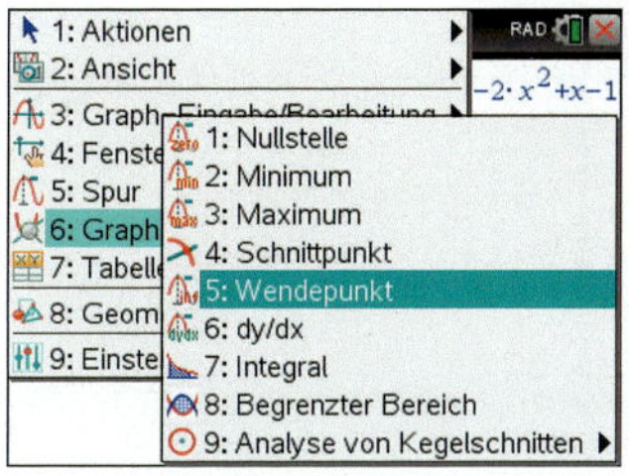

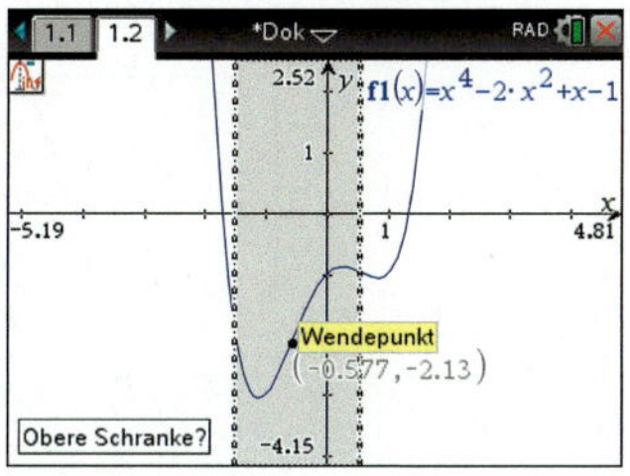

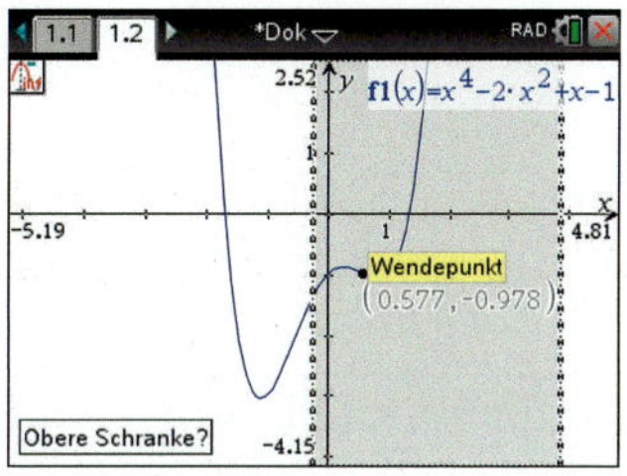

Funktionen mit Parametern untersuchen

GTR CAS

Definieren Sie im ***Calculator*** die Funktion mit mehreren Variablen.

Bei der weiteren Arbeit mit der Funktion sollte man Folgendes beachten:

Die Ableitungsfunktionen dürfen nicht direkt definiert werden, sondern der Term (hier 2x + t) muss erst berechnet und dann abgespeichert werden.

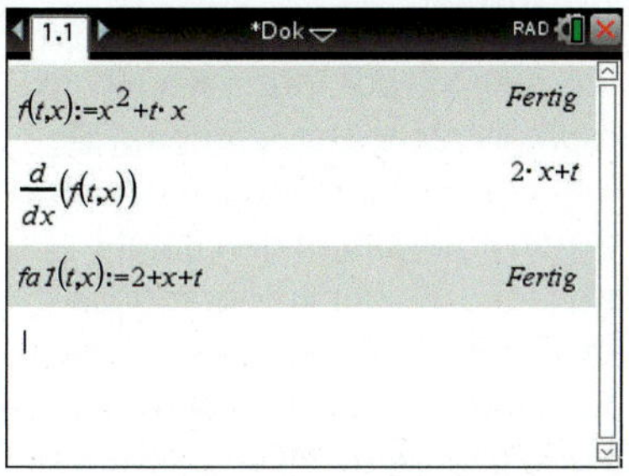

Erstellen Sie im Grafikmenü einen Schieberegler, indem Sie eine Funktion mit Parametern definieren (hier $f(x) = (x - a)^2 + b$).

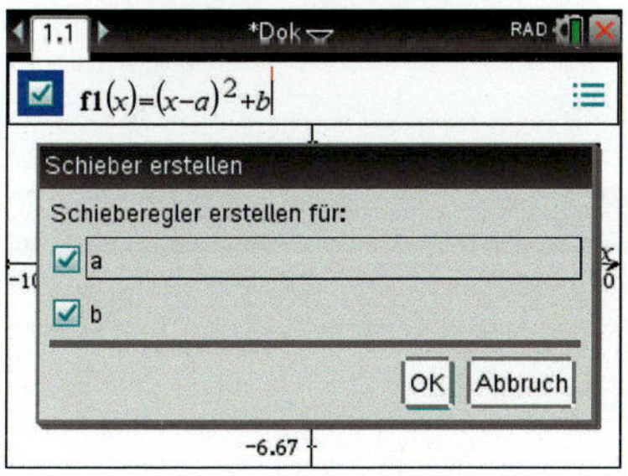

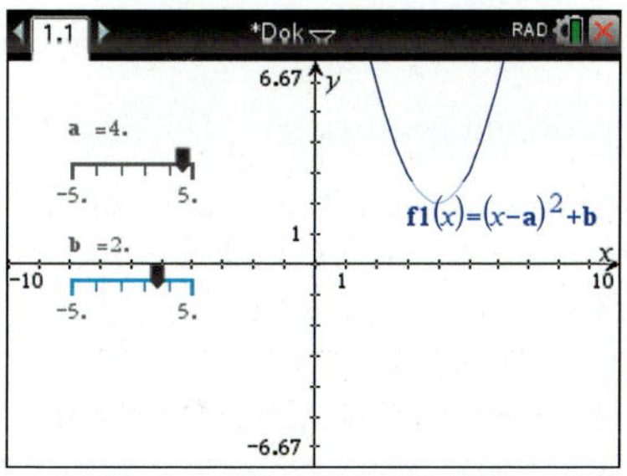

Bewegen Sie den Schieberegler und beobachten Sie die Veränderung des Graphen.

GTR CAS

Abschnittsweise definierte Funktionen untersuchen

Öffnen Sie die mathematischen Vorlagen und wählen Sie .
Tragen Sie die verschiedenen Funktionsvorschriften und die zugehörigen Bedingungen ein.
Wie gewohnt können Sie Funktionswerte, Nullstellen und Extremstellen berechnen.

Mit einem CAS können Sie auch die Ableitung der Funktion ermitteln. Stellen, an denen f nicht differenzierbar ist, werden dabei nicht angegeben.

Im Fenster ***Graphs*** können Sie den Funktionsgraphen und den Graphen der Ableitungsfunktion zeichnen und so die Schnittstellen untersuchen.

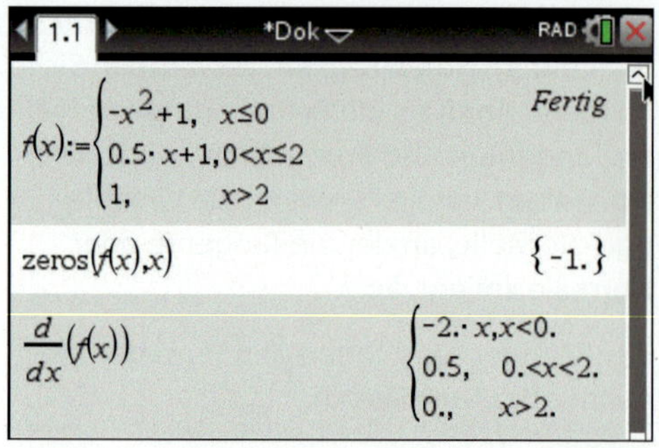

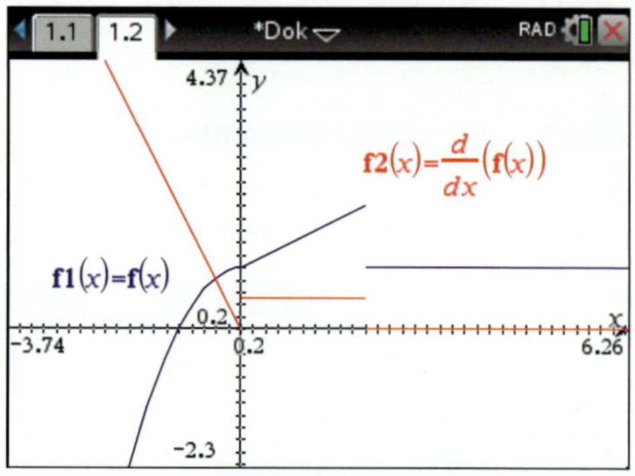

GTR CAS

Bestimmte Integrale berechnen

Wählen Sie im ***Calculator*** im Menü ***Analysis*** den Befehl ***Integral***. Ergänzen Sie den Funktionsterm, die Integrationsgrenzen und die Integrationsvariablen.

Alternativ können Sie das Integral auch im Bereich ***Graphs*** berechnen. Definieren Sie dazu die Funktion, wählen Sie anschließend im Menü ***Graph analysieren*** den Befehl ***Integral*** und legen Sie den Integrationsbereich fest. Der Rechner zeigt die Fläche zwischen Graph und x-Achse in diesem Bereich an und gibt deren Flächeninhalt an.

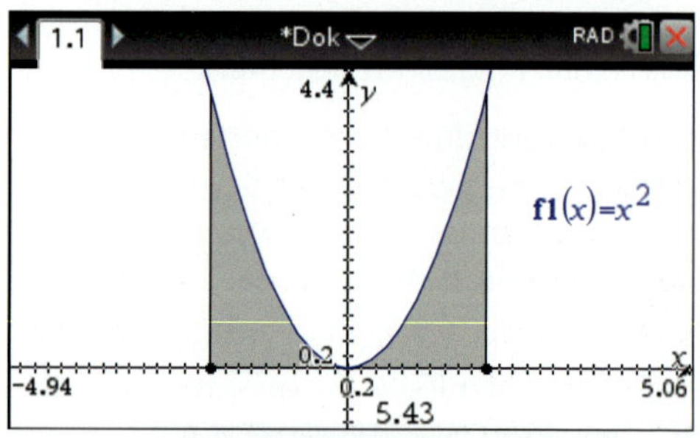

CAS

Stammfunktionen ermitteln

Wählen Sie im ***Calculator*** im Menü ***Analysis*** den Befehl ***Integral***. Tragen Sie den Funktionsterm sowie die Integrationsvariable ein und lassen Sie die Integrationsgrenzen leer. Der Rechner gibt als Lösung den Term einer Stammfunktion aus.

Regression

GTR CAS

Öffnen Sie den Bereich ***Lists&Spreadsheets***. Tragen Sie die x- und y-Koordinaten der gegebenen Punkte in zwei Spalten ein. Öffnen Sie die Anwendung ***Data&Statistics***. Wählen Sie für die waagerechte Achse die Spalte der x-Werte und für die senkrechte Achse die Spalte der y-Werte. Gehen Sie im Menü unter ***Analysieren*** zum Punkt ***Regression*** und wählen Sie einen geeigneten Funktionstyp für die Ausgleichsfunktion.

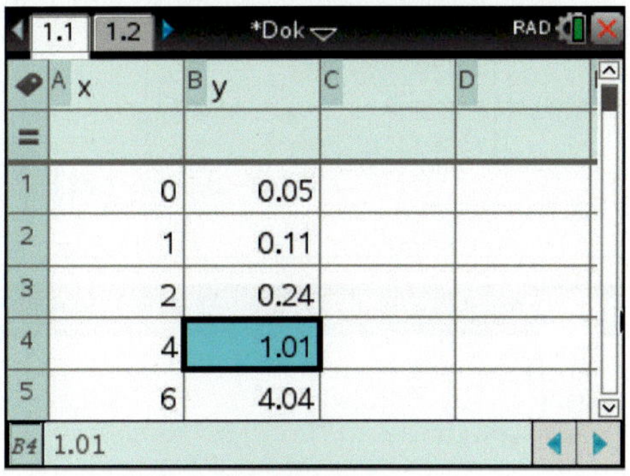

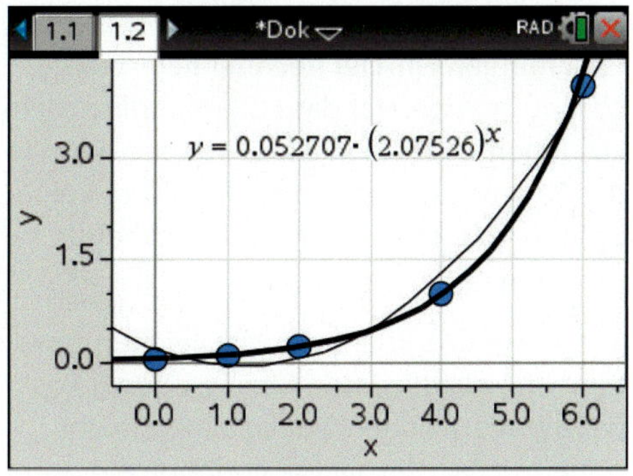

Zu den gegebenen Punkten wird nun auch der Graph der Ausgleichsfunktion und die zugehörige Funktionsgleichung angezeigt. Sie können auch mehrere Regressionsarten verwenden und die Ergebnisse vergleichen. Hier wurde eine quadratische und eine exponentielle Regression durchgeführt.

Matrizen erzeugen und in Zeilenstufenform umformen

GTR CAS

Definieren Sie im Calculator eine Matrix. Wählen Sie dazu im Menü ***Matrix und Vektor*** den Befehl ***Erstellen*** und geben Sie die Anzahl der Zeilen und der Spalten an. Der Rechner erzeugt eine leere Matrix, die Sie mit Zahlen füllen können.

Mit dem Befehl ***ref()*** wird die Zeilenstufenform erzeugt.

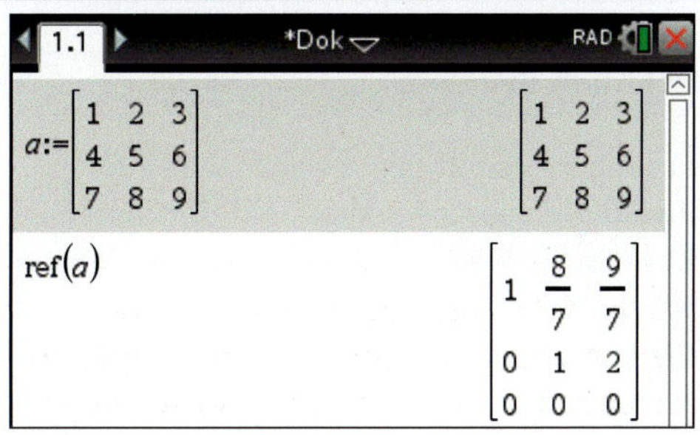

Lineare Gleichungssysteme mit dem GTR lösen

GTR CAS

Gesucht ist die Lösung des Gleichungssystems mit drei Gleichungen und drei Variablen. Erzeugen Sie eine Matrix mit drei Zeilen und vier Spalten und übertragen Sie die Koeffizienten des LGS. Die rechte Spalte enthält die Ergebnisse der Gleichungen.

Mit dem Befehl ***rref()*** bringen Sie die Matrix in die reduzierte Zeilenstufenform und können daraus die Lösungen ablesen.

$$\left|\begin{aligned} 8y + 3z &= -1 \\ -2x + 6y + 3z &= -3 \\ x + y - z &= -4 \end{aligned}\right|$$

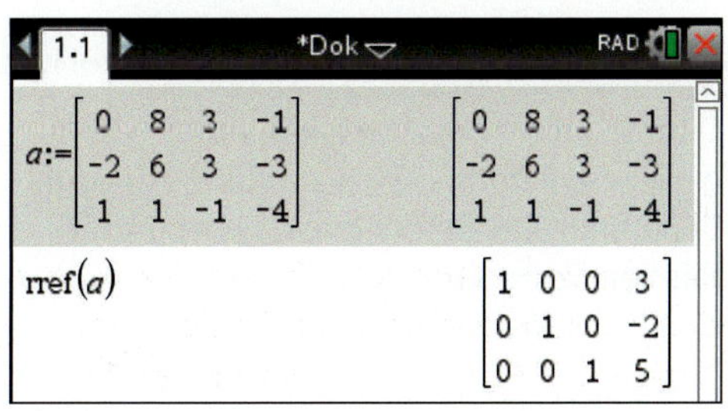

Lösung: (3 | −2 | 5)

CAS

Gleichungssysteme mit dem CAS lösen

Wählen Sie im Menü **Algebra** den Punkt ***Gleichungssysteme lösen*** und dann den Befehl ***System linearer Gleichungen lösen (linsolve())***. Legen Sie die Anzahl der Gleichungen und die Bezeichnung der Variablen fest. Geben nacheinander die Gleichungen ein. Der Rechner liefert die Lösungsmenge. Hat das LGS unendlich viele Lösungen, so werden alle Lösungen mithilfe des Parameters c2 dargestellt. Gibt es keine Lösung, so erscheint eine entsprechende Meldung.

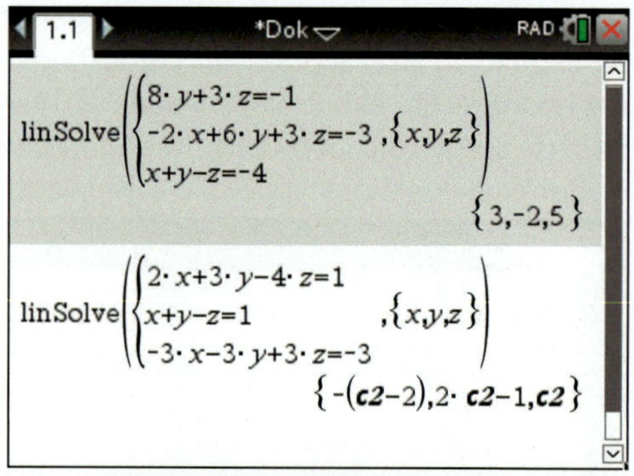

Mit einem CAS können auch Gleichungssysteme mit nichtlinearen Gleichungen gelöst werden. Verwenden Sie dazu den Befehl solve(), geben Sie die Gleichungen ein und definieren Sie die Variablen.

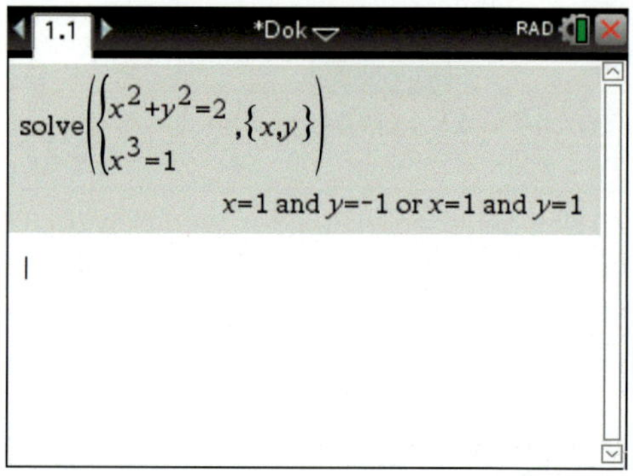

GTR CAS

Vektoren definieren

Erzeugen Sie mit der Vorlage einen zweidimensionaler Vektor. Mit der Taste können Sie weitere Zeilen erzeugen. Tragen Sie die Koordinaten ein.
Sie können Vielfache berechnen und Vektoren addieren. Mit dem Befehl ***norm()*** können Sie den Betrag des Vektors berechnen

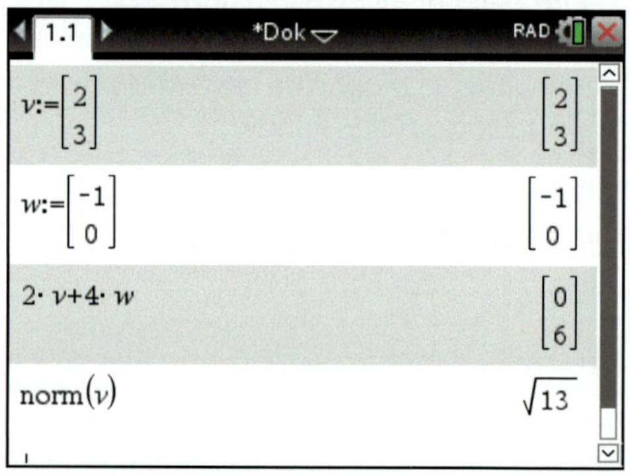

GTR CAS

Skalarprodukt und Kreuzprodukt berechnen

Definieren Sie zwei Vektoren v und w. Mit dem Befehl ***dotp(,)*** wird das Skalarprodukt berechnet. Der Befehl ***cross(,)*** bestimmt das Vektorprodukt.

Geraden und Ebenen definieren

GTR CAS

Geraden können als Funktion mit einer Variable definiert werden. Geben Sie die Parametergleichung mithilfe von Vektoren ein.

Analog kann die Parametergleichung einer Ebene als Funktion mit zwei Variablen eingegeben werden.

Durch Einsetzen von Parametern erhalten Sie Vektoren der Gerade oder der Ebene.

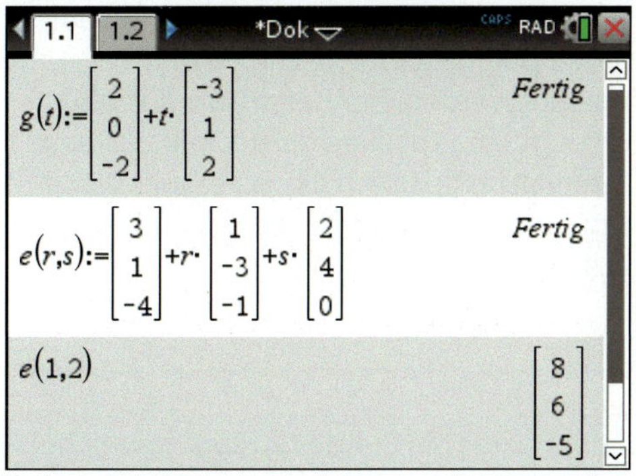

Lagebeziehungen untersuchen

CAS

Mit dem Befehl solve() können Sie Parametergleichungen von Geraden und auch von Ebenen gleichsetzen. Hier ist die Lösung eindeutig. Der Schnittpunkt ergibt sich durch Einsetzen des Parameters t in die Gleichung von g.

Wird die Lösung mit einem Parameter angegeben, so gibt es unendlich viele gemeinsame Punkte.

Analog kann auch die Lage zweier Ebenen untersucht werden. Hier werden die Ebenen e und e2 mit $\vec{x} = \begin{pmatrix} 4 \\ -2 \\ -5 \end{pmatrix} + l \cdot \begin{pmatrix} 2 \\ 1 \\ 3 \end{pmatrix} + m \cdot \begin{pmatrix} -4 \\ 5 \\ 2 \end{pmatrix}$ betrachtet. Die Lösung enthält einen Parameter. Durch Einsetzen der Lösungen für l und m in die Gleichung von e2 ergibt sich eine Gleichung der Schnittgerade g:

$$\vec{x} = \begin{pmatrix} 4 \\ -2 \\ -5 \end{pmatrix} + t \cdot \begin{pmatrix} \frac{11}{3} \\ \frac{31}{6} \\ \frac{5}{2} \end{pmatrix}.$$

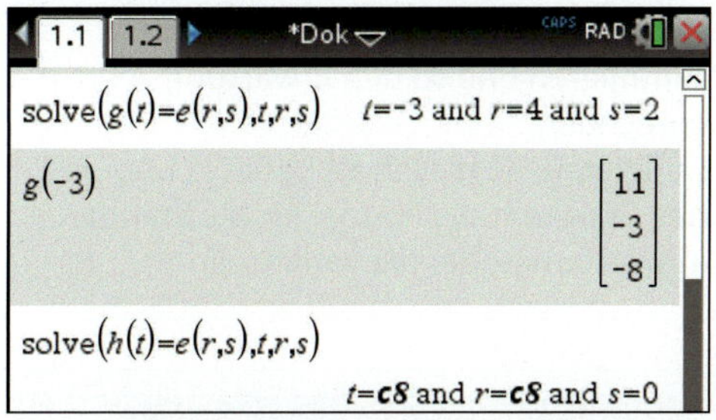

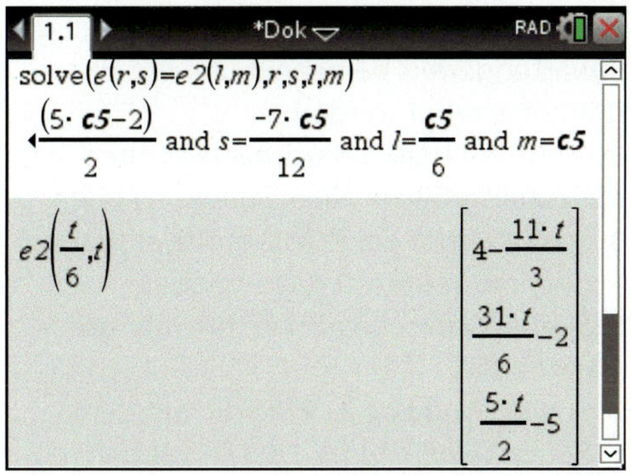

Projektionen berechnen

GTR CAS

Der Punkt P (10 | 7 | 6) wird in Richtung des Vektors $\vec{v} = \begin{pmatrix} -3 \\ -5 \\ -3 \end{pmatrix}$ in die x_1x_2-Ebene projiziert.

Definieren Sie die Projektionsmatrix und den Ortsvektor von P. Wenden Sie die Matrix mit dem „Malpunkt" auf den Vektor an. Der Rechner gibt den Ortsvektor der Projektion in der Ebene zurück.

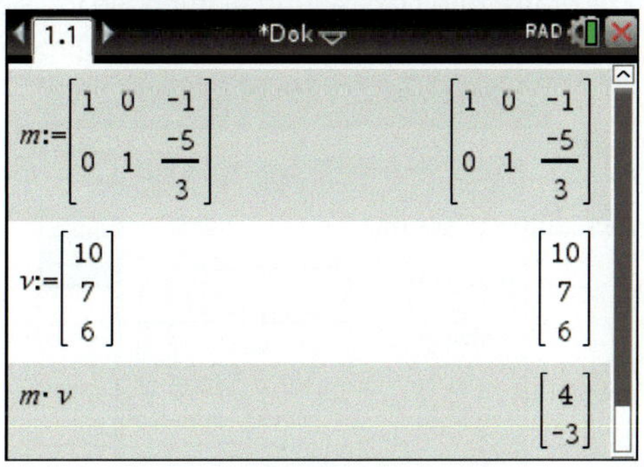

GTR CAS

Zufallszahlen erzeugen

Im ***Calculator*** kann mit dem Befahl ***rand()*** eine zufällige Zahl zwischen 0 und 1 erzeugt werden. Der Befehl ***randInt(a,b)*** erzeugt eine zufällige ganze Zahl aus dem Intervall [a; b]. Durch Eingabe eines weiteren Arguments n wird eine Liste mit n Zufallszahlen erzeugt.

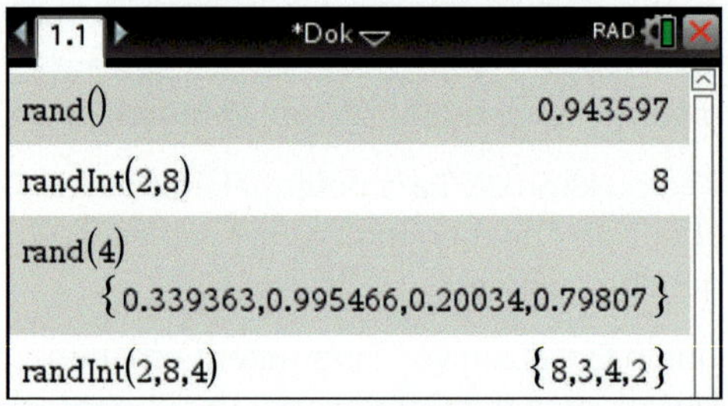

GTR CAS

Erwartungswert und Standardabweichung berechnen

Definieren Sie eine Liste mit den Werten k und eine Liste mit den Wahrscheinlichkeiten P (X = k). Mit dem Befehl ***sum()*** können Sie die Produkte k · P (X = k) aufsummieren und so den Erwartungswert berechnen.
Definieren Sie diesen als Variable und geben Sie damit die Formel für die Standardabweichung oder die Varianz ein.

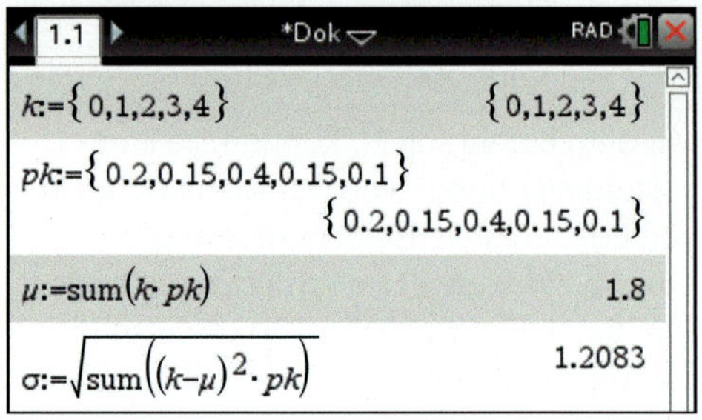

GTR CAS

Zufallsgrößen in Tabellen erfassen und auswerten

Zu einer gegebenen Zufallsgröße sollen der Erwartungswert berechnet und ein Histogramm erzeugt werden.
Im Fenster ***Lists&Spreadsheets*** können Sie die Zufallsgröße in einer Tabelle erfassen.

1. Spalte: Werte der Zufallsgröße eintragen oder mit ***seq(n,n,0,4,1)*** erzeugen
2. Spalte: Wahrscheinlichkeiten manuell eintragen
3. Spalte: Produkte k · P (X = k) mit dem Befehl ***seq(k[i]*p[i],i,1,5,1)*** erzeugen

Berechnen Sie die den Erwartungswert als Summe dieser Produkte in Zelle D1 mit dem Befehl ***=sum(kp)***.

k	0	1	2	3	4
P (X = k)	0,2	0,15	0,4	0,15	0,1

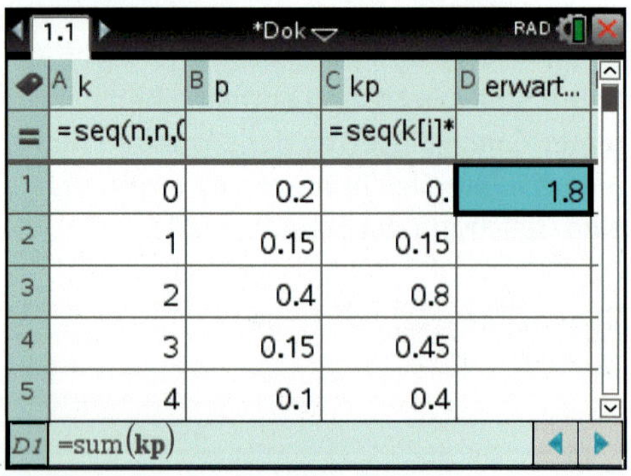

Zur grafischen Darstellung wählen Sie im Menü unter Daten den Befehl Ergebnisdiagramm. Legen Sie als X-Liste die Werte und als Ergebnisliste die Wahrscheinlichkeiten fest.

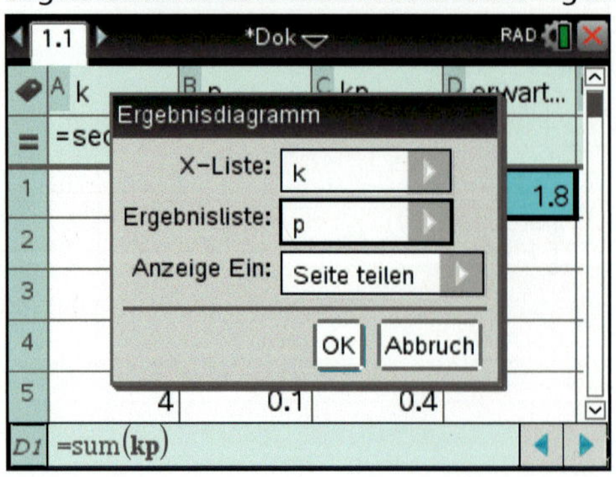

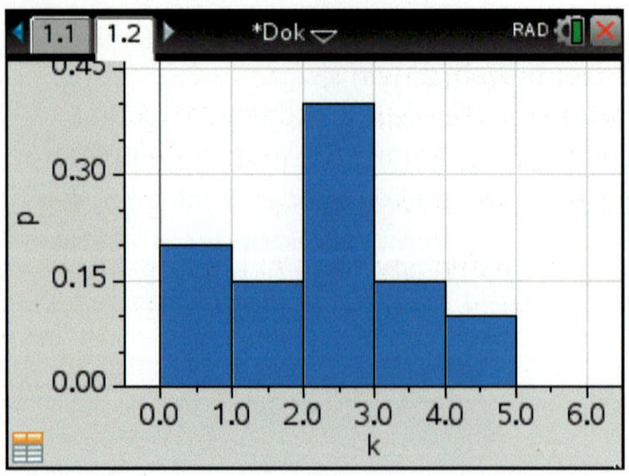

Darstellung klassierter Daten (Histogramm)

GTR CAS

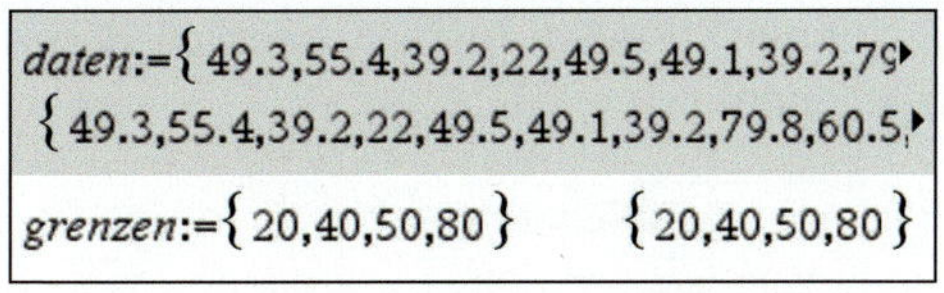

Erstellen Sie im ***Calculator*** eine Liste mit den Daten und den Klassenbreiten (falls diese individuell gewählt werden sollen). Wählen Sie im Fenster ***Data&Statistics*** für die waagerechte Achse die Liste der Daten aus. Wählen Sie im Menü unter ***Plot-Typ Histogramm***. Stellen Sie unter ***Menü/Histogramm-Eigenschaften*** als Maßstab Dichte aus (Flächeninhalte der Säulen entsprechen den relativen Häfigkeit der Klassen).

Sie können unter Säuleneinstellungen gleich breite Säulen wählen (Bild links) oder die die Liste mit den individuellen Klassengrenzen (Bild rechts).

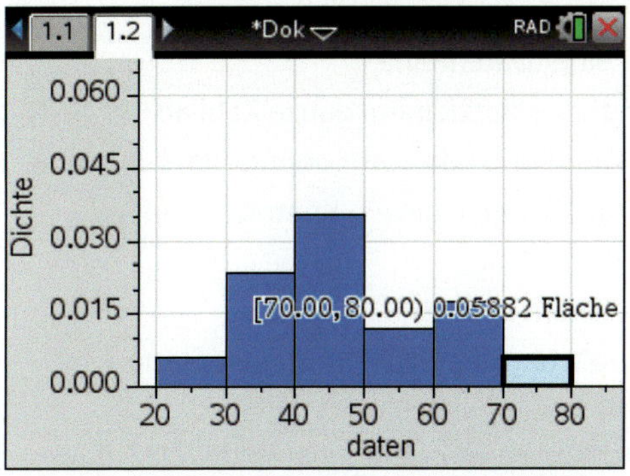

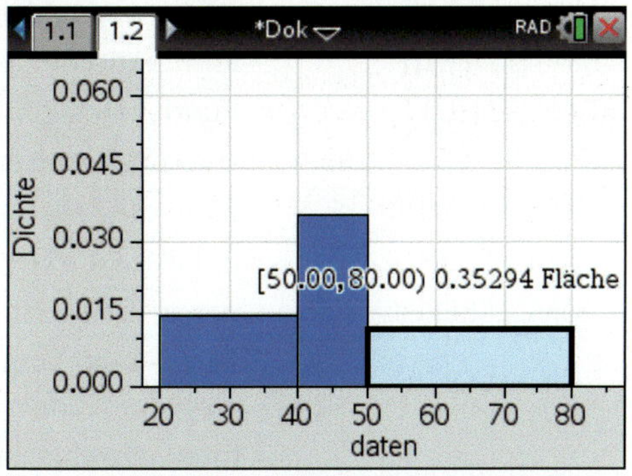

Wahrscheinlichkeiten binomialverteilter Zufallsgrößen berechnen

GTR CAS

Für eine binomialverteilte Zufallsgröße mit n Versuchen und einer Erfolgswahrscheinlichkeit p gibt es die folgenden Befehle.

binomPdf(n,p,k) = P (X = k)

binomCdf(n,p,k) = P (X ≤ k)

binomCdf(n,p,a,b) = P (a ≤ X ≤ b)

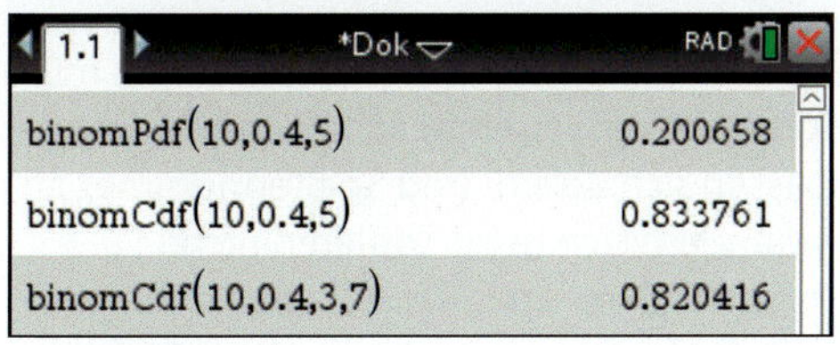

Wahrscheinlichkeiten normalverteilter Zufallsgrößen berechnen

GTR CAS

Gegeben ist eine normalverteilten Zufallsgröße X mit Erwartungswert μ und Standardabweichung σ.

Intervallwahrscheinlichkeiten P (a ≤ X ≤ b) können mit dem Befehl ***normCdf(a,b,μ,σ)*** oder als Integral berechnet werden. Dabei gibt ***normPdf(t,μ,σ)*** den Wert der Dichtefunktion an der Stelle t an.

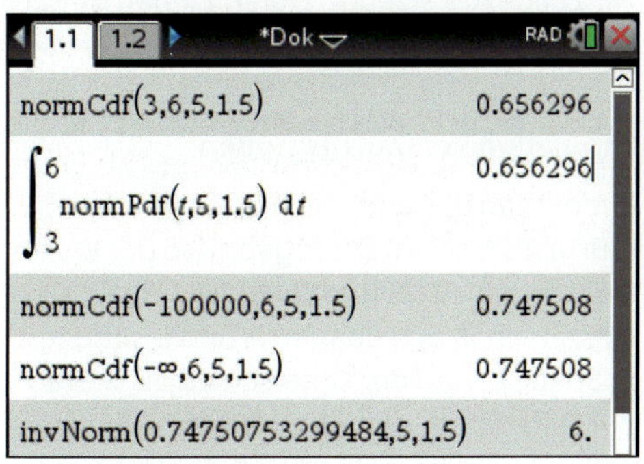

Um eine Wahrscheinlichkeit P (X ≤ b) zu berechnen, geben Sie als untere Grenze eine sehr kleine Zahl ein. Beim CAS können Sie stattdessen –∞ verwenden.

Mit dem Befehl ***invNorm(p,μ,σ)*** erhalten Sie einen Wert x, für den P(X ≤ x) = p gilt.

Anleitungen zu Tabellenkalkulationen

Hier finden Sie einen kurzen Überblick über wichtige Funktionen und Prinzipien einer Tabellenkalkulation.

Hinweis:
Neben Zahlen können auch Zellen oder Bereiche von Zellen als Argumente eingegeben werden. ***=SUMME(C1;C4)*** berechnet C1 + C4 und ***=SUMME(C1:C4)*** berechnet C1 + C2 + C3 + C4.

Formeln in Zellen eingeben
Jede Zelle einer Tabelle ist durch ihre Zeile und ihre Spalte festgelegt (C3 in Spalte C und Zeile 3). Formeln werden in Zellen immer mit einem ***Gleichheitszeichen*** = begonnen.

Funktionen	
=SUMME()	Summe von zwei oder mehr Zahlen
=Max() ; =Min()	größter oder kleinster Wert in einem Bereich
=MITTELWERT()	arithmetisches Mittel einer Datenreihe
=GANZZAHL()	Rundet eine Zahl auf die nächstkleinere ganze Zahl ab
=WENN()	Überprüft eine Bedingung und gibt wahr oder falsch zurück
=ZÄHLENWENN()	Zählt die Zellen in einem Bereich, die ein Kriterium erfüllen
=ZUFALLSZAHL()	Zufallszahl zwischen 0 und 1
=ZUFALLSBEREICH	ganze Zufallszahl aus einem Bereich
=BINOM.VERT()	Einzel- oder kumulierte Wahrscheinlichkeit zu einer binomialverteilten Zufallsgröße
=BINOM.VERT.BEREICH()	Intervallwahrscheinlichkeit zu einer binomialverteilten Zufallsgröße

Formeln/Zellen kopieren

Beim Kopieren von Zellen mit Formeln muss der Unterschied zwischen relativen und absoluten Zellverweisen beachtet werden. Angaben wie A2 sind relative Bezüge. Beim Kopieren passen sich Zeilen- und Spaltennummer an die neue Zelle an. Absolute Bezüge wie \$A\$1 verändern sich beim Kopieren nicht.

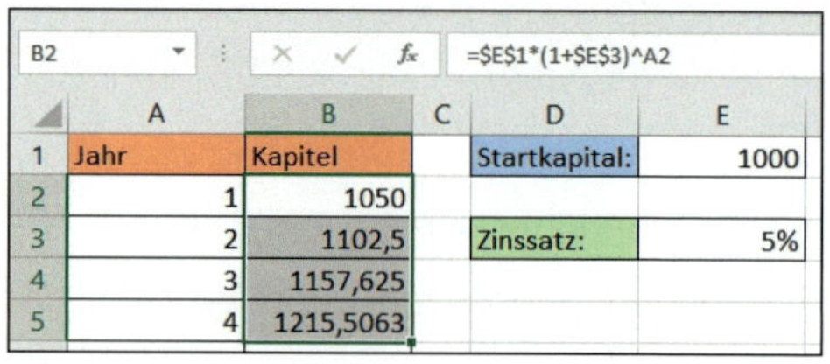

B2 | =$E$1*(1+$E$3)^A2

	A	B	C	D	E
1	Jahr	Kapitel		Startkapital:	1000
2	1	1050			
3	2	1102,5		Zinssatz:	5%
4	3	1157,625			
5	4	1215,5063			

In Spalte B wird das Kapital nach n Jahren mit der Formel $K(n) = 1000 \cdot (1 + 0{,}05)^n$ berechnet. Der Zinssatz \$E\$3 und das Startkapital \$E\$1 sind fest und daher mit absoluten Zellbezügen. Der Exponent A2 ist abhängig vom Jahr (also der Zeile) und wird als relativer Zellbezug erzeugt. Durch Ziehen der Zelle an der unteren rechten Ecke wird die Formel in die anderen Zellen der Spalte B übertragen.

Hinweis:
Mit dem Befehl ***=ABS()*** wird der Betrag einer Zahl ermittelt.

Simulation von Zufallsgrößen

Mit der Tabelle wird das Würfeln mit zwei Würfeln simuliert. Die Ergebnisse der Würfe werden mit ***=ZUFALLSBEREICH(1,6)*** als Zufallszahlen in den Spalten A und B simuliert. In Spalte C wird der Unterschied als Betrag der Differenz berechnet ***=ABS(A2-B2)***. In

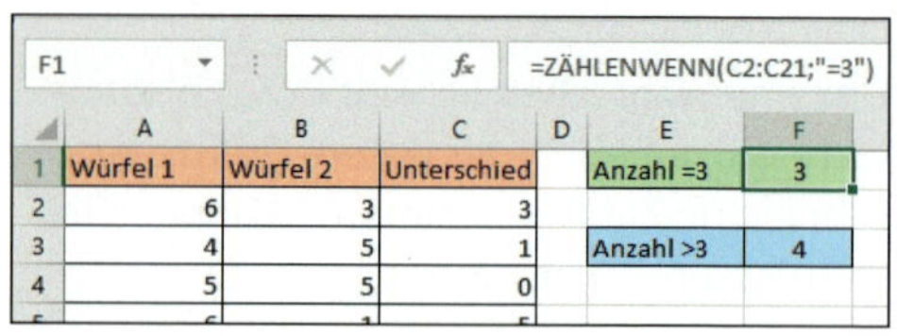

F1 | =ZÄHLENWENN(C2:C21;"=3")

	A	B	C	D	E	F
1	Würfel 1	Würfel 2	Unterschied		Anzahl =3	3
2	6	3	3			
3	4	5	1		Anzahl >3	4
4	5	5	0			

Zelle F1 wird gezählt, wie oft der Unterschied gleich 3 ist. Die Bedingung wird dabei in Anführungszeichen eingegeben. Mit dem Befehl ***=(ZÄHLENWENN(C2:C20,">3"))*** wird in Zelle F3 gezählt, wie oft der Unterschied größer als 3 ist.

13. Anhang

Lösungen zu
- Ihr Fundament
- Prüfen Sie Ihr neues Fundament

Bildquellenverzeichnis
Stichwortverzeichnis

Lösungen zu Kapitel 1: Fortsetzung der Differenzialrechnung

Ihr Fundament (S. 8/9)

S. 8, 1.

a) $x = 2; y = 1$ b) $x = 0{,}5; y = 1$

c) keine Lösung   d) unendlich viele Lösungen

e) $x = 1; y = 2$ f) $x = 2; y = -3$

S. 8, 2.

a) $\left(\begin{array}{cc|c} 1 & 1 & 3 \\ -2 & 1 & -3 \end{array}\right)$; Lösung: $x = 2; y = 1$

b) $\left(\begin{array}{cc|c} 2 & 3 & 0 \\ 1 & 1 & -1 \end{array}\right)$; Lösung: $x = -3; y = 2$

c) $\left(\begin{array}{cc|c} 2 & 1 & 1 \\ -2 & 1 & 1 \end{array}\right)$; Lösung: $a = 0; b = 1$

d) $\left(\begin{array}{cc|c} 2 & -2 & -6 \\ 2 & 1 & 0 \end{array}\right)$; Lösung: $x = -1; y = 2$

e) $\left(\begin{array}{cc|c} 2 & 1 & 1 \\ 1 & 2 & 1 \end{array}\right)$; Lösung: u = 1 _ 3 ; v = 1 _ 3

f) $\left(\begin{array}{cc|c} 1 & 1 & 1 \\ -1 & 1 & 1 \end{array}\right)$; Lösung: $x = 0; y = 1$

S. 8, 3.

a) genau eine Lösung ($x = 2; y = -4$)

b) unendlich viele Lösungen

c) keine Lösung

S. 8, 4.

a) $a = -1; b \neq 10$

b) $a = -5; b = 6$

c) $a = -1; b = 10$

S. 8, 5.

I: $a + b = 14$

II: $(10a + b) - (10b + a) = 36$

$a = 9; b = 5$; gesuchte Zahl: 95

S. 8, 6.

$x \cdot 203 + y = 39{,}16$

$x \cdot 267 + y = 49{,}40$

Lösen des linearen Gleichungssystems ergibt eine Grundgebühr von 6,68 € und einen Preis pro kWh von 0,16 €.

S. 8, 7.

a) f ist eine ganzrationale Funktion 3. Grades.
P liegt auf dem Graphen der Funktion.
$a_0 = 0; a_1 = -5; a_2 = 0; a_3 = 2$

b) f ist eine ganzrationale Funktion 2. Grades.
P liegt auf dem Graphen der Funktion.
$a_0 = 2; a_1 = 0; a_2 = 1$

c) f ist keine ganzrationale Funktion.
P liegt auf dem Graphen der Funktion.

d) f ist eine ganzrationale Funktion 5. Grades.
P liegt nicht auf dem Graphen der Funktion.
$a_{0,1,2,3} = 0; a_4 = 2; a_5 = -2$

S. 8, 8.

a) f ist achsensymmetrisch zur y-Achse.

b) mögliche Wertetabelle:

x	−1,5	−1	−0,5	0	0,5	1	1,5
f(x)	0,56	−1	−0,44	0	−0,44	−1	0,56

c) Tiefpunkte bei $(-1 \mid -1)$ und $(1 \mid -1)$
Hochpunkte bei $(0 \mid 0)$ und $(1{,}5 \mid 0{,}5625)$

d) $\lim\limits_{x \to \pm\infty} f(x) = +\infty$

S. 8, 9.

a) $P_1(0 \mid 0); P_2(-3 \mid 0); P_3(3 \mid 0)$

b) $P_1(0 \mid 0); P_2(-4 \mid 0); P_3(4 \mid 0); P_4(-1 \mid 0); P_5(2 \mid 0)$

c) $P_1(-1 \mid 0)$

d) $P_1(-10 \mid 0); P_2(-2 \mid 0); P_3(2 \mid 0); P_4(10 \mid 0)$

S. 9, 10.

a) $\lim\limits_{x \to +\infty} K(x) = +\infty; \lim\limits_{x \to -\infty} K(x) = -\infty$
Hochpunkt $(56{,}13 \mid 99{,}64)$; Tiefpunkt $(77{,}21 \mid 99{,}17)$

b) $K(x) = g(x)$ mit $g(x) = 2{,}5x$
$x = 39{,}31$
Ab 40 verkauften Kugelschreibern erwirtschaftet das Unternehmen Gewinn.

S. 9, 11.

a) $f'(x) = 6x^2 - 2x$

b) $f'(x) = \cos(x)$

c) $f'(x) = -\frac{2}{x^2}$

d) $f'(x) = \frac{3}{2\sqrt{x}}$

e) $f'(x) = 3x^2 - \sin(x)$

S. 9, 12.

a) Wendepunkte $W_1\left(\frac{1}{2} + \frac{\sqrt{21}}{6} \,\middle|\, f\left(\frac{1}{2} + \frac{\sqrt{21}}{6}\right)\right)$ und
$W_2\left(\frac{1}{2} - \frac{\sqrt{21}}{6} \,\middle|\, f\left(\frac{1}{2} - \frac{\sqrt{21}}{6}\right)\right)$; Tiefpunkte $T_1(-0{,}5 \mid -0{,}09)$
und $T_2(2 \mid -4)$; Hochpunkt $H(0 \mid 0)$

b) $W_1\left(\sqrt{\frac{1}{5}} \,\middle|\, -1\right); W_2\left(-\sqrt{\frac{1}{5}} \,\middle|\, -1\right)$;
$T_1\left(\sqrt{\frac{3}{5}} \,\middle|\, -1{,}8\right); T_2\left(-\sqrt{\frac{3}{5}} \,\middle|\, -1{,}8\right); H(0 \mid 0)$

c) $W(-2{,}5 \mid -4{,}6); T\left(-2 \,\middle|\, \frac{-14}{3}\right); H(-3 \mid -4{,}5)$

S. 9, 13.

a) ① f′   ② f″   ③ f

a) ① f′   ② f   ③ f″

S. 9, 14.

a) $N_1(0 \mid 0); N_2(6 \mid 0); S_y(0 \mid 0)$

b) $H\left(4 \,\middle|\, \frac{16}{3}\right); T(0 \mid 0); W\left(2 \,\middle|\, \frac{8}{3}\right)$

c) $\lim\limits_{x \to +\infty} f(x) = -\infty; \lim\limits_{x \to -\infty} f(x) = +\infty$

d) individuelle Lösung

S. 9, 15.

a) $k \in \mathbb{R} \setminus \{-8 \le k \le 8\}$

b) $-8 < k < 8$

c) $k = \pm 8$

S. 9, 16.

a) $P_1\left(\frac{2}{3} \,\middle|\, 0\right); P_2(0 \mid 4)$ b) $P_1(-1 \mid 0); P_2(3 \mid 0); P_3(0 \mid 3)$

c) $P_1(1 \mid 0); P_2(0 \mid -1)$ d) $P_1(0 \mid 0)$

S. 9, 17.

a) $b^{\frac{1}{3}}$ b) $(2x)^{\frac{1}{2}}$

c) $a^{\frac{2}{4}} = a^{\frac{1}{2}}$ d) $(3x)^{-\frac{1}{2}}$

S. 9, 18.

$f(x) = x(x + 2)(x - 2) = x^3 - 4x$

Prüfen Sie Ihr neues Fundament (S. 62/63)

S. 62, 1.

a) $L = \{(1|-1|1)\}$ b) $L = \{(1|-1|1)\}$

c) $L = \{(0|3|4)\}$ d) $L = \{\}$

e) $L = \{(-1+2t|1-t|t);\ t \in \mathbb{R}\}$ f) $L = \{(2|1|1{,}5)\}$

S. 62, 2.

a) $L = \left\{\left(0\middle|-\frac{1}{8}\middle|\frac{5}{8}\right)\right\}$ b) $L = \{(2|3|8|3)\}$

c) $L = \{(2-t|2-2t|-2-6t|t);\ t \in \mathbb{R}\}$

S. 62, 3.

a) eine Lösung b) unendlich viele Lösungen

c) keine Lösung

S. 62, 4.

a) $f(5) = 18$ $a \cdot 5^3 + b \cdot 5^2 + c \cdot 5 + d = 18$

b) $f(0) = 3$ $a \cdot 0^3 + b \cdot 0^2 + c \cdot 0 + d = 3$

c) $f(5) = 0$ und $f'(5) = 0$

$a \cdot 5^4 + b \cdot 5^3 + c \cdot 5^2 + d \cdot 5 + e = 0$

$4 \cdot a \cdot 5^3 + 3 \cdot b \cdot 5^2 + 2 \cdot c \cdot 5 + d = 0$

d) $f(3) = -1$ und $f'(3) = 4$

$a \cdot 3^3 + b \cdot 3^2 + c \cdot 3 + d = -1$

$3 \cdot a \cdot 3^2 + 2 \cdot b \cdot 3 + c = 4$

e) $f'(2) = 1$ und $f''(2) = 0$

$4 \cdot a \cdot 2^3 + 3 \cdot b \cdot 2^2 + 2 \cdot c \cdot 2 + d = 1$

$12 \cdot a \cdot 2^2 + 6 \cdot b \cdot 2 + 2 \cdot c = 0$

S. 62, 5.

① $f(x) = x^3 - x$

② $f(x) = \frac{5}{9}x^3 - \frac{5}{3}x^2$

③ $f(x) = -\frac{3}{125}x^4 + \frac{4}{25}x^3$

④ $f(x) = \frac{1}{27}x^4 - \frac{2}{3}x^2 + 3$

S. 62, 6.

Die Flugbahn lässt sich modellieren mithilfe der Funktion f mit $f(x) = -0{,}054x^2 + x + 2{,}2$. Der Graph von f hat den Hochpunkt $H(9{,}26|6{,}83)$. Die Halle muss für den Wurf mindestens 6,83 m hoch sein.

S. 62, 7.

a) Funktion dritten Grades mit den Eigenschaften
$f(0) = 1;\ f(-2) = 5;\ f'(0) = 0;\ f'(-2) = 0$
Funktionsgleichung: $f(x) = x^3 + 3x^2 + 1$

b) Funktion vierten Grades mit den Eigenschaften
$f(0) = 0;\ f'(0) = 0;\ f''(0) = 0;\ f(-2) = -2;\ f(1) = 1$
Funktionsgleichung: $f(x) = \frac{1}{4}x^4 + \frac{3}{4}x^3$

S. 63, 8.

① $a = 1{,}04$ ② $a = -0{,}6$ ③ $a = -\frac{7}{11}$

④ $a = -3$ ⑤ $a_1 = 0$ und $a_2 = -\frac{1}{3}$

⑥ keine Lösung, Funktionen dritten Grades haben immer mindestens eine Nullstelle

S. 63, 9.

a) $f_a(x) = ax^3 - 3ax + 4$ mit $a \in \mathbb{R};\ a \neq 0$

b) individuelle Lösung (z. B. Funktion enthält $P(2|8)$)

c) Es lässt sich keine Lösung finden, da die Extrema einer Funktion dritten Grades punktsymmetrisch zum Wendepunkt liegen.

S. 63, 10.

a) $a = 3$ ergibt die Nullstellen $x_1 = -3$ und $x_2 = 3$

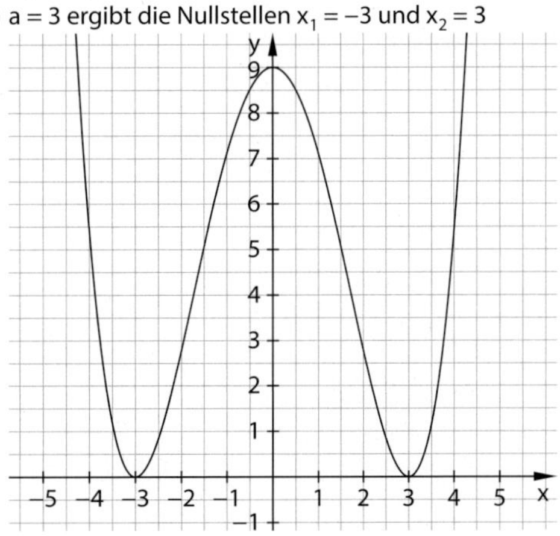

b) $a = \sqrt{8} \approx 2{,}83$ c) $a = 2{,}37$

d) Für $a = \frac{3\sqrt{3}}{2} \approx 2{,}60$ hat das Tor eine quadratische Fläche.

S. 63, 11.

a) $f'(x) = 9x^2 - 8x$

b) $f'(x) = 36x^5 + 10x^4 - 9$

c) $f'(x) = 6x^5$

d) $f'(x) = 72x^5 - 48x^3 + 24x^2 - 40x - 8$

e) $f'(x) = 2\sin(x)\cos(x)$

f) $f'(x) = 18tx^2 - 20tx$

S. 63, 12.

a) $f'(x) = -10(3-2x)^4$

b) $f'(x) = (18x - 12)\cos((2-3x)^2)$

c) $f'(x) = -\frac{x}{\sqrt{1-x^2}}$

d) $f(x) = \sqrt{(1-x)^2} = |1-x| = \begin{cases} 1-x & \text{für } x \le 1 \\ -(1-x) & \text{für } x \ge 1 \end{cases}$

$f'(x) = \begin{cases} -1 & \text{für } x < 1 \\ 1 & \text{für } x > 1 \end{cases}$

Für $x = 1$ ist f nicht differenzierbar.

S. 63, 13.

a) Die Funktion f ist überall stetig, aber an der Stelle $x_0 = 1$ nicht differenzierbar.

b) Die Funktion f ist überall stetig und differenzierbar.

S. 63, 14.

a) $f(x) = 0{,}001x^4 - 0{,}2x^2 + 10$

b) $g(x) = -10^{-5}x^6 + 0{,}003x^4 - 0{,}3x^2 + 10$

c) Beide Funktionen verbinden den Punkt A sprungfrei und knickfrei mit der Bahntrasse, aber nur g verbindet ihn auch ruckfrei.

Lösungen zu Kapitel 2: Integralrechnung

Ihr Fundament (S. 66/67)

S. 66, 1.
a) $x_1 = -\frac{1}{2}$; $x_2 = \frac{5}{2}$
b) $x_1 = -\frac{\pi}{4}$; $x_2 = 2$
c) $a_1 = -\frac{4}{3}$; $a_2 = 0$
d) $x_1 = 0$
e) $x_1 = -2$; $x_2 = -1$; $x_3 = 1$; $x_4 = 2$
f) $c_1 = -1$; $c_2 = 1$

S. 66, 2.
a) $f(x) = -x^2 + 4x + 4 = -x + 4 = g(x)$
$x_1 = 0$; $x_2 = 5$; $g(0) = 4$; $g(5) = -1$
Die Schnittpunkte sind $P(0|4)$ und $Q(5|-1)$.
b)
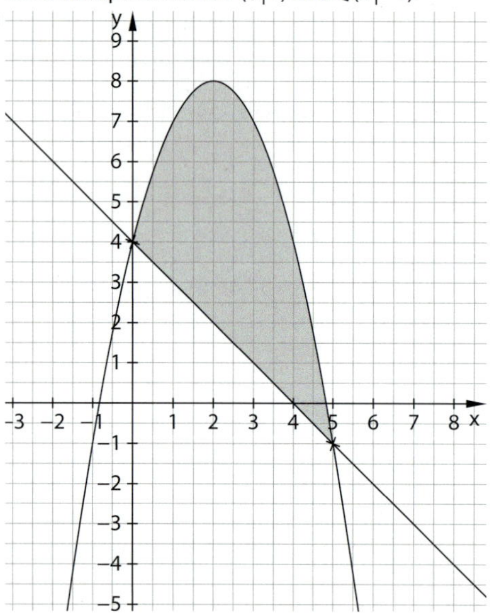

S. 66, 3.
a) $f(x) = \frac{1}{3}x^3 + 1$; $f'(x) = x^2$; $f''(x) = 2x$
b) $f(x) = -\frac{1}{2}\sin(2x) + 1$; $f'(x) = -\cos(2x)$; $f''(x) = 2\sin(2x)$
c) $f(x) = -2\sin\left(\frac{1}{2}x - 1\right)$; $f'(x) = -\cos\left(\frac{1}{2}x - 1\right)$;
$f''(x) = \frac{1}{2}\sin\left(\frac{1}{2}x - 1\right)$
d) $f(t) = t + \sqrt{t}$; $f'(x) = \frac{1}{2\sqrt{t}} + 1$; $f''(x) = -\frac{1}{4\sqrt{t^3}}$
e) $f(x) = x^2 - \frac{1}{a^2}$; $f'(x) = 2x$; $f''(x) = 2$
f) $f(t) = t^2 \cdot b^2 - \sin(t) \cdot \cos(b)$;
$f'(t) = 2t \cdot b^2 - \cos(t) \cdot \cos(b)$;
$f''(t) = 2b^2 + \sin(t) \cdot \cos(b)$

S. 66, 4.
a) $$f'(2) = \lim_{x \to 2} \frac{f(x) - f(2)}{x - 2} = \lim_{x \to 2} \frac{x^2 - 4}{x - 2} = \lim_{x \to 2} \frac{(x + 2)(x - 2)}{x - 2} = \lim_{x \to 2} (x + 2) = 4$$
b) $f'(x) = 2x$; $f'(2) = 2 \cdot 2 = 4$

S. 66, 5.
a)

x	−3	−2,5	−2	−1,5
f(x)	1	4,125	5	4,375
f'(x)	9	3,75	0	−2,25

x	−1	−0,5	0	0,5	1
f(x)	3	1,625	1	1,875	5
f'(x)	−3	−2,25	0	3,75	9

b)
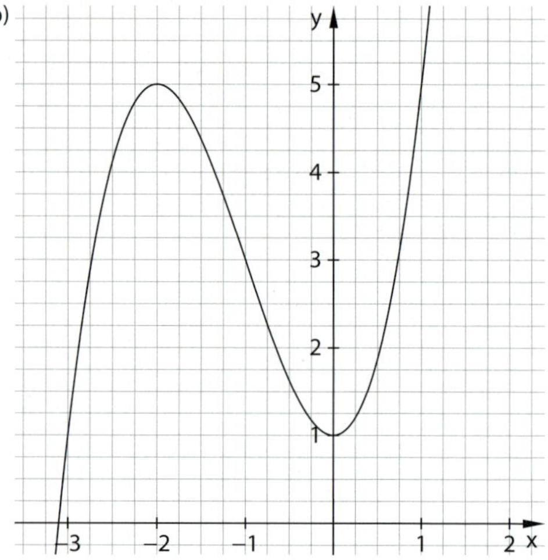

S. 66, 6.
Die Funktion g_1 ist die Ableitung zur Funktion f_3, da f_3 auf dem gesamten Intervall eine negative Steigung hat und um die Polstelle $x = 1$ die Steigung gegen $-\infty$ geht.
Die Funktion g_2 ist die Ableitung zur Funktion f_5, da die Steigung von f_5 links von $x = 2$ positiv, bei $x = 2$ null und rechts von $x = 2$ negativ ist.
Die Funktion g_3 ist die Ableitung zur Funktion f_4, da die Steigung links vom Tiefpunkt negativ, im Tiefpunkt null und rechts davon positiv ist.
Die Funktion g_4 ist die Ableitung zur Funktion f_2, da f_2 eine lineare Funktion ist und ihre Ableitung damit eine konstante Funktion.
Die Funktion g_5 ist die Ableitung zur Funktion f_1, da die Steigung von f_1 auf dem gesamten Intervall positiv und im Sattelpunkt $(1|1)$ null ist. Außerdem ist ein Sattelpunkt auch ein Wendepunkt und somit hat die Ableitung an dieser Stelle einen Extrempunkt.

S. 66, 7.
a) $f'(x)$ gibt die Geschwindigkeit in m/s an.
b) $f'(x)$ gibt die Beschleunigung in m/s^2 an.
c) $f'(x)$ gibt das Bevölkerungswachstum in Personen pro Jahr an.
d) $f'(x)$ gibt den Kraftstoffverbrauch in l/km an.

S. 67, 8.

a) $30 \cdot g(5) = 30(-20 \cdot 5^3 + 240 \cdot 5^2 - 420 \cdot 5 - 760)$
$= 30 \cdot 640 = 19\,200$
$30 \cdot g(10) = 30 \cdot (-960) = -28\,800$
In einem Monat, in dem täglich 5 Stück produziert werden, macht das Unternehmen einen Gewinn von 19 200 €. Produziert das Unternehmen aber täglich 10 Stück, macht es einen Verlust von 28 800 € pro Monat.

b) $g'(x) = -60x^2 + 480x - 420$
$g''(x) = -120x + 480$
Gesucht ist eine Stelle, an der die Steigung von g am stärksten ist, also eine Maximalstelle von g' und damit eine Wendestelle von g.
$g''(x) = -120x + 480 = 0;\ x = 4$
Bei einer Stückzahl von 4 hat eine Erhöhung der Produktionsmenge die größte positive Auswirkung auf den Gewinn.

c) Gesucht ist eine Stelle, an der die Funktion ihr Maximum annimmt.
$g'(x) = -60x^2 + 480x - 420 = 0;\ x_1 = 1;\ x_2 = 7$
$g(1) = -960;\ g(7) = 1200$
Bei einer täglichen Stückzahl von 7 erreicht das Unternehmen den maximalen Gewinn.

S. 67, 9.

a) $A = (1 + 2 + 3 + 4 + 5)(15\,\text{cm} \cdot 25\,\text{cm})$
b) $A = 15 \cdot 375\,\text{cm}^2 = 5625\,\text{cm}^2 = 0{,}5625\,\text{m}^2$

S. 67, 10.

① $A_1 = \frac{1}{2}\pi\left(\frac{\pi}{2}\right)^2 = \frac{\pi^3}{8} \approx 3{,}88$

② $A_2 = 2 \cdot \left(\frac{1}{2} \cdot \frac{\pi}{2} \cdot f\left(\frac{\pi}{2}\right)\right) = \frac{\pi^2}{4} \approx 2{,}48$

③ $A_3 = 2 \cdot \left(\frac{1}{2} \cdot \frac{\pi}{4} \cdot f\left(\frac{\pi}{4}\right)\right) + 2 \cdot \left(f\left(\frac{\pi}{4}\right) + f\left(\frac{\pi}{2}\right)\right) \cdot \frac{\pi}{4 \cdot 2}$
$= \frac{\pi}{4} \cdot \left(2 \cdot f\left(\frac{\pi}{4}\right) + f\left(\frac{\pi}{2}\right)\right)$
$= \frac{\pi}{4} \cdot \left(\frac{1}{\sqrt{2}}\pi + \frac{1}{2}\pi\right) \approx 2{,}98$
Hinweis: $f\left(\frac{\pi}{4}\right) = f\left(\frac{3\pi}{4}\right)$

S. 67, 11.

a) $\frac{6919}{2520} \approx 2{,}746$ b) $\frac{6667}{2520} \approx 2{,}646$
c) $\approx 0{,}669$ d) $\approx 0{,}898$

S. 67, 12.

a) z. B.: $1 + 2 = 3 = \frac{2 \cdot 3}{2}$
$1 + 2 + 3 + 4 + 5 = 15 = \frac{5 \cdot 6}{2}$
$1 + 2 + 3 + 4 + 5 + 6 = 21 = \frac{6 \cdot 7}{2}$

b) z. B.: $1^2 + 2^2 = 5 = \frac{2 \cdot 3 \cdot 5}{6}$
$1^2 + 2^2 + 3^2 = 14 = \frac{3 \cdot 4 \cdot 7}{6}$
$1^2 + 2^2 + 3^2 + 4^2 + 5^2 = 55 = \frac{5 \cdot 6 \cdot 11}{6}$

S. 67, 13.

$V = V_{\text{Halbzylinder}} - V_{\text{Quader}}$
$V = \pi \cdot 3{,}5^2 \cdot 20 - 1 \cdot 1 \cdot 20 = 199{,}91\,\text{cm}^3$
Das Bauteil hat ein Volumen von etwa $200\,\text{cm}^3$.

S. 67, 14.

a) ein Zylinder mit Radius 4 und Höhe 3
b) ein Kegel mit Radius 1 und Höhe 2

Prüfen Sie Ihr neues Fundament (S. 116/117)

S. 116, 1.

a) Zu Beginn der Beobachtung fließt das Wasser mit einer Zuflussrate von 3 l/min in das Gefäß. Die Zuflussrate nimmt gleichmäßig ab, das heißt, es wird weiterhin Wasser in das Gefäß gefüllt, nur die Menge an Wasser, die hinzugefüllt wird, nimmt stetig ab. Bei 3 Minuten liegt der Schnittpunkt mit der x-Achse, also stoppt der Zufluss zu diesem Zeitpunkt. Danach ist die Zuflussrate negativ; es wird also Wasser aus dem Gefäß abgelassen, und zwar von Sekunde zu Sekunde mehr.

b) Gesucht ist die Fläche unter dem Graphen im Intervall [0; 4].
$\int_0^4 (-x + 3)\,dx = \left[-\frac{1}{2}x^2 + 3x\right]_0^4 = 4 - 0 = 4$
4 l Wasser sind nach 4 Minuten in das Gefäß geflossen. Da zu Beginn der Beobachtungen bereits die Hälfte des Gefäßes gefüllt war (5 l), befinden sich nach 4 Minuten 9 l Wasser in dem Gefäß.

S. 116, 2.

a) $O_5 = \frac{5}{5}((1 + 1) + (2 + 1) + (3 + 1) + (4 + 1) + (5 + 1))$
$= 2 + 3 + 4 + 5 + 6 = 20$

b) $O_n = \frac{5}{n}\left(\left(1 \cdot \frac{5}{n} + 1\right) + \ldots + \left(n \cdot \frac{5}{n} + 1\right)\right)$
$= \frac{5}{n} \cdot \frac{5}{n}(1 + \ldots + n) + \frac{5}{n} \cdot n = \frac{25}{n^2}\frac{n^2 + n}{2} + 5$
$= \frac{25(n+1)}{2n} + 5$

c) $\lim\limits_{n \to \infty}\left(\frac{25(n+1)}{2n} + 5\right) = \lim\limits_{n \to \infty}\left(\frac{25}{2} + \frac{25}{2n} + 5\right) = \frac{35}{2} = 17{,}5$
Trapezfläche: $A = (f(0) + f(5)) \cdot \frac{5}{2} = (1 + 6) \cdot \frac{5}{2} = \frac{35}{2}$

S. 116, 3.

a)

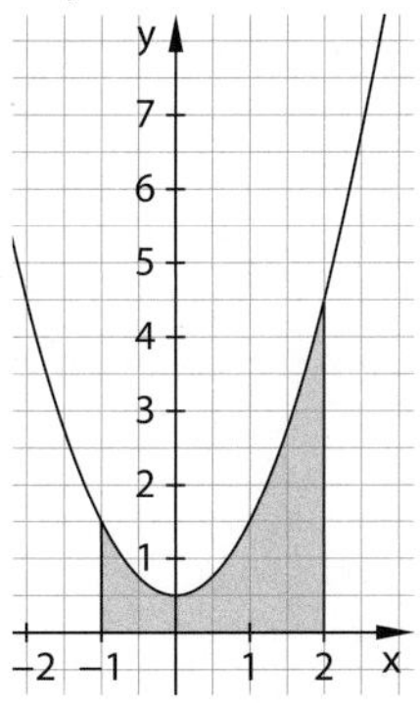

b)

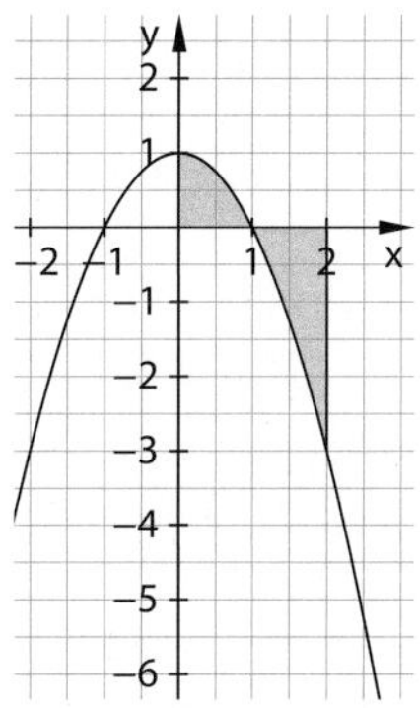

c)

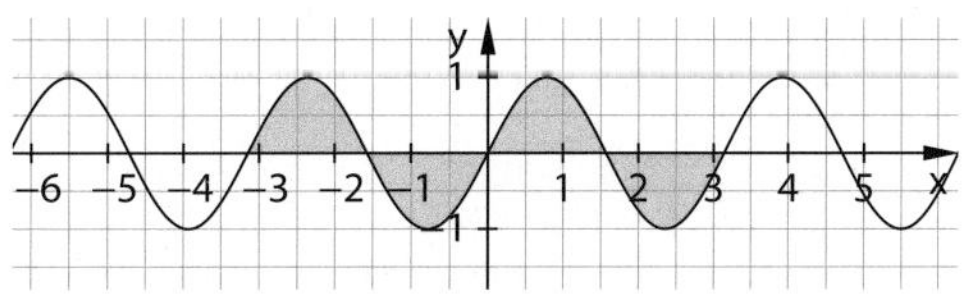

S. 116, 4.

a) Der Graph B gehört zur Stammfunktion F und der Graph A zur Funktion f, da A eine lineare und B eine quadratische Funktion darstellt.

b) Der Graph A gehört zur Stammfunktion F und der Graph B zur Funktion f, da die Extremstellen von A Nullstellen von B sind.

S. 116, 5.

a) $F(x) = x^2 + x$

b) $F(x) = \frac{1}{16}x^4 - 2x$

c) $F(x) = -2\cos\left(\frac{x}{2}\right)$

d) $F(x) = -3x^{-1} = -\frac{3}{x}$

e) $F_a(t) = \frac{a}{3}t^3$

f) $F(x) = \frac{1}{153}(3x-5)^{51}$

g) $F(x) = \frac{2}{3}x^3 - \frac{3}{2}x^2$

h) $F(x) = \frac{1}{8x^2}$

i) $F(x) = -\frac{1}{4x+6}$

j) $F(x) = \frac{4}{3}\sqrt{x^3}$

k) $F(x) = -2\sqrt{x}$

l) $F(x) = \frac{1}{3}\sqrt{(2x-1)^3}$

S. 116, 6.

a) $F(x) = 2x - x^2 - 1$

b) $F(x) = \frac{1}{2}x^4 - \frac{7}{2}x^2 + 4$

c) $F(x) = 2\sin\left(\frac{x}{2} - \pi\right)$

d) $F(x) = \frac{1}{(x+2)} - 3$

S. 117, 7.

a) $F'(x) = 5 \cdot \frac{x^{5-1}}{5} - x^{1-1} = x^4 - 1 = f(x)$

b) $F'(x) = 1 \cdot \sin(x) + (x-1) \cdot \cos(x) = f(x)$

c) $F'(x) = (-2) \cdot x^{-2-1} - 2 \cdot x^{2-1} = -2x^{-3} - 2x = f(x)$

d) $F'(x) = 2 \cdot \left(-\frac{1}{2}\right) \cdot x^{-\frac{1}{2}-1} = -x^{-\frac{3}{2}} = -\frac{1}{\sqrt{x^3}} = f(x)$

e) $F'(x) = (-2) \cdot (\sqrt{x}+1)^{-2-1} \cdot \frac{1}{2\sqrt{x}} = -\frac{1}{(\sqrt{x}+1)^3 \cdot \sqrt{x}} = f(x)$

S. 117, 8.

a) $A_1 = \int_0^{10} \left(\frac{1}{50}x^3 - \frac{2}{5}x^2 + 2x\right)dx$

$= \left[\frac{1}{200}x^4 - \frac{2}{15}x^3 + x^2\right]_0^{10} = \frac{50}{3}$

b) $A_2 = \left|\int_0^5 (f(x) - g(x))\,dx\right| + \left|\int_5^{10} (f(x) - g(x))\,dx\right|$

$h(x) = f(x) - g(x) = \frac{1}{50}x^3 - \frac{3}{10}x^2 + x$

$H(x) = \frac{1}{200}x^4 - \frac{1}{10}x^3 + \frac{1}{2}x^2$

$A_2 = |[H(x)]_0^5| + |[H(x)]_5^{10}| = \left|\frac{25}{8}\right| + \left|\frac{-25}{8}\right| = \frac{50}{8}$

S. 117, 9.

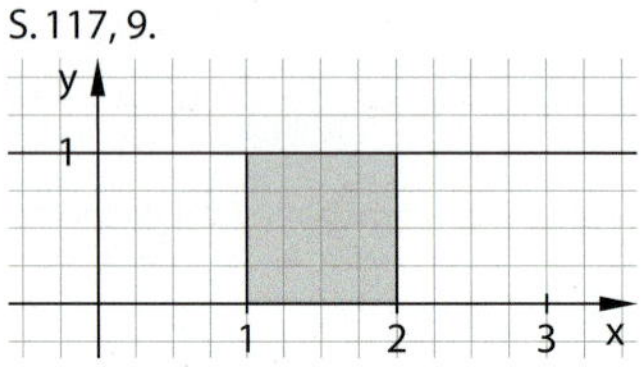

S. 117, 10.

$A = \int_0^5 f(x) - g(x)\,dx \approx 22{,}92$

$V \approx 22{,}92\,m^2 \cdot 0{,}80\,m = 18{,}336\,m^3$

Der Teich enthält etwa 18336 l Wasser.

S. 117, 11.

a) wahr

b) falsch (für stetige Funktionen ist die Aussage wahr)

c) falsch, denn eine Stammfunktion muss keine Nullstelle haben, eine Integralfunktion hingegen schon.

d) wahr

S. 117, 12.

a) $I_0(x) = \frac{1}{2}x^2 - 2x$

b) $I_0'(x) = \frac{1}{2} \cdot 2 \cdot x^{2-1} - 2x^{1-1} = x - 2 = f(x)$

c) Für $a_1 = -2$ und $a_2 = 6$ gilt die Formel.

S. 117, 13.

a) $\int_2^{\infty} \frac{2}{x^4}\,dx = \frac{1}{12}$

b) $\int_{-\infty}^{-1} \frac{3}{x^5}\,dx = -\frac{3}{4}$

c) nicht möglich

d) $\int_0^3 \left(x^2 - \frac{1}{\sqrt{x}}\right)dx = 9 - 2\sqrt{3}$

S. 117, 14.

a) ein Kegelstumpf mit Grundflächenradius $r_1 = \frac{5}{3}$, Deckflächenradius $r_2 = \frac{2}{3}$ und Höhe $h = 3$

b) $V = \frac{h \cdot \pi}{3}(r_1^2 + r_1 r_2 + r_2^2) = \frac{13}{3}\pi$

c) $V = \pi \cdot \int_1^4 \left(-\frac{1}{3}x + 2\right)^2 dx$

$= \pi \cdot \left[\frac{1}{27}x^3 - \frac{2}{3}x^2 + 4x\right]_1^4 = \frac{13}{3}\pi$

d) Ein Kegelstumpf entsteht durch Rotation der Geraden g durch $(0\,|\,r_1)$ und $(h\,|\,r_2)$ um die x-Achse im Intervall [0; h]. Gleichung von g aufstellen:

$g(x) = mx + c$ mit $m = \frac{r_2 - r_1}{h}$ und $c = r_1$.

Volumenformel für Rotationskörper anwenden:

$V = \pi \cdot \int_0^h (mx + c)^2\,dx = \pi \cdot \int_0^h m^2x^2 + 2mxc + c^2\,dx$

$= \pi \cdot \left[\frac{m^2}{3} \cdot x^3 + mcx^2 + c^2x\right]_0^h$

$= \pi \cdot \left(\frac{m^2}{3} \cdot h^3 + mch^2 + c^2h\right)$

$= \frac{h \cdot \pi}{3} \cdot (m^2h^2 + 3mch + 3c^2)$

$m = \frac{r_2 - r_1}{h}$ und $c = r_1$ einsetzen:

$V = \frac{h \cdot \pi}{3} \cdot \left((r_2 - r_1)^2 + 3(r_2 - r_1)r_1 + 3r_1^2\right)$

$= \frac{h \cdot \pi}{3} \cdot (r_1^2 + r_1 r_2 + r_2^2)$

Lösungen zu Kapitel 3: Exponentialfunktionen und Wachstum

Ihr Fundament (S. 120/121)

S. 120, 1.

a) $f'(x) = (x-2) + (x+1) = 2x - 1$

b) $f'(x) = (2x+2)(x^2-1) + 2x(x^2+2x)$

$= 4x^3 + 6x^2 - 2x - 2$

c) $f'(x) = 3x^2\left(x + \frac{1}{x}\right) + x^3\left(-\frac{1}{x^2}\right)$

$= 4x^3 + 2x$

d) $f'(x) = -\frac{1}{2\sqrt{x^3}}(2x+3) + \frac{2}{\sqrt{x}}$

$= \frac{1}{\sqrt{x}} - \frac{1}{2\sqrt{x^3}}$

S. 120, 2.

a) $f'(x) = 2(1+2x) \cdot 2 = 8x + 4$

b) $f(x) = (4-x)^{\frac{1}{2}}$

$f'(x) = -\frac{1}{2}(4-x)^{-\frac{1}{2}} = -\frac{1}{2\sqrt{4-x}}$

c) $f(x) = (x^2-1)^{\frac{1}{3}}$

$f'(x) = \frac{1}{3}(x^2-1)^{-\frac{2}{3}} \cdot 2x = \frac{2x}{3\sqrt[3]{(x^2-1)^2}}$

d) $f(x) = (a^2x)^{\frac{1}{2}}$

$f'(x) = \frac{1}{2}(a^2x)^{-\frac{1}{2}} \cdot a^2 = \frac{1}{2}x^{-\frac{1}{2}}a^{-1}a^2 = \frac{a}{2\sqrt{x}}$

S. 120, 3.

a) $\lim\limits_{x \to \infty} \frac{1}{x} = 0$;
für $x \to 0$ und $x > 0$ gilt $\frac{1}{x} \to \infty$;
für $x \to 0$ und $x < 0$ gilt $\frac{1}{x} \to -\infty$

b) $\lim\limits_{x \to \infty} -\frac{1}{x} = 0$;
für $x \to 0$ und $x > 0$ gilt $-\frac{1}{x} \to -\infty$;
für $x \to 0$ und $x < 0$ gilt $-\frac{1}{x} \to \infty$

c) $\lim\limits_{x \to \infty} \frac{1}{x^2} = 0$;
$\lim\limits_{x \to 0} \frac{1}{x^2} = \infty$

d) $\lim\limits_{x \to \infty} -\frac{1}{x^3} = 0$;
für $x \to 0$ und $x > 0$ gilt $-\frac{1}{x^3} \to -\infty$;
für $x \to 0$ und $x < 0$ gilt $-\frac{1}{x^3} \to \infty$

S. 120, 4.

a) Aus dem Satz des Pythagoras folgt:
$\overline{AX}^2 = x^2 + 3^2$ also $f(x) = \sqrt{x^2 + 9}$

b) $\overline{0B} = \sqrt{5^2 - 3^2} = 4$
Transportweg auf dem Kanal: $\overline{XB} = 4 - x$
Transportweg auf der Straße: $f(x) = \sqrt{x^2 + 9}$
Die Kosten auf der Straße sind dreimal so hoch wie auf dem Kanal:
$K(x) = 3\sqrt{x^2 + 9} + 4 - x$
Minimum bei $x \approx 1{,}06$
Bei Streckenlängen $\overline{AX} \approx 3{,}18$ km und $\overline{XB} \approx 2{,}94$ km sind die Kosten am geringsten.

S. 120, 5.

a) Faktor 3, also $B(3) = 3 \cdot B(2) = 54$, $B(5) = 9 \cdot B(3) = 486$

b) Faktor 0,5, also $B(3) = 0{,}5^2 \cdot B(1) = 100$,
$B(5) = 0{,}5^2 \cdot B(3) = 25$ und $B(7) = 0{,}5^2 \cdot B(5) = 6{,}25$

S. 120, 6.

a) kein exponentielles Wachstum, denn
$\frac{B(2)}{B(1)} = \frac{4}{2} = 2$ und $\frac{B(3)}{B(2)} = \frac{6}{4} = 1{,}5$

b) exponentielles Wachstum, denn
$\frac{B(2)}{B(1)} = \frac{B(3)}{B(2)} = \frac{B(4)}{B(3)} = \frac{1}{2}$ und
$B(6) = \frac{1}{64} = \frac{1}{16} \cdot \frac{1}{4} = B(4) \cdot \left(\frac{1}{2}\right)^2$

S. 120, 7.

a) exponentielles Wachstum mit Wachstumsfaktor 0,8

b) lineares Wachstum, da Zunahme konstant 50 €/Monat

c) exponentielles Wachstum mit Wachstumsfaktor 7

d) exponentielles Wachstum mit Wachstumsfaktor $\sqrt{2}$

S. 120, 8.

a) $B(0) = 4{,}4$ (in Mrd.),
Wachstumsfaktor $1 + 1{,}7\,\% = 1{,}017$
$B(n) = 4{,}4 \cdot 1{,}017^n$ (n in Jahren)
Im Jahr 2000: $B(20) \approx 6{,}2$ Mrd.
Im Jahr 2017: $B(37) \approx 8{,}2$ Mrd.
Im Jahr 2018: $B(38) \approx 8{,}3$ Mrd.

b) Der Wert im Jahr 2000 entspricht ungefähr der Prognose. Die Bevölkerungszahlen in den Jahren 2017 und 2018 sind jeweils etwa 700 Mio. geringer als in der Prognose.

c) $\frac{B(38)}{B(37)} = \frac{7{,}6}{7{,}5} = 1{,}01\overline{3}$
Die Bevölkerung ist um etwa 1,3 % gewachsen.

S. 121, 9.

a) $B(t) = 21 + (80 - 21) \cdot 0{,}95^t$ (t in min)
$B(5) \approx 66{,}65$ $B(100) \approx 21{,}34$
Die Temperatur beträgt nach 5 Minuten etwa 67 °C und nach 100 Minuten etwa 21 °C.

b) Die Temperaturdifferenz nähert sich asymptotisch dem Wert 0. Also nähert sich B (t) asymptotisch dem Wert 21 an. Daher ist das Wachstum begrenzt.

S. 121, 10.

a) Schnittpunkt $S(0\,|\,2)$;
Graph nähert sich für $x \to -\infty$ der x-Achse an.

b) Schnittpunkt $S(0\,|\,2{,}5)$;
Graph nähert sich für $x \to \infty$ der x-Achse an.

c) Schnittpunkt $S(0\,|\,3)$;
Graph nähert sich für $x \to -\infty$ der Geraden mit $y = 2$ an.

d) Schnittpunkt $S(0\,|\,-5)$,
Graph nähert sich für $x \to -\infty$ der Geraden mit $y = -3$ an.

S. 121, 11.

① h ② k ③ j ④ f ⑤ g
Der Graph zu l ist nicht abgebildet.

S. 121, 12.

a) 5, denn $2^5 = 32$
b) 3, denn $10^3 = 1000$
c) 0, denn $7^0 = 1$
d) –2, denn $4^{-2} = \frac{1}{16}$

S. 121, 13.

a) $x = \log_2(128) = 7$
b) $x = \lg(350) \approx 2{,}54$
c) $x = \log_{1,1}(220) \approx 56{,}59$
d) $x = \log_{0,9}(21) \approx -28{,}90$
e) $x = \log_{1,2}(90) \approx 24{,}68$
f) $x = \log_2(3) \approx 1{,}58$
g) $x = \log_{2,2}(5) \approx 2{,}04$
h) keine Lösung

S. 121, 14.

a) $c = 0$ (Asymptote); $a = 1{,}5$ ($f(0) = 1{,}5$); $b = 3$ ($f(1) = 4{,}5$)
$f(x) = 1{,}5 \cdot 3^x$

b) $c = -1$ (Asymptote); $a = 2$ ($f(0) = 1$); $b = 0{,}5$ ($f(1) = 0$)
$f(x) = 2 \cdot 0{,}5^x - 1$

c) $c = 2$ (Asymptote); $a = -2$ ($f(0) = 0$)
Der Graph nähert sich der Asymptote von unten, also sind alle Funktionen f_b mit $f_b(x) = -2 \cdot b^x + 2$ für $0 < b < 1$ möglich.

S. 121, 15.

Es gilt 60 mm = 4 · 15 mm. Also verändert sich die Intensität auf das $\left(\frac{1}{2}\right)^4 = \frac{1}{16}$-fache. Sie sinkt auf 6,25 % des Ausgangswerts.

S. 121, 16.

a) $x^2 + 6x - 7 = 0$, also $x = 1$ oder $x = -7$

b) $3x + 9 = 4x - 8$, also $x = 17$

c) $x \cdot (x^2 + 6x + 9) = 0$, also $x = 0$ oder $x = -3$

d) $x + 1 = \frac{1}{4}$ oder $x + 1 = -\frac{1}{4}$, also $x = -\frac{3}{4}$ oder $x = -\frac{5}{4}$

S. 121, 17.

a) $s = v \cdot t$ und $t = \frac{s}{v}$

b) $r = \sqrt{\frac{V}{\pi h}}$

c) $B = G\frac{b - f}{f}$ und $b = \frac{Bf}{G} + f$

d) $a = \frac{2A}{h} - c$ und $h = \frac{2A}{a + c}$

S. 121, 18.
Nebenbedingung: $x + y = 8$
① $x \cdot y$ maximal/minimal; $f(x) = x(8 - x) = 8x - x^2$
Maximum bei $x = 4$ ($f'(4) = 0$ und $f''(4) < 0$) und $y = 4$
② $x^2 + y^2$ maximal/minimal; $f(x) = x^2 + (8 - x)^2$
Minimum bei $x = 4$ ($f'(4) = 0$ und $f''(4) > 0$) und $y = 4$

Prüfen Sie Ihr neues Fundament (S. 164/165)

S. 164, 1.
a) $f'(x) = -3e^x$ $f''(x) = -3e^x$
b) $f'(x) = -e^{2x}$ $f''(x) = -2e^{2x}$
c) $f'(t) = 4e^t$ $f''(t) = 4e^t$
d) $f'(x) = 5e^x$ $f''(x) = 5e^x$
e) $f'(x) = 2e^{\frac{1}{2}x}$ $f''(x) = e^{\frac{1}{2}x}$
f) $f'(x) = -25e^{5x+3}$ $f''(x) = -125e^{5x+3}$
g) $f'(t) = 8e^{-2t}$ $f''(t) = -16e^{-2t}$
h) $f'(x) = -2(e^x + 2e^{-2x})$ $f''(x) = -2(e^x - 4e^{-2x})$

S. 164, 2.
a) $F(x) = 3e^x$ b) $F(x) = 3e^x + 5x$
c) $F(t) = -5e^t$ d) $F(x) = 6x - \frac{2}{3}e^x$
e) $F(t) = e^{-x+2}$ f) $F(x) = -e^{3x} + 5x$
g) $F(t) = \frac{3}{2}e^{2t+5}$ h) $F(x) = \frac{1}{2e}(e^x + e^{-x})$

S. 164, 3.
a) $f(x) = e^{\ln(3)\cdot x}$; $f'(x) = \ln(3)\,e^{\ln(3)\cdot x} = \ln(3)\,3^x$
b) $f(x) = -3e^{\ln(5)\cdot x}$; $f'(x) = -3\ln(5)\,5^x$
c) $f(t) = -4e^{\ln(0{,}5)\cdot t}$; $f'(t) = -4\ln(0{,}5)\,0{,}5^t$
d) $f(x) = 3 \cdot e^{\ln(2)\cdot(5x+1)}$; $f'(x) = 15\ln(2)\,2^{5x+1}$

S. 164, 4.
a) $L = \{-4\}$ b) $L = \left\{\frac{\ln(6)}{3}\right\}$
c) $L = \{0\}$ d) $L = \left\{\frac{\ln(2)}{2}\right\}$
e) $L = \left\{\frac{\ln(2) - 3}{2}\right\}$ f) $L = \{\}$

S. 164, 5.
a) $x = \ln\left(\frac{\sqrt{5}+1}{2}\right) \approx 0{,}48$ b) $x \approx -0{,}95$
c) $x \approx -1{,}03$ d) $x \approx -0{,}43$

S. 164, 6.
a) $2e^x = 4$, also $x = \ln(2) \approx 0{,}69$
b) $2e^x = 2$, also $x = 0$
c) $2e^x = 3e^{2x} \Leftrightarrow \ln(2) + x = \ln(3) + 2x$,
also $x = \ln\left(\frac{3}{2}\right) \approx 0{,}41$

S. 164, 7.
a) Wachstumsfaktor: 1,05 $f(t) = 10\,000e^{\ln(1{,}05)\cdot t}$
b) Wachstumsfaktor: 0,8 $f(x) = 3e^{\ln(0{,}8)\cdot x}$
c) Wachstumsfaktor: 0,933 $f(t) = 200e^{\ln(0{,}933)\cdot t}$

S. 164, 8.
a) $f(x) = 4000e^{\ln(0{,}8)\cdot x}$; $f'(x) = \ln(0{,}8) \cdot 4000e^{\ln(0{,}8)\cdot x}$
Da $\ln(0{,}8) \approx -0{,}22$, gilt $f'(x) < 0$ für alle x.
b) $f'(5) \approx -292{,}5$ $f'(20) \approx -10{,}3$
c) $\frac{f(20) - f(5)}{20 - 5} = \frac{4000(0{,}8^{20} - 0{,}8^5)}{15} \approx -84{,}3$
d) $f'(x) = -5$, also $x = \ln\left(\frac{-5}{4000\ln(0{,}8)}\right) : \ln(0{,}8) \approx 23{,}235$
Nach etwa 23 m nimmt die Beleuchtungsstärke mit 5 Lux/m ab.

S. 165, 9.
a) Anfangsbestand: $f(0) = 105$; Grenze: 5
5 mg des Medikaments verbleiben dauerhaft im Körper.
b) Da $f'(t) = -15e^{-0{,}15t} < 0$ für alle t gilt, sinkt die Menge ständig. Zudem ist $100 \cdot e^{-0{,}15\cdot t} > 0$ für alle t. Also fällt die Menge nicht unter den Wert 5.
c) ① $f(t) = 25$, also $x = \frac{-\ln(0{,}2)}{0{,}15} \approx 10{,}73$ (aufgerundet)
Bestand fällt etwa nach 10,73 h auf unter 25 mg.
② $f'(t) = -7$, also $x = \ln\left(\frac{7}{15}\right) : (-0{,}15) \approx 5{,}08$
Nach etwa 5,1 h nimmt die Wert um 7 mg/h ab.

S. 165, 10.
①Ⓑ: $f'(x) = 2e^{2x-1} = 2 \cdot f(x)$
②Ⓓ: $f''(x) + f(x) = -\sin(x) + \sin(x) = 0$
③Ⓐ: $f'(x) = \frac{1}{2\sqrt{x-1}} = \frac{1}{2 \cdot f(x)}$
④Ⓒ: $f'(x) = -2e^{-x} = 3 - f(x)$

S. 165, 11.
a) ① $K'(t) = 0{,}05 \cdot K(t)$ ② $f'(t) = 3 - 0{,}1 \cdot f(t)$
③ $B'(t) = k \cdot B(t) \cdot (3000 - B(t))$
b) ① $K'(t) = 25 \cdot e^{0{,}05t} = 0{,}05\,K(t)$
② $3 - 0{,}1(30 - 35e^{-0{,}1t}) = 3 - 3 + 3{,}5e^{-0{,}1t}$
$= 3{,}5e^{-0{,}1t} = f'(t)$

S. 165, 12.
a) Die Gleichung $f(t) = \frac{2}{2 + 8e^{-t}} = \frac{1}{1 + 4e^{-t}}$ beschreibt logistisches Wachstum mit $c = 4$, $k = 1$ und der Grenze $S = 1$. Die maximale Produktionsleistung beträgt also $1\,\frac{ml}{h}$.
b) Gesucht ist die Wendestelle t_W. Sie erfüllt die Gleichung $f(t_W) = \frac{S}{2}$, also $\frac{1}{1 + 4e^{-t_W}} = \frac{1}{2}$.
Es folgt $t_W = \ln(4) \approx 1{,}39$. Zum Zeitpunkt $t \approx 1{,}39$ steigt die CO_2-Produktion am stärksten an.
c) Die Funktion f erfüllt die Differenzialgleichung
$f'(t) = k \cdot f(t) \cdot (S - f(t))$.
$f'(0) = 0{,}16$; $f'(2) \approx 0{,}23$
Der Anstieg beträgt zu Beginn der Messung $0{,}16\,\frac{ml}{h^2}$ und nach zwei Stunden rund $0{,}23\,\frac{ml}{h^2}$.
d) $m = \frac{f(2) - f(0)}{2} \approx 0{,}22$
In den ersten zwei Stunden steigt die CO_2-Produktion um durchschnittlich $0{,}22\,\frac{ml}{h^2}$.
e) $\int_0^2 f(t)\,dt \approx 0{,}82$ In den ersten zwei Stunden werden etwa 0,82 ml CO_2 freigesetzt.

S. 165, 13.
a) $f'(x) = \frac{2}{2x - 1}$ b) $f'(x) = \frac{2x}{x^2 + 2}$
c) $f'(x) = -\frac{\sin(x)}{\cos(x)} = -\tan(x)$ d) $f'(x) = \frac{\cos(x)}{2 + \sin(x)}$
e) $f'(x) = 2 \cdot \ln(x) + 2$ f) $f'(x) = \frac{1 - \ln(x)}{3x^2}$
g) $f'(x) = \frac{\ln(x^3) + 3\ln(2x)}{x}$ h) $f'(x) = e^{3x}\left(3\ln(x^2) + \frac{2}{x}\right)$

S. 165, 14.
a) $\int_1^e \frac{2}{x} - 4\,dx = 6 - 4e$ b) $\int_{\frac{1}{2}}^{2e} \frac{1}{2x}\,dx = \frac{1}{2} + \ln(2)$
c) $\int_{-5}^{-1} \frac{4}{6x}\,dx = \frac{2}{3}\ln(5)$ d) $\int_2^6 x - \frac{1}{4x}\,dx = 16 - \frac{1}{4}\ln(3)$

Lösungen zu Kapitel 4: Zusammengesetzte Funktionen

Ihr Fundament (S. 168/169)

S. 168, 1.

a) $f'(0) = 4e^0 = 4$

b) $f'(-1) = 2e^{2 \cdot (-1)} + 3e^{-(-1)} = \frac{2}{e^2} + 3e \approx 8{,}43$

c) $f'(1) = \frac{1}{2} \cdot \ln(4) \cdot 4^1 = 2 \cdot \ln(4) \approx 2{,}77$

d) $f'(0{,}5) = \frac{1}{2} \cdot 3 \cdot \ln(2) \cdot 2^{-0{,}5} = \frac{3}{2\sqrt{2}} \ln(2) \approx 0{,}74$

S. 168, 2.

a) $t(x) = \left(e - \frac{1}{e}\right)x + \frac{2}{e}$

b) $t(x) = -\frac{3}{e}x + 5 + \frac{2}{e}$

c) $t(x) = -\ln(3)x + \frac{1}{2}$

d) $t(x) = -\frac{16}{5} \cdot \ln(0{,}25) \cdot x - \frac{32}{5} \cdot \ln(0{,}25) - 2$

S. 168, 3.

a) $\int_{-1}^{2} \left(\frac{1}{2}e^{-2x} + 1\right)dx = \left[-\frac{1}{4}e^{-2x} + x\right]_{-1}^{2}$
$= \frac{1}{4}(e^2 - e^{-4}) + 3 \approx 4{,}84$

b) $2 \cdot \left|\int_{0}^{2} \left(e^{\frac{x}{2}} - e^{-\frac{x}{2}}\right)dx\right| = 2 \cdot \left|\left[2e^{\frac{x}{2}} + 2e^{-\frac{x}{2}}\right]_0^2\right|$
$= 2 \cdot |2e^1 + 2e^{-1} - (2 + 2)| = 4\left(e + \frac{1}{e}\right) - 8 \approx 4{,}34$

c) $\int_{1}^{2} 3^x\,dx = \left[\frac{1}{\ln(3)}3^x\right]_1^2$
$= \frac{9}{\ln(3)} - \frac{3}{\ln(3)} = \frac{6}{\ln(3)} \approx 5{,}46$

d) $\left|\int_{-2}^{0} \left(4^{-\frac{x}{2}} - 4\right)dx\right| = \left|\left[-\frac{2}{\ln(4)}4^{-\frac{x}{2}} - 4x\right]_{-2}^{0}\right|$
$= \left|-\frac{2}{\ln(4)} + \frac{2}{\ln(4)}4 - 8\right|$
$= \left|\frac{6}{\ln(4)} - 8\right| \approx 3{,}67$

S. 168, 4.

a) $0{,}9 = 1 \cdot e^{-0{,}0004t} \rightarrow t = -\ln(0{,}9) \cdot 2500 \approx 263{,}4$
Nach ca. 263 Jahren sind 0,1 g Radium zerfallen.
$0{,}5 = 1 \cdot e^{-0{,}0004t} \rightarrow t = -\ln(0{,}5) \cdot 2500 \approx 1732{,}9$
Die Halbwertszeit von Radium beträgt ca. 1733 Jahre.

b) $m'(t) = -0{,}0004 \cdot e^{-0{,}0004t}$
$m'(t_1) \approx -0{,}000398$
$m'(t_2) \approx -0{,}000268$
Im 10. Jahr nimmt der Bestand um ca. 0,000398 g pro Jahr ab, im 1000. Jahr nimmt der Bestand um ca. 0,000268 g pro Jahr ab.

S. 168, 5.

a) $5 = 2e^{0{,}2t} \rightarrow t \approx 4{,}6$
Die Wachstumsgeschwindigkeit beträgt nach etwa 4,6 Stunden 5000 Bakterien pro Stunde.

b) $\int_{3}^{6} 2e^{0{,}2t}\,dt = [10e^{0{,}2t}]_3^6 \approx 14{,}98$
Zwischen der 3. und 6. Stunde wächst die Bakterienkultur um 14 980 Bakterien.

S. 168, 6.

a) $f(0) = 0 \rightarrow d = 0$
$f(1) = 0 \rightarrow a + b + c = 0$
$f'(1) = 0 \rightarrow 3a + 2b + c = 0$
$\rightarrow 2a + b = 0$

b) $f(-1) = 3 \rightarrow -a + b - c + d = 3$
$f(1) = -1 \rightarrow a + b + c + d = -1$
$f'(-1) = 0 \rightarrow 3a - 2b + c = 0$
$f'(1) = 0 \rightarrow 3a + 2b + c = 0$
$f''(-1) < 0 \rightarrow -6a + 2b < 0$
$f''(1) > 0 \rightarrow 6a + 2b > 0$

c) $f(0) = 2 \rightarrow d = 2$
$f(-3) = 0 \rightarrow -27a + 9b - 3c + 2 = 0$
$f(2) = 0 \rightarrow 8a + 4b + 2c + 2 = 0$
$f(5) = 0 \rightarrow 125a + 25b + 5c + 2 = 0$

d) $f'(x) > 0$
$f(-x) = -f(x)$
$f(0) = 0 \rightarrow d = 0$
$f''(0) = 0 \rightarrow b = 0$
$f(1) = 1{,}5 \rightarrow a + c = 1{,}5$
$f'(1) = 2{,}5 \rightarrow 3a + c = 2{,}5$

S. 168, 7.

a) $f(x) = ax^4 + bx^3 + cx^2 + dx + e$
Gegeben: $f(-x) = f(x)$; $f(2) = -9$; $f(0) = 7$;
$f'(2) = 0$; $f'(0) = 0$; $f'(2) > 0$; $f'(0) < 0$
$f(x) = x^4 - 8x^2 + 7$

b) $f(x) = ax^3 + bx^2 + cx + d$
Gegeben: $f(-2) = 1$; $f(0) = -2$; $f(-1) = -0{,}5$;
$f'(-2) = 0$; $f'(0) = 0$; $f'(1) = 0$
$f(x) = 0{,}75x^3 + 2{,}25x^2 - 2$

c) $f(x) = ax^3 + bx^2 + cx + d$
Gegeben: $f(-3) = 0$; $f'(-3) = 0$; $f(2) = 0$; $f'(2) = -2$
$f(x) = -0{,}08x^3 - 0{,}32x^2 + 0{,}24x + 1{,}44$

S. 169, 8.

a) Da die Funktion drei Nullstellen hat, hat sie mindestens Grad 3.

b) $f(x) = ax^3 + bx^2 + cx + d$
$f(0) = 2$; $f(-2) = -4$; $f(2) = 8$; $f'(-2) = 0$; $f'(2) = 0$
$f(x) = -0{,}375x^3 + 4{,}5x + 2$

S. 169, 9.

a) $t(x) = mx + n$; $t(1) = 1{,}8$; $t(3) = 0{,}2$
$t(x) = -0{,}8x + 2{,}6$

b) $f(x) = ax^2 + bx + c$; $f(1) = 1{,}8$; $f(2) = 1{,}2$; $f(3) = 0{,}2$
$f(x) = -0{,}2x^2 + 2$

S. 169, 10.

a) Nullstellen: $x_{1;2} = 0$; $x_3 = a$
$f'_a(x) = 3x^2 - 2ax$; $f''_a(x) = 6x - 2a$

b) $f''_a(x) = 0 \rightarrow x = \frac{1}{3}a$; $f_a\left(\frac{1}{3}a\right) = -\frac{2}{27}a^3$; $W\left(\frac{1}{3}a \middle| -\frac{2}{27}a^3\right)$

c)

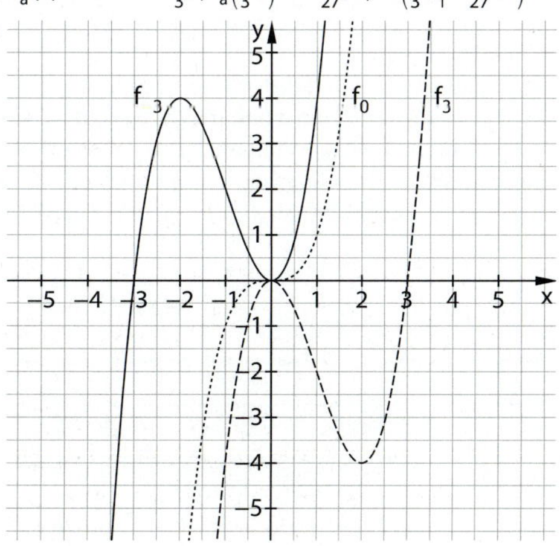

Für a = 0 hat der Graph eine Nullstelle und keine Extrema. Für a > 0 hat der Graph eine weitere Nullstelle für ein positives x. Außerdem hat der Graph einen Tiefpunkt im vierten Quadranten.
Für a < 0 hat der Graph eine weitere Nullstelle für ein negatives x. Außerdem hat der Graph einen Hochpunkt im zweiten Quadranten.

S. 169, 11.

a) Nullstellen $x_{1;2} = -\frac{1}{2} \pm \sqrt{\frac{1}{4} + a}$ für $a \geq -\frac{1}{4}$; sonst keine
 Extremstellen: $x = -\frac{1}{2}$ für alle $a \in \mathbb{R}$
 Keine Wendestellen für alle $a \in \mathbb{R}$

b) Nullstellen: $x = \ln(-a) + a$ für $a < 0$; sonst keine
 Keine Extremstellen für alle $a \in \mathbb{R}$
 Keine Wendestellen für alle $a \in \mathbb{R}$

c) Nullstellen: $x_1 = 0$ für alle $a \in \mathbb{R}$
 $x_{2;3} = \pm\sqrt{\frac{1}{a}}$ für $a > 0$
 Extremstellen: $x_{1;2} = \pm\sqrt{\frac{1}{3a}}$ für $a > 0$; sonst keine
 Wendestellen: $x = 0$ für alle $a \in \mathbb{R}$

d) Nullstellen: $x_{1;2} = 0$ für alle $a \in \mathbb{R}$
 $x_{3;4} = \pm\sqrt{-a}$ für $a \leq 0$
 Extremstellen: $x_1 = 0$ für alle $a \in \mathbb{R}$
 $x_{2;3} = \pm\sqrt{-\frac{a}{2}}$ für $a \leq 0$
 Wendestellen: $x_{1;2} = \pm\sqrt{-\frac{a}{6}}$ für $a \leq 0$; sonst keine

S. 169, 12.

a) $f_a(x) = ax^3 + bx^2 + cx + d$
 Bedingungen: $f_a(-1) = 2$, $f_a(0) = -1$, $f_a(1) = 0$
 $b = 2$; $d = -1$; $c = -(a + 1)$
 $f_a(x) = ax^3 + 2x^2 - (a + 1)x - 1$

b) Bedingung: $f'_a(0) = 0$
 $f'_a(x) = 3ax^2 + 4x - (a + 1) \rightarrow -(a + 1) = 0 \rightarrow a = -1$
 Für $a = -1$ hat die zugehörige Funktion f_{-1} mit $f_{-1}(x) = -x^3 + 2x^2 - 1$ einen Tiefpunkt in P_2.

c) Bedingung: $f_a(2) = 0 \rightarrow 6a + 5 = 0 \rightarrow a = -\frac{5}{6}$

$$\int_1^2 \left(-\frac{5}{6}x^3 + 2x^2 - \frac{1}{6}x - 1\right)dx$$
$$= \left[-\frac{5}{24}x^4 + \frac{2}{3}x^3 - \frac{1}{12}x^2 - x\right]_1^2 = \frac{7}{24}$$

S. 169, 13.

a) a > 0 und n gerade
b) a < 0 und n ungerade
c) a > 0 und n ungerade
d) a < 0 und n gerade

S. 169, 14.

Parameter a beeinflusst den Wertebereich von f; es gilt $W_f = [-|a|; |a|]$. Wenn a negativ ist, wird der Graph von g an der x-Achse gespiegelt. Für $|a| > 1$ geht der Graph von f aus dem Graphen von g durch Streckung entlang der y-Achse hervor, für $0 < |a| < 1$ durch Stauchung.

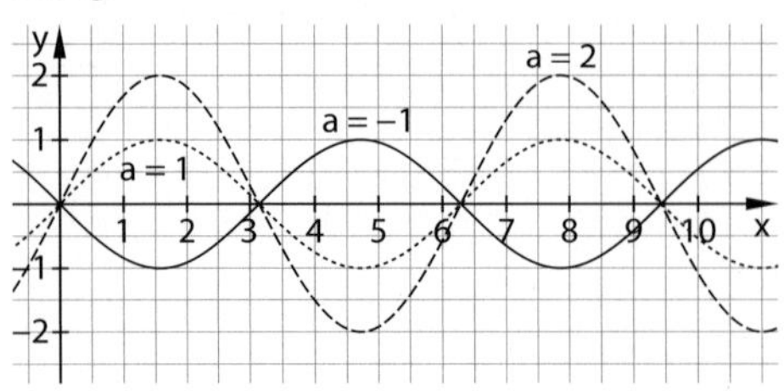

Parameter b beeinflusst die Periode. Die Periode von f beträgt $\frac{2\pi}{|b|}$.

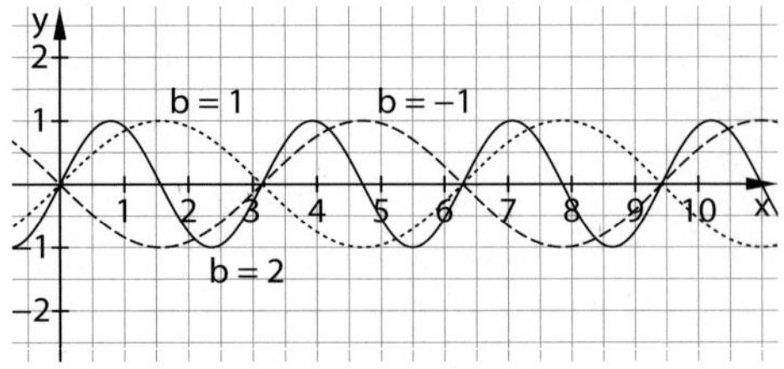

Parameter c verschiebt den Graphen von f entlang der x-Achse; es erfolgt eine Verschiebung um $\frac{c}{b}$ in Richtung der negativen x-Achse für $\frac{c}{b} > 0$.

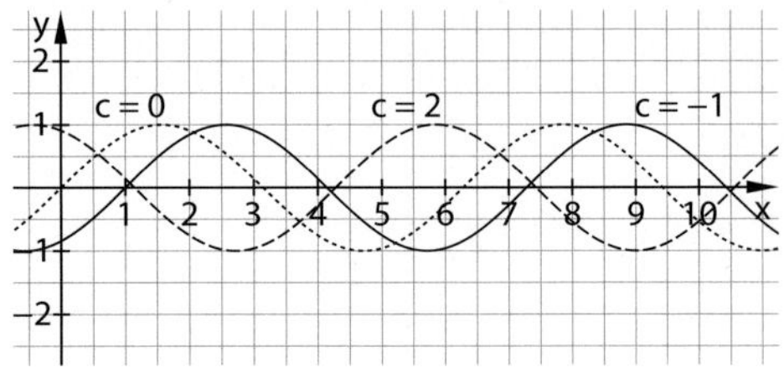

Prüfen Sie Ihr neues Fundament (S. 196/197)

S. 196, 1.

a) $f'(x) = 3 \cdot e^x$
 $f''(x) = 3 \cdot e^x$

b) $f'(x) = 6x^2 - \frac{2}{3}e^x$
 $f''(x) = 12x - \frac{2}{3}e^x$

c) $f'(x) = (x + 1)e^x$
 $f''(x) = (x + 2)e^x$

d) $f'(x) = (-x^2 - x + 1)2e^{2x}$
 $f''(x) = (-2x^2 - 4x + 1)2e^{2x}$

e) $f'(t) = (-0{,}5t^2 + 2{,}5t - 1)e^{-0{,}5t}$
 $f''(t) = (0{,}25t^2 - 2{,}25t + 3)e^{-0{,}5t}$

f) $f'_a(x) = (x - ax^2) \cdot 2ae^{-2ax}$
 $f''_a(x) = (2a^2x^2 - 4ax + 1) \cdot 2ae^{-2ax}$

S. 196, 2.

a) Nullstellen: $x_1 = 1$ und $x_2 = -1$
 $f'(x) = e^{x-1}(x^2 + 2x - 1)$
 $T(-1 - \sqrt{2} \mid (2 - 2\sqrt{2}) \cdot e^{-2-\sqrt{2}})$
 $H(-1 + \sqrt{2} \mid (2 - 2\sqrt{2}) \cdot e^{-2+\sqrt{2}})$
 $f''(x) = e^{x-1}(x^2 + 4x + 1)$
 $W_1(-2 - \sqrt{3} \mid (4\sqrt{3} + 6) \cdot e^{-3-\sqrt{3}})$
 $W_2(-2 + \sqrt{3} \mid (-4\sqrt{3} + 6) \cdot e^{-3+\sqrt{3}})$

b) Nullstelle: $x = 1$, $f'(x) = e^x(x^2 - 1)$
 $H(-1 \mid 4e^{-1})$, $T(1 \mid 0)$
 $f'(x) = e^{x-1}(x^2 + 2x - 1)$
 $W_1(-1 - \sqrt{2} \mid (6 + 4\sqrt{2}) \cdot e^{-1-\sqrt{2}})$
 $W_2(-1 + \sqrt{2} \mid (6 - 4\sqrt{2}) \cdot e^{-1+\sqrt{2}})$

c) Nullstellen: $t_1 = -1$ und $t_2 = 2$
 $f'(t) = e^{2t}(2t^2 - 5)$
 $H\left(-\frac{\sqrt{10}}{2} \middle| \left(\frac{\sqrt{10}}{2} + \frac{1}{2}\right) \cdot e^{-\sqrt{10}}\right)$
 $T\left(\frac{\sqrt{10}}{2} \middle| \left(-\frac{\sqrt{10}}{2} + \frac{1}{2}\right) \cdot e^{\sqrt{10}}\right)$
 $f''(t) = e^{2t}(4t^2 + 4t - 10)$
 $W_1\left(-\frac{1}{2} + \frac{\sqrt{11}}{2} \middle| -18{,}42\right)$, $W_2\left(-\frac{1}{2} - \frac{\sqrt{11}}{2} \middle| 0{,}06\right)$

d) Nullstelle: $t = 0$
$f'(t) = e^{-2t}(-8t+4)$, $H\left(\frac{1}{2}\middle|2e^{-1}\right)$, $T(1\,|\,4e^{-2})$
$f''(t) = e^{-2t}(16t-16)$, $W(1\,|\,0{,}54)$

S. 196, 3.
a) $F(x) = x^2 + \frac{1}{3}e^{3x+1}$ b) $F(x) = -e^{-x-1} - x$
c) $F(t) = \frac{1}{2\sqrt{t}} - \frac{2}{5}e^{5t+2} - \frac{t^2}{2}$

S. 196, 4.
a) $\lim\limits_{x\to\infty} x \cdot e^{-2x} = 0$, x-Achse als waagerechte Asymptote, für $x \to -\infty$ gilt $x \cdot e^{-2x} \to -\infty$, also keine waagerechte Asymptote
b) $\lim\limits_{x\to\infty} x^2 \cdot e^{-x} + 1 = 1$, waagerechte Asymptote $y = 1$, für $x \to -\infty$ gilt $x^2 \cdot e^{-x} + 1 \to \infty$, also keine waagerechte Asymptote
c) $\lim\limits_{t\to\infty} e^{-t^2} - 2 = \lim\limits_{t\to-\infty} e^{-t^2} - 2 = -2$, waagerechte Asymptote $y = -2$ für $t \to \infty$ und für $t \to -\infty$
d) für $x \to -\infty$ gilt $e^{3x} + x \to -\infty$ und für $x \to \infty$ gilt $e^{3x} + x \to \infty$, also keine waagerechte Asymptote

S. 196, 5.
a) $f(x) = 0$, wenn $x - 1 = 0$, also $x = 1$
b) Für $x \to \infty$ gilt $e^{-(x-1)} \to 0$, also, da die e-Funktion dominiert, $f(x) \to 0$.
Für $x \to -\infty$ gilt $e^{-(x-1)} \to \infty$, also $f(x) \to -\infty$.
c) $f'(x) = -4(x-2)e^{1-x}$, also $f'(x) = 0$ für $x = 2$
$f''(x) = 4(x-3)e^{1-x}$, also $f''(2) = -4e^{-1} < 0$
$H(2|f(2))$ ist ein Hochpunkt, also steigt der Graph für $x < 2$ und fällt für $x > 2$.
d) $f''(3) = 0$ und $f'''(3) < 0$, also Wendepunkt $W\left(3\middle|\frac{8}{e^2}\right)$
Tangente $t(x) = mx + c$; $m = f'(3) = \frac{-4}{e^2}$
$t(3) = \frac{8}{e^2} = \frac{-12}{e^2} + c$, also $c = \frac{20}{e^2}$
$t(x) = \frac{-4x}{e^2} + \frac{20}{e^2}$
e) $f(-x) = 4(-x-1)e^{-(-x-1)} = -4(x+1)e^{(x+1)} \neq f(x)$,
$-f(x) = -4(x-1)e^{-(x-1)} \neq f(x)$
Also liegt weder Achsensymmetrie zur y-Achse noch Punktsymmetrie zum Ursprung vor.
f) Es gilt
$F'(x) = -4e^{1-x} + xe^{1-x} = 4(x-1)e^{-(x-1)} = f(x)$
$\int\limits_1^5 f(x)\,dx = F(5) - F(1) = -\frac{20}{e^4} + 4 \approx 3{,}6$ [FE]
Da $x = 1$ die einzige Nullstelle ist, gibt dieser Wert den gesuchten Flächeninhalt (in Flächeneinheiten) an.

S. 196, 6.
a) Tiefpunkt $T(3\,|\,0)$; Hochpunkt $H(11\,|\,4{,}09)$;
Wendepunkt im Intervall $[0;\,15]$: $W(5{,}34\,|\,1{,}44)$
b)
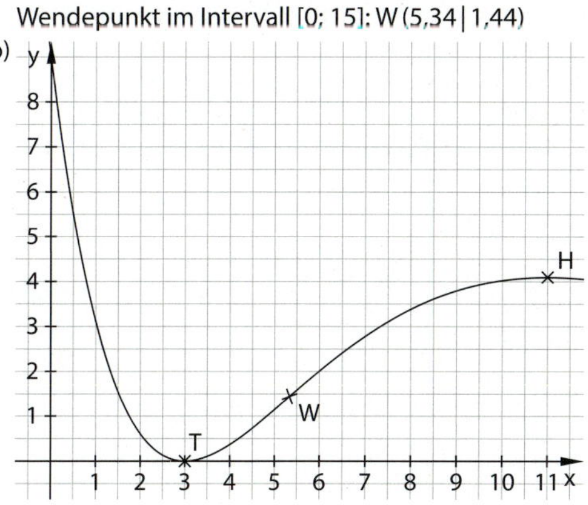

c) f beschreibt die Wachstumsgeschwindigkeit und nicht den Bestand. Daher sind alle Aussagen falsch.

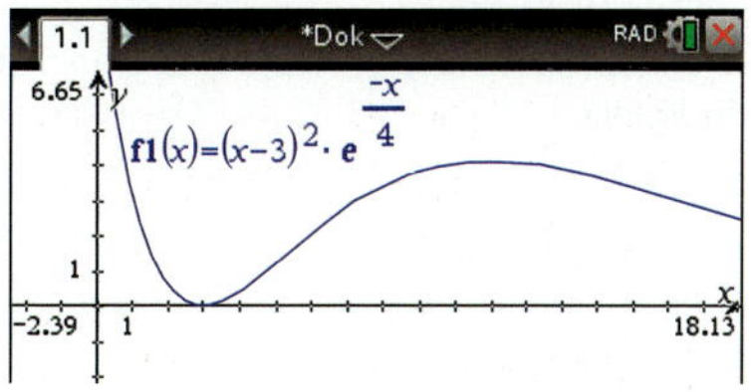

A: Für $0 \leq t \leq 3$ ist $f(t) \geq 0$, und damit nimmt die Bakterienzahl nicht ab.
B: Für $t = 3$ ist die Wachstumsgeschwindigkeit gleich null, aber nicht die Bakterienzahl.
C: Die Wachstumsgeschwindigkeit ist für $t > 3$ immer größer als null. Damit nimmt die Zahl der Bakterien stets zu und hat keinen höchsten Wert.
d) Es gilt $\int\limits_0^5 f(t)\,dt \approx 8{,}41$. Dies entspricht der Zunahme in Tausend in den ersten fünf Stunden. Fünf Stunden nach Beobachtungsbeginn sind es etwa 10 400 Bakterien.

S. 196, 7.
$f'(x) = a \cdot e^{1-bx} + a \cdot x \cdot (-b) \cdot e^{1-bx}$
$\quad = a \cdot e^{1-bx}(1-bx)$
Bedingungen: $f'(1) = 0$; $f(1) = 5$
$f'(1) = a \cdot e^{1-b} \cdot (1-b) = 0$
$f(1) = a \cdot e^{1-b} = 5$
$b = 1$ und $a = 5 \to f(x) = 5 \cdot x \cdot e^{1-x}$

S. 197, 8.
a) $\lim\limits_{x\to\infty} \underbrace{e^{\overbrace{-\frac{x}{3}}^{\to-\infty}}}_{\to 0} = 0$, also Asymptote $y = 0$ für $x \to \infty$
b) $\lim\limits_{x\to\infty} \underbrace{(x+1)}_{\to\infty}\underbrace{e^{\overbrace{-\frac{x}{2}}^{\to-\infty}}}_{\to 0} = 0$, also Asymptote $y = 0$ für $x \to \infty$
c) $\lim\limits_{x\to-\infty} \underbrace{x^2}_{\to\infty}\underbrace{e^{\overbrace{x-1}^{\to-\infty}}}_{\to 0} - 10 = -10$,
also Asymptote $y = -10$ für $x \to -\infty$
d) $f(x)$ hat für $x \to -\infty$ die Asymptote $y = -\frac{1}{2}x$.
e) $\lim\limits_{x\to\infty} \underbrace{e^{\overbrace{-x^2}^{\to-\infty}}}_{\to 0} = 0$; $\lim\limits_{x\to-\infty} \underbrace{e^{\overbrace{-x^2}^{\to-\infty}}}_{\to 0} = 0$,
also Asymptote $y = 0$ für $x \to \pm\infty$
f) $f(x)$ hat für $x \to \infty$ die schräge Asymptote $2x - 1$.

S. 197, 9.
a)
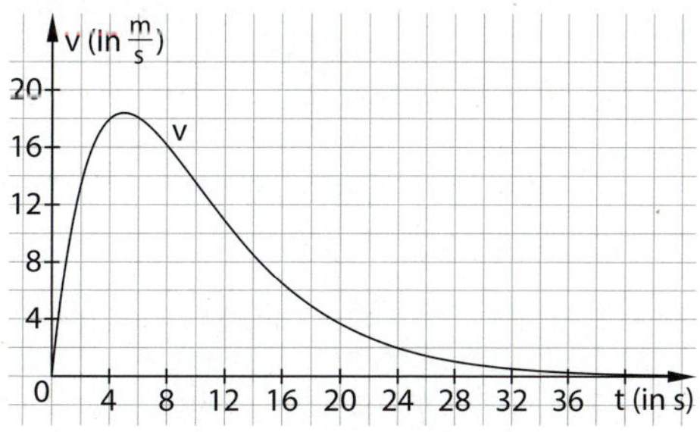

b) $v'(t) = (10 - 2t)\,e^{-0{,}2t}$
   $v'(t) = 0 \rightarrow t = 5$
   $v(5) = 50e^{-1} \approx 18{,}39$
   Das Auto erreicht mit $18{,}39\,\frac{m}{s} \approx 66{,}2\,\frac{km}{h}$ die höchste Geschwindigkeit.

c) $50\,\frac{km}{h} = 13{,}89\,\frac{m}{s}$
   $v(t) = 10t \cdot e^{-0{,}2t} = 13{,}89 \rightarrow t_1 \approx 2{,}12;\ t_2 \approx 9{,}74$
   Das Auto überschreitet eine Geschwindigkeit von $50\,\frac{km}{h}$ nach 2,12 Sekunden.

d) $s'(t) = -50e^{-0{,}2t} + 10(t+5)\,e^{-0{,}2t}$
   $= 10t \cdot e^{-0{,}2t} = v(t)$
   Die Ableitungsfunktion s' stimmt mit der Funktion v überein, die die Geschwindigkeit beschreibt. Daher beschreibt s (als Stammfunktion von s') den zurückgelegten Weg des Autos.

e) $s(0) = 0;\ s(5) = -500e^{-1} + 250 \approx 66{,}06$
   In den ersten 5 Sekunden legt das Auto einen Weg von etwa 66 Metern zurück.

S. 197, 10.

a) Im unteren Bereich der x-Werte steigen die y-Werte schnell an. Im oberen Bereich flacht das Wachstum zunehmend ab.

b) Mit logistischer Regression ergibt sich die Funktion f mit $f(x) = \frac{264{,}446}{1 + 12{,}7793 \cdot e^{-0{,}071404x}}$. Bis zur Wendestelle, also bis zu x mit $F(x) = \frac{S}{2} \approx 132$, kann man von exponentiellem Wachstum sprechen. Die Wendestelle ist nach ca. 35 Tagen erreicht.

c) Aus dem logistischen Modell aus Teil b) ergibt sich eine Grenze von ca. 265 cm. Die Werte nähern sich dieser Grenze an, ohne diese jemals zu erreichen.

S. 197, 11.

a) $f'(x) = 2 - ae^x;\ f''(x) = -ae^x$
   $f'(x) = 0 \rightarrow ae^x = 2 \rightarrow x = \ln\left(\frac{2}{a}\right)$
   Für $a < 0$ liegt keine Extremstelle vor.
   Für $a > 0$ gilt $f''(x) < 0$ für alle x, also ist $x = \ln\left(\frac{2}{a}\right)$ eine Maximalstelle.
   Da $f''(x) \neq 0$ für alle x gilt, hat f für keinen Wert von a eine Wendestelle.

b) Bedingung: $f\left(\ln\left(\frac{2}{a}\right)\right) = 0$
   $f\left(\ln\left(\frac{2}{a}\right)\right) = 2\ln\left(\frac{2}{a}\right) - a \cdot e^{\ln\left(\frac{2}{a}\right)} = 2\ln\left(\frac{2}{a}\right) - 2$
   $2\ln\left(\frac{2}{a}\right) - 2 = 0 \rightarrow \ln\left(\frac{2}{a}\right) = 1 \rightarrow a = \frac{2}{e}$

c) Hochpunkte von f: $H\left(\ln\left(\frac{2}{a}\right) \middle| 2\ln\left(\frac{2}{a}\right) - 2\right)$
   Für alle Hochpunkte $(x\,|\,y)$ gilt $y = 2x - 2$, somit liegen alle Hochpunkte auf der Geraden $g(x) = 2x - 2$.

d)
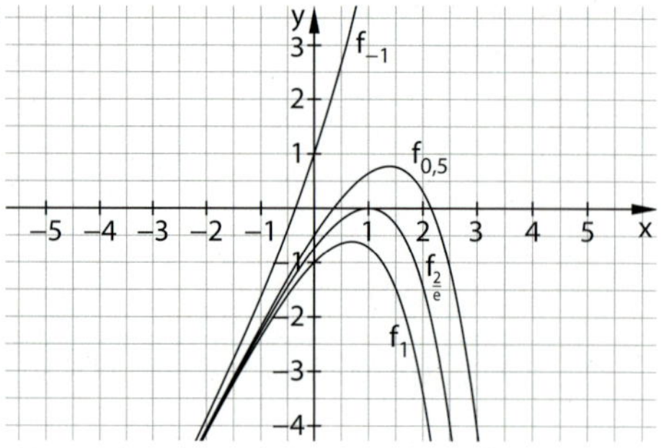

Für $a < 0$ hat die Funktion nur eine Nullstelle.
Für $0 < a < \frac{2}{e}$ hat sie zwei Nullstellen. Für $a = \frac{2}{e}$ ist die Nullstelle gleich dem Hochpunkt und die Funktion hat eine Nullstelle.
Für $a > \frac{2}{e}$ hat die Funktion keine Nullstelle.

S. 197, 12.

a) $\lim\limits_{t \to \infty} 100 - \underbrace{80e^{\overbrace{-k \cdot t}^{\to -\infty\,(k>0)}}}_{\to 0} = 100$

b) Die Ladegeschwindigkeit wird mit wachsendem t immer kleiner, bleibt aber immer positiv.

c) $100 - 80e^{-1{,}5 \cdot k} \geq 60$
   $0{,}5 \geq e^{-1{,}5 \cdot k} \rightarrow \ln(0{,}5) \geq -1{,}5 \cdot k \rightarrow -\frac{\ln(0{,}5)}{1{,}5} \leq k$
   $k \geq 0{,}462$

d) $g(t) = a \cdot e^{k \cdot t}$ mit $g(0) = 100;\ g(12) = 75$
   $g(t) = 100 \cdot e^{-0{,}024 \cdot t}$

Lösungen zu Kapitel 5: Punkte und Vektoren im Raum

Ihr Fundament (S. 200/201)

S. 200, 1.

a) 4,4 cm b) 3,3 cm
c) 4,9 cm d) 6,0 cm

S. 200, 2.

a) rechtwinklig mit $\alpha = 90°$ bei A
b) rechtwinklig mit $\gamma = 90°$ bei C
c) nicht rechtwinklig, da $a^2 + c^2 \neq b^2$
d) rechtwinklig mit $\beta = 90°$ bei B

S. 200, 3.

a) ① Quadrat, 4 rechte Winkel, alle Seiten gleich lang
   ② Rechteck, 4 rechte Winkel
   ③ Drachenviereck, 2 Paare benachbarter, gleich langer Seiten
   ④ Trapez, 1 Paar paralleler Seiten

b)
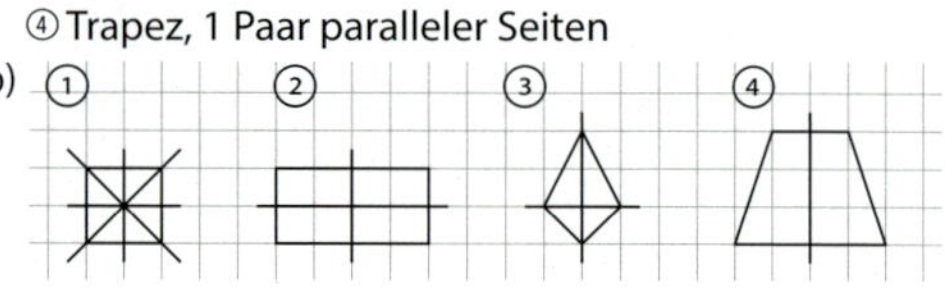

S. 200, 4.

$A = 5650\,cm^2$ $u \approx 298{,}3\,cm$

S. 200, 5.

a) wahr: Ein Parallelogramm hat zwei Paar parallele Gegenseiten.
b) wahr: Ein Quadrat ist ein derartiges Rechteck.
c) falsch: Gegenbeispiel z. B. Trapez mit genau zwei rechten Winkeln.
d) wahr: Im gleichseitigen Dreieck stimmen die Höhen und zugehörigen Mittelsenkrechten, Winkel- und Seitenhalbierenden überein.

S. 200, 6.

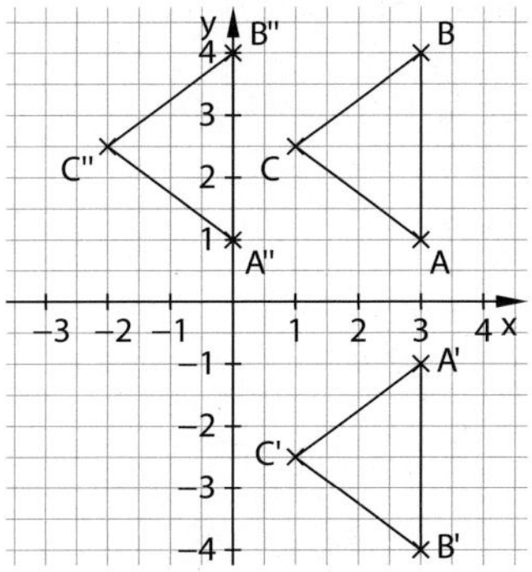

A'(3 | –1); B'(3 | – 4); C'(1 | –2,5)
A"(0 | 1); B"(0 | 4); C"(–2 | 2,5)

S. 200, 7.

a) $\overline{AB} = 3$ LE $\overline{BC} = 2{,}5$ LE $\overline{AC} = 2{,}5$ LE
b) $M_{\overline{AB}} = (3\,|\,2{,}5)$ $M_{\overline{BC}} = (2\,|\,3{,}25)$ $M_{\overline{AC}} = (2\,|\,1{,}75)$

S. 201, 8.

a) A (2 | 0); B (1;5 | 1); C (1 | 0); D (0;5 | 1); E (0 | 0);
F (–0;5 | 1); G (–1|0); H (–1;5 | 1); I (–2 | 0); J (0 | –2)
b) $A = \frac{1}{2} \cdot \pi \cdot 2^2 + 4 \cdot \frac{1}{2} \cdot 1 \cdot 1 = 2\pi + 2 \approx 8{,}28$
$u = 2\pi + 8 \cdot \sqrt{1^2 + 0{,}5^2} \approx 15{,}23$

S. 201, 9.

a)

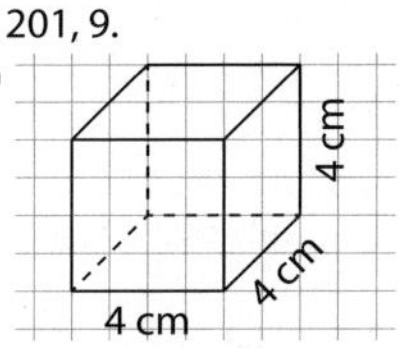

b)

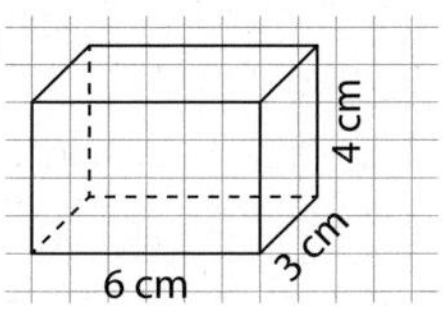

c)

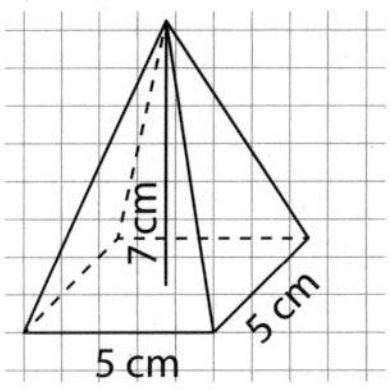

S. 201, 10.

a) $V = 2{,}4\,cm^3$, $A_O = 14{,}4\,cm^2$
b) $V = 2{,}6\,cm^3$, $A_O = 8{,}68\,cm^2$
c) $V = 9{,}45\,cm^3$, $A_O = 22{,}9\,cm^2$

S. 201, 11.

① Quader ② Pyramide ③ Zylinder
④ Würfel ⑤ Kugel ⑥ Kegel

S. 201, 12.

Der Oberflächeninhalt eine geraden Zylinders lässt sich zerlegen in zwei Kreise und die Mantelfläche. Die Kreise haben den Flächeninhalt $A_K = \pi r^2$. Die Mantelfläche ist, wenn man sie abwickelt, ein Rechteck mit der Höhe und dem Umfang der Kreise als Seitenlängen, somit gilt $A_M = 2\pi rh$. Addiert man beide Flächeninhalte, erhält man: $A_0 = 2\,(\pi r^2) + 2\pi rh = 2\pi r\,(r + h)$.

S. 201, 13.

a) Das Kommutativgesetz besagt, dass die Reihenfolge der Summanden (Faktoren) in einer Summe (einem Produkt) vertauscht werden kann.
$a + b = b + a$ und $a \cdot b = b \cdot a$
Das Assoziativgesetz besagt, dass in einer Summe oder einem Produkt mit mehr als zwei Summanden oder Faktoren die Klammerung beliebig ist.
$(a + b) + c = a + (b + c)$ und $(a \cdot b) \cdot c = a \cdot (b \cdot c)$
b) Das Distributivgesetz besagt, dass wenn eine Summe aus zwei Produkten besteht und beide Produkte einen gemeinsamen Faktor haben, dieser Faktor ausmultipliziert werden kann.
$a \cdot b + a \cdot c = a \cdot (b + c)$

S. 201, 14.

Aufgrund des Assoziativ- und Kommutativgesetzes gilt:
$4a + 4b = (a + a + a + a) + (b + b + b + b)$
$= (a + b) + (a + b) + (a + b) + (a + b) = 4 \cdot (a + b)$

S. 201, 15.

a) $\frac{9}{10} = 0{,}9$ b) $\frac{1}{10} = 0{,}1$
c) $\frac{6}{5} = 1{,}2$ d) $\frac{3}{2} = 1{,}5$
e) $\frac{3}{5} = 0{,}6$ f) 2
g) $\frac{3}{5} = 0{,}6$ h) $\frac{9}{4} = 2{,}25$

Prüfen Sie Ihr neues Fundament (S. 224/225)

S. 224, 1.

A (4 | –1 | 0); B (4 | 5 | 0); C (– 6 | 5 | 0); D (– 6 | –1 | 0);
E (4 | –1 | 3); F (4 | 5 | 3); G (– 6 | 5 | 6); H (– 6 | –1 | 6)

S. 224, 2.

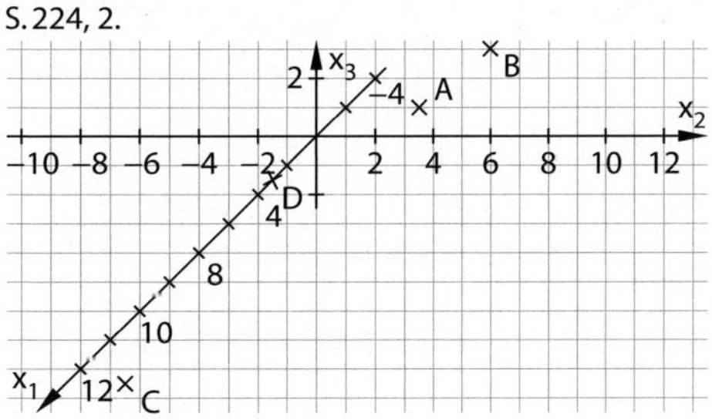

S. 224, 3.
Punkt A liegt in der x_1x_2- und der x_1x_3-Ebene und auf der x_1-Achse. Punkt B liegt in der x_1x_2- und der x_2x_3-Ebene und auf der x_2-Achse. Punkt C liegt in der x_1x_3- und der x_2x_3-Ebene und auf der x_3-Achse. Punkt D liegt in der x_1x_2-, x_1x_3- und der x_2x_3-Ebene und auf der x_1-, x_2- und x_3-Achse. Punkt E liegt in der x_1x_3- und der x_2x_3-Ebene und auf der x_3-Achse. Punkt F liegt in der x_1x_2- und der x_1x_3-Ebene und auf der x_1-Achse.

S. 224, 4.
Die Punkte liegen
a) in der x_1x_3-Ebene.
b) auf der x_2-Achse und in der x_1x_2- und der x_2x_3-Ebene.
c) auf der x_1-Achse.
d) in der Ebene, die durch $(-4|0|0)$ parallel zur x_2x_3-Ebene verläuft.

S. 224, 5.
a) $\overrightarrow{PQ} = \begin{pmatrix} -1 \\ -2 \end{pmatrix}$ b) $\overrightarrow{PQ} = \begin{pmatrix} 2 \\ 2 \\ 7 \end{pmatrix}$
c) $\overrightarrow{PQ} = \begin{pmatrix} 5 \\ -2 \end{pmatrix}$ d) $\overrightarrow{PQ} = \begin{pmatrix} k-1 \\ 2-k \\ -2k \end{pmatrix}$

S. 224, 6.
a) $\overrightarrow{AE} = \overrightarrow{CG}$ b) $\overrightarrow{DH} = \overrightarrow{BF}$
c) $\overrightarrow{BG} = \overrightarrow{AH}$ d) $\overrightarrow{GC} = \overrightarrow{FB} = \overrightarrow{EA} = \overrightarrow{HD}$
e) $\overrightarrow{EB} = \overrightarrow{HC}$
f) Kein anderer Vektor durch Eckpunkte des Quaders ist gleich $\overrightarrow{AG}$.

S. 224, 7.
a) $\sqrt{3}$ b) 4 c) 2,5
d) 10 e) 5 f) 1,3

S. 224, 8.
a) $|\overrightarrow{PQ}| = \sqrt{34}$ b) $|\overrightarrow{PQ}| = \sqrt{27}$ c) $|\overrightarrow{PQ}| = \sqrt{17}$

S. 224, 9.
a) $\overrightarrow{AB} + \overrightarrow{BC} = \begin{pmatrix} -1 \\ 7 \\ 7 \end{pmatrix} + \begin{pmatrix} 3 \\ -9 \\ -2 \end{pmatrix} = \begin{pmatrix} 2 \\ -2 \\ 5 \end{pmatrix} = \overrightarrow{AC}$
b) $u = |\overrightarrow{AB}| + |\overrightarrow{BC}| + |\overrightarrow{AC}| = \sqrt{99} + \sqrt{94} + \sqrt{33} = 25{,}4$

S. 224, 10.
a) $\begin{pmatrix} -1 \\ 3 \\ 4 \end{pmatrix}$ b) $\begin{pmatrix} 1{,}57 \\ -2 \\ -1{,}97 \end{pmatrix}$ c) $\begin{pmatrix} 1 \\ 0 \\ 5 \end{pmatrix}$
d) $\begin{pmatrix} 0{,}4 \\ -1{,}2 \\ 4{,}2 \end{pmatrix}$ e) $\begin{pmatrix} -2{,}5 \\ 3 \\ 2 \end{pmatrix}$ f) $\begin{pmatrix} -0{,}096 \\ 0{,}6 \\ -1{,}44 \end{pmatrix}$

S. 225, 11.
a) $\begin{pmatrix} -3 \\ 17 \\ 4 \end{pmatrix}$ b) $\begin{pmatrix} -10 \\ -7 \\ -4 \end{pmatrix}$ c) $\begin{pmatrix} -1{,}4 \\ 4{,}4 \\ 9{,}7 \end{pmatrix}$

S. 225, 12.
a) $\begin{pmatrix} -2 \\ 6 \\ 10 \end{pmatrix}$ b) $\begin{pmatrix} 10{,}5 \\ 7 \\ 0 \end{pmatrix}$ c) $\begin{pmatrix} -2 \\ 6 \\ -4 \end{pmatrix}$
d) $\begin{pmatrix} 9 \\ -16 \\ 12 \end{pmatrix}$ e) $\begin{pmatrix} -\frac{1}{2} \\ \frac{3}{2} \\ \frac{5}{2} \end{pmatrix}$ f) $\begin{pmatrix} 0 \\ \frac{11}{4} \\ \frac{1}{4} \end{pmatrix}$

S. 225, 13.
a) $\vec{a} - 9\vec{b} + 13\vec{c}$ b) $(2-t)\vec{a} + (3-2t)\vec{b} + (1-2t)\vec{c}$

S. 225, 14.
a) $\frac{4}{3}\vec{a} + \vec{b} = \vec{x}$ b) $-\frac{3}{5}\vec{a} + \frac{4}{5}\vec{b} = \vec{x}$

S. 225, 15.
Die Vektoren $\vec{a}$ und $\vec{b}$ sind
a) kollinear, $\vec{b} = 2 \cdot \vec{a}$.
b) nicht kollinear.
c) kollinear, $\vec{b} = 3 \cdot \vec{a}$.

S. 225, 16.
Die Vektoren $\vec{b}$ und $\vec{c}$ sind kollinear zum Vektor $\vec{v}$.

S. 225, 17.
① $\overrightarrow{EF}$ ② $\overrightarrow{AC}$ ③ $\overrightarrow{AE}$ oder $\overrightarrow{FC}$
④ $\overrightarrow{EA}$ oder $\overrightarrow{CF}$ ⑤ $\overrightarrow{AF}$ oder $\overrightarrow{EC}$ ⑥ $\overrightarrow{DB}$

S. 225, 18.
a) $\overrightarrow{AB} = \overrightarrow{OB} - \overrightarrow{OA}$; $\overrightarrow{BC} = \overrightarrow{OC} - \overrightarrow{OB}$; $\overrightarrow{AC} = \overrightarrow{OC} - \overrightarrow{OA}$
b) $\overrightarrow{OE} = \overrightarrow{OA} + \frac{1}{2}\overrightarrow{AB}$; $\overrightarrow{OF} = \overrightarrow{OB} + \frac{1}{2}\overrightarrow{BC}$; $\overrightarrow{OG} = \overrightarrow{OA} + \frac{1}{2}\overrightarrow{AC}$

Lösungen zu Kapitel 6: Geraden und Ebenen

Ihr Fundament (S. 228/229)

S. 228, 1.
a) $x = -1$; $y = 3$
b) $x = 3$; $y = -2$
c) $x = 1$; $y = 1$
d) $x = 1$; $y = 2$; $z = 3$

S. 228, 2.
a) $\left(\begin{array}{cc|c} 1 & 2 & 5 \\ 0 & -1 & -2 \end{array}\right)$; Lösung: $x = 1$, $y = 2$
b) $\left(\begin{array}{cc|c} 1 & -2 & 2{,}5 \\ 0 & 1 & -1 \end{array}\right)$; Lösung: $x = 0{,}5$, $y = -1$
c) $\left(\begin{array}{cc|c} 0{,}5 & 2 & -6 \\ 0 & 4 & -6 \end{array}\right)$; Lösung: $x = -6$, $y = -1{,}5$
d) $\left(\begin{array}{ccc|c} 1 & 2 & 1 & 2 \\ 0 & -2 & 3 & 2{,}5 \\ 0 & 0 & -1{,}5 & -1{,}5 \end{array}\right)$;
Lösung: $x = 0{,}5$, $y = 0{,}25$, $z = 1$

S. 228, 3.
a) keine Lösung
b) genau eine Lösung
c) unendlich viele Lösungen

S. 228, 4.
a) $L = \{(-2|-5|1)\}$
b) $L = \{(15|7|2)\}$
c) $L = \{(3|-0{,}25|0{,}5)\}$

S. 228, 5.
① $\left(\begin{array}{ccc|c} 2 & -1 & 3 & 4 \\ 0 & 1 & 2 & -3 \\ 0 & 0 & 2 & 1 \end{array}\right)$; $L = \{(-0{,}75|-4|0{,}5)\}$
② $\left(\begin{array}{ccc|c} 2 & -1 & 3 & 4 \\ 0 & 3 & 2 & -3 \\ 0 & 0 & 0 & 0 \end{array}\right)$; $L = \left\{\left(\frac{3}{2} - \frac{11}{6}t \,\middle|\, -1 - \frac{2}{3}t \,\middle|\, t\right) \middle| t \in \mathbb{R}\right\}$
③ $\left(\begin{array}{ccc|c} 2 & -1 & 3 & 4 \\ 0 & 1{,}5 & 0{,}5 & 1 \\ 0 & 0 & 0 & -2 \end{array}\right)$; $L = \{\}$

S. 228, 6.

Beispiellösungen:

a) eindeutig lösbar: $\left(\begin{array}{ccc|c} 1 & 2 & 3 & 4 \\ 2 & 3 & 1 & -2 \\ 3 & 4 & 0 & 8 \end{array}\right)$

keine Lösung: $\left(\begin{array}{ccc|c} 1 & 2 & 3 & 4 \\ 2 & 3 & 1 & -2 \\ 3 & 6 & 9 & 8 \end{array}\right)$

unendlich viele Lösungen: $\left(\begin{array}{ccc|c} 1 & 2 & 3 & 4 \\ 2 & 3 & 1 & -2 \\ 3 & 6 & 9 & 12 \end{array}\right)$

b) eindeutig lösbar: $\left(\begin{array}{ccc|c} 2 & 3 & 3 & 2 \\ 2 & 2 & 1 & 0 \\ 0 & 0 & 2 & 4 \end{array}\right)$

keine Lösung: $\left(\begin{array}{ccc|c} 2 & 3 & 3 & 2 \\ 2 & 2 & 1 & 0 \\ 0 & 1 & 2 & 4 \end{array}\right)$

unendlich viele Lösungen: $\left(\begin{array}{ccc|c} 2 & 3 & 3 & 2 \\ 2 & 2 & 1 & 0 \\ 0 & 2 & 4 & 4 \end{array}\right)$

c) Durch die Gleichung 0 = 2, die sich aus der zweiten Zeile ergibt, hat das Gleichungssystem keine Lösung, unabhängig davon, welche Koeffizienten man in der dritten Zeile ergänzt.

S. 228, 7.

① $\in L_2$; ② $\in L_1$; ③ $\in L_2$; ④ $\in L_3$; ⑤ $\in L_3$

S. 228, 8.

a) $L = \{(-8 \mid -20)\}$ b) $L = \{\}$

c) $L = \{(t \mid -4 - 4t);\ t \in \mathbb{R}\}$

S. 228, 9.

a) $L = \left\{\left(-\frac{1}{3} \mid -2 \mid \frac{5}{3}\right)\right\}$

b) $L = \{(t \mid 5t - 37 \mid 2t - 11{,}5 \mid 3{,}5 - t);\ t \in \mathbb{R}\}$

c) $L = \{\}$

S. 229, 10.

a) $\overrightarrow{AB} = \overrightarrow{OB} - \overrightarrow{OA} = \begin{pmatrix} 6-3 \\ 7-2 \\ 9-1 \end{pmatrix} = \begin{pmatrix} 3 \\ 5 \\ 8 \end{pmatrix}$

b) $\overrightarrow{AB} = \overrightarrow{OB} - \overrightarrow{OA} = \begin{pmatrix} 7-2 \\ 6-1 \\ 8-1 \end{pmatrix} = \begin{pmatrix} 5 \\ 5 \\ 7 \end{pmatrix}$

c) $\overrightarrow{AB} = \overrightarrow{OB} - \overrightarrow{OA} = \begin{pmatrix} 7-(-2) \\ 8-(-4) \\ 5-(-2) \end{pmatrix} = \begin{pmatrix} 9 \\ 12 \\ 7 \end{pmatrix}$

S. 229, 11.

a) $d(A; B) = 5$

b) $d(A; B) = \sqrt{10}$

c) $d(A; B) = \sqrt{77}$

S. 229, 12.

a) $\begin{pmatrix} 3 \\ 2 \\ -1 \end{pmatrix} + \begin{pmatrix} -5 \\ 0 \\ 2 \end{pmatrix} = \begin{pmatrix} -2 \\ 2 \\ 1 \end{pmatrix}$

b) $\frac{1}{4} \cdot \begin{pmatrix} 4 \\ -16 \\ 0 \end{pmatrix} = \begin{pmatrix} 1 \\ -4 \\ 0 \end{pmatrix}$

c) $(-7) \cdot \begin{pmatrix} -11 \\ -3 \\ 5 \end{pmatrix} + (-7) \cdot \begin{pmatrix} 9 \\ 3 \\ -4 \end{pmatrix} = \begin{pmatrix} 14 \\ 0 \\ -7 \end{pmatrix}$

S. 229, 13.

a) $\vec{v}$ und $\vec{w}$ sind kollinear, $\begin{pmatrix} 2 \\ 4 \\ 5 \end{pmatrix} \cdot 2 = \begin{pmatrix} 4 \\ 8 \\ 10 \end{pmatrix}$

b) $\vec{v}$ und $\vec{w}$ sind nicht kollinear.

c) $\vec{v}$ und $\vec{w}$ sind kollinear, $\begin{pmatrix} 3 \\ 2 \\ 4 \end{pmatrix} \cdot (-3) = \begin{pmatrix} -9 \\ -6 \\ -12 \end{pmatrix}$

S. 229, 14.

a) $A(2 \mid 0 \mid 0)$; $B(2 \mid 5 \mid 0)$; $C(0 \mid 5 \mid 0)$; $D(0 \mid 0 \mid 0)$
$E(2 \mid 0 \mid 2)$; $F(2 \mid 5 \mid 2)$; $G(0 \mid 5 \mid 2)$; $H(0 \mid 0 \mid 2)$

b) $\overrightarrow{AB} = \overrightarrow{OB} - \overrightarrow{OA} = \begin{pmatrix} 2-2 \\ 5-0 \\ 0-0 \end{pmatrix} = \begin{pmatrix} 0 \\ 5 \\ 0 \end{pmatrix}$

$\overrightarrow{FG} = \overrightarrow{OG} - \overrightarrow{OF} = \begin{pmatrix} 0-2 \\ 5-5 \\ 2-2 \end{pmatrix} = \begin{pmatrix} -2 \\ 0 \\ 0 \end{pmatrix}$

c) $\overrightarrow{EF} = \overrightarrow{OF} - \overrightarrow{OE} = \begin{pmatrix} 2-2 \\ 5-0 \\ 2-2 \end{pmatrix} = \begin{pmatrix} 0 \\ 5 \\ 0 \end{pmatrix}$

Die Vektoren $\overrightarrow{AB}$ und $\overrightarrow{EF}$ sind kollinear (Faktor 1), somit verlaufen ihre zugehörigen Kanten parallel zueinander.

S. 229, 15.

① $\{(s \mid t \mid 0);\ s \in \mathbb{R};\ t \in \mathbb{R}\}$, x_1x_2-Ebene

② $\{(0 \mid 0 \mid t);\ t \in \mathbb{R}\}$, y-Achse

③ $\{(s \mid 3 \mid t);\ s \in \mathbb{R};\ t \in \mathbb{R}\}$, Ebene parallel zur x_1x_3-Ebene durch $(0 \mid 3 \mid 0)$

④ $\{(s \mid s \mid t);\ s \in \mathbb{R};\ t \in \mathbb{R}\}$, Ebene, die die x_3-Achse und $g\colon \vec{x} = r \cdot \begin{pmatrix} 1 \\ 1 \\ 0 \end{pmatrix}$ enthält

S. 229, 16.

a) $\begin{pmatrix} -3 \\ 4 \\ 2 \end{pmatrix}$ b) $\begin{pmatrix} 2{,}5 \\ -4 \\ 3 \end{pmatrix}$ c) $\begin{pmatrix} 11 \\ -18 \\ 16 \end{pmatrix}$ d) $\begin{pmatrix} 4{,}5 \\ -6{,}5 \\ 0{,}5 \end{pmatrix}$

S. 229, 17.

a) $\begin{pmatrix} 5 \\ -6 \\ 0 \end{pmatrix} = 2 \cdot \begin{pmatrix} 1 \\ -2 \\ 2 \end{pmatrix} - \frac{1}{2} \cdot \begin{pmatrix} -6 \\ 4 \\ 8 \end{pmatrix}$

$\vec{v}$ ist eine Linearkombination von $\vec{a}$ und $\vec{b}$.

b) $\vec{v}$ ist keine Linearkombination von $\vec{a}$ und $\vec{b}$.

S. 229, 18.

a) Zahlenpaar einsetzen:

$f(-6) = m \cdot (-6) + 1 = 4$

$-6m + 1 = 4$; $m = -\frac{1}{2}$; $f(x) = -\frac{1}{2}x + 1$

b) Da f und g parallel verlaufen, haben sie dieselbe Steigung: $g(x) = -\frac{1}{2}x + n$

Punkt P einsetzen:

$g(1) = -\frac{1}{2} \cdot 1 + n = 1{,}5$

$-\frac{1}{2} + n = 1{,}5$; $n = 2$; $g(x) = -\frac{1}{2}x + 2$

S. 229, 19.

Der Schwerpunkt des Dreiecks ist der Schnittpunkt der drei Seitenhalbierenden. Setzt man den Bleistift an diesem Punkt an, kann man das Dreieck balancieren.

S. 229, 20.

Oberflächeninhalt:

$O = a^2 + 2 \cdot a \cdot \sqrt{h^2 + a^2} = 25 + 10 \cdot \sqrt{50} \approx 95{,}7\,\text{cm}^2$

Volumen:

$V = \frac{1}{3} \cdot h \cdot a^2 = \frac{1}{3} \cdot 5 \cdot 5^2 = \frac{1}{3} \cdot 125 \approx 41{,}67\,\text{cm}^3$

Prüfen Sie Ihr neues Fundament (S. 282/283)

S. 282, 1.

a) z.B. $A(3 \mid 2 \mid 1)$ (für r = 1) und $B(2 \mid 1 \mid 1)$ (für r = 0)

b) $\begin{pmatrix} 0 \\ -1 \\ 1 \end{pmatrix} = \begin{pmatrix} 2 \\ 1 \\ 1 \end{pmatrix} + r \cdot \begin{pmatrix} 1 \\ 1 \\ 0 \end{pmatrix} = \begin{pmatrix} 2+r \\ 1+r \\ 1 \end{pmatrix}$ $0 = 2 + r$ $r = -2$; $-1 = 1 + r$ $r = -2$; $1 = 1$

Die letzte Gleichung ist allgemeingültig. Der Punkt P liegt auf h.

$\begin{pmatrix}3\\3\\-1\end{pmatrix} = \begin{pmatrix}2\\1\\1\end{pmatrix} + r \cdot \begin{pmatrix}1\\1\\0\end{pmatrix} = \begin{pmatrix}2+r\\1+r\\1\end{pmatrix}$ führt zu r = 1 und r = 2 und −1 = 1 (Widerspruch in 3. Gleichung)
Der Punkt Q liegt nicht auf h.

c) $x_3 = 0$, also 1 = 0: die Gerade h hat keinen Schnittpunkt mit der x_1x_2-Ebene (keinen Spurpunkt S_{12}).
$x_2 = 0$, also $1 + r = 0$; $r = -1$: $S_{13} = (1\,|\,0\,|\,1)$
$x_1 = 0$, also $2 + r = 0$; $r = -2$: $S_{23} = (0\,|\,-1\,|\,1)$

d) Da für den Richtungsvektor $x_3 = 0$ gilt, verläuft die Gerade parallel zur x_1x_2-Ebene.

S. 282, 2.

a) $\vec{x} = \begin{pmatrix}-2\\1\\0\end{pmatrix} + r \cdot \begin{pmatrix}5\\3\\5\end{pmatrix}$ mit $r \in \mathbb{R}$ und $0 \le r \le 1$

b) $|\overline{AB}| = \left|\begin{pmatrix}5\\3\\5\end{pmatrix}\right| = \sqrt{5^2 + 3^2 + 5^2} = \sqrt{59} \approx 7{,}68$

c) $\overrightarrow{OM} = \begin{pmatrix}-2\\1\\0\end{pmatrix} + 0{,}5 \cdot \begin{pmatrix}5\\3\\5\end{pmatrix} = \begin{pmatrix}0{,}5\\2{,}5\\2{,}5\end{pmatrix}$, $M\left(\frac{1}{2}\,\middle|\,\frac{5}{2}\,\middle|\,\frac{5}{2}\right)$

S. 282, 3.

a) g und h haben einen Schnittpunkt: S (7 | 0 | 4) (r = 2, s = −1)

b) g und h sind windschief (kein Schnittpunkt, nicht parallel).

c) g und h sind echt parallel (Richtungsvektoren sind kollinear, es gibt keinen Schnittpunkt).

S. 282, 4.

a) $0 = \vec{a} \cdot \vec{b} = \begin{pmatrix}4\\2\\1\end{pmatrix} \cdot \begin{pmatrix}b_1\\b_2\\b_3\end{pmatrix} = 4b_1 + 2b_2 + b_3$

Diese Gleichung hat unendlich viele Lösungen, es gibt also unendlich viele Vektoren, die senkrecht auf $\vec{a}$ stehen, z. B. $\vec{b} = \begin{pmatrix}-1\\1\\2\end{pmatrix}$.

b) $\vec{c} = \vec{a} \times \vec{b} = \begin{pmatrix}2 \cdot 2 - 1 \cdot 1\\1 \cdot (-1) - 4 \cdot 2\\4 \cdot 1 - 2 \cdot (-1)\end{pmatrix} = \begin{pmatrix}3\\-9\\6\end{pmatrix}$

Die Vektoren $\vec{a}$, $\vec{b}$ und $\vec{c}$ sind orthogonal zueinander. Es gibt unendlich viele Vektoren, die orthogonal zu $\vec{a}$ und $\vec{b}$ sind, nämlich $t \cdot \vec{c}$; $t \in \mathbb{R}$.

S. 282, 5.

a) $\overrightarrow{OP_t} = \begin{pmatrix}-t\\3-t\\3\end{pmatrix} = \begin{pmatrix}0\\3\\3\end{pmatrix} + t \cdot \begin{pmatrix}-1\\-1\\0\end{pmatrix}$

Die Gerade verläuft parallel zur x_1x_2-Ebene.

b) z. B.:

① $\vec{x} = \begin{pmatrix}1\\3\\3\end{pmatrix} + t \cdot \begin{pmatrix}-1\\-1\\0\end{pmatrix}$

② $\vec{x} = \begin{pmatrix}0\\3\\3\end{pmatrix} + t \cdot \begin{pmatrix}0\\0\\1\end{pmatrix}$

③ $\vec{x} = \begin{pmatrix}1\\3\\3\end{pmatrix} + t \cdot \begin{pmatrix}0\\0\\1\end{pmatrix}$

S. 282, 6.

a) Da die Punkte P, Q und R jeweils nur eine von null verschiedene Koordinate haben, liegen sie auf den Koordinatenachsen (Spurpunkte). Die von null verschiedene Koordinate zeigt die Achse: P auf der x_1-Achse, Q auf der x_2-Achse, R auf der x_3-Achse. Drei Punkte, die nicht auf einer Geraden liegen, spannen eine Ebene auf.

b) ① beschreibt eine Parametergleichung von E. Der Ortsvektor zu P ist Stützvektor und $\overrightarrow{PQ}$ und $\overrightarrow{PR}$ sind die beiden Richtungsvektoren.
② beschreibt keine Parametergleichung von E, da z. B. Q nicht in der von ② beschriebenen Ebene liegt.

c) z. B.
$\vec{x} = \overrightarrow{OQ} + s \cdot \overrightarrow{QP} + t \cdot \overrightarrow{QR} = \begin{pmatrix}0\\3\\0\end{pmatrix} + s \cdot \begin{pmatrix}-1\\-3\\0\end{pmatrix} + t \cdot \begin{pmatrix}0\\-3\\2\end{pmatrix}$

d) Normalengleichung:
z. B. $\left[\begin{pmatrix}x_1\\x_2\\x_3\end{pmatrix} - \begin{pmatrix}-1\\0\\0\end{pmatrix}\right] \cdot \begin{pmatrix}6\\-2\\-3\end{pmatrix} = 0$

Koordinatengleichung:
z. B. $6x_1 - 2x_2 - 3x_3 = -6$

S. 282, 7.

Beispiellösungen:

a) E: $\vec{x} = \begin{pmatrix}5\\0\\0\end{pmatrix} + r\begin{pmatrix}1\\0\\1\end{pmatrix} + s\begin{pmatrix}0\\1\\1\end{pmatrix}$

b) E: $\vec{x} = \begin{pmatrix}0\\0\\1\end{pmatrix} + r\begin{pmatrix}1\\-1\\0\end{pmatrix} + s\begin{pmatrix}3\\0\\1\end{pmatrix}$

c) E: $\vec{x} = \begin{pmatrix}4\\0\\0\end{pmatrix} + r\begin{pmatrix}2\\-1\\0\end{pmatrix} + s\begin{pmatrix}-6\\0\\1\end{pmatrix}$

d) E: $\vec{x} = \begin{pmatrix}1\\2\\3\end{pmatrix} + r\begin{pmatrix}1\\-2\\0\end{pmatrix} + s\begin{pmatrix}1\\-2\\1\end{pmatrix}$

e) E: $\vec{x} = \begin{pmatrix}2\\0\\5\end{pmatrix} + r\begin{pmatrix}0\\2\\-1\end{pmatrix} + s\begin{pmatrix}1\\0\\-2\end{pmatrix}$

f) E: $\vec{x} = \begin{pmatrix}0\\0\\2\end{pmatrix} + r\begin{pmatrix}-1\\3\\0\end{pmatrix} + s\begin{pmatrix}2\\3\\-1\end{pmatrix}$

S. 282, 8.

Beispiellösungen:

E: $x_2 - x_3 = 0$

E: $\vec{x} = \begin{pmatrix}1\\1\\1\end{pmatrix} + r\begin{pmatrix}1\\1\\1\end{pmatrix} + s\begin{pmatrix}0\\1\\1\end{pmatrix}$

S. 283, 9.

a) E und g schneiden sich im Punkt P (−1 | 2 | 1).

b) E und g sind echt parallel zueinander.

c) g liegt in E.

S. 283, 10.

a) E und g schneiden sich im Punkt P (1 | 2 | 3).

b) g liegt in E.

c) E und g schneiden sich im Punkt P (2 | 0 | 0).

d) E und g sind echt parallel zueinander.

S. 283, 11.

a) E_1 und E_2 sind echt parallel zueinander.

b) E_1 und E_2 schneiden sich in der Geraden
g: $\vec{x} = t \cdot \begin{pmatrix}0\\1\\1\end{pmatrix}$.

c) E_1 und E_2 sind identisch.

d) E_1 und E_2 schneiden sich in der Geraden
g: $\vec{x} = \begin{pmatrix}1\\0\\1\end{pmatrix} + t \cdot \begin{pmatrix}0\\1\\1\end{pmatrix}$.

e) E_1 und E_2 schneiden sich in der Geraden

$g: \vec{x} = \begin{pmatrix}1\\0\\1\end{pmatrix} + t \cdot \begin{pmatrix}2\\1\\3\end{pmatrix}$.

f) E_1 und E_2 schneiden sich in der Geraden

$g: \vec{x} = t \cdot \begin{pmatrix}1\\-1\\0\end{pmatrix}$.

S. 283, 12.

a) E_1 und E_2 schneiden sich in der Geraden

$g: \vec{x} = \begin{pmatrix}0\\1\\2\end{pmatrix} + t \cdot \begin{pmatrix}1\\0\\-1\end{pmatrix}$.

b) E_1 und E_2 sind echt parallel zueinander.

S. 283, 13.

E_1 und E_2 sind echt parallel zueinander.
E_1 und E_3 schneiden sich in der Geraden

$g: \vec{x} = \begin{pmatrix}-1\\-1\\0\end{pmatrix} + t \cdot \begin{pmatrix}3\\3\\1\end{pmatrix}$.

E_2 und E_3 schneiden sich in der Geraden

$g: \vec{x} = \begin{pmatrix}1\\1\\2\end{pmatrix} + t \cdot \begin{pmatrix}2\\2\\1\end{pmatrix}$.

S. 283, 14.

a) Der Boden wird durch die x_1x_2-Ebene beschrieben. Die Eckpunkte des Schattens sind daher die Schnittpunkte der x_1x_2-Ebene mit der Geraden durch die Ecken des Sonnensegels entlang der Sonnenstrahlen.
Ein Punkt liegt auf der x_1x_2-Ebene, wenn seine dritte Koordinate null ist.

$\overrightarrow{OA'} = \begin{pmatrix}0\\-2\\2\end{pmatrix} + 1 \cdot \begin{pmatrix}-6\\4\\-2\end{pmatrix} = \begin{pmatrix}-6\\2\\0\end{pmatrix}$

$\overrightarrow{OB'} = \begin{pmatrix}2\\-2\\2\end{pmatrix} + 1 \cdot \begin{pmatrix}-6\\4\\-2\end{pmatrix} = \begin{pmatrix}-4\\2\\0\end{pmatrix}$

$\overrightarrow{OC'} = \begin{pmatrix}2\\0\\2\end{pmatrix} + 1 \cdot \begin{pmatrix}-6\\4\\-2\end{pmatrix} = \begin{pmatrix}-4\\4\\0\end{pmatrix}$

$\overrightarrow{OD'} = \begin{pmatrix}0\\0\\2\end{pmatrix} + 1 \cdot \begin{pmatrix}-6\\4\\-2\end{pmatrix} = \begin{pmatrix}-6\\4\\0\end{pmatrix}$

b) Der Schatten ist quadratisch.

c) $|\overrightarrow{A'B'}| = \left|\begin{pmatrix}2\\0\\0\end{pmatrix}\right| = \sqrt{2^2} = 2\,\text{m}$

$A = (2\,\text{m})^2 = 4\,\text{m}^2$

Das Sonnensegel wirft einen Schatten mit einer Fläche von $4\,\text{m}^2$.

Lösungen zu Kapitel 7: Winkel und Abstände

Ihr Fundament (S. 286/287)

S. 286, 1.

a) $\sin(\alpha) = \frac{a}{c}$; $\sin(\beta) = \frac{b}{c}$; $\cos(\alpha) = \frac{b}{c}$; $\cos(\beta) = \frac{a}{c}$

b) $a = \sin(\alpha) \cdot c = \sin(35°) \cdot 5\,\text{cm} = 2{,}868\,\text{cm}$

$b = \sin(\beta) \cdot c = \sin(180° - (35° + 90°)) \cdot 5\,\text{cm}$

$\sin(55°) \cdot 5\,\text{cm} = 4{,}096\,\text{cm}$

c) $c = \frac{b}{\cos(\alpha)} = \frac{3\,\text{cm}}{\cos(60°)} = 6\,\text{cm}$

$a = \cos(\beta) \cdot c = \cos(180° - (60° + 90°)) \cdot 6\,\text{cm}$

$\cos(30°) \cdot 6\,\text{cm} = 5{,}196\,\text{cm}$

S. 286, 2.

a) Der x-Wert des Punktes, der durch Abtragen von α am Einheitskreis entsteht, entspricht $\cos(\alpha)$. Der y-Wert des Punktes entspricht $\sin(\alpha)$. In diesem Fall ist $\cos(\alpha) = -0{,}6$ und $\sin(\alpha) = 0{,}8$. Damit ist $\alpha \approx 126{,}9°$.

b) Für die Werte in den vier Quadranten gilt:

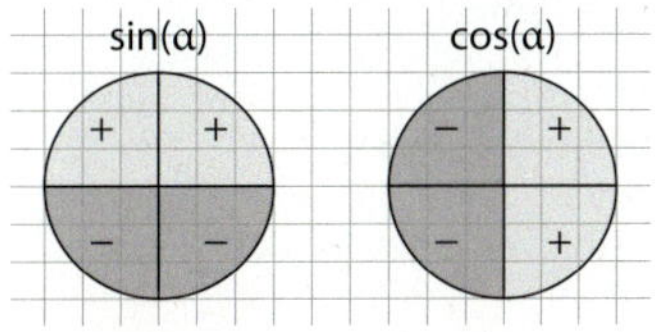

S. 286, 3.

	a)	b)	c)	d)
sin (α)	negativ	positiv	negativ	positiv
cos (α)	negativ	positiv	positiv	negativ

S. 286, 4.

a) Nullstellen:

$f(x) = 0$: $x_1 = 0$; $x_2 = \pi$; $x_3 = 2\pi$

$g(x) = 0$: $x_1 = \frac{1}{2}\pi$; $x_2 = \frac{3}{2}\pi$

Extrempunkte:

$f'(x) = \cos(x) = 0$: $x_1 = \frac{1}{2}\pi$; $x_2 = \frac{3}{2}\pi$

$F_1\left(\frac{1}{2}\pi \middle| 1\right)$; $F_2\left(\frac{3}{2}\pi \middle| -1\right)$

$g'(x) = -\sin(x) = 0$: $x_1 = 0$; $x_2 = \pi$; $x_3 = 2\pi$

$G_1(0|1)$; $G_2(\pi|-1)$; $G_3(2\pi|1)$

b) Die Funktion f ist monoton steigend auf den Intervallen $\left[0; \frac{1}{2}\pi\right]$ und $\left[\frac{3}{2}\pi; 2\pi\right]$ und monoton fallend auf dem Intervall $\left[\frac{1}{2}\pi; \frac{3}{2}\pi\right]$.
Die Funktion g ist monoton steigend auf dem Intervall $[\pi; 2\pi]$ und monoton fallend auf dem Intervall $[0; \pi]$.

c)

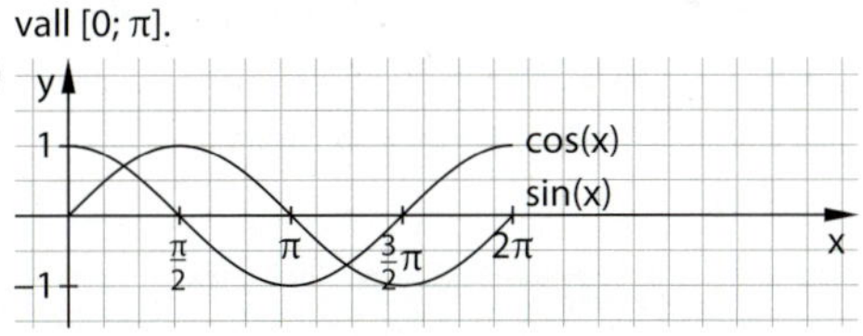

S. 286, 5.

a) $c = 17\,\text{cm}$

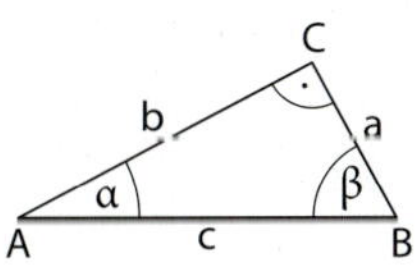

b) $c = 0{,}5\,\text{m}$

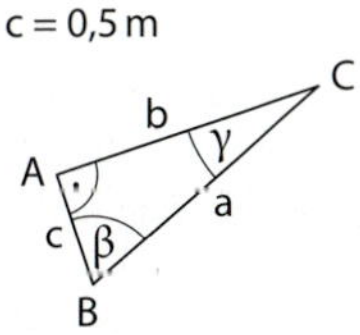

c) $a = 3{,}6\,\text{cm}$

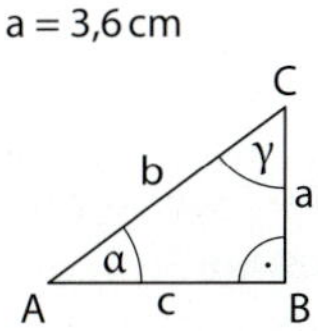

S. 286, 6.

a) Das Dreieck ist rechtwinklig mit Hypotenuse a und rechtem Winkel α, da $2{,}9^2 = 2{,}1^2 + 2{,}0^2$.

b) Das Dreieck ist nicht rechtwinklig, da $2^2 + 1{,}5^2 \neq 4{,}8^2$.

c) Das Dreieck ist rechtwinklig mit Hypotenuse b und rechtem Winkel β, da 80 dm = 8 m und $(10\,m)^2 = (6\,m)^2 + (8\,m)^2$.

S. 286, 7.

a) $x = \sqrt{61} \approx 7{,}81$; $y = \sqrt{34} \approx 5{,}83$

b) $x = \sqrt{41} \approx 6{,}40$; $y = \sqrt{29} \approx 5{,}39$

c) $x = \sqrt{41} \approx 6{,}40$; $y = \sqrt{45} \approx 6{,}71$; $z = \sqrt{24} \approx 4{,}90$

S. 287, 8.

a) $A = 1{,}5\,cm^2$ b) $A = 3\,cm^2$

c) $A = 3\,cm^2$

S. 287, 9.

a) $V = \frac{1}{3}a \cdot b \cdot h = \frac{1}{3} \cdot 35\,mm \cdot 45\,mm \cdot 70\,mm$

$= 36\,750\,mm^3 = 36{,}75\,cm^3$

$O = ab + a\sqrt{\left(\frac{b}{2}\right)^2 + h^2} + b\sqrt{\left(\frac{a}{2}\right)^2 + h^2}$

$\approx 7395{,}40\,mm^2 \approx 73{,}9\,cm^2$

b) $V = \frac{a^3}{12}\sqrt{2} = \frac{(10\,m)^3}{12}\sqrt{2} \approx 117{,}85\,m^3$

$O = \sqrt{3}\,a^2 \approx 173{,}21\,m^2$

c) $V = 5\,cm \cdot \left(2\,cm \cdot \frac{1}{2}(3\,cm + 5\,cm)\right) = 40\,cm^3$

$O = 2\left(2\,cm \cdot \frac{1}{2}(3\,cm + 5\,cm)\right)$

$+ (3\,cm + 5\,cm + 2\,cm + \sqrt{8}\,cm) \cdot 5\,cm$

$\approx 80{,}14\,cm^2$

S. 287, 10.

a) $V = \pi \cdot r^2 \cdot h \approx 147\,026{,}54\,mm^3 \approx 147\,cm^3$

$O = 2\pi \cdot r \cdot h + 2 \cdot \pi \cdot r^2 \approx 15\,456{,}64\,mm^2 \approx 154{,}6\,cm^2$

b) $V = \frac{1}{3}\pi \cdot r^2 \cdot h \approx 153{,}56\,mm^3$

$O = \pi \cdot r\,(r + \sqrt{r^2 + h^2}) \approx 175{,}93\,mm^2$

c) $V = \frac{4}{3}\pi \cdot r^3 \approx 33\,510{,}32\,mm^3 \approx 33{,}5\,cm^3$

$O = 4\pi \cdot r^3 \approx 5026{,}54\,mm^2 \approx 50{,}3\,cm^2$

S. 287, 11.

a) $V = \frac{1}{3}\pi \cdot 70^2 \cdot (345 - 122) + \pi \cdot 70^2 \cdot 122$

$\approx 3{,}022 \times 10^6\,mm^3 = 3022\,cm^3$

$O = 2\pi \cdot 70 \cdot 122 + \pi \cdot 70^2 + \pi \cdot 70 \cdot \sqrt{223^2 + 70^2}$

$\approx 120451{,}78\,mm^2 \approx 1204{,}5\,cm^2$

b) $V = 1200\,mm^2 \cdot 20\,mm = 24\,000\,mm^3$

$O = 2 \cdot 1200 + 20 \cdot (40 \cdot 10 + 3 \cdot 20 + 3 \cdot 40)$

$= 6800\,mm^2$

c) $V = \frac{1}{3} \cdot 120^2 \cdot 140 - \frac{1}{3}\pi \cdot 20^2 \cdot 60$

$\approx 646\,867{,}26\,mm^3$

$O = 120^2 + 2 \cdot 120 \cdot \sqrt{60^2 + 140^2} - \pi \cdot 20^2$

$+ \pi \cdot 20 \cdot \sqrt{20^2 + 60^2} \approx 53672{,}91\,mm^2$

S. 287, 12.

a) $V = 1{,}8\,m \cdot 1{,}8\,m \cdot 2{,}2\,m + \frac{1}{3} \cdot 1{,}8\,m \cdot 1{,}8\,m \cdot 1{,}6\,m$

$= 8{,}856\,m^3 = 8{,}856 \cdot 10^6\,cm^3 = 8{,}856\,m^3$

$8{,}856 \cdot 10^6\,cm^3 \cdot 1{,}9\,\frac{g}{cm^3} = 1{,}68 \cdot 10^7\,g = 16{,}8\,t$

Das Silo fasst maximal 16,8 Tonnen des Zements.

b) $O = (1{,}8\,m)^2 + 4 \cdot 1{,}8\,m \cdot 2{,}2\,m$

$+ 4 \cdot \frac{1{,}8\,m}{2}\sqrt{\left(\frac{1{,}8\,m}{2}\right)^2 + (1{,}6\,m)^2} \approx 25{,}69\,m^2$

$25{,}69 : 4 \approx 6{,}42$

Es werden etwa 6,42 Liter Farbe benötigt.

S. 287, 13.

$h(x) = f(x) - g(x) = \sin(x) - \cos(x)$

Die Extremwerte von h entsprechen der größten Differenz von f und g.

Aus $h'(x) = 0$ erhält man $x = \frac{3}{4}\pi$ als einzige Extremstelle in $[0, \pi]$. Die Differenz der Funktionswerte von f und g ist an der Stelle $x = \frac{3}{4}\pi$ am größten.

S. 287, 14.

$V = \pi r^2 h = 400\,cm^3$

$h = \frac{400}{\pi r^2}$

$O = 2\pi r^2 + 2\pi r h$

$O(r) = 2\pi r^2 + 2\pi r \frac{400}{\pi r^2} = 2\pi r^2 + \frac{800}{r}$

$O'(r) = 4\pi r - \frac{800}{r^2} = 0$

$r \approx 3{,}993$

$h \approx \frac{400}{\pi\,4^2} \approx 7{,}986$

Unter allen Dosen mit einem Volumen von 400 ml hat diejenige mit Durchmesser 8 cm und Höhe 8 cm den kleinsten Oberflächeninhalt.

Prüfen Sie Ihr neues Fundament (S. 318/319)

S. 318, 1.

$\begin{pmatrix}-1\\0\\-1\end{pmatrix} + r \cdot \begin{pmatrix}3\\1\\-2\end{pmatrix} = \begin{pmatrix}2\\1\\-3\end{pmatrix} + t \cdot \begin{pmatrix}1\\1\\1\end{pmatrix}$

$\left(\begin{array}{cc|c}3 & -1 & 3\\1 & -1 & 1\\-2 & -1 & -2\end{array}\right) \xrightarrow{ZSF} \left(\begin{array}{cc|c}3 & -1 & 3\\0 & -\frac{2}{3} & 0\\0 & 0 & 0\end{array}\right) \rightarrow r = 1$ und $t = 0$

$\alpha = \cos^{-1}\left(\frac{\left|\begin{pmatrix}3\\1\\-2\end{pmatrix} \cdot \begin{pmatrix}1\\1\\1\end{pmatrix}\right|}{\sqrt{3^2 + 1^2 + (-2)^2} \cdot \sqrt{1^2 + 1^2 + 1^2}}\right) \approx 72°$

Die Geraden schneiden sich im Punkt $S(2\,|\,1\,|\,-3)$ in einem Winkel von 72°.

S. 318, 2.

a) $\cos(\alpha) = \frac{\overrightarrow{AB} \cdot \overrightarrow{AC}}{|\overrightarrow{AB}| \cdot |\overrightarrow{AC}|} = \frac{\begin{pmatrix}4\\0\\2\end{pmatrix} \cdot \begin{pmatrix}-2\\1\\14\end{pmatrix}}{\sqrt{20} \cdot \sqrt{201}} \approx 0{,}315$

$\alpha = 71{,}6°$

$\cos(\beta) = 0$, also $\beta = 90°$;

$\cos(\gamma) \approx 0{,}949$, also $\gamma \approx 18{,}4°$

Das Dreieck ist rechtwinklig mit $\beta = 90°$.

b) $\cos(\alpha) \approx -0{,}478$, $\alpha \approx 118{,}6°$

$\cos(\beta) \approx 0{,}866$, $\beta \approx 30°$

$\cos(\gamma) \approx 0{,}853$, $\gamma \approx 31{,}5°$

Das Dreieck hat keinen rechten Innenwinkel, es ist stumpfwinklig.

S. 318, 3.

a) $\alpha = \sin^{-1}\left(\frac{\left|\begin{pmatrix}1\\1\\1\end{pmatrix} \cdot \begin{pmatrix}1\\1\\1\end{pmatrix}\right|}{\sqrt{1^2 + 1^2 + 1^2} \cdot \sqrt{1^2 + 1^2 + 1^2}}\right) = 90°$

b) E und g sind echt parallel zueinander, es gibt keinen Schnittpunkt zwischen ihnen.

c) $\alpha = \sin^{-1}\left(\frac{\left|\begin{pmatrix}4\\-2\\1\end{pmatrix} \cdot \begin{pmatrix}-2\\-2\\2\end{pmatrix}\right|}{\sqrt{4^2 + (-2)^2 + 1^2} \cdot \sqrt{(-2)^2 \cdot (-2)^2 \cdot 2^2}}\right) \approx 7{,}24°$

S. 319, 4.

a) $\alpha = \cos^{-1}\left(\frac{\begin{pmatrix}1\\2\\1\end{pmatrix}\cdot\begin{pmatrix}1\\1\\0\end{pmatrix}}{\sqrt{1^2+2^2+1^2}\cdot\sqrt{1^2\cdot 1^2\cdot 0^2}}\right) = 30°$

b) $\alpha = \cos^{-1}\left(\frac{\begin{pmatrix}1\\-6\\-2\end{pmatrix}\cdot\begin{pmatrix}6\\-3\\4\end{pmatrix}}{\sqrt{1^2+(-6)^2+(-2)^2}\cdot\sqrt{6^2\cdot(-3)^2\cdot 4^2}}\right) \approx 71{,}34°$

c) $\alpha = \cos^{-1}\left(\frac{\begin{pmatrix}4\\0\\0\end{pmatrix}\cdot\begin{pmatrix}5\\1\\3\end{pmatrix}}{\sqrt{4^2+0^2+0^2}\cdot\sqrt{5^2\cdot 1^2\cdot 3^2}}\right) \approx 32{,}31°$

d) $\alpha = \cos^{-1}\left(\frac{\begin{pmatrix}-5\\13\\-1\end{pmatrix}\cdot\begin{pmatrix}5\\-8\\9\end{pmatrix}}{\sqrt{(-5)^2+13^2+(-1)^2}\cdot\sqrt{5^2\cdot(-8)^2\cdot 9^2}}\right) \approx 40{,}72°$

S. 319, 5.

a) Lotgerade: g: $\vec{x} = \begin{pmatrix}1\\1\\1\end{pmatrix} + t\begin{pmatrix}1\\1\\0\end{pmatrix}$

Lotfußpunkt (Schnittpunkt von g und E):
F (0,5 | 0,5 | 1)

$d(A; E) = |\overrightarrow{AF}| = \sqrt{(-0{,}5)^2 + (-0{,}5)^2 + 0^2} \approx 0{,}71$

b) Lotgerade: g: $\vec{x} = \begin{pmatrix}1\\-1\\2\end{pmatrix} + t\begin{pmatrix}2\\1\\-3\end{pmatrix}$

Lotfußpunkt (Schnittpunkt von g und E):
F (2,43 | −0,29 | −0,14)

$d(A; E) = |\overrightarrow{AF}| = \sqrt{1{,}43^2 + 0{,}71^2 + (-2{,}14)^2} \approx 2{,}67$

c) Lotgerade: g: $\vec{x} = \begin{pmatrix}2\\1\\-1\end{pmatrix} + t\begin{pmatrix}0\\0\\1\end{pmatrix}$

Lotfußpunkt (Schnittpunkt von g und E): F (2 | 1 | −1)
Der Punkt A liegt in der Ebene E, also d (A; E) = 0.

S. 319, 6.

a) Lotgerade: g: $\vec{x} = t\begin{pmatrix}2\\1\\-2\end{pmatrix}$

Lotfußpunkt (Schnittpunkt von g und E): $F\left(\frac{8}{3}\middle|\frac{4}{3}\middle|-\frac{8}{3}\right)$

$d(0; E) = |\overrightarrow{OF}| = \sqrt{\left(\frac{8}{3}\right)^2 + \left(\frac{4}{3}\right)^2 + \left(-\frac{8}{3}\right)^2} = 4$

Die Ebene hat zum Ursprung einen Abstand von 4.

b) Da der Stützvektor der Gerade g eine Länge von 3 hat und g die Ebene E für $t = \frac{4}{3}$ schneidet, haben die Punkte auf g für $t = -\frac{1}{3}$ und $t = \frac{9}{3}$ einen Abstand von 5 LE zu E.
Diese Punkte sind die Stützpunkte der zu E parallelen Ebenen. Da die Ebenen parallel sind, sind ihre Normalenvektoren gleich.

$E_1\colon 2x_1 + x_2 - 2x_3 = -3 = -\frac{1}{3}\begin{pmatrix}2\\1\\-2\end{pmatrix}\begin{pmatrix}2\\1\\-2\end{pmatrix}$

$E_2\colon 2x_1 + x_2 - 2x_3 = 27 = \frac{9}{3}\begin{pmatrix}2\\1\\-2\end{pmatrix}\begin{pmatrix}2\\1\\-2\end{pmatrix}$

E_1 und E_2 sind parallel zu E und haben jeweils zu E einen Abstand von 5.

S. 319, 7.

a) Parameter t ermitteln, sodass der allgemeine Verbindungsvektor $\overrightarrow{AX_t}$ senkrecht zu g ist:

$\overrightarrow{AX_t} = -\begin{pmatrix}1\\0\\-1\end{pmatrix} + \begin{pmatrix}1\\1\\3\end{pmatrix} + t\begin{pmatrix}0\\1\\0\end{pmatrix} = \begin{pmatrix}0\\1+t\\4\end{pmatrix}$

$\begin{pmatrix}0\\1+t\\4\end{pmatrix}\cdot\begin{pmatrix}0\\1\\0\end{pmatrix} = 0 \rightarrow t = -1$

Lotvektor und Fußpunkt ermitteln:

$\overrightarrow{AX_{-1}} = \begin{pmatrix}0\\1-1\\4\end{pmatrix} = \begin{pmatrix}0\\0\\4\end{pmatrix}$

$\overrightarrow{OF} = \overrightarrow{OA} + \overrightarrow{AX_{-1}} = \begin{pmatrix}1\\0\\-1+4\end{pmatrix} = \begin{pmatrix}1\\0\\3\end{pmatrix}$

$d(A, g) = \left|\begin{pmatrix}0\\0\\4\end{pmatrix}\right| = 4$

b) Parameter t ermitteln, sodass der allgemeine Verbindungsvektor $\overrightarrow{AX_t}$ senkrecht zu g ist:

$\overrightarrow{AX_t} = -\begin{pmatrix}5\\4\\1\end{pmatrix} + \begin{pmatrix}3\\5\\-1\end{pmatrix} + t\begin{pmatrix}2\\-1\\-4\end{pmatrix} = \begin{pmatrix}-2+2t\\1-t\\-2-4t\end{pmatrix}$

$\begin{pmatrix}-2+2t\\1-t\\-2-4t\end{pmatrix}\cdot\begin{pmatrix}2\\-1\\-4\end{pmatrix} = 0 \rightarrow t = -\frac{1}{7}$

Lotvektor und Fußpunkt ermitteln:

$\overrightarrow{AX_{-1}} = \begin{pmatrix}-2-\frac{2}{7}\\1+\frac{1}{7}\\-2+\frac{4}{7}\end{pmatrix} = \frac{1}{7}\cdot\begin{pmatrix}-16\\8\\-10\end{pmatrix}$

$\overrightarrow{OF} = \overrightarrow{OA} + \overrightarrow{AX_{-1}} = \begin{pmatrix}5-\frac{16}{7}\\4+\frac{8}{7}\\1-\frac{10}{7}\end{pmatrix} = \frac{1}{7}\begin{pmatrix}19\\36\\-3\end{pmatrix}$

$d(A, g) = \left|\frac{1}{7}\cdot\begin{pmatrix}-16\\8\\-10\end{pmatrix}\right| \approx 2{,}93$

S. 319, 8.

a) Parameter s und t ermitteln, sodass Verbindungsvektor $\overrightarrow{X_sX_t}$ senkrecht zu g und h steht:

$\overrightarrow{X_sX_t} = \begin{pmatrix}-2-4s+3t\\1+4s-t\\-2+s\end{pmatrix}$

$\begin{pmatrix}-2-4s+3t\\1+4s-t\\-2+s\end{pmatrix}\cdot\begin{pmatrix}4\\-4\\-1\end{pmatrix} = 0 \rightarrow -10 - 33s + 16t = 0$

$\begin{pmatrix}-2-4s+3t\\1+4s-t\\-2+s\end{pmatrix}\cdot\begin{pmatrix}3\\-1\\0\end{pmatrix} = 0 \rightarrow -7 - 16s + 10t = 0$

$s = \frac{6}{37}$ und $t = \frac{71}{74}$

s und t in $\overrightarrow{X_sX_t}$ einsetzen und Lotfußpunkte F_1 und F_2 ermitteln:

$\overrightarrow{X_{\frac{6}{37}}X_{\frac{71}{74}}} = \frac{1}{74}\begin{pmatrix}-17\\-51\\132\end{pmatrix}$

$\overrightarrow{OF_1} = \frac{1}{37}\begin{pmatrix}61\\50\\105\end{pmatrix}$; $\overrightarrow{OF_2} = \frac{1}{74}\begin{pmatrix}139\\151\\74\end{pmatrix}$

$d(g, h) = \left|\frac{1}{74}\begin{pmatrix}-17\\-51\\132\end{pmatrix}\right| \approx 1{,}98$

b) Parameter s und t ermitteln, sodass Verbindungsvektor $\overrightarrow{X_sX_t}$ senkrecht zu g und h steht:

$\overrightarrow{X_sX_t} = \begin{pmatrix}12-13s+t\\1+4s+5t\\2+s+4t\end{pmatrix}$

$\begin{pmatrix}12-13s+t\\1+4s+5t\\2+s+4t\end{pmatrix}\cdot\begin{pmatrix}13\\-4\\-1\end{pmatrix} = 0 \rightarrow 150 - 186s - 11t = 0$

$\begin{pmatrix}12-13s+t\\1+4s+5t\\2+s+4t\end{pmatrix}\cdot\begin{pmatrix}1\\5\\4\end{pmatrix} = 0 \rightarrow 25 + 11s + 42t = 0$

$s = \frac{6575}{7691} \approx 0{,}855$ und $t = -\frac{6300}{7691} \approx -0{,}819$

s und t in $\overrightarrow{X_sX_t}$ einsetzen und Lotfußpunkte F_1 und F_2 ermitteln:

$\overrightarrow{X_{0{,}855}X_{0{,}819}} = \begin{pmatrix}0{,}066\\0{,}325\\-0{,}421\end{pmatrix}$

$\overrightarrow{OF_1} = \begin{pmatrix}3{,}115\\-1{,}42\\2{,}145\end{pmatrix}$; $\overrightarrow{OF_2} = \begin{pmatrix}3{,}181\\-1{,}095\\1{,}724\end{pmatrix}$

$d(g, h) = \begin{pmatrix}0{,}066\\0{,}325\\-0{,}421\end{pmatrix} \approx 0{,}536$

S. 319, 9.

a) $V = \frac{1}{3}\cdot G\cdot h = \frac{1}{3}\cdot\left(\frac{1}{2}\cdot 6\cdot 6\right)\cdot 6 = 36$

b) A (6 | 0 | 0); C (0 | 6 | 0); J (3 | 0 | 6)

$\sphericalangle CAJ = \cos^{-1}\left(\frac{\overrightarrow{AC}\cdot\overrightarrow{AJ}}{|\overrightarrow{AC}|\cdot|\overrightarrow{AJ}|}\right)$

$= \cos^{-1}\left(\frac{\begin{pmatrix}-6\\6\\0\end{pmatrix}\cdot\begin{pmatrix}-3\\0\\6\end{pmatrix}}{\sqrt{72}\cdot\sqrt{45}}\right) \approx 71{,}57°$

$\sphericalangle JCA = \cos^{-1}\left(\frac{\overrightarrow{CA}\cdot\overrightarrow{CJ}}{|\overrightarrow{CA}|\cdot|\overrightarrow{CJ}|}\right)$

$= \cos^{-1}\left(\frac{\begin{pmatrix}6\\-6\\0\end{pmatrix}\cdot\begin{pmatrix}3\\-6\\6\end{pmatrix}}{\sqrt{72}\cdot\sqrt{81}}\right) = 45°$

$\sphericalangle AJC = 180° - (45° + 71{,}57°) = 63{,}43°$

c) $g_{AC}\colon \vec{x} = \begin{pmatrix}6\\0\\0\end{pmatrix} + t\cdot\begin{pmatrix}-6\\6\\0\end{pmatrix}$; $I(3|6|6)$

Parameter t ermitteln, sodass der allgemeine Verbindungsvektor $\overrightarrow{IX_t}$ senkrecht zu g_{AC} ist:

$\overrightarrow{IX_t} = -\begin{pmatrix}3\\6\\6\end{pmatrix} + \begin{pmatrix}6\\0\\0\end{pmatrix} + t\begin{pmatrix}-6\\6\\0\end{pmatrix} = \begin{pmatrix}3-6t\\-6+6t\\-6\end{pmatrix}$

$\begin{pmatrix}3-6t\\-6+6t\\-6\end{pmatrix}\cdot\begin{pmatrix}-6\\6\\0\end{pmatrix} = 0 \rightarrow t = 0{,}75$

Lotvektor und Fußpunkt ermitteln:

$\overrightarrow{IX_{0,5}} = \begin{pmatrix}3-6\cdot 0{,}75\\-6+6\cdot 0{,}75\\-6\end{pmatrix} = \begin{pmatrix}-1{,}5\\-1{,}5\\-6\end{pmatrix}$

$\overrightarrow{OF} = \overrightarrow{OI} + \overrightarrow{IX_{0,5}} = \begin{pmatrix}3-1{,}5\\6-1{,}5\\6-6\end{pmatrix} = \begin{pmatrix}1{,}5\\4{,}5\\0\end{pmatrix}$

$d(A, g) = \left|\begin{pmatrix}-1{,}5\\-1{,}5\\-6\end{pmatrix}\right| \approx 6{,}36$

S. 319, 10.

a) Die dritte Koordinate des Richtungsvektors von Flugzeug ① ist negativ, die von Flugzeug ② positiv. Das heißt, Flugzeug ① landet und Flugzeug ② startet.

b) Schnittpunkte von g und h mit der x_1x_2-Ebene:
① Landepunkt: L(14 | 13 | 0)
② Startpunkt: S(1 | 3 | 0)

c) Normalenvektor der x_1x_2-Ebene: $\begin{pmatrix}0\\0\\1\end{pmatrix}$

① $\alpha = \sin^{-1}\left(\frac{\left|\begin{pmatrix}2\\2\\-1\end{pmatrix}\cdot\begin{pmatrix}0\\0\\1\end{pmatrix}\right|}{\sqrt{9}\cdot\sqrt{1}}\right) = \sin^{-1}\left(\frac{1}{3}\right) = 19{,}47°$

② $\beta = \sin^{-1}\left(\frac{\left|\begin{pmatrix}2\\2\\1\end{pmatrix}\cdot\begin{pmatrix}0\\0\\1\end{pmatrix}\right|}{\sqrt{9}\cdot\sqrt{1}}\right) = \sin^{-1}\left(\frac{1}{3}\right) = 19{,}47°$

d) Parameter s und t ermitteln, damit Verbindungsvektor $\overrightarrow{X_sX_t}$ senkrecht zu g und h steht:

$\overrightarrow{X_sX_t} = \begin{pmatrix}-1-2s+2t\\2-2s+2t\\-4+s+t\end{pmatrix}$

$\begin{pmatrix}-1-2s+2t\\2-2s+2t\\-4+s+t\end{pmatrix}\cdot\begin{pmatrix}2\\2\\-1\end{pmatrix} = 0 \rightarrow 6 - 9s + 7t = 0$

$\begin{pmatrix}-1-2s+2t\\2-2s+2t\\-4+s+t\end{pmatrix}\cdot\begin{pmatrix}2\\2\\1\end{pmatrix} = 0 \rightarrow -2 - 7s + 9t = 0$

s = 2,125 und t = 1,875

s und t in $\overrightarrow{X_sX_t}$ einsetzen:

$\overrightarrow{X_{2,125}X_{1,875}} = \begin{pmatrix}-1{,}5\\1{,}5\\0\end{pmatrix}$

$d(g, h) = \left|\begin{pmatrix}-1{,}5\\1{,}5\\0\end{pmatrix}\right| \approx 2{,}12$

S. 319, 11.

a) $M = \begin{bmatrix}1 & 0 & -\frac{1}{2}\\ 0 & 1 & \frac{3}{4}\end{bmatrix}$

b) $M = \begin{bmatrix}-\frac{3}{5} & 1 & 0\\ \frac{1}{5} & 0 & 1\end{bmatrix}$

S. 319, 12.

Beispiellösungen:

a) Projektion in Richtung $\vec{v} = \begin{pmatrix}-2\\6\\4\end{pmatrix}$ in x_2x_3-Ebene.

b) Projektion in Richtung $\vec{v} = \begin{pmatrix}-4\\-5\\1\end{pmatrix}$ in x_1x_2-Ebene.

S. 319, 13.

Abbildungsmatrix $M = \begin{pmatrix}a & 1 & 0\\ b & 0 & 1\end{pmatrix}$ für Projektion entlang $\vec{v} = \begin{pmatrix}-1\\a\\b\end{pmatrix}$ auf x_2x_3-Ebene mit

$a = -k\cdot\cos(\alpha)$ und $b = -k\cdot\sin(\alpha)$

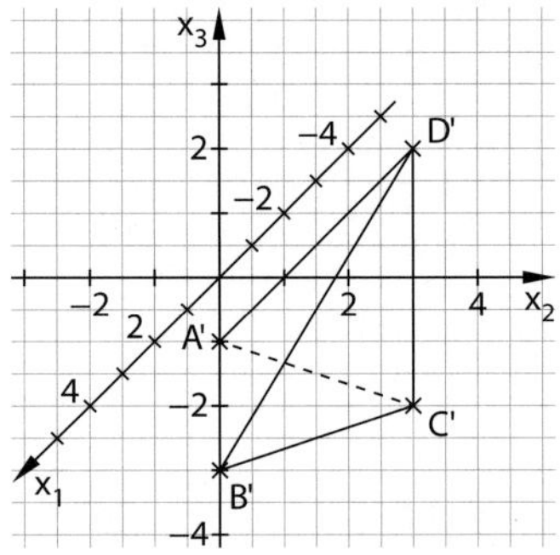

$\alpha = 45°$; $k = \frac{1}{\sqrt{2}} \rightarrow a = -0{,}5$; $b = -0{,}5$

$M = \begin{pmatrix}-0{,}5 & 1 & 0\\ -0{,}5 & 0 & 1\end{pmatrix}$

A'(0 | −1); B'(0 | −3); C'(3 | −2); D'(3 | 2)

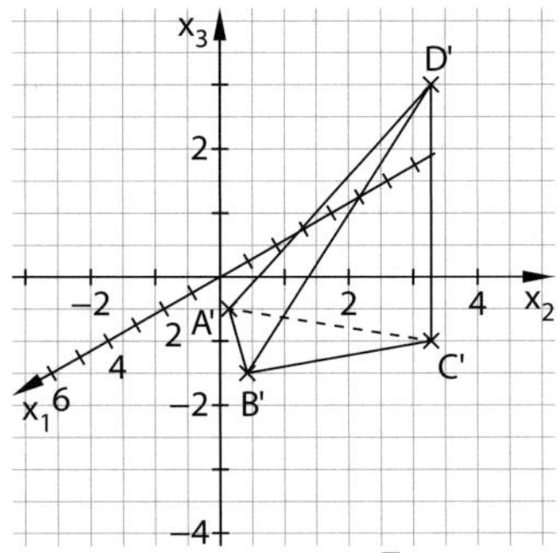

$\alpha = 30°$; $k = 0{,}5 \rightarrow a = -\frac{\sqrt{3}}{4} \approx 0{,}43$; $b = -0{,}25$

$M = \begin{pmatrix}-0{,}43 & 1 & 0\\ -0{,}25 & 0 & 1\end{pmatrix}$

A'(0,14 | − 0,5); B'(0,42 | −1,5); C'(3,28 | −1); D'(3,28 | 3)

S. 319, 14.

a) $M = \begin{bmatrix}\frac{2}{3} & 1 & 0\\ -\frac{1}{3} & 0 & 1\end{bmatrix}$

b) $A'(5|-1)$; $B'(9|-1)$; $C'\left(\frac{19}{3}\middle|\frac{1}{3}\right)$; $D'\left(\frac{7}{3}\middle|\frac{1}{3}\right)$; $S'\left(\frac{17}{3}\middle|\frac{14}{3}\right)$

c)

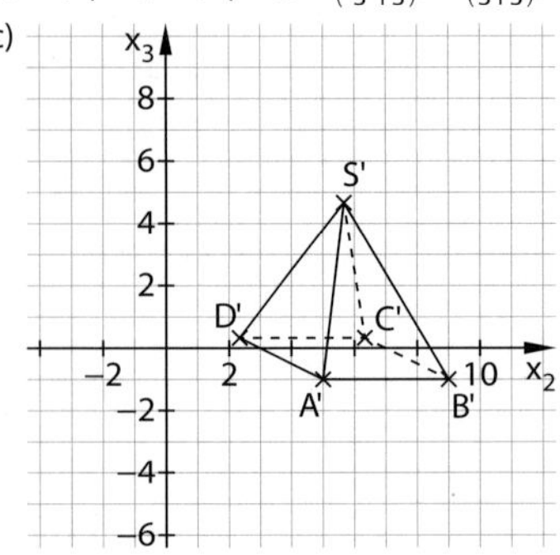

Lösungen zu Kapitel 8: Grundbegriffe der Wahrscheinlichkeitsrechnung

Ihr Fundament (S. 322/323)

S. 322, 1.

a) $\Omega = \{2; 3; 5; 7; 11; 13\}$

b) $\Omega = \{(CW, EW), (CW, EZ), (CZ, EW), (CZ, EZ)\}$
mit CW: 10-Cent-Münze zeigt Wappen
CZ: 10-Cent-Münze zeigt Zahl
EW: Ein-Euro-Münze zeigt Wappen
EZ: Ein-Euro-Münze zeigt Zahl

c) $\Omega = \{(f, f, f, f), (n, n, n, n), (f, f, f, n), (f, f, n, f), (f, n, f, f), (n, f, f, f), (f, f, n, n), (f, n, n, f), (n, n, f, f), (f, n, f, n), (n, f, f, n), (n, f, n, f), (f, n, n, n), (n, f, n, n), (n, n, f, n), (n, n, n, f)\}$
mit f: „Triebwerk funktioniert" und n: „Triebwerk funktioniert nicht", jeweils für das 1., 2., 3. bzw. 4. Triebwerk in dieser Reihenfolge

S. 322, 2.

a) Aus einem Kartenset wird zufällig eine Karte gezogen und ihre Spielfarbe bestimmt.

b) Ein Glücksrad mit acht Feldern, die mit 1 bis 8 beschriftet sind, wird gedreht.

c) Ein Würfel mit 6 Seiten in den Farben rot, gelb, grün, weiß, blau und schwarz wird geworfen.

d) Zwei Spielwürfel werden geworfen und ihre Augensumme bestimmt.

S. 324, 3.

a) Laplace-Experiment mit $P(E) = \frac{4}{9}$

b) Laplace-Experiment mit $P(E) = \frac{1}{6}$

c) kein Laplace-Experiment.

S. 322, 4.

a) $P(5) = \frac{1}{20}$

Sektor X	1	2	3	4	5
Gradzahl	72	90	120	60	18

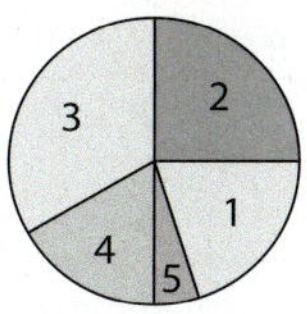

b) $P(E) = \frac{1}{5} + \frac{1}{3} + \frac{1}{20} = \frac{7}{12}$

c) $\overline{E} = \{2; 4\}$, $P(\overline{E}) = \frac{5}{12}$

S. 322, 5.

a) $\Omega = \{(W, Z); (Z, W); (W, W); (Z, Z)\}$

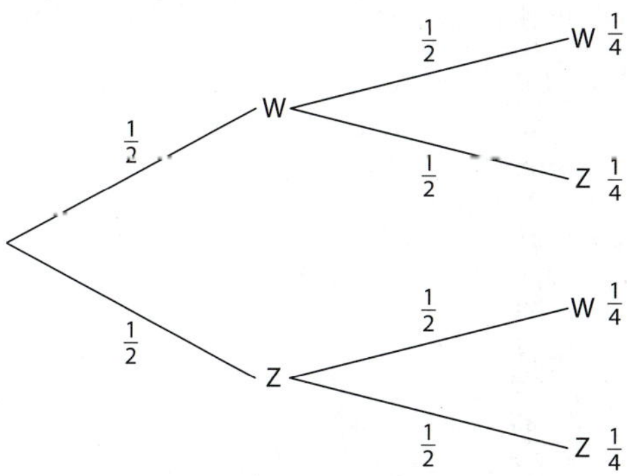

b) $\Omega = \{(ich, du); (du, ich); (ich, wir); (wir, ich); (du, wir); (wir, du); (ich, ich); (du, du); (wir, wir)\}$

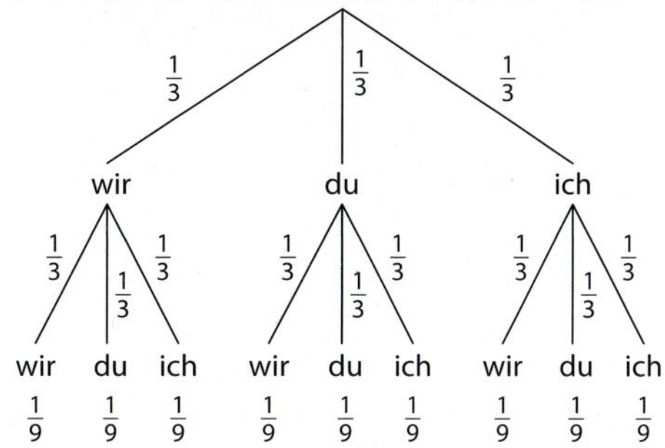

S. 322, 6.

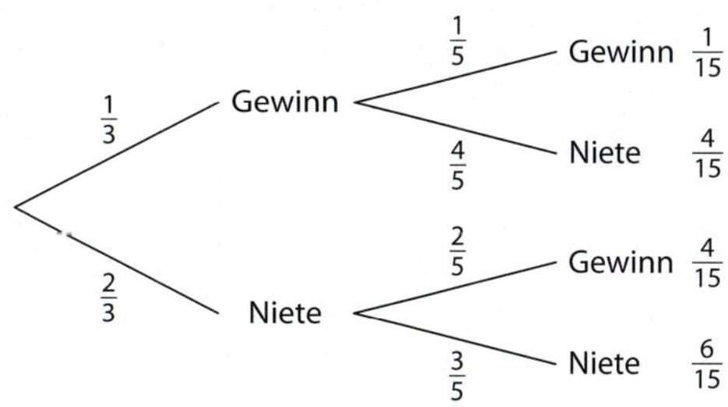

S. 322, 7.

a) $\frac{5}{72}$

b) $\frac{15}{216} + \frac{1}{216} = \frac{2}{27}$

c) $1 - \frac{125}{216} = \frac{91}{216}$

S. 322, 8.

a)

	Mädchen	Junge	gesamt
Franz.	9	10	19
Kein Franz.	5	2	7
gesamt	14	12	26

b)

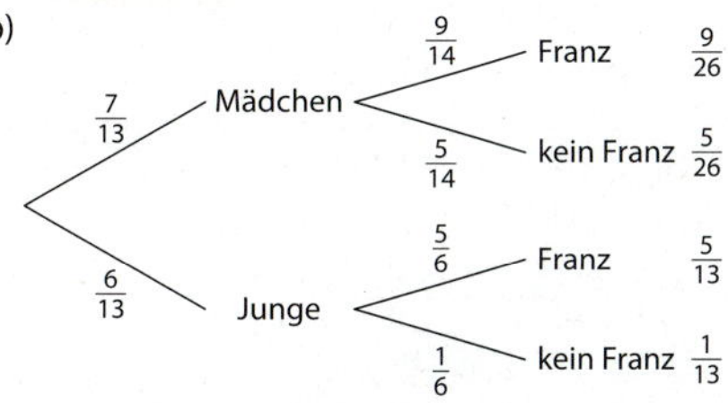

S. 323, 9.

	Arithm. Mittel	Emp. Varianz	Emp. Standardabw.
a)	7,5	9,75	3,12
b)	5 m	0,16 m²	0,40 m
c)	99,5	50,25	7,09
d)	3,3	2,01	1,42

S. 323, 10.

a)

Anzahl Kinder	Abs. Häufigkeit	Rel. Häufigkeit
0	3	0,12
1	11	0,44
2	8	0,32
3	2	0,08
4	1	0,04

b)

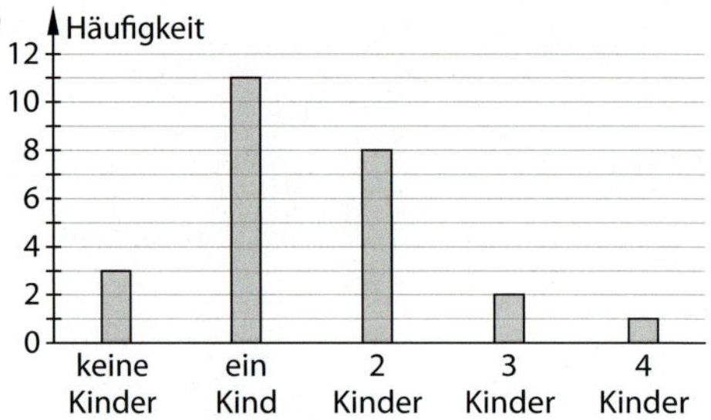

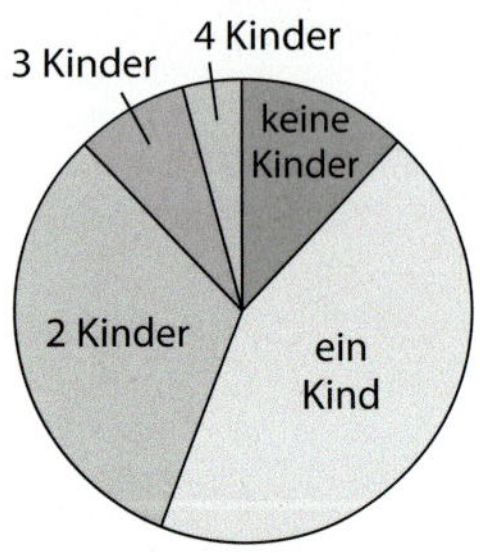

S. 323, 11.

a)

Blutgruppe	Relative Häufigkeit in %
0	41
A	43
B	11
AB	5

b)

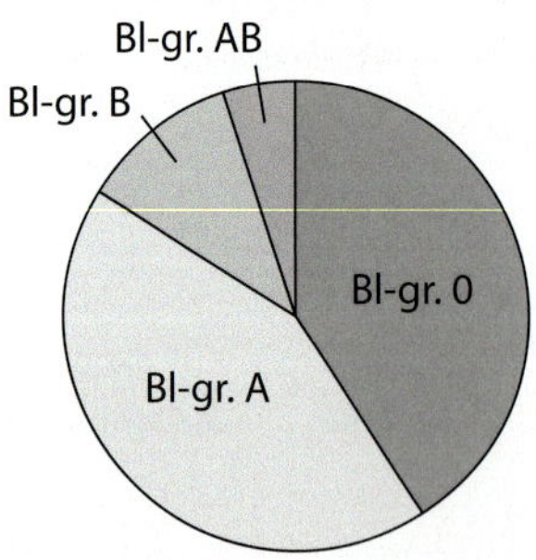

S. 323, 12. Geschätzte Werte: individuelle Lösung

	Arithm. Mittel	Emp. Standardabweichung
a)	3,2	1,3
b)	3,6	1,7
c)	2,6	1,1

S. 323, 13.

a) $\overline{A}$: „Es wird eine 1 gewürfelt."
$\overline{B}$: „Es wird eine gerade Augenzahl gewürfelt."

b) $C = \{3; 5\}$

c) $P(A) = \frac{5}{6}$; $P(\overline{A}) = \frac{1}{6}$; $P(B) = \frac{1}{2}$; $P(\overline{B}) = \frac{1}{2}$;
$P(C) = \frac{1}{3}$; $P(\overline{C}) = \frac{2}{3}$

S. 323, 14.

$P(A) + P(\overline{A}) = 1$;
$P(B) + P(\overline{B}) = 1$;
$P(A) \cdot P(B) + P(A) \cdot P(\overline{B}) + P(\overline{A}) \cdot P(B) + P(\overline{A}) \cdot P(\overline{B}) = 1$

S. 323, 15.

a) 0,18
b) $\frac{7}{12}$
c) 0,8
d) $\frac{11}{14}$
e) $\frac{149}{300}$
f) 2
g) $\sqrt{25{,}5} \cdot 5{,}05$

Prüfen Sie Ihr neues Fundament (S. 362/363)

S. 362, 1.

Gymnasium 1

	B	$\overline{B}$	gesamt
A	100	230	330
$\overline{A}$	50	220	270
gesamt	150	450	600

Gymnasium 2

	B	$\overline{B}$	gesamt
A	12 %	28 %	40 %
$\overline{A}$	18 %	42 %	60 %
gesamt	30 %	70 %	100 %

1. $P(A \cap B) = \frac{1}{6} \neq P(A) \cdot P(B) = \frac{11}{20} \cdot \frac{1}{4} = \frac{11}{80}$
2. $P(A \cap B) = 0{,}12 = P(A) \cdot P(B) = 0{,}4 \cdot 0{,}3 = 0{,}12$

Bei Gymnasium 1 sind die Ereignisse A und B abhängig, bei Gymnasium 2 sind sie unabhängig.

S. 362, 2.

Da mit Zurücklegen gezogen wird, sind die Ereignisse A und B unabhängig. $P(A \cap B) = \frac{1}{16} = P(A) \cdot P(B)$
Die Ereignisse A und C sind abhängig, da beide den ersten Zug betreffen.
$P(A \cap C) = \frac{1}{4} \neq P(A) \cdot P(C) = \frac{1}{4} \cdot \frac{1}{2}$
Die Ereignisse A und D sind abhängig, denn obwohl mit Zurücklegen gezogen wird, hängt das Ereignis D auch vom ersten Ziehen ab.
$P(A \cap D) = \frac{1}{16} \neq P(A) \cdot P(D) = \frac{1}{4} \cdot \frac{3}{16}$

S. 362, 3.

a)

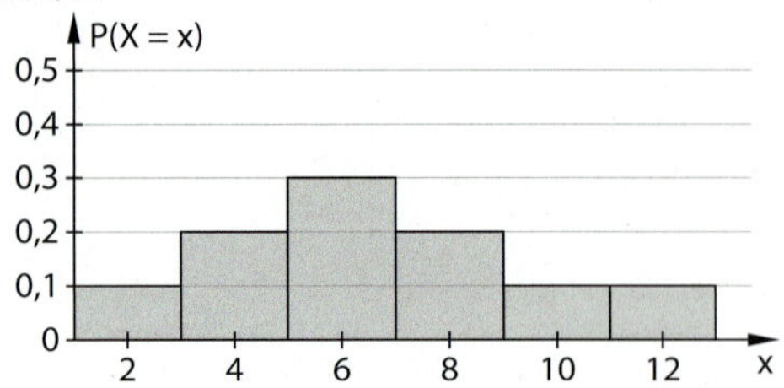

b)

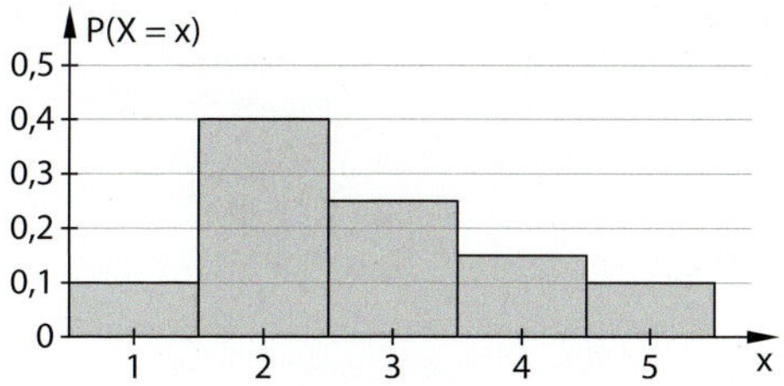

S. 362, 4.

a) $P(X = 5) = 0{,}5$, denn die Summe der Wahrscheinlichkeiten aller Versuchsausgänge ist 1.

b) $P(X = 20) + P(X = 40) = 0{,}6$

S. 362, 5.

a) ①

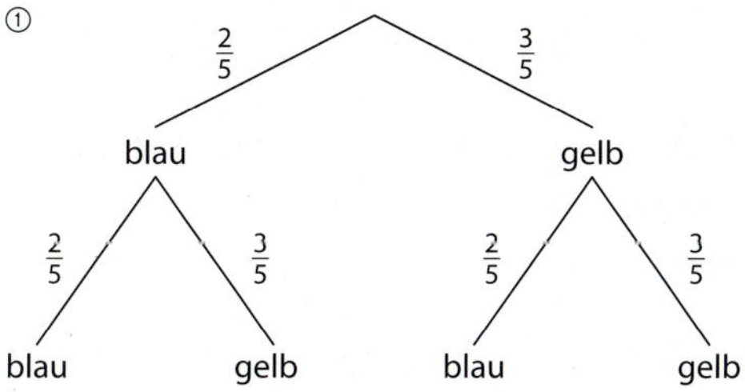

②

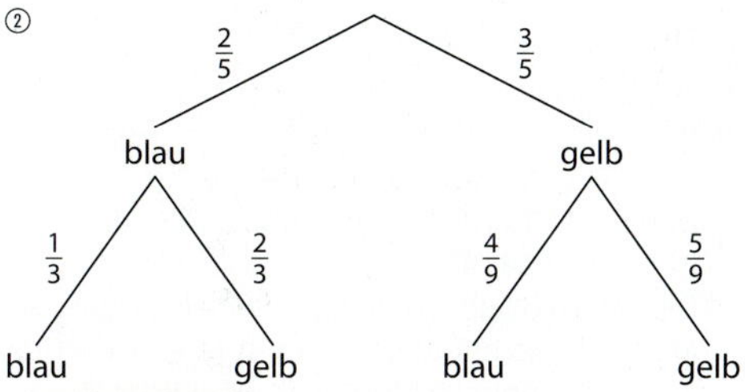

b) ①

x	0	1	2
P (X = x)	$\frac{9}{25}$	$\frac{12}{25}$	$\frac{4}{25}$

②

x	0	1	2
P (X = x)	$\frac{5}{15}$	$\frac{8}{15}$	$\frac{2}{15}$

S. 362, 6.

a) $P(X < 5) = 0{,}8$

b) $P(X < 3) = 0{,}3$

c) $P(2 < X < 5) = 0{,}5$

d) $P(X > 0) = 1$

S. 362, 7.

a) $E(X) = 0{,}5;\ \sigma = 1{,}69$

b) $E(X) = 30;\ \sigma = 10$

S. 363, 8.

① $\sigma = \sqrt{0{,}5} \approx 0{,}7$

② $\sigma = \sqrt{2} \approx 1{,}4$

③ $\sigma = \sqrt{0{,}8} \approx 0{,}9$

S. 363, 9.

a) Ereignis R: „zweimal rot"
Ereignis G: „zweimal grün"
Ereignis B: „zweimal blau"

$P(R) = \frac{1}{2} \cdot \frac{1}{2} = \frac{1}{4};\ P(G) = \frac{1}{3} \cdot \frac{1}{3} = \frac{1}{9};\ P(B) = \frac{1}{6} \cdot \frac{1}{6} = \frac{1}{36}$

$P(\text{kein Gewinn}) = 1 - P(R) - P(G) - P(B) = \frac{11}{18}$

$E(X) = \frac{1}{4} \cdot 5\,€ + \frac{1}{9} \cdot 8\,€ + \frac{1}{36} \cdot 13\,€ - \frac{11}{18} \cdot 0\,€$

$= 2{,}50\,€$ Auszahlung

b) $E(X) = 0$

$\frac{1}{4} \cdot (5 - x) + \frac{1}{9} \cdot (8 - x) + \frac{1}{36} \cdot (13 - x) - \frac{11}{18} \cdot x = 0$

$x = 2{,}5$ Der Einsatz müsste 2,50 € betragen.

S. 363, 10.

a) und b)

①

x	1	2	3	4
P (X = x)	$\frac{1}{4}$	$\frac{1}{4}$	$\frac{1}{4}$	$\frac{1}{4}$

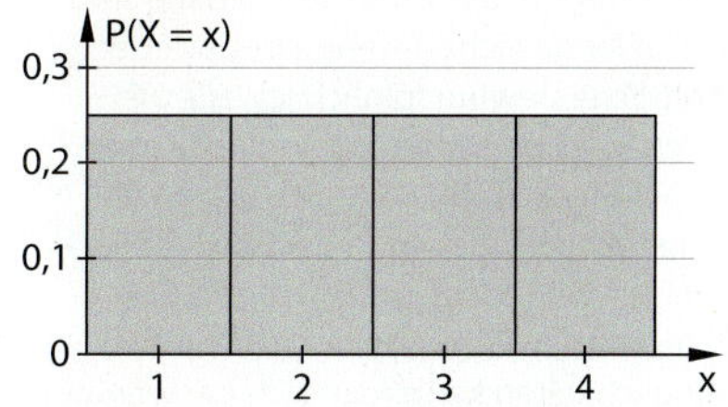

$E(X) = 2{,}5$

②

x	4	6	8	10	12
P (X = x)	$\frac{1}{9}$	$\frac{2}{9}$	$\frac{3}{9}$	$\frac{2}{9}$	$\frac{1}{9}$

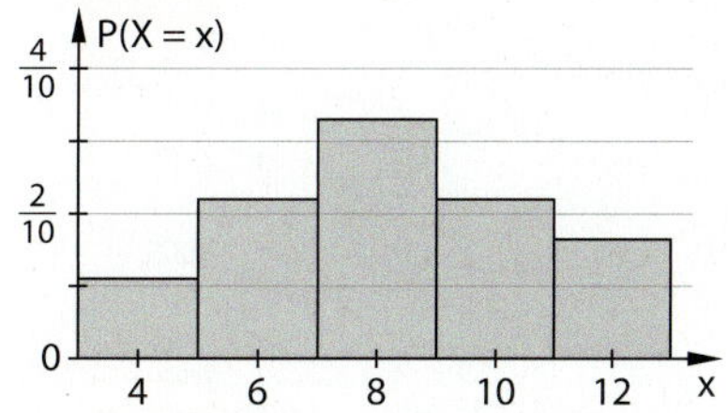

$E(X) = 8$

③

x	0	1	2	3
P (X = x)	$\frac{1}{8}$	$\frac{3}{8}$	$\frac{3}{8}$	$\frac{1}{8}$

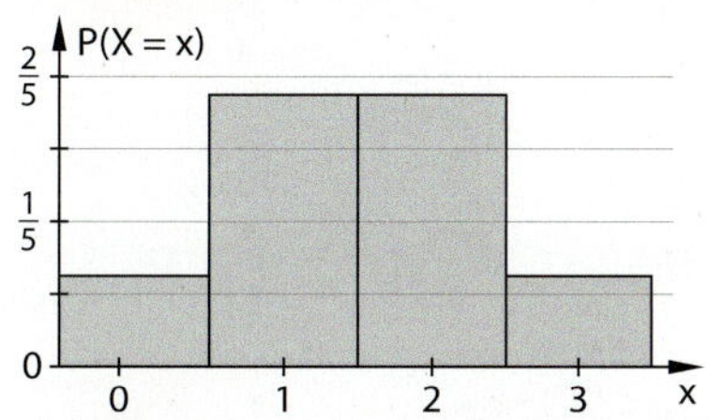

$E(X) = 1{,}5$

④

x	−3	−2	−1	0	1	2	3
P (X = x)	$\frac{1}{7}$	$\frac{1}{7}$	$\frac{1}{7}$	$\frac{1}{7}$	$\frac{1}{7}$	$\frac{1}{7}$	$\frac{1}{7}$

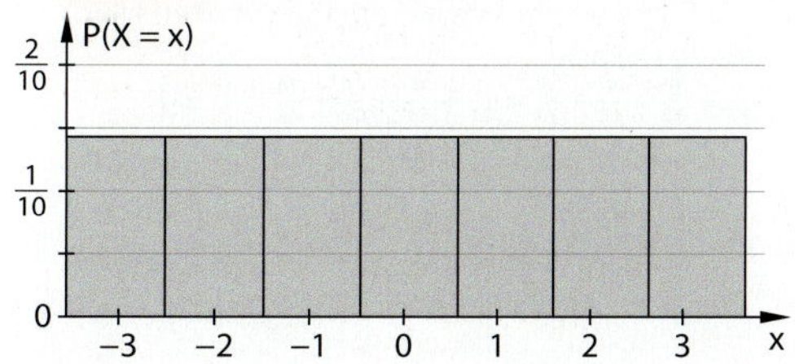

$E(X) = 0$

S. 363, 11.

a) – c) x: Gewinn des Spielers

Glücksspiel 1

x	−1	5
P (X = x)	$\frac{5}{6}$	$\frac{1}{6}$

E (X) = 0

$\sigma = \sqrt{5} \approx 2{,}2$

Glücksspiel 2

x	−1	10	13
P (X = x)	$\frac{33}{36}$	$\frac{1}{18}$	$\frac{1}{36}$

E (X) = 0

$\sigma = \sqrt{11\frac{1}{6}} \approx 3{,}3$

d) Die Erwartungswerte der zwei Glücksspiele sind identisch. Auf lange Sicht gesehen beträgt der durchschnittliche Gewinn folglich jeweils 0 €. Die Streuung um E (X) ist bei Glücksspiel 2 aber größer als bei Glücksspiel 1. Folglich liegen die tatsächlich erreichten Gewinne bei Glücksspiel 1 näher an 0 € als bei Glücksspiel 2. Wegen der größeren möglichen Gewinne und der beiden Gewinnmöglichkeiten kann man sich bei wenigen Durchführungen für Spiel 2 entscheiden.

Lösungen zu Kapitel 9: Binomialverteilung

Ihr Fundament (S. 366/367)

S. 366, 1.

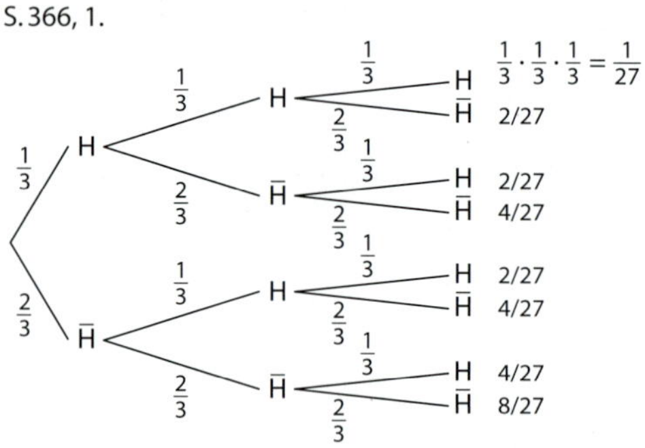

b) $3 \cdot \frac{2}{27} = \frac{6}{27} = \frac{2}{9} = 0{,}2$

S. 366, 2.

a)

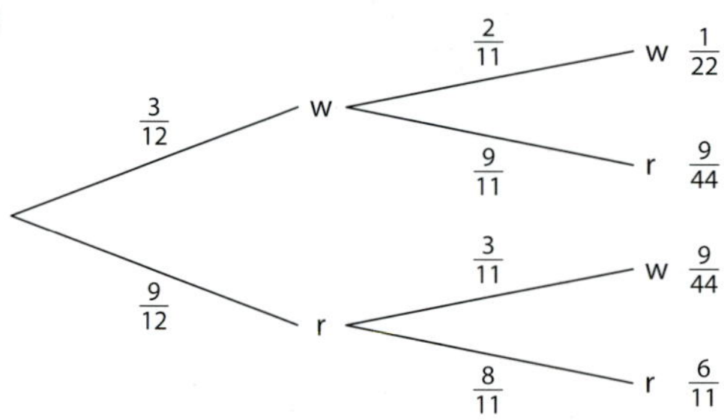

b) Die Summe der Pfadwahrscheinlichkeiten aller Pfade ergibt 1.

$\frac{1}{22} + \frac{9}{44} + \frac{9}{44} + \frac{6}{11} = \frac{2}{44} + \frac{9}{44} + \frac{9}{44} + \frac{24}{44} = \frac{44}{44} = 1$

S. 366, 3.

a)

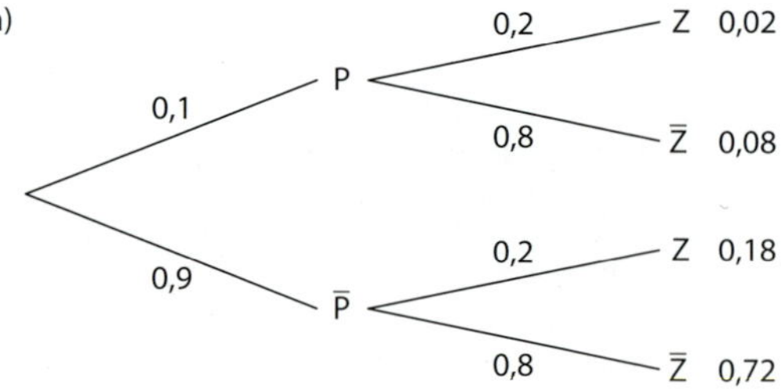

b) $0{,}1 \cdot 0{,}2 = 0{,}02$

2 % der Fluggäste werden wahrscheinlich beide Kontrollen durchlaufen.

S. 366, 4.

a) ① $P(X < 4) = P(X = 2) = \frac{1}{2}$

② $P(X \leq 4) = P(X < 4) + P(X = 4) = \frac{1}{2} + \frac{1}{4} = \frac{3}{4}$

③ $P(X \geq 4) = 1 - P(X < 4) = \frac{1}{2}$

④ $P(X > 6) = P(X = 8) = \frac{1}{8}$

b) $E(X) = 2 \cdot \frac{1}{2} + 4 \cdot \frac{1}{4} + 6 \cdot \frac{1}{8} + 8 \cdot \frac{1}{8} = 3{,}75$

Varianz:

$V(X) = (2 - 3{,}75) \cdot \frac{1}{2} + (4 - 3{,}75) \cdot \frac{1}{4} + (6 - 3{,}75) \cdot \frac{1}{8}$

$+ (8 - 3{,}75) \cdot \frac{1}{8} = -\frac{7}{8} + \frac{1}{16} + \frac{9}{32} + \frac{17}{32} = 0$

Standardabweichung: $\sigma = \sqrt{V(X)} = 0$

S. 366, 5.

a) $P(X = 38) = 1 - (0{,}253 + 0{,}362 + 0{,}231 + 0{,}054)$

$= 1 - 0{,}9 = 0{,}1$

$E(X) = 0{,}1 \cdot 38 + 0{,}253 \cdot 39 + 0{,}362 \cdot 40 + 0{,}231 \cdot 41$

$+ 0{,}054 \cdot 42 \approx 39{,}89$

b) Die Wahrscheinlichkeit, dass in einer Packung 38 Muttern sind, beträgt 10 %. Es ist zu erwarten, dass im Durchschnitt 40 Muttern in einer Schachtel sind.

S. 366, 6.

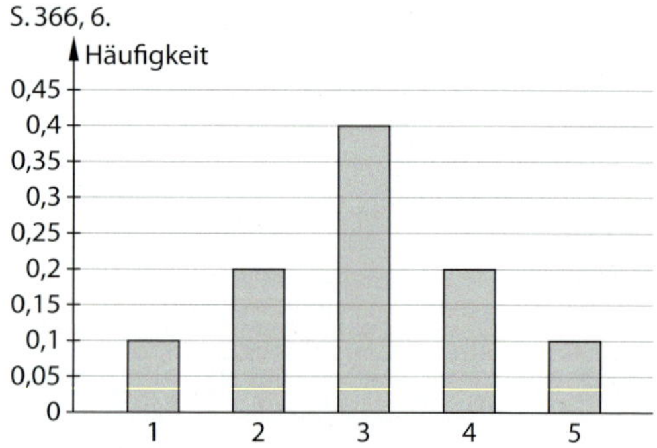

Der Erwartungswert 2 ist deutlich an der höchsten Säule zu erkennen. Je größer der Erwartungswert ist, desto weiter nach rechts ist die höchste Säule verschoben. Je kleiner die Standardabweichung ist, desto höher werden die Säulen direkt um den Erwartungswert herum.

S. 367, 7.

a)

x	1	2	3	4	5	6
P(X = x)	0,1	0,2	0,15	0,1	0,25	0,2

b) ① mindestens 4: $P(X \geq 4) = 0{,}55$
② kleiner als 3: $P(X < 3) = 0{,}3$
③ höchstens 3: $P(X \leq 3) = 0{,}45$
④ größer als 4: $P(X > 4) = 0{,}45$
⑤ mindestens 2 und höchstens 5: $P(2 \leq X \leq 5) = 0{,}7$
⑥ größer als 2 und kleiner als 5: $P(2 < X < 5) = 0{,}25$

S. 367, 8.

a)

x	−1 €	1 €	2 €
P(X = x)	$\frac{25}{36}$	$\frac{10}{36}$	$\frac{1}{36}$

$E(X) = -1\,€ \cdot \frac{25}{36} + 1\,€ \cdot \frac{10}{36} + 2\,€ \cdot \frac{1}{36} \approx -0{,}36\,€$

b)

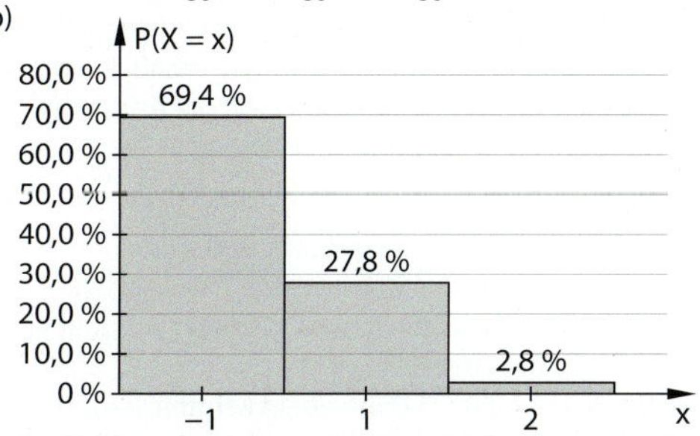

c) Da der Erwartungswert negativ ist, kann im Durchschnitt mit einem Verlust für den Spieler gerechnet werden.

d) Das Spiel wäre bei einem Erwartungswert von 0 € fair.
$0 = E(X) = (-x\,€) \cdot \frac{25}{36} + 1\,€ \cdot \frac{10}{36} + 2\,€ \cdot \frac{1}{36}$
$x = \frac{12}{25} = 0{,}48$
Das Spiel ist fair, wenn man 0,48 € zahlt, falls man keine „6" würfelt.

S. 367, 9.

a) $P(\text{grün}) = \frac{1}{8}$, $P(\text{gelb}) = \frac{1}{2}$, $P(\text{rot}) = \frac{3}{8}$
b) Individuelle Lösung.

S. 367, 10.

a) $3! = 6$
b) $3^3 = 27$

S. 367, 11.

a) $7 \cdot 5 = 35$
b) $2 \cdot 9 \cdot 2 \cdot 7 = 4 \cdot 63 = 252$
c) $6^2 = 36$
d) $\frac{2 \cdot 3}{11} = \frac{6}{11}$
e) $\frac{5 \cdot 2}{2} = 5$

S. 367, 12.

a) $\frac{81}{25}$
b) $\frac{33}{10}$
c) $\sqrt{0{,}24} \approx 0{,}49$
d) $\frac{899}{625} \approx 1{,}44$

S. 367, 13.

a) $-0{,}21$
b) 1,2
c) $-\frac{10}{3}$
d) 2

S. 367, 14.

a) $x = 2{,}33$
b) $x = 5{,}03$
c) $n > 12$
d) $n < 9$

Prüfen Sie Ihr neues Fundament (S. 414/415)

S. 414, 1.

a) 6
b) 10
c) $n \cdot (n - 1)$
d) 45
e) 1
f) $\frac{2}{9}$

S. 414, 2.

a) Es liegt eine Bernoulli-Kette vor, wenn die Befragten zufällig ausgewählt wurden (nicht zum Beispiel in einer auf Schlafprobleme spezialisierten Praxis) und jeder der Befragten unabhängig von den anderen antwortet.
Treffer: Antwort „Ja, ich habe Schlafprobleme".
Länge der Bernoulli-Kette: Anzahl der befragten Personen $n = 2100$

b) Die Trefferwahrscheinlichkeit ist $\frac{1}{3}$.

S. 414, 3.

a) Es wird nur zwischen zwei Ergebnissen unterschieden (schwarz oder nicht schwarz). Durch das Zurücklegen der gezogenen Kugeln sind die Ergebnisse der einzelnen Ziehungen unabhängig voneinander. Die Wahrscheinlichkeit, eine schwarze Kugel zu ziehen, ist konstant $p = 0{,}6$.

b) Baumdiagramm:

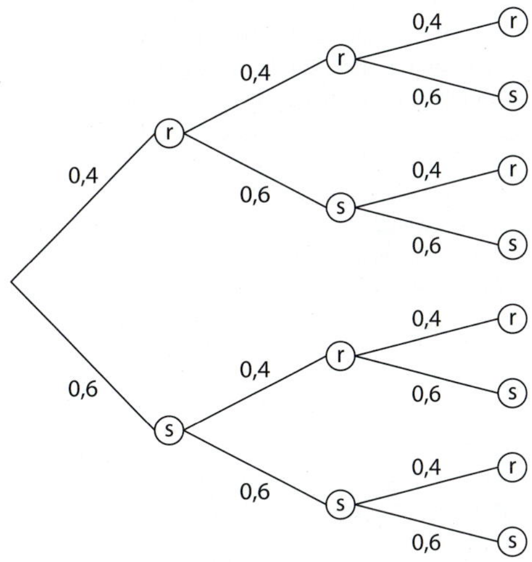

Verteilung:

k	P(X = k)
0	$\binom{3}{0} \cdot 0{,}6^0 \cdot 0{,}4^3$
1	$\binom{3}{1} \cdot 0{,}6^1 \cdot 0{,}4^2$
2	$\binom{3}{2} \cdot 0{,}6^2 \cdot 0{,}4^1$
3	$\binom{3}{3} \cdot 0{,}6^3 \cdot 0{,}4^0$

Histogramm:

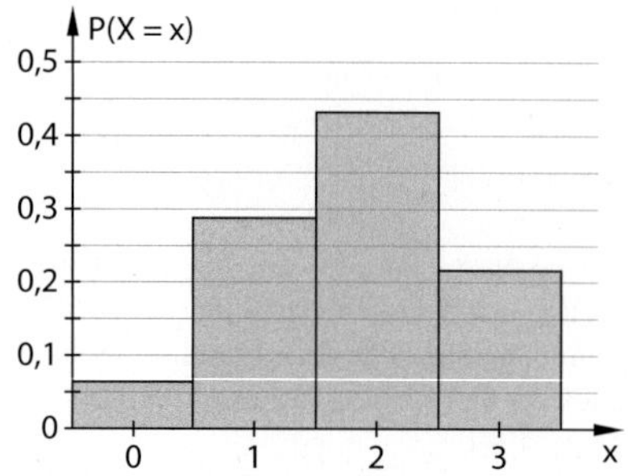

S. 414, 4.

a) $P(X = 0) \approx 0{,}66$

b) $P(X > 0) = 1 - P(X = 0) \approx 0{,}34$

c) $P(X < 2) = 1 - P(X \le 1) \approx 0{,}95$

d) $P(1 \le X \le 3) = P(X \le 3) - P(X = 0) \approx 0{,}34$

S. 414, 5.

a) z. B.: Der Tetraeder wird fünfmal geworfen.
Treffer: Es wird eine 3 geworfen.
Trefferwahrscheinlichkeit $p = \frac{1}{4}$.
$P(X = 2) = \binom{5}{2} \cdot \left(\frac{1}{4}\right)^2 \cdot \left(\frac{3}{4}\right)^3$; $P(X \le 3) = 1 - P(X > 3)$;
$P(X > 3) = \binom{5}{4} \cdot \left(\frac{1}{4}\right)^4 \cdot \left(\frac{3}{4}\right)^1 + \left(\frac{1}{4}\right)^5$

b) z. B.: Die drei Münzen werden fünfmal gleichzeitig geworfen. Treffer: Es fällt dreimal Kopf.
Trefferwahrscheinlichkeit $p = \frac{1}{8}$.
$P(X = 2) = \binom{5}{2} \cdot \left(\frac{1}{8}\right)^2 \cdot \left(\frac{7}{8}\right)^3$; $P(X \le 3) = 1 - P(X > 3)$;
$P(X > 3) = \binom{5}{4} \cdot \left(\frac{1}{8}\right)^4 \cdot \left(\frac{7}{8}\right)^1 + \left(\frac{1}{8}\right)^5$

c) z. B.: Es werden genau fünf Lose gezogen.
Treffer: Gewinnlos wird gezogen.
Trefferwahrscheinlichkeit $p = \frac{1}{5}$.
$P(X = 2) = \binom{5}{2} \cdot \left(\frac{1}{5}\right)^2 \cdot \left(\frac{4}{5}\right)^3$; $P(X \le 3) = 1 - P(X > 3)$;
$P(X > 3) = \binom{5}{4} \cdot \left(\frac{1}{5}\right)^4 \cdot \left(\frac{4}{5}\right)^1 + \left(\frac{1}{5}\right)^5$

S. 416, 6.

a) $P(X = 3) \approx 0{,}26$

b) $P(X \ge 5) = 1 - P(X \le 4) \approx 0{,}21$

c) $P(X > 3) = 1 - P(X \le 3) \approx 0{,}44$

d) $P(X \le 5) \approx 0{,}92$

e) $P(X = 0) \approx 0{,}02$

f) $\left(\frac{2}{3}\right)^8 \cdot \left(\frac{1}{3}\right)^2 \approx 0{,}004$ (keine Binomialverteilung)

S. 414, 7.

a) ① $p = 0{,}2$, $\mu = 2$, $\sigma \approx 1{,}26$
② $p = 0{,}8$, $\mu = 8$, $\sigma \approx 1{,}26$
③ $p = 0{,}5$, $\mu = 5$, $\sigma \approx 1{,}58$

b) 68 %: ① [16; 24] ② [76; 84] ③ [45; 55]
99,7 %: ① [8; 32] ② [68; 92] ③ [35; 65]

S. 415, 8.

Aus $\mu = n \cdot p = 4$; $\sigma = \sqrt{n \cdot p \cdot (1 - p)} = \sqrt{3}$ folgt als Lösung $n = 16$ und $p = \frac{1}{4}$.

S. 415, 9.

a)

binomCdf(60,0.05,0,4)	0.819665

b)

binomCdf(*n*,0.05,2,*n*)|*n*=92	0.947864
binomCdf(*n*,0.05,2,*n*)|*n*=93	0.950024

Man müsste mindestens 93 Gläser entnehmen.

S. 415, 10.

a) Insgesamt gibt es 3^5 Möglichkeiten. Durch Abzählen ergeben sich die Wahrscheinlichkeiten:
$P(A) = \frac{40}{243} \approx 16{,}5\,\%$
$P(B) = 1 - \frac{32}{243} \approx 86{,}8\,\%$
$P(C) = \frac{112}{243} \approx 46{,}1\,\%$
$P(D) = \frac{32}{243} \approx 13{,}2\,\%$
Alternativ kann die Binomialverteilung verwendet werden.

b) A–①, B–④, C–⑤, D–②

S. 415, 11.

a) 11. Jahrgang: 95 %: [7,42; 21,38]; 99 %: [5,22; 23,58]
12. Jahrgang: 95 %: [8,80; 23,60]; 99 %: [6,49; 25,94]
13. Jahrgang: 95 %: [6,52; 19,88]; 99 %: [4,41; 21,99]

b) Bei den 12. Klassen weicht die tatsächliche Anzahl hochsignifikant vom Erwartungswert ab. Bei den anderen beiden Jahrgängen liegt die Anzahl jeweils im 95 %-Prognoseintervall.

S. 415, 12.

Binomialverteilung mit $n = 500$, $p = 0{,}9$

a) Erwartungswert: 450 keimende Zwiebeln
Mit 95 % Wahrscheinlichkeit keimen zwischen 437 und 463 Zwiebeln.

b) Wenn 443 (500 – 57) Zwiebeln keimen, liegt der Wert im 95 %-Prognoseintervall. Die Angabe muss man nicht anzweifeln.

S. 415, 13.

a) Die Stichprobe ergibt eine relative Häufigkeit $h = \frac{140}{250} = 0{,}56$. Mit dem GTR werden die Gleichungen
$p + c \cdot \sqrt{\frac{p \cdot (1 - p)}{250}} = 0{,}56$ und
$p - c \cdot \sqrt{\frac{p \cdot (1 - p)}{250}} = 0{,}56$ nach p aufgelöst und es ergeben sich die Interfallgrenzen
Sicherheitswahrscheinlichkeit 90 %:
$c = 1{,}64$ ergibt Konfidenzintervall [0,508; 0,61]
Sicherheitswahrscheinlichkeit 95 %:
$C = 1{,}96$ ergibt Konfidenzintervall [0,498; 0,62]
Sicherheitswahrscheinlichkeit 99 %:
$c = 2{,}58$ ergibt Konfidenzintervall [0,478; 0,638]

b) Bei Erhöhung der Sicherheitswahrscheinlichkeit (des Konfidenzniveaus) wird das Konfidenzintervall länger, allerdings damit auch die Schätzung des unbekannten Parameters ungenauer.

c) ①: Das Vertrauensintervall enthält alle p, die man bei einer **Sicherheitswahrscheinlichkeit** von x % als möglich erachtet. Erhöht man diese Wahrscheinlichkeit, vergrößert sich das Intervall.
②: Die Funktionsgleichung der Konfidenzellipse wird mithilfe der Gleichung
$f(p) = p \pm c\sqrt{\frac{p \cdot (1 - p)}{n}}$ berechnet, wobei c für das jeweilige Konfidenzniveau steht (je größer die Sicherheitswahrscheinlichkeit ist, umso größer ist c), damit hängt die Größe des Intervalls (bei gleicher Stichprobengröße und gleichem Stichprobenergebnisses) nur von c ab.

d) Für die Sicherheitswahrscheinlichkeit von 90 % liegt $p = 0{,}5$ gerade so nicht im Konfidenzintervall. Hier gäbe es Anlass, $p = 0{,}5$ in Zweifel zu ziehen. Bei den beiden größeren **Sicherheitswahrscheinlichkeiten** ist das nicht der Fall.

S. 415, 14.
Da über die wirkliche Wahrscheinlichkeit nichts bekannt ist, kann man den Mindestumfang für eine Stichprobe abschätzen mit $n \geq \frac{1{,}96^2}{d^2} \cdot 0{,}25$.
Damit ergibt sich für
① eine Abweichung von 5 %: $n \geq 384$ und für
② eine Abweichung von 2,5 %: $n \geq 1537$.

Lösungen zu Kapitel 10: Normalverteilung

Ihr Fundament (S. 418/419)

S. 418, 1.
a) quantitativ, Ausprägung: x Tage
b) qualitativ, Ausprägung: rot, blond, braun, schwarz, grün,
c) qualitativ, Ausprägung: z. B. Skala 1 bis 10
d) quantitativ, Ausprägung: x Kilometer

S. 418, 2.
a) 5; 7; 8; 9; 12; 13; 14; Median: 9
arithmetisches Mittel: $\frac{5+7+8+9+12+13+14}{7} \approx 9{,}71$
Da die drei kleinsten Werte näher an dem Median liegen als die drei größten Werte, ist das arithmetische Mittel größer als der Median.
b) 40 cm; 65 cm; 115 cm; 145 cm; 150 cm; 180 cm
Median in cm: $\frac{115+145}{2} = 130$
arithmetisches Mittel in cm:
$\frac{40+65+115+145+150+180}{6} = 115{,}8$
Da die beiden kleinsten Werte einen größeren Abstand zu den mittleren beiden Werten haben als die größten Werte, ist das arithmetische Mittel kleiner als der Median.
c) 17 g; 18 g; 25 g; 35 g; 67 g; 93 g
Median: $\frac{25\,\text{g} + 35\,\text{g}}{2} = 30\,\text{g}$
arithmetisches Mittel in g:
$\frac{17+18+25+35+67+93}{6} = 42{,}5$
Da es mehr kleine Werte gibt als große, aber zwischen ihnen ein großer Sprung liegt, ist das arithmetische Mittel größer als der Median.
d) 13; 14; 14; 15; 15; 16; 18; Median: 15
arithmetisches Mittel: $\frac{13+14+14+15+15+16+18}{7} = 15$
Da die Daten gleichmäßig verteilt sind, entspricht der Median dem arithmetischen Mittel.

S. 418, 3.
a) arithmetisches Mittel: $\overline{x} = 33{,}4$
empirische Varianz:
$s^2 = \frac{1}{n}\sum_{i=1}^{n}(x_i - \overline{x})^2 = \frac{1}{5}\sum_{i=1}^{5}(x_i - 33{,}4)^2$
$= \frac{1}{5}((-6{,}4)^2 + (-3{,}4)^2 + (-0{,}4)^2 + 2{,}6^2 + 7{,}6^2)$
$= \frac{1}{5} \cdot 117{,}2 = 23{,}44$
empirische Standardabweichung: $s = \sqrt{23{,}44} \approx 4{,}8$
b) arithmetisches Mittel in m: $\overline{x} = \frac{137}{6} \approx 22{,}83$
empirische Varianz in m²:
$s^2 = \frac{1}{6}\left(\left(-\frac{29}{6}\right)^2 + \left(-\frac{17}{6}\right)^2 + \left(-\frac{11}{6}\right)^2 + \left(\frac{13}{6}\right)^2 + \left(\frac{19}{6}\right)^2 + \left(\frac{25}{6}\right)^2\right)$
$= \frac{1}{6} \cdot \frac{401}{6} \approx 11{,}14$
empirische Standardabweichung in m:
$s = \sqrt{11{,}14} \approx 3{,}3$
c) arithmetisches Mittel in °: $\overline{x} = 19$
empirische Varianz:
$s^2 = \frac{1}{4}(0{,}1^2 + (-0{,}3)^2 + 0{,}3^2 + (-0{,}1)^2)$
$= \frac{1}{4} \cdot 0{,}2 = 0{,}055$
empirische Standardabweichung in °:
$s = \sqrt{0{,}055} \approx 0{,}23$
d) arithmetisches Mittel: $\overline{x} = \frac{25}{7} \approx 3{,}57$
empirische Varianz:
$s^2 = \frac{1}{7}\left(\left(-\frac{11}{7}\right)^2 + 2 \cdot \left(-\frac{4}{7}\right)^2 + 3 \cdot \left(\frac{3}{7}\right)^2 + \left(\frac{10}{7}\right)^2\right)$
$= \frac{1}{7} \cdot \frac{40}{7} = \frac{40}{49} \approx 0{,}82$
empirische Standardabweichung: $s = \sqrt{\frac{40}{49}} \approx 0{,}90$

S. 418, 4.
a) Mittelwert:
Kurs A: $\frac{1 \cdot 1 + 3 \cdot 2 + 4 \cdot 3 + 2 \cdot 4 + 1 \cdot 5}{1+3+4+2+1} = \frac{32}{11} \approx 2{,}91$
Kurs B: $\frac{2 \cdot 2 + 5 \cdot 3 + 1 \cdot 5 + 1 \cdot 6}{2+5+1+1} = \frac{10}{3} \approx 3{,}33$
Standardabweichung:
Kurs A: $s \approx 1{,}08$
Kurs B: $s \approx 1{,}25$
Die Durchschnittszensur ist in Kurs A bei geringerer Streuung als in Kurs B auch deutlich besser als die Durchschnittszensur in Kurs B in diesem Test.
b) Kurs A:

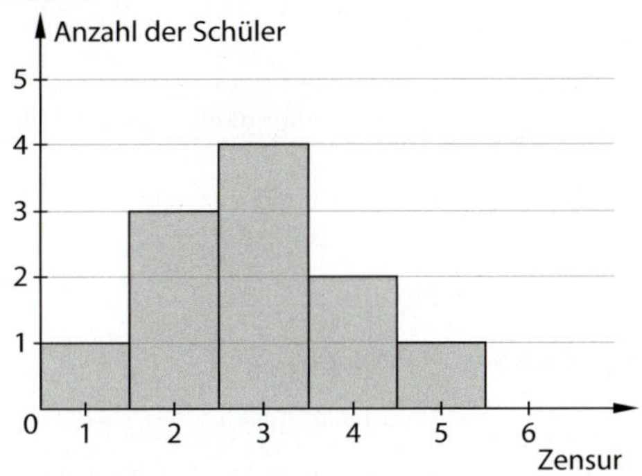

Kurs B:

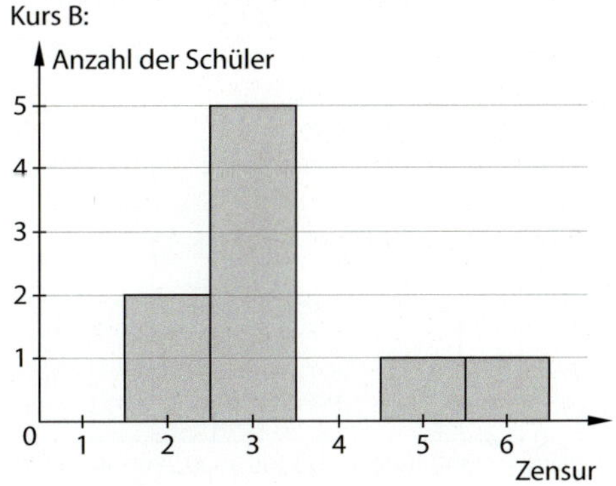

Der Mittelwert liegt bei beiden Kursen im höchsten Balken. Bei Kurs A liegen die Balken näher an dem Mittelwert als bei Kurs B, woran man die geringere Standardabweichung erkennen kann.

S. 418, 5.

a) Da alle Werte nur einmal auftreten, ist ein Diagramm, indem einzelne Werte eingetragen werden, sehr groß und nicht aussagekräftig. Wichtige Daten, wie z. B. das Mittel können nicht erkannt werden.

b)

Klasse	absolute Häufigkeit	relative Häufigkeit
$2500\,g \le x < 3000\,g$	2	$\frac{2}{20} = 0{,}1$
$3000\,g \le x < 3500\,g$	7	$\frac{7}{20} = 0{,}35$
$3500\,g \le x < 4000\,g$	7	$\frac{7}{20} = 0{,}35$
$4000\,g \le x < 4500\,g$	4	$\frac{4}{20} = 0{,}2$

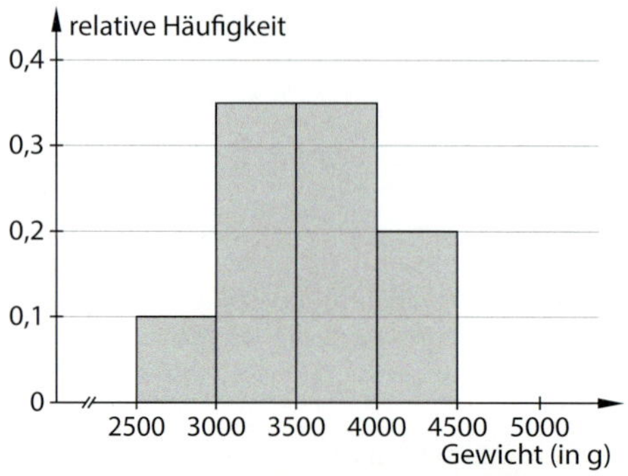

c)

Klasse	absolute Häufigkeit	relative Häufigkeit
$2800\,g \le x < 3000\,g$	2	$\frac{2}{20} = 0{,}1$
$3000\,g \le x < 3200\,g$	3	$\frac{3}{20} = 0{,}15$
$3200\,g \le x < 3400\,g$	2	$\frac{2}{20} = 0{,}1$
$3400\,g \le x < 3600\,g$	3	$\frac{3}{20} = 0{,}15$
$3600\,g \le x < 3800\,g$	4	$\frac{4}{20} = 0{,}2$
$3800\,g \le x < 4000\,g$	2	$\frac{2}{20} = 0{,}1$
$4000\,g \le x < 3200\,g$	4	$\frac{4}{20} = 0{,}2$

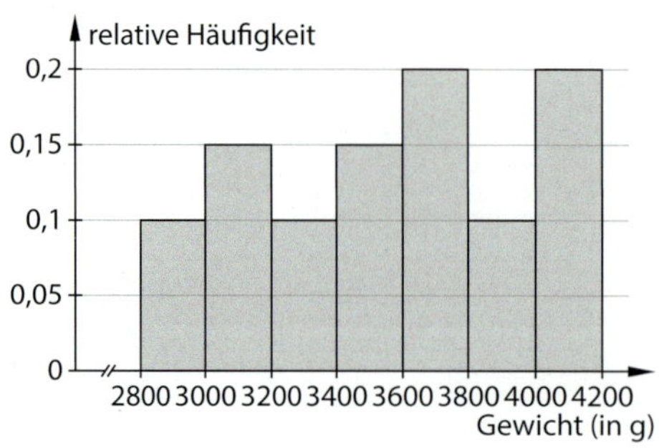

d) Der Vorteil von größeren Klassen ist, dass die Darstellung übersichtlich ist und Häufungen schnell ersichtlich sind. Durch Unterteilung in mehr Klassen kann man die Werte genauer darstellen und es gehen weniger Informationen verloren. Andererseits sind bei einer geringeren Anzahl von Klassen eher Häufungen zu erkennen und so gewisse Tendenzen eher erkennbar. Im Beispiel fällt die Häufung des Geburtsgewichts zwischen 3,5 kg und 4,0 kg bei der Klasseneinteilung mit 4 Klassen eher auf.

S. 418, 6.

a) Angebot A:

x	1	3
$P(X = x)$	$\frac{3}{4}$	$\frac{1}{4}$

Angebot B:

x	0	1	3
$P(X = x)$	$\frac{3}{8}$	$\frac{9}{16}$	$\frac{1}{16}$

b) Angebot A:

$E(X) = 1 \cdot \frac{3}{4} + 3 \cdot \frac{1}{4} = 1{,}5$

$\sigma(X) = \sqrt{\frac{3}{4} \cdot (-0{,}5)^2 + \frac{1}{4} \cdot (1{,}5)^2} \approx 0{,}866$

Angebot B:

$E(X) = 0 \cdot \frac{3}{8} + 1 \cdot \frac{9}{16} + 3 \cdot \frac{1}{16} = 0{,}75$

$\sigma(X) = \sqrt{\frac{3}{8} \cdot (-0{,}75)^2 + \frac{9}{16} \cdot 0{,}25^2 + \frac{1}{16} \cdot 2{,}25^2}$
$\approx 0{,}53$

Beide Spieleangebote sind nicht zu empfehlen, da die durchschnittliche Auszahlung unter dem Einsatz liegt. Auch die Standardabweichung ist eher klein, sodass auch bei einem Gewinn der Einsatz nicht stark übertroffen wird.
Müsste man sich für ein Angebot entscheiden, wäre bei Angebot A mit weniger Verlust zu rechnen.

S. 419, 7.

a) $P(X < 5) = 0{,}1 + 0{,}15 = 0{,}25$
$P(X \le 8) = 0{,}1 + 0{,}15 + 0{,}2 + 0{,}3 = 0{,}75$
$P(X = 6) = 0{,}2$
$P(X > 5) = 1 - P(X \le 5) = 1 - 0{,}25 = 0{,}75$

b) Erwartungswert:
$E(X) = 0{,}2 + 0{,}6 + 1{,}2 + 2{,}4 + 1{,}5 + 1{,}2 = 7{,}1$
Varianz:
$V(X) = 0{,}1\,(-5{,}1)^2 + 0{,}15\,(-3{,}1)^2 + 0{,}2\,(-1{,}1)^2$
$+ 0{,}3(0{,}9)^2 + 0{,}15\,(2{,}9)^2 + 0{,}1\,(4{,}9)^2 = 8{,}19$
Standardabweichung: $\sigma(X) = \sqrt{8{,}19} \approx 2{,}86$

S. 419, 8.

a) Die Zufallsgröße ist binomialverteilt mit den Parametern $n = 850$ und $p = 0{,}7$, da es nur zwei mögliche Ergebnisse gibt und die Ereignisse unabhängig sind.
$\mu = n \cdot p = 850 \cdot 0{,}7 = 595$
$\sigma = \sqrt{n \cdot p \cdot (1 - p)} = \sqrt{850 \cdot 0{,}7 \cdot 0{,}3} \approx 13{,}36$
Am ausgewählten Tag ist zu erwarten, dass 595 Schüler mit dem Bus kommen, wobei eine Abweichung von bis zu $\pm 13{,}36$ Schülern wahrscheinlich ist.

b) $P(X \leq 580) = 0{,}1391 = 13{,}91\,\%$
Mit einer Wahrscheinlichkeit von ca. 14 % reichen 580 Plätze aus.

c) $P(X \leq k) \geq 0{,}9$
Durch geschicktes Probieren (z. B. in einer Tabelle) ergibt sich:
$P(X \leq 600) = 0{,}658$; $P(X \leq 610) = 0{,}877$
$P(X \leq 611) = 0{,}892$; $P(X \leq 612) = 0{,}905$
Es müssen mindestens 612 Plätze zur Verfügung stehen.

d) Laut der σ-Regeln gilt:
$P(\mu - 2\sigma \leq X \leq \mu + 2\sigma) = 0{,}955$
$\mu - 2\sigma = 595 - 2 \cdot 13{,}36 = 568{,}82$
$\mu + 2\sigma = 595 + 2 \cdot 13{,}36 = 621{,}72$
Mit einer Wahrscheinlichkeit von ca. 95,5 % liegt der Wert von X im Intervall [569; 621].

S. 419, 9.

a) $\int_0^3 2x\,dx = [x^2]_0^3 = 3^2 - 0^2 = 9$

b) $\int_0^5 \frac{1}{10}x^2\,dx = \left[\frac{1}{30}x^3\right]_0^5 = \frac{1}{30}5^3 - \frac{1}{30}0^3 = \frac{125}{30} = \frac{25}{6}$

c) $\int_{-1}^1 \left(\frac{1}{5} + 3x^2\right)dx = \left[\frac{1}{5}x + x^3\right]_{-1}^1$
$= \frac{1}{5} \cdot 1 + 1^3 - \left(\frac{1}{5}(-1) + (-1)^3\right) = \frac{6}{5} - \left(-\frac{6}{5}\right) = \frac{12}{5}$

d) $\int_0^3 3(4 - x^2)\,dx = [12x - x^3]_0^3$
$= 12 \cdot 3 - 3^3 - (12 \cdot 0 - 0^3) = 36 - 27 = 9$

e) $\int_0^2 e^{3x-2}\,dx = \left[\frac{1}{3}e^{3x-2}\right]_0^2 = \frac{1}{3}e^{3 \cdot 2 - 2} - \frac{1}{3}e^{3 \cdot 0 - 2}$
$= \frac{1}{3}e^4 - \frac{1}{3}e^{-2} \approx 18{,}15$

f) $\int_{-3}^0 e^{-\frac{1}{3}x}\,dx = \left[-3\,e^{-\frac{1}{3}x}\right]_{-3}^0 = -3e^0 - (-3e^1)$
$= 3e - 3 \approx 5{,}15$

S. 419, 10.

a) $\int_1^\infty \frac{2}{x^3}\,dx = \lim\limits_{a \to \infty} \int_1^a \frac{2}{x^3}\,dx = \lim\limits_{a \to \infty} \left[-\frac{1}{x^2}\right]_1^a$
$= \lim\limits_{a \to \infty} \left(-\frac{1}{a^2} - \left(-\frac{1}{1^2}\right)\right) = \lim\limits_{a \to \infty} \left(-\frac{1}{a^2} + 1\right) = 1$

b) $\int_0^2 \frac{1}{\sqrt{x}}\,dx = \lim\limits_{a \to 0} \int_a^2 \frac{1}{\sqrt{x}}\,dx = \lim\limits_{a \to 0} [2\sqrt{x}]_a^2$
$= \lim\limits_{a \to 0} (2\sqrt{2} - 2\sqrt{a}) = 2\sqrt{2}$

c) $\int_{-\infty}^{-1} \frac{\pi}{x^2}\,dx = \lim\limits_{a \to -\infty} \int_a^{-1} \frac{\pi}{x^2}\,dx = \lim\limits_{a \to -\infty} \left[-\frac{\pi}{x}\right]_a^{-1}$
$= \lim\limits_{a \to -\infty} \left(-\frac{\pi}{-1} - \left(-\frac{\pi}{a}\right)\right) = \lim\limits_{a \to -\infty} \left(\pi + \frac{\pi}{a}\right) = \pi$

S. 419, 11.

$F(a) = \int_a^0 e^{-x} + 2\,dx = [-e^{-x} + 2x]_a^0$
$= -e^{-0} + 2 \cdot 0 - (-e^{-a} + 2a) = e^{-a} - 2a - 1$
F (a) gibt die Maßzahl des Flächeninhalts in Abhängigkeit von der Geraden x = a an.

S. 419, 12.

$I_{-2}(x) = \int_{-2}^x t^4 + 2t^2\,dt = \left[\frac{1}{5}t^5 + \frac{2}{3}t^3\right]_{-2}^x$
$= \frac{1}{5}x^5 + \frac{2}{3}x^3 - \left(\frac{1}{5}(-2)^5 + \frac{2}{3}(-2)^3\right)$
$= \frac{1}{5}x^5 + \frac{2}{3}x^3 + \frac{176}{15}$
$I'_{-2}(x) = x^4 + 2x^2 = f(x)$
I_{-2} ist eine Stammfunktion von f, da die erste Ableitung von I_{-2} und f dieselbe Funktion definieren.

S. 419, 13.

$A_{Ring\,3;\,4} = 4^2 \cdot \pi - 3^2 \cdot \pi = 7 \cdot \pi \approx 22\,cm^2$
$A_{Ring\,4;\,5} = 5^2 \cdot \pi - 4^2 \cdot \pi = 9 \cdot \pi \approx 50\,cm^2$
$A_{Ring\,3;\,5} = A_{3;\,4} + A_{4;\,5} = 16 \cdot \pi \approx 28\,cm^2$
$\frac{A_{Ring\,3;\,4}}{A_{Kreis\,4}} = \frac{7\pi}{16\pi} = 0{,}4375 = 43{,}75\,\%$
$\frac{A_{Ring\,4;\,5}}{A_{Kreis\,5}} = \frac{9\pi}{25\pi} = 0{,}36 = 36\,\%$
$\frac{A_{Ring\,3;\,5}}{A_{Kreis\,4}} = \frac{16\pi}{25\pi} = 0{,}64 = 64\,\%$

S. 419, 14.

a) $f(-x) = 3(-x)^3 - (-x) = -3x^3 + x$
$= -(3x^3 - x) = -f(x)$
Der Graph von f ist punktsymmetrisch zum Ursprung.

b) $f'(x) = 9x^2 - 1$; $f''(x) = 18x$
Extrempunkte: $f'(x) = 0 \rightarrow 9x^2 = 1 \rightarrow x_{1;2} = \pm\frac{1}{3}$
$f''\left(\frac{1}{3}\right) > 0 \rightarrow$ Tiefpunkt $T\left(\frac{1}{3} \middle| -\frac{2}{9}\right)$
$f''\left(-\frac{1}{3}\right) < 0 \rightarrow$ Hochpunkt $H\left(-\frac{1}{3} \middle| \frac{2}{9}\right)$
Wendepunkte: $f''(x) = 0 \rightarrow x = 0$; $f(0) = 0$
Wendepunkt W (0 | 0)

Prüfen Sie Ihr neues Fundament (S. 446/447)

S. 446, 1.

①

Klasse	absolute Häufigkeit	relative Häufigkeit	Säulenhöhe
$3{,}50\,m \leq x < 3{,}80\,m$	3	$\frac{3}{20} = 0{,}15$	$\frac{0{,}15}{0{,}3} = 0{,}5$
$3{,}80\,m \leq x < 4{,}10\,m$	2	$\frac{2}{20} = 0{,}1$	$\frac{0{,}1}{0{,}3} \approx 0{,}33$
$4{,}10\,m \leq x < 4{,}40\,m$	3	$\frac{3}{20} = 0{,}15$	$\frac{0{,}15}{0{,}3} = 0{,}5$
$4{,}40\,m \leq x < 4{,}70\,m$	3	$\frac{3}{20} = 0{,}15$	$\frac{0{,}15}{0{,}3} = 0{,}5$
$4{,}70\,m \leq x < 5{,}00\,m$	2	$\frac{2}{20} = 0{,}1$	$\frac{0{,}1}{0{,}3} \approx 0{,}33$
$5{,}00\,m \leq x < 5{,}30\,m$	2	$\frac{2}{20} = 0{,}1$	$\frac{0{,}1}{0{,}3} \approx 0{,}33$
$5{,}30\,m \leq x < 5{,}60\,m$	0	0	0
$5{,}60\,m \leq x < 5{,}90\,m$	2	$\frac{2}{20} = 0{,}1$	$\frac{0{,}1}{0{,}3} \approx 0{,}33$
$5{,}90\,m \leq x < 6{,}20\,m$	1	$\frac{1}{20} = 0{,}05$	$\frac{0{,}15}{0{,}3} = 0{,}5$
$6{,}20\,m \leq x < 6{,}50\,m$	2	$\frac{2}{20} = 0{,}1$	$\frac{0{,}1}{0{,}3} \approx 0{,}33$

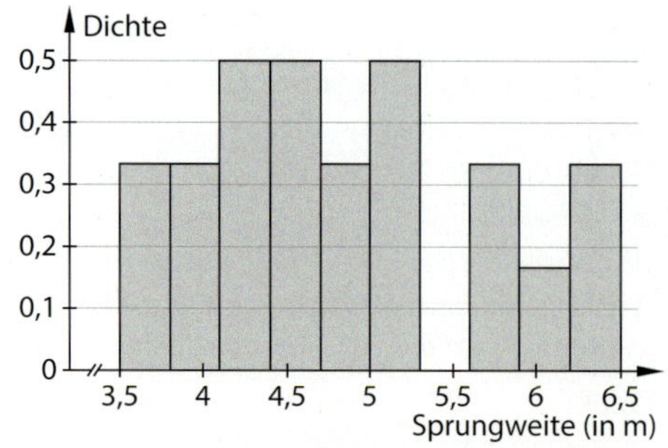

②

Klasse	absolute Häufigkeit	relative Häufigkeit	Säulenhöhe
$3{,}50\,m \leq x < 4{,}10\,m$	5	$\frac{5}{20} = 0{,}25$	$\frac{0{,}25}{0{,}6} \approx 0{,}42$
$4{,}10\,m \leq x < 4{,}70\,m$	6	$\frac{6}{20} = 0{,}3$	$\frac{0{,}3}{0{,}6} = 0{,}5$
$4{,}70\,m \leq x < 5{,}30\,m$	4	$\frac{4}{20} = 0{,}2$	$\frac{0{,}2}{0{,}6} \approx 0{,}33$
$5{,}30\,m \leq x < 5{,}90\,m$	2	$\frac{2}{20} = 0{,}1$	$\frac{0{,}1}{0{,}6} \approx 0{,}17$
$5{,}90\,m \leq x < 6{,}50\,m$	3	$\frac{3}{20} = 0{,}15$	$\frac{0{,}15}{0{,}6} = 0{,}25$

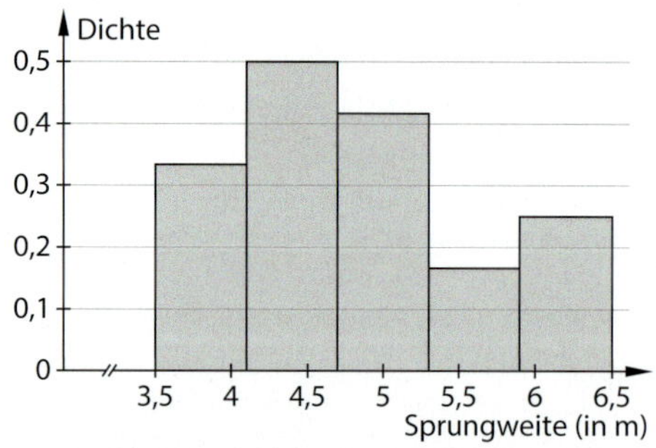

b) Obwohl Diagramm ① mehr Informationen darstellt, veranschaulicht Diagramm ② die Verteilung besser. Die Entwicklung und Häufung der Ergebnisse ist besser zu erkennen.

c) arithmetisches Mittel: $\overline{x} = 471{,}25$
geschätzter Mittelwert:
$\frac{5 \cdot 380 + 6 \cdot 440 + 4 \cdot 500 + 2 \cdot 560 + 3 \cdot 620}{20} = 476$

S. 446, 2.

a) f ist eine Dichtefunktion, wenn $\int_{-\infty}^{\infty} f(x)\,dx = 1$ und $f(x) \geq 0$ gilt.

$\int_{-\infty}^{\infty} f(x)\,dx = \int_{-\infty}^{0} 0\,dx + \int_{0}^{1} \frac{1}{5} + b \cdot x^2\,dx + \int_{1}^{\infty} 10\,dx$

$= \int_{0}^{1} \frac{1}{5} + b \cdot x^2\,dx = \left[\frac{1}{5}x + \frac{b}{3}x^3\right]_0^1 = \frac{1}{5} + \frac{b}{3}$

$\frac{1}{5} + \frac{b}{3} = 1$

$b = \frac{12}{5} = 2{,}4$

Da f nur auf dem Intervall [0; 1] von 0 verschieden ist und auf dem Intervall beide Summanden größer sind als 0, ist $f(x) \geq 0$ und f ist für $b = 2{,}4$ eine Dichtefunktion.

b) $F(x) = \int_{-\infty}^{x} f(t)\,dt$

$\int_{0}^{x} \frac{1}{5} + \frac{12}{5}t^2\,dt = \left[\frac{1}{5}t + \frac{12}{15}t^3\right]_0^x = \frac{1}{5}x + \frac{12}{15}x^3$

$F(x) = \begin{cases} 0 \text{ für } x \leq 0 \\ \frac{1}{5}x + \frac{4}{5}x^3 \text{ für } 0 < x < 1 \\ 1 \text{ für } x \geq 1 \end{cases}$

c) $\mu = \int_{-\infty}^{\infty} x \cdot f(x)\,dx = \int_{0}^{1} x \cdot \left(\frac{1}{5} + \frac{12}{5}x^2\right)dx$

$= \left[\frac{1}{10}x^2 + \frac{12}{20}x^4\right]_0^1 = \frac{1}{10} + \frac{12}{20} = \frac{7}{10} = 0{,}7$

S. 446, 3.

X ist gleichverteilt und hat damit die Dichtefunktion

$f(x) = \begin{cases} \frac{1}{60} \text{ für } 0 \leq x \leq 60 \\ 0 \text{ sonst} \end{cases}$ und die Verteilungsfunktion

$F(x) = \begin{cases} 0 \text{ für } x < 0 \\ \frac{1}{60}x \text{ für } 0 \leq x \leq 60 \\ 1 \text{ für } x > 60 \end{cases}$

Maya hat recht, dass man „genau" noch genauer definieren müsste.
Ist mit „genau" ein Zeitpunkt gemeint, ist die Wahrscheinlichkeit genau 30 Minuten zu warten 0, da alle Punktwahrscheinlichkeiten 0 sind. $\left(\int_{30}^{30} f(x)\,dx = 0\right)$

Meint Gregor diese Interpretation von „genau", stimmt seine Aussage.
Man könnte mit „genau" aber auch eine gesamte Minute meinen, man teilt die Stunde in genau 60 gleich lange Zeiträume ein. In diesem Fall ist die Wahrscheinlichkeit „genau" 30 Minuten zu warten $P(29 \leq X \leq 30) = \frac{1}{60} \approx 0{,}0167$.
Meint Maya diese Interpretation von „genau", stimmt ihre Aussage.

S. 446, 4.

X: diskrete Zufallsgröße mit gleichmäßiger Verteilung wird tabellarisch dargestellt

Wert x	1	2	3	4	5	6
P (X = x)	$\frac{1}{6}$	$\frac{1}{6}$	$\frac{1}{6}$	$\frac{1}{6}$	$\frac{1}{6}$	$\frac{1}{6}$

Erwartungswert: $\mu = 3{,}5$
Die Verteilungsfunktion F ist in Treppenform.

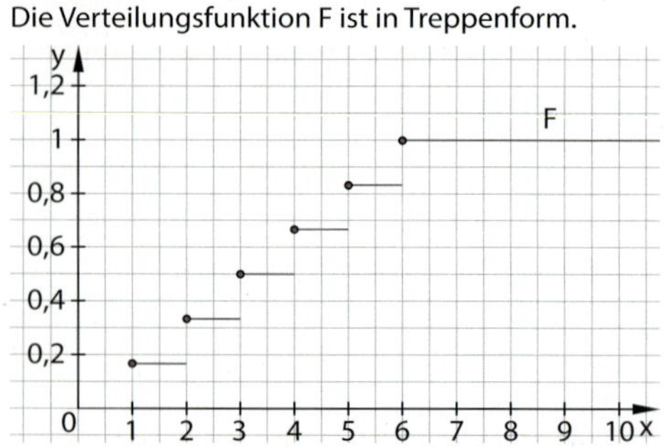

Y: stetige Zufallsgröße
Die Verteilung wird mit einer Dichtefunktion f und einer Verteilungsfunktion F beschrieben. Y ist gleichverteilt und hat damit die Dichtefunktion f mit

$f(y) = \begin{cases} \frac{1}{6} \text{ für } 0 \leq y \leq 6 \\ 0 \text{ sonst} \end{cases}$

und die Verteilungsfunktion F mit

$$F(y) = \begin{cases} 0 \text{ für } y < 0 \\ \frac{1}{6}x \text{ für } 0 \leq y \leq 6 \\ 1 \text{ für } y > 6 \end{cases}$$

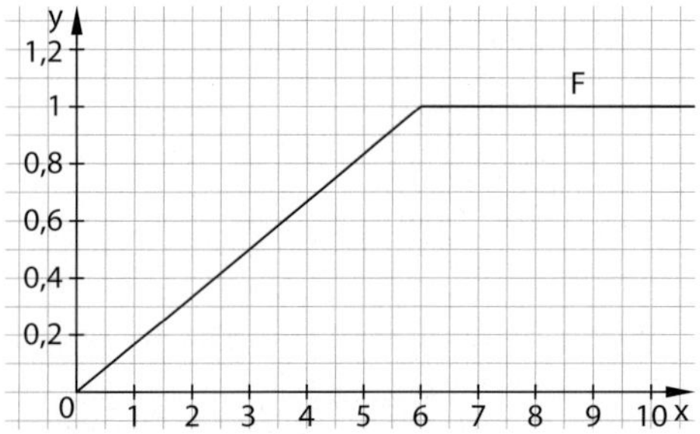

Erwartungswert: $\mu = 3$

S. 446, 5.

Für die Dichtefunktion einer normalverteilten Zufallsgröße gilt:

① $f(x) \geq 0$ für alle $x \in \mathbb{R}$ und ② $\int_{-\infty}^{\infty} f(x)\,dx = 1$

Bedingung ① ist erfüllt, da der Graph für alle x-Werte oberhalb der x-Achse liegt.

Bedingung ② ist nicht erfüllt, da das Dreieck (−1,0), (0,1), (1,0) vollständig unter dem Graphen liegt und eine Fläche von $\frac{1}{2} \cdot 1 \cdot 2 = 1$ hat. Somit ist die Fläche unter dem Graphen größer als 1.

Also kommt f nicht als Dichtefunktion einer normalverteilten Zufallsgröße in Frage.

S. 446, 6.

a) Die Wahrscheinlichkeit $P(a \leq X \leq b)$ wird durch die Fläche unter der Dichtefunktion auf dem Intervall [a; b] beschrieben.

① $P(1 \leq X \leq 2) \approx \frac{1}{2}(0{,}06 + 0{,}12) \cdot 1 = 0{,}09$

② $P(3 \leq X \leq 6) = P(3 \leq X \leq 4) + P(4 \leq X \leq 6)$

$\approx \frac{1}{2}(0{,}18 + 0{,}2) \cdot 1 + \frac{1}{2}(0{,}2 + 0{,}12) \cdot 2 = 0{,}51$

b) $P(X = 2{,}5) = \int_{2{,}5}^{2{,}5} \varphi(x)\,dx = 0$

Eine Punktwahrscheinlichkeit ist bei normalverteilter Zufallsgröße immer 0.

S. 447, 7.

a) Das gesuchte Prognoseintervall ist [90 mm Hg; 150 mm Hg]

b) Nach den σ-Regeln gilt:

(1) $P(\mu_x - 2\sigma_x \leq X \leq \mu_x + 2\sigma_x) = 0{,}955$

(2) $P(\mu_x - 3\sigma_x \leq X \leq \mu_x + 3\sigma_x) = 0{,}997$

(3) $P(X < \mu_x + \sigma_x) = P(\mu_x - \sigma_x < X < \mu_x + \sigma_x)$
$+ P(\mu_x - \sigma_x \leq X) = 0{,}68 + \frac{1}{2}(1 - 0{,}68) = 0{,}84$

S. 447, 8.

a) Aus der Dichtefunktion lässt sich ablesen:

$\mu = 5$; $\sigma = 1{,}5$

Der Hochpunkt der Dichtefunktion liegt bei $x = \mu = 5$, somit passt Graph ① nicht.

Die Standardabweichung beschreibt wie stark der Graph gestaucht ist. Mit der σ-Regel wissen wir, dass im Intervall $[\mu - 2\sigma; \mu + 2\sigma] = [2; 8]$ über 95 % der Ergebnisse liegen. Schaut man sich dieses Intervall bei den Graphen ② und ③ an, erkennt man, dass bei ② zu viele Ergebnisse außerhalb des Intervalls liegen.

Der Graph ③ ist der Graph der Dichtefunktion.

b) $\int_{-\infty}^{\infty} \varphi_{\mu;\sigma}(x)\,dx = P(-\infty < X < \infty) = 1$

$\int_{-\infty}^{\mu} \varphi_{\mu;\sigma}(x)\,dx = P(X \leq \mu) = 0{,}5$

$\int_{\mu-\sigma}^{\mu+2\sigma} \varphi_{\mu;\sigma}(x)\,dx = P(\mu - \sigma \leq X \leq \mu + 2\sigma)$

$= P(\mu - \sigma \leq X \leq \mu) + P(\mu \leq X \leq \mu + 2\sigma)$

$= \frac{1}{2} \cdot 0{,}68 + \frac{1}{2} \cdot 0{,}955 = 0{,}8175$

S. 447, 9.

a) Der Flächeninhalt unter der Dichtefunktion beschreibt die Wahrscheinlichkeit, dass ein Patient nicht mehr als 30 Minuten warten muss.

$P(X \leq 30) = 0{,}159$

b) $P(X \geq 50) \approx 0{,}159$;

$P(30 \leq X \leq 50) = 1 - P(X \leq 30) - P(X \geq 50)\ 1 - 2 \cdot 0{,}159 \approx 0{,}682$

S. 447, 10.

a) Laut der σ-Regel gilt:

$P(\mu - 1{,}96\sigma \leq X \leq \mu + 1{,}96\sigma) = 0{,}95$

$\mu - 1{,}96\sigma = 165\,\text{cm} - 1{,}96 \cdot 7\,\text{cm} = 151{,}28\,\text{cm}$

$\mu + 1{,}96\sigma = 165\,\text{cm} + 1{,}96 \cdot 7\,\text{cm} = 178{,}72\,\text{cm}$

Mit einer Wahrscheinlichkeit von 95 % liegt die Größe in dem Intervall [151,28 cm; 178,72 cm].

b) Laut der σ-Regel gilt:

$P(\mu - 1{,}64\sigma \leq X \leq \mu + 1{,}64\sigma) = 0{,}90$

$\mu - 1{,}64\sigma = 165\,\text{cm} - 1{,}64 \cdot 7\,\text{cm} = 153{,}52\,\text{cm}$

$\mu + 1{,}64\sigma = 165\,\text{cm} + 1{,}64 \cdot 7\,\text{cm} = 176{,}48\,\text{cm}$

Mit einer Wahrscheinlichkeit von 90 % liegt die Größe in dem Intervall [153,52 cm; 176,48 cm].

c) Die Dichtefunktion ist $f(x) = \frac{1}{7\sqrt{2\pi}} e^{\frac{(x-165)^2}{98}}$

Mit dem GTR ergibt sich:

$P(X > 180) = \int_{180}^{\infty} \frac{1}{7\sqrt{2\pi}} e^{\frac{(x-165)^2}{98}}\,dx \approx 0{,}016$

d) $P(X < 150) = \int_{-\infty}^{150} \frac{1}{7\sqrt{2\pi}} e^{\frac{(x-165)^2}{98}}\,dx \approx 0{,}016$

$20 \times 10^6 \cdot 0{,}016 = 321246$

In Deutschland sind wahrscheinlich 321 246 Frauen zwischen 16 und 40 kleiner als 150 cm.

S. 447, 11.

a) Die Zufallsgröße ist binomialverteilt, da es nur zwei mögliche Ergebnisse gibt und die Ereignisse unabhängig sind.
$\mu = n \cdot p = 800 \cdot 0{,}3 = 240$
$\sigma = \sqrt{n \cdot p \cdot (1 - p)} = \sqrt{800 \cdot 0{,}3 \cdot 0{,}7} \approx 12{,}96$
(Laplace-Bedingung $\sigma > 3$ erfüllt)
1σ-Umgebung: [226,8; 253,2]
2σ-Umgebung: [213,6; 266,4]

b) Da die Laplace-Bedingung erfüllt ist, kann die Zufallsgröße durch die Normalverteilung approximiert werden.
$P(230 \leq X \leq 250) \approx \int_{229{,}5}^{250{,}5} \varphi_{\mu;\sigma}(x)\,dx \approx 0{,}582$
Die Wahrscheinlichkeit beträgt rund 58 %.

Bildquellenverzeichnis

Bildquellen

Covermotiv mauritius images/Westend61/Artmedia; hawemannundmosch, Berlin: Hauptsitz der Norddeutschen Landesbank in Hannover

2 PEFC Deutschland e.V; **7** Shutterstock.com/ABB Photo; **10** www.colourbox.de/ssuaphoto; **16** Shutterstock.com/anmbph; **25** Shutterstock.com/Canicula; **26** Shutterstock.com/zhu difeng; **27 von l. nach r.** Shutterstock.com/Barbara Dudzinska; Shutterstock.com/Volosina; Shutterstock.com/NIPAPORN PANYACHAROEN; Shutterstock.com/Olga Danylenko; Shutterstock.com/Lepas; **31** Shutterstock.com/gst; **32** Shutterstock.com/Foto-Ruhrgebiet; **35** Shutterstock.com/Dudarev Mikhail; **51** Shutterstock.com/Alexander Chaikin; **52** stock.adobe.com/sergeyklopotov; **57** Shutterstock.com/Jan Schneckenhaus; **65** Shutterstock.com/Darren J. Bradley; **67** Shutterstock.com/FLUKY FLUKY; **68** blickwinkel/Bernd Clemens/euroluftbild.de/euroluftbild.de/Bernd Clemens; **70** Shutterstock.com/Alaettin YILDIRIM; **78** stock.adobe.com/animaflora; **79** stock.adobe.com/jokatoons; **84** Shutterstock.com/Mark Medcalf; **85** stock.adobe.com/storm; **89** stock.adobe.com/euthymia; **90** www.coulorbox.de/Colourbox.com; **96** stock.adobe.com/dietwalther; **101** Shutterstock.com/g-stockstudio; **106** Shutterstock.com/Marc Ward; **109 o.** Shutterstock.com/Kodda; **109 m.** stock.adobe.com/Kzenon; **109 u.** Shutterstock.com/Stepan Bormotov; **113** stock.adobe.com/panoramarx; **123** Shutterstock.com/Pen_85; **140** Shutterstock.com/effective stock photos; **143** Shutterstock.com/a-image; **146** Shutterstock.com/Scott E Read; **147** Shutterstock.com; **148** Shutterstock.com/Digital Storm; **149** Shutterstock.com/TheBlackRhino; **153** Shutterstock.com/Ase; **154** Shutterstock.com/Jun MT; **158** Shutterstock.com/bokan; **159** Shutterstock.com/Milosz Maslanka; **161** stock.adobe.com/EcoView; **164** Shutterstock.com/Rich Carey; **167** Shutterstock.com/Satit Sorahong; **171** stock.adobe.com/Copyright (c) Mary Evans Picture Library 2017/Archivist; **172** Shutterstock.com/rangizzz; **187 o.** stock.adobe.com/Petra Steinkuehler-Nitschke/dispicture; **187 u.** Shutterstock.com/unpict; **188** stock.adobe.com/tauav; **191** Shutterstock.com/FrameStockFootages; **192 o.** Shutterstock.com/Roman Sibiryakov; **192 u.** Shutterstock.com/photo.ua; **195** Shutterstock.com/UGREEN 3S; **196** Shutterstock.com/Salov Evgeniy; **197** Shutterstock.com/Dean Drobot; **199** Shutterstock.com/UfaBizPhoto; **202** Shutterstock.com/wavebreakmedia; **205** Shutterstock.com/Repina Valeriya; **212** Shutterstock.com/Denis Belitsky; **217** Shutterstock.com/muratart; **227** stock.adobe.com/ablokhin; **222** Shutterstock.com/ViChizh; **242** Shutterstock.com/BMJ; **281** Shutterstock.com/motive56; **283** Shutterstock.com/Richard Peterson; **285** Shutterstock.com/fortovik; **308 u.** stock.adobe.com/muratart; **308 o.** Shutterstock.com/Dimonika; **321** Shutterstock.com/FooTToo; **324** Shutterstock.com/Brocreative; **325 u.** imago/CHROMORANGE; **325 o.** stock.adobe.com/Grum_l; **326** Cornelsen/Stephanie Charlotte Benner; **329** Cornelsen/Jan Füller; **332** Shutterstock.com/EpicStockMedia; **333** Shutterstock.com/Operation Shooting; **336 o.** stock.adobe.com/Garmon; **336 u.** stock.adobe.com/methaphum; **339** Shutterstock.com/3523studio; **342** Shutterstock.com/tele52; **344** Shutterstock.com/Ken Browning; **345** Shutterstock.com/EFKS; **346** stock.adobe.com/tang90246; **346** stock.adobe.com/Grum_l; **349** stock.adobe.com/Grum_l; **350** stock.adobe.com/Grum_l; **359 o.** Shutterstock.com/Andrii Bezvershenko; **359 u.** Shutterstock.com/Oxy_gen; **365** Shutterstock.com/Standret; **366** stock.adobe.com/markus_marb; **370** stock.adobe.com/ag visuell; **371 o.** stock.adobe.com/deagreez; **371 u.** Shutterstock.com/Phovoir; **373** stock.adobe.com/Dan Race; **374** Shutterstock.com/MilanB; **375** Shutterstock.com/Have a nice day Photo; **376** stock.adobe.com/Mariusz Blach; **377** stock.adobe.com/Nordreisender; **378** stock.adobe.com/Daniel Lee; **380 o.** Shutterstock.com/connel; **380 u.** www.coulorbox.de/Colourbox. com; **382** Shutterstock.com/Monkey Business Images; **383** www.coulorbox.de/Colourbox. com; **384 o.** Shutterstock.com/ALF Sniper; **384 u.** Shutterstock.com/virtu studio; **385** Shutterstock.com/Ivan Smuk; **390 o.** stock.adobe.com/gradt; **390 u.** www.coulorbox.de/Colourbox. com; **391** F1online/beyond fotomedia/Junos; **392** Shutterstock.com/DK samco; **394** stock.adobe.com/Stockfotos-MG; **395** Shutterstock.com/Nejron Photo; **401** stock.adobe.com/chatri; **406** Shutterstock.com/vectorfusionart; **408** Shutterstock.com/fizkes; **409** Shutterstock.com/frantic00; **410** Shutterstock.com/HeinzTeh; **415** stock.adobe.com/karepa; **417** Shutterstock.com/Steve Whiston; **425** Shutterstock.com/Pavel Chagochkin; **428** Shutterstock.com/Monkey Business Images; **431** Shutterstock.com/Ralf Geithe; **433** Shutterstock.com/Utekhina Anna; **434** Shutterstock.com/Dmitry Kalinovsky; **437** Shutterstock.com/Kosorukov Dmitry; **438** Shutterstock.com/ArtOfPhotos; **439** Shutterstock.com/Olexandr Taranukhin; **442 o.** Shutterstock.com/Griboriy; **442 u.** Shutterstock.com/Rawpixel.com; **443** Shutterstock.com/michelangeloop; **445** Shutterstock.com/Matej Kastelic; **449** Shutterstock.com/Rawpixel.com; **462** Shutterstock.com/Francois Etienne du Plessis; **465** Shutterstock.com/showcake; **471** stock.adobe.com/fototheobald; **472** Shutterstock.com/Kzenon; **474** Shutterstock.com/Lightspring; **475** Shutterstock.com/josefkubes; **389/** shutterstock/Kleber Cordeiro;.

Screenshots

Cornelsen / Felix Arndt / © Texas Instruments. Nutzung mit Genehmigung von Texas Instruments
Cornelsen / Felix Arndt / © Microsoft® Office. Nutzung mit Genehmigung von Microsoft
Cornelsen / Renatus Lütticken / © Texas Instruments. Nutzung mit Genehmigung von Texas Instruments
Cornelsen / Hubert Langlotz / © Texas Instruments. Nutzung mit Genehmigung von Texas Instruments
Cornelsen / Thorsten Niemann / © Texas Instruments. Nutzung mit Genehmigung von Texas Instruments

Stichwortverzeichnis